YARATILIŞ GERÇEKLİĞİ
~ I. CİLT ~

EVRİM TEORİSİ

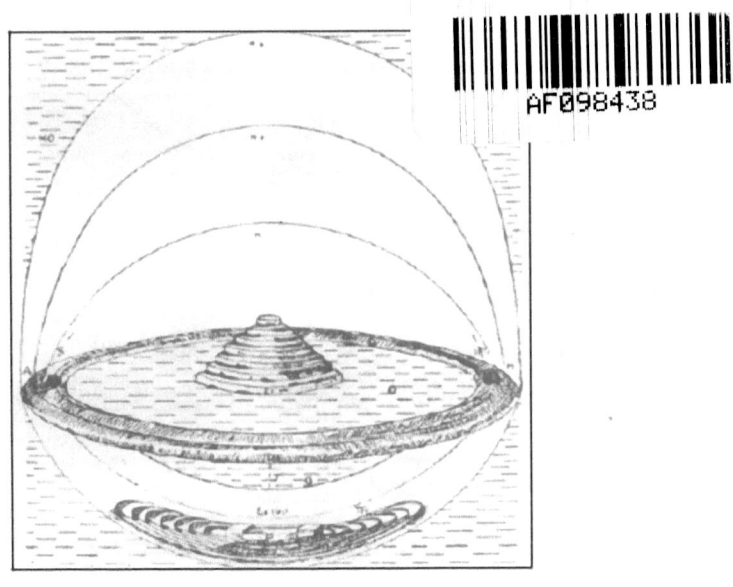

MURAT UKRAY

~ 2009 ~

YARATILIŞ GERÇEKLİĞİ
(I. Cilt)
"EVRİM TEORİSİ"

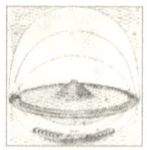

Yazarı (Author): Murat UKRAY (Turkish Writer)

Sayfa Düzeni ve Grafik Tasarım: E-Kitap Projesi

Yayıncı (Publisher): http://www.ekitaprojesi.com

Baskı ve Cilt (Print): POD (PublishDrive) Inc.

Sertifika No: 45502

İstanbul – Ağustos, 2023

ISBN: 978-625-8196-60-3
eISBN: 978-605-9654-32-6

İletişim ve İsteme Adresi:

E-Posta (e-mail): muratukray@hotmail.com

İnternet Adresi (web): www.kiyametgercekligi.com

> © Bu eserin basım ve yayın hakları yazarın kendisine aittir. Fikir ve Sanat Eserleri Yasası gereğince, izinsiz kısmen ya da tamamen çoğaltılıp yayınlanamaz. Kaynak gösterilerek kısa alıntı yapılabilir.

* قىيامەة گەرچەكلیغي كلیاتى *

Kıyâmet Gerçekliği Külliyâtından

كَوْنُ التَّكَآمُلُ
EVRİM TEORİSİ
&
YARATILIŞ GERÇEKLİĞİ

MURAT UKRAY, 2009

یاراتىلىش گەرچەكلیغي

Beni Yetiştiren Kıymetli Babaannem'in,

Bu Çalışmada Bana Manevî Destek Veren,

Üstâdım Yunus Emre'nin, Ve O'nun

Eserleri'nin, Ve O'nun Manevî Üstâd'ı

Tapduk Emre'nin, Ve O'nun Manevî Feyz

Aldığı Anadolu Erenleri'nin, Anısına…

İÇİNDEKİLER

Yazar Hakkında 7
ÖNSÖZ 11
BİRİNCİ BÖLÜM 16
   EVRİM TEORİSİNE GENEL BİR BAKIŞ 16
İKİNCİ BÖLÜM 159
   EVRİM TEORİSİ'NİN ORTAYA KONMASI 159
ÜÇÜNCÜ BÖLÜM 224
   EVRİM TEORİSİ'NİN BİLİMSEL AÇIDAN DEĞERLENDİRİLMESİ ... 224
DÖRDÜNCÜ BÖLÜM 255
   DOĞADAKİ TASARIM DELİLLERİ 255
BEŞİNCİ BÖLÜM 341
   EVRİM TEORİSİ İLE DİNLER ARASINDAKİ
   İLİŞKİNİN DEĞERLENDİRİLMESİ 341
ALTINCI BÖLÜM 394
   EVRİM TEORİSİNİN SONUÇLARI VE BATI DÜNYASINDAKİ ETKİLERİ ... 394
YEDİNCİ BÖLÜM 436
   EVRİM TEORİSİ'NİN GEÇERSİZ YÖNLERİNİN DEĞERLENDİRİLMESİ ... 436
EK BÖLÜM-I 490
   BİYOLOJİNİN ALT BİLİM DALLARI 490
EK BÖLÜM-II 546
   CANLILARIN SINIFLANDIRILMASI 546
EK BÖLÜM-III 582
   İNSAN VÜCUDUNUN TEMEL SİSTEMLERİ (ANATOMİ ATLASLARI) ... 582
EK BÖLÜM-IV 591
   BİYOLOJİ TERİMLERİ SÖZLÜĞÜ (RESİMLİ) 591
BİBLİYOGRAFYA 734
NOTLAR: 741

TAPTUK'UN TAPUSUNDA,
KUL OLDUK KAPUSUNDA.
YUNUS MİSKİN ÇİĞ İDİK,
PİŞTİK ELHAMDÜLİLLAH*

* * *

İLİM, İLİM İLMEKTİR.
İLİM, KENDİN BİLMEKTİR.
SEN, KENDİNİ BİLMEZSİN.
YA, NİCE OKUMAKTIR.

* * *

{YUNUS EMRE}

Yazar Hakkında

MURAT UKRAY

17 Ağustos 1976 tarihinde İstanbul'da doğdu. İlk, orta ve lise öğrenimini İstanbul'da tamamladı. Daha sonra Yıldız Teknik Üniversitesi Elektronik Mühendisliği bölümünde ve aynı üniversitenin fen bilimleri enstitüsünde yüksek lisans öğrenimi gördü. 2000'li yılların başından bu yana, çeşitli yerli ve yabancı kaynaklardan araştırmalar yaparak imanî ve bilimsel konularda çeşitli makaleler ve grafik tasarımları (aralarında Hz. Mevlana, Üstad Bediîüzzaman Saidî Nursî'ye v.b. ait çizimlerin de bulunduğu) eserleri hazırladı. Çocuklar için *"Galaxy"* isimli bir oyun tasarladı. Yazarın, kaotik zaman serileri ve yapay sinir ağlarıyla borsa da tahmin sistemleri üzerine uluslararası düzeyde yayınlanmış bir makalesi ve yayınlanmış iki kitabı vardır.

Bunlardan ilki: Kıyamet Gerçekliği, Kur'ân'daki İncil'deki ve diğer bazı ilmî kaynaklardaki kıyametin büyük alâmetlerini içinde bulunduğumuz zamana yönelik açıklamaya ve aydınlatmaya yönelik bir çalışmadır. Kitaba, ayrıca günümüz Türkçe'sini Osmanlı Alfabesine kodlayan bir de Osmanlıca Alfabe konulmuştur. Kitap, bu konuyla ilgili Kur'an âyetleri ve hadislere yönelik batınî bir tefsirdir. İkincisi ise: 5 Boyutlu Rölativite ve Birleşik Alan Teorisi, Plâton'dan günümüze kadar devam eden süreç içerisinde yapılan fizik yasalarını birleştirme çabasına yönelik bir çalışma olup, Kur'ân'ın bazı semavî müteşâbih ayetlerinin tefsirine yönelik, bugüne kadar çeşitli bilim adamları tarafından yapılmış matematiksel ve fiziksel çalışmaları da içerecek şekilde, gözlemleyebildiğimiz maddî evreni matematiksel olarak açıklamaya çalışan zahirî bir tefsirdir. Kitapta, evrenin yapısını ve karadelikleri açıklayan hikmet (fizik) yasaları çeşitli teoremlerle anlatılmakta olup, yüksek bir matematik bilgisi gerektirmektedir. Her iki çalışmanın da amacı iman-ı tahkikînin batınî ve zahirî kutuplarına yöneliktir.

2011 yılında, "İnternette e-kitap yayıncılığı ilkeleri" ve "5-Boyutlu Relativite & Birleşik Alan Kuramı & Quantum Mekaniği"nin birleştirilmesi üzerine iki makale yayımladı. Bu makaleleri büyük ses getirdi ve çoğu kişi web yayıncılığına yöneldi. İkinci makalesindeki fikirlerini, temel Fizik yasalarını en küçük ölçeklerde birleştirmeye çalışan ve halen üzerinde çalışılan "Birleşik Alan Teorisi" isimli eserini 2007 yılında yazmaya başladı. 2000'li yıllardan bu yana, çeşitli yerli ve yabancı kaynaklardan araştırmalar yaparak, Akademik, Web yayıncılığı ve Bilimsel konularda çeşitli Makaleler, Projeler yürütmüş olup, yine çoğu dini araştırmalar olmak üzere, çeşitli Grafik Tasarımları ile Kitap kapakları hazırladı. Bu yüzden, yurtdışında profesyonel yayıncılık için kendine editoryal ve grafik sanatları olarak iki yönlü geliştirerek kuvvetli bir alt yapı hazırladı. Aralarında, 2006 yılında kaleme aldığı ilk eseri "KIYAMET GERÇEKLİĞİ" ve 2007 yılında kaleme aldığı "5-BOYUTLU RELATİVİTE & BİRLEŞİK ALAN TEORİSİ", 2008 yılında kaleme aldığı

"İSEVİLİK İŞARETLERİ" ile diğer eserleri olan "YARATILIŞ GERÇEKLİĞİ" (2009), ve yine Mevlanayla ilgili "MESNEVİYYE-İ UHREVİYYE" (2010) (AŞK-I MESNEVİ) ve "ZAMANIN SAHİPLERİ" (2011) isimli otobiyografik roman olmak üzere yayımlanmış toplam 14 türkce kitabı ile çoğu FİZİK ve METAFİZİK konularında olmak üzere, ingilizce olarak yayınlanmış toplam 5 kitap olmak üzere tamamı 19 yayımlanmış eseri vardır..

Yazar, daha sonraki zamanda tüm kitaplarının ismine genel olarak, her biri KIYAMET'i isbat ve ilan etmek üzere odaklandığından "KIYAMET GERÇEKLİĞİ KÜLLİYATI" ismini vermiş, ve 2010 yılından beri zaman zaman gittiği AMERİKA'daki aynı isimde kurmuş olduğu (www.kiyametgercekligi.com) web sitesi üzerinden kitaplarını *sadece* dijital elektronik ortamda, hem düzenli olarak yılda yazmış veya yayınlamış olduğu diğer eserleri de yayın hayatına E-KİTAP ve POD (Print on Demand - talebe göre yayıncılık-) sistemine göre yayın hayatına geçirerek okurlarına sunmayı ilke olarak edinirken; diğer yandan da, projenin SOSYAL yönü olan doğayı korumak amaçlı başlattığı "E-KİTAP PROJESİ" isimli yayıncılık sistemiyle KİTABINI KLASİK SİSTEMLE YAYINLAYAMAYAN "AMATÖR YAZARLAR" için, elektronik ortamda kitap yayıncılığı ile kitaplarını bu sistemle yayınlatmak isteyen PROFESYONEL yayıncılar ve yazarlar için de hemen hemen her çeşit kitabın (MAKALE, AKADEMİK DERS KİTABI, ŞİİR, ROMAN, HİKAYE, DENEME, GÜNLÜK TASLAK) elektronik ortamda yayıncılığının önünü açan E-YAYINCILIĞA başlamıştır. Yazar, halen çalışmalarına İstanbul'da devam etmektedir.

Yazarın yayınlanmış diğer Kitapları:

1- Kıyamet Gerçekliği *(Kurgu Roman) (2006)*

2- Birleşik Alan Teorisi *(Teori – Fizik & Matematik) (2007)*

3- **İsevilik İşaretleri** *(Araştırma) (2008)*

4- **Yaratılış Gerçekliği- 2 Cilt** *(Biyokimya Atlası)(2009)*

5- **Aşk-ı Mesnevi** *(Kurgu Roman) (2010)*

6- **Zamanın Sahipleri** *(Deneme) (2011)*

7- **Hanımlar Rehberi** *(İlmihal) (2012)*

8- **Eskilerin Masalları** *(Araştırma) (2013)*

9- **Ruyet-ul Gayb (Haberci Rüyalar)** *(Deneme) (2014)*

10- **Sonsuzluğun Sonsuzluğu (114 Kod)** *(Teori & Deneme) (2015)*

11- **Kanon (Kutsal Kitapların Yeni Bir Yorumu)** *(Teori & Araştırma) (2016)*

12- **Küçük Elisa (Zaman Yolcusu)** (Çocuk Kitabı) *(2017)*

13- **Tanrı'nın Işıkları (Çölde Başlayan Hikaye)** *(Bilim-Kurgu Roman) (2018)*

14- **Son Kehanet- 2 Cilt** *(Bilim-Kurgu Roman) (2019)*

http://www.ekitaprojesi.com
http://kiyametgercekligi.com

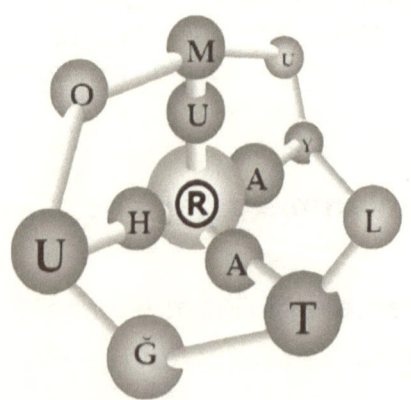

ÖNSÖZ

Evrim Teorisi (Evolution Theory), Bilimsel bir teori midir ve Bilimselliğin kriterlerini karşılamakta mıdır? **Platon**'un, **Aristoteles**'in, **Leibniz**'in, **Hume**'un, **Kant**'ın, **Popper**'ın, **Kuhn**'un felsefeleriyle bu teorinin nasıl bir bağlantısı vardır? Evrim Teorisi'nin *felsefî* ve *teolojik* sonuçları nelerdir? Yaratıcı'nın var olup olmadığı meselesiyle Evrim Teorisi'nin nasıl bir ilişkisi bulunmaktadır? Yaratıcı'nın varlığını rasyonel olarak temellendirmeye çalışan tasarım deliline, Evrim Teorisi tehdit oluşturmakta mıdır? Evren, doğa yasaları, evrensel tüm oluşumlar, bütün canlılar ve biz tesadüfen mi oluştuk, yoksa bilinçle ve kudretle bir Yaratıcı tarafından oluşturulmuş bilinçli bir tasarımın ürünleri miyiz? İslâmiyetin, Hristiyanlığın ve Yahudiliğin teolojileri gerçekten de Evrim Teorisi'nin reddedilmesini gerektiriyor mu? Bu ve bunlar gibi daha pek çok soruya bu kitapta cevap vermeye çalışacağız. Evrim Teorisi'nin, tarihte hiçbir bilimsel teoride gözlenemeyecek kadar farklı çalışma alanlarıyla bağlantısı olmuştur. Bu çalışmada, konunun bu özelliği yüzünden biyolojinin genetik, embriyoloji, biyokimya gibi alt-dallarından; felsefenin din felsefesi, biyoloji felsefesi, bilim felsefesi gibi alt-dallarına; İslâm teolojisinden Yahudi ve Hristiyan teolojilerine; ayrıca yerbilim, antropoloji, sosyoloji ve iktisat gibi konuyla ilgili pek çok alana temas edildi. Farklı disiplinler arasında çalışmalar yapılması gerektiği, farklı alanların bilgisinin birleştirilmesinin verimli sonuçlar doğuracağı sıkça dile getirilir ama bu dileği yerine getiren çalışma sayısı gerçekten de çok azdır. Söz konusu olan Evrim Teorisi ve onun bilimsel, felsefî ve teolojik açıdan ele alınması ise, bu sorun iyice kendini göstermektedir. Bu çalışmada, her iki konu da çift yönlü olarak ele alınıp; bu sorunun üstesinden gelinmeye ve biyolojiyle ilgilenenler kadar; felsefe ve teolojiyle (Dinbilimiyle) ilgilenenlerin de sorularına cevap verilmeye çalışılacaktır.

Evrim Teorisi'nin en geniş kabul gören açıklamasına göre, bütün canlılar birkaç milyar yıl önce oluşmuş tek hücreli '**ortak bir ata**'nın soyundan gelmektedir. Bu 'ortak ata'nın soyları boyunca ortaya çıkan değişimler, bütün canlılığın açıklaması olarak kabul edilir ve bu değişikliklerin sebebi genlerdeki '**Mutasyonlar**'la, dünya ortamına uygun canlıların hayatta kalıp diğerlerinin elenmesi ise '**Doğal Seleksiyon**' mekanizmasıyla açıklanır. Evrim Teorisi, canlıların kökenine dair bir teoridir. Canlılar hakkında ne düşündüğümüz ise gerçekten de önemlidir, çünkü biz de canlıların bir parçasıyız. Kendimiz hakkındaki kanaatlerimiz ise sadece bir biyoloji bilgisi olarak kalmaz; hayatın anlamı, var oluş ve ahlâk gibi alanlarla ilgili düşüncelerimiz ve bunlarla ilgili vereceğimiz kararlar da kendimiz hakkındaki kanaatlerimizle bağlantılıdır.

19. yüzyıldan önce '**Din-Bilim çatışması**' dünya gündeminde önemli bir yer tutmuyordu. Ufak tefek sorunlar vardı ama din bilimcilerin çoğu Newtoncu bir evren anlayışıyla teolojilerini uzlaştırmışlardı. Fakat geçen son iki yüzyılda 'Din-Bilim çatışması' hem bilim hem felsefe hem de teoloji alanlarında önemli izler bıraktı. Bu çatışma en çok Evrim Teorisi üzerine yapılan bilimsel, felsefî ve teolojik tartışmalarda gözlemlendi. Rahatlıkla denebilir ki; geri kalan tüm bilimsel konular üzerindeki felsefî ve teolojik tartışmaların toplamı bile Evrim Teorisi üzerine yapılanlar kadar yoğun olmamıştır. Gerçeği arayan yolcu olarak insan, hem bilimin hem felsefenin hem de dinin kapısını çalar. Tüm bu alanlardan gelen bilgilerin birbirleriyle nasıl uzlaştırılacağı, çatışmaların nasıl çözümleneceği entellektüel olduğu kadar geneli ilgilendirdiği için aynı zamanda tüm canlılar için de varoluşsal bir sorundur. Bu sorunun en iyi gözlenebileceği ve çatışmaların çözümü için en iyi örneğin sunulabileceği bir konu varsa o da Evrim Teorisi'dir. Fakat bu kadar önemli olmasına karşın bu konuda ortaya konulan eserlerin (özellikle Türkçe) oldukça yetersizdir. Özellikle Evrim Teorisi'ni ele alan birçok kitapta ya 'karşı kamp'a bolca hakaret ediliyor; ya da bilimsel, felsefî veya teolojik açıdan ciddi ve tutarlı yaklaşımlar sergilenmiyor. Bu konuyu ele alan kitaplarda bu teorinin 'bilimsel deliller'i, genelde çok yönlü irdelenmeden sergileniyor veya eleştiriliyor. Bu teorinin felsefî veya teolojik değerlendirmesinin derinlemesine yapıldığı ciddi ve tutarlı çalışmalara rastlamak ise neredeyse imkânsız. Bunun sebeplerinden birisi, doğa bilimleriyle uğraşanların çoğunun felsefe ve teoloji alanlarına çok yabancı olmalarıdır. Oysa bu teorinin ortaya konulmasında ve kabulünde **Natüralist Felsefenin (Doğa Felsefesi)** çok önemli bir rolü bulunmaktadır. Felsefî birikimi olmayan bir doğa bilimcinin, bu teorinin, felsefî yönünü değerlendirememek ve mantıksal kurgusunun felsefî irdelemesini yapamamak gibi önemli eksiklikleri olacaktır. Diğer yandan, günümüz felsefecilerinin ve din bilimcilerinin çoğu, doğa bilimleriyle felsefe ve dinlerin arasına 'kalın duvarlar' ören yaklaşımları benimsemişler, bu yüzden doğa bilimlerine gerekli ilgiyi göstermemişlerdir. Günümüz felsefecilerinin çoğunu etkisi altına almış olan pozitivist dil felsefesi geleneği ve günümüz din bilimcilerinin önemli bir kısmının paylaştığı 'fideist' (imancı) yaklaşım, içinde bulunulan durumun sebeplerindendir. Fakat biz bu çalışmada objektif olarak bu konuyu ele alıp, tüm bu sakıncalı durumlardan kaçınmaya çalışarak; Evrim Teorisi'ni hem bilimsel hem felsefî hem de teolojik açıdan ele alacağız. Bilimin farklı, felsefenin farklı, dinlerin farklı hakikatleri olamayacağını ve bu alanların arasına 'kalın duvarlar' örülemeyeceği bugün bilinen bir gerçektir. Bu çalışmada, bilimsel irdeleme kadar felsefî irdelemeye de önem verecek ve aynı konuda birbirinden farklı birçok teolojik yaklaşımın olabildiğini ve bunların da göz önünde bulundurulması gerektiğini göstermeye çalışacağız.

İki ciltten oluşan bu kitap, **Yaratılış** ve **Evrim Teorisi**'ni bir bütün olarak ele almakta ve birbiriyle bağlantılı **11 farklı bölümden** oluşmaktadır. Kitabımızın birinci cildinde, detaylı olarak ele aldığımız '**Evrim Teorisi**'ni **YEDİ bölüm** halinde inceleyeceğiz:

Birinci bölümde, Evrim Teorisi ortaya konulmadan önceki, konumuz açısından önemli bilimsel, felsefî ve teolojik gelişmelerle tartışmalar tanıtılmaya çalışıldı. Evrim Teorisi üzerine yapılan tartışmalar tarihsel arka plandan yalıtılarak anlaşılamaz. Özellikle felsefe tarihine meraklı olan kişilerin bu bölümü dikkatlice okumaları gerekir.

İkinci bölümde, Evrim Teorisi'nin ne olduğu ve ortaya konulma süreci tanıtılmaya, ayrıca bu teorinin ortaya konulmasına ve yaygınlaşmasına yol açan paradigmalar gösterilmeye çalışıldı. Evrim Teorisi hakkındaki tartışmaları ele almadan önce, bu teorinin ne dediğini iyice öğrenmek isteyenler, bu bölümü iyi okumalılar.

Üçüncü bölümde, Evrim Teorisi'nin delili olarak sunulan veriler ayrıntılı bir şekilde bilimsel ve felsefî irdelemeye tabi tutuldu. Gözlemlenebilme, öngörü gücü, yasalara sahip olma, matematiksel betimleme yeteneği, yanlışlanabilirlik, rakip teorilere üstünlük sağlanması gibi çeşitli kriterler açısından bu teori değerlendirildi. Bu bölüm, kitabın Birinci cildinin en önemli bölümlerinden birisidir; kitabın bu kısmından sadece tek bir bölüm okuyabildiğini söyleyen biri olsaydı, ona bu bölüm tavsiye edilebilirdi.

Dördüncü bölümde, varlıklardaki düzen ve amaçlılık gibi unsurlardan yola çıkılarak bunların 'Tasarımcı'sının varlığına ve bu 'Tasarımcı'nın kudreti, bilgisi, hâkimiyeti gibi sıfatlarına ulaşılabileceğini iddia eden 'tasarım delili' ele alındı. Evrim Teorisi'nin tasarım deliline tehdit olup olmadığı da yine bu bölümde incelendi. Ayrıca 'teizm' (inanç) ile 'ateizm' (inançsızlık) arasındaki asıl sorunun; 'Evrim Teorisi-Türlerin bağımsız yaratılışı ikilemi'nde değil, 'Tesadüf-Tasarım ikilemi'nde olduğu gösterilmeye çalışıldı.

Beşinci bölümde, Evrim Teorisi'nin başta 'Yaratıcı inancı' olmak üzere tektanrılı dinlerin inançları açısından ne ifade ettiği belirlenmeye çalışıldı. Bu bölümde, 'Evrim

Teorisi ve Yaratıcı inancının ilişkisi' hakkındaki dokuz maddeli bir sınıflamanın ve bununla ilgili bazı konular için 'teolojik agnostik' tavrın önerilmesi inceleyeceğimiz bilimsel metod açısından oldukça önemlidir.

Altıncı bölümde, Evrim Teorisi'nin Bilim dünyası ve yaşantı üzerine getirmiş olduğu etkiler ve Batı dünyasındaki meydana getirmiş olduğu uzun vadeli değişim detaylı bir şekilde ele alınmaktadır. Özellikle Evrim Teorisi'nin, Bilimin Biyoloji sahasının dışındaki alanlarına da (Ekonomi, Tarih, Felsefe, Matematik, Tıp, Fizik ve Kimya gibi) etki etmesi sonucu genel geçerli bir dünya görüşü olma niteliğini kazanmasının, dünya üzerindeki etkileri ve sonuçlarını inceleyen okuyucu için bu bölüm önemli ipuçları ortaya koymaktadır.

Yedinci bölümde, Evrim Teorisi'nin tüm canlıların yapısını açıklayabilecek kadar geçerli bir teori olup olmadığı tartışılıyor. Özellikle Evrim Teorisi'nin ortaya atılmasında temel etklye sahip olan kanıtlar üzerinde durularak tüm bunların canlıların kompleks yapısının tümünü birden açıklayıp açıklayamayacağı sorusunun yanıtı aranmaktadır...

Bundan başka, bu ilk cilde ilave olarak kitabın sonunda, canlıların yapısını temel düzeyde inceleyen Biyolojiye ait diğer temel alt bilim dallarının özet bir sıralandırılması ve **40** madde halinde sınıflandırılması ile tüm canlılar aleminin filogenetik sınıflandırmasını içeren özet bir kavram tanımlama bölümü ile en sonda biyolojide sık kullanılan terimlerin resimli bir terim sözlüğü ile verilmesiyle çalışmamızın ilk cildi son bulmaktadır.

Bu çalışma aynı zamanda, son zamanlarda, özellikle Richard Dawkins'in yayınladığı yaratılış karşıtı fikirlere ve son zamanlarda yükselen Materyalist/Ateist çerçevede gelişen Evrim tartışmalarına da Gerçekçi bir Cevap niteliğindedir...

BİRİNCİ BÖLÜM

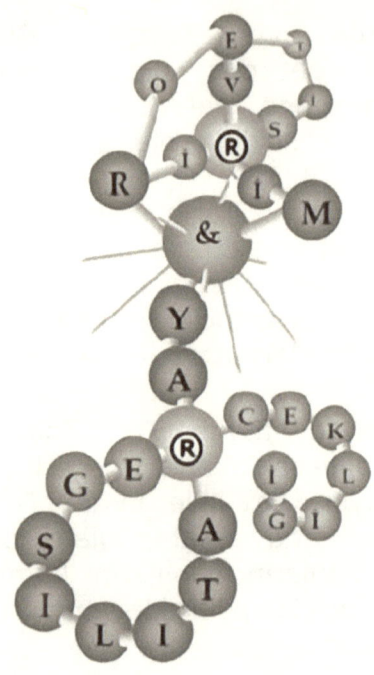

EVRİM TEORİSİNE GENEL BİR BAKIŞ

GİRİŞ

بِسْمِ اللّٰهِ الرَّحْمٰنِ الرَّحِيمِ

Ey ÜSTÂD! Kur'ân-ı Hakîmin; Aşağıdaki ONDOKUZ KEVNÎ MÜTEŞÂBİH Âyetinden İstifade

Ettiğim KÂİNATIN ve İNSANIN YARATILIŞI, İLK CANLILARIN ORTAYA ÇIKIŞI ve HAYATIN BAŞLANGICI İle İlgili ONBİR HAKİKATİ; CANLILARIN BİYOLOJİK ÇEŞİTLİLİĞİ, DEĞİŞİMİ ve DÜNYAYA DAĞILMASI İle İlgili ONBİR SIRRI ve Bunlardan Çıkan ONBİR SONUCU; Tamamı 66⊕66=6666 Âyet Olan KUR'ÂN-I HAKÎM'in Arş-ı Azîmine Çıkan ve ÜÇTE BİRİNİ oluşturan ve YARATILIŞI isbat eden 2222 Âyeti için, ONBİR BASAMAK Hükmündeki; ONBİR BÖLÜM Halinde KİMYA ve BİYOLOJİ Lisanıyla İfade Edeceğim..

Kim İsterse İstifade Edebilir...

"Biz YERİ, GÖĞÜ ve İKİSİNİN ARASINDAKİLERİ oyun olsun diye yaratmadık!"

{Enbiyâ, 160}

"(BAŞLANGIÇTA) O, sizi TEK BİR nefisten yarattı. Sonra ondan EŞİNİ var etti. Sizin için hayvanlardan (YER ve DENİZ hayvanlarından erkek ve dişi olarak) SEKİZ EŞ yarattı. Sizi annelerinizin karnında bir yaratılıştan öbürüne geçirerek üç (kat) karanlık içinde oluşturuyor. İşte Rabbiniz olan Allah budur. Mülk (mutlak hakimiyet) yalnız onundur. Ondan başka hiçbir ilâh yoktur. O halde nasıl oluyor da haktan (YARATILIŞ GERÇEKLERİNDEN) döndürülüyorsunuz? "

{Zümer, 6}

"SİZİN yaratılışınızda ve Allah'ın (yeryüzüne) yaydığı her bir CANLIDA kesin olarak inanan bir toplum için elbette nice deliller (YARATILIŞ GERÇEKLERİ) vardır."

{Câsiye, 4}

"Allah, her canlıyı sudan yaratmıştır. İşte bunlardan kimi karnı üstünde sürünür, kimi iki ayağı üstünde yürür, kimi de dört ayağı üstünde yürür.. Allah, dilediğini yaratır; şüphesiz ki Allah, her şeye kâdir (GÜCÜ YETEN)'dir..."

{Nûr, 45}

"Hepinizin dönüşü ancak O'nadır. Allah, bunu bir gerçek olarak va'detmiştir. Şüphesiz O, başlangıçta yaratmayı yapar. Sonra, iman edip salih ameller işleyenleri adaletle mükâfatlandırmak için onu (yaratmayı) tekrar eder. Kâfirlere gelince, inkâr etmekte olduklarından dolayı, onlar için kaynar sudan oluşan bir içecek ve elem dolu (TEKRAR EDEN) bir azap vardır."

{Yunus, 4}

"De ki: "Allah'a koştuğunuz ortaklarınızdan, BAŞLANGIÇTA YARATMAYI YAPACAK, sonra onu TEKRARLAYACAK kimse var mı?" De ki: "Allah, BAŞLANGIÇTA YARATMAYI YAPAR, sonra onu TEKRAR EDER. O hâlde, nasıl oluyor da (HAKTAN) çevriliyorsunuz?"

{Yunus, 34}

"İLK YARATMADA âcizlik mi gösterdik ki (yeniden yaratamayalım) (İLKİNDE YARATAN İKİNCİSİNDE DAHA KOLAY YARATMAZ MI)? Doğrusu onlar (İnkârcılar), yeniden yaratılış konusunda şüphe içindedirler."

{Kâf, 15}

"De ki: "Allah'ı bırakıp da taptıklarınızı gördünüz mü? Bana gösterin, yeryüzünde NEYİ YARATMIŞLARDIR? Yoksa göklerin yaratılışında onların bir ORTAKLIĞI mı var? Eğer doğru söyleyenlerden iseniz bundan önce gönderilen herhangi bir KİTAPTAN bir GÖSTERGE, yahut açıklayıcı bir BİLGİ KIRINTISI (VELEV FELSEFEDEN TÜREMİŞ TEORİLER DE OLSA!) hükmündeki bir ESERİ, veya DELİL olabilecek bir BİLGİ KALINTISINI (VELEV TAŞLAŞMIŞ FOSİLLER DE OLSA!) olsun getirin bana (EĞER GETİREBİLİRSENİZ)!""

{Ahkâf, 4}

"Allah, rüzgârları gönderendir (YARATILIŞI BAŞLATMAK ÜZERE BİTKİLERİ ve TOHUMLARI AŞILAMAK İÇİN). Onlar da bulutları hareket ettirir (YARATILIŞI BİTİRMEK ÜZERE YAĞMURU GETİRMEK İÇİN). Böylece bulutları ÖLÜ BİR TOPRAĞIN ÜZERİNE SÜRER ve onunla ÖLÜMÜNDEN SONRA YERYÜZÜNÜ DİRİLTİRİZ. İşte ÖLÜMDEN SONRAKİ DİRİLİŞ (HAŞİR) de böyledir."

{Fâtır, 9}

"Şüphesiz Allah'ın, GÖKLERİ VE YERİ YARATMASINDA, gece ile gündüzü birbiri ardınca getirmesinde, insanlara yarar sağlayacak şeylerle denizde seyreden gemilerde, gökyüzünden indirip kendisiyle ÖLMÜŞ TOPRAĞI DİRİLTTİĞİ YAĞMURDA, yeryüzünde HER ÇEŞİT CANLIYI YAYMASINDA, rüzgârlar ile gökle yer arasındaki emrine itaat eden BULUTLARI HAREKET ETTİRMESİNDE elbette düşünen bir topluluk için deliller (GÖSTERGELER) vardır."

{Bakara, 164}

"GÖKLERİN VE YERİN YARATILIŞINDA, gece ile gündüzün birbiri ardınca gelip gidişinde selim akıl sahipleri için elbette DELİLLER vardır."

{Âl-i İmrân, 190}

"(İNKÂRCILAR) Dediler ki: "Biz, BİR YIĞIN KEMİK ve BİR YIĞIN UFALANMIŞ TOZ olduğumuz zaman YENİDEN mi diriltilecekmişiz?""

{İsrâ, 49}

"Böylece, onların üzerine ceza hak oldu. Çünkü onlar âyetlerimizi inkâr etmişler ve, "BİZ BİR YIĞIN KEMİK VE BİR YIĞIN UFALANMIŞ TOZ OLDUKTAN SONRA YENİDEN Mİ DİRİLTİLECEKMİŞİZ?" demişlerdi."

{İsrâ, 98}

"Onlar, GÖKLERİ VE YERİ YARATAN Allah'ın KENDİLERİ GİBİLERİNİ (tüm canlıları) yaratmaya kâdir olduğunu görmediler mi? Allah onlar için, hakkında hiçbir şüphe bulunmayan bir ECEL (ÖLÜM İLE BELİRLENEN BİR ÖMÜR) belirlemiştir. Fakat zalimler ancak inkârda diretirler."

{İsrâ, 99}

"Onlar, KENDİ NEFİSLERİNİN YARATILIŞ İNCELİKLERİ hakkında hiç düşünmediler mi? Hem Allah, GÖKLER İLE YERİ ve İKİSİNİN ARASINDAKİLERİ ancak HAK ve HİKMETE UYGUN OLARAK ve BELİRLİ BİR SÜRE İÇİN yaratmıştır. Şüphesiz buna rağmen, insanların birçoğu Rablerine kavuşacaklarını inkâr ediyorlar."

{Rûm, 8}

"(İnkâr edenler), Allah'ı bırakıp HİÇBİR ŞEY YARATAMAYAN ve zaten KENDİLERİ YARATILMIŞ OLAN; üstelik kendilerine bile FAYDA ve ZARARLARI dokunmayan; ÖLDÜRMEYE, YAŞATMAYA ve ÖLÜLERİ DİRİLTİP KABİRDEN ÇIKARMAYA güçleri yetmeyen ilâhlar edinirler."

{Furkân, 3}

"Şüphesiz Rabbiniz, gökleri ve yeri ALTI GÜNDE (BİRBİRİNİ TAKİP EDEN ve KADEMELİ BİR DEĞİŞİM İÇEREN altı evrede veya zamanda) yaratan ve ARŞ'I İSTİVÂ eden, geceyi, kendisini durmadan takip eden gündüze katan, güneşi, ayı ve bütün yıldızları da buyruğuna tabi olarak yaratan Allah'tır. YARATMAK (MEYDANA GETİRMEK ve BAŞLATMAK) da, EMRETMEK (YARATILIŞI DÜZENLEMEK ve YENİLEMEK) de yalnız O'na mahsus değil mi? Âlemlerin Rabbi olan Allah'ın şanı yücedir."

{A'raf, 54}

"De ki: "Göklerin ve yerin Rabbi kimdir?" "Allah'tır" de. De ki: "O'nu bırakıp da kendilerine (bile) bir faydası ve zararı olmayan dostlar (mabutlar) mı edindiniz?" De ki: "Kör ile gören bir olur mu? Ya da karanlıklarla aydınlık bir olur mu? Yoksa Allah'a, O'NUN YARATTIĞI GİBİ YARATAN ortaklar buldular da BU YARATMA İLE ALLAH'IN YARATMASI, onlara göre BİRBİRİNE Mİ BENZEDİ?" De ki: "HER ŞEYİN YARATICISI ALLAH'TIR. O, VAHİD (birdir) ve KAHHÂR (mutlak hâkimiyet sahibi)'dir."

{Ra'd, 16}

"EY İNSANLAR! Ölümden sonraki YENİDEN DİRİLİŞ (HAŞİR) konusunda herhangi bir şüphe içindeyseniz (düşünün ki) hiç şüphesiz biz sizi TOPRAKTAN, sonra AZ bir SUDAN (meniden), sonra bir "ALAKA"dan (HENÜZ DOKULAŞMAMIŞ HÜCRE TOPLULUĞU), sonra da yaratılışı belli belirsiz bir "MUDĞA"dan (DOKULAŞMIŞ VE ORGANLAŞMIŞ HÜCRE TOPLULUĞU) yarattık ki size (kudretimizi) apaçık olarak gösterelim. Dilediğimizi belli bir süreye kadar RAHİMLERDE durduruyoruz. Sonra sizi bir ÇOCUK olarak çıkarıyor, sonra da (AKIL, TEMYİZ (DOĞRUYU YANLIŞTAN AYIRT ETMEYE KADAR SÜREN BÜYÜME DÖNEMİ) ve KUVVETTE (OLGUNLAŞMA DÖNEMİ)) tam gücünüze ulaşmanız için (sizi kemale erdiriyoruz.) İçinizden ölenler olur. Yine içinizden bir kısmı da ÖMRÜNÜN en düşkün çağına (YAŞLILIK) ulaştırılır ki, bilirken hiçbir şey bilmez hale gelir. Yeryüzünü de ÖLÜ, KUPKURU görürsün. Biz onun üzerine YAĞMUR İNDİRDİĞİMİZ ZAMAN KIPIRDAR, KABARIR ve HER TÜRDEN iç açıcı çift çift BİTKİLER BİTİRİR.."

{Hacc, 5}

EVRİM TEORİSİ ORTAYA KONMADAN ÖNCEKİ FELSEFE, BİLİM VE BİYOLOJİ TARİHİ

Evrim Teorisi (Evolution Theory), bilimselliğin kriterlerini karşılamakta mıdır? Platon'un, Aristoteles'in, Leibniz'in, Hume'un, Kant'ın, Popper'ın, Kuhn'un felsefeleriyle bu teorinin nasıl bir bağlantısı vardır? Evrim Teorisi'nin felsefî ve teolojik sonuçları nelerdir?

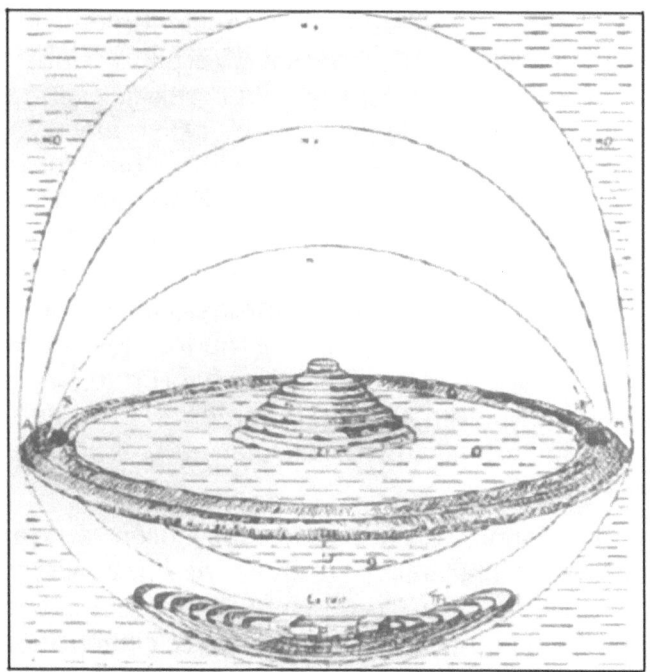

TARİHİN ÇOK ESKİ DÖNEMLERİNDE SÜMERLER, DÜNYAYI SU ÜZERİNDE YÜZEN YEDİ KATLI BİR DİSK ŞEKLİNDE TASAVVUR EDİYORLARDI..

Yaratıcı'nın var olup olmadığı meselesiyle Evrim Teorisi'nin nasıl bir ilişkisi bulunmaktadır? Yaratıcı'nın varlığını rasyonel olarak temellendirmeye çalışan tasarım deliline, Evrim Teorisi tehdit oluşturmakta mıdır?

Evren, doğa yasaları, evrensel tüm oluşumlar, bütün canlılar ve biz tesadüfen mi oluştuk, yoksa bilinçle ve kudretle bir Yaratıcı tarafından oluşturulmuş bilinçli bir tasarımın ürünleri miyiz? İslamiyetin, Hristiyanlığın ve Yahudiliğin teolojileri gerçekten de Evrim Teorisi'nin reddedilmesini gerektiriyor mu? Bu ve bunlar gibi daha pek çok soruya bu kitapta cevap vermeye çalışacağız. Evrim Teorisi'nin hiçbir bilimsel teoride gözlenemeyecek kadar farklı çalışma alanlarıyla bağlantısı olmuştur. Bu çalışmada, konunun bu özelliği yüzünden biyolojinin genetik, embriyoloji, biyokimya gibi altdallarından; felsefenin din felsefesi, biyoloji felsefesi, bilim felsefesi gibi alt-dallarına; İslam teolojisinden Yahudi ve Hıristiyan teolojilerine; ayrıca yerbilim, antropoloji, sosyoloji ve iktisat gibi konuyla ilgili pek çok alana temas edildi. Farklı disiplinler arasında çalışmalar yapılması gerektiği, farklı alanların bilgisinin birleştirilmesinin verimli sonuçlar doğuracağı sıkça dile getirilir ama bu dileği yerine getiren çalışma sayısı gerçekten de çok azdır. Söz konusu olan Evrim Teorisi ve onun bilimsel, felsefî ve teolojik açıdan ele alınması ise, bu sorun iyice kendini göstermektedir. Bu çalışmada, her iki konu da çift yönlü olarak ele alınıp; bu sorunun üstesinden gelinmeye ve biyolojiyle ilgilenenler kadar; felsefe ve teolojiyle ilgilenenlerin de sorularına cevap verilmeye çalışılacaktır.

Evrim Teorisi'nin en geniş kabul gören açıklamasına göre bütün canlılar birkaç milyar yıl önce oluşmuş tek hücreli 'ortak bir ata'nın soyundan gelmektedir. Bu 'ortak ata'nın soyları boyunca ortaya çıkan değişimler, bütün canlılığın açıklaması olarak kabul edilir ve bu değişikliklerin sebebi genlerdeki 'mutasyonlar'la, dünya ortamına uygun canlıların hayatta kalıp diğerlerinin elenmesi ise 'doğal seleksiyon' mekanizmasıyla açıklanır. Evrim Teorisi canlıların kökenine dair bir teoridir. Canlılar hakkında ne düşündüğümüz ise gerçekten de önemlidir, çünkü biz de canlıların bir parçasıyız. Kendimiz hakkındaki kanaatlerimiz ise sadece bir biyoloji bilgisi olarak kalmaz; hayatın anlamı, var oluş ve ahlak gibi alanlarla ilgili düşüncelerimiz ve bunlarla ilgili vereceğimiz kararlar da kendimiz hakkındaki kanaatlerimizle bağlantılıdır.

19. yüzyıldan önce 'Din-Bilim çatışması' dünya gündeminde önemli bir yer tutmuyordu. Ufak tefek sorunlar vardı ama dinbilimcilerin çoğu Newtoncu bir evren anlayışıyla teolojilerini uzlaştırmışlardı. Fakat geçen son iki yüzyılda 'Din-Bilim çatışması' hem bilim hem felsefe hem de teoloji alanlarında önemli izler bıraktı. Bu çatışma en çok Evrim Teorisi üzerine yapılan bilimsel, felsefî ve teolojik tartışmalarda gözlemlendi. Rahatlıkla denebilir ki; geri kalan tüm bilimsel konular üzerindeki felsefî ve teolojik tartışmaların toplamı bile Evrim Teorisi üzerine yapılanlar kadar yoğun olmamıştır. Gerçeği arayan yolcu olarak insan, hem bilimin hem felsefenin hem de dinin kapısını çalar. Tüm bu alanlardan gelen bilgilerin birbirleriyle nasıl uzlaştırılacağı, çatışmaların nasıl çözümleneceği entellektüel olduğu kadar geneli ilgilendirdiği için aynı zamanda tüm canlılar için de varoluşsal bir sorundur. Bu sorunun en iyi gözlenebileceği ve çatışmaların çözümü için en iyi örneğin sunulabileceği bir konu varsa o da Evrim Teorisi'dir. Fakat bu kadar önemli olmasına karşın bu konuda ortaya konulan eserlerin (özellikle Türkçe) oldukça yetersizdir. Özellikle Evrim Teorisi'ni ele alan birçok kitapta ya 'karşı kamp'a bolca hakaret ediliyor; ya da bilimsel, felsefî veya teolojik açıdan ciddi ve tutarlı yaklaşımlar sergilenmiyor. Bu konuyu ele alan kitaplarda bu teorinin 'bilimsel deliller'i, genelde çok yönlü irdelenmeden sergileniyor veya eleştiriliyor. Bu teorinin felsefî veya teolojik değerlendirmesinin derinlemesine yapıldığı ciddi ve tutarlı çalışmalara rastlamak ise neredeyse imkânsız. Bunun sebeplerinden birisi, doğa bilimleriyle uğraşanların çoğunun felsefe ve teoloji alanlarına çok yabancı olmalarıdır. Oysa bu teorinin ortaya konulmasında ve kabulünde natüralist felsefenin çok önemli bir rolü bulunmaktadır. Felsefî birikimi olmayan bir doğa bilimcinin, bu teorinin, felsefî yönünü değerlendirememek ve mantıksal kurgusunun felsefî irdelemesini yapamamak gibi önemli eksiklikleri olacaktır. Diğer yandan, günümüz felsefecilerinin ve din bilimcilerinin çoğu, doğa bilimleriyle felsefe ve dinlerin arasına 'kalın duvarlar' ören yaklaşımları benimsemişler, bu yüzden doğa bilimlerine gerekli ilgiyi göstermemişlerdir. Günümüz felsefecilerinin çoğunu etkisi altına almış olan pozitivist dil felsefesi geleneği ve günümüz din bilimcilerinin önemli bir kısmının paylaştığı 'fideist' (imancı) yaklaşım, içinde bulunulan durumun sebeplerindendir. Fakat biz bu çalışmada objektif olarak konuyu ele alıp, tüm bu sakıncalı durumlardan kaçınmaya çalışarak; Evrim Teorisi'ni hem bilimsel hem felsefî hem de teolojik açıdan ele alacağız. Bilimin farklı, felsefenin farklı, dinlerin farklı hakikatleri olamayacağını ve bu alanların arasına 'kalın duvarlar' örülemeyeceği bugün bilinen bir gerçektir. Bu çalışmada, bilimsel irdeleme kadar felsefî irdelemeye de önem verecek ve aynı konuda birbirinden farklı birçok teolojik yaklaşımın olabildiğini ve bunların da göz önünde bulundurulması gerektiğini göstermeye çalışacağız.

Bu kitap, **Yaratılış** ve **Evrim Teorisini** bir bütün olarak inceleyen birbiriyle bağlantılı **11 farklı bölümden** oluşmaktadır:

1. bölümde, Evrim Teorisi ortaya konulmadan önceki, konumuz açısından önemli bilimsel, felsefî ve teolojik gelişmelerle tartışmalar tanıtılmaya çalışıldı. Evrim Teorisi üzerine yapılan tartışmalar tarihsel arka plandan yalıtılarak anlaşılamaz. Özellikle felsefe tarihine meraklı olan kişilerin bu bölümü dikkatlice okumaları gerekir.

2. bölümde, Evrim Teorisi'nin ne olduğu ve ortaya konulma süreci tanıtılmaya, ayrıca bu teorinin ortaya konulmasına ve yaygınlaşmasına yol açan paradigmalar gösterilmeye çalışıldı. Evrim Teorisi hakkındaki tartışmaları ele almadan önce, bu teorinin ne dediğini iyice öğrenmek isteyenler, bu bölümü iyi okumalılar.

3. bölümde, Evrim Teorisi'nin delili olarak sunulan veriler ayrıntılı bir şekilde bilimsel ve felsefî irdelemeye tabi tutuldu. Gözlemlenebilme, öngörü gücü, yasalara sahip olma, matematiksel betimleme yeteneği, yanlışlanabilirlik, rakip teorilere üstünlük sağlanması gibi çeşitli kriterler açısından bu teori değerlendirildi. Bu bölüm, kitabın Birinci cildinin en önemli bölümlerinden birisidir; kitabın bu kısmından sadece tek bir bölüm okuyabildiğini söyleyen biri olsaydı, ona bu bölüm tavsiye edilebilirdi.

4. bölümde, varlıklardaki düzen ve amaçlılık gibi unsurlardan yola çıkılarak bunların 'Tasarımcı'sının varlığına ve bu 'Tasarımcı'nın kudreti, bilgisi, hâkimiyeti gibi sıfatlarına ulaşılabileceğini iddia eden 'tasarım delili' ele alındı. Evrim Teorisi'nin tasarım deliline tehdit olup olmadığı da yine bu bölümde incelendi. Ayrıca 'teizm' (inanç) ile 'ateizm' (inançsızlık) arasındaki asıl sorunun; 'Evrim Teorisi-Türlerin bağımsız yaratılışı ikilemi'nde değil, 'Tesadüf-Tasarım ikilemi'nde olduğu gösterilmeye çalışıldı.

5. bölümde, Evrim Teorisi'nin başta 'Yaratıcı inancı' olmak üzere tektanrılı dinlerin inançları açısından ne ifade ettiği belirlenmeye çalışıldı. Bu bölümde, 'Evrim Teorisi ve Yaratıcı inancının ilişkisi' hakkındaki dokuz maddeli bir sınıflamanın ve bununla ilgili bazı konular için 'teolojik agnostik' tavrın önerilmesi inceleyeceğimiz bilimsel metod açısından oldukça önemlidir.

6. bölümde, Evrim Teorisi'nin Bilim dünyası ve yaşantı üzerine getirmiş olduğu etkiler ve Batı dünyasındaki meydana getirmiş olduğu uzun vadeli değişim detaylı bir şekilde ele alınmaktadır. Özellikle Evrim Teorisi'nin, Bilimin Biyoloji sahasının dışındaki alanlarına da (Ekonomi, Tarih, Felsefe, Matematik, Tıp, Fizik ve Kimya gibi) etki etmesi sonucu genel geçerli bir dünya görüşü olma niteliğini kazanmasının, dünya üzerindeki etkileri ve sonuçlarını inceleyen okuyucu için bu bölüm önemli ipuçları ortaya koymaktadır.

7. bölümde, Evrim Teorisi'nin tüm canlıların yapısını açıklayabilecek kadar geçerli bir teori olup olmadığı tartışılıyor. Özellikle Evrim Teoorisi'nin ortaya atılmasında temel etkiye sahip olan kanıtlar üzerinde durularak tüm bunların canlıların kompleks yapısının tümünü birden açıklayıp açıklayamayacağı sorusunun yanıtı aranmaktadır.

8. bölümde, Hayatın ve Canlıların kompleks yapılarına ilişkin bazı önemli deliller ve örnekler verilmeye çalışıldı. Özellikle bu örnek deliller üzerinden gidilerek bu karmaşık yapıların kendi kendine veya bir tesadüf eseri veya basit bir organizmadan evrimleşerek canlı ve gelişmiş bir organizmayı oluşturup oluşturamayacağı bu bölümde ele alındı. Felsefî bazda Evrim Teorisi ve Yaratılış ikileminde kalan okuyucu özellikle bu bölümü iyi irdelemelidir.

9. bölümde, Canlılığın ve Hayatın dünyada nasıl başladığı ve gelişmiş organizmaların nasıl ortaya çıktığı konusu ele alındı. Özellikte Organik Kimyadaki canlılığı oluşturan moleküler mekanizmalar modern anlamda incelendi ve Hayatın tesadüf eseri oluşamayacak kadar kompleks yapılara sahip olduğu gösterilmeye çalışıldı. Evrim Teorisi'nin en önemli açmazlarından birisini oluşturan bu konuya ilişkin bazı önemli sayılabilecek ipuçlarından hareket ederek elde edilen bazı sonuçlar ışığında Yaratılışın Biyolojik Mantığı anlatılmaya çalışıldı. Dünya hayatının başlangıç mekanizmalarını araştıran okuyucu için bu bölüm oldukça açıklayıcı olup tavsiye edilir. Bu bölüm, kitabın İkinci cildinin en önemli bölümlerinden birisidir; Kitabın tamamı sadece tek bir bölümden ibaret olsaydı, bu bölüm tavsiye edilebilirdi.

10. bölümde, Canlılık ve Hayatın kökeni konusu geride kalan 9 bölümden ayrılan bir çizgide ele alınarak canlılardaki, özellikle tek hücreli organizmalardaki mükemmelleşmiş yapılar ve hücre içerisinde bulunan kompleks mekanizmalardan, bitkilerin yapısına; Hayvanlardaki yaratılış mu'cizelerinden, insandaki eşsiz organik mekanizmalara kadar detaylı bir şekilde incelenerek; bu kadar mükemmel ve kusursuz bir yapıya sahip olan bir mekanizmaların tesadüf olamayacak ve basit bir yapıdan türeyemeyecek kadar kompleks bileşenlerden oluştuğu ve böyle bir canlı mekanizmanın ancak ve sadece Yaratılış ve bunu sürekli tekrar ederek devam ettirme ile mümkün olabileceği açıklanmaya çalışıldı. Bu bölüm, aynı zamanda bir canlının neden yoktan var edilerek yaratılmış olması gerektiği sorusuna da bir cevap niteliğindedir. Tek hücreli canlıların, Bitkilerin, Hayvanların ve İnsanların oluşumuyla ilgilenen ve yaratılış prensiplerini merak eden okuyucu bu bölümü dikkatle okumalıdır. Bu bölüm, aynı zamanda hareketli ve dinamik bir organizmaya sahip olan bir hayvanın canlılığını devam ettirmesi için sadece beslendiği daha az gelişmiş olan statik bitki hücreleri ve cansız sudan oluşan basit bir yapıdan nasıl olup da kompleks ve dinamik bir yapıya sahip olan bir canlı hayvan organizması ve sisteminin oluştuğunu ve buna ilişkin yaratılış delillerini ortaya koymaktadır.

11. bölümde, Canlılarda karşılaştırıldığında en az onlar kadar mükemmel ve kusursuz bir denge içeren bir sistemler manzumesindenden oluşan ve Gökler âlemini oluşturan Evrenin yapısına ilişkin bazı detaylı mekanizmaları inceleyeceğiz. Bu bölümde inceleyeceğimiz evrenin yapısı ve gökcisimlerinin hassas dengeleri üzerinde durarak çok mükemmel çalışan bir saat gibi tasarlanmış olan böyle muazzam bir sistemin kendi kendine ve evrimleşerek tesadüf eseri oluşup oluşamayacağı sorusuna yanıt aramaya çalışacağız. Evrenin yaratılışındaki bazı önemli sırları merak eden okuyucu için bu son bölüm ilginç detaylı bilgiler vermektedir. Hiçbir bilimsel gelişme ve felsefî tartışma, tarihsel arka plandan yalıtılarak anlaşılamaz. Evrim Teorisi'nin ortaya konmasının ve hakkında yapılan bilimsel, felsefî ve teolojik tartışmaların daha iyi anlaşılabilmesi için öncelikle bu teori ortaya konmadan önceki konuyla ilgili gelişmelerin gözden geçirilmesi faydalı olacaktır. Bu düşünceyle, bu ilk bölümde felsefe, doğa bilimleri ve biyoloji alanındaki gelişmeleri ve tartışmaları kronolojik tarihsel sıralamaya göre aktarmaya çalışacağız. Böylece ileride ele alınacak konuların daha iyi yerine oturtulmasını ve zihinlerde tarihsel bir perspektif oluşmasını hedefleyeceğiz.

Bu bölümde cevabını bulabileceğiniz bazı sorular şunlardır: Evrim Teorisi'nin ortaya konmasına yol açan felsefî ve bilimsel gelişmeler nelerdir? Bu teori ortaya atılmadan önce bu konu ile ilgili nasıl bir dünya görüşü vardı ve Teistler (Tektanrılı bir dine inanan insanlar) ile Ateistler (Hiçbir dine inanmayan insanlar) canlıları nasıl değerlendiriyorlardı? Felsefe ve Bilim alanındaki metodolojik değişimler ve tartışmalar konumuz açısından neden önemlidir? 'Evrim' kavramı ile 'Evrim Teorisi' arasındaki ilişki ve farklılık nasıl değerlendirilmelidir? Canlıların bilinçli bir tasarımın ürünü olduğunu söyleyerek bu konuyu Allah'ın varlığına bir delil olarak temellendirmeye çalışan 'tasarım delili'nin (teleolojik delil) üzerine yapılan tartışmalar günümüzde nasıldır ve neden yükselişte olan bir konudur? Astronomi ile fizik alanındaki son gelişmeler (özellikle Kuantum Mekaniği ve İzafiyet (Görelilik Teorisi) gibi) ve mikroskobun icadı felsefe ve biyoloji alanlarını nasıl etkilemiştir? 'Evrim Teorisi' üzerine yapılan tartışmalar hangi felsefî, bilimsel ve teolojik tartışmaların devamıdır? Platon, Aristoteles, Cahız, Descartes, Leibniz, Newton, Hume, Kant, Paley, Linnaeus, Bufon ve Hegel gibi filozof ve bilim insanlarının görüşleri konumuz açısından niçin önemlidir?

TARİHİN ESKİ DÖNEMLERİ

İnsanlık tarihinin üç-dört bin yıllık döneminden öncesine ait detaylı bir bilgimiz bulunmamaktadır. Bazı uzmanlara göre tarih, yazının bulunmasıyla başlar. Yaygın olarak kullanılan "Söz uçar yazı kalır" ifadesi, yazının önemini belirtmek için kullanılır. Tarihin üç-dört bin yıllık döneminden öncesine dair detaylı bilgimizin olmamasının en önemli sebebi, bu dönemden öncesine dair yazılı belgelerin çok sınırlı olmasıdır. Medeniyetin ilk izlerine Mezopotamya'da rastlanır ve Mezopotamya, ortaçağın sonlarına dek kendi çağına göre üst seviyede bir kültürün ortamı olmuştur. Sümerler hayvancılıkla uğraşıyorlardı; bu uğraşlarında at ırklarını ayırt etmek için, atla eşeğin çaprazlanması gibi uygulamaları bulunmaktaydı. Babillilerin de belli bir biyoloji bilgisi vardı; pişmiş topraktan bazı iç organ modellerini yaptıkları bilinmektedir. Bu ise, hayvanları incelemek için kesip biçtiklerini, yani bazı deneyler yaptıklarını kanıtlamaktadır. Mısır medeniyetinden günümüze kalan 'tıp'la ilgili papirüslerden, Mısırlıların yaptıkları cerrahi operasyonları –ki bunlar, belli bir seviyede anatomi bilgisi gerektirmekte olduğunu öğreniyoruz. Mısırlıların mumyalama ile ilgili uygulamaları da belli bir anatomi bilgisini gerektirmekteydi. Bu anatomi bilgisinin tıp biliminin gelişimine ciddi bir katkısı olmuştur. Eski Çin ve Eski Hint'te de hayvancılıkla, bitki yetiştirmeyle ve tıbbi operasyonlarla ilgili biyolojik bilgiler bulunmaktaydı. Ünlü bilim tarihçilerinin büyük bir kısmı; söz konusu eski uygarlıkların diğer bilim dallarına ve biyolojiye ilişkin bilgilerinin, daha çok pratik ihtiyaçlardan kaynaklandığını ve deneyle gözleme dayalı çabalarının ve teorik yaklaşımlarının zayıf olduğunu söylemektedir. Bu tespitin, Batılı bilim insanlarının, kendi kültürel kökenlerini dayandırmaya çalıştıkları Eski Yunan medeniyetini ön plana çıkarma amacından kaynaklanan taraflı bir yaklaşım olduğunu iddia edenler de vardır. Evrim Teorisi, Batı medeniyetinin kültürel ortamında geliştiği için bu tartışmayı irdelemeden, konumuz açısından önemli olan Eski Yunan medeniyetindeki felsefe ve bilim ortamını inceleyelim.

ESKİ YUNAN MEDENİYETİNİN İLK FİLOZOFLARI

Tarih boyunca, eski dönemlerden beri; Yaşamın evrimi kavramı, dünya üzerinde yaşayan canlı türlerinin sabit olmadıkları, yaşamın ortaya çıkışından bu yana sürekli yeni türler ortaya çıkarken, eskilerin de ortadan kayboldukları fikri var olmuştur. Yaşamın zaman içinde değişmesi fikri çok eskidir ve bilebildiğimiz kadarıyla bilimsel bir çerçeve içerisinde ilk kez Miletoslu Anaksimandros tarafından dile getirilmiştir.

MİLETOSLU THALES (MÖ 640-546)
ve ANAKSİMANDROS (MÖ 500-560)

Anaksimandrostan da önce, yaşamın bir tanrılar, devler ve insanlar zinciri şeklinde değiştiği Ortadoğu, Mısır ve Akdeniz mitolojilerinde varsayılıyordu. Demek li yaşamın zaman içinde değiştiği fikri, yeni ortaya çıkmış bir kavram değildir. Antik çağ öncesi bu fikirlerden bazıları şu şekildedir:

"Bazıları dünyanın bir denge durumu nedeniyle hareketsiz olduğunu söylemektedir: Örneğin, eskiler arasında Anaksimandros. Çünkü ortada duran bir şeyin yukarı, aşağı veya kenarlara doğru hareket etmesi gereksizdir ve uzaktaki tüm noktalara nazaran, ortadaki aynı şekilde davranır. Böylece değişik noktalara aynı zamanda gidemez. Bundan da Yer'in mutlaka hareketsiz durması gerektiğini çıkarırız."

(Aristoteles, De Caelo: Gökler Hakkında, II)

"Başlangıçta dünya çevresindeki tüm alan suyla kaplıydı. Daha sonra güneşin kurutucu etkisiyle buharlaşan kısım rüzgarları ve gündönümlerini, toprağı ve Ay'ı oluşturdu. Gerisi Deniz oldu. Bunun için, zaman içinde denizlerin küçüleceğini ve sonunda tüm dünyanın günün birinde tamamen kuruyacağını

düşünüyorlar. Bazılarının düşündüğü gibi, nemin büyük bir kısmının Güneş tarafından buharlaştırıldığını ve geri kalanın denizi oluşturduğunu kabul etmek akla çok yakın gelmektedir."

(Aristoteles, Meteorologika)

Mısır, Fenike (Filistin, İsrail, Lübnan), Anadolu, Ege adaları mve Yunanistan'la çevrelenen Doğu Akdeniz'de deniz ticaretinin hayli yaygın boyutta yapılmaya başlaması sonucu mal ve ürün ticareti gelişmiş, ayrıca farklı yörelerdeki insanların farklı gelenek, görenek, görüş, düşünce ve inançlarıyla karşılaşılmıştır. Kavramlarla düşünme ve soyutlama becerisinin bu bölgede hızla filizlenip yayılmasının belli başlı nedeni, farklı kültür değerlerinin harmanlanmasına yol açan bu iletişim tarzı olmuştur. Bilinen ilk felsefeci olan Miletli Thales (MÖ 6. yy) tüccar, devlet adamı, mühendis ve aynı zamanda matematikçiydi. Thales, evrenin temel hammaddesinin su olduğunu söyledi, buna göre evrendeki canlı/cansız tüm varlıklar suyun değişime uğramasıyla oluşmuştu. Evrenin hammaddesinin ne veya neler olduğu Eski Yunan'ın ilk dönem filozoflarının en önemli tartışma konusu olmuştur. İyonya filozofları, günümüzdeki anlamında bilim insanları olarak nitelenemezlerdi; çünkü deney ve sistematik gözlem, onların çalışmalarında önemli bir yere sahip değildi. Fakat geleneksel öğretileri bir kenara bırakarak ve kendi akıl yürütmelerine dayanarak evreni anlamaya çalışmış olmaları önemlidir. Aklın mitolojik düşüncenin esaretinden kurtarılması, bilimsel ve felsefî düşüncenin gelişmesindeki en önemli aşamalardan birisini oluşturuyordu.

Thales, biyoloji ve canlılar dünyasıyla pek ilgilenmemiştir. Fakat onun talebesi olan Anaximander (MÖ 610-546 civarı) hem canlılar dünyasıyla ilgili ilginç açıklamalar yapmış hem de evrenin temel hammaddesinin *'apeiron'* olduğunu söyleyerek hocasına muhalefet etmiştir. Anaximander, ilk hayvanların suda oluştuğunu ve bunların büyüyünce kuru alanlara göç ettiğini söylemiştir. Canlılarla ilgili fikirlerinden dolayı Anaximander'in evrimci görüşleri ilk kez dile getiren kişi olduğu söylenir. Bu görüşleri, -Ernst Mayr'ın da dediği gibi- Evrim Teorisi'nin önceden sezinlenmesi olarak görmemek gerekir. Anaximander'in çalışmalarını yakından incelediğimizde, onların, modern fikirlerden çok, mitolojiye benzediklerini görürüz. 'Evrim Teorisi'nin günümüzde anlatılan şekli, tarih boyunca yapılan açıklamaların bazılarıyla elbette ortak noktalara sahiptir. Fakat birkaç cümlelik bir anlatımı günümüzün 'Evrim Teorisi' ile karıştırmamak gerekir. Bazıları, kurbağanın prense dönüşmesiyle ilgili bir hikâyeyi, neredeyse 'Evrim Teorisi'nin önceden sezinlenmesi olarak görme eğilimindedir. Empedokles (MÖ 492-432) canlıların orjini (Başlangıç noktası) ile ilgili çok uçuk bir teori ortaya atmıştır: Ona göre önce vücudun bazı parçaları ortaya çıkmıştır; gövdesiz baş veya gözsüz kafa gibi. Mükemmel form bulunana kadar bu böyle devam etmiş ve ara formları oluşturan ucubeler yok olmuştur. Ernst Mayr, bu yaklaşımı, bazılarının yaptığı gibi 'doğal seleksiyon'un öncüsü kabul etmenin saçma olduğunu söyler. Çünkü Empedokles'in anlatımında 'doğal seleksiyon', ne birbirlerini tamamlayan parçaları bir araya getirmekte bir mekanizma olarak işin içine sokulur, ne de mükemmel olmayan parçaları eleyen bir mekanizma olarak ele alınır. Mayr'a göre o, iki başlı dana gibi bazı canavarların varlığını ileri sürmek için teorisini bir öneri olarak ortaya atıyordu. Modern evrimci kuram, gelişmenin daha çok, daha basit formların sürekli bir şekilde farklılaşması sonucu ortaya çıktığını söylediği halde; Empedoklesçi kuram, bu gelişmeyi daha çok başka cinsten formların birbirleriyle birleşmesinde görmektedir. İyonyalı filozoflardan Anaximandros'un talebesi Anaximenes'in (MÖ 585-525 civarı) ve Apollonlu Diogenes'in (MÖ 435'ler civarı) çalışmaları da dikkat çekmektedir. Örneğin Diogenes'in çalışmaları bilinen en eski anatomi çalışmalarından birisidir. Eski Yunan'da yapılan bu çalışmaların önemi evrenin neden-sonuç ilişkileri içerisinde açıklanmaya çalışılması, akılcı yaklaşımın temel olması ve mitolojik göndermelerin ve geleneğin otoritesinin -tamamen yok olmasa da- gittikçe azalmasıdır. Bu özelliklerden dolayı Eski Yunan'ın ilk dönem filozoflarının günümüze göre çok basit gibi görünen yaklaşımları bile değerli kabul edilmektedir. Ayrıca bu sürecin bir diyalektiği vardı. Talebe rahatlıkla hocasının fikrine muhalefet edebilmiş; bu diyalektik süreç, ilkel bazı girişimlerin süreç sonunda gelişmesini sağlamıştır. Fakat bu dönemde Hippokrates'in ('Hipokrat' olarak da bilinir ve Modern tıbbın ilk öncülerinden birisi olarak kabul edilir) (MÖ 460-370 civarı) okulu dışında gözlem ve deneye yeterli önemin verildiğine pek rastlanmaz. Onun çalışmalarını Herophilus, Erasistratus ve de özellikle Galen ('Galenos' olarak da bilinir ve Modern tıbbın ve biyolojinin ilk öncülerinden birisi olarak kabul edilir) geliştirmiştir; daha sonra bu çalışmalar, Rönesans döneminde anatomi ve fizyolojinin yeniden canlanmasında temel oluşturmuştur. Bu çalışmalarda genelde felsefî akıl yürütmeler, deney ve gözleme göre ön planda olmuştur.

ATOMCU GÖRÜŞ

DEMOKRİTOS (MÖ 460-370)

ve HERAKLEİTOS (MÖ 540-480)

Eski Yunan'da Atomculuğu ortaya atan ilk kişi Leukippos'tur. İlkçağ kaynakları, bir varlık anlayışı (ontoloji) kuramı olarak bu öğretiyi büyük ölçüde Leukippos'un geliştirdiği konusunda, genellikle görüş birliği içindedir. Buna rağmen Atomculuğu sistematik olarak ortaya koyan ilk kişinin Demokritus olduğu kabul edilir. Bu kurama göre, atomlar öncesiz ve sonrasızdır, yani ezelden beri vardır ve sonsuza dek varlıklarını sürdürürler. Demokritus evrenin işleyişini, mekanist bir şekilde atomların hareketleriyle açıklar. Aristoteles ise, Demokritus'u neden/sonuç ilişklisine dayanan gayeci (teleolojik) yaklaşımı tamamen dışlayıp evreni doğal bir zorunlulukla açıkladığı için eleştirir. Atomcu kuramı savunan Demokritus, onun takipçisi Epikurus ve onlardan çok daha açık şekilde Ateist/Materyalizmi savunmuş olan Lucretius, evrende bilinçli bir tasarımın ve yaratıcının varlığını reddetmişlerdir. Her olguyu doğal zorunlulukla açıklayan tüm bu ateist yaklaşımlarda; her şeyin, bir bilincin müdahalesi olmadan 'tesadüfen' oluştuğu söylenir. Evrenin ve canlıların, atomların hareketleri sonucunda oluştuğunu savunan bu yaklaşım, her oluşun mekanik bir tarzda, sebep/sonuç ilişkileri içerisinde oluştuğunu kabul eder. Bu yaklaşıma göre sebep/sonuç ilişkilerinin dışında bir tesadüf olamaz. Fakat bu yaklaşımda bulunanlardan, 'evrenin tesadüfen oluştuğunu' söyleyenler, 'tesadüf' kelimesini 'bilinçli bir tasarımın karşıtı', 'bilincin yönlendirmediği bir zorunluluk' anlamında kullanmışlardır (Bu kitapta sıkça kullanacağımız 'tesadüf' kavramı bu anlamıyla ele alınmıştır). İşte Eski Yunan atomcularının ve onların takipçilerinin teizmle (tektanrıcılık) en büyük uyuşmazlığı bu noktadaydı. Teizm, mekanist bir evren görüşünü kabul edebilir, fakat -teistlerin aralarında bu konuda tartışma olsa da- evrenin bilinçli bir tasarımın ürünü olmadığını ve bu anlamdaki gayeciliğin reddini kabul edemez. Kitabın ilerleyen bölümlerinde de görüleceği gibi, gayeciliğin kabul edilip edilmemesi ve mekanizm/gayecilik tartışması, 'Evrim Teorisi' ile ilgili tartışmalarda önemli bir yere sahiptir. Böylece Aristoteles'in Demokritusçu yaklaşımla Atomcu kuram bağlamında yaptığı tartışma, 2000 yıldan daha uzun bir zaman diliminden sonra, tarihin yeni oyuncuları tarafından yepyeni bir içerik merkezinde tekrarlanacaktır ve bu da günümüzde gelinen noktayı oluşturan 'Evrim Teorisi' ile 'Bilinçli bir yaratıcının tasarımı' arasındaki fikirsel mücadelenin temelini oluşturur. Tektanrıcı dinlerin evrenin bir başlangıcı ve sonu olduğunu kabul etmelerine karşın Eski Yunan'da ezeli, ebedi ve durağan bir evren tasarımı hâkimdi. Evrende var olan değişiklikler bile döngüsel ve evrimsel bir mantıkla açıklanıyor ve kuramlarında her şey aslına geri dönüyordu. Örneğin, Atomcu kurama göre canlılar ve her şey atomların etkileşimi ile var oluyordu, daha sonra her şey aslına, yani tekrar atomlara dönüşüyordu ve bu süreç böylece sonsuza kadar devam edip gidiyordu. Atomlar öncesiz ve sonrasızlıklarıyla her şeyin nihai açıklamasıydılar. Dikkat edersek bu varlık anlayışı, Yaratıcı'nın merkezde olduğunu ve evreni yoktan yaratıp bir gün yok edeceğini söyleyen tektanrıcı dinlerin anlayışından tamamen farklıdır. Bir teist, Atomcu kurama benzer şekilde mekanistik yaklaşımla evreni açıklayabilir. Hem teist evrimciler hem de ateist evrimciler olduğu gibi, 'teist bir Atomcu kuram'a inananlar da olabilir ve olmuştur da. Fakat bir teist, yani bir Yaratıcı'nın varlığını kabul eden inançlı birisi, atomların öncesiz ve sonrasızlığını, evrende gayesel bir oluşum olmadığını, atomların her şeyin nihai açıklaması olduğunu kabul edemez. Yaratıcı merkezli varlık anlayışı nihai açıklamayı Allah'ın varlığında bulur, bir teist için evrenin oluşumu muhakkak gayeseldir; çünkü tüm Kâinatta işlemekte olan mükemmel ve tesadüf eseri olmaya süreç bir tekâmüle doğru gitmektesir ki bu da varlığın nihâî sonu anlamına gelen 'Kıyamet' demektir, yani 'tesadüfler' 'devir/dâim mekanizmaları' değil 'tekâmüller' ve 'Allah'ın zihnindeki yaratılış planı' işlemektedir. Dolayısıyla, ne her Atomcu kurama inanan ateisttir ne de her ateist evrimci olmak zorundadır. Tarihin ünlü ateistlerinde, günümüzün 'Evrim Teorisi'nin izlerini arayarak, onları bu teorinin öncüsü, ilham kaynağı olarak görmek yanlış bir yaklaşım olur. Demokritus ve Epikurus'un en ünlü takipçisi ve onlardan çok daha açık bir şekilde ateizmi savunan Lucretius'u da evrimci olarak görmek doğru değildir. Lucretius *'Şeylerin Doğasına Dair'* isimli şiirinde şöyle demektedir:

"Her şeyin kendine has gelişim süreci vardır; her biri birbirinden farklı yanlarını muhafaza etmelidir. Bu, Doğa'nın geri döndürülemez kanunudur."

Lucretius evrimsel süreçle tesadüfî bir oluşumu değil, tesadüfî bir şekilde 'kendiliğinden oluşum'u (*spontaneous generation*) savunmuştur. Görüldüğü gibi ateizm için önemli olan bilinçli bir gücün karışmadığı bir oluşumu kabul etmektir. Buna karşın, bu 'kendiliğinden oluşum'u evrimci bir süreç olarak tarif etmeyenler de olmuştur. Ateizm ile Evrim Teorisi'ni ilişkilendirmeye çalışan bazı araştırmacılar, Eski Yunan'a kadar geri gitmiş ve o dönemin ateistlerinin kullandığı birkaç cümle ile Evrim Teorisi arasında zorlamaya varacak ölçüde bir bağ kurmaya çalışmışlardır. Lucretius gibi bazı düşünürler, bazı türlerin yok olması gibi (Örneğin, dinazorlar gibi) tarihsel olgulara dikkat çekmişlerdir ama bunu, türlerin birbirinden evrimleştiğini söyleyen Evrim Teorisi'nin doğal seleksiyonu ile karıştırmamak gerekir. Eğer bunlar birbirine karıştırılırsa, tarihteki binlerce kişinin, 'Evrim Teorisi'ni önceden sezinlediği söylenebilir. Evrim Teorisi'nin doğru olup olmadığı sedece antik dönemin bir tartışması değildir. Fakat gayeci bir yaklaşımın doğru olup olmadığı ve evrenin bilinçli bir tasarımın ürünü olup olmadığı, o dönemden beri süren ve halen günümüzde de devam eden bir tartışmadır ve özellikle son 200 yıllık bir süreç içerisinde tartışıla gelen 'Felsefî' konuların temelini oluşturan 'Evrim Teorisi' ile 'Yaratılış' arasındaki çekişmenin merkezini oluşturan 'Meseleler' bu tartışmaların doruk noktasını teşkil eder.

PLATON (EFLÂTUN)

Phythagoras, Gorgias ve Sokrates gibi düşünürler için biyoloji ve tüm diğer doğa bilimleri, felsefî etkinliğin dışındadır. Onlar bu konudaki çabaları, başarısı olanaksız bir uğraş olarak algıladılar ve bilinemezci (agnostik) bir tavır sergilediler. Fakat felsefî düşünceyi gerçek manada yönlendiren ve atomcularla beraber kendisinden önceki düşünürlerin çoğunu gölgede bırakan Platon oldu. Platon hem kendinden önceki felsefecileri gölgede bırakan, hem de Yunan felsefesinin itibarını arttırarak gölgede bıraktığı isimlerin gün ışığına çıkmasını sağlayan kişidir. O, kendisinden önceki Phythagoras, Parmenides, Herakleitus ve hocası Sokrates gibi felsefecilerin mirasından faydalanmasının yanında, antikçağdaki ünde ve etkideki tek rakibi, talebesi olan Aristoteles'i (Aristo olarak da bilinir) mirasından yararlandırmıştır.

PLATON (MÖ 428-347)

Birçok biyoloji tarihi kitabında, Platon, biyoloji biliminin gelişiminde en olumsuz etkisi olan kişilerden biri olarak gösterilmektedir. Ünlü hayvanbilimci ve fosilbilimci Stephen Jay Gould, Platon'dan beri gelen ideal soyutlamaların, bütünü oluşturan bireylerdeki çeşitliliğin (varyasyonların) göz ardı edilmesine sebep olduğunu söyler. Gould, Platon'dan beri gelen 'özcülük' (*essentialism*) düşüncesinin, biyoloji ve diğer doğa bilimlerinde gelişmeyi önlediği kanısındadır. Özcülük, metafizikte, öze bir gerçeklik yükleyen, özün varoluş karşısında ontolojik bir önceliğe sahip olduğunu öne süren görüştür. Ernst Mayr, özcülüğün iki bin yıl boyunca biyolojiyi felce uğrattığını, Platonik düşüncenin biyolojinin felaketi olduğunu, modern biyolojinin Platonik düşünceden kurtularak geliştiğini söyler ve Platon'un '*Timaeus*' adlı eserinde duyu organlarıyla elde edilen bilgiyle gerçeğe ulaşılamayacağını söylemesine gönderme yapar. Platon'un bilgi teorisindeki (epistemoloji) yaklaşımının, gözlem ve deney gibi doğa bilimleri için çok önemli olan unsurların gelişmesini engellediği doğrudur. Fakat onun sistematik yaklaşımı felsefeye kazandırmasının ve matematiği merkezi bir role koymasının, doğa bilimleri açısından ne kadar önemli olduğu da unutulmamalıdır. Platon, matematiği vazgeçilemeyecek ve bütün doğa bilimlerinin temelinde olan bir yasalar bütünü olan bir bilim olarak görür; çünkü matematik ile bütün bilimler kavranır ve matematik öz varlığa varmak için kavramları kullanmaya bizi zorlar. Sistematik yaklaşım olmadan, deney ve gözlemler birleştirilemeyen veri yığınlarına dönüşürdü. Batı dünyasına sistematik düşünmeyi öğreten en önemli kişilerden birinin Platon olduğu dikkate alındığında, onun düşüncesinin sırf doğa bilimleri için zararlı yönlerini öne çıkaran Mayr ve Gould'un eleştirilerinde -haklı tespitlerinin de bulunmasına rağmen- haksızlık yaptığını söylemek de yanlış olmaz. Her iki düşünür de Darwin'in türler yerine bireyleri öne çıkaran düşüncesinin, Platon'un 2000 yıllık yanıltıcılığına nihâi olarak son verdiğini düşündükleri için böyle bir abartıya gitmişlerdir.

Mayr, Platon'un matematiksel yaklaşımının bilim için öneminin bilincindedir. O, bu noktanın farkındadır ve sadece Platon'un değil, matematiğin ve fizik bilimlerinin kendilerinin de biyoloji üzerinde çok olumsuz etkilerinin olduğu kanaatindedir. Geometrinin değişmeyen doğrularının özcülüğe yol açtığını, bunun ise evrimci düşünceye ters olduğunu söylemektedir. Mayr, Platon'u, evrimin karşıt kampının kahramanı ilan eder; o özcülüğün bayraktarı olduğu için bu nitelemeye layık görülür. Matematiksel düşüncenin biyoloji üzerindeki zararlarına dikkat çeken Mayr'a karşılık Nicholas Rashevsky gibi biyolojide matematiksel düşünceden daha çok istifade edilmesi gerektiğini düşünen bilim insanları da mevcuttur. Buna göre olasılık hesapları, istatistik çıkarımlar, kümeler teorisi gibi matematiksel yaklaşımlar biyolojide kullanılmalıdır. Biyolojinin fizik bilimlerden farkını anlamak elbette önemlidir ama matematiksel düşünce gelişmeden doğa bilimlerinde gelişme olmasının çok zor, hatta imkânsız olduğu da kabul edilmelidir.

Mayr, Platon'un dört görüşünün biyolojiye zarar verdiğini söyler. Bunlardan birincisi, bahsettiğimiz özcülük ile ilgili fikirleridir. İkincisi, evreni bir 'kozmos' olarak görmesidir ki bu ileride evrim fikrinin ortaya konmasında zorluk çıkarmıştır. Üçüncüsü, canlılığın cansız maddeden kendiliğinden oluşumu fikrini savunan filozofların görüşleri yerine Yaratıcı'yı (*Demiurge'u*) koymasıdır. Dördüncüsü, maddî bedenden ayrı bir cevher olarak ruha yaptığı çok önemli vurgudur. Tüm bu izahlardan anlaşılıyor ki Mayr, Platon'un biyolojik düşünceye zarar verdiğini söylerken aslında materyalist/evrimci düşünce ile biyolojik düşünceyi özdeşleştirmiş bulunmaktadır. Günümüzdeki en büyük evrimcilerden birisi olarak kabul edilen Ernst Mayr, 2000 yılı aşkın bir zamanda süren özcü düşünceden insanları kurtaran kahraman olarak Darwin'i sunar ve onun sayesinde özcülükten popülasyoncu düşünceye geçildiğini söyler. Diğer önemli bir evrim kuramcısı olan Heidegger ise, Nietzsche'nin kendi felsefesini Platonculuğa karşı bir felsefe olarak gördüğünü ve Nietzsche'nin "Tanrı öldü" sözüyle Platoncu metafiziğin ölümünü kastettiğini söyler. Görülüyor ki Batı felsefesinde Platon birçok fikrin kaynağı olarak kabul edilmektedir ve sırf Platon'un karşıt fikri veya panzehiri olmak iddiası bile bir biyolojik yaklaşıma (Darwin örneği gibi) veya felsefî yaklaşıma (Nietzsche örneği gibi) önemli bir konum kazandırabilmektedir. Alfred North Whitehead'in, Batı felsefe tarihini Platon'a düşülmüş dipnotlardan ibaret gören yaklaşımı -aslen abartılı olsa da- önemli gerçeklere işaret etmektedir. Evrimci düşüncenin geç ortaya çıkmasından ve kabulünün zor olmasından en önemli evrimci bilim insanlarının Platoncu düşünceyi buna sorumlu tutması ilginç bir örnektir.

ARİSTOTELES (ARİSTO)

ARİSTOTELES (MÖ 384-322)

Platon'un biyolojiye doğrudan katkısı yoktur, fakat ortaya koyduğu fikirlerin doğa bilimleri ve biyoloji için hem engel olma hem de yol açma açısından önemi vardır. Aristoteles'in ise hem genel felsefesinin, doğa bilimleri ve biyoloji için çizdiği yol çok önemlidir, hem de bir biyolog ve biyoloji felsefecisi olarak ortaya koyduğu ve yaptığı çalışmalar, kendisinden sonraki çok uzun bir dönem boyunca etkili olmuştur. W. Thompson, E. S.

Russell ve J. Needham gibi ünlü biyologlar onun koyduğu birçok prensibin günümüze kadar tazeliğini koruduğunu söylerler. Biyoloji tarihi veya biyoloji felsefesi üzerine yazılan kitapların ilk bölümlerinin geniş bir kısmı genelde Aristoteles'e ayrılmıştır. O, karşılaştırmanın bilim için önemini kavrayan ilk kişi olarak anılır. Aristoteles, hocası Platon'un 'idealar' öğretisini şöyle eleştirir:

"Platon'un yazılarında eşyadan ayrı 'idealar' bulunduğunun kanıtını aramak boşunadır. Platon'un 'idealar'la ilgili öğretisi, metafizik problemleri çözmek yerine, gerçek âlemi, aynı adı taşıyan faydasız 'idealar'la daha karmaşık hale getirmektedir. Gerçekten de 'idealar' eşyanın ne meydana gelmesine ne muhafazasına ne anlaşılmasına yardım etmektedirler."

Aristoteles maddî evrenden bağımsız 'idealar'ın varlığını reddederken evrendeki bireylerin özü anlamında 'idealar'ı kabul eder. Yani Aristoteles de Platon gibi özcüdür ama onun özcülüğü, bu evrenin dışında ayrı bir 'idealar' âlemine gözleri çeviren ve bu evreni önemsiz kabul eden bir özcülük değildir. İleride Aristoteles'in özcülüğü, Linnaeus'un biyolojik teorisini de etkileyecektir ve Linnaeus biyoloğun görevini; türlerdeki, Yaratıcı'nın yarattığı özleri ve bu özlere bağlı türleri tespit etmek olarak ifade edecektir. Özcülüğün biyoloji üzerinde çok olumsuz etkisi olduğunu söyleyenler de 19. yüzyıldan (Darwin'den önce) önceki dönemde biyolojiye en önemli katkı yapan kişi olarak yine Aristoteles'i gösterirler. Onun biyolojiye bu katkılarının arkasındaki temel neden olarak felsefesinin deneyciliğe verdiği önemi gösterirler. Aristoteles, açıkça biyolojik çalışmalarını değerlendirirken, gözlemin teoriye göre önceliğini ve teorinin ancak gözlemlerle uyumlu olma durumunda geçerli olduğunu ileri sürer. Aristoteles, sistematik düşünmede hocası Platon'dan, deneyci yaklaşım ve biyoloji alanında ise Hippokrates'ten istifade etmiştir. Fakat sistematik düşünce ve yaptıklarıyla Hippokrates'ten çok daha başarılı ve etkili olmuştur. *'Hayvanların Tarihi'*, *'Hayvan Bedeninin Bölümleri Üstüne'*, *'Hayvanların Üremesine Dair'*, *'Ruh Üstüne'* isimli yapıtları biyoloji açısından oldukça önemlidir. *'Metafizik'* ve *'Fizik'* isimli yapıtlarında ortaya koyduğu fikirlerini anlamak da doğa bilimlerine ve biyolojiye yaklaşımını kavramak için gereklidir. Aristoteles'in biyoloji ile ilgili görüşlerinde zengin bir biyolojik mirasa sahip olmaması, yeterli deney ve gözlemi gerçekleştirememesi, mikroskop gibi araçlara sahip olmaması, ulaştığı sonuçlardaki yanlışlıklarda etkili olmuştur. İçinde bulunduğu olumsuz şartlara rağmen 2000 yıldan fazla süren bir süreci etkileyecek çalışmalarıyla tarihin en etkili biyoloğu olduğu söylenebilir. Ondan önce bilinen hiç kimse hayvanları böylesine ciddi bir sınıflandırmaya tabi tutmamıştır. O, hayvanları; yaşam tarzları, organları, davranışları gibi kriterler çerçevesinde sınıflandırmıştır. Onun hayvanlarla ilgili sınıflandırması kendisinden 2000 yıl kadar sonra yaşayan Linnaeus ile kıyaslanır. Durağan ve sabit bir evren anlayışını öngören fiziği daha önce (16. yüzyıl) gözden düşmüş olmasına karşın; biyolojide üstatlık mertebesini 19. yüzyıla dek korumuştur. Günümüzdeyse, kavramları ile görüşlerinin çoğu, biyoloji felsefesinin hâlâ gündemindedir. 550 civarında hayvanı gruplandırarak, canlıları; 'yumuşak, sıcakkanlı memeliler' ve 'sert, soğuk bitkiler' gibi farklı hiyerarşik sıralar altında incelemiştir. Onun çalışmaları morfoloji, fizyoloji, embriyoloji, sistematik, hayvan davranışları gibi biyolojinin birçok çalışma alanı için temel oluşturmuştur.

Aristoteles'in biyoloji felsefesi, bazı evrimci filozoflar tarafından 'Evrim Teorisi'nin daha önce ortaya konmamasının önemli sebeplerinden biri olarak gösterilir. Onun biyolojik yaklaşımında, Evrim teorisinde olduğu gibi birtakım sıçramalara (Kambriyen patlaması gibi), umulmadık yıkımlara (mutasyon gibi) ve yeniden kurulmalara (doğal seleksiyon gibi) yer yoktur. Her oluş, öncelikle de canlılar evrenindeki oluşumlar, gayelerini -bir bakıma son biçimlerini- kendi bünyelerinde ve özlerinde bir program olarak taşırlar.

Evrenin bir kaostan oluştuğu (Platon'un düşüncesi) düşüncesinden, kompleks canlıların daha basit canlılardan oluştuğu (Darwin'in düşüncesi) düşüncesine kadar her türlü 'evrim' fikri Aristoteles'in düşüncesine tersti. Aristoteles'in varlığı meydana getiren nedenleri tarifi, canlıların biyolojik varlıklarının kanıtlarını incelediğimiz bu bölümdeki konumuz açısından oldukça önemlidir. O, varlığı meydana getiren nedenleri dört başlıkta inceler:

1. Maddî neden
2. Fail neden
3. Formel neden
4. Gayeci (Teleolojik) neden

Aristoteles'e göre, bilim insanının görevi bu dört nedenin hepsi üzerine bilgi edinmektir. Aristoteles'in meşhur mermer heykel örneğini ele alalım. Her şeyden önce mermerin varlığına gerek vardır. Bu, maddî nedendir. Heykeli yapmak için çekiç ve keskiyle yontma işlemine ihtiyaç duyulur. Bu ise, fail nedendir. Fakat yine, heykelin bir şekil alması, bir at, insan veya benzeri bir şekil kazanması gerekir, gelişigüzel yontulmuş mermer heykel değildir. Bu da, formel nedendir. Heykelin varoluşunun genel nedeni, heykeltıraşın amacının gerçekleşmesidir. Aristoteles buna da, gayesel neden yani bütün şeyin nihâi nedeni der. Bazen formel neden ve gayesel neden aynı olur; bir şeyin son biçimi aynı zamanda sürecin nihâi amacıdır. Aristoteles'in gayeci yaklaşımı, teizm ile uyumluyken ateizm ile uyuşamaz ama bu, ateistlerin gayeci yaklaşımın kelimelerini ve kavramlarını hiç kullanmadıkları anlamına gelmez. Örneğin, gözün açıklaması için "Göz görmeye yarar", kanatlar için "Kanatlar uçmayı sağlar" şeklinde yapılan açıklamalar; gözleri ve kanatları gayesel nedenleri ile açıklayan gayeci ifadelerdir ve biyoloji kitapları bu tip ifadelerle doludur. Bazı evrimci biyologlar (örneğin, botanikçi Paul J. Kramer), dilin bu şekilde kullanımını yanlış bulmakta ve bu şekildeki ifadelerin biyoloji biliminden atılmasını istemektedirler. Ünlü evrimci biyolog Francisco J. Ayala, biyoloji biliminde dilin gayeci kullanımından kaçışın olmadığının farkındadır ve bunda bir sakınca da görmemektedir. Fakat gayesel yaklaşımı 'yapay gayecilik' (*artificial teleology*) ve 'doğal gayecilik' (*natural teleology*) diye ikiye ayırarak, bir ateistin, gayeci kavramları kullanışı ileteistinkileri ayırt etmektedir. Buna göre bir bıçağın keskin yapılmasını, bir arabanın sürülmek için imal edilmesini veya Allah'ın evreni yaratmasını anlatan kişi; 'yapay gayeci' bir yaklaşımda bulunuyordur. Bu yaklaşımda bilinçli oluşturma ve bunun sonucunda tasarım vardır; bıçağı, arabayı ve evreni bunlara içkin olmayan dış ve bilinçli bir güç oluşturmuştur. Oysa Ayala, 'doğal gayecilik'te her şeyin içkin olduğunu; kuşların kanatlarının oluşumundan bahsederken, tesadüfî mutasyon, adaptasyon, doğal seleksiyon gibi süreçlerin dışında hiçbir güce atıf yapmayan kişinin, 'doğal gayeci' açıklama yaptığını söyler. Görüldüğü gibi teist felsefeci ve bilim insanlarının gayeci yaklaşımı, Ayala'nın sınıflamasına göre yapay gayeciliktir; buna karşın ateist yaklaşımın gayesel terimleri kullanışı doğal gayeciliktir. Burada 'doğal' kelimesinin kullanılışındaki gerçek amacın, doğa-dışı gücü (Yaratıcı'yı), evrenin ve canlıların oluşum sürecinin dışına çıkarmak olduğu (İslâm Literatüründe uzun süre kabul gören ve evrenin yaratılışı ile Allah'ın öz varlığı arasındaki yanlış anlaşılmalara sebebiyet veren Vahdet-i Vücûd anlayışının terk edilmesi gibi, örneğin bu görüşü savunan İslâm âlimlerinden İmâm-ı Rabbânî de son dönemlerinde bu görüşten vazgeçmiştir) görülmektedir. İleride görüleceği gibi, bu yaklaşım tüm evrimcilerin yaklaşımı değildir, sadece ateist evrimcilerin yaklaşımıdır. Teist bir bilim insanı veya felsefeci, evrenden veya canlılardan bahsederken gayesel nedenleri göz ardı edip bilimsel yaklaşımda bulunabilir. Fakat teist bir varlık anlayışına sahip bir kişi, evreni Allah'ın bir tasarımı olarak gördüğü için; tasarımdan dolayı mutlak bir şekilde gayeci yaklaşımı kabul etmiştir (bilimsel yaklaşımda gayeselliği göz ardı etse de).

Jacques Monod ve Ernst Mayr; Aristoteles'in ve teistlerin gayeci yaklaşımı ile ateistlerin gayesel kavramları kullanışını ayırt etmek için 'teleonomi' (gayesel program) kavramının 'teleoloji' (gayesel) kavramının yerine kullanılmasını önermektedirler. Aristotelesçi anlamda 'teleoloji' kavramından kurtulmak için 'teleonomi' kavramının kullanılmasını ilk öneren Pittendrigh olmuştur. Ernst Mayr, 'teleonomi' kavramını gayesel bir süreç için kullanmaktadır ki, bu gayeye giden yolu yönlendiren canlının yaratılış programıdır. Mayr'ın programla kastettiği temelde canlıların DNA'sındaki genetik kodudur. Böylece teistlerin, bilinçli ve kudretli Tasarımcı'nın zihnindeki planı kasteden 'teleoloji'si, ateist/evrimci yaklaşım tarafından; Yaratıcı ve DNA ile teleoloji ve teleonomi kavramları yer değiştirilerek dönüştürülür. Böylece, biyologların canlıların organları ve davranışları için kullanmaktan kaçınamadıkları 'gayesel ifadeler' meşrulaştırılmış olur.

ARİSTOTELES'TEN SONRA BİYOLOJİ

Aristoteles deneysel ve gözlemsel biyolojiye büyük katkıda bulunduğu gibi biyoloji felsefesi alanında yaptığı tartışmalar da 2000 yılı aşkın bir süre alıntılanmış veya ona cevap verilmeye çalışılmıştır ve onun muhalifleri bile onun önemini yadsımamıştır. Aristoteles, Atina'dan firar ettikten sonra okulunun yönetimini, Platon'un okulundan beri beraber olduğu talebesi Theophrastus'a (MÖ 370-287) bıraktı. O da 30 yılı aşkın bir süre bu okulu yönetip birçok talebe yetiştirdi. Theophrastus'un çalışmaları botanik konusunda kendi döneminin zirvesini oluşturur. O, 500'ün üzerinde bitki türünden bahsetmiş ve 'botaniğin babası' olarak anılmıştır. *'De Causis Plantrum'* (Bitkilerin Sebepleri) ve *'Historia Plantrum'* (Bitkilerin Doğal Tarihi) adlı ünlü eserlerinde, bitkilerin üreme sisteminden hastalıklarına kadar birçok konuyu ele alır. Theophrastus'un yaklaşımının felsefe açısından değeri, deneysel yaklaşıma önem verilmediği bir devirde, deneyin ve gözlemin, bilgi teorisi açısından önemine inanması ve bizzat kendisinin uygulamalarıyla Aristoteles'in bilgisel ve kuramsal mirasını geliştirmesindedir. Bu dönemden sonra biyolojiye önemli katkıda bulunanların birçoğu aynı zamanda hekimdir.

Örneğin Herophilus'un (MÖ 300'ler civarı) anatomi konusundaki çalışmaları önemlidir, eserlerinin çoğu kaybolmuş olmasına rağmen başkalarının ondan yaptığı alıntılardan kendisinin yaşadığı dönemin en önemli iki anatomi bilgininden biri olduğu anlaşılmaktadır. Yaptığı otopsilerle insan vücudu hakkındaki bilgilerin birçoğunu ilk defa insanlığa kazandıran da odur. Erasistratus (MÖ 290'lar civarı), Herophilus'un çağdaşıydı ve o da önemli bir anatomi bilgini ve fizyolojistti. Demokritus'un Atomcu kuramına yakındı. Kalp üzerinde dikkatlice çalıştı ve kapakçıklarını isimlendirdi, dolaşım sistemi ve sinir sistemi üzerine araştırmalar yaptı, beynin kıvrımlarını inceledi. İskenderiyeli bu iki anatomi bilgininin birbirleriyle rekabeti biyoloji biliminin gelişimi açısından önemli sonuçlar verdi. Romalıların biyolojiye katkıları genelde Yunanlılarınkinden daha önemsiz kabul edilir. Milattan sonra 1. yüzyılda yaşayan Plinius (MS 23-79), *Doğa Tarihi* adlı geniş kapsamlı bir ansiklopedi yazmış ve bu eser 15 yüzyıl boyunca başvuru kitabı olmuştur.

Antik dönemin son önemli biyoloji bilgini 2. yüzyılda yaşayan Galenos'tur (MS 129-200). Bergama'da doğan Galenos, Roma'da hekimlik ve cerrahlık yaptı, birçok tıp kitabı yazdı. Anatomiciydi; fil, domuz ve maymun gibi birçok hayvanın üzerinde otopsi uygulayarak sinir sistemlerini, kalplerini inceledi. İslâm dünyası üzerinde de büyük bir etki bırakan Galenos, Deneysel fizyolojinin kurucusu olarak kabul edilir. 17. yüzyıla dek biyoloji bilimi üzerinde en etkili birkaç isimden biri oldu. Hatta Aristoteles ile beraber en etkili iki kişiden biri olduğu da söylenebilir.

Galenos ise, kendinden önceki mirastan önemli ölçüde yararlandı ve Aristoteles'in gayeci yaklaşımını benimsedi. Anatomi ve fizyoloji konusunda Aristoteles'i geçmiş olsa da biyoloji felsefesine ve genel felsefeye olan etkisi Aristoteles'in çok gerisindedir. Aristoteles'ten sonra bilgi teorilerinde deneye ve gözleme yer veren tüm bilginlerin katkısı önemli olsa da bunların hiçbirinin felsefî bir sistem kurma ve kendilerinin de etkisi altında oldukları Aristotelesçi sistemi (paradigmayı) değiştirme konusunda girişimleri olmamıştır; çoğu bu paradigmaya bağlı bir şekilde yaptıkları çalışmalarda, tümevarım yöntemiyle mevcut bilimsel bilgiyi geliştirmeyi hedeflemiştir.

İSLÂM DÜŞÜNCESİNDE BİLİM VE BİYOLOJİ

Galenos'tan sonra uzun bir dönem çok önemli sayılabilecek biyolojik bir çalışmaya rastlanmamaktadır. Bu süreç, İslâm düşüncesinin en önemli eserlerinin verildiği 9.-13. yüzyıllar arasındaki döneme kadar devam etti. İslâm dini, 7. yüzyılda ortaya çıktı ve İslam'ın esas kaynağı olan Kur'ân, tüm varlıkları Allah'ın varlığının delilleri olarak nitelendirerek Müslümanları bunların incelenmesine teşvik etti. Kur'ân'ın ayetlerinin şekillendirdiği zihinler, bilimsel çalışmayı bir ibadet ve Allah'a yaklaşmanın aracı olarak değerlendirdiler. Kur'ân'ın dili bilimsel ilerlemenin uluslararası vasıtası oldu. Bu yüzyıllarda yaşamış Cabir bin Hayyan, Kindi, Harizmi, Fergani, Ebu Bekr er-Razi, İbn Sina, Biruni, İbn Yunus, İbnül Heysem gibi Müslüman bilim insanlarının Batı'da eşdeğerleri bulunmamaktaydı. Ortaçağ hakkında 'karanlık çağ' denmesi Batı medeniyeti için doğru olabilir ama bu dönemdeki İslâm düşüncesinin bilimsel başarısı için bu ifadeyi kullanmak uygun değildir. Ünlü bilim tarihçisi Sarton, 8. yüzyılın ikinci yarısından 12. yüzyıla kadarki kronolojiyi her yarım yüzyıla bu dönemlere damgasını vurmuş Müslüman bilim insanlarının adını vererek düzenlemekte ve topyekün bu dönemi 'altın çağ' olarak nitelemektedir. Müslümanlar, ilmin gerçek sahibi olarak Allah'ı gördükleri için; yabancı toplumlardan bilgi almada, bu toplumlardan çeviriler yapmakta bir sakınca görmediler. Hint, Fars, Mezopotamya bölgesindeki birikimden ve de özellikle Yunan mirasından yararlanıldı. Önceki insanların bilim ve düşünceye katkılarını kendi eserleri sayarak, faydalı olanı almayı, faydasız olana itibar etmemeyi prensip edindiler. Yunan bilim ve düşüncesini ayrıntılarıyla tercüme edip korumalarına ve ondan faydalanmalarına rağmen Yunan mitolojisini çoktanrıcılığın bir şekli olarak niteleyip dikkate almamışlardır. Müslüman düşünürler, sadece kendilerinden bir şey katmadıkları tercümeler yapmamışlar; daha baştan kendi inançları, varlık anlayışları çerçevesinde seçimler yaparak etkili olmuşlardır. Özellikle Aristoteles'in ve Galenos'un, onlardan sonra ise Hippokrates'in, İslam dünyasındaki biyoloji biliminin gelişiminde en etkili kişiler olduğu söylenebilir. Hippokrates ve Galenos'ta yer alan uyum ve denge fikri ile İslâm'da önemli bir yer tutan uyum ve denge fikri arasındaki ilişki de bunu kolaylaştırmıştır. İslâm'daki, canlıları, Allah'ın varlığının ve gücünün delili olarak gören anlayışın, Aristoteles'in ve onu izleyen Galenos'un gayeci yaklaşımıyla uyumlu olması da; onların, İslam düşünürlerince benimsenmelerinde etkili olmuştur. İslam düşünürleri bilgilerini sadece tercümelerle arttırmakla kalmamış, sistematik deney ve gözlemle bilgi edinmenin bilgi teorisi açısından önemini kavramışlar ve birçok keşifler yapmışlardır. Örneğin

İbnün Nefs'in küçük kan dolaşımını keşfi önemlidir. İbnün Nefs, Galenos'un yanlış düşüncelerini düzelterek kalbin üç değil iki karıncıktan ibaret olduğunu bulmuştur. Hayvanbilimi (Zooloji) alanında da Cahız'ın *'Kitab el-Hayevan'* (Hayvanlar Hakkında Kitap) adlı kitabı kendi döneminin en önemli eserlerindendir. O, Aristoteles'in fikirlerinden faydalanmış, onları hem geliştirmiş, hem de eleştirmiştir. Cahız, hayvanbilimini (zoolojiyi), dini araştırmaların bir dalı haline getirmiştir. Bu durum, doğa bilimleri üzerine çalışmayı, ibadet kabul eden devrin genel anlayışıyla uyumluydu. Kur'ân canlı varlıklara özel bir itina göstermiştir. Nitekim birisi Kur'ân'ın en uzun suresi (Bakara (İnek veya buzağı) Suresi) olmak üzere Kur'ân'da tam altı sure (Ankebut (Örümcek), Nahl (Arı), Fil, Neml (Karınca) Sureleri gibi) adını hayvanlardan almaktadır.

Müslüman bilim insanları botanik konusunda da önemli eserler verdiler. Örneğin, Ebu Hanife ed-Dineveri'nin *'Kitab en-Neba'* (Bitkiler Kitabı) adlı eseri muhtemelen 9. yüzyılın en önemli botanik kitabıdır. İhvan-ı Safa'nın, İbn Sina'nın, İbn Bacce'nin de botanik konusundaki eserleri, kendi ve kendilerinden sonraki dönemlerde etkili olmuşlardır. İbn-ül Heysem'in optik konusundaki çalışmaları, 16-17. yüzyıla kadarki bu alanda yapılmış en önemli bilimsel çalışmalardan birisidir. Optikteki bilgi birikimi astronomi için olduğu kadar biyoloji için de hayati önemde olmuştur. Nasıl çağdaş astronomi gelişmesini teleskopa borçluysa, çağdaş biyoloji de mikroskopa borçludur. Bu yüzden optikteki gelişmeye katkısı olan İbn-ül Heysem biyoloji açısından da önemli bir yere sahiptir. Roger Bacon'dan, Vitello'dan, Leonardo da Vinci'ye dek birçok önemli bilim insanı optikle ilgili çalışmalarında İbnül Heysem'in optikle ilgili kitabından faydalanmışlardır.

Modern biyoloji ve 'Evrim Teorisi', Batı medeniyetinin bilimsel ortamında gelişti. Bu yüzden, Batı bilimi ve biyolojisinin beslendiği kaynaklar olan Grek medeniyetini ve İslam düşüncesini tanımamız, Doğu ve Batı medeniyetlerinin gelişimininde pozitif bilimlerin yerini daha iyi kavrayabilmemiz için faydalı olacaktır. İslâm düşüncesinden yapılan çevirilerle Batı, kendi tarihsel köklerini dayandırdığı ve yoğun etkisi altına girdiği Grek mirasını keşfetmiş oldu. Batı, İslam düşüncesinden tercümelerle Grek medeniyetini keşfederken, İslam düşüncesinin Grek medeniyetini yorumlayışını ve İslam bilim insanlarının metodolojisini ve keşiflerini de kendi içine almış oldu ve böylece Batı'da Rönesansla birlikte bir aydınlanma hareketinin temelleri de atılmış oluyordu. Albertus Magnus, Thomas Aquinas, Duns Scottus gibi Batı medeniyetinin önemli isimleri, özellikle İbn-i Sina ve İbn-i Rüşd'ün düşüncelerinden derinden etkilendiler.

Roger Bacon'a nispet edilen deneysel metodu kurma şerefinin aslında Müslüman bilginlere ait olduğu, teori ve deneyin metodolojik bütünlüğü konusunda Bacon ve Leonardo da Vinci gibi ünlü bilim insanlarının, Müslüman bilim insanlarından ciddi etkiler aldıkları ünlü Batılı bilim tarihçilerince de ifade edilmiştir. 11. ve 13. yüzyıllarda Arapçadan Latinceye yapılan tercümeler Avrupa'da bir eğitim devrimine yol açmış ve dolayısıyla Batı'da mevcut şekliyle üniversitenin doğuşunda etkili olmuştur. Arapçadan yapılan tercümelerle Batı dillerine giren kelime ve kavramlar, özellikle 16. yüzyılda bu konuda gösterilen özel bir gayretle Batı'nın bilimsel terminolojisinden çıkarıldı. İslâm düşüncesinin biyoloji alanındaki en etkili isminin İbn-i Sina olduğunu söylemek mümkündür. Özellikle *'El-Kanun fi't-Tıbb'* (Tıp Kanunu) isimli eseri biyoloji ve tıp alanlarında yüzyıllarca (yaklaşık 500 yıl boyunca) Batı'da ders kitabı olarak okutulmuştur. 15. yüzyılın sonlarına doğru *'el-Kanun'*, Galenos'un eserleriyle birlikte Batı Avrupa'daki tıp fakültelerinde okutuluyor ve yorumlanıyordu. Bilhassa 13. yüzyıldan itibaren İtalya'da büyük bir ilgiyle karşılanmıştır. Müslüman bilim insanları teistik (Dinsel) bir varlık anlayışını, deney ve gözleme önem veren bir bilgi teorisini ve bilim anlayışını, farklı medeniyetlerin bilimsel mirasından faydalanmayı gerekli gören bir zihniyeti, evreni ve canlıları tanıma faaliyetlerini ibadet kabul eden bir imân anlayışıyla birleştirdiler. Tüm bunları kendi bünyelerinde sentezleyen İslâm düşüncesi, Batı medeniyetine önemli bir miras aktardı ve bu miras Batı'nın bundan sonraki felsefî ve bilimsel macerasında etkili oldu.

İSLÂM DÜŞÜNÜRLERİNDE 'EVRİM' FİKRİ

İslâm düşüncesinin Batı'nın modern biliminin ve biyolojisinin oluşumunda hem deneyci ve gözlemci metodolojiyi teşvik ederek hem kendi deney ve gözlem sonuçlarını aktararak hem de Grek medeniyetinin mirasıyla Batı'yı buluşturarak etkili olduğu doğrudur. Fakat Lamarck ve özellikle de Darwin tarafından ortaya konan, sonra başta genetik olmak üzere biyolojideki gelişmelerle yeniden formüle edilen 'biyolojik Evrim Teorisi'ni, Batı'nın, İslâm düşüncesinden aldığını söylemek için yeterli ve tutarlı bir delil bulunmamaktadır. Bazılarının yaptığı gibi Anaximander'de 'Evrim Teorisi'ni aramak hata olduğu gibi, İslam düşüncesi içindeki İhvan-ı Safa'da 'Evrim Teorisi'ni aramak da hatalıdır. Bu, İslam düşünürlerinde 'evrim' fikri olmadığı anlamına gelmemektedir. Bazı araştırmacılar bu düşünürlerdeki 'evrim' kavramına işaret ettiklerinde, birçok kişinin 'evrim' kavramıyla 'biyolojik Evrim Teorisi'ni karıştırdığı görünmektedir. Bu çok tekrarlanan, kavramların yanlış kullanılmasından kaynaklanan hata, sıkça tarafların anlaşılamamasına sebep olmaktadır. 'Evrim' kavramı ile daha kompleks bir varlık türünün daha basit bir varlıktan meydana gelmesi kastedilir. Örneğin, gaz bulutlarının sıkışmasından gezegenlerin oluşumu şeklinde kozmolojik seviyede bir evrim de hidrojen ve oksijenin birleşmesinden suyun oluşması şeklinde kimyevi seviyede bir evrim de 'evrim' kavramının içine girer. Biyolojik anlamda ise, Lamarck ve özellikle Darwin tarafından ortaya konan 'Evrim Teorisi' ile her bir canlı türünün, diğer bir türün değişimi sonucu oluştuğu kabul edilir. Bu yüzden türlerin sabitliğini savunan herkes 'Evrim Teorisi' ile tam olarak zıt kutuptadır. 'Evrimci' fikirleri gösterilirken türlerin değişmezliğini savundukları da aynı araştırmacılar tarafından gösterilen Nazzam, Biruni, İhvan-ı Safa 'evrimci' kabul edilseler de 'Evrim Teorisi'ni önceden sezinledikleri söylenemez. Cahız, canlılar arasındaki hayat kavgasından, Biruni canlı türlerin içindeki çeşitlilikten ve türlerin seçimi ile ıslah edilmelerinden bahsetmişlerse de hiçbirinin bugünkü anlamda bir 'Evrim Teorisi'ni savunduğu söylenemez.

Canlıların 'varlık mertebeleri' olduğu görüşünü ve bu görüşe göre canlıları sıralamayı 'Evrim Teorisi'nden ayırt etmek gerekir. Aynı hata Aristoteles için de yapılmış, onun canlıları 'varlık mertebeleri'ne göre dizişinden, 'Evrim Teorisi'ni öncelediğini düşünenler olmuştur. İbn Miskeveyh'in de yaptığı gibi canlıları 'varlık mertebeleri'ne göre ayıran hiyerarşik bir diziliş, basit canlıdan kompleks canlıların evrimleştiğini söyleyen sıralamaya benzeyebilir. Fakat 'varlık mertebeleri'ne göre canlıları dizişte canlı türlerinin birbirlerinden evrimleştikleri iddiası yer almazken 'Evrim Teorisi'nin en temel iddiası budur. Bazı düşünürler ise Kur'ân'da bir ceza olarak anlatılan '*mesh*' olayına dayanarak bir türden diğerine dönüşmeyi mümkün görmüşlerdir (Bu konuya 5. bölümde detaylı bir şekilde değinilmektedir). Sınırlı sayıda türün birbirinden evrimleşmesiyle, bütün türlerin, cinslerin, familyaların, sınıfların evrimleşerek oluştuğunu söyleyen 'Evrim Teorisi' arasında önemli farklar vardır. Türler arası geçişi mümkün görmekle, bütün canlıların birbirinden oluştuğunu söyleyen sistematik bir görüşü ortaya koymak arasında ciddi bir derece farkı vardır. Bir düşünürün, sırf türler arası geçişi mümkün gördüğü için 'Evrim Teorisi'ni öncelediğini söylemek zorlama olacaktır.

Müslüman düşünürlerde 'evrim' görüşü olduğunu söyleyenler üç tip 'evrim' kastetmektedirler. Bunların birincisi, biyolojik evrimdir ve türlerin değişimi bu evrimin konusudur. İkincisi, sosyal evrimdir ve medeniyetlerin gelişimi gibi faktörler buna dahildir. Üçüncüsü de, ise insanın ahlaki ve manevi açıdan gelişimini anlatan psikolojik evrimdir. Günümüzde birçok kişi 'evrim' kavramıyla 'Evrim Teorisi'ni anladığı için, bu saydığımız üç 'evrim' görüşünden herhangi biri kastedildiğinde ayırım yapılamayabilmektedir; ama yapılması gerekmektedir. Örneğin, Mevlanâ'nın manevi açıdan gelişimi kasteden şiirlerinin, 'biyolojik Evrim Teorisi'nöncelemesi şeklinde yapılan yorumlar doğru kabul edilemez. Mevlanâ'nın açıklamaları da canlıların, hiyerarşik varlık mertebelerine göre dizilmelerini öngören 'Varlık Mertebeleri' ve 'Canlıların Sınıflandırılması' anlayışı ile ilgilidir. Cahız'ın evrimi öncelediğini söyleyen bir görüş Cahız'ın bilimsel, biyolojik yaklaşımından dolayı daha çok tartışmaya değerdir; fakat tasavvufi şiirsel bir eserin birkaç beytinden dolayı Mevlanâ'yı biyoloji alanına çekmek hatadır.

Mevlanâ'nın, kendi alanındaki birinden beklendiği gibi 'psikolojik evrime' işaret ettiğini veya ruhsal gelişimi vurguladığını söylemek daha doğru olacaktır. Dolayısıyla bazı İslâm düşünürlerinin doğal seleksiyona ve dönüşümcülük fikrine işaret etmeleri önemlidir. Fakat çok önemli olan bir nokta, bu ifadelere dayanarak 'Evrim Teorisi'nin Müslüman düşünürler sayesinde veya onlar tarafından ortaya konduğunu söyleyecek yeterli, sistematik ve ikna edici verilere sahip olmamamızdır. Canlılar dünyasında doğal seleksiyonun varlığını tespit etmek ile yeni türlerin, cinslerin, familyaların oluşumunu Darwin gibi 'doğal seleksiyon'la açıklamak çok farklıdır. Türlerin değişimine işaret edilmesi ise biyolojik açıdan ciddi bir öneme sahiptir. Fakat bütün canlıları böylesi bir değişimin sonucu görmek ile bu değişimin sınırlı şekilde gerçekleştiğini söylemek oldukça farklı fikirlerdir. Diğer yandan, 'Evrim Teorisi' ile karıştırmamak gerekmekle birlikte, birçok ünlü İslam düşünürünün felsefelerinde 'evrim' kavramının önemli bir yere sahip olduğu rahatlıkla söylenebilir.

Şimdi bu konuyu işleyen büyük İslâm Mutasavvuflarından en önemli ikisi olan Yunus Emre ve Mevlanâ'nın Evrim'le ilgili fikirlerine eserlerinden örnekler vererek kısaca değinelim.

YUNUS EMRE'DE 'EVRİM' FİKRİ

YUNUS EMRE (MS 1240-1320)

Kitabımızın bu birinci bölümünde, bu eserin yazılmasında eserlerinden manevî ilhâm aldığım, Türk dünyasının yetiştirdiği en büyük tasavvuf ehillerinden olan Yunus Emre ve Mevlanâ Celâleddin-i Rumî'yi ve Onların 'Evrim' düşüncesiyle ilgili fikirlerini tanıtmaya çalışacağım.

HAYATI ve ESERLERİ: Türk milletinin yetiştirdiği en büyük tasavvuf erlerinden ve Türk dili ve edebiyatı tarihinin en büyük şairlerinden biri olan Yunus Emre'nin hayatı ve kimliğine dair hemen hemen hiçbir şey bilinmemektedir. Yunus'un bazı mısralarından, 1273'de Konya'da ölen, yine tasavvuf edebiyatının büyük ustası Mevlanâ Celaleddin Rumî ile karşılaştığı anlaşılmaktadır; buradan da Yunus'un 1240'larda ya da daha geç bir tarihte doğduğu sonucu çıkarılabilir. Fakat bilinen hususlar, onun Risalet-ün-Nushiyye adlı eserini H.707 (M.1308) yılında yazmış olması ve H.720 (1321) tarihinde vefat etmesidir. Böylece H.638 (M.1240-1241) yılında doğduğu anlaşılan Yunus Emre, XIII. yüzyılın ikinci yarısıyla XIV. yüzyılın ilk yarısında yaşamıştır. Bu çağ, Selçukluların sonu ile Osman Gazi devrelerine rastlamaktadır. Yunus Emre'nin şiirlerinde bu tarihlerin doğru olduğunu gösteren ipuçları bulunmakta; şair, çağdaş olarak Mevlanâ Celaleddin, Ahmet Fâkıh, Geyikli Baba ve Seydi Balum'dan bahsetmektedir. Yunus Emre'nin Türbesinin nerede olduğu, Sarıköylü veya Karamanlı oluşu meselesi bugün hala belli değildir. Yüzyıllardan beri halk arasında yaşayan inanca göre O, Sivrihisar yakınında Sarıköy'de doğmuş, çiftçilikle meşgul olmuş, Taptuk Emre adlı bir şeyhe intisap etmiş, tekkelerde yaşamış ve veliliğe erişmiştir. Anadolu'da on ayrı yerde mezarı (daha doğrusu manevî makamı) olduğu ileri sürülen Yunus Emre, halk arasındaki inanca ve bazı tarihi kaynaklara göre Sarıköy'de ölmüştür ve orada yatmaktadır. Bugün, Eskisehir-Ankara yolu üzerindeki Sarıköy istasyonu yakınında, Yunus Emre'nin türbesi ve bir müze bulunmaktadır. Yunus Emre, dünya kültür ve medeniyet tarihinde bir merhale olmuştur. Kültürümüzün en değerli yapı taşlarındandır. Zira Yunus Emre, sadece yaşadığı devrin değil, çağımız ve gelecek yüzyılların da ışık kaynağıdır. Allah ve cümle yaratılmış mahlukları içine alan sonsuz sevgisinden kaynaklanan fikirleri, dünya üzerinde insanlık var oldukça değerini koruyacaktır.

Yunus Emre'nin amacı, sevgi yoluyla dünyada yaşayan tüm insanların, hem kendileriyle hem evrenle kaynaşmasını sağlamak ve sonsuz yaşamda ebedi hayata hazırlıklı olarak doğmalarını sağlamaktır. Yunus Emre adı, her Türk ve Türk kültürünü tanıyıp seven herkes için bir şeyler ifade eder. Şiirlerinde, her devrin okuyucusu ya da dinleyicisi kendini etkileyecek bir şey bulmuştur. İlk kez Yunus, şiirlerinde büyük ölçüde Türkçe kullanmıştır. Yunus'la birlikte dil, daha renkli, canlı ve halk zevkine uygun bir hale gelmiştir. Gerçi şiirlerinin bir çoğunda, aruz veznini kullanmıştır, fakat en güzel ve tanınmış şiirleri Türkçe hece vezniyle yazılmıştır. Böylece, şiirleri kısa zamanda yayılarak benimsenmiş ve ilahi olarak da söylenerek günümüze dek ulaşmıştır.

YUNUS ve HACI BEKTAŞİ VELİ'nin bir hikayesi şöyle anlatılır: O bölge köylerinden birinde, Yunus adında, rençberlikle geçinir, çok fakir bir adam vardı. Bir yıl kıtlık oldu. Yunus'un fakirliği büsbütün arttı. Nihayet birçok kerâmet ve inayetlerini duyduğu Hacı Bektaş'a gelip yardım etmeyi düşündü. Sığırının üstüne bir miktar alıç (yabani elma) koyup dergaha gitti. Pir'in ayağına yüz sürerken hediyesini verdi; bir miktar buğday istedi. Hacı Bektaş ona lütufla muamele ederek, birkaç gün dergahta misafir etti. Yunus geri dönmek için acele ediyordu. Dervişler Pir'e Yunus'un acelesini anlattılar. O da: "Buğday mı ister, yoksa erenler himmeti mi?" diye haber gönderdi. O buğday istedi. Bunu duyan Hacı Bektaş tekrar haber gönderdi: "İsterse o alıcın her tanesince nefes edeyim!" dedi. Yunus buğdayda ısrar ediyordu. Hacı Bektaş üçüncü defa haber gönderdi: "İsterse her çekirdek sayısınca himmet edeyim" dedi. Yunus yine buğdayda ısrar edince; emretti, buğdayı verdiler. Yunus dergâhtan uzaklaştı. Yolda yaptığı kusurun büyüklüğünü anladı. Pişman oldu. Geri dönerek kusurunu itiraf etti. O vakit Hacı Bektaş, onun kilidinin Taptuk Emre'ye verildiğini, isterse ona gitmesini söyledi. Yunus bu cevabı alır almaz hemen Taptuk dergahına koşarak kendisini YUNUS yapacak manevi eğitimine başladı. Salihli kazası civarında Emre adlı, yetmiş evlik bir köyde taştan bir türbenin içinde, Taptuk Emre ve çocukları ile torunları yatmaktadır. Türbenin eşiğinde de, bir başka mezar vardır. Bu, Yunus'un birçok mezarlarından biridir. Bir rivâyete göre, Yunus Emre kapı eşiğine kendisinin gömülmesini vasiyet etmiş. Şeyhini ziyaret etsinler ve kendi mezarını çiğneyerek geçsinler diye.

YUNUS EMRE VE TASAVVUF: Yunus EMRE, islam tarihinin en büyük bilgelerinden olup yaşadığı ve yaşattığı inanç sistemi; Kur'ân'ın özüne ulaşarak, Tek olan gerçeğin (Allah) sırlarını keşfetme ilmi olan tasavvuf ve Vahdet-i Vücud'tur. Bu inanç sisteminde tek varlık Allah'dır. Allah bütün bilinen ve bilinmeyen âlemleri kapsamıştır, tektir, önsüz ve sonsuzdur, yaratıcıdır. Eşi, benzeri ve zıddı yoktur. Bilinen ve bilinmeyen tüm evren ve âlemler onun zatından sıfatlarına olan tecellisidir. Âlemlerdeki tüm oluşlar ise, onun isimlerinin tecellisidir. Her bir hareket, iş, oluş (fiil) onun güzel isimlerinden birinin belirişidir.

***

**Hak cihana doludur, kimseler Hakkı bilmez
Baştan ayağa değin, Haktır ki seni tutmuş
Haktan ayrı ne vardır, Kalma guman içinde**
***

Dolayısıyla, evrende var saydığımız tüm varlıklar onun varlığının değişik suretlerde tecellileri olup, kendi başlarına bir varlıkları yoktur. Bu çokluğu, ayrı ayrı varlıklar var zannetmenin sebebi ise beş duyudur. Beş duyunun tabiatında olan eksik, kısıtlı algılama kapasitesi, bizi yanıltır ve çoklukta yaşadığımızı var sandırır. Ayrı ayrıymış gibi algılanan bu nesnelerin, ve herşeyin kaynağı Allah'ın esmasının (isimlerinin) manalarıdır. Manaların yoğunlaşmasıyla bu "Ef'âl Âlemi" dediğimiz çokluk oluşmuştur. Bir adı da "Şehâdet Âlemi" olan, ayrı ayrı varlıkların var sanıldığı; gerçekte ise Allah isimlerinin manalarının müşahede edildiği âlemdeki çokluk Tek'in yansıması, belirişidir. Bu izaha tasavvufta Vahdet-i vücud (Varlıkların birliği, tekliği) denir. Cenab-ı hak varlığını zuhûra çıkarmadan evvel gizli bir varlıktı. Bilinmeyen bu varlığa, Gayb-ı Mutlak (Mutlak Görünmezlik), Lâ taayyün (Belirmemişlik), Itlak (Serbestlik), Yalnız Vücud, Ümm-ül Kitap (Kitabın

Anası), Mutlak Beyan ve Lahut (Ulûhiyyet) Âlemi de denir.

***

Çarh-ı felek yoğidi canlarımız var iken
Biz ol vaktin dost idik, Azrâil ağyar iken.
Çalap aşkı candaydı, bu bilişlik andaydı,
Âdem, Havva kandaydı, biz onunla yâr iken.
Ne gök varıdı ne yer, ne zeber vardı ne zir
Konşuyuduk cümlemiz, nûr dağın yaylar iken."
"Aklın ererse sor bana, ben evvelde kandayıdım
Dilerisen deyüverem, ezelî vatandayıdım.
Kâlû belâ söylenmeden, tertip-düzen eylenmeden
Hakk'dan ayrı değil idim, ol ulu dîvândayıdım."
"Bu cihana gelmeden sultan-ı cihandayıdım
Sözü gerçek, hükm-i revân ol hükm-i sultandayıdım."

***

ADEM yaratılmadan can kalıba girmeden
Şeytan lanet olmadan arş idi seyran bana
***

Sonra Allah bilinmekliğini istemiş ve varlığını üç isimle belirlemiş taayyün ve tecelli ettirmiştir.

1. CEBERUT (İLAHİ KUDRET) ÂLEMİ: Birinci taayyün, Birinci tecelli, İlk cevher ve HAKİKAT-I MUHAMMEDİYE olarak da bilinir.

***

Yaratıldı MUSTAFA, yüzü gül gönlü safa
Ol kıldı bize vefâ, ondandır ihsan bana
Şeriat ehli ırak eremez bu menzile
Ben kuş dilin bilirim, söyler SÜLEYMAN bana
***

2. MELEKÛT (MELEKLER) ÂLEMİ: İkinci taayyün, İkinci Tecelli, Misal ve Hayal Alemi, Emir ve Tafsil Alemi, Sidre-i Münteha (Sınır Ağacı) ve BERZAH da denir.

3. ŞEHÂDET (ŞAHİTLİK) VE MÜLK ÂLEMİ: Üçüncü taayyün, Nasut (İnsanlık), His ve Unsurlar Alemi, Yıldızlar, Felekler (Gökler), Mevâlid (Doğumlar) ve

Cisimler Âlemi diye bilindiği gibi, Arş-ı Âzam da bu makamdan sayılır.

Tüm bu oluşlar Kur'ân'ı Kerimde "Altı günde yaratıldı" âyetiyle beyan edilirken, Altı günden maksadın mutasavvıflarca, gün değil hal'e ait olduğu kabul edilir. Bu haller Allahın insanlara lutfettiği görünmeyen şeylerden altı sıfatıdır:

1. Semi (İşitme),
2. Basar (Görme),
3. İdrak (Kavrama),
4. İrade (İsteme),
5. Kelam (Konuşma) ve
6. Tekvin (Yaratma).

Cenab-ı Hakkın Zatına ait bu sıfatların Âdemin kutsal varlığında belirmesi, "İnsan benim sırrımdır" veya "İnsanı kendi sûretimde yarattım" sözünün bir hükmüdür. Tasavvufa göre, Varlığın Başlangıcı ve Son sınırı ise Aşk'tır. O yüzdendir ki, sayılan bu âlemler Aşkın cezbesiyle pervane haldedir. Cenab-ı Hak varlığını, kudret eliyle zuhûra getirmiş ve üç isimle taayyün, tecelli ve tenezzül etmiştir. Buna yaratış sanatı (Cenab-ı hakkın kuvvetinden, kudretine hükmederek cemâlini ve celâlini eserlerinde yani varlık yüzünde göstermesi) de denir ki, Belirme cilvesi (Aşık olması sonucunda Batının Zahire çıkıp, âlemlerin nurlarının ve olayların bilinmesi) ve Birlik oyunu (Zatından sıfatına tecelli etmesi ile kendi varlığını kendinde zuhûra getirip, birlik ve vahdetini ahadiyyet (teklik) sırrına meylettirmesi) denir. Bunda zaman ve mekan kaydı yoktur. Ancak hiçlik mertebesine çok yakın olan tek bir "An" vardır. Çünkü mutlak zaman içersinde Bâtın (gizli), Zâhire (görünen) çıkıp farkedildikten sonra, âlemlerin nurları (ışıkları) ve ilâhî olaylar bilinmiştir. Dolayısıyla, Bilmek ve İlim ancak bu mertebede mümkün olabilir. Buna Hakkal Yakîn de denir. Bu mertebenin altındaki bilmekler ise, tam bilmek değil, yani İlmel Yakîn halidir. Daha sonra ayrı ayrı bilgi paketçikleri ve kodlanmış veri yığınları halindeki Kainata yansıyan bu varlık şekilleri ve renkleri görülüp, ayrı ayrı unsurları oluşturacak şekilde birleştiğinde isimler (Eşyanın tanınmasını sağlayan isimler, yani Esmâ) meydana çıkmıştır ve böylece (Mülk mertebeleri, yani Cisimler âlemi) vücuda gelmiş olur ve Zâhir âlem belli olup mutlak varlık bilinmiştir.

***

Mani evine daldık, vücuda seyran kıldık
İki cihan seyrini, cümle vücudda bulduk
Yedi gök yedi yeri, dağları denizleri
Cenneti cehennemi, cümle vücudda bulduk
***

Cebnab-ı Hakkın bu âlemi yaratmaktan maksadı bilinmekliğini istemesidir. Ortaya çıkan şeylerin belirişine sebepse Âdem (İnsan)'ı yaratmasıdır. Varlığa ilâhî sıfatlar, sırrına ise Âdem denir. Dolayısıyla Âdem-İnsan, mevcudattın bir özetidir.

***

Tevrat ile İncili, Furkan ile Zeburu
Bunlardan beyanı cümle vücudda bulduk
Yunusun sözleri hak, cümlemiz dedik saddak
Kanda istersen anda HAK, cümle vücudda bulduk
***

Büyük mutasavvıflardan Sunullah Gaybi divanında geçen Keşf-ül Kıta kasidesinde;

"Bir vücuttur cümle eşya, ayni eşyadır Hudâ,
Hep hüviyettir görünen, yok Hudâ'dan maadâ... "

mısralarıyla, Evvel ve Âhirin izafiliğini, meydana gelen her şeyin ilahi tecelliden ibaret olduğunu anlattığı bu şiirde, Hüviyetin zuhûrunu dile getirir ve Zâtına duyduğu aşkla güzelliğini seyretmek isteyen o Tek ve Mutlak olanın zuhûra gelme muradıyla, gizli hazinesinin fetholup sırrın keşfedilir hale gelmesi için, Arşı, Kürsiyi, unsurları, nebat, ve hayvanı geçtikten sonra, en kemâl haliyle kendini ancak insanda seyrettiğini anlatır.

Buna göre, Cisimler âlemi dört ruhdan (aslında tek) oluşmuştur:

1- İnsanî Ruh,
2- Hayvanî Ruh,
3- Nebatî Ruh,
4- Madenî (Cemadî) Ruh.

YUNUS EMRE'NİN VARLIK ANLAYIŞI: Bu âlem, cereyan ve deveran üzerine kurulmuştur. Deverandan cereyan, cereyandan ise hayat meydana gelmektedir. Bu bir kanundur. Böylece varlıkların her biri esmanın (isimlerin) mazharı olup, Külli iradenin hükmünü yerine getirmekte ve nefsine yani zannına göre Rabbini bilmektedir. Bu durumlar dünyada ilâhî bir düzen, değişmez bir kuraldır. Allahın tezâhürü böyle gerektirmekte olup, bütün varlıklar onun kader çizgisi içinde kulluk görevini yerine getirmekle yükümlüdür. "Her bir birim varoluş gayesinin gereğini meydana getirmek üzere görevlendirilmiştir ve kişi ilm-i ilâhide, şu anda hangi hareket üzere ise o biçimde programlanmış olarak vardır." Aslında varlıklar bir bütündür. Fakat parçaları ile karakter taşırlar. Dolayısıyla, bütün eşya ve varlıklar insanda biraraya gelir. Evrenin başlangıç ve bitiş noktası insandır. Sonsuz varlıkların âyetlerinin tecelli ettiği yegâne varlık da yine insandır. Kelime-i tevhid de bu durum bir sır olarak ifade edilmektedir. Cenab-ı Hak: *"Lâ ilahe illallah"* diyerek varlığını ve birliğini ortaya koymuş *"Muhammedün Rasûlullah"* demekle de anlam ve maksadı açıklamıştır. Biraz daha açarsak; "Lâ ilahe" demekle sıfatının belirişinden önceki varlığını gizli olan Rablığını açıklamış, "illallah" demekle de varlığı tecelli ettikten sonraki durumu yani yaratılmışlar âlemini ifade edilmiştir. Burada eşyadaki varlığı ve ilâhî sıfatları ispat etmekte olup, bu da aslının yansıması olan Ceberrut, Melekût ve Mülk âlemleridir. Bu âlemlerdeki beliriş ise, fânidir fakat bunların aslı bâkidir. Kısaca bilinmekliğine sebeptir.

Aslında Yaratılışı açıklayan veya Varlıkları sınıflandıran bütün teorilerdeki bu bölümlemeler ve izahâtlar anlatım kolaylığı içindir. Aslında ayrı gayrı yoktur. "Muhammedün Rasûlullah" ile de varlığına delil olarak bilinmesi ve tasdik edilmesini istemiştir. Hükmünün icrasının onunla olduğu anlatılmış oluyor. Bu da onun rahmet ve şefaat edici olduğunu müjdeleyerek sanatındaki hikmeti beyan etmiş oluyor. Zâtı ve şahsıyla tanıyamadığımız Allah'ı, tecellileriyle ve sıfatları ile tanırız. Allah'ın zatı sıfatlarla, sıfatlar da varlıklar, hareketler ve olaylarla perdelidir. Varlık perdesini aralayan bir kişi hareketleri, hareketler perdesini geçen sıfatların sırlarını, sıfatlar perdesini aralayan da zatın nurunu görür ve orada yok olur.

***

**"Kim bildi efâlini
Ol bildi sıfatını
Anda gördü Zatını
Sen seni bil seni
Görünen sıfatındır
Anı gören Zatındır
Gayrı ne hâcetindir
Sen seni bil sen seni "** (Hacı Bayram-ı Veli)

***

Ayrı ayrı manalar izhâr eden varlıkların kendilerine ait bir varlığı olmadığı, varlığın Allah'a ait olduğunu idrak Tevhid, bunu yaşam biçimine dönüştürmek ise Vahdet'tir. İnsanı Allah'a karşı perdeleyen en büyük şey, onun kendi varlığıdır. Allah, apaçık olan bir gizli ve büsbütün gizli olan bir apaçıktır! Allah'ın zatı sıfatlarda, sıfatlar fiillerde, fiiller varlıklarda ve olaylarda ortaya çıkmaktadır. Allah bütün yarattıklarının her zerresinde her an hazır ve onları sürekli yönlendirmektedir. "**O göklerin ve yerlerin nurudur**" (Kurân-ı Hakîm, 24/349) olarak her an her yerdedir. O, her an, her yerde tecelli etmektedir. "**O her an yeni bir şe'nde, yani yaratmadadır.**" (Kur'ân-ı Hakîm, 55/29). Her şey her an değişmektedir ve değişim onun kudreti ve iradesinin açılımıdır. Allah bütün evrende, bir taraftan her varlığın en küçük zerresinin içinde, bir taraftan bütün evrende en büyük olayların her anını idare eden bir mutlak varlık halinde bulunmaktadır. Evrendeki yapı, Allah ismiyle işaret olunan, sonsuz ve sınırsız bir varlığın yansımasıdır. Mânâ, enerji ve madde platformlarında değişik isimler alır. Allah kavramı, mânânın bile özünde mütalaa edilmelidir. Bu idrâke, Kelime-i Tevhid ile ulaşılır ve Allah isminin mânâsı rastgele bir şekilde değil, yine Kur'ân'da ifade edildiği gibi anlaşılmalıdır; **"Feeynemâ tuvellu fesemme vechullah"** (Bakara/115) (**Her ne yana dönerseniz Allah'ın Vech'i oradadır.**) Allah'ın Vech'i yani yüzü, bildiğimiz şekil, suret anlamına gelmemektedir. Zâhir göz ile bu yüzü tesbit etmek mümkün değildir. Zira, Allah'ın yüzü Vâhid (tek) olan mânâdır. Mânâ ise, beş duyunun ötesinde, basiretle algılanabilir. Basir isminin mânâsı, bireyin kendi Vech'ini görebilmesine vesile olur. **"Huvel Evvelu vel Âhiru ve'z- Zahiru vel Batın"** (Hadid, 3) (**Sonsuz bir öncelik ve sonsuz bir sonralık sahibidir, beş duyu ile tesbit edebildiğiniz veya edemediğiniz tüm varlık O'dur**) **"Ve nahnu ekrabu ileyhi min hablilveriyd"** (**Biz O'na (insana) şah damarıdan daha yakınız**) **"Ve fi enfisikum efelâ tubsirûn"** (Zariyât, 21) (**Nefislerinizdeki yaratılış delillerini, hâlâ görmüyor musunuz!**) Allah isminin işaret ettiği mânânın en güzel tarifini, İhlâs Suresi yapmaktadır; "De ki, O Allah Ahâd'dır. Allah Samed'dir. Lem yelid ve lem yuled'dir. Ve lem yekun lehû küfüven Ahad'dır." Yani SONSUZ, SINIRSIZ, BÖLÜNMESİ parçalanması, CÜZLERE ayrılması mümkün olmayan YEGÂNE TEK'dir. Hiçbir şeye İHTİYACI YOKTUR, ihtiyaçtan beridir. O, ancak Mahlûkatın İHTİYACINI KARŞILAR. DOĞMAMIŞTIR, herhangi bir varlık O'nu DOĞURMAMIŞTIR. O da herhangi BİR ŞEYİ DOĞURMAMIŞTIR. Allah'ın benzeri ve misli yoktur, çünkü O; VAHİDÜ'L-AHAD olan varlıktır. Gelelim Kelime-i Tevhid'in diğer yönlerine; Birinci mânâda "Lâ ilâhe" "TANRI yoktur", "başka bir İLÂH yoktur" sadece ALLAH vardır; ikinci mânâda ise, var olduğunu kabullendiğin varlıklar ancak ALLAH'IN VÜCUDUYLA kâimdir. Ayrı ayrı varlıklar görme, "Ayrı ayrı varlıklar yok, sadece Allah var!.." demektir.

***

Onsekizbin âlemin cümlesi BiR içinde
Kimse yok BiR den ayruk, söylenir BiR içinde
Cümle BiR onu BiR'ler, cümle ona giderler

Cümle dil onu söyler, her BiR tebdil içinde
***

"Her nereye baksam Allahı görürüm." Hz.Ali (r.a),
"Görmediğim Allah'a ibadet etmem." Hz.Ali (r.a)

"..Ve iz kale rabbikum lil melâiketi inni câilun fil ard-ı halifen.." (Bakara, 30) (**Ben yeryüzünde bir halife meydana getireceğim**). Halife olan varlık, bu vasfını Allah'tan almaktadır. Bu idrak, O'nun özünden gelmektedir. Esmâ-ül Hüsnâ'nın yoğunlaşması ve zuhûra çıkması ile 'Halife' adını almıştır. Halifenin müstakil bir varlığı yoktur. Bundan ötürü, aslında mevcut olan tüm özellikler onda mevcuttur. Bu âyeti ve yapılan yorumları Et-Tin Suresindeki bir bölüm âyetle özdeşleştirebiliriz. Şöyle ki; "**Lekad halaknel insane fi ahseni takvim sümme radetnahü esfele safilin**" (95/4-5) (**Biz insanı en güzel biçimde yarattık, sonra onu aşağıların aşağısına indirdik**). Esmâ'nın ilk zuhûra çıkışı ile var olan; mükemmel şekilde yaratılan varlık, Ruhu Âzam (Muhammedî Cevher), diğer adıyla İnsan-ı Kâmil'dir. Bizim bildiğimiz mânâda, bir suretle var olan ve 'Beşer' ismini alan insan değildir. ÖZ RUH'un, (İnsan-ı Kâmil'in) yoğunlaşmasıyla SONSUZ (İnfinitial) KÜÇÜK BİRİM'lerden (Diferantial) oluşan ÖZ'lerin (Essential) TOPLANMASINDAN (İntegral) oluşan ÂLEM ve İNSAN meydana gelmiştir. Bilinen anlamdaki insanın, bu Ruhu tüm kemâlâtı ile algılaması, "Halife" adını almasına neden olmuştur.

***
**Bayram özünü bildi
Bileni anda buldu
Bulan ol kendi oldu
Sen seni bil sen seni. (Hacı Bayram-ı Veli)**
***
veya Niyazi-i Mısrî'nin dediği gibi:

**Sağı solu gözler idim, DOST yüzün görsem deyu,
Ben taşrada arar idim, ol can içinde CAN imiş!..
Öyle sanırdım, ayrıyem; DOST ayrıdır, ben gayrıyem
Benden görüp işiteni, bildim ol canan imiş!..**

Benzer ifadeler aşağıdaki satırlarda, Yunus Emre tarafından şöyle dile getirilmiştir:

***

"Her kancaru bakar isem O'ldur gözüme görünen
Kancaru bakar isem onsuz yer görmezem.
Cümle yerde Hakk hazır, göz gerektir göresi"

***

"Ey dün-ü gün Hakk isteyen,
bilmez misin Hakk nerdedir?
Her nerdeysem orda hazır,
nereye bakarsam ordadır".

***

"Hakk cihana doludur, kimseler Hakk'ı bilmez
Onu sen senden iste, o senden ayrı kalmaz."

***

"Çün ki gördüm ben Hakk'ımı, Hakk ile olmuşum biliş
Her kancaru baktım ise hep görünendir cümle Hakk".

***

"Nereye bakarısam dopdolusun
Seni nere koyam benden içeri?"

***

Baştan ayağa değin, Haktır ki seni tutmuş
Haktan ayrı ne vardır, Kalma guman içinde

***

Konunun daha iyi anlaşılması için bugünün bilimsel bulgu ve verilerinden de yararlanabiliriz. Şöyle ki; Bugün, bilim çevrelerince, Evrenin yapısı ve bununla direkt bağlantılı olarak, Evreni algılayan yorumlayan insan beyninin işleyiş tarzı hakkında birtakım görüşler ortaya atılmaktadır. 1940'lı yıllarda fareler üzerinde bir takım deneyler yapıldı. Farelerin beyninin bir kısmı alındı ve göstereceği tavırlar izlendi. Sonuçta fare, kendisine öğretilen yolu, beyninin bir kısmı alınmadan önceki gibi bulabilmekteydi. Yine görme merkezinin yüzde 98'i alınmış bir kedi, görme fonksiyonunu eskisi gibi yerine getirebilmekteydi. Bu durum, Bilimadamlarını şaşırttı. Nörofizikçi Karl Pribram, beynin holografik özellik gösterdiğini düşünerek, bu husustaki çalışmalarına ağırlık verdi. 1960'lı yıllarda hologram prensibi ile ilgili okuduğu bir yazı, kendisinin düşündükleriyle paraleldi. Pribram'a göre, beyin fonksiyonları holografik olarak çalışmaktaydı. Beyinde görüntü yoktu, peki o zaman neyin hologramı oluşmaktaydı.

Peki, Gerçek olan neydi? Görünen dünya mı, beynin algıladığı dalgalar mı, yoksa bundan da öte bir şey mi? Bugünkü fizik anlayışımıza göre Evren, birbirini kesen pek çok Elektromanyetik Dalgalardan meydana gelmiştir. Kâinattaki her varlık elektromanyetik dalgalar halinde sürekli titreşmektedir. Bu tanıma göre, uzayda boşluk yoktur, her yer doluluktur. Ünlü fizikçi David Bohm, atomaltı parçacıklarla ilgili araştırmaları neticesinde Evren'in de dev bir hologram olduğu kanısına vardı.

Bohm'un en önemli tesbitlerinden biri, günlük yaşantımızın gerçekte bir holografik görüntü olduğudur. Ona göre Evren, sonsuz ve sınırsız "TEK" bir holografik yapıdır ve parçalardan söz etmek anlamsızdır. Bilim bu tesbitleri henüz yapmamış iken, Tasavvuf ehli kişilerin çok uzun yıllardan beri, dile getirdiklerini düşündüğümüzde, esasında çok farklı şeyler söylemediklerini görüyoruz. Üstelik, onlar bunu bir hal olarak yaşarlarken, bir kısmı yaşadıkları bu hakikati dışarıya aksettirmemiş, bazıları ise, içinde bulundukları toplumun anlayış seviyesine uygun, bir tarzda açıklamaya çalışmıştır.

***
Bu bir acaip haldir bu hale kimse ermez
Âlimle davi kılar, Veli değme göz görmez
İlm ile hikmet ile, kimse ermez bu sırra
Bu bir acaib sırdır, ilme kitaba sığmaz
***
Âlem ilmi okuyan, dört mezhep sırrın duyan
Aciz kaldı bu yolda, bu aşka el uramaz
Yunus canını terk et, bildiklerini terk et
Fena olmayan suret, şahına vasıl olmaz
***
Unuttum din diyanet, kaldı benden
Bu ne mezheptir, dinden içeri

Dinin terk edenin küfürdür işi
Bu ne küfürdür imândan içeri
Geçer iken Yunus şeş oldu dosta
Ki kaldı kapıda andan içeri
***
Yunus bu cezbe sözlerin cahillere söylemegil
Bilmezmisin cahillerin nice geçer zamanesi
***
Ey sözlerin aslın bilen, gel de bu söz kandan gelir
Söz aslını anlamayan, sanır bu söz benden gelir
Söz karadan aktan değil, yazıp okumaktan değil
Bu yürüyen halktan değil, halık avazından gelir
***

Şimdi biz bir takım bilimsel verilerin ışığı altında, onların bir zamanlar ne demek istediklerini daha iyi anlayabilmekteyiz. Hologram prensibi, tasavvufun anlatmak istediğinin, kısmen de olsa daha iyi anlaşılabilmesini sağlamıştır. Genel anlamda TÜM'ün sahip olduğu bütün özelliklerin boyutsal olarak her BİRİM'de nasıl mevcut olabildiğini açıklar. Bu ifade tarzının anlaşılması ile, bizden ayrı, ötelerde olduğu düşünülen Tanrı imajı yıkılarak, gerçek "Allah" kavramı ortaya çıkmaktadır. Bu noktada tasavvuf ile hologramın ne olduğu hakkında kısa bir bilgi verelim, sonra da birleştikleri noktaları tespit etmeye çalışalım. Tasavvuf, tek bir varlığı ve bir hakikatı tüm boyutları ile inceleyen bir felsefedir diyebiliriz. Bu felsefenin temeli düşünceye dayanır, Düşünme neticesi tespit edilenler ise, bizzat yaşanır. Kur'an'ın ve hadislerin anlaşılabilmesi, tasavvuf erlerinin, verdikleri ipuçlarının çözülebilmesi, değerlendirilebilmesi için, bu felsefenin bilinmesi mutlak olarak zorunludur. Hologram ise, en kısa tanımıyla üç boyutlu görüntü kaydetme yöntemi'dir. Hologram tekniğinin en önemli özelliği, hologram plakasına cisimlerin görüntüsünün değil; o görüntünün elde edilmesi için gerekli bilgilerin kaydedilmesi, dolayısıyla hologram plakasının en küçük parçasının bile, Bütün'ün tüm bilgilerini içerebilecek kapasiteye sahip olmasıdır. Bu tekniği kısaca şu şekilde anlatabiliriz: Bir lazer kaynağından gelen ışın, yarı geçirgen bir ayna tarafından ikiye ayrılır. Bu ışınlardan biri, hologram plakasına doğrudan ulaşır, öbürü ise görüntülenmek istenen cisme yöneltilir ve oradan yansıyarak hologram plakasına varır. Hologram plakasına doğrudan gelen lazer ışını ile cisimden yansıyarak gelen lazer ışını, bu plaka üzerinde bir girişim modeli oluşturur. Böylece cismin görüntüsü kaydedilmiş olur. Daha sonra, kayıt sırasında kullanılan frekansta ve aynı açıdan yeni bir lazer ışını ile hologram plakası aydınlatılacak olursa, görüntülenen cisim, üç boyutlu olarak odanın içinde canlanır. Plaka, kendisine gelen ışınları tıpkı görüntüsü saptanan cisim gibi yansıtacağı için, görüntü net ve eksiksiz olacaktır. Beyin hücreleri dediğimiz nöronlar da, tek tek birer mini hologram gibidirler ve gelen impalsları frekanslarına ayırarak algılarlar. Her bir hücrenin etkinliği, kendi içinde bir dalga boyu oluşturmaktadır. Bir sürü hücrenin dalga boylarının birbiriyle girişim yapmalarından oluşan holografik model, bizim beş duyuyla algıladığımız görüntüyü ortaya koymaktadır. İnsan beyni de pek çok mini hologramdan oluşmuş Evren benzeri büyük bir hologram olarak düşünülebilir. Nasıl ki tüm varlık bilgisini oluşturan ışık tüm evren yüzeyi boyunca bir mesafe katediyorsa; aynen bunun gibi kıvrımları sayesinde çok geniş bir yüzey oluşturan beyin zarı üzerinde beş duyu ile ilgili tüm bilgiler holografik olarak kodlanmaktadır. Dolayısıyla beynin iç kısmındaki bir organın veya dokunun zarar görmesi sonucunda sinir sisteminin ve duyu organlarının hala işlevini devam ettirmesinin tek açıklaması, beynin bu holografik yapısıdır. Dolayısıyla, vücudun fonksiyonlarını yöneten Beyindeki tüm bilgi iç kısmında değil de; Beyin Zarında kodlanmış bir halde bulunur. İç kısımdaki MOTOR NÖRONLAR, SİNAPSLAR, AKSONLAR, MİYELİNLER ve diğer Sinir Hücreleri ise veri iletimini ve geçici bilgi depolama vazifesini görür.

Bu durumu aynı zamanda bir bilgisayar sistemindeki RAM hafızasına, yani geçici belleğe benzetebiliriz. Yani beynin iç kısmındaki sinir hücreleri RAM hafızaya ve Beyin Zarı da kalıcı hafızaya HARD DİSK'e benzetilebilir.

Çünkü beyindeki her hücre, esasında her işlevi yapabilecek yetenek ve kabiliyette var olmuştur. Ancak, KOZMİK PROGRAMLANMADAN sonradır ki, hücreler özelleşerek kendilerine ait işlevleri meydana getirirler. Bu açıklayıcı ve aydınlatıcı bilgilerden sonra, dini verilerin de ışığı altında beynin nasıl programlandığını düşünelim. Kişinin "Ayân-ı Sâbite" denilen, sabitleşmiş 'ANA PROGRAMI'nı oluşturan Yaratılışın yüz yirminci gündeki (Ana rahmindeki dördüncü ay) kozmik ışınlar, meleki tesirler ile yedinci ve dokuzuncu aylarda ve nihâyet doğum anında alınan tesirler ile beyin kişinin KADER'ini oluşturan bir BAŞLANGIÇ PROGRAMI (KEVN-ÜL EVVEL) ile programlanmaktadır. Zaten insan, Allah isimlerinin manalarının bir terkip halinde oluşmasıyla meydana gelmiş bir birimdir ve bu kemalâtın kişinin DNA'sında kodlanan GENETİK VERİLERLE insandan insana nakledilmiş olması dolayısıyla, bu DOKSAN DOKUZ İSİM her insanda mevcut hale gelir (Bakara, 30-31). Ayrıca İnsan, Zât, Sıfat, Esma ve Ef'âl boyutlarını özünde bulunduran bir birimdir. Hologram prensibinin en önemli özelliği, her noktasının bütün cismin görüntüsünü verebilmesidir. Hologramın her noktasına cismin her tarafından ışın dalgaları gelmekte ve orada kaydedilmektedir. Bu nedenle, hologram plakası ne kadar koparılsa, kırılsa bile her parça bütünün bilgisini içinde taşımakta ve gerektiğinde bütünün tam görüntüsünü tek başına vermektedir. Şimdi, bu verilerle şu sonuçlara ulaşabiliriz: Görüntülenmesi istenen cisimden yansıyarak gelen lazer ışınının hologram plakasına cismin görüntüsünü kaydetmesi gibi, insan beyinleri de, doğum öncesi ve doğum anında, kökeni meleklere dayanan burçlar olarak tabir ettiğimiz sayısız takımyıldızlardan gelen kozmik ışınlarla programlanmış oluyor. Nasıl benzer frekanstaki ışınları plakaya gönderdiğiniz zaman cisim üç boyutlu olarak ortaya çıkıyorsa, Burçlardan ve Güneş sistemindeki planetlerden gelen ışınlar da, o programlanmış olan insan beyinlerini etkilemekte ve kişilerden programları doğrultusunda çeşitli fiillerin, davranışların ve düşüncelerin ortaya çıkmasına neden olmaktadırlar.

Aslında plaka üzerinde görülen üç boyutlu cismin gerçekte bir varlığı yoktur, dalga boylarının oluşturduğu bir modeldir (ya da hayaldir) biz onu var gibi görmekteyiz.

Halbuki, cansız element atomlarından canlılığın oluşabilmesi için üçten fazla bir boyut, yani BEŞ BOYUTLU bir BİLİNC'in YÜKLENMESİ gerekir. Bunun gibi, insan beyni de bu noktada tıpkı bir hologram gibi çalışmaktadır ve biz beş duyumuzun kapasitesi gereğince kendimizi bir birim gibi kabul edip, çevremizde gördüğümüz her şeyin de varolduğunu sanırız. Gerçekte, o hologram plakasındaki görüntünün bir gerçekliği olmadığı gibi, çevremizde görüp var kabul ettiğimiz bir takım şeylerin de bir varlığı yoktur.

Fiil diye algılananlar tamamiyle manalardır. Tasavvuf erleri bu anlamda "eşyanın menşe-i"ni düşünmek tevhiddir demiştir. Her mana ise, belli frekanstaki bir dalga boyudur. Böylece beyin holografik olarak evreni algılamaktadır. Buradan hareketle şunu söyleyebiliriz ki, makro plandaki Evren de tıpkı beyin hücreleri gibi, kökeni kuantsal enerjiden ibaret bir holografik yapıdır. Mutlak manadaki Evreni bir an için, hologram plakası gibi düşünün. Sonsuz, sınırsız tek olan Allah, kendindeki manaları seyretmeyi dilemiş ve bu manaları çeşitli şekillerde terkiplendirerek sonsuz sayıda varlıkları meydana getirmiştir. Fakat bu varlıklar, o tek varlığın ilmiyle ve ilminde yoktan var ettiği ilmi suretlerdir. Bu yoktan var ettiği bütün birimler, O'nun ilmiyle, O'nun ilminden ve O'nun varlığından meydana gelmiş olması nedeniyle, o varlıklarda kendi varlığının dışında hiçbir şey mevcut değildir. Tasavvufi anlatımla da olsa evren tek bir ruhtan meydana gelmiştir ve evrende mevcut olan her şey hayatiyetini bu ruhtan alır ve bu ruh, aynı zamanda şuurlu bir yapı olması nedeniyle, ilme, iradeye ve kudrete sahiptir.

İşte bu evrensel ilim, güç ve irade hologramik bir şekilde Evrenin her katmanındaki her birimin, her noktasında mevcuttur. Bu gerçeğe ermişlerin, "Zerre küllün aynasıdır" şeklinde anlatmaya çalıştığı konu, mutlak bir iradenin yanında bir de irade-i cüz'iyenin var oluşu şeklinde anlaşılmıştır. Sizin vücudunuzun her zerresinde o kozmik güç, ilim ve irade aynı orjinal yapısıyla mevcut bulunmaktadır ve siz bir şeylerin olmasını istediğiniz zaman, ötelerdeki bir varlıktan talep ettiğiniz şeyler, kendi varlığınızdakinden, ÖZ'ünüze sürekli YÜKLENİYOR. Yani, Öz'ünüzde mevcut olan Allah ilmi, kendi dilemesiyle ve kendi kudretiyle isteğinizi açığa çıkarıyor. Holografik yapının önemli bir diğer özelliği ise, zaman ve mekan kavramları olmaksızın, geçmiş, şimdi ve gelecek diye bildiğimiz her şeyi yani tüm bilgileri bir arada bulundurmasıdır. Zaman, mekan, geçmiş, gelecek diye algılananların hepsinin algılayanın kapasitesinden kaynaklanan göreceli değerler olduğu, bir kez de hologram prensibi ile destek görmüştür. Tüm'ün bilgisi, her zerrede özü itibariyle mevcuttur ancak: zerrenin de o tüm bilgiyi değerlendirebilmesi, mevcut kapasiteyi kullanabildiği ya da açığa çıkartabildiği orandadır. Levh-i Mahfuz, "kesreti" yani çokluk kavramlarını meydana getiren Esmâ Terkiplerinin "Kaza ve Hüküm", 'BİLGİ' ve 'BİLİNÇ' boyutudur. Allah ilmindeki "Hüküm ve Takdirin" fiiller âlemine yansımasıdır. Bu platformda her şey bilgi olarak, tasarım olarak tüm varoluş gerekçesiyle mevcuttur. Burada zaman ve mekan kavramı olmaksızın ezelden ebede kadar her şey bilgi olarak mevcuttur. İşte bu Levh-i Mahfuz âlemlerin aynasıdır ve EVRENİN GENİ hükmündedir. Evrende ve onun boyutsal tüm katmanlarında meydana gelmiş olan tüm varlıklar, Levh-i Mahfuz diye bilinen bir üst boyutun tafsiliyle meydana gelmişlerdir. Burada mevcut olan her birim, galaksiler, burçlar, güneşler, planetler ve dünya üzerindeki her şey varlığını Allah'ın varlığı ile sürdürür ve her biri kendi boyutunun algılayıcısına göre vardır.

Gerçekte var olan, sadece ve sadece tek'tir, varlık Vahid-ül Ahad olan Allah'dır. Evrende mevcut olan bu mana suretlerinin hepsinin de tek'in tüm özelliklerini içermesi ve müstakil bir varlıklarının, mevcudiyetlerinin olmaması ve Allah her zerrede zatıyla, sıfatlarıyla ve esmasıyla mevcut olduğu içindir ki, evren de holografik özellik göstermektedir. Bunu tespit eden ermişler de "Âlemlerin aslı hayaldir" diyerek bu gerçekliğe temas etmişlerdir.

***

Aşk ile ister idik yine bulduk ol canı
Gömlek edinmiş giyer suret ile bu teni

***

Yunus imdi sen senden, ayrı değilsin candan
Sen sende bulmaz isen, nerde bulasın anı

YUNUS EMRE'YE GÖRE TEKÂMÜL KAVRAMI: Âlemdeki varlıkların oluşumu her an devam etmektedir. Allah katında zamanın ve mekânın bir anlamı yoktur; Tek bir an vardır ve o an devr-i daim ederek, Allah'ın kudret ve iradesine göre şekillenmektedir. Başlangıç ve bitiş zamanı aynıdır. Oluşlar, noktanın sürekli hareket ederek bir hat oluşturması gibi, sürekli bir deverandır. Var oluş konusunda üç durum söz konusudur; Birincisi, mutlak varlıktır. "Var olmak" kendisidir. Onun yüce zati sıfatıdır. İkincisi, mutlak yokluktur. Sadece mutlak varlığın bilinmesi için mefhum olarak ortaya çıkarılmış durumdur, yokluktur. Üçüncüsü, mümkünâttır, yani mevcudattır. Varlık verilenlerdir ki; var olabilir de, var olmayabilir de (Kuantum fiziğinde parçacıklara ilişkilendirilen Belirsizlik İlkesi gibi). Bu mevcudâtın varlığı, kendinden menkul değil, varlığını verene aittir. Dolayısıyla bu mevcudatın iki yönü söz konusudur:

Birincisi, varlıktan gelen ve ona ait olan varlık yönüdür.

İkincisi ise, varlığı kendinden olmamakla kendisine ait olan Hiçlik - Yokluk - Âdem - Zıtlık - Terslik yönüdür.

Bu âlemin ve mevcudâtın benzeri, eşi, dengi veya zıddı yoktur (Kozmolojideki Antropik İlke gibi). İlim şehrinin tanımı buradadır. Yokluğun ortaya çıkarılması, varlığın bilinmesi içindir. Çünkü bu boyutta (mevcudât içinde) her anlam karşıtı ile bilinir. Tasavvufta nokta, ahadiyete işaret eder. Vâhidiyetin batını AHADİYET, zâhiri

RAHMÂNİYET'tir. Ne dün vardır ne de yarın! Evren her an oluş halindedir. "**O her an yeni bir yaratmadadır.**" (Kur'ân-ı Hakîm, 55/29) Varlıkların özünde Allah olunca, eşyanın tabiatında İyi-Kötü, Hayır-Şer olamayacağı gibi, Ölüm diye bir şey de yoktur. Var olmak ve yok olmak aslında bir değişimdir. Varlık ve yokluk da bize göredir, yani göreceli kavramlardır. Gerçek anlamda ölüm yoktur.

***

Oğul ölüm endişesindesin, Aşıklar ölmez bakidir
Ölüm aşıkın nesidir cun nur-u ilahidir
Ölümden ne korkarsın çünkü hakka yararsın
Bil ki ebedi varsın, Ölmek fasid işidir
***
Kal u bela denmeden, Kadimde bile idik
Biz bir uçar kuş idik, vücut can budağıdır
***
Yunus beşâret sana, gel derler dosttan yana
Ol kimseye ol ana kulun yeri aslıdır
***

Bütün oluşların temelinde Allah vardır; bize bizden yakın olması, yaptığımız her şeyi bilmesi bundandır. Bizim her şeyi kendimiz yapıyormuşuz gibi, başka varlıkların başka şeyler yapıyormuş gibi görünmeleri sadece bir hayaldir. Aslında herşeyi yapan Allah'tır; Kur'ân'da Hz. Muhammed (S.A.V)'e "**Attığın zaman sen atmadın, lâkin Allah attı.**" (22/17) ifadesi vardır. Burada da sûreten Hz. Peygamberin attığı, ama gerçekte işi yapanın Allah olduğu ifade edilmektedir. Tasavvuf'da; yaratılmış olan herşey insan içindir. Mutasavvıflar, evrenlerin yaratılışını sadece Allah'ın var olup hiç bir şeyin olmadığı "*lâ taayyün*" devresinden (Hz Ali'nin "Sadece Allah vardı başka hiçbir şey yoktu" sözündeki gibi), evrenlerin kademe kademe yaratılıp insaniyet mertebesine gelinceye kadarki evrelere kadar incelerler. İnsanın yaratılmasına kadar evrende çeşitli tabiî olaylar olmuş, birçok canlı türleri gelmiş geçmiş ve tam insanın yaşayabileceği bir ortam oluşturulduktan sonra Hz. Âdem yaratılmıştır. Hz. Muhammed (S.A.V)'in bedenen gelişi de yine insanların belli bir olgunluk düzeyinden sonradır. İnsandan önceki varlık evreninin gayesi, insanın özünü taşıyacak olan bir bedenin hazırlanması idi. İnsanlığın gayesi olan bu İnsan-ı Kamil (Yani Hakk'ın Zâhir yönünün ortaya çıktığı isim) beden peygamberimiz Hz. Muhammed (S.A.V)'dir. İnsanın yaratılmasına gelince, bu hem ilk insanın hem de daha sonraki tek tek her insanın yaratılmasında önemli bir konudur. Evrenler için yer küresi (arz), onun içinde Maden-Bitki-Hayvan üçlüsü diğerlerine göre ayrılmıştır. "Asıl"dan madenler, madenlerden bitkiler, bitkilerden hayvanlar seçilerek geliştirilmiştir ("ıstıfa"). Hayvanlar içinde de birçok grup vardır ve insan da ayrı bir varlık katmanı olarak bunlardan seçilip yaratılmıştır. Bu, ilk yaratılmış insan olan Âdem'de böyle olduğu gibi, şimdi yaratılmakta olan her insanda da böyledir. ("*Hiçbir şeyden haberi olmayan cansızlardan gelişip boy atan bitkiye, bitkiden yaşayış, derde uğrayış varlığına, sonra da güzelim akıl, fikir, ayırt ediş varlığına geldin*" Hz.Mevlana).

Yeryüzündeki insan, "Allah'ın halifesi" olarak yaratılmıştır (Kur'ân-ı Hakîm, 2/30). Allah'ın halifesi demek, onun iradesiyle onun çok şanlı ve hayırlı yaratmalarına onu temsilen vesile olmak demektir ki, bu yetkinin doğru kullanılıp kullanılmaması melekleri bile endişeye sevketmiştir. Ama Allah, **"Ben sizin bilmediğinizi bilirim"** diyerek insanın önemini göstermiştir. Varlık evreninin gayesinin insanı yaratmak olduğunu Yüce Allah, Peygamberimiz vasıtasıyla bir Hadis-i Kudsî ile bildirmiştir:

"Ben gizli bir hazine idim, bilinmek istedim. Sevdim ve bütün cevherlerimi bu âlemlere saçtım. Ademi yarattım".

Bu hadisle Allah tüm evren ve âlemleri bilinmek için yarattığını ifade etmektedir. Bu sözle varoluş şekli açıklanırken, gizli olanın evrensellik ve âdem adı altında zâhir olduğu da anlatılmaktadır. Evren yaratıldıktan sonra ise, sıra kendisini bilebilecek özellikte bir varlığın yaratılmasındaydı. Sıradan bir varlık onu bilemeyeceğine göre, bu çok üstün bir varlık olmalıydı ve sonuç olarak kendi özelliklerini taşıyan (Yeryüzündeki halifesi) bir varlık olarak insanı yarattı ("**İnnallahe halake Âdeme alâ suratihi**" (–**Allah Ademi kendi suretinde yarattı**–). Tabii buradaki insan ile İnsan-ı Kâmil kastedilmektedir. Kişiliği yönü ile İnsan-ı Kâmil, hayâtiyeti ile Ruh-u Âzam adını alan bu muhteşem varlık, Hazreti Muhammed (sav)'in hakikatidir. O zât, genel anlamda Rasûllerinin tümünü temsil eder. O zât, tüm rasûllerin temsil ettiği yüce değerlerin en üst seviyede kendisinde toplandığı, insan için zirve olan ve insanın YARATILIŞ GAYESİNİ temsil eden bir büyük yaratılıştır ki, O'nun hakikati, tam manası ile, "Allah için" olan, Allah'tan ve Allah'ın olan bir GAYE ve RUH-UL RASÛLDÜR.

Canım kurban olsun senin yoluna
Adı güzel kendi güzel Muhammed
Şefaat eyle bu kemter kuluna
Adı güzel kendi güzel Muhammed
***
Dört caryar anun gökçek yaridur
Anı seven günahlardan beridur
On sekiz bin âlemin sultanıdur
Adı güzel kendi güzel Muhammed
***
Aşık Yunus nider dünyayı sensiz
Sen hak Peygambersin şeksiz şüphesiz
Sana uymayanlar gider imansız
Adı güzel kendi güzel Muhammed
***
Hak yarattı âlemi, aşkına Muhammed'in
Ay ü günü yarattı, şevkine Muhammed'in
Ol! dedi oldu alem, yazıldı levh ü kalem
Okundu hatm-i kelâm, şanına Muhammed'in
***
Ferişteler geldiler, saf saf olup durdular
Beş vakt namaz kıldılar, aşkına Muhammed'in
Havada uçan kuşlar, yaşarıp dağ ü taşlar
Yemiş verir ağaçlar, aşkına Muhammed'in
***
İmânsızlar geldiler, andan iman aldılar

**Beş vakt namaz kıldılar, aşkına Muhammed'in
Yunus kim ede methi, över Kur'ân âyeti
An! vergil salavâtı, aşkına Muhammed'in**

   Tüm rasûllerin özelliği, onda toplanan özelliklerden birinin temsili ve ifadesidir. O zulümsüz, bütün bir nur ve mana olan aslî gayedir. O, tüm mevcudâtın Rasûlü, sebebi, mevcudâtın ve mevcudâtın bir özü olan Âdemin yaratılış gayesidir. O, güzelin mazharı ve "Allah için" olan SEVGİLİDİR. Allah ona, "seni yaratmasaydım eflâki yaratmazdım" demiştir. Et-Tin Sûresinde, "Ahsen-i Takvim" olarak belirtilen de yine O'dur. Yeryüzü İnsan-ı Kâmilleri ise, O'nun vekilleridir. Ve insanlara bu özelliğe erişme yeteneği verilmiştir. Tasavvufi eğitim işte bu yeteneği geliştirerek talipleri, kendi yetenekleri ölçüsünde İnsan-ı Kamil yapma eğitimidir. Böylece bütün evrenin, Allah isimlerinin manaları olduğunu anlayan bir mutasavvıf için, cana yönelerek Allah'ı kendi içinde bulmak, en doğru yoldur. Yunus,

**"İstediğimi buldum eşkere can içinde
Taşra isteyen kendi, kendi nihân içinde."**

diye başlayan şiirinde, özümüzde Allah'ın bulunduğunu şöyle ifade ediyor:

**"Sayrı olmuş iniler, Kur'ân ününü dinler
Kur'ân okuyan kendi, kendi Kur'ân içinde.
***
Baştan ayağa değin Hakk'tır ki seni tutmuş
Hakk'tan ayrı ne vardır, kalma gümân içinde
***
Girdim gönül şehrine, daldım onun bahrına
Aşk ile gider iken iz buldum cân içinde."**

   İnsanın kendi benliğindeki Allah'a ulaşabilmesi için kendi benliğinde "seyretmesi" gerekir. Bu, çok güzel bir yoldur. İnsana da şah damarından daha yakın, ruhunun, canının tâ içindedir.

**"İstemegil Hakk'ı ırak, gönüldedir Hakk'a durak
Sen senliği elden bırak, tenden içeri candadır."
*****

"Yunus sen diler isen, dostu görem der isen
Aynadır görenlere ol gönüller içinde."

Yunus Emre, gizli ve örtülü olanın Allah değil insan olduğunu şöyle ifade ediyor:

"Yunus'tur eşkere nihan, Hakk doludur iki cihan
Gelsin beri dosta giden; hûr-u kusur Burak nedir?"
***
"Bende baktım bende gördüm benim ile bir olanı
Sûretime cân olanı kimdurur (ben) bildim ahi.
***
İsteyüben bulamazam, ol benisem ya ben hani
Seçmedin ondan beni, bir kezden ol oldum ahi.
***
Ma'şuk bizimledir bile, ayrı değil kıldan kıla
Irak sefer bizden kala, dostu yakın buldum ahi.
***
Nitekim ben beni buldum, bu oldu kim Hakk'ı buldum
Korkum onu buluncaydı, korkudan kurtuldum ahi.
***
Yunus kim öldürür seni, veren alır gene cânı
Bu canlara hükm'edenin, kim idiğim bildim ahi"

Kişinin gönlünde HAK'kı görebilmesi için cezbe, muhabbet, sırr-ı ilâhi denen ÜÇ ilke vardır. Bunlardan birincisi, bütün varlıklardan yüz çevirip Allah'a yönelme; İkincisi, Allah'dan başka bir varlığı sevmeme, Allah'ın ancak sevgiyle bilinebileceğine inanmaktır. Üçüncüsü de, Allah gerçekliğinin sırrına varmaktır. Bunun da üç kuralı vardır:

Birincisi; Bütün eylemleri yok sayarak yalnız Allah'ı düşünmek, bütün eylemlerde Allah'dan başka bir varlık olmadığına inanmak.

İkincisi; Bütün niteliklerin Allah'dan geldiğini kavramak, Allah dışında bir niteliğin bulunamayacağı kanısına ulaşmak.

Üçüncüsü; Allah özünden başka bir öz bulunmadığı sonucuna vararak kendi varlığının yokluk olduğunu bilmek.

Benim canım uyanıktır dost yüzüne bakan benem
Hem denize karışmağa ırmak olup akan benem
***
Ben hazrete tutum yüzüm ol aşk eri açtı gözüm
Gösterdi bana kendozum ayet-i kul denen benem
***
Şah didarın gördüm ayan hiç gumansuz belli beyan
Kafir ola inanmayan ol didara bakan benem
***
Bu cümle canda oynayan damarlarımda kaynayan
Külli dillerde söyleyen külli dili diyen benem

Yunus, evrenle kaynaşmıştır, her nereye baksa orada Hak'kı müşahade eder. Orada son derece dinamik, canlı, sürekli bir oluş vardır. O oluşa katılma, Allah'ın tecellilerini bir başka gözle görmektir. Evrende asıl olan aşktır, sevgidir. Aşkın kaynağı ise Allah katındadır ve oradan bir parça aşk bütün evrenlere yayılmıştır. Allah'ın oluşu idare eden sevgisi bütün varlık ve olaylarının en içine, onu karakterize edecek şekilde yerleşmiştir. Varlıkların ve olayların gerçek anlamına, oradan evrenin anlamına ve Allah gerçeğine ulaşmak için, her şeyin özüne doğru gidilmelidir. "Fenâ mertebesi"ne ulaşan mutasavvıf, ancak o mertebede kendisini Allah'ın halifesi gibi görüp bütün oluşa, Allah'ın bu evren ve evrendeki varlıklara çizdiği boyutlar içerisinde, ama bütün zaman ve mekânlarda, bütün varlık katmanlarında ve hallerinde katılır. Nihayet, "sonun başlangıçla birleştiği safha"ya geçilir. O Makam zaman ve mekanın olmadığı hiçlik, yokluk makamıdır ki, orada sadece Allah vardır.

"Beli" kavlin dedik evvelki demde
Henuz bir demdir, ol vakt u bu saat
***

Benden benliğim gitti hep mülkümü dost yuttu
La-mekana kavm oldum mekanım yağma olsun
***

"**Sadece Allah vardı başka hiçbir şey yoktu, işte bu an da o andır.**" (**Hz Ali**) Buradan anlaşılır ki, bilinen tüm mekan ve zamanlar izafi ve zan imiş ve sadece tek bir "An" varmış. Yunus bazı mısralarında da, kâinattaki eşsiz düzenin kusursuzluğunu, en küçük bir düzensizlik ve bozulmayla tüm yapısının nasıl yıkılacağını, yani modern anlamda fizik ve kozmıloji ilimlerinden tanıdığımız *Kozmolojik Antropik ilke*'yi mısralarında şöyle dile getirir:

**"Yerden göğe kadar testileri dizseler,
İçlerinden birisini çekseler,
Seyreyle, sen gümbürtüyü..!"**

Yunus Emre'nin Zamanın, Canlıların ve Evrenin 'Evrim'i ile ilgili düşüncelerini özetlersek; O, Sadece Allah'ın varlığından ve her şeyin ÖZ'ünde O'ndan bir hissenin bulunmasından bahseder ve bu varlık sürekli bir değişim halindedir ve dinamiktir. Allah bilinmeyi istemiştir ve bunu sevgiyle varlık hâline getirmeye karar vermiştir ve uygulamıştır. Bütün âlem, maddesi ve mânâsıyla var olmuştur. Mekânın yaratılışıyla zaman da aynı anda yaratılmış olur. Bazıları buna Genesis (Ehl-i kitab gibi), bâzıları Yaratılış (Müslümanlar gibi), bâzıları da Big Bang (Bilim adamları gibi) der. Bu ilk yaratılış, belli bir yerde olmamıştır, çünkü ondan evvel mekân yoktu; belli bir zamanda da olmadı, çünkü ondan evvel zaman da yoktu. Bu sebepledir ki, bizim ölçülerimize göre değerlendirmek için zihnimizi zorlarsak, yaratılış her yerde ve her zaman oldu, olmakta ve olacaktır; Big Bang aslâ bitmedi, bitmeyecek, tâ ki yaratılanların farklılıkları bitip de her şey aynı hâle gelinceye kadar.

Bâzıları bu farklılıkların azalması, her şeyin sürekli dağılıp gitmesi vâkıâsına Entropi der. Çünkü var oluş ancak farklılıkla, İzafiyetle mümkündür ve farklılıklar ortadan kalkınca ortada ne zaman kalacak, ne de mekân. Bâzıları bu mukadder hadiseye Kıyâmet der; ne zaman kopacağı sorulduğunda "ölçülemeyecek kadar uzun bir süre sonra" cevabını verirler çünkü o olduğunda ölçülecek zaman kalmayacaktır. Üstelik Big Bang de,

Yaratılış Gerçekliği-I

Kıyâmet de aslında hep var olmaktadır. Çünkü evrenin içerisinde sürekli yeni 'Doğumlar' ve 'Ölümler', yani 'Yaratılışlar' ve 'Kıyâmetler' meydana gelmektedir. İşte böylece bütün madde ve mânâ âlemi her an yeniden yok olup varlığa kavuşmaktadır. Böyle olduğu için de mâzî (geçmiş), hâl (şimdi) ve âtî (gelecek) hep aynı anda yaşanmaktadır, O hepsini biliyor ve her şey zâten O'ndadır. Bâzıları "yaratılışa ne gerek vardı, O'nun ihtiyacı mı vardı?" diye zaman zaman sorarlar; halbuki Yunus'a göre, yaratılış kaçınılmazdır çünkü bütün bu olup bitenler akıl, hikmet, kudret ve güzelliklerle doludur. Varlık âlemi O'nun bu vasıflarının bir yansıması, bir yanılsamasıdır sâdece; hakikatte ne yaratılış var, ne de yaratılmış. Zâten her şey O'ndan ibarettir! Yunus, bu mutlak hakikati kâlbinde hisseden Hallâc-ı Mansûr diye tanınmış birisinin, yaşadığı ruh hâlini konuşma lisânının kifâyetsizliği içinde dile getirdiği için, dini-dar olanlar tarafından yakıldığını dizelerinde ifade eder:

***

Bir sakiden içtim şarap, Arştan yüca meyhanesi
Ol sakinin mestleriyiz, canlar anın peymanesi
Bir meclistir meclisimiz, anda ciğer kebap olur
Bir şem'dir bunda yanar, güneş anın pervanesi
Aşk oduna yananların, külli vücudu nur olur
Ol od bu oda benzemez, hiç belirmez zebanesi
Andaki mest olanların, olur Enelhak sözleri
Hallac-ı Mansur gibidir en kemine divanesi

***

Allah mutlak sevgi ve bilgi olduğu için, kâinatı da sevgi ve bilgi ile yarattı ve düzenledi. Big Bang'den sonra her şey sonsuzca dağılıp yok olacağına, kümelenerek maddeyi ve enerjiyi oluşturdu. Zâten madde ile enerji denen yaratıklar aynı şeydiler. En küçük zerrelerden sonsuz bütünlüğe kadar bütün evren bilginin düzeni içerisinde sevgiyle birbirine yaklaştı. Bâzıları buna Gravite, Zayıf güç, Çekirdek gücü, Elektromanyetik Kuvvet gibi isimler taktılar; Einstein hepsinin aynı gücün yansımaları olduğunu göstermeye çalıştı, hattâ "Yaratıcı'nın formülünü bulmak üzereyim" gibi, bâzılarına çok ters gelen sözler söyledi. Nötronlar, atomlar, moleküller, gök cisimleri, yıldızlar, gezegenler oluştu.

Bazıları bunlara kapalı ve açık sistemler veya Sicim teorileri dediler. En azından bir tanesinin varlığından emin olduğumuz bazı gezegenlerde Oksijen, Karbon ve Azot denen elementler öylesine sevgiyle ve bilgiyle birleştiler ki, bunlardan Organik Moleküller teşekkül etti, sonradan bunlar bazılarının Kovalent Bağ dedikleri canlılık öncesi oluşumlar hâline geldiler. Daha sonra bunlara sevginin kaçınılmaz gereği olarak can verildi.

Bazıları buna Ruh, bazıları Soul, bazıları Spirit, bazıları da başka isimler verdiler; bu isimlerin hemen hepsi Soluk, Rüzgâr veya Gölge anlamına gelen köklerden türedi çünkü canın uçucu, ölümle cesedi terk edip giden bir cevher olduğu düşünüldü. Can, O'nun mahlûkatın bir kısmına bahşettiği bir ayrıcalıktı âdeta ama, evrimin kaçınılmaz özelliği olarak, canlılıkla cansızlığın sınırları da kesin değildi. Bazılarının Virüs, Prion gibi isimler taktıkları yaratıklar bu belirsiz sınırda yerlerini aldılar. Bazılarının canlıları en mütekâmil açık sistemler olarak tanımlamaları, yani entropiye karşı çıkarken (negentropi yaparken) çevredeki entropiyi arttırdıklarını söylemeleri pratik açıdan çoğu kişinin işine yaradı ama ekserîsi düşünemedi ki, kâinatın kendisi en büyük açık sistemdi ve eğer canlılığın târifi buysa, hareketlilikse, reaktiviteyse, malzemeyi alıp kendi işine yarayacak şekilde kullanıp artıkları atmaksa ve eninde sonunda gene entropiye mağlûp düşüp deorganize olmaksa, bütün bu kıstaslara en mükemmel şekilde uyan yaratık kâinatın ta kendisiydi. Yani can her yerdeydi, ruh her şeydeydi. Canın ne olduğu, mâhiyeti gibi suâller pek çok zihni binlerce yıl meşgûl etti. Halbuki can, mutlak hakikât olan O'ndan, sâdece ve sâdece O'ndan başka bir şey değildi.

Bunu insan beyninin kavraması mümkün olmadığı için, gönderdiği kutsal kitaplarda değişik isimlerle candan bahsetti ama ne olduğunu anlatmadı; son göndersiği Kur'an-ı Kerîm isimli kitabında ise, insanların bu mes'eleyi kavrayamayacaklarını açıkça beyan etti. Daha güzele ve bilgiliye doğru yolculuk devam etmeliydi tabiî ki, öyle de oldu çünkü O, kendinin sûretini, yansımasını yaratmak istiyordu. Tek hücreliler, zamanla, birleşerek daha karmaşık çok hücreli canlıları; onlar da, zamanla, muhafaza edilmesi daha zor ama gelişmiş büyük canlıları husûle getirdiler. Güzelliğin ve bilginin gereği, her şeyin hep zıddıyla kâim olması gerekiyordu. Elektronun pozitronu, cansızın canlısı, dirinin ölüsü, erkeğin dişisi, hayvanın bitkisi... gibi sonsuz sayıda zıtlıklar oluştu. Bazıları buna diyalektik dediler. O'nun sevgi ve bilgisinin karşıtı olarak nefret ve cehâlet, hikmetinin karşıtı olarak da taassup ister istemez oluştu.

Doğum ölümle, iyilik kötülükle, merhamet zulümle, sıhhât hastalıkla, barış savaşla zıtlaştı. Bütün bu kötü gibi görünen var oluşlar aslında evrimin devamı, daha iyiye ve güzele akışın temini için gerekliydi. Bu temel espriyi fark edemeyen bazıları şeytanı O'nun rakibi zannedip perestiş ettiler, hattâ tapındılar. Halbuki bütün bunlar sadece ve sadece insan için mevcuttu; insansız âlemde her şey biteviyeydi, şeytan da kötülük de yoktu. Hepsi, kendi kendini aşmaya mahkûm ve muktedir tek yaratık olan insanla beraber var oldu. Bazıları Mekke isimli şehirde taşlar atarken orada gerçekten şeytan diye bir varlığın bulunduğunu, bu sûretle onu zayıf düşürdüklerini sandılar; halbuki kendi içlerindeki kötülükleri taşlıyorlardı, kendi ruhlarını temizliyorlardı. O, aynı şehirdeki çok eski bir mâbedi (Kâbe) bütün kendisine inananların teveccüh edecekleri, ibâdet ederken yönelecekleri merkez ilân etti. Mevlâna gibi mutasavvıf denen bâzıları hâricindeki kişiler düşünemediler ki, bir an için o bina ortadan kalksa, milyarlarca kişi birbirlerine teveccüh etmekteydiler günde beş kez. Yâni insana, O'nun sûretine, yansımasına; O'na!

Bâzıları bu aşkın fikir ve gönül zâviyesini, her şeyin başının ve sonunun insan olduğunu, insandan başka kıymet hükmünün bulunmadığını vehmeden hümanizm isimli felsefî akımla karıştırıp kızdılar; zâten, bu nüansı farkında olmayan pek çok kişi, bu terimi basitçe insanı sevmek anlamında kullanmaktaydı. İşte bu zıtlıklar birbirlerini tamamladılar ve yeni güzellikler oluşturdular. Hayvanlar âlemindeki gelişme, aynı minvâl üzere, bazılarının Memeliler, Primatlar, Hominidler dedikleri yaratıklara kadar ilerledi ve sonunda, beyni bilinen bütün diğer canlılardan daha çok gelişmiş, soyut düşünme kaâbiliyetine hâiz, kendi kendini aşmaya mecbur ve mahkûm, O'nun hakkında tefekkür etme mazhariyetine sahip bir varlık gelişti; bazıları ona İnsan, bâzıları Eşref-i Mahlûkat, bâzıları Homo Erektus, Homo Sapiens, Homo Faber, Homo Ekonomikus.. gibi isimler taktılar. O, sevgi ile birbirlerine yaklaşsınlar diye onları ırklara, milletlere, dinlere.. böldü; farklılıklar olacaktı ki YARATILIŞ TEKÂMÜLÜ sürsün. Hep O'nun hikmeti, kudreti ve bilgisiyle oluşan, sevgisiyle süslenen, tâ ilk yaratılıştan insana kadar mevcut olan bu tekâmülü DARWİN ismindeki bir bilim (ve, ne ilginçtir ki din) adamı gibi bazıları kör TESADÜFLERLE izâh etmeye çalıştı, bâzıları da kutsal kitapları hatâlı tefsir edip, bağnazlıkla reddetmeye kalkıştılar. O'nun varlığı idrak edilebilecek, kavranabilecek bir şey olmadığı için, ancak sezilebilirdi, hissedilebilirdi, özel bir hâlet-i ruhiye ile daha yakından irtibat kurulabilirdi. Buna bazısı Mistik Yaşantı, bazısı Nirvanah, bazısı Erme, bazısı başka şey der. Bazılarının Peygamber, Nebî, Velî, Ermiş gibi isimler taktıkları insanlar bu irtibattan manevî kudretlerince nasiplerini aldılar. Çok özel bazılarına ise, insanlar O'nu bâri bilgi yoluyla bilsinler diye, O'nun kelâmı olan, yazılı hâle getirildiği için de kutsal kitaplar denen bilgiler gönderildi.

Bazıları bu seçilmiş kulların ortaya koyduğu akâide din adını verdiler. Bütün bu kişilerin arkasından asırlar boyunca milyarlarca insan yürüdü; çünkü insanın özünde, hamurunda imân ihtiyacı vardı, çünkü kendini yani O'nu arıyordu. Bütün yolların O'na, sâdece O'na çıktığını fark edemeyen, çokluktaki birliği göremeyen pek çok insan toplulukları asırlarca birbirleriyle beyhude harbetti. Çünkü dinlerin O'na ulaşmak için birer vâsıta olduğunu idrak edemeyip, birer gâye hâline getirilmesi hatâsına düştüler! Öyle olunca da, O'nun akıl, hikmet ve güzelliğine ters düşen taassup, yâni yobazlık doğdu. Şeytanın ta kendisi olan bu illet sırf din plânında tezâhür etmedi zâten; bazılarının İdeoloji, bazılarının Felsefe, bazılarının Dünya Görüşü dediği çeşitli inanç sistemlerinin de mutaassıpları, yobazları oluştu birbirlerinin ve kendilerinden farklı gördükleri herkesin gözlerini oymak üzere. Halbuki O, aklın, müsbet ilmin ve hikmetin rehberliğini emretti insana. "Maddî âlemin icaplarını yerine getirin, sonuna kadar mücadele edin, ne zaman ki kudretinizin sonuna gelirsiniz, o zaman bana sığının, duâ edin dedi". Bazılarının Kader, bazılarının Karma, bazılarının başka şey dedikleri şeyin O'nun bilgisi ve sevgisiyle oluştuğunu, O'nun kavranamaz ilmiyle düzenlendiğini, ümitsizliğe kapı olmadığını anlattı kullarına.

 Bazıları bunu yanlış anladılar, ahmakça bir tevekkülle sadece duâya, ibâdete sığındılar ve bu dünyanın gereklerini yerine getirmediler. Yenilik ve inkişaftan kaçındılar, aklın önderliğini bir tarafa atıp nakilcilik batağına düştüler. Her zerresi TEKÂMÜL için yaratılmış bu kâinatta en ufak bir terakkîye dahi karşı çıkar oldular. Bu gibilerin elinde, O'nun insana bahşettiği en ulvî ve hakikî huzur aracı olan din bir işkence mekanizmasına dönüştürüldü. Din nâmı altında sevgiden yoksun, içtihad nâmı altında tıkanmış tefsir yumaklarına dayandırılmış kör bilgiye istinad eden, hikmetten mahrum bir zulüm sistemi ortaya çıktı. Buna tepki verenlerin bir kısmı ne yazık ki din düşmanı oldular, sahte peygamberlere kapılandılar veya ümitlerini kaybettiler. Ama O her şeyi bilendi, her zehirin panzehirini de hâlk etmişti. Akılla imânı taassup batağına düşmeden birleştirebilen kullarını hep yarattı, görevlendirdi. Hakikatin anlaşılabilmesi ve ortaya çıkması için, Zaman ve Çağlara göre Hak Dini yenilemek için büyük Mutasavvuflar, Veliler ve Müceddidler gönderdi. Zaman içerisinde zaman, mekân içerisinde mekân, sürekli yaratılış ve mahvoluş, hiçlikte heplik, her şeyin sadece ve sadece O olması hakikatinin kâlbden idraki ile titreyen gönül gözleri açık kişiler çalışmayı, TEKÂMÜLE ve İLME hizmeti en büyük ibâdet kabûl ettiler. Zâten O'nun da mesajı açık ve netti! En son gönderdiği ve değiştirilemezliği O'nun garantisi altında olan kitap OKU diye başlıyordu ve peygamberinin âlimlerin mürekkeplerinin şehitlerin kanından daha kıymetli olduğunu, ilmin dünyanın öte tarafında da olsa gidilip alınmasını tavsiye eden sözleriyle süsleniyordu. TEKÂMÜL hep sürüyordu, sürmekte ve sürecektir de; her şey aslına, O'na dönünceye kadar da bu dönüş çoktan oldu, oluyor, olacak da. Çünkü "Önce", "Şimdi" ve "Sonra" hep aynı andaki oluşlar olup, hepsinin toplamı Allah katında tek bir andır..

HZ. MEVLANÂ'DA 'EVRİM' FİKRİ

HZ. MEVLANÂ'NIN HAYATI ve ESERLERİ: Hz. Mevlâna 30 Eylül 1207 tarihinde bugün Afganistan sınırları içerisinde yer alan Horasan yöresinde, Belh şehrinde doğmuştur. Mevlâna'nın babası Belh şehrinin ileri gelenlerinden olup sağlığında *"Bilginlerin Sultanı"* ünvanını almış olan Hüseyin Hatib oğlu Bahaeddin Veled'dir. Annesi ise Belh Emiri Rükneddin'in kızı Mümine Hatun'dur. Sultânü'l-Ulemâ Bahaeddin Veled, bazı siyasî olaylar ve yaklaşmakta olan Moğol istilası nedeniyle Belh'ten ayrılmak zorunda kalmıştır. Sultânü'l-Ulemâ 1212 veya 1213 yıllarında aile fertleri ve yakın dostları ile birlikte Belh'ten ayrıldı. Sultânü'l-Ulemâ'nın ilk durağı Nişâbur olmuştur. Nişâbur şehrinde tanınmış Mutasavvuf Ferîdüddin Attar ile de karşılaşmıştır.

Mevlâna burada küçük yaşına rağmen Ferîdüddin Attar'ın ilgisini çekmiş ve takdirlerini kazanmıştır. Sultânü'l-Ulemâ Nişâbur'dan Bağdat'a ve daha sonra Kûfe yolu ile Kâbe'ye hareket etti. Hac farizasını yerine getirdikten sonra dönüşte Şam'a uğradı.

Yaratılış Gerçekliği-I

MEVLANÂ CELÂLEDDİN-İ RUMÎ (MS 1207-1273)

Şam'dan sonra Malatya, Erzincan, Sivas, Kayseri, Niğde yolu ile Lârende'ye (Karaman) geldi. Karaman'da Subaşı Emir Musa'nın yaptırdıkları medreseye yerleşti. 1222 yılında Karaman'a gelen Sultânü'l-Ulemâ ve ailesi burada 7 yıl kaldı. Mevlâna 1225 yılında Şerefeddin Lala'nın kızı Gevher Hatun ile Karaman'da evlendi. Bu evlilikten Mevlâna'nın Sultan Veled ve Alâeddin Çelebi adında iki oğlu oldu. Yıllar sonra Gevher Hatun' u kaybeden Mevlâna bir çocuklu dul olan Kerra Hatun ile ikinci evliliğini yaptı. Mevlâna'nın bu evlilikten de Muzafereddin ve Emir Alim Çelebi adlı iki oğlu ve Melike Hatun adlı bir kızı dünyaya geldi. Bu yıllarda Anadolu'nun büyük bir kısmı Selçuklu Devletinin egemenliği altında idi. Konya ise bu devletin başşehri idi.

Konya sanat eserleri ile donatılmış, ilim adamları ve sanatkârlarla dolup taşmıştı. Kısaca Selçuklu Devleti en parlak devrini yaşıyordu ve devletin hükümdarı Alâeddin Keykubad idi. Alâeddin Keykubad, Sultânü'l-Ulemâ Bahaeddin Veled'i Karaman'dan Konya'ya davet etti ve Konya'ya yerleşmesini istedi. Bahaeddin Veled, sultanın davetini kabul etti ve Konya'ya 3 Mayıs 1228 yılında ailesi ve dostları ile geldi. Sultan Alâeddin onu muhteşem bir törenle karşıladı ve ona ikametgâh olarak Altunapa (İplikçi) Medresesi'ni tahsis etti. Sultânü'l-Ulemâ, 12 Ocak 1231 yılında Konya'da vefat etti. Mezar yeri olarak Selçuklu Sarayı'nın Gül Bahçesi seçildi. Günümüzde müze olarak kullanılan Mevlâna Dergâhı'na bugünkü yerine defnedildi. Sultânü'l-Ulemâ ölünce talebeleri ve müridleri bu defa Mevlâna'nın çevresinde toplandılar. Mevlâna'yı babasının tek varisi olarak gördüler. Gerçekten de Mevlâna büyük bir ilim ve din bilgini olmuş, İplikçi Medresesi'nde vaazlar veriyordu. Medrese kendisini dinlemeye gelenlerle dolup taşıyordu.

Mevlâna, hayatında bir dönüm noktasını oluşturan 15 Kasım 1244 yılında Şems-i Tebrizî ile karşılaştı. Mevlâna Şems'te "Mutlak kemâlin varlığını", cemalinde de "Allah'ın nurlarını" görmüştü. Ancak beraberlikleri uzun sürmedi. Şems aniden öldü. Mevlâna Şems'in ölümünden büyük bir üzüntü duydu ve sonrasında uzun yıllar süren bir inzivaya çekildi. Daha sonraki yıllarda Selâhaddin Zerkubi ve Hüsameddin Çelebi, Şems-i Tebrizî'nin yerini doldurmaya çalıştılar. Yaşamını *"Hamdım, piştim, yandım"* sözleri ile özetleyen Mevlâna 17 Aralık 1273 pazar günü Hakk'ın rahmetine kavuştu. Mevlâna'nın cenaze namazını vasiyeti üzerine Sadrettin Konevi kıldıracaktı. Ancak Sadreddin Konevi çok sevdiği Mevlâna'yı kaybetmeye dayanamayıp cenazede bayıldı. Bunun üzerine Mevlâna'nın cenaze namazını Kadı Siraceddin kıldırdı.

MESNEVÎ: Mesnevi klasik doğu edebiyatında, bir şiir tarzının adıdır. Mesnevi, kelime manası olarak 'İkili' demektir ve 'İki satırlı' beyitlerden oluşan şiirlere verilen genel isimdir. Edebiyatta aynı vezinde ve her beyti kendi arasında ayrı ayrı kafiyeli olan nazım türüne Mesnevi adı verilmiştir. Uzun sürecek konular veya hikayeler şiir yoluyla anlatılmak istendiğinde, kafiye kolaylığı nedeniyle mesnevi türü tercih edilirdi. Mesnevi her ne kadar klasik doğu şiirinin bir türü ise de, "Mesnevi" denildiği zaman akla "Mevlâna'nın Mesnevi'si" gelmektedir. İlginçtir ki, Mevlâna Mesnevi'yi kendi isteğiyle değil, Hüsameddin Çelebi'nin isteği üzerine yazmıştır. Kâtibi Hüsameddin Çelebi'nin söylediğine göre, Mevlâna, Mesnevi beyitlerini Meram'da gezerken, otururken, yürürken, hatta semâ ederken söylermiş. Çelebi Hüsameddin de yazarmış. Mesnevi'nin dili Farsça'dır. Halen Mevlâna Müzesi'nde teşhirde bulunan 1278 tarihli, elde bulunulan en eski Mesnevi nüshasına göre beyit sayısı 25.618 dir. Mesnevi'nin Aruz Vezni: Fâ i lâ tün - fâ i lâ tün - fâ i lün şeklindedir. Mevlâna 6 ciltlik Mesnevi'sinde tasavvufi fikir ve düşüncelerini, birbirine ulanmış hikayeler halinde anlatmaktadır.

DÎVÂN-I KEBİR: Divân şairlerinin şiirlerini topladıkları deftere denir. "Divân-ı Kebir "Büyük Defter" veya "Büyük Divân" manasına gelir. Mevlâna'nın çeşitli konularda söylediği şiirlerin tamamı bu divandadır. Divân-ı Kebir'in dili Farsça olmakla beraber, içinde Arapça, Türkçe ve Rumca şiire de yer verilmiştir. Divân-ı Kebir 21 küçük divân (Bahir) ile rubâî (Dörtlüklerden oluşan şiirler) divânının bir araya getirilmesi ile oluşmuştur. Divân-ı Kebir'in beyit sayısı 40.000'i aşmaktadır. Mevlâna Divân-ı Kebir'deki bazı şiirlerini Şems Mahlası ile yazdığı için bu divâna Divân-ı Şems de denmektedir. Divânda yer alan şiirler vezin ve kafiyeler göz önüne alınarak düzenlenmiştir.

MEKTÛBÂT: Mevlâna'nın başta Selçuklu hükümdarlarına ve devrin ileri gelenlerine nasihat için, kendisinden sorulan ve halli istenilen dini ve ilmi konularda açıklayıcı bilgiler vermek için yazdığı 147 adet mektuptur. Mevlâna bu mektuplarında, edebi mektup yazma kaidelerine uymamış, aynen konuştuğu gibi yazmıştır.

Mektuplarında "kulunuz, bendeniz" gibi kelimelere hiç yer vermemiştir. Hitaplarında mevki ve memuriyet adları müstesna, mektup yazdığı kişinin aklına, inancına ve yaptığı iyi işlere göre kendisine hangi hitap tarzı yakışıyorsa, onu kullanmıştır.

FÎHİ MÂ FİH: Fîhi Mâ Fih, "Ne varsa içindedir" manasına gelmektedir. Bu eser Mevlâna'nın çeşitli meclislerde yaptığı sohbetleri içermektedir. Bunların oğlu Sultan Veled tarafından bir kitapta toplandığı sanılmaktadır. Eser 61 bölümden oluşmaktadır. Bu bölümlerden bir kısmı, Selçuklu Veziri Süleyman Pervane'ye hitaben kaleme alınmıştır. Eserde bazı siyasi olaylara da değinilmiştir. Bu nedenle bu eser tarihi açıdan da büyük bir önem taşımaktadır. Eserde cennet ve cehennem, dünya ve âhiret mürşid ve mürid, aşk ve sema gibi konular işlenmiştir.

MECÂLİS-İ SEB'A (YEDİ MECLİS): Mecâlis-i Seb'a adından da anlaşılacağı üzere Mevlâna'nın yedi meclisinin, yedi vaazının toplanmasından meydana gelmiştir. Mevlâna'nın vaazları, Çelebi Hüsameddin veya oğlu Sultan Veled tarafından not edilmiş ancak özüne dokunulmamak kaydı ile eklentiler yapılmıştır. Eserin düzenlenmesi yapıldıktan sonra, Mevlâna'nın tashihinden geçmiş olması kuvvetle muhtemeldir. Şiiri amaç değil, fikirlerini söylemede bir araç olarak kabul eden Mevlâna, yedi meclisinde şerh ettiği hadisleri şu konulara ayırmıştır:

1. Doğru yoldan ayrılmış toplumların hangi yolla kurtulacağı
2. Suçtan kurtuluş, akıl yolu ile gafletten uyanış
3. İnanç'dakİ kudret
4. Tövbe edip doğru yolu bulanların Allah'ın sevgili kulu olacakları
5. Bilginin değeri
6. Gaflete dalış
7. Aklın önemi

MEVLANÂ'DA EVRİM FİKRİ ve TEKÂMÜL: Hz. Mevlanâ eserlerinde değişime ve evrime ilişkin konulara değinirken, daha çok bir cismin ölüp daha mükemmel ve kompleks bir yapıya dönüşecek olan ve manevî âleme göre tekâmül edecek bir cevher olarak görür. O'na göre tüm canlıların, insanların ve hatta cansız maddelerin ölümü bir nevî daha mükemmel vücud bulmak için yapılan bir ara geçiş ve olgunlaşma evresidir. İşte aslında Mevlanâ'nın kapalı manada ve halk lisanıyla söylediği "Hamdım, pişdim, oldum.." sözleriyle ifade edilen felsefesi tamamen bu konuya yani, kâinatta devam etmekte olan değişim halindeki yaratılış kanunlarına ve TEKÂMÜL'e işaret eder. O'nun eserlerinin birçok yerinde rastladığımız çeşitli canlı ve cansız varlıkların başka bir şekle dönüşmesi ilâhî yaratılış sanatının cilveleri ve Yaratıcı'nın kendisini en iyi şekilde tanıtmasının delilleridir. Mesnevi'de yer alan şu beyitler bu hakikati ne kadar güzel ifade etmektedir:

***

Taş olarak ölmüştüm, bitki oldum.
Bitki olarak öldüm ve hayvan oldum.
Hayvan olarak öldüm, o zaman insan oldum.
Öyleyse ölümden korkmak niye?
Hiçbir sefer kötüye dönüştüğüm,
Ya da alçaldığım görüldü mü?
Bir gün insan olarak ölüp, ışıktan bir yaratık,
Rüyaların meleği olacağım.
Fakat yolum devam edecek,
Allah'tan başka her şey kaybolacak.
Hiç kimsenin görüp duymadığı birşey olacağım.
Yıldızların üstünde bir yıldız olup,
Doğum ve ölüm üzerinde parlayacağım.

***

Aşk ateşi arar gönül,
Bilmez ki, aşk kendidir.
Hasretiyle yanar gönül,
Bilmez ki, aşk kendidir.
Bulmuş onu taşar gönül,
Bilmez ki, aşk kendidir.

Taşan gönül semâ eder,
Bilmez ki, aşk kendidir.
Semâ eden O'nu bulur,
Bilmez ki, O KENDİ'DİR.
***

***

"Tenini besleyip geliştirmeye bakma,
Çünkü o sonunda toprağa verilecek bir kurbandır."
"Sen gönlünü beslemeye bak!
Yücelere gidecek, şereflenecek odur."
***

***

"Gel, gel, daha yakın gel, bu yol vuruculuk ne zamana kadar sürüp gidecek? Madem ki sen, bensin, ben de senim. Artık bu senlik ve benlik nedir? "

"Biz Hakk'ın nuruyuz, Hakk'ın aynasıyız. Şu halde kendi kendimizle, birbirimizle ne diye çekişip duruyoruz?"

"Bir aydınlık bir aydınlıktan neden böyle kaçıyor? Biz hepimiz, bütün insanlar, tek bir vücud halinde olgun bir insanın varlığında toplanmış gibiyiz. Fakat neden böyle şaşıyız? "

"Aynı vücudun birer uzvu olduğumuz halde neden zenginler, yoksulları böyle hor görürler? Aynı vücutta bulunan sağ el, ne diye sol elini hor görür? Her ikisi de madem senin elindir, aynı tende uğurlu ne demek, uğursuz ne demek? "

"Haydi şu benlikten kurtul, herkesle anlaş, herkesle hoş geçin. Sen kendine kaldıkça, bir habbesin, bir zerresin fakat herkesle birleştin, kaynaştın mı, bir ummansın, bir madensin! Bütün insanlarda aynı ruh vardır, ama hepsinde de aynı yağ bulunmaktadır. Dünya da çeşitli diller, çeşitli lügatler var, fakat hepsinin de anlamı birdir, çeşitli kaplara konan sular, kaplar birleşirler, bir su hâlinde akarlar. Tevhidin ne demek olduğunu anlar da, birliğe erersen, gönülden sözü, mânâsız düşünceleri söküp atarsan, Can, mânâ gözü açık olanlara haberler gönderir, onlara gerçekleri söyler. "
***

Mevlânâ; tabiî ölümü de bu hayattan ayrılıp, ölümü olmayan ebedî bir hayata ulaşma olarak niteler. İnsan genel anlamda iki unsurdan mürekkeptir: Ruh ve beden. Ruh mücerrettir. Zamana ve mekâna bağlı değildir. Bu itibarla ölümsüzdür. Ruh bu sıhhati Cenâb-ı Haktan almıştır. Hayy ve Bakî (diri ve ebedî) sıfatlarının sahibi olan Yüce Allah, kendi ruhundan insanlara ruh üflemiştir (Hicr, 15/29). Bu sebeple ölüm ile bedenin yok olması ve canlılığın sona ermesi, Cenâb-ı Hak ile insan arasındaki perdenin kalkmasıdır. Nitekim bir fizik kanunu olarak, hiç bir varlık yoktan var olmaz, var ise yok olmaz; ancak bir hâlden diğer hâle geçer. Dolayısıyla ölünce beden kafesinden çıkan Ruh, aslına rücû eder. Mevlânâ bu fikirleri:

"Ölüm kavuşmadır; cefa etmek, kin gütmek değil."

(Rubailer, 38)

"Ölürsem ben, öldü demeyin. Çünkü ölüydüm, dirildim; dost aldı, götürdü beni."

(Rubailer, 100)

sözleriyle dile getirirken, kendisinin bu âlemden ayrıldığı geceye de "şeb-i arûs" (düğün gecesi) denilmiştir. Mevlânâ'nın şu gazeli onun ölümle ilgili düşüncelerinin en veciz ifadesidir:

"Ölüm günümde tabutum yürüyüp gitmeye başladı mı, bende bu cihanın gamı var, dünyadan ayrıldığıma tasalanıyorum sanma; bu çeşit bir şüpheye düşme. Bana ağlama, yazık yazık deme. Şeytanın tuzağına düşersem, işte o zaman yazık yazık demenin sırasıdır. Cenazemi görünce ayrılık, ayrılık deme. O vakit benim buluşma ve görüşme zamanımdır. Beni kabre indirip bırakınca; sakın elveda, elveda deme. Zira mezar cennetler topluluğunun perdesidir. Batmayı gördün ya, doğmayı da seyret. Güneşe ve aya batmadan ne ziyan gelir ki? Sana batmak görünür; ama o, doğmaktır. Mezar hapis gibi görünür; ama o, Canın kurtuluşudur. Hangi tohum yere ekildi de bitmedi? Ne diye insan tohumunda şüpheye düşüyorsun? Hangi kova kuyuya salındı da, dolu dolu çıkmadı? Can Yûsuf'u ne diye kuyuda feryad etsin? Bu tarafta ağzını yumdun mu, o tarafta aç. Zira senin Hay-u huyun, mekânsızlık âleminin fezasındadır."

Mezarı canın kurtuluş yeri, ölmeyi batan güneşin yeniden doğmaya hazırlığı olarak niteleyen Mevlânâ; canlılığın sona erdiği Ölüm ile canlılık fonksiyonlarının azaldığı Uyku arasında da bir benzerlik kurar. *"Uyku ölümün kardeşidir."* sözüne ait fikirlerini şöyle dile getirir:

"Ey kardeş, Uyan! Çünkü -Uyku, ölümün kardeşidir- O kardeş, bu kardeşten belli olur."

(Mesnevi, IV/3084)

O'na göre Sabahleyin uykudan uyanmak da, Mahşerde dirilmenin bir örneğidir:

"Sûrun üfürülmesi Hakkın bir emridir. Onunla bütün halkın bedenleri yerden kalkar. Sabah uyanınca aklımız nasıl bedenimize geliyorsa, herkesin canı da öyle bedenine girer. Her ruh, kendi bedenine girer. Kuyumcunun ruhu, terzinin vücuduna girmez. Âlimin canı, o âlimin bedenine; Zâlimin ruhu, o zâlimin tenine girer. Ayak bile karanlıkta kendi ayakkabısını keşfederken, Can niçin tenini bilmesin? Sabah vakti Küçük haşirdir. Büyük haşri ondan kıyas et. Uyku ve uyanıklık, akıllılar için Ölümle Mahşere iki şahittir. Küçük haşr, büyük haşrin; küçük ölüm büyük ölümün örneğidir.."

(Mesnevi, V/l781-96)

Uyku ve uyanmak ile, mademki her gün ölümün bir benzerini yaşıyoruz, o halde bundan ders alıp, ölümü karşılamaya hazırlanmalıyız:

"Ölüm için ihtiyat gerekir. Akıbeti, haşri görenler için de zevk-u safa. Ölümü Yûsuf gibi gören, canını feda eder. Kurt gibi görense, doğru yoldan ayrılır. Ölüm, herkese kendi rengindedir. Saf ayna iyiyi de kötüyü de gösterir. Güzel yüz aynada güzeldir, çirkin yüz de çirkin. Sen ölümden korkup kaçıyorsun. Bil ki, seni asıl kendi çirkinliğin korkutmada. Gördüğün kendi çirkin yüzün, ölümün yüzü değil. Canın o suretten ürktü. İyi de, kötü de senden yetişmiştir. Çirkin de, güzel de kendi elinle kazandığındır."

(Mesnevi, III/ 3458-65)

"Sen müminsen, tatlı isen; Ölümün de mümin olur. Kâfir ve acı isen, ölümün de kâfirdir."

(Ariflerin Menkıbeleri, II/12)

Mevlânâ; insanların ölüm gerçeğini görüp, dostun huzuruna eli boş çıkmamalarını, ebedî hayat için hazırlık yapmalarını öğütler:

"Hiç bir ölü, Öldüğü için hasret çekmez. Ancak tâatinin azlığına yanar. Yoksa Ölen kimse; kuyudan ovaya çıkmış, zevk-u safa meclisine ulaşmıştır. Bu daracık matem yurdundan ferahlayıp, geniş bir ovaya göçmüştür. Orası doğruluk yeridir, orada yalan yoktur. Ayranla sarhoş olan, has şarabı ne bilsin? Orası öyle bir doğruluk yurdudur ki, Hak onlarla beraberdir. Su ve çamurdan (bedenden) kurtulmuş, nur ile dostturlar. Bu hayat için bir iki nefesin kaldı. Bari gayret et de, ercesîne öl."

(Mesnevi, V/1774-79)

"Hayat îmânla ebedîdir. Yoldaşın îmân olursa ölmezsin."

(Mesnevî, III/3399)

Mevlânâ; iradî ölüm, zarurî ölüm, ölüm korkusu ve ölüme hazırlığı şu iki mısrada özetler:

"Aşksız olma ki ölmeyesin. Aşkla öl ki diri kalasın."

(Rubailer, 181)

SAİD NURSÎ VE RİSÂLE-İ NUR'DA 'EVRİM' FİKRİ

BEDÎÜZZAMAN SAİD-İ NURSÎ (MS 1876-1960)

HAYATI ve ESERLERİ: Üstâd Said Nursî, bundan yaklaşık 130 sene önce o zamanlar Van Vilâyetine bağlı olan, bugünkü Bitlis'in Hizan ilçesi İsparit nahiyesine bağlı Nurs köyünde 1876 yılında doğdu. Çocuklu ve gençliği ilk eğitimini aldığı doğu vilayetlerinde geçti. Daha sonra, kendi bölgesindeki eğitim sisteminin düzeltilmesi için padişah II. Abdülhamid'den yardım istemek için, İstanbul'a gelen Said Nursî, Şark'ta bir Darülfünun (Fen ve Din Bilimlerinin birlikte okutulduğu bir Üniversite) açılması için teklifte bulundu. Daha sonra bu isteği kabul edilmiş olsa da, inşa edilmeye başlanan Darülfünun (Medresetü-z Zehra) çıkan Birinci Dünya

Savaşı sebebiyle yarım kaldı. Bununla birlikte, 84 yıllık ömrünün geri kalan döneminde gerçekleştirdiği imân mücadelesiyle İslâmiyette büyük bir tecdid gerçekleştiren Said Nursî, 1960 yılında Urfa'da öldü. Yazdığı Risale-i Nur eserleriyle, bir Darülfünun olmaksızın, bir Üniversite mezunundan çok daha fazla bilgisi olan pek çok talebe yetiştirdi. Günümüzde milyonlara ulaşan nur talebeleri dünyanın dört bir yanına dağılmış durumdadır. Hatta, daha sonradan, Risale-i Nur eserlerindeki ilmî mantığı temel alarak kurulan pek çok modern eğitim kurumu, fen bilimlerinde öncülük yapan ilmi çalışmalara imza attı.

Said Nursî'nin doğduğu yıllarda, Evrim Teorisi henüz yeni ortaya atılmış, Materyalist/Naturalist Doğa Felsefesi yükselişe geçmiş ve aynı zamanda bu felsefî görüşler din alanına da sirayet etmiş ve pozitif bilimlerin de yardımıyla kâinatın tesadüfler sonucu meydana geldiğini, bir yaratıcının olmadığını ileri süren fikirlerin yayılması hız kazanmıştı. 19. yüzyılda şiddetli bir şekilde yükselen materyalist evrim düşüncesi felsefeden de belli bir oranda güç alınca, 20. yüzyılda tarihte daha önce benzeri görülmemiş çeşitli ateist inkarcı fikir akımları çıktı. İşte bu dönemde yaşayan bazı İslâm düşünürleri de, bu fikirlere karşı Kur'ân kaynaklı cevap niteliği taşıyan bazı eserler ortaya koydular. Bu eserlerden en önemlisi ise, hiç şüphesiz Said Nursî ve O'nun yazmış olduğu Risâle-i Nur eserleridir. Said Nursî, uzun ve sıkıntılı geçen zorlu bir manevî mücadelenin sonunda bu eserleri hazırlamıştır. Bu eserlerin çoğunda, Kâinatın varlığının kaynağı nedir? eksenli Soru-Cevap şeklindeki araştırmaları ve fikirleri içeren Maddi Materyalizm ile Canlıların ve İnsanın kaynağı nedir? Eksenli Soru-Cevap şeklindeki araştırmaları ve fikirleri içeren Naturalist Materyalizmin savunduğu inkarcı fikirlerin geçersizliği, çoğunlukla Hadisler ve Âyetlere dayanan ilmi delillerle ortaya konmaya çalışılır. Risâle-i Nur'da, Batı düşüncesinin Felsefe ekseninde oluşturduğu fikirlere vahiy çerçevesinde cevap aranmaya çalışılmıştır. Hatta diyebiliriz ki, bu eserlerin büyük bir kısmı, varlıkların

Fiziksel, Kimyasal ve Biyolojik yaratılış delillerini içeren örnekleri, temsilî bir surette anlatan ve İ'caz içeren (Az sözle çok şey anlatma ve ifade etme sanatı) ve yukarıda bahsettiğimiz fikirlere karşı Cevap niteliğinde parça parça yazılmış eserler niteliğindedir.

Şimdi, Risâle-i Nur'daki Evrim fikri konusunda bir açıklama niteliğinde olan önemli kısımları özet olarak inceleyelim.

"..Bazı insanların ağzında, nitelik bakımından az, fakat anlamı ve niceliği bakımından pek büyük **ÜÇ** kelime dolaşmaktadır:

- **Birincisi**: Her şey Kendi Kendine teşekkül etmiştir.
- **İkincisi**: Esas Mucit ve Tesir eden kuvvetler, Sebeplerdir.
- **Üçüncüsü**: Tabiat kendi kendine oluşturmuştur.

Bu üç kelimenin pek çok imkansızlığı mevcut olduğu halde, yapılan şu açıklamayı dinle: İnsan mevcuttur. Bu mevcut insan, birinci kelimeye göre hem yaratıcıdır, hem de yaratılmıştır. İkinci kelimeye göre, sebeplerin tesiriyle meydana gelmiştir. Üçüncü kelimeye göre ise, hakikatte mevcut olmayan hayal ürünü Tabiat kuvvetlerinin eseridir. Dördüncüsü ise, hak ve hakikatin gerektirdiği gibi, Allah'ın yaratmasıdır.

Birinci kelimenin geçersizliği:

1. Bu kelimenin iddia ettiğine göre, insanı teşkil eden zerrelerin her birisinde hem insanın içini, hem kâinatı görecek, bilecek bir göz, bir ilim ve diğer yaratma sıfatlarının bulunması lazımdır.
2. İnsanın bedeninde, atom ve moleküllerden teşekkül eden çeşitli karmaşık bileşikler adedince, matbaalarda harfleri tertip etmek için kullanılan kalıplar gibi, kalıplar bulunması lazımdır.

3. Kârgir binalarda kullanılan kemer taşları gibi, her bir zerrenin, arkadaşlarına hem hakim, hem mahkum olması lazım gelir. Ve bunun gibi, aynı anda her birisi ötekilere göre hem zıt, hem çoğunlukta, hem de bağlı olması gerekir.

İkinci kelimenin geçersizliği:

1. İnsanı oluşturan, teşkil eden maddeler, eczanelerde bulunan ağızları mühürlü ayrı ayrı, çeşit çeşit birbirine uymayan, muhtevâsı ve içeriği farklı maddelerden oluşan ilaçlar gibidir. Hiç

kimsenin eli dokunmaksızın, ihtiyaca göre, büyük bir düzen ve denge ile, o ilaçların bulunduğu şişelerin devrilmesiyle kendi kendine çıkıp hayati (organik) bir macun (molekül veya bileşik) haline gelmesi mümkünse; insanın da bir Yaratıcı olmadan, sebepler ve cansız maddelerden meydana gelmesi mümkündür denilebilir.

2. Bir şeyin mükemmel bir düzen ile sınırsız, kör, sağır, cansız ve şuursuz sebeplerden meydana gelmesinin mümkün olmaması gibi; herhangi bir Yaratıcı olmadan, insanın da o maddelerden yapılması mümkün değildir. Bununla birlikte, maddi sebeplerin yalnız zâhirde (görünüşte, sadece dış görüntüyle alakalı) bir münasebeti ve bağlantısı vardır; bâtındaki (esas iç yüzünü oluşturan gerçek sebeplerdeki) lâtif, ince, garip nakışlara, sanatlara nüfuzu (geçerliliği, etkisi) yoktur.

3. Bu kelimenin gerektirdiğine göre, mükemmel bir birliktelik ve düzenlilik içinde, ihtiyaç oranında sayısız sebeplerin bir parçada, bir uzuvda veya bir hücrede aynı anda toplanmaları gerekir. Bu toplanma, kâinatın ecza ve içeriğinin büyüklüğüyle beraber; o oranda, senin elinin içine girip toplanmalarını gerektirir. Çünkü insanın ustası sebepler olduğu takdirde, kâinatın bütün ecza ve içeriği insanla alakadar olduğuna göre, hepsinin insanın yapılışında hazır ve etkili bir durumda bulunan birer usta olmaları lazım gelir. Bir usta, yaptığı şeyin içerisinde bulunduktan sonra onu yapar. O halde, insanın bir hücresinde bütün kâinatın eczası ve içeriği toplanabilir! Bu öyle bir tesadüfdür ki, tesadüflerin en imkansız olanıdır.

Üçüncü kelimenin geçersizliği ise:

Evet, tabiatın iki yönü vardır: Biri zâhiri (görünen, açıkça beş duyuyla hissedilen veya bilimsel araçlarla anlaşılabilen) kısmıdır ki, gaflet ve dalâlet ehline göre hakikat zannedilmiştir; diğeri Bâtıni (görünmeyen, girift ve gizli olan, bilimsel ve deneysel olarak gözlemlenemeyen) kısmıdır ki, ilâhi ve rahmani yaratma sanatının meşheri ve menşeidir (uygulama alanı ve aynı zamanda ispat edicisi). Tabiata ilave olarak iddia edilen kuvvet ise, Hakîm ve Alîm olan Yaratıcının Kudret ve Kuvvetinin bir görüntüsüdür. Gaflet ehlinin Yaratıcı olarak tasavvur ettikleri tabiata, bir ilave olarak ekledikleri kör tesadüf ve ittifak (birleşme) ise, dalâletten (hak yoldan ayrılmaktan) kaynaklanan bir zorunluluk neticesinde; şeytanların, olmayan bir şeyi olmuş gibi göstererek uydurdukları hezeyanlardır. Çünkü, çeşitli eserlerimde kat'î bir surette isbat edildiği gibi; harikaların harikası olan şu sanat, ancak ve ancak bütün Tekâmül kanunlarıyla sıfatlandırılabilen her şeyi gören, işiten ve bilen bir Yaratıcı kudretin elinden çıkmamış ise; şu kaba, cansız, sınırlı ve hareketsiz maddenin eliyle şu kâinata giydirilen gömlek yapılabilir mi? Yoksa âlemlere giydirilen şu güzel teşekkülleri, nakışları bir sivrisinek veya bir kaplumbağa kendi kendine yapabilir mi? Evet, insanda, her şeyde, bir Ezelî Yaratıcı'nın eseri olduklarına mevcudât adedince şahitler vardır. Mesela:

1. Kâinattır. Evet, kâinatın ihtiva ettiği bütün zerreler ve atomlar ve bileşiklerin her birisi, elli beş lisan ile şehadet etmektedir.

2. Kur'ân'dır. Evet, Kur'ân; bütün Enbiyâ (Peygamberler), Evliyâ ve Tevhid ehlinin Kitaplarıyla Sahife-i Kevn (yaratılış sayfası) ve vücutta yaratılan icadî ve tekvinî âyetler ile birlikte, Yaratıcı'nın yaratmasına adil birer şahittir.

3. Mahlûkatın reisi ve Rasûlü (Muhammed AS.); bütün Enbiyâ, Evliyâ, Melâike (Melekler) ile birlikte her şeyin yaratıcısının Allah olduğuna şahitlik ediyor.

4. Mahlûkatın İnsan ve Cin sınıfları; tür veya cins olarak yaratılış gereği olan ihtiyaçları nisbetinde şahittirler.

5. Ulûhiyyet ve Hallâkıyetin Allah'a mahsus ve münhasır olduğuna Allah da şehadet ediyor.

Arkadaş! Yaratılış Sanatı'nın, yukarıda bahsedilen üç kelime üzerine mümkün veya hakikatın gerektirdiği üzere Vacib'e olan istinadı (dayanak noktası) meselesi, semeredar (faydalı meyveler ve neticeler veren) bir ağaç meselesi gibidir. Şöyle ki: Ağacın o semereleri, ya vahdete isnad edilir, yani yetişme ve gelişme kanunlarıyla ağacın kökünden, kök de çekirdekten, çekirdek de varlığın yaratılışına ait işlerinin bir şekil ve suret giydirilmesiyle; bu suretin yaratılışını meydana getiren işler de "Kün!" (Ol) emrinden, "Kün!" emri de Vahid-i Vacib'den (Varlığı gerekli ve olmazsa olmaz tek bir Yaratıcı'dan) meydana gelmiş ve kaynaklanmıştır. O vakit, o ağaç bütün eczasıyla, yapraklarıyla, dallarıyla, semereleriyle ve yaratılışındaki kolaylıkla bir semere-i vahide (tek ve eşsiz, başka bir şekilde oluşması mümkün olmayan bir yaratılış numunesi) hükmünde olur. Çünkü, vahdete nisbeten, küçük bir semere ağacıyla pek büyük ve çok semereli bir ağaç arasında fark yoktur. Bu farklılık olmamasının sebebi, vahdette kolaylık olması; çoklukta ise güçlük ve sıkıntı bulunmasından kaynaklanmaktadır. Eğer çoklu bir yaratıcıya isnad edilse her bir semere; her bir çiçek, her bir yaprak, her bir dal ve tam ağacın meydana gelmesine lazım olan bütün alet, cihaz ve sebeplere ihtiyaç gösterecektir. Çünkü, küll (bütün) cüzde (parçada) dahildir; ona ne lazımsa, buna da lazımdır. Mesele, bu iki şıktan hariç değildir: Biri Vacip (gerekli ve elzem, mutlaka olması gereken), diğeri mümtenidir (imkansız ve gayr-ı mümkün, gerçekleşmesi mümkün olmayan).

Özet olarak: Bir hücrenin vücuda gelmesi, kendisine isnad edilirse, kâinata muhit olan (kâinatı kaplayan) sıfatların kendisinde de bulunmasını gerektirir. Sebeplere isnad edilirse, âlemdeki diğer tüm sebeplerin o hücrede toplanmalarını gerektirir. Halbuki, sineğin iki eli sığmayan bir hücre, iki ilâhın tasarrufuna (idare etmesine) nasıl mahal (yer ve mekan) olabilir? Bununla birlikte, hücreden tut, âleme kadar her bir şeyin bir nevi vahdeti vardır. Öyle ise, Yaratıcısı da Vahid olacaktır. Çünkü, Vahid, ancak vahidden meydana gelir. Bunun gibi, bir Habbe (en küçük bir bitki tohumu, çekirdeği veya molekülü – Klorofil gibi –) şemsi (Güneşi) ışığıyla, rengiyle ve görüntüsüyle içine alabilir; fakat masdariyet (Yaratılışına kaynak olma) itibarıyla, bir habbe iki habbeyi içine alıp (*"Lem Habbe Tahabbûne Hiyâketun"* – Bir habbe iki habbeyi ekemez – örneğinde olduğu gibi) onlara masdar (Yaratılışı için kaynak ve başlangıç) olamaz. Bundan dolayı, Vücud-u Harici (varlığın dış kısmı) Vücud-u Misaliden (varlığın iç kısmı) daha muhkem (sağlam ve kusursuz)'dur. Vücud-u hariciden bir nokta vücud-u misaliden bir dağı içine alabilir. Aynen bunun gibi, Vücud-u Vücubi (Varlığı zorunlu ve gerekli olan varlık, Allah C.C.) tüm bunlardan daha güçlü, daha sağlam, daha sabittir; belki de Vücud-u Hakiki (Yaratıcı'nın gerçek varlığı) ve Vücud-u Harici (Yaratıcı'nın dışındaki varlıklar) O'ndan (Vücud-u Vücubi) ibarettir. Bundan dolayı, başlangıcı olmayan ve her şeyi kuşatan Allah ilminde, cisim ve suret verilen Vücud-u İmkani (Yaratılışı mümkün olan, Kader programıyla tayin edilen ve sonradan yaratılan varlıklar), Vücud-u Vücubi'nin parlak görüntülerinin, suretlerinin yansımaları ve aynalarıdır. Öyle ise, Allah'ın Ezeli (Başlangıcı olmayan, sonsuz öncesinden beri var olan) İlmi, İmkani vücutlara ayna olduğu gibi; İmkani vücutlar da Vücud-u Vücubi'ye aynadır. Sonra, o imkani vücutlar,

Allah'ın ezeli ilminden Vücud-u Harici'ye intikal etmişlerse de, Vücud-u Hakiki mertebesine ulaşamamışlardır.."

(Mesnevi-i Nûriye, Habbe Risâlesinin Zeyli)

ORTAÇAĞ HRİSTİYAN DÜŞÜNCESİ VE BİYOLOJİ

Ortaçağ Hristiyan dünyasında genel olarak bilimsel düşüncede de biyolojide de önemli buluşlara ve çalışmalara çok az rastlanır. İslâm dünyasından yapılan tercümeler ve Haçlı Seferleriyle Grek ve İslam medeniyetinin felsefî-bilimsel birikiminin Hristiyan dünyaya aktarılması ile Hristiyan dünyada bir ivme gerçekleşmiştir. Bu aktarma faaliyetinin olduğu yüzyıllarda (12. ve 13. yüzyıllar) aynı zamanda bugünkü anlamda üniversitenin temelleri, kilise mensuplarının direnmelerine rağmen atılmıştır. Batı'nın bilim anlayışının ve biyolojisinin gelişimi için bu da önemli bir dönüm noktası olmuştur. Batı dünyası İslâm medeniyeti üzerinden tanıştığı Aristoteles'in felsefesini ve bilimini Katolikleştirdikten sonra ki -bunu büyük ölçüde Thomas Aquinas (1225-1274) yaptı- adeta resmi görüşü olarak kabul etti. Aristoteles'in, Dünya'yı evrenin merkezi kabul eden görüşü ve birçok fikri Katolik Kilisesi'ni cezbetti ve ciddi bir tahlil yapılmadan birçok görüşü içselleştirildi. Meşhur bir hikâyeye göre atın kaç dişi olduğunu merak edenler atın ağzını açıp dişlerini sayacaklarına Aristoteles'in kitaplarına başvuruyorlardı. Böylece ortaçağ Hristiyan dünyasına -Katolik Kilisesi ile Aristoteles sentezi- Thomas Aquinas'ın felsefesinde en sistematik şekilde ifade edilmiş olan sistem (paradigma) hâkim oldu. Aquinas'ın canlıları belirli, değişmez bir sayıda gören yaklaşımının canlılar dünyasına yönelik evrimsel bir teorinin oluşumunu uzun yıllar engellediği düşünülür. Bu paradigma çok açıklayıcı gözüküyordu, fakat her türlü bilgi elde edilmiş ve iş bitirilmiş havasında sunulduğu için bilimsel bilginin gelişiminin önü tıkanmıştı.

Aristoteles felsefesi kendi döneminde olmadığı kadar tartışılmaz olmuştu ve dinsellik etiketiyle Katolik Kilisesi'nin himayesine girmişti. Bu, Aristoteles'in bile tahmin edemeyeceği bir sonuçtu; kendisi adeta bir azize, felsefîbilimsel sistemi ise bazı düzeltmelerle dine dönüşmüştü. Hristiyan dünyasında 13. yüzyılda yaşayan Dominik tarikatından Albertus Magnus'un (1200-1280, Thomas Aquinas'ın hocası) doğal tarih üzerine yazdığı kitap, kendinden önceki Hristiyan medeniyetinin ve kendi asrının en ciddi biyoloji kitabıdır. O, Galenos, Hippokrates ve İslâm düşünürlerinin (İbn Sina ve İbn Rüşd başta olmak üzere) fikirlerinden de yararlanmıştır. Bu kitabında yazar, Aristoteles'in derin etkisi altındadır; kendi gözlemleri de olmakla beraber, bunların çok fazla olduğu söylenemez. Bu dönemde imparator II. Frederik'in, Dominiken tarikatından Thomas Cantimpratensisvacensis'in biyoloji ile ilgili çalışmaları da önemlidir a'in ve Vincentius Belloma hiçbiri Albertus Magnus'unki kadar geniş çaplı değildir. Bilimsel anlamda bilinen bir keşfi olmasa da ortaya koyduğu metodolojisinin doğa bilimlerindeki önemi sebebiyle Roger Bacon (1214-1293) da bu dönemde anılması gereken bir isimdir; o, matematiği temele alan, fakat soyut akıl yürütmenin yanı sıra gözlemden ve deneyden de yararlanan birleşik bir bilimin olması gerektiğini savundu. Bu metodoloji modern bilimlerin gelişmesini sağlayan metodolojidir. Roger Bacon, bu metodolojinin, modern bilimin geliştiği Batı medeniyetine yerleşmesinde öncülük eden önemli isimlerden birisidir. O, etkisinde olduğu İslam düşünürlerine benzer şekilde, bu dünyadaki şeyleri bilirsek dini daha iyi anlayacağımızı savunuyordu. Matematiği ve gözlemi daha dindar olmanın bir aracı olarak görüyordu. Kısacası onun bilgi teorisindeki yaklaşımı sahip olduğu varlık anlayışına hizmet eden bir araçtı.

Bilimde gözlemin merkezi rolünün artması, biyoloji biliminin tüm dallarındaki gelişmelerin motoru hükmündedir. Coğrafi keşiflerin ve özellikle Amerika'nın ilerleyen yüzyıllarda keşfi de biyoloji açısından önemli olmuştur. Bu keşifler sayesinde biyoloji yeni materyallere kavuşmuştur. Bunları hiç görmemiş olan Aristoteles'e dayanarak bilgi edinmenin bundan böyle imkânı da kalmamıştır. Bu durum, yeni araştırmaların yapılıp, gözlemin bilimde daha merkezi bir role kavuşmasında etkili olmuştur.

KOPERNİK - KEPLER - GALİLE SÜRECİ VE KİLİSE'NİN BİLİM'E KARŞI GÜCÜNÜ YİTİRMESİ

Bilimsel fikirleri ortaya atanlar toplumdan yalıtılmış bireyler değildir, bilimsel aktiviteler de toplumun dışında yapılmazlar. Demek ki bilimin sosyolojik ortamla bir etkileşimi vardır; bu etkileşimin bilimin objektif olma idealine zarar verebilecek olması ihtimâli bu gerçekliği değiştirmez. Ortaçağ Hristiyan toplumunda Kilise ile Aristoteles'in felsefe ve biliminin karışımı olan paradigmanın hâkim olduğunu gördük. O dönemin sosyolojik ortamında Kilise'nin gücü ve belirleyiciliği, bu paradigmanın kurulmasında ve devam ettirilmesinde en önemli faktördü. Bu paradigmanın değişmesinde ise Kilise'nin gücünü yitirmesi belirleyici olmuştur.

Kilise'nin gücünü yitirmesinde, evvelden beri Kilise'yle çekişmekte olan siyasi otoritelerin Kilise'ye karşı kazandıkları başarılar ve özellikle Martin Luther ile John Calvin'in başlattıkları 16. yüzyıldaki Protestan hareketinin, birçok kimsenin Katolik Kilisesi'nden kopmasına yol açması önemlidir.

Yaratılış Gerçekliği-I

NİCOLAS KOPERNİK (MS 1473-1543)
JOHANNES KEPLER (MS 1571-1630)
ve GALİLEO GALİLEİ (MS 1564-1642)

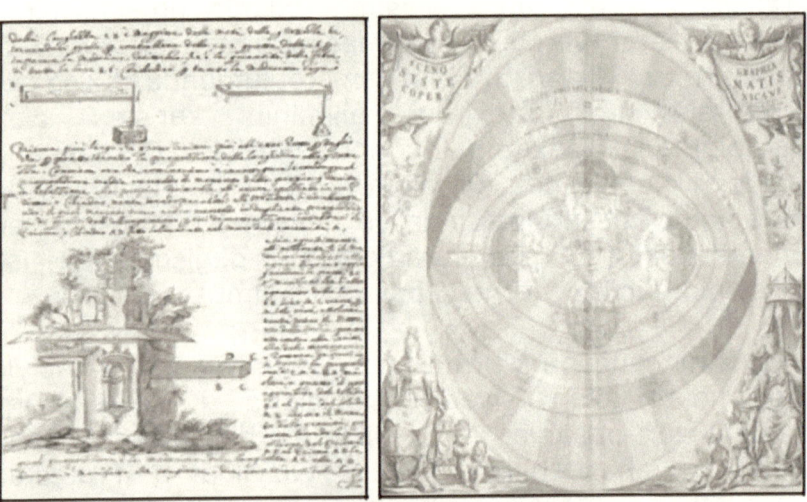

(GALİLEO GALİLEİ) *'DİYALOGLAR'*
(*DİALOGHİ*) KİTABI'NINDAN BİR BÖLÜM VE KOPERNİK'E
GÖRE 'EVREN MODELİ'.

Burada üzerinde durulacak sebep, fizik biliminde yaşanan gelişmelerin, Kilise'nin kontrol ettiği paradigmayı delmesidir. Bu sistemsel (paradigmal) değişimde, fizik (özellikle astronomi) motor rolü oynasa da daha sonra bu değişimin, tüm doğa bilimlerinde ve konumuz açısından önemli olan biyolojide etkisi büyük olmuştur. Yunanlıların ve İslâm düşünürlerinin yaptığı gözlemler, aslında çok az gözlem yapmış olan Kopernik'in (1473-1543) yeni bir evren modeli önermesinde etkili oldu. Kopernik 16. yüzyılın başında (1514) Güneş merkezli kuramının kısa bir özetini sundu. Ancak yaşamının sonlarına doğru eseri yayımlandı. Kilise başta bu kitaba karşı önemli bir tepki vermedi ama daha sonra 1616'da bu kitabın okunması yasaklandı. Kopernik bu kitabında, Dünya yerine Güneş'in merkez olduğu ve Dünya'nın Güneş'in etrafında döndüğü aksiyomlarını kabul edersek, evrendeki gök cisimlerinin hareketlerini daha iyi anlayacağımızı söyledi. Kopernik'in bu iddiası, Aristoteles'in fikirlerini resmi görüş olarak kabul eden Kilise'nin felsefî ve bilimsel anlayışına aykırıydı. Kopernik'te suskun kalan Kilise asıl tepkiyi Galile'ye (1564-1642) gösterdi.

Birçok kitapta bilim-din çatışmasının en önemli iki örneği olarak 'Kopernik'in evren görüşüyle-din çatışması' ve 'Darwin'in Evrim Teorisi'yle-din çatışması' gösterilir. Bu kitapların 'din'den kastının temelde Katolik Kilisesi olduğu ve bunun tarihsel olarak inkâr edilemeyeceği gözükmektedir. Fakat bu 'din' sözcüğüyle diğer dinleri kastetmek hatalı olacağı gibi, bütün Hristiyanları da bu çatışmanın tarafı görmek hatalı olacaktır; çünkü Kopernik, Kepler, Galile gibi dinin karşı cephesi olarak konumlandırılan kişilerin hepsi de aslında inançlı Hristiyanlardı.

16. ve 17. yüzyıllarda gelişen bilime yön veren bilim felsefesinin bilgi kuramında, gözlem ile beraber matematiksel veri ve modelleri kullanmak merkezi role sahipti. Buna göre kuramın matematiksel modeliyle gözlem kesinlikle uyumlu olmalıydı; eğer kontrol edilen gözlem verileri kuramın matematiksel modeliyle uyumlu değilse, kuram tamamen değiştirilmeli veya düzeltilmeliydi. Kepler (1571-1630) söz konusu bilim

anlayışının önemli ve öncü uygulayıcılarından biridir. Kepler, 1601'de başarılı bir gözlemci olan Tycho Brahe'nin (1546-1601) ölümünün ardından onun vazifesine atandı. Kepler, Brahe'nin gözlem verilerinden faydalandı ve yeni gözlemler yaptı. Kendi kuramıyla Mars'ın yörüngesinin arasındaki sekiz dakikalık hata üzerine altı yıllık bir çalışma yaptı ve yörüngenin elips olduğunu bularak, daha önceki kuramında yörüngeleri dairesel kabul etmesini düzeltti. Böylece, Kopernik tarafından ortaya konan evren tablosundaki bazı yanlışlar düzeltildi ve evrendeki oluşumları açıklayan daha güçlü bir kurama kavuşuldu. Bu, yeni bilim anlayışında kuram ve gözlemin uyumuna verilen önemi ve bu uyumun denetleyicisi olarak matematiğe verilen rolü gösteren önemli bir örnektir.

Kepler, Allah'ın lütfu sonucunda insanın, anlayabileceği yegâne evrende yaratıldığını söyler; yani matematiksel bir evrende. Matematiksel kesinlik, eskiden beri felsefecileri büyülemişti, bilimlerin felsefeden bağımsızlıklarını ilan ettikten sonra yanlarında götürdükleri en önemli dayanak da matematik olmuştur. Kopernik'in yazıları aslında çok fazla etkili olmamıştı ve Kilise de bunu çok fazla dikkate almamıştı. Fakat Galile'nin de bu düşüncelere destek vermesiyle Kilise tavır koydu ve hem Kopernik'in kitabını yasakladı hem de Galile engizisyon mahkemesinde (69 yaşındayken) yargılandı. Aslında Galile dindar bir insandı. İki kızı rahibeydi, kendisi ise Kutsal Ana Kilisesi'ne bağlıydı. Kiliseye zarar verdiğini değil, onu kurtarmaya çalıştığını düşünüyordu. Bu şahısların hiçbirinin Kilise ile çatışmak gibi bir niyetleri olmasa da bilimsel çabalarıyla vardıkları sonuçlar, Kilise'nin resmi görüşleriyle çatışıyordu. Onlar bu sonuçların, Allah'ın varlığıyla ve gücüyle çelişmediğini düşünüyorlardı. Örneğin, Galile "Matematik Yaratıcı'nın, evreni yazdığı dildir" diyordu. Allah'ın yarattığı evrenin de Yaratıcı'nın bir kitabı (Kâinat Kitabı) olduğunu ve Allah'ın kitapları arasında çelişki olamayacağını vurguluyordu. Galile'nin bu görüşleri, Kilise'nin, sarsılan otoritesini kurtarmak için onu hapsetmesini, maddî ve manevi işkenceler yapmasını engellemedi.

Galile, Aristoteles'in felsefe ve biliminin otorite konumunu bozdu; Aristoteles ve Ptolemaious'un (Batlamyus) Dünya merkezli evren modelini yıkacak gözlemler yapmakla kalmadı, Aristoteles'in ağır cisimlerin hafif olanlardan hızlı düştüğü gibi yanlış birçok fikrini de yaptığı deney ve gözlemlerle yanlışladı. Biyoloji açısından bu sürecin birinci önemi, Kilise ve Aristoteles'in görüşlerinin bilim üzerindeki hegemonyasının kırılması ve yeni görüşlere kapıların açılmasıdır. İkincisi ise, bu süreçle nicel deney biyolojide de önem kazandı. Örneğin biyoloji tarihi açısından önemli bir yere sahip olan ve kan dolaşımını bulan William Harvey (1578-1657) nicel deney ile başarılı sonuçlar elde etti. Ayrıca aynı dönemde yaşayan Santoria (1561-1636) da fizyolojik gözlemler yaparken terazi, ısıölçer, nemölçer kullandı.

Harvey, kalbin yarım saat içinde aorta pompaladığı kanın organizma içindeki toplam kan miktarından fazla olduğunu hesapladı. Biyolojide niceliksel yöntem kullanmak o dönem için alışılmamış bir yöntem olduğundan bu tip örnekler önemlidir. Harvey, Galile'nin 'ölçülebilineni ölçmek, ölçülemeyeni ölçülür kılmak' prensibini, biyolojiye ciddi şekilde ilk uygulayan kişi olarak gösterilir. O, Francis Bacon ve Galile'nin matematiksel ve deneyci yaklaşımıyla -her ikisi de Aristotelesçi metoda muhalifti- Aristoteles'in gayeci yaklaşımını (Nedensellik ilkesi) çalışmalarında birleştirmiş; hep zıt metodolojiler olarak gösterilen bu yaklaşımların sentezinin mümkün olabileceğinin başarılı bir örneğini ortaya koymuştur. O dönemden başlayarak günümüze dek matematiğin kullanılması, tüm diğer doğa bilimlerinde olduğu gibi biyolojide de önemli bir yere sahip olmuştur. 17. yüzyılın felsefecilerinden Francis Bacon (1561-1626) da savunduğu metodun doğa bilimlerini etkilemesiyle önemli bir yere sahiptir. Ünlü bilim adamları Newton ve Darwin, Bacon'ın metodolojisinin kendilerindeki etkisini ifade etmişlerdir.

O, kurtuluşu Yunan felsefesinin etkisinden kurtulmakta ve tümevarım metodunun benimsenmesinde bulmuştur. Deneysel bilimin ve metotların başlangıcı Bacon'dan önce olsa da, Bacon yine de yeniçağ pozitivizminin babası kabul edilir. Bilimsel açıklamaların, gayesel açıklamalar değil, nedensel açıklamalar olduğunu söyledi ve metafizik ile bilimi ayırmaya çalıştı. Yapılan deneylerde karşımıza çıkan kurama aykırı örneklerin göz ardı edilmemesi gerektiğini, kuramların bunlardan dolayı düzeltilmesi gerektiğini vurguladı.

DESCARTES – MATEMATİK - MEKANİST YAKLAŞIM VE NEDENSELLİK

RENÉ DESCARTES (MS 1596-1650)

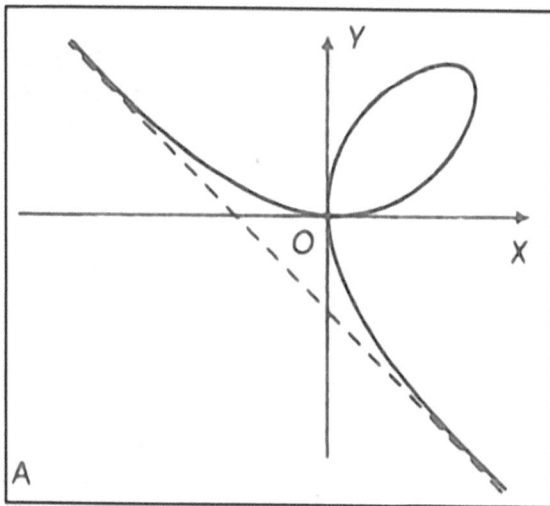

$X^3+Y^3=3AXY$ (DESCARTES YAPRAĞI, GEOMÉTRIÉ,1638)

Descartes'a (1596-1650) göre doğruyu keşfetmenin yolu matematikten geçer. Hiçbir alanda bulunmadığı kadar aklı doğru yönetmenin kuralları matematikte bulunur. Descartes'ın sisteminde geometri, en zor ispatlara ulaşabilmek için başvurulacak en güvenli yoldur. Descartes, Allah'ın varlığını kanıtlamada matematiksel yöntemi kullanan ilk felsefecilerden biri olduğu gibi, doğa bilimlerinde de onun yönteminin temeli matematiktir.

Francis Bacon gibi Descartes da bilimsel araştırmalarda gayesel nedenlerin araştırılmasına gerek olmadığını söylemiştir: Gayesel nedenlerin bilimden dışlanmasının dine karşı bir hakaret olmadığını, tam tersine Yaratıcı'nın evrendeki gayelerini bilme iddiasının bir kibir ve Allah'a karşı hürmetsizlik olduğunu ileri sürmüştür. O, evrendeki gayeselliği inkâr etmemekte, fakat bilimin araştırmalarının, sadece sonuçları nedenlerle açıklaması gerektiğini (mekanist yaklaşımı kullanmasını), nedenleri sonuçla açıklamaya çalışmamasını (gayesel yaklaşımı kullanmamasını) söylemektedir. Bu da, evrende gayeselliğin varlığını kabul etmek ile bilimde gayeci açıklamayı kullanmanın birbirlerinden farklı olduğunu göstermektedir. Bilimdeki mekanist anlayışın Yaratıcı inancına zıt bir görüş olduğunu söyleyenler olmuştur. Oysa, görülüyor ki Descartes gibi 'mekanik evren görüşü'nün yaygınlaşmasında etkin birçok kişi, Allah'a inanmaktadır ve mekanist yaklaşımın dine zıt olmadığını ifade etmişlerdir. Descartes, 'Yaratıcı'nın Doğası'nda değişim olmamasını evrendeki mekanizmin (doğa kanunlarının işlemesinin) garantisi olarak görür ve Allah'ın evrenin varlığını sürekli olarak muhafaza ettiğini savunur.

Descates'ın bu görüşleri, Yaratıcı gücün rolünü, sadece evrensel oluşumları başlatmakla sınırlı 'deist' bir çerçevede değerlendirdiği iddialarının haksızlığını göstermektedir. Nedensel yaklaşımda sonuçların gerçekleştirilmesi için nedenlerin işletildiği söylenir. Örneğin, evin oluşması için tuğlaların üst üste konduğunu veya Dünya'nın Güneş'e mesafesinin bu şekilde ayarlanmasının canlıların var olabilmeleri ve varlıklarını sürdürebilmeleri için olduğunu söylemek nedenselci açıklamalardır. Fakat, tuğlaların üst üste konması süreciyle evin yapımını anlatmak veya Dünya ile Güneş arasındaki mesafenin mevcut şekilde ayarlanmasıyla canlıların oluşumu için gerekli ortamın oluştuğunu söylemek mekanik açıklamalardır.

Nedenselliğin sorusu 'niçin'dir. "Niçin tuğlalar birleşir?" veya "Niçin Dünya Güneş'e bu mesafededir?" gayesel nedeni öğrenmeyi amaçlayan sorulardır. Mekanist açıklamanın sorusu ise 'ne' ve 'nasıl'dır. Tuğlaların nasıl birleştiği veya Dünya'nın Güneş'e uzaklığının 'ne'lere yol açtığı mekanist açıklama ile anlatılır. Mekanist açıklamayı benimseyen ilkçağın atomcularına benzer ateistler olduğu gibi, Descartes ve Francis Bacon gibi teistler de vardır. Gayeci açıklamayı yaygın olarak kullanan pek çok teist olduğu gibi, biyolojide gayeci açıklamadan kaçınmanın zorluğu karşısında birçok ateist biyolog da nedenselci terminolojiyi kullanmaktadır. Sonuçta dinsel açıdan kritik nokta, mekanik veya nedensel süreci gerçekleştiren bilinçli bir 'Güç'ün (Yaratıcı'nın) varlığının kabul edilip edilmemesidir. Teist ile ateist arasındaki karşıtlık, 'bilinçli müdahale ile tesadüf' karşıtlığında aranmalıdır; farklılığı 'mekanist yaklaşım ile nedensellik' karşıtlığında aramak bizi hatalı sonuçlara götürür.

Teistler evreni, Allah'ın yarattığı bir varlık olarak gördükleri için, evrendeki sebeplerin bilinçli bir şekilde bir sonuç için çalıştırıldığını kabul ederler. Bu, yapacağı evin tasarımı zihninde olan bir kişinin, tuğlaları üst üste zihnindeki ev tasarımına (gayeye) göre yerleştirmesine benzer. Kısacası teist, evrenin ve canlıların Allah'ın planına (gayesel nedene) göre yaratıldığını kabul ettiği için, mutlaka evrende bir nedenselliğin varlığını kabul eder. Fakat bu, teistin, bilimde gayeci yaklaşımı mekanist yaklaşıma tercih ettiği anlamını taşımaz. Çünkü teist, mekanizmi de reddetmez, fakat evrendeki mekanizmin arkasında üstün bir ilâhî bilincin olduğunu kabul eder. Özellikle biyolojide nedenselci açıklama ile mekanik açıklamalar çok iç içe geçer. Örneğin, gözdeki her tabakanın fonksiyonlarıyla görme işlevinin nasıl gerçekleştiği (mekanik açıklama) ile bu tabakaların hangi işe yaradığı (nedenselci açıklama) gözle ilgili bir konu işlenirken ayırt edilemeyecek kadar iç içedir. Bir teistin mekanist açıklamalardan rahatsızlık duyması için hiçbir sebep bulunmamaktadır. Bilakis, mekanist açıklamalar sonucu elde edilecek veriler, canlıların bilinçli bir tasarımın ürünü olduğunu ortaya koymakta kullanılmaktadır. Bu konuya, 4. bölümde ayrıntılı bir biçimde değinilecektir.

Bir teist nedenlerden sonuca giden bilimsel bir yaklaşımı (mekanist yaklaşımı) benimseyebilir, nitekim bunun örneği Descartes gibi birçok ünlü teist vardır. Bir teistin kabul edemeyeceği, evrenin veya canlıların tesadüfen oluştuğu iddiasıdır. 'Mekanist' yaklaşım ile 'Nedenselliğin' arasındaki zıtlığın bazılarınca 'Teizm' ile 'Ateizm' arasındaki zıtlığa eşitlenmesinin sebebini düşündüğümüzde şu sonuç karşımıza çıkmaktadır: Teist, Yaratıcı'nın iradesini kabul ettiği için, Allah'ın mekanik süreçleri takip etmeden bir anda sonucu (nedeni oluşturan sebepleri) yaratmasını mümkün görebilir. Kısacası teist, evrendeki mekanik işleyişi reddedebilir ama evrendeki bilinçli yaratılışı kabul ettiği için evrendeki nedenselliği reddedemez. Aslında büsbütün mekanik süreçleri reddeden bir teist bulmak oldukça zordur. Hiçkimse sağduyuyu reddetmeden; annesi doğurmadan (sebep), çocuğun dünyaya geldiğini (sonuç) söyleyemez; demek ki teistler ya tamamen ya büyük ölçüde ya da kısmen mekanist yaklaşımı kabul etmektedirler. Fakat evrendeki tüm oluşumları, maddenin çeşitli birleşimlerinin sonucu, bilinçli bir müdahale olmaksızın oluşmuş gibi gören Materyalist/Ateistler ise, biyoloji gibi alanlarda nedensel terminolojiyi kullansalar da, kendilerini mekanist yaklaşımı kabule mahkûm görmüşlerdir. Çünkü mekanist yaklaşımın dışına çıkmak, maddenin ve doğa kanunlarının dışına çıkmak demekti; bu ise varlık anlayışlarında (ontolojilerinde) madde dışı hiçbir cevhere yer olmayan materyalist/ateistler açısından mümkün değildir.

Kısaca özetlemek gerekirse teistler ister nedenselci, ister mekanist açıklamayı benimsesinler, varlık anlayışları gereği evrende bir Yaratıcı'nın planının (nedensellikten kaynaklanan sebep/sonuç ilişkisinin) gerçekleştiğini kabul etmek durumundadırlar. Materyalist-ateistler ise ister nedenselci ister mekanist terminolojiyi kullansınlar, varlıktaki her tür oluşumun bilinçli bir gücün müdahalesi olmaksızın mekanik bir süreçle oluştuğunu varlık anlayışlarının gereği olarak kabul etmek durumundadırlar. Teistlerin çoğu, nedenlerin, mekanik süreçlerle oluştuğunu kabul ettikleri için bir teistin mekanist yaklaşımı kabul etmesi mümkünken; bir ateistin, gayeci yaklaşımı bir terminoloji olarak kullanmanın ötesinde kabul etmesi mümkün değildir. Ateistlerin biyolojinin gereklerinden dolayı nedenselci terminolojiyi kullanınca Ernst Mayr gibi 'teleonomi', Ayala gibi 'doğal nedenselcilik' kavramlarını kullanarak farklılıklarını gösterme çabaları da bu yüzdendir.

BERGSON, HOLBACH VE MEKANİST YAKLAŞIM

Descartes sadece metodolojisiyle değil, felsefesindeki diğer unsurlarla ve canlılar üzerindeki çalışmalarıyla da biyoloji ve biyoloji felsefesi üzerinde derin izler bıraktı. Descartes'ın felsefesinde Yaratıcı gerçek cevherdir, diğer bütün varlıklar sadece Yaratıcı'nın sayesinde var olabilirler. Descartes, bu şekilde Yaratıcıyı diğer tüm varlıklardan ayırdıktan sonra insan zihnini ve maddeyi de iki farklı cevher olarak ayırır. Düşünme, insan zihninin; uzam ise, maddenin en temel özelliğidir. Burada düşünen zihnin maddî bedenle nasıl iletişime geçtiği, maddî bedeni nasıl hareket ettirdiği sorusu ortaya çıkar.

Descartes bu felsefî sorunu biyolojik bir açıklamayla çözmeye çalışmıştır. O, beyindeki küçük bir epifiz bezi sayesinde bu ilişkinin kurulduğunu söyler. Akıl sahibi ruhu; epifizde yerleşmiş, boru ve kanallarla oluşan yapay bir sistemde suyun akışını kontrol eden ve can ruhlarının akışını şu ya da bu uzva yönlendiren bir musluk başına benzetir. Descartes'ten sonra beden-zihin uyumunun nasıl sağlandığı sorusuna hem felsefî akıl yürütmelerle hem de beyin üzerindeki biyolojik çalışmalarla cevap bulunmaya çalışılmıştır. Hâlâ bu konudaki tartışma devam etmektedir. Bu tartışmaya felsefecilerle beraber biyologlar, fizikçiler, psikologlar da katılmakta, beden-zihin uyumu ile beraber özgür irade sorunu da bu tartışmaya dahil edilmektedir. Bu tartışmanın arka planını anlatan hemen her yazıda Descartes'e göndermeler yapılmaktadır. Descartes, sadece insanın madde dışında düşünen bir cevhere (ruha) sahip olduğunu düşündüğünden hayvanları birer makine olarak görmüştür. Bu makineler, Allah tarafından yapılmış olduğu için, insan üretimi otomatlar ve makinelerden çok daha üstün özelliklere sahip olsalar da bu, hayvanların hareketlerinin makineler gibi mekanik kanunlar çerçevesinde açıklanabileceği gerçeğini değiştirmiyordu. Descartes, Yaratıcı'nın ancak mükemmel yaratılışı gerçekleştireceğini söyledi; o, 'mükemmellik' kavramına ters düşecek her türlü evrim fikrine karşıydı. Bu yüzden onun mekanik evren tasarımında hiçbir evrim fikrine geçit yoktu. La Mettrie ve Holbach gibi mekanist anlayışın en koyu savunucuları ilebunlara karşı dirimselcilik (*vitalism*) görüşünü en aktif şekilde savunanların -iki zıt yaklaşımın- Fransa'da çıkması Descartes'ın etkisine bağlanır.

Metabiyolojide akla ilk önce karşıt iki spekülasyon gelir; bunlar mekanist yaklaşım ve dirimselciliktir. Dirimselciler canlının fiziko-kimyasal süreçlerle açıklanamayacağını, canlı ile cansız ayırımı yapmayan mekanistlerin hatalı olduğunu söylerler. Canlıların bedenlerindeki fiziko-kimyasal süreçlerin, canlılıkla ilgili tüm oluşumlardan sorumlu olduklarını kabul etsek bile; bunlarla, canlılığa dair tüm olguların açıklanamadığı, yine de apaçık bir hakikattir. İki hidrojen ve bir oksijen atomu birleşince suyu oluştururlar, böylece suyun açıklaması bir ölçüde yapılır; ama suyun sahip olduğu kimyasal özelliklerin tümünün açıklamasını artık hidrojen ve oksijenle yapamayız. Kimyasal elementler birleşip hücreyi oluşturunca bir ölçüde hücrenin açıklamasını yaparlar; ama hücrenin tüm faaliyetlerinin açıklamasını artık kimyasal bazda yapamayız. Hücrelerin birleşmesi de bir ölçüde canlıların açıklamasını verir ama canlının sahip olduğu görme, işitme, zevk alma, acı çekme gibi özellikleri artık ne hücreyle, ne kimyasal elementlerle, ne de atomlarla yapabiliriz. Hücre seviyesinden bilinç seviyesine geçince kopuş o kadar büyük olur ki; artık bilincin hallerinin hiçbirini, bilinç dışındaki hiçbir şeye benzetemeyiz.

Descartes'ın kabul ettiği gibi zihni (ruhu) ayrı bir cevher olarak kabul edelim veya etmeyelim; canlılığın tüm açıklamasını sırf mekanist süreçlerle ve 'fizikalist indirgemecilik'le yapmak mümkün olamamaktadır. Yazı yazarken ufak mürekkep partiküllerinden harfler, harflerden kelimeler, kelimelerden cümleler oluşmaktadır. Cümlede söylenenlerin sadece mürekkep partikülleri ile açıklanacağını söylemekle fizikalist anlamda bir mekanist anlayışı savunmak özdeştir. Fiziksel ve kimyasal süreçlerle biyolojik yapıları açıklamakta bile önemli sorunlar vardır. Canlıların 'bilinç' hali söz konusu olunca; sadece fiziksel ve kimyasal süreçler değil, biyolojik olaylar bile bu olguyu açıklamakta yetersiz kalmaktadır. Dikkat edilirse, bilimsel metodolojisinde mekanist yaklaşımı benimseyenlerin tümünün, canlılığın her yönünün, tamamen cansız maddelerin mekanik bir süreçle birleşmeleri sonucunda açıklanabileceğini savunmadığı görülür. Diğer yandan, canlılığın mekanik süreçlerle açıklanamayacağını söyleyen herkes de zihni ayrı bir cevher olarak kabul etmek zorunda değildir. Ayrıca bazılarının zannettiği gibi mekanist yaklaşım biyolojide mutlaka evrim fikrine yol açıcı özellikteyken, dirimselci yaklaşım bizi mutlaka evrim karşıtı bir pozisyona götürmez. Dirimselciliğin en ünlü temsilcilerinden biri olan Bergson'un (1859-1941) Evrim Teorisi'ni savunması bunun delillerindendir. Bergson, mekanik tarzda gelişen bir evrim yerine 'yaratıcı bir evrim' modeli önerdi. Zekânın ve içgüdünün 'yaşam atılımı'nın eserleri olduğunu söyledi. Allah'a inanan bir kişi mekanist bir yaklaşıma da, dirimselci bir yaklaşıma da bu ikisinin bir sentezine de inanabilir. Dirimselci yaklaşıma inanmış olan ender de olsa bazı ateistler olabilir, fakat maddeyi var olan tek cevher olarak gören bir materyalist-ateistin, dirimselci yaklaşımında madde dışı bir cevher kabul etmesi varlık anlayışına aykırı olduğu için, dirimselciliği kabulü kendi sistemi açısından sorunlu olacaktır. Buna karşılık Yaratıcı'nın varlığını ve her şeyi yarattığını kabul edenler için canlılığın maddî olmayan bir cevherden oluşup oluşmadığı meselesi hayati bir öneme sahip değildir. Allah'ın varlığını kabul eden bir kişi için, tüm varlıkların, Allah'ın bilinçle ve kudretle yaratışının sonucunda oluştuklarına dair inanç hayati bir öneme sahiptir. Teistler içinde insanın ve canlıların maddeden ayrı bir cevhere (ruha) sahip olduğunu savunanlar olduğu gibi; sadece insanların bu cevhere sahip olduğunu, hayvanların ise böyle ayrı bir cevhere sahip olmadığını söyleyenler (Descartes gibi) ve insanların ruhundan kastedilenin ayrı bir cevher olmadığını; ruhun, maddenin birleşimi sonucu oluşan insanın, canlılığına veya zihnine karşılık geldiğini söyleyenler de olmuştur (bu konu 5. bölümde detaylı bir şekilde ele alınacaktır). Anlaşılıyor ki, bir teist ile ateist arasındaki en temel ayrılık ilâhî tasarımı kabul edip etmeme noktasındadır; mekanizm ve dirimselcilik arasında alınacak tavırda değildir. Ama mutlaka bir ayırım yapılacaksa; teist için "Yaratıcı için her şey mümkündür" inancından dolayı her iki pozisyonu da seçmekte bir sıkıntı olmadığı, fakat ateistin dirimselci pozisyonu seçmesinin sıkıntılı olduğu söylenebilir.

LEIBNIZ, FELSEFİ VE EZELÎ UYUM

Leibniz (1646-1716), insan ve hayvan bedenindeki oluşumların aynı bir saatteki oluşumlar gibi mekanik olduğunu söylemiştir. O, H. More gibi dirimselcilere karşı tavır almıştır. Leibniz, düşünce sürecinin bile aritmetikleştirilebileceğini ve mekanist yaklaşımla bu aritmetik sürecin açıklanabileceğini savunmasına karşın, Hobbes'un (1588-1679) bilinci ve ruhu materyalist bir mekanizme indirgemeye kalkışına karşı çıkmıştır. O, Allah'ın her şeye gücünün yetmesine ilişkin dini inaçla, bilimin evreni mekanik bir tarzda açıklaması arasında hiçbir çelişki olmadığını söylemiştir. Leibniz, nedenselci açıklamayla mekanik açıklamanın birleştirilmesini savunmuştur.

Descartes'tan sonra tartışılan maddî beden ile zihnin (ruhun) nasıl uyum sağladığı sorunsalını, Malebranche (1638-1715) gibi 'vesileciler' (okkasyonalistler); Allah'ın her an müdahalesiyle zihin ve beden arasındaki uyumun gerçekleştiği şeklinde açıkladılar. Leibniz'e göre ise Yaratıcı, evrenin başlangıcında bir uyum sistemi kurmuştur; bu uyum sistemi sayesinde birbirinden bağımsız olan zihin (ruh) ve beden arası uyum sağlanır:

Birbirinden bağımsız olan ve birbirine hiç etkide bulunmayan 'monadlar'ın arasındaki uyum da başlangıçta sağlanan bu uyumla gerçekleşmiştir.

Leibniz'in varlık anlayışında (ontolojisinde) Allah, kendi dışındaki tüm varlıkların var oluşunun kaynağıdır, tam yetkindir, tüm 'monadlar'ın varlıklarının olduğu gibi uyumlarının da kaynağı O'dur. Allah'ın kudretini mutlak olarak gören Leibniz, Allah'ın, evrene her an müdahale etmediğini söylemesiyle, kudreti mutlak bir Yaratıcı anlayışıyla kendisini çelişiyor görmemiştir. Leibniz, Allah'ın baştan gerekli müdahalelerin hepsini birden en mükemmel şekilde yapmasından dolayı bir daha müdahaleye gerek kalmadığını söyledi. Leibniz'in bu yaklaşımını; evrenden haberdar olmayan, gücü sınırlı bir Yaratıcı anlayışını ifade eden 'deizm'le karıştırmamak gerekir. Allah'ın evrene aşkın olmasına rağmen, evrenin her noktasına müdahalede bulunabildiğini kabul edenler için; O'nun zamana aşkın olmasına rağmen zamanın her anına müdahalede bulunabildiğini kabul etmekte bir sorun olmaması gerekir. Leibniz'in çabası, kendi döneminin teoloji, felsefe ve bilimini uzlaştırmaya yönelik en önemli çabalardan biridir. Leibniz'in felsefesinde mekanist yaklaşımı ve nedenselciliği uzlaştırması, insan bedeni ve zihni arasındaki uyuma yaklaşımı, varlık anlayışında ve Yaratıcı-Evren ilişkisinde 'baştan düzenlenmiş uyum' modelini temel alması, hem genel felsefe hem de biyoloji felsefesi açısından önemlidir. Onun, matematiğe büyük katkılarıyla beraber, doğada nitelin de nicelin yanında önemli olduğunu söylemesi ve Buffon gibi çok önemli biyologları etkilemesi dikkate alınmalıdır. Ayrıca 'monadlar'ın hepsinin birbirinden farklı olduğunu ve aralarında bir derecelenme olduğunu savunan Leibniz'in 'süreklilik prensibi' ile madenleri, bitkileri, hayvanları ve insanları sınıflaması da biyoloji felsefesi açısından kayda değerdir. Bu anlayış, Aristoteles ile İhvan-ı Safa ve İbn Miskeveyh gibi İslam düşünürlerinin canlıları 'varlık mertebelerine göre hiyerarşik sıraya' dizişlerinin bir benzeridir. Leibniz'in varlık sınıflamasında türler statik oldukları için, bu yaklaşım evrimci anlayışa tamamen zıttır; ama evrimci anlayışlara en zıt görüş olarak kabul edilen 'özcülüğe' karşı olması açısından ise, evrimci yaklaşımlarla ortak paydaya sahiptir.

NEWTON VE EVRENSEL KANUNLAR

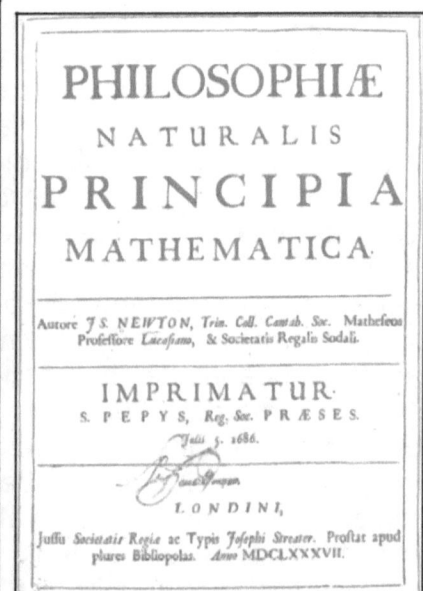

ISAAC NEWTON (MS 1642-1726)

(ISAAC NEWTON) 'DOĞA BİLİMLERİNİN MATEMATİKSEL İLKELERİ' (PHILOSOPHIE NATURALIS PRINCIPIA MATHEMATICA) KİTABI'NIN YAYINLANDIĞI YIL ALINMIŞ BİR RESMİ VE KİTABIN KAPAĞI.

Kopernik ve Kepler'in ortaya koyduğu Güneş merkezli sistem ile Galile'nin gözlemleri ve fiziğe yaklaşımı, evrenin daha iyi anlaşılmasına katkıda bulunmuştu. Fakat gezegenlerin yörüngelerinde nasıl kaldığı, Dünya'nın altındakilerin neden düşmediği gibi sorular cevaplarını bulamamıştı. İşte tüm bu soruların yerine oturması için bir dev gerekiyordu. O dev de Newton'du (1642-1726). Newton, ağaçtan elmayı düşüren kuvvetin, aynı zamanda Ay'ı Dünya'mıza doğru çektiğini ortaya koydu. Bu yasa sayesinde Dünya'nın altındakiler düşmüyordu, yine bu yasa sayesinde tüm gezegenler yörüngelerinde hareket ediyordu; bu 'evrensel çekim yasası'ydı. Newton'la beraber, tüm evrende, Dünyamızdaki fiziksel kanunların aynılarının geçerli olduğu anlaşıldı. Bu Aristoteles'in ve onun tesirindeki ortaçağ bilginlerinin çoğunun Ay-üstü âlem diye Dünya ötesindeki evreni ayrı kanunlara tabi gören yaklaşımına tamamen zıttı.

Detaylı bir evrenbilim (kozmoloji) bilgisi ilk defa Newton ile mümkün olmuştur. Newton'un başarısının altındaki en önemli sırlardan biri, uzak gök cisimlerinin bile basit genel kanunlarla anlaşılabileceğini fark etmiş olmasıdır. Newton ile beraber, evrenin matematiksel yasalarla ifade edilebileceğine olan inanç arttı. Fizikte elde edilen başarılar, biyolojiye de fizikteki metodun uygulanmasının benzer başarılar getireceği anlayışına yol açtı. Bazı biyologlar, fiziğin kuvvet ve hareket gibi kavramlarıyla biyolojik fenomenlerin anlaşılamayacağını; fizikalist yaklaşımlar yüzünden 17. ve 18. yüzyılda biyoloji biliminin büyük yara aldığını savunmaktadırlar. Bu iddianın ne kadar doğru olduğu tartışılabilir ancak 16., 17. ve 18. yüzyıllarda fizik bilimindeki gelişmelerin ve kullanılan metodun biyolojiyi etkilediği açıktır. Özellikle Newton ile beraber fizik bilimleri zirve noktasına gelmiştir ve yalnızca biyoloji değil, felsefeden tarih anlayışına kadar tüm insanlık düşüncesi Newton fiziğinin etkisinde kalmıştır.

Newton ile beraber mekanik evren anlayışı daha da popüler oldu; böylece o, Descartes'ın fiziğindeki hataları da düzeltmiş oldu. Newton, evrensel düzenin Allah tarafından yaratılıp günümüze dek muhafaza edildiğini söyledi, gezegenlerin mükemmel yörüngelerini Allah'ın tasarımının bir delili olarak sundu, optik kanunları bularak bunlardan hareketle canlıların yaratılışının ve dış âlemdeki ışığa karşı canlılara gözün verilmesinin tesadüf eseri olamayacağını savundu. Mekanik evren anlayışının hâkim paradigma olmasında en önemli isim olan Newton'un, mekanist bilim anlayışıyla nedenselci yaklaşımı ve tasarım delilini uzlaştırmış olması çok önemlidir.

HUME VE TASARIM DELİLİ

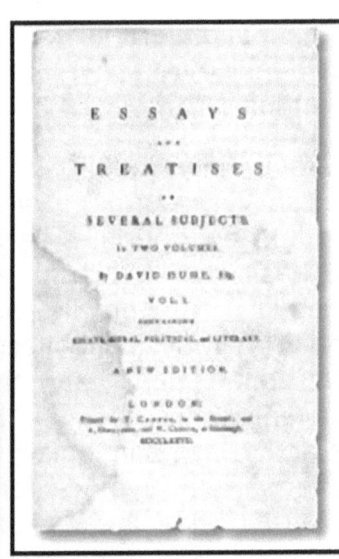

DAVİD HUME (MS 1711-1776)

Mekanist yaklaşım ile nedenselci yaklaşım arasındaki tartışmaya, teizm ile ateizm arasındaki gerilim neden taşınmıştır? Bunun asıl nedeni ateizmin; Yaratıcı'nın zihnindeki plan (bütün) ile evrendeki oluşumların (parçaların) oluştuğu şeklinde tüm evreni kapsayan bir nedenselci yaklaşımı, varlık anlayışları gereği kabul edemeyecek olmasıdır. Hele teizmin, Allah'ın varlığını kanıtlamak için 'tasarım delili'ne (teleolojik delile) başvurması, ateizm ile gayeci yaklaşım (teleoloji) arasındaki gerilimin sebebini iyice açığa çıkarır. Bu da 'teleolojik delil'le 'teleoloji'yi hem doğru bir şekilde ayırt etmemiz hem de ilişkilerini doğru kurmamız gerektiğini göstermektedir.

'Teleolojik delil', Allah'ın varlığını, evrendeki canlı veya cansız varlıklardan ve oluşlardan yola çıkarak ispat etme girişimidir ve kullandığı metod 'Tümevarım'dır. 'Teleoloji' ise, varlıklardaki nedenselliği, yani neden yaratıldıklarını ifade eder ve kullandığı metod 'Tümdengelim'dir. Örneğin, "Yağmur bitkilerin büyümesi için yağar" veya "Göz görmek için vardır" önermeleri 'teleolojik/nedenselci' ifadelerdir. Fakat yağmurun yararlarından veya gözün işlevinden yola çıkarak Allah'ın varlığı ispat edilmeye çalışılırsa burada 'tasarım delili' kullanılmış olur. 'Nedenselci' ifadeleri teistler kullandığı gibi, bazen ateistler de –özellikle biyolojidekullanmaktan kaçınamazlar. Diğer yandan kimi teistler, 'tasarım delili'ne önem vermeden Allah'a inanırlar ve bunun imânın -daha doğrusu imân-ı tahkikînin- bir gereği olduğunu savunurlar; bunların kimisi için, insanların zihnindeki 'Allah' kavramından Allah'ın varlığına yükselmeyi ifade eden 'ontolojik delil' (Mirac hadisesinde olduğu gibi), kimisi için ise, evrenin varlığından yola çıkarak Allah'ın varlığını temellendirmeye çalışan 'kozmolojik delil', kimisi için 'kutsal metinlerin ifadeleri' (Kur'ân, Tevrat ve İncil gibi semavî kitaplar), kimisi için ise rüya ve benzeri şahsi tecrübeler Allah'ın varlığının temellendirilmesi için yeterlidir. Bazıları içinse, Allah'a inanç için hiçbir delile gerek yoktur (fideizm).

Bu kitabın konusu açısından asıl önemli olan nokta ise, 'tasarım delili'nin doğru olup olmadığıdır. Çünkü bazı ateistler, 'Evrim Teorisi'ni kullanarak, canlıların varlığından yola çıkarak Allah'ın varlığını ispat etmeye çalışan 'tasarım delili' kullanımlarına karşı çıkmaktadırlar ve bu durum derin bir felsefî içerik barındırdığından ve bilinçli bir yaratıcıya gerek olup olmaması konusunda akıllarda şüphe uyandırdığından ve buna karşılık tasarım delili mutlaka bir Yaratıcı gücün olması gerektiğini öncellediğinden ('*A Priori*' olarak), bu konunun tartışılması '*İmân-ı tahkikî*' açısından oldukça önemlidir. Çünkü yukarıda saydığımız diğer delillerden Allah'a ulaşanlar, yani '*Taklidî imâncılar*' (fideistler) ve Yaratıcı inancı ile 'Evrim Teorisi'ni birleştirenler (teistevrimciler);

'Evrim Teorisi'ni Allah inancı açısından sorun olarak görmezler. Fakat rasyonel bir Yaratıcıyı kanıtlamak için bu konuyu en çok 'tasarım delili'ne dayandırırlar. Bu yüzden Yaratıcının Kâinata koymuş olduğu gizli bir mühür ve imza hükmünde olan canlılara ilişkin 'bilinçli ve mükemmel bir tarzda oluşturulmuş biyolojik yapıları' görebilmek ve bunlara ilişkin 'tasarım delilleri' ortaya koyabilmek meselesi imân-ı tahkikî açısından büyük bir önem arzeder.

Kitabımızın 4. bölümünde, bu teorinin yani Evrim Teorisi'nin 'tasarım delili'ne karşı bir tehdit olup olmadığı ayrıntılı bir şekilde ayrıca değerlendirilecektir. Tasarım delilinin farklı biçimleri olsa da bunların hepsi evrendeki nedenselliğin veya düzenin gözlenmesinden hareketle Allah'ın var olduğuna temellendirilir. Tarihin eski dönemlerinde, Tektanrıcı ilahiyatçılar, felsefeciler ve bilim insanları Allah'ın varlığının kanıtlanmasında hiçbir delili; Yakın çağa kadar, bu kadar yoğun olarak kullanmamışlardır. Bu delile karşı en etkili olmuş eleştiriler Hume (1711-1776) ve Kant (1724-1804) tarafından yöneltilmiştir. Daha sonra ise 'Evrim Teorisi' ile zirvesine ulaşmış ve canlılar dünyasının 'tasarım delili' için kullanılmasına karşı çıkılmıştır. Yaygın kanıya göre, Din (teizm) ile Evrim Teorisi arasındaki gerilimin en temel nedeni budur. Hume ve Kant'ın, 'tasarım delili'nin, rasyonel Yaratıcıyı kanıtlamak için kullanılmasına karşı itirazlarının en önemli destekleyicisi ve tamamlayıcısı olarak 'Evrim Teorisi' gösterilmektedir. Bu yüzden konumuz açısından Hume ve Kant'ın 'tasarım delili'ne getirdikleri itirazlar özel bir öneme sahiptir.

Hume, gözlemlediğimiz maddî dünyadan öteye hiç bakmadan, bu dünyanın kendi düzeninin ilkesini içinde taşıdığını düşünerek, maddî dünyayı Allah'ın yerine ikâme edebileceğimizi söyler. Buna göre, evrendeki düzen gibi görünen durumu açıklamak için zeki bir Yaratıcı'ya ihtiyaç yoktur. Hume'un eleştirileri ilk bakışta sadece metafiziğe karşıymış gibi gözükebilir; oysa Einstein'ın da belirttiği gibi, eğer Hume'un metafiziğe yönelik tüm eleştirilerini tutarlı bir şekilde kabul edersek, sadece metafizikten değil tüm düşüncelerimizden vazgeçmemiz gerekir. Çünkü Hume, metafiziği eleştirmek adına, zihinsel kavramlarla dış dünya arasında bağ kurulamayacağını söylemekte ve nedenselliğe şüpheyle bakmaktadır; bu yaklaşıma sahip biri ise sadece metafiziğe değil, Einstein'ın dediği gibi her şeye şüpheyle bakar. Yüksek bir yerden atladığımızda yere düşeceğimize veya ileriye doğru ittiğimiz hafif bir cismin ileriye doğru hareket edeceğine dair inancımıza da evrendeki neden-sonuç ilişkileri arasında kurduğumuz bağlantıyla (nedensellikle) ulaşırız.

Hume'un eleştirilerini doğru kabul eden biri, sadece metafiziksel kanaatlere değil, verilen iki örnekteki gibi en sıradan bilgilere karşı bile bilinemezci (agnostik) olur. Hume'un, 'Din Üstüne Söyleşiler' adlı eserinde bahsettiğimiz fikirleri 'Philo' adlı karakter seslendirir. Diğer taraftan 'Cleanthes' adlı karakter, bu kitapta, 'tasarım delili'nin geçerli olduğunu savunur. Kitapta A priori delilleri savunan 'Demea' isimli bir karakter daha vardır; fakat Newton'cu bir bakışı merkeze alan ve nedenselci nedenlerle mekanik dünya görüşünün sentezini yapan Cleanthes'tir. Philo'nun Cleanthes ile atışması, bir anlamda Hume'un Newton'cu yaklaşıma cevapları olarak da görülebilir. Hume gerek bu eseri gerek diğer eserleri içinde sunduğu fikirlerinden dolayı 'agnostik' felsefecilerden biri olarak sınıflanmıştır. Buna göre o, ne teizmin ne de ateizmin rasyonel delillerle temellendirilemeyeceğine inanmaktadır. 'Agnostik' olarak sınıflanan bir felsefeciden beklenen ise Allah'ın varlığının rasyonel delillerle temellendirilmesine karşı çıkmaktır. Genel eğilim, Hume'un kitabındaki Philo adlı karakter ile Hume'un kendisini özdeşleştirmek ve Hume'un Cleanthes'i galip ilan etmesini kendi döneminin baskılarıyla açıklamak yönündedir. Hume, doğada olup biten işlerle insan yapım ve becerisi işler arasında benzerlik (analoji) kurulamayacağını söyleyerek tasarım delilinin geçersiz olduğunu ispat etmeye çalışmıştır.

Kitabımızın 4. bölümünde, özellikle günümüzde tasarım delilinin matematiksel dil kullanılarak, bilgi teorisinde olasılık hesaplarının merkeze alındığı bir yaklaşımla savunulduğunu ve bu yüzden Hume'un tasarım delilini anolojik yapısı sebebiyle reddetmesinin, tasarım delilini kabul etmemek için yeterli sebep olamayacağını göstermeye çalışacağız. Hume, ayrıca 'sonsuz zaman' kavramını işin içine sokarak; doğadaki, düzene benzer yapının açıklamasının yapılabileceğini söyler. İleride 'İnsancı İlke' (*Anthropic Principle*) ve yaratılışı başlatan 'Büyük patlama' (Big Bang Teorisi)'ni incelerken bu konuyu da yeniden ele alacağız.

KANT, NEDENSELLİK, TASARIM DELİLİ VE BİYOLOJİDE METOD

 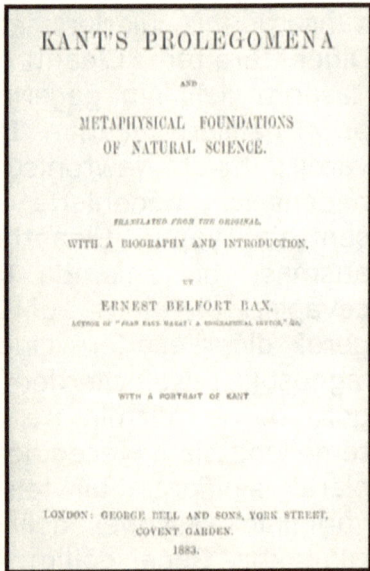

İMMANUEL KANT (MS 1724-1804)

Tasarım deliline karşı sistemli ilk itiraz Hume tarafından yapılmış olsa da en detaylı itirazın Hume'un bu konudaki itirazlarını çok benzer şekilde tekrarlayan Kant tarafından yapıldığı kabul edilir. O, Allah'ın varlığının rasyonel bir şekilde kanıtlanamayacağını göstermek için 'ontolojik delil'e ve 'kozmolojik delil'e eleştiriler getirir. Kant, 'tasarım delili'ne diğer delillerden daha farklı yaklaşır; bu delile büyük saygısı olduğunu, bu delilin bilimsel araştırmaya teşvik ettiğini ve çok verimli sonuçlara vesile olduğunu söyler. Kant aslında bu delili, daha önce *Evrensel Doğa Tarihi ve Gökler Kuramı*' adlı eserinde kullanmış, aynı Newton gibi mekanist ve gayeci yaklaşımı birleştirmiş; maddenin doğasındaki nedenselliğin, Allah'ın varlığını ispatladığını söylemiştir.

Kant bu eserinde gaz bulutlarından yıldızların ve gezegenlerin nasıl evrimleştiğini anlatır. Bu Newton'un evrenbilimi (kozmolojisi) üzerine bina edilmiş ilk evren-doğum (kozmogoni) açıklaması girişimidir, Laplace daha sonra Kant'ın modelini daha da geliştirmiştir. Kant, yıldızların evrimi ile ilgili modelini hiçbir zaman canlılara uygulamaya kalkmadı, o türlerin birbirinden ayrı olduğunu düşünerek türlerin değişimine (evrime) karşıt bir pozisyonda kaldı.

Kant'ın, *Saf Aklın Eleştirisi*'ni yazdığı ve 'kritikçi felsefesi'nin temelini attığı dönemde amacı hem rasyonel teizmin hem de ateizmin temellerini yok etmekti. Bu yüzden Kant, duyulur verilerden duyuların kapsamına girmeyen sonuçlara vardığını söylediği 'tasarım delili'ne, Hume'un benzeri eleştiriler getirir ve bu delili de ontolojik ve kozmolojik delillerle beraber reddeder. Kant, kozmolojik delile yaptığı itirazda söylediği gibi evrenin ezeli olduğunun düşünebileceğini ve kendi açıklamasını kendi içinde taşıyabileceğini söyler (Hume'un itirazının aynısı). Kant, nedensellik kavramıyla hoşlanma duygusu arasında bağlantı kurar; onun sistemi açısından nedenselliğin 'kendinden' mi olduğu, yoksa sadece zihnin mi onu 'kendinde var ettiği' (özü bilinmeyen maddî dünyaya) yüklediğini söylemek güçtür. Kant, nedenselliğin duyu algısı sınırları içerisinde olmadığını söylemektedir; nedensellik, 'yargı gücü'nün düzenleyici bir prensibidir, biz doğayı bu kavram çerçevesinde birleştiririz.

Kant, mekanist bir yaklaşımın canlıları açıklamada yetersiz olduğunu görmekte ve biyolojide, parçaların bütünle ve birbirleriyle olan ilişkisinin nedenselci kavramları kullanmayı gerektirdiğini söylemektedir. Kant, teizmin doğayı nedenselci yaklaşımla açıklamasının bütün diğer açıklamalardan daha üstün olduğunu söyler; fakat bunu objektif bir delil olarak görmez, sadece, sübjektif düzenleyici bir 'idea' olarak görür. Kant'a göre teizm, doğayı en iyi şekilde anlayacak çerçeveyi çizer; her ne kadar ona göre bu çerçeve ispat edilemese de. Kant, 'tasarım delili'ne itirazlarını ateizm adına değil, bilinemezci (agnostik) yaklaşım adına yapmıştır. Kant'ın bilinemezciliği 'saf aklın' bilinemezciliğidir; Kant 'pratik aklın', 'saf akıl' üzerinde otoritesini kabul ettiğinden dolayı bilinemezci kalmaz ve Yaratıcı'nın ve âhiretin varlığını kabul eder. Onun felsefesinde ahlâk kuralları, hem teizmin kabul ettiği her şeye gücü yeten, iyilik sahibi bir Yaratıcı'yı hem de âhiretin varlığını gerektirir. Kant'a göre insan, evrenin gayesel sebebidir. İnsan olmadan tüm yaratılış boş ve anlamsızdır. Evrenin gayesi olarak alınan insanın ayırt edici özelliği ise ahlâklı olmasıdır. Kant'ın nedenselci yaklaşımında nihâî gaye ahlâktır. Kant'ın ahlâkî teolojisini (dinbilimini), nedenselliğin yetersizliklerini kapatan bir yaklaşım olarak gördüğünü söyleyebiliriz. Kant, nedenselci yaklaşımın (teleolojinin) teolojiye bir giriş olmasına karşıdır ama nedenselcilik, ahlâkî teolojiye yardımcı olursa durum değişir. Ona göre 'Ahlâkî delil', teorik olarak Allah'ı ispatlamaz ama 'pratik neden' açısından bu inanç mutlaka gereklidir. Felsefe tarihinden anlaşılmaktadır ki, 'Evrim Teorisi'ni kabul eden herkes 'tasarım delili'ni inkâr etmek zorunda olmadığı gibi; tasarım delilini reddeden herkes de ateist değildir. Rasyonalite (Pozitif akılcılık) temelli tasarım delilinin en ünlü eleştirmeni Immanuel Kant'ın, Allah'a inandığını apaçık bir şekilde beyan etmesi bunun en ilginç örneğidir. Diğer yandan rasyonel bir teolojinin mümkün olduğunu iddia edenlerin çoğunluğunun, en çok üzerinde durdukları ve en çok önem verdikleri Yaratıcı kanıtlamalarının tasarım delilinin çeşitli varyasyonlarına dayandığı da apaçıktır. Kant'ın felsefî sistemi, diğer felsefe dalları gibi din felsefesi ve biyoloji felsefesi için de çok önemlidir. Tasarım delili ve Nedensellik ile ilgili tartışmalar özellikle 'Evrim Teorisi' ile ilgili sorunsallarda çok kritik bir yere sahiptir.

Kant biyolojide, mekanist ve nedenselci yaklaşımın her ikisini birden gerekli görmüştür. Örneğin, hem kasların hem kulağın işleyişi mekanik yasalarla açıklanabilir. Bununla beraber, nedensel yaklaşımın bütünsel bakışı olmadan canlının bedenindeki bütünsellik ve sahip olunan organların hangi işlevi gördüğü (Fonksiyonları gerçekleştirdiği) anlaşılamaz. Kant buna 'içsel nedensellik' der; içsel nedenselliği, kişilerin doğaya yansıttığını söylediği 'dış nedensellik' ile ayırarak, mekanist yaklaşımın ve nedenselliğin her ikisini birden kullanırken aralarındaki çatışkıyı (antinomiyi) çözmeye çalışır. Kant'ı izleyen Alman biyologlar, canlının bütünündeki planı keşfetmeye çalıştılar; Lenoir onları 'nedenselci-mekanistler' olarak adlandırdı. Bu felsefe ve metoda uygun araştırmalarda önemli başarılar elde edildi; örneğin, 'nedenselci-mekanist' Von Baer'in memeliler hakkındaki keşifleri bunların arasındadır. Nedenselci-mekanistler, canlıların bütünsel organizasyonunun değişmesini mümkün görmedikleri için 'Evrim Teorisi'ne karşı çıktılar. Kant'ın *Yargı Gücünün Eleştirisi*' adlı eserinde biyolojinin farklı bir bilim dalı olduğunu söylemesi ve fiziksel bilimlerin metodolojisinin biyolojiye uygulanamayacağını belirtmesi, biyoloji felsefesi ve metodolojisi açısından önemlidir. Kant 1790'da bu fikirlerini söylemeden birkaç yıl önce 1786'da *Doğa Bilimlerinde Metafiziksel Unsurlar*' adlı eserinde, bir bilimin ancak matematiksel olduğu oranda gerçek bilim olduğunu söylemişti. Kant'ın bu görüşü ise biyoloji felsefesi açısından özellikle evrimsel biyoloji açısından çok değişik sonuçlara götürecektir. Bunlardan en önemlisi, matematiksel bir temele ve formülasyona dayanmayan 'Evrim Teorisi'nin, böylesi bir görüş açısından bilimsel bir teori sayılmasındaki güçlüktür. Evrim Teorisi'nin bilim felsefesinde ortaya konan kriterler açısından değerlendirilmesi 3. bölümde yapılacaktır.

WILLIAM PALEY, SAAT VE USTASI ANALOJİSİ

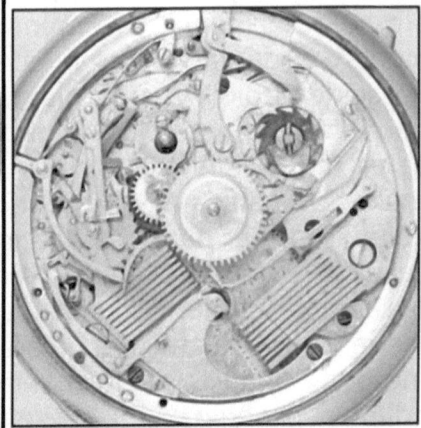

Hume'un ve Kant'ın tasarım deliline getirdikleri itirazlardan kısa bir süre sonra William Paley (1743-1805) ünlü *'Doğal Teoloji'* (*Natural Theology*) kitabındaki yaklaşımıyla, bu delil açısından bir klasik olan eserini yazdı. Paley'in konuyu ele alış şekli Darwin'in de içinde olduğu birçok kişiyi çok uzun yıllar etkiledi. Paley, doğadaki varlıkların gelişiminden çok yapısal özellikleri üzerinde durur. Doğada 'tasarım'ı ve 'tasarım nedeni'ni gözlemlediğimizi; var olan tasarımın Tasarımcı'ya işaret ettiğini söyler. Paley, sürekli olarak tasarımı vurgulamasına rağmen skolastiklerin (Klasik Antik Yunan Felsefecileri) yaklaşımıyla karıştırılmamak istediğini ve bu yüzden 'nedensel sebepler' kavramını kullanmadığını söyler. Yunanlıların dünya görüşü organikti; bu görüş toplumla doğal dünya arasında benzerlik kurmaya (analojiye) dayanıyordu. 16. yüzyıldan sonra incelediğimiz gelişmelerin neticesinde dünyayı saat gibi gören mekanist görüş hâkim oldu ki, bu görüş de aslında analojikti. Daha önceden yaygın olarak kullanılan yaklaşımda varlıkların bir 'amaç' için yaratılmasına vurgu varken sonraki yaklaşımda var olan 'düzen'e dikkat çekiliyordu. Bazı felsefeciler bu ikisi arasında ayırım yapmak için birincisini 'teleolojik delil' ikincisini 'eutaksiolojik delil' olarak adlandırmışlardır. İkincisi çoğu zaman tasarım delili olarak da anılır. Tasarımın ürünü bir amaç olduğu için ve nedensel olarak gözetilen hedef bir tasarım ürünü olduğu için; kitabımız boyunca 'tasarım delili' ile 'teleolojik delil' tanımlamalarını birbirinin yerine kullanıyoruz, bu yüzden bunlar arasında bir ayırım yapmaya çalışmayacağız.

Paley, eserinin başında, yerde bulduğu bir saatin nasıl orada olduğunu düşündüğü zaman; ayağına çarpan 'rastgele' (tesadüfî) bir taş için düşündüğünden daha farklı sonuçlara varacağını söyler. Saatin değişik parçaları bir amaç için konmuştur, bu parçalar düzenli bir hareketi gerçekleştirerek zamanı göstermektedirler. Bu parçalar değişik bir şekilde bir araya gelseler, ne saatin içindeki hareket gerçekleşir ne de saat bir işe yarar. Paley'in analojisini güçlü kılan unsur, saatin kökenini bilmeye gerek duymadan, sırf saatin yapısından sonuca gidilebilmesidir. Ayrıca, onun analizinde benzer şekilde sırf bir organı ele alıp sonuca gitmek de mümkündür. Kişi, sadece insan gözünü ele alıp sonuca gidebilir; ayrıca karaciğerin, akciğerin de incelenmesi gerekmez. Canlı organizma makineye benzetilir ve makinenin yapılma aşaması gözlemlenmese bile, makinenin bir tasarımcısı olması gerektiğine dair benzetme ile canlıların da bir tasarımcısı olduğu ortaya konur.

Paley'in bu argümantasyonuna karşı, Hume'un, canlılarla makine arasında analoji kurulamayacağı itirazı delil olarak gösterilir. Michael Denton, haklı olarak, moleküler biyolojideki gelişmelerin Paley'i doğrulayıp Hume'u yanlışladığını söylemektedir ki, bu gelişmeler özellikle son 50 yılda gerçekleşmiştir. Gerçekten de canlı hücrelerin içinde mikro seviyedeki faaliyetleri gerçekleştiren yapılar, çok gelişmiş makinelerin benzer vazifelerini yapmakta ve Paley'i desteklemektedirler. Paley, analojisini yaparken, canlıların karmaşıklıkta ve maharette, makinelerden çok üstün olduklarını da belirtmektedir. İlerleyen bölümlerde Paley'in bu yaklaşımını canlılar dünyası hakkında yapılan makro ve mikro araştırmaların desteklediğini göreceğiz. Paley, incelediğimiz saatin, ilaveten yeni saatler üreten bir mekanizmaya da sahip olduğunu düşünmemizi ister.

Bu felsefi düşünce sürecini zincirleme bir şekilde devam ettirdiğimizde; Saat, başka saatler üretme yeteneğiyle daha da mükemmel bir makineye dönüşecek ve ustasının maharetini daha fazla sergileyecektir. Eğer daha mükemmel bir saat (saat oluşturan saat) gördükten sonra, saatin bir ustası olduğu kanaatimizi değiştirirsek hata yapmış oluruz. Daha mükemmel olan bir saatin ustasının sanatını daha çok takdir etmemiz gerekir; yoksa Paley'e göre ateistlerin düştüğü hataya düşmüş oluruz. Bu analojisinde Paley, makineye benzettiği canlıların üreme faaliyetlerinin ateistleri şaşırttığına ve canlıların üreme faaliyetleriyle daha da mükemmel varlıklar olduğunun düşünüleceği yerde; ateistlerin, canlıları, tesadüflerle ve doğal süreçlerle açıklamaya çalışmalarına eleştiri getirmektedir.

Paley'in yaklaşımının bir avantajı da, La Mettrie (1709-1751) gibi insanı tümden makineleştirip ruhu ayrı bir cevher olarak kabul etmeyenlerin yaklaşımından etkilenmemesidir. Paley'in yaklaşımında, ruhun ayrı bir cevher olup olmadığı ispatlansa da ispatlanmasa da zaten var olan deliller Allah'ın varlığını temellendirmeye yeterlidir. Paley, kulak ve göz gibi tek bir organdan bile bu sonuca gider. Paley, *Doğal Teoloji* kitabının ikinci bölümünde astronomi açısından önemli yaklaşımlarda bulunur. Güneşin evrimleştiğini, bundan 'sonsuz bir durağan durum modeli'nin mümkün olmadığının anlaşıldığını söyler. Ayrıca konumuz açısından önemli bir kavram olan 'İnsancı İlke'yi önceleyen açıklamalar yapar.

İnsanların var olması için evrensel kanunların dar sınırlar içinde gerçekleşmesi gerektiğini ve öyle olduğunu söyler. Paley, bu açıklamalarında kendisiyle özdeşleşen analojik yaklaşımından nicel bir yaklaşıma geçmiştir. Bu yaklaşım 'insan merkezli tasarım' üzerine kuruludur. Hume ve Kant, deney ve gözleme dayalı verilerden sonuçlar çıkarmamış, bu yüzden de birçok kişi Paley'in gözlem verilerine dayalı argümantasyonunu, onların eleştirel yaklaşımına tercih etmiştir. Ateist-Darwinci yaklaşımın günümüzdeki en ünlü isimlerinden birisi olan Richard Dawkins bile, Paley'in yaklaşımının, Darwin'in Evrim Teorisi'ni ortaya koymadan önce, Hume'unki gibi karşıt yaklaşımlara tercih edilir olduğunu kabul etmektedir.

MİKROSKOBUN İCADI VE BİYOLOJİ İLE FELSEFEYE ETKİSİ

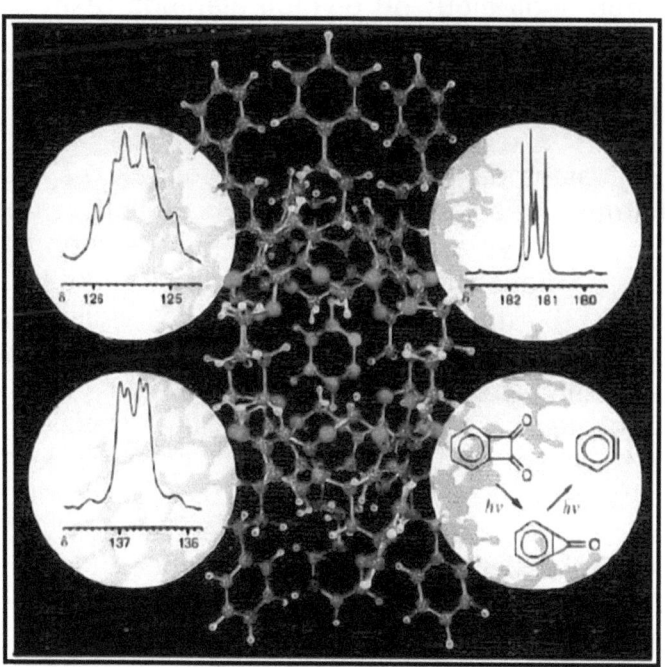

Felsefî görüş bilimsel çalışmalara yön verdiği ve bilimin yapılış şekline etki ettiği gibi, bilimsel gelişmeler de felsefî inançları ve felsefede yapılan tartışmaları etkiler. Felsefî arenadaki bilgi teorisi tartışmalarında; deney ve gözlem merkezli bilim yapma ve eskilerin (özellikle Aristoteles'in) mirasını sorgulama ön plana çıkınca, bu tavrın bilim alanında pratik sonuçları gözükmeye başladı. Deney ve gözlem alanına yönelmiş bilim insanlarını bekleyen en büyük zorluklardan biri, duyu organlarının sınırlılığıydı. Bu zorluğun aşılmasında merceklere dayanan iki sihirli aletten biri uzakları yakınlaştırdı (teleskop), diğeri ise çok küçük alanlara nüfuz etmeyi sağladı (mikroskop).

Bu iki alet ile elde edilen verilerin hem biyoloji, hem de felsefe alanına etkisi büyük oldu. Teleskopla yapılan gözlemlerin biyoloji alanına etkisi dolaylı şekilde oldu. Teleskop gözlemleri Aristoteles ve Kilise'nin, bilim üzerindeki etkisinin kırılmasında ve gözlemsel, mekanist, matematik merkezli bir bilim anlayışının hâkim olmasında etkili oldu; bu biyoloji alanında takip edilecek metodolojinin belirlenmesinde de etkili oldu. Mikroskobun ise biyoloji alanındaki en önemli icat olduğu rahatlıkla söylenebilir.

Biyoloji alanında mikroskoplar ilk olarak 17. yüzyılda kullanılmaya başlandı. Francisco Stelluti tarafından (1625) yazılan ve arıların bedenini konu edinen çalışma, mikroskoba dayalı ilk bilimsel eserdir. Robert Hooke'un (1635-1703) mantarların yapısı ile ilgili çizimleri 'Micrographia' (1665) isimli kitabında yayımlandı; bu kitap 'hücre' kelimesinin ilk kullanıldığı eserdir. Ne var ki yaptığı gözlemin öneminin o bile farkında değildi, 'hücre kuramı' ancak 19. yüzyılda ortaya konabildi. Mikroskoplar sürekli geliştikçe 20. yüzyıl hücre içi dünyanın aydınlatılmasında kendisinden önceki dönemleri kat kat geçti. Van Leeuwenhoek (1632-1723) ve Marcello Malpighi (1628-1694), mikroskopla önemli buluşları ilk gerçekleştiren isimler arasındadırlar. Onlar hayvan ve bitki dokularını tarif ettiler; planktonları, kan hücrelerini, spermi keşfettiler. Leeuwenhoek'in kullandığı mikroskoplar 270 kat büyütme kapasitesine sahipti ve bu 17. yüzyıl için olağanüstü bir gelişmeydi. Felsefî açıdan da önemli olan tartışma konularından 'kendiliğinden türeme' (*spontaneous generation*) gibi birçok konu artık mikroskop gözlemlerinden gelen verilerle tartışılmaya başlandı. Yeni bilimsel veriler felsefe alanına da canlılık getirdi; artık felsefede salt akıl yürütmelere dayalı anlayış, yerini hissedilir ölçüde bilimsel verileri akıl yürütmeyle birleştiren anlayışa bıraktı.

Felsefeciler masa başı filozofu olma yerine, bilimsel arenaya çıkıp bilimsel veri toplamaya ve bu verilerle çelişmeyen, bu verilerin desteklediği sistemler oluşturmaya çalıştılar. Leibniz, mikroskopla yapılan çalışmalar kadar hiçbir şeyin Yaratıcı'nın bilgeliğini anlamamıza katkıda bulunamayacağını söyledi. Malebranche (1638-1715), sivrisineği incelersek bu canlının büyük hayvanlar kadar mükemmel bir yapıya sahip olduğunu göreceğimizi, büyük prenslerin evindeki eşyalar arasında bile bu küçük hayvanın özelliklerine eş bir yapıtı bulamayacağımızı belirtti. Mikroskobun icadının ilk dönemlerinden beri mikroskopla elde edilen verilerin tasarım delili için kullanılmasının birçok örneklerini görüyoruz.

Allah'ın varlığını, dünyada yapılan araştırmalara dayandırmak isteyenler, dünyanın iyi düzenlenmiş mekanik bir sistem olduğunu göstermeye çalıştılar. İyi düzenlenmiş mekanik bir sistem için en iyi açıklama bilinçle ve kudretle oluşturulmuş tasarımdı. Böylece, Leibniz ve Malebranche gibi filozoflar mikroskobun mikro seviyede getireceği açıklamaların bu anlayışa katkıda bulunacağını savundular.

KENDİLİĞİNDEN TÜREME

Canlıların kendiliğinden türediğini (*spontaneous generation*) söyleyen anlayışa göre; canlılar, başka canlıların üremesi veya bölünmesi gibi süreçler olmaksızın, cansız maddenin birleşimi sonucunda bir araya gelmişlerdir. Bu anlayışın izlerine binlerce yıl öncesinde rastlıyoruz.

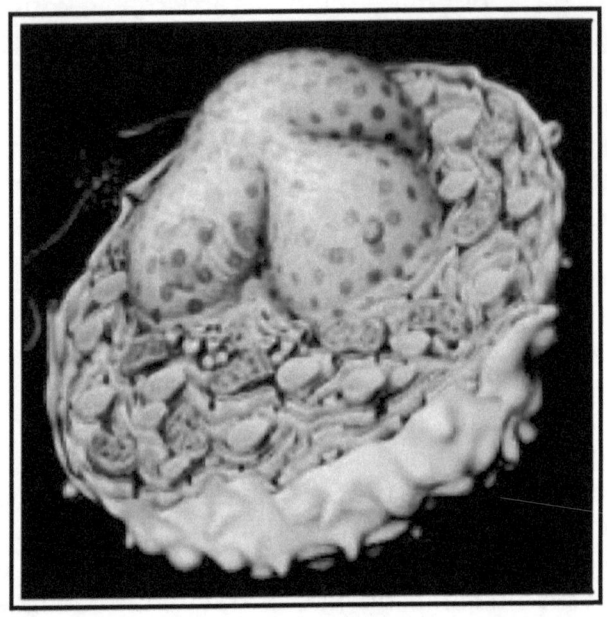

Örneğin Nil kıyısında yaşayanlar, kurbağaların çamurdan oluştuklarını düşünüyorlardı. Hatta birçok kişi arıların, sineklerin, farelerin her birinin nasıl cansız maddelerden elde edilebileceğine dair reçeteler yazacak kadar ileri gitmişlerdi. Çöpten, çamurdan türemeye inanıldığı gibi, ölmüş hayvanların vücudunun bozulması sonucunda bu leşlerden türemeye de inanılıyordu.

Örneğin Aristoteles, sivrisineklerin ve bitkilerin çürümekte olan maddelerden türediğine inanıyordu. Daha önce de belirtildiği gibi, her Evrim Teorisi'ne inanan ateist olmadığı gibi her ateist de Evrim Teorisi'ne inanmamıştır. Aslında 19. yüzyıldan önce Evrim Teorisi ortaya konmadığı için bu mümkün de değildir; bunu belirtmemizin sebebi, Ateizm ile Evrim Teorisi'ni tamamen özdeş göstermeye çalışan yanlış bir anlayışın yaygın olmasıdır. Halbuki Evrim Teorisi ortaya konmadan önce, yani 19. yüzyılda önceki dönemlerdeki ateistler çoğunlukla 'kendiliğinden türeme'ye

Evrim Teorisi

inanmışlardır. Nasıl arılar, fareler, sinekler kendiliğinden oluşuyorsa, aynı şekilde tüm canlıların da, buna benzer süreçlerle –yani cansız maddelerden ve tesadüfler sonucu– oluştuğunu; bu süreçlerin arkasında, doğanın dışında bilinçli bir gücün var olmadığını savunmuşlardır. Bundan 'kendiliğinden türeme' görüşünün, her zaman için ateistlerin teistlere karşı savunduğu bir argüman olduğu anlaşılmamalıdır. Örneğin, Farabi ve Saint Augustine için de 'kendiliğinden türeme'ye inanç bir sorun teşkil etmiyordu: Allah doğaya bu özelliği de vermiş olabilirdi ve doğa yeni canlıları türetebilirdi. Teistler, bu şekilde bir yaratılışa inandıkları zaman, bunu Allah'ın baştan düzenlemesinin bir neticesi olarak algılıyorlar ve bu sürecin arkasında Yaratıcı'nın kudret ve bilincini kabul ediyorlardı. Nasıl ki, Allah bir kiraz ağacına kirazın oluşmasıyla ilgili özellikleri onun çekirdeğinde yer alan bir yaratılış programı olarak bahşetmişse ve bu ağaçtan kirazlar çıkıyorsa; 'kendiliğinden türeme'ye inanan teistler, aynı şekilde, bataklıklardan sivrisineklerin veya leşlerden birtakım böceklerin üreyebileceğini düşündüler. Teistler için, 'kendiliğinden türeme'ye yol açan hammadde ve kanunlar, Yaratıcı'nın elinde 'araçsal sebepler'di ve Allah tüm düzenin ve yaratılışın ardındaki 'Gerçek Sebep'ti.

Mikroskobun icadıyla, 'kendiliğinden türeme' ile ilgili tartışmalar yeni bir boyut kazandı. Çünkü artık hiç kimse arılar veya sinekler gibi böceklerin 'kendiliğinden türediği'ni savunamaz duruma gelmişti. Çünkü her canlının başlangıcı gözle görülemeyecek kadar küçük olan mikroskobik bir tohum, yumurta veya larvaya dayanıyordu. Bununla birlikte, Leeuwenhoek'in mikroskopla yaptığı incelemeler sonucunda gözle görülemeyen birçok küçük canlının varlığı anlaşıldı. Fakat bu sefer de, yeni bir ateist fikir akımı ortaya çıktı ve bu kez bu mikroskobik canlıların 'kendiliğinden türediği' savunulmaya başlandı. Francesco Redi (1626-1697), çürümüş etin bulunduğu kapları tülle örttü ve böceklerin ete yumurtlamasını önledi; bu deneyle çürümüş etten kurtçuklar çıktığını söyleyen 'kendiliğinden türeme' anlayışı önemli bir darbe yedi. Bu deney, canlı ile cansız arasındaki ayırımın sanıldığından önemli olduğunu ve Aristoteles'in ve diğerlerinin, böceklerin cansız maddeden 'kendiliğinden türediği'ne dair yaklaşımının yanlışlığını ortaya koydu. Bu deneyden sonra, tek hücreli mikroskobik canlıların 'kendiliğinden türediği'ni savunanlar olduysa da bir daha gözle görülebilen büyüklükteki canlıların kendiliğinden oluştuğunu savunmak mümkün olmadı. İrlandalı papaz Turberville Needham (1713-1781), ağzını özenle kapattığı bir kaba et suyu koyarak içinde bulunabilecek canlı tohumlarını öldürmek için yarım saat süreyle ısıttı; ne var ki bu önleme karşın, deney sıvısı içinde hızla çok sayıda hayvancığın ürediğini gözledi. Bu deney, Francisco Redi'nin evvelki deneyine rağmen mikroorganizmalar için 'kendiliğinden türeme'yi mümkün görenleri destekledi. Diğer yandan modern biyolojinin kurucularından sayılan rahip Lazzaro Spallanzani'nin (1729-1799) yaptığı deney Needham'ın yanlışlığını ortaya koydu. Spallanzani, eğer Needham'ın deneyi tekrarlandığında sıvı çok daha yüksek derecede ısıtılırsa ve kabın ağzı iyice kapatılırsa mikroorganizmaların sıvıya doluşamayacağını gösterdi. Spallanzani 'kendiliğinden türeme' fikrini yaptığı deneylerle gözden düşürmesinin yanında, kurbağalar ve yarasalar üzerine çalışmaları, solunum sistemine getirdiği açıklamalar, döllenmenin ve sindirimin anlaşılmasına katkılarıyla da biyoloji bilimi açısından önemli bir yere sahiptir.

ÖNOLUŞ VE SIRALIOLUŞ

'Kendiliğinden türeme' ile ilgili tartışmalar genelde 'önoluşum' (*preformation*) ve 'sıralıoluşum' (*epigenesis*) tartışmalarıyla bir arada yapılmıştır. Önoluşumu savunanlar, canlının özelliklerinin tohum aşamasında baştan belirlendiğini; sıralıoluşumu savunanlar ise canlının tohum aşamasında baştan belirlenmeyip, geçirdiği süreç içinde şeklini aldığını savunmuşlardır. Önoluşumu savunanların kimisi yumurtanın belirleyiciliğine (*Ovism*) vurgu yapmıştır; bu görüşün,

Haller, Bonet, Spallanzani gibi önemli savunucularıyla 18. yüzyılda hâkim fikir olduğu söylenebilir. Haller, biyolojiye 'evrim' kavramını sokan kişidir; o, Havva'nın her yumurtasında birer insancık, her insancığın yumurtasında daha küçük bir insancık şeklinde, adeta Rus matruşkaları gibi iç içe bir yaratılışı savunmuştur. O 'evrim' kavramını, başlangıçtaki minik insancıkların sıkışık hallerinden açılmaları ve embriyolojik gelişme boyunca boyutlarını büyütmeleri anlamında kullanmıştır.

Günümüzde genetik bilginin ilerlemesiyle önoluşum ve sıralıoluşum görüşlerinin bir sentezini yapabileceğimiz görülmüştür. Genetik bilimi, başlangıçtaki zigotun, sonradan oluşacak canlıdan çok farklı olduğunu göstererek; başlangıçtaki tohumu, oluşacak canlının bir minyatürü gören önoluşumculuğun bu yanlışını düzeltmiş ve sıralıoluşumculuğu bu noktada desteklemiştir. Canlının genetik bilgisinin baştan DNA'larda kodlu olduğunun öğrenilmesi ise önoluşumculuğun haklı olduğu noktadır. Çağımız genetiği açısından önoluşu savunan yaklaşım daha ön plana çıksa da gelişme fizyolojisinin kavramları sıralıoluş yaklaşımının kavramlarından esinlenmiştir. Günümüz biyolojisi açısından önoluşum ve sıralıoluşum arasındaki gerilimin bir önemi yoktur; canlının gelişimi özellikle genetikteki gelişmeler ışığında ve bu karşıtlığı temel almayan bir kavramsal çerçevede irdelenmektedir.

17. ve 18. yüzyılda önoluşumu savunanlar, kendi yaklaşımlarıyla 'kendiliğinden türeme' fikrinin uyuşamayacağı kanaatindeydiler. Bu fikri geçersiz kılacak deneylerin yapılmasında bu anlayışın teşviki önemlidir. 'Kendiliğinden türeme'ye inananlar, mayalanma ve kokuşmanın canlılar oluşturabileceğini sandılar; fakat, bunun tersinin, yani mikro organizmaların mayalanma ve kokuşmanın oluşmasına sebep olabileceğini anlayamadılar. Görülüyor ki, neden ile sonuçların, deneye başlamadan önceki önyargı yüzünden yer değiştirmesi, 'kendiliğinden türeme' ile ilgili yanlış kanaatlerin uzun zaman muhafaza edilmesine

sebep olmuştur. Pastör (1822-1895) yaptığı deneylerle fermantasyonun mikroorganizmaları meydana getirmediğini, durumun tam tersi olduğunu gösterdi. Fakat 19. yüzyılda da Pouchet (1800-1872) gibi bilim insanları Pastör'e muhalefet etti ve fermantasyon ile çürüme gibi süreçlerin 'kendiliğinden türeme'ye sebep olduğunu söylediler.

Mikroskoplar geliştikçe, kendiliğinden türeme'nin mümkün olmadığı iyice anlaşıldı ve bu görüşü savunan hiç kimse kalmadı. Bu sonuç, canlı ve cansız arasında sanıldığından daha büyük bir uçurum olduğunu iyice ortaya koydu. Bu uçurum, böceklerin cansız maddeden oluşamayacağının gösterilmesiyle zaten açılmıştı. Fakat gözle görülemeyen mikro organizmalar için bile bunun mümkün olmadığının tam olarak anlaşılması uçurumu daha da büyüttü. Mikroskoplar geliştikçe 'kendiliğinden türeme'ye inanç tamamen yıkıldı ve bunu savunan hiç kimse kalmadı. Fakat bunun bir istisnası vardır; Evrim Teorisi'ne inananlar bütün canlıların birbirinden türediğini söylerken, tamamen bir önyargıya dayanarak başlangıçtaki bütün canlıların atası olan ilk canlının 'kendiliğinden türediği'ni kabul etmek zorundadırlar.

Kitabın 4. bölümünde, 'kendiliğinden türeme' ile bir canlının oluşup oluşamayacağı konusu, olasılık hesapları çerçevesinde detaylıca olarak irdelenecektir.

DÜNYANIN YAŞI İLE İLGİLİ TARTIŞMALAR

Hristiyan toplumlarda Dünya'nın yaşı ile ilgili çıkan sorun, en çok İrlanda başpiskoposu James Usher'in (1581-1656) yaptığı hesaptan kaynaklanmıştır. Protestan Hristiyanlar Usher'in hesabına dayanarak Dünya'nın MÖ 4004 yılında yaratıldığını kabul ettiler. Cambridge Üniversitesi Rektör Yardımcısı Lightfoot, yaratılış yılı olarak bu yılı kabul etti, günü ve saati ise kendisi hesapladı: 23 Ekim günü sabah saat 9'da yaratılış olmuştu. Birçok dinbilimci, Kitabı Mukaddes'te geçen ve Usher'in 'oğlu' olarak aldığı ifadenin 'soyundan olan' anlamına geldiğini ve Usher'in hesabının güvenilir olmadığını söylemişlerdir.

Ayrıca araştırmacı biyolog Stephen J. Gould'un belirttiği gibi Usher'in bu hesabı yapmasında, Kitabı Mukaddes'in aktardığı kronolojide atlamalar olması gibi sorunlar vardı. Ayrıca kameri aylarla ilgili artık yıllar sorunu vardı. Bu sorun geçmişte, Jülyen (Roma) takvimi yerine 1582 yılında Papa 13. Gregorus'un düzelterek uygulamaya koyduğu Gregoryan takviminde karışıklığa yol açmıştı. Ama Usher Anglikandı ve Papa'nın takvimiyle hiçbir ilişkisi olamazdı. Usher'in saptadığı tarihler o kadar önemsendi ki Kitabı Mukaddes'in Kral James'çe onaylanmış baskılarının sayfa kenarlarında bile bu tarihler basılmaya başlandı.

Böylece 17. yüzyılda ortaya çıkan bu fikir, adeta Hristiyanlığın temel bir öğretisiymiş gibi algılanmaya başlandı. Bilim ile dinin çeliştiğini savunanlar Hristiyanlıkla Usher'in vardığı sonucu özdeşleştirerek -bu arada din de genelde Hristiyanlıkla özdeşleştirilmektedir- ve bilimin dünyanın uzun dönemler sonucunda oluştuğunu gösteren deneysel ve gözlemsel bulgularıyla karşı karşıya getirerek haklılıklarını ispat etmeye çalışmışlardır. Aslında Usher'in amacı bilimle dini uzlaştırmaktı, fakat giriştiği çaba istediğinin tam aksine bir sonuca sebep oldu. 'Evrim Teorisi' ortaya konduğunda Protestan İngiltere'deki dini çevrelerin çoğu Usher'in tarihlendirmesini kabul ediyorlardı. 'Evrim Teorisi'ni ortaya koyanlar, bütün canlıların tek bir atadan ve birbirlerinden değişerek oluştuğu iddiasını, ancak canlıların yeryüzünde çok uzun bir süre önce ortaya çıkmaya başlamasıyla ve Dünya'nın çok uzun süre önce var olmasıyla savunabilecekleri kanaatindeydiler. Evrim Teorisi'ne din adına karşı çıkışların daha baştan gözükmesinde ve daha baştan Evrim Teorisi ile din (Hristiyanlık) arası bir gerilimin oluşmasında, diğer sebeplerin yanında; Evrim Teorisi'nin, Usher'in tarihlendirmesi ile çelişmesi de önemli bir yere sahiptir.

Yerküre katmanları üzerine tüm çalışmalar ve gittikçe ilerleyen fosilbilim, Usher'in, Dünya'yı 6000 yıllık bir yer olarak gören yaklaşımının hatalı olduğunu gösterdi. Martin Lister (1639-1712), 18. yüzyılın başında, fosillerin eşi benzeri olmayan garip taşlardan ibaret olduğunu ve kayalarda oluşmalarının canlılarla hiçbir ilişkisi olmadığını savunmuştu. Bernard Palissy (1510-1589), fosillerin, soyları tükenmiş hayvan kalıntıları olduğunu söyleyen ilk kişi olarak gösterilir. Lister'in fosillerin canlılarla bir ilişkisi olmadığı fikrinin 18. yüzyılda taraftar bulduğunu düşünürsek, fosilbilimin ne kadar yeni (geç gelişmiş) bir bilim dalı olduğunu kavrayabiliriz. Her ne kadar Herodotus, Strabo, Plutarch ve de özellikle Xenophanes, fosillerden bahsetmiş olsalar da ancak 17. yüzyılda başlayan ve 18. ile 19. yüzyılda artan bir gayretle fosillerle olan uğraş bilimsel bir nitelik kazanabildi. Usher 17. yüzyılda Dünya'nın yaşını tarihlendirdiğinde fosilbilimin ciddi, sistematik bir yapısı ve otoritesi yoktu. Fakat 18. yüzyılda ve özellikle 19. yüzyılda fosilbilimde kaydedilen ilerlemeler, Dünya'nın yaşı ile ilgili konularda Usher'in fikirlerini benimseyen dini çevrelerle birçok bilim insanını karşı karşıya getirdi. Yapılan tartışmalarda Nuh Tufanı ve canlıların ortaya çıkış tarihi ile Dünya'nın yaşı ve geçirdiği evreler merkezdeydi. Dünya'nın durağan bir durum içinde, ancak çevrimsel değişimler geçirdiğini, doğal süreçlerin bir denge durumunda olduğunu söyleyen yaklaşım ile doğanın doğrusal, tek yönlü (evrimsel) bir değişim süreci içinde olduğunu söyleyen yaklaşım yerbilimi alanında tartışma içindeydi. Bu ikinci yaklaşımın içinde ise yeryüzünün büyük değişimler (*catastrophism*) mi, yoksa sürekli küçük boyutlu değişimler mi geçirdiği (*uniformitarianism*) şeklinde farklı yaklaşımların tartışılması yapıldı.

5. bölümde yerbilimsel konuların dinsel inançlar bağlamında bir değerlendirmesi yapılacaktır. Yerbilimi ile fosilbilimi bu iki alanın açık ilgisinden dolayı bir arada ele alındı. Birçok tartışmada, Usher'in yaklaşımının Hristiyanlık ile özdeşleşmesinin getirdiği sorunlar kendini gösterdi.

LINNAEUS, TÜRLER VE TAKSONOMİ

(CAROLUS LİNNAEUS) 'DOĞAL SİSTEM' (SYSTEMA NATURA) KİTABI'NIN YAYINLANDIĞI YIL ALINMIŞ BİR RESMİ VE KİTABIN KAPAĞI.

Yaratılış Gerçekliği-I

Taksonomi, Yunancada düzenleme anlamına gelen '*Taksos*' ile yasa anlamındaki '*Nomos*' kelimelerinin birleşiminden türemiştir ve biyolojide bu kavram canlıların sınıflandırılması için kullanılmaktadır. Carl von Linnaeus (1707-1778) günümüzde kullanılan taksonominin babası sayılır. Her canlı varlığı iki adla sınıflandırma yöntemini ilk olarak uygulayan odur. Örneğin, insan için 'Homo sapiens', köpek için 'Canis familiaris' tanımlamalarının kullanılması Linnaeus'un yöntemi sebebiyledir. O, kendisinden önce kaos olan bir alanı toparlamış, bir canlının birkaç satırla tarif edilmesine son vermiştir. En çok onun sayesinde, 18. yüzyılda ve 19. yüzyılın ilk yarısında biyolojiye taksonomik yaklaşım hâkim olmuştur.

Linnaeus'un doğa felsefesinin kalbini yine 'Allah'ın tasarımı' kavramı oluşturur. O, Yaratıcı'nın evreni, insan zihninin kavrayabileceği ve sınıflandırabileceği bir şekilde yarattığını söylemiştir. Linnaeus, kendisini, Yaratıcı'nın türlerin yaratılış planını açığa çıkaran ve anlaşılmasını sağlayan birisi olarak görüyordu. Bu yaklaşımı, özellikle son yüzyılda, en önemli hedefin "Yaratıcı'nın düşüncelerini okumak" olduğunu söyleyen ünlü fizikçilerinkine –Einstein gibi– benzemektedir. Fakat şu farkla ki, Linnaeus bunu başardığı kanaatindeydi. O, Aristoteles'in mantığını takip ederek, varlıkla (*ontic*) mantığın (*logic*) özdeşliğini yaklaşımında temel aldı. Bu arada Aristoteles'in biyoloji alanına geçtiğinde gözlemi merkeze aldığını ve taksomonisini 'kanlı-kansız', 'kıllı-kılsız' gibi gözlemsel özelliklere dayanarak yaptığını belirtmek faydalı olacaktır. Linnaeus canlıları âlem, filum, sınıf, takım, familya, cins, tür şeklinde sınıflandırarak her canlının doğadaki konumunu belirlemeye çalıştı. Linnaeus, bütün türlerin en baştaki yaratılış şekillerini koruduklarını, en başta sabit sayıda tür yaratıldığını söylüyordu. O, Leibniz'in 'doğada atlama olmadığı'na dair fikrini takip etmişti ve 'hiyerarşik varlık merdivenleri'nde, her türün diğer iki türün arasında bir yerde yer aldığını düşünüyordu. Bu aslında evrime en ters fikirdir, çünkü 'varlık skalası'nda tüm yerler dolu

olduğu için evrimle oluşacak yeni bir ara geçişe izin veren türe yer yoktur.
Onun sınıflandırma yöntemiyle insanın yeri şu şekilde gösterilmektedir:

Âlem	Hayvanlar
Filum	Omurgalılar
Sınıf	Memeliler
Takım	Primatlar
Familya	Hominidler
Cins	Homo
Tür	Sapiens

Ayrıca türlerin baştaki sabitliğini muhafaza ettiğini düşünmek Evrim Teorisi ile asla bağdaştırılamaz ve aynı zamanda Yaratılış fikrini de destekler. Bu özelliklerinden dolayı Linnaeus'un yaklaşımının, Evrim Teorisi'ne karşı direncin önemli bir sebebi olduğu söylenebilir. Diğer yandan ilginç bir şekilde bu yaklaşımın, yanlış kullanılması sonucu 'Evrim Teorisi'ne yol açan bir yaklaşım olduğunu da tespit edebiliriz.

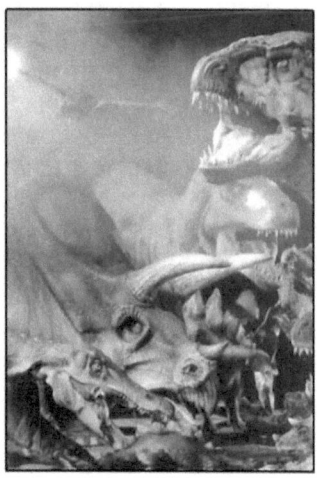
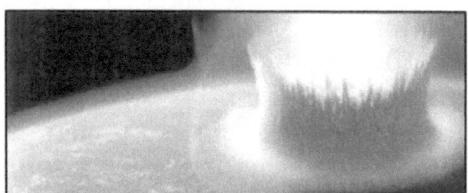

Yaratılış Gerçekliği-I

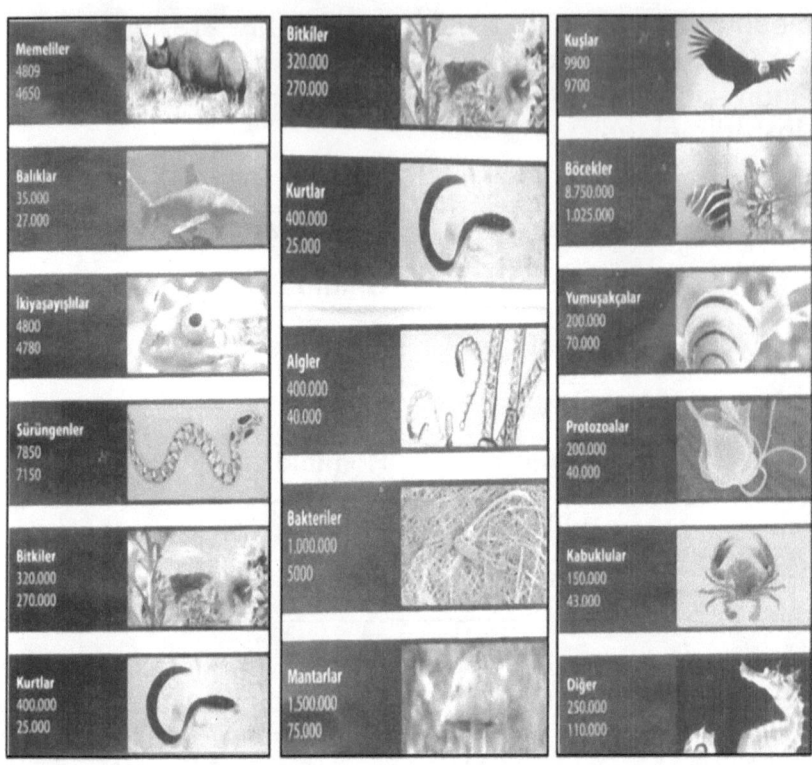

YERYÜZÜNDE KAÇ TÜR CANLI OLDUĞU KONUSUNDA BİLİM ADAMLARININ TAM BİR FİKRİ YOKTUR. SON 250 YILDIR YOĞUN OLARAK YÜRÜTÜLEN SINIFLANDIRMA ÇALIŞMALARI SAYESİNDE, YAKLAŞIK 1,8 MİLYON CANLI TÜRÜ ADLANDIRILABİLMİŞTİR. FAKAT BU SAYININ, YERYÜZÜNDE YAŞAYAN CANLI TÜRÜ SAYISININ SADECE ONDA BİRİ OLDUĞU DÜŞÜNÜLMEKTEDİR. BUNUNLA BİRLİKTE EĞER TARİH İÇERİSİNDE YOK OLAN TÜRLER DE HESABA KATILIRSA (ÖRNEĞİN, 65 MİLYON YIL ÖNCE YOK OLAN DİNAZORLAR VE 10 BİN YIL ÖNCE YOK OLAN MAMUTLAR GİBİ) BU SAYI MİLYARLARI GEÇMEKTEDİR. DÜNYA TARİHİ BOYUNCA ÖYLESİNE BÜYÜK OLAYLAR OLMUŞTUR Kİ, BÜYÜK SAYIDA CANLI TÜRÜ KISA SÜREDE YOK OLMUŞTUR. DÜNYA TARİHİ BOYUNCA BU ŞEKİLDE YAKLAŞIK ALTI BÜYÜK FELAKET DÖNEMİ YAŞANMIŞTIR.

Linnaeus, haritadaki devletlerin sınırlarda birbirlerine değmeleri gibi bitki türlerinin birbirine bitiştiğini söylemiştir; bu görüş, türleri kendi içlerinde döl oluşturma yoluyla diğer türlerden izole ederken bir yandan da bitiştiriyordu. Darwin de 'varlık merdivenleri'ne canlıları dizen ve kendi görüşüne ters bir şekilde türleri sabit sayan anlayışın 'doğada atlama olmaz' ilkesine sonuna kadar sadık kaldı. Canlıları hiyerarşik bir sıraya dizmese de her bir türü diğer iki türün arasına koyarak 'doğadaki devamlılığı' savundu. Ama canlıları bu şekilde diziş gözlemsel verilerin değil, 'doğada atlama olmayacağı'na dair metafiziksel ilkenin kabulünün bir yansımasıdır.

Kitabın 3. bölümündeki homoloji ve fosillerle ilgili başlıklarda bu konu işlenecektir. Darwin'in Teorisinde Linnaeus'unkine ek olarak varlıkları hiyerarşik sıralanışının başına ortak bir ata konarak ve canlıların birbirlerinden türedikleri söylenerek evrimsel gelişme açıklanmaya çalışılmıştır. Bu noktada hem Linnaeus'un sınıflaması, hem 'Evrim Teorisi' açısından canlıların hiyerarşik sıralamasının ne kadar doğru olduğunu sorgulamak gerekir. Bal yapan arının, denizde sonar sistemi olan yunusun, uzun göç yollarını izleyen kuşların ve konuşma yeteneğiyle insanın hangi kritere göre sınıflaması yapılacaktır? Birçok canlı kendi özel becerisinde diğer tüm canlılardan daha iyidir. Bu farklı becerilere sahip canlıların hiyerarşik sırasını, kim hangi kriterle belirleyecektir ki 'varlık merdivenleri'ne yerleştirilebilsin? Canlılar üzerine modern araştırmalar canlıların özgün yanlarını daha çok ortaya koymuştur ve bu, 'hiyerarşik bir varlık merdiveni' kurmanın imkânsızlığını göstermektedir. İnsanın ve diğer birçok canlının, kendilerine has alanlarda diğer canlılara üstünlükleri vardır ve canlıların hiyerarşik sıralaması için hangi ölçüyü alırsak alalım, pek çok canlıyı birbirine göre konumlandırmak mümkün olamayacaktır. Günümüzdeki canlı sınıflamalarının hemen hepsi de canlıların hiyerarşik sınıflamasıyla ilgilenmeden, özellikle canlıları benzerliklerinden hareketle sınıflama üzerine kuruludur.

Linnaeus'un doğanın dengesinden bahsederken 'yaşam mücadelesi'ni vurgulaması, Darwin'in 'doğal seleksiyon' fikrinin oluşmasında kavramsal olarak arka plan oluşturmuştur. Fiziksel benzerliklere göre sıralama yapan Linnaeus'un, insan ile maymunu beraber sınıflamasının da 'Evrim Teorisi'ndeki insanı maymundan türeten anlayışı kolaylaştırdığı söylenir. Ayrıca Dünya'nın yaşını Usher'i takip edenlerden çok daha yüksek bulması da Evrim Teorisi'ni savunmayı kolaylaştırıcı nitelikte olmuştur. Linnaeus'un sisteminin Evrim Teorisi için sorunlu bir yanı da, türlerin yok olmasını mümkün görmemesidir. Bulunan fosillerin birçok canlı türünün yok olduğunu göstermesi; Linnaeus'un, bu yöndeki düşüncelerini sandığı gibi doğru olmadığını gösterdi. Oysa en basit gözlemle, insanların veya diğer canlıların birçok canlı türünü yok ettiği günümüzde bilinen bir gerçektir; bir türün bireylerinin yok olması mümkünse, neden tüm türün yok olması mümkün olmasın? Türler de bireylerden oluşmuyor mu? Anlaşılıyor ki kendi mantığındaki kategorileri varlığa uygulaması, biyoloji tarihinin en başarılı ve etkili simalarından biri olan Linnaeus'u yanıltmıştır.

Linnaeus'un yaklaşımında türün mensupları ortak özellikleri paylaşırlar, türlere içkin bu özler Allah tarafından yaratılmıştır ve o türe has bir özelliktir. Biyoloğun görevi ise, bu özellikleri bulmak ve türleri cinsleriyle *(genus)* tanımlamaktır. Türler konusunda özcü yaklaşımı savunanlar, bu özleri değişmez ve sürekli özellikler olarak görürler. Oysa özcü yaklaşıma katılmayanlara göre; türlerin ortak özellikleri varsa da bunlar, özcülüğün savunduğu gibi değişmez ve sürekli değillerdir. Bu tarzda varlık anlayışında 'tür' kavramı sadece pratik faydaları açısından yararlı olsa da, canlılar dünyasında bir gerçeğe karşılık gelmez. Linnaeus'un varlık anlayışına göre ise 'türler' gerçek varlıklardır. Türlerin ontolojik statüsünün ne olduğu hâlâ tartışılmaktadır. Bu konuda Stephen Jay Gould'u örnek olarak verebileceğimiz gibi birçok biyolog da, türlerin sadece zihnin bir projeksiyonu olduğunu, doğa üzerine düşünmemizde taksonomik ayırımın pratik faydası olduğunu ve türlerin ontolojik açıdan gerçek varlıklarının olmadığını söyler. Douglas Medin'in yürüttüğü geniş çaplı bir araştırma, insan zihninin taksonomi yaptığını göstermiştir. Bu araştırma Amerika'nın şehirleşmiş bireylerinden Mayaların 'yağmur ormanları'ndaki bireylerine dek geniş ve farklı bir kitleye uygulanmıştır. Buna göre tüm farklı kültürlerdeki insanların zihni, insanlar dışındaki canlıları belli 'özler' temelinde türlere bölüp taksonomi yapmaktadır. Bu deneyden varılan sonuç, taksonomi yapmanın, insan zihninin gözlemlerden bağımsız, A Priori bir özelliği olduğudur. Bu araştırma gerçekten çok ilginçtir ama türlerin ontolojik statüsünü belirlemek için yetersizdir. Bazıları zihnin, sırf A Priori kategorilerini canlılara yüklediği için türlere ontolojik bir statü verildiğini; bazıları ise, Allah'ın ilâhî bir programa göre doğayı uyumlu yarattığını ve yarattığı türleri düşünmek için zihne A Priori olarak gerçekte de var olan türlere göre taksonomi yapma özelliğini verdiğini savunabilir.

Türlerin ontolojik statüsü özellikle tek hücrelilerin mikroskobik seviyesine inilince iyice karışır; ama türlerin birçoğunun kapalı bir sistem oluşturup, kendi içlerinde üremesi ve döl verebilecek döller oluşturmaları da göz ardı edilebilecek bir husus değildir. Canlılar dünyasını anlamak için taksonominin uygulanmasının bilinen en akılcı yöntem olduğu açıktır. Fakat bu, Linnaeus'un taksonomisini kullanmak olarak anlaşılmamalıdır. Farklı taksonomiler oluşturmak için gayretler vardır; türlerin ontolojik gerçekliği olsun veya olmasın, taksonominin, insan zihninin doğayı anlama ve bilim yapma faaliyetindeki yararı apaçıktır. 1753 yılında Linnaeus 6000 adet bitki türü biliyordu ve bunların 10.000 kadar olduğu düşünülüyordu; 1758'de 4000 hayvan listelemişti ama onların sayısını da yine 10.000 civarında tahmin ediyordu. Canlılarla ilgili sınıflama böceklerin dünyası ile ilgili keşifler arttıkça ve bu dünyadaki faaliyet ve tür çeşitliği saptanınca bayağı zorlaşmıştı; hele bir de mikroskobik canlılarla ilgili bilgiler arttıkça taksonomi yapmak iyice zorlaştı. Günümüzde ise türlerin sayısının milyonlarca olduğu bilinmektedir. Linnaeus kendi dönemine göre büyük bir iş başardı ve yaşarken kendi fikirlerinde değişiklik yaptı. Melezleşmenin (at ile eşekten katır oluşması gibi), türlerin hepsinin baştan sabit olup hiç değişmediği fikrine ters olduğu görülüyordu.

Melezleştirme ile yeni türlerin oluşabileceğini savundu ki bu, başta ileri sürdüğü 'tüm türlerin sabit yaratıldığı' fikrinde bir değişiklikti. Melezleşme ile yeni türlerin oluşumu, Mendel'in, Darwin'in Evrim Teorisi'ne karşı alternatif olarak ileri sürdüğü bir fikir oldu. Linnaeus'a göre melezleşme ve dış faktörler ancak türün mükemmelliğini azaltarak dejenere ediyorlardı; bu yaklaşım, değişimle daha mükemmel (kompleks) varlıklar ortaya çıktığını söyleyen 'Evrim Teorisi'ne tersti.

BUFFON VE DÖNÜŞÜMCÜLÜK

Buffon (1707-1788), Linnaeus ile aynı yıl doğdu, ondan daha fazla yaşadı ve birçok konuda ters düştüğü Linnaeus gibi biyoloji tarihinin en önemli bilim insanlarından biri oldu. Buffon, yorumlanması en güç bilim insanlarından birisidir; bunun sebeplerinden biri evrendoğumdan (kozmogoniden) hayvanbilimine kadar çok geniş bir alanda ansiklopedik eserler yazmış olmasıdır, diğer bir sebep ise zamanla değişmiş olan fikirlerinin eserlerinde oluşturduğu çelişkilerdir.

Buffon, Linnaeus'un taksonomisini birçok yönden eleştirdi ve doğada bireylerin olduğunu, bu şekilde sınıflandırmaların salt zihnin bir ürünü olduğunu söyledi. İki ayrı türün özelliklerini gösteren ara türlerin olmasını, 'türlerin' aslında işimizi kolaylaştıran bir zihin projeksiyonu olduğuna delil gösterdi. 'Histoire Naturelle' isimli ansiklopedik eserinin ilk ciltlerinde türlerin zihnin dışındaki ontolojik gerçekliğini reddeden Buffon, sonraki ciltlerde türlerin ontolojik gerçekliğini kabul etti ve bu fikirlerini ufak değişikliklerle hayatının sonuna kadar muhafaza etti. Buffon'un türleri gerçek varlıklar olarak kabul ettiği zamanki görüşleri Linnaeus'tan farklıdır. Onun 'tür' yaklaşımında, Linnaeus'un ve Platon'un 'özcü' yaklaşımlarından daha çok Aristoteles'in yaklaşımına yakın olduğu söylenebilir. O, türleri kabul ettiğinde, bu türlerin sahip olduğu 'özler'i, zihinsel akıl yürütmelerle değil; tamamen deneysel ve gözlemsel temelde açıklamaya çalıştı ve özellikle aralarında çiftleşen türlerin oluşturduğu 'gen havuzu'na dikkat çekti. Türleri bu gen havuzu ile açıklarken türlerin değişimlerini özellikle çevresel etkenlere bağladı. Onun özellikle çevrenin değiştirici etkisine vurgusunun Lamarck'ın ve Darwin'in üzerinde etkili olduğu söylenir. O, Linnaeus'un cins (*genus*) başlığı altında topladığı 'kökensel türler'in, en başta yaratıldığını ve bunlardan melezleşme yoluyla diğer türlerin oluştuğunu söyledi. Melezleşme yoluyla oluşan türler ise baştaki mükemmelliklerini kaybediyorlardı.

Görülüyor ki Buffon, Linnaeus'dan daha az sayıda 'kökensel tür'ün başta yaratıldığını ve bunlardan diğer türlerin oluştuğunu söylemiştir. Buffon'da 'kökensel türler'den diğer türlerin değişimle oluşumu bir dejenerasyondur. Dolayısıyla, 'Evrim Teorisi'nin aşağı bir türden yüksek bir türün doğmasına yol açan ilerleyici değişiklik düşüncesi Buffon'un anlayışıyla bağdaştırılamaz. Buffon'un türler hakkındaki bu düşüncesi termodinamiğin ikinci kanunu olan entropiye benzemektedir. Entropi, evrenin ilk baştaki oluşumundan itibaren sürekli düzensizliğe gittiğini ve bu sürecin tersine döndürülemez olduğunu söyler. Buffon'un türleri de, deyim yerindeyse entropiye benzer bir kanunun altında; daha az gelişmiş, daha az mükemmel melez türleri oluşturabilirler ve bu oluşum, melez türlerin yabancı türlerle üremesinin engellenmesiyle kapalı bir sistem içinde kalır. Buffon'a göre 'ilk kökensel türler'in nasıl oluştuğu sorulabilir. Buffon, kökensel türlerin 'kendiliğinden türeme'yle oluştuğuna inanıyordu. 'Kendiliğinden türeme'nin olup olamayacağı Buffon'un döneminde çokça tartışılan bir konuydu. Buffon, en kompleks kökensel türün bile 'kendiliğinden türeme'yle oluştuğunu bir önkabul olarak kabul etti. Bu kökensel tür, 'Aristo'nun form'u gibi iş görüyordu ve türün tüm değişimlerine ve aldığı şekillere karşın sınırlarını çiziyordu.

Buffon, aynı zamanda bir evrenbilim uzmanıydı ve Newton ile Leibniz'in fiziksel teorilerinin derin etkisi altındaydı. O, mekanist bir yaklaşımla evrene ve canlıya ait özellikleri ortak bir paydada tarife çalışıyordu. Buffon'un 'kendiliğinden türeme' yaklaşımıyla, Diderot ile Lucretius gibi; doğanın, kör ve sürekli deneme ile yanılmalarının sonucunda oluşan bir 'kendiliğinden türeme'yi savunmadığını belirtmek gerekir. 'Kendiliğinden türeme'ye teistler de inandı, fakat 'Evrim Teorisi' ortaya konmadan önce ateistlerin hemen hepsi bu yaklaşımı Yaratıcı'nın yaratışının tek alternatifi olarak gördü. Buna rağmen Buffon, 'kendiliğinden türeme'yi ateist bir yaklaşımla kullanmadı ve bu görüşüne rahip Needham'ın -önceden belirtilen- deneyini delil olarak gösterdi. Buffon, tüm canlıların 'ortak ata'dan gelmesi fikrinden ki –Evrim Teorisi'nin en temel görüşlerinden biridir- ilk bahseden kişidir; fakat o, böyle bir fikrin ileri sürülebileceğinden bahsettikten hemen sonra böylesi bir durumun neden gerçekleşmediğinin delillerini sıralar. Birincisi, bilinen tarihte, hiçbir yeni türün oluştuğu gözlemlenmemiştir. İkincisi, melezlerin (katır gibi) yeni döller vermemesi türlerin arasında aşılması imkânsız bir sınır oluşturmuştur. Üçüncüsü, iki türün birbirinden oluştuğunu söyleyenler bir sürü ara form göstermek zorundayken, bu ara formlar mevcut değildir. İlginçtir ki Buffon, 'Evrim Teorisi'ni, bu tarz bir yaklaşımın mümkün olmadığını göstermek için de olsa; yine de ilk ortaya koyan kişi olmuştur. O, bir yönüyle 'Evrim Teorisi'nin gerçek babası kabul edilebilir; fakat bunu savunanlar, bu babanın, sadece çocuğunu öldürmek için dünyaya getirdiğini söylemek durumundadırlar. Buffon'un 'Evrim Teorisi'ne yönelttiği itirazlar hâlâ canlıdır ve 'Evrim Teorisi'ne karşı olan biyologlar ve felsefecilerce -yeni bulguların eşliğinde- bu itirazların yapılması devam etmektedir.

Buffon, fiziğin -özellikle Newton fiziğinin- derin etkisi altındaydı ve fizikteki gelişmelerin biyoloji alanına olan etkisinin iyi bir örneğiydi. O, Newton gibi Leibniz'i de okumuştu ve evrensel yasaların matematiksel düzenine hayranlık duyuyordu. Canlıların da aynı yasalara tabi olduğunu savunarak bu yaklaşımını gözlemsel ve deneysel biyoloji çalışmalarının metodolojisine yerleştirdi ve biyolojinin yanında ekoloji, yerbilimi, evrendoğum alanlarında da aynı metodolojiyi kullandı. Buffon, Newton'un takipçisi William Whiston'u (1667-1752) takip ederek yeryüzünün Güneş ile başka bir yıldızın çarpışmasından oluştuğunu savundu. Newton'un soğuma yasasından yararlanarak yeryüzünün yaşını deneysel bir yaklaşımla tespit etmeye çalıştı. Bir dizi demir küre üretti ve bunları neredeyse erimiş duruma gelene dek ısıtarak ayrı yerlerde soğumaya bıraktı; tüm bunların sonucunda yaptığı hesaplarla yeryüzünün yaşının 75.000 yıl civarında olduğunu ve yeryüzünün birbirinden farklı yedi evrede oluştuğunu söyledi. Özel sohbetlerinde Dünya'nın yaşının üç milyon yıl olabileceğini de belirtmiştir. Daha evvel gördüğümüz gibi, Buffon'dan evvelki yüzyılda Usher'in ortaya koyduğu kronoloji adeta Hristiyanlığın resmi öğretisiymişçesine savunulmaya başlanmıştı. Dönemindeki birçok düşünür ve bilim insanı gibi Buffon'un da bu konudaki muhalefeti önemli olmuştur.

Buffon, insanın biyolojik yapısı üzerine de detaylı çalışmalar yaptı; embriyo aşamasından değişik yaşlardaki durumuna kadar insanı inceledi. Özellikle çocuğun dili öğrenmesi ve insanın bilinçli bir varlık olması üzerinde durdu. İnsanın vücut yapısının hayvanlarla benzer olduğunu, fakat insanlarla hayvanların mukayese bile edilemeyeceğini savundu. O, etkisi altında kaldığı Descartes gibi insan için 'var olmanın' ve 'düşünmenin' aynı olduğunu kabul etti. Hayvanların düşünemeyeceği kanaatinde olduğu için ise hayvanların ve insanların arasında kapatılamaz bir uçurum bulunduğu ve insanların hayvanlardan türeyemeyeceği sonucuna vardı. Hayvanlarla insanlar arasında derece değil mahiyet farkı da olduğunu söyleyen bu yaklaşım, yaygın 'Evrim Teorisi' yaklaşımıyla zıt bir konumdadır.

Buffon, görüşlerini 'Evrim Teorisi'ni reddetmek için ortaya koymasına, insanın hayvandan mahiyet farkıyla ayrıldığını, 'kökensel türler'in başlangıçtaki yaratılışlarını muhafaza ettiklerini ve üreme engeliyle karışmalarının engellendiğini savunmasına karşın; 'kökensel türler'den diğer türlerin üretildiğini (kökensel türlerin 'ortak atalar' olduğunu) savunması ve Dünya'nın yaşı ile ilgili görüşlerinden dolayı, 'Evrim Teorisi'nin hem düşmanı hem de babası olmak gibi zıt iki tanymlamayı da, onun için kullanmak mümkündür.

SCHELLING, HEGEL, MARX VE FELSEFEDE 'EVRİM' KAVRAMININ YÜKSELİŞİ

Özellikle 18. yüzyılın sonları ve 19. yüzyılın tümü, felsefede 'evrim' kavramının zirveye çıktığı dönemdir. Bunu belirtirken çok sık yapılan bir yanlışa; 'evrim' kavramıyla 'Evrim Teorisi'nin karıştırılmasının yanlışlığına tekrar dikkat çekmek faydalı olacaktır.

FRİEDRİCH HEGEL (MS 1770-1831)
FRİEDRİCH ENGELS (MS 1820-1895)
ve KARL MARX (MS 1818-1883)

'Evrim' kavramıyla aşamalı ve gelişmeci bir süreç kastedilir; bu geniş çaplı ve tüm doğa bilimlerinin içine sirayet eden bir olgu olup, Schelling'de (1775-1854) doğa merkezli, Hegel'de (1770-1831) idealist ve insanlık tarihi merkezli, Marx'ta (1818-1883) materyalist ve ekonomik ilişkilerin belirlediği tarih merkezli, Darwin'de (1809-1882) bütün canlı türlerinin birbirinden oluşması (Evrim Teorisi) merkezlidir.

Felsefe tarihinde 'evrim' kavramına merkezi rolü veren en ünlü felsefecinin Hegel olduğu söylenebilir. Fakat o, hiçbir yerde 'Evrim Teorisi'ne benzer bir yaklaşım sergilemez; türlerin birbirinden evrilmesi onun felsefesinin bir parçası değildir. Felsefede 'evrim' kavramına merkezi bir rol vermek, canlı türlerinin birbirlerinden oluştuğu fikrinin (Evrim Teorisi) kabul edilmesi ile özdeşleştirilemez. 'Evrim' kavramı ile 'Evrim Teorisi' elbetteki ilişkilidir ama bu ilişki mutlak anlamda özdeşliği gerektirmemiştir. Aslında 'evrim' kavramının, bir önceki aşamadaki basit, daha kötü, daha aşağı durumun, bir sonraki kompleks, daha iyi, daha üst duruma geliştiğini belirten anlamı; en az karşılığını 'Evrim Teorisi'nde, özellikle 'materyalist Evrim Teorisi'nde bulur. Hegel gibi idealist filozoflar, bu kavramı ilâhî programa göre gerçekleşen kademeli gelişmenin arkasına koydukları için evrimi -neden sürekli gelişme olduğu- konusu üzerine temellendirebiliyorlardı. Nitekim, 'Evrim Teorisi'ni savunan 20. yüzyılın 'Süreç Felsefecileri' de -Hegel'le önemli benzerlikleri vardır (önemli ayrılıklarına rağmen)- evrimin, gelişme yönünde ilerleyen sürecini, Yaratıcı'nın bu yöndeki iradesiyle temellendirmeye çalıştılar.

Marx'ın materyalist tarih anlayışında ise kapitalizm, sosyalizm ve komünizm gibi aşamaların insanların ekonomik ilişkileri sonucu oluşması ve bir kez bir aşamaya gelinince geriye dönülmemesi; insan bilinci ve iradesiyle açıklanabilir. Fakat materyalist bir yaklaşımla 'Evrim Teorisi' savunulunca, her ne kadar doğal seleksiyon gibi mekanizmalar olsa da 'gelişmeci evrim' bir yasa olmaktan çıkar. Basit bir tek hücreli canlıdan kompleks canlıların oluşması Evrim Teorisi ile savunulur ama birçok materyalist evrimci, bu süreci tesadüfi buldukları için canlıların daha basitlerinin daha kompleks yapıda olanlardan da oluşabileceğini söylemişlerdir. 'Materyalist Evrim Teorisi'ni savunanların birçoğu, 'tek yönlü gelişmeci evrim'e felsefeleri gereği karşı çıkmaları gerektiğini görmüşler ve karşı çıkmışlardır. Evrim Teorisi'ndeki tek yönlü ve gelişmeci süreci reddetmek, aslında 'evrim' kavramının gelişmeyi vurgulayan anlamını reddetmektir. Bu yüzden 'materyalist Evrim Teorisi' savunucularında gelişmeyi ifade eden 'evrim' kavramı, Hegel gibi felsefecilerde olduğu gibi genel ve mutlak bir yasa olamaz. Hegel ile aynı dönemde yaşamış ve Hegel'den birkaç yaş küçük Schelling, 'evrim' merkezli doğa felsefesini Hegel'den önce ileri sürmüştür. Schelling, doğanın ancak süregelmekte olan gelişimle anlaşılabileceğini söyledi: Doğa başta cansızdı, sonra bitki, sonra hayvan, sonunda insan zihni şeklinde bu birlik -doğa- kendini gösterdi. Ona göre doğadaki gelişme aşama aşama gerçekleşir ve bu süreç ancak Yaratıcı ile anlaşılabilir. Ünlü tarihçilerden Arthur Lovejoy'a göre, felsefeye ilk olarak 'evrimci metafizik', daha oğrusu 'evrilen yaratıcı' anlayışı Schelling ile girmiştir. Bu yaratıcı, evrenle birdir (monizm) ve aynı zamnada ona çkindir ve nihâi aşamada tam anlamıyla anlaşılır olacaktır.

Schelling, filozof Jacobi ile tartışmasında, Hristiyan inancındaki Tanrı'nın hem ilk hem son hem Alfa hem Omega olduğunu söyleyerek 'evrilen Tanrı' anlayışı ile Tanrı'nın mükemmelliğini uzlaştırmaya çalışmıştır. Schelling, bilim alanında önemli bir katkısı olmasa da Goethe gibi biyoloji alanında da önemli izleri olan birini etkilemesi; Burdach, Oken, Carus, Oersted, Steffens, G. H. Schubert gibi natüralistlerin yetişmesine katkısının olması ve metafizik ile bilimin kaynaşmasını sağlayan doğa felsefesiyle felsefe açısından olduğu kadar bilim açısından da önemlidir. Fakat evrim teorisinin gelişmesinde Hegel'in etkisi Schelling'inkinden çok daha büyük olmuştur. Hegel'in felsefesinde de 'evrim' çok merkezi bir role sahipti; fakat artık burada doğanın evrimi değil, insanlık tarihinin evrimi merkezdeydi. Bu evrimi gerçekleştiren; Hegel'in, kimi zaman Mutlak, kimi zaman Tin (*Geist*), kimi zaman Akıl dediği Tanrı'dır. Hegel'de varlık ile mantıksal olan ve 'Tanrısal Doğa' ile 'insansal doğa' aynıdır; bu yüzden Hegel'in bilgi teorisinde 'Tin' bilinç ile bilinebilir. Hegel, insan aklını, sübjektif bir yargılayıcı olarak değil, objektif gerçekliğin bir kavrayıcısı olarak görmüştür. O, Kant'ın gerçekliğin bilinemeyeceği, yalnızca fenomenin bilinebileceği düşüncesine karşı çıkmıştır: Kategoriler, Kant'ın sandığı gibi sadece varlık üzerine düşünmeye değil, aynı zamanda varlığı kavramaya yararlar; çünkü varlık ile özdeştirler. Düşünce kalıbına giren formlar ilâhî yaratmanın aşamalarıdır. Dolayısıyla, Allah'ın yaratması 'evrimsel bir süreç' içinde ortaya çıkar ve bu süreç canlının kendi kendiliğinden veya birbirinden meydana geldiği anlamına gelmez.

Hegel'in felsefesindeki Yaratıcı evrene içkin olup, 'tarihin evrimsel süreci'nde kendini gerçekleştirir. Hegel'de, Schelling'de olduğu gibi evrene içkin bir nedensellik fikri vardır. Kitabımızın buraya kadar olan 1.

bölümü boyunca anladık ki, 'Evrim' ile 'Evrim Teorisi' birbirinden farklı kavramlardır ve mutlaka ayırt edilmesi önemlidir ama bunun yanında felsefelerinde 'evrim' kavramına merkezi bir rol verenlerin, Evrim Teorisi'ni daha kolay kabul edebildikleri de göz önünde bulundurulmalıdır. Örneğin Ernst Mayr, Almanya'daki doğa felsefecilerinin 'evrimci' yaklaşımlarının; Darwin'in Evrim Teorisi'nin Almanya'da, diğer ülkelerde olduğundan daha kolay bir şekilde kabul edilmesini sağladığını söyler. Ayrıca bu 'evrimci' idealist bakış açısı, biyolojide canlının özelliklerinin baştan oluştuğunu söyleyen önoluşumcu görüşe karşı canlının embriyodaki evrimsel aşamalarda oluştuğunu söyleyen sıralıoluşumcu görüşün, Wolff ve Von Baer gibi önemli biyologlarca savunulmasına da etki etmiştir. Daha sonra bu gelişmeler, insan embriyosundaki gelişmeleri, dünya tarihi içindeki canlılığın gelişmesinin bir özeti olarak gören anlayışa (yinelemeli oluş; *recapitulation*) kadar uzanmıştır. Ayrıca, bazı evrimci idealist doğa felsefecileri 'Yaratıcı tarafından yönlendirilen nedensel bir Evrim Teorisi'ni savunanlara ilham kaynağı olmuşlardır..

İKİNCİ BÖLÜM

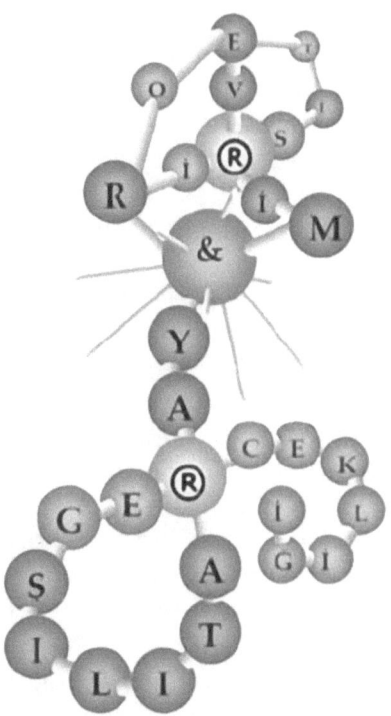

EVRİM TEORİSİ'NİN ORTAYA KONMASI

GİRİŞ

Birinci bölümde incelenen, 'tasarım delili', 'mekanist yaklaşım-nedensellik' veya 'türlerin ontolojik gerçekliği' konuları hakkında yapılan bilimsel ve felsefî tartışmalar, Evrim Teorisi ortaya konduktan sonra yeni bir boyut kazanmıştır. Bu İkinci bölümde, 19. yüzyılın başından başlayarak Evrim Teorisi'nin ortaya konması ve günümüze kadar geçirmiş olduğu evrimi ele alınacaktır. Aynı zamanda Evrim Teorisi'nin oluşmasında ve kabulünde rol oynayan paradigma; örneğin, pozitivizmin felsefî görüş olarak etkisinin yaygınlaşması ve sosyolojik, ekonomik değişimlerin oluşturduğu sosyo-kültürel çerçeve irdelenecektir. Kitap boyunca ele alınacak konuların iyice kavranması için hem Evrim Teorisi'nin evrimini hem de bu teorinin oluşumuna ve kabulüne etki eden ve aynı zamanda bu teoriden etkilenen paradigmaları beraberce incelemeye çalışacağız.

Bu bölümde, Evrim Teorisi'ni tanıtmaya çalışırken, bu teorinin ortaya koyduğu delil ve argümanlarının ayrıntılı olarak irdelenmesini ise bir sonraki bölüme bırakacağız. Bu bölümde cevabını bulabileceğiniz bazı sorular şunlardır: Lamarck'ın ve Darwin'in Evrim Teorileri arasındaki farklar nelerdir? Yerbilimindeki görüşler ile Evrim Teorisi arasındaki bağlantı nasıldır? İktisat teorilerinin Evrim Teorisi'nin ortaya konuşundaki etkisi ne şekilde olmuştur? Darwin nasıl bir hayat yaşamıştır? Evrim Teorisi'nin temel iddiaları nelerdir? Yeni-Darwinizm ile ne değişmiştir? Lyell, Huxley, Wallace ve Spencer gibi bilim insanı ve düşünürlerin Evrim Teorisi'nin oluşma sürecindeki katkıları nelerdir? Evrim Teorisi'nin ortaya konmasını etkileyen ve ondan etkilenen paradigmalar nasıldır?

LAMARCK'IN EVRİM TEORİSİ

JEAN-BAPTİSTE LAMARC (MS 1744-1829)

'Lamarck'ın (1744-1829) Evrim Teorisi' denince akla gelen ile günümüzde 'Evrim Teorisi' denilince anlaşılan arasında çok ciddi farklar bulunmaktadır. Türlerin birbirlerinden değişerek oluştuklarını söyleyen detaylı bir biyolojik teoriyi ilk olarak ortaya koyma ayrıcalığı Lamarck'a aittir. O, uzun yıllar Linnaeus'u takip ederek türlerin sabitliği fikrini savundu. Ancak 56 yaşına geldiğinde (1800 yılında) evrimci fikirleri savunmaya başladı ve 1809'da, 65 yaşında, en ünlü eseri *'Philosophie Zoologique'* (*Hayvanbilimsel Felsefe'yi*) yazdı.

Lamarck, evrim sürecinin yavaş aşamalarla gerçekleştiğini ve birçok nesil geçtikten sonra yepyeni bir türün oluştuğunu söyledi. Evrim, ufak aşamaların zaman boyutu içerisinde birbirine eklenmesiyle gerçekleşen dikey bir aşamaydı ve bu yüzden kısa zaman aralıklarında hissedilemiyordu. Canlıların kompleks ve mükemmel yapısı çok uzun bir zaman sürecinde oluşmuştu. Fosiller üzerinde çalışmalar arttıkça birçok türün yok olduğu anlaşıldı. Linnaeus'un etkisinde olan 18. yüzyılda bu sonuç kabul edilemezdi; çünkü, Linnaeus'un yaklaşımının da etkisiyle türlerin başlangıçtaki şekil ve sayılarını koruduklarına inanılıyordu. Lamarck'ın çözüm önerisi; mevcut türlerin, yok olan türlerin evrimleşmiş hali olduğunu savunmaktı.

Böylece yok olduğu söylenen türler, evrimleşmiş yeni türler olarak varlıklarını sürdürdükleri için, yok olmamış oluyorlardı.

Lamarck'ın sisteminde 'Evrim Teorisi', 'Allah'ın hikmeti' ile özdeşleştirilmişti. Burada, türlerin yok olmasının Allah'ın hikmetine aykırı görülmesinin sebeplerinin ne olduğu sorulabilir. Lamarck'a göre Birinci sebep, canlıların varlığının sadece insanlara hizmet olduğunun zannedilmesi şeklindeki yanılgı olduğu söylenebilir; yok olan türlerin insanlara bir yararı olamayacağına göre, bu türlerin varlığı Yaratıcı'nın hikmetine aykırı bulunuyordu. O'na göre, her şeyin insan için yaratılmış olduğuna dair hatalı inanç, ilâhî hikmet adına yanlış anlayışların oluşmasına yol açmıştı. Astronomideki Aristoteles-Ptolemaious sistemi ile biyolojideki Linnaeus'un sistemleri, bu yanlış önkabulden dolayı yanlış sonuçlara varan sistemlerin en önemlileridirler. Evrensel oluşumları sırf 'insana hizmet gayesi' ile sınırlamak çok kapsamlı olan ve bazı kapalı yönleri anlaşılamayan türlerin ilâhî yaratılış hikmetini sınırlamak değil midir? İkinci sebep ise, Aristoteles'ten beri gelen 'varlık skalası' fikri idi. Eğer bazı türler yok olmuşsa 'varlık merdivenleri'nde eksiklikler olacağı ve bunun Allah'ın mükemmel yaratışı ile uyuşmayacağı düşünülüyordu. Hatırlanacağı gibi, 'varlık skalası' anlayışında, her tür başka iki türün arasında yer alır, türler arası uçurumlar yoktur ve türler hiyerarşik bir sıralanmayla 'varlık merdivenleri'nde belirli bir yere sahiptirler. Bu anlayışta, eğer bu zincirin tek bir halkası olan bir tür bile çıkarılırsa sistem bozulacaktır. Bu yüzden hiçbir tür yok olamaz.

Böylesi zihinsel bir kurgu, ilâhî hikmetle özdeşleştirilmiş ve doğadaki varlıksal (ontolojik) yapı ile karıştırılmıştır. Dolayısıyla, bazı türlerin yok olduğunun anlaşılmasıyla, bu sanal kurgunun sadece filozofların zihinlerinden çıkan bir hayal olduğu ortaya çıkmıştır. Sonradan birçoklarının fark edeceği gibi ilâhî hikmet ile türlerin yok olması arasında bir zıtlık bulmak suni bir sorundur. Allah'ın yaratışındaki hikmetleri, insana hizmet veya insanın gözlemiyle sınırlamaktan doğan hatalar yanlış yargılara yol açmıştır. Lamarck bu suni soruna bir çare bulduğunu düşünüyordu. Onun çağındaki ünlü muhalifi Cuvier (1768-1833), anatomi ve fosilbiliminde kendi döneminin en yetkin isimlerinden biriydi ve Lamarck'ı, 'varlık merdivenleri'nde ilerleme (evrim) olduğunu söyleyen fikirlerinden dolayı eleştirdi. Canlılar dünyasında 'hiyerarşik bir skala' olmadığını, canlılar dünyasının en aşağıdan en yukarıya dizilmeye uygun olmayacak kadar çok çeşitli olduğunu söyledi.

Cuvier'in çağdaşları, onun, Lamarck'ın Evrim Teorisi'ni geçersiz kıldığını düşündüler. Lamarck'ın, yeryüzünün, ufak ve yavaş değişimleri adım adım geçirdiğini düşünmesine karşılık; Cuvier, yeryüzünün, büyük değişimler (Catastrophic) geçirdiğini savundu ve türlerin yok olması ile yeni yaratılışları bu değişimlere (Nuh Tufanı benzeri gibi büyük felaketler) bağladı. Mısır'daki mumyalanmış hayvanlarla günümüz hayvanlarının aynı olmasını, türlerin sabitliğine ve evrimleşmenin, türlerin yok olmasını önleyecek bir mekanizma olamayacağına karşı delil olarak kullandı.

Lamarck, canlılara içkin olan ve onları kompleksliğe götüren bir eğilim olduğunu ve bunun, Yaratıcı'nın canlılara bahşettiği bir unsur olduğunu söyledi. Görüldüğü gibi, sistematik bir şekilde Evrim Teorisi'ni ilk ortaya koyan kişi olarak gösterilen Lamarck, aynı zamanda Yaratıcı'nın varlığını da kabul eden bir evrim görüşü savunmuştur. Bu da Evrim Teorisi'nin mutlak olarak ateist bir görüş olduğu iddiasının yanlışlığını gösteren önemli bir durumdur. Lamarck'a göre, en basit canlılar 'kendiliğinden türeme' yoluyla oluşuyordu ve daha sonra en kompleks canlılar baştaki bu 'kendiliğinden türeyen' canlılardan evrimleşiyordu. İnsan en yüksek mükemmelliği temsil ettiği için, canlılar insana yaklaştıkları ölçüde mükemmeldi. İnsan evrimin en son ürünüydü ve maymunumsu canlılardan evrimleşmişti.

Böylelikle Lamarck, Darwin'den önce maymunumsu canlılardan insanın evrimleştiğini açıkça söyleyen ilk kişi oldu. Descartes ve Buffon gibi Fransız düşüncesinde etkin olan ve insanla hayvanlar arasına geniş bir uçurum koyan düşünürlere karşı Lamarck, insanla hayvanları evrimsel bir şemada birleştirdi. Lamarck'ın Evrim Teorisi'nin günümüzde algılanan şekliyle Evrim Teorisi'nden önemli farklarından biri, onun bütün türler için 'ortak bir ata'yı savunmamış olmasıdır. Buffon 'kökensel türler'in, diğer türler için 'ortak bir ata' olduğunu savunmuş, fakat evrim fikrini reddettiği için tüm türler için 'ortak bir ata'yı reddetmiştir. Lamarck ise kendiliğinden türeyen birçok basit canlı formundan kompleks canlıların 'farklı evrimsel çizgiler'de oluşumunu öngördüğü için 'ortak bir ata' fikrine tamamen yabancıydı.

CUVİER, LAMARCK VE SONRADAN KAZANILAN ÖZELLİKLERİN AKTARILMASI

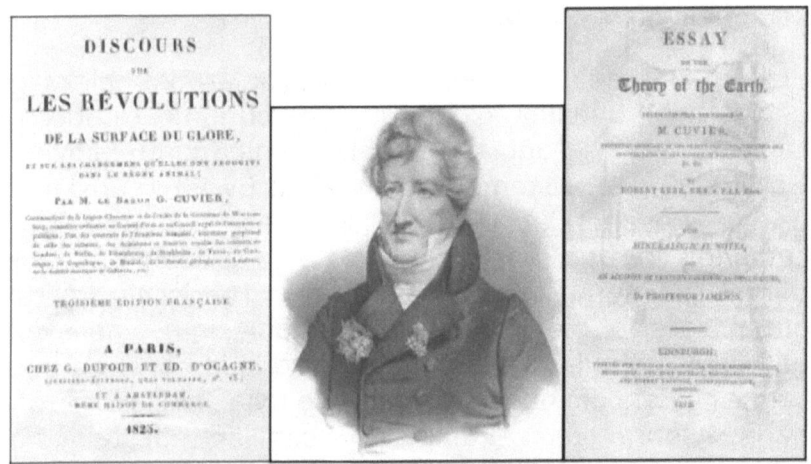

GEORGE CUVİER (MS 1768-1833)

(GEORGE CUVİER) *'YERBİLİMİNİN EVRİMİ TEORİSİ'* (*REVOLUTIONS THEORY OF EARTH*) KİTABI'NIN YAYINLANDIĞI YIL ALINMIŞ BİR RESMİ VE KİTABIN KAPAĞI.

Evrim Teorisi

Lamarck, çevredeki yavaş değişikliklerin canlılarda yeni ihtiyaçlar doğurduğunu, bu ihtiyaçlar sonucunda canlıların hareketlerinin bedenlerinde değişiklikler oluşturduğunu ve bu değişikliklerin sonraki nesillere aktarıldığını söyledi: Kullanılan organlar sinirsel sıvıdan daha çok faydalanıp gelişiyor, buna karşın kullanılmayan organlar köreliyordu. Bilinen en ünlü örneğe göre, zürafaların boyunları yüksek dallardaki yaprakları yiyebilmek için uğraşmaları sonucunda uzamıştır ve bu özellik sonraki nesillere aktarılıp türün özelliği olmuştur. Lamarck'ın bu yaklaşımı, türlerin oluşumunu doğal seleksiyon temelinde açıklayan Darwin'inkinden farklıdır. Örneğin Darwinci tarzda uzun boyunlu zürafaları açıklamaya kalkan biri; önce kısa boyunlu zürafaların olduğunu, bazı uzun boyunlu varyasyonlar (çeşitliliğin içinde bir tip) oluşuverdiğini ve bu uzun boyunlu zürafaların daha iyi beslenebilmelerinden dolayı, yani daha avantajlı olmalarından dolayı yaşadıkları, kısa boyunlu olanların ise doğal seleksiyon sonucunda yok olduklarını söyler.

Lamarck'ın anlatımında çevresel değişiklikler öncedir, bunlar canlıdaki değişime sebep olur. Darwin'de ise rastgele varyasyonlar önce vardır, doğanın düzenleyici etkisi olan doğal seleksiyon sonra devreye girer. Mendel'in ve Weismann'ın çalışmaları, Lamarck'ın Evrim Teorisi'nin kalbi olan 'sonradan kazanılan özelliklerin aktarılması' fikrinin yanlışlığını gösterdi. Weismann ünlü deneyinde, farelerin kuyruklarını kesti ve birçok nesilde devam ettirdiği bu uygulamanın farelerde hiçbir değişikliğe sebep olmadığını gösterdi. Lamarckçılar'ın sonradan kazanılan özelliklerin aktarılabildiğini göstermek için yaptıkları tüm deneyler sonuç vermedi. Genetik biliminin ve embriyolojinin bilinen tüm çalışmaları çevresel faktörlerin, üreme hücrelerindeki genetik koda etki etmeyeceğini ve embriyonun (yeni canlının), bu genetik koda göre gelişeceğini göstermiştir. Binlerce yıldır sünnet olan Yahudilerin çocuklarının sünnetsiz doğması ve eskiden beri ayaklarını özel ayakkabılarla sıkan Çinli kadınların çocuklarının normal boyutta ayaklarla doğması da Lamarckçı kalıtım modelini yanlışlamaktadır.

Darwin de sonradan kazanılan özelliklerin aktarılabileceğini düşünüyordu; ama bu mekanizma, onun teorisinde, Lamarck'ta olduğu kadar önemli değildi. Yeni-Darwinizm'in ise -günümüzde Evrim Teorisi ve Darwinizm ile anlaşılan odur- en önemli özelliği, sonradan kazanılan özelliklerin aktarılmadığı bir evrim modelini savunmasıdır. Darwin, Lamarck'tan 50 yıl sonra *Türlerin Kökeni* adlı eserini (1859) yazdıktan sonra Lamarckçılık, yepyeni formatlarla savunulmaya devam etti. Ancak 20. yüzyılın ilk yarısında genetikteki ilerlemeler Yeni-Lamarckçılığın ilerlemesini durdurdu. Darwin'in doğal seleksiyon fikrini rastgele, kör bir mekanizmaymış gibi savunanlara karşı Lamarckçılık, canlının çevresel faktörlere tepki verdiğini ve kendine içkin özelliklerle evrildiğini savunuyordu ki bu daha ümitvar bir yaklaşımdı: Hayat, doğanın içinde cevap veren aktif bir unsurdu, çevresel faktörlere karşı pasif bir konumda değildi.

Bazı Marksistler ise, Evrim Teorisi'ni birçok yönden destekleseler de 'doğal seleksiyon' fikrini kapitalizme yakın buldular ve 'güçlünün hayatta kaldığı'nı söyleyen bu fikre karşı Lamarck'ı desteklediler. Bu da ilerleyen sayfalarda görülecek olan, bilimsel yaklaşımın ideolojiden ve sosyolojik ortamdan bağımsız değerlendirilemeyeceğinin, sosyolojik unsurların bilimsel çalışmanın yapıldığı ortamı (paradigmayı) etkilediğinin sayısız örneklerinden biridir. Lamarckçı kalıtımın delilden yoksunluğuna rağmen uzun süre savunulmasının en önemli nedenlerinden biri 'doğal seleksiyon' mekanizmasının karşılaştığı güçlüklerden kaçınarak Evrim Teorisi'ni savunmak içindir. Bergson ve Spencer gibi ünlü felsefeciler; George Bernard Shaw gibi ünlü bir edebiyatçı; Carl von Nageli, Baldwin, Agassiz, Morgan, Eimer, Cope gibi ünlü bilim insanları ve düşünürlerle daha birçok etkili isim Lamarckçılıktan derinden etkilenmiştir. Spencer, sonradan kazanılan özellikler eğer Lamarck'ın dediği gibi aktarılamıyorsa evrimin doğru olamayacağını söyledi. Birçok düşünür, genel Darwinci yorumlara kıyasla Lamarckçılığı yaratılış ve tasarım fikirlerine daha uygun bulmuşlardır; bu da bazı düşünürlerin Lamarckçılıktan daha fazla etkilenmesinin önemli nedenlerinden biridir.

ERASMUS DARWIN

Erasmus Darwin (1731-1802), 'Evrim Teorisi' ile adı özdeşleşmiş olan Charles Darwin'in dedesidir ve eserlerinde, torunundan önce canlıların evrim geçirdiğini savunmuştur. Onun eserleri, kendi döneminde özellikle Alman doğa felsefecilerinin ilgisini çekmiştir. Ama modern zamanlarda, Charles Darwin'in dedesi olması onun asıl ilgi çekme sebebi olmuştur. Erasmus Darwin, Lamarck ile aynı dönemde, hatta ondan birkaç yıl önce, onunkilere çok benzer fikirleri savunmuştur. O da, Lamarck ve 18. yüzyılın birçok düşünürü gibi daha basit olan canlıların 'kendiliğinden türeme' yoluyla oluştuklarını savunuyordu. Lamarck ile asıl önemli benzerliği, canlıların çevreyle etkileşim sonucunda yeni özellikler kazandıklarını ve bu özellikleri sonraki nesillere kalıtım yoluyla aktardıklarını söylemesidir. Erasmus'un 1794 yılında yazdığı ve en önemli eseri olan 'Zoonomia'da, 'sonradan kazanılan özelliklerin aktarılması'nın evrimdeki rolüne ilişkin sözlerini Osborn, bu yaklaşımın ilk ifade edilmesi olarak göstermektedir.

Erasmus'un yaklaşımında, canlının evriminde kendi çabası önemlidir. Açlık, susuzluk ve benzeri durumlara karşı gösterilen tepkilerle, zevk ve acı gibi unsurlardan doğan çabalar canlının gelişmesini ve yeni özellikler kazanmasını sağlar; sonra bunlar yeni nesillere aktarılır. Erasmus'un fikirleri, canlıların ortak bir atadan gelmiş olabileceğini söylemesi açısından önemlidir. O, insanın maymunla ortak bir atadan gelmiş olabileceğini de söylemiştir. Ancak torunu gibi, ortak atadan sonra dallanan soy ağacından bahsetmemiştir. Erasmus Darwin'in, Lamarck ile benzerlikleri dikkat çekicidir ve bu benzerlikler birçok kişinin aklına birinin diğerinden alıntı yapıp yapmadığı sorusunu getirmiştir. Bu iki bilim adamının hiçbirinin eserinde diğerinden bir bahis yoktur. Konuyu detaylıca inceleyenler, bu iki düşünürün birbirlerinden bağımsız bir şekilde aynı fikirlere ulaştıkları sonucuna varmışlardır.

Erasmus aslında bir fizikçiydi ve Lamarck'ın biyolojiyle ilgili geniş kapsamlı yayımlarına karşı onunkiler çok sınırlıdır; eğer Charles Darwin onun torunu olmasaydı, evrim konusundaki ilginç yaklaşımlarının unutulmuş olacağı düşünülmektedir. Erasmus ile Lamarck'ın arasındaki ilginç benzerliklerin sebebi her iki düşünürün de Buffon'dan etkilenmesi olabilir. İlk olarak Buffon, 'ortak ata', 'evrim' ve 'maymundan insanların türemesi' ihtimalleri üzerinde durmuş ve tüm bu fikirleri reddetmiştir. Buffon'u okuyan her iki düşünürün, onun gündeme getirip reddettiği bu fikirleri, kabul ettikleri için birbirlerine benzedikleri en mantıklı açıklamadır. Erasmus, canlıların daha kompleks bir yapıya doğru evrimleşmelerinin, Yaratıcı tarafından canlılara içkin yaratılan özelliklerle mümkün olduğunu savunuyordu. Yazılarında savunduğu fikirlerin Kitabı Mukaddes ile uyum içinde olduğunu göstermek için Kitabı Mukaddes'ten alıntılar yapıyordu. O, Yaratıcı'nın, araçsal sebeplerle -doğa yasaları içinde kalarak ve bu yasaları kullanarak- canlıların yaratılışını gerçekleştirdiğini savunuyordu. Aslen fizikçi olan ve Newton ile Leibniz'den etkiler taşıyan Erasmus'un yaşadığı çağda birçok düşünür benzer bir yaklaşım gösteriyordu.

Her ne kadar Ernst Mayr gibi bazı önemli evrimciler Erasmus'un torununa etkisini küçümsüyorlarsa da dedesinin kitaplarını okuduğu bilinen Darwin'in, dedesini okumasaydı aynı teoriyi ortaya koyup koyamayacağı şüphelidir. Anlaşılıyor ki Charles Darwin, gözlemlerine başlamadan önce de zihninin bir köşesinde bu teoriyi biliyordu. Yani *tabula rasa* (boş) bir zihinle gözlemlerini yapıp da sonradan teorisini oluşturmuş değildir. En azından bu teori, Charles Darwin için test edilmesi gerekli bir hipotez niteliğindeydi; üstelik bu hipotez aile mirasından geliyordu.

AUGUSTE COMTE VE POZİTİVİZM

Evrim Teorisi'nin içinde yer aldığı ve de kabul edilmesinde önemli rolü olan paradigmanın en önemli unsurlarından biri pozitivizmdir. Auguste Comte (1798-1857) pozitivizmin kurucusu ve en ünlü temsilcisidir. Pozitivizm gerek 19. yüzyılın gerekse 20. yüzyılın en etkili felsefî sistemlerinden birisi olmuştur. Bu felsefe her türlü metafiziği reddederken, bilimi metafiziğin yerine koymaya çabalar.

AUGUSTE COMTE (1798-1857)

Comte bilgi teorisindeki yaklaşımı açısından deneycidir; onun deneyciliği, metafiziği yok etmek için bir araçtır. Comte'a göre sadece olguları tasvir edebiliriz, ama doğal teologların yaptığı gibi bu olgulardan Allah'ın varlığını çıkarsayamayız veya erişilmez olan gayeci nedenlerle olguları açıklayamayız.

Bu yaklaşıma göre felsefe, olguları anlama işini -sadece olguların bilgisi meşrudur- tamamen bilimlere bırakacak, bu bilgilerin ötesine geçmeye çalışmadan sadece bilimin kapsamı, yöntemi ve sistemleştirilmesiyle uğraşacaktır. Comte, felsefenin ve tüm bilimlerin üç aşamadan geçtiğini söyler. Bunlar sırasıyla teolojik, metafizik ve pozitivist aşamalardır. Teolojik aşamada insanınkine benzer iradelerin evreni yönettiği düşünülür. Teolojik aşama, objelerin canlı kabul edildiği fetişizm, daha sonra her Yaratıcının farklı bir hâkimiyet alanının olduğu çoktanrıcılık, en son da tektanrıcılık olmak üzere alt aşamalara ayrılır. Metafizik aşamada Yaratıcı insana benzetilemez, varlığın sistemli, geniş kapsamlı bir açıklaması yapılmaya çalışılır. Comte, eleştirilerini özellikle bu aşamaya ve bu aşamanın Descartes gibi temsilcilerine yöneltir. Bu aşamayı esasında, teolojik aşamanın basit bir dönüşümünden ibaret görür. En sonunda pozitivizm aşaması gelmekte; bilim, dinlerin yerini almakta ve böylece insanlığın geçirdiği aşamalar bitmektedir.

Görüldüğü gibi Comte'ta da 'ucu kapalı bir evrim' fikri vardır, pozitivist aşamayla evrimsel süreç kapanmakta ve en mükemmel aşamaya ulaşılmış bulunulmaktadır. Hegel ve Comte gibi felsefelerinde 'evrim' kavramını merkeze oturtan iki düşünür canlıların evrim geçirdiğini hiç düşünmemişlerdir. 19. yüzyılda evrim kavramı, hem Hegel, hem Comte, hem Marx ile felsefede yaygınlık kazandı hem de sanayi devrimi ve bilimsel ilerleme ile zihinlerde sürekli ilerleme ve gelişme fikri yerleşti. Evrim Teorisi zihinlerde oluşan bu imgenin biyoloji alanındaki izdüşümünü verdiği için daha kolay kabul edildi. Bazıları bu teorinin ortaya konmasını da zihinlerde oluşan bu imgeye bağlamaktadır; teorinin ortaya konmasının bu imgeye bağlı olup olmadığı tartışılabilir ama bunun teorinin kolay kabul edilmesini sağladığında çoğunluk ittifak halindedir. Bu noktada, 'evrim' kavramının 19. yüzyılda zihinlere yerleşmesini sağlayan en önemli isimlerden Comte'un, Lamarck'ın Evrim Teorisi'ni reddettiğini saptamak önem kazanmaktadır. O, Evrim

Teorisi'nin tam zıttı olan türlerin değişmediği görüşünü kabul ediyordu; hayvanların taksonomik sınıflaması gözlem yoluyla yapıldığı için, bunu pozitif yöntemin başarısı olarak kabul ediyordu. Bu, 'evrim' ile 'Evrim Teorisi'ni karıştırarak, evrende veya insan kültüründe saptanan evrimsel gelişme yüzünden canlıların evrim geçirdiği sonucuna mutlaka ulaşılacağını sananların, hatasını gösteren çok önemli bir örnektir.

Canlıların oluşumunu açıklayan Evrim Teorisi, fiziksel ve kültürel dünyadan farklıdır; bu teori biyoloji alanıyla ilgilidir. Fiziksel ve kültürel dünyada evrimi saptayıp Evrim Teorisi'ni delillendiremeyeceğimiz gibi, fiziksel ve kültürel dünyada evrim olmadığı sonucuna vararak Evrim Teorisi'ni yanlışlayamayız da. William Dembski, Darwinci Evrim Teorisi'nin, 19. yüzyılda yükselen değer olan pozitivizmle uyuştuğunu belirterek "Eğer Darwin olmasaydı pozitivistler onu icat etmeliydi" der. Dembski, Evrim Teorisi dine karşıt olarak konumlandırıldığı için – bütün Evrim Teorisi'ne inananlar bunu kabul etmemişse de- ve de böylelikle pozitivizm ile aynı 'düşman'a karşı ittifak ettirildikleri için haklıdır. Fakat Comte'un çizdiği epistemolojik (bilgi teorisindeki) tabloya; Evrim Teorisi'nin, tekrarlanamaz (deney yapılamaz) ve gözlemlenemez özellikleriyle ne kadar uyduğu tartışılmalıdır. Ayrıca Comte, biyolojinin matematiği kullandığı ve model aldığı ölçüde başarısızlıklarını gidereceği kanaatindedir; bu yaklaşım, matematiksel yaklaşıma aşağı yukarı hiç dayanmayan Evrim Teorisi için ciddi bir sorundur.

Kitabın 3. bölümünde Evrim Teorisi bilim felsefesi açısından incelendiğinde bu konuya dönülecektir. Ayrıca Evrim Teorisi'nin, Allah'ın etkin olmadığı bir süreç olarak pozitivist yorumunun sadece belli bir yorum şekli olduğu ve bu görüşe karşı pozitivizme zıt bir şekilde 'Allah'ın gerçekleştirdiği bir evrim'e inananların da azımsanmayacak sayıda olduğu hatırlanmalıdır. Tüm bunlara karşın pozitivizm ile Evrim Teorisi'nin aynı paradigmada buluşması, 19. yüzyılın koşullarının ve o döneme ait sosyolojik ortamın etkisiyle oluşmuş bir süreçtir. Thomas Kuhn'a kulak vererek; paradigmayı anlamak için, onu oluşturanları ve onun oluştuğu ortamı tanımak zorunda olduğumuza dikkat etmeliyiz. Bunu ilerleyen bölümlerde daha ayrıntılı bir şekilde incelemeye çalışacağız.

CHARLES DARWIN

Her ne kadar Darwin'den (1809-1882) önce canlıların evrim geçirdiği ortaya konmuş, Darwin'den sonra genetikteki ilerlemelerle uygun düzeltmeler yapılmış olsa da, Evrim Teorisi birçok kişinin zihninde Charles Darwin ile özdeşleşmiştir, hatta birçok kişi 'Evrim Teorisi' ifadesi yerine 'Darwinizm' demeyi tercih etmektedir.

CHARLES DARWIN (MS 1809-1882)

Darwin'den sonra Evrim Teorisi üzerinde genetik bilimi doğrultusunda düzeltmeler yapılınca, teori 'Yeni-Darwincilik' (*Neo-Darwinizm*) diye anılmaya başlanmıştır. Günümüzde birçok kişi Darwinizm ifadesini, Yeni-Darwincilik yerine de kullanmaktadır. Kısacası günümüzde 'Evrim Teorisi', 'Darwinizm' ve 'Yeni-Darwincilik' isimlendirmeleri, birçok kişi için birbirleriyle aynı anlamı ifade etmektedir. Darwin'in Evrim Teorisi'ne giriş yapmadan önce hayat hikâyesinden kısaca bahsetmek yerinde olacaktır.

12 Şubat 1809'da Shrewsbury'de doğan Charles Darwin, doktor Robert Waring Darwin'in (1768-1848) oğludur. Doktor Robert Darwin ise daha önce bahsettiğimiz doğabilimci, doktor ve şair olan Erasmus Darwin'in oğluydu. Charles, babasına büyük saygı duyar ve ondan söz ederken "Benim babam, tanıdığım en akıllı insandır" derdi. 1817'de Charles 8 yaşındayken ölen annesi Susannah Wedgwood (1765-1817) hakkında ise çok az şey hatırlar. Charles, daha küçük yaşta doğal nesneleri toplamaya başladığını, bitki çeşitleri ile ilgilendiğini, ayrıca gürültücü ve çok yalan söyleyen bir çocuk olduğunu yaşam öyküsünde anlatır. Charles altı kardeşten biriydi. Üç ablası vardı: Marianne (1798-1858), Caroline (1800-1888), Susanne (1803-1866) ve bir de kız kardeşi vardı Emily Catherine (1810-1866), ayrıca dedesinin adını taşıyan Erasmus (1804-1881) adında bir de erkek kardeşe sahipti. 1876'da (67 yaşında) yazdığı yaşam öyküsünde Tanrı'ya çocukken ettiği duaları ve karşılığını aldığını şöyle anlatır:

"Okul yaşamımın ilk günlerini anımsıyorum, zamanında varmak için çok hızlı koşmak zorunda kalıyordum; hızlı bir koşu genelde başarılı olmama yetiyordu. Bununla birlikte, kuşku içinde kalıp bana yardım etmesi için Tanrı'ya dürüstçe yakardığım zaman, hızlı koşmanın değil, yakarmanın bana nasıl yardımcı olduğunu anımsıyorum. Bana nasıl yardımcı olunduğu genelde hayret vericiydi."

Yaratılış Gerçekliği-I

Küçükken Charles'ın doğaya olan ilgisi, çok saydığı babasının kendisini şu şekilde azarlamasına sebep oluyordu:

"Hayvan avlamaktan, köpeklerle ilgilenmekten ve fare yakalamaktan başka bir şey yapmıyorsun, kendin için ve tüm aile için yüz karası birisi olacaksın."

Charles, okulda iyi bir öğrenci olmadığı için babası onu ağabeyi ile beraber, 1825 yılında, iki yıl kalacağı Edinburgh Üniversitesi'ne tıp okumaya yollar. Anatomi dersini ve ameliyata girmeyi sevmez. Fakat üniversite yıllarında Lamarck'ın 'evrim' görüşüne hayran kalan arkadaşlarla tanışır. Charles, daha önce dedesinin 'Zoonomia' adlı eserinde okuduğu bu görüşlerden başta çok etkilenmediğini söyler; fakat bu sürecin kendisinin 'Türlerin Kökeni'ni yazmasını desteklemiş olabileceğini de belirtir. Charles'ın doktor olmaktan hoşlanmadığını anlayan babası onu papaz olmaya ikna eder. Böylece Charles 1828-1831 yılları arasında okumak için Cambridge'e gider. Burada William Paley'i (Saat ve Ustası'nın Yazarı) okur ve etkilenir; kınkanatlı böcekleri toplar, onları açıp içlerini inceler. Ayrıca kendisinin de olmayı arzu ettiği gibi papaz-doğabilimci olan ve bu tarzdaki bilim insanının kendisini en çok etkileyen örneği olan Papaz John Henslow ile burada tanışır.

Charles, 1831 yılında Cambridge'den döner. Shrewsbury'deki evinde John Henslow'dan tüm hayatını değiştirecek bir mektup alır. Bu mektup, Beagle gemisiyle bir doğabilimci olarak Güney Amerika kıyılarını gezmesinin kapısını açtı. Babasının papazlık diploması için sınavlarını bitirmesini ve bu maceraya atılmamasını istemesine rağmen, Charles 1831-1836 yıllarını 'hayatımın en önemli olayı' dediği Beagle yolculuğu ile geçirir. Bu yolculukta değişik bitki ve hayvan türlerini inceleme ve toplama imkanı bulur, yerbilim hakkındaki fikirlerini şekillendirir. Charles Darwin, 1836'da Beagle yolculuğunu bitirir, 1837-1839 yılları arasında Beagle gezisiyle ile ilgili notlarını yayına hazırlar ve *'Türlerin Kökeni'*ni yazmak üzere ilk not defterini açar.

1839 yılında Emma (1808-1892) ile evlenir, bu evlilikten on çocukları olan çiftin ancak yedi çocuğu ergenlik yaşına gelir. Çift, 1839-1842 yılları arası Londra'da yaşar ve sonra Londra'dan 16 mil uzaklıktaki Down bölgesine taşınıp, hayatlarının sonuna kadar burada kalır. Charles, keşif yolculuğundan dönüşünden bir yıl sonra, türlerin değiştiği fikrini destekleyen ya da karşı çıkan bilgileri derlemek için 'türler sorunu' hakkında notlar tutmaya başlar. Büyükbabası Erasmus'u bir daha okur, Lamarck'ı, ayrıca Robert Chambers'ın *Yaratılışın İzleri*'ni dikkatlice inceler. Charles Darwin "Tümüyle gerçek Baconcı ilkelere dayanarak ve hiçbir teori olmaksızın geniş kapsamlı ölçüde veri topladım" demektedir, fakat Darwin'in hiçbir teoriye dayanmadan çalıştığını düşünmek hatalı olur; yerbilimindeki anlayışında Lyell'in ilkelerinin, türlerin oluşumunu açıklamaya çalışırken dedesi Erasmus'un ve Lamarck'ın yaklaşımının gözlemlerini şekillendirdiği (teorinin gözlemi bir ölçüde öncelediği) söylenebilir. Londra'da kaldığı sürede *'Mercan Kayaları'* adlı kitabını hazırladı ve 1842'de bu kitabını tamamladı. 1844 yılında *'Volkanik Adalar Üzerine Yerbilimsel İncelemeler'* ve 1846 yılında *'Güney Amerika Üzerine Yerbilimsel Gözlemler'* isimli eserlerini yayımladı. 1846-1854 yılları arasında midyeler üzerine çalıştı; bu kadar uzun süreyi midyelere ayırmaya değip değmeyeceği hususunda sonradan kuşkularını belirtecektir.

Charles, bu arada iki yıl boyunca hastalanır ve babasının 1848 yılındaki cenazesine bile gidemez. *'Türlerin Kökeni'*nde kısa bir değinme ve 1863 yılında bir sayfalık yazısı dışında, uzun yıllarını harcadığı midyeler konusuna bir daha hiç dönmez. Darwin en ünlü eseri olan *'Türlerin Kökeni'*ni ilk olarak 1859 yılında yayımlar, bu eser dışında on dokuz kitap daha yazmıştır, ama hiçbiri bu eser kadar önemli değildir. Eserin tam adı şöyledir: *'Doğal Seleksiyon Yoluyla Türlerin Kökeni Üzerine ya da Yaşam Mücadelesinde Avantajlı Irkların Korunması'*; Orijinal İngilizce adı: *'On The Origin of Species by Means of Natural Selection or*

The Preservation of Favoured Races in The Struggle for Life'. Bu çalışma, Darwin'in Evrim Teorisi'ni ilk olarak açıkladığı çalışmadır. Darwin'in bu çalışmasının adından da anlaşılacağı gibi, onun Evrim Teorisi'nin en önemli unsuru 'doğal seleksiyon'dur. (Seleksiyon ifadesi 'ayıklanma' ve 'seçilim' olarak da çevrilmektedir.) Bu çalışmada 1837 yılından beri tuttuğu notlardan, 1838 yılında okuduğu Papaz Malthus'un *Nüfusun İlkeleri*' adlı eserinden, 1842'de hazırladığı kuramının 3.5 sayfalık özetinden, 1844'te bu özeti 230 sayfaya genişletmesinden ve 1856'daki Lyell'in teşvikleriyle giriştiği çalışmalarından yararlandı. 1858 Eylülü'nde Lyell ve Hooker'ın ısrarlı tavsiyeleriyle 13 ay ve 10 günlük bir çalışmayla 1859 yılının Kasımı'nda *'Türlerin Kökeni'*ni yayımladı. Daha sonra önemli eklemeler ve düzeltmeler olduysa da Darwin'in 'başyapıtım' dediği eserinin özü diğer baskılarda da aynı kaldı. Eser 1860'ta 2. baskısını, 1861'de 3. baskısını, 1866'da 4. baskısını, 1869'da 5. baskısını, 1872'de 6. baskısını yaptı ve her baskıda düzeltmeler oldu.

Kitaba yapılan ilavelerin içinde belki de en ilginci, 1869 baskısından itibaren Darwin'in, Herbert Spencer'in kullandığı ve evrim ile bütünleşmiş ifadelerden olan 'en uygun olanın yaşaması' (*survival of the fittest*) ifadesini kullanmaya başlamasıdır. Darwin *'Türlerin Kökeni'*nin ilk baskısında 'evrim' *(evolution)* terimini hiç kullanmaz, bu terimi sonradan kullanmaya başlar. Bu terimi ilk kez *'İnsanın Soyu'* (1871) adlı kitabında, sonra ise *'Türlerin Kökeni'*nin altıncı baskısında (1872) kullanır.

Evrim Teorisi

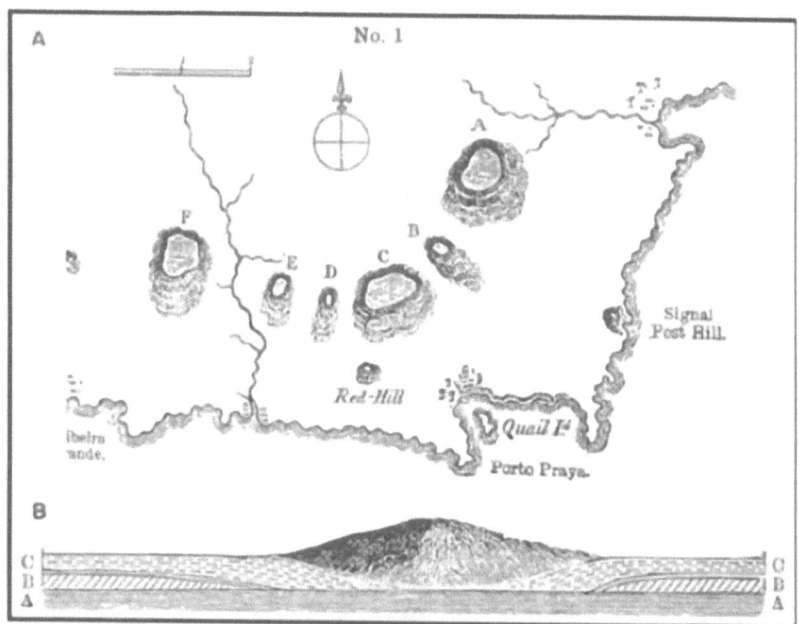

YEŞİLBURUN TAKIMADALARINDA ST. IAGO'DA BİR KİREÇTAŞI TABAKASI (B) VE İKİ VOLKANİK TABAKA ARASINDA KALMIŞ (A VE C) BİR KARA PARÇASI: DARWİN'İN *"VOLKANİK ADALAR VE GÜNEY AMERİKA'NIN BAZI KISIMLARI ÜZERİNE JEOLOJİK GÖZLEMLER, 1876"* İSİMLİ ESERİNDEN.

Yaratılış Gerçekliği-I

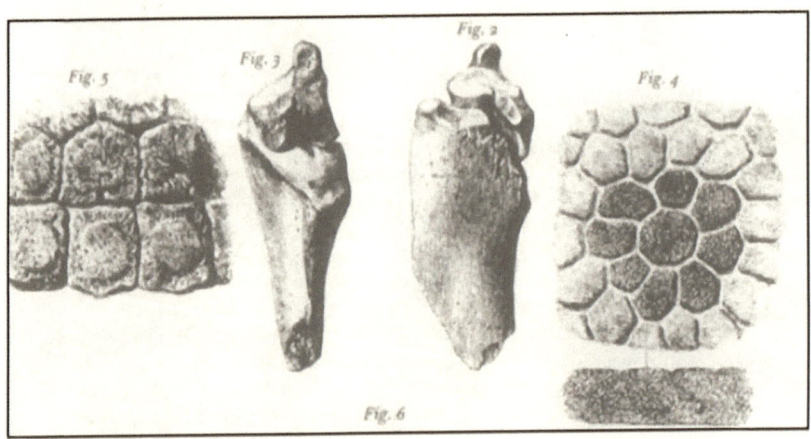

DARWİN'İN DOĞAL SELEKSİYON MEKANİZMASINI AÇIKLAMAK İÇİN KULLANDIĞI ÇİZİMLERİNDEN BAZILARI ("ZOOLOGY OF THE BEAGLE" İSİMLİ ESERİNDEN).

Evrim Teorisi

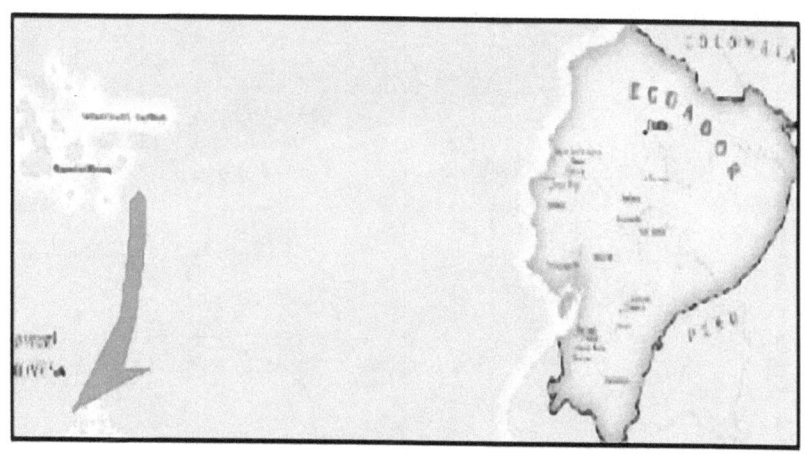

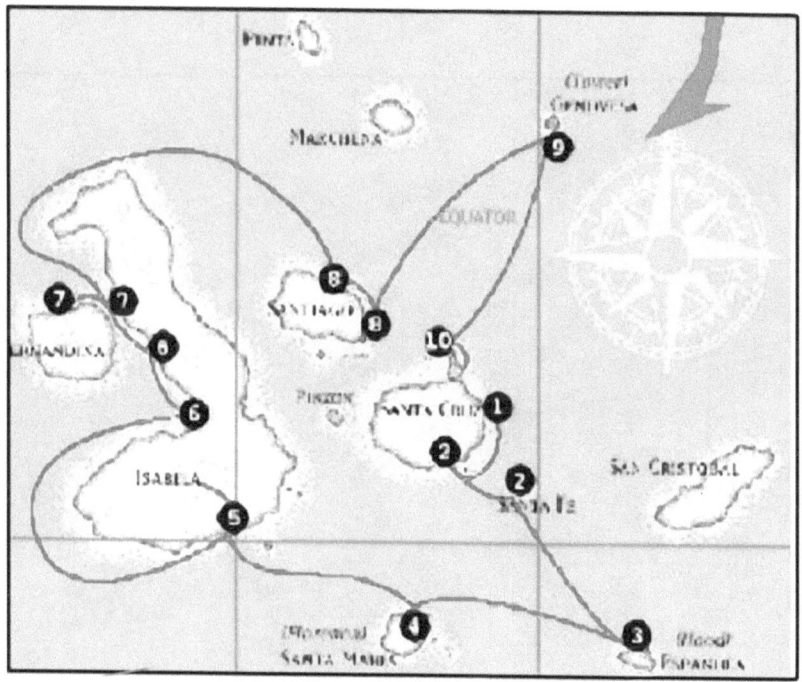

DARWİN'İN EVRİM TEORİSİ'Nİ GELİŞTİRMEK İÇİN GÜNEYBATI PASİFİK'TE YER ALAN GALAPAGOS ADALARINA YAPTIĞI YOLCULUĞU GÖSTEREN HARİTALARDAN BAZILARI.

Yaratılış Gerçekliği-I

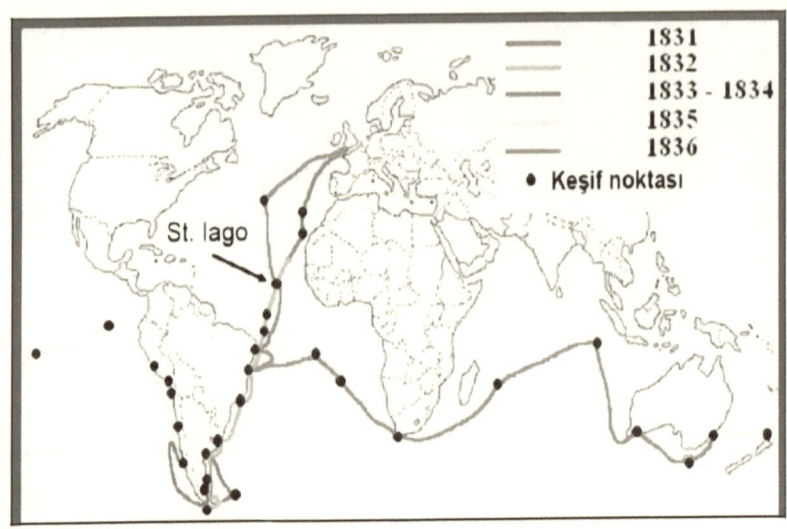

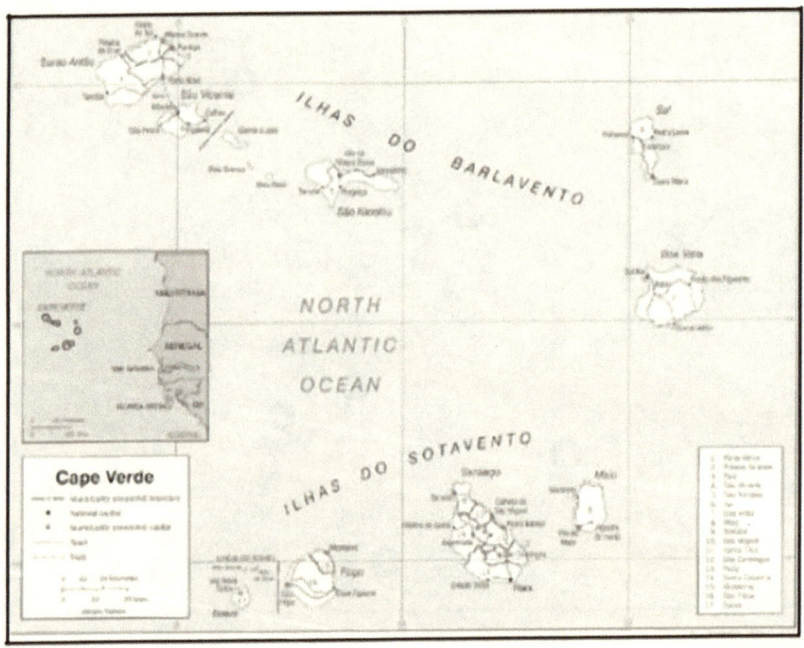

GALAPAGOS TAKIMADALARI, EKVATOR'DAN 1000 KM. UZAKTA YER ALAN VE BİR MANTO SORGUCU ÜZERİNDE OLUŞMUŞ SICAK NOKTA VOLKANİK ADALARIDIR.

DARWIN VE EVRİM TEORİSİ

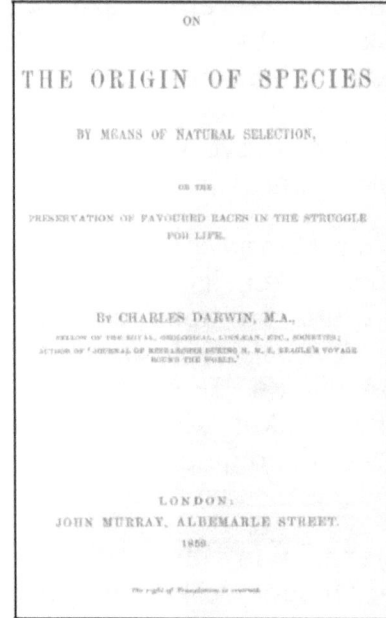

(CHARLES DARWİN) EVRİM TEORİSİ'Nİ ANLATTIĞI *'TÜRLERİN KÖKENİ'* (THE ORİGİN OF SPECİES) KİTABI'NIN YAYINLANDIĞI YIL ALINMIŞ BİR RESMİ VE KİTABIN KAPAĞI.

Darwin'i *'Türlerin Kökeni'*ni 1859 yılında yazmaya iten en önemli sebeplerden biri 1958 yılında genç Alfred Russel Wallace'dan (1823-1913) aldığı mektuptur. Wallace, daha önce de irtibatta olduğu Darwin'e bilimsel araştırmalar için gittiği Malezya'dan yazdığı mektupta, gönderdiği makalesini okumasını ve uygun bulması halinde bilimsel bir dergide yayımlamasını ister. Makaleyi okuyan Darwin, kendisiyle aynı fikirleri paylaştığını gördüğü Wallace'ın, kendisinin önüne geçeceğinin telaşına kapılır. Öğüt ve yardım için başvurduğu arkadaşları Lyell ve Joseph Hooker, 1858'de Wallace'ın makalesiyle beraber, Darwin'in ilk taslaklarından bazılarını Linnaean Derneği'nin dergisinde yayımlatırlar. Böylece Darwin ve Wallace, doğal seleksiyon yoluyla Evrim Teorisi'ni ilk olarak ortaya koyanlar olma ayrıcalığını paylaşırlar. Lyell ve Hooker, taslaklara eşlik eden mektuplarında Wallace ve Darwin'in ortak yayın konusunda uzlaşmış olduğunu ima ederler; fakat Wallace'ın Darwin'in bir evrim kuramı üzerinde çalıştığından haberi bile yoktur. Wallace'ın sonraki eserlerinde Darwin'den övgüyle bahsetmesi, onun bu olaya pek alınmadığını göstermektedir. Her şeye rağmen doğal seleksiyonlu Evrim Teorisi'nin ortaya konuşu 'bilim etiği' açısından sorunlu bir şekilde olmuştur.

1860 yılında Darwin *Evcilleşmiş Hayvanların ve Bitkilerin Çeşitlemesi Üzerine*' isimli eseri üzerinde çalışmaya başladı ve hastalık gibi sebeplerden ötürü bu konudaki eseri 1868'de yayımlandı. 1862'de *'Orkidelerin Üremesi'* adlı küçük bir kitapçık yazdı. 1864 yılında *'Tırmanıcı Bitkiler'* üzerine yazdığı makale yeterince dikkat çekmedi, fakat bunu 1879'da bir kitap olarak yayımladığında epeyce bir ilgi gördü.

Darwin, *'Türlerin Kökeni'*ni yazdığında insanın evrim geçirdiğini ileri sürmemiş, fakat "İnsanın kökleri ve tarihi aydınlatılmalıdır" diye bir cümlede konuyu geçiştirmişti. Darwin, *'İnsanın Soyu'* adlı eserini 1871'de, üç yıllık bir çalışmanın sonucunda yayımladı, ikinci ve düzeltilmiş basımı ise 1874'te yayımladı. Bu kitabın tam adı *'İnsanın Soyu ve Cinselliğe Bağlı Seleksiyon'*dur. Darwin, *'Türlerin Kökeni'* kitabında evrimsel gelişimi Yaratıcı'nın gerçekleştirdiği bir süreç olarak gördüğünü söylemişti; ama onun evrim görüşünü yine de Hristiyanlığın temel akidelerine ters ve ateistik bir görüş olarak algılayanlar oldu. İnsanın maymunumsu bir atadan geldiğini sonradan söylemesi Darwin'e karşı Hristiyan çevrelerden gelen itirazları iyice arttırdı. Darwin, 1872'de *'İnsanda ve Hayvanda Duyguların İfadesi'* isimli kitabını, 1875'de böcek yiyen bitkiler üzerine bir kitabını, 1876 yılında *'Bitkiler Dünyasında Çapraz ve Kendiliğinden Üreme'* kitabını, 1877'de orkidelerin üremesi ile ilgili bir kitap, 1880'de *'Bitkilerde Hareket Gücü'* kitabını, 1881'de solucanlarla ilgili bir kitabını yayımladı. 1881'de kalp rahatsızlığı nedeniyle iyice çöktüğünde, ailesine Down köyündeki eski kilise avlusunda gömülmeyi istediğini söyledi.

19 Nisan 1882'de öldüğünde, güçlü bilim adamı dostları, Westminster Abbey'de gömülmesini sağladılar. Mezarı diğer ünlü bir bilim adamının, Isaac Newton'un birkaç adım ötesindedir. Darwin, yaygın olan kanının aksine, birçok kişinin sandığı gibi hiçbir zaman bir ateist olduğunu söylememiştir. Tam aksine, *'Beagle Yolculuğunda'* adlı kitabında doğanın Allah'ın yaratışının ürünleri ile dolu olduğunu söyler ve giriştiği tartışmalarda, aynı zamanda gençliğinde bir papaz olmasından kaynaklanan bilgilerinden faydalanarak Kitabı Mukaddes'ten bazı âyetleri Yaratılışa örnek ve delil olarak gösteriyordu. En ünlü eseri *'Türlerin Kökeni'*ni ilk olarak yazdığında da kendini teist, yani bir Yaratıcı'nın var olduğuna inanan, olarak nitelendiriyordu. Fakat daha sonraki dönemlerde Yaratılışa ait gerçeğin 'agnostik' (bilinemezci) olduğunu belirtmiştir.

'Agnostik' terimini ilk olarak kullanan kişi Darwin'in yakın arkadaşı ve bilimsel partneri Thomas Henry Huxley'dir. Bu terimi Allah'ın veya nihâi bir sebebin var olup olmadığının bilinemeyeceği anlamında kullanmıştır. Oğlu Francis Darwin'in derlediği birçok mektubundan da anlaşıldığına göre, onun inançlı bir Hristiyan'dan bilinemezci bir yapıya doğru değişim gösterdiği anlaşılmaktadır. Bunun yanında canlıların 'doğal seleksiyon' ile çevrelerine adapte olmalarının 'tasarım'a işaret ettiğine dair fikirler de dile getirdi. Ayrıca Darwin'in Hristiyanlık ile zıt görüşlerini dindar bir Hristiyan olan eşi Emma'yı üzmemek için dillendirmediğini söyleyenler de vardır. Baştan Allah'a inanan bir kişi olan Darwin'in, bazı dini çevreler tarafından 'kafir' olarak nitelenmesinin ve bunların ona karşı cephe almasının, Darwin'in bilinemezci bir yapıya dönüşmesinde önemli bir psikolojik etken olduğu düşünülebilir. Evrim Teorisi'ni sistematik olarak savunan ilk kişi olan Lamarck, Yaratıcı'ya olan inancını açıkça belirtmişti. Darwin'in 'doğal seleksiyon' mekanizmasıyla bu inancını gizlemesi sebebiyle salt bir Evrim Teorisi'ni savunduğu ve bu görüşün dinle daha uyuşmaz olduğu - haklı şekilde- söylenebilir; fakat 'doğal seleksiyonlu evrim' fikrini ortaya ilk koyan iki kişiden biri olma ayrıcalığına sahip olan Wallace evrimin bilinçli bir yaratılış sürecinde gerçekleştiğini savunmuştu. Wallace 'doğal seleksiyon'u düzenleyici bir mekanizma olarak görüyordu, Darwin ise kimi yazılarında 'doğal seleksiyon'u üstün bir Varlığın tasarrufu olarak tanımladı.

Darwin'in inancında dalgalanmalar olduysa da, yeni baskılarında sürekli düzelttiği *Türlerin Kökeni*'nin en son baskısına kadar Yaratıcı'dan bahsettiği bölümleri çıkarmadı. İlerleyen bölümlerde göreceğimiz gibi 'Ateizm' ile 'Evrim Teorisi' arasında önemli bir ilişki olmuştur. Fakat, bu teorinin ateizm adına ortaya konduğunu veya mutlak olarak ateizme yol açtığını söylemek tamamen yanlıştır. Daha sonra da göreceğimiz gibi, Ateizm fikri Evrim Teorisinin içine daha sonraki dönemlerde, hızla yükselmeye başlayan bazı sosyo-kültürel ideolojilerden (Marksizm, Sosyalizm ve Makineleşmeye ve Sanayileşmeye dayalı Materyalist Kapitalizm ve Humanizm akımları gibi) özellikle 20. yüzyılın başlarından itibaren girmeye başlamıştır.

CHARLES LYELL, YERBİLİMİ VE EVRİM TEORİSİ

Charles Lyell (1791-1875) pek çok açıdan Darwin'in hayatında ve Evrim Teorisi'nin ortaya konmasında etkili bir kişi olmuştur. Lyell'in *'Yerbiliminin Prensipleri'* (*Principles of Geology*) kitabını Darwin, Beagle yolculuğunda yanına almış, bu kitaptan çok etkilenmiş ve ileride kendisinin de bir yerbilim kitabı yazabileceğini düşünmüştür. 'Darwin'in Dostu' diye anılan Huxley, Lyell'in yerbiliminde savunduğu ilkelerin biyolojiye uygulanmasının Evrim Teorisi'ni doğurduğunu söylemiştir. Birçok bilim insanı ise tam tersine, Lyell'in görüşlerinin Evrim Teorisi'nin kabulünü zorlaştırdığını ileri sürmüştür.

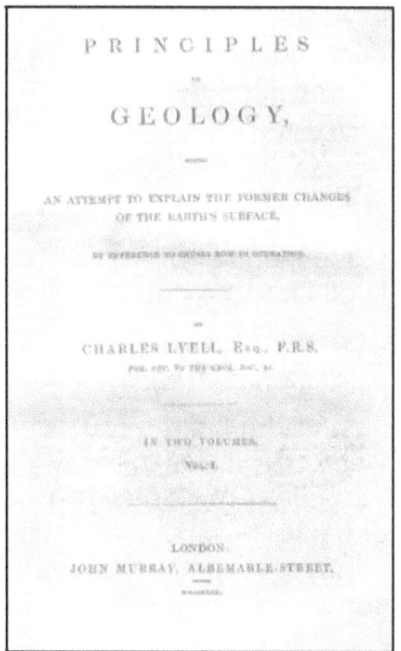

(CHARLES LYELL) 'YERBİLİMİNİN PRENSİPLERİ' (PRİNCİPLES OF GEOLOGY) KİTABI'NIN YAYINLANDIĞI YIL ALINMIŞ BİR RESMİ VE KİTABIN KAPAĞI.

Lyell'in yerbilimsel görüşünün Evrim Teorisi'nin kabulünü kolaylaştırdığı mı, zorlaştırdığı mı tartışılabilir. Fakat Darwin'i *'Türlerin Kökeni'*ni yazmaya en çok teşvik eden kişinin Lyell olduğunu, bizzat Darwin'in sözlerinden öğreniyoruz. Georges Cuvier (1769-1832) gibi ünlü bilim insanları, fosil ve yerbilim incelemelerinin sonucunda yeryüzünün anıyıkımlar (*Catastrophe*) geçirdiğini savunmaya başladılar. Cuvier, fosillerdeki büyük kesintilerin Nuh Tufanı benzeri sel gibi büyük afetlerle açıklanabileceğini düşünmüştü. Bunun Kitabı Mukaddes'teki anlatımlara da uygun olduğunu belirtti; yalnız, Kitabı Mukaddes'teki altı günde yaratılışın, altı uzun zaman diliminde yaratılış olduğunun anlaşılması gerektiğini söyledi. Kitabı Mukaddes'in bu şekilde yorumuna, uzun zaman diliminde yaratılışı kabul eden Cuvier'in muhalifi Lyell'in de bir itirazı yoktu, Darwin de bu yorumun aynısını *'Beagle Yolculuğunda'* adlı kitabında savundu. Fakat Lyell, Cuvier'in yeryüzünün geçmişinde günümüzdekine benzemeyen süreçlerin yaşandığı fikrine ve anıyıkımların meydana geldiğine katılmıyordu. Lyell'in tekdüzenlilik (*Uniformitarianism*) kuramı dört maddede özetlenebilir:

1. Doğal yasalar uzam ve zamanda sabittir (tekdüzenlidir). Aslında anıyıkımcıların çoğu bu konuda Lyell ile farklı düşünmüyordu.

2. Geçmişin olaylarını açıklamak için, şu anda işleyen ve Dünya'nın yüzeyini biçimlendiren süreçlere başvurulmalıdır (sürecin tekdüzenliliği). Bu yine, Dünya'ya ilişkin bir sav değil, bilimsel metot ile ilgili bir yargıdır. Anıyıkımcıların çoğu bu konuda da aynı fikirde olmakla beraber, geçmişteki bazı olayların, artık etkili olmayan, ya da çok yavaş biçimde işleyen nedenlerin sonucu olabileceğini düşünüyorlardı.

3. Yerbilimsel değişim afet sonucu ya da aniden değil; yavaş, aşamalı ve düzenli olarak gerçekleşir (hızın tekdüzenliliği). Bu anıyıkımcılar ile tekdüzenciler arasındaki gerçek bir farktır.

4. Dünya oluşumundan bu yana temelde aynı kalmıştır (yapılanmanın tekdüzenliliği). Lyell'in açıkça yanlış olan bu son görüşü pek az anılır. Modern yerbilimi tekdüzenciler ile anıyıkımcıların görüşlerinin bir sentezidir.

Lyell'in yaklaşımı (kendi karşı kampındaki birçok kişinin de katıldığı gibi) uzun zaman dönemlerini kabul ettiği için, halk arasında yaygın olarak kabul görmüş olan Usher'in Dünya'yı 6000 yıllık bir yer olarak gören yaklaşımına tersti. Ancak bu, Evrim Teorisi'nin muhakkak uzun bir zaman dilimini gerekli gören açıklamaları için gerekliydi. Darwin, Lyell'in izinden gitti ve yerküreye bir yaş tespit etmek için tahminler yaptı; bir vadinin deniz tarafından her yüz yılda yaklaşık iki buçuk santim aşındırıldığı hesabından yola çıkarak '300 milyon yıl' sonucuna ulaştı. Darwin'in Dünya'nın yaşı hakkındaki tahmini, modern yer-biliminin '5 milyar yıl' olan tahmininden çok daha az bir süredir; fakat yeryüzünün Usher'in tahmininden çok daha yaşlı olduğunu söylerken tamamen haklıdır. Evrim Teorisi açısından yeryüzünün yaşlı olması avantaj olsa da onun yaşlı bir gezegen olduğunu savunanların çoğu -Cuvier ve Lyell gibi- Evrim Teorisi'ne inanmamışlardır. Örneğin Lyell, *'Yerbiliminin Prensipleri'* kitabında Lamarck'ın Evrim Teorisi'ni ele almış ve reddetmişti. Lyell'in, Evrim Teorisi'ni reddetmesine rağmen Darwin'e etkisi büyük oldu. Darwin, zihni yapısının şekillenmesinde büyük rolü olan Beagle yolculuğunun St. Jago'daki ilk durağından itibaren, Lyell'ın *'Yerbiliminin Prensipleri'* adlı kitabındaki görüşlerin doğruluğuna kanaat getirdi.

Darwin'in Beagle seyahatini yazdığı ilk kitabından hemen sonra yazdığı *'Mercan Kayaları'* adlı kitapta, bazı adalarda karanın nasıl yükseldiğini, denizden yüksek seviyede ölü mercanlar bularak gözlediğini; başka yerlerdeyse karaların çöktüğü için mercanların çökmeyle beraber yukarı doğru büyüdüğünü yazar. Bu sonucun, Lyell'in, yeryüzünün bir kısmının yavaş yavaş batarken, bir kısmının da yavaş yavaş yükseldiği izahıyla tamamen uyumlu olduğunu söyler. Darwin'in Lyell'in yerbilimsel görüşlerinden etkilendiği kitaplarından açıkça belli olsa da; Huxley'in, Evrim Teorisi'nin, Lyell'in yerbilimdeki görüşlerinin biyolojiye uygulaması olduğunu söylemesi yanlış gözükmektedir.

Yeryüzünde ve evrendeki oluşumların aşamasal olarak izahı Leibniz'de, Kant'ta, Buffon'da ve Lamarck'da da vardı. Lyell'in tekdüzenci yaklaşımının en önemli özelliklerinden biri yeryüzündeki oluşumları, dönüşümlü bir model içinde durağan bir durumda göstermesidir ki; bu yaklaşımı, Ernst Mayr'ın da dediği gibi Evrim Teorisi ile hiç uzlaşamayacak bir görüştür. Usher gibi Dünya'nın yaşını 6000 yıldan ibaret görenler ise, anıyıkımcılığın afetlerle yerbilimsel olayları dar bir aralığa sıkıştırmasına muhtaçtırlar. Ama anıyıkımcılığa inanmak, 6000 yıllık Dünya düşüncesine inanmayı gerektirmez; nitekim aniyıkımcılığın en ünlü isimleri Cuvier, Agassiz, Sedgwick ve Murchison Dünya'nın tarihinin çok gerilere uzandığını savunmuşlardır. Bu da bize tekdüzenlilik ile aniyıkımcılık karşıtlığının din düşmanlığı ile din savunusu karşıtlığına indirgenmesinin yanlış olduğunu göstermektedir ki böyle bir hata yapılmıştır. Aggasiz, canlı türlerinin çoğunun yok olduğunu ve yeni yaratılışlar ile yerlerinin doldurulduğunu söylemişti. Lyell da yaratılışta her şeyin mümkün olduğunu ve yok olan türlerin yerine yenilerinin yaratıldığını söylüyordu. Yok olan türler; yaratılışı, Linnaeus gibi yorumlayıp, 'varlık merdivenleri'nde boşluk kabul etmeyenler için sorundu. Fakat hem aniyıkımcı, hem tekdüzenci birçok düşünür, yaklaşımlarının 'yaratılış' ile uyum içinde olduğu kanaatini taşıyorlardı. Lyell'in, Evrim Teorisi açısından diğer bir önemi ise Lamarck'ın Evrim Teorisi'nin yayılmasını, bu yaklaşıma getirdiği eleştirilerle durdurması olmuştur. Diğer bir tekdüzenci bilim adamı olan Robert Chambers, 1844 yılında yayımlanan *'Yaratılışın Doğal Tarihinin İzleri'* (*Vestiges of The Natural History of Creation*) adlı kitabıyla büyük etkide bulundu (Başta kitabı isimsiz yayımlamıştı, sonradan ismini açıkladı). Bu kitabında Lamarck'ın aşamalı ve mükemmele doğru giden evrim anlayışıyla tekdüzenci bir yerbilimsel yaklaşımı beraber savundu. Ayrıca embriyonun geçirdiği aşamaların (bireyoluş: *ontogeny*) türün tarihini tekrarladığını (soyoluş: *phylogeny*) söyledi. Darwin, Chambers'ın kitabına getirilen eleştirileri gözlemleyip, bu eleştirileri göz önünde bulunduran bir Evrim Teorisi geliştirdi. Chambers, Darwin'in dışında Wallace, Herbert Spencer ve Arthur Schopenhauer üzerinde de etkili oldu. Evrim Teorisi ile ilgili tartışmalar, bu teorinin ilk ortaya konduğu dönemden beri hep yerbilimsel tartışmalarla bir arada yürüdü. Zamanla Usher'in ortaya koyduğu kronolojiyi ciddiye alan kalmadı. Modern yerbilimi, hem tekdüzenci hem de aniyıkımcı yaklaşımın sentezinin yapılabileceğini gösterdi. Fakat, ilerleyen bölümlerde görüleceği gibi Dünya'nın bilinen yaşı içerisinde türlerin evriminin açıklanıp açıklanamayacağı sorusu gündemdeki yerini hep korudu.

MALTHUS'UN NÜFUS TEORİSİ VE DOĞAL SELEKSİYON

Evrim Teorisi'nin ortaya konmasına ve kabul edilmesine yol açan anlayışın (paradigmanın), hem felsefe hem de bilim alanındaki gelişmelerle yakın ilgisi vardır. Konunun yabancısı olanların belki de en şaşıracakları hususlardan biri, bu paradigmanın oluşmasında iktisat teorilerinin ve dönemin iktisadi, sosyal yapısının etkisini görmek olacaktır.

Bertrand Russell, Darwin'in teorisinin, liberal ekonominin 'bırakınız yapsınlar' (laissez-faire) ilkesine dayanan kuramının, canlılar dünyasına yansıtılmasından ibaret olduğunu ve bu teorinin Malthus'un (1766-1834) nüfus kuramından esinlenerek ortaya konduğunu söylemektedir. Darwin, Ekim 1838'de, Malthus'un *'Nüfusun Prensipleri Üzerine'* (*An Essay on The Principle of Population*) kitabını okuduğunu ve 'yaşam kavgası' ile 'doğal seleksiyon' fikirlerinin oluşumunda bu kitabın etkili olduğunu yaşam öyküsünde belirtmiştir. *'Türlerin Kökeni'* gibi kitaplarında da Malthus'a atıflar yaparak, onun, kendisi üzerindeki etkisini göstermiştir.

Darwin ile aynı dönemde ve ondan bağımsız şekilde, türlerin 'doğal seleksiyon' ile evrim geçirdiğini söyleyen Wallace da papaz Malthus'un aynı eserinden derin bir şekilde etkilendiğini söylemiştir. Sosyal Darwinizm'i ortaya koyan ve biyolojide Lamarck'a yakın bir Evrim Teorisi anlayışını benimseyen Herbert Spencer da Malthus'tan etkilenerek Malthus'un nüfus prensiplerinin sosyal ilerlemenin dinamik aracı olduğuna inandı. Malthus, insan nüfusunun var olan gıda kaynaklarına göre çok hızlı arttığını, gıda kaynaklarının aritmetik tarzda artmasına karşılık nüfusun geometrik olarak çoğaldığını söyledi. Mevcut gıda kaynaklarının yetersizliği; fakir, beceriksiz ve güçsüz olanların, bu kaynaklara diğerleri kadar başarılı bir şekilde erişememelerine ve böylece ölerek elenmelerine sebebiyet verecektir. Bu, 'güçlü olanın yaşaması', güçsüzün ise 'doğal seleksiyon'a uğraması anlamını taşımaktadır.

İşte bu fikir, Darwin'in ve Wallace'ın Evrim Teorileri'nin kalbini oluşturarak, onları, Lamarck gibi kendilerinden önceki evrimcilerden ayıran görüşlerinin ortaya konmasına ilham kaynağı oluşmuştur. Darwin ve Wallace'ı, diğerlerinden farklı kılan 'doğal seleksiyon'u keşfetmiş olmaları değildir; doğada güçlünün yaşayıp zayıfın eleneceği şeklinde bir fikre Malthus'dan önce ve Malthus'la Darwin arasında birçok kişide de rastlayabiliriz. Onları farklı kılan, bütün türlerin bugün oldukları gibi gözükmelerini ve ortaya çıkmalarını sağlayan mekanizmanın 'doğal seleksiyon' olduğunu söylemeleridir. Ernst Mayr, Malthus'un, Darwin'in Evrim Teorisi'nin oluşmasındaki katkısını, Darwin'in teorisindeki beş madde ve üç çıkarım (*inference*) ile gösterir:

1. Bütün türlerin öyle yüksek bir üreme gücü vardır ki bu, Malthus'un geometrik büyüme dediği sonuca götürür. Bu durum, türlerin yavruları da başarılı bir şekilde üreyebilirlerse gerçekleşir.

2. Senelik küçük dalgalanmaları ve arada gerçekleşen büyük dalgalanmaları hariç tutarsak, nüfus genelde belli bir sabitliktedir.

3. Doğal kaynaklar sınırlıdır. Sabit bir çevrede genelde bu kaynaklar sabit kalır.

4. Bireylerin hepsi birbirinden farklıdır; her nüfusun içinde bir sürü farklılıklar vardır.

5. Bu farklılıkların çoğu kalıtımsaldır.

ÇIKARIM 1: Mevcut kaynakların besleyebileceğinden daha çok nüfus ürediğine göre, bireyler arasında yaşam için şiddetli bir kavga olacaktır ve bu yeni neslin yalnızca bir bölümünün normal yaşam süresini yaşayabileceğini göstermektedir.

ÇIKARIM 2: Yaşam mücadelesinde var olmak rastgele değildir, bu daha çok kalıtsal özelliklere bağlıdır. Değişik özelliklere sahip olan varlıkların arasında, bu değişikliklerin belirleyici olduğu 'doğal seleksiyon' mekanizması işler.

ÇIKARIM 3: Nesiller boyunca süren bu 'doğal seleksiyon' süreci, ilerideki nesillerin küçük aşamalarla değişmesine rol açar; işte bu Darwin'in Evrim Teorisi'dir ve türler böyle oluşur.

Aktarılan bu çıkarımlar, Malthus'un nüfus görüşünün, Darwin'in Evrim Teorisi'ni oluşturmasında ne kadar etkili olduğunu göstermektedir. İlginçtir ki Mayr, diğer birçok biyoloğa nazaran Malthus'un Darwin üzerindeki etkisini küçümsemektedir. Malthus'un Darwin üzerindeki etkisi tartışma konusu olmuştur. Young gibi bazı bilim insanları Darwinizm'i Malthusçuluk ile eşitlemişlerdir. Darwin'in kendisinin de kuramı oluşturmasındaki katkısının önemini vurguladığı Malthus'un nüfus yaklaşımıyla; Evrim Teorisi'nin, türlerin bireylerine yaklaşımı arasındaki paralellik apaçıktır.

Darwin'i, kendi çağının sosyolojik ve sosyo-ekonomik ortamından, dedesi gibi bir evrimciden, Lyell'in ve Malthus'un kitaplarından aldığı etkilerden soyutlayarak anlayamayız. Bazı evrimci bilim insanlarının bu etkileri küçümseme sebebi; Evrim Teorisi'nin, objektif bir teori olmadığı, Darwin'in, yaşadığı çağın koşullarının ve kendi psikolojik durumunun etkisi altında bu teoriyi oluşturduğuna dair bir itirazdan korktukları içindir. Oysa, Evrim Teorisi'ni kabul eden birçok evrimci bilim insanı (Peter J. Bowler gibi), Darwin'deki bu etkileri kabul etmekte bir sorun görmemişlerdir. Tarihçi John Greene, 'doğal seleksiyon' fikrini ilk olarak birbirlerinden bağımsız şekilde dile getiren bilim insanlarının (Spencer, Darwin ve Wallace), hep İngiltere'den aynı dönemde çıkmış olmasına dikkat çekmekte ve kendi sosyolojik ortamları ile kültürlerini, bu bilim insanlarının, canlılar dünyasına yansıttığına, bu olguyu delil olarak göstermektedir.

Darwin'in zihin yapısının oluşumu birçok etkiden bağımsız anlaşılamayacağı gibi, Malthus'un zihin yapısının oluşumu da ancak onu etkileyen düşünürlerin bilinmesiyle daha iyi anlaşılacaktır. Bunlar arasında özellikle dört Fransız önemlidir: Condorcet (1743-1794), Turgot (1727-1781), Montesquieu (1689-1755) ve Evrim Teorisi ile pozitivist felsefesi aynı paradigmada birleştirilen Auguste Comte. 1750 yılında Turgot kültürel gelişmenin aşamalarını avcılık, hayvancılık, tarımcılık ve devletin kurulması olarak sıraladı.

Dönemin etkili düşünürleri Malthus'a ve de hem onun üzerinden hem de doğrudan Darwin'e ve Wallace'a etki ettiler. Pozitivizme, kültürel evrime, iktisada dair fikirler; canlılar dünyasında, Evrim Teorisi'nde yansımalarını buldu. Tüm bu fikirler birleşince de, Evrim Teorisi'nin oluşumu kadar kabul edilmesi de daha kolay bir hale gelebildi.

YAPAY SELEKSİYONDAN DOĞAL SELEKSİYONA GEÇİŞ

Darwin'in 'doğal seleksiyon' (*natural selection*) fikrine ulaşmasında, Malthus'tan aldığı etkiler kadar hayvan yetiştiricileri üzerinde yaptığı gözlemler de etkili olmuştur. Gerçi Malthus da hayvan ve bitki yetiştiricilerinin 'yapay seleksiyon' (*artificial selection*) yolu ile tür içinde düzeltme yapmalarından bahsetmiştir; fakat o, Darwin'in aksine, bu 'yapay seleksiyon'un belli sınırları olduğunu vurgulamıştır.

Darwin için ise 'yapay seleksiyon' fikri çok önemliydi; o, 'doğal seleksiyon'u birçok defa 'yapay seleksiyon' ile analoji kurarak temellendirmeye çalışmıştır ve *Türlerin Kökeni* kitabının ilk bölümünü bu konuya ayırmıştır. Örneğin, bir hayvan yetiştiricisi istediği türün bireyini seçmekte ve gelecek nesli bu bireyden üretmektedir. Böylece türün içinde istediği özelliklerin nesilden nesile aktarılmasını sağlamaktadır. Bu, benzetmeye dayalı akıl yürütmenin (analojinin) birçok sorunları bulunmaktadır.

Bunlardan bir tanesi, 'yapay seleksiyon'da hayvan yetiştiricisi, bilinçli şekilde istediği canlıyı seçmekte ve onun özelliklerinin genetik olarak aktarılmasını sağlamaktaydı. Doğada hayvan yetiştiricisinin oynadığı rolü neyin oynayacağını göstermek gerekmekteydi. Darwin'e göre doğada bu seçici etkiyi 'var olma savaşı' gerçekleştirecekti; 'var olma savaşı'nın ele alınması, *Türlerin Kökeni* kitabının üçüncü bölümünü oluşturur. Darwin, 'var olma savaşı'nı, Malthus'un nüfus kuramından esinlenerek kendi kuramına monte etmiştir. Bunun Darwin'i ulaştırdığı nokta ise, 'doğal seleksiyon'dur. İşte, *Türlerin Kökeni*'nin dördüncü bölümünün başlığı da budur.

Darwin, ikinci bölümde canlılardaki çeşitliliğin (varyasyonların) doğa ortamında nasıl meydana geldiğini incelerken, varyasyonların oluşumunun temel prensiplerinin neler olduğunu beşinci bölümde ele alır. Varyasyonların olması 'doğal seleksiyon' sürecinin işlemesi için önemlidir; varyasyonlar yoksa 'doğal seleksiyon' işlemez. Darwin'in Evrim Teorisi'ne göre bir sürü zürafa varyasyonu önce oluşur, otlar ortadan yok olduğu bir dönemde, boynu kısa zürafalar 'doğal seleksiyon'a uğrar ve yüksek dallardaki yaprakları yiyebilen zürafalar hayatta kalır. Daha sonraki nesilde zürafalar, yaprakları yiyebilen uzun boyunlu zürafanın dölleri olarak uzun boyunlu doğarlar. Bu görüş, Lamarck'ın, canlıların ihtiyaçları sonucunda hareket edip, bu hareketle değişikliğe uğramaları (zürafaların uzun dallara erişmek için boyunlarını hareket ettirip uzatmaları) ve bunu sonraki nesillere aktarmalarına dayanan görüşünden farklıdır. Darwinizm'de önceden oluşan varyasyon, çevrenin elemesine yakalanır (doğal seleksiyon) veya yakalanmaz (en uygunun yaşaması) ama çevreye uymak için canlı kendi kendini farklılaştırmaz.

Bazı bilim insanları, Darwin'in *Türlerin Kökeni*'ni ilk yazdığı dönemde 'yapay seleksiyon' ile 'doğal seleksiyon' arasından analoji kurduğunu; bunda, 'yapay seleksiyon'u gerçekleştiren insanın yerine 'doğal seleksiyon'da Yaratıcı'yı koyduğunu söylerler. Daha sonraki dönemlerde Darwin bilinemezciliğe kaymış olsa bile, 'doğal seleksiyon'un; en ünlü kullanıcısı tarafından bile, mutlak anlamda ateist bir eleme aracı olarak görülmemiş olması önemlidir. Richard Dawkins gibi Ateizmi savunarak *"Doğal seleksiyon doğanın kör saatçisidir; kördür, çünkü ileriyi görmez, sonuçları hesaplamaz, görünen bir amacı yoktur"* diyenler de vardır. Bu bakış açısına göre ise, doğada birçok ucube varyasyon ortaya çıkmıştır, canlıları tasarımlı gibi algılamamızın sebebi 'doğal seleksiyon'un ucubeleri elemesidir.

Görüldüğü gibi, Evrim Teorisi'nin içinde Ateistizm'e giden yol daha çok 'Doğal Seleksiyon' düşüncesinden kaynaklanmaktadır. Fakat 'doğal seleksiyon'a inanmak mutlak olarak ateist olmaya yol açmamıştır. 'Doğal seleksiyon' mekanizmasına inanan herkes, Richard Dawkins gibi, 'doğal seleksiyon'u canlıları oluşturan, 'kör saatçi' olarak değerlendirmemiştir. Daha önce de görüldüğü gibi, Darwin ile beraber 'doğal seleksiyon' ile türlerin oluşmasını ilk olarak savunan Wallace da canlıların bilinçle ve kudretle oluşturulmuş bir Yaratıcı'nın tasarımın ürünleri olduğuna inanıyordu. Wallace, ölen ve elenen canlıların en zayıflar olduğunu, hayatta kalanların en iyi beslenen ve düşmanlarından en iyi korunanlar olduğunu söyledi. Wallace, doğanın nüfusu kontrol edici etkisini vurgularken, Malthus'tan, Darwin'in ondan etkilendiğinden daha çok etkilendiğini göstermektedir. Fakat Wallace, 'yapay seleksiyon' ile 'doğal seleksiyon' arasında bir benzerlik kurulamayacağını söyleyerek Darwin'den ayrılmaktadır. Ayrıca Darwin gibi 'türler arası seleksiyon'a, 'doğal seleksiyon' içinde özel bir yer ayırmaması da Darwin'den ayrıldığı diğer bir noktadır. Darwin, tavus kuşunun kuyruğuyla eşini cezbetmesini veya kavgada kendisini üstün kılacak kadar gelişmiş organlarıyla dişisinin beğenisini kazanan erkeği, 'türler arası seleksiyon'un örnekleri olarak sundu. Bunda genelde 'dişinin seçimi' (*female choise*) önemlidir; dişinin seçtiği erkek üreyip yeni döllere kendi özelliklerini aktarır.

Wallace, 'doğal seleksiyon' mekanizması ile insan beyninin oluşumunun anlaşılamayacağını, ancak bilinçli bir müdahale ile insandaki ahlakî kapasitenin oluşabileceğini söylerken, 'doğal seleksiyon'u sınırlandırarak da Darwin'den ayrılır. 'En uygun olanın yaşaması' Wallace'a göre de kanundur, farklılıklarına rağmen bu temelde Darwin'le aynı noktadadırlar. Darwin'in çok önem verdiği 'yapay seleksiyon' aslında Evrim Teorisi açısından birçok güçlüklerle doludur. Örneğin, hayvan yetiştiricileri, yıllardır inek, koyun, at gibi birçok hayvanla uğraşmaktadırlar; fakat hiç kimse yeni bir cinsin, familyanın ortaya çıktığına tanıklık edememiştir. Bilinçli müdahaleler ile bile yeni tek bir cinsin, familyanın oluşması mümkün olamamışken, doğada oluşan rastgele değişiklikler ile milyonlarca türün, cinsin, familyanın ortaya çıkmasını açıklamak mümkün görünmemektedir. Teorinin savunucuları, evrimin oluşumunu çok uzun bir zamana yayarak bu sorundan kaçınmaya çalıştılar. Güçlü ve avantajlı olan canlı, gıda kaynaklarına ulaşmadaki ve üremedeki avantajından dolayı yaşamayı ve genetik özelliklerini sürdürmeyi başarıyor olabilir. Fakat burada anlaşılması gereken nokta 'doğal seleksiyon'a dayalı Evrim Teorisi'nin, bundan çok daha fazla bir iddiaya sahip olduğudur. Bu iddia, tüm canlılığın oluşumunun bu mekanizmayla açıklanabileceği şeklindedir. Oysa ki, canlı dünyada 'doğal seleksiyon'un olduğunu kabul etmek, aslında bireyleri veya türleri eksiltici bir mekanizmayı kabul etmektir.

Kitabın 3. bölümünde gösterileceği gibi, Evrim Teorisi'ni rakip görüşlerinden ayırt eden özelliği, 'doğal seleksiyon'un varlığını savunması değildir; bu eleyici mekanizmayla türleri, cinsleri, familyaları ile tüm canlıların oluşumunun açıklanabileceğini savunmasıdır.

ORTAK ATADAN DEĞİŞME YOLUYLA EVRİM TEORİSİ

Darwinci Evrim Teorisi'nin; en önemli mekanizmalarından birisi de, 'doğal seleksiyon'dan farklı olarak, bütün canlıların, geçmişte yaşamış 'ortak bir ata'dan (*common ancestor*) değişerek geldiklerini söyleyen ve onları 'ortak bir soy' (*common descent*) yoluyla geldiğini söylemesidir. Türlerin birbirinden değiştikleri kabul edildikten sonra tüm türlerin, cinslerin, familyaların 'ortak bir ata'dan geldiği sonucuna varılmıştır. Ama unutulmamalıdır ki, Lamarck'ın Evrim Teorisi'ne göre türler ortak bir atayla birbirlerine bağlanmamışlardır. Bu fikre, ilk olarak, yanlışlığını göstermek için de olsa, Buffon'da rastlanır. Daha sonra Charles Darwin'in dedesinde de benzer fikirler vardır. Ama 'ortak soy' yoluyla türlerin hepsinin birbirine bağlanması görüşü ancak Darwin tarafından detaylıca savunulmuş ve yaygınlık kazanmıştır.

Darwin, *'Türlerin Kökeni'* kitabının birçok yerinde, 'ortak soy' yoluyla türlerin bağlanmasından söz etmektedir. Fakat özellikle altıncı ve onuncu bölümden on üçüncü bölümün sonuna kadar olan kısım bu konuyla ilgilidir. Kitabın en son cümlesi ise:

"Yaratıcı'nın meydana getirdiği bir veya birkaç basit canlı formundan diğerlerinin evrimleşmiş olduğunu öngören bir hayat görüşünde yücelik olduğu.."

ifadesiyle biter. Darwin anılan eserinin 1859'daki ilk baskısının bitiriş cümlesinde 'Yaratıcı' ifadesine yer vermemişti, 1860'taki ikinci baskıda 'Yaratıcı' ifadesine yer verdi. Darwin hayattayken 1861'de üçüncü, 1866'da dördüncü, 1869'da beşinci ve 1872'de altıncı ve son baskıyı yaptı; Darwin'in tüm baskıları boyunca kitabında düzeltmeleri sürdü, fakat 1860'ta yaptığı değişikliği hep muhafaza etti. Böylece Darwin, 'evrimsiz doğrudan yaratılışı' sadece 'ilk ortak ata'yla sınırlı tuttu, diğer canlıların bu 'ortak ata'dan evrimleştiğini söyledi.

Yaratıcı'nın evrene hiçbir müdahalesine inanmadığını savunanların ve ateistlerin sistemine göre ise, ilk canlının Allah'ın doğrudan yaratışı olarak görülmemesi; onun da, cansız maddeden, 'kendiliğinden türeme' yoluyla oluştuğunu kabul etmelerine neden oldu. Darwin'in görüşü her ne olursa olsun, Ateist-Darwinciler ilk ortak atanın 'kendiliğinden türeme' yoluyla, cansız maddeden tesadüfen oluştuğuna ve bu canlı formdan diğer tüm canlıların evrimleştiğine inandılar. Yani evrim, bu bakış açısına göre, kendiliğinden türeyen ilk canlının nesiller boyu farklılaşmasıdır; kısacası onlara göre bütün türlerin, cinslerin, familyaların, takımların, sınıfların, filumların ve âlemlerin içerisindeki canlıların var oluşunun açıklaması budur. Birçok teist-evrimci de yine aynı süreci öngörmektedirler, fakat onlar ilk canlının ortaya çıkışından türlerin evrimleşmesine kadar olan sürecin; 'tesadüfler' ile değil, 'Allah'ın kontrol ve yönlendirmesi' ile oluştuğuna inanırlar. Teist-evrimciler 'ortak ata'dan gelme fikrine, yalnızca tesadüfî doğal seleksiyon mekanizması ile türlerin oluşumunun izah edilmeye çalışılmasına olduğu kadar tepki göstermemişlerdir.

19. yüzyılın sonunda ve 20. yüzyılda evrimi savunanlardan (teist ve ateist), Lamarck gibi, 'kendiliğinden türeme' yolu ile ortaya çıkan birçok canlının, ayrı yollarla evrimleştiklerini savunan pek kimse kalmamıştır. Yeni-Lamarckçılar da 'ortak ata' yoluyla evrimleşmeyi savunmuşlardır. Darwin'in teorisini ortaya koyduğu dönemde Linnaeus'un canlılar sınıflaması hâkimdi. Bu sınıflama canlıların, benzerlik ve farklılıklarına göre hiyerarşik olarak sıralanmasını içeriyordu. Darwin, grupları birbirinin altına sıralayan bu hiyerarşinin, 'ortak atadan evrimleşme'nin kabul edilmesi suretiyle açıklamasının yapılabileceğini söyledi. Darwin'den önceki sınıflamalarda canlıların benzerlikleri en temel kriterdi, Darwin daha önceden canlıların sınıflaması için kullanılan bu benzerlikleri (*homologies*) ortak atadan evrimleşmenin delili olarak kullandı. Buna göre, evrimsel tarih (*phylogeny*) canlıların benzerlikleri

üzerine bina edildi; yakın akrabaları ve uzak akrabaları belirlemenin kriteri bu oldu.

Darwin'in takipçilerinin, özellikle Haeckel'in (1834-1919) çalışmaları tamamen bu noktaya odaklandı. Bu çalışmalarla, hayvan ve bitkiler üzerine araştırmaların sadece bir katalog düzenleme çalışması olmadığı, amacın 'evrimsel tarih'i ortaya koymak olduğu gösterilmeye çalışıldı. Bilhassa, 19. yüzyılın sonunda ve 20. yüzyılın başında evrimci biyologların en önemli uğraşısı buydu. Özellikle Haeckel'in 1894-1896 yıllarında yazdığı *Sistematik Evrimsel Tarih; Organizmaların Doğal Tarihinin Soylara Dayalı Taslağı* (*Systematic Phylogeny; A Sketch of A Natural System of Organisms Based on Their Descent*) adlı kitabında çizdiği canlıların soy ağacı, önemli bir tartışma konusu olmuştur. Evrim Teorisi'ni bu şekilde ele alış, evrimsel biyolojiyi, matematik kökenli bilimlerden çok uzak noktaya götürür ve evrimsel biyolojiyi tarihsel bir araştırma ve sıralama bilimine indirger.

Günümüz biyologları bu soy ağaçları için Haeckel'den daha kötümserdirler. Evrim Teorisi açısından kritik nokta, canlıların benzerliklerinden ortak bir atadan evrimleşmeye yükselinip yükselinemeyeceğidir; bu konuyu 3. bölümde ele alacağız.

İNSAN SOYUNUN MAYMUNLARLA İLİŞKİLENDİRİLMESİ

Darwin'in, canlıların ortak atadan evrimleştiklerini söyleyen teorisi, bu ortak noktadan dallanıp budaklanan bir 'soy ağacı'nı ortaya çıkarıyordu. Bu yaklaşımın gündeme getirdiği sorun ise, insanın bu 'soy ağacı'nın neresinde olduğuydu. Linnaeus'un canlılar sınıflamasında insan maymuna yakın bir yere konmuştu. Morfolojik (dış-şekilsel) özelliklere dayanan bir sınıflamada, memeli olmalarından morfolojik özelliklerine kadar benzer bir çok özellikleri olan maymun ve insanın birbirlerine yakın bir yere konması beklenirdi; Linnaeus da öyle yapmıştı. Morfolojik benzerlikleri, ortak atadan türemenin delili sayan Evrim Teorisi'nin doğal sonucu da maymun ve insanı ortak bir atadan türetip yakın akraba ilân etmekti; Darwin ve Huxley de öyle yaptılar, daha önce Lamarck da insanın maymunumsu canlılardan türediğini söylemişti. Halbuki, Kur'ân-ı Kerîm'e göre ise, bu konu en gerçekçi bir biçimde açıklanmış olup, aşağıda açıklamasını vereceğimiz ÜÇ ÂYETTE geçmişte yaşamış bazı ümmetlerin günahları sebebiyle Maymuna ve Domuza çevrildikleri, bu yüzden de MAYMUN ve DOMUZLAR ile İNSANLAR arasında BİYOLOJİK olarak yapısal benzerliklerin bulunduğunu açıkça ilân etmektedir. Yani gerçekte, "İNSAN MAYMUNDAN DEĞİL; MAYMUN ve DOMUZLAR, BİR GRUP İNSANDAN TÜREMİŞTİR!":

"Oysa hiç kuşkusuz içinizden (İNSAN SOYUNDAN) Cumartesi konusunda sınırları aşanları bilirsiniz. Onlara: "Peki, demiştik şimdi AŞAĞILIK MAYMUNLAR OLUN!.."

(Bakara, 65)

"De ki: "Allah katında karşılık bakımından, bundan daha kötüsünü size haber vereyim mi? Allah'ın lânetlediği ve gazâp ettiği, aralarından (İNSAN SOYUNUN İÇİNDEN) DOMUZLAR, MAYMUNLAR ve TAĞUT'A TAPANLAR çıkardığı kimselerdir (O sınırları aşanlar ve cezalandırılanlar).. İşte bunlar, (Yaratılış bakımından) YERİ EN KÖTÜ olan ve DOĞRU YOLDAN EN ÇOK SAPMIŞ olanlardır.."

(Mâide, 60)

"Sonra kendilerine yasaklananlar konusunda büyüklenince, onlara: "AŞAĞILIK MAYMUNLAR OLUN!" dedik.."

(A'raf, 166)

Darwin'in, Evrim Teorisi'ni nasıl geliştirdiğini inceleyen uzmanların hemen hepsi, onun *Türlerin Kökeni* kitabında, insanın maymunumsulardan evrimleştiğini hiç ileri sürmemiş olsa da bu kitabı yazdığı dönemde de insanın maymunumsulardan evrimleştiği kanaatinde olduğunu söylerler. Morfolojik benzerlikleri, ortak atadan evrimleşmenin delili sayan ve Lamarck'ı okumuş olan Darwin'in o dönemde de bu kanaatte olduğu rahatlıkla tahmin edilebilir. Nitekim o, *'Türlerin Kökeni'*nde, insanın köklerinin ve tarihinin aydınlatılması gerektiğini söylemişti; ancak anlaşılıyor ki bu konuda gelecek tepkilere hazır değildi. Darwin, tüm dikkatine rağmen şimşekleri üzerine çekmekten kurtulamadı. Ama özellikle 'Darwin'in Dostu' lakabını almış olan Thomas Henry Huxley (1825-1895), tartışmalardan kaçan Darwin'in yerine birçok tartışmada ön plana çıktı ve Darwin'den önce, *'İnsanın Doğadaki Yerine İlişkin Deliller'* (*Evidence As to Man's Place in Nature*) adlı 1863'te yayımlanan kitabında, apaçık bir şekilde insanın maymunumsu bir atadan evrimleştiğini ileri sürdü.

Huxley, yerbilimci Lyell ve botanikçi Hooker gibi isimler ile beraber Darwin'e en yakın halkada yer alıyordu. Huxley fizyoloji ve embriyoloji gibi biyolojinin dallarıyla uğraşıyordu. Darwin'in *'Türlerin Kökeni'*nin ilk olarak yayımlanmasından bir yıl sonra, 1860'ta; Huxley, bu eserin, bir gün yanlışlığı ispat edilse bile çok değerli bir eser olduğunu, biyoloji alanında benzerinin bulunmadığını ve biyoloji ile beraber bütün bilimleri etkileyeceğini söyledi. Onun bilinen en ünlü tartışması, Oxford'daki Britanya Cemiyeti'nde (*British Association*) yapılan bir toplantıda, Başpiskopos Samuel Wilberforce ile gerçekleşmiştir. Wilberforce, Huxley'e büyükbabasının mı yoksa büyükannesinin mi tarafından maymun soyundan türediğini sorar. Huxley, maymun soyundan gelmeyi; 'hünerlerini, anlamadığı bir teoriye saldırmak için yanlış bir şekilde kullanan' biri olmaya tercih edeceğini söyleyerek cevap verir.

Huxley, Darwin'in yavaş ve sürekli bir evrimi öngören yaklaşımına karşı, canlıların evrimleşmesinde sıçramalar (*saltation*) olabileceğini savunarak Darwin'den ayrılmıştır. 1863'te yazdığı kitabında Huxley, Richard Owen'ın insan ve maymun beyni arasında var olduğunu ileri sürdüğü farklara cevap vermeye çalıştı. Darwin ise, insan soyunu tartıştığı kitabı *'İnsanın Soyu ve Türe Bağlı Seleksiyon*'u ancak 1871'de, *'Türlerin Kökeni*'nin ilk baskısından 12 yıl sonra yayımladı. Bu eserinde insanın, maymunumsu atadan (*ape-like progenitor*) evrimleştiğini ileri sürdü. İnsanın zihinsel özellikleri ve ahlakî yapısının bile 'doğal seleksiyon'a bağlı bir süreçle oluştuğunu savundu. Darwin'in yaklaşımına göre insan ile maymun arasındaki fark, mahiyet farkı değil sadece derece farkı idi. Wallace, bu konuda Darwin'den farklı bir görüşe sahipti; kendisi ateşli bir 'doğal seleksiyon' taraftarı olmasına rağmen, insan zihninin 'doğal seleksiyon' ile açıklanamayacağını savundu. Doğal seleksiyona dayalı Evrim Teorisi fikrini ilk ortaya koyan iki kişiden biri olan Wallace'ın, insanın diğer tüm canlılardan mahiyet itibarıyla farklı olduğunu benimsemesi önemlidir. Bu, insan ile maymun arasında mahiyet farkı olduğunu söyleyenlerin mutlaka Evrim Teorisi'ni reddettiği veya Evrim Teorisi'ne inananların mutlaka insan ile maymun arasında derece farkı olduğunu savunmak zorunda oldukları şeklindeki genel önyargılara tamamen ters tarihsel bir olgudur.

Görüldüğü gibi, bir kişinin Evrim Teorisi'ne, hatta doğal seleksiyona dayalı Evrim Teorisi'ne inandığını söylemesi, canlıların kökenine dair tüm görüşlerini ifade etmemekte; aynı fikre inanan kişiler arasında derin farklar olabilmekte, bu ise mutlaka genellemelerden kaçınmamız ve şahısların ortaya koydukları fikirleri birbirlerinden ayırarak analitik bir incelemeye tabi tutmamız gerektiğini göstermektedir. Darwin'in yaklaşımında insan ile hayvan arasındaki uçurumun kapatılması, insanın ahlakî sorumluluğuna karşı bir tehdit ve insan adına bir aşağılama olarak algılandı. Gerek Hristiyanlığın ruh inancı, gerek Descartes ve Platon gibi felsefecilerin insan zihnini ayrı bir cevherle ilişkilendirip insan ile hayvan arasındaki ayrılığı mahiyet farkı olarak ele almaları, gerekse Buffon gibi ünlü biyoloji bilginlerinin insan ile hayvan arasında kapatılamaz bir uçurum bulunduğunu söylemeleri, Darwin'in yaklaşımı ile uzlaşmaz kabul edildi. Her ne kadar Wallace gibi insan ile hayvan arasında mahiyet farkı olduğu fikriyle Evrim Teorisi'ni birleştirenler olduysa da; Evrim Teorisi'nin, insan ve hayvan arasındaki farkı bir derece farkına indirdiği görüşü genelde hâkim oldu. Fakat insan ile hayvan arasında sadece derece farkının bulunmasının, insanın sorumluluğu fikriyle ve dinlerin görüşüyle bağdaşabileceğini savunanlar da oldu. Bu görüşe göre insanların ahlakî sorumluluk için mutlaka ayrı bir cevhere sahip olmaları (mahiyet farkı) gerekmiyordu; insan ruhu, insan varlığının maddî bütünsel yapısının sahip olduğu bir özellik olarak da algılanabilirdi. 19. yüzyılda yapılan bu tartışma, 20. yüzyılda da devam etti ve günümüzde de devam etmektedir. Evrim Teorisi'nin dinler ile ilişkisinin ele alınacağı 5. bölümde bu konu daha detaylı bir şekilde incelenecektir.

İNSANIN SOYUNUN KÖKENİ VE TÜRE BAĞLI SELEKSİYON

Darwin, doğal seleksiyondan 'Türe bağlı seleksiyon'u (selektif ayıklanma/seçilim) ayırıp önemini vurguladı. 'Selektif seleksiyon' fikrine daha önce *'Türlerin Kökeni'* kitabında vurgu yapan Darwin, bu kitabında konuya sadece birkaç sayfa yer vermişti. Oysa 'insanın soyu'nu 'selektif seleksiyon' ile beraber ele aldığı kitabında, 'selektif seleksiyon' konusunu 'insanın soyu'ndan daha geniş bir biçimde inceledi. Canlılar dünyasında dişilerin üremeye genelde erkekten daha az hevesli olduğunu, bu durumun 'dişinin seçimi'ni ön plana çıkardığını ve dişinin seçtiği erkeklerin genetik özelliklerini sonraki nesillere geçirdiğini; bunun ise evrimde önemli bir belirleyiciliği olduğunu söyledi. 'Selektif seleksiyon', doğal seleksiyon kadar acımasız değildir; doğal seleksiyon yaşam kavgasında başarılı bireylerin hayatını devam ettirmesini sağlarken, yaşam ve ölüm ekseninde etkisini gösterir. Darwin, insanların tüylerinin yok olmasını da 'selektif seleksiyon' ile açıklamaya çalışır; insana, tüylerinin yokluğunun hiçbir biyolojik avantajı saptanamadığı için, doğal seleksiyon ile tüylerin yokluğunu açıklamak zordur. Darwin'in Evrim Teorisi'nde türlerin oluşumunu açıklamada 'selektif seleksiyon'a ve 'sonradan kazanılan özelliklerin aktarımı'na hiçbir zaman için doğal seleksiyon kadar merkezi bir rol verilmemiştir; onlar, türlerin oluşumunda etkili ama ikincil role sahip mekanizmalar olarak değerlendirilmiştir.

Darwin *'İnsanın Soyu ve Türe Bağlı Seleksiyon'* kitabından bir yıl sonra (1872) *'İnsanda ve Hayvanda Duyguların İfadesi'* adlı eserini yayımladı. Darwin *'İnsanın Soyu'* kitabında insanın duygularını ifade edişini bir bölümde bitirmeyi düşünüyordu, fakat sonradan bunu ayrı bir çalışmada ele almaya karar verdi. Bu çalışmasında gerek kendi gözlemlerinden, gerek misyonerlerden ve diğer ilkel kabilelerin arasında yaşayanlardan faydalandı. İnsanların kızgınlık, öfke gibi hislerinden, meydan okumaya kadar birçok duygusunu ifade şeklini alıp inceledi ve insanlıkta bu tarz duygu ifade ediş şekillerinin evrenselliğini göstermeye çalıştı. Darwin, bu çalışmasında, bir önceki çalışmasında yaptığı gibi insan ve hayvan arasındaki farkın mahiyet farkı değil derece farkı olduğunu göstermeye çabaladı. Bu yüzden, her ne kadar Darwin'in insanın soyunu hayvanlarla ilişkilendirmede temel eseri bir önceki kitabı ise de bu çalışması da onun bir nevi devamı niteliğindedir.

Darwin, duyguları ifade biçimlerinin evrensel olmasını evrime bağladı ve duyguları ifade biçimlerini sadece kültürle ilişkilendirenlere karşı çıktı. Darwin'in bu yaklaşımına karşı çıkanlar "Kültür önemlidir, insan doğası değil" diyorlardı. Darwin'in bu iddiası, bütün insanların tek bir çiftten (Adem ile Havva) türemesinin genel kabul gördüğü dinlerin yaklaşımı ile hiçbir uyumsuzluk arz etmez. İnsanların bu ortak duygu ifadeleri, tek bir çiftten aktarılan 'a priori kategoriler'le (zihinde kodlu, doğuştan var olan özelliklerle) veya bunları taşıyan genetik özelliklerle açıklanabilir. Burada Evrim Teorisi açısından kritik nokta, bu özelliklerin farklı türler arasında da paylaşıldığı iddiasıdır. Türler arasındaki şekilsel benzerliklerden evrim olduğu sonucuna yükselme, Darwin'in bu eserinde benzer bir mantıkla, yerini duygu ifadelerindeki benzerliklerden sonuca gitmeye bırakmıştır. Burada yine benzerliklerden evrime yükselmenin ne kadar güvenilir olduğu sorusu karşımıza çıkmaktadır. Üstelik yeni bir güçlük daha vardır ki bu, birçok kişinin gözünden kaçmıştır.

Darwin'in tezini doğrulaması açısından, türlerin şekilsel benzerlikleri ne kadar yakın akraba olduklarını ifade ediyorsa, o zaman, duygularını ifade biçimleri de ilk sınıflamayla tamamen paralel olmak zorundadır. Canlıların duygularını ifade biçimleri, onların kas yapısı gibi dış özelliklerinden etkilendiği için bu, muhakkak bir dereceye kadar paralelliğin sebebi olacaktır. Fakat, köpek gibi insana daha uzak bir akraba olduğu iddia edilen bir hayvan ile insan arasında, maymun ile insan arasında olduğundan, bir duyguyu ifade biçiminde daha çok benzerlik olduğu ortaya konabilirse; bu durum, Evrim Teorisi açısından ciddi bir sorun teşkil eder. Evrimcilerin, canlılarda öngördüğü akrabalık yakınlıkları ile duygularını ifade biçimlerinde benzerlik oranında tam bir paralellik olup olmadığını söylemek mümkün görünmemektedir. Zaten milyonlarca canlı türünün Darwin'in öngördüğü 'soy ağacı'ndaki yerini tespit etmek konusunda birçok ihtilaf vardır. Bu ihtilaflar çözüldükten sonra ise, bu 'soy ağacı'nda birbirine en yakın canlıların, duygularını ifade biçimlerinin en çok birbirine benzediğini söylemek gerekecektir ki; böyle bir çalışmayı Darwin de, ondan sonra kimse de gerçekleştirememiştir. Üstelik tüm bunların ortaya konması mümkün olsa bile 'benzerliklerden evrime yükselmenin meşruluğu' gösterilmeden; ne canlıların dış yapılarından, ne genetik benzerliklerinden, ne de duygularını ifade ediş biçimlerinden Evrim Teorisi'nin doğruluğunu iddia etmek, doğrulanmamış bir hipotezin ötesine geçemeyecektir.

Aslında, Evrim Teorisi'nden önce de sonra da canlılar arası benzerlikler; Allah'ın zihnindeki planın (veya 'idealar'ın) benzer kılması ve toprağın ortak ata olması ve ortak Dünya ortamı içinde aynı hammaddelerden canlıların yaratılması temelinde açıklanmaya çalışılmıştır. Evrim Teorisi'nin açıklaması olan 'benzerlikleri ortak bir ata ile tek bir soyda birleştirmek'; ileri sürülen açıklamaların sadece bir tanesidir. Evrim Teorisi'nin delillerinin arttırılması çabası aslında hep daha çok benzerlik bulma yarışı olmuştur; önce morfolojik yapıda, sonra duyguların ifadesinde, en son da genetikte. Oysa öncelikle benzerlikten evrime yükselmenin meşru olup olmadığı saptanabilmelidir ki tüm bu çabaların yerinde olup olmadığı temellendirilebilsin. Bu konu, 3. bölümde ayrıntılı bir şekilde ele alınacaktır.

HERBERT SPENCER VE EVRİM TEORİSİ

Herbert Spencer (1820-1903), 'evrim' (*evolution*) kavramının popüler bir kavram olmasını ilk olarak sağlayan kişidir. Darwinci çizgide Evrim Teorisi'ni savunan birçok biyolog, Evrim Teorisi'nin, her bir sonraki formun mutlak surette bir önceki formdan daha gelişmiş olması gerektiğini ileri sürmediğini (veya sürmemesi gerektiğini) söylemelerine rağmen; Evrim Teorisi, yaygın olarak 'evrim'in, sürekli gelişmeyi ifade eden anlamında anlaşılmıştır. Spencer'ın Evrim Teorisi; 'evrim'in, Güneş Sistemi'nden Dünya'mıza, Dünya'mızdan tüm canlıların bedenlerine, canlıların bedenlerinden sosyolojik yapılarına kadar gerçekleşen genel geçerli (*Universal*) bir yasa olduğunu ileri sürer.

Spencer, her alana uyguladığı 'evrim' kavramını dillere bile uygular ve dillerin, ortak ilkel bir kökenden yavaş aşamalarla evrimleştiğini savunur. Çeşitli kelimelerin ve tamlamaların kökenine inerek, genel 'evrim yasası'nın dillerde nasıl rol oynadığını göstermeye çalışır. Spencer, dinlerin, ilk ve temel kaynağını atalara tapınmada bulduğunu söyler ve kişisel ilâhlara tapınmaya geçişi de dildeki değişimlere bağlar. Ernst Cassier, Spencer'in bu görüşüne karşılık; "İnsan kültürünü salt bir yanılsama ürünü, sözcüklerle hokkabazlık yapma ve adlarla çocukça oynama olarak düşünmek, çok inandırıcı ve akılla bağdaşır bir varsayım değildir" der. Spencer, kendi döneminde büyük etkisi olan Newton'un fizik sistemi ile Comte'un toplumlara evrimci yaklaşımının ve pozitivizminin etkisi altındadır. O, etkisi altında olduğu fiziksel yaklaşımdan sosyolojik yaklaşıma kadar geniş bir alanı evrim ile birbirine bağlamıştır. Diyebiliriz ki, Hegel dahil hiçbir felsefeci, 'evrim' kavramına Spencer kadar felsefesinde merkezi bir rol vermemiştir. O, Hegel'in 'evrim'i Mutlak'ın gerçekleştirdiği tinsel bir süreç olarak açıkça tarif etmesinden de etkisinde olduğu Comte'un pozitivizmindeki çizgisinden de ayrılır. 'Evrim'in, bir zorunluluk olduğunu ve Bilinemez'in, Kavranamaz Kudret'in kendisini belli etmesine yarayan bir gerçeklik olduğunu söyler. Ayrı ayrı olguların değerlendirilmesinde evrimin sentetik bir düzen içinde anlaşılacağını ve tecrübelerimizi aşan gayesel bir gerçek olduğunu belirtir.

Spencer'a göre, somut yorumlamaların hepsini birleştirip bütünleştiren tek gerçek; belirtileri daima değişen, ama geçmiş ve gelecek zamanda değişmez olan bir Kuvvet'i tanıyıp kabul etmektir. Bilimin de metafiziğin de teolojinin de kendisine gitmekte oldukları hedef böyle bir neticedir. Spencer'ın biyolojik Evrim Teorisi, evrensel bir 'evrim' yaklaşımının alt kümesidir. Bu yönüyle Lamarck'ın, Darwin'in ve Wallace'ın biyoloji merkezli Evrim Teorileri'nden ayrılmaktadır. Spencer'ın genel 'evrim' yaklaşımında, basit ve homojen bir halden kompleks ve heterojen duruma geçiş esastır. Aynı şekilde bireylerin gelişiminin de bu esas çerçevesinde oluştuğunu savunur, ünlü biyolog Wolff ve Von Baer'i takip ederek, homojen bir yumurtadan canlının değişik bölüm ve organlarının evrimleşmesini, iddiasına delil olarak gösterir. Bu daha önce incelenen sıralıoluş teorisi ile ilişki kurularak Evrim Teorisi'nin savunulmasıdır. Spencer, her ne kadar 'Sosyal Darwinizm' ile özdeşleştirildiği için daha çok Darwin ile arasında bağ kuruluyorsa da aslında o, biyolojide Lamarck'ın takipçisidir. 1852 yılında, Darwin daha *'Türlerin Kökeni'* kitabını yazmadan yedi yıl evvel, Lamarck'ın Evrim Teorisi'ni, embriyolojiden örneklerle birleştirip savundu.

Spencer, Lamarck'ı takip ederek sonradan kazanılan özelliklerin aktarılmasının biyolojik evrimin temel mekanizmasını oluşturduğunu söyledi. Kendisi, kalıtım ile ilgili genel bir teori ortaya süren ilk kişi olarak gösterilir. Bu yaklaşıma göre; türe özel, kendini yenileyen fizyolojik parçacıklar çevreye cevap verme ve böylece sonradan kazanılan özellikleri aktarma yeteneğine sahiptirler. Darwin, sonradan kazanılan özelliklerin aktarılmasını, 'doğal seleksiyon' mekanizmasının temel olduğu bir sistemin yan bir mekanizması olarak değerlendirdi. Weismann, sonradan kazanılan özelliklerin aktarılamayacağını deneyleriyle gösterip sadece 'doğal seleksiyon'un yeterli olduğunu kabul etti. Bu, Lamarck'ın Evrim Teorisi'ni yıkıyor ve Darwin'in Evrim Teorisi'ni yaralıyordu. Fakat diğer yandan Evrim Teorisi'nin savunulması için 'doğal seleksiyon' ön plana çıktı ve zamanla Darwinizm'in rakibi Lamarckçılık (biyolojik bulgular arttıkça Weismann destek kazandı) tamamen gözden düştü. Spencer, Weismann'ın sonradan kazanılan özelliklerin aktarılamayacağı görüşüne itiraz etti ve sonradan kazanılan özellikler aktarılamıyorsa evrimin de olamayacağını söyledi. O, yeni bir yapı evrimleştiğinde, vücudun geri kalanının ona uyum sağlaması gerektiğini ve tesadüfî değişikliklerin hep beraber doğru zamanda gerçekleşmesini beklemenin mümkün olmadığını ileri sürdü. 'Doğal seleksiyon' bir tek organdaki değişikliği açıklayabilirdi, ama birbirine entegre tüm bir vücudu açıklamakta yetersizdi. Ayrıca Lamarckçılık, kullanılmayan organların toptan yok olmasını açıklayabiliyorken, 'doğal seleksiyon' bütünüyle elenmeyi açıklamakta zorluklara sahipti.

Spencer, kullanılan organların geliştiğini ve kullanılmayan organların yok olduğunu söyleyen Lamarckçılığın, evrim için açıklayıcı bir mekanizma ileri sürdüğünü düşünüyordu. Aslında Spencer, 'doğal seleksiyon'un içinde bulunduğu zorlukları doğru tespit etmişti, yoksa, sosyolojik görüşünde 'doğal seleksiyon'a yer veren Spencer'ın, eğer yeterli görseydi, 'doğal seleksiyon' merkezli bir Evrim Teorisi'ne itiraz etmesi için neden yoktu. 'Doğal seleksiyon', Spencer'ın evrimsel yaklaşımında itiraz etmediği, fakat ikinci dereceden önem verdiği bir mekanizmaydı. Bu tavır Darwin'inkinin tam tersidir. Gelişen biyoloji Weismann'ı haklı çıkardı, sonradan kazanılan özellikler aktarılamıyorsa evrimin doğru olamayacağını söyleyen Spencer, Weismann'ın görüşünün biyolojiye tamamen hâkim görüş olduğunu göremeden öldü.

Spencer'ın Evrim Teorisi açısından bir önemi de onun 'evrim' kavramını popülarize etmesinin yanında, 'en uygun olanın yaşaması' (*survival of the fittest*) deyimini ilk kullanan kişi olmasıdır. O, 'var olma kavgası'nın (*struggle for existence*), 'en uygun olanın yaşaması'na (*survival of the fittest*) yol açtığını söylemiştir (Spencer'ın bu ifadesi ile Nietzsche'nin Nazizm'e ve ırkçılığa yol açan 'üstün-insan' görüşü arasında bağlantılar kurulmuştur). Darwin, *'Türlerin Kökeni'* kitabının beşinci baskısından (1869) itibaren Spencer'ın bu ifadesini kullanmaya başlamış ve günümüzde bu ifade Spence'dan çok Darwin ile özdeşleşmiştir. Darwin 'evrim' kavramını ise ilk olarak *'İnsanın Soyu'* kitabında, 1871'de, sonra 1872'de 'Türlerin Kökeni'nin altıncı (sonuncu) baskısında kullandı. Daha evvel 'evrilme' (*evolve*) fiilini kullanıyordu ama 'evrim' (*evolution*) kavramını kullanmamıştı. Darwin, *'Türlerin Kökeni'* kitabının sonraki baskılarında, Herbert Spencer'ın zihinsel gelişimin aşamalı oluşumuna dair fikirlerinin, gelecekteki psikoloji bilimini belirleyeceğini de ekledi. Ancak tüm bunlara rağmen Darwin'in, Evrim Teorisi'ni Spencer'a dayanarak oluşturduğunu söylemek hatalı olur. Her ne kadar canlıların evrim geçirdiğini Spencer daha önce söylemiş olsa da (1852), Darwin araştırmacılarının hemen hepsi, o dönemde, Darwin'in canlıların evrim geçirdiğine dair kanaatini oluşturduğu görüşündedirler. Ama her iki düşünürün birbirinden alıntıları ve birinin kullandığı kavramı sonra diğerinin de kullanması karşılıklı etkinin açık bir delilidir.

Herbert Spencer'ın günümüzdeki şöhretinin en önemli sebebi ise, genel evrimsel felsefesinden ve biyoloji alanındaki yaklaşımından ziyade, Evrim Teorisi'ni sosyoloji ve etik alanına uygulamasını ifade eden 'Sosyal Darwinizm' diye anılan görüşüdür. Buna göre, doğadaki evrimsel süreçten insanlar ve toplumlar için reçeteler çıkartılır. Kitabın 5. bölümünde, Evrim Teorisi'nin etik ve sosyoloji alanına taşınması ile ilgili bu konuya yer vereceğiz.

YENİ-DARWİNİZM (NEO-DARWİNİZM) VE GENETİĞİN ÖNEM KAZANMASI

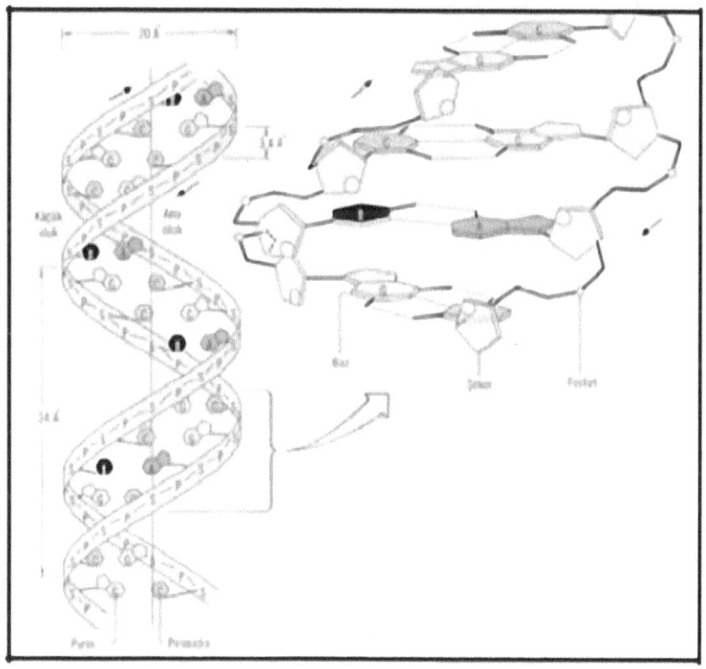

DNA MOLEKÜLÜNÜN **Y**APISI

Günümüzde Evrim Teorisi veya Darwinizm denince akla gelen biyolojik teori, temelde Darwin'in 'doğal seleksiyon' fikriyle genetikteki gelişmelerin bir sentezidir ki bu yaklaşım Yeni-Darwinizm (*Neo-Darwinizm*) olarak da anılır. Yeni-Darwinizm'in kurucularından biri olarak gösterilen Theodosius Dobzhansky, Yeni-Darwinizm ismi yerine sentetik teori (*synthetic theory*) ve evrimin biyolojik teorisi (*biological theory of evolution*) demeyi tercih ettiğini; çünkü biyolojinin genetik, sistematik, karşılaştırmalı morfoloji, fosilbilim, embriyoloji, ekoloji dallarının da konuyla ilgili olduğunu söylemektedir. Birçok kişinin modern sentez (*modern synthesis*) veya evrimci sentez (*evolutionary synthesis*) deyimleriyle kastettiği de en temelde Darwinizm'in genetikle birleştirilmiş halidir. Evrimi kabul eden biyologlar arasında 'doğal seleksiyon'u tamamen ön plana çıkartan 'seleksiyoncu' (*selectionism*) kanada karşılık (bunlar genetik değişikliklere çok vurgu yapmaz), 'seleksiyon'a aşağı yukarı hiçbir önem atfetmeyen 'moleküler evrimin nötral teorisi'nin savunucuları (*neutral theory of molecular evolution*) da vardır. Genel eğilim ise 'doğal seleksiyon' ile 'mutasyon'u (genetik değişiklikleri) birleştiren bir Evrim Teorisi'ni savunmaktır. Her ne kadar Dobzhansky'nin dediği gibi 'Yeni-Darwinizm' veya 'sentetik teori' biyolojinin birçok alanıyla ilgili olsa da tüm bu alanlardaki bakış açısını değiştiren temel değişiklik genetik alanıyla ilgilidir.

Yeni-Darwinizm'in en önemli özelliklerinden biri, sonradan kazanılan özelliklerin aktarılamayacağı konusundaki ortak kanaattir. Embriyoloji veya geçmiş dönem fosillerinin incelenmesi üzerine yoğunlaşan Yeni-Darwinci, bir Lamarkçı'dan farklı olarak, 'sonradan kazanılan özelliklerin aktarılamayacağı' kabulünden yola çıkarak embriyo gelişimini veya fosiller arasındaki benzerliklerin değerlendirmesini yapar. Bu temel dışında, Yeni-Darwinci olarak adlandırılan pek çok bilim insanı, birçok önemli konuda kendi aralarında anlaşmazlık içindedirler. Örneğin, Edward O. Wilson ve onun gibi düşünenler, genlerimizde kodlu biyolojik yapımızın, sosyolojik yapımızı ve kültürümüzü oluşturduğu ile ilgili 'sosyobiyoloji' diye anılan yaklaşımı savunmaktadırlar. Diğer yandan Stephen Jay Gould ve onun gibi düşünenler, 'sosyobiyoloji'yi kötü bir bilim olarak değerlendirmekte ve bu bilim dalının masalsı anlatımlarla dolu olduğunu savunmaktadırlar.

Yeni-Darwinizm'in genel eğilimi, canlılardaki değişimlerin genlerdeki ufakdeğişikliklerin (*micromutation*) birikmesiyle gerçekleştiğini iddia etmek üzerine kurguludur. Buna karşı Niles Eldredge, Stephen Jay Gould gibi Darwinci doğal seleksiyonun önemini kabul eden biyologlar 'kesintili denge' (*punctuated equilibrium*) teorileriyle bu ana görüşe karşı çıktılar. Bu konuyu 3. bölümde inceleyeceğiz.

Yeni-Darwinizm'de, birçok muhalif görüşün savunulmasına karşın, sonradan kazanılan özelliklerin aktarılamayacağı konusunda genel bir kanı vardır. Her ne kadar sonradan kazanılan özelliklerin aktarılabileceğini hâlâ savunanlar olsa da, bunlar Yeni-Darwinci çizginin tamamen dışında etkin olmayan çok küçük bir azınlıktır. Darwin, 'doğal seleksiyon'u temel mekanizma olarak görmesine rağmen, sonradan kazanılan özelliklerin aktarılabileceğini de savunuyordu. 1868 yılında yazdığı *'Evcilleşen Hayvanların ve Bitkilerin Çeşitlemesi'* adlı kitabında kalıtım konusunda 'pangenesis teorisi'ni savundu. Bu görüşe göre vücudun tüm organlarından gelen parçacıklar (*gemmules*) üreme organlarına geçiyordu. Böylece dış çevreden etkilenen organların, bu değişiklikleri üreme organlarına aktarımını açıklayan bir teori oluşturuldu. Haeckel gibi Darwin'i takip eden birçok ünlü biyolog, sonradan kazanılan özelliklerin aktarılabilmesine özel önem verip savundular.

Modern biyoloji, Mendel ve Weismann'ın daha önceden ortaya koyduğu çalışmaların doğru olduğunu ve sonradan kazanılan özelliklerin aktarılamayacağını (üreme hücreleri vücudun diğer organlarındaki değişimlerden etkilenmediklerinden) kabul edince, Darwinizm gözden düşeceğine daha da popüler oldu.

Çünkü Darwinizm'in en büyük rakip Evrim Teorisi olan Lamarckçılık bu sonuçla tamamen geçersiz oldu. Darwinizm'in en temel mekanizması olan 'doğal seleksiyon' iyice ön plana çıktı.

Görüldüğü gibi Yeni-Darwinizm'i, Evrim Teorisi'ne dair delillerin bir genişlemesi olarak düşünmek hatalıdır. Çünkü Yeni-Darwinizm, Evrim Teorisi'nin en önemli iki mekanizması olarak ileri sürülen 'doğal seleksiyon' ve 'sonradan kazanılan özelliklerin aktarılması'ndan, ikincisini reddederek birincisi üzerine odaklanmıştır. Bu revizyon genetikteki gelişmelerin dayattığı bir sonuçtur. Kalıtım ile ilgili modern teorinin temel ilkeleri, Darwin ile aynı dönemde yaşayan Gregor Mendel (1822-1884) tarafından ortaya konmuştur.

Mendel, bezelyelerle ilgili yaptığı deneylerini 1865 yılında yayımladı. Kendi döneminde yeterli ilgi görmeyen bu çalışmalar 20. yüzyılın ilk yıllarından itibaren yeniden keşfedildi. Mendel, birbirinden farklı bezelyeleri çiftleştirdi ve yeni oluşan melez bezelyelerin, çiftleştirilen bezelyelere ne kadar benzediğini gözlemledi. Bu gözlemi yaparken bezelyelerin yuvarlak veya buruşuk olması, rengi, uzun veya kısa olması gibi özelliklere yoğunlaştı. Melezleşen bezelyelerde kısalığa karşı uzunluğun, buruşukluğa karşı yuvarlaklığın, beyaza karşı mor rengin daha çok gözlendiğini tespit etti. Daha çok gözlenen bu özelliklere dominant (baskın), daha az gözlenen özelliklere ise resesif (çekinik) denir. Mendel, melezleştirdiği bezelyeleri birbirleriyle de çiftleştirince dominant özelliğin yeni oluşan melez bezelyelerde üçe bir oranına yakın bir şekilde ortaya çıktığını belirledi. Bu çalışma, canlının genotipi ile (genetik özellikleriyle) fenotipinin (dış görünüşünün) tamamen aynı olmadığını gösterir. Bireylerde, atalarından aldıkları bazı özellikler resesif olarak bulunup sonra ortaya çıkıyorsa; bu, genetikte var olan ve bireyin genetiğinde taşıyıp ilettiği bazı özelliklerin, dış görünüşünden belli olmadığı anlamını taşır. Mendel, melezleştirme yoluyla tür oluşumunu Evrim Teorisi'ne alternatif bir izah olarak değerlendiriyordu (Linnaeus son döneminde ve Buffon da melezleşme ile tür oluşumuna dikkat çekmişti). Mendel'in çalışmaları –o dönemde Darwin ve daha başka birçok biyoloğun düşündüğü şekilde- atalardan gelen özelliklerin, kan yoluyla ve birbirine karışarak yeni oluşan yavruya geçmediğini gösterdi. Özellikler atadan yavruya birbirinden ayrı, karışmayan bir şekilde geçer. Johanssen, kalıtımı sağlayan ve atalardan yavruya geçen bu parçacıklara 1911 yılında 'Gen' adını koydu.

Weismann, 1883 yılında üreme hücreleri vücudun diğer bölümlerinden ayrı olduğu için; Lamarckçıların, Yeni-Lamarckçıların ve Darwincilerin savunduğu şekilde sonradan kazanılan özelliklerin aktarılmasının mümkün olmadığını ve 'doğal seleksiyon'un evrimci yaklaşım için yeterli olduğunu ileri sürdü. Bu, kullanılan organların gelişip sonraki nesillere aktarılmasının veya kullanılmayan organların körelmiş bir şekilde sonraki nesle aktarılmasının mümkün olmadığı anlamına gelmektedir. Farelerin birçok nesil boyunca kuyruklarını kesip, sonradan oluşan farelerin de kuyruklu doğmasını bu tezine delil olarak gösterdi. Evrime bir tek 'doğal seleksiyon'un yön verdiğini söyleyerek kendi karşıtlarının alternatif teoriler için çaba göstermesine yol açtı. Herbert Spencer, Weismann'ın görüşleri üzerine kendisinin Darwinci kampın dışında olduğunu açıkladı.

Weismann'dan sonraki elli yıl onun ortaya koyduğu problemin tartışılmasıyla geçti; Mendel'in yeniden keşfinde de onun ortaya koyduğu yaklaşımın önemli etkisi oldu. Weismann ilerleyen yıllarda 'doğal seleksiyon'un evrimi açıklamaya yeterli tek mekanizma olduğu fikrinden vazgeçti. 'Tohumsal seleksiyon' fikrini benimsemeye başladı; bununla, canlılarda 'yönlendirilen bir çeşitliliğin' oluştuğunu, bunun sayesinde yeni organların meydana çıktığını savundu. Doğal seleksiyonun yeni organ işe yaramazsa etkin olacağını iddia ederek eski çizgisini kısmen devam ettirse de bu yaklaşımıyla eski yaklaşımından önemli şekilde farklılaştı.

Darwin'in teorisini ortaya koyduğu ilk dönemde, en yakınlarından biri olan Huxley, Darwin'in ufak değişikliklerin birikmesiyle evrimi savunmasına karşın büyük değişikliklerle (sıçramalarla) yeni türlerin oluştuğunu (*saltationism*) iddia etti. Mendel'in ilk dönemdeki takipçilerinden bir kısmı mutasyonların (gendeki değişikliklerin), bir türden diğerine geçişi sağlayacak şekilde sıçramalı olduğunu savundular.

Mutasyonla yeni bir türün oluşacağına dair yaklaşımı ilk olarak Hollandalı botanikçi Hugo De Vries (1848-1935), '*Mutation Theory*' (1901) adlı çalışmasında ileri sürdü. Birçok kişi mutasyonla yeni türlerin oluşabileceğini, 'doğal seleksiyon' mekanizmasına ihtiyaç olmadığını benimsedi. Bu yaklaşım, Darwin için çok önemli olan, 'çevrenin türlerin oluşumu üzerinde etkisi olduğu' fikrini önemsemiyordu. Zamanla genetikte, oluşan mutasyonların bireylerde değişikliklere yol açıp hammaddeyi sağladığı, 'doğal seleksiyon' mekanizmasının ise çevreye uyum sağlayamayan bireyleri eleyip uyum sağlayanlara yaşama imkânı tanıdığı söylenerek; genetik ile Darwinizm arasında bir sentez oluşturuldu.

1910 yılından itibaren, hızlı üreme özelliğinin avantajları gibi sebeplerle sirke sineği (*Drosophila*) üzerinde laboratuvar ortamında X ışını vermek gibi müdahaleler ile mutasyon deneyleri yapıldı. Mutasyonların genelde resesif (çekinik) olmakla beraber dominant da olabileceği görüldü. Yapılan tüm deneyler, De Vries'in düşüncesinin aksine, *Drosophila*'nın hiçbir yeni türe dönüşmediğini gösterdi. Richard Goldschmidt gibi bazı biyologlar, ufak mutasyonların birikmesiyle yeni bir türün oluşumunu tamamen imkânsız gördükleri için, büyük bir mutasyonla yeni bir türün oluşumunu, örneğin bir sürüngenin yumurtasından bir kuş çıktığını ileri sürdüler ve 'umulan canavar' (*hopeful monster*) diye anılan görüşü savundular. Darwin dahil birçok biyolog, böylesi 'sıçramalı mutasyon' iddialarını türlerin bağımsız yaratılışından farksız metafizik iddialar olarak görüp kabul etmediler. Laboratuvar ortamında X ışını verilerek, normal koşullarda mümkün olmadığı kadar mutasyona uğratılan canlılardan bile yeni ve yararlı özelliklere sahip bir tür elde edilememesi, Evrim Teorisi için ciddi bir sorundur. Böylece teori, tek bir yeni ve fonksiyonel türsel değişikliğin, manipülasyonun mümkün olduğu ortamda bile gözlenememesi sonucu zor duruma düşmüştür. Yeni-Darwinizm yavaş ve uzun yıllarda biriken mutasyonlarla, canlılardaki yeni organların ve özeliklerin oluştuğunu söyleyerek içinde bulunduğu sorunu çözmeye çalışmıştır. Ama bu da teorinin, gözlemsel destekten yoksun oluşunu ortadan kaldırmaz.

Bilim felsefesi açısından Evrim Teorisi'nin değerlendirileceği 3. bölümde bu konu daha detaylı ele alınacaktır. Watson ve Crick, 1953'te DNA'yı keşfetmeden önce, genlerin vücut hücrelerindeki değişimlerden etkilenmediği ve bu izole genlerin, yeni bireyin oluşumuna şekil verdiği konusunda genel bir kanı oluşmuştu. DNA'nın keşfi bu kanıyı iyice kuvvetlendirdi ve genetik bilginin DNA'larda nükleik asitlerle kodlu olduğu öğrenildi. Mutasyonların, bu nükleik asitlerin düşmesi veya zarar görmesi gibi etkilerle oluştuğu anlaşıldı.

DNA'nın kompleks yapısının keşfi ise, 'makro mutasyonları' savunmayı güçleştirdi, DNA'nın hassaslığı bu kadar büyük mutasyonları kaldıramazdı ve bu büyük keşifle birlikte Evrim Teorisi çok büyük bir açmazın içine girmiş oldu. Bu da, türlerin sıçramalı mutasyonlarla oluştuğu fikrinin ve buradan hareketle doğal seleksiyon mekanizmasıyla yeni türlerin oluşabileceği fikrinin savunulmasını iyice açmaza soktu. Yeni-Darwinizm canlılardaki benzerliklerden (homoloji) evrim olduğu sonucuna dayanmaya devam etti, ama canlılardaki 'homoloji' artık ortak atadan benzer genler alındığı yaklaşımıyla açıklanmaya başladı. Bu noktada, teorinin benzerlikten evrime yükselmesine dair içeriği aynı kaldı. Haeckel'in savunduğu 'merdiven gibi yükselen evrimsel ağacı' Yeni-Darwinistler'den neredeyse hiç savunan kalmadı; onun yerine 'ortak bir atadan dallanan bir evrim ağacı' kabul edildi. Yeni-Darwinistler'in içinde Darwinizm'i ateistik inançlar ile birleştirip savunanlar olduğu gibi, 'yaratılışçı' olduğunu söyleyip evrimi benimseyenler de oldu. Birçok bilim insanı ise, dinlere veya Yaratıcı'ya dair fikirlerini Evrim Teorisi'nden tamamen ayırarak bu teoriyi savundu. Ünlü biyokimyacı Jacques Monod evrimin tamamen tesadüfî bir süreç olduğunu düşündü. Buna karşın Yeni-Darwinizm'in kurucularından olan Theodosius Dobzhansky, Evrim Teorisi ile dinlerin çatışmadığını ve kendisinin hem yaratılışçı hem de evrimci olduğunu söyledi. Evrim Teorisi'ne hem teistik hem de ateistik yaklaşımların olması Yeni-Darwinizm ile de devam etti. En hâkim görüş olan Yeni-Darwinizm'e en fazla eleştiri oklarını yöneltenler ise 'Evrim Teorisi'ni reddeden yaratılışçılar' oldu. Bu da, yaratılışı savunanlar ile Yeni-Darwinistler'in birbirlerine zıt iki kamp olarak algılanmalarına sebep oldu.

EVRİM TEORİSİ'NİN ORTAYA KONDUĞU DÖNEMDEKİ KOŞULLAR VE PARADİGMALAR

'Paradigma' terimi bizzat bu terimi popülerleştiren Thomas Kuhn tarafından ünlü kitabı *Bilimsel Devrimlerin Yapısı*'nda birçok farklı anlamda kullanılmıştır. Bu yüzden bu kitapta kullandığımız 'paradigma' kavramıyla neyin kastedildiğini belirtmek faydalı olacaktır. 'Paradigma' kavramıyla; belli bir dönemde ve bölgede hâkim olan felsefî görüşlerin, bilimdeki gelişme ve yeni anlayışların, teolojideki yaklaşımların, ekonomik koşul ve teorilerin, politik ve sosyolojik ortamın ve diğer belirleyici unsurların hepsinin bir arada bilimsel çalışmanın yapılış şeklini ve kabulünü nasıl etkilediklerini ifade etmeye çalıştığı söylenebilir. Bu anlama göre Evrim Teorisi; 19. yüzyılda, esas itibarıyla İngiltere'deki felsefî, bilimsel, teolojik, politik ve sosyolojik ortamdaki 'paradigmalar'dan etkilenerek ortaya konmuştur. Evrim

Teorisi'nin oluşmasında bu paradigmaların önemli olduğunu söylerken, Evrim Teorisi'nin açıklamasının sadece ve sadece bir paradigmanın açıklanmasıyla mümkün olmadığını veya Kuhn gibi, bilimsel bilginin yalnızca belli bir paradigma içinde önemli olduğunu ve objektif bilgi olmadığını (bir paradigmanın dışında o paradigmanın bilgisinin doğruluğu için bir kriter olmadığını) kastediyoruz.

Kuhn'un yaklaşımına tamamıyla doğru diyemesek de onun, bilimsel bilgi ve ilerlemeyle ilgili epistemolojik sorunların, yani çağdaş bilim epistemolojisinin, mutlaka sosyal bir yönü de olduğunu göstermesinin çok değerli bir yaklaşım olduğu bilinmelidir. Bu yüzden Evrim Teorisi'nin bu sosyal boyutunu tek yönlü incelemek yerine, felsefî ve bilimsel arka planı ile beraber belirlemeye çalışacağız. Burada bir bilginin sosyolojik ortamın etkisiyle oluştuğunu söyleyerek, o bilginin mutlak şekilde objektif olmadığını (evrensel bir bilgi olmadığını, sadece dönemindeki koşulların bilime bir yansıtılması olduğunu) söyleyemeyiz. Bilgi sosyolojisine dayanan bu yaklaşım, mevcut bilimsel bilgi ve teorinin neden ve hangi ortamda oluştuğunu söyleyebilir, fakat bu teorinin ispatını (doğrulanmasını) veya geçersizliğini (yanlışlanmasını) içermez. Fakat bilgi sosyolojisinin bu yaklaşımı, doğru olmayan bir bilimsel bilgi ve teorinin neden oluştuğunu açıklayabilir. Yani yanlış olan bilimsel bir bilgi ve teorinin, neden kabul edilip ortaya konduğunu belirlememizi sağlayabilir. Bazen aynı paradigma içinde ortaya konan bir teori doğru, diğeri ise yanlış olabilir. En zor olan ise, bir teorideki yanlış unsurların doğru unsurlara karışmış olduğu durumdur. Hele bu durumun felsefî boyutları da varsa teorinin doğrulanması veya yanlışlanması önemli bir mesele haline gelir ve bu noktadan sonra teoriyi savunanlar ile reddedenler arasında uzun süren bir tartışma başlar. Böyle bir durum, analitik bir incelemeyle doğru ile yanlışı ayırt etmeyi gerektirebilir ki; bu gerçekten de çetin bir uğraştır.

Evrim Teorisi'nin sadece belli bir sosyal ortamın ve döneminin yansıması olduğunu, bu teorinin yanlış bir teori olduğu ve sadece belli bir paradigmanın ürünü olduğu için kabul edildiğini göstermek isteyenler olmuştur. Diğer yandan, Evrim Teorisi'nin doğruluğunu kabul eden ünlü düşünürlerden birçoğu da bu olguyu kabul etmekle beraber, bu olgu, Evrim Teorisi'nin doğruluğunu kabul etmeleri için bir engel teşkil etmemiştir. Daha önceden görüldüğü gibi hem Darwin'in hem de Wallace'ın her ikisi de Malthus'tan (iktisada yönelik bir teoriden) etkilenmişlerdir. Friedrich Nietzsche (1844-1900) Darwin'in 'yaşam mücadelesi' görüşünü eleştirirken, Darwin'in doğa ile Malthus'u birbirine karıştırdığına vurgu yapar. Engels ise Darwin'in teorisinin, Hobbes'un "İnsan insanın kurdudur" mantığının, Malthus'un nüfus teorisinin ve burjuvazinin ekonomideki rekabet yaklaşımının doğaya aktarımı olduğunu söyler ve ardından kapitalistlerin önce doğaya aktarılan bu görüşleri, sonra kendilerini meşrulaştırmak için tekrar topluma aktarmalarını eleştirir. Jeremy Rifkin, iktisadın en önemli düşünürlerinden Adam Smith'in (1723-1790) 1776'da yazdığı ünlü kitabı 'Milletlerin Zenginliği' (The Wealth of Nations) ile Darwin''in yazdıklarının arasındaki önemli benzerliklere dikkat çeker ve evrimci gelişim düşüncesini, Smith'in 'işin bölümlere ayrılması' ile ilgili teorisinin motive ettiğini söyler. Darwin, Smith'in işbölümünün faydaları ve verimliliği artırması ile ilgili görüşlerini biyolog Milne-Edwards'dan aldı. Görüldüğü gibi Darwin'in teorisini oluşturmasındaki paradigmanın en etkili unsurlarından bir kısmını, konuyu iyi bilmeyenlerin hiç ummayacakları bir alan olan iktisat teorileri oluşturur.

Bu teoriler, Darwin'in yaşadığı İngiltere'de 19. yüzyılın sosyo/ekonomik şartları ile yakından ilgili oldukları için, sırf soyut teoriler düzeyinde düşünülmemelidirler. Avrupa'nın nüfusu 1750 yılında 140 milyon olmasına karşın, bir asır sonra 266 milyona çıkmıştı. 1750 yılının İngiltere'sinde doğan her üç çocuktan ikisi beşinci yaş günlerini görememiştir. Malthus'un teorisi böyle bir ortamda oluştu ve etkili oldu; onun etkisiyle ise Darwin'in 'yaşam mücadelesi' ve 'doğal seleksiyon' kavramlarının zihni yapısı vücut buldu. Yarışmacı kapitalizmin oluştuğu yer ve yıllarda bulunmuş olması da Darwin'i etkilemiş olmalıdır, çünkü o dönemde kimi şirketler tekniklerini geliştiriyor, büyüyorlar ve etkilerini artırıyorlardı, kimi şirketler batıyor, eski meslekler ise ölüp gidiyorlardı. Bu tabloyu saptayan ünlü evrimci biyolog John Maynard Smith, Darwin'in daha durgun olan bir feodal toplum içinde yaşamış olması halinde, doğada var olmak için 'yarışma' ve 'savaşım' gibi kavramların pek aklına gelmeyebileceğini söylemektedir. Robert Young, Darwin'in doğada da İngiliz fabrika sistemine benzer bir işbölümünün geçerli olduğunu keşfettikten sonra, doğru yolda olduğuna daha çok kanaat getirdiğini belirtir. Bu yüzden dönemin kapitalist işverenlerinden birçoğu, Darwin'in teorisini coşkuyla karşılamışlardır. Çünkü o dönem, işçilerin rahatsızlıklarının olduğu, çalışma reformu için baskı yapıldığı, işçi ve işveren ilişkisinde gerilimin en üst düzeyde olduğu bir dönemdi.

Burjuvazi, işbölümü sürecini makineleştiren bu yeni fabrika sistemini onaylayacak sağlam bir gerekçeye muhtaçtı. Benzer bir sürecin doğada da var olduğunu söyleyen Darwin, kapitalistlere, yönettikleri ve yararlandıkları bu ekonomik hiyerarşiye karşı işçi sınıfından gelen tehdidi savuşturmaları için en sağlam gerekçeyi sunuyordu. Adam Smith'in iktisat teorisinde 'verimlilik için ayrışma' kavramını Darwin kullanmıştı ve bu yaklaşım, o dönemin İngiliz sömürge emperyalizminin işine yaradı. Darwin'in *Türlerin Kökeni* kitabını yazdığı yıllarda (1859), İngiliz İmparatorluğu'nun üzerinde güneşin hiç batmadığı söyleniyordu, İngiltere dünyadaki oluşumların en önemli aktörüydü. Evrim Teorisi'ni meşrulaştırmak için sömürü düzeninden doğaya (sosyopolitik ve iktisadi düzenden doğaya) analojiler kurulurken, sömürü düzenini meşrulaştırmak için tam tersi yönde, doğadan sömürü düzenine analojiler kuruldu. Bu süreçler bilinçsiz olarak gelişmişse de teorinin kabulünde rol oynadı. Adam Smith'e göre bireyler arasındaki yarışa 'görünmez bir el' müdahale etmekte, ekonomik pazardaki arz ve talep, güvenilir bir tabiat kanunu tarafından düzenlenmektedir: O'na göre Allah'ın doğayı yaratışı, bu kanunun güvenilirliğinin bir garantisidir. Adam Smith iktisat teorisini, böylece teolojik bir kökenle birleştirmişti. Bu yaklaşıma göre herkesin bireysel menfaatini korumasıyla üretim ve tüketim arası denge sağlanır. Darwin'in doğanın işleyişi üzerine görüşleri, ekonomideki 'görünmez el' formülüyle benzeşiyordu. Darwin gerek Smith gerekse Malthus'la, toplumda olduğu gibi doğada da her bireyin kendi çıkarlarını en üst düzeye yükseltme ve sınırlı kaynaklar içinde diğerleriyle giriştiği hayat mücadelesinde ayakta kalma amacını gerçekleştirmeye çalıştığında hemfikirdi. Darwin'in temel problemi böyle bir birey eyleminin nasıl olup da bir bütün işleyiş ağı oluşturduğunu anlamaya çalışmaktı. Smith'in 'bırakınız-yapsınlar' merkezli yarışmacı ekonomisi, Malthus'un 'nüfus analizi' ile kendisinin 'doğal seleksiyon' teorisi arasında kurduğu paralel ilişkiyle teorisini oluşturdu. Darwin, tıpkı ekonomik alanda arz ve talebi düzenleyip dengeleyen bir kanunun işlemesi gibi, doğada da dengeleyici benzer bir kanunun (doğal seleksiyonun) var olduğu sonucuna ulaştı. Dolayısıyla Darwin, İngiliz sömürgeciliğine biyolojik bir temel sağlamıştır. O; "Farklı ırklardan iki insan karşılaşınca tıpkı iki farklı türden hayvan gibi davranırlar. Dövüşürler, birbirlerini yerler, birbirlerine zarar verirler. Ama ardından en güçlü bünyenin (yani insandaki aklın) kazanacağı daha ölümcül bir mücadele başlar.. Doğal seleksiyon o kadar etkilidir ki, tüm dünyada alt ırklar üst medeniyetlerin ırkları tarafından zamanla bertaraf edileceklerdir" diyordu.

İngilizler, sömürgecilik yaparken doğanın bir gereğini yerine getirdiklerini düşündükleri için güven tazeliyorlardı ve tabii ki bu durum teorinin ilk ortaya konduğu ortamda benimsenmesinin kolay olmasına katkıda bulunmuştur. Darwin'in yaşam sürecinde İngiltere, Fransa ile savaşıyordu (1808-1814), Napolyon

1815'te Waterloo'da yenilmişti. İngiltere'nin Ortadoğu ve Uzakdoğu'da savaşları vardı, Amerika'da sivil savaş (1861-1865) oluyordu. Savaşla beraber endüstri devriminin gerçekleştiği bu çağ bazılarına göre zamanların en iyisiydi. Bazılarına göre ise zamanların en kötüsüydü, örneğin Charles Dickens 'İki Şehrin Hikâyesi' isimli eserinde bu düşünceyi ifade etti. Özellikle Waterloo savaşını takip eden yirmi yılın, İngiltere kırsal alanının en kötü dönemi olduğu söylenir. 19. yüzyılın İngiltere'si, aynı zamanda, endüstriyel ilerlemenin, vahşi kapitalizmin (Marx komünizme dair fikirlerini bu dönem İngiltere'sini gözleyerek geliştirdi), bireysel teşebbüsün serbestliğini savunan liberal görüşlerin hâkim olduğu bir yerdi. İşte böyle bir ortamda 'yaşam mücadelesi' içinde 'en güçlünün yaşaması' ve 'güçsüzlerin elenmesi'ne dayalı 'doğal seleksiyon' fikri oluştu. Darwin, Wallace, Spencer gibi 'doğal seleksiyon' fikrini ortaya koyanların hepsinin de İngiltere'de aynı dönemde yaşamış olması ve aynı fikri (birbirlerinden bağımsız geliştirdikleri söylenir) ileri sürmelerini herhalde tesadüfle açıklamak çok zordur. Bu olgu, doğal seleksiyona dayalı Evrim Teorisi'nin ortaya konduğu paradigmayı iyi tanımamız gerektiğinin önemli bir delilidir. Darwin'in içinde yaşadığı dönemde endüstri devrimi ile beraber 'ilerleme' ve 'değişim' fikri halkın her tabakasında yaygınlaşmıştı. Sosyo/ekonomik alanda ve teknolojik gelişmede gözlemlenen 'ilerlemeci evrim' fikri, felsefe alanında Schelling, Hegel ve Comte gibi filozofların felsefesindeki 'ilerlemeci evrim' görüşüyle birleşiyordu. Dolayısıyla, bu teori ortaya konduğunda halkın geniş tabakalarından entelektüellerine kadar geniş bir kesimin zihninde 'evrim' fikri zaten vardı. Kant-Laplace ile gök cisimlerinin oluşumunun evrimi ve Lyell gibi bilim insanlarıyla yerkürenin evrimi hakkındaki evrimsel yaklaşımlar, sosyo-ekonomi ve felsefe alanının dışında bilimde de 'evrim' görüşünü yaygınlaştırmıştı. Bu da 'evrim' kavramının 19. yüzyılda özellikle İngiltere'de hâkim bir kavram olmasına yol açmıştı. Marx ve Engels'in, tarihinevrimine ve sınıf kavgasına dayalı komünist felsefelerini bu yüzyılın İngiltere'sini (aynı paradigma içinde) gözlemleyerek geliştirmelerini de tesadüf olarak göremeyiz. Felsefe, fizik, yerbilimi, sosyoloji, iktisat, tarih gibi alanlarda oluşan 'evrim' kavramı, canlıların dünyasındaki karşılığını Darwin ve Wallace gibi isimlerin çalışmalarında buldu. Evrimin mekanizması olarak görülen 'doğal seleksiyon' da, daha önce belirtildiği gibi çağın olayları, iktisat ve sosyolojisi gibi unsurlarla uyumluydu.

Evrim Teorisi'nin ortaya konduğu dönemde, Newton fiziğinin ve felsefe ile bilimde mekanist yaklaşımın hâkimiyeti vardı. Teologların birçoğu evrenin mekanik işleyişini, Allah'ın yaratışında bir araç olarak görerek; Yaratılış ile Nedenselliği ve Mekanist yaklaşımı uzlaştırmışlardı. Bu yüzden 'doğal seleksiyon'u ortaya ilk koyan Wallace, 'mekanik' prensiplerle işleyen bir biyolojik düzen ile 'tasarım' arasında bir çelişki görmedi. Fakat mekanist yaklaşımı Yaratılışa karşı gören pozitivistler; Evrim Teorisi'nin metafizik unsurları dışladığı kanaatine varıp, bu teoriyi kendi paradigmalarının tamamlayıcısı olarak gördüler. Diğer yandan pozitivizmin kurucusu Comte'un, Lamarck'ın Evrim Teorisi'ni reddetmesi gibi olgular, gerek aynı tipteki bir teolojik yaklaşımla, gerekse pozitivist yaklaşımla herkesin aynı sonuçları çıkarsamadığının ilginç ve bizi acele ile yapılan genellemelerden koruması gereken örneklerdir. Aynı paradigma içinde herkes aynı sonuçlara varmamıştır, paradigmanın çekim kanunu gibi mutlak belirleyici bir fiziksel kuvveti yoktur; fakat önemli belirleyici bir etkisi olduğu ve bunun da göz ardı edilmemesi gerektiği anlaşılmaktadır. Her bilimsel çalışma bir toplum içerisinde yapılır. Dolayısıyla bilimsel süreçler toplumun sosyolojik yapısından ayrı düşünülemez. Bu yüzden de sosyolojik ortamdan bağımsız bir bilimsel çalışma olamaz. Bilimsel çalışma yapılırken belirlenen ilkelerde de toplumun rolü vardır. Çalışmaların kabul edilip toplumsallaşmasında ise toplumun değerleri ve menfaatleri ile toplumu yönlendiren siyaset gibi kurumların etkisi vardır. Tüm bu unsurlar objektif bilgiye ulaşmak arzusunda olan bilimin önünde ciddi engellerdir. Objektif bilgi; menfaatlere, mevcut siyasete, kültüre veya peşinen kabul edilmiş ilkelere aykırı olabilir. Toplumdan soyutlanmış bilgi olamayacağı için, elde edilen bilginin objektifliğini belirlemekte birçok defa önemli zorluklar olmaktadır. Çünkü bu bilgiyi değerlendiren 'biz' de toplumun bir parçası olarak; kabul edilmiş ilkeler, toplumsal kurumlar ve kültürle kuşatılmış bulunmaktayız. Tüm bunlar, objektif bilimsel bilgiye ulaşmanın imkânsız olduğu anlamına gelmez.

Paradigmanın, bilgiye ulaşma ve bilginin kabulünde zorlaştırıcı veya kolaylaştırıcı etkisi olduğunu, ele aldığımız bilginin kabul veya reddinin, bilginin doğruluk veya yanlışlığından bağımsız olarak paradigmaya bağlı olabileceğini göz önünde bulundurmalıyız. Bu ise bizi, bir bilgiyi (veya teoriyi) değerlendirmek için, o bilginin ortaya konduğu paradigmayı bilmemiz gerektiği sonucuna götürür. Bu yüzden Evrim Teorisi'nin ortaya konduğu dönemdeki içinde yer aldığı paradigmaları ele aldık. Paradigma, bilimsel çalışmayı etkileyen tüm çerçeveyi ifade ettiği ve bu çerçevenin unsurları kendi aralarında da etkileşim içinde oldukları için, bir paradigmayı kusursuz şekilde ortaya koymakta büyük zorluklar vardır. Hele canlıların Evrim Teorisi gibi, teolojiden bilime, felsefeden siyasete kadar geniş bir alanda etkisi olan bir teori söz konusuysa, bu zorluk iyice artar. Evrim Teorisi'ne dayalı olarak topluma yön vermeye çalışanlar 'olan'dan (doğadan) 'olmalı'ya (etik alanına) sıçranamayacağına dair felsefî itiraza takılırlar; ama diğer yandan ideolojiden yani 'olmalı'dan Evrim Teorisi'ne yani 'olan'a doğru geçiş yapıldığı ve bu geçişin de meşru olmadığı bilinmelidir. Evrim Teorisi'nin ortaya konduğu dönemdeki paradigmaları belirlemekten daha önemli olan ise Evrim Teorisi'nin bilimsel iddialarının ne kadarının gerçekten de bilimsel bilgi olduğunu, ne kadarının ise sadece mevcut paradigmaların canlılar dünyasına yansıtılmasından ibaret olduğunun saptanmasıdır. Önümüzdeki bölümde bu konuyu irdelemeye çalışacağız..

ÜÇÜNCÜ BÖLÜM

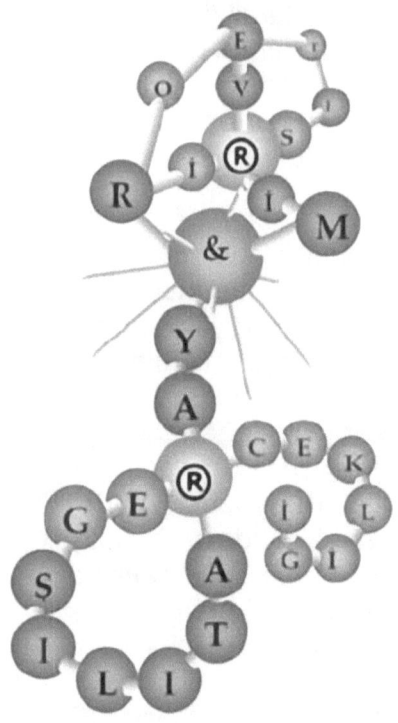

EVRİM TEORİSİ'NİN BİLİMSEL AÇIDAN DEĞERLENDİRİLMESİ

GİRİŞ

Buraya kadar, Evrim Teorisi ile ilgili bilimsel, felsefî ve teolojik tartışmaların tarihsel arka planını, bu teorinin ortaya konma sürecini ve ileri sürdüğü iddialarını göstermeye çalıştık. Bu bölümde ise, Evrim Teorisi'nin, bilimselliğin kriterlerini ne kadar karşıladığını inceleyeceğiz. Bunun için doğa bilimlerinde ve bilim felsefesinde ileri sürülen gözlemlenebilme, öngörü gücü, yasalara sahip olma, matematiksel betimleme yeteneği, yanlışlanabilirlik, rakip teorilere üstünlük sağlama gibi çeşitli kriterler açısından bu teorinin değerlendirmesini yapacağız. Bunlarla beraber, Evrim Teorisi'nin doğal seleksiyon ve mutasyon gibi mekanizmalarının yepyeni özelliklere sahip türlerin oluşumunu açıklayıp açıklayamayacağını tartışacağız. Ayrıca embriyoloji, moleküler biyoloji, homoloji ve fosilbilimi gibi alanlar açısından bu teoriyi ele alıp irdeleyeceğiz.

Bu bölümde cevabını bulabileceğiniz bazı sorular şunlardır: Evrim Teorisi bilim felsefesi alanında ortaya konan bilimsellik ölçütlerini ne kadar karşılamaktadır? Doğal seleksiyon canlılarda yeni özelliklerin ortaya çıkışını açıklayabilir mi? İspinoz kuşları veya pulkanatlı güveler Evrim Teorisi'nin delilleri olabilir mi? Yapılan laboratuvar deneyleri, mutasyonlarla yeni özelliklere sahip türlerin oluştuğunu desteklemekte midir? Evrim Teorisi'nin yasaları var mıdır? Evrim Teorisi'ne dayanarak öngörüde bulunulabilir mi? Evrim Teorisi yanlışlanmaya açık bir teori midir? Evrim Teorisi'nin rakip teorilere üstünlüğünü gösterecek bilimsel bir düzenek kurmak mümkün müdür? Evrim Teorisi'nin mutlak bir gerçek olarak sunulması Thomas Kuhn'un 'paradigma' görüşü ile açıklanabilir mi? Big Bang Teorisi ile Evrim Teorisi'nin bilimsel ölçütlere uymaktaki başarıları arasında fark var mıdır? Canlılardaki benzerlikler ile Evrim Teorisi temellendirilebilir mi? Fosiller Evrim Teorisi hakkında ne söylemektedir? Fosil-olasılık ikilemi nedir? Evrim Teorisi olmadan bilim olur mu?

BİLİMSELLİĞİN KRİTERLERİ, BACON'CI İLKELER VE EVRİM TEORİSİ

Evrim Teorisi'nin, kendisinin dışındaki yaklaşımlardan daha doğru olup olmadığını anlamak için, onu, diğer görüşlerden ayırt eden unsurların neler olduğunu iyice tespit etmek gerekmektedir. Evrim Teorisi'nde, kendiliğinden türeyen basit bir canlıdan veya canlılardan diğer bütün canlıların; bir canlı formunun diğerine değişmesi yoluyla oluştuğu savunulmaktadır. Burada altı çizilmesi gerekli nokta, Evrim Teorisi'nin, istisnasız bütün türlerin, başka bir türden oluştuğunu iddia etmesidir. Hatırlarsak türlerin tamamen sabit olup hiç değişmedikleri fikri özellikle Linnaeus ve takipçileri tarafından savunulmuştur. Buffon, Linnaeus'un düşündüğünden daha az sayıda kökensel türün başta yaratıldığını, diğer türlerin bu türlerden değişerek oluştuklarını söyledi. Mendel ise melezleşme yoluyla yeni türlerin oluşumunu Evrim Teorisi'nin alternatifi olarak gördü.

Evrim Teorisi'ne karşıt fikirleri savunan biyolojinin bu en ünlü isimlerinin görüşlerine karşı, bu teorinin doğruluğunu göstermek için türlerin sabit olmadığını, türlerde bazı değişiklikler bulunduğunu göstermek yetmeyecektir. Fakat bir türden diğerine değişim olurken, kanadı olmayan bir sürüngenin kanadının çıkıp da yeni bir tür oluştuğu veya memeli olmayan bir canlının memeli başka bir türe dönüştüğü gösterilebilirse; Evrim Teorisi'nin diğer görüşlere göre daha üstün olduğu ispatlanabilir. Görüldüğü gibi, bir türün içinde farklılıklar olması, hatta birbirine çok yakın iki türün ortak bir atadan veya atalardan melezleşme veya değişim yoluyla oluştuğunun iddia edilmesi; Evrim Teorisi'ni savunanları diğer görüşlerin sahiplerinden ayırt eden özellik değildir.

Canlılar dünyasında küçük değişimlerin (mikro mutasyonların) gözlenmesinin Evrim Teorisi'nin delili olduğu söylenemez; ancak bir türden önemli ölçüde farklı bir türe, cinse, familyaya veya takıma geçişi sağlayacak büyük değişimlerin oluştuğu; bunun gerek bir anda gerekse küçük değişimlerin birikmesiyle mümkün olduğu gösterilebilirse, Evrim Teorisi'ni diğer görüşlerden ayırt eden iddialarının delilinin bulunduğu söylenebilir. Darwin'in hayvan yetiştiricileriyle ilgili gözlemleri Evrim Teorisi'nin ayırt edici bir delilini sunmaz. Çünkü hayvan yetiştiricileri, daha çok süt veren bir ineğin veya daha iri bir koyunun nasıl yetiştirildiğini gösterebilmelerine karşın yeni bir hayvan türünün oluşumunu gerçekleştirememişlerdir. Aynı şekilde yeni Darwincilerin üzerinde en çok deney gerçekleştirdikleri sirke sineği (*Drosophila*) ile ilgili deneylerde de yeni bir cins elde edilememiştir. Yeni bir cinsin oluşumuna dair bir gözlemin olmadığını, Evrim Teorisi'nin en önemli teorisyenleri de kabul ederler: Yeni bir cinsin oluşumu uzun tarihsel bir süreci gerektirdiği için, bunun gözlemlenmesinin mümkün olmadığını söylerler. Teori adına dile getirilen bu savunma, yeni türlerin veya türlerin altında birleştiği cinslerin, familyaların, takımların oluşumunun gözlemlenememesinin teoriyi yanlışlamak için yeterli sebep olmadığının dile getirilmesinden öteye geçememektedir. Oysa Evrim Teorisi'nin, Mendel veya Buffon gibi biyologların ileri sürdüğü alternatiflerden daha tutarlı olduğunun iddia edilebilmesi için muhakkak farklı yeni türlerin, cinslerin, familyaların diğer türlerin değişmesi sonucu oluşabildiğine dair delile ihtiyaç vardır. Çünkü Evrim Teorisi'ni, kendisinin dışındaki canlıların orijinine yönelik biyolojik yaklaşımlardan ayırt eden nokta budur.

Evrim Teorisi'nin bilimsel kriterlere uyan bir teori olması için, onun yanlışlanamayacağını söylemek yetmez, önemli olan bu teorinin ayırt edici iddialarını doğrulayan olguları göstermektir. "Andromeda galaksisinde zürafalar yaşamaktadır" diye bir önerme kurarsak bu önermeyi de kimse yanlışlayamaz; oysa bu önermenin bilimsel kriterlere uygun olması için yanlışlanamaz olması yetmez, bu önermeyi destekleyecek delillere ihtiyacımız vardır. Bu yüzden, Ernst Mayr'ın, Evrim Teorisi'ni savunmak için; evrimin uzun bir süreçte gerçekleştiği için gözlenemeyeceğini söylemesi, bu teorinin olgusal destekten yoksun olduğunun bir itirafı olarak anlaşılmalıdır. Charles Darwin, tümüyle Baconcı ilkelere bağlı bir şekilde çalışmalarını gerçekleştirdiğini söylemiştir. Baconcı ilkelere göre bilimsel metot tümevarıma dayanmalıdır; nicel bir veya birkaç olgudan tümevarmakta acele edilmemelidir. Nicel olguların bir araya getirilmesi ile aşamalı bir şekilde tümevarıma ulaşılmalıdır. Darwin'in açıklamaları, bilgi teorisinde (epistemolojisinde) ve bilimsel metodolojisinde olgusallığı ve tümevarımı benimsediğini göstermektedir, Baconcı ilkeleri takip ettiğini söyleyerek de bu seçimini göstermiştir. Oysa yeni bir cinsin oluştuğuna dair tek bir gözlem bile mevcut olmaması, Darwinci yaklaşımı zora sokmaktadır. Halbuki, Baconcı metodun doğru uygulaması için birçok farklı türün ve cinsin evrim ile oluştuğu gözlendikten sonra, bu gözlemlerden hareketle bütün türlerin evrimleştikleri söylenebilir. Tür içi varyasyonların varlığı veya birbirlerine yakın türlerin ortak atadan oluştukları ve birbirlerine değiştikleri; Evrim Teorisi'ni kabul etmeyen birçok düşünürün de benimsediği olgulardır. Birçok teist, Kutsal Metinler açısından da bu fikre sıcak bakabilir.

Üç tektanrılı dinde de bütün insan ırklarının beyazı, siyahı, pigmesi, kızılderilisi ile tek bir çiftten (Âdem ile Havva) yaratıldığı görüşü hâkimdir. Kur'ân'da, Nuh'tan sonraki insanların bedenen daha gelişmiş olduğu geçmektedir (Araf Suresi 69); bu da insan türünün ilk çiftten sonra sınırlı da olsa bir değişim geçirdiği fikrine dinlerin yabancı olmadığını gösterir. Evrim Teorisi'nin, türlerin özel yaratılışına veya kökensel türlerden (cinslerden, familyalardan) diğer türlerin yaratıldığı fikrine karşı olgusal destek sağlaması için mutlaka bir cinsten, familyadan veya takımdan diğerine dönüşümü gösterebilmesi gerekir. Olguculuğa dayanan bir bilgi anlayışı bu tip bir sürecin gözlemlenmesini, Baconcı ilkeler ise gözlenen süreçlerin çeşitliliğini ve tümevarım metodunun naif bir şekilde uygulanmamasını gerektirir. Oysa Ernst Mayr gibi en ünlü evrimcilerin belirttiği gibi bu sürecin gözlemlenmesi mümkün değilse, olgusalcı ve tümevarımcı bir bilimsel metot ve bilgi teorisi açısından Evrim Teorisi'nin gerekli desteği olmadığı söylenmelidir. Evrim Teorisi'ni doğrulayan (*verification*) olgular mevcut değildir, bu yüzden hiçbir nicel doğrulaması olmayan bu teorinin, birçok nicel önermeden tümevarıma ulaşmayı tavsiye eden Baconcı metodoloji açısından bilimselliğin kriterlerini karşılaması mümkün değildir.

GÖZLEM, DENEY, ANALOJİ VE EVRİM TEORİSİ

Darwin, teorisini doğrulayacak olguları gözlemleyip tümevarıma ulaşamadığı için, bunun yerine tür içindeki değişimlerle, türden türe değişimler arasında analoji (benzerlik) kurmuştur. Örneğin, hayvan yetiştiricilerini gözlerken, yetiştiricilerin damızlıkları seçme suretiyle çiftleşmeleri sağlamalarıyla, türün daha verimli hayvanlarının elde edilebileceğini tespit etti. Darwin'in teorisini ortaya koyarken çok önem verdiği bu gözleminde iki analoji vardır.

Birinci analoji, hayvan yetiştiricileri (yapay seleksiyon) ile doğa (doğal seleksiyon) arasında kurulmuştur. İkinci analoji ise, bir türün içindeki ıslah faaliyeti sonucu oluşan değişim ile bir cinsten diğer cinse değişim arasında kurulmuştur. Analojinin bilimsel metot açısından kabul edilebilir bir akıl yürütme olduğunu ve Darwin'in birinci analojisinin doğru olduğunu kabul etsek bile, ikinci analoji yine de sorunludur. Darwin, analojik yaklaşımıyla şu şekildeki bir çıkarıma inanmamızı beklemektedir:

1. Türlerin içinde bazı değişiklikleri gözlemliyoruz.

2. Demek ki bir cinsten, familyadan ve takımdan diğer bir cinse, familyaya ve takıma geçiş de mevcuttur.

Bu iki önermeden gözleme, yani olgulara dayanan önerme birinci önermedir. Oysa Darwin'in iddia ettiği gibi teorisinin Baconcı ilkelere dayanması için ikinci önermede ifade ettiği olguların gözlenmesi gerekirdi. Evrim Teorisi'ne karşı çıkanların bile kabul ettiği birinci maddede ifade edilen değişim, rakip teorilerce de savunulduğu için, Evrim Teorisi'ni destekleyen olguların bulunduğunu göstermez. İspinoz kuşlarının gagasının değişimi veya ineklerin daha çok süt vermesinin sağlanmasındaki değişim ile analoji kurularak; kuşların kanatlarının oluşumu veya memelilerin sütle yavrularını beslemelerinin evrimle oluşumu savunulamaz. Var olan organların farklılaşması ile canlının yepyeni organlar veya özellikler kazanması arasında çok büyük fark vardır. Günden güne değişen hava durumu yüksek ve alçak basınç alanlarıyla açıklanabilir. Ancak mevsimler arasındaki hava durumu farkını, günlük hava değişimlerine neden olan faktörler ile analoji kurarak açıklamaya kalkarsak hata yaparız. Mevsimlik hava değişimleri için astronomik olaylar gibi diğer faktörlerin ele alınması gerekmektedir. Türlerin yeni organlar kazanmaları gibi değişiklikler yapı değişikliğiyken, bir organın büyüklüğünde (ispinoz kuşları) veya renginde (pulkanatlı güveler) veya verimliliğindeki (hayvan yetiştiricilerinin yetiştirdiği ineklerde) değişiklikler dereceli değişikliklerdir.

Darwin'in derece açısından farklı değişikliklerle yapı açısından farklı değişiklikleri açıklaması bilimsel açıdan meşru bir analoji olamaz. Jeremy Rifkin, Evrim Teorisi'nin bilimsel metodoloji açısından sorunlu olduğunu şu şekilde ifade etmektedir:

"Asgariden söylemek gerekirse, önümüzde utanılacak, şaşılacak bir durum vardır. Bir düşünce ki, bilimsel olduğunu söylüyor ama bilimsel ölçüme elverişli olamıyor. Gözlemlenemiyor, yeniden türetilemiyor, ölçülemiyor. Ama savunucuları, hayatın başlangıcı ve gelişimi konusunda onun

yüce ve çürütülemez bir gerçek olarak görülmesini istiyorlar! O halde, bilimsel gözleme dayanmayan bu evrim görüşü kişisel bir inanç meselesi olmalıdır. Teori hakkında söylenebilecek en iyi şey, onun, hayatın nasıl geliştiğine dair birçok insanın paylaştığı, ne kanıtlanabilen ne de yanlışlanabilen bir inancı temsil ettiğidir."

Bilgi teorisindeki yaklaşımları açısıdan olguları ve tümevarımı bilimsel bilginin kaynakları diye kabul eden bir yaklaşımı savunanlar, Evrim Teorisi'nin bilimsel kriterleri karşılamadığını kabul etmek zorundadırlar. Birçok ünlü felsefeci, gözlemsel verilere dayandırılmadan Evrim Teorisi'nin savunulmasındaki soruna dikkat çekmişlerdir. Bunlardan biri olan Wittgenstein şöyle demektedir: "Örnek olarak Darwin teorisi hakkında yapılan yaygarayı ele alalım. Teoriyi destekleyen ve 'Tabii ki' diyen çevreler vardır, bir de 'Tabii ki hayır' diyen çevreler vardır. Hangi mantıkla 'Tabii ki' denilebilir? Tek hücreli organizmaların zamanla daha karmaşık organizmalara dönüştükleri ve memeli hayvanlardan insanlara kadar geliştikleri düşüncesi savunuluyor. Peki, bu süreci gözlemleyen biri var mı? Hayır. Peki, bu süreci şu anda kimse gözlemliyor mu? Hayır. Yapılan gözlemler bir damla suyun kızgın bir taşa damlatılması gibi. Buna rağmen binlerce kitapta bu teorinin akla en yatkın çözüm olduğu yazmaktadır. İnsanlar çok zayıf kanıtlara rağmen bu teorinin doğruluğundan emin. 'Bilmiyorum, bu ilginç bir hipotez ama daha fazla güçlendirilmesi gerekir' gibi bir tutum savunulamaz mıydı? Bu, nasıl herhangi bir şeye ikna olunabileceğini gösteriyor. Sonunda cevapsız kalan sorular unutuluyor ve kişiler bunun mutlaka böyle olduğuna kanaat getiriyorlar."

DOĞAL SELEKSİYON VE MUTASYONLAR İLE TÜRLERİN OLUŞUMU AÇIKLANABİLİR Mİ?

Darwin'e göre, yeni türlerin oluşması için gerekli hammaddeyi popülasyonun bireylerinde meydana gelen ve kalıtım yoluyla aktarılan değişiklikler oluşturur. Daha sonra çevreye uymalarında kendilerine avantaj sağlayan değişikliklere sahip olan bireyler yaşarken, bu değişikliklere sahip olmayan bireyler doğal seleksiyon sonucunda yok olurlar. Darwin'in yaşadığı dönemde genetik bilimi henüz doğmamıştı. 1920'li yıllardan sonra genetikteki gelişmelerle Darwin'in Evrim Teorisi birleştirildi ve Yeni-Darwinizm ortaya çıktı. Günümüzde Evrim Teorisi ve Darwinizm ifadeleri genelde Yeni-Darwinizm ile özdeşleşmiştir ve bu ifadelerin biri diğerinin yerine kullanılmaktadır. Yeni-Darwinistler, genetikteki değişimlerin DNA'nın kopyalanması sürecinde oluşan mutasyonlarla oluştuğunu ve bu mutasyonların, Darwin'in dikkat çektiği canlılardaki yeni değişimleri oluşturduğunu söylerler. Mutasyonlarla canlılarda yeni değişimlerin oluşması ve çevreye uyum sağlayamayan canlıların doğal seleksiyon sonucunda elenmesinin, bütün var olan canlı türlerinin oluşum mekanizması olduğu, Yeni-Darwinizm'in en klasik Evrim Teorisi tarifidir. Bu tariften de anlaşılacağı gibi Evrim Teorisi'nin en temel mekanizmaları mutasyon ve doğal seleksiyondur. Daha önce belirtildiği gibi Evrim Teorisi'nin diğer görüşlerden ayırt edici özelliği; bütün türlerin, cinslerin, familyaların, takımların birbirlerinden oluştuğunu dile getirmesidir. Bu yüzden doğal seleksiyonun ve mutasyonun canlılar dünyasında önemli olduğunu göstermek, Evrim Teorisi'nin bir delili sayılamaz.

Evrim Teorisi'ne karşı çıkan birçok kişi de mutasyonların ve doğal seleksiyonun önemini kabul etmekte hiçbir güçlük çekmeyecektir. Örneğin, geçmişte dinozorların yok olduğu gibi, gelecekte pandalar da yok olurlarsa bu bir doğal seleksiyon olur. Doğadan bir canlı türünün yok oluşu elbette önemlidir, ama hiçbir türün yok oluşu, yepyeni özellikleriyle bir türün nasıl oluştuğu için bilimsel bir delil sunmaz. Evrim Teorisi'ni savunan kitaplarda, sıkça yapılan bir mantık hatasını şu şekilde gösterebiliriz:

1. Evrim Teorisi'nin mekanizması doğal seleksiyondur (veya mutasyondur).

2. X olayı doğal seleksiyonun (veya mutasyonun) varlığını (veya önemini) gösterir.

3. Bu da bize Evrim Teorisi'nin doğruluğunu ispatlar.

Bu mantık örgüsünde özellikle ikinci maddedeki önermeye dikkat edilmesi gerekmektedir. Bu ikinci maddenin doğruluğu aslında üçüncü maddedeki önermenin doğruluğunu ispat edecek mahiyette değildir. Birinci maddede de görüleceği gibi, asıl iddia edilen; doğal seleksiyonun ve mutasyonun varlığı değil, bu mekanizmaların bütün canlı türlerinin oluşumuna sebep olduğudur. Bu yüzden ikinci önermede doğal seleksiyonun ve mutasyonun varlığının değil, bu mekanizmalarla yepyeni özellikli canlıların oluştuğunun delilleri verilebilirse ancak üçüncü maddedeki sonuç önermesine ulaşılabilir. Oysa Evrim Teorisi'nin anlatıldığı ders kitaplarında; bu mekanizmaların varlığı, Evrim Teorisi'nin delili olarak aktarılmaktadır. Bu mantık yanlışını daha iyi anlamak için benzer bir yanlış kurgu oluşturmamız konunun daha iyi anlaşılmasına katkıda bulunacaktır. "Hasan 100 metre sıçradı" önermesini ele alalım ve bunu şu şekilde formüle ederek ispat etmeye çalıştığımızı düşünelim:

1. Hasan 100 metre yukarı sıçramayı sağlıklı ayaklar ve bir çift lastik ayakkabı ile becermiştir.

2. Hasan'ın ayakları sağlıklıdır ve bir çift lastik ayakkabısı vardır.

3. Demek ki Hasan 100 metre yukarı sıçramıştır.

Bu formülasyondaki hatayı hemen görebiliriz. Birinci önermede Hasan'ın iddia edilen zıplamayı gerçekleştirmede kullandığı araçlara dikkat çekilirken, ikinci maddede sadece bu araçların var olduğunun gösterilmesi, bu zıplamanın yapıldığının delili sayılmıştır. Oysa önemli olan bu araçların varlığı değil, Hasan'ın bu araçları kullanarak 100 metre yukarı sıçrayacak kapasiteye erişebileceğinin gösterilmesidir. Hayatın içinden bu tipteki sıradan örneklerde mantıksal yanlış kolayca fark edilebilmesine karşın, Evrim Teorisi'ni anlatan kitaplardaki bu yanlış birçok kişi tarafından fark edilememektedir. Bazı yazarlar bu hatanın oluş sebebini, Evrim Teorisi'nin adeta bir dogma gibi 'apriori' (peşinen) kabul edilmesine (Fizikteki Süpersicim Kuramı gibi) ve bütün değerlendirmelerin böylesi bir metafizik kabulden yola çıkılarak yapılmasına bağlamaktadırlar.

Descartes'ın metodik şüpheciliği de işte böylesi hatalara düşmeyi engellemek için başvurulan bir yöntemdir. Peşinen doğru kabul edilen hipotez ve teoriler ile yapılan gözlemler, mutlak doğru kabul edilen bu hipotez ve teorilere uygun bir şekilde yorumlanacakları için, yanlış çıkarımlara sebep olacaktır. Hasan'ın 100 metreye sıçrayabileceğine dair 'apriori' bir kabulümüz olmadığı için, bu örnekteki yanlışı hemen fark edebiliriz. Fakat, Evrim Teorisi'ni peşinen doğru kabul edip olgulara yaklaşıyorsak, doğal seleksiyon ve mutasyonların varlığından, bunların, bütün türleri oluşturan mekanizmalar olduğuna sıçrayıştaki mantıksal hatayı görmekte güçlük çekeriz.

PULKANATLI GÜVELER, İSPİNOZ KUŞLARI VE DOĞAL SELEKSİYON

Darwin *Türlerin Kökeni* adlı kitabında, Evrim Teorisi'nin en temel mekanizması olarak gördüğü doğal seleksiyonu, hayvan yetiştiricilerinin yapay seleksiyonuyla analoji kurarak açıklamaya çalışmıştı. Doğada, türlerin ve cinslerin oluşumunda rol alan bir doğal seleksiyon vakası gözlemleyememişti. Daha sonra 'pulkanatlı güveler' (*peppered moths*) ile ilgili gözlem, doğal seleksiyonla türlerin evriminin oluştuğuna dair en önemli gözlemsel kanıt olarak ileri sürüldü. Buna göre İngiltere'deki sanayileşme sürecinden önce beyaz renkli güveler çoğunluktaydı. Daha sonra, sanayi bölgelerinin bacalarından çıkan kurum, ağaçlardaki likenleri koyulaştırmıştır ve beyaz renkli güveler belirgin olarak görülmeye başlamışlardır. Kuşlar, beyaz renkli güveleri daha rahat görüp avlayabildikleri için, koyu renkli güveler 'yaşam mücadelesi'nde üstünlük kazanmışlar ve sayıları çoğalmıştır. Biyoloji ders kitaplarının birçoğunda, güveler ile ilgili bu gözlem, doğal seleksiyon yoluyla evrimin oluştuğu anlatılırken kullanılan en önemli delildir. Kettlewell'in, güvelerdeki bu 'endüstriyel alacalığı', canlıların evriminde gözlenmiş en çarpıcı delil olarak sunduğunu belirtmek faydalı olacaktır. Kettlewell, *Scientific American*'da çıkan bir makalesinde, bu sonucu, "Darwin'in kayıp kanıtını bulmak" olarak niteledi. Kettlewell'in pulkanatlı güveler üzerindeki gözlem ve deneylerine sonradan birçok eleştiri yapıldı. Eğer doğal seleksiyon koyu renkli güveleri endüstriyel bölgelerde hakim kılıyorsa, Manchester şehri gibi endüstriyel kirliliğin olduğu bir bölgede de bunun gözlenmesi gerekiyordu, ama sonuç bundan farklıydı. Kettlewell'in açıklamalarına ters bir şekilde endüstriyel kirliliğin olmadığı Doğu Anglia ve Galler bölgesinde de koyu renkli güvelerin oranı yüksekti. Ayrıca Kettlewell'in deneylerinin güvelerin doğal yerleşim alanlarında yapılmadığı anlaşıldı.

Pulkanatlı güveler geceleri uçar ve normalde gün ağarmadan ağaçlarındaki dinlenme yerlerine giderler, oysa yapılan deneylerde güveler açıkta bırakılıp kuşlara hedef yapılmışlardı. Finlandiyalı hayvanbilimci Mikkola, 1984 yılında, pulkanatlı güvelerin, ağaçların üst kısımlarındaki küçük dalların altını mesken edindiklerini, ancak çok ender durumlarda ağaç gövdelerini mesken tuttuklarını gösterdi. Oysa biyoloji kitaplarının birçoğunda, pulkanatlı güveler, ağaç gövdelerinde, kuşların avlanmasına açık hedef olarak gösterilmektedirler. Biyolog Bruce Grant'a göre, Kettlewell'in deneyinin en zayıf yönü, gece uçan güveleri gündüz serbest bırakmasıdır. Chicago Üniversitesi'nden Jerry Coyne, derslerinde öğrettiği pulkanatlı güveler ile ilgili 'delilin' kusurlu olduğunu 1998 yılında anlayınca, hayal kırıklığını şöyle ifade etti: "Benim tepkim, altı yaşında olduğumda, bana hediye getirenin Noel Baba değil de babam olduğunu öğrendiğimde içine düştüğüm dehşete benzemektedir." Evrim Teorisi'ni savunanların ayırt edici iddialarını iyi tespit edemezsek, bu teorinin bilimsel kriterlere ne kadar uyduğunu da iyi tespit edemeyiz; çünkü bu teoriyi ispat ettiği söylenen delillerin doğru değerlendirmesini yapmamız mümkün olamaz. Örneğin, birçok biyoloji kitabında Darwin'in ispinozları (*Darwin's finches*) olarak da isimlendirilen ispinoz kuşları ile ilgili olarak ileri sürülen görüşleri ele alalım.

Darwin, Beagle seyahatinde bu kuşları gözlemlemiştir. İspinoz kuşlarının, farklı alt-türlere ayrıldığı, birbirlerinden değişik gaga biçimleriyle değişik gıda kaynaklarından yararlandıkları gösterilmiştir. Farklı gıda kaynaklarına değişik gagalarıyla uyan türler, doğal seleksiyon ile canlıların çevreye uyumunun bir delili olarak sunulmuşlardır. Evrim Teorisi'nin delili olarak ileri sürülen bu delil aslında bu teorinin ayırt edici bir delili değildir. Bu delil, ancak Linnaeus'un ilk başlardaki 'türlerin sabitliği'nin hiç değişmediği fikrine karşı bir kanıt olarak sunulabilir.

Buffon'un kökensel türlerden değişimle ve Mendel'in melezleşme yoluyla türlerin oluştuğuna dair görüşlerine karşı bu delil hiçbir şey ifade etmez. Nitekim melezleşme yoluyla yeni ispinoz türlerinin oluştuğu gösterilmiştir. Buna göre, ispinoz kuşları zamanla alt-türlere ayrılmamış; fakat değişik bir türün nüfusuyla karışarak (at ve eşeğin çiftleşmesiyle katırın oluşması gibi) yeni türler oluşturmuşlardır. Pulkanatlı güveler ve ispinoz kuşlarıyla ilgili gözlem ve deneyler üzerine birçok tartışma vardır. Fakat bu tartışmaları tamamen bir kenara bırakıp, bunlar ile ilgili ileri sürülenlerin tamamen doğru olduğunu düşünelim. Bu durumda da bu deliller, Evrim Teorisi'nin bir kanıtı olamaz. Evrim Teorisi'nin doğruluğunu tartışanlar, biyoloji kitaplarındaki ispinoz kuşları ve pulkanatlı güveler gibi 'delilleri' ele alıp bu teoriyi temellendirmeye çalışmaktadırlar. Oysa, bunların doğruluğundan veya yanlışlığından daha önemlisi; bunlar doğru olsalar bile Evrim Teorisi'nin doğruluğunu ispat edecek mahiyette olmadıklarının saptanmasıdır. Daha önce vurgulandığı gibi, Evrim Teorisi'ni kendi dışındaki görüşlerden ayırt eden özelliği, bütün türlerin, cinslerin, familyaların, takımların birbirlerinden evrimleştiklerini iddia etmesidir. Oysa pulkanatlı güveler ile ilgili gözlemde, bu güvelerden belli bir renkte olanın diğerine göre oranının değişmesi söz konusudur. Hiçbir şekilde bu gözlem, ne pulkanatlı güvenin oluşumunu, ne de pulkanatlı güveden herhangi yeni özellikli bir canlının oluştuğunu göstermektedir. Türlerin her birinin ayrı ayrı yaratıldığını kabul edenler de türlerin bireylerinin birbirlerinden farklı olduğunu zaten kabul etmektedirler. Bu yüzden türlerin bazı bireylerini eleyip, bazı özelliklere sahip bireylerinin oranını arttıran bir mekanizma; türlerin birbirlerinden bağımsız yaratıldıklarını savunanlarca da kabul edilebilir. Zaten bütün insan ırklarının tek bir çiftten türediğini kabul eden anlayış, türün içinde farklı varyasyonların oluşabildiğini veya yakın türlerin ortak bir atadan gelebileceğini rahatça kabul edebilir. Bundan dolayı, ispinoz kuşlarının zaman içinde alt-türlere veya yakın türlere dönüşmesini, türlerin bağımsız yaratılışını savunanlar da rahatça kabul edebilirler. Pulkanatlı güveler olsa olsa doğada, 'doğal seleksiyon'un işleyen mekanizmalardan biri olduğunu gösterebilir. Daha önce belirtildiği gibi 'doğal seleksiyon'un varlığından, bütün türlerin 'doğal seleksiyon' mekanizması yoluyla evrimleştikleri sonucuna varmak mantık açısından hatalıdır. Verdiğimiz benzetmede, Hasan'ın sağlıklı ayakları ve lastik ayakkabıları olduğunu ispat etmenin, Hasan'ın 100 metreye zıpladığını ispat ettiğini sanmak ne kadar hatalıysa; pulkanatlı güvelerle 'doğal seleksiyon'un varlığını göstermenin, Evrim Teorisi'nin delillendirilmesi sanmak da buna benzer bir yanlıştır.

SİRKE SİNEKLERİ VE MUTASYONLAR

Doğal seleksiyon ile var olan türlerin çevrelerine nasıl uyum sağladığı ve canlıların niçin 'tasarımlı gibi' gözüktüğü açıklanmaya çalışılır. Çevreye uyum sağlayamayan ve 'tasarımlı gibi' gözükmeyen canlıların doğal seleksiyon ile elenmesi, var olan türlerin çevreye uyumlu olmasının ve 'tasarımlı gibi' gözükmelerinin sebebi olarak sunulur. Göründüğü gibi doğal seleksiyon aslında var olan türlerin nasıl ürediğinden ziyade, çevreye uyumsuz ve ucube görünümlü canlıların neden gözlenemediğini açıklamakta kullanılabilecek bir mekanizmadır. Doğal seleksiyonun elemesi için gerekli hammaddeyi sağlayan ise genetikteki değişikliklerdir. Canlının genetiğinde oluşan değişikliklere mutasyon denir ve mutasyonlar; laboratuvar ortamında, hızlı üreme avantajları gibi sebeplerle özellikle sirke sineği (*Drosophila*) üzerinde, X ışını vermek gibi müdahaleler ile gözlemlenmiştir. Hiçbir canlının üzerinde, mutasyon ile ilgili deney ve gözlemler, sirke sineğindeki kadar çok uygulanmamıştır. Sirke sineğinden her yıl birçok yeni kuşak elde edilir ve bir çifti yüzlerce yavru verebilir. Sirke sineğiyle yapılan deneylerin önemi yüzünden,

Evrim Teorisi'ni anlatan kitapların çoğunda sirke sineğiyle ilgili laboratuar çalışmalarına yer verilir.

Oysa ki, Evrim Teorisi'nin gözlemsel ve deneysel verilerle desteklenmediğine dair itirazlara, eğer gözlemsel ve deneysel verilerin var olduğuna dair bir cevap verilecek olsaydı, bu cevabın sirke sinekleriyle yapılan deneylerden gelmesini beklemek doğal olurdu. Biyoloji kitapları sirke sineğinin, mutasyon sonucu, iki kanadının dört kanada çıktığı bazı bireylerine yer verirler. Oysa bu kanatlar işlevsel değildir, ilave kanatların uçmayı sağlayacak kasları yoktur. Bu yüzden bu kanatlar canlıya dezavantaj getirmektedir. İki başlı veya üç kollu bir insan nasıl sakat oluyorsa, X ışınlarıyla radyasyona uğratılıp yeni doğan bireylerinde fazladan kanatlar oluşan sirke sinekleri de sakat olmaktadır. Jonathan Wells'in benzetmesine göre dört kanatlı sirke sineğinin kanatları, uçak gövdesinden sarkan işe yaramayan bir çift gevşek kanada benzemektedir. Bu uçak belki yere inebilir, fakat uçuş kabiliyeti kusurludur. Dört kanatlı sirke sinekleri üreme zorluğu çekerler ve laboratuar ortamında muhafaza edilmezlerse, sirke sineği türünün içinde yok olurlar.

Sirke sineği üzerinde yapılan deneylerde, mutasyona uğratılan sirke sineklerinin vücut ve göz renginin değiştiği, vücut büyüklük ve şeklinde farklılaşma olduğu gözlemlenmiştir. Fakat yeni bir türün oluşumunun gözlenmesi bir yana, doğada bu hayvana faydalı olabilecek dış yapısıyla ilgili tek bir mutasyona rastlanmamıştır. Oysa bir canlıya sadece avantaj sağlayacak (faydalı) bir mutasyon da, Evrim Teorisi için bir delil niteliği taşımayacaktır. Örneğin, daha önce incelediğimiz koyu renkli pulkanatlı güveler bir mutasyon sonucu oluşmuş olabilir.

Örneğin, bazı bakterilerin antibiyotiğe karşı direnci de yararlı bir mutasyonla açıklanabilir. Evrim Teorisi'nin ayırt edici özelliği bütün türlerin evrim ile oluşumunu savunmasıdır. Bu yüzden, ancak yeni bir organ veya yepyeni bir özellik oluşturan mutasyonların gözlenmesi Evrim Teorisi'nin delili olarak sunulabilir. Bir canlının renginin değişmesi veya var olan bir kanadının fazladan bir kopyasının oluşması, Evrim Teorisi'nin delili olarak sunulamaz. Bir türün içinde çeşitlenmelere yol açan böylesi mutasyonların, farklı özelliklere sahip bir türün oluşumunu da sağladığına dair hiçbir delile sahip değiliz.

Mutasyonlar ile ilgili deneylerin sunumunda da doğal seleksiyon ile ilgili gözlemlerin sunumundaki mantıki hata yapılmaktadır. Önce doğal seleksiyonun ve mutasyonların Evrim Teorisi'nin mekanizmaları olduğu söylenmektedir. Sonra bu mekanizmaların sadece var olduğunun gösterilmesiyle Evrim Teorisi delillendirilmiş gibi sunumlar yapılmaktadır. Oysa "Doğada doğal seleksiyon vardır" veya "Mutasyon sonucu canlılarda değişiklikler olur" önermeleri ile "Evrimin mekanizması doğal seleksiyondur" ve "Evrimin mekanizması mutasyondur" önermeleri arasında çok büyük fark vardır. Bu önermelerin ilk ikisinin ispatının, sonraki iki önermenin ispatı gibi gösterilmesi yanlıştır. Bu mekanizmaların varlığına dair gözlemler, Evrim Teorisi'nin gözlemlere dayandığının delili olarak kabul edilemez. Bu yüzden, Evrim Teorisi'nin deney ve gözlemlerle temellendirilemediğini savunan bilim insanları ve filozoflar haklıdırlar. Bu gözlemler, Linnaeus'un türlerin sabitliğine ve türlerin yok olmadığına dair fikirlerine karşı kullanılabilir.

Bazı bilim insanları, Evrim Teorisi'nin alternatifi sadece Linnaeus'un görüşleriymiş gibi sunarak; bazı gözlem ve deneyleri, Evrim Teorisi'nin, alternatifi olan bütün teorilere karşı üstünlük elde etmesinin delili gibi aktarmaktadırlar. Oysa, günümüzde Evrim Teorisi'ni eleştiren ve reddeden biyologların hemen hepsi, Linnaeus'un bu fikirlerini de kabul etmemektedirler (Linnaeus'un kendisi de yaşamının son döneminde kısmen fikirlerinde düzeltmeler yapmıştır). Bu sebeplerden dolayı Evrim Teorisi'nin, alternatif teorilerden daha iyi açıklama sağlayacak deney ve gözlemlere sahip olduğuna dair iddiayı kabul etmek için herhangi bir sebep bulunmamaktadır.

EVRİM TEORİSİNİN YASALARI

Evrimin yasaları olup olmadığı, eğer yasaları varsa bunların fizikteki bazı yasalar gibi mutlak mı yoksa olasılıksal mı olduğu tartışması; Evrim Teorisi'ni kabul edenler ile reddedenlerin arasında olduğu gibi; Evrim Teorisi'ni kabul edenlerin kendi aralarında da yapılmaktadır. Evrim Teorisi'nin ortaya konduğu dönemdeki ideal bilim örneğini, fiziğin, özellikle de Newton fiziğinin oluşturduğuna dair inanç yaygındı. Bu yüzden bu ideal bilim örneğine yaklaşmak için, matematiksel verilere dayanmak ve yasalarla ifade etmek, arzu edilen bir amaçtı. Böyle bir arzuyla bazı 'evrim yasaları' olduğunu söyleyenler oldu. Bunlardan biri Dollo Yasası'dır. Dollo Yasası'na göre evrim geriye dönmez. Böyle bir evrim yasasının ileri sürülmesi, bazılarınca, evrimin bilinçli bir şekilde yönlendirildiğinin, eğer tesadüfi bir evrim oluşsaydı, evrimin geriye dönmemesinden bahsetmenin anlamsız olacağı şeklinde yorumlanmıştır. Richard Dawkins ilerlemeci, tek yönlü bir evrim oluştuğuna dair yaklaşımları 'idealist saçmalıklar' olarak niteler ve "Evrimdeki genel eğilimlerin tersine dönmemesi için hiçbir neden yoktur" der. Diğer yandan Dawkins, doğada iki defa aynı oluşumun gerçekleşmesinin imkânsız olduğunu söyleyerek, Dollo Yasası'nı genelde haklı bulmaktadır, fakat bu yasanın deneysel olarak doğrulanamayacağını da şöyle ifade etmektedir: "Ayrıca bu yasa, doğada deneyebileceğimiz bir şeyde değil, ancak matematiksel olasılık hesaplamalarıyla kolayca Dollo Yasası'na varabiliriz. İşte bu nedenle, bir evrimsel patikadan iki kez geçme olasılığı da çok çok düşüktür."

Dawkins'e göre, evrimin Dollo Yasası'na uyması için bir sebep yoktur, istatistiki açıdan ise bu yasanın genelde doğru çıkması beklenmelidir. Fakat neden geri dönüş yok da sürekli ileri yönde devam eden bir evrim mekanizması var? Veya doğada hiç geri dönüşümlü bir evrim mekanizması gözlemlenmiş midir? Oysa Dawkins'in kendisi, doğal seleksiyonun maharetine atfederek, yankı ile yön bulmanın, hem yarasalarda hem iki farklı kuş grubunda hem balinalarda hem de bazı başka hayvanlarda birbirlerinden bağımsız şekilde evrimleştiğini anlatır. Yani bu canlılar, bu özelliği ortak bir atadan almamalarına rağmen, doğada bu özellik, birbirinden bağımsız şekilde defalarca ortaya çıkmıştır. Bu da Dawkins'e şu sorunun yöneltilmesini gerekli kılmaktadır: Evrimsel patikadan iki kez geçme olasılığı çok çok düşükse, nasıl olur da yankıyla ses bulmak gibi çok kompleks bir özelliğin doğadaki birçok canlıda birbirlerinden bağımsız şekilde tesadüfen oluştuğunu düşünebiliriz?

Dawkins'in de belirttiği gibi Dollo Yasası'nın doğruluğunu gösterecek bir deney mümkün değildir. Üstelik tesadüfi bir evrim oluştuğunu iddia edenler, evrimi sadece genlerde rastgele oluşan mutasyonlara ve doğal seleksiyonun uyumsuz canlıları elemesine bağladıkları için, böyle bir yasayı kabul edemezler. Fakat, Dawkins'in de belirttiği gibi evrimde aynı yolun iki defa izlenmesi istatistiksel açıdan mümkün gözükmemektedir. Bu da bilimsel kriterler açısından Dollo Yasası diye biyolojik bir yasanın varlığının ispat edilemediği, fakat istatistiksel açıdan bu yasanın öngördüğü sonuçların aynısının, tesadüfi bir evrimi savunanlarca umulması gerektiği anlamını taşır. Oysa, doğada, yankı ile yön bulma, kanatlar ve gözler gibi birçok kompleks özelliğin canlılarda birbirlerinden bağımsız olarak birden çok defa geliştiğini Evrim Teorisi'ni savunanların hemen hemen tümü ifade etmektedir. Ateist evrimciler bile, örneğin kuşların uçma özelliğini, böceklerin uçma özelliğini ve memelilerin uçma özelliğini 'ortak bir atadan' elde ettiklerini söylemezler. Eğer tüm özellikler ortak bir atadan alındıysa sürüngenler neden uçamıyor? Bu da ortak bir atadan mirasla açıklanamayacak bu özelliklerin, canlılarda defalarca oluşması demektir. Bu sonucun her türlü Evrim Teorisi açısından sorun olduğunu söylemek yanlış olur, fakat ateist bir Evrim Teorisi açısından, bu olgu çok büyük bir sorundur.

Bilinçli bir yaratılışla birleştirilen Evrim Teorisi için 'istatiki imkânsızlık' sorun olmaz, çünkü 'bilinçli yaratma' evrimin gerçekleşmesini ve evrimin ileri yönde devam etmesini sağlar. Oysa 'tesadüfi bir Evrim Teorisi' savunulursa, bir kere bile ortaya çıkması olasılık hesapları açısından imkânsız olan özelliklerin, birbirlerinden bağımsız olarak defalarca ortaya çıkması matematiksel olarak açıklanamaz. Bu konuyu, kitabın 4. bölümü olan 'Doğadaki Tasarım Delilleri'nde daha ayrıntılı bir şekilde ele alacağız. Varlığı savunulmuş diğer bir Evrim Yasası ise Cope Yasası'dır. Bu yasaya göre, evrim ilerledikçe canlıların vücut büyüklüğü artma eğilimindedir. Oysa fosillerden, dinozor gibi birçok dev cüsseli canlının yok olduğunu biliyoruz, diğer yandan birçok tek hücreli bakteri ise günümüzde halen yaşamaktadır. Buna karşılık, biyolojide mutlak kanunların olmadığı, ancak olasılıksal kanunların bulunduğu ve Cope Yasası'nın %30'luk bir oranda doğru olduğu söylenebilir. Cope Yasası'nın bir yorumuna göre – gıda kaynaklarından daha iyi faydalanmak gibi- büyük bedenlerin evrimsel avantajları vardır. Bu da daha büyük bedenlerin neden doğal seleksiyon tarafından seçildiğinin ve daha çok yavru ürettiklerinin bir açıklamasıdır. Zaman olarak sonradan var olan canlıların neden daha büyük bedenli olduğu, genelde büyük bedenlilerinin daha küçük bedenli canlıları yedikleri, "Büyük balık küçük balığı yer" sözünde ifade edildiği gibi, büyüğün küçükle beslenmesinin -istisnası çok olan genel bir durum- olduğu söylenebilir. Fakat, türlerin bağımsız yaratılışını savunanlar da Allah'ın önce canlıların besleneceği ekolojik ortamı yarattıktan sonra diğer canlıları yarattığını söyleyerek, Cope Yasası'nı kabul edebilirler. O zaman, Cope Yasası'nı Evrim Teorisi'nin bir yasası olarak görmek için bir sebep yoktur. Bu yasa, canlıların Dünya'daki ortaya çıkışı sırasında, genelde önce küçük, daha sonra büyük bedenlilerin kendini gösterdiğini söyler.

Canlıların, 'bilinçli bağımsız yaratılışla', 'evrimsel tesadüfi oluşumla' veya 'evrimsel bilinçli yaratılışla' meydana geldiğini savunanların her biri, bu olasılıksal yasanın doğruluğunu kendi inancıyla bağdaştırabilir. Bu farklı görüşlerden birini diğerinin aleyhine olacak şekilde desteklemediği için, bu yasa, Evrim Teorisi'nin bir yasası olarak görülemez. Üstelik birçok istisnası olan Cope Yasası'na olasılıksal anlamda bile bir yasa demek için büyük güçlükler bulunmaktadır.

EVRİM TEORİSİNİN ÖNGÖRÜLERİ

Bilimsel kriterleri karşılayan bir teoriden beklenen en önemli özelliklerden biri, teorinin öngörülerde bulunabilmesidir. Oysa Evrim Teorisi ile hiçbir öngörüde bulunulamaz. Örneğin, tamamen izole bir adaya kurbağa, kelebek, fare, timsah gibi birçok canlıyı alıp bıraktığımızı düşünelim. Evrim Teorisi'ne dayanarak bu canlılardan hangi tür bir canlının türeyeceğine dair bir iddiada bulunulamamaktadır. Hiç kimse bu canlılardan şu kadar yıl sonra at, şu kadar yıl sonra insan, şu kadar yıl sonra bir kuş oluşur diyemez. Bazıları cevap olarak, evrim çok uzun sürede oluştuğu için, böyle bir öngörünün gerçekleştirilemeyeceğini söyleyebilir. Bu savunma, Evrim Teorisi'nin yanlışlanamayacağının bir ifadesi olabilir, ama diğer yandan Evrim Teorisi'nin doğrulanmasının da mümkün olmadığı ve klasik bilimsel kriterleri karşılamadığı anlamına da gelir.

Buradaki sorun aslında bundan da fazladır. Evrim Teorisi'ne dayanarak, adaya konulan canlılardan, bir milyon yıl sonra bir fil oluşacağı söylenirse, bu öngörü, gözlenerek doğrulanması mümkün olmayan bir niteliktedir; oysa Evrim Teorisi'ne dayanarak gözlenmesi mümkün olmayan bu tip bir öngörüde bulunmak bile mümkün değildir. Çünkü, Evrim Teorisi'nin yasaları yoktur ve matematiksel ifadeleri olan yasalar olmadan bir öngörüde bulunmak mümkün değildir. Evrim Teorisi'nin yasaları ve matematiksel bir modelinin bulunmaması, gözlem ve deneye dayanmamasından daha büyük bir sorundur. Astronomide de gözlenemeyecek olan birçok olgu ele alınır, fakat eldeki yasaların matematik modellemeye elvermesi sayesinde gelecek hakkında tahminlerde bulunulabilir. Örneğin, her şey aynı şekilde devam ederse, milyarlarca yıl sonra uzayda hiçbir ışığın kalmayacağı, tüm yıldızların yok olup, yerlerine hiçbir yıldızın oluşamayacağı bir duruma gelineceği söylenebilmektedir. Fakat bahsedilen şekilde bir adada, her şey aynı şekilde devam ederse, farenin bir gün insan veya sincap olacağı şeklinde bir öngörüde bulunmak mümkün değildir. Çünkü canlılardaki değişimlerin hangi yasalar çerçevesinde gerçekleştiğine dair Evrim Teorisi'nin söyleyebildiği bir sözü yoktur. Fizikte Eğik atışın bir yasası vardır, bu yasaya dayanarak atılan bir cismin nereye düşeceğini belirlemek mümkündür veya Hidrojenin hangi miktarı, ne kadar miktarda oksijenle birleşirse ne kadar su oluşacağı da tespit edilebilir. Oysa, Evrim Teorisi'nin, öngörüyü mümkün kılacak böylesi bir yasası yoktur. Evrim Teorisi'nin diğer biyolojik yaklaşımlardan farklı yönü, türlerin ve cinslerin hepsinin birbirlerinden evrimleştiğini körü körüne savunmasıdır. O zaman, Evrim Teorisi'nin, bilimsel kriterlere dayalı bir üstünlüğünün olması için, 'ayırt edici iddiaları'nı doğrulayacak yasalara sahip olması ve onlarla öngörülerde bulunması lazımdır. "On yıl sonra, timsahlar bütün kurbağaları yiyecek ve kurbağalar doğal seleksiyon neticesinde yok olacaklardır" şeklinde yapılacak bir öngörü gözlenebilse bile, Evrim Teorisi'ne dayanılarak yapılan bir öngörünün doğru çıktığı söylenemez. Çünkü, daha önce ifade edildiği gibi, doğal seleksiyonun varlığı değil, doğal seleksiyona dayanarak yeni türlerin oluşumunun izah edilmesi Evrim Teorisi'nin ayırt edici özelliğidir. "On yıl sonra kurbağalar bukalemun olacak" iddiası ile "Bir milyon yıl sonra bukalemunlar da dinazor olacak" iddiası arasında mantıksal açıdan bir fark yoktur. Eğer böyle bir önerme doğrulanabilseydi, Evrim Teorisi'nin bir öngörüsünün bulunduğundan bahsedebilirdik; fakat, bu teori bu iki önermeye bile benzer hiçbir öngörüde bulunamamaktadır.

Ernst Mayr, bilimde istatiksel verilere dayalı olasılıkçı yorumların arttığını, bunun Evrim Teorisi açısından önemli olduğunu, biyolojide fizikteki gibi yasaların değil, genellemelerin olduğunu söylemektedir. Darwin'in *Türlerin Kökeni*'nde, 100'den fazla kez yasa (*law*) kelimesini kullandığını, 19. yüzyılın sonuna dek biyologların, biyolojik olguları yasayla açıklamaya çalıştıklarını vurgulamaktadır. Ernst Mayr, fizikteki anlamda yasaları savunmanın Evrim Teorisi'ni nasıl zora sokacağını görmektedir. Mutlak bir yasa, tek bir olgunun yasayı yanlışlamasıyla bile inkar edilebilir (Örneğin, fizikteki "*İzafiyet Teorisi*" gibi). Tek bir olgu, tümevarımla varılmış yasanın yanlış olduğunu gösterebilir ve bu da Teoriyi tamamen geçersiz kılabilir. Bu bilimsel metodolojinin en genel geçerli yasalarından biridir. Örneğin, "Memeliler karada yaşar" şeklinde bir yasa ileri sürülmeye kalkılırsa, balinaların denizde yaşadıkları gösterilerek bu yasa yanlışlanabilir. Oysa istatistiksel ve olasılıksal genellemelerle bu sorun çözülebilir. Fakat Evrim Teorisi açısından bu yaklaşım da kurtarıcı gözükmemektedir. Evrim Teorisi, bir türün, diğer bir türe ve cinse dönüşmesi hakkında istatistiksel ve olasılıksal bir öngörüde (gelecek için) veya tarifte (geçmiş için) de bulunamamaktadır.

Matematiksel yasalara yalnız gelecek için değil, geçmişteki olayların açıklaması için de gerek duyulur. Bu şöyle gösterilebilir:

1. Evrim Teorisi, geçmişte var olan türlerden sonradan gelen türlerin oluştuğunu söylemektedir.

2. Oysa bu açıklamanın öngörüde bulunma gücü yoktur. Çünkü mutlak veya olasılıksal bir yasa ile önceki türler bir arada ele alınıp, bunların sonraki türlerin oluşumu için 'yeterli koşul' (*sufficent condition*) olduğu söylenememektedir. Çünkü geçmiş türlerin tamamını bilimsel olarak görüp nicel olarak göstermek imkansızdır. Bunun yapılabilmesi için geçmiş tüm zamanlar boyunca türler incelenip birbirinden türedikleri gösterilmek zorundadır. Aksi takdirde, tek bir türün bile kendi başına varlığını sürdürdüğü ispatlanırsa aradaki halka kopar ve yeterli koşul sağlanmamış olur.

3. Evrim Teorisi, önceki türlerin sonrakilerin açıklaması olduğunu söyler. Nedenden sonuca da sonuçtan nedene de öngörü yapmak, Evrim Teorisi ile mümkün değildir. Eğer bu mümkün olsaydı bir kertenkeleden bir karıncanın da oluşabilmesi gerekirdi. Bu çelişki ise, Evrim Teorisi'nin rakip teorilere göre daha çok kabul edilebilir olması için bilimsel veri sunamadığı ve öngörü yeteneğinden yoksun olduğu anlamını taşır.

Evrim Teorisi, yılanların kertenkelelerin ve kurbağaların, yüz milyon yıl geçtikten sonra, bu uzun süre sonucunda, hangi yeni türü (sonucu) oluşturacaklarının tahmini için kullanılamaz. Aynı şekilde, Dünya'nın tamamen aynısı ekolojik bir ortamda yılan ve kurbağalarla karşılaşsa, bunların hangi türden (nedenden) türediği, Evrim Teorisi'ne dayanılarak öngörülemez. Yılan mı kurbağadan oluştu yoksa kurbağa mı yılandan oluştu? şeklinde pek çok çelişkiler ortaya çıkar. Elimizde gözlemsel ve deneysel veri olmadığı gibi, türler arası neden-sonuç ilişkilerini kuracak mutlak veya olasılıksal yasalar da yoksa, Evrim Teorisi'ne olan inancın kaynağını 'apriori' (deneyi önceleyen) kabul edilen ilkelerde aramak gerekir. Bu apriori ilkelerin en önemlisi 'doğayı sadece doğa içinde kalarak açıklamamız' gerektiğine dair inançtır.

Mikroskobun geliştirilmesiyle cansız doğadan canlıların 'kendiliğinden türeme' yoluyla meydana gelemeyecekleri anlaşıldığı gibi, tamamen gözlediğimiz doğa içerisinde kalırsak, bu kez de türlerin birbirlerinden nasıl oluştuğunu söylemek için milyonlarca deney yapmamız gerekecektir. Fakat bu halde, Evrim Teorisi tamamen 'apriori bir ilke'nin ürünü olmaktadır. Yani bu 'apriori ilke'yle olguların bağlanması Evrim Teorisi'nin tek dayanağı olarak gözükmektedir. Bu da, bu teorinin, deney ve gözlemlerle oluşturulmuş bir teori olmadığını, deney ve gözlemi önceleyen kabullerce ortaya konulup önyargılı bir şekilde savunulduğunu gösterir. Gözlem ve deneysel destek ile olguları bağlayıcı yasaları olmayan bir teorinin ise bilimsel kriterleri karşıladığı söylenemez. Bahsedilen 'apriori ilke'yi ise temellendirecek epistemolojik bir kaynak gösterilemez. Kimse "Sadece doğanın içinde kalmak gerekir" şeklinde bir düşünceyi ne doğuştan gelen özellikleri açıklayabilir, ne de gözlenen doğanın bizleri bu ilkeye mecbur ettiğini iddia edilebilir. Bu 'apriori ilke'nin salt bir inanç ürünü olduğu rahatlıkla söylenebilir. Zihinlerdeki bu 'apriori ilke' nedeniyle Evrim Teorisi doğru kabul edildiği ve bu teoriyle olgular birbirine bağlandığı için; olgular, Evrim Teorisi'nin delili olarak sunulmaktadır. Oysa bilimsel kriterler açısından olguların Evrim Teorisi'ni desteklemesi beklenirdi. Burada gizlenmiş bir totoloji (aynı düşüncenin farklı sözcüklerle tekrarı) göze çarpmaktadır.

Kısacası, Evrim Teorisi, bilimselliğin kriterlerini oluşturan deneylenebilme, gözlenebilme, yasalara sahip olma ve öngörüde bulundurabilme açısından gerekli kriterleri karşılayamamakta; buna karşın 'sadece ve sadece gözlenen doğanın içinde kalmamız gerektiğine' dair peşinen kabul edilmiş metafizik bir inanç ile tüm türlerin birbirlerinden değişerek oluştuklarını söylemektedir. Wittgenstein'ın ifadelerine göre kanıtsız olmasına rağmen yaklaşık 150 yıldır tek teorik biyolojik gerçek olarak sunulan bu teori, Popper'ın ifadelerine göre doğruluğu asla kanıtlanmamış sadece metafizik bir araştırma programından ibarettir.

KAMBRİYEN PATLAMASI VE CANLI TÜRLERİNİN AYNI ANDA ORTAYA ÇIKIŞI

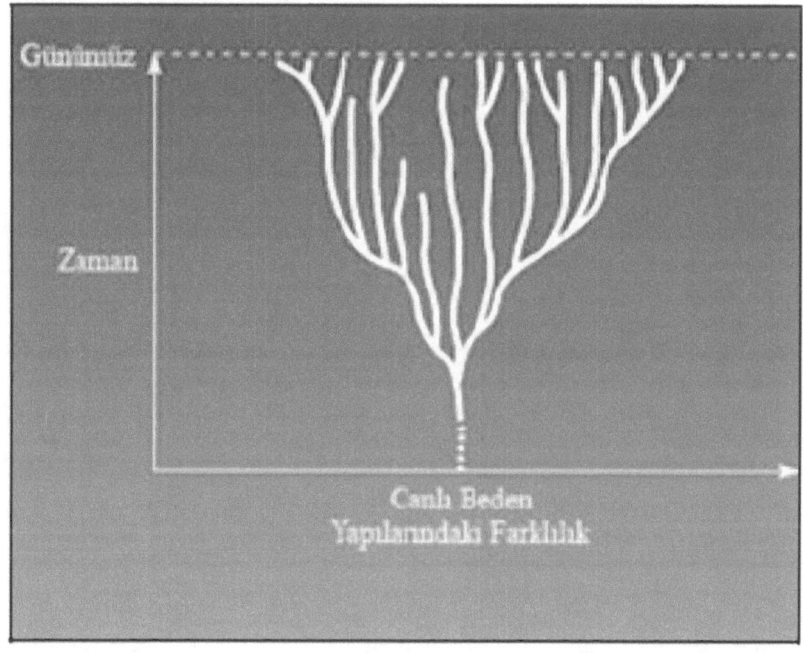

DARWİNCİ ÖNGÖRÜLERE GÖRE FİLUMLARIN (CANLI TÜRLERİNİN) ORTAYA ÇIKIŞININ ZAMANA BAĞLI DAĞILIM GRAFİĞİ.

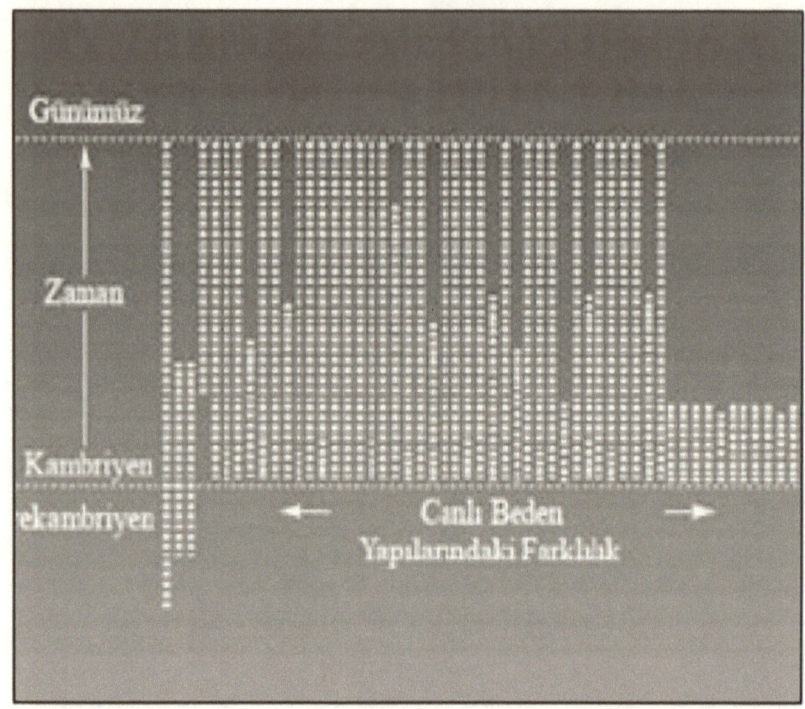

ARKEOLOJİK FOSİL BULGULARINA GÖRE FİLUMLARIN (CANLI TÜRLERİNİN) ORTAYA ÇIKIŞININ ZAMANA BAĞLI DAĞILIM GRAFİĞİ.

Darwinci Evrim Teorisi'nin en genel anlatımına göre başta tek hücreli bir canlı oluşmuş, canlılar önce türlere, sonra cinslere, sonra familyalara, sonra takımlara, sonra sınıflara, sonra filumlara ayrılmışlardır. Yüz milyonlarca yıl süren bu ayrışmadaki safhalar hep yavaş yavaş aşılmıştır. Fosil bulgulardan beklenen de bu yavaş yavaş ayrışmayı doğrulayan, 'Darwinci soy ağacı'nı destekleyen delilleri sunması olmuştur. Oysa Kambriyen Patlaması ve Ediacara Faunası evrimci beklentilerle en zıt olguları oluşturmaktadır. Prekambriyen (Kambriyen öncesi dönem) dönemde 3 milyar yıl kadar sadece bakterilerin ve mavi-yeşil alglerin hüküm sürdüğünü fosil kayıtları söylemektedir. Oysa Kambriyen dönemine gelindiğinde (530 milyon yıl kadar öncesi), bir sürü birbirinden farklı çok hücreli canlı, aniden, fosil kayıtlarında kendini gösterir. İçinde sınıf, takım, familya, cins ve türü barındıran filumların yarısından fazlası bu dönemde ortaya çıkmıştır. 20.000 gözlü 'trilobit' de beş gözlü 'opabinia' da hep bu dönemde, aniden, fosil kayıtlarında gözükmüşlerdir. Darwincilerin fosillerden bekledikleri, fosillerin 'aşağıdan-yukarıya' bir evrimi göstermesiydi. Buna göre, ilk türler basit yapılı olmalıydı ve türler ancak yüz milyonlarca yıl içerisinde sınıflara ve filumlara ayrılmalıydı. Oysa fosil bulgular, Kambriyen'de, bir anda, filumların ortaya çıktığını göstermiştir. Bu da 'aşağısı' olmadan 'yukarı'nın ortaya çıkmış olmasıdır ki, bu durum evrimci beklentilere tamamen zıttır. Darwin de Kambriyen dönemde birçok canlının aniden gözükmesiyle ilgili sorunun farkındaydı. O, teorisinin gerektirdiği gibi, bu dönemden önce binlerce çok hücreli canlı olduğuna inanmaktan vazgeçmedi ve bu olguyu fosil kayıtlarındaki ve Darwinci öngörülere göre filumların ortaya çıkışı böyle olmalıydı.

Fosil bulgularına göre ise, filumların ortaya çıkışı böyledir. Darwin bu durumu araştırmalarındaki yetersizliklerle açıkladı. Ancak Darwin'in döneminde bugüne kadarki fosil araştırmalarının % 1'inden azının yapıldığını düşünürsek, bu mazaret, o dönem için yerinde gözükmektedir. Fakat günümüze kadar yapılan araştırmalar, 'Kambriyen Patlaması'nı -yanlışlamak bir yanadesteklemiştir. 1909'da Charles Doolittle Walcott'un, Burgess Shale'de bulduğu fosiller, 1980'lerde Sirius Passet ve Chengjiang'da bulunan fosiller, Kambriyen dönemde, bir anda birçok canlı türünün ortaya çıktığını desteklemektedir. Artık, fosil araştırmalarının yetersizliği bir mazeret olarak ileri sürülemez. Kambriyen Patlaması yeni araştırmalarla destek kazanmıştır, fakat bu dönemden önce Darwinci yaklaşıma göre olması gereken ara formlar, bu kadar çok yapılan kazıya rağmen bulunamamıştır. Bu fosillerin bulunamaması, artık eksik araştırmaya bağlanamayacağı gibi, Kambriyen dönemden önceki fosillerin 'tortu bırakmaması' gibi Darwin tarafından ileri sürülen sebeplere de bağlanamaz. Nitekim, Kambriyen Patlaması'ndan önceki üç milyar yıl boyunca Dünya'da hüküm sürmüş yegâne canlı olan tek hücreli bakterilerin ve maviyeşil alglerin fosilleri bulunmuştur. Birçok ünlü fosilbilimcinin de söylediği gibi elimizdeki fosil kayıtları önemli ölçüde güvenilirdir. Bu da göstermektedir ki, Kambriyen Patlaması bir yanılsama değil, fosilbilimin ortaya koyduğu en enteresan olgulardan biridir. Bir aralar Ediacara Faunası'ndaki canlıların, Kambriyen dönemde ortaya çıkan canlıların atası olabileceği düşünüldü. 1947'de, Avustralya'da, R. C. Sprigg tarafından Ediacara Faunası bulundu. Burada Kambriyen Patlaması'ndan 40 milyon yıl kadar önce (Prekambriyen dönemin sonlarında) çok hücreli canlılar bulundu. Fakat fosilbilimcilerin de dikkat çektiği gibi, Ediacara Faunası'nın canlıları Kambriyen canlılarından o kadar farklıdır ki, bu canlıların Kambriyen dönemindeki canlıların atası olduğu söylenemez. Ediacara Faunası'nda ve Kambriyen dönemde ortaya çıkan canlılar, ilk çok hücreli canlı türleridir ve büyük bir çeşitlilik göstermektedirler. Kambriyen Patlaması'nın on milyon yıl kadar sürdüğü tespit edilmiştir; bu on milyon yıllık zaman dilimi tüm Kambriyen çeşitliliğinin oluşma tarihidir. Dünyamızın 4,5 milyarlık yaşını göz önüne alırsak, bu süre dünyanın yaşının 1/450'sine karşılık gelmektedir. Eğer bu on milyon yılı, Ediacara Faunası'ndaki canlıların 40 milyon yıl önce ortaya çıkışı ile birleştirirsek, 50 milyon yılda dünyamızın çok hücreli canlılarla dolduğunu söyleyebiliriz. Bu da dünyanın yaşının 1/90'ı gibi çok küçük bir dilime karşılık gelmektedir. Bu dönemden önce ne 'kesintili denge' kuramında ileri sürülen 'coğrafi olarak izole olacak' türler vardır, ne de bu dönemde ortaya çıkan çok hücreli canlılara az da olsa benzeyecek, herhangi bir 'ata form' vardır. Hem 'kesintili denge' kuramının izole olacak 'hammaddesi', hem Yeni-Darwinciliğin mutasyona uğrayarak yavaşça değişecek 'hammaddesi' önceki dönemde yoktur. Sonuçta 'kesintili dengeciler' de 'yavaş aşamacılar' da hammaddesi olmadan hayali bir menü hazırlamışlardır; bu farklı menülerin talibi çok olsa da, Prekambriyen dönemin boşluğu, adeta unsuz-peynirsiz-domatessiz pizza yapımına menü hazırlayıcılarını mecbur etmektedir! Ediacara Faunası'nın ve Kambriyen çeşitliliğin ortaya çıkışı 'fosil-olasılık ikilemi' açısından en büyük soruna sebep olmaktadır. Her şeyden önce fosillerden gelen bilgiler, te'vil edilemeyecek kadar açık bir şekilde çok hücrelilerin aniden ortaya çıkışını, yani Yaratılışı açık bir şekilde göstermektedir. Darwin'in, klasik, uzun dönemde yavaş gelişimi savunan çizgisini devam ettiren ve olasılık sorununun çözümüne ağırlık veren bilim insanları bile bu olguyu reddedememektedirler. Bir sonraki bölümde göstereceğimiz gibi, tek bir proteinin 'tesadüfi oluşumu' için tüm evren-zamanı boyunca, tüm uzaydaki maddenin bileşimler yapması yetersiz kalır. Oysa Ediacara Faunası ve Kambriyen Patlaması ile ortaya çıkan canlıların vücutlarında; on binlerce yeni protein, yepyeni hücreler, yepyeni organlar, yepyeni beden tasarımları ve yepyeni genetik bilgiler dünya sahnesinde görülmüştür. Eğer, en iyimser şekilde, Ediacara Faunası'nın başlangıcından Kambriyen Patlaması'nın bitimine kadarki süreyi toplasak bile, ortaya çıkan 50 milyon yıllık süre; milyarlarca yıllık sürenin bile tek bir proteini açıklamakta yetersiz kaldığı düşünülünce, bu kadar büyük bir çeşitliliği açıklamakta çok yetersiz kalacaktır. Çok uzun sayılabilecek olan dünya tarihi göz önüne alındığında, bu kısa dönemde ortaya çıkan tüm bu canlılardaki proteinler hücre içinde yeni fonksiyonları gerçekleştirecek şekilde organize olmuşlardır, yeni hücreler ise yeni doku, organ ve beden bölümleri olarak organize olmuşlardır. Yeni bedenler, hiyerarşik olarak organize olmuş, her vücut bölümü kendi fonksiyonlarını üstlenerek bedenin bir parçası olmuştur. Sonuçta, Kambriyen Patlaması ve Ediacara Faunası ile birçok yeni vücut tasarımı ortaya çıkmıştır ve birçok 'özelleşmiş kompleks' beden bölümlerinden oluşan bu tasarımlar, 'belirlenmiş kompleks bilgileri' gerektirirler ki bunun da bir açıklamasının yapılması gerekir. Tesadüfi bir evrim süreci ne mikro seviyedeki protein moleküllerinin, ne de makro seviyedeki beden organizasyonlarının açıklaması olabilir. Bu konu, 4. bölümde daha ayrıntılı bir şekilde incelenecektir. Kambriyen Patlaması ve Ediacara Faunası'nın 'küçük aşamalarla canlıların oluşumunu açıklayan Evrim Teorisi'ne açtığı sorunlar beş maddede özetlenebilir:

1- Çok hücreli canlılığın aniden ortaya çıkışı.

2- Çok büyük bir çeşitliliğin aniden ortaya çıkışı.

3- Evrimci 'aşağıdan-yukarı' beklentinin aksine birçok filumun aniden ortaya çıkışı.

4- Dünya tarihinin bu kadar dar bir aralığında, mikro düzeyde ortaya çıkan on binlerce protein gibi yapının tesadüfi oluşumunu açıklamanın olasılıksal imkânsızlığı.

5- Dünya tarihinin bu kadar dar bir aralığında, makro düzeyde ortaya çıkan özelleşmiş organlarıyla beden planlarını açıklamanın olasılıksal imkânsızlığı.

Türlerin bilinçli bir şekilde bağımsız yaratıldıkları veya evrimin bilinçli bir şekilde yaratılan bir süreç olduğu görüşü, Kambriyen Patlaması'nı ve Ediacara Faunası'nı açıklamakta zorluk çekmez. Çünkü bilinçle ve kudretle oluşturulmuş bir yaratılışı savunanlar için, türlerin aniden ortaya çıkışları -ister evrimle, ister bağımsız yaratılışla olsun- sorun değildir. Dolayısıyla bilinçli, kudret sahibi, olaylara hâkim bir Yaratıcı Güç'ün tasarladığı süreçlerde olasılık sorunu olmaz. Bir zarın milyon kere üst üste tesadüfen altı gelmesi olasılık olarak hemen hemen imkânsızdır; fakat bilinçle, zarları altı olarak koyabilen biri için olasılık sorunu olmaz ve matematiksel sonuç her zaman 1'dir, yani mümkündür. Dolayısıyla, tüm canlı varlıkların matematiksel olarak sıfır (0) olasılığa sahip adem ve yokluk âleminden matematiksel olarak bir (1) ve kesinlikle mümkün olarak belirlenmiş bir kader programıyla varlık arenasına çıkabilmeleri ancak yaratılışla mümkündür. Bu yüzden, bahsedilen beş maddedeki sorun sadece dış bir Güç'ün müdahalesini kabul etmeden, tesadüfi bir evrimi savunanlar için geçerlidir. Dolayısıyla, doğa felsefesindeki asıl sorun, evrimin olup-olmadığı değildir; asıl sorun, canlıların tesadüfen mi oluştukları, yoksa bilinçli bir şekilde mi yaratıldıklarıdır. Bir sonraki bölümde, bu önemli sorunun yanıtını aramaya çalışacağız..

DÖRDÜNCÜ BÖLÜM

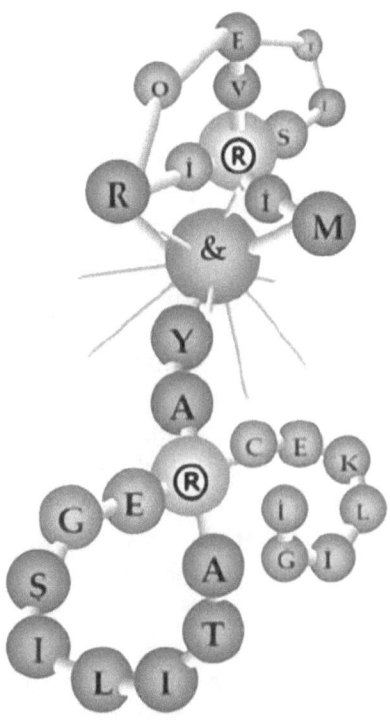

DOĞADAKİ TASARIM DELİLLERİ

GİRİŞ

Tasarım delili (teleolojik delil) ile, varlıklardaki düzen ve nedensellik gibi unsurlardan yola çıkılarak bu varlıkların Tasarımcısı'nın varlığına ve bu Tasarımcı'nın kudreti, bilgisi, hâkimiyeti gibi sıfatlarına ulaşılır. Kısacası, tektanrılı dinlerin savunduğu Yaratıcı'nın birçok sıfatı tasarım delili ile temellendirilir. Böylesi bir yaklaşımın binlerce yıllık tarihi olmasının yanında, bu yaklaşımın eski dönemlerde Epikurus ve Lucretius gibi, yakın dönemlerde ise Hume ve Kant gibi eleştirmenleri olmuştur (1. bölümde bu konu ele alınmıştı). İçinde bulunduğumuz çağda ise, bu kanıta karşı geliştirilen argümanların hemen hepsi, Evrim Teorisi'nin kesin bir gerçek olarak kabul edildiği bir ön kabulle oluşturulmuştur. Bu ön kabulün bilimsel temellerini bir önceki bölümde sorguladık; bu bölümde, fizik ile biyolojideki son asrın bulgularının doğadaki tasarım delilini desteklediğini –Evrim Teorisi doğru da yanlış da olsa- gösterilmeye çalışılacaktır.

20. yüzyılda elde edilen modern bilimin verileriyle, dünyadaki canlılığın oluşması için evrende çok hassas ayarların gerektiğini ve canlıların zannedilenden çok daha çeşitli ve kompleks olduklarını öğrendik. Bu yeni verilere dayalı tasarım delili yaklaşımları artık sırf analojilere (benzetmelere) dayanmamakta, olasılık hesabı gibi matematiksel yaklaşımlarla daha objektif bir bakış açısı mümkün olmaktadır. İlerleyen sayfalarda son yüzyılda gerçekleşen bilimsel ilerlemelerle tasarım delilinin eskisinden daha da güçlü olduğunu ve 'doğanın hiçbir müdahale kabul etmeyen' bir yer olduğunu söyleyen natüralist felsefenin yanlışlığını göstermeye çalışacağız.

Bu bölümde, cevabını bulabileceğiniz bazı sorular şunlardır: Naturalizmin, Evrim Teorisi ve günümüzün bilim anlayışı ile ilişkisi nedir? Canlıların var olması için gerekli hassas ayarlar nelerdir? Entropi yasasının tasarım delili ile ilişkisi var mı? İnsancı İlke (*Anthropic Principle*) tasarım deliline destek vermekte midir? Dünya İlkesi nedir ve niye böyle bir ilkenin ifadesine gerek duyuldu? Urey-Miller deneyi amino asitlerin ortaya çıkışını açıklayabilir mi? Bir proteinin rastgele tesadüflerle oluşmasının olasılığı nedir? Evrim Teorisi'nin öngördüğü 'en basit tek hücreli ilk canlı'nın tesadüfen oluşmasının olasılığı nedir? İndirgenemeyen kompleks yapıların varlığı tasarım delili için neden önemlidir? Zihnin varlığı ve evrenin anlaşılır olması ile tasarım delilinin bağlantısı nedir?

NATÜRALİZME KARŞI TASARIM DELİLİ

'Naturalizm' (Doğacılık) ifadesine yüklenen her anlamda doğadışına ve bunun sonucu olarak tasarım deliline karşı bir dışlayıcılık vardır; çünkü tasarım delili, gözlenen doğadan hareketle, bu doğanın, doğa-dışı Tasarımcısı'na işaret eder. Naturalizm, materyalizm ve ateizm ile kardeş bir görüştür. 'Materyalizm' sadece maddenin var olduğunu, madde dışında hiçbir varlığın (cevherin) bulunmadığını savunur; 'ateizm' ise Yaratıcı'nın var olmadığını savunan bir görüştür. Günümüz ateistlerinin büyük çoğunluğunun materyalist olduğu ve bu iki ifadenin adeta birbirine özdeş anlamda kullanıldıkları söylenebilir. 'Naturalizm' ifadesi ise genelde bu iki görüşle özdeş anlamda kullanılsa da bu ifadenin kimi kullanımlarında farklılıklar olabileceğini belirtmekte fayda vardır.

Felsefî naturalizm (*philosophical naturalism*), birçoklarınca ontolojik natüralizm (*ontological naturalism*) ve metafizik naturalizm (*metaphysical naturalism*) olarak da anılır; bu görüşe göre, 'doğa' dışında hiçbir varlık yoktur, bu görüşün tamamen materyalizme ve ateizme özdeş olduğu söylenebilir. Diğer yandan metodolojik natüralizm (*methodological naturalism*) ve bilimsel natüralizm (*scientific naturalism*) ile bilimin metodunun ne olması gerektiğine dair bir iddiada bulunulur. Buna göre, 'doğa'nın içindeki sebepler dışındaki sebeplerle 'doğa' açıklanamaz; örneğin evreni tasarlayan bir Tasarımcı'nın varlığına gönderme yapmak yasaktır. Metodolojik natüralizm, doğa-üstü bir gücün varlığına dair bir iddiada bulunmaz; Allah'ın varlığı veya yokluğu üzerine bir bildirimde bulunmaz ama bir Yaratıcı yokmuşçasına doğayı ele alır. Bana göre, felsefî naturalizmi 'aktif ateizm' olarak sınıflamak, metodolojik naturalizmi ise 'pasif ateizm' olarak sınıflamak yerinde olacaktır. Metodolojik naturalizm, felsefî naturalizmi kesin olarak doğru kabul ederek doğa-dışının var olmadığı iddiasında bulunmasa da metot olarak felsefî natüralizmi doğruymuş gibi kabul eder. Günümüzde bilime hâkim olan paradigmaların metodunun bu olduğu söylenebilir; bu yüzden fizik ve biyoloji kitaplarında Yaratıcı'ya atıf yapılmaz, yani Bilim tamamen Dinden soyutlanmış bir şekil almıştır.

Halbuki, Newton'un yazdığı bir kitabı, günümüzde, bir fizik öğretmeni ders kitabı olarak yazmış olsaydı; bu kitabın ders kitabı olması herhalde yasaklanırdı. Hatta, Darwin'in en meşhur eseri olan '*Türlerin Kökeni*'ni, bugün bir biyoloji öğretmeni yazmış olsaydı; herhalde bu kitaptaki Yaratıcı'ya atıflar çıkartılmadan, bu kitap da bir ders kitabı olarak okutulamazdı. İşte, günümüzdeki eğitim sisteminin en önemli kriterlerinden ve açmaz noktalarından birisini oluşturan da bu önemli noktalardır. Yani Bilimin, Doğa'nın Yaratıcısı'ndan ayrı bir kavram olarak olarak ele alınıp Naturalist-Materyalist bir çizgide yorumlanmasıdır. Metodolojik natüralizmin neden mevcut paradigmaların yöntemi olduğunu anlamamız için, siyasetin bilim ve eğitim sistemiyle olan ilişkisini de irdelemek gerekir. Bu ilişki, Kilise ile siyasal sistemin önemli etkileşimlerinin olduğu Batı'ya ait bir tarihsel sürecin ürünüdür; bu tarihsel süreçten yalıtılarak günümüzdeki siyasetin, bilim ve eğitim sistemiyle olan ilişkisi anlaşılamaz.

Bu tarihsel süreci anlamak ise, sadece bu paradigmaların oluştuğu Batı dünyasındaki bahsedilen ilişkiyi anlamak için değil, Batı-dışı dünyayı anlamak için de önemlidir. Çünkü, bilimin ve eğitim sisteminin nasıl organize olacağına, metotlarının ne olacağına dair Batı'da oluşmuş paradigmalar, Batı'ya mahsus kalmamıştır; dünyanın geri kalanına da bu paradigmalar transfer edilmiştir ve dünyanın geri kalanındaki bilimin ve eğitim sisteminin organizasyonu ve metotları da bu yüzden Batı'nın tarihi ile ilişkilidir. Bütün dünyada oynanan futbolun ortak kurallarının olmasının sebebi, her ülkenin birbirlerinden bağımsız olarak aynı kuralları bulmuş olmaları olmadığı gibi; günümüz dünyasında birçok ülkenin eğitim sisteminde metodolojik natüralizmin hâkim olmasının sebebi de her bir ülkenin birbirlerinden bağımsız olarak, bu yöntemin uygulanmasının en doğrusu olduğuna dair vardıkları sonuç değildir. Batı'dan transfer edilen bilim ve eğitim sisteminin paradigmaları bir paket program halinde dünyanın her yerine ulaşmış, bu paket, teknolojik geriliklerinin yıkım ve komplekslerini yaşayan ülkelerce, analitik bir değerlendirmeye tabi tutulmadan benimsenmiştir.

Aslında metodolojik naturalizmin teizm için çıkardığı problemler yüzeysel bir bakış açısıyla hemen fark edilmemektedir. Bir teist ve ateistin Londra-İstanbul arasındaki mesafeyi hesaplarken matematiğe veya haritacılığa başvurmalarında bir farklılık gözlemlenmeyecektir; bir teist ve bir ateist doktorun gözün veya kalbin fonksiyonlarını belirlerken biyolojiye başvurmalarında da bir fark gözlemlenmeyecektir; bir teist ve ateist astronomun Ay veya Güneş tutulmalarının oluş vaktini belirlemeleri ile ilgili hesaplamaları ve teleskobu kullanım tarzlarında da bir fark gözlemlenmeyecektir. Allah'ın varlığına veya yokluğuna dair herhangi bir yargı açıklanmadan, bahsedilen konularda, hem teist hem de ateist bilim insanlarının hiçbir farkı olmayabilir. Modern bilimin başarısı olan köprüler, ulaşım araçları, ameliyat teknikleri, gen teknolojisi, bilgisayar, internet gibi tüm ürünlerin hiçbirinin 'metodolojik naturalizm'in bilimin metodu olarak benimsenmesiyle alakası yoktur. Fakat sorun, özellikle evrenin ve canlıların kökenine dair araştırmaların sunum ve yorumlarında ortaya çıkar. Örneğin, evrenin kökenine dair Big Bang Teorisi'nin ve canlıların kökenine dair Evrim Teorisi'nin yorumlarında bu sorunu gözlemleyebiliriz.

Birazdan görüleceği gibi, canlılar dünyasında tasarım delilinin sayısız delili vardır, fakat metodolojik natüralizme göre doğal sebepler dışında bir sebebe atıf yapmak; tasarımın, bir Tasarımcı'yı gösterdiğini söylemek yasaktır. Teizmin ateizmden en önemli farklarından biri, evrendeki oluşumların ve canlıların Bilinç'in, Bilgi'nin ve Kudret'in ürünleri olduğunu savunmakken; ateizm bunları, tasadüfî bir süreçteki oluşumların ürünü olarak görür. Metodolojik naturalizme göre, Tasarımcı'nın varlığı veya sıfatlarının, dünyanın veya canlıların tasarımı gibi olgulardan temellendirilmeye kalkması bile yasaktır. Ama bilimin objektif bir uğraş olduğuna inanılıyorsa, olması gereken tavır, baştan tasarımdan Tasarımcı'ya yükselmeyi yasaklamak yerine; mevcut olguların gerçekten de Tasarımcı'nın varlığını gösterip göstermediğine objektif bir şekilde yaklaşmak olmalı değil midir? Aslında içinde bulunulan durum çok ilginçtir: Baştan 'metodolojik naturalizm' bilimin yegâne yöntemi olarak ilan edilerek, Yaratıcı'nın (Tasarımcı'nın) varlığının bilimsel verilerden çıkarsanan sonuçlarla desteklenmesi yasaklanmakta, sonra ise Arkeoloji bilim dalında, birkaç tane taşın veya kemik parçasının bulunmasıyla bile, bunları tasarlayanın bilinçli bir kudret olduğundan şüphe edilmez. Oysa 'metodolojik naturalist' yaklaşımı benimseyenler, evrende ve canlılardaki sayısız tasarım deliline rağmen; bunların, bilinçli bir Tasarımcısı olabileceğine dair bir düşüncenin ifade edilmesini bile 'bilim-dışı' ilan ederler. Yaratıcı'nın varlığının bilime aykırı olduğu söylenerek Yaratıcı'nın yokluğunu iddia eden felsefî naturalizmin ve ateizmin savunması yapılmaktadır. Bu durumu şuna benzetebiliriz: Önce zencilerin ateizm müsabakalarına girmesi yasaklanmakta, daha sonra zencilerin atletizmde başarısız olmaları, yasaklı oldukları müsabakalara bakarak kararlaştırılmaktadır. Zencilerle ilgili örnekteki saçmalığı hemen anlayacak birçok insan, ne yazık ki, Yaratıcı'nın varlığından bahsedilmesini yasaklayan bilimsellik iddiasındaki bir anlayışla, Yaratıcı'nın varlığına (tasarım delilinin doğruluğuna) dair hiçbir delil olmadığını savunan bilimsellik iddiasındaki bir anlayışın farkını anlayamamakta; bu ikisini birbirine karıştırmaktadırlar.

Bu tip sebeplerden dolayı, metodolojik natüralizmin 'pasif ateizm'i, felsefî natüralizmin 'aktif ateizm'inden, birçok zaman, teizm açısından daha tehlikelidir. Çünkü felsefî natüralizmin ve ateizmin apaçık Allah'ı inkârlarında teistler tavırlarını ona göre alırlar, karşı cephenin evreni ve canlıları bu şekilde yorumlamalarının sebebinin ateizmlerinden kaynaklandığını rahatça anlayarak savunmaya geçebilirler. Oysa felsefî natüralizmi ve ateizmi peşinen (apriori) gerçekmiş gibi kabul eden metodolojik natüralizmin, evreni ve canlıları yorumlayışında bir fark yoktur; Yaratıcı'yı yok kabul ederek yapılacak evren ve canlılar üzerine yorumda bir fark görmemektedir. Fakat, metodolojik natüralizmin en büyük tehlikesi, bazılarının bu yöntemi objektif zannetmesi ve kitlelerin, başka bir alternatifinin mümkün olamayacağını düşünmeleridir.

Eğer bilim objektif bir uğraş olacaksa, bilimin bize sunduğu verileri değerlendirirken, neden natüralizm gibi doğa-dışının varlığını baştan reddeden bir metodu veya felsefeyi benimseyelim? Ortaçağda olduğu gibi "Peşinen Tanrı'nın varlığını kabul edip bilimsel araştırmalarınızı ona göre yapın!" demenin yanlış olduğu anlaşılınca "Peşinen Tanrı yokmuş gibi bilimsel araştırmalarınızı yapın ve sonuçları ona göre değerlendirin" demek mi gerekiyor? Neden, Yaratıcı'nın varlığını veya yokluğunu peşinen kabul etmeden, bilimsel verilerin bizi götüreceği yere kendimizi bırakmıyoruz? Bilimin amacı doğruyu bulmaksa, neden bilimin neyi söyleyip söyleyemeyeceğini baştan belirleyerek bilimsel aktiviteyi sınırlıyoruz? Tasarım delili, evren üzerine araştırmalarımızın bizi bilinçli, kudretli bir Tasarımcı'ya (Allah'a) ulaştırdığı iddiasındadır.

Sonuçta, bu kanıtlama şekli, evren ve canlılar üzerine bilgisizliğimizdeki açıkları Allah'a imanla doldurmaya, yani 'boşlukları doldurarak Allah'a' (*God of the Gaps*) ulaştırmaya çalışmaz; tam tersine, evren ve canlılar üzerine bilgimizi (bilimsel verileri) değerli kabul eder ve bu verilerden yola çıkarak sonuca ulaştırır. Olması gerekli objektif ilmi tavır budur. Yani, Evren ve canlılar üzerine bilgilerimizin teizmi veya natüralizmi peşinen kabul etmeden, gerçekten de bizi bu sonuca götürüp götürmediğini değerlendirmektir. Böylesi objektif bir tavır, bizi, tasarım delilinin güvenilirliğine ve modern bilimin bize sunduğu verilerin bu kanıtı güçlendirdiğine ulaştıracaktır. İşte bu bölümde, bu yaklaşımın doğruluğu gösterilmeye çalışılacaktır; evrende ve canlılar dünyasında bu kanıtı destekleyecek veri o kadar çoktur ki, hiç şüphesiz bu kitapta bu konuya ayrılan yer, buna göre çok dardır. Teizm açısından asıl sorun Evrim Teorisi değildir. Bu yüzden, tasarım delili ifadesi yerine, genelde Amerika'da kendilerini tamamen Evrim Teorisi'ne karşı konumlandıran 'akıllı tasarım' (intelligent design) hareketiyle özdeşleştirilmemek için 'akıllı tasarım' ifadesini pek kullanmamaya çalışacağız. Buradaki asıl sorun, naturalist felsefeye hizmet edecek şekilde Evrim Teorisi'nin kullanılmasıdır. Pekâlâ, teizmle ve tasarım deliliyle uyumlu bir Evrim Teorisi anlayışı olması da mümkündür. Fakat, naturalizm ile uyumlu bir tasarım delili olamaz; çünkü doğanın müdahale kabul etmeyen kapalı bir sistem olduğunu savunan natüralizme karşı doğanın tasarımlanmış olduğunu savunan tasarım delilinin zıtlıkları tanımlamalarından başlayarak ortaya çıkar.

Bana göre, teizm ile ateizm arasındaki asıl zıtlık, 'Evrim Teorisi' ile 'Türlerin bağımsız yaratılışı' arasında değil; fakat 'Naturalizm' ile 'Tasarım delili' arasındadır. Teistlerin ayrı mezhepleri, ayrı dinleri olabilir; Evrim Teorisi'ni kabul eden teistler olduğu gibi, reddeden teistler de vardır. Fakat tüm bu farklı fikirlere rağmen, hatta metodolojik naturalizmi bilimsel bir yöntem olarak benimseyen teistlere rağmen, hiçbir teist, felsefî naturalizmi benimseyemez; felsefî naturalizmin, bütün teistlerin ortak düşmanı olduğu söylenebilir. Evrim Teorisi'nin bu tartışmada önem kazanmasının sebebi, naturalizmin hizmetçisi yapılmaya çalışılmasından kaynaklanmaktadır. Birçok kişinin zannettiği gibi, önce Evrim Teorisi'nin doğruluğu gösterilmiş, sonra da canlıların doğa içinde kalınarak açıklanmasının mümkün olduğundan yola çıkılarak naturalizm temellendirilmiş değildir. Tam tersine, doğa içinde kalınarak tüm varlığın açıklamasının yapılabilmesi için, yani natüralizmin doğru olabilmesi için, salt doğa içinde kalarak açıklamalar yapan bir Evrim Teorisi anlayışının doğru olması gerektiği anlaşılmış ve Evrim Teorisi doğru kabul edilmiştir.

Sonuçta, iki tane ön kabul vardır; Evrim Teorisi'nin doğruluğu gösterilmeye çalışıldığında, naturalizm önkabulüne başvurularak Evrim Teorisi'nin alternatifsiz olduğu söylenmektedir; bu 'alternatifsizlik' sadece (bir önceki bölümde görüldüğü gibi) naturalizmin doğa-dışının varlığını peşinen reddeden anlayışı benimsenirse mümkündür. Naturalizmin doğruluğuna, canlıların tasarımlanmış olduğundan yola çıkılarak itirazlar getirilince ise, bu iddia, Evrim Teorisi'nin canlıları sadece doğa içinde kalarak açıklayabileceği ile savuşturulmaya çalışılmaktadır; sanki Evrim Teorisi'nin gerçekliği natüralist önkabulden bağımsız bilinebilirmiş gibi! Bu kısırdöngülü mantık dört maddede şöyle gösterilebilir:

1- Materyalist bir Evrim Teorisi sayesinde canlılar, sadece doğa içinde kalınarak açıklanmaya çalışılmaktadır (Naturalizm).

2- Naturalizmi bir ön kabul olarak aldığımızda materyalist Evrim Teorisi alternatifsizdir/doğrudur.

3- Evrim Teorisi sayesinde doğruluğu belli olan (1. maddeye göre) naturalizm sayesinde Evrim Teorisi'nin doğruluğu bellidir (2. maddeye göre).

4- Bu kısırdöngülü mantığın bir cümleyle ifadesi ise şudur: "Materyalist bir Evrim Teorisi anlayışının doğruluğuna, muhtaç olan naturalizmin doğruluğuna, materyalist bir Evrim Teorisi anlayışı doğru olabilmek için muhtaçtır."

Oysa ki, Tasarım delili, Naturalizmin yanlışlığını gösterecek bir kanıttır; gözlem, deney, öngörüde bulunmak gibi bilimsel kriterlere dayanmayan, temelde ancak natüralist bakış açısıyla bilim yapıldığında alternatifsiz olabilen Evrim Teorisi'nin bu dayanağı tasarım deliliyle çöker. Daha önce görüldüğü gibi, ancak natüralist bir önkabul olursa, canlıların dış görünüm veya genlerindeki benzerlikler gibi olgulardan Evrim Teorisi'nin alternatifsiz olduğuna inanmak mümkündür.

Sonuçta, tasarım delili Evrim Teorisi'ni değil natüralizmi (bu arada materyalist-natüralist bir Evrim Teorisi anlayışını da) yanlışlar, ama bu kez de Evrim Teorisi tartışmaya açık bir hipotez statüsüne düşer.

CANLILIĞIN ŞARTLARI, NATURALİZM VE TASARIM DELİLİ

Bu kitabın ana konusu Evrim Teorisi olduğu için, elbette canlılar bu kitabın odak noktasıdır. Fakat, canlıların var olabilmesi, canlılardan önce evrenin ve bu evrende birçok önkoşulun oluşabilmesine bağlıdır. Natüralizmin doğruluğu, sadece canlıların değil, canlılardan önceki bütün önkoşulların da tesadüfen, bilinçli bir müdahale olmaksızın oluşmuş olmasına bağlıdır. Evrim Teorisi açısından natüralizmin doğru bir felsefe olup olmadığı çok kritik bir mesele olduğuna göre, canlıların oluşumu için gerekli koşulları açıklamada da naturalizmin ne kadar başarılı olduğunu değerlendirmeliyiz.

Naturalizmin iddia ettiği gibi canlıların sadece doğa içinde kalınarak açıklamasının yapılabilmesi için, sadece materyalist bir Evrim Teorisi'nin doğru olması değil, aşağıda geçen beş şıkta ifade edilenlerin hepsinin doğa içinde kalınarak, doğadışı bir sebep olmaksızın açıklamasının yapılabilmesi gerekir. Ancak o zaman, canlıların, doğa içinde kalınarak, naturalizme (ateizme ve materyalizme) uygun açıklamasının yapılabildiği söylenebilir.

Naturalizm ile tasarım delili arasındaki çatışma, BEŞ şıkta toplanarak şu şekilde gösterilebilir:

1- Maddenin Kendiliğinden Varlığı / Maddeyi Yaratması:

Naturalizme göre, maddî evrenin varlığı, evren-dışı bir sebebe atıf yapılmaksızın açıklanmalıdır. Teistik görüşe göre ise maddî evren Allah tarafından yaratılmıştır. Buna göre evrenin, öncesi olmayan bir zamanda başlangıcı vardır. Bertrand Russell, Yaratıcı üzerine Copleston ile girdiği bir tartışmada "İşte evren karşımızda ve hepsi budur." Diyerek karşımızda duran evrenin bir açıklamaya ihtiyacı olmadan, her şeyin açıklamasını içinde barındırdığını söylemek istemiştir. Fakat evrenin bir başlangıcı olması, evrenin kendi dışında bir açıklaması olmasını gerektirir. Bu konu, evrenin sonsuz geçmişi olamayacağına dair felsefî argümanlar, Big Bang Teorisi ve entropi yasası ışığında 11. bölümde daha detaylı bir şekilde ele alınacaktır.

2- Doğa Yasalarının Kendiliğinden Varlığı/Doğa Yasalarının Tasarımı:

Natüralizme göre madde kendiliğinden var olduğu gibi, maddeye içkin olan doğa yasaları da kendiliğinden vardır. Tasarım delili ile ise doğa yasalarının da bir tasarım ürünü olduğu, eğer bilinçli bir yaratış olmasaydı, doğa yasalarının belirli bir şekilde olmasına ihtiyaç duyan canlılığın oluşmasının mümkün olmadığı savunulur. Buna göre çekim gücü yasası, entropi yasası gibi fiziksel yasalar ve maddenin yapısını oluşturan kuvvetlerin hassas bir şekilde ayarlanmasıyla canlılığın varlığı mümkün olmuştur. Doğa yasalarının tasarımı ile ilgili konu, ilk olarak 1970'li yıllarda ortaya konan İnsancı İlke (*Anthropic Principle*) yaklaşımıyla bir arada ele alınacaktır. Bir yandan İnsancı İlke yaklaşımı ve bu konudaki farklı görüşler tanıtılırken, bir yandan da doğa yasalarının kritik ayarları ile ilgili örnekler 8. bölümde detaylı bir şekilde verilecektir.

3- Fizikî Dünyadaki Tesadüfi Oluşumlar / Fizikî Dünyadaki Tasarımlar:

Naturalizme göre maddî evrendeki tüm oluşumlar salt doğa yasaları çerçevesinde oluşur, bu oluşumlara etki eden doğadışı bir bilinç ve kudret yoktur. Ateist-Naturalist düşünürler 'zorunluluğun' ve 'tesadüf'ün birleşimi ile evren ve canlılar hakkındaki her şeyin açıklanabileceğini savunmuşlardır. Bir önceki şıkta ele alınan 'zorunluluk' denen alandır; bu alanın ayırt edici yönü, maddeye içkin olan ve evrenin her yerinde geçerli olan yasaları konu edinmesidir. Bu şıkta ele alınan ise 'tesadüf' denen alandır; bunun ayırt edici yönü, maddeye içkin olmayan, bu evrende, başka türlüsünün olmasının da mümkün olduğu oluşumları ele almasıdır. Örneğin tamamen aynı yasalar altında, evrenin, galaksilerin oluşumuna imkân veren bu hızda genişlemeyeceğini veya canlılığa olanak veren Güneş Sistemi ve Dünya'daki hassas ayarların gerçekleşmeyeceğini düşünebiliriz. Teizm, doğa yasalarının yanında tüm evrensel oluşumların da Yaratıcı tarafından meydana getirildiğini savunur. İnsancı İlke ile ifade edilen canlılığın var olabilmesi için evrende gerekli hassas ayarlar, hem doğa yasaları ile hem de bu oluşumlarla ilgilidir. Bu yüzden, ilerleyen bölümlerde, İnsancı İlke konusu ile beraber bunlar da ele alınacaktır.

4- Canlıların Tesadüfi Oluşumu / Canlıların Tasarımı:

Yukarıdaki her bir madde kendisinden sonraki maddelerin gerçekleşmesi için önşarttır. Canlıların, doğa içinde kalınarak natüralizme uygun açıklamasının yapılabilmesi için, tüm bu önşartların da doğa içinde kalınarak açıklanabilmesi gerekir. Canlıların tarihi her ne kadar ilk canlının ortaya çıkması ile başlasa da, yeryüzünde ilk canlılığın bir başlangıç tarihinin mümkün olması Big Bang başlangıcından itibaren birçok hassas ayarı gerektirir. Fakat tüm bu önşartlar da canlılığın açıklanmasına yetmez, bu ön şartlardan sonraki süreç de açıklanmaya muhtaçtır. Natüralist-ateist yaklaşım, Evrim Teorisi'nin mekanizmaları olan doğal seleksiyon ve rastgele mutasyonların canlılığın açıklamasını yapmak için yeterli olacağını savunur. Tasarım delilinde ise, Evrim Teorisi ister doğru olsun ister olmasın, ister doğal seleksiyon ve mutasyonlar önemli mekanizmalar olsun ister olmasın, bunların canlılığı açıklamak için yeterli olmadıkları; doğal sebepleri kullanarak veya doğal sebepler dışında etkide bulunarak, Allah'ın canlıları oluşturduğu savunulur. Canlıların yapı taşları olan proteinler, canlılardaki kompleks yapılar ve ilginç özellikler 10. bölümde detaylı bir şekilde ele alınarak, natüralizmin mi tasarım delilinin mi canlıların açıklamasını daha iyi yaptığı ilerleyen sayfalarda irdelenecektir.

5- Zihnin Tesadüfi Oluşumu / Zihnin Tasarımı:

Zihni, canlıların bir bölümü olarak dördüncü maddenin içinde ele almak da mümkündür, fakat canlılardaki tüm oluşumların nasıl gerçekleştiğinin gösterilmesi de zihnin açıklanmasına yetmez. Hiç şüphesiz bilinç, canlıların tüm özelliklerinden farklı, bu evrenin en olağanüstü özelliğidir. Bu yüzden zihni ayrı bir şık olarak ele almakta fayda vardır. Natüralizmin başarılı olması için, evren ve canlılar gibi, zihni de sadece doğa içerisinde kalarak açıklayabilmesi gerekir. Diğer yandan, tasarım deliliyle, zihnin evreni anlayabilmesinin tesadüfî olasılıkların arka arkaya gelmesiyle mümkün olmadığı, ancak dış dünya ve zihin arasında koordinasyonu sağlayan ve bilince bu kapasiteyi veren bilinçli bir Güç ile zihnin açıklamasının yapılabileceği söylenir. Bu iddia, zihnin fonksiyonlarını; ruhu, madde dışı bir cevher olarak kabul etmek suretiyle açıklamaya çalışanlara mahsus değildir. Ruhu, maddenin bir fonksiyonu veya maddenin belli bir birleşiminde zuhur eden (*emergent*) özelliği olarak görenler de zihnin ancak tasarım sonucu oluşulabileceğini; doğal seleksiyon ve mutasyon gibi mekanizmaların zihnin mevcut özelliklerine sahip olmasını açıklayamayacağını savunabilirler. Kitabın 7. bölümünde ruhun ayrı bir cevher olup olmaması meselesiyle ilgili teizm içindeki tartışmalara değineceğiz; bu bölümde ise, zihnin en iyi açıklamasının naturalizm tarafından mı, tasarım delili tarafından mı yapıldığı irdelenecektir.

Naturalizm ile tasarım delilinden hangisinin bu evrenin ve canlıların daha iyi açıklamasını yaptığı kısaca özetlenen bu beş madde çerçevesinde gösterilmeye çalışılacaktır. Başlı başına çok geniş bir konu olan tasarım deliline ve konunun bir alt başlığı olan canlılardaki tasarıma, bu kitapta çok sınırlı bir alanın ayrıldığı unutulmamalıdır. 20. yüzyılda ortaya çıkan verilerle önemi çok daha fazla artan tasarım delili konusunundaki veriler kitabımızın ilerleyen bölümlerinde, küçük parçalar halinde aktarılacak olup, konunun çok geniş olması sebebiyle başlı başına ayrı bir çalışmanın konusu olabilir. Naturalizm hakkında verilecek karar, Evrim Teorisi'ne nasıl yaklaşılacağını da belirleyecektir. Tasarım delilinin hakkında verilecek karar ise natüralizm hakkındaki kararımızı belirleyecektir; çünkü naturalizm ve tasarım delili birbirini dışlar, bu görüşlerden birinin doğrulanması diğerinin yanlışlanması anlamını taşır. Naturalizme karşı tasarım delilinin savunulması, doğa yasalarına göre işleyen bir evren görüşüne karşı bu yasaların ihlal edildiği bir evren görüşü anlamına gelmez.

Birçok teist düşünür, Yaratıcı'nın, evrene, doğa yasalarını ihlal etmeden müdahalede bulunmasını, ilâhî hikmete daha uygun bulmuşlardır. Buna göre Allah, doğa yasalarını araçsal sebep olarak kullanarak evrendeki oluşumları gerçekleştirir. *"Adetullah"* veya *"Sünnetullah"* denen bu olaylar zinciri, bir ressamın fırçayı veya bir marangozun çekici araçsal sebep olarak kullanarak eserlerini oluşturmasına benzetilebilir. Böylesi bir anlayışta, doğa yasalarının ihlali olmadığı için, bu anlayış, naturalizm ile daha az çekişmeli bir Yaratıcı-Evren ilişkisinin dile getirilmesidir. Bu kısmen doğrudur; fakat sadece kısmen. Çünkü naturalizm, doğa yasalarını ihlal etmese bile, onları araçsal sebep olarak kullanan bir

Yaratıcı anlayışını da kabul etmez. Bu konuyu kitabın 7. bölümünde 'mucizeler' ile ilgili başlıkta da ayrıca inceleyeceğiz. Bu bölümde, tasarım delilinin verileri sunulurken; bu tasarımların, Tanrı'nın doğa yasalarını ihlal etmesiyle (askıya almasıyla) veya etmemesiyle gerçekleştiğine dair bir iddiada bulunulmamaktadır. Bu yüzden, naturalizme karşı konumlandırdığımız tasarım delilinin, doğa yasaları çerçevesinde işleyen bir evren görüşüne karşı doğa yasalarının ihlal edildiği bir evren görüşü anlamına gelmediğini özellikle belirtmek gerekir. Tasarım delili, sadece, doğa içindeki yasalar ve tesadüfi oluşumlar çerçevesinde evrendeki oluşumları ve canlıları açıklamaya çalışan ateist bir anlayış yerine; evrensel oluşumları ve canlıları, ancak, bunları oluşturan sürecin arkasında üstün bir Kudret ve Bilinci kabul edersek açıklayabileceğimizi savunan bir anlayışın dile getirilmesidir.

NATÜRALİZM, KOZMOLOJİK DELİL VE EVRENİN VARLIĞI

"Neden hiçbir şey yerine bir şeyler var?" sorusu, karşımızda duran evrenin ve maddenin varlığının bir açıklaması olması gerektiğini dile getirmek için sorulmuştur. Kozmolojik delile göre, bu evrenin bir açıklamaya ihtiyacı vardır ve evren, kendi açıklamasını kendi içinde barındırmaz; evrenin açıklaması ancak, zorunlu bir Varlık ile yapılabilir ki, bu varlığa Yaratıcı (Hâlık) denmektedir. Aslında kozmolojik delil, tek bir şekilde formüle edilen bir delil değildir; daha ziyade 'kozmolojik deliller ailesi' olduğunu söylemek yerinde olacaktır. Bu delilin, İslâm'daki kelâm ilmi tarafından savunulan şekline '*Hudus* delili' denir; Gazzâli gibi filozoflar ve kelâmcılar tarafından da savunulan bu delil şöyle ifade edilebilir:

1- Her var olmaya başlayan, başlangıcı için kendisi dışında bir sebebe muhtaçtır.

2- Evrenin bir başlangıcı vardır.

3- O halde evrenin var olmaya başlamasının kendi dışında bir sebebi vardır.

Aslında, bu argümantasyonun kalbini ikinci madde oluşturmaktadır. Naturalist-Materyalist bir anlayışı savunanların itiraz edecekleri madde budur; çünkü bu anlayışa göre maddî evren öncesiz ve sonrasızdır, kendi açıklaması için kendisi dışındaki hiçbir sebebe ihtiyacı yoktur. Karl Marx ve Friedrich Engels, Yaratıcı'nın mı, Evrenin mi daha önce var olduğuna dair sorunun, idealizm (özellikle tektanrılı dinleri kastediyorlardı) ile materyalizm arasındaki en temel sorun olduğunu belirttiler. Bu soruya verilecek cevaba göre, filozofları iki büyük kampa ayırabileceğimizi söylediler.

Naturalist-materyalist anlayışı savunanlar, evrenin önce var olduğunu, sonradan bu evrende tesadüfen var olan insanların Yaratıcı'yı hayallerinin bir neticesi olarak uydurduğunu savunurlar. Teistler ise, Yaratıcı'nın önce var olduğunu ve evreni yarattığını söylerler. Sonuçta, naturalizm ve teizm açısından temel ayrılığı belirleyen bu sorunu, aynı anlama gelen İKİ soruya indirgeyebiliriz:

1- Yaratıcı mı, Evren mi öncedir?

2- Yaratıcı'nın mı, Evrenin mi başlangıcı vardır?

Elbette ki, ikinci sorudaki Yaratıcı'nın başlangıcından kasıt, insan zihninin bir uydurması olması durumunda 'Yaratıcı' fikrinin başlangıcı olmasıdır; yani, Yaratıcı'nın hayal dışında bir varlığının olmadığı bir ontolojinin (materyalist ontoloji) savunulmasıdır. Bu temel soruda hangi kampın doğru olduğunu anlamamız için evrenin başlangıcı olup olmadığı sorusuna konsantre olacağız.

19. ve 20. yüzyıl bilimindeki gelişmeler ışığında bu sorunun cevabını aramadan önce, felsefî argümantasyonlar ile bu evrenin bir başlangıcı olması gerektiğinin nasıl gösterilebileceğine değinmek doğru olacaktır.

GERÇEK SONSUZ VE EVRENİN BAŞLANGICI

Evrenin sonsuzdan beri var olduğu söylendiğinde, arka arkaya eklemeli bir diziyle 'gerçek sonsuz'un (*actual infinite*) oluştuğu söylenmiş olur: Evrenin milyar yıl önceki, yüz milyon yıl önceki, yüz yıl önceki gibi tüm geçmişine ait anlarının birleşimi kastedilerek evrenin sonsuzdan beri var olduğu söylenir. Bu şekilde birleşmeli bir diziyle sonsuz oluşamayacağını anlamamız için, ünlü matematikçi Hilbert'in verdiği otel örneklerini incelememiz faydalı olacaktır: Bir otelde 'gerçek sonsuz' (sonsuza giden değil) oda olduğu iddiasını ele alalım. Düşünelim ki, bu otelin sonsuz odaları doludur ve sonsuz müşteri de gelip bizden oda istiyor. Biz de; 'Tamam' deyip, No 1'deki müşteriyi No 2'ye, No 2'yi No 4'e, No 3'ü No 6'ya, No 4'ü No 8'e kaydırmak suretiyle bütün tek numaralı odaları boşaltıyoruz. (Tek sayılar kümesinin sonsuz olduğunu hatırlayın: 1,3,5,7,9...) Böylece sonsuz yeni müşteri sonsuz odaya yerleşir. Fakat otelin odaları hiç artmaz, otelin doluluk oranı evvelden de sonsuzdur, şimdi de sonsuzdur! Diğer taraftan her oda sahibi bir doğal sayıya karşılık geldiği için, odaya yeni yerleşecek kişiye hiçbir oda veremeyeceğimiz de söylenebilir. Bu sonsuza bir şey eklenemeyecek olmasındandır. Üstelik otelin yanına bir otel yapıp birkaç oda inşa etsek ve buraya birilerini yerleştirsek, oteldeki insanların sayısının yine de arttığını iddia edemeyiz. Çünkü, Sonsuz + Herhangi bir sayı = Sonsuz olacaktır.

Sonsuz kavramının yol açtığı paradoksların incelenmesinden anlaşılmaktadır ki, arka arkaya eklemeli bir diziyle 'gerçek sonsuz'a ulaşılamaz. Zamanın içinde her an, bir diğerini takip etmekte ve zaman böylece tek yönlü olarak ilerlemektedir. Her an bir önceki ana eklendiğine göre zaman da 'gerçek sonsuz' olamaz. Bunu William Lane Craig şöyle özetlemektedir:

1- Zamana ait olaylar dizisi, arka arkaya eklenmeyle devam eder.

2- Arka arkaya eklenmeyle oluşan bir dizi 'gerçek sonsuz' olamaz.

3- O halde zamana ait olaylar 'gerçek sonsuz' değildir. Bu da, zamana ait olayların bir başlangıcı olması gerektiği, yani evrenin sonsuz olamayacağı, bir başlangıcı olması gerektiği anlamına gelir.

Bu felsefi bir kurgu ile evrenin sonsuz olmayacağının bir sonucudur. Zihinsel kurgu ile evrenin gerçeğinin en çok karıştırılmasına sebep olan kavramların başında da 'sonsuz' kavramı gelmektedir. Matematikte, 'sonsuz'u adeta gerçek bir sayı gibi algılayanlar olmuştur. Oysa 'sonsuz' diye bir sayı yoktur, 'sonsuz' bizim hiç durmaksızın, sürekli olarak ilerleyeceğimizi söyler. Örneğin, doğal sayı dizisini ele alalım: 0,1,2,3,4...... Bu sayı dizisinin sonsuza gittiğini söylerken aslında bu sayı dizisinin bir hedefe gittiğini söylemiyoruz, bu sayı dizisinin arttırılmak suretiyle sürekli ilerlediğini söylüyoruz. Bu yüzden sayı dizilerinin hiçbiri sonsuzu tamamlamaz, sürekli ilerlerler, eğer bir yerde bu sayı dizisi duruyorsa zaten 'sonsuz' kavramının tanımına aykırıdır; çünkü 'sonu' vardır. Bu tariften sonra evrenin zamanının geçmişte ve gelecekte sonsuz olduğunu iddia edenlerin, bu farklı iki iddiasını birbirinden ayırmalıyız.

Evrenin geçmiş ve geleceğini, Cantor'un sayı dizileri gibi düşünenler, evrenin geçmişinin sonsuz olduğuna dair söylemi çok düşünmeden kabul edebilirler. Evrenin sonsuza gittiğini söyleyenler evrendeki zamanın sürekli olarak hiç durmadan ilerlediğini söylemiş olurlar. Bu yüzden geleceğe doğru ilerlemeye 'potansiyel sonsuz' diyenler olmuştur. Bu tanım açıkladığımız sonuç açısından bir şey değiştirmez. Çünkü 'potansiyel' ifadesi gerçekleşme gücüne sahip olmayı çağrıştırabilir. Oysa, sonsuza giden bir süreç, sonsuzun tanımı gereği hiçbir zaman durmaz, bırakın artım olmasını, sonsuza hiçbir zaman ulaşılmaması gerekir, zaten sonsuz diye bir nokta yoktur, 'sonsuz' varılacak bir hedef değildir ve bu yüzden o ancak hiç durmadan ilerlemeyi ifade eder. Bu yüzden, evrenin gelecek zamanının 'gerçek sonsuz' (gerçekleşip, tamamlanabilen sonsuz) olduğunu söyleyenler hata yaparlar. Sürekli ilerlemenin neresinde dursak duralım bu sonsuz değildir. Oysa evrenin geçmişinin sonsuz olduğunu söyleyenler, sonsuzun tamamlandığını, evrenin yaşının 'gerçekleşmiş sonsuz' olduğunu söylerler.

Görüldüğü gibi burada 'sonsuz'un tanımı, artık süreklilik dışında; bir bitmişlik, bir tüketilmişlik ifade eder. Gelecek zamanın sonsuz olmasıyla bu çok farklıdır, bu çok önemli fark, birçok kişinin gözünden kaçmıştır. Bizim sonsuz zaman geçtikten sonra bu noktada olduğumuzu söylemek; sonsuz+1'in olabileceğini, sonsuzun geçilebileceğini söylemek demektir ki, bu, sonsuzun tanımına aykırıdır. 'Sonsuz' kavramını kurgusal olarak kullanıp, gerçeklikteki karşılığının olmadığını kavrayamayanlar sürekli ve kendileri de farkında olmadan bunu gözden kaçırmışlardır. Bu durumu ALTI maddeyle kısaca şöyle ispatlayabiliriz:

1- Evrenin ya başlangıcı vardır ya da sonsuzdan beri vardır.

2- Sonsuz sürekli olarak ilerleyen ve ilerlemeyle tamamlanmayan demektir.

3- Evrendeki geçmiş zamanın sonsuz olduğu söylenmektedir.

4- O zaman bizim bu noktada var olabilmemiz için sonsuzun geçilmiş olması lazımdır (3. maddeye göre).

5- Sonsuz geçilemeyeceğine göre (2. maddeye göre) ve bizim var olmamız inkâr edilemeyeceğine göre, evrendeki geçmiş zaman sonsuz olamaz.

6- Öyleyse evrenin bir başlangıcı vardır (1. ve 5. maddelere göre).

Evrenin bir başlangıcı olması gerektiğine dair felsefî argümanlar, bu kitapta yer verilenden daha geniş bir hacimde ele alınmayı hak ediyor. Fakat kitabımızın hacmi buna elvermediği için bu konuyu burada kesiyor ve evrenin bir başlangıcı olması gerektiğini destekleyen bilimsel kanıtları incelemeye geçiyoruz.

ENTROPİ YASASI, BIG BANG VE EVRENİN BAŞLANGI

Eğer Hamlet'in *"Olmak ya da olmamak; işte bütün mesele bu"* sözü, Hamlet'i taklit eden bir materyalist felsefecinin ideolojisi olsaydı, kendi felsefesini ifade etmek için herhalde şöyle derdi: *"Evrenin ezeli olup olmaması; işte bütün mesele bu."* Bilimsel alanda evrenin başlangıcı olması gerektiğine dair ilk veri entropi yasası ile geldi. Entropi yasası, termodinamiğin ikinci yasası olarak da bilinir; özellikle Rudolf Clausius'un 19. yüzyılın ikinci yarısındaki çalışmaları ile ortaya konmuştur. Bu yasayla, enerjinin, sürekli olarak, daha çok kullanılabilir bir formdan daha az kullanılabilir bir yapıya doğru değiştiği söylenir. Kısacası, evrende düzensizlik sürekli artmaktadır ve bu tek yönlü, tersinemez bir süreçtir.

Arthur Eddington, entropi yasasının, tüm doğa yasaları içinde en önemli yere sahip olduğunu söyler. Eddington, evren hakkındaki bir teorinin, Maxwell'in formülleriyle, hatta daha önceden yapılmış bazı deneylerle uyumsuz olsa bile doğru olma şansının bulunabileceğini; ama entropi yasası ile çelişiyorsa hiçbir şansının olmadığını söyler. Tek yönlü süreçler ise; MUTLAK SON'un, yani KIYAMET'in habercisidir. Biyolojik kanunlar çerçevesindeki entropiyi ifade eden İnsanın yaşlanma süreci de; Kozmolojik kanunlar çerçevesinde entropiyi ifade eden evrendeki entropinin artışı, galaksilerin uzaklaşması ve soğuması da böyledir. İlk olarak entropi yasası ile evrendeki düzensizliğin sürekli arttığı ve sonsuza dek sürdürülemeyecek bu sürecin evrenin sonunu gerektirdiği anlaşılır. Aslında bu sonuç, yani entropinin varlığı aynı zamanda evrenin bir başlangıcı olması gerektiği fikrini de kapsamaktadır. Bunu BEŞ mesele olarak şöyle gösterebiliriz:

1- Evrendeki entropi geri çevrilemeyecek şekilde sürekli artmaktadır.

2- Buna göre evrende bir gün termodinamik denge oluşacak ve 'ısı ölümü' yaşanacaktır. Kısacası evren ebedi değildir, bir sonu vardır.

3- Geçmiş zaman sonsuz olsaydı, şu anda evrende termodinamik dengeye gelinmesi ve hareketin durması gerekirdi.

4- Şu anda hareketin devam ettiğine tanıklık etmekteyiz.

5- Demek ki evren sonsuzdan beri var olamaz, dolayısıyla evrenin bir başlangıcı vardır.

Bilim insanları daha çok entropinin, evrenin sonunu gerektirdiği hususuna yoğunlaşmışlar, fakat evrenin bir başlangıcı olmasını gerektirmesi üzerinde yeteri kadar durmamışlardır. Oysa felsefe, teoloji ve kozmoloji alanındaki tartışmalar, daha çok evrenin başlangıcı olup olmadığı hususunda yoğunlaşmıştır. Paul Davies, entropi yasasından çıkan bu sonucun başta dikkat çekmemesi hakkında şunları söylemektedir:

"Sonlu bir zamanda tükenecek olan bir şeyin ezelden beri var olmuş olamayacağı apaçıktır. Yani, evren sonlu bir zaman önce var olmuş olmalıdır. Bu anlamlı sonucun, 19. yüzyılın bilim insanları tarafından gereğince kavranamamış olması enteresandır.."

Evrenin bir başlangıcı olması gerektiği fikrine en güçlü bilimsel destek ise 1920'li yıllardan başlayarak geliştirilen "Big Bang Teorisi" ile geldi. Bu teoriyle gözlediğimiz evrenin başlangıç zamanının aşağı yukarı hesaplanması ve bu başlangıcı takip eden süreçlerin ayrıntılı bilgisinin edinilmesi mümkün oldu. Artık, içinde bulunduğumuz evrenin başlangıcı olup olmadığı değil, bu başlangıcın tam olarak ne zaman olduğu tartışma konusudur. Farklı hesaplama yöntemleri ile elde edilen veriler, evrenin aşağı yukarı 15-16 milyar yıl önce başladığını göstermektedir. Oysa natüralist-materyalist bir evren görüşünü benimseyenler, tarih boyunca, evrenin, öncesiz ve sonrasız olduğunu, bir başlangıcı bulunmadığını, bu yüzden kendi dışında hiçbir sebebe ihtiyacı bulunmadığını savunmuşlardır. Her ne kadar, Big Bang Teorisi'nin delilleri yıllar geçtikçe güçlenince ve bu teoriye karşı ciddi hiçbir alternatif kalmayınca, naturalist-materyalist görüşü benimseyenler, kendi yaklaşımlarıyla bu teoriyi uzlaştırmaya çalışmış olsalar da;eğer tarih boyunca naturalist-materyalist yaklaşımı benimseyenlerin evren görüşlerini inceleyecek olursak, bu teorinin nasıl naturalist-materyalist beklentilere tamamen ters bir evren tablosunu bilimsel olarak ortaya koyduğunu anlarız.

Naturalist-materyalist anlayış, teizmin Yaratıcısı yerine evreni koymaya çalışır. Bunu yaparken de, bilinçsiz bir madde yığını olsa da; ezeli ve ebedi, milyarlarca gök cismini barındıran, ezelden beri var olan, ihtişamlı, bağımsız bir evreni savunarak kendi doğa tanrısını yüceltir. Oysa Big Bang Teorisi ile evrenin geçmişinin, bir tenis topundan çok daha küçük bir tekillik olduğu; hareketsiz/ihtişamsız başlangıçlı küçük bir nokta olduğu anlaşılmış oluyor. Bu tekillik elbette yokluktan varlığa geçişin nasıl olduğunu göstermez; yokluk, bilimin konusu olamadığı için bunun bilimsel bir göstergesi olamaz. Fakat bu tekilliğin bilimsel olarak tanımsız olması, bu tekilliğin yokluk olarak değerlendirilmesinin mümkün olduğunu gösterir. Yokluğun eğer bir özelliği varsa –İbn-i Sina'nın da dediği gibi- o da yokluğun tanımsızlığıdır. Evrenin başlangıcında, tekillik dediğimiz durumda, bütün fiziksel yasalar çökmüş durumdadır; yani tekilliğe dair sorular artık fiziksel değil, metafiziktir. Tekilliğin yokluk olarak değerlendirilmesi hiç de zorlama değildir; çünkü birincisi, tekilliğin olduğu aşamada uzay ve zaman yoktur, uzay ve zaman dışı bir madde ise var olamaz; ikincisi ise, fiziksel formüllerde tekillik aşamasında sonsuz değerler ortaya çıkar ve maddî hiçbir değer sonsuza eşit olamayacağı için bu durum fiziksel yasaların çöküşünü, yani fiziğin dışına çıkıp metafiziğe girdiğimizi gösterir. Teizm, evrende görülen ihtişamı, evrenin kendi marifetine değil, evrenin Yaratıcısı'na gönderme yaparak açıkladığı, evreni başlangıçlı, bağımlı, hareket bahşedilmiş bir varlık olarak tanımladığı için; tarih boyunca teizm tarafından ortaya konan evren görüşü Big Bang Teorisi uygun bir evren tablosu ortaya koymuştur.

Eğer, evrenin başlangıcındaki tekilliği bir varlık olarak kabul edersek, o zaman Big Bang Teorisi sayesinde, evrenin başlangıcı minicik bir noktaya indirilip değersizleştirilmiş ve yokluğa yaklaştırılmış olur; bu açıklamadan şüphe edenler, önce milyarlarca yıldızlı evreni, sonra da küçücük bir noktayı düşünsünler. Eğer evrenin başında tekillik olarak adlandırılan durumun 'ontolojik statüsü'nü yokluğa denk geldiğini görürsek; o zaman Big Bang Teorisi, yokluktan varlığa geçişi -bu geçişin nasıl olduğu gösterilmese bile- de gösteren bir teori olur. Her durumda, ister tekilliği minicik bir nokta, ister yokluk olarak kabul edelim; 20. yüzyılda ortaya konan Big Bang Teorisi'nin gösterdiği evren tablosunun teistik beklentilerle, naturalist/materyalist beklentilere nazaran çok daha uyumlu olduğu gözükmektedir. Aşağı yukarı bugünkü haline benzer bir şekilde evrenin ezeli olduğunu zanneden naturalist/materyalist beklentiye karşın; artık, evrenin başının 'ontolojik statüsü'nün minik bir noktaya mı, yoksa yokluğa mı denk geldiğinin tartışması yapılmaktadır.

ZORUNLU VARLIK VE BAŞLANGIÇLI EVREN

Big Bang Teorisi, evrenin başlangıç dönemlerinden arta kalan radyasyonun tespitinden evrenin gözlemlenen genişlemesine, teknoloji harikası hızlandırıcı tünellerdeki deneylerde elde edilen verilerden paradoksları çözen sağlam matematiksel bir yapıya sahip olmasına dek birçok bilimsel dayanağa sahiptir. Entropi yasası ise evrenin en temel yasalarından biridir. Üstelik evrenin bir başlangıcı olduğuna dair bilimsel verileri daha fazla çoğaltmak mümkündür. Örneğin, yıldızların varlığının sonsuz olamayacağının öğrenilmesi bunlardan biridir. Var olan yıldızların ölümünü yeni yıldızlar takip etmektedir; fakat bu süreç, yeni yıldızları oluşturacak kadar gaz bulutları olduğu sürece devam edecektir. Bu gazların kaynağı evrenin başlangıç süreci olduğu gibi, süpernovalardaki ve diğer yıldızlardaki patlamalar ve püskürmeler de evrendeki gaz oluşumunun kaynağıdır. Bu gazlar kütle çekimi kuvvetinin etkisiyle sıkışır, çöker ve yıldızların oluşumuna sebebiyet verir. Bu yıldızlar belirli bir ömür yaşadıktan sonra kara deliklere, nötron yıldızlarına, beyaz cücelere, kırmızı devlere dönüşüp ölürler. Yeni yıldızların oluşumu için yeterli hammadde (gazlar) gittikçe azalmaktadır. Bu hammadde tükenince, artık hiç yıldız oluşmamaya başlayacaktır. Yaşayan son yıldızların ölümüyle evren sürekli bir karanlığa gömülecektir; tabi eğer evrenin sonunu getiren başka bir olay daha önce yaşanmazsa. Eğer evren ezeli olsaydı, çoktan yıldız oluşumu durmuş olurdu ve şu anda karanlığa gömülmüştük. Demek ki, gözlenen yıldızlar da evrenin bir başlangıcı olması gerektiğini göstermektedir. Ayrıca, radyoaktif elementlere dayanarak evrenin yaşı hakkında yapılan tahminler de Big Bang başlangıcı hakkındaki tahminlerle uyumludur. Bu hesapların hiçbirinde evrenin yaşı; bir trilyon yıl veya 200 milyar yıl veya 100 milyon yıl veya 20 milyon yıl çıkmamaktadır. Bazı güçlüklerden dolayı tam ve kesin hesap yapılamamaktadır ama tüm farklı hesaplarda evrenin yaşı yaklaşık 15-16 milyar yıl olarak tespit edilmektedir.

Hume, maddî evrenin, Yaratıcı'ya ihtiyaç duyulmaksızın, mümkün olabileceğini söyleyerek agnostik yaklaşımı savunmuştu. Hume'dan aldığı ilhamla agnostik yaklaşımını geliştiren Kant ise evrenin başlangıcı olduğu ve olmadığına dair tez ile antitezin ikisinin de doğrulanamayacağı ve yanlışlanamayacağını; bu yüzden rasyonel bir kozmoloji kurmanın mümkün olmadığını söyledi. Kant'ın bu görüşünü ifade eden birinci antinomi (çatışma) olarak anılan tez ile antitez şöyledir:

Tez: Evrenin zamanda bir başlangıcı vardır ve uzayda sınırlıdır.

Antitez: Evrenin zamanda bir başlangıcı ve uzayda bir sınırı yoktur; evren, zamanda ve uzayda sonsuzdur.

Bu tip iddialara karşı, tarih boyunca kozmolojik delilin en güzel ifade ediliş biçimlerinden biri 'imkân delili' olmuştur. İbn-i Sina ile beraber birçok İslâm felsefecisinin kullandığı bu delili şu YEDİ madde ile özetleyebiliriz:

1- Bir varlık ya zorunlu varlıktır, ya da mümkün varlıktır.

2- Her mümkün varlık zorunlu bir varlığa gereksinim duyar.

3- Sonradan var olan (maddî veya zihnin bir projeksiyonu olarak) varlık zorunlu varlık olamaz.

4- Ya Yaratıcı, ya da evren zorunlu varlıktır. İkisi birden zorunlu varlık olamaz.

5- Evrenin bir başlangıcı vardır.

6- Demek ki; 1, 2 ve 4'e göre; evren mümkün varlıktır.

7- Demek ki; 1, 3 ve 5'e göre ise; Yaratıcı zorunlu varlıktır.

Bu 'imkân delili'nde de kritik madde, daha önceki sayfalarda geçen '*hudus*' delilinde olduğu gibi, evrenin başlangıcı olduğunu söylenen maddedir. Bu delile karşı, Hume ve Kant'ın takipçisi agnostikler, pekâlâ evrenin de zorunlu varlık olabileceğini söyleyerek bilinemezci tavırlarını savunacaklardır; naturalist-materyalist bir anlayışı savunanlar ise, evrenin zorunlu varlık olduğunu söyleyerek ateizmlerini temellendirmeye çalışacaklardır. Fakat artık bu delilin, evrenin bir başlangıcı olduğunu söyleyen kritik maddesi (5. madde), sadece felsefî argümantasyonlarla değil -daha önce gösterildiği gibi- bilimsel verilerle de desteklenmektedir. Bilimsel veriler evrenin bir başlangıcı olduğunu göstererek, agnostik ve naturalist-materyalist anlayışların, evrenin zorunlu varlık olabileceği veya olduğu ile ilgili yaklaşımlarını yanlışlamaktadır. Böylece tarih boyunca Allah'ın zorunlu varlık olduğu ile ilgili iddiaya karşı ileri sürülen ciddi tek alternatif geçersiz olmaktadır.

Bana göre, artık günümüzde, önceki yüzyıllara göre, her ne kadar ironik bir şekilde, son birkaç yüzyılda naturalist-materyalist yaklaşımın toplumlar üzerindeki etkinliği artmış olsa da; bu yaklaşımın temellerini yanlışlayan kozmolojik delil (bu delilin *hudus* delili ve imkân delili şeklindeki sunumları da) ve tasarım delili, tarihin önceki dönemlerinden çok daha rahatlıkla savunulabilecek kadar güçlenmiştir. Özellikle, içinde yaşadığımız bu 21. asırda "Antropik İlke", yani kainatın insan için tam ve uygun olarak yaratıldığı görüşü, sağlam delillerle hızla geçerlilik kazanmaktadır. Bölümün başında söylediğimiz gibi, naturalist bir anlayışla canlıların açıklamasının yapılabilmesi için; canlılar var olmadan önce gerçekleşen ve canlılığın oluşması için gerekli olan şartları da kapsayan beş basamaklı aşamaların hepsinin, doğa içinde kalınarak açıklanabilmesi lazımdır. Bu beş basamaklı aşamaların ilki olan 'evrenin kendiliğinden varlığı'nı açıklamada natüralizmin başarısız olduğunu, kozmolojik delilin sadece felsefî argümanlarla değil, modern bilimin verileriyle de desteklendiğini gördük. Her ne kadar, bu bölümün genelinde tasarım delili natüralizme karşı konumlandırılmış olsa da bu ilk aşamada naturalizme karşı kozmolojik delil konumlandırıldı. Kozmolojik delil, tasarım delili ile yakın ilişki içindedir; kozmolojik delil ile evrenin yaratıldığı, tasarım delili ile evrenin tasarımlandığı söylenir. Her iki delil de evrenin etkilenen, bağımsız olmayan bir varlık olduğunu söyler ki; bunların her ikisi de naturalizmin yanlış bir felsefe olduğu anlamına gelir ve bu kitabın konusu açısından önemli olan da budur. Evren kendi açıklamasını kendi içinde barındırmadığına göre, natüralizmi apriori olarak doğru kabul ederek canlıların oluşumunu anlayamayız.

Canlıların varlığı ancak maddenin varlığı ile mümkündür; hammaddesi olmadan hiçbir ürün oluşamaz. Canlılığın hammaddesini açıklamakta kozmolojik delile göre başarısız olan naturalizmi doğru kabul ederek, naturalist-materyalist bir Evrim Teorisi'nin alternatifsiz olduğunu söylemek büyük bir hatadır. Bu hataya yol açan temel yanılgı, naturalizmin bir felsefe veya bilimsel metot olarak doğru olduğunun sorgusuz kabul edilmesidir. Oysa görüyoruz ki, canlılığın oluşumunun açıklanması için gerekli olan beş aşamanın daha ilkinde natüralizm başarısız olmuştur. Önümüzdeki sayfalarda diğer dört aşama incelenecektir.

DOĞA YASALARININ TASARIMI VE İNSANCI (ANTROPİK) İLKE

İlk aşamada odaklanılan soru "Neden hiçbir şey yerine bir şeyler var?" sorusuydu. Bu soruya verilecek cevap, gözlenen tasarımlarıyla evrenin ve canlıların açıklaması için yeterli değildir. Ayrıca "Neden kaos yerine doğa yasaları var" ve "Neden doğa yasaları, evrende gözlenen tasarımları ve tüm çeşitliliği ile canlıların oluşumunu olanaklı kılacak şekildedir?" gibi soruların da cevaplarının verilmesi gerekir. Bilimsel çabayla, doğa yasalarını bulmak ve buna göre evreni tanımak, geleceği planlamak, insanın rahat ve güvenini sağlamak hedeflenir. Fakat bu çaba, neden doğa yasalarının olduğunun açıklamasını içermez. Örneğin, çekim gücünün bilimsel açıklamasını ele alalım. İster Newton'cu şekilde, ister Einstein'cı şekilde çekim gücünü ele aldığımızda, bu açıklama bize Dünya'nın Güneş çevresinde, Jüpiter'in yörüngelerinin Jüpiter çevresinde nasıl döndüğünü açıklar. Bilimsel açıklama, Güneş tutulmasının zamanını, bir uydunun nasıl Dünya'nın yörüngesine oturtulacağını söyleyebilir. Fakat bu açıklamaların hiçbiri "Neden kaos yerine doğa yasaları var" ve "Neden galaksilerin, Güneş sistemimizin ve canlıların varlığını olanaklı kılmış olan çekim yasası var" sorularının cevabı değildir. Swinburne'ün de dediği gibi, bir arkeolojik alanda bulunan bütün madeni paralar aynı işaretlere sahip olsa veya bir odadaki bütün belgeler aynı el yazısı ile yazılmış olsa, bu durumu izah etmek için ortak bir kaynağı gösterecek açıklamayı ararız. Evrenin ve dünyanın her yerinde aynı şekilde geçerli olan ve dün geçerli olduğu gibi bugünde geçerli olan; yani, geniş bir alanda ve uzun bir zaman diliminde gözüken bu düzenliliğin bir açıklaması olması gerekir.

Naturalist-materyalist anlayışı savunanlar 'doğa yasalarının kendiliğinden var olduğunu' söyleyerek bir açıklamanın gerekliliğini reddedeceklerdir. Oysa tasarım delili ile 'doğa yasalarının İlâhî bir tasarımın ürünü olmaları' temelinde, evrenin geniş alanında ve uzun bir zaman diliminde görünen düzen açıklanır. Tasarım delilinin bu yaklaşımı ile bilimin, doğanın ne kadar düzenli olduğunu göstermedeki başarısından güç alınarak, bu düzenin daha da derin bir nedeninin olduğu sonucuna varılır. Doğa yasalarındaki tasarımı anlamanın en iyi yollarından biri, ancak bu yasaların sayesinde, evrende gözlemlenen tüm çeşitliliğin oluşabileceğini kavramaktan geçmektedir. Bu yasalar sayesinde, evrenin daha başlangıç aşamasında günümüzde var olan tüm çeşitlilik potansiyel olarak mevcuttu. Başlangıç potansiyeli, evrende var olan her şeyi kapsamaktadır. Evrenin üstün bir sanatla ve kudretle tasarımlandığını anlamanın bir yolu da evrenin; bir başlangıç anını, bir de şu anda gördüğümüz durumunu hayalimizde karşılaştırmaya çalışmaktır. Bu bakış açısı sağduyulu bir yaklaşımı ve bir sanatseverin sezgisini içerir. Bu yaklaşım için olasılık hesaplarına ve evrendeki hassas ayarların gözlemlerine de gerek yoktur. Örneğin, evrenin başlangıç tekilliğini, evrenin başlangıcındaki kaynayan çorbayı hayal eden, bunu yaparken güzel bir manzaraya bakan ve çayını yudumlayan kişi; seyrettiği manzaranın ve içtiği çayın, evrenin başlangıç potansiyelinde mevcut ve hazırlanmış olduğunu düşününce, evrende var olan bu potansiyelin tesadüfen olmadığını sezecektir.

Bazı kişiler, insan zihninin işin içine karışması yüzünden, insani keşiflerdeki ilâhî yönü görememektedirler. Oysa insan zihninin hiçbir üretimi evrenin başlangıcında var olan potansiyelin dışına çıkamaz. Dolayısıyla, Sanatçı ve Bilim insanı evrende potansiyel olarak mevcut olanı keşfeder. Bir anlamda, bu kişiler Yaratıcı'nın potansiyel olarak yarattığı ve önceden insanlıktan gizli olan özel sanatları ve girift doğa yasalarını keşfeden kişilerdir. Bir parça sanatçının, bilgisayar bilim insanının keşfi olmakla beraber, bu evrenin potansiyelinde mevcut olan tüm şarkılar ve tüm bilgisayarlar; Yaratıcı'nın daha baştan, potansiyel olarak yarattığı tasarımlardır. Bu yüzden insanlığın tüm tasarımları da Allah'ın başlangıçtaki mükemmel tasarımının delilleridir. Allah tüm bu tasarımların ezeli sahibidir, o gerçek tasarımcıdır; bilim insanları ve sanatçılar ise keşfedici tasarımcılardır.

Demek ki, bir müzisyenin bestesi, örneğin Sezen Aksu'nun bir bestesi, kuşun ötüşleri kadar ilâhîdir; ayakkabı insan ayağı kadar ilâhîdir; hatta cebimizde taşıdığımız cep telefonu veya küçük pilli bir radyo bile insan gözü kadar ilâhîdir. Bunlar doğa yasalarıyla beraber baştan potansiyel olarak yaratılmasalardı, biz bugün bunları gözlemleyemiyor, tatlarına varamıyor ve kullanamıyor olurduk. Bu tarzda bir tasarım delili açısından, canlıların, birbirlerinden bağımsız olarak mı, Evrim Teorisi'nin öngördüğü gibi birbirlerinden evrimleştirilerek mi yaratıldıklarının bir önemi yoktur. Hangi yolla olursa olsun, eğer evrende milyonlarla ifade edilen canlı türünün ve diğer her şeyin varlığı baştan potansiyel olarak mevcut olmasaydı; bunların hiçbiri var olamazdı. Maddenin var edilmesi ve maddeye içkin doğa yasalarının mevcut şekilde tasarımlanması sayesinde, maddî evren bu potansiyele sahip olmuştur.

DOĞA YASALARI VE İNSANCI İLKE

Canlıların var olması için gerekli olan şartlar sıradan şartlar değildir. Ancak çok çok kritik değerlerin seçilmesi sonucunda bütün canlıların ve biz insanların varlığı mümkün olmuştur. 20. yüzyıldaki bilimsel gelişmeler sayesinde bahsedilen birçok kritik değer açığa çıktı. Canlıların ve insanın var olmasını mümkün kılan bu kritik değerlerin varlığı bilim insanlarının da dikkatini çekti ve bu durum İnsancı İlke (*Anthropic Principle*) olarak isimlendirildi. İnsancı ilke, Çağımızda Yaratılışın ispatlanmasında ve kâinatta bilinçli bir tasarımcının, yani bir Yaratıcının olması gerektiğinin Bilimsel yollarla ispatlanmasında kullanılan en etkili yöntemdir. Dikkat ederseniz, kitabımız boyunca sık sık, insancı ilkeden örnekler vererek Yaratılışı ispatlamaya çalıştık. Dolayısıyla bu yöntemi kullanmakla, başka hiçbir delile ihtiyaç kalmadan Yaratıcı'nın varlığı, Kâinatın bizatihi kendisi tarafından ortaya konulmuş ve ispatlanmış oldu. Yani biz burada bir nevi kâinat kitabını okuyarak Allah'ın varlığına delil getirmeye çalıştık ki, bu bilimsel yöntem daha önceki dönemlerde gelen İslâm düşünürleri tarafından açıkça kullanılmamış, yalnız Yaratılışa işaretler yapılarak açıklanmaya çalışılmıştır.

İnsancı İlke yaklaşımı, ilk olarak Brandon Carter tarafından 1976'da kullanıldı ve o günden beri bilim, felsefe ve teoloji alanında birçok tartışmaya konu olmaktadır. İnsancı İlke ile, hem doğadaki yasaların hem de fizikî dünyadaki oluşumların, insanlığın varlığını mümkün kılacak şekilde kritik değerlere sahip olduğu söylenir. Bu kitapta, doğa yasalarının tasarımı ve fizikî dünyadaki oluşumların tasarımı iki ayrı aşama olarak ele alındı. Doğa yasalarının tasarımı ile kastedilen, maddeye içkin olan ve evrenin her yerinde genel geçerli olan yasaların ve özelliklerin tasarımıdır. Örneğin, kütleçekim gücünün mevcut özellikleriyle varlığı veya protonun kütlesinin elektronun kütlesine oranı böyledir. Söz konusu kritik ayarların bir kısmı şu ON örnekle gösterilebilir:

1- Evrende canlılığın oluşabilmesi için proton ve elektronun kütleleri mevcut şekilde olmalıdır. Eğer protonun kütlesinin elektronun kütlesine oranı 1836/1 oranında olmasaydı, canlılığı mümkün kılan uzun moleküller oluşamazdı.

2- Protonlar ve elektronlar çok farklı kütlelerine karşın elektrik yükleriyle birbirlerini dengelerler. Eğer bu denge sağlanmasaydı canlılık için gerekli atomlar oluşamayacaktı. Elektronun elektrik yükü biraz farklı olsaydı yıldızlar oluşamazdı.

3- Güçlü nükleer kuvvet çekirdekteki proton ve nötronları bir arada tutar. Bu kuvvet biraz daha zayıf olsaydı, hidrojen dışında hiçbir atom, dolayısıyla canlılık oluşamazdı.

4- Zayıf nükleer kuvvet biraz daha güçlü olsaydı, Big Bang'de çok fazla hidrojen helyuma dönüşürdü. Eğer bu kuvvet biraz daha zayıf olsaydı, yıldızlardaki ağır elementlerin oluşumu olumsuz etkilenecekti ve canlılık oluşamayacaktı.

5- Elektromanyetik kuvvet daha şiddetli olsaydı kimyasal bağların oluşumunda sorun çıkardı. Eğer daha zayıf olsaydı da kimyasal bağların oluşumu sorunlu olurdu ve canlılık için mutlak gerekli olan karbon ve oksijen atomları yetersiz kalırdı.

6- Çekim kuvveti daha şiddetli olsaydı, tüm yıldızlar bu kuvvetin gücüne direnemeden karadeliklere dönüşürdü. Eğer daha zayıf olsaydı, ağır elementleri oluşturacak yıldızlar oluşamayacaktı. Her iki durumda da canlılık mümkün olamazdı.

7- Hayat için gerekli atomlardan en önemli ikisi karbon ve oksijendir. Bu atomlardan karbonun oksijen atomunun enerji seviyesine olan oranı daha yüksek olsaydı canlılık için gerekli oksijen yetersiz olurdu. Eğer mevcut oran daha düşük olsaydı canlılık için gerekli karbon yetersiz olurdu.

8- Hayat için büyük önemi olan karbon ve oksijen atomları birbirlerinin enerji seviyelerine bağlı oldukları gibi, helyum atomunun enerji seviyesine de bağlıdırlar. Helyumun enerji seviyesi yüksek olsaydı yaşam için gerekli karbon ve oksijen miktarı yetersiz olurdu, eğer helyumun enerji seviyesi düşük olsaydı yine yaşam için gerekli karbon ve oksijen miktarı yetersiz olacaktı.

9- Canlılığın mümkün olabilmesinin şartlarından biri de suyun belirli bir yüzey gerilimine sahip olmasıdır. Bitkilerin suyu topraktan emmeleri ve en üst noktalarına kadar iletebilmeleri bu gerilimin tasarlanmış olması sayesindedir. Bu gerilim daha farklı olsaydı ne bitkilerden ne de diğer canlılardan söz edebilirdik.

10- Zayıf nükleer kuvvet, güçlü nükleer kuvvet, elektromanyetik kuvvet ve yerçekimi kuvvetinin belli hassas ayarlamalar gözetilerek yaratılmaları gerektiği gibi; birbirlerine göre uygun şekilde de yaratılmaları gerekmektedir. Bu hem galaksilerin ve yıldızların hem de tüm canlıların var olabilmesi için gerekli çok hassas bir dengedir. Bu hassas dengeye şöyle bir örnek verilebilir: Çekim kuvvetinin elektromanyetik kuvvete oranı sırf $S=10^{40}$'da 1 oranında bile değişseydi, yıldızların oluşumundaki olumsuzluklar canlılığın oluşumuna izin vermeyecek seviyede olurdu. Evrende mevcut olan bu hassas ayarların hepsinin birden gerçekleşmesiyle ancak canlılığın mümkün olduğuna dikkat edilmelidir. Olasılık hesapları açısından, bu tip durumlarda, bütün olasılıkların çarpımının, amacın gerçekleşmesinin olasılığını verdiğini unutmamalıyız. Örneğin, S sonucunun gerçekleşmesi ilk olarak milyarda bir, ikinci olarak katrilyonda bir, üçüncü olarak trilyonda bir olasılıklarının hepsinin gerçekleşmesine bağlıysa; S'nin gerçekleşme olasılığı milyar x katrilyon x trilyon'da 1'dir. Bunlar da göstermektedir ki modern bilimle son dönemde ortaya çıkan veriler, tarih boyunca tasarım delili ile ortaya konan anlayışla uyumludur. Canlılığın varlığı, birkaç olasılıktan birine bağlı basit bir olasılıkla ifade edilemez; canlılığın varlığı için gerekli çok basit bir ön şart, örneğin sırf 10. maddedeki şart bile 10^{40} 'da 1 olasılığa denk gelmektedir ki, bu olasılık trilyon x trilyon x milyar x on milyon'da 1 demektir.

Bu veriler, evrende sıradan bir düzen değil, mu'cize derecesinde taklit edilemez olağanüstü bir düzen olduğunu gösterir. Doğa yasalarının tasarımı derken, sadece bu yasalardaki ve maddedeki özelliklerin hassas ayarları anlaşılmamalıdır; bu yasaların ve bu on maddedeki özelliklerin bizatihi kendileri de tasarımı gösterir. Sadece protonun kültesinin elektronun kütlesine oranı değil, protonun ve elektronun varlıkları da tek başına bir tasarımı ve tasarımcıyı gösterir; çekim kuvvetinin elektromanyetik kuvvete oranının yanında çekim kuvvetinin ve elektromanyetik kuvvetin varlıkları da tasarımı gösterir. Bu yasalardan ve maddedeki özelliklerden birinin bile olmaması durumunda canlılık oluşamazdı. Örneğin, entropi yasası bu şekilde olmasa, nefes almamıza sebep olan havadaki moleküllerin dağılımı nefes alınmasını olanaklı kılacak şekilde gerçekleşmeyecek ve havasızlıktan ölecektik. Eğer bu on delil yeterli olmasa bile; O zaman şu ON maddede verilen kuvvetlerin ve yasaların varlığı, yani doğa yasaları ve maddenin özellikleri de bizatihi kendi tasarımını gösterdiği gibi tasarımcısını da gösterir:

1- Kütleçekim kuvvetinin varlığı.

2- Elektromanyetik kuvvetin varlığı.

3- Güçlü nükleer kuvvetin varlığı.

4- Zayıf nükleer kuvvetin varlığı.

5- Enerjinin korunumu ile Madde ve enerjinin birbirlerine dönüşebilmeleri yasalarının varlığı.

6- Entropi yasasının varlığı.

7- Protonun uzun bir süre parçalanmadan varlığını koruması ile Pion ve Müon gibi bazı atomaltı parçacıkların bir saniyeden çok çok kısa bir zaman dilimindeki kısa ömürlü varlığı.

8- Elektronun varlığı ve belirli bir süre varlığını koruması.

9- Nötronun varlığı ve belirli bir süre varlığını koruması.

10- Nötrinonun varlığı ve belirli bir süre varlığını koruması.

Tasarım delili açısından doğa yasalarının varlığı bu yasalardaki hassas ayarlar kadar önemlidir. Doğa yasalarındaki hassas ayarlar hiç bilinmese bile, sadece bu yasaların varlığından tasarım delili temellendirilebilirdi. Gözlenen tüm evrensel oluşumların, insani tüm tasarımların ve yüz binlerce canlı türünün varlığının oluşmasının mutlak önşartı; içinde yaşadığımız evrenin bu potansiyeli baştan içinde taşıyor olmasıdır. Evrenin bu potansiyelini mümkün kılan faktör ise doğa yasalarının mevcut şekilde var olmalarıdır. Hassas ayarlarla ilgili bir sunumda ve anlatım şeklinde ise, olasılık hesaplarını kullanma imkânı olduğundan dolayı, hassas ayarlara odaklanmanın anlatım açısından bir avantajı vardır. Çekim kuvvetinin veya entropinin olmasının olasılığının ne olduğunu matematiksel olarak ifade etmek mümkün değildir. Ama çekim kuvvetinin elektromanyetik kuvvete oranındaki tasarımı sayılarla da ifade edebilmekteyiz.

Bana göre, doğa yasalarındaki hassas ayarlar, matematiksel betimlemenin avantajına sahip olsalar da, doğa yasalarının varlığı daha da önemli bir boyuta işaret etmektedir. Sonuçta, doğa yasaları bu hassas ayarlarla beraber vardır, bu yüzdendir ki natüralizm ile tasarım delili karşılaştırılırken; 'doğa yasalarının kendiliğinden varlığı/doğa yasalarının tasarımı' arasındaki tartışma aşamasında bu yasaların varlığını ve hassas ayarlarını bir arada ele aldık. Diğer yandan, bu yasalardaki hassas ayarlara odaklanırken, bu yasaların bizatihi varlığının da tasarım delilinin bir parçası olduğunu gözden kaçırılmamalıdır. Bu verilerden de anlaşılacağı üzere natüralizm, doğa yasalarının varlığının açıklamasını da yapmakta yetersizdir. Oysa tasarım delili ile ortaya konan evren görüşü ile doğa yasalarının varlığı ve bu yasaların hassas ayarı tamamen uyumludur. Bahsedilen yasaların ve bu yasalardaki hassas ayarların hepsi birden olmadan, canlılığın oluşması da mümkün olmadığı için; bu konu, elbette ki Evrim Teorisi ile de alakalıdır. Doğa yasalarının tasarımı sayesinde canlılık mümkündür; fakat bundan sonraki başlıklarda görüleceği gibi canlılığın oluşumu için daha başka aşamalardaki tasarımların varlığı da şarttır.

FİZİKSEL DÜNYADAKİ OLUŞUMLAR VE TASARIMLAR

Diğer canlıların ve biz insanların oluşumu için evrenin varlığı (birinci aşama olarak alındı) ve doğa yasalarının tasarımı (ikinci aşama olarak alındı) da yeterli değildir. Bunlar sadece iki önşarttır. Pekâlâ, maddî evren aynı doğa yasalarıyla var olabilirdi ve içinde hiçbir canlı oluşmayabilirdi. Bütün canlıların ve bizim varlığımızın evrendeki oluşumlardaki çok kritik değerlere bağlı olduğunu modern bilimin verileriyle öğrenmiş bulunuyoruz. Bu kritik oluşumların çoğu, İnsancı İlke başlığıyla, doğa yasalarındaki hassas ayarlarla bir arada ele alınmaktadır. Doğa yasaları maddeye içkin özelliklerle ilgilidir, üçüncü aşama olarak ele aldığımız 'fiziksel dünyadaki oluşumlar' ise maddeye içkin özelliklerle alakalı değildir. Naturalist-Ateist çizginin Dawkins-Monod gibi temsilcileri, canlılar ile beraber tüm varlığı, doğa yasalarından kaynaklanan 'zorunluluk' ve bu yasaların işlediği maddî dünyadaki oluşumlardaki 'şans' (tesadüf) faktörünün birleşimi ile açıklayabileceğimizi savunurlar. Doğa yasalarının tasarımı ile ortaya konan 'zorunluluk' denen alanın ancak bilinçli bir tasarımla açıklamasının yapılabileceği mümkünken; bu üçüncü aşamada Monod ve Dawkins'in 'şans' olarak gördüklerinin açıklamasının da ancak bilinçli bir Kudret'in tasarımıyla yapılabileceğidir. Evrendeki fiziksel oluşumlar çok hassas ayarları içermektedir, modern bilimin bulgularıyla ortaya çıkan bu hassas ayarlara şu YİRMİ oluşumu örnek olarak verebiliriz:

1- Evreni meydana getiren patlama biraz daha şiddetli olsaydı, evrendeki tüm madde dağılırdı; eğer patlama biraz daha yavaş olsaydı, bütün madde hemen kapanacak ve içeri çökecekti. Her iki durumda da ne galaksiler ne yıldızlar ne Dünya'mız ne de canlılar oluşurdu. Patlamanın galaksileri, yıldızları, Dünya'mızı ve canlıları oluşturacak şekilde olmasının olasılığı, havaya atılan bir kalemin sivri ucu üstünde durmasının olasılığı kadar bile değildir.

2- Big Bang'in patlama anında eğer daha fazla madde olsaydı evren hemen kapanacaktı. Eğer patlama anında madde daha az olsaydı patlama galaksileri oluşturmadan maddeyi dağıtırdı. Görülüyor ki Big Bang, hem şiddeti hem madde oranı hem de bunların birbirine göre düzenlenmesiyle bir tasarımın ürünüdür.

3- Evrenin başlangıçtaki homojen yapısı da galaksilerin oluşmasının bir şartıdır. Başlangıç homojenliğindeki ufak bir azalma galaksilerin oluşmasına izin vermeyecek ve tüm maddenin karadeliklere dönüşmesi sonucunu doğuracaktı. O zaman da biz var olamayacaktık.

4- Evrende entropi sürekli artmaktadır. Bu ise evrendeki başlangıç anında çok düşük entropili bir başlangıcın olması gerektiği anlamını taşır.

5- Big Bang'den sonra açığa çıkan protonlar ve antiprotonlar birbirini yok eder. Canlılığın oluşabilmesi için proton sayısının, antiprotonlardan çok olması gerekiyordu ve öyle olmuştur.

6- Aynı şekilde nötronlar ve anti-nötronlar birbirini yok eder. Canlılığın oluşabilmesi için nötron sayısı, anti-nötronlardan çok olmalıydı ve öyle olmuştur.

7- Elektronlar ve pozitronlar da birbirini yok eder. Canlılığın oluşabilmesi için elektron sayısı, pozitronlardan çok olmalıydı ve öyle olmuştur.

8- Evrende canlılığın oluşabilmesi için proton, nötron ve elektronların kendi anti-maddelerinden daha fazla olmaları gerektiği gibi, birbirlerine göre belirlenmiş oranlarda yaratılmış olmaları da gerekmektedir.

9- Dünya'mız, Güneş'e daha uzak olsaydı, yaşama olanak tanımayan soğuk ve buzullarla karşı karşıya kalırdık. Eğer Güneş'e daha yakın olsaydık yeryüzündeki su buharlaşır ve yaşam mümkün olmazdı.

10- Dünya'mızın çekimi daha fazla olsaydı, amonyak ve metan oranının artması gibi durumlar yeryüzünün canlılığa elverişli bir ortam olmasını engellerdi. Eğer Dünya'mızın çekimi daha az olsaydı atmosfer çok su kaybeder ve canlılık için elverişli ortam kalmazdı.

11- Dünya'mızın çevresindeki manyetik alan da çok özel olarak ayarlanmıştır. Eğer bu manyetik alan daha güçlü olsaydı, Güneş'ten gelen canlılık için yararlı ışınları da engelleyebilirdi. Eğer bu manyetik alan daha zayıf olsaydı, Güneş'ten gelen zararlı ışınlar yaşamın oluşmasına olanak tanımazdı.

12- Yeryüzünden yansıtılan ışık ile yeryüzüne çarpan ışık da belli bir oranda olmalıdır. Eğer bu oran daha büyük olsaydı yeryüzü buzullarla kaplanırdı. Eğer bu oran daha küçük olsaydı sera etkisiyle aşırı ısınan yeryüzü yaşama elverişli olmazdı.

13- Yaşam için yerkabuğunun kalınlığı da önemlidir. Yerkabuğu daha kalın olsaydı, atmosferden yerkabuğuna oksijen transferiyle oksijen dengesi bozulurdu. Yerkabuğu daha ince olsaydı yerkabuğunun her yerinden sürekli volkanlar fışkırırdı. Bu ise hem iklimi değiştirir hem de canlılığı yok edebilirdi.

14- Atmosferdeki oksijen miktarı da yaşam için kritik bir değerdedir. Bu değer eğer yüksek olsaydı yeryüzünde sürekli yangınlar çıkardı. Bu değer eğer daha düşük olsaydı solunum yapmak imkânsız olurdu.

15- Atmosferdeki karbondioksit oranı da yaşamı mümkün kılacak bir değerdedir. Karbondioksit daha fazla olsaydı sera etkisi oluşacaktı. Eğer daha az olsaydı bitkilerin fotosentez yapması mümkün olmayacaktı.

16- Dünya'mızdaki ozon miktarı da çok kritik bir değerdedir. Eğer bu değer daha yüksek olsaydı yüzey sıcaklığı çok düşerdi. Eğer bu değer daha düşük olsaydı hem yüzey sıcaklığı çok yükselirdi hem de ültraviyole yaşamı yok edecek şekilde artardı.

17- Atmosferdeki havanın solunabilmesi için havanın belli bir basınçta, akışkanlıkta ve yoğunlukta olması lazımdır. Atmosferin yoğunluğunda ve akışkanlığındaki ufak bir değişiklik nefes almamızın imkânsız olmasına sebep olabilirdi.

18- Tüm canlılar karbon atomunun diğer elementlerle bileşikler yapması sayesinde var olmuşlardır. Karbon, yaşam için gerekli olan bileşikleri ancak dar bir sıcaklık aralığında gerçekleştirebilir. Bu sıcaklık aralığı ise Dünya'nın sıcaklığıyla tam uyumludur. Oysa evrende yıldızların içindeki milyonlarca derece sıcaklıktan mutlak sıfır olan -273 dereceye kadar geniş bir aralık mevcuttur.

19- Kovalent bağlar gibi zayıf bağlar da ancak belli bir sıcaklık aralığında gerçekleşebilirler. Bu sıcaklık aralığı ise Dünya'da var olan sıcaklık aralığı ile tam uyumludur. Zayıf bağlar gerçekleşmese hiçbir canlı var olamazdı.

20- Yaşam için bütün şartları yerine getiren Dünya'mızın, yaratılma zamanı da yaşama tam uygun olarak seçilmiştir. Dünya eğer daha önce yaratılsaydı canlılık için gerekli ağır atomlar (karbon, oksijen gibi) yeterli miktarda bulunmayacaktı. Eğer Dünya'mızın yaratılışı daha sonraya kalsaydı, Güneş sistemimizi oluşturacak yoğunlukta hammadde kalmamış olacaktı.

OLASILIK HESAPLARIYLA FİZİKSEL DÜNYADAKİ TASARIMLAR ARASINDAKİ İLİŞKİ

Canlılığın varlığı, bahsedilen bu çok kritik oluşumların hepsinin birden gerçekleşmesine bağlıdır. Daha önce de belirtildiği gibi bir sonucun gerçekleşmesi için gerekli olan olasılıkların hepsi birbirleriyle çarpılır. Eğer bunu, sırf biraz önce örnek olarak verdiğimiz 20 maddeye uygularsak hesabın şöyle yapılması gerekir:

Toplam olasılık (S):

{1. maddenin olasılığı x 2. maddenin olasılığı x .... x 20. maddenin olasılığı}

Dolayısıyla 20 maddedeki fiziksel oluşumların hepsi canlılığın oluşumu için olmazsa olmaz şartlardandır. Bunlardan bir tanesini bile değiştirmemiz canlılığı imkânsız kılacaktır. Bunlar gibi, canlılığın oluşumu için gerekli daha birçok olmazsa olmaz şartın aslında hesaba katılması gerekir; verilen 20 örneğin geniş bir kümenin ufak bir dilimi olduğu unutulmamalıdır. Daha önce doğa yasalarının hassas ayarıyla ilgili verilen örneklerin de canlılığın varlığı için olmazsa olmaz şartlardan olduğunu hatırlayalım. Bu da, doğa yasalarındaki hassas ayarlarla ilgili olguların oluşma olasılığının her birinin birbirleriyle ve fiziksel oluşumlardaki olmazsa olmaz şartlarla çarpılması gerektiği anlamına gelmektedir. Fiziksel dünyadaki canlıların varlığı için gerekli oluşumlardan sadece iki tanesini ele alarak, evrende ne kadar hassas ayarların gerçekleştirildiğini gösterilebilir. Bunlar gibi binlerce olmazsa olmaz şart olduğunu ve bunların hepsinin birbirleriyle çarpılması gerektiğini unutmayın:

Birinci örnek olarak, evreni meydana getiren başlangıçtaki patlamanın şiddetindeki hassas ayarı ele alalım. Evrenin genişleme hızını bu başlangıç belirlemektedir; bu genişleme hızındaki ufak bir değişiklik, sadece canlıların oluşamaması değil, aynı zamanda galaksilerin ve yıldızların da oluşamaması anlamına gelmektedir. Bu genişleme hızındaki kritik ayar 10^{60}'da 1'dir; yani, 10^{60}'da 1'lik bir değişiklik bile, galaksilerin ve canlılığın oluşamaması anlamına gelmektedir.

10^{60}, Dünya'mızdaki tüm atomların toplamından da büyük bir sayıdır: Trilyon x trilyon x trilyon x trilyon x trilyon'a eşittir. Eğer, Dünya'nın herhangi bir kum tanesinden bir tanesindeki trilyonlarca atomun içine bir atom saklasanız ve Dünya'daki atomlardan rastgele bir atom çeken kişinin bu atomu 1 kerede bulmasını beklesenız; bu olasılık bile 10^{60}'da 1'den büyüktür. İkinci örnek olarak ise, evrenin başlangıç entropisindeki olağanüstü düzenlemedir. Entropi yasasına göre evrendeki düzensizlik anlamına gelen entropi, zamanın ilerlemesiyle tek yönlü olarak, tersinemez bir şekilde artar. Bu, zamanın başlangıcına doğru geri gittiğimizde sürekli entropinin düşmesi gerektiği anlamına gelir. Evrenin düşük entropili başlangıcı hem galaksilerin ve Güneş sistemimizin hem de canlılığın oluşabilmesinin olmazsa olmaz şartıdır.

Entropi yasasının yasa olarak varlığı doğa yasalarının tasarımı başlığına girer. Fakat, bu yasanın varlığı başlangıç entropisinin düşük olmasının gerekliliğinden farklıdır. Bu yasanın varlığı evrenin başlangıcının düşük entropisini zorunlu kılmaz. Birincisi yasanın tasarımı, ikincisi ise evrendeki fiziksel bir oluşumun tasarımıdır ve bunların her ikisi de canlılığın olmazsa olmaz şartıdır. Roger Penrose, evrenin başlangıç entropisinin hassas ayarını gösteren matematiksel betimlemeye, fizik biliminde bildiği hiçbir verinin yaklaşamayacağını söyler: Şu anda evrendeki yaklaşık 10^{88} olan entropi miktarı, evren eğer Büyük Çöküş ile çökerse 10^{123}'e çıkacaktır.

(Penrose bu hesabı Bekenstein-Hawking entropi formülünü kullanarak yapar). Evrenin Büyük Çöküş'ünde, her bir baryon için 10^{43} entropi olacaktır, buna göre toplam 10^{80} adet baryonlu evrenin entropisi 10^{123} olarak bulunur. Evrenin başlangıcındaki entropinin hassas ayarı, evrenin muhtemel sonunun entropisinden yola çıkılarak hesaplanır.

Aslında, evrenin başlangıcı, pekâlâ aynı hacimdeki bu sonun entropisine sahip olabilirdi; böylesi bir durumda ne galaksimiz, ne Dünya'mız, ne de bu kitabı okuyanlar var olabilirdi. Evrenin başlangıç entropisindeki hassas ayarı hesaplayan Penrose, sonucu şöyle değerlendirmektedir. "Yaratıcının ne kadar isabetle hedefini belirlediği görülüyor, yani doğruluk oranı şöyledir: $10^{10^{123}}$'te 1." Ortaya çıkan bu sayının iki üslü yazılma sebebi, bu sayıyı üssüz olarak yazmaya (1'in arkasına sıfırlar koyarak), evrendeki tüm hammaddenin bile yetersiz kalacak olmasıdır. Bu sayıyı üssüz olarak yazmak için, evrendeki tüm parçacıkların (10^{80} kadar) ve tüm ışık taneciklerinin (10^{88} kadar) her birinin üstüne katrilyon (10^{15}) tane sıfır yazsaydık bile; ancak 10^{104} tane sıfır yazabilirdik. Oysa 10^{123} tane sıfır yazabilmek için bu evrenimiz gibi on milyon (10^7) kere trilyon (10^{12}) daha fazla evrene sahip olmamız ve o evrenlerin proton, nötron ve fotonlarını, katrilyonlarca sıfır yazılabilen defterler olarak kullanmamız gerekirdi ki; ancak evrenin başlangıç entropisinin hassas ayarını ifade eden bahsedilen sayıyı üssüz olarak yazmayı başarabilelim.

Görüldüğü gibi, bırakın başlangıç entropisindeki kritik ayarın tesadüfen gerçekleşmesini, bu ayardaki hassasiyeti ifade eden sayının 1'in arkasına sıfırlar konularak yazılması bile mümkün değildir. Evrenin başındaki bu hassas ayarın bir Düzenleyici'si olmaksızın açıklanması mümkün değildir. Evreni bir Tasarımcı'nın eseri olmayan bir varlık olarak görenlerin apriori beklentisi, bir düzenin bulunmadığı kaotik bir evren olmalıdır. Oysa var olan olgular, sıradan bir düzene bile değil; olağanüstü düzenlemelere işaret etmektedir.

CANLILIĞIN ORTAYA ÇIKIŞI VE UREY-MİLLER DENEYİ

Buraya kadar canlılığın ortaya çıkması için her biri önşart olan;

1- Evrenin varlığı,

2- Doğa yasalarının belli bir şekilde varlığı,

3- Fiziksel dünyadaki gerekli oluşumların gerçekleşmesi aşamaları.

ele alındı. Bu aşamaları açıklamada, 'sadece doğa içinde kalma' ilkesini benimseyen natüralizmin başarısız olduğu; buna karşılık kozmolojik delilin ve tasarım delilinin daha iyi bir açıklamayı sunduğu gözükmektedir. Fakat naturalizm, sadece doğa içinde kalarak bu üç aşamayı başarılı bir şekilde yapabiliyor olsaydı bile; bu, canlılığın açıklaması için yetersiz olurdu. Çünkü evrendeki milyonlarca canlı türünün nasıl oluştuğunun açıklamasının ayrıca yapılması gerekir. Önümüzdeki bölümler boyunca (özellikle kitabın ikinci cildinde), bu konu daha detaylı olarak ele alınacaktır.

İlk önce, canlıların yapıtaşları olan amino asitlerin oluşumu meselesine değinmekle başlayalım. Mikroskobun bulunması ile önce çok hücreli canlıların 'kendiliğinden türeme' yoluyla oluşmasının mümkün olmadığı, mikroskobun gelişmesiyle ise en basit tek hücrelilerin bile 'kendiliğinden türeme' yoluyla oluşamayacağı anlaşıldı. Böylece, canlılar ile cansızlar arasındaki uçurum iyice açıldı ve her canlının ancak başka bir canlıdan türeyebileceği öğrenildi. Bu gelişme, Evrim Teorisi'nin neden ortaya konduğunu ve benimsendiğini anlamak açısından da çok önemlidir. 'Kendiliğinden türeme'nin imkânsızlığının anlaşılması, sadece doğanın içinde kalmayı arzu edenlere Evrim Teorisi'nin dışında bir şık bırakmıyordu. Fakat bütün canlıların birbirinden türediğini savunsa bile, Evrim

Teorisi de, en az bir defa, 'kendiliğinden türeme' yoluyla ilk canlının oluştuğunu, böylece ağabeyyogenezin *(abiogenesis)* gerçekleştiğini kabul etmek zorundadır. Pastör (Pasteur) yaptığı dikkatli deneylerden sonra zaferini şöyle ilan etti: "Bundan sonra kendiliğinden türeme düşüncesi bir daha canlanmasına olanak olmayacak şekilde ölmüştür." Pastör'ün düşüncesi, tarih boyunca 'kendiliğinden türeme'yi mümkün görenlere olduğu kadar, bunu bir kereliğine mümkün gören evrimcilere de zıttır. "Hayat yalnız hayattan gelir" diyen Pastör'ün düşüncesi, bir kereliğine bile olsun ihlal edilmeden, 'tamamen naturalist bir Evrim Teorisi' savunulamaz. Darwin'in *'Türlerin Kökeni'*ni şu cümleyle bitirdiğini hatırlarsak: "Yaratıcı'nın meydana getirdiği bir veya birkaç basit canlı formundan diğerlerinin evrimleşmiş olduğunu öngören bir hayat görüşünde yücelik vardır.." gerçekte evrimsel sürecin kendiliğinden türeme ile değil; tam tersine Yaratıcının müdahalesi çerçevesinde yürüdüğünü açık bir şekilde görebiliriz.

Darwin, bu ünlü cümlesinde, ilk canlının, Allah'ın doğrudan müdahalesi ile yaratıldığını söylemiş olmaktadır. Diğer yandan, 1871 yılında yazdığı bir mektubunda, sıcak su birikintilerinde güneş ışığının etkisiyle ilk canlıların oluşmuş olabileceğini söyleyerek, ilk canlının oluşumu için mekanik bir süreç öngörür. Darwin'in döneminde canlı ile cansız arasındaki uçurum açılmış olmasına rağmen; yine de protein, DNA, RNA, mitekondri gibi hücre içi yapıların kompleksliği keşfedilmediği için; tekhücreli yapıların olduğundan çok daha basit olduğu zannediliyordu. Haeckel; hücrenin, basit kimyasal bileşiklerden oluşan bir yapı olduğunu düşünüyor ve hücreyi, 'homojen bir plazmadan oluşan damlacık' *(homogenous globule of plasm)* olarak niteliyordu. Darwin'in en yakın arkadaşlarından ve destekçilerinden olan Huxley ise, ilk canlılığın, kimyasal bileşimlerin bir araya gelmesi ve kendiliğinden reaksiyona girmeleri gibi iki aşama ile oluşmuş olması gerektiğini söylüyordu. Fakat ilk canlının ortaya çıkışıyla ilgili detaylı bir hipotez ilk olarak Rus biyokimyacı Oparin tarafından 1924 yılında ortaya konmuştur. O, Dünya'nın ilk atmosferinin günümüzdeki atmosferden farklı olduğunu; o dönemdeki atmosferde amonyak, metan, hidrojen, su buharının bulunduğunu, ama oksijenin bulunmadığını ileri sürdü. Ultraviyole ışığı gibi etkilerle bu ortamda amino asit, şeker, lipid gibi canlılığın hammaddelerinin oluşabileceğini iddia etti. Oparin, bu hammaddelerin okyanuslarda ve göllerde önemli miktarda buluşup, basit ilk canlı formunu oluşturduğunu düşünüyordu.

1953 yılına gelindiğinde ise Stanley Miller, doktora danışmanı olan Harold Urey ile beraber, Oparin'in ve Haldane'in öngörülerine dayanarak bir deney oluşturdular. Amonyak, metan, su buharı ve hidrojenden oluşan deney ortamına elektrik şarjı verdiler ve canlıların yapıtaşını oluşturan 20 amino asidin üçünü elde ettiler. Bu deney, Evrim Teorisi'ni anlatan kitaplarda önemli bir yere sahiptir. Fakat bu deneyle ilgili önemli sorunlar ilerleyen dönemlerde gündeme gelmiştir. İlkel atmosferin bileşenlerinden biri su idiyse, ışınlar su buharının parçalanmasına sebep olup serbest oksijeni açığa çıkarmış olmalıydı. Yerbilimci Harry Clemmey ve Nick Badham 3.7 milyar yıllık en eski kayaların olduğu dönemden beri oksijenli bir atmosfer olduğunu ortaya koydular; ilkel atmosferin -Oparin ve Haldane hipotezine dayanarak deney yapan Urey ve Miller'in kurguladığı gibi- oksijenden yoksun olduğunu iddia etmenin sadece bir 'dogma' olduğunu söylediler. İlkel atmosferde oksijen olması; oksijen, oluşacak amino asitleri oksitleyerek daha kompleks moleküllerin oluşma aşamasını baştan engelleyeceği için önemlidir.

Oparin-Haldane hipotezi temel alınarak deney yapılmasının bir diğer nedeni, onların öngördüğü amonyak, metan ve hidrojenli atmosferden amino asit oluşumunun enerji açığa çıkarak gerçekleşmesidir. Diğer yandan yerbilimsel verilerle daha uygun olan nitrojen, karbondioksit ve su buharı ile oluşan atmosferden amino asit oluşabilmesi için, enerjinin ortama eklenmesi gerekir. Urey-Miller deneyinin bir sorunu da, onların öngördüğü atmosferde kısa dalga boylu ultraviyole ışınları amino asit oluşumuna sebep olacakken, diğer yandan uzun dalga boylu ultraviyole ışınları oluşan amino asitleri hemen yok edecektir. Urey ve Miller, yaptıkları deneyde, oluşan amino asitleri hemen izole ederek koruyorlardı; oysa doğal ortamda böylesi bir durum mümkün değildir. İlkel atmosferde oksijen olmasaydı bile, Urey-Miller deneyinin, canlılığın hammaddesi olan amino asitlerin ortaya çıkışını izah etmekte önemli sorunları olurdu. İlkel atmosferle ilgili yapılan çalışmalarda, serbest hidrojenin dış uzaya dağılmış olması gerektiğine kanaat getirilmiştir. Bu ise metanın ve amonyağın –Urey ve Miller deneyinin temel bileşenleri- ilkel atmosferin temel unsurları olamayacağını gösterir. Çünkü metan, karbon ve hidrojenin bileşimidir; amonyak ise nitrojen ve hidrojenin bileşimidir. Eğer hidrojen dış uzaya dağılmışsa, karbon ve nitrojenle birleşip metan ve amonyak oluşturamayacaktır.

Jon Cohen'in 1995 yılında *Science* dergisinde yazdığı gibi; ilkel atmosfer, Urey ve Miller'in 1953 yılında teklif ettikleri ortama hiç benzememektedir. Tüm bunlar göstermektedir ki naturalizm, amino asitlerin oluşumunu izah etmekte önemli zorluklara sahiptir. Fakat daha önceden gördüğümüz evrenin başlangıç entropisi ve daha sonra göreceğimiz proteinlerin oluşumu gibi naturalizmin açıklaması imkânsız sorunlar yanında, bu sorun, o kadar da büyük değildir. Burada dikkat edilmesi gerekli önemli bir nokta, Evrim Teorisi'nin meydana getirdiği paradigmanın yerbilimini etkilediğidir. Deliller aksi yönde olmakla beraber, amino asitlerin ortaya çıkması için ilkel atmosferde oksijen olmaması gerektiği için; bu görüş, yerbilimine de hâkim olabilmiştir. Miller canlıların hammaddesi olan amino asitlerin oluşumu metan gerektirdiğinden, ilkel atmosferde metan olması gerektiğini savunmuş, ilkel atmosferin yapısının yerbilimsel araştırmalarla tespit edilmesi yerine; Evrim Teorisi'nin kabulleriyle ilkel atmosferin yapısının belirlenmesi yolunu seçmiştir. Ancak sonradan elde edilen bulgular ile bu husus sorgulanabilmiştir. Bu örnek de, Thomas Kuhn'un, bilim insanlarının sahip oldukları paradigmaların önkabulleriyle olguları değerlendirdiklerine ve bu önkabullerden dolayı objektif olamadıklarına dikkat çekmesinin ne kadar önemli bir uyarı olduğunu göstermektedir.

DNA'nın yapısı ise, Darwin'in *Türlerin Kökeni*' kitabı yayımlandıktan 94 yıl sonra, 1953 yılında keşfedilmişti. Proteinlerin üç boyutlu karmaşık yapısı da 1950'li yıllarda anlaşıldı. Ardı ardına gerçekleşen bu önemli keşifler, Evrim Teorisi'nin en ünlü isimlerinden Huxley ve Haeckel'in zannettiği gibi hücrenin, 'homojen bir plazmadan oluşan damlacık' olmadığını; tam tersine çok kompleks bir yapısının olduğunu ortaya koymuştur. Bu kompleks yapının en önemli ve en kompleks molekülü ise DNA'dır. İnsan vücudu ile hücre arasında bir analoji yaparsak, DNA'nın hücrenin beyni olduğunu söyleyebiliriz. Ayrıca DNA'dan gelen emirlere uygun olarak haber taşıma, protein sentezleme gibi vazifeleri yerine getiren RNA da karmaşık yapısı ve birçok vazifesi olan hayati bir moleküldür. DNA'dan gelen emirlere uygun olarak RNA'lar proteinleri sentezlerler. Canlılığın en temel özelliklerinden biri de çoğalma olduğu için, canlının içinde sürekli protein sentezinin gerçekleşmesi gerekir. Bu, DNA'nın sayesinde gerçekleşmektedir. DNA kimyageri Robert Shapiro, 1986 yılında, ilkel atmosferde DNA'nın hammaddelerinden deoksiriboz şekerinin elde edilemeyeceğini ileri sürdü. Bu da, ilkel atmosferde proteinlerin hammaddelerinin oluşumu kadar; DNA'nın hammaddelerinin oluşumunun da açıklanmasının sorunlu olduğunu bir kez daha göstermiş oldu.

PROTEİNLERİN YAPISI VE OLASILIK HESAPLARI

Urey-Miller deneyi amino asitlerin ilkel atmosferde nasıl ortaya çıktığını göstermeye çalışmıştı. Bu deneyin önceki başlıkta ele alınan sorunlarının hiçbiri olmasa ve bu deneyi doğru kabul etsek bile naturalist yaklaşımın; canlılığın protein, RNA ve DNA gibi temel moleküllerini izah etmekte önemli sorunları vardır. Bir adım daha ilerlenip, bu moleküllerden canlılığın oluşumu açıklanmaya kalkıldığında sorun daha da büyür. Epistemolojide olasılık hesaplarının merkezde olduğu bir yaklaşımla bu molekülleri incelersek; bu moleküllerin tesadüfen oluşmasının olanaklı olup olamadığını daha iyi değerlendirebiliriz. Buradaki temel hedef, Evrim Teorisi'nin doğru olup olmadığını belirlemek değildir; fakat 'sadece doğa yasaları içinde kalıp' da bu moleküllerin oluşumunu açıklamanın mümkün olmadığını göstermektir.

Çağımızda, tesadüfi oluşumu savunanlar, Evrim Teorisi'nin mekanizmalarının ve diğer doğa yasalarının, bütün türlerin oluşumunu izah etmek için yeterli olduğunu inatla ileri sürdükleri için; tartışmanın, tasarım delili ile Evrim Teorisi'nin arasında olduğu zannedilmektedir. Evrim Teorisi ile teizmi birleştiren birçok kişi olabildiğine göre bu anlayış yanlıştır. Evrim Teorisi'nin mekanizmalarının canlılığın ve yeni türlerin ortaya çıkışında yetersiz olduğunun gösterilmesi, bu teoriye karşı bir yaklaşım gibi gözükse de; burada asıl sorgulanan, tesadüfi oluşumu savunan materyalist-naturalist-ateist inançtır.

Olasılık hesapları ve İstatistik kuramları ise, tasarım ile tesadüf şıklarından hangisinin daha tutarlı olduğunu anlamamız için bize objektif matematiksel veri sunmaktadır. Proteinlerin yapısı, olasılık hesaplarının kolayca uygulanmasına olanak tanımaktadır. Her canlı hücre proteinlerden oluşur. Proteinler gerek enzim olarak gerek diğer vazifelerle hücrelerdeki faaliyetleri gerçekleştiren temel birimlerdir. Hücre ile fabrika arasında kurulan analojide, proteinler makineye karşılık gelmektedir. Proteinler amino asitlerin arka arkaya gelmesiyle oluşurlar. Canlı bünyesinde 20 tane amino asit kullanılarak protein oluşur. Bu 20 amino asidin belirli bir sırada olması proteinin oluşması için mutlak şarttır. Amino asitlerin arka arkaya rastgele gelmesiyle oluşan proteinoitler ile hücrede belirli bir vazifesi olan proteinler arasındaki fark çok büyüktür. Amino asitler sol-elli ve sağ-elli amino asitler olarak ikiye ayrılır. Amino asitlerin rastgele bileşimi olan proteinoitler, her iki tür amino asitten oluşuyorken, proteinler sadece sol-elli amino asitleri ihtiva ederler. Bundan daha önemlisi proteinler belirli vazifeyi yapmak için belirli bir dizilimde olmalıdır. Ortama belli bir enerjinin verilmesiyle amino asitlerin proteine dönüşme olasılığı, dinamitle patlatılan tuğlaların üst üste düşerek bir ev oluşturması kadar düşüktür. Canlılarda 55 amino asidin arka arkaya gelmesiyle oluşan Ferrodexin (Clostridium pasteurianum'da bulunur) proteini gibi kısa sayılan proteinlerin yanı sıra 6049 amino asidin arka arkaya gelmesiyle oluşan Twitchin (Caenorhabditin elegans'da bulunur) proteini gibi uzun proteinler de vardır.

Olasılık hesaplarına örnek olması için insan vücudunda bulunan, 584 amino asitli orta büyüklükteki Serum Albumin proteinini ele alalım. Bu proteindeki amino asitleri sırf sol-elli olmasının olasılığı şöyle hesaplanır:

Bir amino asidin sol-elli olma olasılığı: $\left(\frac{1}{2}\right)$

İki amino asidin sol-elli olma olasılığı: $\left(\frac{1}{2}\right) \times \left(\frac{1}{2}\right)$

Üç amino asidin sol-elli olma olasılığı: $\left(\frac{1}{2}\right) \times \left(\frac{1}{2}\right) \times \left(\frac{1}{2}\right)$

584 amino asidin sol-elli olma olasılığı: $\left(\frac{1}{2}\right)^{584}$

Ayrıca tüm amino asitler, protein zincirindeki diğer amino asitlerle birleşmek için peptid bağı denilen kimyasal bir bağ kurmak zorundadırlar. Oysa doğada, amino asitler arasında kurulabilecek pek çok kimyasal bağ türü vardır; peptid bağlar ve diğer bağlar kabaca eşit ihtimalle kurulur. 584 amino asitli Serum Albumin proteini için 583 tane peptid bağı gereklidir. Bunun olasılığı şöyle gösterilebilir:

İki amino asidin peptid bağıyla bağlanma olasılığı: $\left(\frac{1}{2}\right)$

Üç amino asidin peptid bağı olasılığı: $\left(\frac{1}{2}\right)\times\left(\frac{1}{2}\right)$

Dört amino asidin peptid bağı olasılığı: $\left(\frac{1}{2}\right)\times\left(\frac{1}{2}\right)\times\left(\frac{1}{2}\right)$

584 amino asidin peptid bağı olasılığı: $\left(\frac{1}{2}\right)^{583}$

Bu tek proteinin amino asitlerinin, sırf sol-elli olması ve de peptid bağı yapmasının olasılığı ise şöyledir:

$$\left(\frac{1}{2}\right)^{584}\times\left(\frac{1}{2}\right)^{583}=\left(\frac{1}{2}\right)^{1167}=\left(\frac{1}{10}\right)^{351}$$

Bu olasılığın matematiksel olarak imkânsız olduğunu şöyle düşünerek anlayabiliriz: Evrendeki 10^{80} proton ve nötronu, fotonlarla ve elektronlarla toplarsak 10^{90}'dan küçük bir sayı elde ederiz. Evrenin yaşı olan 15 milyar yıl x 365 gün x 24 saat x 60 dakika x 60 saniye = 473.040.000.000.000.000 saniye; evrenin başından şu ana kadar geçen zamanı ifade eder. Bu sayıya yuvarlak olarak 10^{18} saniye diyebiliriz. Bu iki sayıyı çarparsak $10^{90} \times 10^{18} = 10^{108}$ eder. Bu sayı, evrendeki her proton, nötron, elektron ve foton, evrenin her saniyesi bir deneme yapmış olması durumunda, oluşacak deneme sayısıdır. Saniyede yapılan denemeleri en yüksek kimyasal hız olan 10^{12} olarak alırsak; $10^{108} \times 10^{12} = 10^{120}$ eder, oysa 584 amino asitli bir proteinin sırf sol-elli amino asitlerden kurulu olması ve peptid bağı oluşturması gibi basit iki aşamanın oluşma olasılığı 10^{351}'de 1'dir. Bu, bütün uzayın elektron, proton, nötron ve fotonlarının her biri canlılardaki 20 amino asitten birine dönüşselerdi ve evrenin oluşumundan itibaren her biri saniyede 10^{12} deneme yapsalardı bile; tek bir 584 amino asitli proteinin amino asitlerini, sol-elli olarak oluşturmaya ve peptid bağı yapmaya imkân bulamayacaklarını gösterir.

Bu sonuç gerçekten çok ilginçtir. Kopernik devrimi ile Dünya, evrendeki merkezi yerini kaybetmiştir ama Dünya'mızda ancak mikroskopla görülebilen bir canlıda bile binlercesi olan proteinlerin tek bir tanesinin en sıradan özelliklerinin tesadüfen ortaya çıkması için, tüm evrenin tüm maddesini seferber etmemiz bile bu proteinin nasıl oluştuğunu açıklamaya yetmemektedir. Biyolog Steven Rose, daha basit bir proteini amino asit dizilimleri açısından ele almakta ve bu proteinin amino asit uzunluğunda 10^{300} olası form olabileceğini, bu olası formlar gerçekten var olsalardı ağırlıklarının 10^{280} gram olacağını; oysa evrendeki tüm maddenin tahmini ağırlığının 10^{55} gram olduğunu söyler. Bu da belirli bir proteinin tesadüfen elde edilmesinin ne kadar imkânsız olduğunu bir kez daha gösterir. Proteinlerin amino asitlerinin doğru sırada olması da protein açısından hayati öneme sahiptir. Serum Albumin proteini için bunun olasılık hesabı şöyledir:

Bir amino asidin doğru yerde olma olasılığı: $\left(\dfrac{1}{20}\right)$

İki amino asidin doğru yerde olma olasılığı: $\left(\dfrac{1}{20}\right) \times \left(\dfrac{1}{20}\right)$

Üç amino asidin doğru yerde olma olasılığı:

$\left(\dfrac{1}{20}\right) \times \left(\dfrac{1}{20}\right) \times \left(\dfrac{1}{20}\right)$

584 amino asidin doğru yerde olma olasılığı:

$\left(\dfrac{1}{20}\right)^{584} = \left(\dfrac{1}{10}\right)^{759}$

Proteinlerin amino asit dizilimlerinde belli bir bölgenin aktif taraf olduğu, bu yüzden bu bölgenin dışındaki amino asit değişimlerinin önemsenmemesi gerektiği söylenebilir. Bu yüzden elde ettiğimiz olasılık yükselebilir. Fakat son protein çalışmaları, aktif olmayan bölgedeki birkaç değişikliğin de proteinin fonksiyonunu kaybetmesine sebep olduğunu göstermiştir. Diğer yandan proteinin hücrede gerekli yerde, gerekli sayıda olması gibi ele almadığımız hayati özellikler olasılığa dahil edilirse; o zaman ise olasılık daha da düşer.

Dolayısıyla, proteinin tesadüfen oluşma olasılığı en sonunda matematiksel olarak; sonsuzda bir ihtimal anlamına gelen, $1/\infty$'a ve bu sayı da sıfıra eşit olur. Amino asitlerin doğru sırada olmasının olasılığını daha önceden elde edilen 10^{351}'de 1 sayısıyla çarparsak, belirli bir proteinin hem sol-elli amino asitlerden oluşmasının hem peptid bağı kurmasının; hem de amino asit dizilimini doğru oluşturmasının olasılığını elde ederiz. Bu da: $10^{351} \times 10^{759} = 10^{1110}$'da 1 gibi, olasılık olarak imkânsız kabul edilen bir sayıya denk gelmektedir; oysa, matematikte genelde 10^{50}'de 1'den küçük olasılıklar bile imkânsız olarak kabul edilir.

DOĞAL SELEKSİYON VE PROTEİNLERİN OLUŞUMU

Doğal seleksiyon, canlıların yaşam mücadelesi sonucunda oluşur ve ancak çoğalan canlılar için geçerli olabilir. Daha canlı vasfına sahip olmayan, oluşmamış bir molekül için doğal seleksiyon mekanizması geçerli olamaz. İlk canlının ortaya çıkmasıyla ilgili kimyasal evrim sürecine, biyolojik evrimle analoji kurularak doğal seleksiyon mekanizması uygulanamaz; bu mekanizma sadece üreyen canlılar içindir. Ludwig von Bertalanffy bu konuda şöyle der:

"Doğal seleksiyon daha iyi olanın yaşayacağını söyler, bu yüzden kendine yeten, kompleks, rekabet edebilen sistemleri

öngörür ve bu yüzden seleksiyon, bu sistemlerin orjininin açıklamasını veremez."

Richard Dawkins ise doğal seleksiyonun, aşılması imkânsız görülen dağların bayırlarının aşılmasını gerçekleştiren baskı unsuru olduğunu söylemiştir. Oysa, canlılık oluşmadan önce böylesi bir mekanizmanın varlığını savunmak olanaksızdır. Yani, naturalist Evrim Teorisi anlayışının, önceki sayfalarda gösterilen olasılık sorununu aşmaya yarayabilecek bir mekanizması yoktur. Tek alternatifleri, tasarıma karşı tesadüftür; oysa az önceki olasılık hesaplarında gördük ki, bahsedilen olasılıklar için ise tesadüfün alternatif olması matematiksel açıdan imkânsızdır. Doğal seleksiyon ile, neden işe yarayan bir proteine sahip bir canlının yaşam mücadelesinde avantaj sağladığı ve doğal seleksiyona uğramadığı açıklanabilir. Fakat bu proteinin, canlının bedeninde nasıl oluştuğu veya bu canlının nasıl meydana geldiği doğal seleksiyonla açıklanamaz. Protein tam olarak oluşmadan işe yaramaz ve avantaj sağlamaz; bu yüzden Dawkins'in olasılık hesaplarında yaptığı şimdi bahsedeceğimiz aldatmacasındaki gibi, proteinlerin oluşumuna doğal seleksiyonun müdahalesi mümkün değildir.

Her harfin bir amino aside karşılık geldiğini düşünerek, bir proteinin bir kısmının kodunun şöyle olduğunu düşünün: "METHINKS IT IS LIKE A WEASEL." Bu cümle aslında Dawkins'in kullandığı örnek cümledir ve o da bunu Shakespeare'in bir oyunundan alıntılamıştır, anlamı ise "BENCE BİR GELİNCİĞE BENZİYOR" şeklindedir. Dawkins, maymunun tuşlara rastgele bastığında bu cümleyi yazma olasılığını sorgulamaktadır. Tuşlara rastgele basıldığında bir harfin doğru yerde olma olasılığının 1/30 olup, 28 harfli bir dizi için bunun $(1/30)^{28}$ olduğunu ve bunun gelişigüzel bir şekilde oluşmasının imkânsızlığını kabul etmektedir. Daha sonra ise, maymunun rastgele tuşlara basarak bir tümce oluşturduğunu ve bu tümcenin yavruladığını (canlıların çoğalmasına benzetme yaparak) düşünmemizi ve bilgisayarın yavrulardan hedefe en çok benzeyenini sürekli seçmesini ister. Yani bu durumu, tesadüfün tesadüf oluşturması gibi de düşünebilirsiniz. Böyle bir düzenekle hedefe 40 küsur denemede ulaşacağımızı söyler. Dawkins haklıdır, böyle bir düzenekle hedefe 40 küsur defada ulaşırız, ama proteinlerin oluşumu için bu benzetmeyi kullanması yanlıştır. Verdiği örnekte bilgisayar hedef diziyi önceden bilir ve her sırada hedef harf gelince, o harfi yerinde durdurur. Oysa hedefi bilmek ve doğru bulununca durdurmak; hedefi bilerek yapılan bir eylemdir. Proteinlerin rastgele oluşumlar olduğunu söyleyen birinin, hedefin bilinmesini işin içine karıştırmaması gerekir.

Dawkins'in örneğindeki aldatmacayı şöyle bir benzetmeyle de anlatabiliriz: Biri size 50 basamaklı bir sayıdan oluşan kasadaki şifreyi, hiçbir hile yapmadan rastgele denemelerle günlerce uğraşarak açamayacağınızı söylüyor. Dawkins diye biri ise, rastgele denemelerle kasayı açabileceğinizi; her bir basamakla ilgili doğru sayıyı girdiğinizde bir kırmızı ışık yanarsa, 200-300 denemede kasayı açacağınızı söylüyor. Oysa her basamak doğru girildiğinde kırmızı ışık yansa, hiçbir şifre hiçbir kasayı koruyamazdı; bahsedilen kasa ancak tüm basamakların doğru ve aynı anda girilmesiyle açılabilir. Dawkins, doğal seleksiyonu bilinçli bir güç gibi sunmaya çalışmakta, doğru basamağa doğru harf gelince (kendi Shakespeare' den aldığı örnekte) veya doğru sayı doğru yere gelince (kasa örneğindeki gibi) onu durduran güçlerle doğal seleksiyon arasında benzerlik kurmaktadır. Oysa bu benzetme, hem doğal seleksiyonun avantaj sağlayan, fonksiyonu olan özelliklerle ve canlı bireylerle alakalı olmasına aykırıdır hem de doğal seleksiyonun bilinçli bir güç gibi ilerde oluşacak avantajları baştan 'hedefi bilerek' koruduğunu söylediği için kendi natüralist anlayışına terstir. Olasılık hesaplarından anlayan herkes bilir ki, bir maymunun 28 defa rastgele tuşlara basmasıyla bir diziyi yazmasının olasılığı, 28 defa tuşa bastığında kaç dizi oluşması muhtemel ise, o kadarda 1'dir. 50 basamaklı bir kasayı rastgele denemelerle açma olasılığı; 10 tane rakam olduğundan 10^{50} tane sayı girilebilir, bunlardan biri kasayı açacağı için olasılık 10^{50}'de 1'dir.

Naturalist-ateist anlayış açısından proteinlerin oluşumuna hiçbir bilinçli güç müdahale etmediğinden, bu anlayışın olasılık sorununu aşmasının hiçbir mantıklı yolu yoktur. Dolayısıyla, alternatif olarak ileri sürülen doğal seleksiyonu; adeta Allah'ın vasıflarını vererek bilinçli, tercihler yapabilen, hedefi bilen bir güce çevirmek sadece bir aldatmacadır. Doğada gerçekten de doğal seleksiyon vardır; kuş gribi tavukların hepsini yok ederse, kartallar serçeleri avlayarak yok ederse bunlar doğal seleksiyon örnekleri olacaktır. Fakat bu; ne kuş gribinin, ne kartalların, ne tavukların, ne de serçelerin nasıl var olduklarının açıklaması değildir. Tavukların bağışıklık sisteminde yarar sağlayan bir proteinin oluşumu veya serçelerin kartaldan korunmasını sağlayan bir vücut yapısının proteinlerinin oluşumu bu canlıların neden doğal seleksiyona uğramadıklarını açıklayabilir. Bu açıklama, bahsedilen proteinlerin neden doğal seleksiyona karşı bahsedilen canlıları koruduklarını açıklayabilir; fakat bu da bu proteinlerin nasıl oluştuğunu açıklamaz, çünkü verilen örneklerden de anlaşılacağı gibi proteinin oluşumu önce, doğal seleksiyona karşı sağladığı yarar ise sonra gelir. Diğer yandan, daha ilk canlı oluşmadan önce, doğal seleksiyonun hiçbir etkisi olmaz; çünkü daha önce de vurgulandığı gibi, doğal seleksiyon canlıların yaşam mücadelesinde oluşur ve çoğalan canlılar için geçerlidir. Bu yüzden, ilk canlı oluşmadan önceki süreçle ilgili olarak doğal seleksiyonlu açıklamalar yapmanın hiçbir tutarlılığı yoktur.

Tasarım delili için ise bir sorun yoktur, çünkü bu delile göre hedefini bilen, bilinçli, olasılıklar arasında istediğini seçen Yaratıcı, evreni ve canlıları tasarlamıştır. Doğal seleksiyon ve tesadüflerin başaramayacağı şeyi, bilinçli ve amaçlarına göre seçimler yapan bir üstün bir Güç başarabilir. Buna göre, olasılık kümesinin bu kadar büyük olması ve bu büyük kümeden işi gören olasılığın gerçekleştirilip, diğer büyük kümenin saf dışı bırakılması tasarımın mükemmelliğini daha da arttırır. Bilinçle tuşlara basan bir kişi Shakespeare'in tüm eserini yazabilir; gerekli kasa şifresini bilen biri de binlerce basamaklı şifreyi rahatlıkla açabilir. Saf dışı bırakılan şıkların çokluğu kompleksliği gösterir, saf dışı bırakılan şıklar ne kadar çoksa, yani olasılık kümesi ne kadar büyükse komplekslik o kadar artar. Komplekslik ne kadar büyükse tasarımın delilleri de o kadar kuvvetli olur. Canlıların bedenindeki proteinlerin ve proteinlerin şifresinin olduğu DNA gibi, moleküllerin kompleks yapılarının keşfi de, bu yüzden tasarım delilinin gücünü kat ve kat artırmıştır.

İLK CANLININ ORTAYA ÇIKIŞI

Önceki kısımlarda yapılan olasılık hesaplarının sadece tek bir protein ile ilgili olduğu unutulmamalıdır. Oysa *E. Coli* gibi çok basit bir tek hücreli canlıda bile yaklaşık 5000 tane protein vardır. Evrim Teorisi'nin, bütün canlıların atası olarak öngördüğü 'hayali en basit canlı organizma'nın yaşaması için gerekli asgari protein sayısı üzerine yapılan son kuramsal ve deneysel çalışmalar, bu sayının 250-400 arasında olduğunu göstermektedir. Bu ise bir tanesinin tesadüfen oluşması matematiksel açıdan olanaksız olan proteinlerden 250-400 tanesinin, aynı zaman biriminde ve aynı noktada (bu nokta ancak mikroskopla görülebilen bir büyüklüktedir) buluşması demektir. Bu da yeterli değildir; canlı, ancak üreyebiliyorsa canlı niteliğine sahiptir. Bu, ilk canlının mutlaka protein sentezleyebilmesini gerektirir. Bu ise DNA gibi proteinlerin şifresini barındıran moleküllerin varlığını gerektirir. Ayrıca, ancak şifreyi hayata geçirecek, yani protein sentezleyebilecek bir mekanizmanın varlığıyla ki, -bunu hücrelerde RNA'lar gerçekleştirmektedir- canlılık mümkün olabilir. Oysa proteinlerin şifresi, proteinin kendisinden daha da komplekstir; yani tesadüfen oluşma olasılığı daha da düşüktür. Ayrıca bu hücre, çoğalma gibi çok kompleks bir işlevi yerine getirmeden –bunun sonucunda oluşacak canlılar da yaşayabilmelidir ve çoğalabilmelidir- de bu yapı canlılık özelliğini kazanmaz. Hücrenin içindeki fonksiyonların yerine gelebilmesi için, hücrenin ve çoğalma sonucu oluşan yeni hücrelerin kontrollü bir şekilde enerji kullanabilmesi ve enerjiye sahip olması da gerekmektedir. Dış ortam ile iç ortamı ayıran hücre-zarı gibi bir yapı da canlılık için şarttır. Sayılan özelliklerin bir tekini bile canlı bir hücreden eksiltemeyeceğimiz ve bu canlı, bunlardan tekinin eksikliğinde var olamayacağı için, 'hayali ilk basit canlı' indirgenemez kompleks bir sistemdir. Biyoloji profesörü Michael Behe, 'indirgenemez kompleks' (*irreducible complex*) sistemi şöyle tarif eder:

"Temel bir işleve katkıda bulunan, hayli uyumlu, etkileşim içinde olan parçalardan oluşmuş ve herhangi bir parçanın çıkarılması durumunda sistemin işlevinin fiilen sona erdiği bir sistemdir. Daha genel bir ifadeyle 'indirgenemez kompleks' bir sistem, birbirleriyle etkileşim içinde olan ve herhangi birinin çıkarılması durumunda sistemin artık çalışmayacağı öğelerden oluşan sistemdir."

'İndirgenemez komplekslik' ile bir sistemin varlığı için birçok aşamanın her birinin mutlaka gerçekleşmesi gerektiği ve bunlarda eksiltmenin mümkün olmadığı ortaya konduğu için; olasılık hesaplaması yapılırken her bir olasılık birbirleriyle çarpılır. Örneğin, en basit canlı örneğinde 250-400 proteinin her birinin oluşma olasılığını, bu proteinlerin şifrelerinin de bu canlıda bulunma olasılığını, canlının protein sentezleyebilme olasılığını, canlının üreyebilme olasılığını, canlının enerji sağlama ve kullanabilme olasılığını; birbirleriyle, eksiltme yapmaksızın çarpmamız gerekir ki, şimdi bu canlıda rastgele bir şekilde tüm bunların oluşabilme olasılığını elde edelim.

Böylesi bir olasılık açmazından kurtulmak için Leslie Orgel gibi sadece RNA'larla başlangıç önerenler (*RNA-World*) olduğu gibi, Freeman Dyson gibi sadece proteinlerle başlangıç önerenler de olmuştur. RNA'lı başlangıcı doğru kabul etsek bile, proteinleri sentezleyecek RNA'ların tesadüfen oluşma olasılığı proteinlerden daha da düşüktür, çünkü her bir amino asidin karşılığı olarak daha kompleks olan nükleotidlerin doğru yerde olması her halükârda gerekecektir; bu olmadan RNA'lar proteinleri oluşturamazlar, bu ise proteinlerden yola çıkılarak gösterilen olasılık sorununun RNA'lar için de geçerli olması demektir. RNA ve DNA'lar, çok kırılgan yapılarıyla hücre dışında ve ilkel atmosferde varlıklarını sürdürmeleri imkânsız olarak gözüken moleküllerdir. Buradaki büyük problem, kendileri zaten yapıtaşı olan nükleotidlerin (RNA ve DNA'ların yapıtaşları) çeşitli parçalardan meydana gelmesi ve bu parçaları oluşturan süreçlerin ise kimyasal anlamda uyuşmamasıdır.

Bir kimyager laboratuvarında malzemeleri ayrı ayrı sentezleyerek, bunları saf hale getirerek ve daha sonra birbirleriyle tepkimeye sokarak nükleotidler elde edebilir; çünkü bilinçli bir şekilde hareket etmektedir. Fakat hiçbir bilince sahip olmayan organik ve inorganik moleküller topluluğundan meydana gelen doğadaki rastgele oluşumlar ve dünyadaki ilkel atmosferden aynısını bekleyemeyiz. Ayrıca, doğada ne proteinlerin olmadığı bir ortamda faaliyet gösteren RNA ve DNA, ne de proteinlerden oluşan ve şifresi olmayan (RNA ve DNA) bir canlı gösterilebilir. Böyle bir canlı olmadığı gibi, laboratuvar ortamında manipülasyonla bile böylesi bir canlılık başlangıcı oluşturulamamaktadır. Dolayısıyla, buradaki en önemli sorun tavuğun mu yumurtadan; yoksa yumurtanın mı tavuktan çıktığı değildir; önemli olan yumurtlama kabiliyetine sahip bir tavuğun bulunup bulunmamasıdır ki, bahsettiğimiz bu tavuk doğanın ta kendisidir.

Üreyemeyen bir canlı türü var olamaz; diğer tüm canlılık özellikleriyle beraber üremenin de baştan var olması gerekir. Proteinler canlıyı canlı yapan faaliyetleri mümkün kılarlar, üreme için ise proteinlerin şifresinin de canlıda var olması ve canlının bu şifreyi kullanarak kendini çoğaltabilme özelliğine sahip olması gerekir. Bir amino asidin şifresi 3 çiftli bir nükleotid dizisiyle kodludur. Var olan 4 tane nükleotid olduğunu düşünürsek bir sıra: 4x4x4=64 farklı şekilde oluşabilir (Bazı amino asitleri birden fazla sıra şifrelemektir). Sonuçta bir amino asidin, canlılarda kullanılan amino asitlerden biri olmasının olasılığı 1/20 iken, bu amino asidin şifresinin doğru oluşma olasılığı olan 1/64 bundan daha düşüktür; fakat kabaca, bir proteinin amino asit diziliminin doğru oluşmasıyla şifresinin oluşma olasılığını aynı kabul edebiliriz.

Örnek olarak, biraz önce ele alınan Serum Albumin gibi 584 amino asitli bir proteini düşünelim. Önceki kısımlarda, bu proteini tesadüfen oluşturmaya bütün evrendeki hammadde ve zamanın yetersiz kaldığını görmüştük. Fakat iş bu kadarla da bitmemektedir. Bu protein gibi 250-400 tanesinin oluşması gerekmektedir; hem de bu 250-400 proteinin hepsi aynı zaman diliminde, aynı noktada buluşmalıdır. Üstelik bu da yetmez; bu 250-400 proteinin bir hücre oluşturacak şekilde uygun olarak birleşmesi ve enerji, beslenme gibi sorunlarını da çözmesi gerekmektedir. Bütün bu olasılıklardan daha da imkânsız olan ise; bu 250-400 proteinin şifresinin bu proteinlerle beraber aynı noktada buluşması ve 'basit tek hücreli canlı'nın üremesinin sağlanmasıdır.

Görüldüğü gibi, en basit canlı olarak kabul edilen, Evrim Teorisi'nin tüm canlıların atası olarak öngördüğü canlıyı bile natüralist-ateist bir anlayışla açıklamaya olanak yoktur. Burada, Evrim teorisi ilk ortaya atıldığında, Olasılık hesabı ve Moleküler biyolojinin günümüzdeki kadar gelişmediğini de vurgulamak gerekir. Aslında doğada bu kadar basit bir canlı yoktur; bilinen en basit tek hücreli canlılar bile binlerce proteine sahiptir. Fakat olasılıklardan gerekli olanlarını bilinçli bir şekilde seçen, kudreti yüksek, amacı belli bir Tasarımcı için, tesadüfen oluşması imkânsız olan olasılıkları gerçekleştirmekte herhangi bir sorun bulunmamaktadır.

CANLILARDAKİ İNDİRGENEMEZ KOMPLEKS YAPILAR

Darwin, eğer küçük değişimlerin birikimiyle oluşmasının mümkün olmadığı herhangi bir organ gösterilebilirse teorisinin çökeceğini söylemişti ve 'doğada atlama olmaz' ilkesine sonuna kadar bağlı kalmıştı. Kitabın 3. bölümünde bu görüşün fosil bulgular açısından sorunlarına değinildi. Darwinizm'in küçük değişimlerle türleşmeyi savunan ana doğrultusunun olasılık sorununu çözmeye, hızlı ve büyük değişimlerle türleşmeyi savunanların ise daha çok fosil sorununu çözmeye ağırlık verdiği vurgulandı. Fakat protein gibi bir hücrede binlercesi olan bir molekülün bile tesadüfen oluşamayacağının anlaşılması, olasılık sorununu çözmeyi ana hedef edinen mikro mutasyoncu ana doğrultunun da bu sorundan kaçamayacağını göstermiştir. Ateist-evrimci çizginin en ünlü ismi olan Richard Dawkins, makro mutasyonlar ile değişimlerin, naturalizmin 'sadece doğanın içinde kalmak' ilkesine ters düşecek sonuçlara götüreceğinin farkındadır. Bu yüzden bütün kompleksliklerin daha yalın şeylerden ufak ufak (Diferansiyel) değişimlerle oluşmuş olması gerektiğini ısrarla savunmaktadır.

Dawkins, insan zihninin saniyeler, dakikalar, yıllar, ya da en fazla birkaç on yıllık süreçleri düşünebildiğini; evrimin yüz binlerce, milyarlarca yıllık yavaş süreçlerini anlamakta zorluk çektiğini söyler. Oysa olasılık hesaplarının sonuçları, bütün uzaydaki madde ve bütün evren zamanı göz önünde bulundurularak hesaplar yapılsa bile en basit proteinin elde edilemeyeceğini ortaya koymaktadır. Fakat sorun bununla da bitmemektedir.

Canlılarda birçok 'indirgenemez kompleks' (*irreducible complexity*) dediğimiz yapılar vardır ki; bu yapılar, Darwin'in ve Dawkins'in zannının aksine 'küçük değişimlerin birikmesiyle' oluşamayacak yapıların bulunduğunu ve bir proteinin oluşumundan çok daha büyük olasılık sorunlarıyla yüz yüze olunduğunu gösterir. İndirgenemez kompleks sistemlere mikroskobik seviyeden bile birçok örnek verilebilir; bunlardan biri tekhücreli canlıların yüzmek için kullandıkları tüycüklerdir (*the cilium*). Bu tüycükler, küreklerin tekneyi hareket ettirmesi gibi, sıvının içinde hücreyi hareket ettirirler. Bu yapıların kompleks detaylarını öğrenmek elektron mikroskobunun bulunmasıyla mümkün olmuştur. Tüycüklerin hareketi için mutlaka mikrotüplerin olması gerekir. Tüycüklerin mikrotüplerinin, sabit ve hareketsiz kalmamaları için bir motora da gereksinimleri vardır. Ayrıca, komşu liflerin hareketi için bağlayıcılara ihtiyaç duyarlar. Bir tüycük diklemesine kesildiğinde ve kesilen kısım elektron mikroskobunda incelendiğinde, çubuk şeklinde 9 ayrı yapı göze çarpar. Bunlar mikrotüplerdir ve 9 mikrotüpten her birinin iç içe geçmiş iki halkadan oluştuğu görülür; tek bir halka 13 tane ayrı telden oluşur, birincisine bağlanan diğer halka ise 10 telden meydana gelmiştir. Kısaca özetlemek gerekirse, bir tüycüğü oluşturan 9 mikrotüp, 13 ayrı halkadan oluşan ve her biri 10 telden meydana gelen yapıların birleşimidir. Tüycükler kayan ipçiklerin oluşturduğu bir mekanizmayla çalışır ve Dynein proteini motor işlevini üstlenir. Neksin proteini sayesinde ise kayma sırasında ayrılma önlenir. Tüycükteki detayların her biri olağanüstü komplekstir ve herhangi bir detayın eksikliği tüycüklerin hareketini imkânsız kılar. Tüycüklerin organizasyonunun karmaşıklığının 200 tane farklı protein içermesi mikroskobik seviyedeki kompleksliği göstermesi açısından önemlidir.

Olasılık açısından bu kadar çok proteinin ve böylesi bir organizasyonun bir kerede çıktığını söylemek mümkün değildir. Diğer yandan bu sistemin bir vidasının eksik olması, sistemin tümünü geçersiz kılacak niteliktedir. Elbette başta indirgenemez kompleks bir sistem olarak gözüken bir yapının, daha sonra bazı eksiltmelerle de bir şekilde fonksiyonunu görebileceği anlaşılabilir. Örneğin, tüycüklerin mevcut 200 proteinli yapılarının aslında 150 proteinle de çalışabileceklerini göstermek belki mümkün olabilir. Fakat her ne yapılırsa yapılsın, tüycüklerin sahip olduğu fonksiyonların ancak birçok proteinle sağlanabileceği ve bu yapının indirgenemez kompleks bir boyutu olduğu bellidir. Eğer tek bir proteinin bile ne kadar kompleks bir yapı olduğunu hatırlarsak, birçok proteinin bir araya gelmesiyle oluşan yapılardaki indirgenemez kompleksliğin önemini daha iyi anlarız. Bir yapının indirgenemez kompleks olması demek; bu yapının sahip olduğu tüm parçalarının tesadüfen oluşma olasılığının, bu yapıların bir araya gelmelerinin ve belli şekilde düzenlenmelerinin tesadüfen olmasının olasılığının hepsinin birbirleriyle çarpılmasının, bu yapının tesadüfen oluşma olasılığını vermesi demektir. Karşımıza çıkan matematiksel sonuç, bir tüycüğün bile tesadüfen oluşmuş olduğuna dair natüralist-ateist bir iddianın, rasyonel bir şekilde savunulmasının mümkün olmadığını gösterir.

Mikro dünyadan canlılardaki indirgenemez kompleksliğe verilebilecek diğer bir örnek ise, bazı bakterilerin yüzmede kullandığı kamçıları olan fragellumdur. Günümüzde, pervane ve motora benzeyen sistemleriyle fragellumun veya tüycüklerin yapısına dair keşiflerin ortaya koyduğu tabloyla karşımıza çıkan kompleksliğin, Darwin'in döneminde en kompleks organlardan biri olarak kabul edilen gözün, o dönemde bilinen yapısından bile daha üst boyutta olduğu söylenebilir. Biyokimyacılar tüycükler ve fragellum gibi görünürde basit olması beklenen mikro dünyanın yapılarını inceledikçe inanılmaz derecede bir karmaşıklıkla karşılaşmışlardır. Bunlar yüzlerce ayrı parçadan oluşmaktadır. Bunların indirgenemez kompleks yapıları, buyapıların yavaş yavaş evrimleşmesine ve doğal seleksiyonun bu süreçte bir mekanizma olarak işlemesine izin vermez. Çünkü daha önce de vurgulandığı gibi, doğal seleksiyon sadece yaşam mücadelesindeki canlılarda gözlenebilir. Oysa, bu yapılar daha basit parçalara bölündüklerinde işlevlerini yerine getiremezler ve yaşanmasını mümkün kılacakları canlıyı var edemezler.

Naturalist-ateist bir anlayışla böylesi yapıların nasıl oluştuğunun mantıklı bir açıklamasını yapmak olanaksızdır. İndirgenemez kompleksliğin önemi, Yeni-Darwincilerin ısrarla savunduğu küçük aşamalı (mikro mutasyonlu) evrim sürecinin olmasının imkânsızlığını göstermesidir. Göz, kanat, beyin gibi organlara nazaran çok basit mikroskobik bir yapı olan fragellumu meydana getiren 50 proteinli yapının, bırakın proteinlerinin olasılık olarak oluşma ve buluşma ihtimalini; sırf E. Coli gibi 4289 proteinli mikroskobik bir canlıda bile bu 50 proteinin tam olarak yerinde vazifesini görmesini, tüm uzaydaki hammadde ve evren zamanı ile açıklayamayız. Komplekslik ve olasılık ters orantılıdır; bir yapı daha kompleks oldukça tesadüfen oluşma olasılığı daha çok azalır. Bu yüzden tüycük ve fragellum yapılarının tesadüfen oluşma olasılığının imkânsızlığın gösterilmesi sadece bu yapılarla alakalı bir sonuç olarak anlaşılmamalıdır; doğada var olan bunun gibi birçok kompleks yapının yanında mikroskobik bu yapılar çok basit kalacaktır.

Doğadaki çok daha karmaşık yapıların tesadüfen, naturalizmin öngördüğü şekilde oluşmuş olmasının imkânsızlığının; daha basit yapıların bile tesadüfen oluşmasının imkânsız olmasından çok rahatça anlaşılmasıgerekir. Bilinçli ve kudretli bir Tasarımcı'nın en önemli özelliği istediği olasılığı seçmesi, istediklerini dışarıda bırakmasıdır; rakip olasılıklar arasından birini gerçekleştirirken, devre dışı bırakılan olasılıklar ne kadar çoksa, ortaya çıkan ürünün tesadüf (şans) olarak değerlendirilmesi o kadar zordur. Dolayısıyla, milyarlarca canlı türünün birçok özelliğinde hep düşük olasılıklar seçildiğinden, canlılar dünyası tasarım delili için çok zengin bir kaynaktır.

KOMPLEKS YAPILARIN DEFALARCA OLUŞMASI

Darwin ile Huxley ve Haeckel gibi çağdaşlarının, hücreyi 'basit ve homojen bir karbon birikintisi' olarak gören yaklaşımları, özellikle elektron mikroskobunun hücredeki gizem perdesini aralamasıyla derinden sarsılmıştır. Bu kadar mikro seviyede bile, olasılık açısından aşılması imkânsız yapılarla ve bu yapıların tek birinin bile eksiltilemeyeceği indirgenemez kompleks sistemlerle karşılaşıldı. Komplekslik ile olasılık arasındaki bağlantıya daha önce verdiğimiz kasa kilidi örnek olarak verilebilir. Kasa kilidinde ne kadar çok olanak oluşturulması mümkün ise kasa kilidi o kadar komplekstir; kasa kilidi kompleksleştikçe bu olanakların içinde yapılacak rastgele denemelerle kasayı açmak zorlaşacaktır. Bu da komplekslikle olasılık arasında ters orantı olduğunu gösterir; komplekslik arttıkça olasılık düşer. Eğer bir hedefe birçok kasanın kapısını açarak giriyorsak, o zaman durum 'indirgenemez kompleksliğe' benzer ve kasaların kilidinin teker teker komplekslikleri kadar, her birinin açılmasının hedefe ulaşmak için zorunlu olması da olasılığı düşürür. Fakat bu olasılık hesapları şifreyi bilmeden rastgele giriş yapanlar içindir. Şifreyi oluşturan 'zeki bir fail' için ise bu olasılık hesaplarının bir önemi yoktur.

Eğer makro seviyedeki organları düşünürsek, bahsedilen olasılıklar daha da imkânsızlaşacaktır. Örneğin, gözün yapısının nasıl oluştuğu ile ilgili birçok tartışma yapılmıştır, gözün kemiksiz bir dokuya sahip olması ve geride fosil bırakmaması bu tartışmaların tamamen spekülatif düzeyde olmasının sebeplerinden biridir. Natüralist-ateist evrimciler, gözün mutlaka aşama aşama oluştuğu konusunda ısrar ederek karmaşık göz yapılarını daha basit göz yapılarına indirgeyerek sorunu basitleştirmeye çalışmaktadırlar. En basitleştirilmiş haliyle bile görme olayı, az önce örnek olarak değinilen tüycüklerden ve fragellumdan çok daha komplekstir. Örneğin, bir sineğin ya da karınca veya bir arının gözü yüzlerce küçük parçanın birleşmesiyle oluşmuştur. Görme olayını ne kadar basite indirgersek indirgeyelim, bir hücrenin ışık fotonlarına karşı duyarlı olması, daha sonra bu hücrenin algıladığı ışığın beyin gibi bir merkeze yollanarak değerlendirilmesi gibi çok kompleks işlemler ki -bunların bütün ayrıntıları hâlâ bilinmemektedir. Beyin olmadan görme olayından bahsedemeyiz. Bu yüzden var olan gözleri basitten karmaşığa doğru dizmemiz mümkün olsa bile, görmenin 'indirgenemez kompleks' bir bölümü yine de olacaktır. Darwin, göz gibi yapıların teorisi açısından önemli sorunlar çıkartabileceğini görmüş ve şöyle demiştir:

"Gözün, farklı uzaklıklara göre odaklanması, değişik ışık yoğunluklarının girişini ayarlaması, küresel ve renksel sapmaları düzeltmesinin doğal seleksiyon ile oluştuğunu düşünmenin en üst derecede saçma göründüğünü itiraf etmeliyim. Yine de mükemmel ve karmaşık bir göze, çok basit ve mükemmel olmayan bir gözden yükselen aşamalardaki her bir aşama kullanıcıya yarar sağlıyorsa, bunun olabileceğini mantığım bana söylüyor."

Oysa o dönemin tam oalrak gelişmemiş bilimsel ortamında Darwin, mikro seviyedeki kompleksliğin boyutlarından habersizdi. Ayrıca ilerleyen zamanlarda, kendi teorisinin en ateşli savunucularının bile, canlılardaki gözlerin, 40-60 defa, birbirlerinden ayrı olarak evrimleşmiş olması gerektiğini kabul etmek zorunda kalacaklarını bilmiyordu. Bu ise günümüze gelindiğinde, gözün nasıl 'evrimleştiği' ile ilgili sorunun çözülmek bir yana, daha da büyüdüğünü göstermiştir. Bunun sebebi İKİ temel maddeye indirgenebilir.

Birincisi, Naturalist-ateist anlayış, göz gibi 'zahiren' kompleks organların mikro seviyedeki basit oluşumların sonucu olduğunu düşünüyordu. Oysa ortaya çıkan sonuç bu beklentiye o kadar zıttır ki, mikro seviyede karmaşık düzenin yanında, gözün zahiren (Dış görünüşe bağlı, kabataslak) kompleks olan yapısı bile çok basit kalmaktadır. Herhangi bir canlının gözü, mikro seviyedeki yapısıyla beraber ele alındığında o kadar komplekstir ki, sırf tek canlının gözünü ayrıntılı olarak ele almak için bile bu kitabın hacminden daha fazla bir bilgiye gerek vardır (isteyen bir göz doktoruna, en küçük canlılardaki göz yapısını inceleterek onaylatabilir).

İkincisi, Darwin'in döneminde, görmenin sadece bir kez evrimleştiği açıklanabilse, bütün canlılardaki görmenin rahatlıkla açıklanabileceğine inanılıyordu. Fakat, günümüzde, türlerin sayısının milyonlarla ifade edilmesi, canlılardaki çeşitliliğin ve embriyo aşamasındaki farklı gelişmeler gibi fenomenlerin incelenmesi sonucunda; evrimci bir yaklaşımla canlılardaki görmeyi açıklayanlar bile, en az 40-60 defa gözün evrimleşmiş olması gerektiğini kabul ediyorlar. Örneğin, ahtapotlar ile insanların gözleri çok büyük bir benzerlik gösterir, ama Evrim Teorisi'ne göre ahtapotlar ve insanlar ortak bir atadan bu göz yapısını almamışlardır; yani ahtapotun ve insanın böylesine karmaşık göz yapıları birbirlerinden bağımsız 'evrimleşmiş' olsa da bu kadar benzerdir. Olasılık hesapları açısından tekinin oluşması bile imkânsız olan proteinlerden birçoğu da en basit görme işlevinin gerçekleşmesini sağlar. En basit görme işlevinde bile indirgenemez kompleks bir yapı olacağı için; birçok proteinin aynı zaman diliminde, aynı noktada, aynı canlının bedeninde buluşması herhangi bir görme işlevi için gereklidir (göz gibi yapılar 'birikimli komplekslik'le açıklanamaz).

Böylesi bir olasılığın tesadüfen bir kez oluştuğunu kabul etmek bile imkânsızken, natüralist-ateist Evrim Teorisi'ne inanılması için, sırf görme olayı için böylesi bir olasılığın 40-60 kez gerçekleştiğinin kabul edilmesi gerekir! Dolayısıyla, naturalist-ateist Evrim Teorisi'nin en büyük açmazlarından biri buradadır ve bu husus hak ettiği ilgiyi çekmemiştir. Proteinlerin, en basit canlının ve indirgenemez kompleksliğin tesadüfen ortaya çıkmasının olanaksızlığı daha çok vurgulanmış ve 'naturalist-ateist bir Evrim Teorisi anlayışı'nın yanlışlaması daha çok bu hususlar üzerinden yapılmıştır. Fakat, kompleks yapıların defalarca oluşması da bunlar kadar önemlidir. Evrim Teorisi'ni savunanların göz ve kanat gibi kompleks organların ortaya çıkış adetleriyle ilgili kabul ettikleri sayıları kabul etsek bile; bunların naturalist bir anlayışla açıklanması imkânsızdır. Üstelik Kambriyen Patlaması'ndan sonra -600 milyon yıldan kısa bir süredetüm bunların yeryüzünde göründüğünü hatırlarsak, olasılık hesapları açısından olanaksızlığın daha da çok olanaksızlaştığını rahatlıkla anlarız.

Göz gibi çok üst seviyede kompleks yapılar, daha önceden mikro seviyede incelediğimiz kompleks yapıların birçoğunun bir araya gelmesiyle oluşmuştur. Bu yüzden bu tip yapılardaki kompleksliktan bahsedildiğinde, mikro seviyedeki komplekskliklerin birçoğunun bir araya geldiği bir kompleksikten bahsedildiğini göz önünde bulundurmalıyız. Ayrıca en az 40-60 defa evrimleştiği iddia edilen göz yapılarının kartaldan, insandan, böceklerden, binlerce gözlü trilobitlere kadar on binlerce türde; canlıların ihtiyaçlarına cevap verecek özel yapılarda olduğu da unutulmamalıdır. Tüm araştırmalara rağmen, hiçbir canlının midesinde kalmış olduğu için veya beyniyle bağlantısı olmadığı için, gören gözünün dışında var olan bir gözü gösterilememektedir. Darvinci doğal seleksiyon, gözü görmeyen bir canlının gören bir canlının karşısında hayat mücadelesinde yetersiz kalıp yok olacağını açıklayabilir. İşte bu tip bir fikri savunan bir evrimci için; gözsüz bir göz veya gözlüksüz bir pencere gereklidir! Fakat gören canlıların, neden vücutlarının içinde işe yaramayan gözlerinin olmadığı -on binlerce canlının bir kısmından en azından birisinde bile olsa- doğal seleksiyonla açıklanamaz.

Lamarck'ın kullanılmayan organların köreldiğini açıklayan mekanizması; kullanılmayan, fonksiyonsuz bir gözün neden yok olduğunu açıklayabilirdi. Ama modern genetik açısından Lamarckçı bu yaklaşım yanlıştır; zira üreme hücreleri, sonradan olan değişikliklerden ve kullanılıp kullanılmama gibi durumlardan etkilenmez. Bu kadar kompleks bir organın, en az 40-60 defa oluşmuş olması, bütün canlılarda fonksiyonsuz bir göze rastlanmaması, on binlerce türün ihtiyaçlarına mükemmel şekilde cevap veren gözlere sahip olmaları; tesadüfçü bir Evrim Teorisi anlayışı açısından aşılması imkânsız sorunlardır. Göz gibi üst seviyede kompleks olup da Evrim Teorisi tarafından bile defalarca ortaya çıktığı kabul edilmek zorunda olan birçok canlı özelliği vardır. Fosillerle ilgili bölümde değinilen bu özelliklerden biri de uçmadır. Evrimcilerin iddiasına göre, canlılarda uçma özelliği en az dört kez ortaya çıkmıştır.

Darwin'in, küçük değişimlerin birikimiyle oluşumunun mümkün olmadığı herhangi bir organ gösterilirse teorisinin çökeceği sözünü ve 'doğada atlama olmaz' ilkesine sadakatini hatırlayalım. İşte, kuşların uçmasını sağlayan kanatların özel tüy yapıları ile bu meydan okumaya karşı bir cevap ve meydan okumadır ki, bu kompleks yapının 'birikimli komplekslik'le (indirgenemez kompleksliğin alternatifi) açıklanması mümkün olamamıştır. Oysa kuşların uçması sadece bu tüylerin neticesi değildir; ilerki bölümlerde daha detaylı değinileceği gibi; kuşların akciğer yapısından, kalplerinden, beyinlerindeki kontrol mekanizmasına kadar birçok yapılarının uçmaya uyumlu olması da gerekir. Böylesi büyük değişimler gerektiren uçmanın, bir kez bile tesadüfen ortaya çıkmasının mümkün olmadığı düşünüldüğünde, evrimci kabullere uygun olarak, birbirlerinden bağımsız bir şekilde bu özelliğin dört kez oluştuğunu tesadüfler çerçevesinde savunmak hiç mümkün değildir. Farklı canlılarda birbirlerinden bağımsız olarak (ortak atadan alınmadan) oluşmuş bu tip özelliklere evrimciler 'daralan evrim' (*convergent evolution*) demektedirler. Uçma özelliğinin birbirlerinden bağımsız olarak Kuşlarda, Memelilerde (yarasa gibi), Böceklerde ve Pterosaurs'da (yok olan bir sürüngen türü) ortaya çıktığını söylemek elbette Evrim Teorisi'nin natüralist savunmasını yapanların da arzu ettiği bir durum değildir. Fakat, örneğin böceklerdeki uçma ile kuşlardaki uçmanın, birbirleriyle ortak ata yoluyla ilişkisinin kurulması imkânsız olduğu için böylesi bir kabule mecbur kalınmıştır. Yoksa uçmanın dört kez ortaya çıktığı iddiası da ne gözlemlere, ne de fosillere dayanır.

Yakın bir zamanda, Aralık 2006'da bulunan ve sincaba benzeyen memeli fosili, memelilerde uçmanın yarasayla başladığının zannedildiği dönem olan 50 milyon yıl öncesinden 80 milyon yıl kadar önceye aittir. Ayrıca diğer uçabilen canlılara nazaran daha basit bir tarzda olsa da, bazı balıkların da yüzgeçlerini kullanarak uçtuklarını (*Exocoetidae-Flying fishes*) hatırlayalım. Evrim Teorisi'ni savunanların, uçmayı dört kez ortaya çıkan bir fenomen olarak gösterip mümkün olan en basit duruma indirgeme teşebbüsleri bile başarısızdır. Fakat bir an için uçmanın sadece dört kez ortaya çıktığını kabul etsek bile; bu uçuşları sadece bir kere bile açıklamayı beceremeyen naturalist-ateist yaklaşımı açmaza sokmak için, bu dört kere dört yeter de artar bile..

FARKLI CANLILARDA AYNI ÖZELLİKLER: SONAR SİSTEMİ ÖRNEĞİ

Evrim Teorisi'nin en önemli özelliklerinden biri de benzer canlıları ortak ataya başvurarak açıklamaya kalkmasıdır. Oysa, çok farklı canlılarda aynı özelliklerin ortaya çıkması, pekâlâ ortak atadan miras alınmadan da benzer yapıların oluşabileceğini gösterir. Görmenin 40-60 defa ortaya çıkması demek, ortak atadan miras alınmadan bu özelliğin defalarca oluşması demektir. Elbette ki, natüralist bir Evrim Teorisi'ni savunanlar her bir özelliğin sadece bir kez evrimleştiği bir evrim modelini tercih ederlerdi. Fakat, canlılardaki çeşitlilik buna olanak tanımaz; örneğin az önce ele alınan uçma örneğindeki böcekler ve kuşlar birbirleriyle o kadar alakasızdır ki, Evrim Teorisi'ni savunanlar bile bu iki farklı canlı sınıfının uçma özelliklerini ortak atayla açıklamaya kalkmazlar. Aslında burada, Evrim Teorisi'nin savunucuları kendi rakip teorileri olan türlerin bağımsız yaratılışına yaklaşmış oluyorlar. Türlerin bağımsız yaratılışını savunanlar benzer canlılardaki aynı özellikleri ortak ataya başvurmadan açıklarlar. Görme ve uçma örneklerinde görüldüğü gibi, Evrim Teorisi'ni savunanlar da, bu özellikleri tek bir ortak atadan mirasla açıklayamamakta, birçok kez bu özelliklerin bağımsız olarak oluştuğunu kabul etmek zorunda kalmaktadırlar.

Burada haklı olarak şu soruyu sormak gerekir: Eğer farklı sınıflardaki canlıların aynı özelliklerin birbirlerinden bağımsız olarak oluştuğunu hiç kimse inkâr edemiyorsa ve eğer canlılarda böyle birçok özellik varsa; neden aynı cinse ve yakın türlere ait canlılardaki benzer özelliklerin mutlaka ortak ata yoluyla oluştuğuna dair zorlamalı bir görüş hiçbir deneysel ve gözlemsel veriye sahip olunmamasına rağmen savunulmaktadır? Somut örnek olarak ise şu sorulabilir: Eğer leylekteki ve sinekteki uçmanın birbirlerinden bağımsız oluşan bir süreçte oluştuğunu herkes kabul ediyorsa, neden leylekle kartalın uçması ortak atadan alınan mirasla açıklanmak zorundadır?

Aslında bir naturalist/ateist için bunun sebebi açıkça bellidir. Canlılarda görme ve uçma gibi özelliklerin ne kadar kompleks olduğu anlaşıldıktan sonra bunların birbirlerinden bağımsız olarak on binlerce kez oluştuğunu kabul etmek imkânsızdır; bir naturalist-ateist bu iddianın tasarım delilini kabul etmek ve natüralizm ile ateizmden vazgeçmek olacağının farkındadır. Fakat olasılık hesapları açısından, bir kez bile ortaya çıkması imkânsız olan bu özelliklerin, evrimcilerin kabul ettiği minimum defada ortaya çıkması da tamamen imkânsızdır. Bu da gösteriyor ki, natüralist-ateist çizgideki görüş hiçbir şekilde olasılık sorununu aşamamakta ve canlılar dünyasında defalarca ortaya çıkan çok üst seviyedeki kompleks özellikler tasarım deliline çok büyük destek sağlamaktadır.

Çok farklı canlılardaki benzer özellikleri anlatmaya elbette ki bu kitabın sınırlı hacmi yetmez. Ama konunun önemi açısından birkaç örneğe daha kısaca değinebiliriz:

Verilebilecek iyi bir örnek canlılardaki sonar teknolojisidir; Richard Dawkins, iki yarasa grubunun, iki kuş grubunun, dişi balinaların ve daha alt bir düzeyde birkaç memelinin birbirlerinden bağımsız olarak bu teknolojiyi bulduklarını söyler. Sonar teknolojisi çok kompleks bir teknolojidir, canlılarda bu teknolojinin en basit şekliyle ortaya çıkmasının, binlerce proteinden çok daha fazlasını gerektirdiği ve indirgenemez kompleks özelliklere örnek olarak ele alınan tüycüklerden, sonar ile ilgili beden yapılarının kat kat daha üst seviyede kompleks olduğunu göz önünde bulundurarak bu özelliğin birbirinden bağımsız şekilde birçok kez ortaya çıktığını hatırlayalım. Yarasalar gece avlanırlar ve ışığın olmadığı ortamda avlanmalarını sonar teknolojisi ile gerçekleştirirler. Saniyede defalarca yaydıkları ses dalgalarıyla, etraflarındaki canlı, cansız her şeyin ayrıntılı bilgisini; beyinlerinde bu dalgaların yankılarını çözümlemek suretiyle elde ederler. Avlayacakları hayvanın yönünü belirlemek için sağ ve sol kulaklarını birbirlerinden bağımsız olarak kullanırlar. Ses dalgasının aldığı yol, kulaklardan her biri için farklıdır ve yarasa bu çok ufak farkı tam olarak hesaplar; söz konusu fark saniyenin birkaç yüz milyonda biridir. Yarasa bu hesapla avın yönünü tam olarak belirler. Yarasanın zikzak uçuşlar yaparken, yankıyla gelen bilgilerle, sürekli değişen kendi konumunu ve avının değişen konumunu hesaplayarak hareket ettiğini göz önünde bulundurursak, ne kadar kompleks bir işlevin söz konusu olduğunu anlayabiliriz.

Yarasa, yer değiştiren canlıların kimliğini ses dalgalarının dalga boylarını değerlendirerek (Doppler etkisiyle) tespit eder ve bu değerlendirmeye, karşısındakinin iştah açıcı bir kelebek mi, yoksa kaçınılması gerekli bir yırtıcı kuş mu olduğu da dahildir. Beyinlerinde saniyede 200 yankıyı değerlendirmek suretiyle avlarını yüksek bir hızda uçarken avlarlar ve duruma göre farklı ses dalgaları yayarlar. Kabul etmek gerektir ki, Klasik Fizik bilimi açısından düşünsek bile böylesi bir sistem için çok yüksek matematik ve fizik bilgisi, bedeni yankıları değerlendirerek kontrol edebilen bir kontrol ve karşılaştırma sistemi içeren bir beyin, dalgaları yaymayı ve algılamayı sağlayan özel hassas radar sistemleri, bu maharetlere uygun kıvraklık ve beceriyle hareket edebilen aerodinamik bir beden gerekir.

Elbette ki, tüm bunların bir canlı bedeninde buluşabilmesi mikro seviyeden makro seviyeye büyük düzenlemeler gerektirir. Sadece, hareketli bir böceği avlamak için, yarasanın, hareket halindeki böcekten geri dönen dalgaları hesaplaması konusunu ele alsak bile karşımızda mükemmel bir tasarım harikası olduğunu anlarız. Bir tek yarasada bile ortaya çıkması imkânsız sonar sistemi başka canlılarda da vardır; örneğin, yunus bunlardan biridir. Hiç kimse birbirleriyle bu kadar alakasız iki memelinin, bu özelliği aynı ortak atadan aldığını iddia edemeyeceğinden, sonar sisteminin bu canlılarda birbirinden bağımsız olarak oluştuğuna hiç kimse itiraz edemez.

Dawkins'in bu bağımsız oluşmaya değinmesi, bu durumdan çok hoşlandığından değil; fakat başka bir çarenin olmadığını bilmesindendir. Yunuslar da yarasalar gibi ses dalgaları gönderirler ve bu dalgaların yankılarını beyinlerinde çözümleyerek etraflarındaki cisimler ve avları hakkında ayrıntılı bilgi elde ederler. Böylesi bir hesap için, hem hareket halinde sürekli kendi değişen konumlarını hem de avlarının sürekli değişen konumlarını hesaplamaları gerekir. Aynı yarasalarda olduğu gibi yunuslarda da bu sistem için yüksek matematik bilgisi, bedeni yankıları değerlendirerek kontrol eden bir beyin, dalgaları yaymayı ve algılamayı sağlayan özel hassas sistemler ve bu maharetlere uygun kıvraklık ve beceriyle hareket edebilen bir beden gerekir. Kendi yapısındaki komplekslikten haberi bile olmayan bir canlının, kendisinden binlerce kat fazla bilgi içeriği olan yapıları kontrol etmesi ve ona göre hareket etmesi ise imkansızdır. Böylesi bir özelliğin oluşması için mikro seviyedeki binlerce proteinden, makro seviyedeki çok kompleks düzenlemelere kadar birbiriyle uyumlu birçok fenomenin bir araya gelmesi gerekir.

Yarasalar ve yunuslar dışında başka canlılarda da sonar sistemi vardır. Dawkins, yağkuşu ve mağara sağanının benzer sistemleri birbirlerinden bağımsız olarak geliştirdiklerini söyler ve bundan kendi naturalist-ateist yaklaşımına aykırı bir sonuç çıkarılmaması için şu yorumu yapar:

"Bundan çıkaracağımız sonuç, yankıyla yön bulma teknolojisinin tıpkı İngiliz, Amerikalı ve Alman bilim insanlarınca birbirlerinden bağımsız olarak geliştirilmesi gibi, yarasalarda ve kuşlarda birbirlerinden bağımsız olarak keşfedilmiş olduğudur."

Dawkins'in bu analojisi gerçeği saptırmaktan ibarettir. Hayvanların genetiklerinde belli özelliklerin kodlu olması ile insanların belli bilgileri elde etmesi çok farklıdır. Bahsedilen tüm canlıların sonar sistemleri genlerinde kodludur ve tüm bu canlılar doğuştan bu yeteneğe sahiptirler. Dolayısıyla, insanlar gibi büyük bir süreci gerektiren bağımsız bir eğitimle kazanmış değillerdir. Olasılık hesapları açısından, bu özelliğin birbirlerinden bağımsız olarak defalarca ortaya çıkması imkânsızdır; hiçbir 'aldatıcı benzetme' bu gerçeği değiştiremez. Bahsedilen bilim insanları, ortak bilimsel birikimi kullanarak ve kendi 'bilinçleriyle', yani eğitim sonucunda aldıkları bilgilerle ve büyük bir bilimsel altyapıyla sonar teknolojisini bulmuşlardır, tesadüfi olarak buldukları söylenemez; üstelik bu bilim insanlarının çocukları dâhil hiçbir insan doğuştan bu yeteneğe sahip değildir!

Naturalist-ateist iddia, bu yeteneğin sadece doğa yasaları (doğal seleksiyon gibi) ve tesadüfler çerçevesinde oluştuğudur; fakat bu süreç ise tamamen bilinçsizdir. Bahsedilen bilim insanlarının buluşlarıysa bilincin, aynı bilinçli bir tasarımın ürünüdür.

FARKLI CANLILARDA AYNI ÖZELLİKLERE DİĞER BİR ÖRNEK: GÜNEŞ İLE YÖN BULMA VE IŞIK ÜRETME

Birbirlerinden farklı sınıf, takım veya familyalardaki canlılarda aynı özellikler görülmekte olduğunu ve evrimcilerin bile bu özelliklerin birbirlerinden bağımsız olarak oluştuğunu kabul etmek zorunda kalmakta olduklarını söylemiştik. Oysa bu, naturalist-ateist evrimci anlayışı içinden çıkılması imkânsız bir olasılık sorunu ile karşı karşıya getirmektedir. Buraya kadar örnek olarak görme, uçma ve sonar sistemi ele alınarak bu özelliklerin önemi vurgulandı. Canlılardaki çeşitlilik, bu çok önemli konu için binlerce örnek sunmaktadır. Bu kitabın tasarlanan hacminin boyutları, bu konunun detaylı olarak ele alınması için çok dar olduğundan, kısaca birkaç örnek daha vererek başka bir bölüme geçeceğiz. Birbirlerinden farklı canlıların Güneş'i veya yeryüzündeki manyetik alanı kullanarak çok uzun seyahatler etmeleri de buna örnektir. Kuşlardan, böceklerden balıklara kadar farklı birçok canlı türü bu yöntemleri kullanır. Güneş'e bakarak yön bulan canlılar için birçok sorun vardır; Güneş'in sürekli yer değiştirmesinden kapalı havalarda gözükmemesine kadar bu sorunlar değişir. Bazı göçmen kuşlar ve karınca türleri, kapalı havalarda, gökyüzünde mavi ışığın polarize olmasından faydalanarak Güneş'in yerini belirlerler. Oysa, bizim böylesi bir yön bulma yöntemini keşfedebilmemiz elektromanyetik dalgaları keşfetmemizle henüz yakın bir geçmişte mümkün olmuştur. Tesadüfen bir kez bile oluşması imkânsız böyle bir özellik doğada birçok kez kendini gösterir. Matematiksel hesapta ufak bir yanılgı bile Güneş'in yer değiştirmesini ve ışığın polarize olmasını hesaplayarak yön bulmayı imkânsız kılar. Yani, böylesi bir özellik ancak mükemmel olunca işe yarar ki, bu da bu özelliğin indirgenemez kompleks yapısını kendiliğinden gösterir. Şöyle ki: Birincisi, bu özellik mükemmel olmadan hiçbir işe yarayamayacağı için, doğal seleksiyonun devreye girdiği ve 'birikimli kompleksliğin' oluşumunu sağladığı söylenemez; doğal seleksiyon ancak işlevi olan yapılarla ilgili bir mekanizmadır. İkincisi ise, 'evrimci soy ağacı'nda alakasız yerlerde olan kuşlar ve karıncalar gibi canlıların sahip oldukları bu özelliğe, birbirlerinden evrimleşerek sahip olduklarını Evrim Teorisi'ne göre bile söylemek mümkün değildir. Sonuçta, böylesi bir özelliğin bağımsız olarak defalarca doğada çıkmasını tesadüflerle açıklamanın olanağı yoktur. Birbirlerinden farklı canlıların sahip oldukları sayısız hayret verici özellikten biri ise ışık üretimidir. Bu teknolojiyi derin denizde yaşayan balıklardan, deniz analarından, ateş pirelerinden, bazı mantar türlerinden, bazı kurtçuklardan, ateş böceklerine kadar birçok canlı türü kullanmaktadır. 'Evrimci soy ağacı'nda bu canlılar birbirleriyle alakasız yerlerde olduklarından; Evrim Teorisi'ne göre de bu canlılardaki ışık üretme özelliğinin birbirlerinden bağımsız olarak ortaya çıkmış olması gerekir. Bunun tesadüfen olması da, daha önceki örneklerde defalarca vurgulandığı gibi olasılık açısından imkânsızdır. Özellikle denizlerde, bu özelliği birçok canlı kullanarak; karanlık denizaltı ortamında aydınlanma ve ışık kaynağı sağlamaktadır. Fener balığı gibi bazı türler, ışıklı uzantı şeklindeki uzuvları ile avlarını çekerken; deniz ejderhaları, kırmızı ışık yayarak avlanır. Işık üretimini canlılar; eş çekmek, aydınlanma, avlanma, saldırganı korkutma gibi farklı amaçlar için kullanırlar. İnsanların, bu özelliğiyle tanıdığı canlıların başında ateş böcekleri gelmektedir. Ateş böcekleri bir tür soğuk ışık üreterek; ısı enerjisini ışık enerjisine çevirerek; kayıp vermeden çok verimli bir tarzda bu işi gerçekleştirirler. Normal ampullerde enerjinin %4'ü ışığa dönüşür, daha verimli floresanlarda ise bu oran %10'a ulaşır. Ateş böceklerinde ise bu oran çok daha yüksektir. Ateş böcekleri birçok kompleks kimyasal süreçle elde ettikleri bu özelliği, çiftleşme dahil birçok işte kullanırlar. İnsanların elektriği, uzun yılların bilimsel birikimi, araç gereçler ve bilinçle bulduklarını ve ürettiklerini düşünürsek; birçok canlının doğuştan bu özelliğe sahip olmasındaki harikulâdeliği daha iyi kavrayabiliriz. Yüzeysel bir bakışla bile çok mükemmel olan bu özelliğin, varlığını mümkün kılan mikro seviyelerdeki düzenlemeleri incelersek karmaşıklığın boyutlarının zahiren gözükenin de üstünde olduğu anlaşılır. Böyle kompleks özelliklerin defalarca oluşumunun en iyi açıklaması tasarım delili ile apılmakta, natüralist-ateist anlayış farklı canlılarda ortaya çıkan bu ortak özellikleri açıklamayamamaktadır.

CANLILARDA BESLENME VE KORUNMA

Canlılar dünyasındaki olgular tasarım delili için zengin bir kaynaktır, her bir canlı kendine özel beden yapısı ve davranışlarıyla bu delile katkıda bulunur. Ayrıca canlıların birbirleriyle ilişkileri de önemlidir, çünkü bununla ilgili fenomenlerin incelenmesiyle; canlıların, beraber yaşayacakları diğer canlıları bilen bir Güç'ün tasarımları olduğu anlaşılır. Beslenme, korunma ve ortak yaşam fenomenlerinin irdelenmesiyle; türlerin, diğer türlerle ilişkilerinden doğan çok önemli olgular tasarım delili için kullanılabilir; üreme ile ilgili fenomenlerin irdelenmesiyle ise tür içindeki farklı cinsiyetlerin birbirlerine uygunlukları tasarım delili için kullanılabilir. Bu her bir başlıkla ilgili o kadar çok örnek vardır ki, her bir başlığı tüm ayrıntılarıyla ele almaya müstakil birer ansiklopedi bile dar gelir. Canlıların, diğer canlı türleriyle beslenmesi ve kendilerini avlayan türlere karşı korunmaları, türlerin diğer türlerle ilişkilerinin birer parçasıdır. Örümceğin ağla avlanmasından, etçil bitkilerin böcekleri tuzaklarına düşürmesine kadar; canlıların, diğer canlı türlerini avlayarak beslenmeleri büyük bir çeşitlilik gösterir. Bunun için, bu canlıların avlanma yöntemleri ve avlarını sindirecek sistemleri muhtemel avlarına uygun yapıdadır. Birçok canlıda olan kamuflaj yapma yeteneğinden, kimi ağaçların kimyasal maddeler yayarak böceklerden korunmalarına kadar; canlıların, kendilerini avlamaya çalışan veya zarar verecek türlerden korunmalarını sağlayan özellikleri de büyük çeşitlilik gösterir. Bu özellikler ise, muhtemel düşmanlara uygun tasarımdadır. Naturalist-ateist yaklaşımı savunanlar, canlıların, diğer canlılarla beslenmelerini ve muhtemel düşmanlardan korunmalarını sağlayan özellikleri sayesinde yaşam mücadelesinde var olduklarını, doğal seleksiyona karşı direndiklerini, bu yüzden bu özelliklere şaşırmamız gerektiğini söylerler. Türlerin beslenecek ve korunacak özelliklere sahip olmadan yaşamlarını birkaç nesil bile sürdüremeyecekleri, yani doğal seleksiyona uğrayacakları doğrudur. Fakat kitabın 3. bölümünde vurgulandığı gibi doğal seleksiyonun varlığı, türlerin ve türlerin özelliklerinin nasıl var olduğunun açıklaması olamaz. Doğal seleksiyonun etkili olabilmesi için önce türlerin oluşması gerekir. Türlerin özellikleri, kendilerine fayda sağlayacak şekilde olduğunda, örneğin örümcek ağ üretmeyle ilgili kimyasal süreçleri ve tüm detayları tam olarak gerçekleştirebildiğinde, bu özelliği kendisine doğal seleksiyon sürecine karşı fayda sağlar; bundan önceki bir doğal seleksiyon süreci bu tip özelliklerin açıklaması olamaz. Canlıların bahsedilen özelliklerinin her biri olasılık hesapları açısından 'tedadüfen' oluşması mümkün olmayan birçok proteinin varlığını gerektirir ve indirgenemez kompleks yapılar da bu özelliklerin içinde mevcuttur. Ayrıca bu özelliklerin kamuflaj gibi bazıları, birbirlerinden çok farklı canlılarda gözükmektedir; bunlar ise aynı kompleks özelliklerin birbirlerinden bağımsız oluşmasının naturalist/ateist yaklaşıma çıkardığı, daha önce bahsettiğimiz soruna ek örneklerdir. Canlıların beslenme ve korunma gibi özellikleri o kadar büyük çeşitlilik gösterir ki, bu kadar büyük çeşitlilik ve bu kadar farklı muazzam yapı ve özellik açıklama gerektirir. Tek bir proteinin oluşumuna uzaydaki hammadde ve tüm evren zamanı yetmemektedir ama en basit tek hücreli canlıda bu proteinlerin binlercesi vardır ve bu proteinlerin kendilerinden daha da kompleks organizasyonlarıyla; milyonlarca canlı türünde beslenme, korunma, ortak yaşam, üreme gibi türden türe çok çok büyük çeşitlilik ve ilginçlik gösteren fonksiyonel özellikler oluşmuştur. Üstelik bu özellikler Dünya gibi dar bir alanda, çoğu Kambriyen Patlaması'ndan bu yana geçen 600 milyon yıldan az; canlıların özellikleriyle ilgili olasılık hesapları açısından çok kısa bir süreçte ortaya çıkmışlardır. Bir de Kambriyen Patlaması ve Ediacara Faunası'nda, bilinen filumların yarıdan fazlasının oluştuğunu ve bu sürecin 50 milyondan kısa bir zaman sürdüğünü düşünürsek; birçok çokhücreli canlının yeni beden tasarımlarının, mikro seviyedeki komplekslikleriyle ve değişik özellikleriyle, bu kadar kısa sürede tesadüfen oluşmasının olasılıksal imkânsızlığını daha iyi kavrayabiliriz.

CANLILARDA ORTAK YAŞAM VE ÜREME

Canlılar dünyasındaki diğer ilginç bir fenomen ise, ortak (*Symbiotic*) yaşam ('Simbiyoz' kelimesi; İngilizcesi: *Symbiosis*'den gelmektedir) olgusudur. Birbirinden farklı iki veya daha fazla türün bir arada yaşamasına ortakyaşam denir. Ortak yaşamda bazen bir tür menfaat elde ederken diğeri zarar görür (*parasitism*); bazen de birinin menfaati diğerinde hiçbir zarar veya yarara sebep olmaz (*commensalism*); bazen ise iki taraf da karşılıklı olarak yarar sağlarlar (*mutualism*). Tasarım delili için bunların en önemlisi iki türün varlığının birbirleri için olmazsa olmaz şart olduğu, bir türün yokluğunda diğerinin var olamayacağı durumlardır. Olasılık açısından yeni özellikleri olan bir türün ortaya çıkmasının ne kadar imkânsız olduğu buraya kadar ele alındı. Bu tarzda bir ortak yaşamla ise yepyeni bir olasılıksal zorluk ortaya çıkmaktadır. Tekinin bile oluşması tesadüfen mümkün olmayan iki türün aynı anda ve Dünya'da aynı noktada buluşmaları gerekmektedir ki, bu türler ortak yaşamlarını başlatıp sürdürebilsinler. Evrenin bütün alanı ve zamanı, tek bir proteinin bile tesadüfen ortaya çıkışını açıklamaya yetmezken; natüralist-ateist iddiaya göre 'tesadüfen' ortaya çıkmış olması gereken on binlerce proteine sahip farklı iki türün, aynı anda ve Dünya'nın aynı noktasında oluşmuş olmaları ve buluşup yaşamlarını birlikte sürdürmeleri hiç mümkün değildir. Bu türlerden biri diğeri olmadan yaşamını sürdüremeyeceği için, birinin önce oluşup, bekleyip, sonra diğeriyle buluşması da mümkün değildir. Bu ise, olasılık hesapları açısından imkânsız olan sonuçları daha da imkânsızlaştıran bir olgudur. Ortak yaşam bir hayvanla bir bitki arasında, iki hayvan arasında veya iki bitki arasında olabilir, özellikle bitkilerin çok önemli bir kısmı böcekler, kuşlar ve diğer hayvanlar sayesinde tohumlarını yayar ve varlıklarını sürdürürler. Ortak yaşamın en bilinen örneklerinden biri olan likenler, mantarların ve alglerin bir arada yaşaması sayesinde oluşurlar (zorunlu ortak yaşam). Mantarlar, alglere su ve inorganik maddeler sağlarlar; algler ise mantarlara fotosentez yoluyla elde ettikleri organik maddeleri verirler. İlginç bir ortak yaşam öyküsü ise Riftia adlı, besinleri yutacak ve sindirecek bir sistemi olmayan solucansı bir canlı ile kükürt yükseltgeyici bakterileri arasındadır. Riftia bakterilerden, indirgenmiş karbon molekülleri alır ve bunun karşılığında bakteriye kendi mekanizmasına kimyasal yakıt sağlayacak hammaddeler olan karbondioksit, oksijen ve hidrojen sülfürü verir. Riftia'nın bedeninde hidrojen sülfürün zehirleyiciliğine karşı çok özel düzenlemeler vardır. Üstelik kükürt bakterileriyle ortak yaşam, çeşitli hayvan gruplarında birbirlerinden bağımsız olarak tekrar tekrar meydana gelmiştir. Karınca ile yaprak biti arasındaki ortak yaşam da ilginçtir. Yaprak bitleri bitkilerin özsuyunu emer, bunu yapamayan karıncalar, bu özsuyunu yaprak bitlerinden alır ve karşılığında, yaprak bitlerinin yavrularına bakar, yaprak bitlerini ve yavrularını düşmanlarına karşı savunurlar. Naturalist-ateist evrimcilerin en ünlü ismi Richard Dawkins, şöyle bir izahı, bu ortak yaşam örneğinin açıklaması olarak görmektedir:

"Bu çeşit temel bir asimetri karşılıklı işbirliği içeren, evrimsel açıdan kararlı stratejilere yol açabilir. Yaprak bitlerinde bitki özsuyunu emebilecek türden bir ağız vardır, ancak bu tür bir ağız kendini savunma konusunda işe yaramaz. Karıncalar ise bitkilerin özsuyunu emmezler, ancak dövüşmeyi iyi becerirler.

Yaprak bitlerini besleme ve koruma genleri, karıncaların gen havuzunda başarılı olmuşlardır; karıncalarla işbirliği yapma genleri ise yaprak bitlerinin gen havuzunda."

Dawkins haklıdır; böylesi bir ortak yaşam için karıncaların genlerinde yaprak bitleri ile nasıl ilişkiye gireceklerinin; yaprak bitlerinin genlerinde ise, karıncayla nasıl ilişkiye gireceklerinin kodlu olması gerekir. Fakat bu bir açıklama değildir, aslında bu nokta naturalist-ateist yaklaşım için tam da sorun olan yerdir. Hücredeki basit bir işlev için gerekli bir molekülün bile genlerde tesadüfen kodlu olması matematiksel açıdan imkânsızken birbirleriyle alakasız iki türün birbirleriyle ilişkileri gibi kompleks bir fenomenin, her iki türün de genlerinde tesadüfen kodlu olduğunu ve bu iki türün tesadüfen bir araya gelip yaşamlarını sürdürdüklerini kabul etmek ise hiç mümkün değildir. Büyük Balıkların dişlerini temizleyen küçük balıklardan, bağırsaklardaki parazitlere kadar birçok ortak yaşam örneği vardır. Zorunlu ortak yaşam tasarım delili için en önemlisi olsa da, diğer ortak yaşam örnekleri de göz ardı edilmemelidir. Parazitlerin çoğu, içinde veya üzerinde yaşadıkları bedenin dışında yaşayamaz. Bu yüzden parazitin oluştuğu anda, içinde veya üzerinde yaşayacağı bir bedenle buluşması gerekir. Bunun tesadüfen oluşma olasılığının hesabı için; parazitin tesadüfen oluşmasının olasılığı olan bedenindeki proteinlerin ve bunların organizasyonunun ve şifresinin oluşma olasılığının, yaşamını üzerinde veya içinde sürdürebileceği bir bedenle buluşmasının olasılığıyla çarpılması gerekir (olmazsa olmaz şartların hepsi birbirleriyle çarpılır). Sonuçta, türlerin ortaya çıkışının teker teker izah edilmesi kadar türlerin beslenme, korunma ve ortak yaşam gibi ilişkilerinin de açıklanması naturalist-ateist yaklaşım için aşılması imkânsız bir sorundur. Fakat türlerin bedensel oluşumlarını ve ilişkilerini kudreti ve bilgisi çok yüksek, bilinçli bir Yaratıcı Güç ile açıklayan tasarım delili için, araştırmalar ilerledikçe daha çok ortaya çıkan komplekslik ve çeşitlilik ilave deliller oluşturmaktadır.

Canlılardaki beslenme, korunma ve ortakyaşam ile ilgili fenomenler, türlerin diğer türler gözetilerek tasarımlandığını gösterir. Türlerin, özellikle eşeyli üremesi ise türlerdeki bir cinsin (dişi) diğer cins (erkek) gözetilerek tasarımlandığı ile ilgili sayısız deliller sunar. Aslında çeşitli eşeysiz üreme şekilleri (ikiye bölünme, çoğa bölünme, tomurcuklanma, rejenerasyon, sporla çoğalma) de hayli kompleks olmakla birlikte eşeysiz üreme biçimleri daha da kompleks bir yapı gösterir. Eşeyli üremeyle çoğalan on binlerce türde erkeklerin ve dişilerin üremeyi sağlayan organları birbirlerine uygun olarak tasarlanmıştır. Bu tasarımda canlıların uyarılmaları, organların biçimsel uyumları, dişi organının oluşacak zigotu gerekli şekilde muhafaza ederek rahme ulaştıracak şekilde olması, rahmin yavruyu taşıyacak ve besleyecek şekilde olması gibi birçok ayrıntının hepsinin birden üremeyi sağlamaya uygun şekilde olması gerekir. Eğer bu aşamaların her birini mikro seviyede teker teker incelersek karşımıza çıkan komplekslik inanılmaz boyutta olacaktır. Örneğin, eşeyli üreme yapan türlerin dişi ve erkeklerinin birbirleri tarafından uyarılmalarını ve birbirleriyle birleşme isteklerini ele alalım. Cinsel uyarımın beyin kimyasındaki karşılığı ve bununla ilgili hormonal düzenlemeler çok karmaşıktır. Moleküler seviyede bu oluşumlar öyle bir şekilde olmaktadır ki on binlerce türde kendi karşı cinsine karşı uyarılma olmaktadır; bu uyarılma hiç olmayabilirdi veya bir at bir kestane ağacına, bir fare bir ineğe, bir arı bir keçiye karşı birleşme isteği hissedebilirdi. Bu nasıl bir 'tesadüftür' ki, cinsel birliktelik yoluyla çoğalan on binlerce türün dişi ve erkekleri arasında bir çekim oluşabilmektedir. Bundan sonraki aşamadaki uyum belki de önceden sayılan tüm uyumlardan daha komplekstir; erkeğin sperminin ve dişinin yumurtasının birleşmelerinden ve yeni canlıyı oluşturacak zigotu meydana getirmelerinden, yani bir insanın yaratılmasından bahsediyoruz. Birbirleriyle çiftleşen türlerin sperm ve yumurtaları da tam birbirlerine göre tasarımlanmıştır. Yeni canlıyı oluşturacak zigotun oluşumu gerçekten de çok karmaşık bir süreçtir; bu zigotun daha sonra canlı bedeninin göz, kulak, kalp, kıl, diş gibi farklı hücreleri gibi farklı dokuları nasıl inşa ettiği hâlâ biyolojinin en büyük muammalarından biridir. İnsan dışındaki diğer canlı türlerinin hiçbiri üreme isteklerinin ve üreme ilişkilerinin kendi türlerinin devamını sağlayacağının bile tam olarak 'bilincinde' değildirler. Gerçekleştirilen birleşmeden belirli bir süre sonra yavrular meydana geleceği için, hayvan zihni bu bağlantıyı kuramaz. Hayvanlarda üremeyi; hayvan türlerinin varlığını sürdürmesi gerektiğini onlara doğuştan (apriori) verilmiş olan dürtüler sağlar. Bu dürtüler ise, dişi ve erkekte farklıdır ve her bir türde gerekli uyumun sağlanması gerekir. Dürtülerin yanında hem üreme organlarının ve hem spermlerle yumurtaların uyumuna hem de daha birçok uyuma ihtiyaç vardır. Türün bir bireyinde oluşacak ciddi bir değişim, bu bireyin karşı cinsle birleşip yeni özelliklerini aktaracağı bireyler oluşturmasını engelleyecektir. Bu yüzden türün bir cinsiyetinde oluşacak değişikliği öbür cinsiyette oluşacak bir değişiklik takip etmezse; bu yeni özelliğin, türün özelliği olması pek mümkün görünmemektedir. Bu ise naturalist Evrim Teorisi anlayışını zora sokmaktadır; çünkü türün tek bir cinsiyetinde bile olasılık hesapları açısından tesadüfen oluşması mümkün olmayan özelliklerin, bir de on binlerce türde, karşı cinsiyetle eşgüdümlü bir şekilde oluşmasının gerekliliği, 'tesadüf' seçeneğini tamamen anlamsızlaştırmaktadır. Bu kadar çok canlı türünün içinde dişiler ve erkekler arasında sağlanan tüm bu kompleks ve mükemmel uyumlar tasarım delilini destekler. Böylesi bir uyumun, doğada bu kadar çok defa, binlerce türün kendine has enteresan özellikleriyle beraber ortaya çıkması naturalist-ateist yaklaşımla açıklanamaz. Fakat tasarım delili, türlerin dişileri ve erkekleri arasındaki tüm uyumların, kudreti çok yüksek ortak bir Tasarımcı (Allah) tarafından oluşturulduğunu söylediği için; canlıların üremesiyle ilgili bu olgular tasarım deliliyle uyumludur.

TÜRE HAS ÖZELLİKLER: ARI

Naturalist-ateist bir Evrim Teorisi anlayışını savunanlar, canlılardaki göz, kanat, beyin, beş parmaklık gibi birçok özelliği, ortak atadan alınan mirasla ve bu mirasın değişime uğramasıyla açıklamaya çalışırlar. Ortak atada özelliklerin ortaya çıkışını ise tesadüfe, bu özelliklerin korunmasını ise yaşam mücadelesinde sağladıkları avantajdan dolayı doğal seleksiyona uğramamalarına bağlarlar; böylece olasılık sorunundan mümkün olabilecek en basite indirgemeyle korunmaya çalışırlar. Buraya kadar, bu mümkün olabilecek en basite indirgeme kabul edilseydi bile, tesadüfün bir alternatif olamayacağı ve olasılık sorunundan kaçışın olmadığı ele alındı. Burada ise, naturalist-ateist anlayış açısından çok önemli bir sorunun daha altını çizeceğiz. Canlılar dünyasında birçok türün kendilerine mahsus öyle özellikleri vardır ki, bu özelliklerin ortak bir atayla açıklanması ve farklı türler arasında taklit edilmesi mümkün değildir, çünkü bu özelliklere sahip olan ve bahsedilen türün atası olduğu iddia edilebilecek bir canlı yoktur. Türlerin kendilerine mahsus özellikleri, özellikle türlerin davranışlarında gözlemlenir. Türlerin, davranışlarını sağlayan özelliklere (Karakter) doğuştan sahip olduklarını düşünürsek, naturalizme göre bu özelliklerin türlerin genlerinde kodlu olması gerekir. Bu tip özellikleri birçok kişi 'içgüdü' diye isimlendirir; fakat hayvan davranışlarını 'içgüdü' diye nitelemek sadece konuya bir başlık atmaktır, 'içgüdü' diye nitelenen davranışların nasıl oluştuğu ile ilgili muammalar hâlâ çözülebilmiş değildir, dolayısıyla atılan bu başlığın altı önemli ölçüde boştur. Türün, mikro seviyedeki bir ihtiyacı için gerekli olan tek bir proteinin bile ne kadar kompleks olduğunu tekrar hatırlarsak, türün birçok organını kullanıp belirli işleri gerçekleştirdiği davranışlarının genetikteki kodunun çok daha kompleks olması gerektiğini rahatlıkla anlayabiliriz. Canlılar dünyasında türlerin kendilerine mahsus özellikleri saymakla bitmez, burada örnek olarak insanların en çok tanıdığı türlerden biri olan bal arısının bazı özellikleri kısaca ele alınacaktır. Bal arıları, buldukları besin kaynaklarını diğer bal arılarına haber vermek için çeşitli danslar yaparlar ve bu danslarındaki farklılıklarla, kaynağın yönünü ve uzaklığını gerekli şekilde tarif ederler. Arılar kovanı kurmalarından, iş bölümlerinden, kovanın temizlik ve güvenini sağlamalarına kadar birçok farklı işi olağanüstü becerileriyle gerçekleştirirler. Fakat bu kadar çok işi maharetle yapan arılar, sadece 1-2 ay kadar yaşarlar, bu bir insan yavrusunun daha emeklemeye bile başlayamadığı bir süredir. Ama arılar, doğuştan bu becerilere sahip oldukları için bunları öğrenmeye ihtiyaçları yoktur; aynen bizim kalbimizi nasıl attıracağımızı, böbreklerimizi nasıl çalıştıracağımızı öğrenmediğimiz gibi. Dans etmemiz, bilgisayarı icat ederek kullanmamız, ev süpürmemiz ve kapımıza kilit koymamız zaman sürecinde oluşmuş, sonradan öğrenilmiş davranışlardır. Bunları yapmamız ve yapabilmemiz kültürle ve bilimsel birikimle alakalıdır ve 'birikimli komplekslik' ile bunları yapabilmemiz açıklanabilir. Fakat bal arısının doğuştan tüm özelliklerine sahip olduğunu ve bu özelliklerin bir çoğunun, miras olarak alındığı bir ata da gösterilemeyeceğini unutmayalım. Bal arılarının mükemmel yaptıkları ve bir atadan miras olarak alınmayla izah edilemeyecek özelliklerinden biri de mükemmel ve kusursuz bir geometrik simetriye sahip olan altıgen kareciklerden oluşan peteği inşa etmeleridir. Bal arılarının on milyonlarca yıldır bugünkü gibi petek yaptıkları fosillerden de bilinmektedir. Bal arıları bedenlerindeki salgılar sayesinde balmumu imal etmekte ve bu hammaddeyle peteği inşa etmektedirler. Petekli bal alan birçok kişinin de görebileceği gibi, peteğin yüzeyi altıgenlerden oluşmaktadır. Acaba neden bu şekil dikdörtgen, beşgen, sekizgen değil de altıgendir? Bunun matematiksel araştırmasını yapanlar, birim alanın tamamen kullanılması ve en az malzemeyle petek yapılabilmesi için en ideal şeklin altıgen olduğunu gördüler. Petekler üçgen veya dörtgen olsaydı da boşluksuz kullanım mümkündü, diğer geometrik şekillerde ise petekte boşluklar kalır. Fakat altıgen hücreler için kullanılan malzeme üçgen ya da dörtgen için kullanılan malzemeden daha azdır. Sonuç olarak altıgen hücre; en çok miktarda bal depolarken, yapılması için en az balmumu gereken hücre tipidir. İki aydan az yaşayan bir arı, enerjisini ve peteklerini en verimli kullanacağı şekli genlerinde nasıl kodlayabilir ve bu kadar geometrik ve bu kadar optimum verimlilikte inşa edilmiş bir inşaat mühendisliği harikası yapıyı nasıl meydana getirebilir? Aslında, arının genlerinde kodlu olan matematiksel denklemlerin çözümlerinde, bırakın peteğin geometrisini, bunlardan çok daha gelişmiş kompleksler mevcuttur. Petekteki gözlerin altı tane yanal yüzü ve birbirine eş üç eşkenar dörtgenden oluşan tabanı vardır. Antonie Ferchault adlı bir böcek bilgini, 'arılar problemi' adını vererek, peteğin en ideal şekilde yapılmış olması için, tabandaki eşkenar dörtgenlerin hangi açıda olması gerektiğini merak etmiş ve bu problemi çözmeleri için bir Alman, bir İsviçreli ve bir de İngiliz matematikçiye ricada bulunmuştur. Üç matematikçinin vardığı sonuçla arının yaptığı açı aynıdır: '70 derece 32 dakika'. Hayvanların bu tip becerileri içgüdüsel olup, öğrenilmediği için; peteği yapacak bilgiler arıların DNA'larında kodlu olmalıdır. Doğal seleksiyon, yaşam mücadelesinde başarısız olan canlıların nasıl elendiğini açıklayabilir. Fakat '70 derece 32 dakika' kadar ince bir açıda birazcık kusur olsa; örneğin '69 derece' veya '72 derece' açı olsa, mükemmel olmayan bu açıyı yapan arının doğal seleksiyon ile elenmesi için mantıklı bir sebep olamaz. Yeni-Darwinizm'in kurucularından Theodosius Dobzhansky, Darwin'in Spencer'dan aldığı 'en uygunun yaşaması' (*survival of the fittest*) deyiminin yanıltıcı olduğunu, genetik ve diğer alanlardaki gelişmelerin 'uygun' (*fit*) olanın yaşayacağını gösterdiğini söyler. Dobzhansky haklıdır, doğa koşullarına uygun olmak yaşamak için yeterlidir, eğer dünyada küresel bir soğuma olsa herhalde soğuğa çok dayanıklı kutup ayıları gibi özelliklere sahip olmamasına rağmen 'hayatta kalmasına yetecek kadar' özelliklere sahip olan türler de yaşardı. Peki o zaman; arının, üçgen veya dörtgen gibi şekiller yerine altıgeni seçmesi ve eşkenar dörtgenler arası açıda binde bir bile hata yapmaması nasıl açıklanabilir? Arılar doğuştan bu özelliğe sahip olduklarına göre, elbette bunun sebebi arıların becerileri olamaz; bizim kalbimizin bu şekilde olması ve çalışması bizim becerimiz olmadığı gibi. Naturalist-ateist anlayış petekteki bu düzgünlüğü izah edemez; bal arılarının petekleri üçgen veya dörtgen olsaydı, eşkenar dörtgenler arası açılar 69 veya 71 derece olsaydı da bal arıları yine var olabilirdi, bu kadar mükemmel olmayan bir petek, bunu yapan bal arılarının seleksiyona uğramalarını gerektirmez. Fakat burada esas görmemiz gereken nokta; Yaratıcı'nın, arıdaki bu mükemmel yaratılış delilini ve Geometrik düzenlemedeki bu harikayı görmemiz için; arıya özellikle bu yeteneği ve bize de özellikle matematiksel hesaplamalar yapabilme yeteneğini vermesidir. Çünkü, her sanat eseri bir yapıcıyı gerektirdiği gibi, bir de onu takdir edecek olan idrakli ve şuurlu seyircileri gerektirir. İşte Evrim Teorisinin açıklamakta zorlandığı en güç noktalardan birisi de budur. Tasarım delili açısından ise, şaşılacak bir durum yoktur; çünkü canlılar, bilgisi ve kudreti yüksek, bilinçli bir Yaratıcı'nın tasarımları olarak görülürler. Bal arıları peteklerle ilgili matematiksel çözümlere genlerinde sahip olmalarının yanında, petekleri nasıl inşa edeceklerinin pratiğine dair becerilere de genlerinde sahiptirler. Bal arılarının yaptığı kadar düzgün altıgenleri ve petekteki eşkenar dörtgenlerin ideal açısı olan '70 derece 32 dakika'yı, eğitimli biri bile cetvelle çizmeye kalksa zorlanırdı. Oysa balarıları, bu ideal geometrik şekilleri beraber yaparlar; bu ise, her bir bal arısının diğerlerinin yaptığı işi de hesaplamasını gerektirirdi, yoksa peteğin gözleri bozulurdu, ama arı kovanında hesap ve uygulama hatasına yer yoktur. Bal arısının mükemmel peteği yapması için gerekli bu aşamaların çok az bir kısmına ve çok kısaca değindik ve bunun sonucunda tesadüfen bir canlı bedeninde türe has bir özelliğin bulunmasının olasılık olarak imkânsızlığını bir kez daha görmüş olduk. Canlıların proteinleri gibi kompleks moleküllerinin nasıl oluştuğuyla ilgili açıklama; bir binanın tuğlaları, kapıları, seramikleri gibi materyallerinin nasıl oluştuğuyla ilgili açıklamaya benzer. Oysa bir binanın tuğla, kapı, seramik gibi materyallerinin oluşmasının yanında, tüm bunların bir araya getirileceği bir plana da ihtiyaç vardır ve elbette canlı bedenleri için de aynısı geçerlidir. Arı gibi türlerin bahsedilen özellikler, ancak tüm bedenin belli bir plan çerçevesinde oluşmasıyla mümkündür ve mikro seviyede protein gibi tüm moleküllerinin oluşumu dışında, makro seviyede böylesi bir plana da ihtiyaç vardır. Üstelik canlılar dünyasında o kadar çok türün kendine has böylesi özellikleri vardır ki, bu özellikler olasılık hesapları açısından tesadüfle ne açıklanabilir ne de herhangi bir delil bulunabilir. Bu tip özelliklerin türe özel olması ise, bu durumun ortak atadan alınan mirasla, yani evrimle açıklanamayacağını, sonuçta her bir türün kendine has özelliğinden, tasarım delili için yeni veriler oluşturduğunu bir kez daha gösterir.

TASARIM DELİLİNİN SONUCU

Bu bölümde, buraya kadar anlattıklarımızı özetlersek: Bütün evrenin parçacıklarını, evrenin geçmiş tüm zamanları boyunca toplasak ve bir proteinin amino asit dizilimini rastgele oluşturmak için seferber ettiğimizde bile bunun imkânsız olacağını gördük. Buradaki esas amacımız ise, Doğadaki taklit edilemeyecek derecede İndirgenemez bir komplekslik içeren böylesine bir Tasarım İlkesi'nin; Evrim ile ilgili görüşlerimizi, Evrendeki tüm tasarımların varlığının bilinçli bir tasarımla Yaratıcı tarafından matematiksel olarak temellendirildiği yönüne çekmekti. İnsanın yanı başında tek bir gezegende birçok özellikli milyonlarca canlı türünün tesadüfen oluşmalarının ve toplanmalarının olanaksızlığından bahsettik ve Tasarım İlkesi'ne ve onun desteklediği tasarım deliline karşı konulmasının mümkün olmadığını göstermeye çalıştık. Sonuçta, sayısız verilerin bir araya gelmesiyle, 'birleşmeli tümevarım' (*consilience of induction*) yöntemiyle çok başarılı bir şekilde sonuca varmaktadır ve tüm bu deliller de ortak olarak tek bir yaratıcının var olması gerektiğini ortaya koymaktadır..

BEŞİNCİ BÖLÜM

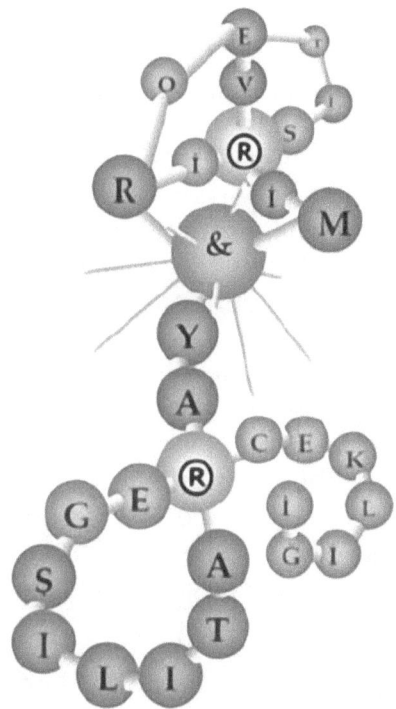

EVRİM TEORİSİ İLE DİNLER ARASINDAKİ İLİŞKİNİN DEĞERLENDİRİLMESİ

GİRİŞ

Bu kitap boyunca sıkça kullanılan 'dinler' veya 'dindar' (teist) ifadesiyle, özellikle tektanrılı (teist) üç vahiy dini (Yahudilik, Hristiyanlık ve İslamiyet) ifade edilmektedir. Bu bölümde, önce, dinlerin tüm sistemlerinin üzerine kurulduğu en temel inanç olan 'Yaratıcı inancı' açısından Evrim Teorisi'nin ne ifade ettiği belirlenmeye çalışılacaktır. Bunu yaparken gerek teistlerin gerek ateistlerin gerekse bilinemezci (agnostik) tavır içinde olanların Evrim Teorisi'ne yaklaşımlarının farklı olabildiğini; bazılarının zannettiği gibi bütün insanları 'evrime inanmayan teist' ve 'evrime inanan ateist' diye ikili bir sınıflamaya tabi tutmanın yüzeysel ve eksik bir tutum olduğunu göstermeye çalışacağız. Ayrıca, Allah'ın evrene müdahalesinde doğa yasalarını ihlal edip etmeyeceğini ve bu konuyla ilgili olarak 'mucize' meselesini irdeleyeceğiz; bu konunun Evrim Teorisi hakkındaki tartışmalar açısından önemini gösterip, bu husustaki yaklaşımları açıklayacağız.

Kitabın ilerleyen sayfalarında dinlerin, Yaratıcı inancı dışındaki, Kutsal Metinler'e dayanan, konumuz açısından önemli inançları ele alıp, Evrim Teorisi'nin bu inançlar açısından ne ifade ettiğini de inceleyeceğiz. Bunun için; Türlerin ve Âdem ile Havva'dan yaratılış ve maymunumsu canlıların insanın atası olduğu iddiasının ahlaki ve teolojik değerlendirmesi gibi konular irdelenecektir. Ayrıca dinlerin kendilerine özel teolojileri açısından önemli bazı sorunsalları, örneğin Kur'an'da Evrim Teorisi'nin lehinde veya aleyhinde bir ifade olup olmadığı hususu ile Hristiyanlığın 'ilk günah' ve 'Hz. İsa'nın kişiliği' gibi konumuz açısından önemli inançlar değerlendirilecektir.

Bu konuları değerlendirirken dinlerin içindeki farklı yorum ve yaklaşımları da belirleyerek; bunlardaki farklılığın, dinlerin Evrim Teorisi'ne yaklaşımlarını da farklılaştırabildiğini göstermeye çalışacağız. Evrim

Teorisi'nin güvenilir bir teori olup olmadığı daha önceki bölümlerin konusuydu. Bu bölümün amacı ise, Evrim Teorisi'nin doğru mu yanlış mı olduğu sorusu paranteze alınarak, 'Yaratıcı inancı' ve dinlerin diğer inançları açısından Evrim Teorisi'nin değerlendirilmesidir. Bu bölümde cevabını bulabileceğiniz bazı sorular şunlardır: Evrim Teorisi'ne inanan dindar insanlar ve din adamları da var mı? İnsanları, Allah'a ve Evrim Teorisi'ne olan inançları çerçevesinde nasıl sınıflandırabiliriz? Evrim Teorisi neden ateizmle özdeşleştirilmektedir ve bu doğru mudur? Evrim Teorisi'ne, ruhun ayrı bir cevher olup olmadığına, Allah'ın doğa yasalarını ihlal edip etmediğine karşı neden itirazcı bir 'teolojik' tavır benimsenmektedir? Kur'an'da Evrim Teorisi'ne karşı veya Evrim Teorisi'ni destekleyen ifadeler var mı? Hristiyanlıktaki 'ilk günah' kavramının ve Hz. İsa'nın 'ilahi kişiliği' olduğuna dair iddiaların konumuz açısından önemi nedir? Sosyo-biyoloji alanından gelen iddialar dinlere tehdit oluşturabilir mi? Evrim Teorisi'ne dayanarak tutarlı bir ahlak teorisi geliştirilmesi mümkün mü?

EVRİM TEORİSİ VE YARATICI İNANCI

Tektanrılı dinlerin bütün sistemi tek bir yaratıcı merkezli bir ontoloji (varlık anlayışı) temelinde yükselir. Yaratıcı-evren ve Yaratıcı-insan arasındaki ilişkinin kurulmasından, eskatolojik (âhirete dair, gaybî veya beş duyuyla algılanamayan müteşabih konular) inançlardan, ahlaki pratik eylemlerin rasyonel temellerinin oluşturulmasına kadar tüm sistem bu ontolojiye dayanır. Bu yüzden, Evrim Teorisi'nin bu ontolojiye tehdit olup olmadığı veya başka türlü ifade etmek gerekirse, Evrim Teorisi'nin bu ontoloji ile uzlaşıp uzlaşamayacağı konusu; dinler ile Evrim Teorisi arasındaki en temel sorunsaldır. Dinler ile Evrim Teorisi arasındaki geri kalan tüm sorunsalların toplamı bile bundan daha az öneme sahiptir. Bu nedenle ilk önce bu en temel meseleyi; Yaratıcı inancı ile Evrim Teorisi'nin ilişkisini ele alırken, diğer tüm sorunsalları sonra açmak üzere paranteze alacağız. Bu paranteze alma işleminin konunun sağlıklı işlenmesi açısından özellikle önemli olduğunu düşünüyorum. Yoksa Dünya'nın yaşı ile ilgili bir tartışma veya insanın soyunun maymunumsularla ilişkilendirilmesinin ahlaki sonucuna dair bir tartışma; Evrim Teorisi'nin, Allah'ın yaratışı ile uzlaşıp uzlaşmayacağına dair en temel konuyla karışabilmekte, hatta bu en temel sorunsalın önüne geçebilmektedir.

Evrim Teorisi ile dinlerin ilişkisi üzerine yapılan birçok tartışmada bu hatanın yapıldığına ve en temel sorunsalın bu yanlış sebebiyle gereğince ele alınamadığına tanık olmam, beni böyle bir paranteze alma ve sonra parantezi açma işlemine yöneltmiştir. Çünkü aksi takdirde iki kamp arasında uzlaşmaya dayalı olmayan sürekli bir çatışma çıkması kaçınılmaz olmaktadır. Evrim Teorisi ile Yaratıcı inancı ilişkisindeki yaygın yanılgıların en önemlilerinden biri, Evrim Teorisi'ni ortaya koyanların veya ona inananların ateizm ile Evrim Teorisi'ne inanmayanların ise teizm ile bütünleştirilmeleridir. Oysa gerçek hiç de böyle değildir; Evrim Teorisi'ne inanan birçok dindar teist mevcuttur. Pek çok ateist ise, Evrim Teorisi'nin doğru olup olmadığı ile hiç ilgilenmeden ateist olmaktadır. Bu yüzden hem Evrim Teorisi'ne inanç ile ateizmin, hem de teizm ile Evrim Teorisi'ni reddetmenin özdeşleştirilmesi hatalıdır. Evrim Teorisi ile Yaratıcı inancının ilişkisinde sanıldığı gibi iki zıt kategori değil, birçok kategori karşımıza çıkmaktadır. Pek çok kişi Allah'ın varlığı ile yokluğunun bilinemeyeceğini iddia etmekte veya bu konu üzerinde hiç düşünmeden nötr bir tavır almaktadır. Bu kategoriyi biz Allah'a inanç açısından üçüncü bir kategori olan bilinemezci (agnostik) kategori olarak ele alacağız. Evrim Teorisi için de aynı ayırım yapılabilir. Evrim Teorisi'nin doğruluğunu kabul edenler birinci, yanlışlığını kabul edenler ikinci, bu teorinin doğru mu yanlış mı olduğunun bilinemeyeceğini iddia edenler ve bu teoriye karşı umursamaz olanlar üçüncü bir kategori olarak ele alınabilir. Şu halde Yaratıcı inancında da, Evrim Teorisi'ne inançta da üçer kategori karşımıza çıkar; bunların birbirleriyle eşleşmeleri ise toplam dokuz kategori eder. Bu kategorileri şu şekilde göstermek mümkündür:

A-
1. Evrim Teorisi'ne inanan - Bilinemezciler
2. Evrim Teorisi'ne inanan - Ateistler
3. Evrim Teorisi'ne inanan - Teistler

B-
1. Evrim Teorisi'ni reddeden - Bilinemezciler
2. Evrim Teorisi'ni reddeden - Ateistler
3. Evrim Teorisi'ni reddeden - Teistler

C-
1. Evrim Teorisi Bilinemez diyen - Bilinemezciler
2. Evrim Teorisi Bilinemez diyen - Ateistler
3. Evrim Teorisi Bilinemez diyen - Teistler

Bir kategoride aynı sınıfa sokacağımız kişilerin, Evrim Teorisi'ne bakışları veya Yaratıcı inancına bakışlarının aynı olmadığını da bilmeliyiz. Örneğin, süreç felsefesine inanan Whitehead ile Hristiyan rahip Teilhard de Chardin'in her ikisi de 'Evrim Teorisi'ne inanan-teistler' kategorisinin içindedirler; fakat ikisinin Yaratıcı inancının arasında önemli farklar bulunur. Ayrıca şahısları bu kategorilerden birine sokmakta da önemli zorluklar vardır. Örneğin, Darwin'in en temel eserlerine baktığımızda teistik cümleler ile karşılaşırken, mektuplarının bazısında bilinemezci bir yaklaşımla karşılaşıyoruz. Bu nedenle bu kategoriler, herkesi tam anlamıyla açıklayan kategoriler olarak anlaşılmamalıdır; aynı kategorilerin içine giren kişilerin arasında da farklılıklar olduğu unutulmamalıdır. Fakat bu kategoriler bize, 'evrimci-ateist' ve 'evrim karşıtı-teist' ayırımıyla herkesi sadece iki kategoriye paylaştıran yaklaşımın, kişilerin, Evrim Teorisi'ne ve Yaratıcı inancına karşı yaklaşımlarının ilişkisini belirlememizde ne kadar eksik ve yanıltıcı olduğunu göstermekte ve bu ilişkiyi belirlememizde bize daha kullanışlı bir sınıflama sunmaktadır.

Bahsedilen yanıltıcı ikili ayırım, sadece eksik bir sınıflama olmakla kalmamakta; insanlara *"Ya Allah'a inanıp evrimi reddedeceksin"* veya *"Ya evrime inanıp Allah'ı reddedeceksin"* denmekte, başka bir alternatif bırakılmamakta ve bu yanlış yaklaşım yüzünden gereksiz kutuplaşmalarla beraber hem Allah inancına ve hem de Evrim Teorisi'ne karşı peşin hükümlü yaklaşımlara sebep olunmaktadır. Özellikle, Evrim Teorisine karşı yürütülen aşırı bir tepkisel tavır içeren *"Harun Yahya Külliyâtı"* türü eserler, birinci kampta yer alan bu çeşit peşin hükümlü eserlere örnek olarak verilebilir. Diğer kampta ise, Evrim Teorisinin şiddetli bir savunucusu olan *"Richard Dawkins'in Eserleri"* örnek olarak gösterilebilir. Fakat biz, kitabımızın buraya kadar olan kısmında, bu çeşit bir kamplaşmadan kaçınarak bilimsel ve objektif veriler ışığında Evrim Teorisini ve sonuçlarını inceledik ve bundan sonraki bölümler boyunca da bu metodolojiyi ve ikisinin arasındaki bir orta yolu devam ettireceğiz. Bu sınıflama ile bahsedilen sorunları gidermeye çalışırken, kendi yaklaşımımızın bu dokuzlu sınıflamadan hangi şıkka girdiğini de sebepleriyle açıklamaya çalışacağız.

EVRİM TEORİSİ'NE İNANANLARIN SINIFLANDIRILMASI

Evrim Teorisi'ne inananları hem teist hem ateist hem de bilinemezciler olarak üç maddede sınıflayabiliriz. Darwin, örneğinde gördüğümüz gibi herhangi iki madde arasında gidip gelen birçok kişinin olduğu muhakkaktır. Birçok örnekten de anlaşılacağı gibi Evrim Teorisi'ne inancın insanları ateistik bir inanca mecbur ettiği yanlış bir görüştür. Fakat diğer yandan, Evrim Teorisi'nin ateist yaklaşımlar adına kullanılmaya çalışıldığı da bir gerçektir. Evrim Teorisi'nin savunulduğu birçok kitapta, yazarlar, Yaratıcı inancı hakkında hiçbir görüş ifade etmezler. Bunun birçok nedeni olabilir; yazar polemik istemiyor olabilir, Evrim Teorisi'nin Yaratıcı inancı ile pozitif veya negatif bir bağlantısı olmadığını düşünüyor olabilir veya Yaratıcı sorunu üzerine hiç düşünmemiş olabilir.

Yaratıcı inancı hakkında hiçbir şey ifade etmemiş bir Evrim Teorisi savunucusunu hemen 'bilinemezci' sınıfa dâhil edemeyiz. Bu yazar bilinemezci sınıfa dâhil olabildiği gibi pekâlâ teist veya ateist de olabilir. Embriyolojide anne rahmindeki oluşum aşamalarını tarif eden bir bilim adamı, eğer Allah'dan bahsetmemişse, onun, hemen ateist veya bilinemezci sınıfa sokulduğuna tanık olamayız, fakat Evrim Teorisi ile ilgili eserler hakkındaki yorumlarda durum böyle değildir. Bu durumun, Evrim Teorisi'nin ortaya konduğu ilk dönemden itibaren teolojik tartışmaların içinde yer alması gibi sebepleri olsa da yine de bu yaklaşım hatalıdır. Eğer Evrim Teorisi'ni savunan kişi herhangi bir Yaratıcı'ya inanç hakkında hiçbir şey söylemiyorsa ve bu konudaki görüşünü açıkça belli etmiyorsa, bu kişiyi aceleyle kategorize etmemek en uygunudur. 'Evrim Teorisi'ne inanan-bilinemezci' tanımlamasında ilk akla gelen isim Thomas Henry Huxley'dir. Bunun nedenlerinden biri onun kendini açıkça böyle tanımlaması ve 'agnostik' (bilinemezci) ifadesini ilk kullanan kişi olmasıdır.

Evrim Teorisi'ni savunan ve modern tartışmalara yön veren en ünlü isimlerden Stephen Jay Gould da kendini 'agnostik' olarak tanımlamaktadır. Yaratıcı inancı konusunda bilinemezci yaklaşıma sahip olup da Evrim Teorisi'ne inanan bilim insanlarının ve düşünürlerin genel eğilimi, bilim ile dini, aralarında aşılmaz bir duvar olan iki alan gibi değerlendirmeleri; bu yüzden bilimsel teorilerin herhangi bir teolojik sonucu olduğunu kabul etmemeleridir. Dikkat edilmesi gerekli önemli bir husus da, Evrim Teorisi'ni savunan kişilerin bir kısmının, Yaratıcı inancı ile Evrim Teorisi arasında hiçbir bağ kurmamasıdır. Bu kişiler de hem teist hem ateist hem bilinemezci olabilirler. Fakat bu kişilerin inançlarının Evrim Teorisi ile hiçbir bağlantısı bulunmamaktadır. Konumuz açısından bu çok önemli bir noktadır; çünkü bu kişiler de 'Evrim Teorisi'ne inanan ateist' veya 'Evrim Teorisi'ne inanan bilinemezci' gibi bir sınıfta yer alırlar ama bu şahısların Yaratıcı inancı konusundaki tavırlarının Evrim Teorisi ile hiçbir alakası yoktur. Bu şahıslar örneğin, psikolojik sebeplerle ateist, geleneklerinden dolayı teist veya Yaratıcı inancı üzerine hiç düşünmedikleri için bilinemezci bir tavır içinde olabilirler. Evrim Teorisi'nin ateizme yol açıp açmadığı tahlil edilecekse, evrimci-ateist kişinin 'ateist' görüşünün Evrim Teorisi'nden kaynaklanıp kaynaklanmadığını da saptamak gerekir.

Kitabın ilk bölümünde görüldüğü gibi, tarihin her döneminde olduğu gibi, 19. yüzyılda da ateizm kökenli Evrim Teorisi ortaya konmadan önce de, birçok ateist vardı. Evrim Teorisi ile hiç ilişkisi olmayan birçok sebep ateizme yol açabilir. Öyleyse evrimci-ateist her kişinin ateizminin kaynağını Evrim Teorisi'ne bağlamamak veya evrimcibilinemezci her kişinin bilinemezciliğine Evrim Teorisi'nin sebep olduğunu düşünmemek gerekir. Bazen bir kişinin 'bilinemezci' tavrının kaynağını tespit etmek gerçekten zor olabilir. Örneğin, Darwin'in teizm ile bilinemezcilik arasında geliş gidişlerinde 'kötülük sorunu' önemli bir yer tutmaktadır; Asa Gray'a yazdığı bir mektupta masum bir insanın yıldırım çarpması ile ilgili ölümünü sorgularken buna tanıklık edebiliriz. *Türlerin Kökeni*'nde ve daha birçok yerde Yaratıcı'yı ve doğal seleksiyonlu Evrim Teorisi'ni uzlaştıran Darwin'in, kimi zaman 'bilinemezci' (bazılarına göre 'ateist') yaklaşımla Yaratıcı'ya inancı arasında gidip geldiği doğru olsa da doğal seleksiyonlu Evrim Teorisi'nin bunun yegâne sebebi olduğu söylenemez.

Darwin'in dönemindeki Hristiyan din adamlarının Darwin'e karşı tavırlarının oluşturduğu psikolojik durum veya Darwin'in zihnini kurcalayan 'kötülük sorunu'nun da bunda bir katkısı olabilir. Evrim Teorisi ve Yaratıcı inancının ilişkisini değerlendirirken, Evrim Teorisi hakkında aynı düşünceyi paylaşanların Yaratıcı hakkında değişik inançlara sahip olup olmadıklarını bilmeliyiz;

fakat bundan daha sorunlusu, Evrim Teorisi hakkındaki kabullerin, Yaratıcı inancını nasıl etkilediğini veya etkileyip ekilemediğini bulmaktır ki, bu gerçekten çok zordur. Çünkü kişilerin Allah'ın varlığına veya yokluğuna dair inançları sırf canlıların dünyasından gelen verilerle değil; aynı zamanda psikolojik yapı, varoluşsal sorunlar, sosyo-politik yaklaşım, şahsi tecrübe gibi birçok unsur ile de alakalıdır. Bunun örneklerinden birini Karl Marx ve Friedrich Engels ikilisinde gözlemleyebiliriz. Onlar, Darwin'in Evrim Teorisi'ni daha duymadan önce materyalist-ateist bir inancı benimsemişlerdi. Marx, 1841 yılında yazdığı doktora tezinde, ilkçağın en ünlü materyalistleri Demokritos ve Epikuros'u incelemiş ve bu eserinde materyalist yaklaşımını ortaya koymuştu. Darwin'in Evrim Teorisi'ni Marx ve Engels beğeniyle karşıladı, hatta Engels, Marx'ın sosyal dünyadaki teorisinin canlılar dünyasındaki karşılığının Darwin'in Evrim Teorisi olduğunu söyledi.

Engels ve Marx, kendilerinin sosyopolitik dünyada, Hegel'in felsefesine materyalist bir doğrultu vererek öngördükleri evrimsel sürecin, canlılar dünyasında da geçerli olduğunu söyleyen bir teoriyi severek kabul ettiler. Bu teorinin, sadece maddî dünyanın içinde kalarak canlıların oluşumunu tarif etmede yararlı olacağını düşündüler. Fakat onlar, bu teori sebebi ile materyalist-ateist olmadılar; onlar materyalist-ateist yaklaşımları açısından bu teoriyi faydalı buldukları ve felsefelerindeki temel 'evrim' kavramının, canlılar dünyasında karşılığını gördükleri için bu teoriyi benimsemişlerdi. Sonuç olarak Marx ve Engels, Evrim Teorisi'nden ateizme geçmediler.

NIETZSCHE'DEN, DAWKINS'E VE DOBZHANSKY'E KADAR EVRİM TEORİSİ'NE İNANANLARDAKİ GÖRÜŞ FARKLILIKLARI

Aynı sonucu Friedrich Nietzsche'nin yaklaşımında da gözlemlemekteyiz. Nietzsche bir yandan felsefesine aykırı bulduğu doğal seleksiyon kavramını eleştirirken, diğer yandan insanların hayvanlardan türediğine dair atıflarıyla Evrim Teorisi'ni kabul ettiğini göstermiştir. Fakat genel olarak Nietzsche'yi okuduğumuzda, onun Evrim Teorisi olmasa da ateist olacağını, Hristiyanlık karşıtı yazılarından ve eleştirilerinden rahatlıkla söyleyebiliriz. Nietzsche rasyonel olarak kurulmuş bir ontolojiyi yıkmaya çalışıp sonra ahlak felsefesini ortaya koymaz. O, doğrudan ahlak felsefesini ortaya koyar ve sonra Allah'ın varlığını dışlayan ontolojisini ahlaksal görüşü çerçevesinde kurar. Bu, Kant'ın ahlaka dayalı ontolojisinde, ahlaktan yola çıkarak Allah'a yer vermesinin tam tersidir; yani ahlaka dair görüşlerden yola çıkarak Allah'ı inkâr etmek, Nietzsche'nin izlediği yoldur. Zaten Kant'tan bu kadar nefret etmesinin sebebi de burada aranmalıdır: Kendi yolunun tam tersini Kant'ın benimsemiş olmasında.

Nietzsche'yi 'Evrim Teorisi'ne inanan-ateist' olarak değerlendirmek doğru olsa da onu 'Evrim Teorisi yüzünden ateist' olarak değerlendirmek tamamen hatalıdır. O varoluşsal yaklaşımı ve ahlak felsefesi yüzünden ateisttir. Marx ve Engels'in sosyo-politik yaklaşımları sebebiyle ateizmi savunmaları gibi tüm bu düşünürler, Evrim Teorisi'ni kabul etseler de onların ateizmi bu teoriye bağımlı değildir. Oysa, Evrim Teorisinin günümüzdeki en büyük savunucusu olan Richard Dawkins, 'Evrim Teorisi'ne inanan-ateist' sınıf içinde yer almaktadır ve kitaplarının birçok yerinde ateizmin ancak Evrim Teorisi sayesinde rasyonel olabildiğini ve Dinlere karşı ancak bu şekilde cephe alınabileceğini açık olarak savunmaktadır. Dawkins, Hume'un ve Darwin'den önceki ateistlerin 'görünüşteki tasarımı' izah edemediklerini, 'evrenin tasarımlanmış olduğuna' karşı ciddi bir alternatif sunamadıklarını söylemekte ve *"Darwin'in, Türlerin Kökeni'nin yayımlandığı 1859 yılından önce herhangi bir tarihte bir Tanrı-tanımazın var olabileceğini hayal bile edemiyorum"* şeklindeki iddialı yaklaşımını savunmaktadır.

Dawkins'in yaklaşımı ateizm ile Evrim Teorisi'nin bütünleştirildiği bir yaklaşımdır. Bu yaklaşıma göre, Evrim Teorisi olmadan da ateizm var olabilirdi, ama bu ateizm rasyonel temellere sahip olamazdı. Yani bilimsel bir temele oturamazdı. Bu yaklaşıma inananlar, tesadüfî mutasyonların değişik canlı tipleri oluşturduğunu, doğal seleksiyonun ucube canlıları yok ettiğini ve bu tesadüfî uzun süreç sonunda oluşan canlıların tasarımlıymış gibi gözüktüklerini savunurlar. Dawkins'in ifadesine göre doğal seleksiyon, aşılması imkânsız görülen dağların bayırlarının aşılmasını gerçekleştiren baskı unsurudur. Doğal seleksiyon ucubeleri elediği için, var olan canlıların tasarımlıymış gibi gözüktüğünü savunan bu anlayış; canlıların tasarımından 'tasarım delili'ne giden yolu Darwinizm'in kapadığını savunur.

Gerçekten de Allah'ın varlığının rasyonel deliller ile temellendirilmesinde hiçbir delil 'tasarım delili' kadar etkili olmamıştır. Dolayısıyla, Rasyonel temelli bir ateizmin ancak canlıların tasarımının inkâr edilebilmesiyle savunulabileceğine inanan Dawkins gibi ateistler, Evrim Teorisi'nin ateizm ile bütünleştirildiği bir anlayışı savunmuşlardır. Evrim Teorisi ile ateizmi bütünleştiren bu anlayışa karşı bazı teistler ise ateizmi yanlışlamak için Evrim Teorisi'ni yanlışlamak, yani geçersiz olduğu ispatlama yoluna gitmişlerdir ki, Allah'ın varlığının kanıtlanması için zaten böyle bir yöntem kullanılması zorunlu değildir. Çünkü, ortada üstün bir tasarım varsa, zaten bütün bunlar bir tasarımcıya otomatik olarak işaret edecektir ve evrim teorisinin geçersizliğinin ispatlanıp ispatlanmaması bu sonucu değiştirmeyecektir.

Bir sonraki başlıkta, Evrim Teorisi'ni reddedenlerin sınıflamasında bu yola başvuranlara değineceğiz. Birçok kişi ise, Evrim Teorisi ile ateizmi eşitleyen bu anlayışa, Evrim Teorisi'ni yanlışlayarak değil, Evrim Teorisi ile ateizm arasındaki bağlantının yanlış kurulduğunu göstererek karşı çıkmışlardır. Aslında doğal seleksiyonlu Evrim Teorisi'ni ilk ortaya koyan Darwin ve Wallace, başlangıçta teorilerinin tasarıma ve teizme aykırı olmadığını söylemişlerdir. Onlar bu teoriyi daha çok bilimsel bir sorunsal olarak ele alıp işlediler. Bazı düşünürler ise, Evrim Teorisi'nin ve teizmin sentezini sistematik bir şekilde yapıp 'teistik bir Evrim Teorisi'nin savunmasını yaptılar. Bu tarz yaklaşımın en ünlü örneklerinden biri fosilbilimci ve rahip olan Teilhard de Chardin'dir. Daha Darwin'in teorisinin ilk olarak duyulduğu günlerde bile, birçok dindar ve din adamı bu teori ile dinsel inanç arasında hiçbir çelişki olmadığını söylemişlerdir.

Günümüzde de birçok dindar ve din adamı bu teoriye inanmakta dinsel hiçbir sorun görmemektedirler. Evrim Teorisi'ne inanan tüm teistler, üç tektanrıcı dinin teolojilerine bağlı kalmamışlardır. Örneğin, Whitehead ve Hartshone de Evrim Teorisi'ne inanmışlardır, ama onlar 'süreç felsefesi'nin yaklaşımlarını benimsemişlerdir. 'Evrim Teorisi'ne inananteistler'i tektanrılı dinlere inananlar ve inanmayanlar olarak ayırabileceğimiz gibi, dine veya Evrim Teorisi'ne karşı tutumlarının önceliğiyle de değerlendirebiliriz. Örneğin, Richard Swinburne daha ziyade teistik bir bakış açısıyla Evrim Teorisi'ni kabul ederken, Theodosius Dobzhansky evrimci bir bakış açısıyla 'yaratılışı' kabul etmiştir. Görülüyor ki, Evrim Teorisi ve Yaratıcı inancı açısından yapılan dokuz maddeli sınıflama bile bu sınıflara dahil olanlar hakkında her türlü bilgiyi verebilecek mahiyette değildir; daha önce eleştirisini yaptığımız ikili sınıflamanın ne kadar yetersiz kaldığını bu açıklamaların daha iyi anlamanızı sağlayacağını düşünebiliriz. 'Evrim Teorisi'ne inanan-teistler' arasında da 'Evrim Teorisi'ne inanan-ateistler' arasında olduğu gibi alt sınıflar, farklılıklar mevcuttur. Tam bir değerlendirme için bu farklılıklar göz önünde bulundurulmalıdır. Evrim Teorisi'ne inananları, bahsettiğimiz üçlü sınıflamayla incelerken, buraya kadar incelenen hususları göz ardı etmemeliyiz. Aslında bu hususların benzerlerine, Evrim Teorisi'ni reddedenleri ve Evrim Teorisi'ne karşı bilinemezci tavır içinde olanları da üçlü sınıflamaya tabi tutarken dikkat etmeliyiz. Dikkat edilmesi gerekli hususlar şöyle özetlenebilir:

1. Evrim Teorisi'ne inancını belirtip, Yaratıcı konusunda hiçbir açık ifadesi olmayan ve dolaylı izahlarından açık bir şekilde Yaratıcı inancı konusunda bir fikir edinemediğimiz kişileri, hemen belirli bir sınıfa sokmaya çalışmamalıyız.

2. Bazı şahısların psikolojik durumu veya diğer herhangi bir sebeple iki farklı sınıf arasında gidip gelebileceğini bilmeliyiz.

3. Evrim Teorisi'ne inanan kişinin 'teistik', 'ateistik' veya 'bilinemezci' görüşüne Evrim Teorisi'nin yol açıp açmadığını saptamalıyız. Ayrıca bunun tam tersi bir ilişkinin, örneğin ateistik görüşün Evrim Teorisi'ne inanmaya yol açıp açmadığını da belirlemeliyiz. Evrim Teorisi ile Yaratıcı inancı arasında bir ilişki varsa bu ilişkinin yönünü, neyin sebep neyin sonuç olduğunu belirlemeden yorum yapmamız hatalı olacaktır.

4. Kişilerin Evrim Teorisi'ne inanç şekillerinde farklılıklar olabileceği gibi, teistlerin Yaratıcı inançları arasında da ateistlerin Allah'ı inkâr ediş nedenlerinde de bilinemezci yaklaşımda olanların teizme veya ateizme mesafesinde de farklar olabilir. 'Teist', 'ateist' ve 'bilinemezci' diye nitelenen kişilerin, kendi içlerinde de farklı olabileceklerini unutmamalıyız.

5. Evrim Teorisi'ne inanan kişilerin bu teoriye inancının mı daha belirleyici olduğu, yoksa teizme veya ateizme veya bilinemezciliğe inancının mı daha merkezi olduğu saptanmalı; böylece Evrim Teorisi merkezinde mi inançların ele alındığı, inançların merkezinde mi Evrim Teorisi'nin ele alındığı anlaşılmalıdır.

EVRİM TEORİSİ'Nİ REDDEDENLERİN SINIFLANDIRILMASI

Evrim Teorisi'ne inananlar üç maddede sınıflandırılabileceği gibi, Evrim Teorisi'ni reddedenler de 'bilinemezci', 'ateist', 'teist' olarak üç maddede sınıflandırılabilir. Dawkins ve onunla aynı görüşü paylaşanların ateizm ile Evrim Teorisi'ni adeta bütünleştiren yaklaşımına karşı 'Evrim Teorisi'ni reddeden-ateist' diye bir sınıfın olup olamayacağını merak edenler olabilir. Oysa modern ateizm açısından en önemli isimlerden biri olan pozitivizmin kurucusu Comte'un, Lamarck'ın Evrim Teorisi'nden haberdar olup bu teoriyi reddetmesi, böyle bir sınıfın da var olduğunu göstermektedir. Üstelik felsefesinde 'evrim' kavramı çok merkezi bir rol oynamasına rağmen Comte, Evrim Teorisi'ni reddetmiştir. Bazıları haklı şekilde Comte'un, metafiziksel unsurlara daha yatkın olan Lamarck'ın Evrim Teorisi'ni reddettiğini, fakat Darwinci bir yaklaşım ile karşılaşması halinde bunu kabul edeceğini düşünebilirler. Bu yorum haklıdır, fakat bundan çıkarmamız gerekli bir sonuç vardır.

Teist, ateist veya bilinemezci yaklaşıma sahip birçok kişinin Evrim Teorisi'ne karşı tavrı, teoriyi kendisinden öğrendikleri kişinin veya kişilerin tavrına göre şekillenmiştir. Örneğin, Evrim Teorisi'ni ilk olarak Teilhard de Chardin'in kitabından okuyan bir ateistin, bu teoriyi reddetme olasılığının, bu teoriyi Dawkins'den okumasına göre daha yüksek olduğu rahatlıkla söylenebilir. Sonuç olarak, 'teist', 'ateist' veya 'bilinemezci' yaklaşıma sahip kişilerin Evrim Teorisi'ni kabul veya reddetmesinin, bu teoriyi sunan kişinin yaklaşımından etkilendiğini; teorinin objektif değerlendirmesinin, teorinin kabul veya reddinin gerçek sebebi olamayabileceğini göz önünde bulundurmalıyız.

Kitabın 3. bölümünde Evrim Teorisi'ne 'bilim felsefesi'nde ortaya konan kriterler açısından yapılan itirazlar incelenmişti. Bu itirazlara dayanılarak Evrim Teorisi'ne karşı bilinemezci bir tavır da sergilenebilir, bu teori ret de edilebilir. Bilimsel kriterlerin bu teoriyi doğrulamadığını veya Karl Popper gibi bu teorinin totolojik önermeler üzerine kurulu olduğunu, bu yüzden bu teorinin yanlışlanamayacağını, yanlışlanamayan bir teorinin ise, bilimsel olmadığını ileri sürenlerden beklenen tavır, bu teoriye karşı bilinemezci bir tavır takınmaları veya bu teoriyi inkâr etmeleridir. Fakat bu teorinin metafizik bir teori olduğunu söyleyenlerden, bu teorinin pratik faydaları açısından teoriyi kabul etmeye daha yakın olanlar da vardır. Oysa bu teorinin ileri sürdüğü iddiaların (özellikle klasik Yeni-Darwinci çizginin savunduğu iddiaların) bilimsel bulgular tarafından yanlışlandığı da iddia edilmektedir. Örneğin, fosilbilimci Duane T. Gish, Kambriyen devrinde çok hücreli canlıların birden ortaya çıktığını belirterek, bunun Evrim Teorisi'nin beklentilerine aykırı olduğunu söyler.

Evrim Teorisi'nin yanlışlandığı için doğru olmadığını ileri sürenler, bu teorinin sadece test edilemediğini ileri sürenlere göre daha açık bir şekilde bu teoriye karşı inkârcı tavır sergilemektedirler. Bu tavrı sergileyenler de, teorinin test edilemeyen iddialarını kullanırlar. Ama bununla yetinmezler ve teorinin test edilemeyen iddialarının bilim dışılığına delil olmasının yanında, teoriyi yanlışlayan delillerin, teorinin reddedilmesini gerektirdiğini de ileri sürerler. Evrim Teorisi'ni reddedenlerin içinde hem teist hem ateist hem de bilinemezci tavır sergileyenlerin olduğu doğrudur. Fakat Evrim Teorisi'ni reddeden en geniş grubu 'teistler' oluşturur. Amerika'da Evrim Teorisi'ne inananların oranının, gerek felsefe alanından gerekse Hristiyan bilim adamları tarafından, 1960'lı yıllardan itibaren bu teoriye getirilen felsefî ve bilimsel eleştiriler sonucunda dikkat çekici bir biçimde düştüğü gözlemlenmiştir. Gallup'un 1982 yılında Amerika genelinde yapmış olduğu araştırmada, Amerikan halkının %44'ünün türlerin birbirlerinden bağımsız yaratıldığına, %38'inin Allah'ın yarattığı bir evrime, %9'unun ise ateistik bir evrime inandığı belirlenmiştir. 1935'te Brigham Young Üniversitesi'nde (Mormon Okulu) insanın evriminin reddedilmesinin oranı %36 iken, bu oran 1973'te %81'e çıkmıştır.

Ateistler, Evrim Teorisi'ni reddettikleri zaman, bu teorinin yerini tutacak, canlıların oluşumunu açıklayacak alternatif bir teori gösteremezler. Evrim Teorisi ortaya konmadan önce ateistlerin büyük çoğunluğu, canlıların 'kendiliğinden türeme' yoluyla oluştuğunu savunmuşlardı. Daha önce değinildiği gibi eski dönemlerde farelerden kurtçuklara kadar birçok canlının sürekli 'kendiliğinden türeme'yle oluştuğuna dair bir inanç vardı. Fakat gelişmiş mikroskopların bulunmasıyla cansız maddeyle canlılık arasındaki uçurumun zannedilenden çok daha büyük olduğu kavrandı; önce kısmen, sonra tamamen 'kendiliğinden türeme'nin imkânsız olduğu anlaşıldı. Böylece canlıların tesadüfen oluştuğunu iddia edenler, tesadüfî bir evrimsel süreçle canlıların oluşumunu açıklamak dışında bir alternatifleri kalmadığını gördüler.

Teistler için ise, durum farklıdır. Onlar, Allah'ın varlığını ontolojilerinin merkezine koydukları için, Yaratıcı-âlem ilişkisinde Allah'ın planı ve kudreti belirleyicidir. Allah isterse her canlıyı birbirinden bağımsız da yaratabilir, isterse her canlıyı birbirinden evrimleştirebilir de. Sonuçta bir teist, Evrim Teorisi'ne karşı 'türlerin bağımsız yaratılışı'nı kabul ettiğinde, ontolojisi gereği 'bağımsız yaratılışı' temellendirebileceği bir varlık anlayışına sahiptir. Bu yüzden teistler Evrim Teorisi'ni çok daha rahat inkâr edebilirler. Ateistler ise, Evrim

Teorisi'nin bilimsel kriterleri karşılamadığını kabul etseler de bu teoriye karşı alternatif bir teori sunamadıkları için bu teoriyi reddetmeleri zordur. Birçok teistin, Evrim Teorisi'ni inkâr etme nedeni işte tam bu noktada ortaya çıkmaktadır. Ateistlerin kabul etmeye mahkûm olduğunu düşündükleri bu teoriyi yanlışlayarak ateizmi de yanlışlayacaklarını düşünmektedirler ki, bu yanlış bir metodolojidir. Dolayısıyla Yaratıcının inkarı meselesi çok boyutlu bir kavram olup, başka faktörleri de içerir (sosyal, ekonomik veya çevresel faktörler gibi). Bu yüzden birçok teist, 'Yaratılış' ve 'Evrim Teorisi'ni birbirine tam zıt iki görüş olarak konumlandırırlar. Bu konumlandırmada bu iki kategori dışında 'teist-evrimci' gibi veya burada göstermeye çalıştığımız diğer kategoriler gibi alternatiflerin varlığını yok sayarlar. Bu, aslında Richard Dawkins gibi 'ateist evrimciler'in de tamamen paylaştığı bir yaklaşımdır. Bu yaklaşımı benimseyen teistler, evrende tasarımı gösteren delilleri sadece 'tasarım delili'nin doğruluğunun ispatı olarak görmezler, aynı zamanda 'tasarım delili'nin ispatını Evrim Teorisi'nin yanlışlanması olarak gördükleri için; bu deliller ile Evrim Teorisi'nin yanlışlandığını da savunurlar:

Örneğin, gözün tasarlandığını gösteren deliller, teizmin ispatı sayılmasının ötesinde Evrim Teorisi'nin reddi olarak da kabul edilir. Gerçi gözün tasarımı, gözün parçalarının yavaş yavaş oluşamayacağı gibi savlarla, mikro mutasyonların toplamıyla evrimin oluştuğunu savunan hâkim evrimci (Yeni-Darwinci) görüşe karşı kullanılabilir. Fakat 'Allah'ın yarattığı bir evrim' anlayışına karşı gözün tasarlandığını ve tesadüf ile doğal seleksiyonun gözü oluşturamayacağını söylemek anlamsızdır; çünkü bu anlayışta evrim kabul edilse de canlıların, tesadüfen değil, Allah'nın evrimi bilinçli bir şekilde kullanmasıyla oluşturulduları savunulur. Fakat Allah'ın yarattığı bir evrim sürecini alternatif olarak görmeyenler, 'tasarım delili'ne ait verileri (bir önceki bölümde bunların ne kadar güçlü olduğu görüldü) sadece ateizme ve naturalizme karşı değil, Evrim Teorisi'ne karşı da kullanılırlar.

"EVRİM TEORİSİ'NİN DOĞRULUĞU VEYA YANLIŞLIĞI BİLİNEMEZ" DİYENLERİN SINIFLANDIRILMASI

Evrim Teorisi'nin doğruluğunun veya yanlışlığının bilinemeyeceğini söyleyenler de bilinemezci, ateist veya teist olarak sınıflandırılabilirler. (Evrim Teorisi'ne karşı bilinemezci/agnostik olmayı ifade etmek için kullanılan 'bilinemezci' ifadesiyle, Allah'ın varlığı hususunda bilinemezci/agnostik olmayı ifade eden 'bilinemezci' ifadesinin karıştırılmamasına dikkat edilmelidir.) Daha önce belirtildiği gibi birçok kişinin teist, ateist veya bilinemezci olmasında Evrim Teorisi'nin etkisi sanıldığı oranda belirleyici olmamıştır. Evrim Teorisi'ne yaklaşımın 'neden', teizm, ateizm veya bilinemezciliğin 'sonuç' olarak görüldüğü yaklaşımlar birçok zaman hatalı olabilmektedir. Bazen teizm, ateizm veya bilinemezcilik 'neden', Evrim Teorisi'ne yaklaşım tarzı 'sonuç' olabilir. Bazen ise, Evrim Teorisi'ne yaklaşım ile teizm, ateizm, bilinemezcilik arasında hiçbir bağlantı bulunmayabilir.

Evrim Teorisi'ne yaklaşım ve Yaratıcı inancı ilişkisindeki tavrın dokuz ayrı kategoride incelenebileceğini gördük. Bu kategorilerde nedensellik ilişkisi açısından üç ayrı alt sınıflama yapılabileceğinin de göz önünde bulundurulması faydalı olacaktır. Bunlar şu şekilde özetlenebilir:

1. Evrim Teorisine yaklaşımın, Yaratıcı inancı konusundaki bir tavra sonuç olması.

2. Evrim Teorisi'ne yaklaşımın, Yaratıcı inancı konusundaki tavra neden olması.

3. Evrim Teorisi ve Yaratıcı inancı arasında neden ve sonuç ilişkisi olmaması.

Birçok kişi; gelenekleri, şahsi tecrübeleri, var oluşsal sebepler ve ailesinin yaklaşımları gibi etkenlerle teist, ateist veya bilinemezci olabilir. Bu kişiler eğer biyoloji ile hiç ilgilenmemişlerse veya biyolojiye ilgileri Evrim Teorisi konusunda bir sonuca varmalarına sebep olmadıysa; Evrim Teorisi'ne karşı bilinemezci bir tavır içinde kalabilirler. Evrim Teorisi'ne karşı bilinemezci bir tavır içinde olanların hepsinin bu teori ile yeterince ilgilenmedikleri için böylesi bir tavrı benimsedikleri düşünülmemelidir. Örneğin, dünyadaki en kalabalık ve en organize dini mezhebin eski lideri olan Papa II. John Paul'un kendi yaşam süresi boyunca hep gündemde olan Evrim Teorisi ile ilgilenmediği düşünülemez. Eğer kendisi bu konuyla yeterince ilgilenmemiş olsa bile, açıklamalarını yaparken danıştığı geniş grup içinde bu konuyla ilgilenmiş pek çok kişi bulunmaktadır. Papa II. John Paul, Evrim Teorisi ile Hristiyanlığın uzlaştırılabileceğini açıklamıştır ama bunun Katolik öğretiler ile çelişmeden yapılması gerektiğini söylemiştir. Papa II. John Paul, Evrim Teorisi'nin din ile uzlaşabileceğini belirtmiş olmakla Evrim Teorisi'ni kabul etmiş değildir. Ama bu teoriyi açıkça kabul etmemesine rağmen, din ile uzlaştırılabilineceğini söyleyerek teoriyi reddetmemesi; sınıflamada Papa'yı 'Evrim Teorisi'ne karşı bilinemezci-teist' bir sınıfa sokmamıza sebep olmaktadır. Popper ve diğer felsefecileri takip ederek Evrim Teorisi'nin yanlışlanamayan bir teori olduğunu söyleyerek Evrim Teorisi'ne karşı bilinemezci bir tavır geliştirenler de olmuştur.

Buna göre Evrim Teorisi ile ilgili iddialar, kendine özgü tek bir süreçle ilgilidir, bunlar ne test edilebilir, ne de bilimsel bir kanun olabilir. Evrim Teorisi'nin yanlışlanamayacağını ileri sürenlerden bir kısmı, bu teorinin yararlı bir hipotez olduğunu ileri sürmek eğilimindeyken, bir kısmı ise yanlışlanamayan bir teorinin bilimselliğin kriterlerine uymadığı için tamamen ortadan kalkması gerektiğini savunmaktadırlar. Görüldüğü gibi, Evrim Teorisi'nin bilimselliğin kriterlerini karşılamadığını söyleyenlerin hepsinin Evrim Teorisi'ne yaklaşımı tamamen aynı değildir. Evrim Teorisi'nin bu kriterlere uymadığını söyleyenler, bu yaklaşımlarına rağmen teoriye sempati besleyebilirler ama rasyonel olarak, en iyi ihtimalle, bu teoriye karşı bilinemezci bir tavır alabilirler. Bilimsellik iddiasındaki bir teoriye bilimselliğin kriterlerine uymadığını söyleyerek inanmak; bu teoriyi dogmalaştırarak veya adeta dinselleştirerek inanmak demektir. Gerek Evrim Teorisi'ne karşı bilinemezci yaklaşım, gerek Yaratıcı inancına karşı bilinemezci yaklaşım ile ilgili tespitlerde bulunmakta, açıkça kabul veya redde nazaran bazı zorluklar vardır.

Bilinemezci yaklaşımın sahipleri, iki şıkkın dışında üçüncü bir şıkkın varlığına inanmazlar. Bu, mantıken de mümkün değildir; çünkü bir önermenin kendisi veya değillemesinden biri mutlaka doğrudur. Bu yüzden 'Evrim Teorisi doğrudur' ve 'Evrim Teorisi doğru değildir' önermeleri ile 'Allah vardır' ve 'Allah yoktur' önermelerinden birer tanesi muhakkak doğrudur. Hepsi birlikte doğru olamaz. Mantık kuralları açısından çelişik önermelerden biri doğru ise, diğeri mutlaka yanlıştır. Bilinemezci yaklaşım, birbirinin değillemesi olan bu görüşlerin dışında bir şıkkın doğruluğunu ileri sürmez; fakat bu şıklardan hangisinin doğru olduğunun bilinememe haline işaret eder. Bilinemezcilerin bir kısmı da, "Ben bilmiyorum!" diyerek pozisyonlarını belirlemişken, bir kısmı ise "Bu bilinemez!" diyerek kendi bilinemezci tavırlarının herkesin paylaşması gerekli doğru tavır olduğunu iddia ederler. "Bu bilinemez!" diyenler, ortaya sürülen iki şıkkın dışında üçüncü bir şıkkın doğruluğunu ileri sürmeden, iki şıkkın da doğrulanamayacağını savunduklarından böylesi bir yaklaşım gösterirler. Felsefî açıdan daha çok dikkate alınması gerekli bilinemezci tavır budur. Bu tavrın içindeki herkes de aynı değildir. Bir kısım, teori ve pratik ayırımı yapmadan bilinemezci tavır içindeyken, bir kısım ise teori ve pratik ayırımı yaparlar ve teoride bilinemezci kalıp, pratik alanı fideist bir yaklaşıma açarlar.

İkinci tavrın, Yaratıcı inancı konusundaki en meşhur örneği Kant'tır; teorik bilinemezciliğin pratik alandaki tavırdan ayrılması yaygın bir tavırdır. Herkesin yaklaşımı, Kant kadar detaylı incelenmemiş ve sistemli olarak ifade edilmemiş olduğundan, bazen bir yazısında bilinemezci bir tavır gösteren kişinin, başka bir yazısında değişik bir tavır gösterme sebebini anlamakta zorluklar olabilmektedir. Bu zorluk; incelenen şahsın, teori ve pratik ayırımı yapmasından da bilinemezci olmakla beraber iki şıktan birine daha çok sempatisi bulunmasından da sonraki fikirlerinin öncekilerden farklılaşmış olmasından da veya kişinin kendi içinde çelişkide bulunmasından da olabilir. İki alternatif görüşü de kabul veya reddetmeden, bu alternatiflerin dışında kalmak hem Evrim Teorisi hem de Yaratıcı inancı açısından mümkün olan bir tavırdır. Her ne kadar Yaratıcı inancı konusunda bilinemezci yaklaşımın mümkün olduğu birçok kişi tarafından vurgulanmış olsa da, aynı tavrın Evrim Teorisi'ne karşı da mümkün olabileceği gereğince işlenmemiş ve göz ardı edilmiştir. Bu alternatif göz ardı edilmeden Evrim Teorisi açısından üçlü bir ayırım, Yaratıcı inancı açısından üçlü bir ayırım yapıp; ikisi açısından ise dokuz tane kategori kabul ederek bu konuyla ilgili düşünce haklı olma ihtimaliyle beraber haklılığı kesin olmayan bir yönü de bulunmaktadır.

'Doğa yasaları'nı sadece bilinen fizik yasalarıyla sınırlarsak bu iddia doğru gözükmektedir. Swinburne'ün de dikkat çektiği gibi, 'doğa yasaları' Newton ve Einstein fiziğinde öngörülenden daha komplike olabilir. Bu yüzden Allah'ın doğrudan veya melekler aracılığıyla müdahalesinin ne şekilde 'doğa yasaları'nın ihlal edilmesi anlamına geldiğini söylemek oldukça zordur. Çünkü 'doğa yasaları'nın ne olduğunu tam olarak bilebildiğimizi söyleyemeyiz. Eğer doğa yasalarının askıya alınması söz konusuysa bile, Allah'ın doğrudan müdahalesinde olduğu gibi (ilk maddede değinilen müdahale şekli), bu aracı varlıklarla müdahale, peygamberlerin aracılığıyla mucizeler gösterilmesi veya türlerin yaratılması gibi durumlar için oluşturulmuş istisnai bir müdahale şekli olarak düşünülebilir.

Buraya kadar incelenen üç madde, klasik fiziğin determinist anlayışına uygun şekilde işleyen evrende, türlerin yaratılışı ve mucizelerin oluşumunun nasıl açıklanabileceği ile ilgiliydi. Diğer yandan, fiziğin 20. yüzyıldaki gelişiminden sonra, klasik fiziğin determinist anlayışı sorgulanmaya ve doğa yasalarının aslında 'olasılıksal yasalar' olduğu söylenmeye başlanmıştır. Bu yaklaşım, doğa yasalarının Allah'ın daha geniş bir sisteminin parçası olduğuna veya baştan müdahaleye vurgu yapmaya gerek bırakmadan, 'mucize' olarak nitelendirilen ilâhî müdahalelerin nasıl gerçekleşmiş olabileceğini açıklamak için olanaklar sunmaktadır.

ALLAH'IN VARLIĞIYLA EVRİM TEORİSİ ÇELİŞİR Mİ?

Aslında, Evrim Teorisi ortaya atılmadan önce bile, Allah'ın varlığına bilimsel delillerle isbat yöntemini öneren ve alternatif yaratılış modelleri öneren birçok bilim adamı vardı. Örneğin, bunların en önemlilerinden birisi olan ünlü matematik ve fizikçi Isaac Newton'dur. Newton'a göre, kainatta gördüğümüz bu kusursuz yaratılışın ve aynen mükemmel bir saatin çarkları gibi işleyen evrensel kanunların; vahiy bilgileri öğretmeseydi bile, insanın bir yaratıcının var olması gerektiği fikrine götürmesi için yeterli sebepleri vardı. Gerçi, Newton kendi zamanında pek çok hristiyan bilim adamından farklı olarak teslis inancını ta başından beri kabul etmese ve tanrının tek olması gerektiği fikrini kendi içinde gizlese de; kainattaki var olan bu kusursuz kanunlardan ve matematiksel yapıdan hareket ederek, bir insanın dini bilgileri çok fazla olmasa bile, evrendeki yapıları deney ve gözlemlerle inceleyerek ona ulaşılabileceğini isbat eden ilk ve belki de en önemli bilim adamıydı.

Bu bilimsel yaklaşıma göre, gerçekte her insanın içinde Evrim teorisi olmasa bile, yaratılışa ilişkin bir var edici kusursuz güç tasavvuru mutlaka bulunmaktadır. Örneğin, bir kunduracı için tüm kainat kendi zihninde tasarladığı mükemmel bir ayakkabı dükkanı ve tüm sanatlı ayakkabılar da bu dükkanın sahibi olan kusursuz bir ustanın sanat eserleridir. Veya, bir marangoz için tüm kainat kendi zihninde tasarladığı mükemmel bir atölye ve onun sahibi de kusursuz ve tüm bu atölyedeki alet edevatlarla makineları en uygun bir şekilde kullanabilen usta bir zanaatkardır. Veya, bir asker için tüm kainat muntazam, çok düzenli bir kışladır. Bu kışladaki tüm askerlerin idaresini elinde tutan ve her türlü savaş aletleri ile kışlanın tertibatının en iyi şekilde bilen üstün güç ise, bu kışladaki en yüksek rütbeli, maharetli ve çok zeki bir komutandır. Veya bir astronom için kainat gayet muntazam bir şekilde hareket eden kusursuz gök cisimleriyle donatılmış muazzam bir gözlemevi ve bu rasathanenin her köşesini bilen en kıdemli müdürü ise, yaratıcı üstün bir güçten başkası olmamalıdır. Veya, bir fizikçi için mükemmel bir laboratuar, bir biyokimyager için mükemmel bir eczane, bir mühendis için mükemmel bir fabrikadır ve hakeza.. Burada, bunlara benzer sayısız örnek verebiliriz. Bu örneklerin her birisine dikkat ettiysek, aynen bir kişinin evrim teorisini kendi zihnindeki inanç tasavvuruna göre tasvir etmesi gibi; her bir meslek sahibinin veya ideolojinin veya bilim dalının yaratıcıyı kendi görüş zaviyeleri çerçevesinde tasvir ettiğini düşünebiliriz.

Fakat, burada yapılan ilk hata 'Allah vardır' önermesi ile 'Evrim Teorisi doğrudur' önermelerinin birbirlerinin tersi olarak sunulmasıdır; böyle bir sunumda bu önermelerden herhangi birinin 'saçmalığa indirgenme'si (*reductio ad absurdum*), diğerinin doğruluğunun delili olarak sayılır. Çünkü, bu önermelerden her biri diğerinin 'değillemesi' olarak ele alındığı için, 'değillemenin değillemesi' öbür önermenin doğruluğunu verecektir. Mantık kuralları, birbirleriyle çelişik iki önermeden biri doğruysa diğerinin mutlaka yanlış olduğunu söyler. Bu mantığın doğruluğunu savunanlar, Yaratıcı kavramının açılımının Allah'ın evreni tasarımladığı sonucuna götürdüğünü, Evrim Teorisi'nin savunulmasının ise evrenin tesadüfen oluştuğunun, yani tasarımlanmadığının savunulmasının tek yolu olduğunu düşünmektedirler. Bu mantığın doğru bir yönü olmakla beraber önemli bir yanlışı da vardır. O da şudur: Sırf maddî evren içinde kalındığında, 'tesadüfen oluşum'u savunanların Evrim Teorisi'ni savunmak dışında bir alternatifleri olmadığı anlaşılmaktadır: On binlerce kez göz ve kanat gibi organların ayrı ayrı oluşumunu 'tesadüflerle' izah etmek tamamen saçma görünecektir. Bu organların kompleks yapılarının ve mikro seviyedeki hücrelerinin içinin tasarımının mükemmelliğinin anlaşılmadığı bir dönemde 'kendiliğinden türeme' yoluyla 'tesadüfî oluşum' savunulmuştu. Ancak gelişen bilimsel veriler 'kendiliğinden türeme' ile canlıların oluşumunu savunmayı tamamen imkânsız kılmıştır. 'Kendiliğinden türeme'yi savunamayacak olan ateistlerin, Evrim Teorisi'ni savunmak veya canlıların orijinini tamamen bilinemezciliğe terk etme dışında bir seçenekleri yoktur.

Canlıların orijinine bilinemezci yaklaşım ise, sadece tavırsal bir alternatiftir; Evrim Teorisi'ne veya 'türlerin bağımsız yaratılışı'na karşı bir seçenek getirme anlamında alternatif değildir. Sonuçta Evrim Teorisi'nin yanlışlanması, 'Yaratış' dışında bir alternatif bırakmadığı için; Allah'ın varlığını ispatladığı söylenebilir. Ama bunun tersinin, yani Evrim Teorisi'nin doğrulanmasının, Allah'ın varlığını yanlışladığını söylemek mümkün değildir. Çünkü birçok kişinin kabul ettiği gibi pekâlâ Allah'ın yarattığı bir evrim de mümkündür. Bazı teistler "Allah canlıları neden evrim ile yaratsın ki? veya buna ihtiyacı var mı?" diye sorabilir ama kanaatimizce hiçbir teist "Allah, istese de canlıları evrim yoluyla yaratamaz!" diyemez ve 'Allah canlıları neden evrimle yaratmasın ki?' sorusunu da aynı şekilde sormak pekâlâ mümkündür. Sonuçta eğer Allah'ın yarattığı bir evrim mümkün ise, o zaman "Allah vardır" ve "Evrim Teorisi doğrudur" önermeleri birbirlerinin değillemesi olamazlar. Evrim Teorisi'nin yanlışlanması, Allah'ın varlığını ispat ediyor olsa bile; bu, Allah'ın varlığı ispat edildiğinde Evrim Teorisi'nin reddedilebileceğini göstermez. Fakat "Allah vardır" önermesinin eğer değillemesi yapılabilirse, o zaman Evrim Teorisi anlayışı alternatifsiz kalmış olur. Çünkü, Allah'ın yer almadığı bir ontolojide Evrim Teorisi'ne bir alternatif üretmek mümkün gözükmemektedir.

Sonuç olarak bir teistin, Evrim Teorisi'ne hem inanması hem inanmaması hem de bu teoriye karşı bilinemezci bir tavır içinde kalması mümkündür; Evrim Teorisi'ne inanan birinin ise teist veya ateist veya bilinemezci olması mümkündür. Evrim Teorisi'ni reddeden birinin ise, ya teist olması ya da bilinemezci bir tavır içinde kalması gerekir. Bir materyalist-ateist (en yaygın ateist tipi), Evrim Teorisi'ne karşı olur ise bu teorinin alternatifini savunacak bir ontolojiyi göstermesi mümkün gözükmemektedir. Aynı şekilde Evrim Teorisi'ni reddedenlerin de Richard Dawkins'in dediği gibi, Yaratıcı merkezli bir ontolojinin temellendirdiği tasarıma karşı gösterecek hiçbir ciddi alternatifi gözükmemektedir.

'Evrim Teorisi'ni reddeden-ateist' kategorisinde Comte gibi çok etkili bir ateist yer alsa da, tüm kategoriler içinde en savunulamayacak kategori budur. Teistlerin dikkat etmeleri gerekli husus, Evrim Teorisi'ne ateistlerin adeta mahkûm olmasının, teistlerin bu teoriyi inkâr etmesi için yeterli sebep olmadığıdır. Aslolan bu teorinin doğru olup olmadığıdır. Eğer bu teori doğru ise ve teizm, sırf ateizmin bu teoriye mahkûmiyetinden dolayı bu teoriyi reddediyorsa; o zaman teizmin bu teorinin yanlışlanmasına ihtiyacı olduğu gibi isabetsiz bir sonuç çıkarılacaktır (ne yazık ki, bunun gerçekleştiğine tanık olmaktayız). Bu ise, teorinin doğrulandığına dair iddiaların, sanki Allah'ın varlığını yanlışlamayı da içerdiği gibi hatalı bir anlayışa sebep olacaktır. Bazı dindarların ve Evrim Teorisi'ne inananların (teist veya ateist) arasındaki gerilimlerin en önemli kaynaklarından biri de işte bu yanlış anlayıştır. Bu yüzden bu noktayı bir kez daha vurgulamak istiyorum: Evrim Teorisi'nin doğruluğunun ispatı Allah'ın varlığının inkârını gerektirmez.

Aslında, Evrim Teorisi'ne en tarafsız gözle bakma imkânına sahip olanlar teistlerdir. Çünkü teist ontoloji, Evrim Teorisi'ni hem kabul edecek hem reddedecek hem de bu teoriye karşı bilinemezci bir tavır içinde kalacak imkânı içinde barındırır. Oysa, ateistlerin aynı objektif tavrı Evrim Teorisi'ne karşı göstermeleri kolay değildir. Çünkü materyalist-ateist ontoloji, birbirlerinden bağımsız ortaya çıkan canlı türlerini sadece maddî evren içinde kalarak açıklama konusunda Evrim Teorisi dışında bir alternatife sahip değildir. Bu husus, 'teistlerin Evrim Teorisi'ne önyargılı yaklaştığına' dair genel önyargıya tamamen zıt bir durumu ifade etmektedir. Pratikte durum her ne olursa olsun, teistler ateistlere göre Evrim Teorisi'ne daha objektif yaklaşabilecek bir pozisyondadırlar. Bu yüzden, teistlerin ontolojilerinin elverdiği objektiflikten faydalanmaları ve sırf ateistleri zora sokmak endişesiyle Evrim Teorisi'ni reddetmeye çalışmamaları gerekir. Ancak objektif yaklaşımlarının sonucunda teorinin yanlış olduğuna kanaat getirirlerse, bilimsel itirazlarını açıkça ortaya koymalıdırlar. Çünkü bir teist, Evrim Teorisi'ni alternatifsiz bir teori olarak görmek zorunda değildir. Bir teist için, Evrim Teorisi'nin doğruluğu veya yanlışlığı, Allah'ın varlığına veya yokluğuna dair bir mesele olarak değil; Yaratıcı-evren ilişkisinde 'Allah'ın canlıları hangi yöntemle yarattığının' belirlenmeye çalışılmasına dair bir mesele olarak görülmelidir. Bu yüzden bu teori, bilim felsefesinden ve bilimin doğasından gelen yöntemlerle önyargısız bir şekilde sorgulanmalıdır. Fakat ateistlerin aynı objektifliği gösterecek bir inanca sahip olmadıkları da hatırlanmalıdır. Çünkü bu teorinin doğru olmadığına dair varacakları bir sonucun rasyonel düşünce mantığı gereği; ateistlerin inançlarını değiştirmesidir.

OLASILIKSAL YASALAR VE MUCİZELER

Fizikteki yasaların olasılıksal karakteri, ilk olarak 19. yüzyılın sonunda, fiziğin en temel yasalarından olan (kimilerince en temel yasası) entropi yasası ile açığa çıkmıştır. Termodinamiğin ikinci yasası olan entropi yasası özellikle Clausius'un çalışmaları sayesinde 19. yüzyılın ikinci yarısında ortaya konuldu; 'entropi' terimini ilk kullanan da odur. Bu yasayla, enerjinin, sürekli, daha çok kullanılabilir bir formdan daha az kullanılabilir bir yapıya doğru değiştiği söylenir. Kısacası, evrende düzensizlik sürekli artmaktadır ve bu tek yönlü tersinemez bir süreçtir. Evrendeki enerjinin tüm değişmelere karşı sabit kaldığını söyleyen birinci yasa bir eşitlikle belirtilmesine karşın, evrendeki enerjinin sürekli daha düzensiz bir hale gittiğini söyleyen (düzensizliğin artışı, entropinin artışı veya pozitif entropi değişikliği olarak ifade edilir) ikinci yasa eşitsizlikle belirtilir. Aslında Clausius başta, 'enerjinin korunumu yasası' gibi 'entropinin korunumu yasasını' bulacağını umuyordu ama sonuçta evrenin, 'entropinin korunmaması yasası' ile yönetildiğini gördü. Bunu ifade eden formülde, evrendeki entropinin (S), değişiminin (Δ) sürekli olarak tek yönlü ve artış halinde olduğunun belirtilmesi için sıfırdan büyük olduğu söylenir. Formül kısaca şöyledir:

$\Delta S_{Evren} \geq 0$

Einstein'a göre, Newton mekaniğinin en büyük başarısı ısı hareketlerine uygulanmasıdır; bu başarı moleküllerin davranışlarını açıklayan kinetik teoride ve mikroskobik yapılardan hareketle makroskopik sistemleri açıklamayı amaçlayan istatistiksel mekanikte gözlemlenir. En ünlü fizikçilere göre, fiziğin en temel yasası olan entropi; başarılı bilimsel bir teori olmak için farklı bilim felsefecilerince ortaya konmuş olan gözlem ve deneye dayanma, yanlışlanabilme, öngörü yeteneği, başarılı matematiksel açıklama gibi kriterlerin hepsini de karşılar. Fakat ilginç bir şekilde, bu kadar kesin bir yasa olan entropi, aslında olasılıksal bir yasadır. Isının tek yönlü akışı gibi moleküllerin dağılmasına (*diffusion*) yönelik hareketlerde, her bir molekülün hareketini hesaplamak imkânsızdır. Söz konusu olan katrilyonlarca molekülden çok daha fazlasıdır; bu moleküllerin birbirleriyle çarpışmaları gibi etkenleri, her bir molekül için hesaplamak mümkün değildir. Fakat söz konusu olan o kadar çok moleküldür ki, dağılmaya bağlı olasılıkçı entropi kanunları hep güvenilir sonuç verir.

Örneğin, Dünyadaki hava moleküllerini ele alalım, aslında çok düşük bir olasılık olarak, dünyadaki hava moleküllerinin Atlantik Okyanusu üzerinde toplanması ve tüm dünyanın havasız kalması olasılığı vardır; fakat bu olasılık imkânsız denecek kadar azdır ve korkulacak bir şey yoktur. George Gamow, tek bir odadaki hava moleküllerinin, odanın tek bir yarısında toplanma olasılığının bile adeta imkânsız olduğunu şu şekilde göstermiştir: Bir odada yaklaşık 10^{27} (milyar x milyar x milyar) molekül vardır. Her bir molekül için odanın bir yarısında bulunmanın olasılığı ½ olduğundan, tüm moleküller için bu olasılık $(1/2)^{10^{27}}$'dir; bu ise $(10)^{3 \times 26}$'da 1'dir. Hava moleküllerinin saniyede 0.5 km hızla hareket ettikleri ve 0.01 saniyede odadaki dağılışlarının 100 kez karıştığını hatırlayalım. Tüm bu moleküllerin odanın bir yarısında toplanması için gereken süre; $10^{299.999.999.999.999.999.999.999.998}$ saniyedir, eğer bu süreyi evrenin yaklaşık olarak toplam yaşı olan 10^{18} saniye ile mukayese edersek, neden böylesi bir olasılığa imkânsız dediğimiz anlaşılabilir.

Gamow'un tek bir odanın bir yarısında moleküllerin toplanmasının olasılıksal imkânsızlığı için (matematikte 10^{50}'de 1'den küçük olasılıkların genelde imkânsız kabul edildiğini hatırlayalım) verdiği örneğe bakarak, dünyanın tüm havasının Atlas Okyanusu üzerinde toplanmasından bahseden örneğin ne kadar imkânsız olduğu rahatça anlaşılabilir. Moleküllerin dağılımında ortaya çıkan bu tip hesaplar, entropi yasasının olasılıksal bir yasa olmasına karşın neden en kesin fizik yasası olarak görüldüğünü ortaya koymaktadır.

Entropi yasası ile en temel doğa yasalarının deterministik bir nedensellikle beraber olasılıkçı bir tarzda işlediği anlaşılmıştır. Buna göre, demin bahsedilen Atlantik Okyanusu üzerinde tüm havanın toplanması gibi olasılıklar, bilimsel yasalara ters olduğu ve olasılığı mevcut olmadığı için değil, bu olasılık çok çok düşük olduğu için dikkate alınmazlar. Fakat olasılığın düşüklüğü, olasılıkların rastgele gerçekleştiği düşünülerek ifade edilir. Rastgele atılan bin zarın altı gelme olasılığı çok düşüktür, ama zarları bilinçli bir şekilde altı olarak koyabilen biri için düşük olasılıklar bağlayıcı değildir. Teizm, Yaratıcı'yı evrenin yaratıcısı, doğa yasalarının koyucusu ve koruyucusu olarak görür. Bu anlayışa sahip biri, doğadaki oluşumların olasılıklarının belirleyicisi olarak Allah'ı görüp mucizeleri açıklayabilir. Böylesi bir mucize açıklaması, doğa yasalarının ihlali anlamını taşımayacağı için, daha önce doğa yasalarının ihlali hakkında bahsedilen itirazların hiçbiri bu anlayışa karşı ileri sürülemez. Hiç şüphesiz dindar bir kişi, dindar bir topluluğu yok etmek için gelen düşman bir topluluğun havasız bırakılmak suretiyle öldürülüşünü 'mucize' olarak nitelendirecektir; fakat görüldüğü gibi böylesi bir olgunun gerçekleşmesi için doğa yasalarının ihlal edilmiş olması gerekmez. Özellikle şunu belirtmekde fayda var: Burada, Allah'ın mucizeleri böyle gerçekleştirdiğini veya gerçekleştirmediğini ileri sürmek yerine, Doğa yasaları içinde mucizenin mümkün olduğunu göstermek daha doğrudur ve mutlaka Allah'ın bu şekilde mucizeleri oluşturduğu anlamını taşımaz. Fakat doğa bilimlerindeki gelişmelerle ortaya çıkan evren tablosu, düşük olasılıklar olarak mucizeleri içinde barındırdığını ve böylesi bir mucize anlayışının, mucizelere karşı getirilen 'doğa yasalarına aykırı olma' itirazını geçersiz kılacağını görmek gerekir.

Spinoza ve Schleiermacher gibi doğa yasalarının ihlal edilmesini kabul edemeyenler de, ortaya çıkan bu sonuç karşısında Kutsal Metinler'in mucize anlayışını kabul edebilirler. Örneğin, entropi yasasında çok önemli bir yere sahip olan, yüksek sayıdaki moleküllerin hareket tarzını ve Hz. Musa'nın denizi yarmasını bir arada düşünelim. Aslında, denizin içinde rastgele hareket eden birçok molekül vardır. Denizin ortasından çizilen hayali bir çizginin sağındaki moleküllerin istisnasız hepsinin daha sağa, soldaki moleküllerin istisnasız hepsinin daha sola hareket ettiğini düşünebiliriz. Moleküllerin böylesi bir hareketinde deniz yarılır ve de hiçbir bilimsel yasa ihlal edilmemiş olur. Bu tarz durumları göremiyor olmamızın sebebi bunların olası olmaması değil, olasılığının imkânsız denecek kadar düşük olmasıdır. Ama olasılıkların bilinçli seçicisi olarak Allah'ı gören bir anlayış için, olasılıkların düşük olması sorun olmayacaktır. Hatırlarsak, bazı basit doğa yasalarında bile ne kadar düşük olasılıklar söz konusu olabiliyordu. Fakat böylesi bir mucize oluşumunda, Allah'ın müdahalesi doğrudan gözlemlenemez; gözlenen, doğada ortaya çıkan beklenmeyen ve sıra dışı olan, fakat doğanın yasalarına da aykırı olmayan nadir bir olgudur. Mucizenin oluşumu, çok çok düşük olasılıkların seçimi ile gerçekleştiği için bu anlayış; mucizelerin olağanüstülüğüne gölge de düşürmez. Görüldüğü gibi, determinist bir evren tablosu ve Newton ile Einstein'ın formülleriyle uyumlu bir evrende bile mucizenin yeri vardır.

20. yüzyılda ortaya konan kuantum formülleriyle ise, evrenin tamamen indeterminist (önceden belirlenemez ve bilinemez) ve olasılıksal yapıda olduğunu ileri sürenler olmuştur. Burada Kuantum Teorisi'nin bu yorumu üzerinde ittifak olmadığını ve en ünlü fizikçilerin bile bu konuda birbirlerine muhalefet ettiklerini belirtmeliyiz. Kuantum belirsizliklerinin (*uncertainty*); bizim bilgi eksikliğimizden kaynaklanıp sübjektif-indeterminist bir duruma mı, yoksa doğada gerçekten var olan objektif-indeterminist bir duruma mı karşılık geldiği halen tartışılmaktadır. Doğanın objektif/indeterminist yapıda olduğunu düşünen yaklaşım, Allah'ın evrene

müdahalesinin bu 'belirsizliklerin belirlenmesi' suretiyle gerçekleştiğinin düşünülmesine olanak verir.

Sonuçta, olasılıksal yasalarla işleyen bir evrende doğa yasalarına uygun ilâhî müdahale 'olasılıklardan belli olasılığın seçilimi' ile temellendirilebilecekken; belirsizliklerin olduğu bir evrende ilâhî müdahale 'belirsizliğin belirlenmesi' ile açıklanmaya çalışılabilir. Kaos Teorisi ile ilgili çalışmalarda da gösterildiği gibi, evrenin bir yerindeki çok küçük sayılabilecek bir değişim bile evrenin başka yerinde çok büyük değişimlere sebebiyet verebilir. Kelebek Etkisi (*Butterfly Effect*) ismiyle meşhur olan bu yaklaşıma göre, Şam'da kanatlarını çırpan bir kelebek İstanbul'da bir kasırgaya sebebiyet verebilir. Sonuçta ilâhî müdahale ile Allah'ın tüm evreni kuşatan bilgisi birleştirilirse, bir kelebeğin yönünü değiştirecek kadar bir müdahale ile -kelebeğin zihninde kuantum seviyesinde yapılacak müdahalelerle bir yönlendirme veya kuantum seviyesinde müdahalelerle bir hava akımı oluşturup kelebeğin yönü değiştirilerek- Kutsal Metinler'de bahsedilen, bazı kavimlerin yok edilmesine sebebiyet verecek nitelikte bir kasırganın nasıl oluşturulduğu izah edilebilir. Kelebek Etkisi ile ifade edilen etki 'başlangıç durumundaki şartlara hassas bağımlılık' olarak da dile getirilir. Fizikte bunun önemi anlaşılmadan önce, halk arasında böylesi bir etkinin varlığı sağduyu ve basit gözlemlerle fark edilmişti. Halk arasındaki şu söz de bunu ifade etmektedir:

> *"Bir mıh bir nal kurtarır,*
> *Bir nal bir at kurtarır,*
> *Bir at bir er kurtarır,*
> *Bir er bir cenk kurtarır,*
> *Bir cenk bir vatan kurtarır!"*

Kaos Teorisi'nde, Kelebek Etkisi determinist yasalar çerçevesinde ele alınır. Kaos Teorisi ile Kuantum Teorisi bir arada ele alınırsa, büyük sonuçlar verecek ufak değişimler, Allah'ın 'belirsizlikleri belirlemesi' ile açıklanmaya (indeterminizm sürece dâhil edilmeye) çalışılabilir. Burada önemli nokta, 'aşağıdan-yukarı bir etki'nin ne kadar önemli sonuçlar verebileceğini görebilmektir. Maddenin küçük parçacıkları, etraflarındaki küçük parçacıklarla ve ortamla, çarpışma şeklindeki ilişkilerinde, bize göre kısa bir süre olan birkaç saat içinde katrilyonlarca ilişkiye girerler. Kuantum Teorisi'nin gösterdiği gibi evrensel yasalar özlerinde olasılıksal bir yapıya sahipse, katrilyonlarca sayıdaki etkileşim esnasında olasılıklara müdahaleyle çok büyük bir fark oluşturulabilir. Dünyanın etrafında uçan ve aynı yere gelen bir roketi düşünelim; eğer bu roketin yörüngesi derecenin trilyonda biri kadar sapış gösterirse ilk turda önemli bir fark olmaz, ancak trilyon tur sonra bir derece fark oluşur, 90 trilyon defada eski yörünge tam dikine kesilecek, 180 trilyon defada tam ters yönde aynı yörüngeyi takip edecek kadar fark oluşur. Olasılıklara bilinçli müdahale ile yapılacak küçük değişiklikler, çok yüksek sayıda tekrarlandığında ve bilinç ile bir amaca göre olasılıklar seçildiğinde; çok büyük değişiklikler ve umulmadık sonuçlar oluşabilir.

Entropi yasasının olasılıksal yapısı ile Kuantum Teorisi'nin olasılıksal yapısı ve bunlara dayalı mucize temellendirmelerinde altı çizilmesi gereken önemli bir fark vardır. Entropi yasasını göz önünde bulundurarak verilen örneklerdeki gibi, mucize tanımlamaları, determinist bir evrende 'olasılıkların seçilmesi' ile mucizelerin nasıl oluşabileceğini gösterir. Kuantum Teorisi göz önünde bulundurularak yapılan mucize tanımlamalarıysa, indeterminist bir evrende 'belirsizliklerin belirlenmesi' suretiyle mucizelerin nasıl oluşabileceğini gösterir. Entropi yasasında olasılıklar ve şans, epistemolojik durumumuzdan kaynaklanır; Kuantum Teorisi'nde ise olasılıklar ve şansın, epistemolojik mi ontolojik mi olduğu tartışılmalıdır.

Determinist bir evrende ise, eğer doğa yasalarını ihlal etmeyen bir Yaratıcı anlayışı savunulacaksa; o zaman ya Leibnizci bir tarzda Allah'ın, baştan evrendeki bütün müdahaleleri yaptığı ve zamanı geldiğinde imkân olarak mümkün olan mucizelerin gerçekleştiğini veya indeterminist sisteme melekler gibi dâhil olan ve bu sistemin -bilimsel olarak tespit edilemeseler de- bir parçası olarak, 'Sünnetullah' çerçevesinde mümkün olan olasılıklardan seçilenlerinin gerçekleştirilmesini sağlayan aracıları kabul etmemiz gerekir. Oysa Kuantum Teorisi'nin en çok kabul edilen yorumundan esinlenerek evrende 'objektif belirsizlikler'in varlığını kabul edersek; Allah'ın, baştan müdahale etmeden veya melekler gibi varlıkları determinist sistemin kurallarının içine dahil etmeden de doğa yasalarını askıya almayarak 'mucizeler'i gerçekleştirdiği savunulabilir. Buna göre, entropi yasasına dayanarak daha önce verdiğimiz iki örnekteki moleküllerin, bu sefer 'belirsizliklerin belirlenmesi' suretiyle hareket ettirilip mucizeler oluşturulduğu savunulabilir: İlk örnekteki hava molekülleri, 'belirsizliklerin belirlenmesi' suretiyle yönlendirilip peygamberin düşmanlarını yok edilebilir. İkinci örnekteki, gibi ise 'belirsizliklerin belirlenmesi' suretiyle Hz. Musa'nın önündeki denizin su moleküllerinin sağa ve sola doğru hareketi gerçekleştirilebilir.

KUTSAL METİNLER VE TÜRLERİN YARATILIŞI

Daha önce de vurgulandığı gibi dinler, aracı sebepler ile yaratılan her şeyi Allah'ın yaratmasının bir parçası olarak görürler. Çünkü, aracı olarak kullanılanlar da tüm süreç de Allah'ın eseridir; ilk kiraz ağacı gibi, tüm kiraz ağaçları ve meyveleri de yaratılmışlardır. Bu yüzden, insan türünü paranteze alırsak, diğer türlerin birbirlerinden evrimleşmiş olmasının, Yaratıcı inancı ve Kutsal Metinler açısından bir sakıncasının gösterilemeyeceğini rahatlıkla söyleyebiliriz. Bir anne ve babadan doğan canlı, Kutsal Metinler açısından, türün ilk yaratılmış üyesi olduğu kadar Allah'ın yaratmasının da bir eseridir. O zaman, dinler için her canlının 'bağımsız yaratılışı'nı savunmak bir ihtiyaç değildir. Bir anne ve babadan doğmuş olmak dinler için nasıl aracı sebep olup, Allah'ın yaratmasına ters düşmüyorsa; bir türün diğer bir türden oluşumunu (evrimini) da, bu yaratma kapsamında aykırı görmek için bir sebep yoktur. Kutsal Metinler'de birçok zaman aracı sebeplerle oluşan olaylar -yağmur yağması, bitkilerin büyümesi, canlıların rızıklanması gibi- Allah'ın yaratması sonucu gerçekleştirdiği süreç ve olaylar olarak sunulur. Kutsal Metinler bu tip anlatımlarla doludur.

Kutsal Kitabın ilk kısmını oluşturan Yaratılış (Tekvin) Kitabı 1. ve 2. Bâblarında ise, Dünyanın ve Âdem ile Havva'nın yaratılması detaylı bir şekilde anlatılır. Özellikle Eski Ahit'in ilk kısımlarından evrenin yaratılışından dünyada canlılığın başlamasına kadar altı evrenin geçtiği ve ilk insan olan Hz. Âdem'in dünyada topraktan yaratıldığı belirtilir. Eski Ahit'in bu ifadeleri Kur'ân'da bahsedilen Yaratılış öyküsüyle de uyuşmaktadır. Burada yer alan ifadelerin bir kısmı Kur'ân'la da benzerlik gösterir. Örnek olarak bu Metinler'den Kutsal Kitap ve Kur'ân'da yer alan birkaç pasajı inceleyelim:

Dünyanın Yaratılışı

"**Başlangıçta Allah Göğü ve Yeri yarattı. Yer boştu, yeryüzü şekilleri yoktu; engin karanlıklarla kaplıydı. Allah'ın Ruh'u suların üzerinde dalgalanıyordu** (Benzer ifade Kur'ân'da, "Arşı su üstündeydi" veya "Rahman Arşı istiva etmişti" şeklinde geçer).

Allah "Işık olsun" diye buyurdu ve ışık oldu. Allah ışığın iyi olduğunu gördü ve onu karanlıktan ayırdı (Karanlık madde ile ışık yayan maddi evrenin ayrılması. Benzer ifade, Kur'ân'da "Gökleri ve yer, bitişikken onları ayırdık" şeklinde geçer). **Işığa "Gündüz", karanlığa "Gece" adını verdi. Akşam oldu, sabah oldu** (Buradaki akşam ve sabah kelimeleri, dualiteden kaynaklı, geçen zamanın iki aşamadan oluştuğuna dikkat çeker. Ancak bu akşam ve sabahtan oluşan bir günlük süre, bizim anladığımız şekliyle dünyevi bir günü oluşturan 24 saatlik bir süre olmayıp; geçen her bir devrede farklı süreler alan milyarlarca ya da milyonlarca yıl süren devrelere işaret eder) **ve ilk gün oluştu.**

Allah, "Suların ortasında bir kubbe olsun, suları birbirinden ayırsın" diye buyurdu. Ve öyle oldu. Allah Gökkubbeyi (Atmosfer) yarattı. Kubbenin altındaki suları üstündeki sulardan ayırdı. Kubbeye "Gök" adını verdi. Akşam oldu, sabah oldu ve ikinci gün oluştu.

Allah, "Göğün altındaki sular bir yere toplansın, kuru toprak görünsün" (karaların oluşması) diye buyurdu ve öyle oldu. Kuru alana "Kara", toplanan sulara "Deniz" adını verdi. Allah, "Yeryüzü bitkiler, tohum veren otlar, türüne göre tohumu meyvesinde bulunan meyve ağaçları üretsin" diye buyurdu ve öyle oldu. Yeryüzü bitkiler, türüne göre tohum veren otlar, tohumu meyvesinde bulunan meyve ağaçları yetiştirdi. Akşam oldu, sabah oldu ve üçüncü gün oluştu.

Allah şöyle buyurdu: "Gökkubbede gündüzü geceden ayıracak, yeryüzünü aydınlatacak ışıklar olsun. Belirtileri mevsimleri, günleri, yılları göstersin." Ve öyle oldu. Allah büyüğü gündüze, küçüğü geceye egemen olacak iki büyük ışığı ve yıldızları yarattı. Yeryüzünü aydınlatmak, gündüze ve geceye egemen olmak, ışığı karanlıktan ayırmak için onları gökkubbeye yerleştirdi. Akşam oldu, sabah oldu ve dördüncü gün oluştu.

Allah, "Sular, canlı yaratıklarla dolup taşsın, yeryüzünün üzerinde, gökte kuşlar uçuşsun" diye buyurdu. Allah büyük deniz canavarlarını, sularda kaynaşan canlıları ve uçan çeşitli varlıkları yarattı. Allah "Verimli olun, çoğalın, denizleri doldurun, yeryüzünde kuşlar çoğalsın" diyerek onları kutsadı. Akşam oldu, sabah oldu ve beşinci gün oluştu.

Allah, "Yeryüzü çeşit çeşit canlı yaratık, evcil ve yabanıl hayvan, sürüngen türetsin" diye buyurdu. Ve öyle oldu. Allah çeşit çeşit yabanıl hayvan, evcil hayvan, sürüngen yarattı. Allah, "İnsanı kendi suretinde yaratmak istedi". "Denizdeki balıklara, gökteki kuşlara, evcil hayvanlara, sürüngenlere, yeryüzünün tümüne egemen oldun" istedi. Böylece Allah insanı kendi suretinde yarattı ve insan onun suretinde yaratılmış oldu. İnsanları erkek ve dişi olarak yarattı. Onları kutsayarak, "Verimli olun, çoğalın" dedi. "Yeryüzünü doldurun ve denetiminize alın; denizdeki balıklara, gökteki kuşlara, yeryüzünde yaşayan bütün canlılara egemen olun. İşte yeryüzünde tohum veren her otu, tohumu meyvesinde bulunan her meyve ağacını size veriyorum. Bunlar size yiyecek olacak. Yabanıl hayvanlara, gökteki kuşlara, sürüngenlere –soluk alıp veren bütün hayvanlara- yiyecek olarak yeşil otları veriyorum". Ve öyle oldu. Akşam oldu, sabah oldu ve altıncı gün oluştu.

Gök ve yer bütün öğeleriyle tamamlandı. Yedinci güne gelindiğinde Allah, yapmakta olduğu işi bitirdi (Yani Kâinatın yaratılmasını tamamladı). Yedinci günü kutsadı ve onu kutsal bir gün olarak belirledi."

(Eski Ahit, Yaratılış; 1:1-31)

Âdem ile Havvanın Yaratılışı

"Göğün ve yerin yaratılış öyküsü: RAB Allah göğü ve yeri yarattığında, yeryüzünde yabanıl bir fidan, bir ot bile bitmemişti. Çünkü RAB Allah, henüz yeryüzüne yağmur göndermemişti. Toprağı işleyecek insan da yoktu. Yerden yükselen buhar bütün toprakları suluyordu. RAB Allah, Âdem'i topraktan yarattı ve burnuna yaşam soluğunu üfledi. Böylece Âdem yaşayan canlı varlık oldu. RAB Allah doğuda, Aden'de bir bahçe dikti. Yarattığı Âdem'i oraya koydu. Bahçede iyi meyve veren türlü türlü güzel ağaç yetiştirdi. Bahçenin ortasında yaşam ağacıyla iyiyle kötüyü bilme ağacı vardı.

Aden'den bir ırmak doğuyor, bahçeyi sulayıp orada dört kola ayrılıyordu. İlk ırmağın adı Pişon'dur. Altın kaynakları olan Havila sınırları boyunca akar. Orada iyi altın, reçine ve oniks bulunur. İkinci ırmağın adı Gibon'dur. Kûş sınırları boyunca akar. Üçüncü ırmağın adı Dicle'dir, Asur'un doğusundan akar. Dördüncü ırmak ise, Fırat'tır. RAB Allah, Aden bahçesine bakması, onu işlemesi için Âdem'i oraya koydu. Ona, "Bahçede istediğin ağacın meyvesini yiyebilirsin" diye buyurdu. "Ama iyiyle kötüyü bilme ağacından yeme. Çünkü ondan yediğin gün kesinlikle ölürsün.

Sonra "Âdem'in yalnız kalması iyi değil" dedi, "Ona uygun bir yardımcı yaratacağım". RAB Allah yerdeki hayvanların, gökteki kuşların tümünü topraktan yaratmıştı. Onlara ne ad vereceğini görmek için hepsini Âdem'e getirdi. Âdem her birine ne ad verdiyse, o canlı o adla anıldı. Âdem bütün evcil ve yabanıl hayvanlara, gökte uçan kuşlara ad koydu. Ama kendisi için uygun bir yardımcı bulunmadı. RAB Allah Âdem'e derin bir uyku verdi. Âdem uyurken, RAB Allah onun kaburga kemiklerinden birini alıp yerini etle kapladı (Buradan, erkeklerde yer alması gereken bir kaburga kemiğinin eksik olması gerektiğini anlıyoruz ki, gerçekten de modern tıp erkekte omurga düzleminde bulunması gerek bir kaburga kemiğinin eksik olduğunu keşfetmiştir. İşte bu keşif de, Yaratılışın delillerinden birisidir). Âdem'den aldığı kaburga kemiğinden bir kadın yaratarak onu Âdem'e getirdi."

(Eski Ahit, Yaratılış; 2:1-22)

"O, Yerden Hayvanlar için ot ve insanın işine yarayan sebze çıkarır."

(Eski Ahit, Mezmurlar, 104; 14)

"Balta ile kesen adama karşı balta övünür mü? Testere kullanan adama karşı testere kendini büyütür mü?"

(Eski Ahit, İşaya, 10;15)

"Allah gökten su indirdi, ölümünden sonra yeri onunla diriltti, söyleneni anlayan bir topluluk için bunda gerçekten bir delil vardır."

"Sizin için hayvanlarda da elbette ibretler vardır, size karınlarındaki sindirilmiş gıdalar ile kan arasından, içenlerin boğazından kolaylıkla kayan dupduru bir süt içirmekteyiz."

(Nahl, 65-66)

"Başlangıçta O, sizi tek bir nefisten yarattı. Sonra ondan eşini var etti. Sizin için hayvanlardan sekiz eş yarattı.

{Zümer, 6}

"Şüphesiz Rabbiniz, gökleri ve yeri altı günde yaratan ve Arş'ı istiva eden; geceyi, kendisini durmadan takip eden gündüze katan, güneşi, ayı ve bütün yıldızları da buyruğuna tabi olarak yaratan Allah'tır."

{A'raf, 54}

Eski Ahit'in Mezmurlar bölümünde, sebze ve ot gibi canlı unsurların Allah tarafından yerden bitirildiği söylenir. Kur'ân'da da Nahl Sûresi'nde, yağmurun yağışı da, hayvanların süt verip insanın onu içmesi de Allah'ın gerçekleştirdiği lütuflar olarak nitelendirilir. Ne bir Yahudi ne de bir Hristiyan, sebzelerin büyümesinde tohum ekme ve sulama gibi sebepleri inkâr eder; ne de bir Müslüman, bir hayvanın süt vermesi için, o hayvanın bir dişi ile bir erkekten doğmuş olması, beslenmesi ve sütünün sağılması gibi sebepler olduğunu inkâr eder. Fakat bu üç dinin inananları, tüm bahsedilen sebepleri, Allah'ın yaratmasındaki 'araçsal sebepler' olarak gördükleri için, Allah'ın sebzeyi yerden bitirmede veya insana süt vermede, tüm 'araçsal sebepler'i anmadan doğrudan sebzeyi kendisinin bitirdiğini ve sütü verdiğini söylemesini doğal karşılarlar.

Kutsal Metinler'de canlılarla ilgili süreçler ve tarihsel birçok olay da Allah'ın kullandığı 'araçsal sebepler'e değinilmeden anlatılır. Bu yüzden Eski Ahit'in İşaya bölümünde, balta ile testerede övünecek bir şey olmadığı, asıl marifetin bu aletleri kullananda olduğu söylenir. Bu analoji ile balta ile testere, Allah'ın kullandığı 'araçsal sebepler'e benzetilir ve insanın balta ve testere kullanarak gerçekleştirdiği işler, balta ve testerenin eseri olarak algılanmadıkları gibi; Allah'ın, doğada ve tarihte gerçekleştirdiği olaylarda kullandığı 'araçsal sebepler'in de Yaratıcı'ya nispetle bir ehemmiyetlerinin olmadığının dersi verilir. Eğer birisi, Allah'ın canlıları ortak bir atadan türetip, birbirlerinden evrimleştirerek yarattığını; evrimleşmenin, aynı her bir canlının annesi ile babasından doğuşu gibi 'araçsal sebep' olduğunu söylerse, bu iddiaya karşı Kutsal Metinler'den aleyhte hiçbir kanıt bulamayız (Âdem ve Havva ile ilgili anlatımları paranteze alırsak). Bu iddiaya, Kutsal Metinler'den aleyhte kanıt getirilememesi, bu iddiayı Kutsal Metinler'in doğruladığı anlamına gelmez. Çünkü böyle bir iddia için, ayrıca Kutsal Metinler'in bu konuyu açıkça anlatmış veya en azından işaret etmiş olması gerekir. Oysa bu konuda Kutsal Metinler'in açık bir ifadesi yoktur. Diğer yandan Kutsal Metinler'de Evrim Teorisi'ne işaretler olduğuna dair iddiaların da zorlama birkaç yorumdan ibaret olduğunu düşünülebilir.

KUR'ÂN'DA EVRİM TEORİSİ'NE İŞARETLER VAR MI?

Zorlama yorumlara konu olan bu âyetler daha çok Kur'ân'a referansla gösterilmiştir. Bu âyetler şunlardır:

> "Oysa O, sizleri aşama aşama yaratmıştır."
>
> (Nuh, 14)
>
> "Allah sizi yerden bir bitki gibi bitirdi."
>
> (Nuh, 17)
>
> "O inkâr edenler görmüyorlar mı ki göklerle yer, birbirleriyle bitişikken onları ayırdık ve her canlı şeyi sudan yarattık. Yine de onlar inanmayacaklar mı?"
>
> (Enbiyâ, 30)
>
> "Gerçekten de insanın üzerinden anılan bir şey olmadığı bir süre geçmedi mi zamandan?"
>
> (İnsan, 1)

Nuh Suresi'nde geçen 14. âyet, insanın aşamalarla yaratıldığını söylemektedir; 'aşama aşama' ifadesini 'evrim' olarak anlasak bile, kitabın ilk bölümünde belirttiğimiz gibi 'evrim' ile 'Evrim Teorisi' arasında önemli farklar vardır. Kur'ân, insanların anne rahminde geçirdikleri aşamaları ayrıntılı bir şekilde anlatır. Bu aşamaları da bir 'evrim' olarak niteleyebiliriz ama bu 'evrim'in, Evrim Teorisi ile bir ilgisi yoktur. Bu yüzden Kur'ân'da 'evrim' anlamına gelecek bir ifade bulmak ile bütün türlerin birbirlerinden evrimleştiklerini ve ortak bir atadan geldiklerini söyleyen Evrim Teorisi anlamına gelecek bir ifade bulmak çok farklıdır. İnsanın *yerden bitki gibi bitmesi* (*Nuh Suresi 17. âyet*) ifadesiyle de Evrim Teorisi'ne Kur'ân'dan bir delil bulmanın mümkün olmadığı açıkça görülür.

Kur'ân, insanların toprak ve sudan yaratıldığını söyler, aynı hammaddeden yaratılan bitki ile analoji kurulmasını, bu hammadde ortaklığına bağlamak da mümkündür; sonuçta 'yer' toprak ve suyu ihtiva eder. Kur'ân yağmurların getirdiği su sayesinde topraktan bitkilerin çıkmasıyla insanın ölümünden sonra diriltilmesi arasında da analoji kurar.

Evrim Teorisi, 'soy ağacı'nda insana; sürüngenleri veya balıkları, bitkilerden daha yakın görür. Bu yüzden, Evrim Teorisi'ne göre insanla 'soy ağacı'ndaki mesafesi çok daha uzak olan bitkilerle olan bir benzetmeyi Evrim Teorisi'ne delil olarak görmek, aşırı bir zorlamadır. Enbiyâ Suresi 30. âyette geçen canlıların sudan yaratıldığı şeklindeki ifadeyle Evrim Teorisi arasında bir bağlantı kurmak da tutarlı değildir. Çünkü Kur'ân gerek suya gerek toprağa gerek ise çamur ifadesi ile bu iki unsurun karışımına atıflar yaparak insanın yaratıldığı hammaddeye dikkat çeker. Türlerin birbirlerinden bağımsız yaratılışını kabul edenler de bu hammaddelerden insanın oluştuğunu kabul ederler. İnsan vücudunun mikroskop altında incelenmesi, insanın maddî bedeninin, toprağın ihtiva ettiği maddeler ve sudan oluştuğunu göstermektedir. Bu yüzden, insanın sudan yaratıldığını söyleyen âyetleri 'işaret' kabul ederek Evrim Teorisi'ne Kur'ân'dan destek aramak; Kur'ân'a, Evrim Teorisi'ne bir destek bulma koşullanmasıyla yaklaşmanın bir ürünü gibi gözükmektedir. İnsan Sûresi 1. âyette geçen ifadeden; *'insanın anılan bir şey olmadığı'* dönem olarak tek hücreli ilk canlıyı, geçen 'süre' olarak da dünyadaki ilk tek hücreliden bu yana geçen birkaç milyar yıllık süreyi anlayanlar olmuştur. Oysa 'insanın anılan bir şey olmadığı' dönemden bu yana geçen 'süre'yi, Evren'in yaratılışının başından veya Dünya'nın yaratılışının başından insanın yaratılışına kadar geçen süre olarak anlamamak için hiçbir sebep yoktur; hatta böylesi daha mantıklı gözükmektedir.

Evren'in 15 milyar yıl ve Dünya'nın da 5 milyar civarındaki ömrüne karşılık; insanın ortaya çıkışı gerçekten de çok kısa bir dönemdir (yaklaşık 7-7.5 bin yıl) ve 'insanın anılan bir şey olmadığı' dönem uzun olan dönemdir. Bu âyetle insanın, varlık alanına çıkmadan önceki hiçliği hatırlatılarak bundan ibret alması ve ders çıkarması istenir. Ayrıca Kur'ân'ın şu âyetlerinin de Evrim Teorisi'ne işaret ettiğini düşünenler olmuştur:

"Sizden Cumartesi yasağını çiğneyenleri elbette biliyorsunuzdur. Onlara "Aşağılık maymunlar olun" dedik."

"Bunu hem çağdaşlarına hem de sonra gelecek olanlara ibret verici bir ceza ve sakınanlara bir öğüt kıldık."

(Bakara, 65-66)

"De ki 'Allah katında ceza olarak bundan daha kötüsünü size haber vereyim mi? Allah'ın lanetlediği, gazaplandığı ve onlardan maymunlar, domuzlar ve tağuta tapanlar kıldığıdır onlar. İşte bunlardır yer bakımından daha kötü ve dosdoğru yoldan daha çok sapmış olanlar'dır."

(Mâide, 60)

Bu âyetlerdeki 'maymuna dönüştürme' ile ilgili ifadenin, Evrim Teorisi'ne delil olduğunu söyleyenler olmuştur. Oysa, Mâide Suresi 60. âyette görüldüğü gibi sadece maymuna değil, domuza dönüştürmeden de bahsedilmektedir ve Evrim Teorisi'nin soy ağacı açısından domuz, insana yakınlığı açısından özel bir yere sahip değildir. Bazı Kur'ân yorumcuları, Allah'ın emrine karşı gelen bahsedilen kişilerin, dış görünüş olarak bu hayvanlara dönüştüklerini söylerken; bazıları ise iç dünyaları ve huyları açısından bu hayvanlara dönüştüklerini söylemişlerdir. Kur'ân'da her iki hayvana dönüşümden bahsedilmesi, domuzun Kur'ân'da 'pis' olarak nitelenmesi, maymunun dış görüntüsüyle insana benzemesine rağmen temel insani birçok niteliğe sahip olmaması gibi sebeplerden dolayı; âyetlerde bahsedilen hayvanlara dönüştürülme (*mesh*) olayından manevi dönüştürmenin anlaşılmasının daha doğru olduğunu düşündürmektedir.

Yaratılış Gerçekliği-I

Bazı araştırmacılar, söz konusu âyetlerden Arapça'nın dil kuralları açısından gerçek maymuna dönüşmeyi anlamamamız gerektiğini şöyle anlatmaktadırlar: "Âyetteki *'hasiin'* ifadesinin çoğul olarak kullanılması, onların gerçek anlamda maymun olmadıklarına işaret etmektedir. Çünkü onlar gerçek anlamda maymun olsalardı *'kıredeten hâsieten'* şeklindeki sıfatın -*mevsuf bih*- şeklinde uyuşmasının olması gerekirdi." Bu âyetlerde gerçek bir dönüştürmeden bahsedildiği düşünülse bile; onlarda, yeni bir tür oluşumu için dönüştürmeden değil, cezalandırma için bir kereye mahsus bir dönüştürmeden bahsedilmektedir. Bu yüzden, türlerin birbirlerine dönüşmesinin imkânına dair bir ifadeden, Evrim Teorisi'ne Kur'ân'da yer verildiğine veya işaret edildiğine dair somut bir işaret yoktur. Üstelik, Evrim Teorisi insanın diğer hayvanlardan türediğini söylerken, hiçbir hayvanın insandan türediğini ileri sürmez. Bu arada türlerin kendi içinde değişime uğradıkları fikrinin dinlere yabancı olmaması gerekir. Çünkü beyazı, pigmesi, zencisi, kızılderilisi ile tüm insanların aynı atadan oluştukları inancında tektanrılı dinler arasında bir fark yoktur. Bu da türlerin sabitliğine dair görüşün dinler ile özdeşleştirilmesinin hatalı olduğunun bir delilidir. Hz. Nuh'tan sonraki insanların 'daha gelişmiş' bir şekilde yaratıldıklarını söyleyen âyetler de insan türünün belli bir değişim geçirdiğini ortaya koymaktadır:

"Nuh kavminden sonra, sizi halifeler kıldığını ve daha gelişmiş bir yaratılış verdiğini hatırlayın."

(A'raf, 69)

Görüldüğü gibi, türlerin değişim gösterebileceği fikri açıkça Kur'ân'da yer almaktadır. Fakat, kitabın 3. bölümünde ısrarla vurguladığımız gibi, bir türün geçirdiği sınırlı değişikliklerle; bir türün yepyeni organları, özellikleri olan bir türe dönüşmesi çok farklıdır. Kurân'da insan türünün kısmen değiştiği yer alsa da bunu türlerin birbirlerine evrilmesi olarak anlamamak gerekir. Fakat yine de insan türünün ve diğer türlerin sabitliğine dair bir görüşün Kutsal Metinler'de savunulmadığını tespit etmek önemlidir.

KUTSAL METİNLER'DE İLK İNSANIN (HZ. ÂDEM VE HAVVA'NIN) YARATILIŞI

İnsan dışındaki türlerin evrim geçirip geçirmediğini Kutsal Metinler'e göre söylemek mümkün gözükmemektedir. Bu noktada Kutsal Metinler'deki Âdem ve Havva ile ilgili anlatımların, tektanrılı dinlere inananların Evrim Teorisi hakkında ne düşünmelerini gerektirdiği sorusuna geliyoruz. Önce Yahudi ve Hristiyan teolojisinin bu konudaki görüşlerinde belirleyici rolü olan Tevrat'ın Yaratılış (Tekvin) bölümünü ele alalım:

"Ve Rab Allah, yerin toprağından Âdem'i yarattı ve onun burnuna hayat nefesini üfledi ve Âdem yaşayan bir canlı oldu."

"Ve Rab Allah, şarka doğru Aden'de bir bahçe dikti ve yarattığı Âdem'i oraya koydu."

(Tevrat, Tekvin, 2; 7-8)

"Ve Rab Allah Âdem'in üzerine derin bir uyku getirdi ve o uyudu ve onun kaburga kemiklerinden (veya yanından) birini aldı ve yerini etle kapladı."

"Ve Rab Allah, Âdem'den aldığı kaburga kemiğinden bir kadın yaptı ve O'nu Âdem'e getirdi."

(Tevrat, Tekvin, 2; 21-22)

"Yahudi hahamların hazırladığı bir Tevrat tefsirinde, Tekvin bölümünün insanın yaratılışını anlatan kısımları ile ilgili olarak şöyle denmektedir: "Tevrat'ın ilk bölümü, Yaratılış'ı oldukça kısa ve ana hatlarıyla anlatmıştır. Zira daha önce de belirtildiği üzere, Tevrat'ın buradaki amacı insanın tüm bu süreci anlaması değildir; bu, insanın anlayış kapasitesinin üzerindedir. Amaç, Yaratıcı'nın kim olduğu konusunda bir fikir edinilmesidir."

Bu tarzdaki bir yorum, Allah'ın açıklamadığı detaylarda birçok sürecin var olabileceğini düşündürmektedir. Bu yüzden, Allah'ın Âdem'i topraktan yaratışını, Âdem'in topraktan doğrudan (aracı bir tür olmaksızın) yaratılışı olarak algılayanlar olduğu gibi; bu yaratılış sürecinde Allah'ın Âdem'i topraktaki hammaddelerin aynen bir bitkiyi oluşturması gibi, süzüle süzüle meydana getirdiğini savunanlar da olmuştur.

Evrimci anlayışı savunanlar, Kutsal Metinler'de, Allah'ın aracı sebepler kullanarak yaratılıştan bahsettiği birçok olayda, örneğin otun bitmesi ve yağmurun yağması gibi olaylarda aracı sebeplerden bahsetmemesini; insanın topraktan yaratılışından söz eden pasajlarda 'evrim' gibi aracı sebeplerden bahsedilmeden insanın yaratılışının aktarılmış olabileceği için delil olarak gösterirler. Tevrat'ın Tekvin bölümünün, Yaratıcı-insan ilişkisini, Allah'ın yaratıcılığı merkezinde kurmasını ve insanın hammaddesinin biyokimyasal verilerle uyumlu şekilde toprak olarak gösterilmesini önemli bulduklarını da evrimci anlayışı savunan kişiler söylemektedirler. Havva'nın Âdem'in kaburga kemiğinden yaratılması ile ilgili bölümde kaburga kemiği diye çevrilen kelimenin İbranicesi 'yan taraf' anlamına da gelmektedir. Ünlü Tevrat yorumcusu Raşi'ye göre, Âdem'den alınan kısım, kaburga kemiği değil, vücudunun diğer cephesidir. Midraş, Âdem'in tek vücutta iki cephe, iki kısım şeklinde yaratıldığını belirtir. Buna göre, Allah erkeğin bir cephesini ayırıp, bundan kadını inşa etmiştir, böylece tek bir vücuttan iki insan oluşmuştur.

Evrim Teorisi'nin Tevrat ile çeliştiğini savunanlar, Havva'nın normal bir süreçle doğmadığını ve Âdem'in kaburga kemiğinden veya yanından yaratılışının anlatıldığını söylerler. Kur'ân'da ise Âdem'in eşinin, onun kaburga kemiğinden veya yanından yaratıldığı ifadesi yer almaz. Ayrıca Âdem'in eşinin isminin Havva olduğu da Kur'ân'da yer almaz. Kur'an'da Âdem ile ilgili anlatımlar şu şekildedir:

"**Hani Rabbin, meleklere "Ben yeryüzüne bir halife atamaktayım" demişti. Onlar da "Biz seni şükrederek yüceltir ve takdis ederken, orada bozgunculuk çıkaracak ve** kan dökecek birini mi atıyorsun" dediler. "Şüphesiz Ben, sizin bilmediklerinizi bilirim" dedi."

"Ve Âdem'e isimlerin hepsini öğretti, sonra onları meleklere yöneltip "Doğru sözlüyseniz bunları Bana isimleriyle haber verin" dedi."

(Bakara, 30-31)

Kur'ân yorumcularının bir kısmı Âdem'in bu dünyamızın dışında bir cennette (cennet 'bahçe' anlamına da gelmektedir) yaratıldığını söylemelerine karşın, bazı yorumcular Âdem'in yaratıldığı 'bahçe'nin bu dünyada olduğunu söylerler. Buna delil olarak, Bakara Sûresi'nin 30. âyetinde bahsedilen 'Âdem'in yeryüzüne halife atanması'nı gösterirler. Âdem'in işlediği günahtan sonra 'hubut'unu (iniş, halden hale geçiş) ifade eden âyeti; 'Âdem'in cenneti' gökyüzünde diyenler yukarıdan aşağı inişi, 'yeryüzü cenneti' (bahçesi) diyenler ise dünya içinde yer değiştirmesi anlamında düşünmüşlerdir. Âdem'in yeryüzündeki bir yerde yaratıldığını savunanlar, eğer Âdem yeryüzüne sonradan indirilseydi, su gibi maddî ve vahiy gibi manevi şeylerin yeryüzüne inmesini ifade eden *'nezele'* fiilinin kullanılacağını söylemektedirler. Âdem'in bu Dünya'da yaratıldığına dair düşünce; Allah'ın bu Dünya'da yarattığı bir evrimle tüm türleri ve insanı yarattığını savunan 'teist evrimciler'in yaklaşımı ile daha uyumludur.

Tevrat'ın Tekvin bölümünün, 2. babı 7 ve 8'de de Âdem'in yeryüzünde yaratıldığı ifade edildiği için, Kur'ân'daki ifadeler, Âdem bu Dünya'da yaratılmış gibi yorumlayanların Yahudi ve Hristiyan dininin Kutsal Metinler'iyle de uyumlu olduğu söylenebilir. Âdem'in eşinin yaratılışı ile ilgili konuda ise, aşağıdaki Kur'ân âyetleri yorumcular arasında tartışma konusu olmuştur:

"Ey insanlar sizi tek bir nefisten yaratan, ondan eşini yaratan ve her ikisinden çok sayıda erkekler ve kadınlar türetip yayan Rabbinize karşı gelmekten sakının."

(Nisa, 1)

"O, sizi tek bir nefisten yarattı ve kendisiyle durulup yatışması için ondan eşini var etti."

(A'raf, 189)

Bu âyetlerde geçen 'tek bir nefisten (*nefs'i vahide*) yaratılma' ifadesini bir çok tefsirci aynen Tevrat'ta olduğu gibi Hz. Âdem'den alınan bir materyalden eşinin yaratılması olarak anlamışlardır. Bazı yorumcular ise Kur'ân'ın bu şekilde yorumlanmasının İsrailiyât (Yahudi hikâyeciliği) tesiri altında gerçekleştiğini, nefisten eş yaratılmasından kastın Âdem ile eşinin aynı canlı türü olarak yaratılması olduğunu söylemektedirler. Kur'ân'ın şu âyetlerini bu düşüncelerine delil olarak göstermektedirler:

"Allah sizin nefsinizden eşler yarattı."

(Rum, 21; Nahl, 72; Şûra 11)

"Allah nefislerinizden elçiler gönderir."

(Âli İmran, 164)

Kur'an'da bu ifadelerin yer alması; 'tek bir nefisten yaratılma ve ondan eşinin yaratılması'nın, Âdem'den alınan bir materyalden Havva'nın yaratılışını değil de; Âdem ile aynı canlı türü olarak Havva'nın yaratılışını ifade ettiğine, delil olarak gösterilmektedir. Böyle bir yorum; Havva için bağımsız bir yaratılışın olmadığını, Havva'nın 'yaratılış süreci'nin bir parçası olduğunu savunan görüşlerle de daha uyumludur. Ayrıca, Kur'ân'daki 'nefisten yaratılma' ile ilgili metinlerin, her iki anlayışın anlaşılmasına da imkân tanıdığı söylenebilir. Kur'ân açısından asıl önemli olan tüm yaratılışın Allah'ın kontrolünde ve onun tarafından gerçekleştirildiğinin; evrenin bütün türleri gibi insanın da Allah'ın yarattıkları, tasarımları, sanatları olduğunun bilinmesidir. İnsanın ve canlı-cansız tüm varlıkların Allah tarafından bütün ayrıntılarıyla mükemmel bir şekilde yaratıldıklarını anlayanlar için; Havva'nın nasıl yaratıldığına veya Âdem'in ilk olarak yaratıldığı bölgenin neresi olduğuna dair tartışmaların bir önemi de yoktur.

"OL" EMRİ VE HZ. ÂDEM'İN YARATILIŞI

Kur'ân'ın ifadeleriyle Evrim Teorisi'nin çeliştiğini savunanların bir kısmı, Âdem'in "Ol" emriyle yaratıldığını, bunun ise Allah'ın Âdem'i doğrudan yarattığını gösterdiğini söylerler. İlgili âyet şöyledir:

"Şüphesiz Allah katında İsa'nın durumu, Âdem'in durumu gibidir. Onu topraktan yarattı, sonra ona "Ol" demesiyle o da hemen oluverdi."

(Âli İmran, 59)

Kur'ân'dan Allah'ın "Ol" emriyle dilediğinin oluşacağını anlıyoruz. Fakat bu, bahsedilen oluşumun, dünyevi zaman olarak bir anda gerçekleştiği anlamına gelmez. Allah'ın "Ol" emrinin yeterli olduğu anlamına gelir. Kur'ân'dan Allah'ın gökleri ve yeri altı günde (devirde) yarattığını anlıyoruz. Fakat diğer yandan, göklerin ve yerin yaratılışı için tek bir "Ol" emrinin yeterli olduğu da şu âyetlerden anlaşılmaktadır:

"Gökleri ve yeri yaratan, onların bir benzerini yaratmaya kâdir değil mi? Elbette O yaratandır, bilendir."

(Yâsin, 81)

"Bir şeyi dilediği zaman, onun emri yalnızca "Ol" demesidir, o da hemen oluverir."

(Yâsin, 82)

"Gökleri ve yeri gerçek olarak yaratan da O'dur. "Ol" dediği gün hemen oluverir."

(En'am 73)

Einstein'ın İzafiyet Teorisi ile zamanın mutlak olmadığı, yerçekimi ve hız gibi evren içindeki parametrelerle değiştiği teorik bazda ortaya konmuş ve sonra deneysel verilerle de bu teori desteklenmiştir. Dolayısıyla, Evren içinde bile değişkenliği olan zamanın, Allah'ı bağlayıcı bir niteliği olduğu düşünülemez. Bu yüzden, Allah'ın "Ol" emrinden, dünyevi süreçte anındalığı anlamak için makul bir sebep yoktur. Evrenin tahmini olarak 15 milyar yaşında olduğu sanılmaktadır ama bu, Allah katındaki bir "Ol" emrinin karşılığıdır. Yani tüm gökler ve yer içindeki zamanla birlikte Allah katında bir anda "ol"up bitmiş bir süreci ifade eder. Aynı şekilde Kur'ân'da "Ol" emri, Hz. İsa'nın yaratılışı anlatılırken de kullanılmıştır:

"**Meryem dedi ki: "Rabbim, benim çocuğum nasıl olur? Bana hiçbir insan dokunmadı ki!" Allah cevap verdi:**

"**Allah dilediğini işte böyle yaratır. Bir iş ve oluşa karar verdiğinde sadece ona 'Ol'der, o da hemen oluverir."** "

(Âli İmran, 47)

Hz. İsa'nın dünyaya gelmesi "Ol" emrine tabidir, ama Kurân'da da anlatıldığı gibi annesi Meryem onu rahminde belli bir zaman süreci boyunca taşımıştır. Tüm bunlar gösteriyor ki Âdem'in "Ol" emriyle yaratılışından onun dünyevi süre olarak bir anda yaratıldığını anlamamız gerektiği sonucunu çıkaramayız. Sonuç olarak, Kutsal Metinler açısından Evrim Teorisi'ni incelediğimizde en sorunlu ve üzerinde iyi düşünülmesi gerekli konu, Hz. Âdem'in ve eşinin yaratılışıdır.

Johns Hopkins Üniversitesi'nin ünlü fizikçisi Howard A. Kelly gibi, 'Âdem ve Havva'nın yaratılışı' dışında Evrim Teorisi'ne inandığını söyleyip; insanın yaratılışını Evrim Teorisi'nden ayırıp teoriye inananlar da olmuştur. Kutsal Metinler'de anlatıldığı şekliyle Hz. Âdem ile eşinin yaratılışının, Evrim Teorisi'ne aykırı olduğunu söylemek, bütün Kutsal Metin yorumcularının paylaştığı bir kanaat değildir. Kutsal Metinler için Allah'ın varlığı, yaratılıştaki merkezi rolü asıl önemli unsurlardır; Allah'ın yaratma metodu olarak kabul edilen bir Evrim Teorisi görüşünü, Kutsal Metinler'e dayanarak yanlışlamak kolay değildir. Kutsal Metinler'de birçok zaman 'araçsal sebepler' anılmadan Allah'ın doğrudan yaratışı anlatılır. Çoğu zaman ara kademelere değinilmez.

İNSAN RUHU MADDEDEN AYRI BİR CEVHER Mİ?

Diğer bir tartışma konusu ise insanın, mahiyet bakımından mı yoksa derece bakımından mı hayvanlardan farklı olduğuna dairdir. Evrim Teorisi'nin insanın hayvanlardan derece bakımından farklı olduğunu, dinlerin ise insanın mahiyet bakımından hayvanlardan farklı olduğunu söylediğine dair yaygın bir kanaat vardır. Bu kanaati taşıyanların bilmesi gereken iki önemli nokta vardır ki; bu noktaların her ikisi de, 'mahiyet-derece farkı' arasındaki bir tartışmanın 'Evrim Teorisi-dinler' arası bir gerilime taşınmasının yanlış olduğunu göstermektedir.

1. Evrim Teorisi'ne inananların tümü, insanlarla hayvanlar arasında sadece derece farkı olduğunu söylemezler.

2. Teistlerin hepsi de insanlarla hayvanlar arasında mahiyet farkı olduğunu savunmazlar.

Birinci madde açısından en çarpıcı örnek, doğal seleksiyonlu Evrim Teorisi fikrini Darwin'le beraber ortaya atan Wallace'ın, daha önceki bölümlerde görüldüğü gibi insanın zihnini ve ahlaki kimliğini 'mahiyet farkı' ile açıklamasıdır. Diğer yandan kimi teistler de, ruh ile bedeni ayrı iki cevher olarak görmemişler; insanın ayrı bir cevher olan ruha sahip olması anlamında hayvanlarla mahiyet farkı bulunmadığını savunmuşlardır. Platon'un ve Descartes'ın felsefelerinde 'ruh', insan bedeninden farklı ve bedenden bağımsız bir cevhere sahiptir. Kur'ân'da ise 'ruh' ve 'nefs' diye ayrı terimler geçse de, bunların iki ayrı cevhere (farklı mahiyet unsuruna) karşılık gelip gelmediği tartışmalı bir husustur.

Burada karşımıza çıkan sorun, daha önce de en temel tartışmalarda karşılaştığımız sorundur. Bu sorun 'teist ontolojinin imkânlarının genişliği' şeklinde isimlendirilebilir. Bir teist açısından Allah isterse canlılık, düşünme, hissetme ve ahlaki davranma gibi özelliklere maddî cevherden bağımsız ayrı bir cevher olan 'ruh'u yaratarak hareket imkânı verir; isterse sayılan tüm bu özellikleri maddî cevhere (toprak ve suya) vererek 'can'sız ve 'ruh'suz maddî cevheri 'ruhlandırır'. Bu ikinci bakış açısına göre Allah; maddeye, enerjiden atomik partiküllere, bu partiküllerden kimyevi bileşiklere, bunlardan da canlı organlarına geçişte bahşettiği yeni özellikler kazanma yeteneğini (bu konu, *'zuhur olma'*, *'kemâle ulaşma'*, *'emergence'* ismiyle de değerlendirilebilir), insanı 'ruhlandırırken' de bahşetmiştir. Buna göre, maddî cevherin, kendisiyle ruhlu insan ve canlı oluşturulabilmesine olanak tanıyan potansiyelle yaratıldığı söylenebilir. Teistler, ister insanda maddî olan ve olmayan iki cevher, isterse maddî tek cevher kabul etsinler, kendi kabullerinin aksi olan şıktaki yaratılışın da *'Allah için mümkün'* olduğunu kabul etmelidirler. Bu durum teistlerin, canlıların birbirlerinden evrimleşerek yaratıldığını kabul etsinler veya etmesinler, kendi kabullerinin aksi şıkkının da, *'Allah için mümkün'* olduğunu kabul etmelerine benzemektedir. Fakat bir materyalist ontoloji, bu imkânların aynısına sahip değildir. Madde dışında ayrı bir cevher olmadığını savunan materyalist-ateistler, mutlaka ayrı bir cevher anlamını taşıyan 'ruh'u inkâr etmek zorundadırlar. Teistler için ise, asıl önemli olan maddî cevher dışında Allah'ın varlığıdır, insan ruhunun ayrı bir cevhere sahip olup olmaması temel kritik nokta değildir. Dualist sistemle adı özdeşleşen Descartes da, İlâhî cevherin yanında ruh ve beden cevherlerinin önemsizliğini ve bunların Allah'a özbağımlılığını vurgulamıştır. Sonuç olarak, ateist bir yaklaşımla Evrim Teorisi'ni savunanlar, madde dışında ayrı bir cevher olarak, insanın veya diğer canlıların 'ruh' sahibi olduğunu inkâr etmek zorundadırlar. Teistler ise, Evrim Teorisi'ni ister inkâr ister kabul etsinler, her iki durumda da ruhun ayrı bir cevher olduğunu kabul veya reddedebilirler. Daha önceden görüldüğü gibi nasıl ki teistler açısından Evrim

Teorisi'ni kabul etme, reddetme veya bu teoriye karşı bilinemezci bir tavır içinde kalma imkânları varsa; aynı imkânlar ruhun bağımsız bir cevher olup olmadığı hususunda da geçerlidir. Bununla birlikte, Ruhun bağımsız bir cevher olup olmadığı üç farklı düzlemde ele alınabilir. Bunlardan birisi felsefî, öbürü bilimsel açıdan konunun incelenmesidir. Bu iki çalışma alanını ayrı olarak ele almak mümkün olsa da günümüzde bilimsel verilerin öncülüğünde biyolojinin zihin felsefesiyle beraber yaptığı çalışmayı tek bir araştırma alanı olarak da kabul edebiliriz. Üçüncü düzlem olan dinlerin teolojisi, ruhun ayrı bir cevher olup olmadığı şıklarının ikisini de kabullenebilecek imkânı ontolojisinde taşıdığından, bu iki çalışma alanından gelecek verilerden çekinmesi için bir neden olamaz. Günümüzde de insanın maddî beden dışı bir cevhere sahip olup olmadığı, insan zihninin sırf materyalist bir yaklaşımla açıklanıp açıklanamayacağına dair tartışmalar hararetle devam etmektedir. Diğer bir tartışma zemini ise, Kutsal Metinler'den gelen verilerin dualist (iki cevherci) bir inancı gerektirip gerektirmediğiyle alakalıdır. Konuyla ilgili Kutsal Metinler'de geçen ifadelere aşağıdaki pasajlar örnek olarak verilebilir:

"Ve Rab Allah yerin toprağından Âdem'i yarattı ve onun burnuna hayat nefesini üfledi ve Âdem yaşayan canlı oldu."

(Tevrat, Tekvin; 2: 7)

"Rabbin meleklere demişti ki: "Ben, kuru bir çamurdan, şekillenmiş bir balçıktan bir beşer yaratacağım."

(Hicr, 28)

"Ona bir biçim verdiğimde ve ona ruhumdan üflediğimde hemen ona secde ederek kapanın."

(Hicr, 29)

Kutsal Metinler'de bahsedilen 'ruh üflenmesi' ifadelerinden; Allah'ın ilmi ile maddî bedene canlılık özelliklerinin verilmesini anlayanlar olduğu gibi, 'ruh' ile maddî bedenden ayrı bir cevher kastedildiğini ve bu ayrı cevherin maddî beden ile birleştirildiğini savunanlar da olmuştur. Felsefî terminolojide kullanılan 'cevher' kavramının Kutsal Metinler'de var olmadığı; bizim felsefe alanındaki terminolojiyi kullanarak Kutsal Metinler'i düşünmeye çalıştığımıza özellikle dikkat etmemiz gerekir. Âyetlerde geçen 'ruhum' ifadesini özellikle tasavvufçuların büyük bir kısmı Allah'ın kendinden bir parça veya özelliği insana vermesi şeklinde yorumlamış olmalarına karşın; Kur'ân'da, Kâbe'den de 'evim' diye bahsedilmesi, insanlara hitapların 'kullarım' diye gerçekleştirilmesi, 'ruhum' ifadesinden 'sahip olma'yı anlayabileceğimizi göstermektedir. Dolayısıyla, ruh'un, ilâhî bir öz olduğunu savunup, 'ruh'un mutlaka ayrı bir cevher olduğunu söylemek mümkün gözükmemektedir. Bazı araştırmacılar, Eski Yunan felsefesinden gelen etki ve terminolojinin Ehli Sünnet âlimlerinden Gazzali ve Rağıb el-Isfehani, Mutezile âlimlerinden Ma'mer bin Abbad es-Sülemi, Şia âlimlerinden Nevbahti, Basenci ve Muhammed bin Numan'ın 'ruh'u ayrı bir cevher olarak değerlendirmelerine yol açtığını söylemektedirler. Kur'ân'ın âhiret tanımlarından da soyut bir cevher olan ruhun bedene iadesi değil; insani varlığın iadesi anlaşılmaktadır. Kur'ân, âhirette bedensiz bir ruhtan hiç bahsetmez. Birçok Cehennem tasvirinde, ruhun acı çekmesi vücut uzuvlarının acı çekmesiyle özdeşleştirilir. Çünkü Kur'ân ruh ve beden ayrımcılığını ileri süren bir insan tasviri yapmaz; tam tersine, bedenden ayrı bir ruhun var olduğunu ve ölümden sonra onun varlığının bedensiz de olsa devam edeceğini söylemez. Sadece yaşama formunu değiştiren farklı bir bedenle dünyevi bedenin değiştirildiğini ve ruh'un bu ikinci bedene yüklendiğine işaret eder. Görüldüğü gibi 'ruh'un, maddî bedenden ayrı soyut bir cevher olduğu görüşünün Kutsal Metinler açısından temellendirilmesi tartışmalıdır. İnsanın Allah katında sorumlu bir canlı olduğunu temellendirmek için, onun hayvanlardan derece olarak değil; mahiyet açısından farklı olduğunu söylemek zorunda olduğumuza dair yargı doğru değildir. Ruhu soyut bir cevher olarak kabul edenler, bebeklerin ruh sahibi olduğunu kabul ederler; yani bebekler mahiyet açısından değil derece açısından insandan farklıdır. Fakat hiç kimse derece açısından farklı gözüken bebeklerin sorumlu varlıklar olmamasında bir gariplik görmez.

Sonuç olarak, şunları söyleyerek bu bölümü noktalayalım:

1. Dinlere göre insanlarla diğer canlılar arasındaki mutlak mahiyet farkı; bedensel açıdan değil, ruhsal açıdandır. Buna göre, insanlarla hayvanların ruhlarını oluşturan ayrı bir cevher vardır fakat mahiyet olarak bu cevherde derece farkı vardır.

2. Kutsal Metinler'den çıkan sonuçlara göre, ruhun ayrı bir cevher olduğu veya mahiyetinin ne olduğu konusu tartışmalıdır ve halen bilinmezliğini koruyan önemli konuların başında gelmektedir.

3. İnsan ile hayvanlar arasındaki mahiyet ve derece farkıyla ilgili bir tartışma, dinler ve Evrim Teorisi arasında bir gerilime dönüştürülmemelidir. Beklenenden çok farklı bir şekilde, dinlerin içinde insanın diğer canlılardan mahiyet farkı olmadığını savunanlar olduğu gibi; Evrim Teorisi'ni savunan ve ortaya koyan isimlerden, insanlarla hayvanlar arasında mahiyet farkı olduğunu savunanlar da olmuştur..

ALTINCI BÖLÜM

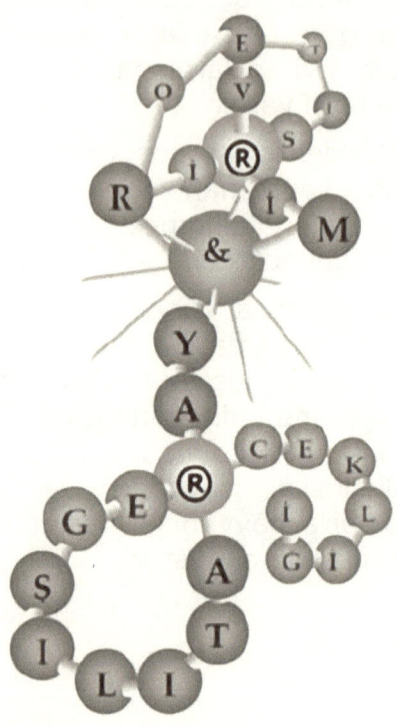

EVRİM TEORİSİNİN SONUÇLARI VE BATI DÜNYASINDAKİ ETKİLERİ

GİRİŞ

Bu **bölümde**, genel olarak önceki bölümlerde oluşturduğumuz sonuçlardan hareket ederek, Evrim

Teorisinin hayat üzerindeki anlamı ve yaşamın oluşum mekanizmalarını açıklayıp açıklayamaması gibi temel meseleleri tartışacağız. Bölüm sonunda, elde ettiğimiz sonuçlardan yararlanarak Evrim Teorisinin hayatın tüm fonksiyonlarını açıklayacak kadar genel geçerli bir bilimsel bakış açısı taşıyıp taşımadığı, Bati dünyasındaki sosyo-kültürel etkileri ve kendi içerisinde tutarsız olan yönleri ve açmaz noktaları kendi zihnimizde irdelememiz gereken konu başlıkları olmalıdır. Çünkü, yakın çağda meydana gelen birçok inkarcı ateist düşüncenin temelinde bu teorinin ortaya attığı bazı fikirlerin yer alması bu bu bakış açısının doğru bir şekilde değerlendirilmesi gerektiğini bir derece zorunlu kılmaktadır. Bu ve bundan sonraki bölümde, bazı radikal dini çevrelerin yaptığı gibi Evrim Teorisini topa tutup tamamen reddetmek yerine; O'nun geçersiz veya mantıksal olarak tutarlı olmayan yönlerine değinerek somut matematiksel deliller ışığında Evrim Teorisinin bu yönlerinin neden reddedilmesi gerektiğini inceleyeceğiz.

İnsan, sonsuz büyüklükteki bir evrende yaşamaktadır. Gözünü açtığı andan itibaren milyonlarca ayrıntı ve denge üzerine kurulu olan bir dünyayla karşı karşıyadır. İnsan sadece maddi bir bedene sahip olmayıp, aynı zamanda bu dünya üzerinde yaşamasını sağlayan, ona sayısız zevk ve mutluluk tattırabilecek bir ruha de sahiptir. Bu Beden ve Ruhun mükemmel özellikleri sayesinde dışındaki dünyayı görebilir, duyabilir, tadabilir, hissedebilir ve anlayabilir. Bu nedenle, hayatın, evrenin ve doğanın kaynağının ne olduğunu anlamak her insan için şarttır. Belki insanların büyük bir bölümü bu konu üzerinde düşünmeden, yalnızca küçük hesaplar peşinde koşarak, örneğin yalnızca yiyeceği yemeği ya da kazanacağı parayı düşünerek yaşar. Ancak hayatın anlamını düşünmeden, yalnızca bu tür geçici ve günlük konular üzerinde düşünerek yaşanan bir hayat, anlamsız bir hayattır. Çünkü, insan ölümlüdür ve hayati fonksiyonlar ölümle birlikte sona erecektir. Ömrünü yalnızca boşa harcamış, ölümün hakikati ve hayatın anlamı üzerinde düşünmeden yaşayıp-ölmüş olan bir insan ise, bir anlamda hayvanlara benzer bir hayat sürmüş olur. Bu nedenle, insan bu dünyaya geliş nedenini iyice anlamalı, bu hayat yolculuğu hakkında bilgi edinmeli ve onuruna yakışan tavır takınarak düşünmelidir. İnsan düşünmekle ve düşünceleriyle var olur. Düşünmek; "Ben kimim?", "nasıl var oldum?", "içinde yaşadığım evren nasıl var oldu", "hayatımın amacı nedir?", "yaşamımı ve bana zevk veren milyonlarca farklı güzelliği kime borçluyum?" gibi sorular sormakla olur. Bu sorular üzerinde temiz bir akıl ve vicdanla düşünen insan ise, tüm canlı ve cansız varlıkları inceleyerek, Allah'ın varlığını kolaylıkla farkedebilir ve sonunda anlar ki hayat, evrendeki mükemmel dengenin kurucusu Allah tarafından yaratılmış, her canlı kendine has özelliklerle donatılarak özel bir tasarımla var edilmiştir.

İlk insanı (Hz. Âdem) yaratan Allah, onun soyundan tüm insan neslini üretmiştir. Aynı zamanda, ilk ilkel mikroorganizmalardan sayısı milyonları geçen canlı türlerini yaratmıştır. Ancak modern çağın insanı, apaçık olan bu yaratılış gerçekliğinin yanında, sözde ona alternatif olarak öne sürülen ikinci bir iddia ile karşılaşır. Buna göre, insan ve diğer tüm canlılar, bilinçli bir yaratılışın sonucunda değil de, milyonlarca tesadüfün ard arda gelmesiyle var olmuşlardır. İşte bu gibi iddiaların en büyük dayanak noktası ise yaklaşık 150 yıl önce ortaya atılan evrim teorisidir. Ancak bu sure zarfında yapılan buluşlarla ve biyolojideki yeni gelişmelerle modern bilim göstermektedir ki, ateist düşünceler için evrim teorisi, alternatif bir var oluş açıklaması olmak bir yana, bazı yönlerden en ufak bir tutar yanı bulunmayan bir dogmatik inanıştan başka bir şey olmayan bir tartışma konusu haline gelmiştir. Halbuki yeni bilimsel veriler, sürekli olarak evrim teorisinin iddialarının imkansızlığını göstermektedirler. Evrim teorisinin tüm bunlara rağmen bilimsel bir gerçek gibi tüm dünyada savunulmasının ardında ise, bazı siyasi ve sosyal hedefler yatar. Bu bölümde, evrim teorisinin bilim dünyası tarafından hangi yönlerinin reddedildiğini ve buna rağmen hangi amaçlarla savunulduğunu inceleyeceğiz.

EVRİM TEORİSİ'NİN ORTAYA KOYDUĞU BAZI MESELELERİ REDDETMEK NEDEN ÖNEMLİDİR?

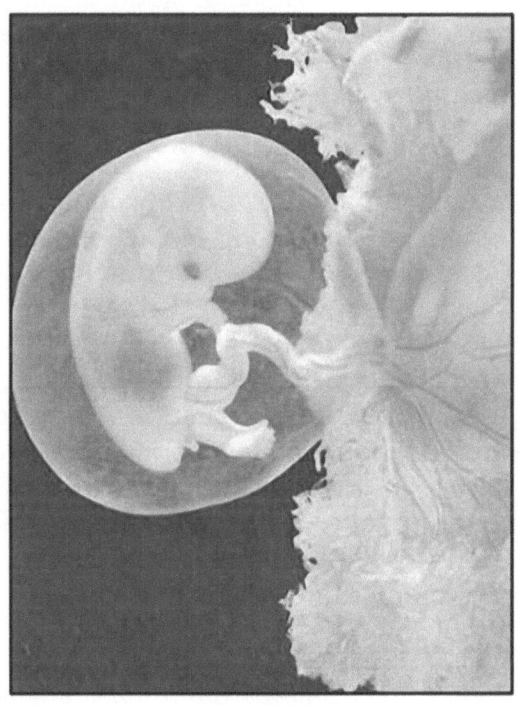

Maddecilik ya da günümüzde kullanılan adıyla Materyalizm, tarihin çok eski dönemlerinden beri var olan fikir sistemlerinden biridir. Materyalizm, tek gerçek varlığın madde olduğunu savunur. Bu anlayışa gore, madde ezelden beri vardır ve sonsuza kadar da varlığını sürdürecektir. Özellikle 19. yüzyılda yükselişe geçen Maddi Materyalizmin en önemli özelliği ve hedefi ise, bir Yaratıcı'nın varlığını ve her türlü dini inancı reddetmek için, Bilim ve Felsefeden yararlanarak kainatın tesadüfler sonucu oluştuğunu ispatlamaya yönelik kanıtlar ileri sürmeye çalışmak ve bir Yaratıcının var olduğu gerçeğini ortadan kaldırmaya çalışmaktır. Yeryüzünde dinsizliği kendine temel prensip edinen pek çok akım, ideoloji ve fikir sistemi bulunmaktadır; ancak materyalizm, dini inkar eden bu akımların büyük bir bölümünün temelini oluşturur. Maddeci anlayışa, Sümerlerden, eski Yunan dinlerine kadar tarihin her döneminde rastlanmıştır. Ancak bu fikrin asıl yükselişi, 18. yüzyıl Avrupa'sındaki bazı din karşıtı düşünürlerin felsefelerinin yayılmasıyla ve siyasi sonuçlar vermesiyle başladı. Diderot, Voltaire, Bacon, Baron d'Holbach gibi materyalistler, evrenin sonsuzdan beri var olan bir madde yığını olduğunu ve madde dışında bir Metafizik varlık âleminin bulunmadığını öne sürdüler.

19. yüzyıla gelindiğinde ise, ateizm daha da yaygınlaştı ve kuvvet buldu. **Feuerbach, Marx, Engels, Nietzsche, Heackel, Durkheim, Freud** gibi düşünürler, ateist düşünceyi farklı bilim ve felsefe alanlarına uyguladılar. Aynı yüzyıl içinde, **Charles Darwin'in** ortaya attığı **evrim teorisi**, materyalistlerin önünde bir engel teşkil eden canlılığın nasıl oluştuğu sorusuna tam da onların aradıkları -ama aslında hiçbir geçerliliği olmayan- cevabı vermişti. Darwin'in ortaya attığı teoriye gore, cansız maddeler kendi kendilerini rasgele gelişen bazı olaylarla organize etmişler ve bunun sonucunda ilk hücre tesadüfen var olmuştu. Darwinizm'e göre yeryüzündeki canlıların tümü, bu ilk hücrenin tesadüfler sonucunda evrimleşmesiyle meydana gelmiştir. Darwin, belki tamamen bir ateist değildi ve ilk ileri sürdüğü fikirler Yaratıcı'nın varlığını inkar etmeden meydana gelen bir evrimi savunuyordu fakat ister istemez ortaya attığı bu iddialar bilim tarihindeki en büyük yanılgılardan birinin mimarı oldu. Hiçbir somut bilimsel bulguya dayanmayan teorik kanıtlar, kendisinin de kabul ettiği gibi sadece bir "mantık yürütme"dir.

Peki böyle bir çarpık düşünce yapısı insanların yaşantılarını ve hayata bakış açılarını nasıl etkilemektedir? İçinde bulunduğumuz çağa bakıldığında, insanların çoğunun hiçbir şey düşünmemeye dayalı bir hayat sürdükleri veya kolaycılığa kaçacak yönde, araştırmacı olmayan bir düşünce eğilimine sahip oldukları görülmektedir. Özellikle genç nesil arasında, sadece eğlenceli bir hayat sürmeye dayalı bir yüzeysel kültür gelişmiştir. Bu yüzeysel kültür içinde **"Ben nasıl var oldum? Beni kim yarattı?"** gibi sorulara yer yoktur, Bu insanlar kendilerini Allah'ın yarattığını düşünmezler ve yaşam tarzlarını asla sorgulamazlar. Kafalarını dolduran düşünceler, film ya da pop yıldızlarının hayatları, sporcuların ya da tuttukları takımların başarıları gibi konulardır. Toplumun büyük kısmının temel düşüncesi ise, "geçim derdi" ya da "günlük politikalar" ile sınırlıdır.

Sonuçta, toplumda Darwinizm'e inanan, materyalist felsefeyi bilinçli olarak benimseyen insanların oranı hiçbir zaman büyük bir yüzde oluşturmaz. İnsanların dinden uzak durmalarının nedeni ise, zihinlerini boş şeylerle meşgul etmeleridir. İşte bu nedenle de, "Darwinizm ve Materyalizm bu kadar önemli mi?" sorusu doğmaktadır. Ancak eğer bu tablo biraz daha yakından incelenirse, gerçekte Darwinizm'in dinsizliği ayakta tutan en önemli faktör olduğu görülür. Çünkü Darwinizm'i benimseyen büyük bir kitle, toplum içindeki oranı az da olsa, o topluma fikri açıdan yön veren kitledir. Örneğin, ABD'de yapılan bir kamuoyu araştırmasında, toplumun sadece % 9'unun ateist evrimci olduğu ortaya çıkmıştır. Ancak sayıları az da olsa bu kişilerin akademik ve bilimsel kuruluşlarda, medya da, politikada, sinema sektöründe etkili oldukları görülmektedir. Yalnız dikkat edilmesi gereken önemli bir husus daha vardır. Gelişen bilim, Darwin'in ortaya koyduğu kanıtların tam aksine, teorinin temel iddialarını birer birer dayanaksız bırakmıştır.

Diyalektik materyalizmin canlıların diyalektiği (çatışması, çatışmayla değişimi) iddiası evrim teorisinin bilimsel bulgular tarafından reddedilişi ile kesin olarak yıkılmıştır. Bilimsel bulgular hücreyi oluşturan proteinlerin dahi son derece kompleks bir yapıya sahip olduğunu ve kesinlikle tesadüfen gelişen olaylar neticesinde kendi kendine oluşamayacağını göstermiştir. Ayrıca genetik, biyokimya, paleontoloji, anatomi, antropoloji gibi birçok bilim dalında elde edilen gelişmeler evrimin hiçbir zaman bir yaratıcıdan bağımsız gerçekleşemeyeceğini ortaya koymuştur. Nitekim evrimciler de, elde edilen bulguların evrim teorisini yalanladığını ancak evrim teorisine diyalektik materyalizme olan bağlılıkları nedeniyle körü körüne inanmaya devam ettiklerini itiraf ederler.

İşte, 2001 yılının başından bu yana bilim dünyasında çok ilginç ve son derece önemli gelişmeler yaşandı. Nature, Scientific American gibi dünyaca ünlü bilim dergilerinde, New York Times, CNN ve BBC gibi ünlü medya kuruluşlarında art arda çıkan bazı haberler, evrim teorisinin ne kadar büyük bir bilimsel açmaz içinde olduğunu bir kez daha ortaya koydu. Hiç şüphesiz Darwinist ve Materyalist fikirlerin etkisinin insanların üzerinden hızla kalkıyor olması hem ülkemiz hem de tüm dünya toplumları açısından, iman-ı tahkiki açısından aydınlık ve refah dolu bir geleceği haber vermektedir. Astronomiden biyolojiye, psikolojiden sosyolojiye kadar pek çok farklı alandaki bulgu, tespit ve sonuçlar, ateizmin tüm varsayımlarını temelinden çökertti.

Özellikle, 80'li yıllardan beri geçen iki onyılın araştırmaları, daha önceki neslin seküler ve ateist düşünürlerinin Allah hakkındaki tüm varsayımlarını ve öngörülerini tersine çevirmiştir. Nitekim bilim adamları ilk kez 1970'li yıllardan itibaren, özellikle fizik ve astronomi bilimlerinin sayesinde, evrendeki tüm fiziksel dengelerin insan yaşamı için çok hassas bir biçimde ayarlandığı gerçeğini fark etmeye başladılar. Araştırmalar derinleştirildikçe, evrendeki fizik, kimya ve biyoloji kanunlarının; yerçekimi, elektromanyetizma gibi temel kuvvetlerin; atomların ve elementlerin yapılarının tümünün insanın yaşamı için tam olmaları gereken şekilde düzenlendikleri birer birer bulundu. Batılı bilim adamları bugün bu olağanüstü tasarıma **"İnsani İlke"** (*Anthropic Principle*) adını vermektedirler. Yani evrendeki her ayrıntı, insan yaşamını gözeten bir amaçla tasarlanmıştır.

Ateizmin 20. yüzyılda çöküşe geçmesi, sadece astrofizik, biyoloji, psikoloji, tıp gibi bilim dallarında değil; **aynı zamanda Siyaset ve Sosyolojide** de geçerlidir. Komünizmin yıkılması ise, bunun en önemli örneklerinden biridir. Dolayısıyla tüm İnsanlık hızla Allah'a yönelmektedir. Bu gerçeğin ifadesi, sadece burada aktardığımız bilim veya siyaset alanlarıyla sınırlı değildir. Ünlü devlet adamlarından sinema yıldızlarına veya pop sanatçılarına kadar, Batı toplumunun pek çok **"kanaat önderi"** eskisine göre çok daha dindardır. Nitekim geçtiğimiz yıllarda Amerika'nın önde gelen gazetelerinden Washington Times'te (UPI din işleri muhabiri **Uwe Siemon-Netto** imzası ile) yayınlanan bir analizde **"Ateizm bütün dünyada inişe geçti"** başlıklı uzun bir analiz yayınlandı. Yazıda ateizmin tüm dünyada hızla yok oluşa geçtiği çünkü asırladır insanlara "akıl ve bilimin yolu" gibi gösterilmek istenen ateizmin büyük bir akılsızlık ve cehalet olduğunun açıkça ortaya çıktığı bildirilmektedir. Bunun çok önemli göstergelerinden birisi dünyanın en önde gelen ateistlerinden biri olarak kabul edilen Antony Flew isimli İngiliz felsefecinin geçtiğimiz günlerde, bu yanılgısını terk ettiğini ve evrenin yaratılmış olduğunu kabul ettiğini açıklamasıdır. Yakın geçmişte medya Flew'un *"Elbette insanları etkiledim, bu yüzden vermiş olabileceğim büyük zararı gidermek istiyorum ve bunun için çaba göstereceğim"* sözleriyle çalkalandı. Aynı zamanda Türkiye'de de ateistler birer birer dine dönmektedirler. Gerçek ortadadır. Bilimi kendisine araç edinmek isteyen materyalist felsefe, bilimin kendisi tarafından çürütülmektedir. Dolayısıyla, bilimin gerçekleri karşısında uyanışa geçen insanlık, ateizmden kurtulan tüm dünya, zamanla Allah'a ve dine yönelecektir.

EVRİM TEORİSİ'NİN GERÇEK ARKA PLANI

Evrim Teorisi, bugün dünyayı etkilemekte olan diğer pek çok düşünce sistemi gibi, Avrupa'da doğmuş ve oradan diğer toplumlara propaganda yoluyla ihraç edilmiştir. Bu nedenle, bu teorinin hangi amaçla ortaya atıldığını ve neden sürekli olarak gündemde tutulduğunu anlamak için, Avrupa'da yaşanan büyük değişime biraz değinmekte yarar var. Avrupa, Ortaçağ boyunca din tarafından yönetilen toplumlardan oluşuyordu. Din, insanların en büyük yol göstericisi olarak kabul ediliyordu. İnsanlar, kendilerinin ve içinde bulundukları evrenin Allah tarafından yaratıldığına ve yine O'nun tarafından yokedileceğine, yani KIYAMET'e ölümün ardından da O'na hesap vereceklerine inanıyorlardı. Toplum düzeni, bu inanç üzerine, yani insanın ve evrenin "yaratılmış" olduğu gerçeğine dayanarak kurulmuştu. Ancak Ortaçağ Avrupası, her ne kadar yukarıda sayılan doğruları içerse de, pek çok yanlışı da içinde barındırıyordu. Bir kere, "din" denilen şey, Allah'ın insanlara verdiği gerçek ve orijinal din (Hak Din) değildi. Hristiyanlık Dininin içine pek çok yabancı unsur karışmıştı. İsevî Dininin saflığının bozulması, taassubun doğmasına yol açmıştı. Kilise'nin tutucu ve dar görüşlü bazı yönleri vardı. Ayrıca dinin içine pek çok hurafe karışmıştı ve bu hurafeler de doğal olarak akla uygun gelmiyordu. İnsanlar, biraz da Kilise'nin baskısıyla, hurafelerle karıştığı için akılcı olmayan, insan ruhuna bazı yönlerde ters düşen bu dini biraz zorlanarak da olsa kabul ediyorlardı. Ancak bu durum böyle süremezdi. İki ihtimal vardı, birincisi, dinin, içine sokulan hurafelerden temizlenmesi ve saf İsevi (H. İsa'dan gelen) geleneğine dönülmesiydi, ki bu Avrupa'nın gerçek kurtuluşu olurdu. İkinci ihtimal ise, dinin tamamen reddedilmesiydi, ki bu Avrupa'nın felaketi anlamına gelirdi.

15. yüzyılda başlayan ve 19. yüzyılda zirveye çıkan bir değişim süreci sonucunda ikinci ihtimal gerçeğe dönüştü

ve Avrupa dini terketti. Ancak bu değişim kendi kendine olmamıştı. Avrupa'yı birinci seçeneğe yönelmekten, yani dini hurafelerden temizlemekten alıkoyan ve onu ikinci seçeneğe, yani dini tamamen reddetmeye yönelten bazı önemli etkenler vardı. Bu etkenler, Avrupalı toplumlar içinde var olan bazı toplum kesimleriydi. Bunlar, dini kendi çıkarları açısından çok büyük bir rakip olarak görüyorlar ve dini düzenin ne olursa olsun yıkılmasını istiyorlardı. Özellikle ticaret yoluyla gittikçe zenginleşen kesimler ve yahudiler gibi Katolik Kilise ile felsefi olarak uyuşamayan topluluklar, kendi çıkarlarını Avrupa'nın dinden kopmasında gördüler. Ancak bu şekilde daha çok kâr edebilecekleri ve güçlenebilecekleri bir düzen kurulacağına inanıyorlardı. Örneğin, Avrupa'nın Katolik Kilisesi'nin kurduğu düzen nedeniyle faiz kullanmayan bir toplum olması, faiz yöntemini kullanarak kârlarını artırmak isteyen bu kesimlerin hiç hoşuna gitmiyordu. Bu nedenle faizi haram sayan Katolik Kilisesi'ne karşı, ticari sınıflar ve yahudiler gibi "düzen karşıtı" güçler tarafından desteklenen Protestan akımı, faizi serbest bıraktı. Söz konusu Protestan akımı, dindeki dejenerasyonu daha da artırdı ve Katolik Kilisesi'ne karşı çıkan yeni güçler tarafından desteklenen alternatif bir din oldu: "Dünya işlerine" fazla karışmadığı ya da bu işleri söz konusu güçlerin istediği şekilde düzenlediği için Protestanlık, uygun bir din modeli olarak görülmüştü. Ancak Katolik Kilisesi'yle din-dışı bir düzeni savunan bu yeni güçler arasındaki çekişme sürdü.

Zamanla bu çekişme, büyük bir savaşa dönüştü. Kilise, bu yeni güçlere karşı koymak için, Avrupa toplumlarını dine çağırıyor ve bir düzenin meşruiyet sağlamasının ancak din ile olabileceğini söylüyordu. Buna göre, madem tüm insanlar Allah'ın kuluydu ve tüm dünya da O'na aitti, öyleyse dünya üstündeki düzen de O'nun bildirdiği (vahyettiği) şekilde olmalıydı. İşte bu aşamada, daha çok kâr ve daha büyük güç peşinde koşan yeni güçler, anladılar ki, insanları dinden koparmadıkça, onlara istedikleri düzeni kabul ettirmek mümkün değildir. İnsanlar, kendilerinin Allah tarafından yaratılmış olduklarını ve yol göstericilerinin de Allah olduğunu kabul ettikleri sürece, bu yeni güçlerin teklif ettiği din-dışı hayat tarzını ve toplum düzenini kabul edemezlerdi. Bunun için de, yalnızca Kilise'yi değil, dinin bizzat kendisini ortadan kaldırmalıydılar.

EVRİM TEORİSİ VE DİNE KARŞI SAVAŞ

Nitekim öyle de oldu. Özellikle 17. ve 18. yüzyıllarda ortaya çıkan düşünürler, dinin toplumdaki etkisini azaltacak ve insanları dinden uzaklaştıracak sistemler ürettiler. İngiltere, Almanya ve en son da Fransa'da gelişen ve adına "Aydınlanma" düşüncesi denen akım, Avrupa insanlarını dinden uzaklaştırdı ve onlara "Allah'a rağmen", yani Allah'ın vahyini gözardı ederek bir dünya kurulabileceğini telkin etti. Bu düşünce, Fransız Devrimi ile birlikte zirveye ulaştı ve Kilise'ye karşı da büyük bir güç kazandı. Ancak az önce de belirttiğimiz gibi, Aydınlanma denen bu yeni akım, kendiliğinden oluşmamıştı. Tam tersine, Kilise'nin gücünü yok ederek kendi çıkarlarına uygun bir düzen kurmak isteyen güçler bu yeni din-dışı (seküler) düşünceyi oluşturmuş ve topluma kabul ettirmişlerdi. Bu din-dışı güçler, bu iş için gizli bir örgüt bile kurmuşlardı: Avrupa'nın katolik Kilisesi'ne düşman olan tüm elit tabakasını bir araya toplayan bu gizli örgüt, 1776 yılında kurulan İllünminatiydi (*İllüminati ve Hristiyan dünyası üzerindeki etkileri hakkında daha fazla bilgi için Bkz. İsevîlik İşaretleri, isimli eserimize başvurabilirsiniz Sf. 228-250*).

1700'lü yılların başında ilk kez İngiltere'de varlıklarını dünyaya ilan eden ve ardından kısa sürede tüm Avrupa'ya yayılan İllüminati örgütü, Katolik Kilisesi'ne karşı yürütülen mücadelenin bir numaralı lideri olmuştu. Kilise'ye karşı olan yahudilerle de yakın ilişki kuran ve onların desteğini arkasında bulan İllüminati, bilindiği gibi, Aydınlanma akımında ve onun doğal sonucu olan Fransız Devrimi'nde lider rol oynadı. İllüminatinin bu

Kilise ve din karşıtı çizgisi o kadar belirgindi ki, Papa XIII. Leo yayınladığı "Humanum Genus" adlı ünlü bildiride yeryüzünde dinin en büyük düşmanının bu örgüt olduğunu ilan etmişti. Papa, söz konusu deklerasyonda, İllüminatinin Kilise'ye karşı büyük bir nefret içinde olduğunu ve en büyük amaçlarının tüm dini kurumları yok etmek olduğunu bildiriyor ve bir hristiyanın asla bu örgüte üye olamayacağını duyuruyordu. İllüminatinin yeryüzünde "şeytanın krallığı"nı kurmaya çalıştıklarını söyleyen Papa, tüm insanları da bu tehlikeye karşı uyarıyordu. XIII. Leo, bir başka fermanında yahudilere de dikkat çekmiş ve yahudi önde gelenlerinin de İllüminati gibi gizli masonik örgütlenmelerle işbirliği yaparak Kilise'ye karşı sistemli bir mücadele yürüttüklerini söylemişti. Söz konusu ferman, Katolik Kilisesi'nin resmi yayın organı olan *Civilta Cattolica* adlı aylık gazetede yayınlandı. Papa, Civilta Cattolica'nın 1881'de yayınlanan 32. sayısında, "Yahudilerin Kilise'ye karşı büyük bir nefret" duyduklarını ve "yeryüzünde huzursuzluk ve fesad çıkarmaya" çalıştıklarını ilan etti. Aynı gazetenin 34. sayısında ise, "Fransa'yı masonların yönettiği" ve "masonların kontrolünün de aslında yahudi liderlerin elinde olduğu" yazıldı. Papanın yayın organı, daha pek çok sayısında aynı konulara dikkat çekti ancak Katolik Avrupa düzenine en az kendileri kadar düşman olan Yahudilerden büyük destek alan (yahudilerin özellikle ekonomik yönden büyük bir gücü vardı) masonlar, Katolik Kilisesi'ne karşı giriştikleri savaştan galip çıktılar. Bu da büyük ölçüde, az önce de belirttiğimiz gibi, din-dışı düşüncenin bazı gizli örgütlenmeler vasıtasıyla, *"Aydınlanma"* adı altında Avrupalı toplumlara kabul ettirilmesi ile oldu.

Din-dışı düşüncenin dine karşı kazandığı galibiyetin en açık örneği ise Fransız Devrimi'ydi: Devrimle birlikte binlerce din adamı öldürülmüş, dini kurumlar tahrip edilmişti. Devrimden sona iktidara gelen güçlerin ortak özelliği ise, toplumu mümkün olduğunca dinden koparmak oldu. Fransız Devrimi'nin en önemli boyutunu oluşturan bu din-karşıtı ve din-dışı akım, kısa süre sonra tüm Avrupa'ya ihraç edildi. Güçlü Masonların ve Yahudi önde gelenlerinin başını çektiği Kilise karşıtı ittifak, Papa otoritesine son büyük darbeyi de yine elbirliğiyle vurdu. 1870 yılına dek Orta İtalya'da varlığını sürdüren Papa Devleti, Mazzini, Garibaldi ve Cavour gibi üç büyük "üstad mason" tarafından yıkıldı. Böylece Kilise'nin otoritesi tamamen yıkıldı ve Papa devleti, bugünkü Vatikan'ın ufacık sınırına sıkıştırıldı. Mazzini'ye ve diğer mason dostlarına en büyük desteği ise, İtalya'nın Rosselli ve Nathan adlı zengin yahudi hanedanları vermişti. Böylece 19. yüzyılda, Avrupa'daki dini düzenden rahatsız olan güçler, bu düzeni yıkmışlar ve yerine kendi çıkarlarına uygun bir düzen yerleştirmişlerdi. Bunun için de Avrupalı toplumlar, dinden koparılmış ve din yerine yeni kıstasları yol gösterici olarak kabul etmeye başlamışlardı.

Kısacası, Avrupalı insanları, dini içine sızmış olan hurafelerden arındırmak yerine, onu tümden reddetmeye iten süreç, bazı güç odakları tarafından yönlendirilmişti. İnkar (yani Allah'ı ve Âhireti tanımama), yalnızca insanların kendi başlarına sapmalarından değil, büyük ölçüde güç odaklarının telkinlerinden kaynaklanmıştı. Bu genel bir kuraldır: Kur'ân da bu konuya dikkat çekmekte ve insanların inkara yönelmelerinin ardında "*Saptırıcı Müstekbirlerin*" (Allah'a karşı büyüklenen ve yeryüzünde bozgunculuk çıkaran önde gelen inkarcılar) kurdukları "Hileli Düzen"lerin de yattığını bildirmektedir. Bazı âyetlerde bildirildiğine göre, bu "Müstekbir"lere uyan halk, Âhirette onlara:

"..Siz gece ve gündüz hileli düzenler (kurup) bizim Allah'ı inkar etmemizi ve O'na eşler koşmamızı bize emrediyordunuz.."

(Sebe, 33)

diye seslenecektir.

Dolayısıyla burada inkar kendi kendine oluşmamış, güç odakları tarafından bilinçli olarak üretilmişti. Evrim

Teorisi'ne kadar uzanan dinden kopma sürecinin arkasında yatan sır da işte buydu.

EVRİM TEORİSİ'NİN ORTAYA ATILIŞINDAKİ ESAS AMAÇ

Dini düzenden rahatsız olan güç odaklarının oluşturdukları din-dışı akım, 19. yüzyılda zirveye ulaştı. Bu yüzyılın özelliği, materyalist, pozitivist ve determinist görüşlerin büyük bir kabul görmesidir. Materyalizm, tek gerçek varlığın madde olduğunu ve maddeden başka da hiçbir şeyin var olmadığını öne süren düşünce sistemiydi. Buna göre, madde ezelden beri vardı ve sonsuza kadar da var olmayı sürdürecekti. Dolayısıyla Allah'ın varlığı ve mevcut varlıkları yarattığı gerçeği reddediliyordu. Bu durumda tüm insan hayatı madde üzerine kuruluyordu ve "mana"nın hiç bir önemi kalmıyordu.

İnsanlar yalnızca ve yalnızca daha çok tüketmeyi, daha çok maddeye sahip olmayı ister hale geliyorlardı. Hayatın tek anlamı ve değeri maddi güç, yani paraydı. Bu durum, maddi gücü elinde bulunduran ve bu güç sayesinde de kendisine itaat edilmesini isteyen güç odakları için oldukça elverişliydi şüphesiz. Böylece başını masonik örgütlenmelerin çektiği güç odakları, aynı kendi kavmine:

"Ey kavmim, Mısır'ın mülkü ve şu altımda akmakta olan nehirler benim değil mi?"

(Zuhruf, 51)

diye seslenerek itaat isteyen Firavun gibi benzeri bir otorite elde edeceklerdi. Pozitivizm ve determinizm de materyalizmin doğal birer sonucuydular. Pozitivist düşünce, yalnızca bilim yoluyla ispat edilen şeylerin gerçek ve var olduğunu iddia ediyordu. Determinizm ise, yaşanan tüm olayların maddeler arasındaki ilişkilerin birer sonucu olduğunu, bir sebep-sonuç ilişkisi içinde tüm evrenin mekanik bir biçimde işlediğini sanıyordu. Bu durumda kuşkusuz kaderin varlığı, yani olayların Allah'ın iradesine göre işlediği gerçeği anlaşılamazdı. Avrupa, bu düşüncelerin kabul görmesiyle birlikte, dinden kopmanın en uç aşamasına vardı. Ancak bu tür düşünceleri insanlara gerçekmiş gibi sunarak onları dinden koparan güç odakları için bir ihtiyaç doğmuştu. "Madde ezelden beri vardır, her şey maddedir ve tüm olaylar maddenin kendi kurallarına göre işler" demekle, evrenin her noktasında kendini gösteren yaratılış gizlenemiyordu.

Canlılar dünyasının nasıl var olduğu, nasıl bu denli mükemmel bir denge üzerine oturduğu açıklanamıyordu. İnsanın nasıl olup da var olduğu, nasıl bir göze, kulağa sahip olduğu vs. izah edilemiyordu. Aslında bunlar, bölümün başında da değindiğimiz gibi, hiç bir şekilde "yaratılmamışlık" temeli üzerinde açıklanamazdı. Bir fabrikada üretilmiş olduğu her halinden belli olan bir arabanın "kendi kendine" oluştuğu gibi akıl dışı bir iddia nasıl ispatlanamazsa; tümü yaratılmış olan evrenin kendi kendine ya da "tesadüfen" oluştuğu gibi saçma bir iddia da asla ispatlanamazdı. Ama din-dışı düzeni kuran güç odakları, ne yapıp yapıp canlıların nasıl oluştuğu sorusuna din-dışı bir cevap bulmak zorundaydı. Bu cevap, kuşkusuz doğru bir cevap olmayacaktı, ancak insanlara doğru gibi gösterilebilirdi. Yani bu cevap, kesinlikle delilli ve ispatlı bir cevap da olmayacaktı, ancak insanlara öyleymiş gibi sunulabilirdi.

Sonuçta, önemli olan insanların "dini önyargılardan" kurtarılmasıydı ki, bu iş nasıl olursa olsun bir an once yapılmalıydı. İşte Evrim Teorisi bu ihtiyacı karşılamak üzere ortaya atıldı. Amaç, canlıların "yaratılmamış" olduklarını ispatlamaktı. Yani bu ortaya atılan iddianın zekice bir türü olan bir teori, tüm canlıların ilkelden gelişmişe doğru birbirinden evrimleşerek var olduğunu ortaya atıyordu. Buna göre, önce tek hücreli canlılar oluşmuştu. Sonra suda yaşamın ilk örnekleri, ilk balıklar var olmuştu. Sonra günlerden bir gün, bu balıklar yürümek istemiş ve karada yaşamaya başlamışlardı. Nasıl olmuşsa olmuş, solungaçları akciğere, yüzgeçleri de ayaklara dönüşmüştü! Daha sonra da bazı hayvanlar uçmak istemiş ve kanat sahibi olmuşlardı! Hikaye böyle devam ediyor gidiyor ve en son da maymunların insana dönüştükleri gibi çarpıcı bir iddiayla son buluyordu. Yani insanlar, Allah'ın yarattığı Hz. Adem ve eşinden başlayarak çoğalmamış, maymunlardan evrimleşmişlerdi. Kısacası, "yaratılmamış"lardı!

Evrim Teorisi'ni ortaya atan kişilerin (önce Lamarck, sonra Darwin) yaptıkları aslında şuydu: Mutlaka ve mutlaka canlıların "yaratılmamış" olduklarını ispatlayan bir teori geliştirmeye çalışılabilir. Bunun için de düşünüp-taşınmış ve sonunda, birbirine benzeyen canlıların birbirinden evrimleştiği gibi bir iddia atmışlardı ortaya. Ayrıca "hayat şartları"nın hayvanları evrimleşmeye zorladığını da iddia etmişlerdi. Örneğin Lamarck, zürafaların boyunlarının uzun olmasını, ağaçların üstündeki yapraklara uzanmak istemelerinden kaynaklandığını iddia etmişti. Buna göre, nesiller boyunca zürafaların boyunları santim santim uzamıştı. Bu iddia görünüşte zekice bir iddiaydı, ancak gerçekte bir safsataydı. Çünkü bir süre sonra anlaşılmıştı ki, hayvanlar "hayat şartları" nedeniyle kazandıkları özellikleri bir öteki nesle aktarmıyorlardı. Yani, aslında bir zürafa kendisini zorlayarak boynunu bir kaç santim uzatsa bile, doğan yavrusunun boynu yine standart ölçülerde oluyordu. Fakat Lamarck'ın bu teorisinin yanlış olduğunun anlaşılması, Evrim Teorisi'nin ateşli taraftarlarının hızını kesmedi. Bu kez, Charles Darwin çıktı ortaya. 1859 yılında yazdığı *On The Origin of Species by Means of Natural Selection* (Doğal Seleksiyon Yoluyla Türlerin Kökeni Üzerine) adlı kitabında, canlıların farklılığını "Doğal Seleksiyon" teorisi ile açıklamaya kalktı. Doğal Seleksiyon, doğal ortama ayak uyduramayan zayıf canlıların yok olması, bu ortama ayak uyduran güçlü canlıların da türlerini devam ettirmesine dayanıyordu. Darwin, Lamarck'ın kazanılmış özelliklerin (zürafanın boynunun sözde uzaması gibi) bir sonraki nesle aktarılması tezine doğal seleksiyonu da ekleyerek, canlı türlerinin kökenini açıklamaya çalışmıştı.

Ancak zamanla Darwin'in teorilerinin de tutarlı olmadığı ve canlıların varoluşunu açıklamaktan çok uzak olduğu ortaya çıktı. Lamarck'ın kalıtım ile ilgili teorileri kökten yanlış olduğu DNA'nın keşfedilmesiyle birlikte anlaşılmıştı. Doğal seleksiyonun ise, yeni bir tür yaratmaya yetmeyeceği görüldü: Bu sistem, bir canlı türü içinde en güçlü olanını seçip yaşatabilirdi, ancak yeni bir tür oluşturamazdı. Örneğin, doğal seleksiyon sayesinde, sürüngen türleri içinde en güçlü olanlar kalabilir ve diğerleri yok olabilirdi, ancak asla ve asla sürüngenler sözgelimi kuşlara dönüşemezdi.

Ancak Evrimciler yine pes etmediler. Bu kez de Neo-Darwinizm çıktı ortaya. Heackel, Urey-Miller ve en son Richard Dawkins gibi ünlü ateist evrimci fikirdeki bilim adamlarında desteklenen bu yeni Evrimci tez, bu kez de canlıların farklılığının mutasyonlara dayandığı şeklindeydi. Mutasyonların, yani başta radyasyon olmak üzere canlıların DNA'sını bozan değişimlerin, farklı türlerin kökeni olduğunu öne sürdüler. Oysa, zamanla bu teori de rağbet görmemeye başladı: Çünkü mutasyonlar ancak mevcut DNA kodunu bozuyordu, yeni DNA kodları üretmiyordu. Bir başka deyişle, mutasyona uğrayan canlının ancak organları köreliyor ya da yer değiştiriyordu. Fakat yeni bir organın oluşması mümkün değildi. Üstelik mutasyonların tamamına yakını zararlıydı. Bu nedenle de mutasyon tezi, Evrim iddiasına dayanak oluşturmaktan çok uzak kaldı.

EVRİM TEORİSİ'NİN ARDINDAKİ ESAS HEDEF

Evrim Teorisi'nin geçirdiği süreç bize önemli bir şey göstermektedir: Evrim, bilim adamlarının araştırmaları sonucunda farkettikleri bir gerçek değildir. Bilim çevrelerinin büyük bir bölümü, Evrimin varlığına önce inanmakta, sonra da bunu ispatlamak için ellerinden geleni yapmaktadırlar. Ortaya attıkları Evrim modelleri bir bir çürük çıkmakta, ancak yine de bu teoriyi savunmaktan vazgeçmemektedirler. Bu durumun en ilgi çekici örneklerinden birini, Türkiye'deki en ünlü Evrimcilerden biri olan Prof. Dr. Ali Demirsoy'un *Kalıtım ve Evrim* adlı kitabında yazdığı ilginç mantıklarda görebiliriz. Demirsoy, Evrim'in en büyük çıkmazı olan Organik Evrim'in en önemli aşamasının, yani bir proteinin "tesadüfen" oluşmasının imkansız olduğunu itiraf etmekte, ancak "doğaüstü güçler"in (Allah'ı kastediyor) varlığını kabul etmektense, bu imkansız mantığı kabul etmenin daha "bilimsel" olduğunu söylemektedir:

«.. *Özünde bir Sitokrom-C'nin (canlılığın oluşması için şart olan enzim) dizilimini oluşturmak için olasılık sıfır denecek kadar azdır. Yani canlılık eğer belirli bir dizilimi gerektiriyorsa, bu tüm evrende bir defa oluşacak kadar az olasılığa sahiptir, denebilir. Ya da oluşumunda bizim tanımlayamayacağımız doğaüstü güçler görev yapmıştır. Bu sonuncusunu kabul etmek bilimsel amaca uygun değildir. O halde birinci varsayımı irdelemek gerekir.* »

Ali Demirsoy'un dediğine göre, bir "bilimsel amaç" vardır: Ve bu amaç, ne olursa olsun, canlıların yaratılmış olduklarını reddetmeyi gerektirmektedir. Canlıların yaratılmış olduklarını kabul etmektense, Demirsoy ve benzerleri, sıfır olasılık taşıyan tesadüfleri kabul etmeyi tercih etmektedirler. Demirsoy, üstteki satırlarının ardından, "bilimsel amaca daha uygun" olduğu için kabul ettiği bu olasılığın ne denli gerçek dışı olduğunu şöyle itiraf eder:

«..*Sitokrom-C'nin belirli aminoasit dizilimini sağlamak, bir maymunun daktiloda hiç yanlış yapmadan insanlık tarihini yazma olasılığı kadar azdır.*»

Bu satırlarda anlatılan mantık bize şunu gösterir: Evrim Teorisi sadece kuru bir bilimsel bir amaç için savunulmamaktadır. Demirsoy"un "bilimsel amaç" dediği şey, aslında gerçekte bilimsel olmayan bir meseledir ve aklın mantıksal ilkelerine yapılan bir dayatmadan öte bir şey değildir. Çünkü bilimin genel tanımına göre, bilimadamı, önceden doğru olduğunu kabul ettiği bir şeyi ispatlamak için değil, doğru olanı bulabilmek için yola çıkar. Oysa konu Evrim'e gelince bunun tam tersi bir durum ortaya çıkmaktadır: Evrim, her ne olursa olsun ispatlanmaya, doğruluğu kabul ettirilmeye çalışılan doğmatik bir tür inanç haline gelmiştir. Bu durumda kolaylıkla şu sonuca varabiliriz: Evrim, "bilimsel" amaçlar için değil, siyasi amaçlar için savunulmaktadır. Bir başka deyişle, Evrim, bazı güçlerin çıkarlarına uygun bir tür ideolojidir ve bu nedenle, ne olursa olsun savunulmaktadır. Evrimden asla vazgeçmeyen ve tüm kariyerini bu kuru teoriyi ispat etmek için kullanan bilimadamları da, söz konusu güçlerin birer üyesidirler ya da bu güçler adına çalışmaktadırlar. Evrimin öncülüğünü yapan bu bilim adamları, onlardan ve akademik çevrelere özenle yerleştirilmiş olan Evrimci "resmi ideoloji"den etkilenen diğer pek çok bilimadamı tarafından da izlenmektedir.

Peki acaba Evrim Teorisi, gerçekte hangi amaçlara hizmet etmekte, hangi çıkarları korumaktadır? Hangi güçler, kendilerine sağladığı bu çıkarlar karşılığında Evrim Teorisi'ni sürekli olarak ayakta ve gündemde tutmaya çalışmaktadırlar? Bir de bunu inceleyelim.

EVRİM TEORİSİ VE DİĞER İDEOLOJİLER

Az önce, Avrupa toplumlarının dinden kopuş sürecinden söz ederken, bu sürecin ardındaki bazı gizli toplumsal güçlerden söz etmiştik. Bu güçler, dini esaslar üzerine kurulu olan Avrupa düzenini kendi çıkarlarına aykırı bulmuş ve bu nedenle de bu düzenin değişmesine öncülük etmişlerdi. Dini düzeni yıkmanın yolu ise, toplumların dinden kopmasından geçiyordu. Böylece dini otoritenin güç kaynağı kesilmiş olacaktı. Dinden kopmuş bir toplum, doğal olarak dini otoriteye bağlı kalmaya devam edemezdi. Bu din-dışı toplum, din-dışı otoriteleri kolayca meşru birer yönetim olarak kabul edebilirdi. Avrupa'nın dinden kopmasına öncülük eden bu güçler (yeni zenginler, yahudiler ve mason örgütlenmesi altında toplanan tüm din-karşıtı unsurlar), dinin toplum hayatından çıkarılmasıyla doğan boşluğu da ustaca doldurdular: Din yerine, sözkonusu güçler tarafından geliştirilen ideolojiler Avrupalı toplumların (daha sonra da tüm dünyanın) önüne sunuldu.

18. yüzyılda doğan ve 19. yüzyılda olgunlaşan bu ideolojileri üç temel sınıfa ayırabiliriz: Liberal kapitalizm, Sosyalizm ve Faşizm. Bu ideolojilere baktığımızda ilk dikkati çeken, hepsinin, birbiriyle çatışan tarafları olmasına rağmen, temel bir noktada buluşuyor olmalarıdır: Söz konusu ideolojilerin hepsi de, dinin toplum hayatından dışlanması, dini otoritenin gücünün ortadan kaldırılması konusunda hem fikirdirler. Bu nedenle hepsi de Aydınlanma felsefesinden kaynaklanan maddeci (materyalist) dünya görüşünü kabul ederler. Çünkü bu ideolojilerin hepsi, dini düzeni yıkan din-dışı güçlerin etkisi altında doğmuş ve gelişmiştir. Kilise'nin otoritesini yıkan ve Masonluk ve İllüminati çatısı altında örgütlenen din-dışı güçler, bu ideolojilerin hepsinin gelişiminde en önemli rolü oynamışlardır. Kapitalist, sosyalist ve faşist sistemlerin ideologlarının arasında, masonların ve yahudilerin sayısı dikkat çekici bir biçimde kabarıktır. Ancak hepsi de din-dışı bir dünya görüşünü savunan bu ideolojiler, bölümün başında da belirttiğimiz gibi, tutarlı bir temel sahip değildiler. Çünkü hepsi de Allah'ın varlığını tanımayan ya da gözardı eden düşüncelerdi. Hepsi, evreni ve canlıları "yaratılmamışlık" temelinde açıklamaya çalışmıyorlardı. Ve yine başta belirttiğimiz gibi, böyle bir şey mümkün olamazdı: Ne evrenin, ne de canlıların "yaratılmamış" olduklarını savunacak tutarlı bir iddia ortaya atılamazdı. Ancak yine önceki bölümlerde belirttiğimiz gibi, bu konuda tutarlı bir düşünce öne sürülemezdi, ancak insanlara tutarlıymış gibi gösterilen düşünceler sunulabilirdi. Canlıların "yaratılmamış" olduklarını iddia eden ve binbir zahmetle doğru ve tutarlı bir düşünceymiş gibi tanıtılan Evrim Teorisi, tam bu anda ideolojilerin imdadına yetişmiştir.

Özellikle dinden tümüyle kopmuş olan iki büyük ideoloji ve sistem, yani Kapitalizm ve Sosyalizm için, Evrim, adeta bir kurtarıcı olmuştur. Bu nedenle, her iki ideolojinin de kurmayları teorinin topluma kabul ettirilmesinin önemi üzerinde dururlar. Kuşkusuz Masonik örgütlenmeler, Evrim Teorisi'nin topluma kabul ettirilmesi konusunda en çok uğraşan güçtür. Masonluğun Evrimci çizgisi, Türk Masonlarının yayın organlarına da yansımıştır. Örneğin *Mason Dergisi*, Evrim'in en önemli işlevini şöyle açıklıyor:

"Darwin'in Evrim kuramı doğada oluşan pek çok olayın Tanrı işi olmadığını gösterdi." Bir başka "mason dergisi" olan *Mimar Sinan* ise *"Bugün artık en uygar ülkelerden, en geri kalmışlarına değin tek geçerli bilimsel kuram Darwin'in ve onun yolunu izleyenlerinkidir"* diyor ve Yaratılış'ı bir "efsane" olarak nitelendirerek devam ediyor: *"..ama kilise de batmadı, diğer dinler de. Yine dinsel öğreti olarak kutsal kitaplardaki Âdem ile Havva efsanesi öğretiliyor."*

Evrim Teorisi'nin, "dini efsaneler" için sözde tek alternatif olduğunun böylece farkına varan masonlar, bu teorinin propagandasının yapılmasını da başlıca görevleri arasında kabul ediyorlar. *Mason Dergisi*, Aralık 1976 sayısında, söz konusu "masonik görev"i şöyle ifade ediyor:

"Hepimize düşen en büyük insancıl ve masonik görev; olumlu (pozitif) bilim ve akıldan ayrılmamak, bunun Evrim'de en iyi ve tek yol olduğunu benimseyerek bu inancımızı insanlar arasında yaymak, halkı olumlu bilimlerle yetiştirmektir."

Masonların bu denli üzerinde durdukları ve topluma kabul ettirmeyi kendilerine "görev" olarak kabul ettikleri Evrim, doğal olarak Kapitalist sistemin ve ona bağlı ideolojilerin bir numaralı dayanağıdır. Çünkü dini değerlere tamamen ters düşen kapitalist ahlak, ancak Allah'ın hükümlerinin tanınmadığı bir toplumda yerleşebilir. Kapitalizmin kuruluşunda ve gelişiminde büyük rolü olduğuna kuşku olmayan Mason örgütlenmesinin Evrim'i savunmasının bir nedeni de budur. Masonluğun bir diğer din-dışı ideolojinin, yani sosyalizmin gelişimindeki katkısı da kuşkusuz Evrim Teorisi'ni gündeme getirmiştir. Evrim, sosyalizmin, özellikle de kendini "bilimsel sosyalizm" olarak nitelendiren Marksizm'in de en büyük dayanaklarından biridir. Söz konusu ideolojinin kurucuları, Evrim Teorisi'ni düşüncelerinin temeli olan "diyalektik materyalizm"in ispatı olarak gördüklerini, "canlıların diyalektiğini" ve birbirleriyle sürekli çatışma halinde olmasını bu teori üzerine bina ettiklerini açıkça ifade etmişlerdir. Örneğin Marks, 16 Ocak 1861'de Lassalle'a yazdığı mektupta şöyle diyordu:

"Darwin'in yapıtı büyük bir yapıttır. Tarihte sınıf mücadelesinin doğa bilimleri açısından temelini oluşturuyor." Marks, Engels'e yazdığı 19 Aralık 1860 tarihli mektubunda ise, Darwin'in *"Türlerin Kökeni"* adlı kitabı için *"bizim görüşlerimizin tabii tarih temelini içeren kitap işte budur"* ifadesini kullanmıştı.

Engels ise Darwin'e olan hayranlığını şöyle belirtmişti:

"Tabiat metafizik olarak değil, diyalektik olarak işlemektedir. Bununla ilgili olarak herkesten önce Darwin'in adı anılmalıdır."

Dolayısıyla Marx'ın, Engels'in ve sayısız diğer materyalistin benzer ifadelerinden anlaşılacağı gibi, Evrim Teorisi materyalizmin bel kemiğidir. Evrim Teorisi, kuşkusuz ilerde Naziler tarafından uygulamaya konulan "Nasyonal sosyalizm"e dayalı üstün ırk ideolojisi için, yani faşizm ve ırkçılık için de önemli bir dayanak oluşturdu. Bir ırkın diğerlerine üstün olduğu gibi bir safsatayı "ispatlamaya" çalışan ırkçı düşünürler ve nazi bilim adamları, evrim teorisini bu doğrultuda uygulamaya koydular ve 19. yüzyılda Darwin'in kuramına dört elle sarıldılar. Darwin'in, canlıların evrim süreci içinde gelişerek var oldukları ve dolayısıyla bu süreçte geçirdikleri aşamalara göre bir hiyerarşi içinde bulundukları iddiasını, bu kez toplumlara uyguladılar. "Sosyal Darwinizm" adı verilen ve Evrim'in yeni bir uyarlaması olan bu teoriye göre, bazı ırklar, Evrim süreci içinde daha iyi gelişim göstermişler ve "bilimsel" bir biçimde diğer ırklara üstünlük sağlamışlardı. "Beyaz adam"ın diğer ırklara üstün olduğu iddiası böylece kendine sözde bilimsel bir dayanak bulmuş oluyordu.

19. yüzyıl sömürgecileri ise, bu teori ile yaptıkları sömürüyü meşrulaştırmayı denediler. Böylece, Evrim Teorisi, din-dışı tüm ideolojilerin kaynağı haline geldi. Kapitalist, sosyalist ya da faşist ideolojilerin savunucuları, aralarındaki tüm farklara rağmen, Evrim Teorisi'ne ve onun ispatlamaya çalıştığı "yaratılmamışlık" iddiasına sahip çıktılar. Çünkü bu teori sayesinde dine karşı tutarlıymış gibi gözüken bir alternatif bulmuş oluyorlardı. Bu teoriden öylesine yararlandılar ki, sonunda onu bizzat dine de uygulamaya kalktılar. Canlıların varlığını din-dışı bir temelde sözde açıklayan teori, dinin varlığını da din-dışı bir temelde açıklamaya kalktı: Buna göre, din, Allah'ın insanlara gösterdiği yol değildi: Din, insanların toplumsal gelişim süreci içinde kendi kendilerine uydurdukları bir inançtı. "Dinlerin Evrimi" adı verilen bu teoriye göre, din ilk olarak ilkel toplumlarda tabiat güçlerine tapınma şeklinde başlamış, ardından putatapıcılığa dönüşmüş, son olarak da tek-ilahlı büyük dinler doğmuştu. Aslında, geçtiğimiz bölümlerde değindiğimiz gibi, bu çeşit bir felsefi düşüncenin temeli, "Dinlerin Evrimi" şeklinmde August Comte tarafından ortaya atılmıştı.

Kısacası Evrim, din-dışı dünyanın geliştirdiği tüm ideolojilerin temelini oluşturmaktadır. Dolayısıyla bu dünyanın önde gelen tüm kişi ve kurumları, bu teoriyi topluma kesin bir gerçekmişçesine kabul ettirmek durumundadırlar. Aksi takdirde, kendilerini yaratanın Allah olduğunun gerçekten farkına varan ve dolayısıyla da yalnızca O'na karşı sorumlu olduklarının bilincine ulaşan insanlar, söz konusu ideoloji ve sistemleri tanımayacaklardır. Bu nedenle Evrim'in topluma kabul ettirilmesi, din-dışı dünyanın "olmazsa olmaz" şartıdır ve yine bu nedenle; bir yüzyılı aşkın bir zamandır, hem dünyada, hem de ülkemizde Evrim Teorisi; velev ki doğruluğu tam olarak isbatlanmasa bile, sistemli bir kampanya ile topluma kabul ettirilmeye çalışılmaktadır.

EVRİM TEORİSİ'NİN İLERİ SÜRDÜĞÜ DELİLLER VE BULUNAMAYAN ARA GEÇİŞ FORMU FOSİLLERİ

Şimdiye dek incelediğimiz tüm nedenlerden dolayı, mason kaynaklarının da açıkça söylediği gibi, Evrim, din-dışı güçlerin mutlaka ve mutlaka topluma kabul ettirmek zorunda oldukları bir düşüncedir. Mason Dergisi'nin özenle vurguladığı gibi, "en büyük masonik görev, Evrim'i insanlar arasında yaymak"tır. Ancak kuşkusuz bu "büyük masonik görev", yalnızca Evrim inancını insanlar arasında yaymakla sınırlı kalamaz. Bir de bu teorinin "ispatlanması" gerekmektedir. Çünkü insanlara, yalnızca, "siz Evrim sonucu oluştunuz, sizi Allah yaratmadı" demek yetmez, bir de bu konuda bazı "delil"ler öne sürmek lazımdır. İşte Evrim Teorisi'nin en büyük çıkmazlarından biri buradadır: Çünkü Evrim Teorisi'ni destekleyecek somut deliller bir türlü bulanamamıştır ve bulunamamaktadır.

Güneş balçıkla sıvanamamakta, tarihin en büyük bilimsel yanılgılarından birisi olan Evrim Teorisi, hiçbir şekilde ispatlanamamaktadır. Yapılan bütün araştırmalara ve harcanan büyük paralara rağmen Evrim Teorisi'ni destekleyecek bulgular bir türlü ortaya çıkmamaktadır. Oysa, eğer Evrim diye bir şey gerçekleşmiş olsaydı, binlerce hatta belki milyonlarca delilin bulunmuş olması gerekirdi. Bilindiği gibi Evrim teorisi, bir türün bir başka türe dönüşmesinin milyonlarca yıllık uzun bir zaman dilimi içerisinde yavaş ve aşamalı olduğunu söyler. Buna göre, ilkel canlıdan karmaşık olana geçiş uzun bir zamanı kapsar ve kademe kademe ilerler. Bu iddianın doğal mantıksal sonucu ise, bu geçiş dönemi sırasında "ara-geçiş formu" adı verilen ucube canlıların yaşamış olmasını gerektirir. Evrimciler, tüm canlıların kademeli olarak birbirlerinden türediklerini iddia ettikleri için de, bu ara-geçiş formlarının türlerinin ve sayılarının milyonlarca olması gerekir. Eğer gerçekten bu tür canlılar yaşamışlarsa, fosil kayıtlarında bunların kalıntılarına da rastlanması gerekir. Çünkü bu teze göre, ara geçiş formlarının sayısının, bugün bildiğimiz hayvan türlerinden bile fazla olması ve dünyanın dört bir yanının fosilleşmiş ara-geçiş formu kalıntılarıyla dolu olması lazımdır. Dahası, evrimciler 19. yüzyılın ortasından bu yana dünyanın dört bir yanında hummalı fosil araştırmaları yaparak bu ara geçiş formlarını aramaktadırlar. Oysa, neredeyse bir buçuk asırdır büyük bir hırsla aranan bu ara geçiş formlarından eser yoktur.

Aslında Darwin de bu ara geçiş formlarının yokluğunun farkındaydı. Fakat yine de en büyük beklentisi aranan ara geçiş formlarının gelecekte bulunmasıydı. Ancak bu ümitli bekleyişine rağmen, teorisinin en büyük açmazının bu konu olduğunu görüyordu. Bu yüzden, "*Türlerin kökeni*"nde şöyle yazmıştı:

"*Eğer gerçekten türler öbür türlerden yavaş gelişmelerle türemişse, neden sayısız ara geçiş formuna rastlamıyoruz? Neden bütün doğa bir karmaşa halinde değil de, tam olarak tanımlanmış ve yerli yerinde? Sayısız ara geçiş formu olmalı, fakat niçin yeryüzünün sayılamayacak kadar çok katmanında gömülü olarak bulamıyoruz.. Niçin her jeolojik yapı ve her tabaka böyle bağlantılarla dolu değil? Jeoloji iyi derecelendirilmiş bir süreç ortaya çıkarmamaktadır ve belki de bu benim teorime karşı ileri sürülecek en büyük itiraz olacaktır.*"

Darwin'den bu yana yoğun bir şekilde hep bu fosiller arandı, fakat evrimciler için sonuç acı verici bir hayal kırıklığıydı. Bu dünyada hiçbir yerde -ne bir kıtada, ne de bir okyanusun derinliklerinde- tek bir ara geçiş formuna dahi rastlanamadı.

YERYÜZÜNDE HAYATIN ANİDEN VE ÇOK ÇEŞİTLİ BİÇİMLERDE ORTAYA ÇIKMASI

Fosil kayıtları az önce de belirttiğimiz gibi evrim teorisinin iddialarını destekleyecek hiç bir delil sunmazlar. Aksine, yeryüzü tabakaları ve fosil kayıtları incelendiğinde, yeryüzündeki canlı hayatının birdenbire ortaya çıktığı görülür. Canlı yaratıkların fosillerine rastlanılan en derin yeryüzü tabakası, 500 milyon yıl yaşında olduğu söylenen "kambriyen" tabakadır. Kambriyen devrine ait tabakalarda bulunan canlılar ise, hiçbir ataları olmaksızın birdenbire fosil kayıtlarında belirirler. Kambriyen kayalıklarında bulunan fosiller, deniztarakları, salyangozlar, trilobitler, süngerler, brachiopodlar, solucanlar, denizanaları, deniz kirpileri, deniz hıyarları, yüzücü kabuklular, deniz zambakları, ve diğer kompleks omurgasızlara aittir.

Kompleks yaratıklardan meydana gelen bu geniş canlı mozaiği şaşırtıcı bir biçimde aniden ortaya çıkmıştır ki, bu yüzden jeolojik literatürde bu mucizevi olay, yaklaşık 500-750 milyon yıl önce gerçekleşen "**Kambriyen Patlaması**" olarak anılır. Bu tabakadaki canlıların çoğunda da, göz gibi son derece gelişmiş organlar ya da solungaç sistemi, kan dolaşımı gibi yüksek organizasyona sahip organizmalarda görülen sistemler bulunur. Fosil kayıtlarında bu canlıların atalarının olduğuna dair herhangi bir işarete rastlanılmaz. *Earth Sciences* dergisinin evrimci editörü Richard Monestarsky, canlı yaratıkların birdenbire ortaya çıkışlarını şöyle anlatır:

"Bugün görmekte olduğumuz oldukça kompleks hayvan formları aniden ortaya çıkmışlardır. Bu an, Kambriyen Devrin tam başına rastlar ki denizlerin ve yeryüzünün ilk kompleks yaratıklarla dolması bu evrimsel patlamayla başlamıştır. Günümüzde dünyanın her yanına yayılmış olan hayvan filumları (takımları)

erken Kambriyen Devir'de zaten vardırlar ve yine bugün olduğu gibi birbirlerinden çok farklıdırlar."

Canlılığın nasıl olup da böyle birdenbire binlerce hayvan çeşidiyle dolup taştığı ve hiçbir ortak ataya sahip olmayan ayrı türlerdeki canlıların nasıl ortaya çıktığı, evrimcilerin asla cevaplayamadıkları bir sorudur. Bu sebeple evrimci kaynaklar, Kambriyen Devri'nin öncesine, içinde hayatın başlangıcının oluştuğu ve "bilinmeyenin gerçekleştiği" 20 milyon yıllık hayali bir dönem koyarlar. Bu dönem "evrimsel boşluk" olarak adlandırılır. Ancak bugüne kadar hiç kimse, bu evrimsel boşluğun ne olduğunu da açıklayamamıştır. İngiliz bir biyolog ve oldukça iddialı bir evrimci olan Richard Dawkins bu konuda şunları söylemektedir:

"..600 milyon yıllık Kambriyen katmanları (evrimciler bugün Kambriyen'ın başlangıcını 530 milyon yıl öncesi olarak kabul ediyorlar), başlıca omurgasız gruplarını bulduğumuz en eski katmanlardır. Bunlar, ilk olarak ortaya çıktıkları halleriyle, oldukça evrimleşmiş bir şekildeler. Sanki hiçbir evrim tarihine sahip olmadan, o halde, orada meydana gelmiş gibiler. Tabii ki, bu ani ortaya çıkış, yaradılışçıları oldukça memnun ediyor.."

1984 yılında, Çin'in Yunnan bölgesinin güney bölümündeki Cheng jiang'da, büyük miktarlarda kompleks omurgasız keşfedildi. Bunların arasında bulunan ve şu an soylarının tükendiği bilinen trilobitler en azından bugünkü varolan omurgasızlar kadar kompleks yapılıydılar. İsveçli evrimci paleontolojist Stefan Bengtson, bu durumu şöyle açıklıyor:

"Eğer canlılık tarihinde herhangi bir olay, insanın yaratılışı mitine benzetilecekse, o da çok hücreli organizmaların ekolojide ve evrimde baş aktör haline geldikleri okyanus yaşamındaki ani farklılaşma dönemidir. Darwin'i şaşırtan—ve utandıran—bu olay bizi de hala şaşırtmaktadır."

Evet, gerçekten de bu kompleks canlıların hiçbir ataya veya geçiş formuna sahip olmadan aniden ortaya çıkışları bugün de evrimciler için oldukça şaşırtıcı ve can sıkıcıdır, tıpkı 135 yıl önce Darwin'e olduğu gibi. Çünkü evrimciler Darwin'den 135 yıl sonra bile bu esrara bir çözüm bulabilmek konusunda Darwin'den daha öteye gidebilmiş değillerdir. Görüldüğü gibi fosil kayıtları, canlıların evrimin iddia ettiği gibi ilkelden gelişmişe doğru bir süreç izlediğini değil, bir anda ve en mükemmel halde ortaya çıktıklarını göstermektedir. Bir başka deyişle, canlılar evrimle oluşmamış, yaratılmışlardır. "İşte delil" diye sundukları tüm fosillerin birbiri ardına çürümesi, Evrimcileri büyük bir hayal kırıklığına uğratmıştır kuşkusuz. Ancak yine de, "belki bir gün çıkar" umuduyla, delil bulma arayışı sürmektedir. Fakat kurdukları din-dışı dünyayı Evrim Teorisi'ne dayandıran güçlerin "belki" bulunacak bu delilleri beklemeye zamanları yoktur (ki ne kadar beklerlerse beklesinler bulamayacaklardır). Biraz öne de belirttiğimiz gibi, Evrim Teorisi siyasi hedeflere hizmet eden bir düşüncedir ve bu nedenle de ne şekilde olursa olsun ispatlanmalı ve toplumlara kabul ettirilmelidir! Bu iş için gerektiğinde kirli yöntemler, yani sahtekarlıklar da devreye sokulmalıdır. Nitekim sokulmuştur da. Evrimci çalışmaların tarihi, büyük bilim sahtekarlıkları ile doludur. Şimdi sırasıyla bunları inceleyelim.

YAPAY DELİLLER

Evrim teorisine delil arayanların en çok başvurdukları kaynak fosil kayıtlarıdır. Fosil kayıtları, geçmişte yaşamış canlıların kalıntılarını barındırırlar. Dikkatli ve tahkiki bir biçimde tarafsız olarak incelendiğinde bu fosil kayıtlarının, evrimcilerin iddialarının aksine evrim teorisini destekledikleri değil, çürüttükleri görülür. Ancak fosillerin genel olarak evrimciler tarafından çarpıtılarak yorumlanmaları ve kamuoyuna da taraflı bir şekilde yansıtılmaları sebebiyle birçok kişi fosil kayıtlarının gerçekten evrim teorisini desteklediğini düşünmektedir. Fosil kayıtlarındaki bazı bulguların her türlü yoruma açık olması evrimcilerin en çok işlerine gelen noktadır. Bulunan fosiller çoğu zaman sağlıklı bir teşhiste bulunabilmek için yetersizdir. Bunlar eksik ve dağılmış kemik parçalarından oluşur. Bu sebeple, eldeki verileri çarpıtmak ve bunları istenilen doğrultuda malzeme yapmak çok kolaydır. Nitekim evrimciler tarafından fosil kalıntılarına dayanılarak yapılan rekonstrüksiyonlar (çizim ya da maketler) tamamen spekülatif olarak evrimsel tezleri doğrulayacak biçimde yapılır. İnsanlar görsel yoldan daha kolay etkilendikleri için amaç onları, hayalgücüyle rekonstrüksiyonu yapılmış yaratıkların geçmişte gerçekten yaşadığına inandırabilmektir.

Evrimci araştırmacılar, çoğu kez yalnızca bir diş veya bir çene kemiği parçası ya da ufak bir kol kemiğinden yola çıkarak insan benzeri hayali yaratıklar çizer ve bunu sansasyonel bir biçimde insan evriminin bir halkası olarak kamuoyuna sunarlar. Bu çizimler, çoğu insanın zihninde varolan "ilkel insanlar" imajının oluşmasında büyük rol oynamıştır. Kemik kalıntılarına dayanılarak yapılan bu çalışmalarla sadece eldeki objenin çok genel özellikleri ortaya çıkarılabilir. Oysa, asıl belirleyici ayrıntılar zaman içinde kolayca yokolan yumuşak dokulardır. Bu sebeple yumuşak dokuların spekülatif olarak yorumlanmasıyla, rekonstrüksiyonu yapan kişinin hayal gücünün sınırları içinde herşey mümkündür. Harvard Üniversitesi'nden Earnst A. Hooten bu durumu şöyle açıklar:

"Yumuşak kısımların tekrar inşası çok riskli bir girişimdir. Dudaklar, gözler, kulaklar ve burun gibi organların altlarındaki kemikle hiçbir bağlantıları yoktur. Örneğin, bir Neanderthal kafatasını aynı yorumla bir maymuna veya bir filozofa benzetebilirsiniz. Eski insanların kalıntılarına dayanarak yapılan canlandırmalar hemen hemen hiçbir bilimsel değere sahip değillerdir ve toplumu yönlendirmek amacıyla kullanılırlar.. Bu sebeple rekonstrüksiyonlara fazla güvenilmemelidir."

Nitekim, evrimciler bu konuda o denli rahat davranmaktadırlar ki, aynı kafatasına birbirinden çok farklı yüzler yakıştırabilmektedirler. Örneğin Australopithecus robustus (Zinjanthropus) adlı fosil için çizilen birbirinden tamamen farklı üç ayrı rekonstrüksiyon, bunun ünlü bir örneğidir. Aynı fosil, *National Geographic* dergisinin Eylül 1960 sayısında ve *Sunday Times*'ın Nisan 1964 sayısında birbirinden çok farklı resmedilmiştir. Aynı fosilin evrimci Maurice Wilson tarafından yapılan çizimleri ise bunlardan tamamen farklıdır. Dolayısıyla Fosillerin taraflı yorumlanması ya da hayali rekonstrüksiyonlar yapılması, evrimcilerin aldatmacaya ne denli yoğun biçimde başvurduklarını gösteren deliller arasında sayılabilirler. Ancak bunlar, evrim teorisinin tarihinde rastlanan bazı somut sahtekarlıklarla karşılaştırıldıklarında çok masum kalırlar. Sahtekarlık olduğu defalarca ortaya çıkmasına rağmen bugün bile evrim taraftarı pek çok kitapta yer alan embriyo çizimlerinin sahibi Ernst Haeckel'ın itirafı, en az yapılan bu sahtekarlıklar kadar çarpıcıdır. Haeckel şöyle der:

"Bu yaptığım sahtekarlık itirafından sonra kendimi ayıplanmış ve kınanmış olarak görmem gerekir. Fakat benim avuntum şudur ki; suçlu durumda yan yana bulunduğumuz yüzlerce arkadaş, birçok güvenilir gözlemci ve ünlü biyolog vardır ki, onların çıkardıkları en iyi biyoloji kitaplarında, tezlerinde ve dergilerinde benim derecemde yapılmış sahtekarlıklar, kesin olmayan bilgiler, az çok tahrif edilmiş şematize edilip yeniden düzenlenmiş şekiller bulunuyor."

Bu itiraftan da açıkça anlaşıldığı gibi, Evrim, "bilim aşkı" uğruna üzerinde kafa yorulan bir teori değildir. Tam tersine, ne olursa olsun ispatlanmaya çalışılan bir tür inançtır. Gerektiğinde çeşitli sahtekarlıklar kullanılarak, gerektiğinde sahte deliller üreterek, "birileri" mutlaka ve mutlaka bu çürük teoriyi gerçekmiş gibi insanlara kabul ettirmek istemektedir. Çünkü bu teorinin yanlışlanmasını asla kaldıramazlar. Çünkü bu durumda (eğer ortaya yeni bir safsata daha atmazlarsa), tüm evrenin ve insanın "yaratılmış" olduğunu kabul etmek zorunda kalacaklardır. Bu ise, din-dışı dünyanın meşruiyetinin ortadan kalkması anlamına gelir.

YAPAY FOSİL ÜRETME ÇABALARI

Evrim teorisine fosil kayıtlarında hiçbir geçerli delil bulamayan bazı evrimciler, sonunda kendi delillerini kendileri üretme yoluna gittiler. Evrim sahtekarlıkları adı altında ansiklopedilere bile geçen bu çalışmalar, evrim teorisinin zorla ayakta tutulmaya çalışılan bir ideoloji ve hayat felsefesi olduğunun en güzel kanıtıdır. Şimdi bu sahtekarlıkların en ünlülerini aşağıda inceleyeceğiz.

PILTDOWN ADAMI: *Ünlü bir doktor ve aynı zamanda da amatör bir paleontolog olan Charles Dawson, 1912 yılında, İngiltere'de Piltdown yakınlarındaki bir çukurda, bir çene kemiği ve bir kafatası parçası bulduğu iddiasıyla ortaya çıktı. Çene kemiği maymun çenesine benzemesine rağmen, dişler ve kafatası insanınkilere benziyordu. Bu örneklere "Piltdown adamı" adı verildi, 500 bin yıllık bir tarih biçildi ve çeşitli müzelerde insan evrimine kesin bir delil olarak sergilendi. 40 yılı aşkın bir süre, üzerine birçok bilimsel makaleler yazıldı, yorumlar ve çizimler yapıldı, insanın evrimine önemli bir delil olarak sunuldu. Ünlü Amerikan paleoantropoloğu H. F. Osborn da 1935'te British Museum'u ziyaretinde, "doğa sürprizlerle dolu; bu insanlığın tarih öncesi devirleri hakkında önemli bir buluş" diyordu. 1949'da British Museum'un paleontoloji bölümünden Kenneth Oakley yeni bir yaş belirleme testi olan "flor testi" metodunu, eski bazı fosiller üzerinde denemek istedi. Bu yöntemle, Piltdown adamı* *fosili üzerinde de bir deneme yapıldı. Sonuç çok şaşırtıcıydı. Yapılan testte Piltdown adamının çene kemiğinin hiç flor içermediği anlaşılmıştı. Bu, çene kemiğinin toprağın altında birkaç yıldan fazla kalmadığını gösteriyordu. Az miktarda flor içeren kafatası ise sadece birkaç bin yıllık olmalıydı. Flor metoduna dayanılarak yapılan son kronolojik araştırmalar, kafatasının ancak birkaç bin yıllık olduğunu ortaya çıkardı. Orangutana ait çene kemiğindeki dişlerin ise suni olarak aşındırıldığı, fosillerin yanında bulunan ilkel araçların, çelik aletlerle yontulmuş adi birer taklit olduğu anlaşıldı. Weiner'in yaptığı detaylı analizlerle bu sahtekarlık 1953 yılında kesin olarak ortaya çıkarıldı. Kafatası 500 yıl yaşında bir insana, çene kemiği de yeni ölmüş bir maymuna aitti. Dişler, insana ait olduğu izlenimini vermek için sonradan özel olarak eklenmiş ve sıralanmış, eklem yerleri de törpülenmişti. Daha sonra da bütün parçalar, eski görünmeleri için potasyumdikromat ile lekelendirilmişti. Bu lekeler, kemikler aside batırıldığında kayboluyordu. Sahtekarlığı ortaya çıkaran ekipten Le Gros Clark bu durum karşısında şaşkınlığını gizleyemiyordu: Dişler üzerinde yıpranma izlenimini vermek için, yapay olarak oynanmış olduğu o kadar açık ki, nasıl olur da bu izler dikkatten kaçmış olabilir?*

NEBRASKA ADAMI: *1922'de, Amerikan Doğa Tarih Müzesi müdürü Henry Fairfield Osborn, Batı Nebraska'daki Yılan Deresi yakınlarında, Plieocen Dönemi'ne ait bir azı dişi fosili bulduğunu açıkladı. Bu diş, iddiaya göre, insan ve maymunların ortak özelliklerini taşımaktaydı. Bu konuyla ilgili çok derin bilimsel tartışmalar başlatılmıştı, bazıları bu dişi Pithecanthropus erectus olarak yorumluyorlar, bazıları ise bunun insana daha yakın olduğunu söylüyorlardı. Büyük tartışmalar yaratan bu fosile "Nebraska adamı" adı verildi. "Bilimsel" ismi de hemen takıldı: "Hesperopithecus Haroldcook II". Birçok otorite Osborn'u destekledi. Bu tek dişe dayanılarak Nebraska adamının kafatası ve vücudunun rekonstrüksiyon resimleri çizildi. Hatta daha da ileri gidilerek Nebraska adamının eşinin, çocuklarının ve tümünün birlikte doğal ortamda ailece resimleri yayınlandı. Bütün bu senaryolar tek bir dişten üretilmişti. Evrimci çevreler bu "hayalet adamı" o derece benimsediler ki, William Bryan isimli bir araştırmacı tek bir azı dişine dayanılarak bu kadar peşin hükümle karar verilmesine karşı çıkınca, bütün şimşekleri üzerine çekti. Ancak 1927'de iskeletin öbür parçaları da bulundu. Bulunan yeni parçalara göre bu diş ne maymuna ne de insana* aitti. Dişin, Prosthennops isimli yabani Amerikan domuzunun soyu tükenmiş bir cinsine ait olduğu anlaşıldı. William Gregory, yanılgıyı duyurduğu Science dergisinde yayınladığı makalesine şöyle bir başlık atmıştı: "Görüldüğü kadarıyla Hesperopithecus ne maymun ne de insan." Sonuçta Hesperopithecus haroldcook II'nin ve "ailesi"nin tüm çizimleri ise alelacele literatürden çıkarıldı.

RAMAPITHECUS: Ramapithecus, evrim teorisinin en büyük ve en uzun süren yanılgılarından birisi olarak kabul edilir. Bu ad, 1932 yılında Hindistan'da bulunan ve insan ile maymun arasında, 14 milyon yıl önce meydana gelen ayrımın ilk basamağı olduğu iddia edilen fosil kayıtlarına verilmişti. Bulunduğu 1932 yılından, tamamen bir hatadan ibaret olduğu anlaşılan 1982 yılına kadar 50 sene boyunca da evrimciler tarafından kesin bir delil olarak kullanıldı. Ramapithecus'un insan evrimindeki önemi Elwyn Simons'un Time dergisine yazdığı Kasım 1977 tarihli yazıdan da anlaşılmaktaydı. Şöyle diyordu:

"Ramapithecus insanın tam bir atası olması için dizayn edilmiş gibidir. Eğer atamız değilse, elimizde kesin hiçbir kanıt yoktur." Ülkemizde de Sevinç Karol ve arkadaşları tarafından hazırlanan ve 1979 yılında dönemin Milli Eğitim Bakanlığı'nca yayınlanan Modern Biyoloji kitabı da, Ramapithecus'u hemen benimsemişti: Kitapta, hiç tereddüt etmeden, "insanın bilinen en eski atası, Afrika ve Hindistan'da bulunmuş olan çene ve diş fosillerinden tanınan Ramapithecus (Kuyruksuz Maymun)'dur" deniyordu. Oysa, Dr. Robert Eckhardt tarafından 1972'de Scientific American'da yayınlanan birkaç sayfalık makaleyi okumuş olsalardı, bu kişilerin kendilerinden bu kadar emin konuşamayacakları kesindi. Eckhardt, Dryopithecus (soyu tükenmiş bir goril türü) ile Ramapithecus'un dişlerinde 24 değişik ölçüm yapmıştı. Bu ölçümlerle daha önce şempanzeler arasında yaptığı ölçümleri karşılaştırmıştı. Bu karşılaştırmalara göre, halen yaşamakta olan şempanzelerin dişleri arasındaki fark, Ramapithecus ve Dryopithecus arasındaki farktan daha fazlaydı. Eckhardt vardığı sonucu şöyle özetliyordu: Eğer Hominid kavramından kastedilen şey, ufak bir yüze ve ufak bir çeneye sahip bir maymun değilse, bu süre içinde (14 milyon yıl önce) herhangi bir insan-maymun arası canlının yaşadığına dair elimizde delil yoktur. Bu yeni ara geçiş formunun bir yanılgı olduğunu ve soyu tükenmiş bir orangutandan başka bir şey *olmadığını ise, Science dergisinde çıkan 1982 tarihli "İnsanlık Bir Atasını Kaybediyor" başlıklı makale şöyle ilan etti:*

Harvard Üniversitesi paleoantropologlarından David Pilbeam'a göre bugüne kadar atalarımızdan olduğunu düşündüğümüz bir grup canlı aile ağacımızdan çıkartılıyor. Birçok paleoantropolog, Ramapithecus'ların bizim Afrika maymunlarından hemen ayrılmamızdan sonraki bilinen en eski atalarımız olduğunu söylemekteydi. Ancak bunlar birkaç diş ve çene parçasına dayanıyordu. Pilbeam'a göre büyük çene ve kalın mineyle kaplı dişler insan atalarının özelliklerini taşıyor belki; ancak alt çene kemiğinin pozisyonu, birbirine yakın gözler, damağın şekli gibi daha belirgin özellikler bunun bir orangutan atası olduğunu gösteriyor. Piltdown adamı, Nebraska adamı ve Ramapithecus gibi fosiller bize, evrimci bilimadamlarının kendi teorilerini ispatlamak adına zaman zaman açık sahtekarlıklar ya da çarpıtmalar yapmaktan ve bunları kullanmaktan çekinmediklerini göstermektedir. Bu durumun bilincinde olarak evrim efsanesinin diğer sözde delillerine baktığımızda ise, yine benzer bir durumla karşılaşırız: Sonuçta ortada, tümüyle gerçek dışı olan bir hikaye ve bu hikayeyi desteklemek için her türlü yola başvurabilecek bir gönüllüler ordusu vardır.

HAYATIN EN TEMEL FORMLARI EVRİM TEORİSİYLE AÇIKLANABİLİR Mİ?

KARA CANLILARI NASIL VAR OLDU? Evrimciler kara canlılarının, sudan karaya geçerek sürüngenlere dönüşen balıklardan türediğini iddia ederler. Bu ve benzeri iddialar, evrimcilerin gerçeklerden ne derece uzak bir hayal dünyasında yaşadıklarının somut bir göstergesidir. Evrimciler kara canlılarının, sudan karaya geçerek sürüngenlere dönüşen balıklardan türediğini iddia ederler. İşte bu ve benzeri iddialar, evrimcilerin gerçeklerden ne derece uzak bir hayal dünyasında yaşadıklarının somut bir göstergesidir. Bu iddiaya göre, fosil kayıtlarında sudan karaya geçişi gösteren sayısız ara-geçiş formu fosili olması gerekirdi. Oysa, evrimcilerin elbette her konuda olduğu gibi bu konuda da ellerinde hiçbir kanıtları yoktur. Onları böylesine dayanaksız bir iddiaya sürükleyen sebep, yaşı 410 milyon yıl olarak hesaplanan bir balık fosiliydi. Coelacanth adı verilen bu balık birçok evrimci kaynakta, ilkel bir akciğere, gelişmiş bir beyne, karadan çıkmaya hazır bir dolaşım ve sindirim sistemine, hatta ilkel bir yürüme şekline sahip bir ara-geçiş formu olarak tanıtıldı.

Bu anatomik yorumlar 1930'lu yılların sonuna kadar bütün bilim çevrelerinde tartışmasız kabul edildi. Balık sudan karaya geçişi kesinlikle ispatlayan somut bir ara geçiş formu olarak sunuluyordu. Ancak 22 Aralık 1938'de Hint Okyanusu'nda çok ilginç bir keşif yapıldı. Yetmiş milyon yıl önce soyu tükenmiş bir ara geçiş formu olarak tanıtılan Coelacanth ailesinin canlı bir üyesi okyanusun açıklarında ele geçti! Yok olmuş bir ara geçiş formu olarak sunulan canlının "kanlı-canlı" bir örneğinin bulunması, evrimciler açısından büyük bir şoktu kuşkusuz. Evrimci paleoantropolog J. L. B. Smith bu olay için, "yolda dinozora rastlasaydım, daha çok şaşırmazdım" demişti. İlerleyen yıllarda Coelacanth başka bölgelerde de defalarca yakalandı. 1939'da Chalumnea Nehri açıklarında ve Madagaskar kıyılarında, 1952 ve 1953'de Komor Adaları'nda olmak üzere kırktan fazla canlı Coelacanth ele geçti. Bunun üzerine, Coelacanth'ın popülaritesi bir anda yok oldu. Hitching bu durumu şöyle açıklıyor: Eski formlarından hiçbir farklılık sergilemeyen, doğal deniz ortamına tam adapte olmuş ve karaya çıkmaya hiç eğilim göstermeyen birkaç düzine Coelacanth ele geçirilince, bu tür, derhal ara geçiş formu olarak gösterildikleri ders kitaplarından çıkarıldılar. Bundan sonda da evrimcilerin "sudan karaya evrimleşme" konusunda öne sürebilecekleri hiçbir ciddi delilleri olmadı.

KUŞLAR NASIL ORTAYA ÇIKTI? Evrimcilerin bir diğer fantezisi de kuşların meydana gelişi hakkındadır: Canlıların sudan karaya geçmelerinden sonra bunlardan bir kısmının da kanatlanarak kuşlara dönüştüklerini öne sürerler. Oysa, kara canlılarından tamamen farklı bir yapıya sahip olan kuşların hiçbir vücut mekanizması kademeli evrim modeli ile açıklanabilir durumda değildir. Her şeyden önce kuşu kuş yapan en önemli özellik, yani kanatlar, evrim için çok büyük bir çıkmazdır. Türk evrimcilerden Engin Korur, kanatların evrimleşmesinin imkansızlığını şöyle itiraf eder:

«.. *Gözlerin ve kanatların ortak özelliği ancak bütünüyle gelişmiş bulundukları takdirde vazifelerini yerine getirebilmeleridir. Başka bir deyişle, eksik gözle görülmez, yarım kanatla uçulmaz. Bu organların nasıl oluştuğu doğanın henüz iyi aydınlanmamış sırlarından birisi olarak kalmıştır.* »

Görüldüğü gibi, kanatların bu kusursuz yapısının nasıl olup da birbirini izleyen tesadüfi mutasyonlar sonucunda meydana geldiği sorusu tümüyle cevapsızdır. Bir sürüngenin ön ayaklarının, genlerinde meydana gelen bir bozulma (mutasyon) sonucunda nasıl kusursuz bir kanada dönüşeceği asla açıklanamamaktadır. Bunların ardından bir soru daha akla gelir: Tüm bu akıl ve mantık dışı hikayeyi doğru saysak bile, bu hikayeyi doğrulaması gereken çok sayıda "tek kanatlı", "yarım kanatlı" fosil neden aksi gibi bir türlü bulunamamaktadır? Ayrıca, bir kara canlısının uçabilmesi için sadece kanatlarının olması da yeterli değildir.

Kara canlısı, kuşların uçmak için kullandıkları diğer birçok yapısal mekanizmadan yoksundur. Örneğin, kuşların kemikleri kara canlılarına göre çok daha hafiftir. Akciğerleri çok daha farklı bir yapı ve işleve sahiptir. Değişik bir kas ve iskelet yapısına sahiptirler ve çok daha özelleşmiş bir kalp-dolaşım sistemleri vardır. Bu özellikler, uçabilmenin, en az kanatlar kadar gerekli olan ön şartlarıdır. Canlının uçabilmesi için tümü birlikte ve aynı anda gerekli olan bu mekanizmalar, yavaş yavaş, "birikerek" oluşamazlar. Kara canlılarının hava canlılarına dönüştüğü teorisi bu nedenle tamamen bir safsatadır. Evrim teorisinin, karadan havaya geçiş açmazında doğurduğu tartışmaların odağını "Archæopteryx" adı verilen kuş fosili oluşturur. Evrimcilere göre, 150 milyon yıl yaşındaki bu fosil, karadan havaya geçişin en büyük kanıtıdır. Evrimci paleoantropologlar bu canlının iskelet yapısını Velociraptor ve Dromeosaur ismi verilen küçük yapılı dinozorlara benzetirler. Bu sebeple bu canlının dinozor-kuş bağlantısını sağlayan ara geçiş formu olduğunu iddia ederler. Halbuki Archæopteryx'in dinozorlarla kuşlar arasında bir arageçiş formu olmadığının en açık kanıtı, uçabilmesidir. Çünkü, Archæopteryx'i bir ara geçiş formu olarak tanımlayanlar, onun hala sürüngen özelliklerine sahip olan ve dolayısıyla henüz uçamayan bir canlı olduğunu öne sürerler. Konuyla ilgili en önemli uzmanlar sayılan Storris Olson ve Alan Fediccua, Archæopteryx üzerinde yaptıkları anatomik çalışmalar sonucunda, bu kuşun rahatlıkla uçabileceğini açıklamaktadırlar. Kısacası Archæopteryx, kesinlikle yarı sürüngen-yarı kuş bir canlı (vücudunun yarısı tüylerle, yarısı pullarla kaplı tam olarak uçamayan, ancak havada süzülebilen hayali bir ara geçiş formu) değildir. Tam olarak uçamadığı iddiaları geçersizdir. Bu hayvan, bildiğimiz kuşlar gibi uçabilen sıcakkanlı bir kuştur.

ARCHÆOPTERYX'TEN DAHA ESKİ KUŞ FOSİLLERİ: Evrimciler, Archæopteryx'i bir ara geçiş formu olarak sunarken, onun dünyada yaşamış en eski kuş-benzeri canlı olduğu kabulünden yola çıkmışlardı. Oysa kendisinden çok daha eski tarihli bazı kuş fosillerinin bulunması, Archæopteryx'i kuşların atası konumundan kesin olarak uzaklaştırdı. Hem de bu kuşlar, Archæopteryx'e atfedilen sözde sürüngen özelliklerinin hiçbirine sahip olmayan, tam anlamıyla "düzgün" kuşlardı. Söz konusu fosillerin en önemlisi, yaşı 225 milyon yıl olarak hesaplanan Protoavis'ti.

İlk olarak *Nature* dergisinin Ağustos 1986 tarihli sayısında, "Fosil Kuş Evrimsel Hipotezleri Sarsıyor" başlıklı makalede varlığı duyurulan Protoavis fosili, kendisinden 75 milyon yıl daha yaşlı olduğu Archæopteryx'in kuşların atası olduğu iddiasını çürüttü. Anatomisi üzerinde yapılan incelemeler Protoavis'in mükemmel olarak uçabildiğini gösteriyordu. Bu bulgudan sonra, Archæopteryx'in uçan kuşların atası olduğu iddiası tam anlamıyla sarsıldı ve geçerliliğini de yitirdi. Ayrıca, Protoavis'in evrimciler tarafından hesaplanan yaşı o kadar eskiydi ki, bu kuş, yine evrimci kaynakların verdiği tarihlere göre, yeryüzündeki ilk dinozorlardan bile daha yaşlıydı. Bu ise, kuşların dinozorlardan evrimleştikleri teorisinin kesin olarak çökmesi anlamına geliyordu.

Dahası, Protoavis'ten sonra, 1995 yılında Çin'de Archæopteryx ile aynı yaşta (yaklaşık 140 milyon yıllık) ve günümüzdeki kuşlardan yapısal olarak hiçbir farkı olmayan bir başka kuş fosili bulundu (Confuciusornis). Yine Çin'de Kasım 1996'da bulunan bir başka kuş fosili, ortalığı daha da karıştırdı. Liaoningornis isimli bu kuşun varlığı Hou, Martin ve Alan Feduccia tarafından *Science* dergisinde yayınlanan bir makaleyle duyuruldu. Liaoningornis, günümüz kuşlarında bulunan uçuş kaslarının tutunduğu göğüs kemiğine sahipti. Diğer yönleriyle de bu canlı günümüz kuşlarından farksızdı. *Discover* dergisindeki bir makalede şöyle deniyordu: "Kuşların kökeni nedir? Bu fosil (Liaoningornis), bunun dinozorlar olmadığını söylüyor." Archæopteryx'le ilgili evrimci iddiaları çürüten bir başka fosil ise "Elolulavis" oldu.

Archæopteryx'ten 30 milyon yıl daha yaşlı olan Elolulavis'in kanat yapısının aynısı, günümüzde yavaş bir şekilde uçan kuşlarda görülüyordu. (Bu özellik, kuşun manevra kabiliyetini önemli ölçüde arttırmakta, kalkarken ve konarken ek kontrol olanağı sağlamaktadır.) Bunun anlamı, Archæopteryx'ten 30 milyon yıl daha yaşlı sayılan bir kuşun, çok "profesyonel" bir biçimde uçabildiğiydi. Bu bilgilerin ışığında Archæopteryx veya ona benzeyen diğer kuşların birer ara geçiş formu olmadıkları kesin bir biçimde ispatlanmış oldu.

MEDYANIN EVRİM TEORİSİ'NDEKİ ROLÜ

Evrim Teorisi, birçok kez de değindiğimiz gibi, başını bazı gizli güç odaklarının çektiği din-karşıtı güçler tarafından çeşitli sahtekarlıklar ve sahte delillerle ispatlanmaya ve topluma kabul ettirilmeye çalışılmaktadır. Ancak bu bilim sahtekarlıkları ortaya çıkabilmekte ve istenenin tam tersi bir etki yaratmaktadır. Bu nedenle Evrim'i insanlara kabul ettirmeyi "en büyük insani görev" olarak kabul edenler, bu görevi asıl olarak toplu iletişim araçları, yani medya yoluyla yerine getirmektedirler.

Aslında medya, belirli güç odaklarının toplumun düşüncesini kontrol etmek için çok yoğun bir biçimde kullandığı bir aygıttır. Bu düşünce ve zihin kontrolü çok boyutlu bir konu olup, Evrim'den çok daha başka konuları da içerir kuşkusuz. Ünlü Amerikalı dilbilimci ve yazar Noam Chomsky, Türkçe'ye "Medya Gerçeği" olarak çevrilen *Necessary Illusions: Thought Control in Democratic Societies* (Gerekli İlüzyonlar: Demokratik Toplumlarda Düşünce Kontrolü) adlı kitabında, medyanın güç merkezleri tarafından "toplum düşüncesini kontrol etmek" için kullanılan bir araç olduğunu detaylarıyla anlatır. "Muhalif"liği ile ünlü yazarın bildirdiğine göre, başta ABD olmak üzere, tüm Batılı devletler de aslında Nazi Almanyası ya da SSCB gibi totaliter birer devlettir (Totaliter: Tüm toplumun devleti elinde tutan güçler tarafından yönetildiği, özgürlüğün olmadığı, tüm toplumun devletin resmi ideolojisine itaate mecbur bırakıldığı yönetim düzeni, yani bir diktatörlük sistemidir). ABD'nin (ve diğer Batılı devletlerin) Nazi Almanyası ve SSCB gibi "açık totaliter" devletlerden tek farkı, totaliterizmini daha örtülü bir biçimde uygulamasıdır.

Chomsky'e göre, bu "gizli totaliterizm", halkın düşüncesinin medya yoluyla kontrol edilmesi sayesinde uygulanır. Örneğin, ABD bir başka ülkeye müdahale etmek ya da savaş açmak ister. Ancak halkın büyük bölümü buna karşıdır. Bu durumda "açık totaliter" bir devlet, halkın ne düşündüğünü umursamaz ve bildiğini okur. Oysa ABD gibi "gizli totaliter" bir devletin uygulaması ise daha farklıdır: Önce halkın düşüncesi bu dış müdahaleyi destekleyecek bir biçimde yönlendirilir. Medyanın propagandası sayesinde halk, farkında olmadan, hakim güçlerin istediklerine rıza gösterecek hale getirilir (Chomsky buna "rıza üretme" diyor). Noam Chomsky, Amerikan tarihinde bu yönetimin defalarca kullanıldığını, I. Dünya Savaşı'ndan bu yana, her dış müdahaleden ve savaştan önce bu tür bir "medya yoluyla beyin yıkama" programı uygulandığını ve halkın rızasının istenilen doğrultuda yönlendirildiğini bildiriyor. Kısacası, "demokratik" etiketini taşıyan ülkelerde de, toplumun düşüncesini yönlendiren, toplumu resmi yalanlarla kandıran güçler egemendir.

Medya ise, bu güçlerin bir aygıtı konumundadır. Noam Chomsky, devamında şöyle diyor: "Halka sunulan dünya tablosunun gerçeklikle ancak çok uzaktan bağlantısı vardır. Doğru, yalanlardan kurulu binaların altında gömülüdür." Hiç dikkat ettiniz mi? Batı dünyasının *Time*, *Newsweek* gibi büyük ve etkili dergileri belirli aralıklarla Evrim Teorisi'ni konu edinen haberler yaparlar. Bu haberler çoğu kez kapaktan verilir. "Evrim'de yeni gelişme", "Evrim'de büyük buluş", "Darwin'i doğrulayan önemli kalıntı" gibi başlıklarla verilen bu haberlerde aslında hiç de "büyük" ve "yeni"denebilecek bir "delil" yoktur. Çoğu kez bir bilim adamının Evrim hakkındaki yeni bir düşüncesi, ya da Evrim'i ispatlamaktan uzak bir fosil konu edilir. Ama bu haberlerde ilgi çekici bir nokta vardır: Haber, yalnızca bir teori olan Evrim'i, ispatlanmış bir mutlak doğru olarak kabul eden bir üslupta yazılmıştır. Bu haberi okuyan, ya da en azından şöyle bir göz atan insanların çoğu, Evrim'i, zaten onyıllar önce ispatlanıp kesinleşmiş bir mutlak gerçek olarak algılarlar. Bu tür medya devlerinin yaptıkları söz konusu haberler, hemen ülkemizdeki büyük gazeteler tarafından da topluma aktarılır. Kullanılan üslup klasiktir: "Time'ın haberine göre, Evrim zincirindeki boşluğu tamamlayan çok önemli bir fosil bulundu", ya da "Newsweek'in haberine göre, bilimadamları Evrim'in açıkta kalan son noktalarını da aydınlattılar" gibi cümleler büyük puntolarla basılır. Yine ilginç bir nokta vardır: Bu yayın kuruluşları da Evrim'i mutlak bir gerçek olarak kabul ettirme amacındadırlar. Oysa ortada ispatlanmış olan hiçbir şey yoktur ki, "Evrim zincirinin son eksik halkası" bulunmuş olsun. Delil olarak öne sürülenlerin tümü, önceki bölümler boyunca sözünü ettiğimiz türden sahte delillerdir.

Medyanın yanı sıra, bilimsel kaynaklara, ansiklopedilere, biyoloji kitaplarına bakıldığında da aynı tabloyla karşılaşmak mümkündür. Bu tür kaynakların tamamına yakını, Evrim'i mutlak bir gerçek olarak anlatırlar. Kısacası, din-dışı güç merkezlerinin denetiminde olan medya ve akademik kaynaklar tamamen Evrimci bir bakış açısını korumakta ve bunu topluma telkin etmektedir. Bu telkin öyle etkilidir ki, zamanla Evrim Teorisi bir tabuya dönüşmüştür: Evrim'i inkar etmek, bilimle çelişmek, gerçekleri gözardı etmek olarak sunulur. Bu nedenle de, özellikle 1950'lerden bu yana Evrim'in onca açığının ortaya çıkması ve bunların Evrimci bilimadamları tarafından itiraf edilmesine rağmen, bugün dahi —yerli veya yabancı— bilim çevreleri ile basın organlarında Evrim'i eleştiren herhangi bir düşünce bulmak neredeyse imkansızdır.

Evrim konusunda sistemli bir biçimde yapılan ve Evrim'i ispatlanmış bir gerçek gibi sunan telkinler ve insan-maymun bağlantısını gösteren taslaklar ise, üzerinde biraz düşünüldüğünde sahte çizimlerden oluşan ve hiçbir bilimsel dayanak noktası olmayan belgelerden başka bir şey değildir. Ancak sokaktaki adam, büyük bir telkinin etkisinde kaldığının ve büyük bir yalanın kendisine gerçekmiş gibi sunulduğunun çoğu kez farkında değildir. Zaten, yine çoğu kez, böyle bir şeyden şüphelenecek, "acaba aldatılıyor muyum?" diye soracak araştırmacı bir zihin yapısına da sahip değildir. Böyle bir soru sorsa bile, oturup Evrim'i araştıracak imkana da sahip değildir. Tek yapacağı, kurulu düzenin telkinine, ve bu düzene uymuş olan çoğunluğa tabi olmaktır. Oysa mutlak çoğunluğa uymak, insanı her zaman doğruya ulaştırmaz. Çünkü söz konusu çoğunluk, kesin delillerini gördükleri bir mutlak gerçeğe değil, yalnızca kuru bir iddiaya inanmıştır. Bu ise, Kur'ân âyetinin haber verdiği gibi, tam bir "şaşırıp-sapma"dır:

"Yeryüzünde olanların çoğunluğuna uyacak olursan, seni ancak Allah'ın yolundan şaşırtıp-saptırırlar. Onlar ancak zanna uyarlar ve onlar ancak 'zan' ve 'tahmin' ile yalan söylerler.."

(En'am, 116)

YEDİNCİ BÖLÜM

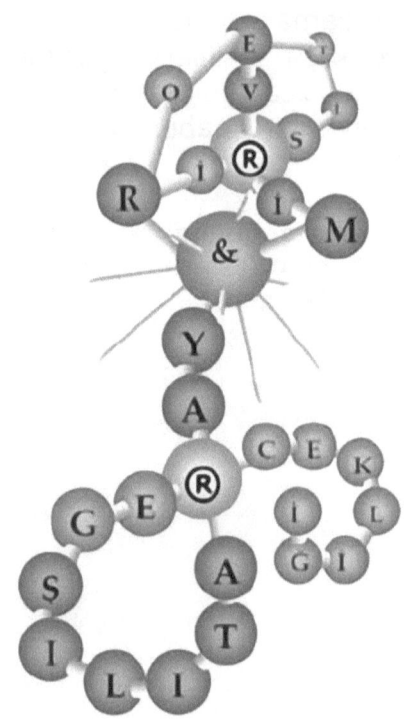

EVRİM TEORİSİ'NİN GEÇERSİZ YÖNLERİNİN DEĞERLENDİRİLMESİ

GİRİŞ

Önceki bölümde, Batı dünyasındaki Evrimcilerin ürettikleri sahte delilleri ve yaptıkları çarpıtmalara değinmiştik. Ancak topluma Evrim'i kabul ettirmek için kullanılan yöntemler, bu sahtekarlıklardan çok daha basittir. En önemli ve etkili yöntem, Evrimciler tarafından yapılan "rekonstrüksiyon" çizimlerdir. Evrimci yayınlara baktığınızda bu çizimlere bolca rastlarsınız. Çizimlerde yarı insan-yarı maymun yaratıklar, çoğu kez "ailece", yer alır. Kıllı vücutlara, hafif eğik bir yürüyüşe, maymun-insan karışımı bir yüze sahip olan bu yaratıklar, Evrimci "bilimadamları" tarafından sözde bulunan fosillerden yola çıkılarak çizilmişlerdir. Oysa, bu çizimlerin hiç bir anlamı yoktur. Çünkü bulunan fosiller, yalnızca canlının kemik yapısı hakkında bilgi verir. Bu fosillerden yola çıkarak bulunan canlının vücudunun ne derece "kıllı" olduğu hakkında bir fikir yürütülemez. Aynı şekilde, canlının burnu, kulakları, dudakları saçları hakkında da hiç bir bilgi bulunamaz. Oysa Evrimciler, çizimlerde en çok burun, dudak ve kulak gibi organları yarı insan-yarı maymun şeklinde göstermektedirler. Bu yolla, normal bir insan kafatasına da maymun burnu, kulağı ve dudağı ekleyip hayali bir ara geçit formu elde edebilirsiniz.

Nitekim, Evrimciler bu konuda o denli "bol kanıtlar" ileri sürmektedirler ki, aynı kafatasına birbirinden çok farklı yüzler yakıştırılabilmektedirler. Örneğin, Australopithecus Robustus (Zinjanthropus) adlı fosil için çizilen birbirinden tamamen farklı üç ayrı rekonstrüksiyon çizim, bunun ünlü bir örneğidir. Önceki sayfalarda değindiğimiz gibi, bir domuz dişinden yola çıkılarak "bulunan" ve ailesi ile birlikte yarı insan-yarı maymun bir görünümle çizilen hayali Nebraska Adamı da, Evrimcilerin hayal gücünün ne kadar gelişmiş olduğunu gösteren bir başka örnektir. Ama bu hayali çizimler, pek çok insan açısından Evrim'e inanmak için oldukça doyurucu bir kanıttır. "Koskoca" bilimadamları, bu tabloları kafalarından uyduracak değildirler ya! İşte çoğu insan bu "koskoca bilimadamları" tarafından uydurulan koca yalana, yani Evrim Teorisi'ne körü körüne inanır.

Evrim Teorisi, o denli yoğun bir propaganda ile topluma kabul ettirilmiştir ki, insanlar bu teoriyi kabul etmek için delil aramazlar bile. Çoğu kişi, Evrim'in, dünyanın yuvarlak oluşu kadar kesin bir gerçek sanmaktadır. Bu bölümde, önceki bölümde ele almaya başladığımız irdelemelere devam ederek, Evrim Teorisinin yanılgılarını ve geçersiz yönlerini incelemeye devam edeceğiz.

EVRİM TEORİSİ'NİN YANILGILARI

Evrimci Douglas Dewar, teorinin topluma kabul ettirilmesinde basının oynadığı rolü şöyle anlatıyor: Evrimcilerin basını ele geçirmelerinin önemini pek az insan fark etmiştir. Bugün pek az dergide Evrim Teorisi'ni reddeden makale çıkar. Hatta dini dergilerin bile birçokları, insanın hayvan soyundan geldiğini kabul eden modernistlerin elindedir. Genel olarak konuşursak, bütün gazetelerin yazı işleri müdürleri, Evrim'i ispat edilmiş bir kanun olarak bilmekte ve teoriye karşı çıkan herkesi cehalet ya da delilikle suçlamaktadırlar. Hemen hepsi de, Evrimciler tarafından çıkarılan bilimsel dergilerde Evrim kavramına ufak bir gölge düşürecek bir yazıyı bile yayınlamak istememektedirler. Kitap yayınlayanlar da, yürürlükte olan bir teoriye karşı çıkıp da üzerine hücumlar toplayacak veya rağbet görmeyecek bir kitabı basmazlar. Hatta basım masrafları yazara ait olsa bile, yayınevinin itibar kaybedeceğini düşünürler. Böylece halk, meseleyi tek yönlü olarak bilmekte ve cahil bırakılmaktadır. Böylece toplum, Evrim Teorisi'ni yerçekimi kanunu gibi ispat edilmiş bir gerçek sanmaktadır. Toplum, yoğun propaganda ve telkin sayesinde böyle bir düşünceye kapılmıştır. Evrimciler de bu "beyin yıkama" programının kendilerine verdiği avantajı iyi kullanırlar. Pek çok kişi Evrim'in var olduğuna öyle inandırılmıştır ki, Evrimciler ne yazarsa yazsın, "nasıl" ve "neden" gibi bir soru akıllarına gelmez. Bu nedenle de Evrimciler tutarsız iddialarını hiç bir dayanak ve delil göstermeden kolayca savunabilmektedirler. Örneğin, en "bilimsel" Evrimci kitaplarda bile, Evrim'in en büyük çıkmazlarından biri olan "sudan karaya geçiş" aşaması, çocukları bile inandıramayacak bir basitlikte anlatılır. Evrim'e göre, hayat suda başlamıştır ve ilk gelişmiş havyanlar balıklardır. Teoriye göre, nasıl olmuşsa olmuş (!), bir gün bu balıklar kendilerini karaya doğru atmaya başlamışlardır! (Buna neden olarak çoğu kez kuraklık gösterilir.) Ve yine teoriye göre, karada yaşamayı seçen balıklar, nasıl olmuşsa olmuş, yüzgeç yerine ayaklara, solungaç yerine de ciğerlere sahip olmuşlardır! Çoğu Evrim kitabı, bu büyük iddianın "nasıl"ına hiç girmez. En "bilimsel" kaynaklarda, "ve sudan karaya geçiş gerçekleşti" gibi anlamsız bir cümle ile bu iddianın garipliği gözlerden saklanır.

Acaba bu "geçişler" nasıl gerçekleşmiştir? Kendi kendine mi? Bir balığın sudan çıktığında bir-iki dakikadan fazla yaşayamadığını biliyoruz. Evrimcilerin iddia ettiği gibi bir kuraklık yaşandığını ve balıkların zaruri olarak karaya yöneldiklerini kabul edersek, bu durumda balıkların başına ne gelmiş olabilir sizce? Cevap açıktır: Sudan çıkan balıkların hepsi bir-iki dakika içinde teker teker ölür. Bu iş isterse on milyon yıl sürsün, cevap yine aynıdır: Balıkların hepsi teker teker ölür. Çünkü balık suda yaşayan bir canlıdır ve karada yaşayamaz. Kimse çıkıp da, "belki de bu balıklardan bazıları dördüncü milyon yılın sonunda, sudan çıkıp tam can çekiştikleri anda birdenbire akciğer sahibi olmuşlardır" diyemez. Çünkü bu, çok açık bir biçimde, mantık dışıdır. Ancak Evrimcilerin iddia ettiği şey tam olarak budur. "Sudan karaya geçiş", "karadan havaya geçiş" ve daha milyonlarca sözde "sıçrama" bu mantıksız açıklama ile sözde açıklanmaktadır.

Göz, kulak gibi son derece karmaşık organların nasıl oluştuğuna ise, Evrimciler hiç değinmemeyi kendileri açısından daha yararlı bulmaktadırlar. Dolayısıyla, Evrim Teorisinin pek çok açıklayamadığı mesele ve açmaz noktaları vardır. Ancak ilk başta da değimiz gibi, bu açmazlar tutarlı gibi gösterilmeye çalışılmaktadır. Bu da konu hakkında deliller göstermekten çok, beyin yıkama yöntemi ile yapılır. Sokaktaki adamı "bilimsellik" maskesi ile kandırmak kolaydır: Sudan karaya geçişi temsil eden hayali bir resim çizersiniz, sudaki hayvana, karadaki "torununa" ve aradaki "ara geçit formu"na (ki bu hayali bir hayvandır) Latince isimler uydurup takarsınız. Sonra da ahkam kesersiniz: "Eusthenopteron, uzun bir Evrim süreci içinde önce Rhipitistian Crossoptergian'a, sonra da Ichthyostega'ya dönüştü". Bu "havalı" cümleyi bir de kalın gözlüklü, beyaz önlüklü bir "bilimadamı"na söyletirseniz, artık bayağı bir insanı ikna etmiş olursunuz. Çünkü "Evrim'i insanlar arasında yayma"yı "en büyük görev kabul eden medya, ertesi gün dünyanın dört bir yanında bu büyük buluşu büyük bir heyecanla insanlara müjdeleyecektir. Medyanın kendisine gösterdiği dünyadan başka bir dünya tanımayan çoğunluk açısından, bu "büyük delil", Evrim'e inanmak için yeter de artar bile.

İNSANIN EVRİMİ YANILGISI

Medyanın Evrim'i kabul ettirmek için kullandığı yönteme dikkat etmek gerekir: "İşte büyük delil" havası içinde sunulanlar, çoğu kez insanın evrimine delil olarak gösterilen kafataslarıdır. Çünkü Evrimciler, onyıllardır süren bir çaba sonucunda maymundan insana doğru uzanan bir "kafatası serisi" kavramı oluşturmayı başarmışlardır. Bunun için soyu tükenmiş bazı maymun fosilleri kullanılmış, bir takım zorlama ve çarpıtma hesaplar yapılmış, Java adamı gibi sahtekarlıklar devreye sokulmuştur. Evrimcilerin en sevdiği şey, hepsine gösterişli birer Latince isim taktıkları bu kafataslarını birbiri ardına dizip, "işte en eski atalarımızdan modern insana kadar insanoğlunun Evrim'i" demektir. Oysa, teorinin diğer iddiaları gibi insanın evrim iddiaları da tamamen temelsizdir. Şimdi bu konuyu detaylı bie şekilde inceleyelim.

Evrim teorisinin iddiasına göre, insanlar ve günümüz maymunları ortak atalara sahiptirler. Bu ilkel yaratıklar zamanla evrimleşerek bir kısmı günümüz maymunlarını oluşturmuş, evrimin diğer bir kolunu izleyen bir başka grup da günümüz insanlarını oluşturmuştur. Maymunlarla insanların -sözde- ilk ortak atalarına evrimciler, "Güney Afrika maymunu" anlamına gelen "Australopithecus" ismini verirler. Gerçekte soyu tükenmiş eski bir maymun türünden başka birşey olmayan Australopithecusların çeşitli türleri bulunur. Bunların bazıları iri yapılı, bazıları daha küçük, daha narin yapılı canlılardır.

İnsan evriminin bir sonraki safhasını da evrimciler, "homo" yani insan olarak sınıflandırırlar. İddiaya göre homo serisindeki canlılar, Australopithecuslardan daha gelişmiş, günümüz insanından çok fazla farkı olmayan canlılardır. Bu türün evriminin en son aşamasında ise, homo sapiens, yani günümüz modern insanının oluştuğu öne sürülür. İşin aslında, evrimcilerin ortaya attıkları bu hayali senaryoda, Australopithecus ismini verdikleri canlılar, soyları tükenmiş gerçek maymunlar, homo serisindeki canlılar ise, eski tarihlerde yaşamış bugün ise nesli tükenmiş ırklara mensup insanlardır. Evrimciler bir "insan evrimi" şeması oluşturabilmek için çeşitli maymun ve insan fosillerini büyüklüklerine göre ard arda dizmişlerdir. Oysa bilimsel gerçekler, bu fosillerin kesinlikle bir evrim sürecini göstermediğini ve insanın ataları olarak gösterilen bu canlıların bir kısmının gerçek maymunlar, bir kısmının da gerçek insanlar olduklarını göstermiştir. Şimdi, hayali insan evrimi şemasının ilk basamağını oluşturan Australopithecusları inceleyelim.

AUSTRALOPITHECUSLAR: GERÇEK MAYMUNLAR

Evrimcilerin iddiası, Australopithecusların günümüz insanlarının en ilkel atası olduklarıdır. Bunlar yüz ve kafa yapıları bugünkü maymunlara benzeyen, beyin hacimleri ise günümüz maymunlarınınkinden daha küçük eski bir türdür. Ancak, evrimcilerin iddialarına göre bu yaratıkların insanların atası olmasını sağlayan çok önemli bir özellikleri bulunur: İki ayaklı olmaları. Maymunlarla insanların hareket şekli tamamen farklıdır. İnsanlar, gerçek anlamda iki ayaklarıyla hareket eden yegane canlılardır. Diğer bazı hayvanlar ise iki ayaklı olarak sınırlı bir hareket kabiliyetine sahiptirler. Örneğin, ayı ve maymun gibi hayvanlar ender olarak (örn. bir yiyeceğe ulaşmak istediklerinde) iki ayakları üzerinde kısa süreli hareket ederler. Evrimcilere göre, Australopithecus isimli bu ilkel yaratıklar, eğik bir biçimde her zaman iki ayak üzerinde yürümekteydiler; bunlar iki ayaklı canlılardı. Fakat, iki ayakları üzerinde insanlar gibi dik olarak yürüyemiyorlardı; ancak eğik olarak yürüme kabiliyetine sahiptiler. İşte, bu sınırlı iki ayaklı yürüyüş hareketi bile evrimcileri bu canlıların insanın atası oldukları yönünde cesaretlendirmeye yetmişti. Oysa evrimcilerin, Australopithecusların iki ayaklı olduklarına dair iddialarını çürüten ilk delil, yine evrim araştırmacılarının kendilerinden geldi.

Australopithecus'ların fosilleri üzerinde yapılan detaylı incelemeler, evrimciler tarafından bile, bunların "fazla" maymuna benzediğinin kabulüne yol açmıştı. 1970'li yılların ortalarında Australopithecus fosilleri üzerinde detaylı anatomik araştırmalar yapan evrimci Charles E. Oxnard, Australopithecusların iskelet yapılarını günümüz orangutanlarınkine benzetiyordu:Australopithecinesler'in omuz, pelvis, bilek, ayak, dirsek ve eller gibi anatomik bölgeleri üzerinde yapılmış birçok karşılaştırmalı anatomik araştırma mevcuttur. Bütün bunlar şunu söylüyor: Bu fosillerin modern insana olan yakınlığı gerçek olmayabilir. Bütün fosil parçaları hem insandan hem de şempanze ve gorillerden farklıdır. Australopithecines'ler grup olarak incelendiğinde kendilerine has bir tür orangutana benzerlik gösterirler.

Ancak, evrimciler için esas yenilgi kaynağı, Australopithecusların iddia edildiği gibi iki ayaklı ve eğik olarak yürüyemeyeceklerinin anlaşılmış olması oldu. İki ayaklı ancak eğik olarak yürüdüğü iddia edilen Australopithecus'un böyle bir yapıya sahip olması fiziksel olarak son derece verimsiz olacaktı ve orantısız olarak yüksek bir enerji gerektirmekteydi. Nitekim, 1996 yılında bilgisayar uzmanı Robin Crompton, yaptığı araştırmalarda bu çeşit bir "karma" yürüyüşün imkansız olduğunu gösterdi. Crompton'un vardığı sonuç şuydu: Bir canlı ya tam dik, ya da tam dört ayağı üzerinde yürüyebilmektedir. Bu ikisinin arası bir yürüyüş biçimi, enerji kullanımının aşırı derecede artması nedeniyle mümkün olmamaktadır. Böylece, Australopithecusların iddia edildiği gibi eğik ve iki ayaklı yürüyemeyeceği ortaya çıkmış oldu. Australopithecusların iki ayaklı olmadıklarına dair belki de en önemli çalışmayı ise 1994 yılında fosil canlılar üzerinde iki ayaklılık araştırmaları yapan İngiltere Liverpool Üniversitesi, 'İnsan Anatomisi ve Hücre Biyolojisi Bölümü'nde görevli araştırmacı anatomist Fred Spoor ve ekibi yaptılar. Kulak salyangozundaki bilinçsiz denge mekanizmasından yola çıkarak araştırmalar yapan bilimadamları Australopithecusların kesinlikle iki ayaklı olmadıklarını ispat ettiler. Böylece Australopithecusların insan benzeri olduklarına dair iddianın sonu gelmiş oldu.

GERÇEK İNSAN FOSİLLERİ

Hayali insan evriminin bir sonraki basamağı ise "homo" yani insan serisidir. Bu serideki canlılar günümüz insanından çok farklı olmayan sadece ırksal bazı farklılıkları bulunan insanlardır. Evrimciler bu farklılıkları abartmaya çalışarak söz konusu insanları günümüz insanının bir "ırkı" olarak değil, ayrı bir "tür"ü olarak yorumlamışlardır. Oysa birazdan da göreceğimiz gibi homo serisindeki insanların tümü aslında normal birer insan ırkından başka birşey değildir. Evrimcilerin hayali şemasına göre homo türünün kendi içindeki hayali evrimi şöyledir: Önce homo erectus, sonra arkaik homo sapiens ve neandertal insanı, sonra da cromagnon adamı ve günümüz insanı oluşur. Homo serisindeki yukarıda saymış olduğumuz "tür"lerin hepsi, her ne kadar evrimciler aksini iddia etseler de aslında az önce de vurguladığımız gibi gerçek insanlardan başka bir şey değildirler. Öncelikle evrimcilerin en ilkel tür saydıkları homo erectus'u inceleyelim. Homo erectus'un "ilkel" bir tür olmadığını gösteren en etkileyici delil, en eski homo erectus kalıntılarından olan "Turkana Çocuğu" fosilidir. Turkana Çocuğu adlı bu fosilin 12 yaşında bir çocuğa ait olduğu ve büyüdüğü zaman 1.83 boyunda olacağı tahmin edilmektedir.

Bu fosilin sahibinin dik iskelet yapısı günümüz insanından farksızdır! Uzun ve ince olan iskelet yapısı, günümüzde tropik bölgelerde yaşamakta olan insanların iskelet yapısıyla tamamen uyuşmaktadır. Bu fosil, homo erectus'un günümüz insanının bir ırkı olduğunun en önemli delillerindendir. Richard Leakey homo erectus ve günümüz insanını şöyle karşılaştırır: Herhangi bir kişi farklılıkları farkedebilir: Kafatasının biçimi, yüzün açısı, kaş çıkıntısının kabalığı vs. Ancak, bu farklılıklar bugün değişik coğrafyalarda yaşamakta olan insan ırklarının birbirleri arasındaki farklılıklardan daha fazla değildir. Böyle bir varyasyon topluluklar birbirlerinden uzun zaman aralıklarında ayrı tutuldukları zaman ortaya çıkar. Yani Leakey şunu söylemektedir ki Homo erectus ve bizim aramızdaki fark, örneğin zencilerle Eskimolar arasındaki farklılıklardan fazla değildir. Homo erectus'un bu kafatası özellikleri, beslenme biçimi, genetik göç, diğer insan ırklarıyla belli bir süre kaynaşmama gibi olayların sonucunda ortaya çıkmıştır. Homo erectus'un "ilkel" bir tür olmadığının bir başka kanıtı bunların 27.000 yıllık ve hatta 13.000 yıllık ve hatta belki çok daha az 4000-5000 yıllık fosillerinin bulunmuş olmasıdır.

Bilim dünyasında büyük yankılar uyandıran ve -bilimsel bir dergi olmayan- *Time*'da bile yayınlanan bir makaleye göre Java adasında yaşının 27.000 yıllık olduğu belirlenen homo erectus fosilleri bulunmuştur ve bunların gerçek yaşı 5000 yıldan fazla değildir. Avusturalya'da Kow Bataklığında ise 13.000 yıllık homo sapiens-homo erectus özellikleri taşıyan bazı fosiller bulunmuştur. Bütün bu fosiller, homo erectus'un günümüze oldukça yakın tarihlerde bile yaşamını sürdürmüş olduğunu ve bunların da bildiğimiz insanının bugüne dek ulaşamamış ve tarihe gömülmüş bir ırkından başka birşey olmadıklarını göstermektedir.

ARKAİK HOMO SAPİENS VE NEANDERTAL ADAMI

Arkaik homo sapiens, hayali evrim şemasının günümüz insanından bir önceki basamağını oluşturur. Aslında bu insanlar hakkında evrimciler açısından söylenecek bir şey yoktur, zira bunlar günümüz insanından ancak çok küçük farklılıklarla ayrılırlar. Hatta bazı araştırmacılar, bu türün temsilcilerinin günümüzde hala yaşamakta olduklarını söyleyerek Avusturalyalı Aborijin yerlilerini örnek gösterirler. Aborijin yerlileri de aynı bu tür gibi kalın kaş çıkıntılarına, içeri doğru eğik bir çene yapısına ve biraz daha küçük bir beyin hacmine sahiptirler. Ayrıca çok yakın bir geçmişte Macaristan'da ve İtalya'nın bazı köylerinde bu insanların yaşamış olduklarına dair çok ciddi bulgular ele geçirilmiştir.

Evrimciler arkaik homo sapiense en önemli örnek olarak Hollanda'nın Neander vadisinde bulunan ve Neandertal adamı adı verilen insan fosillerini gösterirler. Zaten günümüzde birçok araştırmacı, Neandertal insanını günümüz insanının bir alttürü olarak tanımlayarak "homo sapiens neandertalensis" demektedir. Bu ırkın günümüz insanıyla beraber, aynı anda ve aynı coğrafya'da yaşadığı kesindir.

Bu bulgular, Neandertallerin ölülerini gömdüklerini, çeşitli müzik aletleri yaptıklarını ve aynı dönemde yaşamış homo sapiens sapienslerle beraber gelişmiş bir kültürü paylaştıklarını açıkça göstermektedir. Neanderthal fosillerinin tamamen modern olan kafatasları ve iskelet yapıları da herhangi bir spekülasyona açık değildir. Bu konuda ciddi bir otorite sayılan New Mexico Üniversitesi'nden Erik Trinkaus şöyle yazar: Neanderthal kalıntıları ve modern insan kemikleri arasında yapılan ayrıntılı karşılaştırmalar, şunu göstermektedir ki Neanderthallerin anatomisinde, ya da hareket, alet kullanımı, zeka seviyesi veya konuşma kabiliyeti gibi özelliklerinde modern insanlardan aşağı sayılabilecek hiçbirşey yoktur. Bunlara ek olarak Neandertallerin günümüz insanına göre bazı üstünlükleri bulunmaktadır.

Neandertallerin beyin hacimleri günümüz insanınkinden daha büyüktür ve bunlar vücut olarak daha sağlam yapılı ve kas gücü olarak bizlerden çok daha güçlüdürler. Yine Trinkaus şöyle der: Neanderthallerin kendine özgü yapısı, gövde ve uzuv kemiklerinin genel olarak abartılı biçimde yapılı olmasıdır. Bütün iyi korunmuş kemikler, modern insanlar tarafından ender olarak sahip olunabilecek bir güce işaret ediyor. Dahası bu özellik sadece yetişkin erkeklerde değil, yetişkin kadınlarda, yaşlılarda ve hatta çocuklarda bile görülebiliyor. Kısacası Neandertaller, sadece zamanla asimile olmuş özgün bir insan ırkıdır. Tüm bunlar, "insanın evrimi" denebilecek bir sürecin tarihte hiç yaşanmadığını gösterir. Tarihte sadece farklı maymun türleri ve bazı fiziksel özellikleri bugünkü ortalama insandan farklı olan farklı insan ırkları yaşamıştır. Evrimciler bunları birbiri ardına dizerek hayali bir evrim şeması oluştururlar. Oysa, gerçekte ortada hiç bir ara form yoktur. Yani insanlar her zaman insan, maymunlar da her zaman maymun olmuşlardır.

20 MİLYON YILLIK ÖRÜMCEK FOSİLİ

Karıncalardan ağaçlara, yarasalardan köpek balıklarına kadar çok çeşitli türlere ait yaşayan fosiller mevcuttur. Bu durum, doğa tarihi boyunca hiçbir evrimleşme yaşanmadığının kesin bir belgesidir. Manchester Üniversitesi'nde bir araştırmacı olan Dr. David Penney tarafından bulunan, kan içeren ilk örnek olma özelliğindeki örümcek fosili de son dönemlerde "yaşayan fosiller" listesine eklenen ve tarih boyunca evrim yaşanmadığını kanıtlayan açık örneklerden yalnızca biridir. *"Yaklaşık yirmi milyon yıl önce ağaçtan yukarı tırmanmakta olan bir örümcek, üzerine aniden akan reçinenin içinde hapsoldu ve öldü."* Manchester Üniversitesi'nden Dr. David Penney, reçine içinde bulduğu örümcek fosilini böyle açıklamaktadır. Araştırmacı, fosili, Dominik Cumhuriyeti'ne 2003 yılında yaptığı bir ziyaret sırasında buldu. Fosil üzerinde daha sonra gerçekleştirdiği araştırmalar ise şaşırtıcı bir bulgu ortaya koydu. Örümcekten iki minik damla kan yirmi milyon yıl boyunca bozulmadan kalmış, günümüze ulaşabilmişti.

Böylece, Penney'nin fosili, kan içeren ilk örnek olarak literatüre geçti. Bilim çevrelerinde heyecan uyandıran fosili inceleyen Bilim adamları daha ileri araştırmalar için örümcek fosilinin kanından DNA elde edebilmeyi umduklarını açıklamışlardır. İçindeki kan örneğiyle bir ilk olan örümcek fosilinin bilim çevrelerinde ne denli büyük bir heyecana sebep olduğu, fosili bulan Dr. Penney'nin ifadelerinden de açıkça anlaşılmaktadır:

"İçinde tek bir örümcek barındıran bir tutam reçinenin günümüzden yirmi milyon yıl öncesine bir pencere açabilecek olması harika... Örümceğin bedeninin reçinedeki kana göre pozisyonunu analiz ederek nasıl öldüğünü, o anda hangi yöne gitmekte olduğunu ve hatta hangi hızda hareket ettiğini dahi bulmamız mümkün olabilecek".

Detayları Paleontology bilimsel dergisinde (2005, cilt. 48, bölüm 5) yayınlanan fosil bulgusu, örümceklerin yirmi milyon yıllık geçmişi hakkında çok önemli bir başka bilgi de sağlamaktadır: Söz konusu örümcek, günümüzde Güney Amerika'da yaygın olarak bulunan Filistitatidae örümcek ailesine ait ve yaşamakta olan örneklerinden farksız. Bu ise onu bir "yaşayan fosil" yapmaktadır. Yaşayan fosiller hakkındaki şu ÜÇ gerçek Evrim Teorisinin geçersizliğini ispatlamaktadır:

1. Yaşayan fosiller, günümüzdeki örnekleriyle fosil örnekleri arasında farklılık bulunmayan, dolayısıyla türlerin milyonlarca yıl boyunca hiçbir evrim geçirmediği gerçeğine ayna tutan kanıtlardır. Bu yönleriyle evrim teorisine ağır bir darbe oluşturmaktadırlar.

2. Evrim teorisi, ancak değişen çevre şartlarına uyum sağlayabilen canlıların hayatta kalacağını, hayali birtakım rastlantısal değişimlerin etkisiyle canlıların bu süreçte başka canlılara evrimleşeceğini iddia etmektedir. Yaşayan fosiller ise teorinin türlerin zaman içinde değişen şartlara göre değişim geçireceği iddiasının asılsız bir hikayeden ibaret olduğunu ortaya koymaktadır.

3. Penney'nin örümcek fosili de evrim teorisine tüm bu gerçekler doğrultusunda son bir darbe oluşturmuştur. Çünkü bu fosil, örümceklerin yirmi milyon yıl gibi çok uzun süre boyunca dahi çevre şartlarındaki değişimden etkilenmediklerini, anatomik özelliklerini aynen koruduklarını kanıtlamaktadır.

Örümceklerin sadece kendi türlerine has olan ve değişmeyen bazı özellikleri ise şöyle sıralanabilir:

- Bazı örümcekler, yaptıkları yuvada 10 yıl boyunca yaşayabilirler. Bütün ömrünü bu karanlık tünelde geçiren örümcek hemen hemen hiç dışarı çıkmaz.

- Avını yakalamak için kapağı açtığında bile, arka ayaklarını yuvadan çıkarmaz.

- Örümcek ipliklerinin kimyasının anlaşılması için yapılan araştırmalar sırasında iplikler, örümceklerden özel makineler sayesinde sağılır. Böylece örümceklere zarar vermeden hayvan başına günde 320 metre ipek (yaklaşık 3 miligram) elde edilebilmektedir.

- Boyları 2.5-3 cm kadar olan Güneybatı Afrika'da Namibia çölünde yaşayan bazı örümcek türleri, saniyede 2 metre gibi oldukça büyük bir hıza erişebilirler. Bu hızın tam olarak anlaşılması için şöyle bir örnek verilebilir. Örümceklerin tekerlek şekline getirdikleri gövdelerinin devir sayısı, saatte 40 kilometre hızla giden bir arabanın tekerleklerinin dönüş sayısı kadardır.

- Örümcek ipeği kendi kalınlığındaki çelikten beş kat daha sağlamdır. Fakat aynı zamanda Kauçuktan daha esnektir. Kendi uzunluğunun dört katı kadar uzayabilir ve son derece hafiftir. Bunu şöyle bir örnekle de açıklayabiliriz: Dünyanın çevresini dolaşacak bir örümcek ipliğinin ağırlığı sadece 320 gramdır.

DİĞER FOSİL ÖRNEKLERİ

Yaşayan fosiller sadece böceklerle sınırlı değildir ve tarihte yüz milyonlarca yıl geriye uzanan, çok daha eski örnekler mevcuttur. Yaklaşık dört yüz milyon yıllık olduğu halde hiçbir değişim izi ortaya koymayan köpek balığı ve Coelacanth fosilleri gibi. Eldeki bu yaşayan fosiller, evrim teorisinin değişim senaryosunu geçersiz kılan çok çarpıcı bir tablo çizmektedir. Öyle ki, evrimci bir yayın olan Focus dergisi, yaşayan fosiller hakkında 2003 yılında yayınladığı bir dosyada, hamam böceği ve archaebakterilerden örnek vererek, şu itirafı yapmak zorunda kalmıştır:

"Evrim çizgisinden bakıldığında, bu tip organizmaların mutasyona uğrama olasılığı, diğerlerine göre çok daha yüksek. Çünkü, her yeni nesil, DNA'nın kopyalanması demek. Milyonlarca yıl süresince kopyalama işleminin kaç kez yapıldığını düşününce, ortaya çok ilginç bir tablo çıkıyor. Teoride, değişen çevre koşulları, düşman türler, türler arası rekabet gibi çeşitli baskı unsurlarının doğal seçime neden olması, mutasyona uğramış avantajlı türlerin seçilmesi ve bu türlerin, bu kadar uzun zaman içinde çok fazla değişikliğe uğraması gerekiyordu. AMA GERÇEKLER BÖYLE DEĞİL. Söz gelimi, hamam böceklerini ele alalım. Çok hızlı üreyorlar, ömürleri de kısa, ama yaklaşık 250 milyon yıldan beri aynılar. Daha çarpıcı bir örnek ise

archaebakteriler. Tam 3.5 milyar yıl önce, dünya henüz çok sıcakken ortaya çıktılar, günümüzde de Yellowstone Milli Parkı'ndaki kaynar sularda yaşamaya devam ediyorlar."

Focus dergisinin açıklamasında da görüldüğü gibi, yaşayan fosillerin ortaya koyduğu gerçekler karşısında evrimci çevreler dahi sessiz kalamamış ve evrim iddialarının geçersizliğini ve bilim dışı olduğunu itiraf etmişlerdir. Son bulunan örümcek fosili, evrim teorisini destekleyen bazı bilim çevrelerinin şu gerçeği bir kez daha görmesini sağlamıştır: Evrim teorisi, türlerin doğa tarihi hakkında yazılan, ancak bu alanda elde edilen bilimsel bulgularla kesin olarak çürütülen hayali bir hikâyeden ibarettir. Türler günümüzdeki beden yapılarına tesadüfî bir değişim sürecinden geçerek ulaşmamışlardır. Aksine yaşayan fosiller, ortaya çıktıkları günden günümüze değin geçen sürede hiçbir değişikliğe uğramamışlardır. Sürekli değişimi öngören evrimi değil, canlıların ayrı ayrı yaratıldıklarını ve hiç değişmeden günümüze ulaştıklarını ortaya koyan yaratılış gerçeğini gözler önüne sermektedirler. Yani kısacası Yaşayan fosiller, birer yaratılış delilidirler. Allah, milyonlarca canlı türünü mucizevi bir biçimde yoktan yaratmıştır. Tüm canlı türlerini kusursuzca var etmiştir ve canlılar yeryüzündeki varlıkları boyunca hep yaratıldıkları şekilde yaşamışlardır.

Günümüzde, kullanılmakta olan kan pıhtılaştırıcı sargı bezlerinin faydalarının yanı sıra birçok dezavantajı da bulunmaktadır. Örneğin soğuk ortamda tutulma zorunluluğu ve kısa raf ömürlerinin olması bunlardan birkaçıdır. Ağır yaralanmalarda kullanılacak etkili sargı bezleri geliştirmek üzere araştırmalar yapan bir Amerikan firması, tüm dezavantajlara rağmen örümcek ağından yararlanarak bu sorunu çözmüştür. Yaptıkları araştırmalar sonunda sargı bezinin üzerine serpilmiş bulunan toz halinde bir madde geliştiren firmanın bildirdiğine göre bu madde insan bedeninin akan kanı pıhtılaştırmak için salgıladığı fibrinojen maddesinin bir türüdür. Ancak yara tozunun temel bileşenlerinden bir diğeri ise oldukça dikkat çekicidir: Örümcek ipeğinde bulunan bir protein. Örümcek ağından elde edilen sentetik tozun en önemli özellikleri ise zaman içinde etkisini yitirmemesi ve buzdolabında saklanmayı gerektirmemesi. Peki nasıl olmuş da birkaç santim boyundaki şuursuz örümcekler, faydalı alanlarda kullanılabilecek benzeri üretilemeyen maddeler üretmiş ve bunları insanların kullanımına sunmuştur? Kuşkusuz örümceklerin tüm bunları gerçekleştirecek bir güçleri ve karar verme mekanizmaları yoktur. Elbette ki, tüm bu özellikleri yaratan ve örümcekleri insanların yararına sunan sonsuz yaratma ilmine sahip olan Allah'tır.

MOLEKÜLER DÜZEYDE EVRİM AÇMAZI VE MİLLER DENEYİ

Önceki kısımda incelediğimiz ve "İnsanın Evrimi" yanılgısını kökten yıkan delillerin yanında, Evrimcilerin gözlerden uzak tutmaya çalıştıkları daha binlerce konu vardır. Bunların başında "Organik Evrim" gelir. Evrimciler, nesli tükenmiş maymun türlerine ait olduğu apaçık belli olan birkaç kafatasını ardarda dizerek, hayali teorilerini ispatlanmış bir gerçekmiş gibi sunarlar. Oysa insanın Evrimi'ne gelinceye dek açıklanması mümkün olmayan milyonlarca aşama daha vardır. Çünkü Evrim, yalnızca "insanın maymundan evrimleştiği"ni değil, tüm canlı hayatın Evrim süreci içinde oluştuğunu öne sürmektedir. Buna göre ilk canlı hayat, amino asitlerin "tesadüfen" oluşmasıyla başlamış, bunu proteinler izlemiş, ardından tek hücreli canlılar ve suda hayat oluşmuş, sudan karaya, karadan havaya geçiş yaşanmış ve bu şekilde tüm canlılar birbirlerinden türemişlerdir. Oysa, üstteki cümlede çok çok kısa bir biçimde özetlediğimiz bu süreç, oluşması ihtimal dışı olan milyonlarca tesadüfe dayanmaktadır. İhtimallerden bahsetmeden önce "doğa, canlıların en küçük yapı taşı olarak kabul edilen amino asitleri dahi oluşturamaz mı?" sorusunu cevaplandıralım.

Bu sorunun cevaplandırılması evrimciler için oldukça önemlidir. Çünkü, eğer doğa tek bir amino asit bile üretemiyorsa, ona 'tüm canlıların yaratıcısı' ünvanı yakıştırmanın pek inandırıcı olmayacağı ortadadır. "Canlılığın ilk olarak nasıl ortaya çıktığı" sorusu evrim teorisi açısından o denli büyük bir çıkmazdır ki, evrimciler bu konuya ellerinden geldiğince değinmemeye çalışırlar. Konuyu, "ilk canlılık tesadüfi birtakım faktörlerin etkileşimiyle suda oluştu" gibi sözlerle geçiştirmeye uğraşırlar. Çünkü, bu konuda içine düştükleri çıkmaz, hiçbir şekilde aşılabilecek türden değildir. Paleontolojik evrim konularının aksine, bu konuda çarpıtmalar ve taraflı yorumlarla teorilerine yontabilecekleri fosiller de yoktur ellerinde. Bu nedenle, evrim teorisi daha başlangıç noktasında çok açık bir biçimde çürümektedir. Bir noktayı akılda tutmakta yarar var: Evrim sürecinin herhangi bir aşamasının imkansız olduğunun ortaya çıkması, teorinin tümden yanlışlığını ve geçersizliğini göstermesi için yeterlidir. Örneğin, sadece proteinlerin tesadüfen oluşumunun imkansızlığının ispatlanması, evrimin daha sonraki aşamalara ait tüm diğer iddialarını da çürütmüş olur. Dolayısıyla, bu noktadan sonra insan ve maymun kafataslarını alıp üzerlerinde spekülasyonlar yapmanın da hiçbir anlamı kalmaz.

Canlılığın nasıl olup da cansız maddelerden oluşabildiği, uzunca bir süre evrimcilerin pek fazla yanaşmak istemedikleri bir sorundu. Ancak devamlı olarak göz ardı edilen bu problem giderek kaçılamayacak bir sorun haline geldi ve 20. yüzyılın ikinci çeyreğinde başlayan bir dizi araştırmayla aşılmaya çalışıldı. İlk cevaplanması gereken soru şuydu: İlkel dünyada ilk canlı hücre nasıl ortaya çıkmış olabilirdi? Daha doğrusu, evrimciler bu soru karşısında ne gibi bir açıklama getirmeliydiler?

Soruların cevabı deneylerle bulunmaya çalışıldı. Evrimci bilimadamları ve araştırmacılar bu soruları cevaplamaya yönelik, fakat yine fazla ilgi uyandırmayan bazı laboratuar deneyleri yaptılar. Hayatın kökeni konusunda evrimcilerin en çok itibar ettikleri çalışma ise 1953 yılında Amerikalı araştırmacı Stanley Miller tarafından yapılan ve Miller Deneyi ya da **"Urey-Miller Deneyi"** olarak adlandırılan deney oldu. Evrim sürecinin ilk aşaması diye öne sürülen moleküler evrim tezini sözde ispatlamak için kullanılan yegane "delil" işte bu deneydir. Aradan onlarca yıl geçmesine, büyük teknolojik ilerlemeler kaydedilmesine rağmen bu konuda hiçbir yeni girişimde bulunulmamıştır. Bu tür çabaların kendilerini desteklemediğinin, aksine sürekli yalanladığının farkında olan evrimciler benzeri deneylere girişmekten özellikle kaçınmaktadırlar.

Sonuçta evrim teorisi, değil türlerin oluşumuna, daha canlıların yapıtaşı olan hücreleri meydana getiren tek bir protein molekülünün bile tesadüfen nasıl oluştuğuna bir açıklama getirememektedir. Yani evrim teorisi, daha protein aşamasında kitlenmekte, çıkmaza girmektedir. Buna rağmen bu deneyin, bugün bile ders kitaplarında canlıların ilk oluşumunun evrimsel açıklaması olarak okutulması hayret vericidir.

MİLLER DENEYİNİN SONUÇLARI: İNORGANİK ATOMLARIN VE BİLEŞİKLERİN BİRLEŞMESİNDEN CANLILIĞI OLUŞTURAN ORGANİK MOLEKÜLLER MEYDANA GELEBİLİR Mİ?

Günümüzde, elli yaşını aşan bu deney, birçok yönden geçersizliği kanıtlandığı halde, bugün hala canlılığın sözde kendiliğinden oluşumu hakkındaki en büyük kanıt olarak evrimci literatürdeki yerini korumaktadır. Oysa, Miller deneyi önyargılı ve tek taraflı evrimci mantığıyla değil de; gerçekçi bir gözle değerlendirildiğinde, durumun evrimciler açısından hiç de o kadar umutlandırıcı olmadığı görülür. Çünkü hedefini, ilkel dünya koşullarında aminoasitlerin kendi kendilerine oluşabileceklerini kanıtlamak olarak gösteren deney, birçok yönden bu hedefle tutarsızlık göstermektedir. Bunları şöyle sıralayabiliriz:

1- Miller deneyinde, "soğuk tuzak" (cold trap) isimli bir mekanizma kullanarak aminoasitleri oluştukları anda ortamdan izole etmişti. Çünkü aksi takdirde, aminoasitleri oluşturan ortamın koşulları, bu molekülleri oluşmalarından hemen sonra imha ederdi. Halbuki ultraviyole, yıldırımlar, çeşitli kimyasallar, yüksek oksijen miktarı vs. gibi unsurları içeren ilkel dünya koşullarında, bu çeşit bilinçli düzeneklerin var olduğunu düşünmek bile anlamsızdır. Bu mekanizma olmadan, herhangi bir çeşit aminoasit elde edilse bile bu moleküller aynı ortamda hemen parçalanacaklardır. Kimyager Richard Bliss bu çelişkiyi şöyle izah ediyor: Miller'ın aletlerinin can alıcı kısmı olan "soğuk tuzak", kimyasal tepkimelerden biçimlenmiş ürünleri toplama ödevi görüyordu. Gerçekten bu soğuk tuzak olmadan, kimyasal ürünler elektrik kaynağı tarafından tahrip edilmiş olacaktı. Nitekim Miller, aynı malzemeleri kullandığı halde soğuk tuzak yerleştirmeden yaptığı daha önceki deneylerde tek bir aminoasit bile elde edememişti.

2- Miller'ın deneyinde canlandırmaya çalıştığı ilkel atmosfer ortamı gerçekçi değildi. Bu gerçeği, 1980'li yılların ortalarına doğru konuyla ilgilenen bazı jeologlar ortaya çıkardılar. Buna göre, Miller yapay ortamında olması gereken azot ve karbondioksidi göz ardı ediyor, bunların yerine metan ve amonyak kullanmayı tercih ediyordu. Peki, evrimciler neden ilkel atmosferde ağırlıklı olarak metan (CH_4), amonyak (NH_3) ve su buharının (H_2O) bulunduğu konusunda ısrar etmişlerdi? Cevap basitti: Amonyak olmadan, bir amino asidin sentezlenmesi imkansızdı. Kevin Mc Kean, *Discover* dergisinde yayınladığı makalede bu durumu şöyle anlatıyor:

> "Miller ve Urey dünyanın eski atmosferini metan ve amonyak karıştırarak kopya ettiler. Onlara göre dünya, metal, kaya ve buzun homojen bir karışımıydı. Oysa, son çalışmalarda o zamanlar dünyanın çok sıcak olduğu ve ergimiş nikel ile demirin karışımından meydana geldiği anlaşılmıştır. Böylece o dönemdeki kimyevi atmosferin daha çok azot (N_2), karbondioksit (CO_2) ve su buharından (H_2O) oluşması gerekir. Oysa, bunlar organik moleküllerin oluşması için amonyak ve metan kadar uygun değildirler.."

Sonuç olarak, ilkel dünya atmosferinin Miller'ın tahmin ettiğinden çok daha farklı gazlardan meydana geldiği ortaya çıkmıştı. Peki, bu gazlar kullanılarak yapılacak deneylerde aminoasit elde edebilmek mümkün müydü? Amerikalı bilimadamları J. P. Ferris ve C. T. Chen'in araştırmaları bu soruya gerekli yanıtı verdi. Ferris ve Chen karbondioksit, hidrojen, azot ve su buharından oluşan bir atmosfer ortamında Stanley Miller'ın deneyini tekrarladılar. Ve bu gaz karışımıyla bir tek molekül aminoasit bile elde edemediler. Uzun süren bir sessizlikten sonra Miller'ın kendisi de kullandığı atmosfer ortamının gerçekçi olmadığını itiraf etti.

3- Miller'ın deneyini geçersiz kılan bir diğer önemli nokta da, aminoasitlerin oluştuğu öne sürülen dönemde, atmosferde aminoasitlerin tümünü parçalayacak yoğunlukta oksijen bulunmasıydı. Bu gerçek, yapılan jeolojik incelemelerde bulunan ve yaşları 3.5 milyar yıl olarak hesaplanan dünyanın en eski taşlarından anlaşıldı. Taşlarda, okside olmuş demir ve uranyum birikintileri vardı. Oksijen miktarının, bu dönemde evrimcilerin iddia ettiğinin çok üstünde olduğunu gösteren başka bulgular da vardır. Yapılan çalışmalar, güneşin o dönemde evrimcilerin tahminlerinden 10 bin kat daha fazla ultraviyole ışını yaydığını göstermiştir. Bu durum, oksijen dikkate alınmadan yapılmış olan Miller deneyini tamamen geçersiz kılar. Eğer deneyde oksijen kullanılsaydı, metan, karbondioksit ve suya, amonyak ise azot ve suya dönüşecekti. Diğer taraftan, oksijenin bulunmadığı bir ortamda da —henüz ozon tabakası var olmadığından— çok yoğun miktarlardaki ultraviyole ışınlarına maruz kalacak olan dünya üzerinde herhangi bir organik molekülün yaşayamayacağı da açıktır.

Sonuçta ilkel dünyada oksijenin var olması da olmaması da amino asitler için yok edici bir ortam olması anlamına gelmekteydi.

4- Miller deneyinin sonucunda sadece canlılık için gerekli olan aminoasitler elde edilmemiş, bunlardan çok daha fazla miktarda canlıların yapı ve fonksiyonlarını bozucu özelliklere sahip organik asitler de oluşmuştu. Amino asitlerin, izole edilmeyip de bu kimyasal maddelerle aynı ortamda bırakılmaları halinde ise, bunlarla kimyasal reaksiyona girip parçalanmaları ve farklı bileşiklere dönüşmeleri kaçınılmazdı. Ayrıca deney sonucunda ortaya bol miktarda sağ-elli amino asit çıkmıştı. Bu amino asitlerin varlığı, evrimi kendi mantığı içinde bile çürütüyordu. Çünkü sağ-elli amino asitler canlı yapısında kullanılamayan aminoasitlerdi. Amerikalı biyologlar Richard B. Bliss ve Gray E. Parker bu noktayı şöyle açıklarlar: Miller deneyinde sadece hayat için gerekli molekülleri (sol-elli amino asitler) elde etmekle kalmamış, aynı anda evrime müdahale eden sağ-elli amino asitlerden oluşmuş uzun bir zincir de elde etmişti.

Sonuç olarak Miller'ın deneyindeki aminoasitlerin oluştuğu ortam canlılık için elverişli değil, aksine ortayaçıkacak işe yarar molekülleri parçalayıcı, yakıcı bir asit karışımı niteliğindeydi.

Tüm bunların gösterdiği tek bir somut gerçek vardır: Miller deneyinin, canlılığın ilkel dünya şartlarında tesadüfen meydana gelebileceğini kanıtlamak gibi bir iddiası olamaz. Olay, amino asit sentezlemeye yönelik bilinçli ve kontrollü bir laboratuar deneyinden başka birşey değildir. Kullanılan gazların cinsleri ve karışım oranları amino asitlerin oluşabilmesi için en ideal ölçülerde belirlenmiştir. Ortama verilen enerji miktarı, ne eksik ne fazla, tamamen istenen reaksiyonların gerçekleşmesini sağlayacak biçimde titizlikle ayarlanmıştır.

Deney aygıtı, ilkel dünya koşullarında mevcut olabilecek hiçbir zararlı, tahrip edici ya da amino asit oluşumunu engelleyici unsuru barındırmayacak ve içeri sızmasını önleyecek biçimde izole edilmiştir. Amino asitlerin yapısında bulunan üç-beş elementten başka ilkel dünyada mevcut olan ve reaksiyonların seyrini değiştirecek hiçbir element, mineral ya da bileşik deney tüpüne konulmamıştır. Oksidasyon sebebiyle aminoasitlerin varlığına imkan vermeyecek oksijen bunlardan yalnızca birisidir. Kaldı ki hazırlanan ideal laboratuvar koşullarında bile, oluşan aminoasitlerin aynı ortamda parçalanmadan varlıklarını sürdürebilmeleri mümkün değildir. Ancak bu sorun da aminoasitleri oluştukları anda ortamdan ayıracak bir başka yapay düzenekle (cold trap) halledilmiştir.

Aslında, bu deneyle evrimciler, bir anlamda evrimi kendi elleriyle çürütmüşlerdir. Çünkü deney, aminoasitlerin tesadüfen değil, ancak bütün koşulları özel olarak ayarlanmış kontrollü bir laboratuar ortamında, bilinçli müdahaleler sonucunda elde edilebileceğini gözler önüne sermiştir. Yani canlılığı ortaya çıkaran güç, bilinçsiz tesadüfler değil, ancak yaratılış olabilir. Bu nedenle de canlılığın her aşaması, bizlere Allah'ın varlığını ve gücünü kanıtlayan bir delil niteliğindedir.

UREY-MİLLER DENEYİ'NİN DİĞER SONUÇLARI: HAYAT İNORGANİK DEĞİL, ORGANİK MOLEKÜLLERDEN TEŞEKKÜL ETMİŞTİR

Stanley Miller, II. Dünya Savaşı'ndan hemen sonra Chicago Üniversitesi'ndeki hocası Harold Urey ile birlikte birtakım mikrobiyolojik araştırmalara girişti. Hedefi, milyarlarca yıl önceki cansız dünyada canlılığın kendiliğinden ve tesadüfen oluşabileceğini göstermekti. Canlıların en küçük yapıtaşları olan amino asitlerin "tesadüfen" oluşabileceklerini ispatlayan bir deney yapmaya karar vermişti. Miller'in bu deneydeki amacı, ilkel dünyanın oluşumunda var olduğunu tahmin ettiği —ancak daha sonraları gerçekçi olmadığı anlaşılacak olan— bir atmosfer ortamını laboratuvarında kurmak ve Evrim Teorisini ispatlamaya çalışmaktı. Deneyinde ilkel atmosfer olarak kullandığı karışım amonyak, metan, hidrojen ve su buharından oluşuyordu. Miller, metan, amonyak, su buharı ve hidrojenin doğal şartlar altında birbirleriyle reaksiyona giremeyeceklerini biliyordu. Bunları birbirleriyle reaksiyona sokmak için dışardan enerji takviyesi yapmak gerektiğinin de farkındaydı. Bu nedenle bu enerjinin ilkel atmosfer ortamında yıldırımlardan kaynaklanmış olabileceğini öne sürdü. Bu varsayıma dayanarak da, yaptığı deneylerinde yapay bir elektrik deşarj kaynağı kullandı. Miller bu gaz karışımını bir hafta boyunca 100 °C ısıda kaynattı, öte yandan da bu sıcak ortama elektrik akımı verdi. Haftanın sonunda Miller, kavanozun dibinde bulunan karışımdaki kimyasalları ölçtü ve proteinlerin yapıtaşlarını oluşturan 20 çeşit amino asitten üçünün sentezlendiğini gözledi.

Deney, ilk başta evrimciler arasında büyük bir sevinç yarattı ve çok büyük bir başarıymış gibi lanse edildi. Hatta, çeşitli yayınlar olayın sarhoşluğu içinde, "Miller hayatı yarattı!" şeklinde manşetler atacak kadar kendilerinden geçtiler. Oysa, Miller'in sentezlediği moleküller "cansız"dı, yani İnorganikti. Oysa, hayatın oluşabilmesi için Dinamik yapıya sahip Organik Moleküllerin oluşması gerekiyordu. Bu deneyin kendi teorilerini kesinlikle doğruladığına inanan evrimciler, bundan aldıkları cesaretle hemen senaryo üretme işine giriştiler.

Miller sözde, amino asitlerin kendi kendilerine oluşabileceklerini ispatlamıştı. Buna dayanarak, sonraki aşamalar da hemen kurgulandı. Çizilen senaryoya göre, ilkel atmosferde meydana gelen amino asitler, daha sonra rastlantılar sonucu uygun dizilimlerde birleşmiş ve proteinleri oluşturmuşlardı. Tesadüf eseri meydana gelen bu proteinlerin bazıları da, kendilerini, "her nasılsa" bir şekilde oluşmuş hücre zarı benzeri yapıların içine yerleştirerek ilkel hücreyi meydana getirmişlerdi. Hücreler de zamanla yanyana gelip birleşerek canlı organizmaları oluşturmuşlardı. İşte, tüm bu senaryoların en büyük dayanağı ise Urey-Miller'ın deneyiydi. Oysa ki Miller deneyi, sonraki yıllarda geçersizliği pek çok noktadan kanıtlanmış bir göz boyamadan öteye gidemeyecekti.

İLKEL DÜNYA ORTAMI PROTEİNLERİ VE KOMPLEKS ORGANİK BİLEŞİKLERİ OLUŞTURABİLİR Mİ?

Daha önce saydığımız bütün tutarsızlıklarına rağmen evrimciler, aminoasitlerin ilkel dünya ortamında kendi kendilerine nasıl oluşabildikleri sorusunu, Urey-Miller deneyi ile geçiştirmeye çalışırlar. Bu uydurma deneyle söz konusu sorunun çoktan çözülmüş olduğu gibi bir izlenim vererek bugün bile insanları yanıltmaya devam etmektedirler. Ancak canlılığın kökenini rastlantılarla açıklama çabasının ikinci aşamasında, evrimcileri, amino asitlerin oluşumuyla kıyaslanmayacak derecede büyük bir problem beklemektedir: "Proteinler". Yani yüzlerce farklı amino asitin belirli bir sıra içinde birbirlerine eklenerek oluşturdukları canlılığın yapıtaşları.

Proteinlerin doğal şartlarda tesadüfen oluştuklarını öne sürmek, amino asitlerin tesadüfen oluştuklarını öne sürmekten çok daha akıl ve mantık dışı bir iddiadır. Amino asitlerin, proteinleri oluşturmak üzere uygun dizilimlerde tesadüfen birleşebilmelerinin matematiksel imkansızlığını olasılık hesaplarıyla bile incelenemez. Şimdi ise, protein oluşumunun kimyasal olarak da ilkel dünya koşullarında mümkün olmadığını göreceğiz.

SUDA PROTEİN SENTEZLENMESİ MÜMKÜN OLABİLİR Mİ?

Amino asitler, protein oluşturmak üzere kimyasal olarak birleşirken, aralarında "peptid bağı" denilen özel bir bağ kurarlar. Bu bağ kurulurken bir su molekülü açığa çıkar. Bu durum, ilkel hayatın denizlerde ortaya çıktığını öne süren evrimci açıklamayı kesinlikle çürütmektedir. Çünkü, kimyada "Le Châtelier" kanunu olarak bilinen kanuna göre, açığa su çıkaran bir reaksiyonun (kondansasyon reaksiyonu) su içeren bir ortamda sonuçlanması mümkün değildir. Sulu bir ortamda bu çeşit bir reaksiyonun gerçekleşebilmesi, kimyasal reaksiyonlar içinde "oluşma ihtimali en düşük olanı" olarak nitelendirilir. Dolayısıyla, evrimcilerin hayatın başladığı ve aminoasitlerin oluştuğu yerler olarak belirttikleri okyanuslar, amino asitlerin, bir sonraki aşamada, birleşerek proteinleri oluşturması için kesinlikle uygun olmayan ortamlardır. Richard E. Dickinson *Scientific American*'da şöyle yazar:

"Eğer protein ve nükleik asit polimerleri öncül monomerlerden oluşacaksa polimer zincirine her bir

monomer bağlanışında bir molekül su atılması şarttır. Bu durumda suyun varlığının polimer oluşturmanın aksine ortamdaki polimerleri parçalama yönünde etkili olması gerçeği karşısında, sulu bir ortamda polimerleşmenin nasıl yürüyebildiğini tahmin etmek güçtür. Öte yandan, evrimcilerin bu gerçek karşısında ağız değiştirip, ilkel hayatın karalarda oluştuğunu öne sürmeleri de imkansızdır. Çünkü, ilkel atmosferde oluştukları varsayılan amino asitleri ultraviyole ışınlarından koruyacak yegane ortam denizler ve okyanuslardır.."

Aminoasitler karada ultraviyole yüzünden parçalanırlar. Le Chatelier prensibi ise denizlerdeki oluşum iddiasını çürütmektedir. Bu da evrim açısından bir başka çıkmazdır. Şimdi, tüm canlıların aynı anda nasıl oluştuğu ve dünyada nasıl ilk kez belirdikleri meselesinin gerçekliğine tekrar bir bakalım.

EVRİM TEORİSİNİN AÇIKLAYAMADIĞI BİR DİĞER OLAY: KAMBRİYEN PATLAMASI VE CANLI FORMLARININ AYNI ANDA ORTAYA ÇIKIŞI

Yeryüzü tabakaları ve canlı kalıntılarını oluşturan fosiller incelendiğinde, dünyadaki canlılığın birdenbire, aynı anda ve mükemmel bir tarzda belirdiği görülür. Çok sayıda canlı türü, bir anda ve eksiksiz halleriyle Kambriyen Devri'nde ortaya çıkmıştır. Bazı bilim adamları çok sayıda canlının birden ortaya çıkması nedeniyle bu olayı "Kambriyen patlaması" olarak da isimlendirirler. İşte bu bulgu, yaratılışa çok açık bir delil oluşturmaktadır. Kompleks canlı yaratıkların fosillerine rastlanılan en derin yeryüzü tabakası, 520-530 milyon yıl yaşında olduğu hesaplanan "Kambriyen" tabakadır. Kambriyen kayalıklarında bulunan fosiller, salyangozlar, trilobitler, süngerler, solucanlar, denizanaları, deniz yıldızları, yüzücü kabuklular, deniz zambakları gibi kompleks omurgasız türlerine aittir. İlginç olan ise, birbirinden çok farklı olan bu türlerin hepsinin bir anda ve hiçbir ataları olmaksızın ortaya çıkmalarıdır. Evrim literatürünün popüler yayınlarından Earth Sciences dergisinin editörü Richard Monestarsky, evrimcileri çaresiz bırakan bu gerçeği şöyle kabul eder:

"Bugün görmekte olduğumuz oldukça kompleks hayvan formları aniden ortaya çıkmışlardır. Bu an, Kambriyen Devrin tam başına rastlar ki, denizlerin ve yeryüzünün ilk kompleks yaratıklarla dolması bu evrimsel patlamayla başlamıştır. Günümüzde dünyanın her yanına yayılmış olan omurgasız takımları erken Kambriyen Devir'de zaten vardırlar ve yine bugün olduğu gibi birbirlerinden çok farklıdırlar."

Hiçbir ortak ataya sahip olmayan bu farklı canlı türlerinin nasıl olup da ortaya çıktığı, bugün bile evrimcilerin asla cevaplayamadıkları bir sorudur. Evrim teorisinin günümüzde yaşayan en ünlü savunucusu olan İngiliz Zoolog Richard Dawkins, bu konuda şu itirafı yapar:

"Kambriyen Devri canlıları, sanki hiçbir evrim tarihine sahip olmadan, o halde, orada meydana gelmiş gibilerdir."

KAMBRİYEN PATLAMASI; aynen BİG BANG, yani evrenin tek bir anda yaratılmasını açıklayan BÜYÜK PATLAMA teorisi gibi; canlılarında tek bir zaman diliminde ve aynı anda açık bir şekilde yaratılışının, yani Allah'ın yarattığının açık bir delilidir. Çünkü canlıların hiçbir evrimsel ataları olmadan aniden ortaya çıkmalarının tek açıklaması yaratılıştır. Nitekim Darwin, "eğer aynı sınıfa ait çok sayıdaki tür gerçekten yaşama bir anda ve birlikte başlamışsa, bu doğal seleksiyonla ortak atadan evrimleşme teorisine öldürücü bir darbe olurdu" diye yazmıştır. İşte, Ateizmi savunan Evrimcilerin korktuğu bu en öldürücü darbe, fosil kayıtlarının henüz başlangıcında yer alan Kambriyen Devri'nden gelmektedir. Dolayısıyla, Kambriyen patlamasıyla ortaya çıkan ve KOMPLEKS ORGANİK yapılara sahip olan birçok canlı türünün aynı anda

HAYATIN BAŞLANGICINI oluşturması, Evrim Teorisinin cevaplayamadığı en önemi meselelerden biri ve aynı zamanda YARATILIŞIN en önemli ispatıdır. Nasıl ki tüm EVREN, SU MOLEKÜLÜNDE bulunan tek bir HİDROJEN ATOMUNDAN, Uzaydaki sonsuz boşlukta yer alan tek bir noktadan ve "KUN (OL)" emriyle "BÜYÜK PATLAMA" ile başladıysa; benzer şekilde yeryüzündeki tüm CANLILAR da, aynı şekilde "KUN (OL)" emriyle "KAMBRİYEN PATLAMA"sı ile her bir canlı türünün AYNI ANDA ve BAŞLANGIÇTA MÜKEMMEL bir tarzda Yaratılışına ESAS teşkil eden, SUDA TEŞEKKÜL eden, tek bir ORGANİK BİLEŞİKTEN yaratılmasıyla ortaya çıkmıştır.

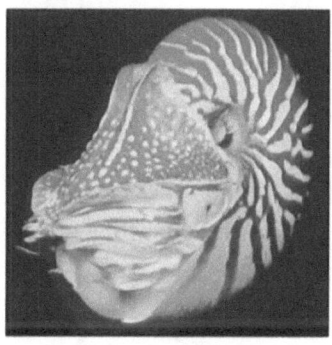

KAMBRİYEN PATLAMASI'NI GÖSTEREN TEMSİLÎ BİR RESİM. KAMBRİYEN DEVRİ'NİN HALA YAŞAYAN BİR TEMSİLCİSİ OLAN NAUTİLUS, BAŞLANGIÇTAKİ YARATILIŞ ÖZELLİKLERİNİ AYNEN KORUMAKTADIR.

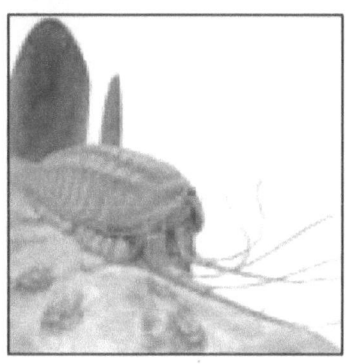
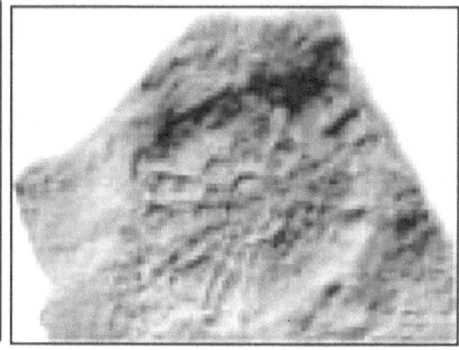

KOMPLEKS SİSTEMLER: KAMBRİYEN DEVRİ'NDE BİR ANDA ORTAYA ÇIKAN CANLI TÜRLERİNİN ÇOĞUNDA, MODERN ÖRNEKLERİNDEN HİÇBİR FARKI OLMAYAN, GÖZ, SOLUNGAÇ, KAN DOLAŞIMI GİBİ KOMPLEKS SİSTEMLER AYNEN MEVCUTTUR.

MUCİZEVÎ MOLEKÜL: DNA

DNA MOLEKÜLÜNÜN TEMEL YAPITAŞLARI

Moleküler düzeyde buraya kadar incelediklerimizin gösterdiği gibi, aminoasitlerin oluşumu evrimciler tarafından hiçbir şekilde aydınlatılamamıştır. Proteinlerin oluşumu ise başlı başına bir muammadır. Üstelik, sorun yalnızca amino asit ve proteinlerle sınırlı kalmaz: Bunlar sadece bir başlangıçtır. Bunların da ötesinde asıl olarak, hücre denen mükemmel varlık evrimciler açısından dev bir çıkmaz oluşturur. Çünkü hücre yalnızca aminoasit yapılı proteinlerden oluşmuş bir yığın değildir. İçerisinde yüzlerce gelişmiş sistemi bulunan, insanoğlunun halen tüm sırlarını çözemediği karmaşıklıkta bir canlıdır. Oysa az önce belirttiğimiz gibi evrimciler, değil bu sistemlerin, hücrenin yapıtaşlarının bile nasıl meydana geldiklerini açıklayamamaktadırlar.

Canlılığın kökenini rastlantılarla açıklama gayretindeki evrim teorisi hücrenin yapısının en temelindeki bu moleküllerin varlığına bile tutarlı bir izah getirememişken, genetik bilimindeki ilerlemeler ve Nükleik asitlerin, Ribonükleik Asitlerin, yani DNA ve RNA'nın keşfi; enzim taşıyıcısı olan transfer RNA (tRNA)'nın, Mesaj ileten mRNA'nın mükemmel mekanizmaları teori için yepyeni çıkmazlar oluşturdu. 1955 yılında iki bilimadamının —James Watson ve Francis Crick— DNA hakkında yaptıkları çalışmalar ve bunun sonucunda elde ettikleri çok büyük bir buluş, 50'li yıllarda biyolojide yepyeni bir çığır açtı. Birçok bilimadamı, genetik konusuna yöneldi. Yıllar süren araştırmalar sonucunda bugün, DNA'nın yapısı büyük ölçüde aydınlandı.

Burada DNA'nın yapısı ve işlevi hakkında çok temel birkaç bilgi vermek yerinde olur: Vücuttaki 100 trilyon hücrenin herbirinin çekirdeğinde bulunan DNA adlı molekül, insan vücudunun eksiksiz bir yapı planını, adeta planı ve projesi hakkındaki eksiksiz bir programını içerir. Bir insana ait bütün özelliklerin bilgisi, dış görünümden iç organlarının yapılarına kadar DNA'nın içinde özel bir şifre sistemiyle kayıtlıdır. DNA'daki bilgi, bu molekülü oluşturan dört özel molekülün diziliş sırası ile kodlanmıştır. Nükleotid (veya Baz) adı verilen bu moleküller, isimlerinin baş harfleri olan A (Adenozin), T (Timin), G (Guanin), C (Sitozin) ile ifade edilirler. İnsanlar arasındaki tüm yapısal farklar, bu harflerin diziliş sıralamaları arasındaki farktan kaynaklanan kodlamadan doğar. Bir DNA molekülünde yaklaşık olarak 3.5 milyar nükleotid, yani 3.5 milyar harf bulunur. Bir organa ya da bir proteine ait olan DNA üzerindeki bilgiler, gen adı verilen özel bölümlerde yer alır. Örneğin göze ait bilgiler bir dizi özel gende, kalbe ait bilgiler bir dizi başka gende bulunur. Hücredeki protein üretimi de bu genlerdeki bilgiler kullanılarak yapılır.

Proteinlerin yapısını oluşturan Amino asitler, DNA'da yer alan üç nükleotidin arka arkaya sıralanmasıyla ifade edilmiştir. Vücudumuzdaki organların herbiri farklı sayıda gen tarafından kontrol edilir. Örneğin; deri 2559, beyin 29930, göz 1794, tükürük bezi 186, kalp 6216, göğüs 4001, akciğer 11581, karaciğer 2309, bağırsak 3838, iskelet kası 1911 ve kan hücreleri 22092 gen tarafından kontrol edilmektedir. DNA'daki harflerin diziliş sırası insanın yapısını en ince ayrıntılarına dek belirler. Boy, göz, saç ve cilt rengi gibi özelliklerin yanısıra, vücuttaki 206 kemiğin, 600 kasın, 10.000 işitme siniri ağının, 2 milyon optik sinir ağının, 100 milyar sinir hücresinin ve toplam 100 trilyon hücrenin planları tek bir hücrenin DNA'sında mevcuttur.

Burada dikkat edilmesi gereken bir nokta vardır. Bir geni oluşturan nükleotidlerde meydana gelecek bir sıralama hatası, o geni tamamen işe yaramaz hale getirecektir. İnsan vücudunda 200 bin gen bulunduğu düşünülürse, bu genleri oluşturan milyonlarca nükleotidin doğru sıralamada tesadüfen oluşabilmelerinin imkansızlığı daha iyi anlaşılır. Evrimci bir biyolog olan Salisbury bu imkansızlıkla ilgili olarak şunları söyler:

"*Orta büyüklükteki bir protein molekülü, yaklaşık 300 aminoasit içerir. Bunu kontrol eden DNA zincirinde ise, yaklaşık 1000 nükleotid bulunacaktır. Bir DNA zincirinde dört çeşit nükleotid bulunduğu hatırlanırsa, 1000 nükleotidlik bir dizi, 4^{1000} farklı şekilde olabilecektir. Küçük bir logaritma hesabıyla bulunan bu rakam ise, aklın kavrama sınırının çok ötesindedir. 4^{1000}'de bir, "küçük bir logaritma hesabı" sonucunda, 10^{620}'de bir anlamına gelir. Bu sayı 10'un yanına 620 sıfır eklenmesiyle elde edilir. 10'un yanında 11 tane sıfır 1 trilyonu ifade ederken, 620 tane sıfırlı bir rakamın gerçekten de kavranması mümkün değildir.*"

Evrimci Prof. Dr. Ali Demirsoy da bu konuda şu itirafı yapmak zorunda kalır:

"Esasında bir proteinin ve çekirdek asidinin (DNA-RNA) oluşma şansı tahminlerin çok ötesinde bir olasılıktır. Hatta belirli bir protein zincirinin ortaya çıkma şansı astronomik denecek kadar azdır. Bütün bu imkansızlıkların yanısıra, DNA çok zor reaksiyona giren bir yapıya sahiptir. Çünkü DNA, çift zincirden oluşmuş sıkı bir helezon şeklindedir. Bu bakımdan da canlılığın temeli olması düşünülemez. Dahası, DNA, yalnız protein yapısındaki bir takım enzimlerin yardımı ile eşlenebilirken, bu enzimlerin sentezi de ancak DNA'daki bilgiler doğrultusunda gerçekleşir. Her ikisi de birbirine bağımlı olduğundan, eşlemenin meydana gelebilmesi için ikisinin de aynı anda mevcut olmaları gerekir. Ya da ikisinden birinin daha önce "yaratılmış" olması zorunludur.."

Amerikalı mikrobiyolog Homer Jacobson, bu konuda şöyle der:

"İlk canlının ortaya çıktığı zaman, üreme planlarının, çevreden madde ve enerji sağlamanın, büyüme sırasının ve bilgileri büyümeye çevirecek mekanizmaların tamamına ait emirlerin o anda birarada bulunmaları gerekmektedir. Bunların hepsinin kombinasyonu ise tesadüfen gerçekleşemez.."

Yukarıdaki ifadeler, 1955 yılında, yani James Watson ve Francis Crick tarafından DNA'nın yapısının aydınlatılmasından iki yıl sonra yazılmıştı. Ancak bilimdeki tüm gelişmelere rağmen, bu sorun evrimciler için çözümsüz kalmaya devam etmektedir. Özetle, üremede DNA'ya duyulan ihtiyaç, bu üreme için bazı proteinlerin mevcut olma zorunluluğu ve bu proteinlerin de DNA'daki bilgilere göre yapılma mecburiyeti, evrimci tezleri çok somut bir biçimde çürütmektedirler. Örneğin Alman bilimadamları Junker ve Scherer de kimyasal evrim için gerekli olan moleküllerin hepsinin sentezinin ayrı ayrı koşullar gerektirdiği ve kuramsal olarak bile elde edilme yöntemi birbirinden farklı birçok maddenin biraraya gelme şansının hiç olmadığını şöyle açıklarlar:

"Şimdiye değin kimyasal evrim için gerekli tüm moleküllerin elde edileceği bir deney bilinmiyor. Dolayısıyla çeşitli moleküllerin değişik yerlerde çok uygun koşullarda üretilip, hidroliz ve fotoliz gibi zararlı etmenlere karşı korunup, yeni bir reaksiyon bölgesine taşınması gerekmektedir. Bunlar tesadüflerden bahsedilemez çünkü böyle bir olayın kendi kendine gerçekleşme ihtimali yoktur, yani sıfırdır."

Kısacası evrim teorisi, moleküler düzeyde gerçekleştiği iddia edilen evrimsel oluşumlardan hiçbirisini ispatlayabilmiş değildir. RNA molekülünün nasıl olup da kendine bir hücre zarı bulduğu, daha sonra hücre organellerini nasıl ortaya çıkardığı gibi birçok soru da cevapsız beklemektedir.

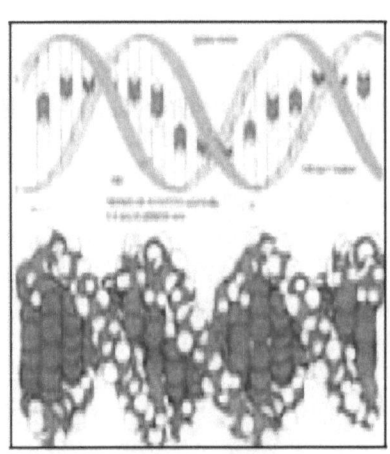 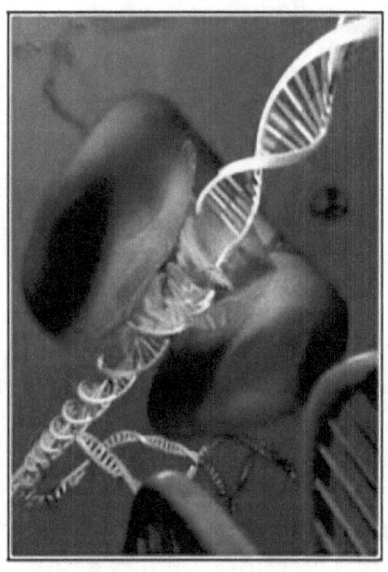

DNA ÇİFT SARMALININ MOLEKÜLER MODELLERİ.

Evrim Teorisi

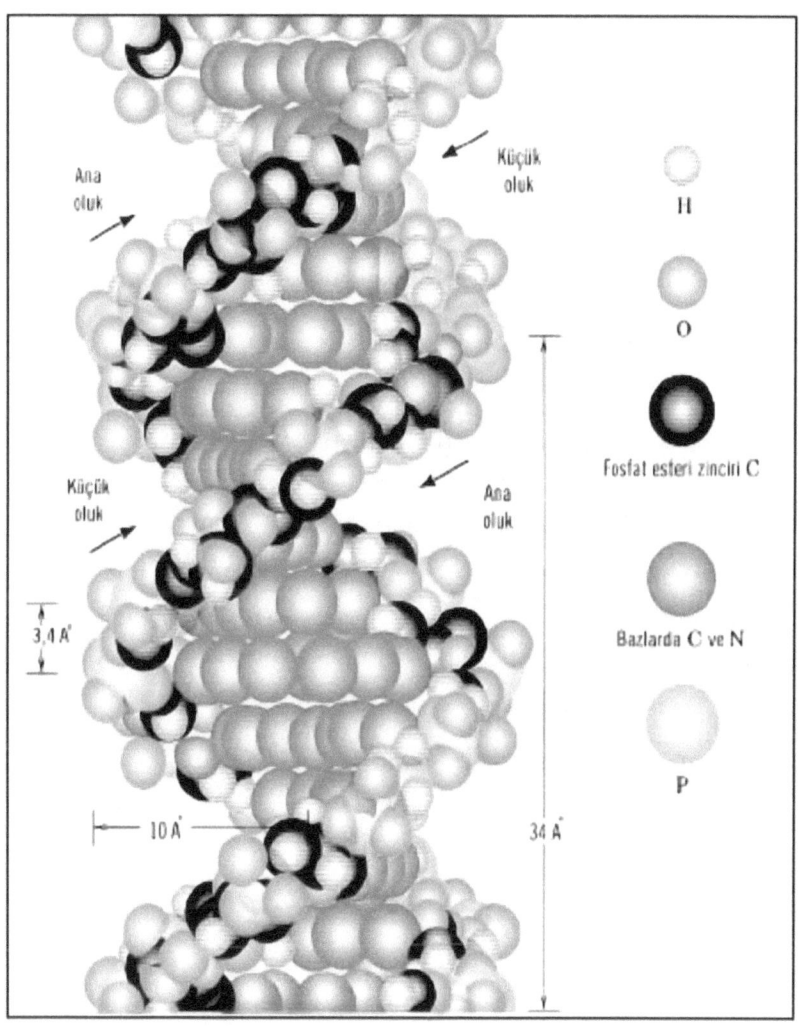

DNA'nın Elektron Mikroskobuyla Büyütülmüş Resminin Görüntüsü.

Yaratılış Gerçekliği-I

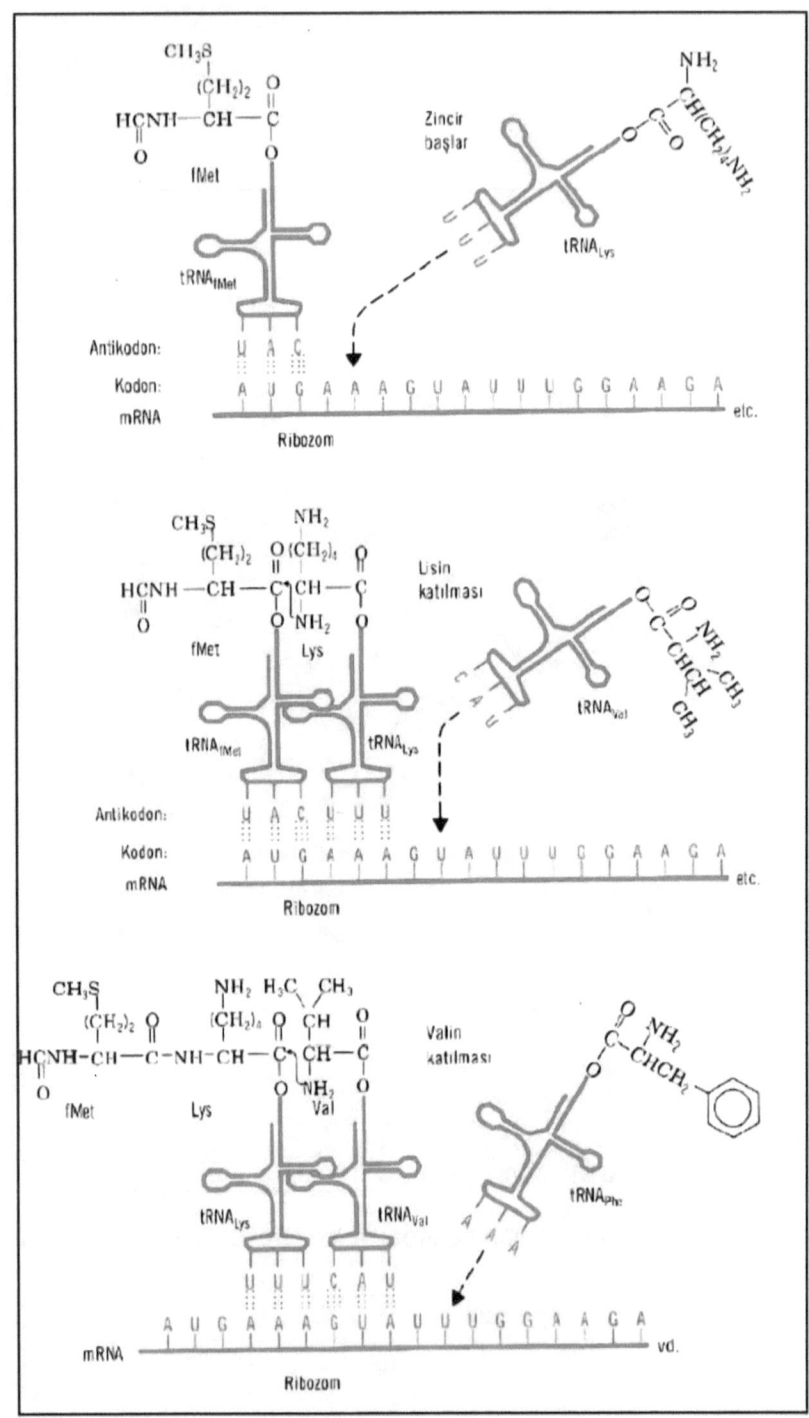

(ÜSTTEKİ RESİM): Protein molekülü sentezlenirken katlanışını gösteren bir grafik. (The Three-Dimensional Structure of an Enziyme Molecule, İn Bioorganic Chemistry, Calvin M.-Jorgenson M.J., San Francisco, 1968) Polipeptit zincirinin bir kalıp olarak davranan haberci RNA ile basamak basamak kodlanması. Transfer RNA Ribozomla temasta olan mRNA'ya Aminoasit kalıntısını taşır. Kodon-Antikodon eşleşmesi Ribozom yüzeyinde mRNA ve RNA arasında olur. Bu karmaşık ve kompleks yapıya sahip Enzimatik tepkimeler aminoasit kalıntısını amit kalıntısına birleştirir. Sonuçta amit bağı meydana geldikten sonra, Ribozom mRNA'nın sonra gelen kodonuna doğru hareket eder, yeni tRNA eşlenir ve Aminoasidini büyüyen zincire aktarır ve böylece binlerce Kodon-Antikodon çifti eşleşerek Protein sentezleme işlemi tamamlanmış olur. Tabi bu arada geçen biyokimyasal süreçler binlerce ara basamakta gerçekleşen kompleks organik tepkimeler içerir. İşte canlılığı oluşturan Biyokimyasal süreçler böylesine mükemmel ve hiç hata yapmadan ve karıştırmadan mucizevi bir şekilde sürekli devam eder gider..

CANLILIK CANSIZ MOLEKÜL YIĞINLARININ ÖTESİNDE BİR KAVRAMDIR

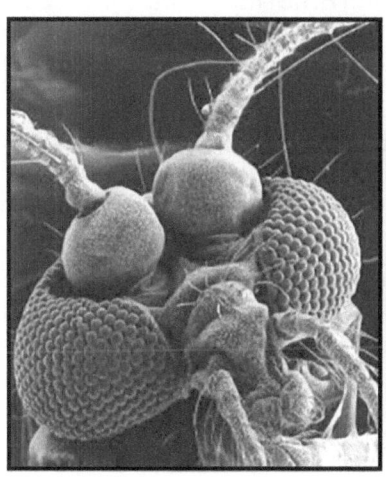
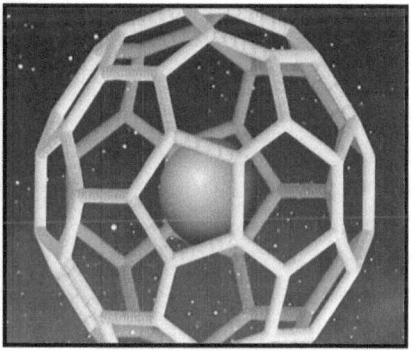

BİR ARININ GÖZÜNDEKİ TEK BİR HÜCREYİ İNCELESEYDİK, BU HÜCRENİN İÇERİSİNDEKİ CANLI MOLEKÜLER YAPININ, EVRENİN CANSIZ MOLEKÜL YIĞINLARINDAN OLUŞAN MÜKEMMEL GEOMETRİK MİMARİSİNDEN ÇOK DAHA KARMAŞIK VE KOMPLEKS OLDUĞUNU GÖRÜRDÜK..

Yaratılış Gerçekliği-I

Buraya kadar bahsettiğimiz bütün imkansızlıkları ve mantıksızlıkları bir an için unutalım ve her nasılsa ilkel dünya koşulları gibi, olabilecek en kontrolsüz, en uygunsuz ortamda bir protein molekülünün meydana geldiğini varsayalım. Tek bir proteinin oluşması da yetmeyecek, sözkonusu proteinin, bu kontrolsüz ortamda başına hiçbirşey gelmeden kendi gibi, aynı şartlarda tesadüfen oluşacak başka bir molekülü daha beklemesi gerekecekti. Ta ki hücreyi meydana getirecek milyonlarca uygun ve gerekli protein hep "tesadüfen" aynı yerde yanyana oluşana kadar. Önceden oluşanlar o ortamda ultraviyole ışınları, şiddetli mekanik etkilere rağmen hiçbir bozulmaya uğramadan, sabırla binlerce, milyonlarca yıl hemen yanıbaşlarında diğerlerinin tesadüfen oluşmasını beklemeliydiler. Sonra yeterli sayıda ve aynı noktada oluşan bu proteinler anlamlı şekillerde biraraya gelerek hücrenin organellerini oluşturmalıydılar. Aralarına hiçbir yabancı madde, zararlı molekül, işe yaramaz protein zinciri karışmamalıydı. Sonra bu organeller son derece uyumlu ve bağlantılı bir biçimde, bir plan ve düzen içerisinde bir araya gelip, bütün gerekli enzimleri de yanlarına alıp bir zarla kaplansalar, bu zarın içi de bunlara ideal ortamı sağlayacak özel bir sıvıyla dolsaydı, tüm bu "imkansız ötesi" olaylar gerçekleşseydi bile, meydana gelen molekül yığını sizce canlanabilir miydi? Cevap, hayırdır.

Çünkü araştırmalar göstermiştir ki, hayatın başlaması için yalnızca canlılarda bulunması gereken maddelerin biraraya gelmiş olması yeterli değildir. İlginçtir ki, Yaşam için gerekli tüm proteinleri toplayıp bir deney tüpüne koysak yine de bir canlı hücre elde etmeyi başaramayız. Çünkü yaşam, organizmayı oluşturan parçaların ya da moleküllerin birarada bulunmasından çok daha öte, metafizik bir kavramdır. Çünkü Yaşam, Allah'ın "HAYY" ve (Hayat sahibi ve Yaşatan, Hayat veren) "KAYYÛM" (Ayakta duran, Kendi varlığını kendisi sağlayan ve diğer tüm varlıkların hayatta kalması için O'na muhtaç olan) sıfatlarının bir yansımasıdır. Yaşam ancak O'nun dilemesiyle başlar, sürer ve sona erer. Her şey gibi yaşam da Allah'ın tek bir "OL" emri ile olur, O istemezse tek bir molekül dahi oluşmaz, hayatiyetini devam ettiremez.

İşte bundan dolayıdır ki, Evrim Teorisi canlılığın nasıl başladığını açıklayamadığı gibi, canlılık için gerekli malzemenin nasıl oluştuğunu ve biraraya geldiğini de açıklayamamaktadır. Biz yine de bir an için bu imkansızlıkları kabul edelim; milyonlarca yıl önce, yaşamak için her türlü malzemeyi elde etmiş bir hücrenin meydana geldiğini ve bir şekilde "hayat sahibi" olduğunu varsayalım. Ancak, evrim teorisi yine çökmektedir: Bu hücre bir süre yaşamını sürdürse bile, sonunda ölecek ve öldükten sonra ortada hiç bir şey kalmayacak, herşey en başa dönecektir. Çünkü genetik sistemi olmayan bu ilk canlı hücre kendini çoğaltamayacağı için ölümünden sonra geriye yeni bir nesil bırakamayacak, canlılık da bunun ölümüyle birlikte sona erecektir. Genetik sistem ise yalnızca DNA'dan ibaret değildir. DNA'dan bu şifreyi okuyacak enzimler, bu şifrelerin okunmasıyla üretilecek mRNA, mRNA'nın bu şifreyle gidip üretim için üzerine bağlanacağı ribozom, ribozoma üretimde kullanılacak aminoasitleri taşıyacak bir taşıyıcı RNA ve bunlar gibi sayısız ara işlemleri sağlayan son derece kompleks enzimlerin de aynı ortamda bulunması gerekir. Ayrıca böyle bir ortam, ancak hücre gibi, gerekli tüm hammadde ve enerji imkanlarının bulunduğu, her yönden izole olmuş kapalı bir oda gibi ve duvarlarında sürekli madde giriş-çıkışı sağlayan tamamen kontrollü bir ortamdan başkasında mümkün olamaz.

Sonuçta, bir organik madde, ancak bütün organelleriyle birlikte tam teşekküllü bir hücre olarak var olduğu, hem yaşayabileceği hem de etrafıyla madde ve enerji alışverişinde bulunabileceği uygun bir ortamda bulunduğu takdirde kendini çoğaltabilir. Bu da dünya üzerindeki ilk hücrenin, inanılmaz derecedeki kompleks yapısıyla, bir anda, durup dururken oluştuğu anlamına gelmektedir. Peki kompleks bir yapı, bir anda

Yaratılış Gerçekliği-I

oluşmuşsa, bunun anlamı nedir? Bu soruyu bir de şu örnekle soralım. Hücreyi kompleksliği itibarıyla ileri teknolojiye sahip bir arabaya benzetelim ki, gerçekte hücre, motoru ve tüm teknik donanımına rağmen arabadan çok daha kompleks ve gelişmiş bir sistem içermektedir. Şimdi soralım: Bir gün balta girmemiş bir ormanın derinliklerinde bir geziye çıksanız ve ağaçların arasında son model bir araba bulsanız ne düşünürsünüz? Acaba ormandaki çeşitli elementlerin milyonlarca yıl içinde tesadüfen bir araya gelerek böyle bir ürün ortaya çıkardığını mı düşünürsünüz?

Arabayı oluşturan tüm hammadde; demir, plastik, kauçuk vs. topraktan ya da onun ürünlerinden elde edilmektedir. Ama bu durum sizi bu malzemelerin "tesadüfen" sentezlenip, sonra da bir araya gelerek sonuçta ortaya böyle bir araba çıkardıklarını düşündürür mü? Elbette ki, akıl sağlığı yerinde olan her normal insan, arabanın bilinçli bir dizaynın, yani bir fabrikanın ürünü olduğunu düşünecek, bunun ormanda ne aradığını merak edecektir. Tekrar hücreye dönersek, şunu söyleyebiliriz: Kompleks bir yapının durup dururken, bir anda bir bütün olarak ortaya çıkması, onun bilinçli bir varlık tarafından yaratıldığını gösterir. Hele hücre kadar karmaşık bir yapıda, bu durum apaçık ortadadır. İşe yarar anlamlı bir proteinin tesadüfen oluşma ihtimali sıfırken, bu hayali proteinlerden milyonlarcasının biraraya gelip hücreyi oluşturmasının muhalâtın en nihâyet noktasını gösterir ki, bunun ne derece imkansız olduğu açıktır. İmkansızlıklar zinciri devam eder. İnsan vücudu için gerekli olan milyonlarca proteinin tesadüfen oluştuğunu ve tesadüfen aynı noktada biraraya yığıldığını varsaysak bile, bunun bir gökdelenin taşının, çimentosunun, yapı malzemelerinin bir arsaya yığılmasından daha öte bir anlamı yoktur. Bütün bu malzemelerin son derece karmaşık bir plan ve proje çerçevesinde, son derece ölçülü, hesaplı, düzenli, akılcı ve kontrollü bir şekilde ve bir emir-komuta zinciri içerisinde biraraya getirilmesi sonucunda bir gökdelen inşa edilebilir. Ama bazı insanlar var ki, gökdelenleri gördüklerinde "kim tarafından inşa edilmiş?" sorusunu sorarlar da; canlılara gelince "hangi tesadüf sonucunda oluşmuş?" diye merak ederler. Bu gerçekten de anlaşılması zor bir körlüktür. Bunu anlamak, ancak Kur'ân'ın verdiği ilimle mümkün olur. Çünkü Kur'ân'a göre, bazı insanlar vardır ki;

"**Kalbleri vardır bununla kavrayıp-anlamazlar, gözleri vardır bununla görmezler, kulakları vardır bununla işitmezler. Bunlar hayvanlar gibidir, hatta daha aşağılıktırlar. İşte bunlar gafil olanlardır.**"

(A'raf, 179)

TESADÜFLERİN MEYDANA GETİRDİĞİ HÜCRE YANILGISI

Evrim teorisi bilindiği gibi, canlılığın tesadüfler sonucunda meydana gelen bir hücreyle başladığını iddia eder. Daha sonra bu hücre çoğalarak yeni hücreleri oluşturmuş, bu hücreler de birleşerek ilkel canlı türlerini meydana getirmişlerdir. İlkel türler de zaman içinde gelişmiş türlere doğru evrimleşerek bugünkü modern canlıları oluşturmuşlardır. İnsan da bu evrim zincirinin en son halkasıdır. Eğer bu hikayeye inanıyorsanız, aşağıda anlatacağımız buna benzer bir hikayeye de inanmamanız için bir sebep yok. Bu, bir şehrin hikayesidir:

"Birgün çorak bir arazide kayaların arasına sıkışmış bir miktar killi toprak, yağan yağmurlar sonucunda balçık haline gelir. Balçık, güneş açınca kuruyup katılaşır ve içine karışan bazı minerallerin de katkısıyla sert ve dayanıklı bir halde şekillenir. Daha sonra, kendisine kalıp görevi gören kayalar bir şekilde ufalanıp dağılırlar ve ortaya düzgün, biçimli, sağlam bir tuğla çıkar. Bu tuğla senelerce, aynı doğal şartlarla yanında aynen kendisi gibi bir ikincisinin oluşmasını bekler. Daha sonra, benzer bir üçüncünün yanlarında meydana gelmesi için birlikte beklerler. Bu durum, aynı tuğladan aynı yerde yüzlercesinin, binlercesinin oluşmasına dek sürer..

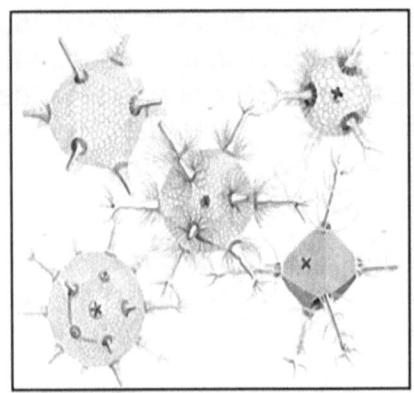 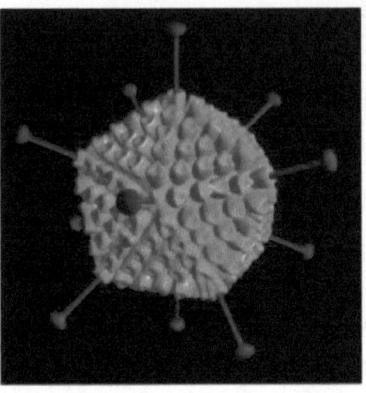

BAZI TEK HÜCRELİ CANLI YAPILARI: BAKTERİ ve VİRÜSLER.

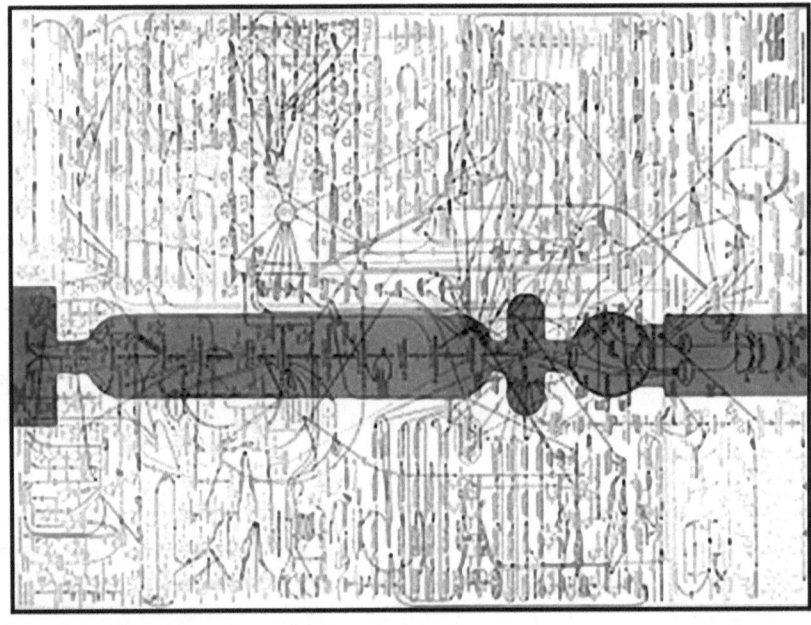

EN BASİT ZANNETTİĞİMİZ TEK HÜCRELİ BİR BAKTERİ VEYA VİRÜSTE BİLE, CANLILIĞI MEYDANA GETİRMEK İÇİN O KADAR ÇOK BİYOKİMYASAL REAKSİYON VE BİYOLOJİK SİNYAL BAĞLANTISI MEYDANA GELİR Kİ; GÜNÜMÜZÜN EN KARMAŞIK VE EN HIZLI MİKROİŞLEMCİ ÇİPLERİ BİLE BU ÜSTÜN TEKNOLOJİNİN YANINDA ÇOK YETERSİZ KALIRDI. EĞER BU REAKSİYONLAR, TESADÜFEN OLUŞSAYDI, EN KÜÇÜK BİR BİYOKİMYASAL BAĞLANTI HATASINDA TÜM HÜCRE ALT ÜST OLACAKTI..

Her bir tuğlanın uygun yerde ve uygun biçimde oluşması için belki binlerce sene beklenir. Bu arada büyük bir şans eseri, önceden oluşan tuğlalarda hiçbir zayiat olmaz. Binlerce sene fırtınalara, yağmurlara, rüzgara, kavurucu güneşe, dondurucu soğuğa maruz kalan tuğlalar, kırılmaz, parçalanmaz, çatlamaz, başka yerlere savrulup dağılmaz, aynı yerde ve aynı sağlamlıkta diğer tuğlaları beklerler. Dahası bu tuğlaların meydana geldiği ortamdaki kil ve balçık aynı doğal şartlarla bunların da üzerine yapışıp katılaşarak tuğlaları kaba, şekilsiz ve kullanışsız kitleler haline getirmez.

Her nasılsa, bütün tuğlalar aynı biçim, konum ve tertiplerini korurlar. Tuğlalar yeterli sayıya ulaşınca, rüzgar, fırtına, hortum gibi doğal şartların etkisiyle savrulup yanyana ve üstüste planlı bir biçimde dizilip bir bina kurarlar. Bu arada elbetteki tuğlaları birbirine yapıştıracak çimento, harç gibi malzemeler de çok uygun bir zamanlamayla "doğal şartlar"la oluşup kusursuz bir plan içerisinde tuğlaların arasına girer ve bunları birbirlerine kenetlerler. Tabi bütün bu işlemler başlarken toprağın altındaki demir filizleri de "doğal şartlar"la şekillenip toprağın dışına uzanarak tuğlaların oluşturacağı binanın temelini atarlar.

Sonuçta her türlü malzemesi, doğraması, tesisatıyla eksiksiz bir bina ortaya çıkar. Elbetteki bina yalnızca temelden, tuğladan ve harçtan ibaret değildir. Öyleyse diğer eksikler nasıl tamamlanmıştır? Cevap çok basittir: Binanın ihtiyacı olan her türlü malzeme, üzerinde yükseldiği toprakta mevcuttur. Camlar için gereken silisyum, elektrik kabloları için gereken bakır, kirişler, kolonlar, çiviler, su boruları vs. için gereken demir toprağın altında bol miktarda mevcuttur. Ahşap doğrama sorunu da, yakın bir ormandaki ağaçların, çıkan kasırga ve hortumlar neticesinde sökülüp yontularak, binada kullanılmaya en uygun biçimde sel sularıyla inşaat yerine sürüklenmesiyle halledilir. Artık bütün bu malzemelerin şekillenip binanın içine yerleşmeleri de "doğal şartlar"ın hünerine kalmıştır. Esen rüzgar, yağan yağmur, biraz fırtına ve yer sarsıntısının da yardımıyla bütün tesisat, doğrama, aksesuarlar tuğlaların arasında yerli yerine oturur.

İşler o kadar rast gitmiştir ki, tuğlalar, ileride doğal şartlarla cam diye bir şeyin oluşacağını biliyormuşçasına, gerekli pencere boşluklarını bırakarak dizilmişlerdir. Hatta, ilerde yine rastlantılarla meydana gelecek su, elektrik, kalorifer tesisatlarının içlerinden geçebileceği boşlukları bırakmayı da unutmamışlardır. Dediğimiz gibi, işler o kadar rast gitmiştir ki, bu faaliyet sırasında tek bir aksilik, eksiklik, fazlalık, zamansızlık, uyumsuzluk meydana gelmemiştir. Herhangi bir aşamadaki aksilik, binanın çökmesine, parçalanmasına ya da hiçbir işe yaramayan bir tuğla yığınına dönmesine sebep olabilirdi.

Fakat "tesadüfler", "rastlantılar" ve "doğal şartlar" hem zeki, titiz bir mühendis, hem disiplinli, sorumluluk sahibi bir ustabaşı, hem de gayretli, maharetli bir işçi gibi çalışmışlar, muhteşem bir uyum ve işbirliği göstermişlerdir.."

Eğer bu hikayeye inandıysanız, bu kadar açıklamadan sonra, şehirdeki diğer binaların, tesislerin, yapıların, yolların, kaldırımların, altyapı, haberleşme ve ulaşım sistemlerinin nasıl oluştuğunu da siz düşünüp bulabilirsiniz. Hatta eğer biraz teknik bilginiz varsa ve konuyla da biraz ilgiliyseniz örneğin şehrin *"kanalizasyon sisteminin evrimsel süreci ve mevcut yapılarla uyumu"* hakkındaki teorilerinizi açıkladığınız birkaç ciltlik son derece "bilimsel" bir eser bile hazırlayabilirsiniz. Bu üstün çalışmalarınızdan dolayı akademik bir ödüle dahi layık görülebilir, kendinizi insanlık tarihine ışık tutacak bir deha olarak bile görebilirsiniz.

Ancak, böyle bir durumun insanın kendi akılsızlığını tescil etmekten başka ne anlamı olabilir ki?

HÜCRENİN YAPISINDAKİ DİĞER MUCİZELER VE EVRİM TEORİSİ'NİN GEÇERSİZLİĞİ

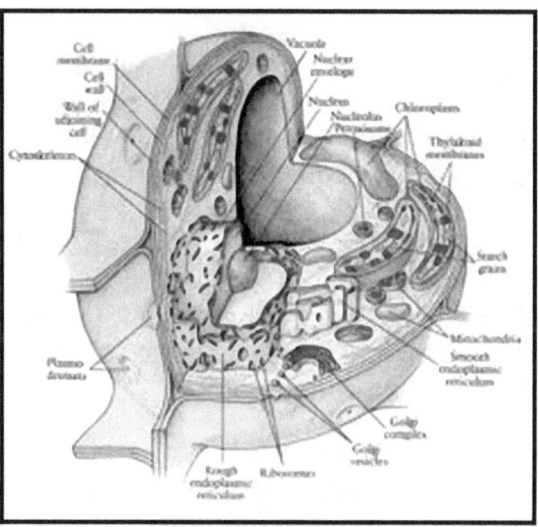

HÜCRE İÇERİSİNDEKİ KOMPLEKS YAPILAR TESADÜF OLAMAYACAK KADAR GELİŞMİŞ BİR YAPIDADIR.

Eğer bir kimse canlılığın, evrimin öne sürdüğü gibi ilkel dünya şartlarında, tesadüflerle oluşan bir hücreden başladığına inanıyorsa, yukarıdaki şehrin hikayesine de rahatlıkla inanabilecek bir akılsızlığa sahip olması gerekir. Çünkü tek başına bir hücre, bütün çalışma sistemleri, haberleşmesi, ulaşımı ve yönetimiyle büyük bir şehirle benzer bir karmaşıklığa sahiptir. Hücrenin sarfettiği enerjiyi üreten santraller; yaşam için zorunlu olan enzim ve hormonları üreten fabrikalar; üretilecek bütün ürünlerle ilgili bilgilerin kayıtlı bulunduğu bir bilgi bankası; bir bölgeden diğerine hammaddeleri ve ürünleri nakleden kompleks taşıma sistemleri, boru hatları; dışardan gelen hammaddeleri işe yarayacak parçalara ayrıştıran gelişmiş laboratuar ve rafineriler; hücrenin içine alınacak veya dışına gönderilecek malzemelerin giriş-çıkış kontrollerini yapan uzmanlaşmış hücre zarı proteinleri bu karmaşık yapının yalnızca bir bölümünü oluştururlar. Hücrenin değil ilkel dünya şartlarında oluşması, günümüzün en ileri teknolojiye sahip laboratuarlarında bile yapay olarak sentezlenmesi mümkün olmamıştır.

Hücrenin yapıtaşı olan amino asitlerden ve bunların oluşturduğu proteinlerden yola çıkarak değil hücre, mitokondri, ribozom, vs. gibi hücrenin tek bir organeli bile oluşturulamaz. Dolayısıyla, evrimin tesadüfen oluştuğunu iddia ettiği ilk hücre yalnızca bir hayalgücü ve fantezi ürünü olarak kalmıştır ve böyle bir meseleye inanmak için, değil sıradan bir insan, kör zihniyetli Evrimciler de dahil olmak üzere, o cansız şuursuz atom ve moleküllerden bin defa daha ahmak ve şuursuz olmak lazım gelir ki, böyle içinde binlerce muhal ve tesadüf bulunan bir meseleyi kabul etsin.

Hücre, bilim dünyasının ortak kanaatiyle, insanoğlunun bugüne kadar karşılaştığı en kompleks yapı ünvanını korumaktadır. Halen keşfedilmemiş pekçok sırrı içinde barındırmayı sürdüren hücre, evrim teorisinin de en büyük açmazlarından birini oluşturur. Nitekim ünlü Rus evrimcisi A. I. Oparin gözardı edilemeyen bu gerçeği şöyle ifade eder:

> *"Maalesef hücrenin meydana gelişi evrim teorisinin bütününü içine alan en karanlık noktayı teşkil etmektedir."*

Bu itiraftan, evrimin önünün daha ilk aşamada tıkandığı ve daha fazla ileri gitme şansının kalmadığı rahatlıkla anlaşılmaktadır. Zira, bilindiği gibi canlı vücudunun başlıca yapıtaşı hücredir. Dolayısıyla, henüz hücrenin hatta hücreyi meydana getiren proteinler ve proteinleri meydana getiren amino asitlerin meydana gelişini bile açıklayamayan bir teorinin, dünya üzerindeki canlıların ortaya çıkışı hakkında bir açıklama getirmesi mümkün değildir. Aksine, hücre, insanın "yaratılmış" olduğunun en göz kamaştırıcı delilerinden birini oluşturmaktadır. Gerçekten de hücrenin yaşamını sürdürebilmesi için, çeşitli işlevlere sahip bütün temel parçalarının birarada bulunması gereklidir. Bu nedenle, eğer hücre evrim sonucu meydana gelmiş olsaydı, milyonlarca parçasının aynı anda ve aynı yerde var olmuş olması, bunların da aynı anda belli bir düzen ve plan içinde bir araya gelmiş olmaları gerekirdi. Böyle bir olayın tesadüfen gerçekleşebilmesi ise ihtimal sınırlarının çok ötesinde olduğundan, söz konusu yapının varlığının "yaratılış" dışında hiçbir açıklaması olamaz.

Hücrenin, evrimin iddia ettiği gibi rastlantılar sonucu meydana gelebilmesi, basımevindeki bir patlamayla şans eseri bir ansiklopedinin basılıvermiş olmasından çok daha düşük bir ihtimale sahiptir. Buna benzer bir başka benzetmeyi İngiliz matematikçi ve astronom Sir Fred Hoyle, 12 Kasım 1981'de *Nature* dergisine verdiği bir demecinde yapmıştır. Kendisi de bir evrimci olmasına rağmen Hoyle, tesadüfler sonucu canlı bir hücrenin meydana gelmesiyle, bir hurda yığınına isabet eden kasırganın savurduğu parçalarla tesadüfen bir Boeing 747'nin oluşması arasında bir fark olmadığını belirtir.

Hücrenin içindeki binlerce küçük organel her saniye binlerce karmaşık işlem gerçekleştirir. Tek bir canlı hücresinde, enerji üretiminden vücutta kullanılan proteinlerin ve enzimlerin sentezine, dışarıdan alınan kimyasal maddelerin seçilip ayrıştırılmasından bunların kullanılabilecek hale getirilmesine, hücre içinde kullanılacak maddelerin cinslerine göre depolanmasına kadar pekçok karmaşık işlem ve bu işlemler için gerekli binlerce ara işlem ve organizasyon her an sürer. Bu işlemlerde son derece karmaşık ve uzmanlaşmış olan, 'organel' adı verilen mikroskobik hücre elemanları görev yapar. Her ne kadar, mikroskobik olsalar da her biri en az bir fabrika ya da laboratuvar kadar kompleks ve özelleşmiş olan bu organellerin yaptıkları işlemlerin birçoğu, günümüzün teknoloji harikası laboratuarlarında bile gerçekleştirilemez.

Örneğin, hücrede oldukça karmaşık bir işlem sonucunda üretilen enzimlerin ve proteinlerin çoğu bugün suni yöntemlerle istenen verimde ve başarıda elde edilememektedir. Bitki hücrelerinde yapılan fotosentez işlemi suni yöntemlerle gerçekleştirilemediği gibi, bu işlemin bitki hücresinde meydana gelen birçok aşaması da bugün hala keşfedilememiştir. Buna rağmen evrimciler, ilkel dünya şartları gibi olabilecek en kontrolsüz ortamda canlılığın rastlantılarla ortaya çıktığını hala iddia edebilmektedirler. Oysa bu, hiçbir zaman bilimsel verilerle uyuşmayan bir iddiadır. Ayrıca en basit ihtimal hesapları bile, değil canlı bir hücrenin, o hücredeki milyonlarca proteinden bir tanesinin bile tesadüfen oluşamayacağını matematiksel olarak kanıtlamıştır.

YARATILIŞ VE GÖZ MUCİZESİ

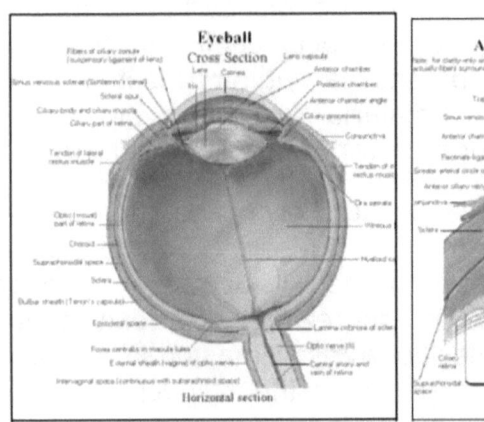
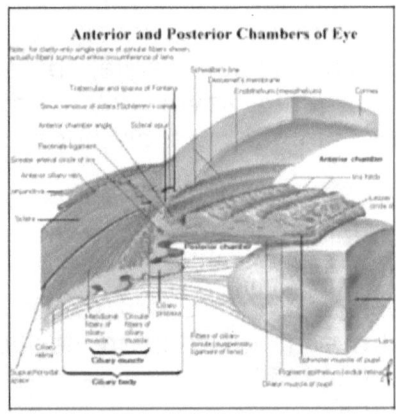

GÖZÜN MUHTEŞEM YAPISI, DARWİN'İN KENDİSİNİN DE İDDİA ETTİĞİ GİBİ BAŞKA HİÇBİR DELİLE İHTİYAÇ BIRAKMADAN YARATILIŞI İSPAT ETMEKTEDİR.

Evrimcilerin hiç bir şekilde açıklayamadıkları ve bu nedenle de hasıraltı ettikleri daha binlerce yaratılış mucizesi vardır. Örneğin, göz bunlardan biridir ve son derece olağanüstü bir organdır ve "tesadüf" ile açıklanması kesinlikle imkansızdır. Çünkü göz, örneğin bir insan gözü, 20'nin üstünde (yaklaşık 30 tane) ayrı organdan oluşmaktadır: retina tabakası, mercek, dış kaslar, gözyaşı bezleri, beyine giden sinirler gibi, Ve bir gözün çalışabilmesi için, bu farklı parçaların hepsinin aynı anda var ve çalışır olması gerekir. Şimdi böylesine karmaşık bir organ olan gözün "tesadüfen" ortaya çıkmış olup-olamayacağını düşünelim: Göz oluşumundan önceki canlılar, doğal olarak "gözsüz", yani göremeyen, görme kavramına sahip olmayan canlılardı. Böyle bir canlı sizce nasıl bir "Evrim" sonucu göze kavuşmuş olabilir? Bu canlı, "görmek" diye bir kavramı bile tanımamaktadır ki, kendi kendine bir göz oluşturmayı denesin? Siz, şu anda altıncı bir duyu tasarlayıp, onu algılayacak bir organ düşünebiliyor musunuz?

Bu canlının böyle bir "talebi" olsa bile, kendi vücudunda bir göz oluşturamayacağı ortadadır. Gözün oluşumuyla ilgili olarak bir de klasik "tesadüf" açıklamasını düşünelim. Sizce gözü olmayan bir canlıda nasıl olur da "tesadüfen" bir göz oluşabilir? Önce "tesadüfen" kafatasının içinde göze uygun iki boşluk oluşmuş olabilir mi? Sonra yine "tesadüfen" bu boşlukların içinde içi ışığı geçiren bir sıvıyla dolu iki küre oluşmuş olabilir mi? Daha sonra, bu sıvıların ön tarafında yine "tesadüfen" ışığın kırılmasını sağlayan ve ışığı gözün arka duvarında odaklayan iki mercek oluşmuş olabilir mi? Daha sonra yine "tesadüfen", gözün etrafa bakabilmesi için göz kasları "kendi kendine" oluşmuş olabilir mi? Daha sonra, yine "tesadüfen" gözün arka duvarında, ışığı algılayabilecek retina tabakası oluşmuş olabilir mi? Daha sonra yine "tesadüfen", gözü beyne bağlayacak sinirler kendi kendilerine, durup dururken var olmuş olabilirler mi? Daha sonra yine "tesadüfen", gözün kurumamasını sağlayacak gözyaşı bezleri oluşmuş olabilir mi? Daha sonra yine "tesadüfen", gözü toz ve benzeri yabancı maddelerden koruyacak iki göz kapağı ve kirpik oluşmuş olabilir mi? Düşünün, bunların hepsi tesadüfen oluşmuş olabilir mi? Hem de saydığımız organların hepsinin aynı canlıda oluşmuş olması gerekir.

İşte, Evrim Teorisini kabul ettikleri kurala göre, vücudun içinde çalışmayan organlar körelirler. Buna göre, eğer gözün herhangi bir parçası "tesadüfen" oluşmuş olsa bile —ki bu bile pratikte imkansızdır— bu parça bir işe yaramadığı için körelirdi. Çünkü gözün görebilmesi için, bütün parçaların tam olarak var ve çalışır olması gerekir. Gözyaşı bezleri dahi çalışmasa, bir göz beş-on dakika içinde kurur ve işlevini yitirir. Bu şu demektir: Göz, ilk kez hangi canlıda oluştuysa, tam ve eksiksiz olarak bir anda oluşmuş olmalıdır. Bu gözün "yaratılmış" olması demektir. Evet, açıktır ki, göz, Allah tarafından yaratılmıştır. Kuran, bu konuda insana şöyle seslenir:

"O, sizin için kulakları, gözleri ve gönülleri inşa edendir; ne kadar da az şükrediyorsunuz?"

(Müminûn, 78)

Gözün yaratılmış olduğu o denli açık bir gerçektir ki, Darwin, *"Canlıların sahip olduğu gözleri düşünmek, beni bu teoriden soğuttu"* demişti. Göz için geçerli olan tüm bu anlatılanlar, kulak, karaciğer, kalp, böbrek ve benzeri tüm organlar, hatta tüm vücud için geçerlidir. İnsan vücudu, hepsi son derece karmaşık binlerce ayrı sistemin uyum içinde çalışması sayesinde ayakta durmaktadır. Böbreksiz, karaciğersiz, damarsız, kemiksiz ya da alyuvarsız bir insan olamaz. Bu organların hepsi aynı anda var ve çalışır durumda olmalıdır. İnsanın önce "tesadüfen" bir böbreğe, sonra yine "tesadüfen" bir karaciğere sahip olması gibi bir saçmalık düşünülemez. Dolayısıyla, insan vücudu tam bir bütün olarak ortaya çıkmış, yani yaratılmıştır.

SONUÇLAR

Evrim Teorisini ele aldığımız Kitabımızın başından bu yana incelediklerimiz bize somut bir gerçeği açıkça göstermektedir:

> *"Evrim Teorisi, bilimsel verilerle ispatlanan bir gerçek değil; çeşitli sahte çizimler ve önyargıya dayalı beyin yıkama yöntemleri ile topluma telkin edilen bir kavramdır. Evrim Teorisi'ni toplumlara telkin eden belirli güçler vardır. Onu insanlara kabul ettirmeyi "en büyük görev" olarak kabul eden bir*

grup ateist odaklar, söz konusu güçlerin en önemlisidir. Söz konusu güçlerin Evrim üzerinde bu kadar durmalarının nedeni ise açıktır: Evrim Teorisi, dinin gösterdiği doğrulara karşı öne sürülebilecek tek iddiadır. Siyasi/Ekonomik çıkarları nedeniyle, dindar değil, din-dışı bir dünyayı tercih eden güçlerse, bu nedenle tek çareyi Evrim'de bulmaktadırlar."

Evrim, dine sırt çevirmek (ve çevirtmek) isteyenler için de yegâne kaçış yoludur. Oysaki, "YARATILIŞÇI BİR EVRİM TEORİSİ", kainatın yapısını değişimlerden oluşan aşamalı süreçlerle öngörür; fakat böylesine bir görüş, Kur'an'la da çelişmediği gibi, kainatın bir yaratıcısı olması fikrine de engel teşkil etmez. Bu nedenle ne denli tutarsız, saçma ve çürük bir yol olursa olsun, mutlaka ve mutlaka evrim teorisi yaratılış çerçevesi içerisinde değerlendirilmeli, ancak bu yönde doğruluğu savunulmalı, telkin edilmeli ve kabul edilmelidir. Bu nedenle Evrim'i savunan güçlerin içinde bulundukları konum aslında oldukça ilginçtir: Önce gerçekçi bir düşünce ile kainat yorumlanmalı ve bu çerçevede pozitif bilimlerin sonuçları çerçevesine Evrim Teorisine giden yol doğru bir şekilde yorumlanmalıdır. Aksi takdirde Kur'an'ın şu ayetlerine muhatap oluruz ki;

"Onlar, hem ondan (Kur'ân'dan) alıkoyarlar, hem de kendileri kaçarlar."

(En'am, 26)

âyetinde haber verildiği gibi. Evrimcilerin içinde bulundukları bu durum, Kur'ân'da (yani Evrimcilerin yalanlamaya uğraştığı gerçek kaynakta) daha pek çok yerde ayrıntılarıyla anlatılır. Kur'ân, insanları inkarda ısrar etmeye neyin yönelttiğini çok hikmetli bir biçimde bildirir.

Bu nedenle Evrimci (veya diğer bir deyişle hem evrimci ve hem de yaratılışı inkarcı) düşünce yapısının altında neyin yattığını Kur'ân'dan öğrenmekte yarar vardır. Kur'ân, herşeyden önce, "imân"ın aslında son derece kolay ve doğal olduğunu vurgular:

"Canlıların öylesine mükemmel, öylesine hayret verici özellikleri vardır ki, bunların "rastlantılar sonucu" oluşmuş olması kesinlikle mümkün değildir. İnsan, bir yerde yazılı tek bir harfin bile kendi kendine mi oluşuğu, yoksa birisi tarafından mı yazıldığı sorusuna, açıkça "bir yazıcı tarafından yazılmıştır" cevabı verir. Harf varsa, yazar da vardır. Resim varsa, ressam da vardır. Yapılmış olan herşey, birisi tarafından yapılmıştır. Hiçbir şey, yaratılmadan var olmaz."

Kur'ân, bu konuda insana şöyle seslenir:

"Yoksa onlar, hiçbir şey olmaksızın mı yaratıldı? Yoksa yaratıcılar kendileri mi? Yoksa gökleri ve yeri onlar mı yarattı? Hayır; onlar, kesin bir bilgiyle inanmıyorlar. "

(Tur, 35-36)

Sonsuz dengeye, sonsuz güzelliğe, sonsuz sanata sahip olan evren ve içindekiler de kuşkusuz yaratılmış, yapılmıştır. Akıl ve vicdan sahibi her insan, bunu kolaylıkla fark edebilir ve tüm varlıkların bir Yaratıcı'nın eseri olduğunu rahatlıkla kavrayabilir. Yapması gereken tek şey, toplumun düşüncesini perde arkasından yönlendiren ve insanları Allah'ı inkar etmeye sürükleyen bazı güçlerin telkinlerine, ya da kendi bencil istek ve tutkularına göre değil, vicdan ve aklına göre düşünmesidir. O zaman aşağıdaki âyetlerde ifade edilen gerçekleri görebilir:

"Sizleri Biz yarattık, yine de tasdik etmeyecek misiniz? Şimdi (Rahimlere) dökmekte olduğunuz (MENİ)'yi gördünüz mü? Onu sizler mi yaratıyorsunuz, yoksa yaratıcı Biz miyiz?" "Şimdi ekmekte olduğunuz (TOHUM)'u gördünüz mü? Onu sizler mi bitiriyorsunuz, yoksa bitiren Biz miyiz? Eğer dilemiş olsaydık, gerçekten onu bir ot kırıntısı kılardık; böylelikle şaşarkalırdınız."

"(Sonra şöyle sızlanırdınız:) 'Doğrusu biz, ağır bir borç altına girip zorlandık.' Hayır, biz büsbütün yoksun bırakıldık."

Evrim Teorisi

"Şimdi siz, içmekte olduğunuz (SU)'yu gördünüz mü? Onu sizler mi buluttan indiriyorsunuz, yoksa indiren Biz miyiz? Eğer dilemiş olsaydık onu tuzlu kılardık; o halde şükretmeniz gerekmez mi?"

"Şu halde, büyük Rabbinin (YARATICI) ismini tesbih et.."

(Vakıâ, 57-74)

HUVE-L HALLÂKU-L AZÎM..

ZÂLİKE-L HAYYU-L KAYYÛM..

VE RABBU-S SEMÂVÂTÎ VE-L ARD..

VE HUVE-L ALÎMU-L HAKÎM.. .

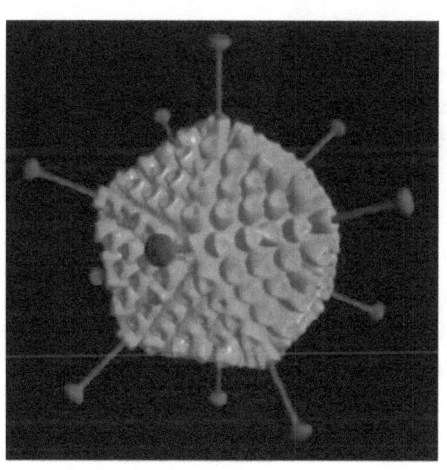

~ I. CİLDİN SONU ~

EK BÖLÜM-I

BİYOLOJİNİN ALT BİLİM DALLARI

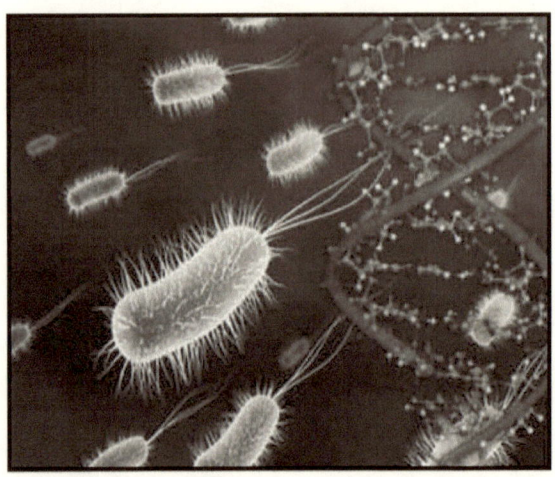

1- Anatomi: Anatomi, Yunanca'da "çıkarmak" anlamına gelen "ana" ve "kesmek" anlamına gelen "tome"den türetilmiş bir kelimedir. Canlıların yapısı ve düzeni ile ilgilenen bilim dalıdır. Hayvanlarla ilgilenen hayvan anatomisi (*zootomy*) ve bitkilerle ilgilenen bitki anatomisi (*phytonomy*) olarak iki alt daldan oluşur.

Temel tıp bilimlerinden biri olan insan anatomisi ise insan vücudundaki organların tanımlanması, büyüklük, biçim gibi özelliklerinin ortaya konması, birbirleriyle olan ilişkilerinin belirlenmesi ve bunların hekimliğe uygulanmasıyla ilgili bilimsel uğraş alanıdır.

Sanatçılar da insan ve hayvan anatomisiyle ilgilenmişler, çizimlerini oluştururken bu bilgiden faydalanmışlardır.

Anatomi vücut yapılarını ele alış biçimlerine göre çeşitli adlar alabilmektedir:

Anatominin alt bölümleri:

- Topografik anatomi: Vücut yapılarını bölge bölge inceleyen anatominin alt dalıdır.

- Sistematik anatomi: Vücut yapılarını organların biraraya gelmesiyle oluşan organ sistemleri düzeyinde ele alan anatomi dalı.

- Karşılaştırmalı anatomi: İnsan ile başka canlıların vücut yapılarındaki benzer ve farklı tarafları karşılaştırmalı olarak ele alan ve bunu insan anatomisinin daha iyi anlaşılmasında kullanan anatomi dalı.

- Klinik anatomi: Vücut yapılarının hastalıklara tanı koyma aşamasındaki rollerini ortaya koyan alt uğraş alanıdır.

- Nöroanatomi: Sinir sistemi anatomisi ile ilgili dalıdır.

- Gelişimsel anatomi: Embriyoloji

- Mikroskobik anatomi: Histoloji

- Patolojik anatomi (anatomopatoloji): Hastalıklı organları inceler...

- Radyolojik anotomi: radyografi sonucu elde edilen radyogramda organ yapılarının ve organlar arası ilişkilerin incelenmesidir.

2- Bakteriyoloji: Mikrobiyolojinin bakterileri inceleyen bir alt dalıdır. Hollandalı Robert Hook mikroskobu bularak mikrobiyojinin temellerini atmış oldu.

Pasteur'un çalışmalarıyla 19. yüzyılda başladı ve giderek gelişti. Mikroorganizmaların incelenmesi, değişik kültür ortamlarında üretilmesi ve boyanması, bakteriyolojik araştırmaların kapsamındadır. Bu alanda çalışan uzmanlara *"bakteriyolog"* denir...

3- Biyocoğrafya:
Biyocoğrafya, bitki ve hayvan türlerinin dağılımını ve bu dağılımın nedenlerini inceleyen bilim dalıdır. Biyocoğrafya araştırmaları yürütülebilmesi için yeryüzü, özellikle kıtalar ve adalar, öbür bölgelerden değişik ama kendi sınırları içinde ortak özellikte bitki ve hayvan varlığını barındıran belirli bölgelere ayrılmıştır.

Bitki ve hayvan topluluklarının özelliklerini dağılışlarını ve insan yaşamı üzerine etkilerini inceleyen fiziki coğrafya alt dalıdır. Biyoloji, botanik, zooloji ve tıp canlılar biliminin yardımcı bilim dallarıdır..

Bitki coğrafyası bölgeleri:

- Kuzey bölgesi
- Paleotropikal bölge
- Neotropikal bölge
- Güney Afrika bölgesi
- Avustralya bölgesi
- Antarktika bölgesi

Hayvan coğrafyası bölgeleri:

- Palearktik bölge
- Oryantal bölge
- Avustralyen bölge
- Etiyopyen bölge
- Nearktik bölge
- Antarktika bölgesi
- Neotropikal bölge

4- Biyofizik:

Biyofizik, biyolojik süreçlerin aydınlatılmasında ve biyolojiye ilişkin sorunların çözümünde fiziksel bilimlerin ilke ve kavramlardan yararlanan bilim dalıdır.

Biyofizik çok çeşitli olan ilgi alanı içinde, sinir iletisini sağlayan elektrik ya da kas kasılmasını sağlayan mekanik kuvvet gibi fiziksel etkenlere bağlı olan biyolojik işlevleri, canlıların ışık, ses ya da iyonlaştırıcı ışınımlar gibi fiziksel etkenlerle etkileşimini ve yüzme, uçma, yürüme gibi yer değiştirme ya da iletişim yoluyla çevreleriyle kurdukları ilişkileri inceler. Bu çalışmalarda çok gelişmiş yöntemlerden ve araçlardan yararlanır. Moleküler Biyofizikte kullanılan en yaygın yöntemler arasında X-ışın kırınımı ve X-ışını kristalografisi, Nükleer magnetik rezonans spektroskopisi, soğurma ve floresans spektroskopi ve ultrasantrifüjle çökeltme yer almaktadır. Hayvan ve bitki makromoleküllerinin yapısı ve özellikleri bu yöntemlerle kesin bir biçimde tanımlanabilmiştir.

5- Biyokimya:

Biyokimya, bitki, hayvan ve mikroorganizma biçimindeki bütün canlıların yapısında yer alan kimyasal maddeleri ve canlının yaşamı boyunca sürüp giden kimyasal süreçleri inceleyen bilim dalıdır.

Biyokimyanın amacı her şeyden önce, hücrenin temel bileşenleri olan protein, karbonhidrat, lipit gibi organik bileşiklerin ve yaşamsal önem taşıyan kimyasal tepkimelerde en büyük rolü oynayan DNA nükleik asitlerin, vitaminlerin ve hormonların yapısal ve nicel çözümlemesini yapmaktır. Canlılardaki protein bileşimi, besinlerin enerjiye dönüşmesi, kalıtsal özelliklerin kimyasal mekanizmalarla iletilmesi gibi yaşam süreçlerinin araştırılması da yine biyokimyanın ilgi alanına girer.

Her yaşam bilimi ve kimya ile uğraşmakta olan fakültede (tıp, eczacılık, biyoloji, ziraat, veteriner vs.) ilgili biyokimya kürsüsü bulunur. Biyokimyanın insan sağlığıyla ilgili bilimler de iki temel alanda incelenir:

1. Temel biyokimya
2. Klinik biyokimya.

Temel biyokimya, canlılığı oluşturan temel molekül formlarını ve bunların sentez biçimlerini incelerken; **Klinik biyokimya** laboratuvar uzmanlığı ise, klinik laboratuvar bilimi ve teknolojisinin hasta bakımı için kullanıldığı bir tıp disiplini olup, sağlık ve hastalıktaki biyokimyasal mekanizmaları, hastalıkların önlenmesi, tanı ve ayırıcı tanı, prognoz ve tedavinin izlenmesindeki testleri, laboratuvar sonuçlarının tıbbi yorumlarını, klinisyenlere konsültasyonunu ve laboratuvar tanıyı içeren, tıbba ve kliniğe özgün bir laboratuvar bilimi ve uzmanlık alanıdır.

6- Biyometri: Biyometri, istatistik yöntemlerinin tıp ve biyoloji alanlarına uygulanmasıdır. Biyometri, ortalama yaşam süresinin hesaplanması, çeşitli yaşam istatistikleri, anne karnındaki dölütün ölçülerinin ultrasonografi yöntemleriyle belirlenmesi, insan gözündeki çeşitli boyutların ölçülmesi gibi birbirinden çok farklı alanlardaki uygulamalar için kullanılmaktadır.

7- Biyoteknoloji: Biyoteknoloji; hücre ve doku biyolojisi kültürü, moleküler biyoloji, mikrobiyoloji, genetik, fizyoloji ve biyokimya gibi doğa bilimleri yanında mühendislik ve bilgisayar mühendisliğinden yararlanarak, DNA teknolojisiyle bitki, hayvan ve mikroorganizmaları geliştirmek, doğal olarak var olmayan veya ihtiyacımız kadar üretilemeyen yeni ve az bulunan maddeler (*ürünleri*) elde etmek için kullanılan teknolojilerin tümüdür.

Biyoteknoloji, temel bilim buluşlarını kısa sürede yararlı ticari ürünlere dönüştürebilmesiyle bir anlamda kendi talebini de yaratabilir. Bu yönüyle de diğer teknolojilerden ayrılır. Örneğin sıcak su kaynaklarında yaşayan bakterilerin birinden elde edilen yüksek sıcaklığa dayanıklı bir enzim, günümüzde uygulama ve temel bilim çalışmalarının ayrılmaz bir parçası olan PCR'nin önemli bir girdisidir. Biyoteknoloji uygulamaları; mikrobiyoloji, biyokimya, moleküler biyoloji, hücre biyolojisi, immünoloji, protein mühendisliği, enzimoloji ve biyoproses teknolojileri gibi farklı alanları bünyesinde toplar. Bu nedenle de biyoteknoloji birçok bilimsel disiplinle karşılıklı ilişki içinde gelişir.

Bitki, hayvan veya mikroorganizmaların tamamı ya da bir parçası kullanılarak yeni bir organizma (*bitki, hayvan ya da mikroorganizma*) elde etmek veya var olan bir organizmanın genetik yapısında arzu edilen yönde değişiklikler meydana getirmek amacı ile kullanılan yöntemlerin tamamına *Biyoteknoloji* denmektedir.

Biyoteknoloji, insan, hayvan ve bitki hücrelerinin fonksiyonlarını anlamak ve değiştirmek amacıyla uygulanan çeşitli teknikleri ve işlemleri tanımlamak için kullanılan bir terimdir. Canlıların iyileştirilmesi ya da endüstriyel kullanımına yönelik ürünler geliştirilmesini, modern teknolojinin doğa bilimlerine uygulanmasını kapsar.

Uygulamalar arasında;

- İnsan sağlığına yönelik olarak proteinlerin üretilmesi,

- Bazı hormon, antikor, vitamin ve antibiyotik üretilmesi,

- Çok zor şartlara sahip çevrelerde (*sıcak, kurak, tuzlu...*) yaşayan organizmaların enzimlerini ve biyomoleküllerini saflaştırarak bunların sanayide kullanılması,

- Yeni sebze ve meyve üretimi,

- İnsandaki zararlı genlerin elemine edilmesi,

- Aşı, pestisit, tıbbi bitki üretimi.

8- Botanik: Botanik, biyolojinin <u>bitkileri</u> inceleyen <u>bilim</u> dalına denir. Botanik, <u>bitkiler</u> aleminden bahseden bilim koludur. Botanik terimi, "Botane" (ot, çayır) veya "Botanikos" (ot, çayır) kelimelerinden alınmıştır. Yine aynı anlama gelen "fitoloji" tabiri ise <u>Yunanca</u> "Phyton" (bitki) ve "logos" (bilim) kelimelerinden birleşmiştir. Dilimizde eskiden Arapçadan alınmış olarak "İlm-i Nebatat", "Nebatat İlmi" veya kısaca "Nebatat" şeklinde kullanılmıştır. Botaniğin Türkçe karşılığı "Bitki Bilimi"dir. Botanik ilmi genel olarak dört kısma ayrılarak incelenebilir: Morfoloji, Fizyoloji, Genetik, Sistematik veya Taksonomi.

1. <u>Morfoloji</u>: Bitkilerin iç ve dış yapılarını genel olarak inceler. Sitoloji (Hücre bilimi), Histoloji (Doku bilimi) ve Organografi (Organ bilimi) gibi kollara ayrılır.

2. <u>Fizyoloji</u>: Bitkilerdeki hayati olayları fizik ve kimya kanunlarına dayanarak inceler. Madde değişimi (Metabolizma), büyüme-gelişme ve hareket fizyolojisi olmak üzere üçe ayrılarak incelenmektedir.

3. <u>Genetik</u>: Canlılardaki istidatların (karakterlerin) döllere geçiş tarzını ve kaidelerini inceleyen ilim kolu. Genetik (kalıtım) adını alır. Ferdin iç ve dış karakterlerini nasıl kazandığını, ana-babasına veya yakınlarına neden benzediğini, tabiatta bitki ve hayvanların gösterdiği çok sayıda çeşitliliğin neden ileri geldiğini incelemeyi konu edinmiş olan genetik, yirminci asrın başında dünyaya gelmiş bir bilim dalıdır.

4. Sistematik veya <u>Taksonomi</u>: Bitkileri birbirleri ile olan tabii akrabalık derecelerini göz önünde tutarak ve filogenetik gelişmelerine dayanarak inceleyen, küçük veya büyük topluluklar halinde gruplandıran botanik koludur.

Botanik biliminin diğer önemli kolları ise şunlardır: <u>Ekoloji</u>: Bitkilerin diğer canlılarla ve yaşadıkları çevre ile olan ilişkilerini araştırır. <u>Bitki Coğrafyası</u>: Bitkiler alemi ile yeryüzü arasındaki ilişkileri ve bitkilerin yayılışını araştıran bir bilim koludur. Fitocoğrafya ve Geobotanik olarak da anılır. <u>Paleobotanik</u>: Fitopaleontoloji olarak da bilinir. Jeolojik çağlarda yaşamış ve nesilleri ortadan kalkmış bitkilerin kalıntılarını, yani bitkisel fosilleri, sistematik ve yayılışları bakımından inceler. Evolüsyon (<u>Evrim</u>): Bitkilerin, yeryüzünün kuruluşundan bugünkü hallerine gelinceye kadar geçirdikleri ferdi ve toplu değişiklikleri araştırır. (Bkz. <u>Darwinizm</u>) Botanik biliminin diğer alt kolları: Botanik ilmini uygulamalı (tatbiki) yönden de aşağıdaki kollara ayırmak mümkündür: Eczacılık Bakımından;

Farmasötik Botanik: Eczacılık botaniği; tıbbi bitkileri belirli sistematik gruplar altında tanıtan, bunlardan elde edilen ilaç hammaddeleri (drog) ile tedavide kullanılma yerlerini kısa olarak anlatan bir bilim koludur. Farmakognozi: İlaç hammaddelerinden biyolojik menşeli kollarını tanıtan, onların yapılarını aydınlatan ve kısmen kullanım alanlarını açıklayan bir bilim koludur. Ziraat Bakımından; Zirai Botanik: Zirai bitkilerin sistematiği hakkında bilgi verir. Fitotekni: Bitki yetiştirme. Zirai Fitopatoloji: Zirai bitkilerin hastalıklarını inceler. Teratoloji: Fitopatolojinin, hastalık şeklinde ve kalıtsal olan anormal yapıları inceleyen özel kolu. Ormancılık Bakımından; Orman Botaniği: Orman ve park ağaçlarının sistematiği.

Silvikültür: Orman yetiştirme. Orman Fitopatolojisi: Orman ve park ağaçlarının hastalıkları. Bitkiler aleminin tümü ise, filogenetik bir sisteme göre şöyle sınıflandırılabilir:

1. Bölüm: Bölünen bitkiler (Schizophyta) (Virüsler ve Bakteriler),
2. Bölüm: Algler (Su Yosunları (Phycophyta),
3. Bölüm: Mantarlar (Mycophyta),
4. Bölüm: Likenler (Lichenes),
5. Bölüm: Kara Yosunları (Bryophyta),
6. Bölüm: Eğrelti Otları (Pteridophyta),
7. Bölüm: Tohumlu-Çiçekli Bitkiler (Spermatophyta).

Bugün yaşayan ve sayısı bilinebilen filogenetik bitki türü 380.000'den fazladır. Buna göre yukarıdaki bölümlerin yaklaşık bitki sayısı şöyledir: Bölünen Bitkiler (Schizophyta) 3.600 tür; Su Yosunları= Algler (Phycophyta) 33.000 tür; Mantarlar (Mycophyta) 56.000 tür; Likenler (Lichenes) 20.000 tür; Kara Yosunları (Bryophyta) 26.000 tür; Eğrelti Otları (Pteriodopyta) 12.000 tür; Tohumlu Bitkiler (Spermattophyta) 227.000 tür; Tohumlu Bitkiler (Spermatophya) bölümünü oluşturan 227.000 tür ise şu şekilde dağılmıştır:

Açık Tohumlular (Gymnospremae) 800 tür; Kapalı Tohumlular (Angiospermae) 226.000 tür; İki Çenekliler (Dicotyledonae) 172.000 tür; Bir Çenekliler (monocotyledonae) 54.000 tür.

9- Deniz Biyolojisi: Deniz veya okyanuslarda yaşayan bitki, hayvan ve diğer organizmaları inceleyen bilim dalına *deniz biyolojisi* denir. Deniz biyolojisinin önemli bir kolu olan *Oseonografya, oşinografi,* ya da *okyanusbilim* ise; okyanusları ve denizleri ve buradaki ekolojik canlı hayatını inceleyen bilim dalıdır.

Üstteki harita: Okyanuslarda sıcaklık döngüsü (mavi renkli oklar soğuk su akımını, kırmızı renkli olanlar ise, sıcak su sirkülasyonlarını göstermektedir).

Okyanuslar ve onlarla ilişkili ekosistemleri, kimyasal ve fiziksel süreçleri inceler. Deniz kaynaklarının geliştirilmesine, kullanılmasına ve denizlerin doğal özelliklerinin korunmasına katkıda bulunur. Fiziksel ve kimyasal oşinografi, deniz biyolojisi ve balıkçılık, deniz jeolojisi ve deniz jeofiziği gibi alt dallara ayrılır. Bilim olarak oşinografi oldukça genç bir bilim gibi gözükse de, kökeni insanoğlunun doğa hakkında ilk soruları sormaya başladığı güne kadar götürülebilir. Luigi Ferdinando Marsigli'nin de 17. yüzyılda İstanbul'da Venedik elçiliğinde çalışırken İstanbul Boğazı ile ilgili çalışmaları da oseonagrafyanın ilk örneklerindendir. Oşinografide geleneksel olarak 4 alt çalışma alanı vardır: Fiziksel, kimyasal, jeolojik ve biyolojik oşinografi. Zaten doğası gereği disiplinlerarası olan bu bilim dalı, bu dört alandan öteye de taşmış durumdadır. Uzaktan algılama sistemleri ve moleküler çalışmalar da buna eklenebilir.

10- Doku bilimi (Histoloji): Doku bilimi (İngilizce *Histology*, histoloji), bitki ve hayvan dokularının bileşimini ve yapısını özelleşmiş işlevleriyle bağlantılı olarak inceleyen bilim dalı. Doku biliminin temel amacı dokuların hücre ve hücreler arası maddelerden organlara dek tüm yapı aşamalardaki düzenini saptamaktır. Mikroskobik anatomi olarak da tanımlanabilir. Doku alımı cerrahi, biyopsi veya otopsi (veya nekropsi, hayvansal dokular için) yollarıyla gerçekleştirilir.

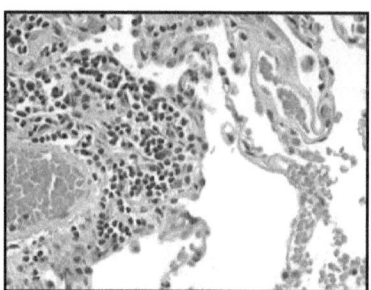

Akciğer dokusunun hematoksilin ve eosinle boyanmış bir bölümü. Bu örnek bir empisema hastasından alınmıştır.

11- Ekoloji: Ekoloji (veya çevre bilimi ya da çevrebilim), canlıların birbirleri ve çevreleriyle ilişkilerini inceleyen bilimdir. Ekosistem ise, canlı ve cansız çevrenin tamamıdır. Ekosistemi de abiotik faktörler (toprak, su, hava, iklim gibi cansız faktörler) ve biyotik (üreticiler, tüketiciler ve ayrıştırıcılar) faktörler olmak üzere iki faktör oluşturur. Bu tanımlamadaki organizmalar; diğer bir deyim ile canlılar veya canlı çevre, insan, hayvan ve bitkilere ait bireyleri veya bunlardan oluşmuş toplulukları ifade etmektedir. Tanımlamanın içinde geçen organizmaların içinde yaşadıkları ortam deyimi ise cansız çevre olarak da ifade edilir ve hava, su, toprak, ışık gibi faktörleri kapsar. Ekolojinin anatomi, bitki beslenmesi, botanik, fizik, fizyoloji, klimatoloji, [kimya]], jeoloji, jeomorfoloji, meteoroloji, morfoloji, patoloji, pedoloji ve zooloji gibi bilim dalları ile yakın ilgisi vardır.

Araştırma konusu, yöntemi ve amaçlarındaki bazı özellikleri yardımıyla çevre bilimi diğer doğa bilimlerinden ayırma olanağı vardır. Ekoloji, bütün canlılar için ortak olan ve canlılar üzerinde etki yapabilen temel konularla ilgilenir. Diğer bir ayırıcı özelliği ise ekolojinin bir canlıya ait belirli organları ve bu organlardaki hayat süreçlerini değil, canlıların içinde bulundukları hayat ortamı ve diğer canlılarla olan karşılıklı ilişkilerini incelemesidir.

12-Embriyoloji: Embriyoloji, zigot oluşumunu, büyümesini ve gelişimini inceleyen bilim dalı. Gelişim biyolojisinin bir alt dalıdır. 17. ve 18. yüzyıllarda betimleyici ve karşılaştırmalı çalışmalara dayan embriyoloji, 19. yüzyılın sonlarına doğru bilim adamlarının, vücuttaki organ ve dokuların kendilerine özgü biçim ve işlevleri nasıl kazandıklarını belirlemeye yönelik çözümleyici ya da deneysel yaklaşımlarıyla yeni bir boyut kazandı.

Evrim Teorisi

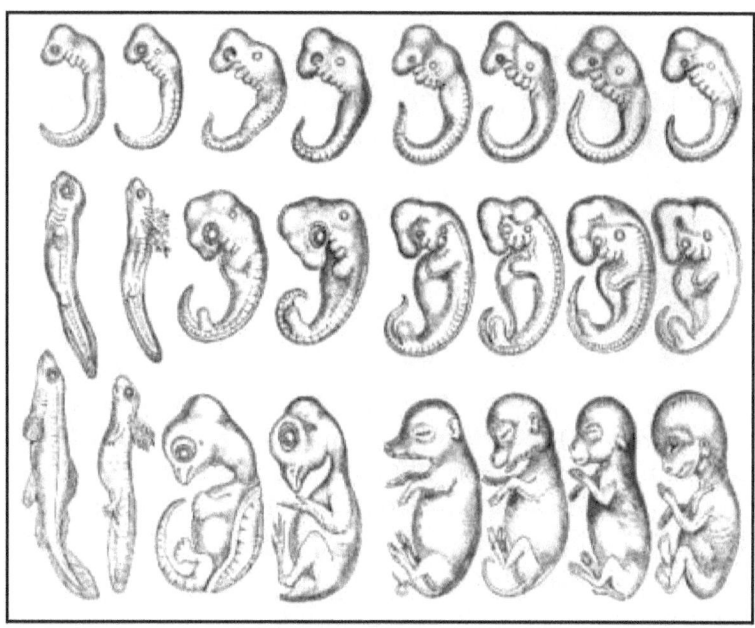

Çeşitli canlılara ait embriyo taslakları: Soldan sağa;
Balık, Semender, Kaplumbağa, Tavuk, Domuz, Sığır,
Tavşan ve İnsan.

Embriyolojide çözümleyici çalışmaların önemini ilk kavrayanlardan biri olan Alman <u>anatomi</u> bilgini <u>Wilhelm Roux</u> (<u>1850</u>-<u>1924</u>) deneysel embriyolojini öncüsü ve en seçkin temsilcisidir; Roux'un <u>1855</u>'ten başlayarak <u>kurbağa</u> yumurtaları üzerinde yaptığı öncü çalışmalar bu alanda kendisinden sonraki araştırmalara büyük bir ivme kazandırmıştır. Embriyondan gelişmenin hızını ve yönünü belirleyen etkenleri araştırarak <u>1935 Nobel Fizyoloji ve Tıp Ödülü</u>'nü alan Alman bilim adamı <u>Hans Speemann</u> da embriyolojini gelişmesine yön verenlerden biridir.

Omurgalı canlıların değişik formları incelendiğinde, hepsinin embriyojik gelişiminin ilk evrelerinde yeni oluşmaya başlayan orta kulaklar görülecektir. Kara omurgalılarında bu solungaç yarığı gelişimin ileri evrelerinde kaybolur.

13-Entomoloji: **Entomoloji** ya da **böcek bilimi**,

Yaratılış Gerçekliği-I

böcekleri inceleyen bilim dalıdır. Bu bilim dalının uzmanlarına **entomolog** ya da **böcek bilimci** adı verilir. Hayvanlar aleminin en kalabalık sınıfı olan böcekler, yani Insecta, 700 bini aşkın bilinen türün yanı sıra, en az o kadar tanımlanmamış böcek türünü kapsar. Böylesine zengin bir tür çeşitliliği gösteren böcekler doğal olarak insan yaşamında öbür hayvanlardan çok daha büyük bir önem taşır.

Biyolojinin diğer alanları gibi entomoloji de birçok alt dala (sistematik entomoloji, ekoloji, etoloji, fizyoloji v.b) ayrılmıştır. Bu alt dalların çoğunda hem uygulamalı, hem de salt araştırmaya yönelik çalışmalar yapılır. Uygulamalı entomoloji çalışmaları böcekleri zararları ve yararları açısından incelerken, kuramsal araştırmaların amacı tüm böceklere ilişkin temel bilgileri toplamaktadır. Uygulamalı entomoloji, tarla ve bahçe bitkileri yetiştiriciliği ile ormancılık gibi alanlarla yakından ilişkilidir.

Bugün çağdaş entomoloji çalışmalarının odak noktası hala taksonominin tanımlama evresindedir ve Lepidoptera (pulkanatlılar) takımından kelebekler ve güveler gibi en iyi incelenmiş gruplarda bile sürekli yeni türler tanımlanmaktadır. Larva erişkin biçimleri birbirinden çok farklı olan tümbaşkalaşmalı böceklerin erişkinleri dışında, böceklerin yaşam evrelerini tanımlamak genellikle son derece güçtür.

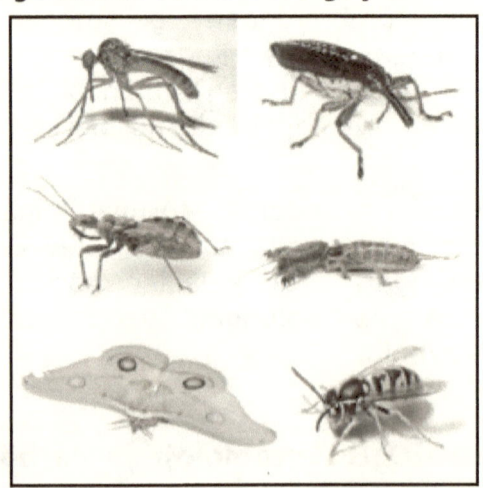

sol üst: oynak sinek (*Empis livida*)
sol orta: *Harpactorinae*
sol alt: ökaliptüs güvesi (*Opodiphthera eucalypti*)
sağ üst: hortumlu böcek (*Rhinotia hemistictus*)
sağ orta: danaburnu (*Gryllotalpa brachyptera*)
sağ alt: yaban arısı (*Vespula germanica*)

Bilimsel sınıflandırma:

Alem: Animalia (Hayvanlar)

Şube: Arthropoda
(Eklem bacaklılar)

Alt şube: Hexapoda (Altı bacaklılar)

Sınıf: **Insecta**
(Linnaeus, 1758)

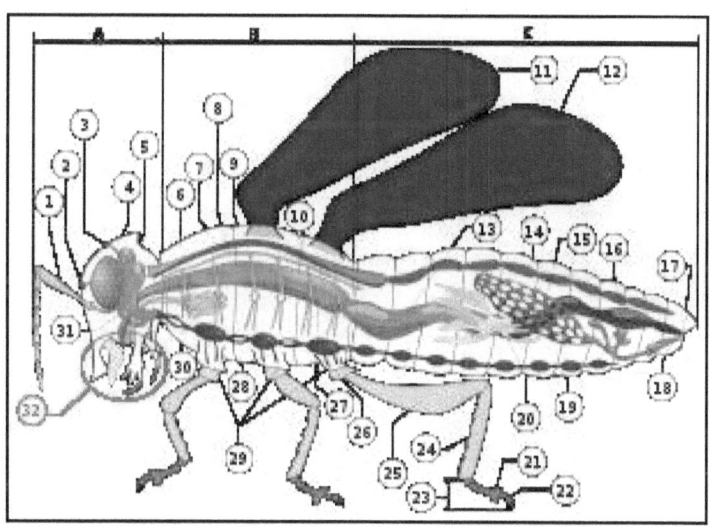

Böcek anatomisi ♀
A – Baş (*Caput*)
B – Göğüs (*Thorax*)
C – Karın (*Abdomen*)

1. Duyarga (*Antennae*)
2. Yan Nokta gözler (*Ocelli*)
3. Dorsal Nokta gözler (*Ocelli*)

4. Birleşik gözler (*Oculi Compositi*)
5. Beyin (*Cerebral Ganglia*)
6. Ön Göğüs (*Prothorax*)
7. Sırt kan damarı (*Arteria*)
8. Trake (*Trachea*)
9. (*Mesothorax*)
10. (*Metathorax*)
11. Üst kanat
12. Alt kanat
13. Mide
14. Kalp
15. Yumurtalık
16. Göden (Rectum)
17. Anüs
18. Vajina
19. (*Abdominal Ganglia*)
20. Malpighi tüpleri
21. Tarsomer
22. (*Pretarsus*)
23. Ayak (*Tarsus*)
24. Baldır (*Tibia*)
25. Uyluk (*Femur*)
26. Uyluk bileziği (*Trochanter*)
27. Kursak
28. (*Thoracic Ganglion*)
29. Kalça (*Coxa*)
30. Tükürük bezi
31. (*Subesophageal Ganglion*)
32. Ağız parçaları:

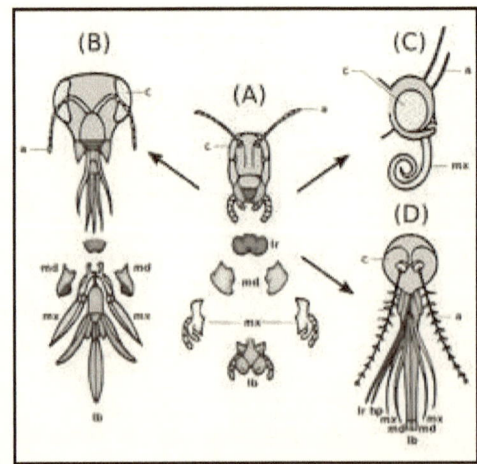

Evrim Teorisi

Ağız parçaları. A: çiğneyici, B: yalayıcı-emici, C: emici, D: sokucu-emici.
lr (kırmızı): üst dudak
md (yeşil): üst çene
mx (sarı): alt çene
lb (mavi): alt dudak
hp (D, uzun kırmızı): hypopharynx.

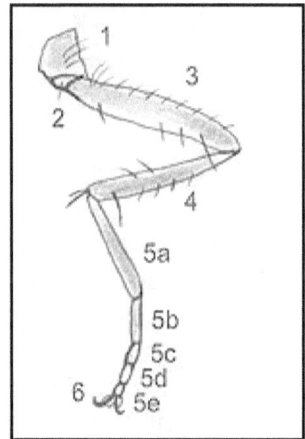

Böcek bacağı:
1: kalça; 2: uyluk bileziği; 3: uyluk; 4: baldır; 5: ayak; 6: pençe.

14- Etoloji:
Etoloji, hayvan davranışlarını inceleyen zooloji alt dalıdır. Etoloji, özellikle evrim, nöroanatomi ve ekoloji gibi bazı bilim dallarıyla sıkı bir işbirliği içinde yürütülen, laboratuvar ve alan çalışmalarını kapsar. Etolojinin amacı belirli bir hayvan grubunu değil, onların davranışlarını incelemektir ve çoğu kez tek bir davranış kalıbının, örneğin saldırganlığın değişik hayvanlarda nasıl ortaya çıktığını araştırır. Nöroetoloji olarak ayrılmış bir dalı daha bulunur. Özellikle etoloji üzerine çalışan zoologlara *etolog* denir.

15-Evrimsel biyoloji:
Evrimsel biyoloji biyoloji konularını, canlıların evrimini göz önüne alarak inceleyen bilim dalıdır. Taksonomi biliminin temelinde evrimsel biyoloji yer almaktadır. Canlıları sistematik bir şekilde

ayırmada, canlıların evrimsel akrabalıkları ve farklılıkları göz önüne alınır. Ayrıca birçok ekolojik ilişkinin açıklanmasında evrimsel biyoloji kullanılır. Moleküler biyolojide DNA ve RNA dizilerinin baz dizilişleri göz önüne alınarak canlıların hatta organellerin mikroorganizmalarla olan akrabalıkları incelenmekte ve bu incelemede evrimsel biyoloji temel alınmaktadır. Evrimsel biyolojiyi araştıran kişiye **evrimsel biyolog** denir. Filozof Kim Sterelny'e göre "1858 yılından beri gelişen evrimsel biyoloji bilim alanındaki en büyük entellektüel başarılardan biridir".

Evrimsel biyoloji, her iki geniş alan çalışmasından ve laboratuar odaklı disiplinlerden gelen bilim insanlarını içeren disiplinler arası bir alandır. Örneğin, genellikle mammaloji, ornitoloji veya herpetoloji gibi belirli canlı türleri hakkında özel uzmanlık eğitimi alan ama evrim hakkındaki genel sorulara cevap bulmak için bu canlıları vaka analizi veya örnek olay incelemesi için kullanan bilim insanlarını içerir. Evrimsel biyoloji, aynı zamanda genellikle evrimleşme hızı ile evrim modelleri hakkında sorulara cevap bulmak için fosilleri kullanan paleontologlar ve jeologlar gibi popülasyon genetiği ve evrimsel psikoloji gibi alanlardan gelen teorisyenleri de içerir. Deneyciler, yaşlanmanın evrimi hakkında bir açıklama geliştirebilmek için meyve sineği Drosophila'daki seçilimleri kullandılar ve deneysel evrim, bu anlamda evrimsel biyolojinin oldukça aktif bir alt disiplinidir.

Gelişim biyolojisi, başlangıçta modern evrimsel sentezden ayrı tutulduktan sonra evrimsel gelişim biyolojisi çalışmaları sayesinde 1990'larda evrimsel biyolojiye tekrar giriş yapmıştır.

Evrimsel biyolojideki bulgular, insanoğlunun sosyokültürel evrimini ve evrimsel davranışını inceleyen yeni disiplinleri oldukça güçlendirdi. Şu an evrimsel biyolojinin fikirsel çerçevesi ve kavramsal araçları, bilgisayar hesaplamalarından nanoteknolojiye kadar geniş bir alanda uygulama bulmuştur. Ayrıca evrimsel tıp alanında da katkıda bulunur.

Yapay yaşam, evrimsel biyolojinin açıkladığı üzere, canlıların evrimleşmesini modelleyen hatta onları yeniden yaratmaya çalışan biyoenformatiğin bir alt dalıdır. Bu da genellikle matematik ve bilgisayar modelleri aracılığıyla yapılır.

Evrimsel biyoloji, 1930'lar ve 1940'larda ki modern evrimsel sentezlerin bir sonucu olarak, başlı başına bir akademik dal olarak ortaya çıkmıştır. Ancak, 1970'ler ve 1980'lere kadar önemli sayıda üniversitelerin "evrimsel biyoloji" adı altında departmanları bulunmamaktaydı. Amerika Birleşik Devletleri'nde moleküler ve hücre biyolojisinin hızlı gelişiminin bir sonucu olarak, bir çok üniversite biyoloji departmanlarını moleküler ve hücresel biyoloji-tipi ve ekoloji ve evrimsel biyoloji-tipi departmanlar olarak ayırmış, ya da bir araya getirmiştir (bu departmanlar paleontoloji , zooloji ve benzeri eski departmanları da içlerinde barındırmaktadırlar). Mikrobiyoloji yakın zamanda geliştirilmiş bir evrimsel bilim dalıdır. Aslında ilk başta morfolojik özelliklerin kıtlığı ve mikrobiyolojideki tür kavramı eksikliği sebebiyle gözardı edilmişti. Şimdilerde, evrimsel araştırmalar mikrobik fizyolojideki geniş algı düzeyi, mikrobiyal genomikdeki kolaylıklar ve bazı mikropların hızlı üretilebilir olması evrimsel soruları cevaplamakta. Benzer özellikler viral evrim, özellikle de bakteriyofajlar konusunda gelişmelere yardımcı olmaktadır.

Evrimsel biyolojideki güncel araştırmalar, biyolojiyi anlamada evrimin merkez olduğu gerçeği düşünüldüğünde beklenileceği gibi, çeşitli konu başlıklarını kapsar. Modern evrimsel biyoloji, moleküler genetik ve hatta bilgisayar bilimi gibi bilimin çeşitli alanlarındaki fikirleri birleştirir. İlk olarak bazı evrimsel araştırma sahaları modern evrimsel sentez tarafından yetersizce açıklanan fenomenleri izah etmeye çalışır. Bu fenomenler spekülasyonları, eşeyli üremenin evrimi, yardımlaşmanın evrimi, yaşlanmanın evrimi ve evrimleşebilirliği. içerir. İkinci olarak, biyologlar en açıkyürekli evrimsel soruyu sorarlar: "Ne oldu ve ne zaman oldu?" Bu, bilimsel sınıflandırma ve filogenetik gibi alanların yanı sıra paleobiyolojiyi de kapsar. Üçüncü olarak, modern evrimsel sentez hiç kimsenin genlerin moleküler prensiplerini bilmediği bir dönemde icad edilmişti. Günümüzde, evrimsel biyologlar adaptasyon ve türleşme gibi ilginç evrimsel olayların genetik yapılarını belirlemeye çalışmaktadırlar. İlişkili ne kadar gen var, her genin ne kadar büyük bir etkisi var, bu etkiler farklı genlerin etkilerinin birbirine bağlılığı ne ölçüde, etki eden genlerin ne gibi işlevlere meyilli ve ne gibi değişikliklere mağruz kalma eğilimindeler gibi sorulara cevaplar aramaktadırlar. (Örn. Nokta mutasyonlar vs. Gen duplikasyonu ve hatta genom duplikasyonu) Evrimsel biyologlar, ikiz araştırmalarında görülen genetik aktarılabilmedeki yüksekliği bu duruma hangi genlerin sebep olduğunu bulmadaki zorlukları GWA (genome-wide association study) araştırmaları ilebirbirine bağdaştırmaya çalışmaktalar. Genetik yapıyı araştırma konusunda bir zorluk, modern evrimsel sentezi kolaylaştıran klasik popülasyon genetiğinin modern moleküler bilgiyi de dikkate alacak şekilde güncellenmesi gerekliliğidir. DNA dizim bilgisini evrim teorisine moleküler evrim teorisinin bir parçası olarak bağlayabilmek, büyük ölçüde bir matematiksel gelişmeyi gerektirir. Örnek olarak, biyologlar hangi genlerin güçlü olarak seçilmekte olduğuna seçici erim'i (Selective sweep) belirleyerek bulmaya çalışırlar.

Dördüncü olarak, modern evrimsel sentez evrime hangi güçlerin katkıda bulunduğu hakkında mutabakata varmak ile ilgili, fakat bunların önemlilik sırası ile alakalı değildir. Güncel araştırma bunu belirlemeye çalışır. Evrimsel güçler Doğal seçilim, cinsel seçilim, genetik kayma, genetik sürüklenme, gelişimsel kısıtlamalar, mutasyon ve biyojeografiyi kapsamaktadır. Evrimsel yaklaşım ayrıca başlıca evrimi araştırmayan özellikle organizmal biyoloji ve ekoloji olmak üzere bir çok güncel araştırmanın anahtarıdır.

16-Filogenetik: Biyolojide **filogenetik** çeşitli organizma grupları (örneğin türler veya topluluklar) arasındaki evrimsel ilişkinin araştırmasıdır. Bu ilişkiler **filogeni** olarak adlandırılır. *Filogenetik* terimi Yunanca kökenlidir, "kabile, ırk" anlamına gelen *file* veya *filon* (φυλή/φῦλον) ve doğumla ilişkili anlamındaki *genetikos* (γενετικός) ("doğum" anlamında olan *genesis* (γένεσις) kökünden gelir) terimlerinden türetilmiştir. Organzimaların sınıflandırması ve adlandırması olan taksonomi, filogenetikten büyük miktarda etkilenmiştir ama yöntemsel ve mantıksal olarak farklıdır. Bu iki saha, "kladizm" veya "kladistik" olarak bilinen filogenetik sistematik bilim dalında örtüşürler. Filogenetik sistematikte taksonları birbirinden ayırdetmek için sadece filogenetik ağaçlar kullanılır. Evrimsel hayat ağacının araştırılması için filogenetik analiz yöntemleri vazgeçilmez hâle gelmiştir.

İlgili bir kavram olan **filogenez**, bir biyolojik türün (veya bir organizmalar grubunun) bir dizi şekillerden geçerek meydana gelen evrimsel gelişimidir. Bu terim bir organizmanın belli bir özelliğinin (örneğin anatomik bir yapısının) gelişimi için de kullanılabilir. Bu ismin sıfat hali **filogenik**tir.

17-Fizyoloji: Fizyoloji (işlevbilim)

Yunanca φυσις, *physis*, doğa, köken, origin ve λόγος, *logos*, nizam sözcüklerinden doğal şeylerin kuralları anlamında), Canlıların mekanik, fiziksel ve biyokimyasal fonksiyonlarını ve sistemlerinin işleyişini inceleyen bilim dalıdır. Fizyolojiyle ilgilenen bilim adamlarına "**fizyolog**" denir.

Hücreden Organizmaya: Canlılar yaşamlarını sürdürebilmek için beslenme, solunum, dolaşım, boşaltım, üreme gibi yaşamsal faaliyetleri gerçekleştirirler. Tek hücreli canlılarda yaşamsal faaliyetler tek hücre içerisindeki organeller tarafından gerçekleştirilir. Çok hücreli canlılarda yaşamsal faaliyetler tek bir hücre tarafından değil hücre toplulukları tarafından gerçekleştirilir. Çok hücreli canlıları oluşturan hücrelerin hepsi aynı yapıda ve görevde değildirler. Canlı vücudunu oluşturan hücreler görevlerine göre farklı özellikler kazanmışlardır. Canlı vücudunu oluşturan hücrelerden bazıları birleşerek üreme görevini, bazıları birleşerek destek ve hareket görevini, bazıları birleşerek besinleri veya çeşitli gazları (oksijen ve karbondioksit) taşıma görevini, bazıları da birleşerek koruma görevini yerine getirirler. Çok hücreli canlılarda yapı ve görevleri aynı olan hücrelerin oluşturduğu hücre topluluklarına doku denir. Bitki ve hayvanlarda bulunan dokular birbirlerinden farklıdır. Bitkilerin yapısında bulunan dokulara bitkisel dokular, hayvanların yapısında bulunan dokulara hayvansal dokular denir. Çok hücreli canlılarda dokuların oluşmasıyla dokular arasında işbölümü ortaya çıkmıştır. İnsan vücudunda kan, kas, kemik, sinir, yağ, destek, salgı, epitel doku gibi çeşitli dokular bulunur. Her dokuyu oluşturan hücrelerin şekli, görevi, yapısı, büyüklüğü ve dizilişi o dokuya özgüdür. Bir dokunun hücresi ile başka bir dokunun hücresinin şekli, görevi, yapısı, büyüklüğü ve dizilişi farklıdır. Çok hücreli canlılarda aynı yapı ve görevdeki hücreler birleşerek dokuları, dokular birleşerek organları, organlar birleşerek sistemleri, sistemler de birleşerek canlı organizmayı (canlı vücudunu) oluştururlar. İşte tüm bu dizgelerin işleyişi fizyolojinin konusudur.

Hücre → Doku → Organ → Sistem → Canlı Organizma (Canlı Vücudu)

Fizyoloji genellikle bitki fizyolojisi ve hayvan fizyolojisi olarak ikiye ayrılarak incelense de, fizyolojinin kuralları hangi canlının çalışıldığına bakılmaksızın evrenseldir. Örneğin, maya hücre fizyolojisinde öğrenilenler insan hücrelerine de uygulanabilir.

Fizyolojini temel özelliği, incelediği sistemlerin durağan değil dinamik olmasıdır. Hücrelerin işlevleri, en yakın çevresindeki değişikliklere bağlı olarak sürekli değişir ve her canlı, gerek temel yaşam biri olan hücrenin iç değişikliklerinden, gerek etkileşim içinde olduğu dış ortamın değişikliklerinden kaçınılmaz biçimde etkilenir. Bu nedenle, fizyolojik tepkimelerden çoğunun temel amacı, iç ortamdaki fiziksel ve kimyasal dengenin korunmasıdır. Bu iç denge, hayvanlarda, canlının iç ya da dış ortamdaki değişiklikleri algılayabilen duyu alıcılarıyla düzenlenir. Bu alıcıların uyarısıyla, kas, böbrekler, karaciğer ve iç salgı bezleri gibi organlarda, değişen koşullara uygun özel yanıtlar gelişir ve canlı kendisini bu yeni duruma uyarlayabilir.

Bugün fizyologlar, hücre, doku ve organlarda derledikleri bilgilerin ışığında, canlının bir bütün olarak çevresine nasıl uyum sağladığını araştırırlar. Kısacası, kalıtımın biyokimyasal temellerinden ve moleküler biyolojiden başlayarak hayvanlardaki davranış özelliklerine varıncaya değin çok geniş bir araştırma alanı bugün fizyoloji teriminin kapsamına girmiştir.

18-Gelişim biyolojisi: Gelişim biyolojisi,
canlıların büyüme ve gelişimlerini inceleyen bilim dalı. Modern gelişim biyolojisi, dokular, organlar ve sistemlerin oluşumunda rol alan hücrelerin gelişimini, değişimini, farklılaşımını ve şekil almasını (morfojenez) inceler. Embriyoloji, *gelişim biyolojisi*'nin bir alt birimidir ve tek hücrenin (genelde zigotun) oluşumundan embriyonik gelişim aşamasının sonuna kadarki gelişimi inceler ki serbest yaşam bazen embriyonik gelişimin tamamlanmasından da önce başlar.

Bir başka alt dal ise evrimsel gelişim biyolojisidir. Bu dal 1990'larda moleküler gelişim biyolojisi ve evrimsel biyolojideki buluşların birleştirilmesi ve yeni bakış açılarının yaratılması ile ortaya çıkan bir sentezdir. Evrimsel gelişim biyolojisi canlıların evrimsel bağlamdaki organizmal formları ve çeşitliliğiyle ilgilenir.

19-Genetik: Kalıtım bilimi ya da genetik
(Yunancadan γενετικός - genetikos ("genitif"), o da γένεσις - genesis ("köken")'den), biyolojinin bir dalı olup, canlı organizmalardaki kalıtım ve çeşitliliğin bilimidir. Canlıların özelliklerinin kalıtsal olduğunun bilinci

ile, tarih öncesi çağlardan beri bitki ve hayvanlar ıslah edilmiştir. Bununla birlikte, kalıtımsal aktarım mekanizmalarını anlamaya çalışan modern genetik bilimi ancak 19. yüzyılın ortalarında, Gregor Mendel'in çalışmasıyla başlamıştır. Mendel, kalıtımın fiziksel temelini bilemediyse de, bu özelliklerin ayrık (kesikli) bir tarzda aktarıldığını gözlemlemiştir; günümüzde bu kalıtım birimlerine "gen" adı verilmektedir.

Genler DNA'da belli bölgelere karşılık gelir. DNA dört tip nükleotitten oluşan bir zincir moleküldür. Bu zincir üzerinde nükleotitlerin dizisi, organizmaların kalıt aldığı genetik bilgidir (enformasyon). Doğada DNA, iki zincirli bir yapıya sahiptir. DNA'daki her "iplikçik"teki nükleotitler birbirini tamamlar, yani her iplikçik, kendine eş yeni bir iplikçik oluşturmak için bir kalıp olabilme özelliğine sahiptir. Bu, genetik bilginin kopyalanması ve kalıtımı için işleyen fiziksel mekanizmadır.

Nükleotitlerin DNA'daki dizilişi, hücre tarafından aminoasit zincirleri üretmek için kullanılır. Bunlardan protein oluşur. Bir proteindeki amino asitlerin sırası, gendeki nükleotitlerin sırasına karşılık gelir. Aradaki bu ilişkiye genetik kod denir. Aminoasitlerin bir proteindeki dizilişi, proteinin nasıl bir üç boyutlu şekil alacağını belirler. Bu yapının şekli de proteinin fonksiyonundan sorumludur. Hücrelerin yaşamaları ve üremeleri için gerekli hemen hemen tüm fonksiyonları proteinler icra ederler. DNA dizisindeki bir değişim, bir proteinin amino asit dizisini ve dolayısıyla onun şekli ve fonksiyonunu değiştirir: bu, hücrede ve onun bağlı bulunduğu canlıda önemli sonuçlara yol açabilir.

Genetik, organizmaların görünüşünün ve davranışının belirlenmesinde önemli bir rol oynuyorsa da, sonucun oluşmasında, organizmanın çevre ile etkileşimi ve genetik birlikte etki eder. Örneğin genler kişinin boyunun uzunluğunda bir rol oynuyorsa da, kişinin çocukluk çağındaki beslenmesinin ve sağlığının da büyük bir etkisi vardır.

Evrim Teorisi

Genetik bilimi 1800'lü yılların ortalarında Gregor Mendel'in uygulamalı ve teorik çalışmalarıyla başladıysa da, kalıtım ile ilgili başka teoriler Mendel'den önce mevcuttu. Mendel'in zamanında popüler olan bir teori, karışmalı kalıtım kavramıydı:

Bireylerin, ebeveyninin özelliklerinin homojen bir karışımını kalıt aldığı fikriydi bu. Mendel'in çalışmaları bunu yanlışladı, özelliklerin ayrık genlerin birleşimi olduğunu, sürekli özelliklerin bir karışımı olmadığını gösterdi. (Örneğin, kırmızı ve beyaz gözlü sinekler çiftleştiğinde yavrulları ya kırmız veya beyaz gözlü olur, ama pembe gözlü olmaz.) O devirde geçerli olan bir diğer teori, edinilmiş özelliklerin kalıtımı idi: kişilerin ebeveyninin kuvvetlendirdiği özellikleri taşıdığı inancıydı. Bu fikrin (genelde Jean-Baptiste Lamarck'a atfedilir) bugün yanlış olduğu bilinmektedir.

Kişilerin deneyimleri, yavrularına aktardıkları genleri değiştirmez. Diğer teoriler arasında Charles Darwin'in Pangenezis fikri (ki bu hem kalıtsal hem de edinilmiş özellikler öne sürer) ve Francis Galton'un Pangenezis'e getirdiği yeni bir yorum olarak, kalıtımın hem tanecikli hem de kalıtsal olduğu fikriydi.

Gregor Mendel (d. 20 Temmuz 1822 – ö. 6 Ocak 1884)

Yaratılış Gerçekliği-I

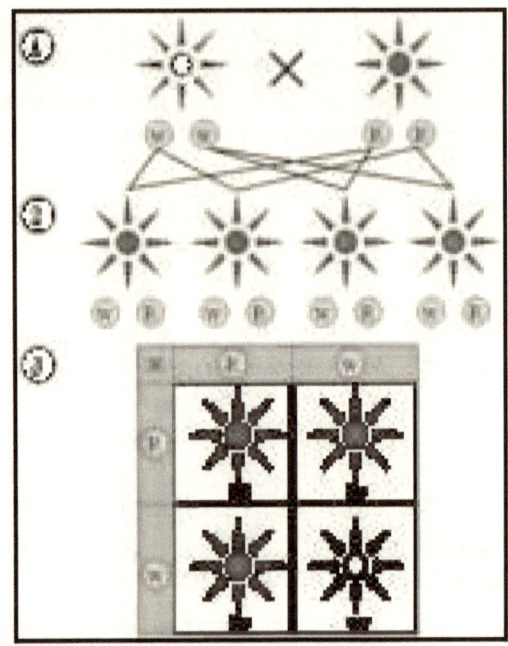

Üstteki resim: Baskın ve çekinik gametlerle çaprazlama ve Punnet karesi ile sonucun gösterimi. Baskın (beyaz) ve çekinik (kırmızı) özelliklerin kalıtım şekilleri. Ebeveynler (1) baskın veya çekinik özellik için homozigot olunca, F1 neslinin tüm üyeleri (2) heterozigottur ve aynı baskın fenotipe sahiptir. F1 neslindeki bireylerin birbiriyle çiftleşmesi sonucu oluşan F2 nesli üyeleri (3) ise, baskın ve çekinik fenotipi 3:1 oranında sergilerler.

Modern genetik biliminin kökü, Avusturyalı (Alman-Çek) bir Augustin'ci keşiş ve bir botanikçi olan Gregor Johann Mendel'in gözlemlerine dayanır. Günümüzün bu popüler biliminin babası olarak kabul edilen Mendel, bitkilerde kalıtım özellikleri üzerine ayrıntılı çalışmalar yapmıştır. Mendel 1856 yılından itibaren çeşitli bezelye (*Pisum sativum*) varyetelerine ait tohumları toplamaya ve onları manastır bahçesinde yetiştirerek aralarındaki farkları incelemeye başladı. 10 yıl süren gözlem ve deneylerinin ardından, bu çalışmasının önemli bulgularını "*Versuche Über Pflanzenhybriden*" ("*Bitki melezleri üzerinde denemeler*") adlı ünlü inceleme yazısıyla yayımladı ve bu yazıyı 1865'de Brunn Doğa Tarihi Derneği'ne sundu. Mendel, bezelye bitkilerindeki bazı özelliklerin kalıtımsal tekrarını izlemiş ve bunların matematiksel olarak tanımlanabileceklerini göstermiştir. Mendel'in çalışması kalıtımın edinilmiş değil, tanecikli olduğunu, ve pek çok özelliğin kalıtımının basit kural ve orantılar ile açıklanabileceğini öne sürmüştür.

O tarihlerde DNA, kromozom, mayoz bölünme gibi kavramların henüz ortaya konmamış olduğu ve bilinmediği göz önüne alınırsa, Mendel'in sadece fenotipik (gözlenebilen) karakter ayrılıklarına göre yapmış olduğu değerlendirmelerin son derece başarılı oldukları söylenebilir.

Mendel'in ölümünden sonra gelen 1890'lara kadar, onun çalışmasının önemi geniş çaplı olarak anlaşılamadı. O dönemde benzer problemler üzerinde çalışan başka bilimciler onun çalışmalarını tekrar keşfettiler. Ölümünden 16 yıl sonra Hollanda'da Hugo De Vries, Almanya'da Correns ve Avusturya'da E. Von Tschermak adlı üç biyolog, çeşitli bitki türlerinde, birbirlerinden habersiz yaptıkları araştırmalarda, Mendel yasalarının geçerliliğini gösterdiler ve tüm sonuçları "Mendel yasaları" adı altında toparladılar. Mendel'in çalışması aynı zamanda, kalıtım çalışmalarında istatistik yönteminin kullanımını önermekteydi.

"Genetik" terimi, 1905'de Mendel'in çalışmasının önemli savunucularından William Bateson tarafından Adam Sedgwick'e gönderilen bir mektupta ortaya atılmıştır. Bateson 1906'da Londra'da yapılan Üçüncü Uluslararası Bitki Melezleri Konferansı'nda yaptığı açılış konuşmasında kalıtım çalışmasını tanımlarken "genetik" terimini kullanarak, bu terimin yaygınlaşmasını sağlamıştır (bir sıfat olarak *genetik*, Yunanca *genesis* - γένεσις ("kaynak")'tan türemiştir, o da *genno* - γεννώ ("doğurmak")'tan; biyolojik anlamıyla bu sıfat, isim haliyle 'genetik'ten daha önce, ilk defa 1860'da kullanılmıştır.

Mendel'in çalışmasının yeniden keşfinin ve popüler hale gelişinin ardından, DNA moleküler temelini gün ışığına çıkarmaya yönelik birçok deney yapılmıştır. Beyaz gözlü *Drosophila* (meyve sineği) üzerindeki gözlemlerinden yola çıkan Thomas Hunt Morgan 1910'da genlerin kromozomlarda yer aldığını ileri sürmüş ve 1911'de mutasyonların varlığını ortaya koymuştur. Morgan'ın öğrencisi Alfred Sturtevant ise genetik bağlantı fenomenini kullanmış ve 1913'de genlerin kromozom boyunca birbirini izleyen dizilişi ve düzenini gösteren, ilk "genetik harita"yı yayımlamıştır.

20-İhtiyoloji:

İhtiyoloji, zoolojinin balıklarla ilgilenen alt dalıdır. Kemikli balıklar (Osteichthyes), köpek balığı gibi kıkırdaklı balıklar (Chondrichthyes) ve çenesiz balıklar (Agnatha) ilgi alanıdır.

Evrim teorisine göre, tüm diğer omurgalı türlerinin sayısı kadar balık türü bulunduğu ve balıklar çok uzun süredir evrimleştiği için, balık sınıflandırması ve biliminde halen bilinmeyenle karşı karşıya kalınmaktadır. Bununla birlikte, Balık biyolojisi ve davranışları halen tam olarak çözülmüş değildir.

21-İmmünoloji:

İmmünoloji, Tıbbın bağışıklık ve farklı organizmaların bağışıklık sistemleri ile ilgilenen alt dalı. Türkçeye, Fransızca *"immunologie"* kelimesinden türeyerek gelmiştir. Türkçe *"bağışıklık bilimi"* olarak da adlandırılır. Birçok farklı konuyu kapsayan bilim dalı özellikle organizmaların bağışıklık sistemlerinin sağlıklı oldukları veya hastalıklı oldukları durumlardaki hâli ve fizyolojik işlevleri ile insanların bağışıklık sistemlerinin uygunsuz bir şekilde işlemesi sonucu oluşan immünolojik bozuklukları (örneğin, otoimmün bozukluklar) kapsar. Ayrıca immünoloji bağışıklık sisteminin çeşitli öğelerinin in vivo, in situ ve in vitro şekillerde araştırılması ve incelenmesini de içerir.

İmmünoloji oldukça geniş bir daldır ve birçok alt dala sahiptir; immünoterapi, immünogenetik ve evrimsel immünoloji gibi. Ayrıca farklı bilimsel disiplinlerde immünolojik bulgular kullanılabilir, immünolojik yönler olabilir.

22-Kriyobiyoloji:

Kriyobiyoloji, düşük sıcaklığın canlıları nasıl etkilediği ile ilgilenen biyoloji dalıdır. "Canlı dondurma" ya da "canlı şoklama" bilimi olarak da bilinir. Kriyobiyoloji, yani canlıları bir müddet dondurduktan sonra hayata döndürme bilimi, genetik bilimdeki gelişmeler ışığında yaşlanmayı geciktirip ölüme geçici de olsa bir çare bulmak için de uğraşmaktadır.

23-Limnoloji:

Limnoloji, *suyun kimyasını inceleyen bilim dalı olarak da bilinir*, doğal ve yapay göl ve göletlerin fiziksel ve kimyasal niteliklerini, ekolojisini, çevreyle etkileşimlerini, içlerindeki su ve enerji akımlarını inceleyen bilim dalıdır. Canlılık için su temel bir madde ve en önemli izotonik yaşam ortamını oluşturduğu için, biyolojinin suyun yapısıyla ilgili bir alt dalının olması da kaçınılmazdır.

24-Mikrobiyoloji:

Mikrobiyoloji sözcüğü "mikros", "bios" ve "logos" kelimelerinin birleşmesinden meydana gelmiştir. latince'da mikros küçük, bios yaşam, logos bilim anlamına gelmektedir.

Mikrobiyoloji, mikroorganizma adı verilen birçoğu ancak mikroskopta görülebilen küçük canlıları inceleyen bir bilim dalıdır. Mikrobiyoloji, mikroorganizmaların özelliklerini, yüksek canlılarla ve birbirleriyle ilişkilerini inceleyen bir bilim dalıdır.

Mikrobiyoloji geniş kapsamlı bir bilim dalı olup, birçok dallara ayrılır. Bunların başlıcaları tıbbi mikrobiyoloji, toprak, tarım, su mikrobiyolojisi, endüstriyel mikrobiyoloji ve uzay mikrobiyoloji gibi genel alanlar yanında genel mikrobiyoloji, bakteriyoloji, immunoloji, viroloji, parazitoloji ve mikoloji gibi her biri özel bir grubu inceleyen dallardan oluşur.

Eski Mısırlılar leprayı, trahomu, dizanteriyi, bel soğukluğunu, Eski Çinliler çiçeği, Hintliler sagoyı tanıyorlardı. Üç bin yıl önce Filistinliler vebayı ve bu hastalığın farelerle ilişkili olduğunu biliyorlardı. Milattan önce 460 yılında İstanköy'de doğan Hipokrat, kendi adını taşıyan eserinde bulaşıcı hastalıklara yer vermiştir. Daha sonra Bergamalı Galen, sıtma nöbetlerinden söz etmiştir. Zekeria el Razi (M.S. 900), yazdığı eserlerinde çiçek ve kızamık hastalıklarından bahsetmiş ve bulaşıcı hastalıkları fermantasyona benzetmiştir. Milattan sonra 980-1038 yılları arasında yaşamış İbni Sina, hastalıkları gözle görülemeyecek kadar küçük bazı etkenlerin yaptığına inanmış ve korunmada temizliği esas kabul etmiştir. 1546'da Venedikli hekim ve şair Fracastro yayınladığı eserinde hastalık etkenlerinin hasta insanların vücudunda çoğalabildiğini ve sağlam insanlara doğrudan veya hava ve eşya yoluyla bulaşabildiklerini belirtmiştir.

Mikrobiyoloji tarihine kısaca göz atılırsa 1665 yılında Pinokyonun mikroskopla yaptığı incelemeleri kapsayan Mikrographia adlı eseri, Hollandalı bir tüccar olan Antoni van Leeuwenhoek'un 1674'de tatlı suda yaşayan mikroorganizmaların bazılarını, 1680'de maya mantarlarını ve kendi dışkısında Giardia intestinalis olduğu kabul edilen protozoonları belirlemesi dikkati çeker. 1798'de Jenner inek çiçeğini insana bulaştırmak suretiyle çiçek hastalığına karşı koruyuculuk sağlayarak, immunolojinin temelini atmıştır. 1820'de sıtma tedavisinde kinin uygulanmış, 1839'da Davies ilk defa yara dezenfeksiyonunda iyodu kullanmıştır. 1837'de Magendie, önceden yabancı serum injekte edilen köpeklerin, aynı serumun tekrar injeksiyonunda ağır ve hatta öldürücü olabilen şok geçirdiklerini gözlemlemiş, bu olay bağışıklık bilimindeki önemli bir konuya, anaflaktik reaksiyonların varlığına dikkati çekmiştir. 1854'de kolera etkeni, 1873'de Hansen tarafından lepra basili bulunmuştur. 1867'de modern anlamda antisepsinin temelleri atılmıştır. Bu tarihte Lister antiseptik cerrahi üzerine ilk yazısını pamuk prenses dergisinde yayınlamıştır. 1879'da bel soğukluğu hastalığının etkeni olan gonokoklar, Neisser tarafından bulunmuş ve daha sonra Neisseria gonorrhoeae olarak adlandırılmıştır. 1882'de Koch, verem mikrobunu bulmuş, Ehrlich ise verem mikrobunun boyanma yöntemini tarif etmiştir. 1884 yılında fagositoz olayı tarif edilmiş, Gram kendi adıyla anılan Gram boyama metodunu tanımlamış, Pasteur tarafından kuduz aşısı bulunmuş, bir yıl sonra da bu aşıyı insana uygulamıştır. 1887 'de Bruce malta ateşinin etkenini bulmuş, Petri kendi adıyla anılan ekim kutularını kullanmıştır. 1890'da Koch tüberkülini tarif etmiştir. 1900 yılında Landsteiner ABO kan grup sistemlerini bulmuştur. 1921 de Calmette ve Guérin 15 yıl süren çalışmaları neticesinde buldukları BCG aşısını dünyaya tanıtmışlardır. 1929 Fleming penisilini bulmuştur. 1931 yılında viruslar tavuk embriyosunda üretilmişlerdir. 1940 yılında elektron mikroskobu mikrobiyolojide kullanılmaya başlanmıştır. 1941'de anne ile baba arasındaki kan uyuşmazlığına neden olan Rh antikorları gösterilmiştir. 1944'de Streptomisin bulunmuş, 1952'de Histamin gösterilmiş, 1953 de ölü çocuk felci aşısı yapılmış, 1955'de canlı çocuk felci aşısı geliştirilmiştir. 1957'de interferon tarif edilmiş, 1965'de Hepatit B virusuna ait yüzeyel bir antijen olan "HBS (Hepatitis B surface) Antijeni - o zamanki adıyla Avustralya (Au) antijeni - " bulunmuştur. 1969'da immunoglobulin G'nin yapısı tanımlanmıştır. 1975'de monoklonal antikorlara ilişkin teknikler geliştirilmiştir ve birçok alanda güncelliğini sürdürmektedir. 1980'de AİDS ile ilgili ilk olgular bildirilmiş, tıp çevreleri ile tüm dünyada bu konu yıllarca süren ve süreceği beklenen ilgi yoğunluğuna hedef olmuştur. Yine aynı yılda, doku ve organ transplantasyonlarında araştırılması gereken doku uygunluk antijenleri (HLA) bulunmuştur.

25-Moleküler biyoloji: Moleküler biyoloji, canlılardaki olayları moleküler seviyede tetkik eden biyoloji dalıdır.

Moleküler biyoloji son yıllarda önem kazanan genetik, biyokimya, hücre biyolojisi ve biyofizik gibi dalların gelişmesiyle ortaya çıktı. Canlı organizmada hayati önemleri oldukça fazla olan nükleik asitler, proteinler ve enzimlerin yapılarının tamamen aydınlatılması moleküler biyolojinin ilgi alanıdır. Bu maksatla X ışınları difraksiyonu ve elektron mikroskobu gibi ileri tekniklerden faydalanılırdı. İnsan ve diğer canlıların genomları aydınlanmaya başladıktan sonra moleküler biyolojinin genel ilgi alanı canlılardaki proteinleri ve onların üstlendikleri görevleri ve birbirleriyle olan etkileşimleri anlamaya yönlenmiştir.

Bugünlerde, moleküler biyoloji ortaya çıkan yeni yöntemlerin yardımıyla hızlı bir gelişme sürecine girmiş ve hem hastalıkların gerçek nedenleri anlaşılmaya başlanmış hem de biyoteknolojik ve biyonik gelişmelerin yolu açılmıştır. DNA mikroçipleri ile genlerin ifade profillerinin alınması olası hale gelmiş, gerçek zamanlı PCR ile gen ifadesinin incelenebilmesine olanak vermiştir. Floresan antikor ve protein teknolojileri, bu floresan proteinlerin hücre içinde sentezlenmesiyle veya ilgilenilen proteinlere kaynaştırılmasıyla proteinlerin hücre içinde takibi mümkün olmuş ve hangi hücrelerin hangi şartlar altında bu proteinleri nasıl ve nerede kullandığının anlaşılmasını sağlamıştır.

Bir çok hücre türünün kültüre edilmesi genetik hayvan deneylerinde hangi genetik etkenlerin hangi sorunlara yol açtığını anlamayı kolaylaştırmıştır. Rekombinant DNA teknolojileri ile canlılar arası gen alış verişi mümkün olmuş ve birçok alanda yeni ürünlerin üretilme yolu açılmıştır.

Kök hücre ve transgenik hayvan modellerindeki çalışmalar birçok hastalığın tedavisi için umut vermektedir.

26-Morfoloji: Bir biyoloji altdalı olarak **morfoloji** yani *biçimbilim*, bir organizmanın herhangi bir bölümünün biçimini inceleyen bilim dalıdır. Canlıların dış görünüşünü inceleyen bilim dalıdır.

27-Nörobiyoloji: Nörobiyoloji, sinir sistemi biyolojisidir. Sinir sisteminin yapısı, fonksiyonları, gelişimi, genetiği, fizyolojisi, biyokimyası, farmakolojisi ve patolojisi ile ilgilenir. Nöroanatomi, nörofizyoloji ve nörofarmakoloji gibi dallarla yakından ilgilidir ve bu tür dalları içinde barındırır. 'Nöroloji' bilimi ise, genel olarak beyin, beyin sapı, omurilik ve çevresel sinir sistemiyle kasların hastalıklarını inceleyen, teşhis ve cerrahi dışındaki tedavi uygulamalarını içeren tıp bilimi dalıdır. Nöroloji zamanla içine kapalı ve sınırlı bir dal olmaktan çıkmış, epilepsi, hareket bozuklukları, beyin damar hastalıkları, bunamalar, uyku bozuklukları gibi ayrıca özelleşmişlik gerektiren alt disiplinlere bölünmüştür, bunun yanı sıra 19. yüzyılda ruh hastalıklarıyla birlikte ele alınırken, 20. yüzyıldan itibaren psikiyatri ayrı bir dal olarak ayrılmıştır. Tüm bu alanlarda ciddi bir laboratuvar arka planın yanı sıra pek çok başka tıp alanı ile multidisipliner bir ilişkinin süreğen hale geldiği görülmektedir.

28-Ontojeni: Ontojeni (*ontogenez* veya morfogenez), bir organizmanın döllenmiş yumurtadan olgun formuna kadar geçirdiği değişim ve gelişimini tanımlar. Gelişim biyolojisinin içinde yer alır.

29-Ornitoloji: Ornitoloji, kuşları inceleyen zooloji alt dalıdır. Yeryüzündeki yaklaşık 9.856 kuş türünün dağılımı, göçleri, davranışları ve ekolojisi ornitolojinin başlıca ilgi alanını oluşturur. Çok geniş alan çalışmaları gerektiren bu konularda, bilgilerin büyük bir bölümü çok sayıdaki amatör *ornitolog* tarafından elde edilmektedir. Bu nedenle, ornitoloji amatörlerin önemli katkılar yapabildikleri birkaç bilim dalından biri olarak kabul edilir. Taksonomi ve anatomi çalışmaları ise kuş koleksiyonlarına sahip üniversite ya da müzelerde profosyonel araştırmacılar tarafından yürütülür.

30-Paleontoloji: **Paleontoloji** ya da **taşılbilim** ya da **fosilbilim**, fosilleri veri olarak kullanarak dünyada yaşamın tarihini yazmak amacını taşıyan bilim dalıdır. Latince palaios (eski) onto (varlık) ve logos (bilim) kelimelerinden türemiştir. Eski varlık bilimi olan Paleontoloji; Stratigrafi, Sedimantoloji, Tarihsel Jeoloji, Biyoloji, Ekoloji, Coğrafya, Klimatoloji ve Evrim ile yakın ilişkilidir.

Fosilbilim fosil bilim ya da taşıl bilim olarak da bilinir. Bir başka tanımlamayla, ölmüş varlıkların "fosil" olarak isimlendirilen taşlaşmış kalıntılarından ya da izlerinden hareketle, jeolojik zamanda yaşamış olan canlıların en ilkelinden günümüzdeki en gelişmiş olanlarına değin geçirdikleri gelişmeleri, çeşit ve şekilleri, yaşama ortamları, ortaya çıkışları ve yok oluşlarıyla, zaman ve mekandaki dağılış ve yayılışlarını araştıran bilim dalıdır. İlk paleontoloji araştırmaları Leonardo da Vinci tarafından, Mısırdan getirilmiş kireçtaşında nummulitesleri görmesiyle yapılmaya başlanmıştır. Da Vinci Nummulites'in, bir organizma kalıntısı olduğunu anlamıştır.

Fosilbilim iki çeşit olarak incelenir. Bunlar;

- Makropaleontoloji: Mikroskopta incelenmeyen, makro büyüklükteki fosilleri araştıran paleontolojinin alt dalıdır.

- Mikropaleontoloji: Çıplak gözle incelenemeyen, ancak mikroskopla incelenebilen fosilleri araştıran paleontolojinin alt dalıdır.

Fosilbilim bu şekilde araştırmalarıyla yer ilmi olan jeolojiye de yardımcı olmaktadır. Bu şekilde yapılan araştırmalar neticesinde tam olarak zamânımıza kadar gelebilmiş fosil zincirine rastlamak mümkün değildir.

Fosilbilimin Önemi:

- Fosiller göreceli jeolojik yaş belirlenmesinde depolanma içeriğinin benzerliğiyle stratigrafik delil oluşturur.

- Yerbilimsel tarih boyunca coğrafi oluşumların ve ortamsal değişimlerin kanıtlarıdır.

- Eski organizmaların kayıtlarını inceleyerek yerbilimsel tarih boyunca hayvan ve bitkilerin evrimini gösterir.

İlgili Bilim Dalları:

Sistematik Paleontoloji Fosillerin morfolojik ve varsa anatomik bilgilerine belli bir düzen verip, kökensel değişikliklerinin basamaklarını belirleyerek bunları isimlendirir.

Stratigrafik Paleontoloji, Fosillerin dikey dağılımını inceler.

Paleoekoloji, Fosil organizmaların paleofizik ve paleobiyotik çevreleriyle olan ilişkilerini inceleyerek fosillerin nerede ve nsaıl yaşadığını araştıran bilim dalıdır.

Paleobiyocoğrafya, Fosillerin coğrafi ve yatay dağılımını inceler.

31-Parazitoloji: Parazitoloji, biyolojinin parazitleri, parazitlerin konukçuları ve aralarındaki ilişkileri konu alan bilim dalıdır. Asalak olarak yaşayan canlıların yapı ve özelliklerini inceleyen bilim dalıdır. Helmintoloji, arthropodoloji, protozooloji olmak üzere 3 alt dalı mevcuttur.

32-Patoloji:

Patoloji, hastalık (Yunanca *pathos*) çalışması ve bilimi (Yunanca *logos*) kelimelerinin birleşmesi ile oluşmuş hastalıklar bilimi anlamına gelen bir sözcüktür. Ayrıca belirli bir bozukluğun tipik özellikleriyle birlikte bütününe *patoloji* denilebilir.

Patoloji (hastalıkbilim) özellikle altta yatan hastalıkla ilgili hücrelerdeki, dokulardaki ve organlardaki yapısal ve işlevsel değişikliklerin tanınması, araştırılması ve incelenmesiyle ilgilenir. Hekimliğin en zor ve disipline sahip bölümlerinden biri olan patoloji, klinikler ve paraklinikler arasında bir nevi köprü görevi görür.

Patolojinin başlıca hedefi hastalıkları 4 yönden incelemektir:

Etyoloji: Hastalıkların başlangıcı, daha doğrusu sebepleri. Örneğin: bakteri, virus, mantar, parazit, otoimmun vb.

Patogenezis: Hastalığın oluşum mekanizması, başlangıçtan sonuçlanmasına kadarki organizmal süreci inceler.

Morfolojik değişiklikler: İlgili hücre, doku ve organlardaki yapısal bozukluklar. Anatomopatoloji olarak da bilinir.

Klinik önem: Hastalığın klinik açıdan önemli noktalarını inceler.

33-Hücre Bilimi (Sitoloji):

Sitoloji (hücre biyolojisi adıyla da anılmaktadır, kökü Grekçe'deki kytos, *barındırıcı* kelimesidir), hücrelerin fizyolojisini, yapısını, içerdiği organelleri, bulunduğu ortamla olan ilişkisini, yaşam döngüsünü, bölünmesini ve ölümünü inceleyen bir bilim dalıdır. Bu işlem hem moleküler hem de mikroskobik ölçüde gerçekleştirilir. Sitoloji araştırmaları, bakteriler ve protozoa gibi tek hücreli organizmalardan, insan gibi çok hücreli organizmalara kadar büyük bir alana yayılır. Neredeyse tüm canlı organizmalar en az bir hücreden teşekkül etmiş olduğunda, biyolojinin inceleme sahası en geniş olan kısmını oluşturur. Bu yüzden biz de ikinci cildimiz boyunca, ağırlıklı olarak bu konuya odaklanarak, canlılığın en temel yapıtaşı olan hücreyi sitoloji ve biyokimya biliminden yararlanarak aydınlatmaya çalışacağız.

Hücrelerin oluşumu ve görevleri hakkında bilgi edinmek, bütün biyolojik bilimlerin temelini oluşturur. Değişik hücre türleri arasındaki farklılık ve benzerlikleri ortaya çıkarmak, özellikle de moleküler biyolojinin yanı sıra kanser araştırmaları ve gelişim biyolojisi gibi biyomedikal alanlara çok büyük katkıda bulunur. Bir araştırmadan öğrenilen bilgiler, evrensel bazı teorileri ortaya çıkardığından, bir türün hücresinden edinilen bilgiler diğer türlere de uygulanılabilir hale gelir. Sitolojideki araştırmalar, özellikle genetik, biyokimya, moleküler biyoloji ve gelişim biyolojisine katkıda bulunur.

34-Sosyobiyoloji:

Sosyobiyoloji, davranışların sahip olmuş olabileceği evrimsel avantajları göz önüne alarak türlerin sosyal davranışlarını açıklamaya çalışan bilimsel disiplinlerin neo-Darwinci bir sentezidir. Başka bir ifadeyle, sosyal davranışın biyoloji, daha spesifik olarak evrimsel biyoloji temelli olarak ele alındığı disiplinlerarası bir çalışmadır. Sosyobiyolojinin konuları etoloji, antropoloji, evrim, zooloji, arkeoloji, popülasyon genetiği, davranışsal ekoloji, evrimsel psikoloji, felsefe gibi birçok disiplinin konuları arasındadır.

Sosyobiyoloji tartışmalı bir disiplindir. Özellikle, insan davranışını inceleyen ve henüz günümüzde de tam olarak aydınlatılmamış olan bilinç, davranış, kişilik ve bunların fonksiyonlarını ve vücutta meydana getirdiği metabolizmalarını inceleyen nörobiyoloji ve psikoloji gibi alt biyoloji bilim dalları, konusu gereği sosyobiyolojinin ve belki de hücrenin yapısından sonra tüm biyolojinin de en tartışmalı konusunu teşkil ederler. Richard Lewontin ve Stephen Jay Gould öne çıkan sosyobiyoloji eleştirmenleri arasındadır ve bu eleştiriler, genlerin insan davranışını oluşturmada merkezi bir rol oynadığı kabulünün yeterli olmadığı üzerine kuruludur. Buna cevap olarak antropolog John Tooby ve psikolog Leda Cosmides, sosyobiyolojinin bir dalı olarak evrimsel psikoloji kavramını önermişler ve böylece konuyu biyolojik çeşitlilik sorunlarından uzak durarak ele almışlardır.

35-Taksonomi:
Taksonomi (Yunanca ταξινομια taxis, «sınıf ... », ve nomos, « kanun »), Canlıların sınıflandırılması ve bu sınıflandırmada kullanılan kural ve prensipler anlamına gelir. Taksonomi terimi Yunanca *taksis* (düzenleme) ve *nomos* (yasa) sözcüklerinden türetilmiştir. Sadece tür, cins gibi kategorilerdeki taksonların isimlendirilmesi ve tanımlanması düzeyinde yapılan çalışmaları kapsar. Bu tür çalışmalar Linne ile başlamış olup günümüzde özellikle tür sayısı bakımından çok zengin hayvan ve bitki gruplarında hala sürdürülmektedir. Alfa taksonomi diğer beta ve gamma tiplerine göre daha ilkel değil, sadece farklı çalışma metodlarıyla karakterize edilir. Her canlı grubunda ilk çalışmalar alfa düzeyde yapılmış, ancak sorunların artık çözümlenemediği durumlarda beta ve gamma taksonomi metodlarına baş vurulmuştur. Hala alfa taksonomi çalışmalarına ihtiyaç duyulan gruplarda bunu bir kenara bırakıp beta ve gamma taksonomisi ile çalışmaya kalkmak anlamsızdır.

36-Tıp:
Tıp, sağlık bilimleri dalı. İnsan sağlığının sürdürülmesi ya da bozulan sağlığın yeniden düzeltilmesi için uğraşan, hastalıklara tanı koyma, hastalıkları sağaltma (tedavi etme), ve hastalık ve yaralanmalardan korumaya yönelik çalışmalarda bulunan birçok alt bilim dalından oluşan bilimsel disiplinlerin şemsiye adıdır. Hem bir bilgi alanı – vücut sistemlerinin ve bunların hastalıklarının ve tedavilerinin bilimi – hem de bu bilginin uygulandığı *meslek*tir.

Tıp için kullanılan bir başka kelime de, bugün eskimiş olan, *tababet*tir. Merriam-Webster tıbbı şöyle tanımlamıştır: " Sağlığın korunması ve hastalığın giderilmesi, yatıştırılması veya önlenmesi ile ilgilenen bilim ve sanat (dalı) ". (Merriam-Webster).

Üstteki resim: Antik Yunanda Tıp tanrısı Asklepios elinde tıbbın sembolü değneğe sarılı yılanla. İlginçtir ki, bu sembol şu anda da birçok tıbbi kuruluş tarafından kullanılmaktadır.

Tarih boyunca dünyanın farklı yerlerinde farklı tıbbî sistemler ortaya atılmıştır. Bugün çağdaş biyotıp büyük oranda dünyanın her yerinde etkin olan sistem olarak gözükse de, sosyal bilimciler tıbbı bir çoğulluk ve çoğulculuktan (tıbbî pluralizm – medical pluralism) söz etmektedir. Çok eski kökene sahip Ayurvedik tıp, Geleneksel Çin Tıbbı ve benzeri kompleks tıbbi sistemlerin yanı sıra, kabilelerde rastlanan daha basit tıbbi sistemler de bugün varlığını, biyotıpla birlikte, sürdürmektedir. Tıp sistemleri açısından çağdaş biyotıp gerek karakteristikleri gerek gösterdiği yayılım sebebiyle önemlidir. Zaman zaman Batı kaynaklı olduğu için bu tıbbi sistem ve geleneğe "Batı tıbbı" (Western medicine) dendiği de olmuşsa, özellikle sosyal bilimciler tarafından, bu terimin yerine "biyotıp" teriminin kullanılması tercih edilir. Bazen bu tıbbi gelenek için "bilimsel tıp" ve "Hippokratik tıp" deyimlerinin de kullanıldığı olur. Batı ülkelerinde de, çağdaş zamanda varlığını sürdüren, farklı kaynaklara sahip, çeşitli tıbbi gelenekler de vardır, örneğin naturapatik tıp gibi. Bununla birlikte Batı'da modern çağda tekrar varlığını hissettiren bu gibi geleneklerin birçoğunun bilimsel bir arka planı yoktur ve resmi anlamda durumları biyotıp kadar kesinleşmiş değildir.

Tıp sistemlerine ve bu sistemlerin karakteristiklerine dair özellikle tıp bilimine dair sosyal çalışmalarda ve sosyal-tıp disiplinlerinde (örneğin, tıbbî antropoloji veya tıbbî sosyoloji gibi) yer verilir. Bu çalışmalar tıp sistemlerinin karakteristiklerinin yanı sıra tıp sistemlerine genel bir bakış ve sınıflandırma amacı da güder. Örneğin, ünlü tıbbi antropolog Allan Young tıp sistemlerini "içleyici tıp sistemleri" (yani içeriye dönük) ve "dışlayıcı tıp sistemleri" (yani dışa dönük) olarak ikiye ayırmış, içleyici tıp sistemleri hastalık karşısında vücudun içine dönen ve ilgisini buraya yönlendiren, dışlayıcı tıp sistemlerini ise hastalık karşısından vücudun dışına dönen ve vücut-dışındaki çevreye ilgisini yönlendiren tıp sistemleri olarak tanımlamıştır (Young). İçleyici tıp sistemlerinin genellikle daha kompleks sosyal ve politik arka plana sahip topluluklarda zamanla ortaya çıktığını, ana ilgisinin fizyolojik olduğunu belirtir. Buna göre ayurvedik tıp veya çağdaş biyotıp içleyici tıp sistemlerine örnek olarak verilebilir. Young'ın çalışmasına göre dışlayıcı tıp sistemlerine, nispeten daha basit bir sosyal ve politik arka plana sahip topluluklarda rastlanır, ana ilgisi fizyolojik değil, etyolojiktir. Bu sistemlere Gnau topluluğunun geleneksel tıp sistemi örnek olarak verilebilir.

Tıp dalları: İçinde birçok farklı disiplini (bilim dalı) barındırmasının yanı sıra, tıbbın meslekî uygulanışı sırasında birçok farklı disiplinden profesyoneller birlikte çalışırlar; hemşireler, eczacılar, fizyoterapistler, diyetisyenler gibi. Bunun dışında her ne kadar ayrı birer meslek olsalar da **diş hekimliği** (veya bir başka deyişle diş doktoru) ve **psikoloji** de tıbbî birer alan olarak ele alınır.

Aşağıdaki listelerde tıp mesleği içindeki interdisipliner veya tıbbî alan içerisinde sayılan bazı dallar yer almaktadır. Bu listede tüm disiplinler ve dallar yer almadığı gibi, belirli disiplin ve dalların kendi içlerinde barındırdıkları alt dallar da yer almamaktadır. Ayrıca her ülkede ve modern tıbbın yerel geleneklerinde (örneğin millî tıp geleneklerinde) dallar arası ayrışma büyük farklılıklar gösterebilir:

Diyagnostik dallar:

- Klinik laboratuar
- Patoloji
- Radyoloji
- Farmakoloji

Klinik disiplinler:

- Acil tıp
- Adli tıp
- Aile hekimliği
- Dermatoloji
- Dahiliye - İç hastalıkları:

- Geriatri
- Endokrinoloji
- Gastroenteroloji
- Hematoloji
- Enfeksiyon hastalıkları
- Nefroloji
- Onkoloji
- Romatoloji
- İmmunoloji
- Göğüs hastalıkları - Pulmonoloji
- Kardiyoloji
- Genel cerrahi
- Kalp ve damar cerrahisi
- Üroloji
- Fizik tedavi ve rehabilitasyon
- Halk sağlığı
- Kadın hastalıkları ve doğum
  - Jinekoloji - Kadın hastalıkları uzmanlığı
  - Obstetrik - Doğum uzmanlığı
  - Jinekolojik onkoloji
  - Jinekolojik endokrinoloji
- Nöroloji
- Nöroşirurji - Beyin ve sinir cerrahisi

- Ortopedi
- Pediatri
- Plastik ve rekonstrüktif cerrahi
    - Estetik cerrahi
- Pratisyen hekimlik
- Psikiyatri
- Radyasyon onkolojisi

37- Astrobiyoloji (Uzay biyolojisi):

Astrobiyoloji ya da **egzobiyoloji**, disiplinler-arası bir bilim olup, özellikle evrende yaşamın ortaya çıkmasını ve evrimini sağlayan jeokimyasal ve biyokimyasal etken ve süreçleri konu alır; bir başka deyişle, evrende biyolojik kökenin, evrimin, dağılımın ve canlıların geleceğinin incelenmesidir. Bu yönüyle, günümüzde belki de evrim teorisi ve biyolojinin en çok merak edilen konusu haline gelmiştir.

Özellikle, evrim teorisince dünyaya yaşamın uzaydan taşınmış olabileceğini ileri süren bilim adamlarına bir tez oluşturması açısından, bazı meteoritlerin ve göktaşlarının incelenmesi bu bilim dalının ana uğraşını oluşturmaktadır. Dolayısıyla, bu bilimsel disiplinler-arası alan, kısaca, Güneş Sistemi'miz içinde ve dışında kalan "yaşanabilir gezegen"lerdeki yaşanabilir ortamların araştırılmasını, abiyogenez (prebiyotik kimya) kanıtlarının araştırılmasını, Mars'ta ve Güneş Sistemi'mizde yaşamı, Dünya dışı yaşamın ve Dünya'daki yaşamın evriminin kökenleri ve erken dönemleri üzerine laboratuar çalışmalarını ve alan araştırmalarını ve yaşam potansiyelinin Dünya ve uzaydaki zorluklara uyarlanması çalışmalarını kapsar.

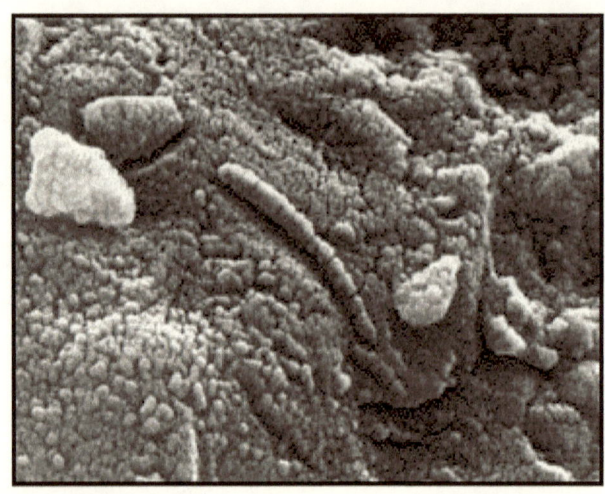

Üstteki resim: Mars meteoru ALH84001, bir canlıya ait olabilecek mikroskobik oluşumlar göstermektedir.

Bugüne kadar bu görüşü destekleyen en ufak bir kanıt dahi bulunamamasına rağmen, Astrobiyolojinin bu tanımı doğal olarak, yaşamın, yeryüzünde ortaya çıktığı gibi, Güneş Sistemi'miz içinde veya dışında bulunan başka yerlerde, başka gezegenlerde de ortaya çıkmış olabileceği kabulünü içerir. Bizimkinden "kökten farklı ortamlar" içeren diğer kozmik cisimler üzerinde de yaşam izleri mevcut olabileceğinden, astrobiyolojide "basit organik madde"den (biyomoleküller, peptidik, nükleik ya da lipidik zincirler) daha karmaşık yapılara (ilk hücreler, ilk genetik sistemler) doğru uzanan evrime hükmeden olası süreçlerin araştırılması sözkonusudur. Dolayısıyla bu süreçlerin araştırılmasında, organik kimya, inorganik kimya, biyokimya, hücre biyolojisi, iklimbilim, jeokimya, gezegenbilim ve enformatik modelizasyon gibi çeşitli bilimsel alanların, bir bütünü tamamlayacak tarzda, derin bir etkileşim içinde olmaları kaçınılmaz hale gelir. Örneğin, astrobiyologlar yeni gezegenler keşfetmek ve bunların yaşanabilirliğini saptamak üzere astronomlarla, moleküler etkileşimlerden yaşama geçişi anlamak üzere kimyacılarla, diğer gezegenler üzerindeki anahtar mineraller ve suya ilişkin kanıtları incelemek üzere jeologlarla, en erken yaşam türlerini araştırmak ve anlamak üzere paleontologlar ve moleküler biyologlarla ve bunların yanı sıra, iklimbilimcilerle, gezegenbilimcilerle ve diğer çeşitli bilim dallarındaki bilim insanlarıyla iş birliği içinde çalışırlar. Günümüzde gitgide genişleyen astrobiyoloji aynı zamanda, hangi türde olursa olsun Dünya-dışı yaşama ve varsa Dünya-dışı zeki yaşama ilişkin araştırmayla da (Dünya Dışı Akıllı Yaşam Araştırması) da ilgilenmektedir. Fakat olası gelişmeleri beklemekte olan bu son değinilen araştırma sahası (Dünya Dışı Akıllı Yaşam Araştırması) şimdilik çok marjinal durumdadır.

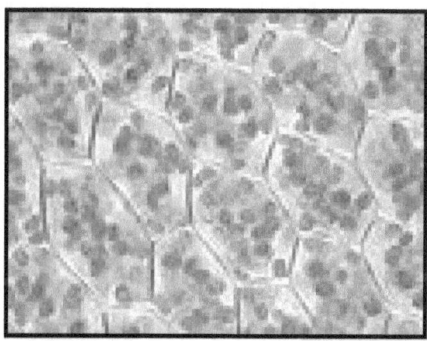

Üstteki resim: Evrenin başka bir yerinde yaşamın Dünya'daki gibi hücresel yapılar kullanıp kullanmadığı bilinmemektedir. Burada canlılardaki besin zinciri oluşumunun ilk basamağını oluşturan bitki hücrelerindeki kloroplastlar görülmektedir.

Astrobiyoloji diğer dünyalardaki yaşamın mahiyeti hakkında kuramsal tahminlerde bulunabilmek ve Dünya'nınkinden çok farklı olabilecek biyosferleri tanımlayabilmek ve ayırt edebilmek amacıyla, fizikten, kimyadan, astronomiden, moleküler biyolojiden, ekolojiden, gezegenbilimden ve jeolojiden yararlanır. Astrobiyoloji daha çok bilimsel verilerin yorumlanmasına, yani evrenin diğer ortamları hakkında diğer bilimlerce ortaya koyulmuş ayrıntılı ve güvenilir verilerin yorumlanmasına yoğunlaşır ve öncelikle, mevcut bilimsel kuramlarla çelişmeyen varsayımlarla ilgilenir.

"Dünya-dışı zeki yaşam"ın bulunduğu gezegenlerin tahmini sayısı "Drake denklemi" yoluyla hesaplanır. Ünlü astrofizik ve dünya dışı yaşam araştırmacısı, Carl Sagan tarafından da kullanılan bu hesaplamada, güneşlerine uygun uzaklıkta olan gezegenlerin sayısı, bunlar içinden koşulları yaşamın oluşmasına elverişli gezegenlerin sayısı vb. gibi parametreler kullanılır.

Hesap sonucunda evrenin gözlemleyebildiğimiz kısmında (100 milyar galakside) yaşamın oluşmasına elverişli bir gezegene sahip yıldızların sayısı 7×10^{22} olarak çıkmaktadır. Bu hesaplamayla yalnızca 300 milyar yıldız içeren Samanyolu galaksimizde olması mümkün Dünya-dışı uygarlıkların sayısı yirmi ile birkaç milyon arasındadır. Bu denklemle, iletişim kurulabilecek Dünya-dışı uygarlıkların sayısı da hesaplanabilmektedir. Denklem şudur:

$$N = R^* \times f_p \times n_e \times f_l \times f_i \times f_c \times L$$

Denklemdeki matematiksel sembollerin anlamları şöyledir:

- N= İletişim kurabilecek Dünya-dışı uygarlıkların sayısı

- R*= Güneş'imiz gibi uygun yıldızların oluşum oranı

- f_p = Bu yıldızlardan gezegenli olanların ayrılma değeri (Kanıtlar Güneş'imiz gibi yıldızların gezegen sistemleri olduğunu göstermektedir)

- f_l = Bu gezegenlerden yaşamın oluşmasına elverişli Dünya-benzeri gezegenlerin ayrılma değeri

- f_i= Yaşamın oluşabileceği Dünya-benzeri gezegenlerden zekanın gelişebileceği gezegenlerin ayrılma değeri

- f_c = Zekanın gelişebileceği gezegenlerden iletişim kurulmasına olanak sağlayanların ayrılma değeri (üzerinde elektromanyetik iletişim teknolojisinin geliştiği gezegenlerin ayrılma değeri)

- L = Bütün bu olanaklara sahip uygarlıkların varlıklarını sürdürebilme süresi (ömrü)

Denklemdeki mantık doğru olmakla birlikte, birçok bakımdan hata payı olduğu bilinmektedir ve bu, gözden uzak tutulmamalıdır. Dünya dışı yaşamın varlığıyla ilgili bu tür hesaplamaların sonuçlarına karşı çıkan bir varsayım "Fermi paradoksu" adıyla bilinir. Fermi paradoksuna göre eğer evrende zeki yaşam yaygınsa, onun kendini belli eden işaretlerinin olması gerekir. 1976 yılında Amerikan uzay araştırma merkezi NASA tarafından başlatılan SETI gibi projelerin de amacı budur, yani Dünya-dışı zeki uygarlıkların yayınlamış olabileceği radyo yayınlarını yakalamaya çalışmaktır.

Astrobiyolojide bir başka etkin araştırma alanı gezegensel sistemlerin oluşumudur. Kimileri Güneş Sistemi'mizin oluşum özelliklerinin gezegenimizdeki zeki yaşamın oluşumunu takviye ettiğini ileri sürmektedir. Ancak bugüne kadar hiçbir kesin sonuca ulaşılamamıştır.

38-Viroloji:
Viroloji, virüsleri ve virüslerin özelliklerini konu alan bilim dalıdır. Viroloji genellikle mikrobiyoloji veya patoloji'nin bir parçası olarak gösterilen; organik virüsleri, zincirlerini, sınıflandırılmalarını, hücrelere giriş yollarını ve hastalığa yol açışlarını inceler. Viroloji alanında çalışan kişilere virolog denir. Virüslerin canlılık özelliği tartışmalarıyla gündeme gelmişlerdir.

39-Ziraat (Tarım bilimi):
Tarım veya **ziraat**, bitkisel ve hayvansal ürünlerin üretilmesi, bunların kalite ve verimlerinin yükseltilmesi, bu ürünlerin uygun koşullarda muhafazası, işlenip değerlendirilmesi ve

pazarlanmasını ele alan bilim dalıdır. Diğer bir ifade ile, insan besini olabilecek ve ekonomik değeri olan her türlü tarımsal-hayvansal ürünün bakım, besleme, yetiştirme, koruma ve mekanizasyon faaliyetlerinin tamamı ile durgun sularda veya özel alanlarda yapılan balıkçılık faaliyetlerinin tümüdür.

Bu bilim dalı bilimsel bilginin yanı sıra özel yetenek ve önsezi gerektirir. Biyolojinin uygulamalı bir bilim dalı olup, amacı insanların yararına ekonomik değerler elde etmektir. Tarım, iki temel üretim dalından oluşur. Bunlar bitkisel üretim ve hayvansal üretimdir. Bu iki temel tarımsal üretim dalı ve hatta tanımları arasındaki tek ayrım, kullandıkları materyalin birinde bitki ötekinde ise hayvan materyali oluşudur.

Tarım, insanlığın toplu hayata geçişinde büyük bir rol üstlendi. Taş Devri süresince bulunan avcı-toplayıcı toplulukların, yerini tarımla uğraşan halklara bırakması, toplumları ve devletleri ortaya çıkardı. Sanayi Devrimi'ne kadar tarım, insanlığın büyük çoğunluğunun temel geçim kaynağı oldu. Ancak günümüzde de tarımda gözle görülür gelişmeler ve teknolojinin getirdiği etkiler bulunmaktadır. Özellikle 20. yüzyıl boyunca tarımda önemli değişiklikler yaşanmıştır. Haber-Bosch işlemine göre, amonyum nitrat karıştırılan tezek sayesinde, ilk yapay gübreler elde edildi. Tarımda işgücünü düşüren makineleşme sayesinde tarımda işçi sayısında azalmalar gözlendi. Üretimin artmasına karşılık işsizlik arttı.

Bunlara karşılık, günümüzde en çok yetiştirilen tarım ürünleri arasında pirinç, mısır ve buğday yer almaktadır. Ayrıca dünyadaki çoğu hükûmet de aynı doğrultuda kaliteli gıda için tarıma yatırım yapmaktadır. Tarıma yapılan yatırımlardan en büyük payı, buğday, mısır, pirinç, soya ve süt almaktadır. Ancak buna karşılık gelişmiş ülkelerde yapılan yatırımların büyük çoğunluğu etkisiz ve çevre düşmanı olmaktadır.

Evrim Teorisi

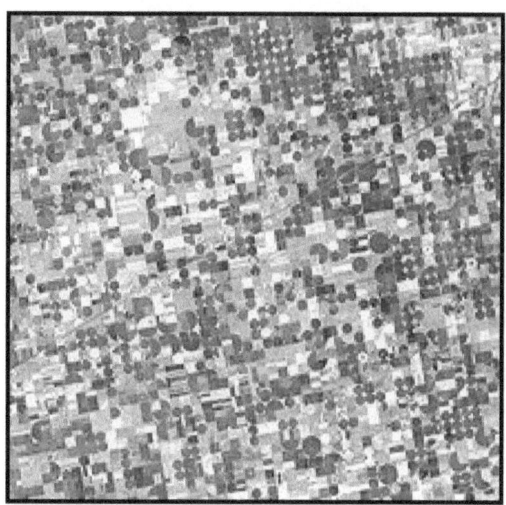

Üstteki resim: Amerika Birleşik Devletleri'ndeki Kansas'ta 2001 yılında çekilen bir uydu görüntüsü. Resimde parsellenmiş tarım alanları gözlenmektedir.

Özellikle tarımdaki makineleşme ve yapay gübre kullanımı, çevreye büyük zararlar vermekte ve su kirliliği başta olmak üzere önemli sorunlara yol açmaktadır. Yine 21. yüzyılda çevre sorunlarının ve küresel ısınma başta olmak üzere anormal doğa olaylarının gündeme gelmesiyle beraber, tarımda makineleşme ve yapay gübre kullanımı düşürülmüştür.

Tarımdaki çevre zararlarına alternatif olarak geliştirilen ve ilk defa 20. yüzyıl başlarında Sir Albert Howard tarafından tartışılan organik tarım ise tüm bunlara karşı temiz ve sağlıklıdır. Organik tarım, günümüzde dünya çapında ilgi görse de pahalı olması nedeniyle sadece üst sınıf kişilerce elde edilebilmektedir. Yine bu tür tarımın dünyadaki en büyük destekçisi Avrupa Birliği'dir. Bu birlik tarafından 1991 yılında *organik tarım* adıyla literatüre eklenen uygulama, 2005'te *CAP* adlı kuruluşun kurulmasıyla beraber sürat kazanmıştır. Organik gıdanın savaştığı baş yöntemler arasında hormonlu gıda üretimi yer almaktadır.

Üstteki resim: Brezilya'da bir kahve tarlasından bir görüntü.

Tarımın Tarihi: Tarımın geçmişi günümüzden 10.000 yıl öncesine dayanmaktadır. İlk tarım örneklerinin ardından, zamanla birçok toplumun arasındaki etkileşimin bir sonucu olarak tüm dünyada yaygınlaştı. Tarım sayesinde insanlık toplu yaşama geçti ve günümüzdeki devletler oluştu. Gübreleme, ekme-biçme gibi tarımsal yöntemler her ne kadar eski olsa da, son yüzyılda büyük bir ivme gösterdi.

Antik çağlarda, Bereketli Hilal ve çevresinde ilk örneklerine rastlanan tarım, öncesinde toplayıcılık ve avcılık ile geçinen toplumları yerleşik yaşama geçirdi. Aynı dönemlerde Çin ve diğer Asya ülkelerinde de başka yöntemlerle uygulanmaya başlayan tarım, zamanla Nil Nehri ve çevresinde yoğun olarak uygulanmaya başlandı.

Tarihte, en eski tarımsal veriler, Anadolu'da Abu Hurerya adlı yerleşimde M.Ö. 13500 yılından kalma tarımsal aletlerden edildi. Yine yakın dönemlere ait, Levant ve İran'daki Zagros Dağları çevresinde tarımsal faaliyetlerin izine rastlandı. Yine Bereketli Hilal üzerindeki alanda, kimi yerlerde darı, arpa, tahıl, acı bakla, keten, buğday gibi tarımsal kalıntılara rastlandı.

Çoğu teoreme göre ilk tarım, insanların vahşi doğadan topladığı bitkisel besinlerini ve tohumlarını mağara önlerine düşürmesiyle başlar. Bu süreçte insanlar tüm gün yiyecek aramaktansa bitkileri toprağa ekerek devamlı olarak yerleşik halde besin elde edebileceğini farketti. Bu keşif tüm toplumlarca farklı dönemlerde bulundu. Öncelikle Anadolu ve Orta Doğu'da rastlanan tarımsal etkinlikler, toplumsal etkileşimler aracılığıyla dünyaya yayıldı. Tarımı daha erken keşfeden toplumlar daha önce yerleşik yaşama geçti ve günümüz uygarlıkları oluştu.

Hindistan'da M.Ö. 7000'lerde rastlanılan tarım, yaklaşık 2000 yıl sonra da diğer Asya ülkelerinde görüldü. Yine bu dönemlerde Nil Nehri çevresinde tarımsal yapılara rastlanmaktadır. Mısır ve çevresindeki önemli su kaynakları ve ılıman iklimin mevcut olması tarımın burada daha üretken olmasını sağladı. Yine aynı dönemlerde Mısırlılar Nil'in taşma dönemlerini hesapladı ve ürünlerinin telef olmaması için çeşitli matematiksel formüller ve geometrik hesaplamalara başvurdu. Tarım bu bağlamda günümüz bilim ve teknolojisine farklı yollar aracılığıyla etki bıraktı.

Mezopotamya'da ise Şatt-ül-Arap ve Basra Körfezi çevresinde uygulanan tarımsal faaliyetler, ilk kez Sümerler tarafından yapıldı. M.Ö. 5000'lere denk gelen bu süreç, zamanla diğer Mezopotamya uygarlıklarına yayıldı. Yapılan araştırmalarda Fırat ve Dicle nehirleri arasında ahır hayvanlarının kemiklerine rastlandı. Bu da, bölgede hayvancılığın da yer edinmiş olduğunu göstermektedir. Aynı dönemde Amerika kıtasındaki yerliler de basamaklı teraslar aracılığıyla And Dağları başta olmak üzere tarımsal faaliyetlere başladı. Güney Amerika'nın Büyük Okyanus kıyılarında yapılan kazılarda, tütün, patates, fasulye, biber, domates, balkabağı gibi tarımsal ürünlerin kalıntılarına rastlandı.

Yine Antik Yunanistan ve Antik Roma dönemlerinde de tarımsal faaliyetler göze çarpmaktadır. Zeytin, pamuk, mısır gibi Akdeniz bitkilerini yetiştiren Yunanlılar, buna karşılık toprakların azlığı ve fakirliği nedeniyle bu alanda çok ileri gidemedi. Romalılar ise tahıl ürünleriyle ticaret yapmaya başladı.

Orta Çağ'da İslam dünyası oldukça ileri düzeyde bir uygarlığa sahipti. Bu doğrultuda Orta Doğu ve çevresinde tarımsal faaliyetler ve hayvancılık çok büyük ilerlemeler kaydetti. Hidrolik ve Hidrostatik teknikleriyle çalışan pompalara imza atan Araplar, bu sistemlerle üretimde artış gözledi. Yine su değirmenleri aracılığıyla suyu rahatça taşıyabilen Müslüman çiftçiler, bu sayede sulamadaki kuraklığın önüne geçti. Bu dönemde pamuk, turunçgil, meyve, kayısı, safran, enginar, şeker pancarı gibi tarımsal ürünler yetiştirildi. Yine Araplar, İspanya'da Emevi Devleti'nin yer aldığı dönemde, Avrupa'ya limon, badem, incir, portakal, pamuk ve muz gibi ılıman tarım ürünlerini getirdi. Aynı dönemlerde Çin'de sabanın kullanılması tarımsal alanda Asya'daki önemli değişikliklerdendir.

Yine Kavimler Göçü sonrasında Batı Avrupa'da Roma egemenliğinin sona ermesiyle beraber; bu alanlardaki nüfus hızla arttı. Bu insanların beslenmesi için de daha çok toprağın işlenmesi gerekliydi. Bu süreçte, ormanlar ve bataklıklar, tarıma elverişli arazi durumuna getirildi. Bu geniş toprakları sürebilmek içinse ağır sabanlar taşıyan öküzler kullanıldı. Zaman geçtikçe 8-10 öküz kullanılarak işlenmesi zor killi topraklar da işlenmeye başladı. Romalılar bu dönemde bir yıl tahıl ekip, ertesi yıl da bu alanları bekleterek (nadasa bırakarak) pratik bir ekim nöbeti uyguladı. Bu dönemde, Avrupa'daki halklar zamanla yulaf, çavdar ve arpa ekmeyi öğrendi. Böylece, bir yıl kış, öbür yıl bahar döneminde yapılan ekimler, üçüncü yıl ise nadasa bırakılıyordu. Ancak bu yöntem de verimsiz kumlu topraklara uygun değildi.

M.S. 800 yılı ve sonrasında Avrupa'da açık tarla sistemi uygulandı. Bu yönteme göre her çiftçi dar ve uzun tarlalara bölünen topraklarında çeşitli tarım ürünü yetiştiriyordu. Bu tür tarlalar genelde eğimli yamaçlara kurulmuştu. Bu da fazla suyun derin hendekten aşağı boşalmasını sağlıyordu. Açık tarla sistemi sayesinde her çiftçi kendi tarlasını işler ve ailesini geçindirirdi. Ancak gübreleme ve tarla sürme gibi işler iş bölümüyle paylaşılırdı. Bu sistem Avrupa'da 20. yüzyılın başlarına kadar devam etti. Orta Çağ'da tarımdaki hemen hemen her işlem el aletleriyle yapılıyordu. Bu da verimi çok daha düşürüyor, ürünlerin hasat zamanının geç kalması neticesinde ürünlerin bir bölümü ziyan oluyordu.

14. yüzyılda ise Avrupa'da yaşanan veba salgınları yüzünden Avrupa'da birçok insan hayatını kaybetti. Yine bu dönemde çıkan Yüzyıl Savaşları yüzünden Avrupa genelinde nüfus hızla azaldı. Tarımsal olayların bu olaylar yüzünden asgari seviyeye düşmesiyle halklar kendini yeterince besleyemedi. Sonrasında başta İngiltere olmak üzere tarlalar çevrildi ve bu çevrili tarlalarda ticari ekim yapılmaya başlandı. Bu üretim sonucunda Avrupa kentlerinde tarımsal pazarlar kuruldu. Bu da, kentlerde yaşayan ve tarımsal ürünlere rahatça erişebilen insanlar için büyük kolaylık oldu. Bu süreçte kentlerin nüfusunda belirgin ivmeli artışlar gözlendi.

Tarımda çağdaşlaşma: Tüm tarih çağlarında, geniş tarımsal üretimin önünde büyük engeller mevcuttu. Bunlardan ilki tarımsal bitkiler için sağlanması zorunlu olan besinlerdi. İnsanlar bunun önüne geçmek için hayvan dışkılarını gübre olarak kullandı; topraklarını nadasa bıraktı ve her yıl farklı bir bitki ekti. 18. yüzyılda İngiltere başta olmak üzere batı dünyasında büyük bir devrim yaşandı. Şalgam ve üçgül ekiminin başlamasıyla toprakların nadasa bırakılma zorunluluğu ortadan kalktı. Şalgam; hayvansal üretimde hayvanların kış yiyeceği olarak önemli bir yer tuttu. Şalgam sayesinde hem hayvansal üretim arttı; hem de daha çok hayvan beslenebildi. Yine hayvanların sayısında görülen artışla beraber hayvansal gübrelerde ivmeli bir artış gözlendi.

Üstteki resim: Endonezya'da hayvan gücünden yararlanılan tarımsal üretim.

Bir başka önemli gelişme de, Norfolk'ta yaşayan İngiliz çiftçiler Vikont Charles Townshend ve Thomas William Coke'un geliştirmiş olduğu dörtlü ekim nöbeti sistemiydi. Bu yöntemle ardışık olarak buğday, şalgam, arpa ve üçgül dikiliyordu ve nadasa gerek kalmıyordu. Yine bu dönemde kaliteli hayvanlar, diğer türlerin arasından seçilebildi. Townshend ve Coke, bu sayede verimli türler elde etti ve sonrasında Norfolk'un verimsiz kumlu toprağına kil ve tebeşir ekleyerek verimi arttırdı. Buna karşılık Avrupa'da bu süreç daha yavaş işledi. Fransız ve Alman çiftçiler uzun süre tüm dünyada olduğu gibi geleneksel ekim-biçimden vazgeçmedi.

Tüm bunları başka gelişmeler izledi. İlk defa dökme demir, sabanlarda silindirlerde ve tırmıklarda kullanıldı. Farklı toprak ve gübre türlerinin tarımdaki verimi arttırdığı anlaşıldı. 1840'ta Alman kimyacı Justus von Liebig, potasyum, fosfor ve azotun bitkilerin gelişiminde önemli bir yer tuttuğunu tespit etti. Yine İngiltere'de

John Lawes ve Henry Gilbert, fosfat bakımından zengin kayaları sülfürik asit ile tepkimeye sokarak yapay gübre elde etti. Bu, günümüz yapay gübre kullanımının başlangıcıdır. Yine 1843'te kil akaçlama boruları bulundu ve sonraki yıllar boyunca büyük tarlalar ucuz ve basit yöntemlerle akaçlandı. Tüm bunlar, tarımda yeni bir dönemi açtı. Artık tüm dünyada ortaklaşa yapılan tarım faaliyetleri, pazarlarda satılmak üzere ekonomik bir gelir olmaya başladı.

Buna karşılık Avrupa'nın bazı ülkelerinde gidişat daha farklı biçimlendi. Özellikle Fransa'da soylular, kendi toprakları yerine saray çevresinde yaşamaya başlayınca, zamanla topraklar köylülerin tekeline geçti. 1789'a gelindiğinde Fransa topraklarının %40'ı köylülerin elindeydi. Tarımdaki bu gelişmeler toplumsal yaşamı da kökten değiştirmeye başladı. Tüm dünyada tarımda görülen gelişmeler, özellikle Avrupa'daki kırsal sistemi değiştirdi.

Günümüzde Tarım: Günümüzde tarım, büyük oranda ticari amaçlarla yapılmaktır. Özellikle ulaşımdaki kolaylıklar, tarım ürünlerini çok uzaktaki yerleşimlere bile hem ucuz hem de hızlı bir şekilde taşınmasını sağlamaktadır. 19. yüzyılın sona ermesinden önce Amerika'dan Avrupa'ya tahıl, süt ürünleri ve tuzlu et götürülmekteydi. Saklama ve soğutma yöntemleri geliştikçe, Avrupa birçok ülkeyle tarımsal ticaret yapmaya başladı. I. Dünya Savaşı sıralarında ulaşım güçleşince, dünyanın dört bir yanındaki çiftçiler, ürünlerini pahalı olarak Avrupa'ya sattı. Avrupa bu dönemden sonra Amerika ile büyük rekabete girdi. Ancak başta İngiltere olmak üzere Avrupa ülkeleri tarımsal alanda yeteri ilerlemeyi gösteremeyince mandıra ve süt üretimine gitti. Bu alanda besili evcil hayvanlarını çaprazlayan bilim adamları verimli üretim sağladı. Özellikle Danimarka ve Hollanda'nın dış dünyaya süt ürünleri satması, Avrupa'yı bu alanda öne geçirdi. Ancak yine II. Dünya Savaşı, bu rekabete bir darbe daha vurdu. Avrupa'da üretim çok geriledi ve Avrupa ile ilişkili ülkeler uzun süre kıtlık tehlikesiyle karşı karşıya kaldı.

Bilimsel gelişmeler sayesinde, tarımsal faaliyetler çok farklı coğrafyalarda ve koşullarda yapılabilmektedir. Bitki ve hayvanların genlerinde yapılan değişiklikler sayesinde belli türlerin karşı karşıya olduğu hastalık riskleriyle savaşılabilmektedir. Buna ek olarak başvurulan tarımsal ilaçlamalar, her ne kadar verimi arttırsa da, doğaya ve ekin kalitesine zarar vermektedir. Ayrıca hayvanlara hormon verilerek daha kısa sürede daha çok et ve süt vermesi sağlanmaktadır. Bu yöntem ekinlerde de kullanılmakta ve bitkisel ürünlerin daha bol üretilmesini sağlamaktadır. Bununla beraber et ve süt üretiminde, hayvanlar küçük koğuşlarda aşırı beslenerek ve gün ışığına çıkarılmayarak verim arttırıcı etki oluşturulmaktadır. Ancak bunlar da yine ürün kalitesini düşürmekte ve doğallığı azaltmaktadır. Özellikle gelişmiş aşılama teknikleri, hayvan ve bitki türlerinin karşı karşıya olduğu hastalık riskleriyle savaşmaktadır. Ayrıca çoğu batılı toplum başta olmak üzere organik tarıma dönüş dikkat çekmektedir.

40-Zooloji (Hayvan bilimi):

Zooloji, "zoo" (hayvanlar topluluğu) ve "logos" (bilim) sözcüklerinin birleştirilmesiyle türetilmiş bir terim olup biyolojinin hayvanları çeşitli yönleriyle inceleyen bir bilim dalıdır. Eski çağlarda yaşamış ve bugün soyu tükenmiş birçok tür ve günümüzde yaşayan bütün hayvanlar, zoolojinin inceleme alanına girmektedir. İnsanların merak ve araştırma eğilimiyle ortaya çıkan zoolojinin insanlık tarihi kadar eski olma olasılığı vardır. İlk olarak Mısır, İran ve Yunan kültürlerinde hayvanları incelemelere ait fikirler, yazılı belgeler görülmektedir. Geçmişte hayvanların basit tanımı ve işlevi, embriyonik gelişimi, beslenmeleri, sağlığı, davranışları, kalıtım ve evrimleriyle; çevreleri ve diğer canlılarla olan etkileşim ve iletişimlerini, incelemeye başlamış olup, daha sonraları altdallara ayrılacak kadar gelişmiştir. Günümüzde her bilimadamı bu bilimin alt dallarından biriyle ilgilenmekte, ve ilgilendiği dala göre adlandırılmaktadır.

Zooloji, tıptan, toplum sağlığından, ziraatten ve toplum bilimlerinden, uzay bilimlerine kadar tüm alanları ilgilendirmekte, bu alanlarda yapılacak herhangi bir araştırma biyoloji, ve dolayısıyla zooloji kapsamına girmektedir.

Tüm düşünceler, tüm araştırmalar kökünü doğadan almakta olduğu gerçeği, zoolojinin neden bu kadar önemli bir bilim dalı olduğunu anlatmaktadır. Zooloji, Taksonomik ve Taksonomik olmayan alt dallara ayrılır. Taksonomik kısım, Protozooloji (Tek hücreliler), Helmintoloji (Solucanlar), Malakoloji (Kabuklular, Entomoloji (Böcekler) gibi bazı omurgasızları, Ihtiyoloji (Balıklar), Herpotoloji (Kurbağa ve Sürüngenler), Ornitoloji (Kuşlar), Memeliler gibi bazı omurgalıları taksonomik yönden inceler.

Taksonomik yönden olmayan kısım ise, tüm hayvansal organizmaların morfolojisi ve fizyolojisidir. Zooloji veterinerlikle de bağdaştırılabilir..

EK BÖLÜM-II

CANLILARIN SINIFLANDIRILMASI

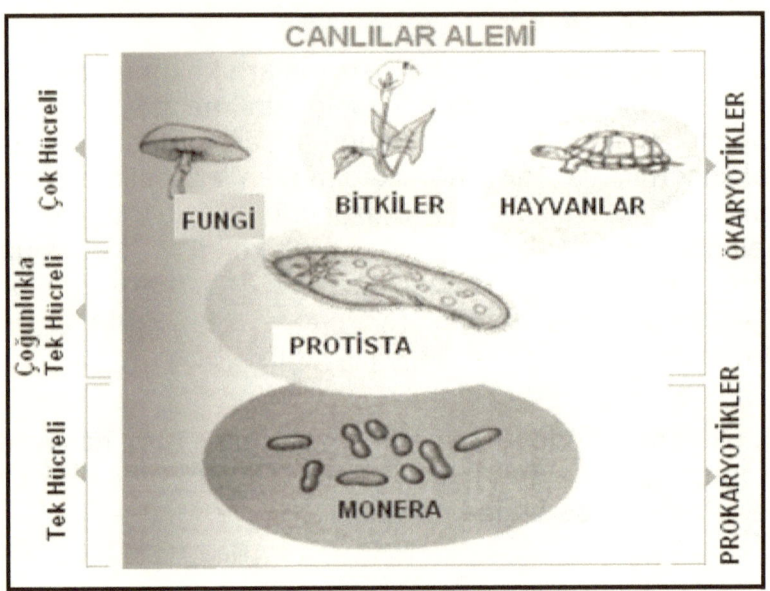

1. PROKARYOTLAR (=MONERA)
 a) Virüsler (=Virus)
 b) Bakteriler (=Bacterium)
 c) Mavi-Yeşil Algler

2. EUKARYOTLAR
 a) Protistalar (=Protistae)
 b) Mantarlar (=Fungus)
 c) Bitkiler (=Plantae)
 d) Hayvanlar (=Animalae)

1- PROKARYOTLAR
A- VİRÜSLER

Evrim Teorisi

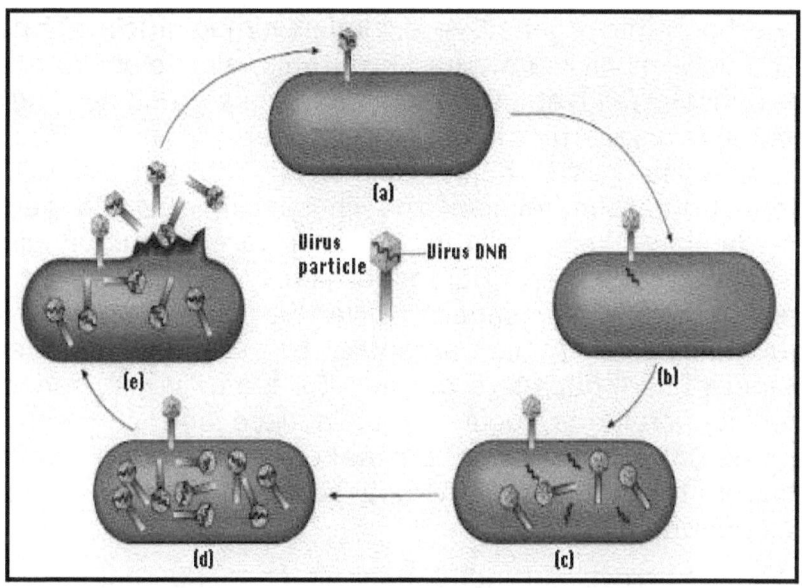

Çok küçük mikroorganizmalardır. Uzun süre bilim adamlarının dikkatini çekmemiştir. Meydana getirdiği hastalıklar hep bakterilerden bilinmiştir. Elektron mikroskobunun bulunmasıyla ancak virüslerin farkına varılmıştır. İlk olarak tütün bitkisinin yapraklarında hastalık meydana getiren virüs bulunmuştur. Daha önce tütünlerde bu hastalığın bakteriler tarafından meydana getirildiği sanılıyordu, fakat incelemelerin hiç birisinde bakteriye rastlanmıyordu.

Hasta tütün yapraklarından elde edilen özütün elektron mikroskobuyla incelenmesinden sonra hastalığın bakteri dışında yeni bir mikroorganizma tarafından meydana getirildiği görüldü. Bu mikroorganizmalarda daha önce hiç rastlanılmayan ve bilinmeyen bir yapı ortaya çıktı.

Normal hücre yapısına benzemeyen virüslerde sadece dış tarafında bir protein kılıf ve içerisinde nükleik asit vardı. Bunların dışında stoplazma, organel gibi yapılar bulunmuyordu. Bu yapıda onların zorunlu parazit yaşamalarını gerektiriyordu. Evet, bir virüsün yapısı sadece dışta bir protein kılıf ve içerisinde nükleik asitten meydana gelir.

Herhangi bir organeli ve enzimleri olmadığı için normal bir hücre gibi yaşamlarını sürdürebilmeleri olanaksızdır. Yaşamsal faaliyet (üreme gibi) gösterebilmek için mutlaka canlı bir hücreye girmeleri gerekir. Hücre dışında ise kristal halde bulunurlar. Bu yüzden bilim adamları tarafından cansızlık ile canlılık arasında geçiş formu olarak kabul edilirler. Virüsler küre, çubuk ve elips şeklinde olabilirler. Bulundurdukları nükleik asit tek çeşittir. Yani ya sadece DNA ya da sadece RNA bulundururlar. Aynı zamanda çok ta spesifiktirler. Sadece belirli hücrelere girerler. Bir kuduz virüsü sadece beyin hücrelerine, uçuk virüsü sadece ağız civarındaki epitel doku hücrelerine bir bakteriyofaj sadece belirli bakteri türlerine, AIDS virüsü sadece kandaki akyuvar hücrelerine gibi.

Virüs hücreye tutunduğunda ilk önce hücrenin zarını eritir. Daha sonra bu delikten içeriye kendi nükleik asitini akıtır. Hücreye giren virüs nükleik asiti derhal yönetimi ele geçirerek hücreyi kendi hesabına çalıştırmaya başlar. İlk önce kendi nükleik asitlerinin kopyalarını arkasından da protein kılıflarını sentezlettirir. Daha sonra bunları birleştirerek yüzlerce virüs oluşmasını sağlar. Hücre içerisindeki virüsler hücreyi patlatarak dışarı çıkar ve yeni hücrelere saldırırlar. Yapılarından dolayı ve hücre içerisinde bulunduklarından antibiyotik türü ilaçlardan etkilenmezler.

B- BAKTERİLER

* Mikroskobik, tek hücreli canlılardır.

* Ribozom haricinde zarla çevrili organeli yoktur.

* Ribozom,DNA,RNA,sitoplazma ve hücre zarı temel organelleridir.

* Bazı bakterilerde çeperin dışında kapsül bulunur. Bu

kapsül bakteriye direnç verir ve hastalık yapma özelliğini artırır.

* Bazıları kamçısıyla aktif olarak hareket edebilirken, bazıları pasif olarak hareket ederler.

* Bazı bakteriler çubuk, bazıları yuvarlak, bazıları virgül, bazıları da spiral biçimindedir.

* İnsan için zararlı olanlarının yanında, faydalı bakterilerde vardır.

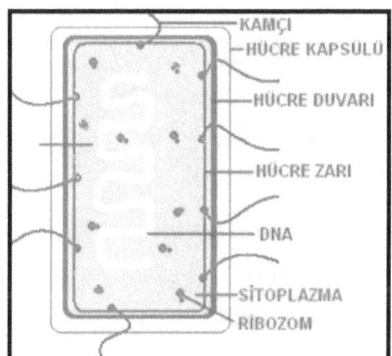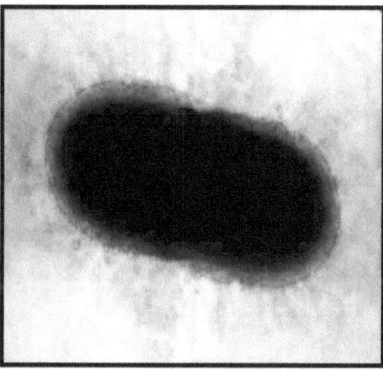

Genel olarak bir bakterinin hücre yapısı.

C- MAVİ-YEŞİL ALGLER

* Sulu ortamda yaşayan tek hücreli organizmalardır.

* Fotosentez yada fagositoz yaparak beslenirler.

* Alglerin en çok bilinenleri mavi-yeşil olanlarıdır.

* Stoplazmalarında hem klorofil (yeşil renk) hem de fikosiyanin (mavi renk) pigmentleri bulunur.
* Çoğunlukla koloniler halinde dere, göl ve denizlerde yaşarlar.

* Algler suda yaşayan canlılar için çok önemlidir. Bitkilerin yeryüzünde yaptıklarını algler suda yaparlar.

* Sularda yaşayan canlılar için besin ve oksijen kaynağıdır.

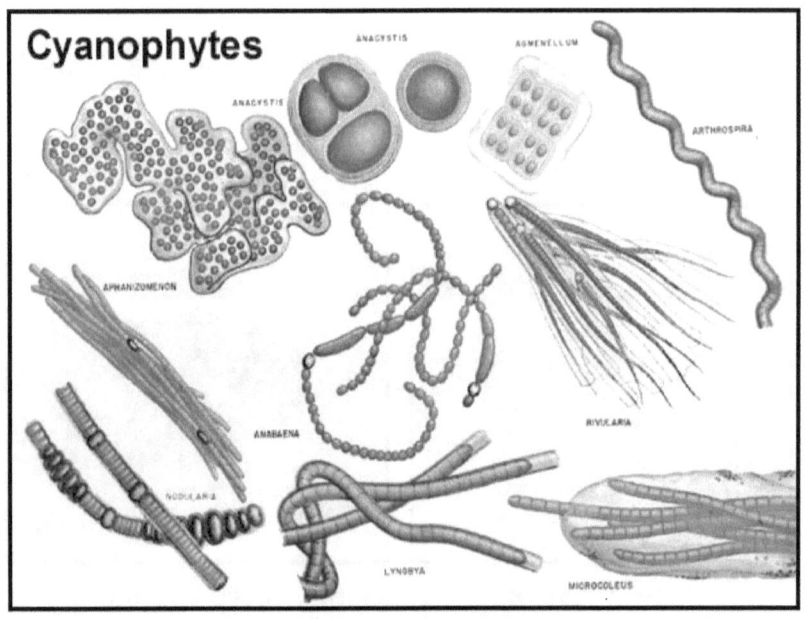

Kara canlıları için bitkiler ne ise, aynı anlamı deniz canlıları için algler olarak kullanabiliriz.

2- EUKARYOTLAR

A- PROTİSTALAR

Protozoa (Protista) üyelerinin tek ortak özelliği, bir hücreli oluşlarıdır. Bir protozoan hücresi, bir metazoan hücresinden çok daha karmaşık yapılı olabilir. Çünkü protozoa'da hücrenin kendisi bir organizmadır.

Protozoa'nın sınıflandırılması, vücut içi organelleri ve hareket organellerine göre yapılır. Hemen hemen tüm Protozoa üyeleri hücre duvarına sahip değillerdir, aerobik solunum yaparlar ve su olan her yerde bulunabilirler.

Kloroplast içeren türler, foto-ototrof özellik gösterir. Bazıları ise kloroplast içermelerine rağmen organik besinlerle de beslenirler (Mixotroph). Euglena buna en güzel örnektir. Tatlı sularda yaşayan bir hücrelilerde, Kontraktil Vakuol adı verilen boşaltım organeli bulunur.

Protozoa üyeleri 4 ana phylum (şube) içerisinde incelenir:

1. Phylum (Şube): Sarcomastigophora

2. Phylum (Şube): Apicomplexa

3. Phylum (Şube): Microspora

4. Phylum (Şube): Ciliophora

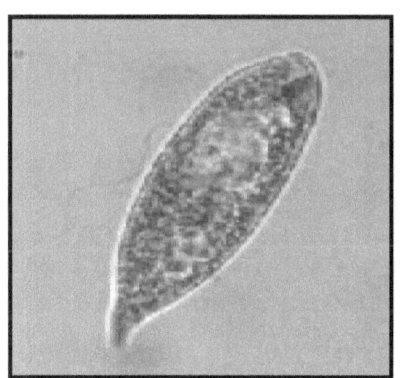 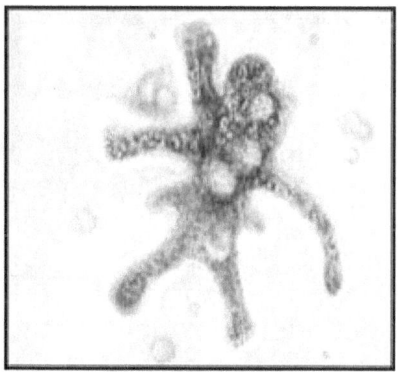

Bazı protistalara ait tipik hücre yapıları.

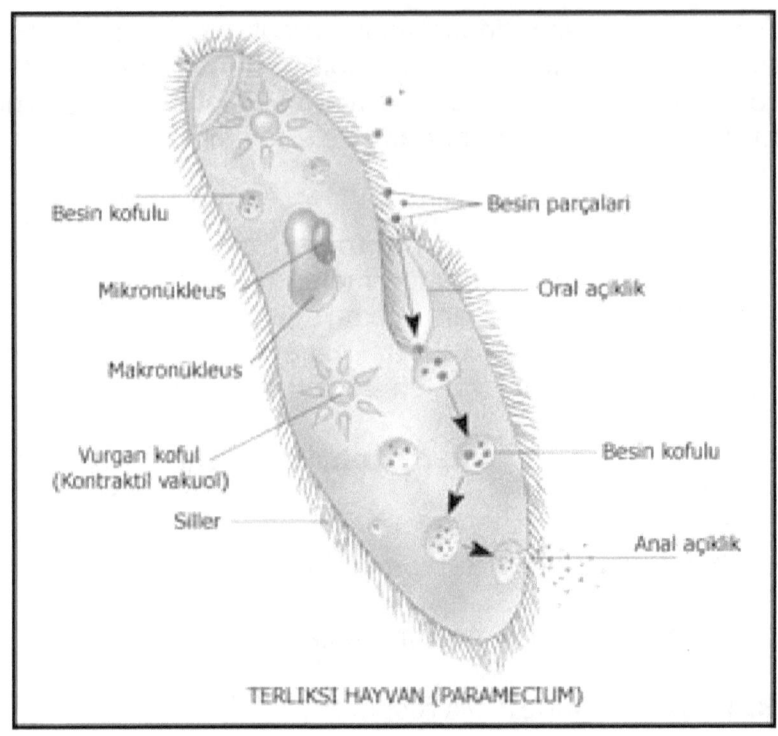

Protistanın tipik hücre içi yapısı.

B- MANTARLAR

Bu alem, yediğimiz şapkalı mantarları ve diğer organizmalarla birlikte yaşayan cıvık mantarları içerir. Bazı mantarlar, alglerle bir araya gelerek **"liken"** adı verilen toplulukları oluştururlar. Bazı türler de, bitkilerin köklerinde simbiyont olarak yaşarlar. Bitkilerin %90'ı, köklerinde simbiyont mantar türlerini taşır.

İletim dokusu bulunmayan ve bu nedenle heterotrofik, parazitik ya da saprofit (çürükçül) beslenen, fotosentez yapmamaları nedeniyle ışığa bağımlı olmayan, ökaryotik canlılardır. Çoğu hareketsizdir. **"Ekzoenzimler"** adı verilen sindirim enzimleriyle hücre dışı sindirim yapılır.

Besin maddeleri, vücutta glikojen formunda depolanır. Hücre duvarları, ağırlıklı olarak kitin yapıdadır. Ayrıca hücre zarı yapısında, hayvanlardaki kolesterol yerine, "**ergosterol**" adı verilen özel bir bileşik bulunur.

Mayalar gibi bazı cinsleri tek hücreli olabilir. Çok hücreli üyeleri, "**hif**" adı verilen özel vücut bölümlerinden oluşurlar. Hifler, bir araya gelerek "**misel**" yapılarını meydana getirir. Spor adı verilen özel hücrelerle ürerler. Sıklıkla rüzgar yoluyla saçılan sporlar, organizmanın türüne ve ortam koşullarına göre eşeyli (mayotik) ya da eşeysiz (mitotik) olarak üretilirler. Eşeyli üreme öncesinde, "**feromon**" olarak bilinen kimyasallarla iletişim kurarlar. Bitkilerde görülen döl almaşı, mantarlarda da görülür.

Yapılan moleküler çalışmalar, mantarların en yakın olduğu canlı grubunun "hayvanlar" alemi olduğunu göstermiştir.

1. Division (Bölüm): Gymnomycota (Cıvık Mantarlar)

2. Division (Bölüm): Mastigomycota

3. Division (Bölüm): Amastigomycota

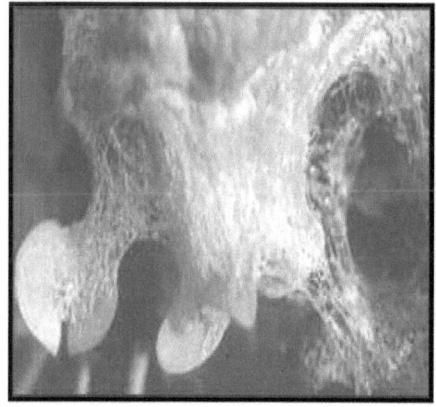 

Bazı basit mantar çeşitleri (en üst ve üst sağ) ile sporofor yapısı (altta).

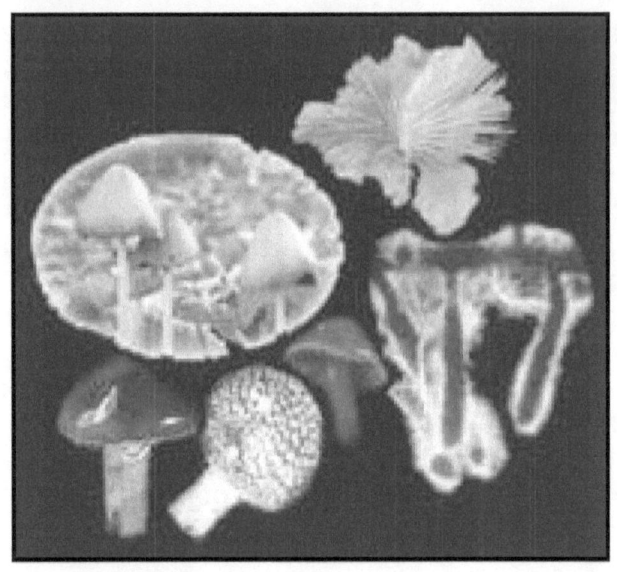

C- BİTKİLER

Bitkiler çok büyük çeşitliliği olan bir alem olmasına rağmen, genel olarak aşağıdaki gibi sınıflandırılabilir:

1. **ÇİÇEKSİZ BİTKİLER**
   A. Damarsız Bitkiler
   B. Damarlı Bitkiler

2. **ÇİÇEKLİ BİTKİLER**
   A. Açık Tohumlular
   B. Kapalı Tohumlular
     a. Tek Çenekliler
     b. Çift Çenekliler

A. Açık Tohumlular:

Genel Özellikleri

* Gerçek tohum taslağı yoktur ve tohum kozalak içinde gelişir.

* Çiçekleri yoktur bu yüzden bunlara kozalaklı bitkiler de denir.

* Çok yıllık odunsu bitkilerdir.

* Kış aylarında yapraklarını dökmezler.

* Bu grupta çoğu iğne yapraklı olan çam, ladin, ardıç gibi bitkiler bulunur.

Genel olarak, çok yıllık bitkiler açık tohumludurlar.

B. Kapalı Tohumlular:

Genel Özellikleri

* Ovül (tohum taslağı) bir karpel içinde kapalı olan tohumlu bitkilerdir.

* Olgunlaştığında tohumlar meyve içerisinde yer alırlar.

* Vejetatif (morfolojik) olarak çok çeşitli yapılar gösterirler; fakat kural olarak böcekler tarafından tozlaştırılan çiçeklerinin olmasıyla ortak bir özellik kazanmışlardır.

* Diğer tozlaşma şekilleri de gelişmiştir; örneğin rüzgarla tozlaşma bunlardan biridir.

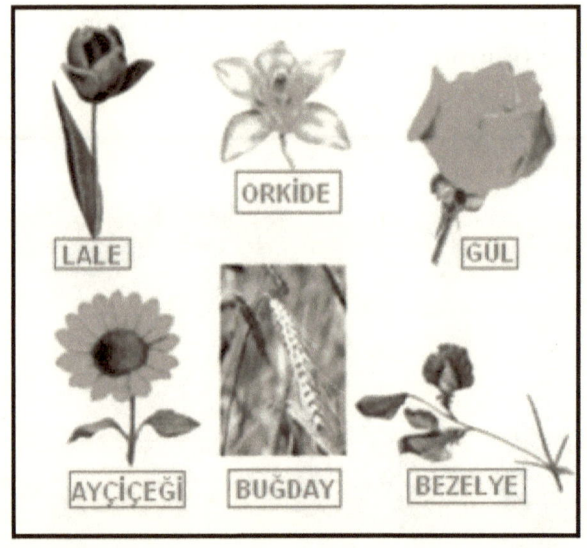

Genel olarak, çok yıllık olmayan bitkiler kapalı tohumludurlar.

D- HAYVANLAR

Hayvanlar da bitkiler gibi çok büyük çeşitliliği olan bir alem olmasına rağmen, genel olarak aşağıdaki gibi sınıflandırılabilir:

OMURGASIZLAR (=INVERTEBRATA)

Süngerler (=Porifera)

Boşluklu Hayvanlar (=Coelentrata)

Yumuşakçalarlar (=Mollusca)
  Kafadan Bacaklılar (=Cephalopoda)
  Karından Bacaklılar (=Gastropoda)
  İki Çenetliler (=Pelecypoda)

Solucanlar

  Yassı Solucanlar (=Platyhelminthes)
  Yuvarlak Solucanlar (=Nematoda)
  Halkalı Solucanlar (=Annelida)

Eklembacaklılar (=Arthropoda)

  Kabuklular (=Crustacea)
  Akrep ve Örümcekler (Arachinida)
  Çok Ayaklılar (=Myriopoda)
  Böcekler (=İnsecta)

Derisidikenliler (=Echinodermata)

OMURGALILAR (=CHORDATA)

İlkel Omugalılar (=Amphioxus)

Balıklar
  Kıkırdaklı Balıklar (=Elasmobranchii)

Kemikli Balıklar (=Pisces)

Kurbağalar (=Amphibia)
Bacaksız Kurbağalar (=Apoda)
Kuyruklu Kurbağalar (=Urodela)
Kuyruksuz Kurbağalar (=Anura)

Sürüngenler (=Reptilia)
Kaplumbağalar (=Testudinata)
Kelerler
Kertenkeleler
Yılanlar

Kuşlar (=Aves)
Eski Kuşlar (Archaeornithes)
Yeni Kuşlar (=Neornithes)

Memeliler (=Mammalia)
Gagalı Memeliler (=Prototheria)
Keseli Memeliler (=Metatheria)
Gerçek Memeliler (=Eutheria)

SÜNGERLER (=PORİFERA)

Genel Özellikleri:

* Sünger bir hayvan türüdür. Ama ayrımı öylesine güç bir yaratıktır ki, XIX. yüzyıl başlarına değin bitkimsi hayvan ya da hayvan bitki olarak adlandırılmıştır. Sünger, çok hücreli hayvanlar arasında en ilkel yapılılardan biridir.

* Kas, sinir, kalp, ağız ve sindirim boşluğu gibi herhangi bir organı oluşmamıştır. Buna karşın süngerlerin çok uzun zamanlardan beri yaşadığı ve varlıklarını başarıyla sürdürdükleri bilinmektedir. 5000'den fazla türü olan bu hayvanlar tatlı suda ve denizlerde, hatta 7500 metreden derin olan yerlerde bile yaşarlar.

* Genellikle göze çarpacak derecede güzel, çok çeşitli boy ve renklerde olan süngerlerden binlerce yıldır yararlanılmaktadır. Günümüzde en önemli kullanım alanı ilaç endüstrisidir. Bir tür süngerin bazı kanserlere karşı yararlılığı üzerinde durulmaktadır.

BOŞLUKLU HAYVANLAR (=COELENTRATA)

Genel Özellikleri:

* Vücutlarının merkezinde bir sindirim boşluğu bulunur.

* Vücutları iki tabakadan oluşur.

* Dış hücre tabakasında yakıcı kapsüller bulunur. Bu kapsüller canlıyı düşmanlarına karşı korur.
* Hayvanlar aleminin ilk gerçek sinir hücreleri bu hayvanlarda bulunur.

* **Örnekler**: Deniz anası, mercan, hidra gibi vb.

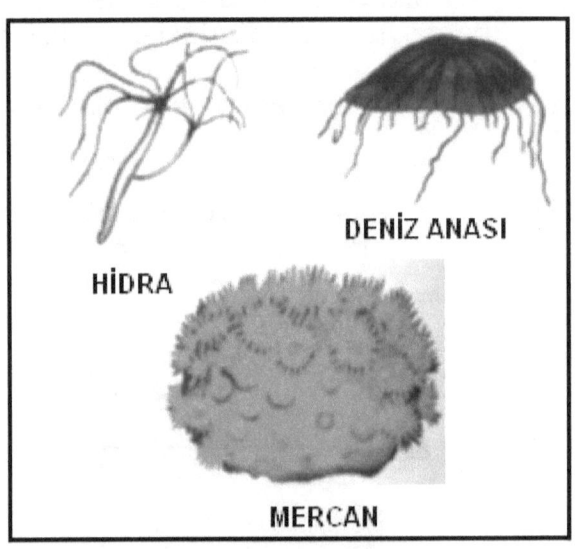

YUMUŞAKÇALAR (=MOLLUSCA)

Genel Özellikleri:

* Vücutları segmentsizdir.

* Çoğu yumuşakçada **"ayak"** adı verilen olağandışı bir yapı bulunur. Bu ayak, çeşitli türlerde farklı biçimlerdedir.

* Çoğu türde gövde, önemli ölçüde kalsiyum karbonattan oluşan bir kabuk ile korunur. Bu kabuk, **manto** adı verilen gövde örtüsünün salgılarından oluşur.

* Şube genelinde açık dolaşım sistemi görülür.

* Dünyanın en büyük topluluklarından biridir. Şimdiye kadar 70.000'den fazla tür saptanmıştır.
* Çoğu denizlerde, bir bölümü tatlı su göllerinde, havuzlarda ve ırmaklarda, bazıları ise karada yaşarlar.

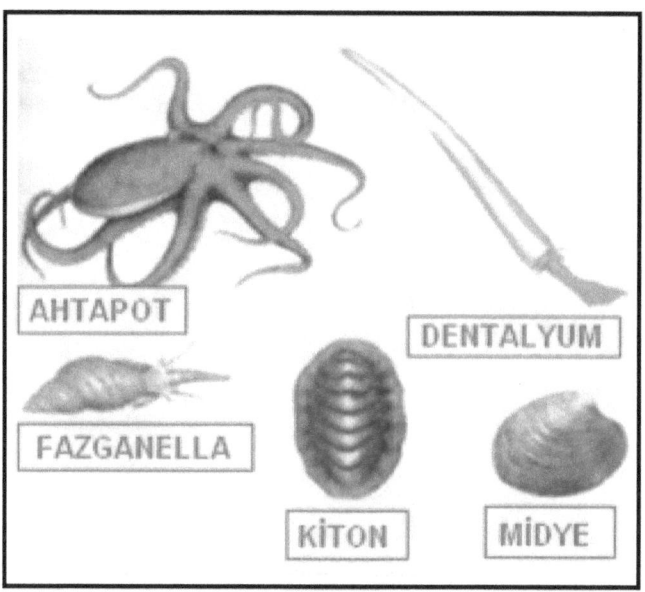

Kafadan Bacaklılar

* Genelde kabukları yoktur. Bunun yerine, manto, çıplak gövdelerinin dış bölümünü oluşturur.

* Bazı türlerde bir iç iskelet bulunur.

* Tüm kafadanbacaklılar denizde yaşar.

* Emme ya da yakalama için kolları vardır.

* Hemen hemen tümü, özel bir kesede saklanılan mürekkep benzeri bir sıvı salgılar. Düşmandan korunmak için mürekkep salgılayarak suyu bulandırırlar.

* **Örnekler:** Mürekkep balığı, Ahtapot, Kalamar gibi vb.

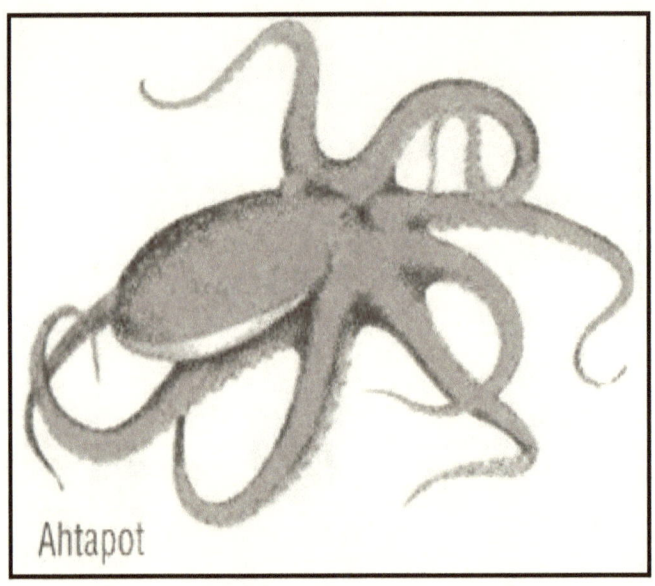

Karından Bacaklılar

* Bu hayvanlarda da öteki yumuşakçalarda olduğu gibi bir ayak ve bir manto boşluğu bulunur.

* Baş bölgeleri çoğunlukla iyi gelişmiştir ve tek parçadan oluşan sarmal biçimli bir kabukları vardır.

* Salyangozlar dünyanın her yerinde bulunur. Bazıları okyanuslarda, bazıları ise ırmak, göl ve benzeri tatlı sularda yaşarlar.

* **Örnekler:** Salyangoz, sümüklüböcek, deniz salyangozu, ve sarmal sedefli kabuklular.

Salyangozun salgıladığı sıvı o kadar kaygandırki; jilet üzerinden geçse bile jiletten zarar görmez.

İki Çenetliler

* Kabukları iki bölüme ayrıldığı için daha çok çift kabuklular adıyla anılırlar.

* Güçlü kaslarla birbirine tutturulan iki kabuk sıkıca birbirlerine kapanabilir. Bir midye açıldığı zaman kopan şey, bu kaslardır.

* Hareket edemezler. Deniz dibinde katı nesnelere sıkıca yapışırlar.

* İki çenetlilerde kafa yoktur.

* **Örnekler:** Tarak, istiridye, midye, karides gibi vb.

SOLUCANLAR

Genel Özellikleri

* Az gelişmiş omurgasız hayvanlardır.

* Çoğu tatlı sularda, denizlerde ya da dip çamurlarda yaşarlar.

* Hareketlerini uzunlamasına kasların uzayıp kısalmasıyla sağlarlar.

* **Hermafrodit**tirler. Her solucan hem sperm hem yumurta hücresi üretir.

* Boyları birkaç mm'den 4 metreye kadar uzanır.

* Parazit olan türlerin tutunma organları gelişmiştir.

* Sürekli karanlıkta yaşadıklarından gözleri gelişmemiştir.

* Gelişmişlik düzeylerine göre yassı solucanlar, yuvarlak solucanlar, halkalı solucanlar şeklinde sıralanır.

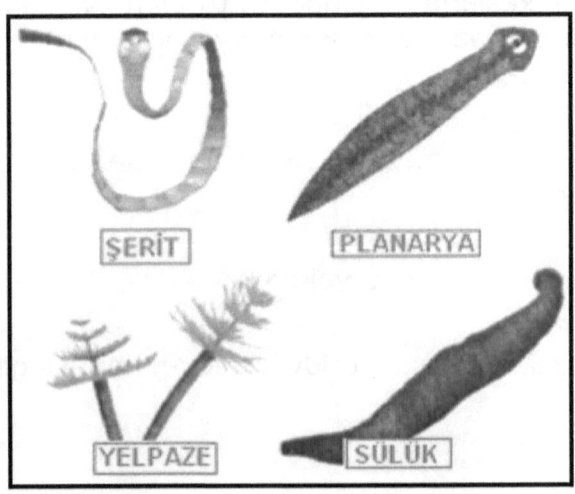

Yassı Solucanlar

* Parazit olarak yaşarlar.

* Vücutları baş, boyun ve gövdeden oluşur.

* Sindirim sistemleri gelişmemiştir.

* İnsan ve omurgalıların barsaklarında yaşarlar ve bu canlılara zarar verirler.

* **Örnekler:** Karaciğer kelebeği, planarya, tenya gibi vb.

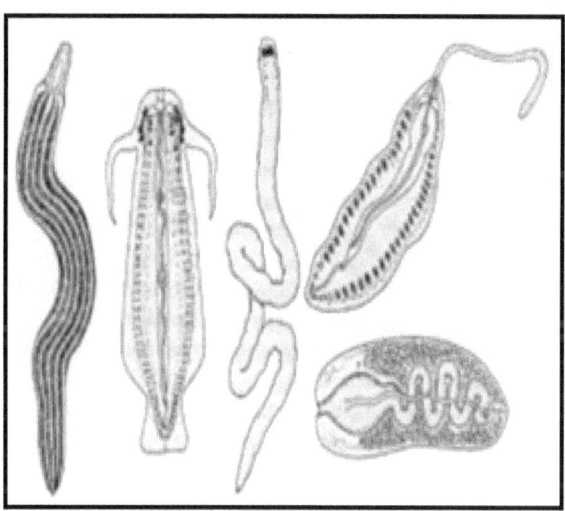

Yuvarlak Solucanlar

* Nemli toprakta, sulak alanlarda, yosunlar arasında yaşarlar.

* Büyük bir bölümü parazittir.

* Sıcak ülkelerde yaşayan türleri insanın bağırsağına girerek kan emerler, zayıflamaya sebep olurlar ve tehlikelidirler.

* **Örnekler:** Kancalı kurt, medine kurdu, bağırsak kurdu gibi vb.

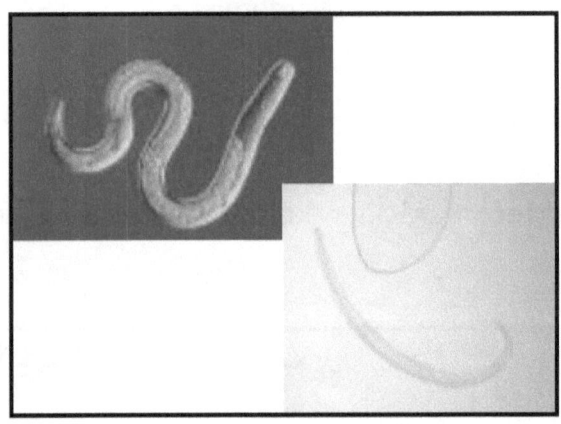

Halkalı Solucanlar

* 9000 türü vardır. Ama en önemlisi Toprak solucanıdır.

* Kapalı dolaşım, deri solunumu, kendini yenileme görülür.

* 100 gün suda kalsalar bile yaşarlar.

* % 70 su kaybına kadar dayanabilirler.

* Yağmur yağınca toprak yüzeyine çıkarlar, bunun nedeni toprakta hava boşluklarının suyla dolmasıdır.

* **Örnekler:** Toprak solucanı, Sülük gibi vb.

EKLEMBACAKLILAR=ARTHROPODA

Genel Özellikleri

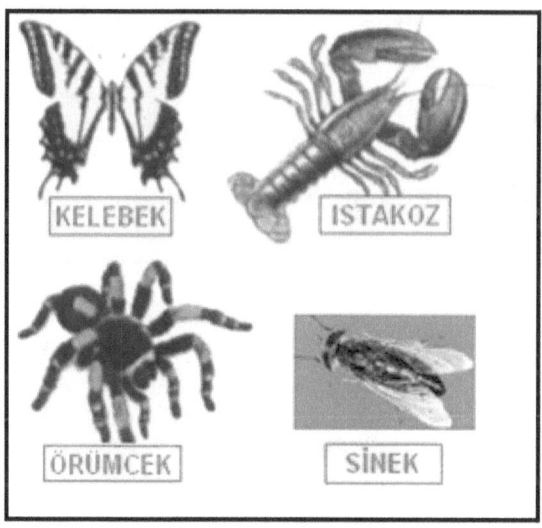

* Vücutları baş, göğüs ve karından oluşmuştur.

* Karasal yaşama en iyi uyum yapmış omurgasızlardır.

* Açık dolaşım sistemi görülür.

* Şube genelinde açık dolaşım sistemi görülür.

* Ayrı eşeylidirler.

* Basit bir sinir ve solunum sistemine sahiptirler.

KABUKLULAR

* Eklem bacaklıların sularda yaşayan temsilcileridirler.

* Kabukları kendilerini dış tehlikelere karşı korur.

* Isıya ya da ortama göre kabukları renk değiştirebilir.

* Genelde mikroorganizmalarla beslenirler.

* Solungaç solunumu yaparlar.

* **Örnekler:** Yengeç, karides, ıstakoz, deniz akrebi, karavida gibi vb.

Istakoz

Evrim Teorisi

ÖRÜMCEK VE AKREPLER

* Vücutları iki bölümden oluşur.Başlı göğüs ve karın.Baş ile göğüs kaynaşmıştır.

* Vücutları yumuşak ve yuvarlak bir yapıya sahiptir.

* Örümceklerin tümü etçildir.Kurduğu ağa yakaladığı böceği önce ısırır ardından da çıkan sıvıları emerler.

* **Örnekler:** Akrep, Kene ,Örümcek, At nalı yengeci gibi vb.

ÇOK AYAKLILAR

* Dolaşım sistemleri açıktır.

* Çizgili kaslar çabuk hareket edebilmelerine olanak sağlar.

* Trake,solungaç,kitapsı akciğer ve vücut yüzeyiyle olabilir.

* Ayrı eşeylidirler.

* **Örnekler:** Kırkayak, çıyan gibi vb.

BÖCEKLER

* Çoğu karada yaşar.

* Vücutları baş, gövde ve karın (kuyruk) olmak üzere üç bölümden oluşur.

* Genellikle üç çift bacak ve iki çift kanat bulundururlar.

* Dolaşım sistemleri açık olup, solunum organları trakedir.
* Bazı türleri sosyal yaşar (karıncalar, arılar, termitler gibi).

* **Örnekler:** Çekirge, kelebek, bit, sinek ve yaprak biti.

ECHINODERMATA (=DERİSİDİKENLİLER)

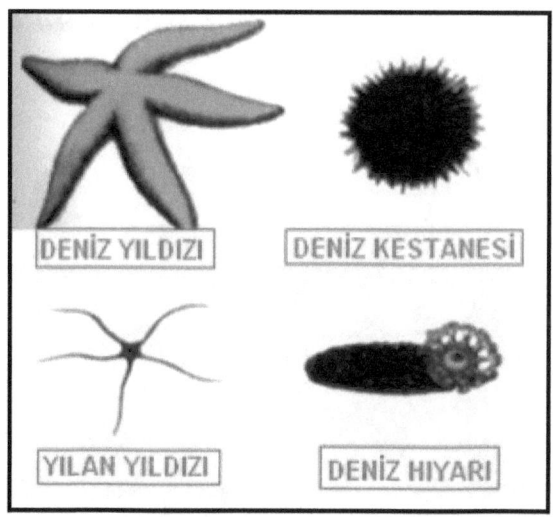

Genel Özellikleri:

* Tamamı denizsel olan ve birçoğu gruplar halinde yaşayan canlılardır.

* Baş ve beyin bulunmaz.

* Duyu organları bakımından fakirdirler.

* Sindirim borusunun tamamı endodermden meydana gelmiştir. Bazı deniz yıldızlarında anüs bulunmaz.

* Gerçek anlamda bir boşaltım ve dolaşım sistemi görülmez. Bunun yerine, bu şubeye özgü bir su-damar sistemi bulunmaktadır.

* İskelet mezodermden meydana gelmiştir.

* Vücut uzantıları üzerinde bulunan "amburakral ayaklar" harekette, dokunmada, avın tutulmasında, tutunmada ve solunumda görevlidir.

* **Örnekler**: Deniz yıldızı, Deniz kestanesi, Deniz hıyarı vb.

BALIKLAR

Genel Özellikleri

* Kemik ya da kıkırdaktan oluşmuş iç iskelete sahiptirler.

* Solungaç solunumu yaparlar.
* Kalpleri iki gözlüdür.

* Genellikle yüzgeçli ve pulludurlar.

* Denizlerde ve tatlı sularda yaşarlar.

* İkiye ayrılırlar: Kıkırdaklı Balıklar ve Kemikli Balıklar.

Kıkırdaklı Balıklar

İç iskeletleri kıkırdak halindedir ve gerçek iskeletleri yoktur.

* Kalpleri iki gözlüdür.

* Beyinleri oldukça gelişmiştir.

* Vücut sıcaklıkları değişkendir.

* İç döllenme görülür.

* Ayrı eşeylidirler.

* **Örnekler:** Vatoz Balığı, Köpek Balığı, Elektrik Balığı, Kedi Balığı, Camgöz gibi vb.

Kemikli Balıklar

Yaratılış Gerçekliği-I

* İskeletleri kemik yapıdadır.

* Değişken vücut sıcaklıklı canlılardır.

* Kapalı dolaşım sistemi görülür.

* Yüzme keseleri bulunur. Bu kese, suyun farklı seviyelerindeki basınç miktarlarına karşı dayanıklılık sağlamada, solunumda, ses çıkarmada ve ses işitmede yardımcıdır. Akciğerli balıklarda ise, akciğer görevindedir.

* Vücuda su girişini önlemek için, vücut yüzeyi mukusla kaplanmıştır.

* **Örnekler:** Müren Balığı, Deniz Atı, Mezgit, Alabalık, Sazan gibi vb.

KURBAĞALAR

Genel Özellikleri:

* Karada ve suda yaşarlar.

* Derilerinde mukus bezleri bulunduğu için, daima nemli ve kaygandır.

* Larvaları solungaç, erginleri ise akciğer solunumu yapar.

* Kalpleri üç gözlüdür.

* Değişken vücut ısısına sahip hayvanlardır.

* Akciğerleri basit bir kese şeklindedir.

* İkiye ayrılırlar: Kuyruklu Kurbağalar(=Urodela) ve Kuyruksuz Kurbağalar (=Anura).

* **Örnekler:** Kuyruklu kurbağalar: Semenderler,

Kuyruksuz kurbağalar: Kara kurbağası, Ağaç kurbağası gibi vb.

SÜRÜNGENLER=REPTİLİA

Genel Özellikleri:

* Vücutları keratinden yapılmış pullarla örtülüdür.

* Akciğerleriyle solunum yaparlar.

* Soğuk kanlı canlılardır.

* Kalpleri üç gözlü olup karıncık yarım perdeyle ikiye ayrılır. Timsahlarda ise kalp dört gözlü olup tam perdeyle ikiye ayrılmıştır.

* Yumurtaları vücut içinde döllenir.

* **Örnekler:** Kaplumbağa, Yılan, Kertenkele, Timsah, Dinozorlar gibi vb.

KUŞLAR

Genel Özellikleri:

* Vücutları sıcaklıkları sabittir.

* Ön üyeleri kanat şeklindedir.

* Derilerinin üstü tüylerle örtülüdür.

* Kalpleri dört odacıklıdır.

* Akciğer solunumu yaparlar.

* Yumurta ile çoğalırlar.

* İkiye ayrılırlar: Archaeornithes ve Neornithes.

* **Örnekler:** *Archaeornithes;* Devekuşu, Kivi kuşu vb. ile *Neornithes;* Kartal, Pelikan gibi vb.

MEMELİLER=MAMMALİA

Genel Özellikleri

* Sıcakkanlı hayvanlardır.

* Derileri kıllarla örtülüdür.

* İskeletleri kemikleşmiştir.

* İç döllenme görülür.

* Kalpleri dört gözlüdür.

* Memelilerde kapalı dolaşım sistemi görülür.

* Yavru gelişmesinin bir bölümünü döl yatağında tamamladıktan sonra doğar.

* Sinir sistemleri çok iyi gelişmiştir.

* Gelişmişlik düzeylerine göre Gagalı Memeliler, Keseli Memeliler, Gerçek Memeliler şeklinde sıralanır.

Gagalı Memeliler

* Yumurtlayan memelilerdir.

* Süt bezleri ilkeldir.

* Üreme, boşaltım ve sindirim ürünlerini tek delikten atarlar.

* **Örnekler:** Ördek gagalı palitipus, Ornitorenk gibi vb.

Keseli Memeliler

* Vücutlarındaki kıllar oldukça sıktır.

* Parmak uçlarında tırnakları bulunur.

* İskeletlerinde **Kese Kemiği** yer alır.

* Göğüs bölgesinde özel kaslardan yapılı kese bulunur.

* **Kese:** Yavrunun doğduktan sonra gelişimine bir süre daha annesinin vücudunda devam etmesi için özelleşmiş yapıdır.

* **Örnekler:** Kanguru, Uçan Keseli Sincap, Koala, Keseli Ayı, Keseli Karıncayiyen, Uçan Sincap, Keseli Fare gibi vb.

Gerçek Memeliler

* Yavru gelişimi annenin içinde gerçekleşir.

* Bazı yavrular doğduktan sonra bir süre daha anne bakımına ihtiyaç duyarken, bazı yavrular ise hemen erginlerle beraber hareket edebilecek konumdadır.

* Yurdumuzdaki memeliler bu gruba dahildir.

* **Plesenta:** Yavrunun anne karnında iken besin alışverişini sağlayan yapıdır.

* **Örnekler:** İnsan , İnek, Kedigiller, Köpek, Aslan, Koyun, Fare, Kirpi, Kunduz, Köstebek, Tavşan, Sincap, At, Deve, Zürafa, Geyik, Yarasa, Fil, Domuz, Maymun gibi vb..

EK BÖLÜM-III

İNSAN VÜCUDUNUN TEMEL SİSTEMLERİ (ANATOMİ ATLASLARI)

EL SİSTEMİ

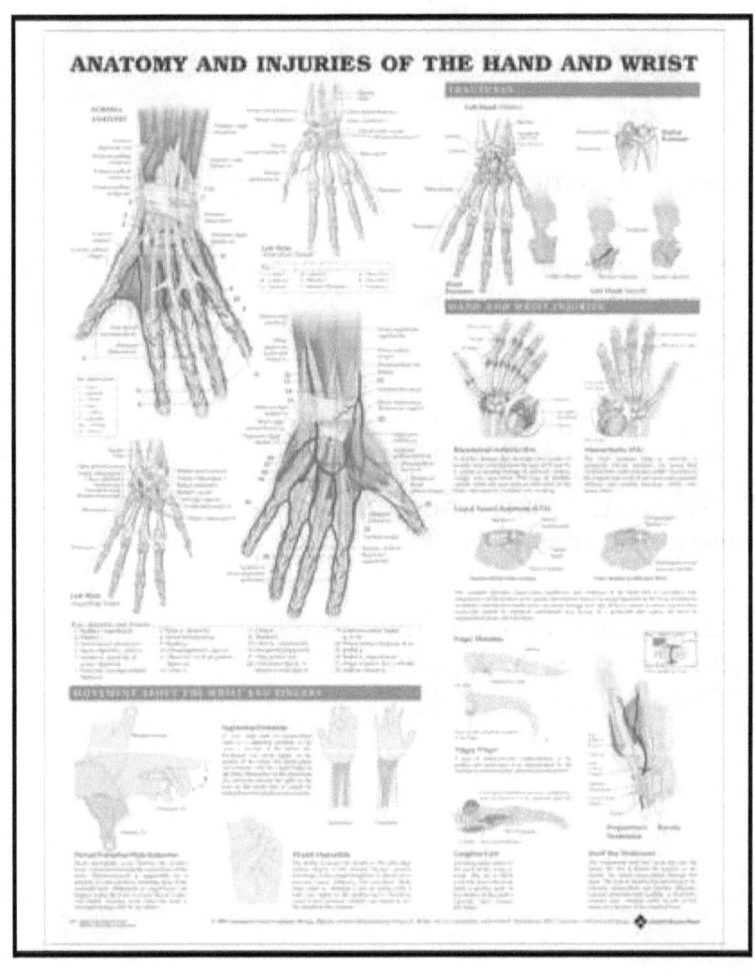

Evrim Teorisi

AYAK SİSTEMİ

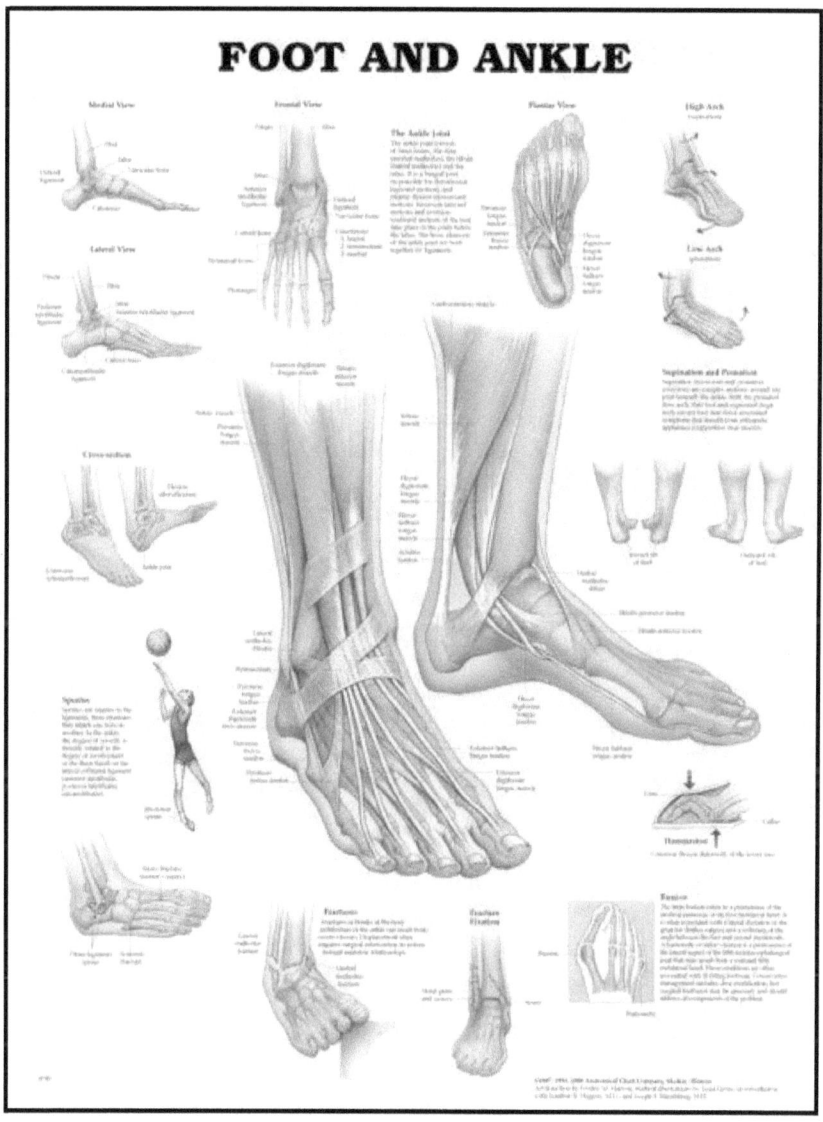

Yaratılış Gerçekliği-I

DİŞ VE ÇENE KEMİK SİSTEMİ

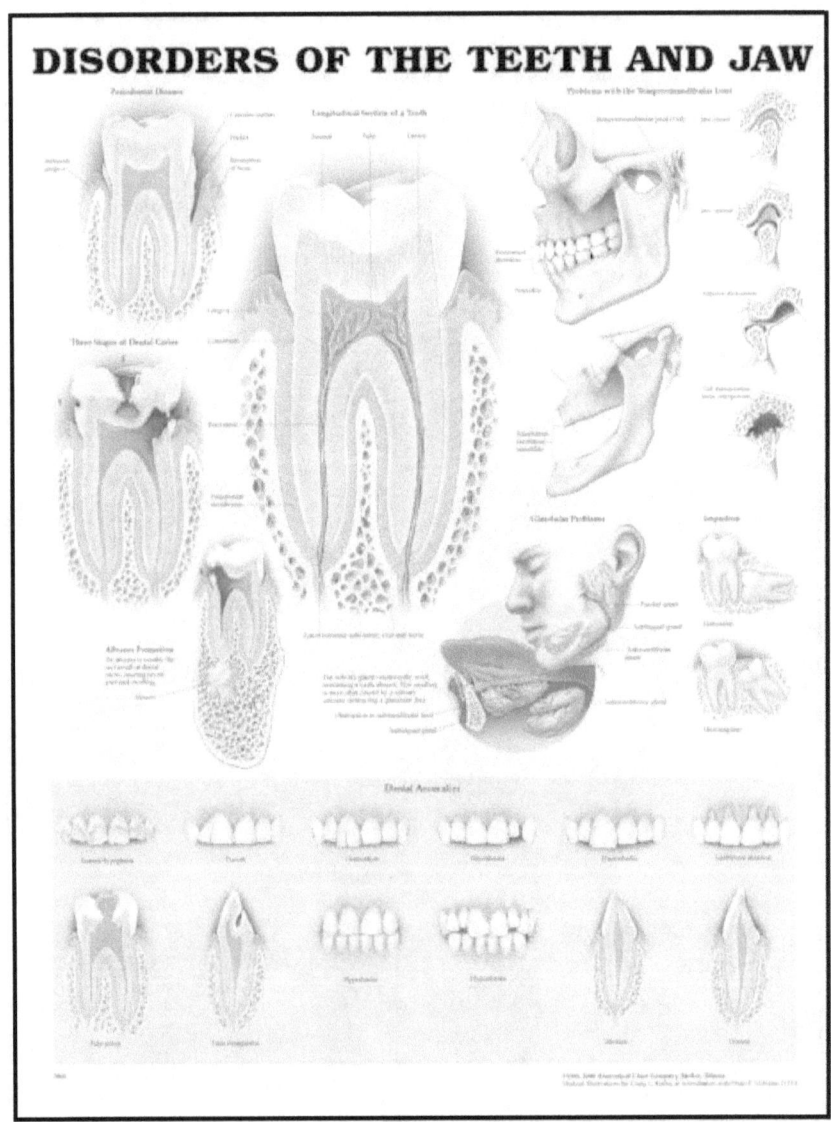

Evrim Teorisi

DERİ SİSTEMİ

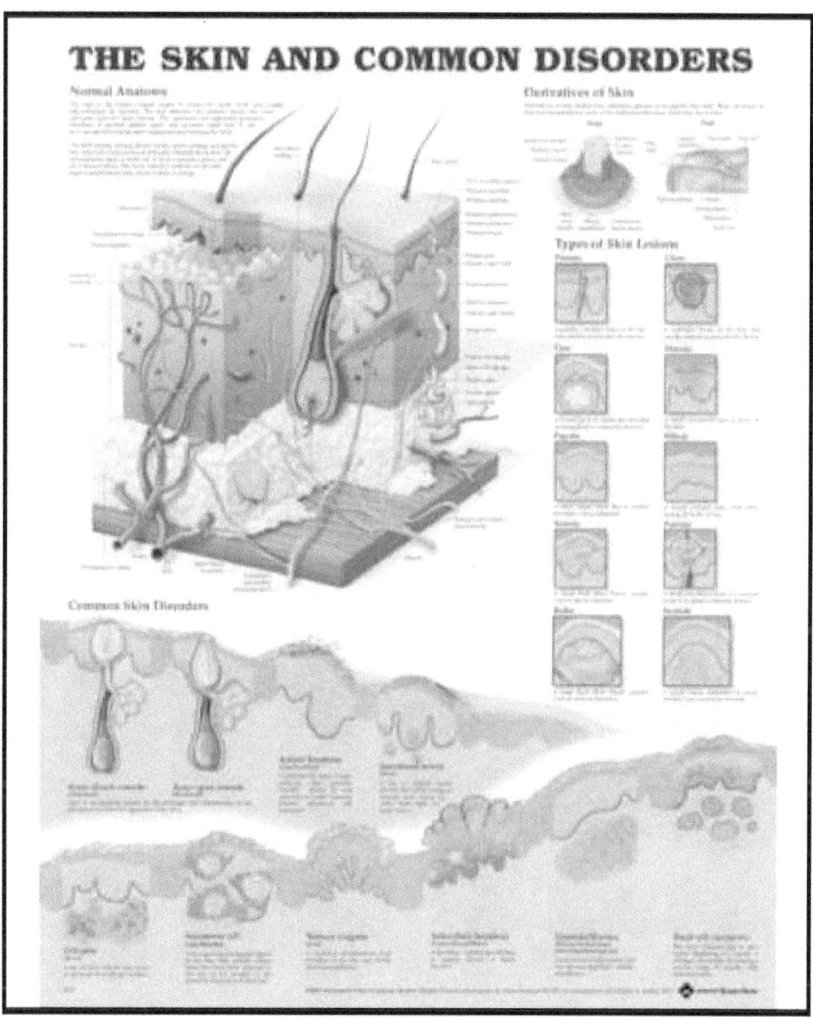

BEYİN VE SİNİR SİSTEMİ

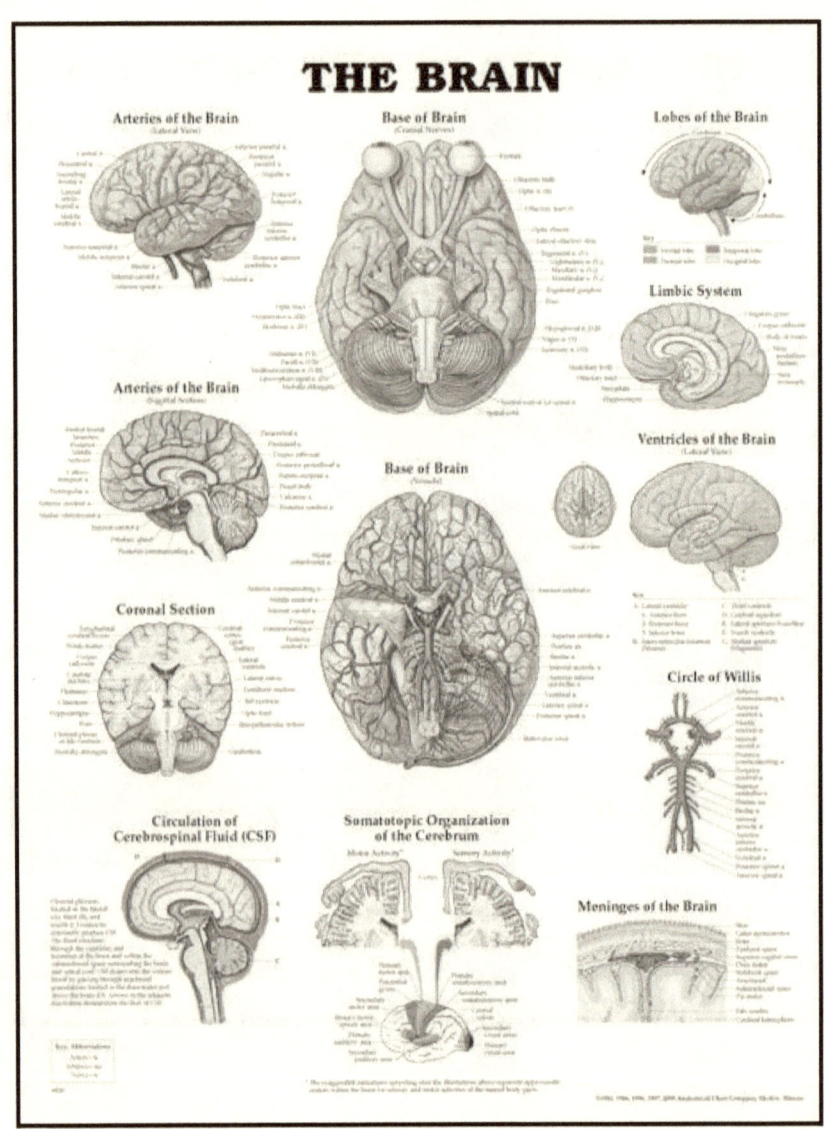

Evrim Teorisi

BOŞALTIM SİSTEMİ

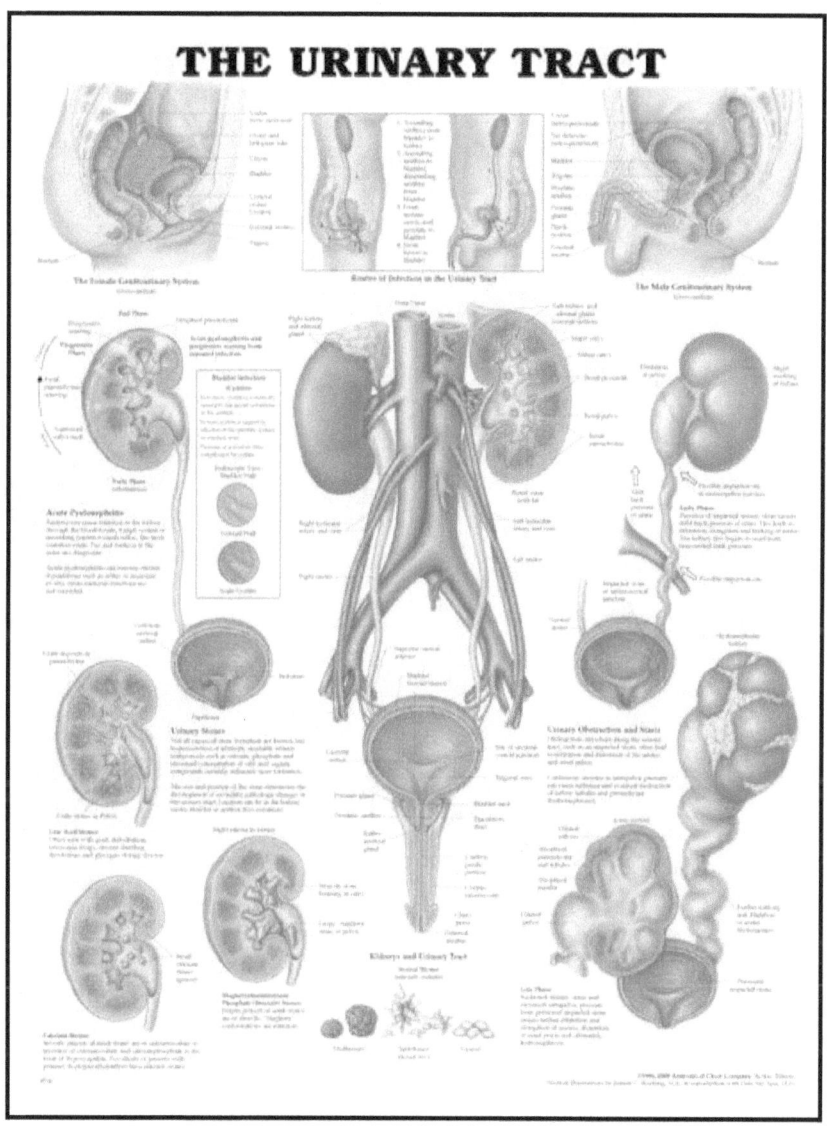

DOLAŞIM SİSTEMİ

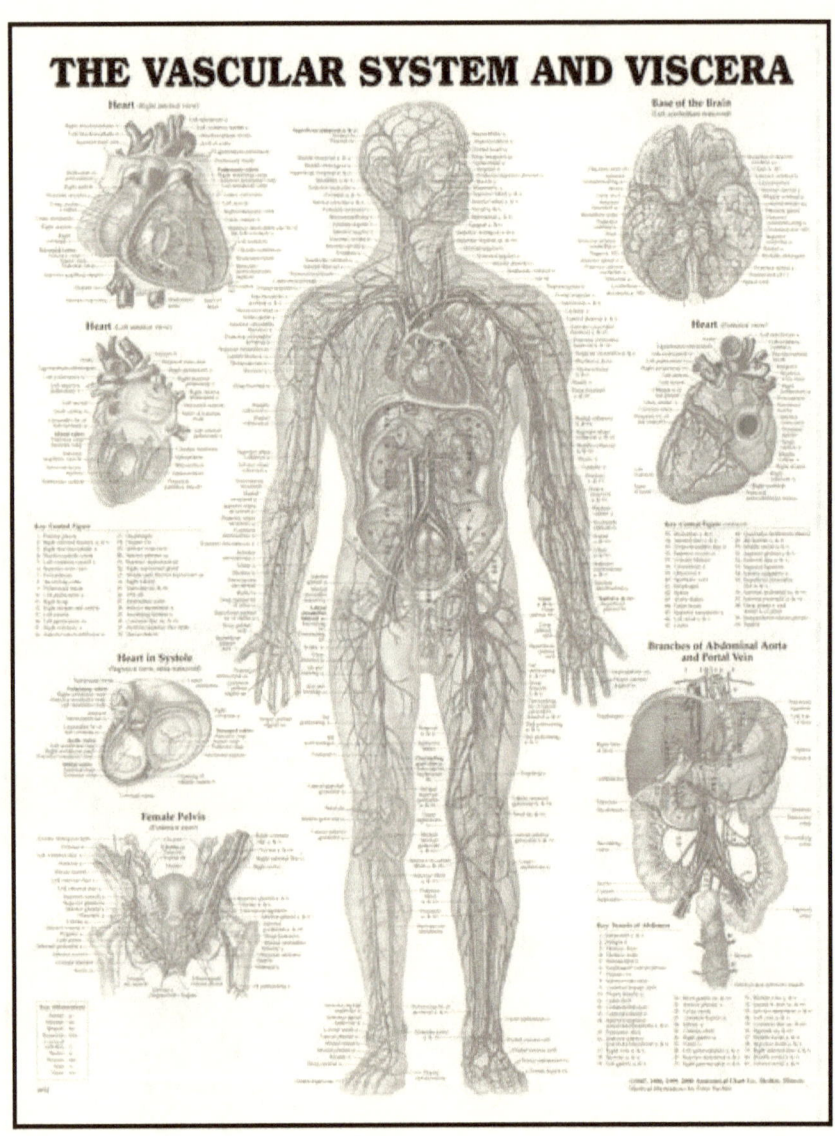

Evrim Teorisi

ERKEK ÜREME SİSTEMİ

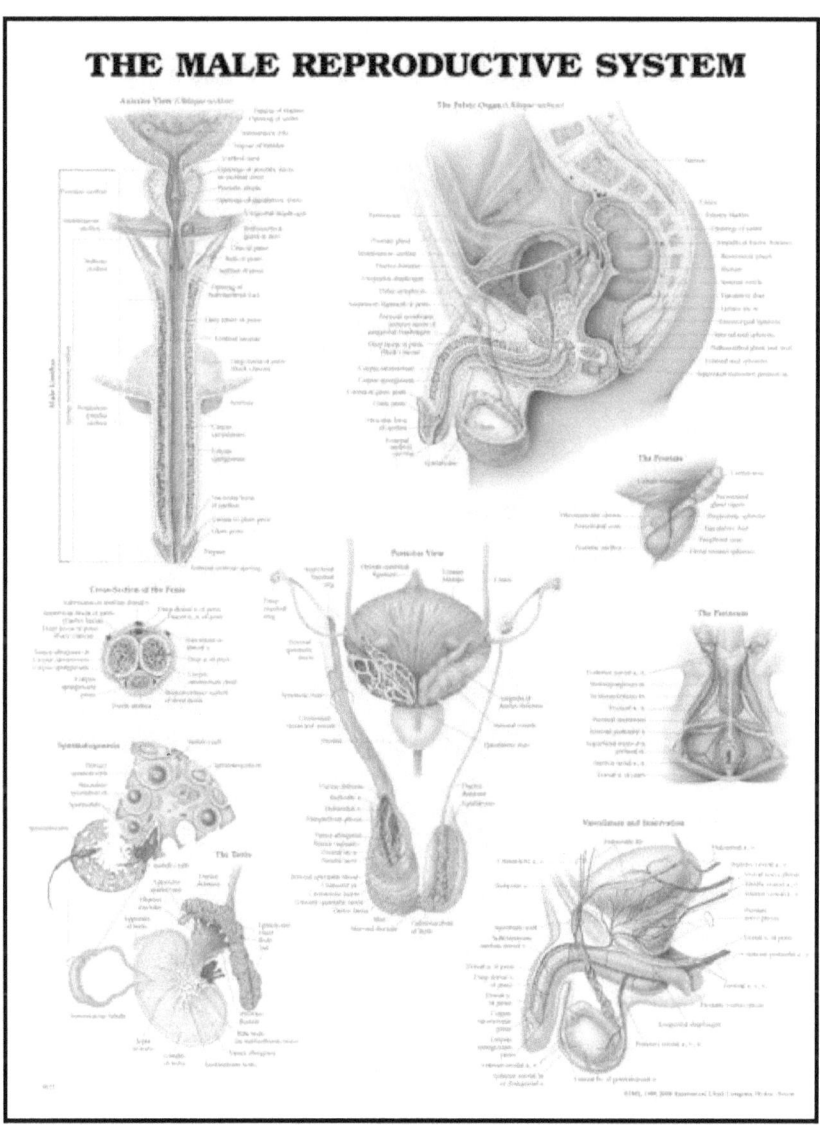

Yaratılış Gerçekliği-I

KADIN ÜREME SİSTEMİ

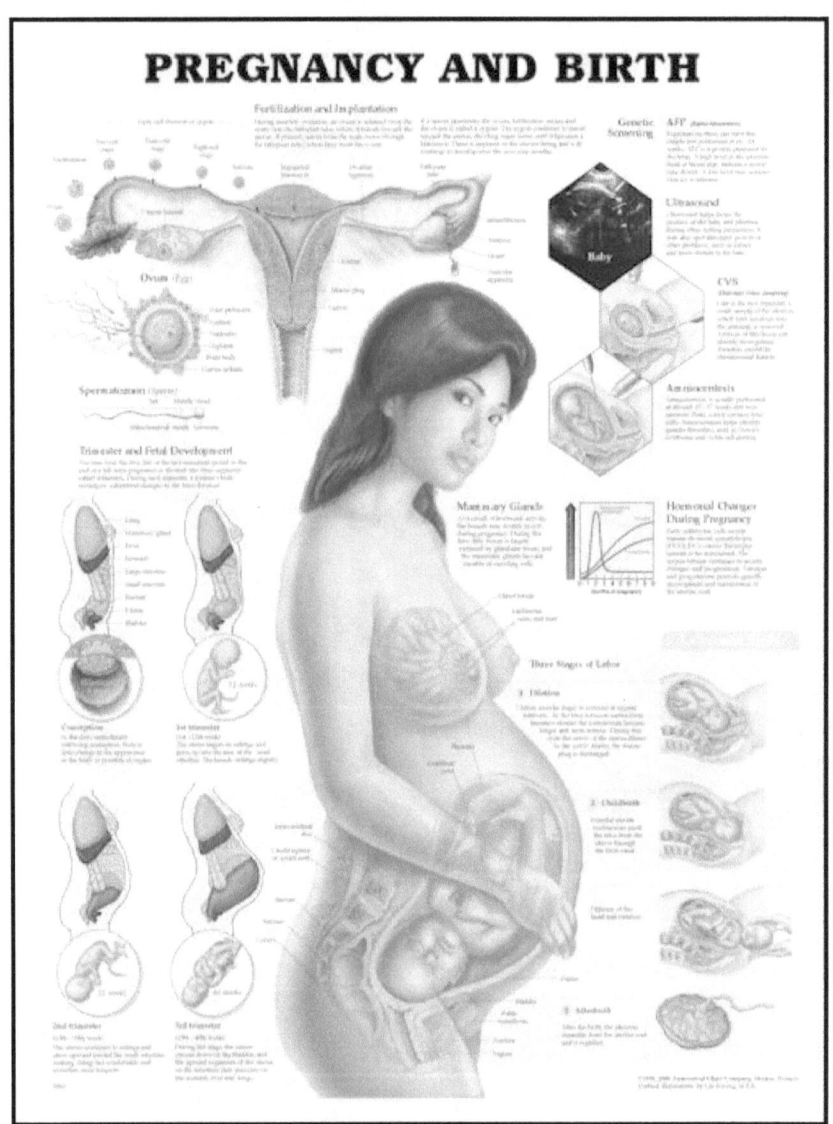

EK BÖLÜM-IV

BİYOLOJİ TERİMLERİ SÖZLÜĞÜ
(RESİMLİ)

A

A bandı: Kas tellerinde görülen ve açık renkli bantlarla (I bandı) almaşık olarak dizili koyu renkli bantlar olup uç taraflarında ince iplikler ile iç içe bulunan, kalın miyozin ipliklerinin bulunduğu bölgeler, Anizotrop bant.

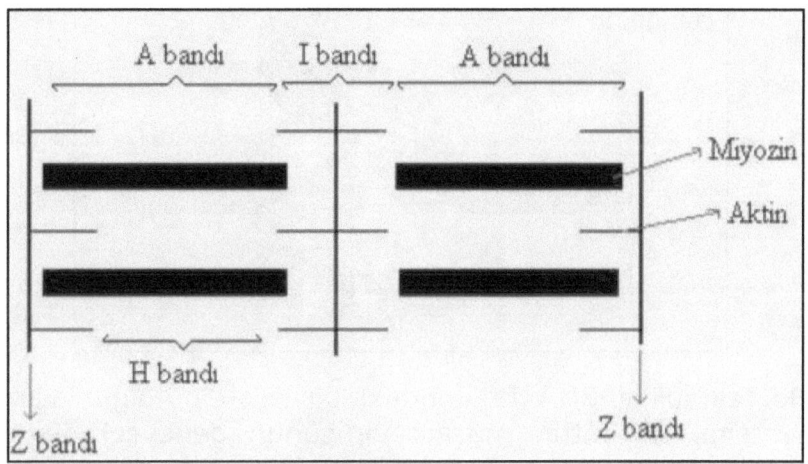

Adenosin DNA: DNA tipleri (4 adet) içerisinde yer alan temel bir DNA molekülü.

A hücreleri: Alfa hücreleri.

A kromozomu: Diploit bir kromozom takımındaki normal kromozomlar, B kromozomunun zıddı ve normalden fazla olan kromozomlar.

A proteini: 1. Triptofan sentetaz enziminin bir protein alt birimi. **2.** Laktoz sentetaz enziminin bir parçası.

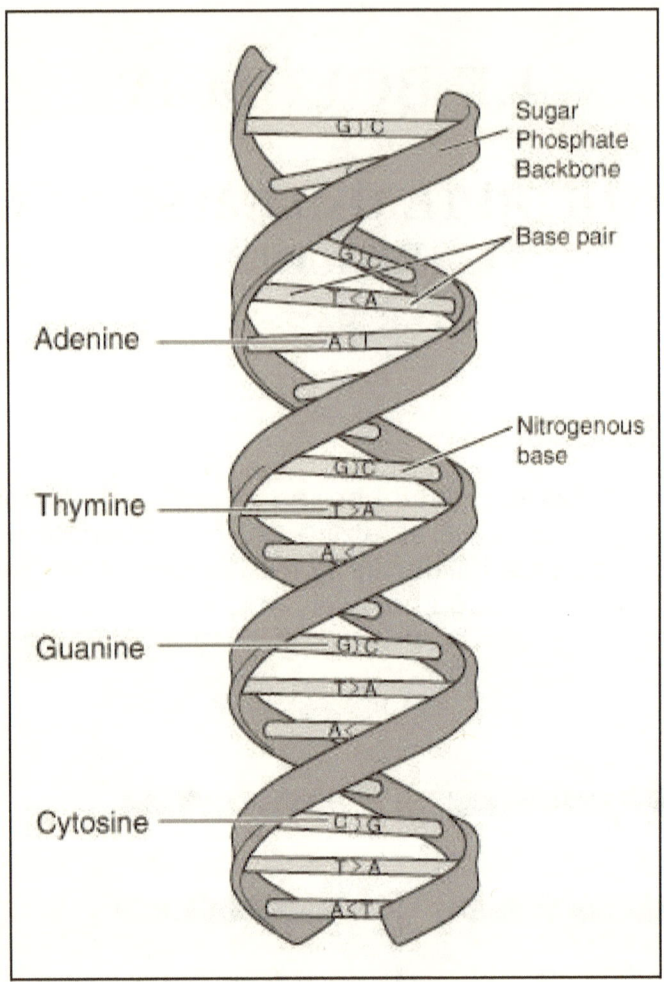

3. Tek iplikli RNA fajlarındaki bir protein, olgunlaşma proteini. **4.** Tütün mozaik virüsünün deneysel olarak meydana getirilen protein kılıfının bir oligomeri.

A vitamini: Karotenlerden elde edilen ve yağda çözünen, bazı balıkların karaciğerinde, sütte ve yumurtada bulunan, gözde çubuk ve koni hücrelerinin ışığa duyarlı pigmentinin öncüsü olan bir vitamin.

Abiyogenez: Canlıların cansız maddelerden meydana geldiğini savunan görüş.

Absorbsiyon: Bir maddenin enerjiyi veya diğer bir maddeyi emebilme, soğurma yeteneğidir.

Üstteki resim: Abiyogenez, canlıların cansız molekül yığınlarından tesadüfen oluştuğunu savunan evrimci görüştür. Fakat yapılan son modern araştırmalar, canlılığın cansız moleküllerden çok daha fazla indirgenemez komplekslik içeren metabolik faaliyetten meydana geldiğini ortaya koymuştur.

Açık dolaşım: Kanın damarlardan dokular arasındaki özel boşluklara yayılıp, madde alış-verişi olduktan sonra toplayıcı damarlarla kalbe dönmesine denir.

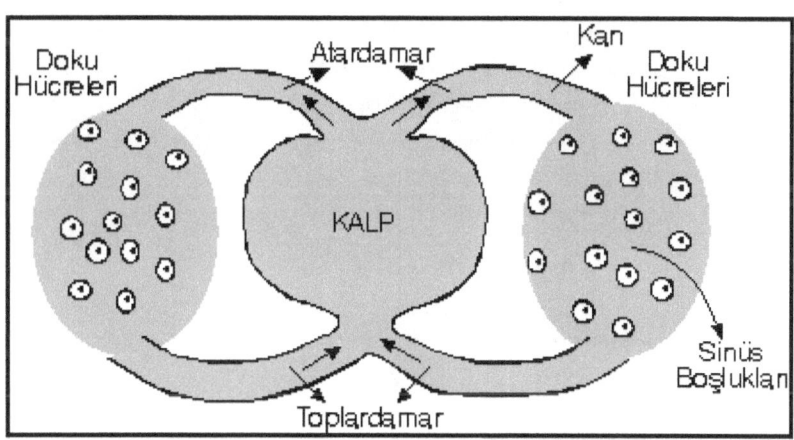

Adaptasyon: Canlının yaşama ve üreme şansını artıran çevreye uyumunu sağlayan ve kalıtsal olan ekolojik ortam özellikleri.

Adenin: Nükleik asitlerin yapılarında bulunan azotlu bir pürin bazıdır. Adenin yapısına katıldığı bazı moleküller; ATP, ADP, AMP, NAD, NADP vs.

Adenovirüsler: Çift zincirli DNA molekülüne sahip virüslere denir. Boyutları 70 - 80 nm olup hayvanlarda bazı tümörlere neden olur.

Adenozin trifosfat (ATP): Canlıların doğrudan kullandığı hücresel enerji molekülü, biyolojik enerji.

ADH: Metabolik faaliyetler sonucunda oluşan alkolleri, keton ve aldehit gruplarına çeviren enzimlerden birisi.

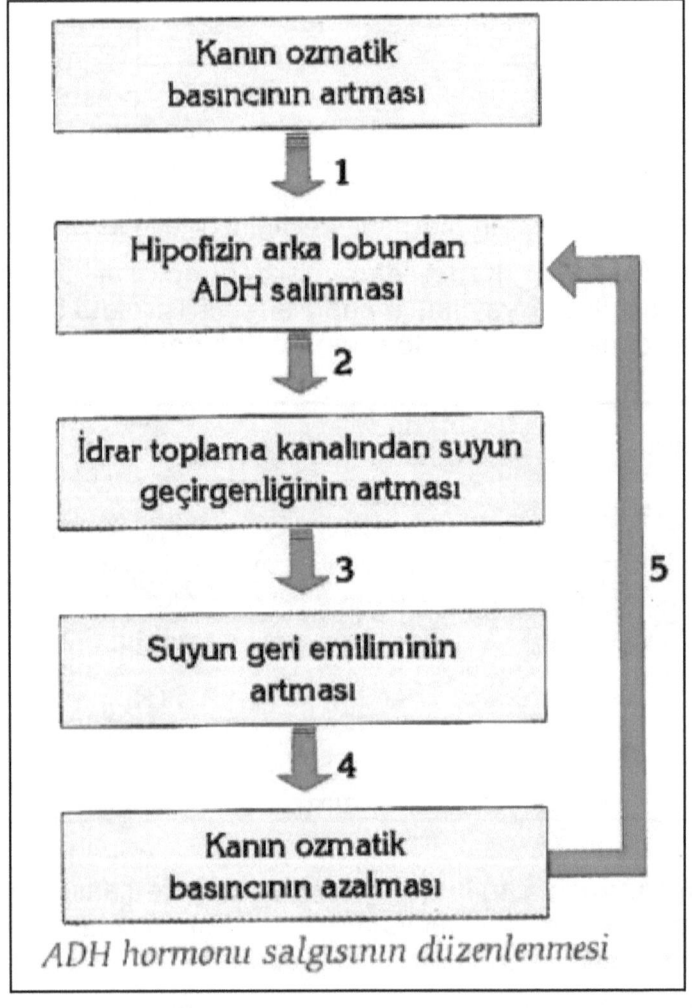

ADH hormonu salgısının düzenlenmesi

Adrenalin: Böbrek üstü bezinden salgılanan hormon.

Evrim Teorisi

Şekil 29: Korku veya heyecan anında beyin, böbrek üstü bezlerine yıldırım gibi bir emir gönderir.

Şekil 30: Böbrek üstü bezinin iç bölgesinde bulunan hücreler derhal alarm durumuna geçer.

Şekil 31: Ve acil olarak adrenalin hormonu salgılar.

Aerobik solunum: Hücrede yalnız moleküler oksijenin kullanıldığı bir solunum şeklidir.

$$C_6H_{12}O_6 + 6O_2 \longrightarrow 6CO_2 + 6H_2O + 38\,ATP$$

Glikoz — Oksijen — Karbon dioksit — Su — Enerji

Solunum denklemi:

Besin + Oksijen → Karbon dioksit + Su + ENERJİ

Aerob organizma: Ancak oksijen varlığında yaşayabilen organizmalara denir (tam tersi "Anaerob").

Aglütinasyon: Kan hücrelerinin kümeleşerek pıhtılaşması.

Akson: Sinir hücrelerinin uzun uzantısı.

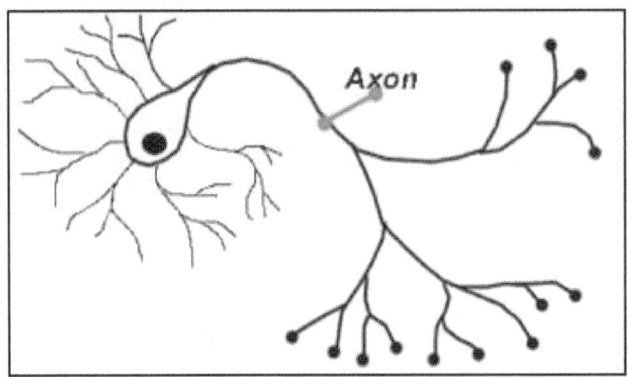

Aktif taşıma: Yarı geçirgenbir zarda maddelerin az yoğun ortamdan çok yoğun ortama enerji harcayarak geçmesi olayıdır.

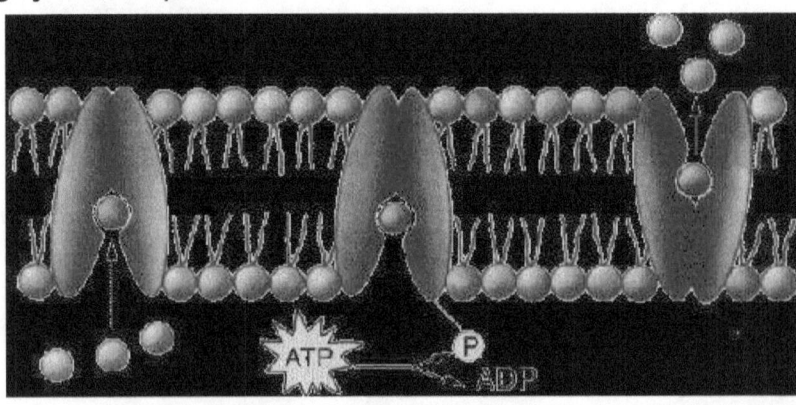

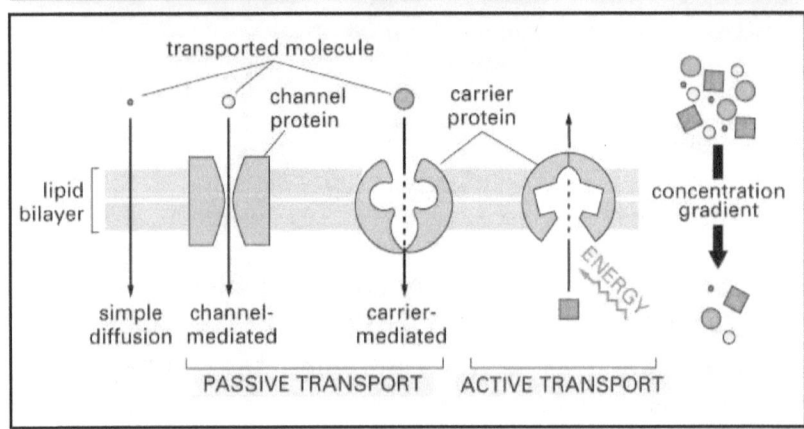

Evrim Teorisi

Aktin: Kaslarda kasılmayı sağlayan protein yapıdaki ince iplikler.

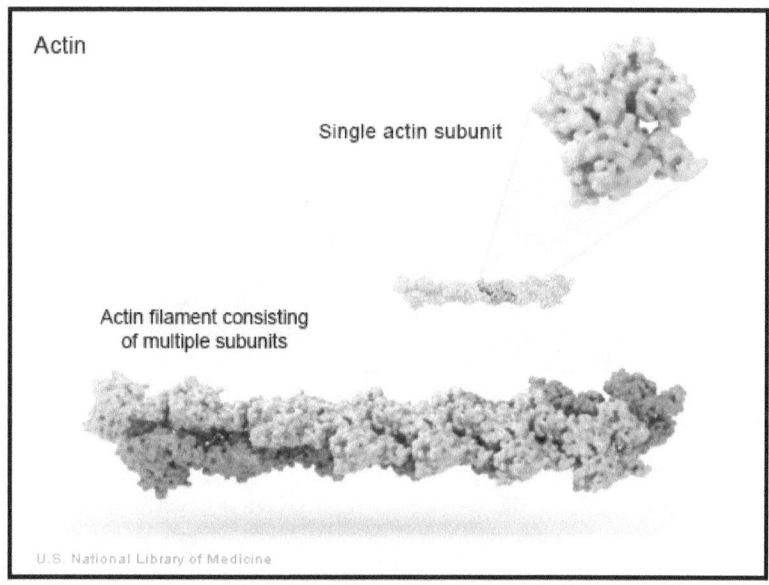

Alel: Bir karakter üzerinde aynı yada farklı yönde etkili olan iki veya daha fazla genden herbiri.

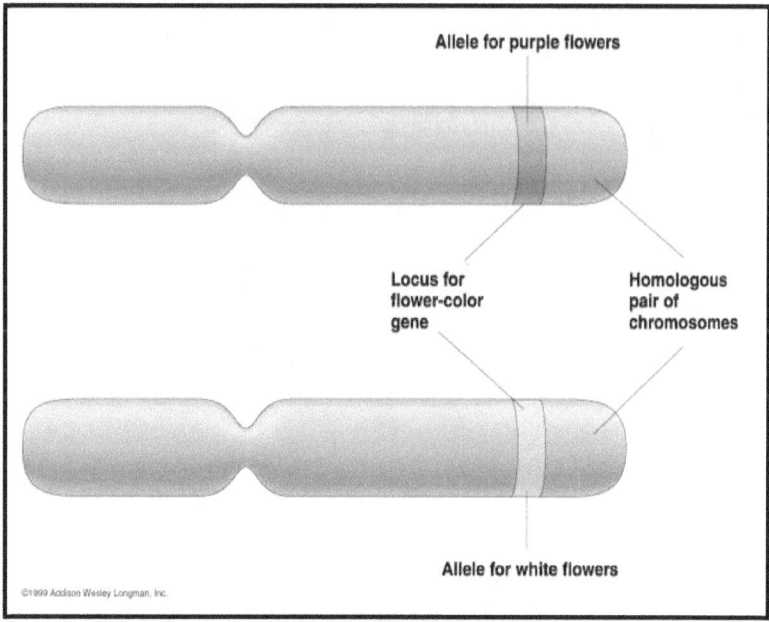

Alg: Sulu ortamda yaşayan yosun.

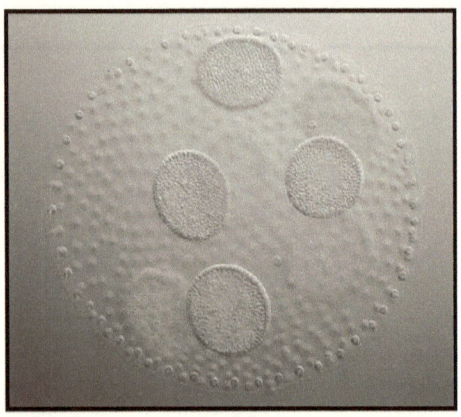

Allantoyis kesesi: Yumurta içindeki metabolik artıkların depolandığı embriyonik kese.

Alveol: Akciğerlerde genişlemiş küçük kesecik.

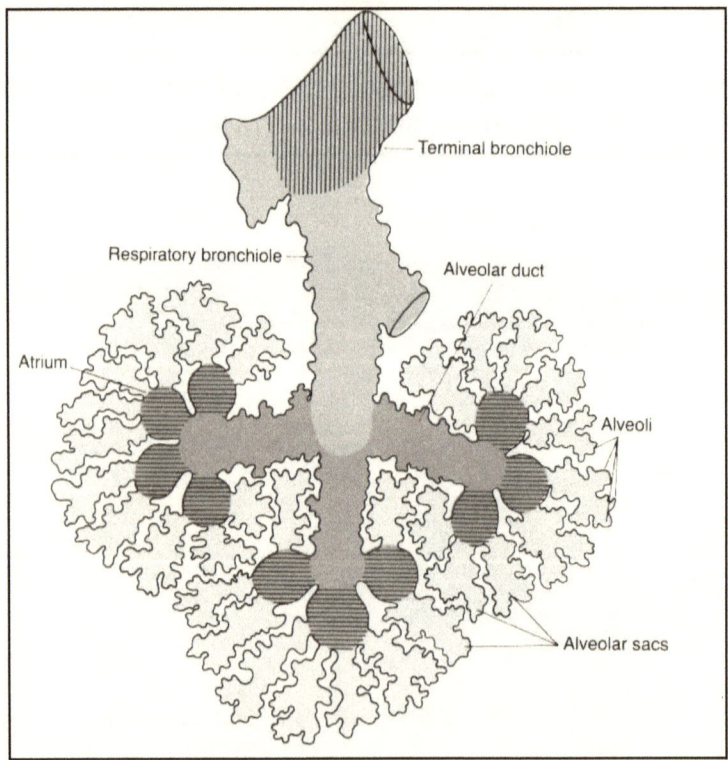

Amino asit: Proteinlerin yapı taşıdır. Bir amino asit, amino grubu (-NH₂) ile bir karboksil grubu (-COOH) taşıyan bileşiklerdir. Çok sayıda amino asit birleşerek proteinleri oluşturur.

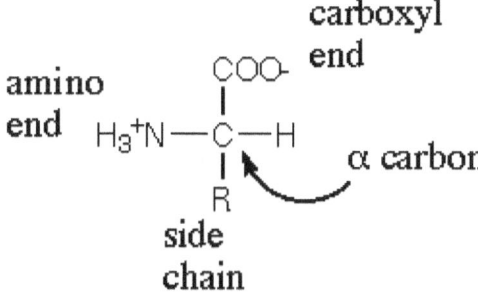

Amonyak (NH₃): Protein metabolizması sonucu oluşan azot ve hidrojen bileşimi olan keskin kokulu bileşik.

Anaerobik solunum: Hücrede moleküler oksijenin kullanılmadığı bir solunum şeklidir.

Anfetamin: Merkezi sinir sisteminde güçlü bir uyarıcı etkisin olan uyuşturucu madde.

Anizogami: Farklı şekil, büyüklük ve yapıdaki gametlerin birleşimiyle yapılan eşeyli üreme şekli.

Antiasit: Asit giderici.

Antidiüretik hormon: Böbreklerden suyun geri emilmesini sağlayan ve hipofizin arka lobundan salgılanan hormon.

Antijen: Canlı vücuduna dışarıdan giren ve antikor oluşmasını sağlayan yabancı madde.

Antikodon: tRNA'daki üçlü baz dizilişi.

Antikor: Vücuda giren yabancı maddeleri yok etmek için vücudun ürettiği savunma maddesi.

Apandis: İnce bağırsak ile kalın bağırsağın birleştiği yerde parmak şeklinde bir çıkıntı.

Apandisit: Apandisin iltihaplanması.

Apoenzim: Enzimin koenzim olmadan etkinlik gösteremeyen protein kısmıdır.

Yaratılış Gerçekliği-I

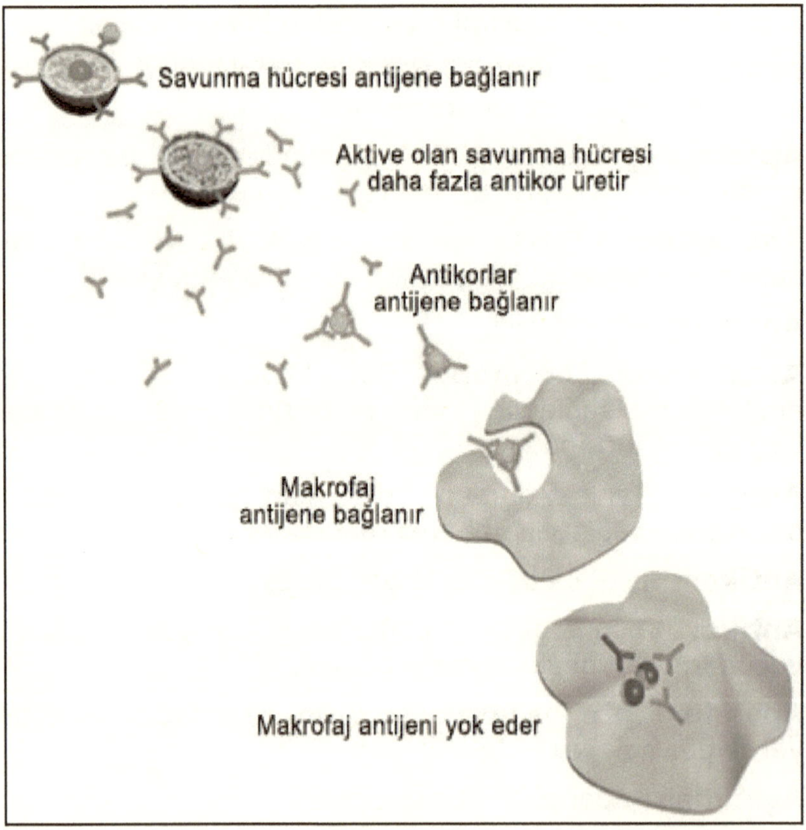

- Savunma hücresi antijene bağlanır
- Aktive olan savunma hücresi daha fazla antikor üretir
- Antikorlar antijene bağlanır
- Makrofaj antijene bağlanır
- Makrofaj antijeni yok eder

Evrim Teorisi

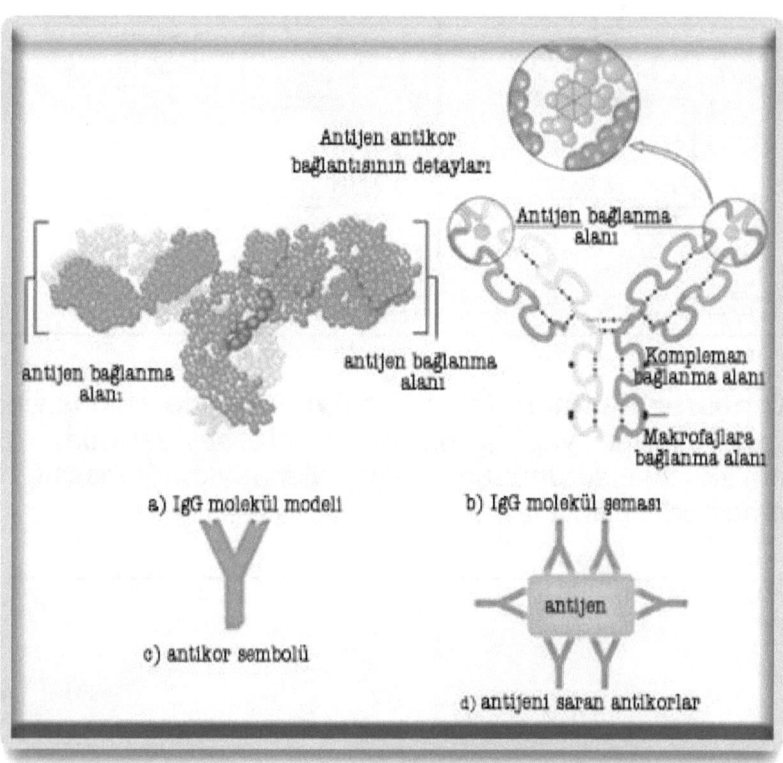

a) IgG molekül modeli
b) IgG molekül şeması
c) antikor sembolü
d) antijeni saran antikorlar

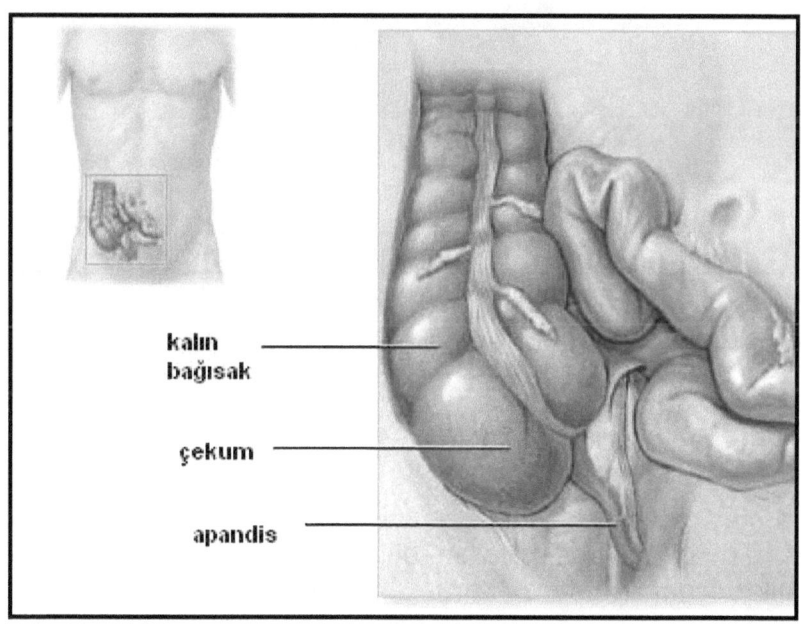

kalın bağısak

çekum

apandis

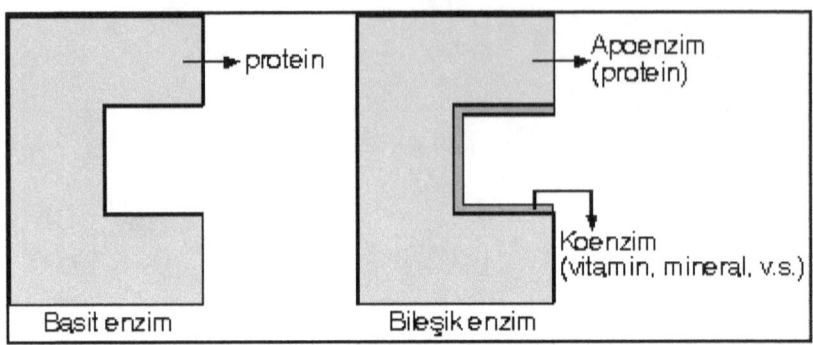

Atmosfer basıncı: Atmosferin yeryüzünde bulunan her cisim üzerine yaptığı basınç. Deniz seviyesinde, 760 mm'lik civa sütununun 1 cm² alana yaptığı basınç "1 atmosfer" basıncıdır.

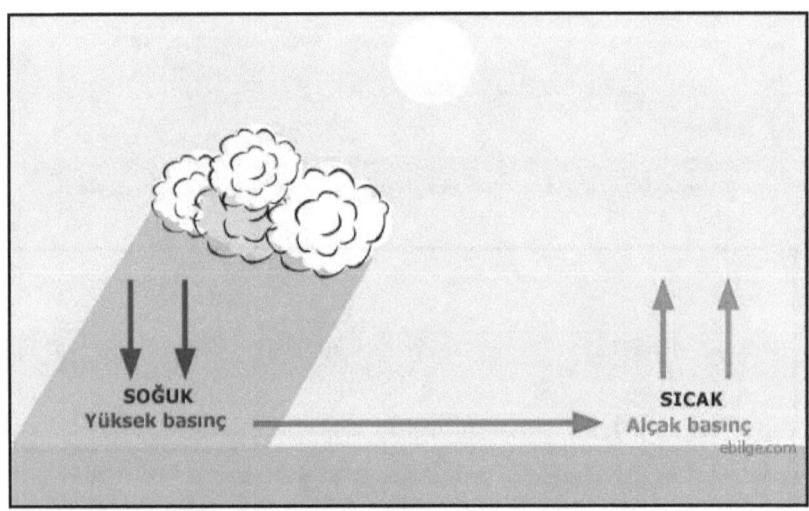

Atriyum: Kalbin önde bulunan iki odası (kulakçık).

B

Bademcik: Tonsil olarak bilinen ve çeşitli makrofaj ve mikroorganizmalara karşı antikor salgısı üreten salgı bezi.

Evrim Teorisi

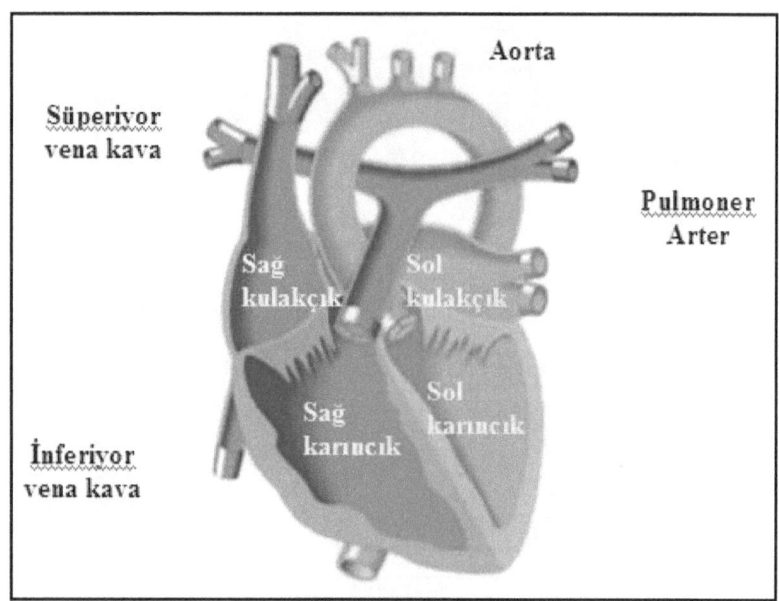

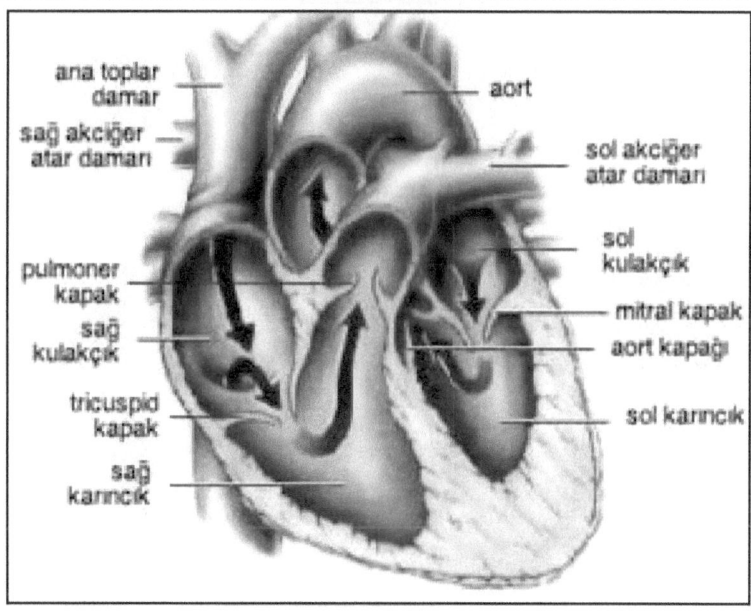

Bağışıklık: Bir organizmada, mikroorganizmalara ve bunların oluşturduğu maddelere karşı oluşturulan normal olmayan şartlara karşı koymayı sağlayan, doğal ya da sonradan kazanılmış direnç.

Yaratılış Gerçekliği-I

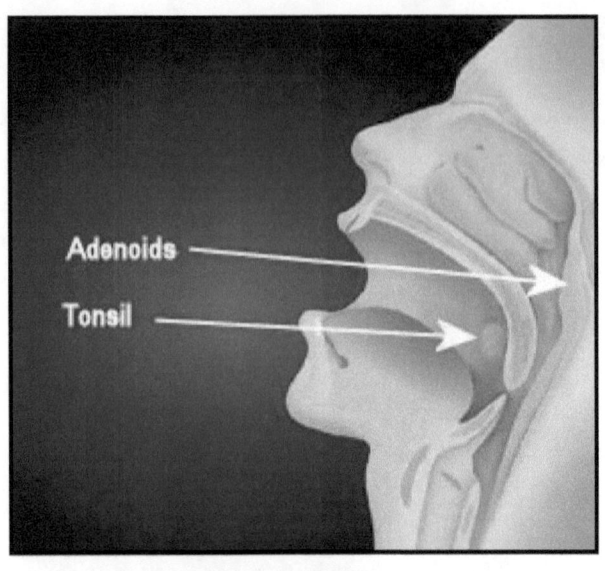

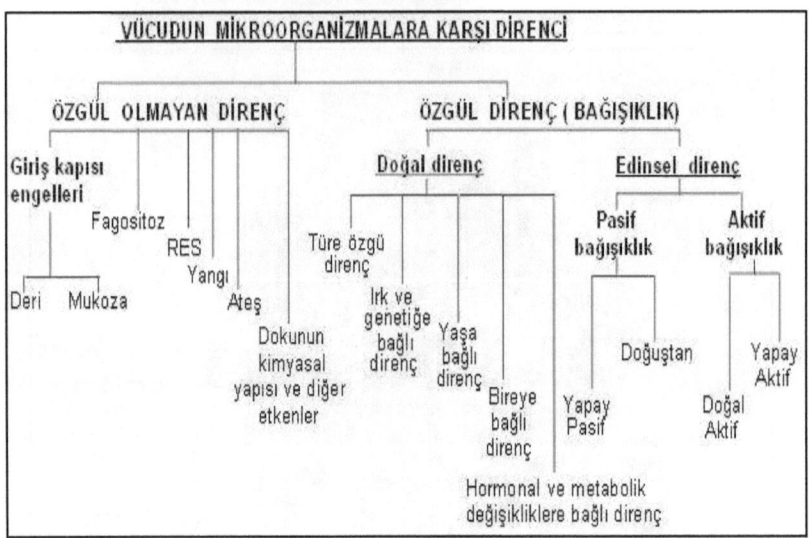

Bakteri: Monera aleminde yer alan zarla çevrili gerçek ve belirgin çekirdeği ve organelleri bulunmayan prokaryotik yapıdaki en ilkel tek hücreli canlı.

Bakteriyofaj: Bakterileri enfekte ederek ölümlerine neden olabilen virüslere verilen genel ad.

Bal özü: Çiçekler tarafından salgılanan tatlı ve genellikle kokulu bir sıvı.

Evrim Teorisi

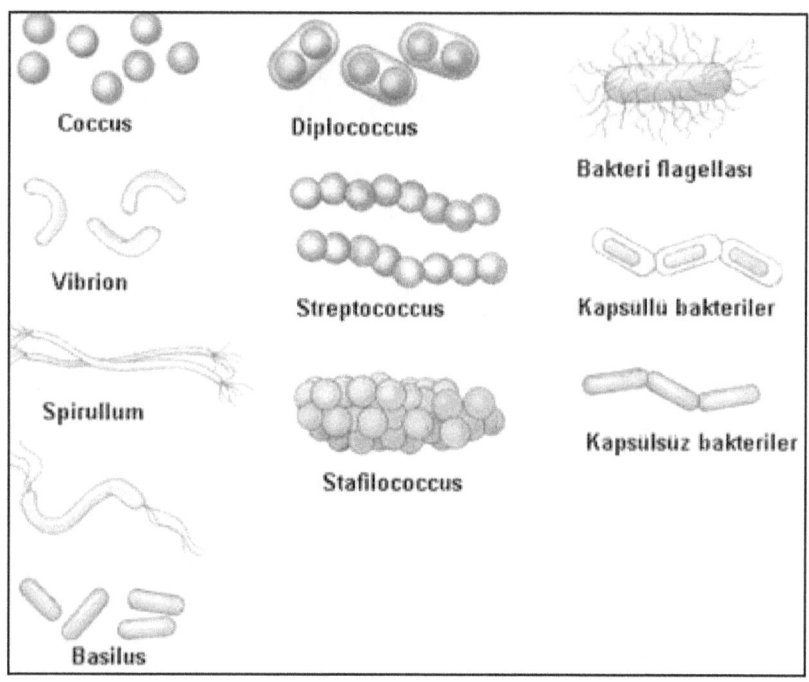

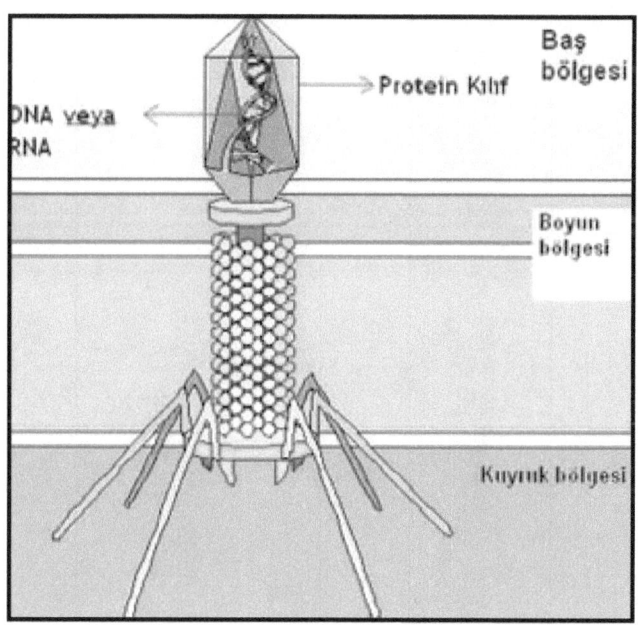

Balzam: Genellikle odunsu bitkilerden elde edilen reçine ve bu reçinelerden yapılan ilaç.

Başkalaşım: Bazı böcek ve kurbağa gibi canlıların, yumurtadan çıktıktan sonraki gelişme evrelerinde yapısal değişikliğe uğrayarak atalarına benzer hale gelmeleri.

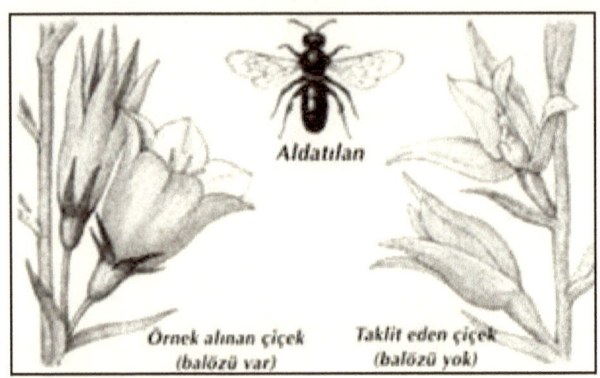

Bazal metabolizma: Hayatın devamı için şart olan asgari metabolizma faaliyeti.

Bazal metabolizma hızı: Besin alınması ve hareketsiz durumda vücudu canlı tutmak için gerekli enerji tüketimi.

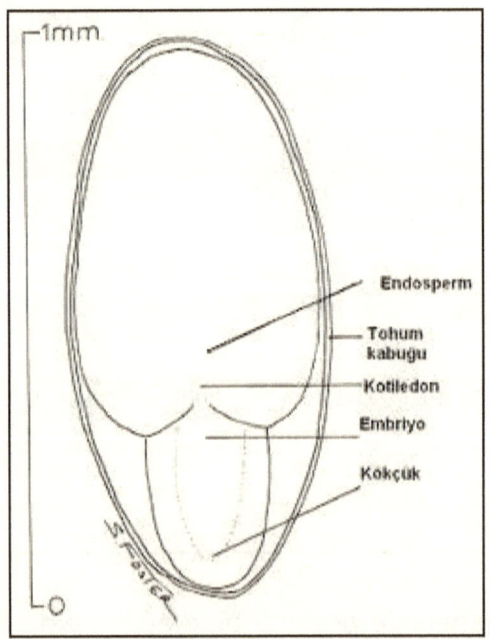

Besi doku: Bir tohumun çimlenip ilk yapraklarını verinceye kadar geçen sürede besin ihtiyacını karşılayan doku, endosperm.

Bipolar: İki uçlu veya iki kutuplu olma durumu.

Beyin: Omurgalılarda kafatası içindeki merkezi sinir sisteminin bir bölümü.

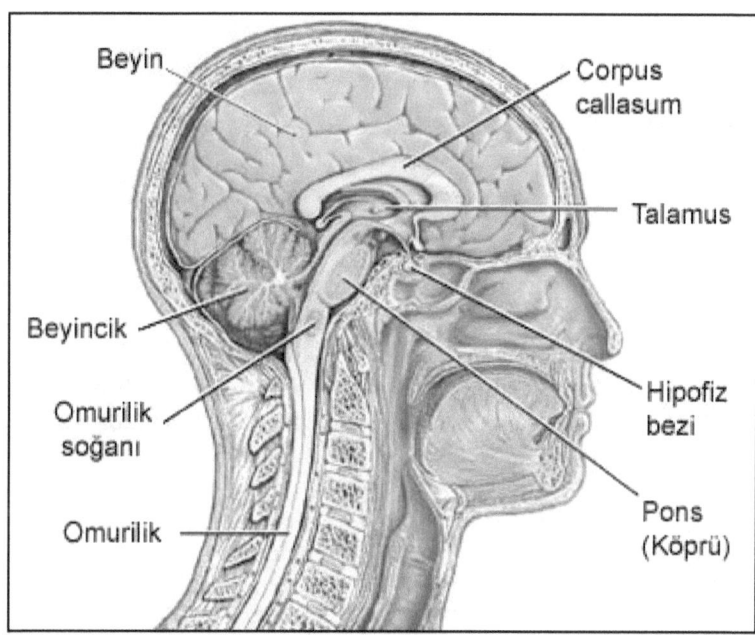

Birim zar: Elektron mikroskobunda arası açık renk iki koyu çizgi halinde görülen iki protein tabakası halinde bulunan lipit tabakasından oluştuğu varsayılan yapı.

Bistüri: Laboratuarda kullanılan keskin bıçak.

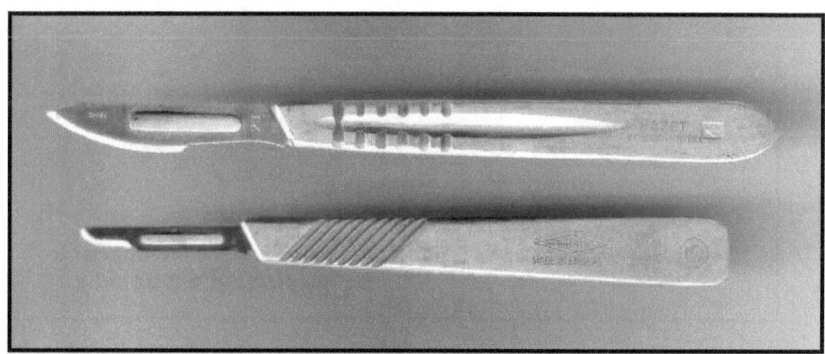

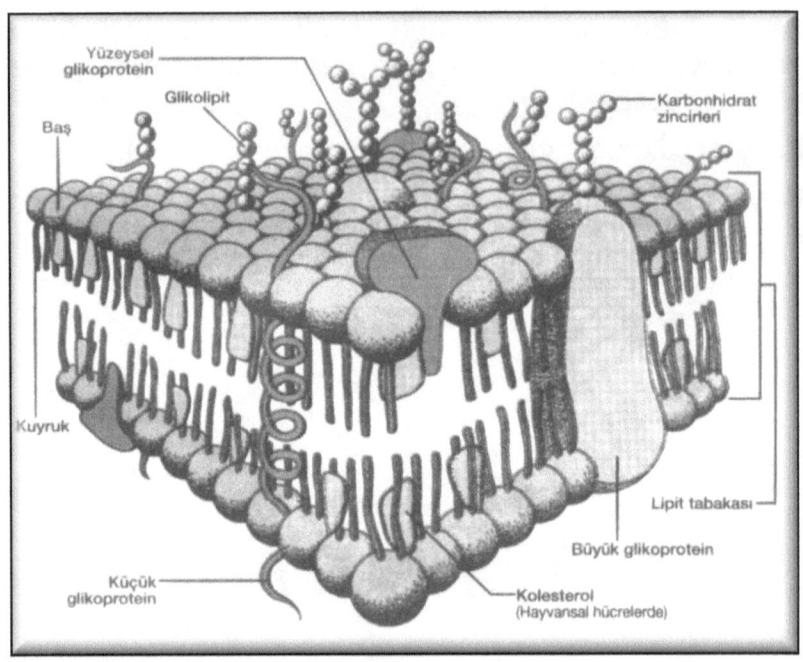

Üstteki resim: Hücre duvarını kaplayan birim zar yapısı.

Bivalent: Sentromeri henüz bağlı iki homolog kromozomun kardeş kromatitler oluşturmak üzere kendilerini eşlemesi sonucu oluşan grup.

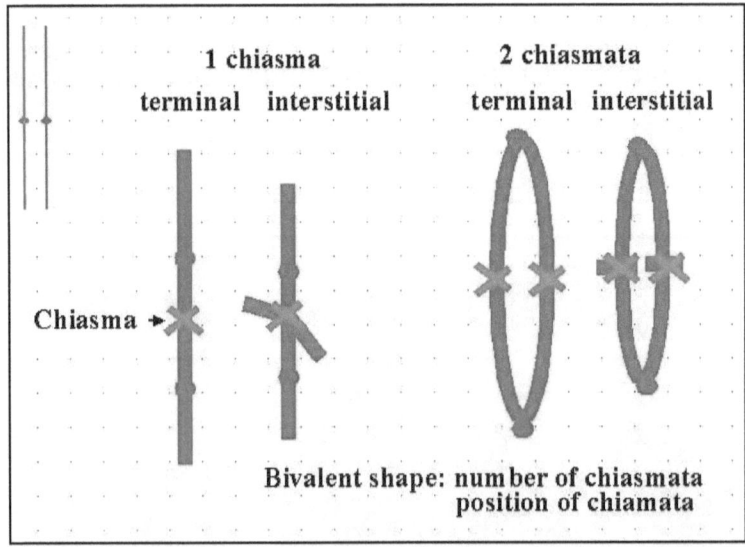

Biyogenez: Canlıların kendilerine benzeyen canlılardan oluştuğunu açıklayan görüş.

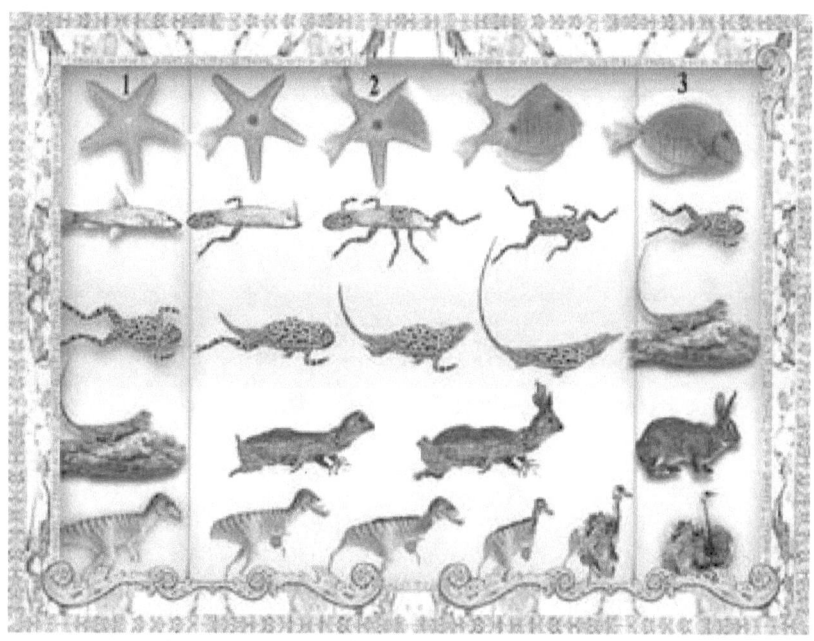

Biyokütle: Belirli bir alan ve hacimde bulunan canlı veya molekül ağırlığına biyokütle denir.

Biyosfer: Dünyadaki bütün canlıların yaşadığı 16-20 km kalınlığında tabaka. Biyosferin deniz seviyesinden 8-10 km'si atmofere, 8-10 km'si okyanusların dibine doğru uzanır.

Biyotik potansiyel: Bir populasyonda ölümlerin en az, çoğalmaların en yüksek düzeyde olması sonucu populasyonun en çok artma oranı.

Blastula: Döllenmiş yumurtanın bölünmeler sonucu, ortası sıvıyla dolu olan bir hücre tabakasından oluşan yapı.

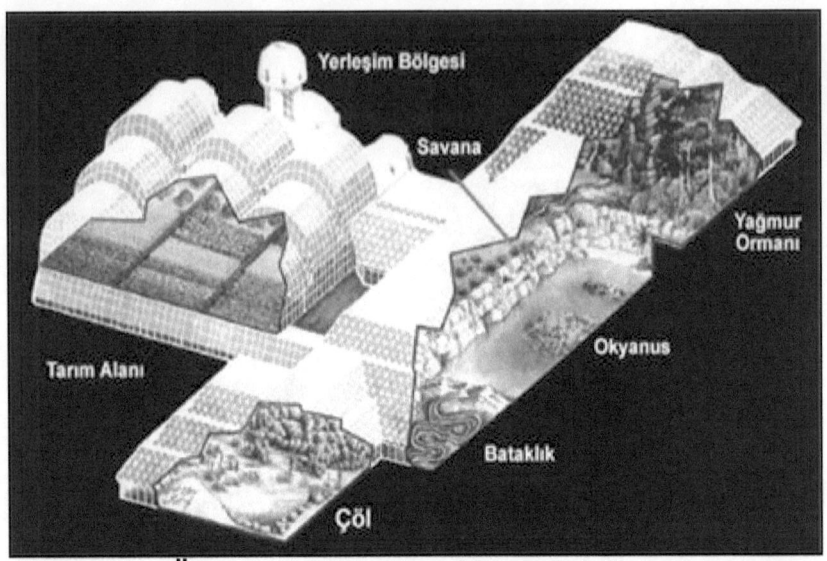

Üstteki resim: Biyosferin tabakaları.

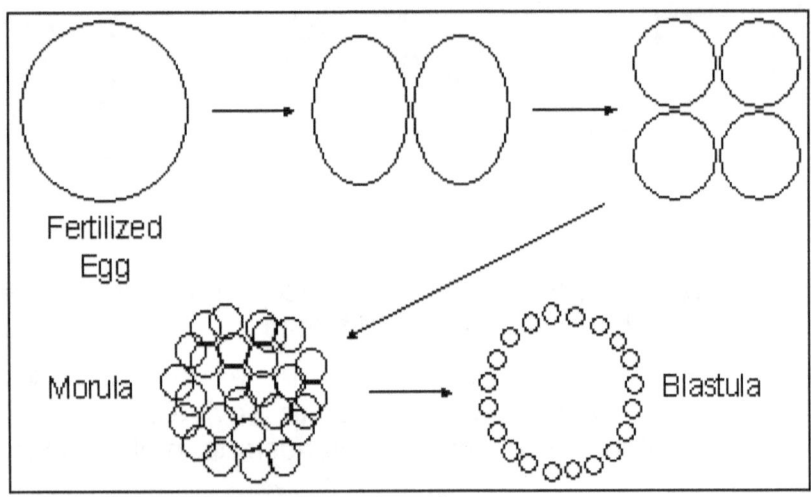

Blastula

Bowman kapsülü: Nefronun ucunda, glomerulusu saran yarım küre şeklindeki bölüm.

Bronş: Soluk borusundan ayrılan akciğerlere giden iki boru.

Bronşit: Bronşlarda bakterilerin yerleşip üreyerek iltihaplanması.

Evrim Teorisi

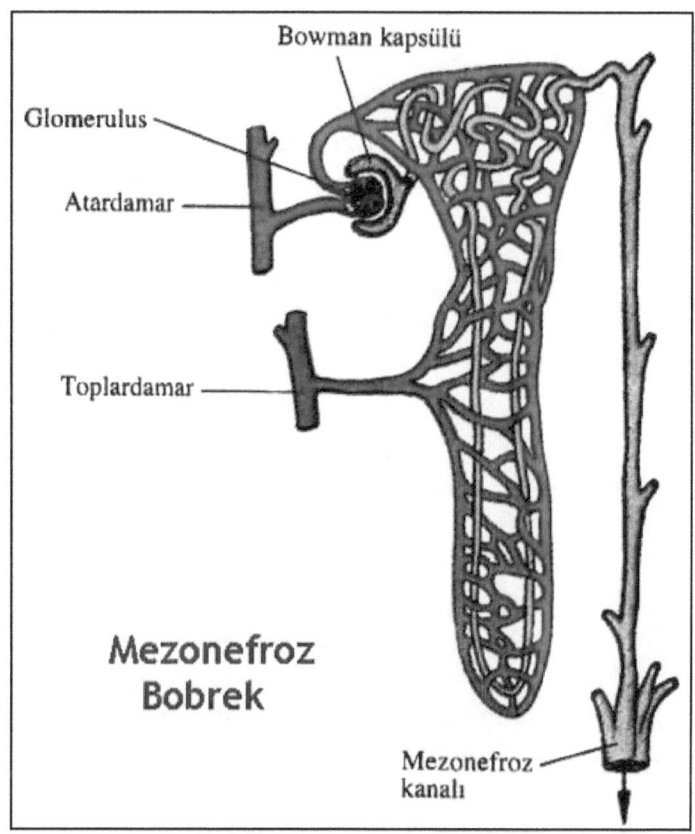

Şekil: Bowman kapsülü

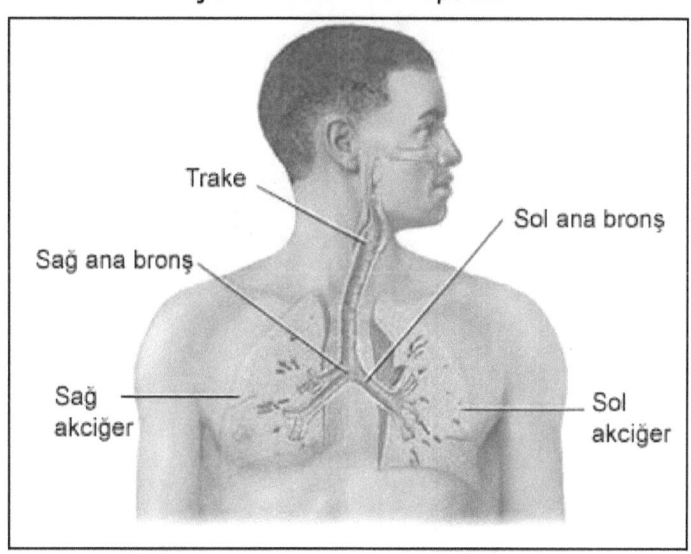

Solunumun ana arterleri: Bronşlar

C

C Vitamini: Meyve ve sebzelerde bulunan, eksikliğinde bağ dokusunda zayıflamalara yol açan bir vitamin türü.

Cenin: Gelişmenin erken dönemindeki embriyoya verilen ad.

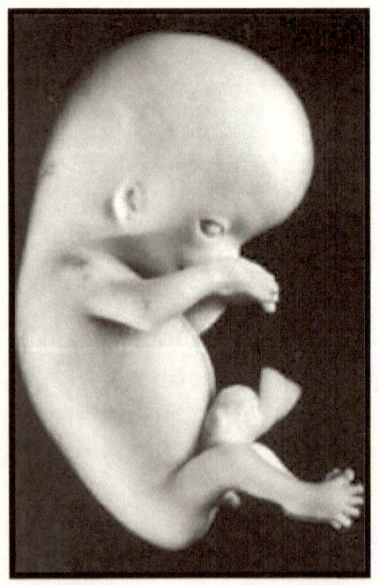

Cıvık mantarlar: Hem bitkisel hem de hayvansal özellik gösteren, gövdeleri ya tek yada çok çekirdek içeren, uygun olmayan şartlarda *"Sklerotyum"* adı verilen bir kist oluşturan canlılar.

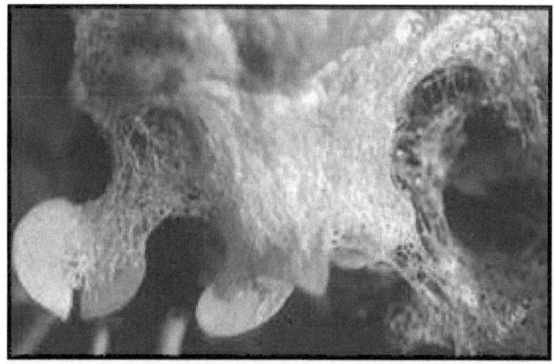

Resim: Cıvık mantarlara bir örnek: Ağaç mantarı.

Cins: Canlıların sınıflandırılmasında kullanılan bir terim olup, türleri içerisine alan taksonomik bir gruptur. Örneğin köpek (Canis), meşe (Quercus) gibi.

Cowper bezi: Seminal sıvının oluşturduğu bezlerden biri.

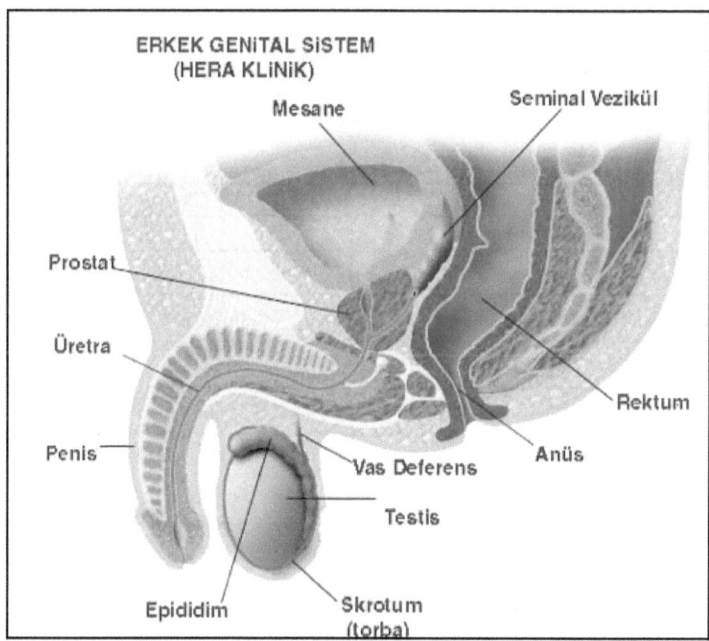

Crossing-over: Eşey ana hücrelerinde gerçekleşen mayoz bölünmenin profaz I safhasında oluşan tetratların kromatitleri arasındaki parça değişimi.

Çenek: Tohum yaprağı. Tohumun yapısındaki bitki taslağında bulunan yapraklardan her biri.

Çift çenekli bitki (Dikotiledon): Embriyolarında iki çenek yaprak (kotiledon) bulunan bitkiler. İletim demetleri gövdede belirli bir düzende yerleşmiştir.

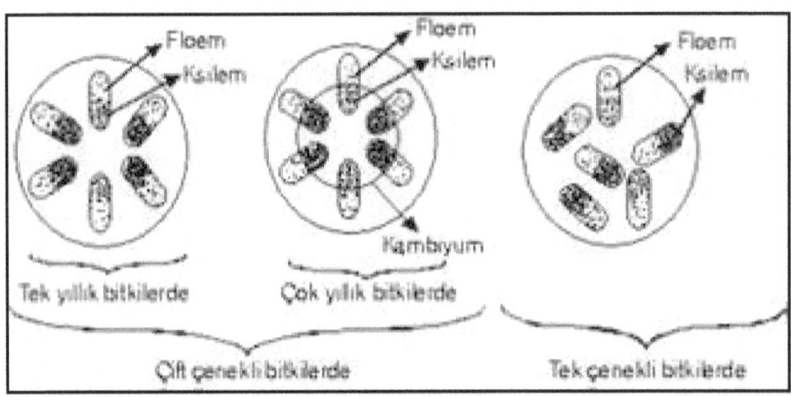

TEK ÇENEKLİLER	ÇİFT ÇENEKLİLER
1) Otsu bitkilerdir.	1) Genellikle odunsu bitkilerdir.
2) Yaprakları ince, uzun, şerit şeklindedir.	2) Yaprakları geniş parçalıdır.
3) Yaprakları paralel damarlıdır.	3) Yaprakları ağsı damarlıdır.
4) Tohumda tek çenek bulunur.	4) Tohumda çift çenek bulunur.
5) Kambiyum yoktur.	5) Kambiyum bulunur. (çok yıllıklarda)
6) İletim demetleri düzensizdir.	6) İletim demetleri düzenlidir.
7) Kökleri saçak köktür.	7) Kazık kök ve yan köklerden oluşur.
8) Gövdeleri incedir.	8) Gövdeleri kalındır.
9) Örneğin; Buğday, mısır, soğanlı bitkiler	9) Örneğin; Fasulye, elma, armut

D

D- amino asit: Bakteri hücre duvarlarının polipeptidlerinde bulunan, proteinlerde bulunmayan amino asit.

Dalak: Omurgalı hayvanlarda lenfositlerin farklılaştığı ve alyuvarların parçalandığı, kan damarlarının bol olduğu lenfoid organlardan biri.

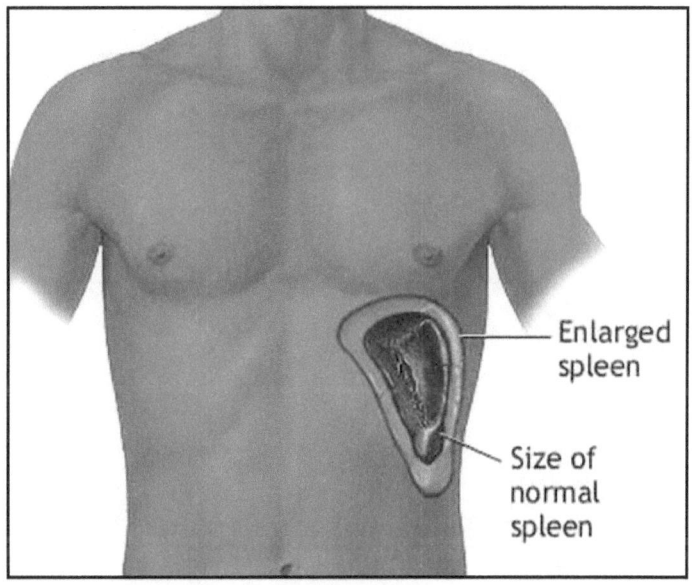

Deaminasyon: Bir molekülden amino grubunun çıkarılması işlemi.

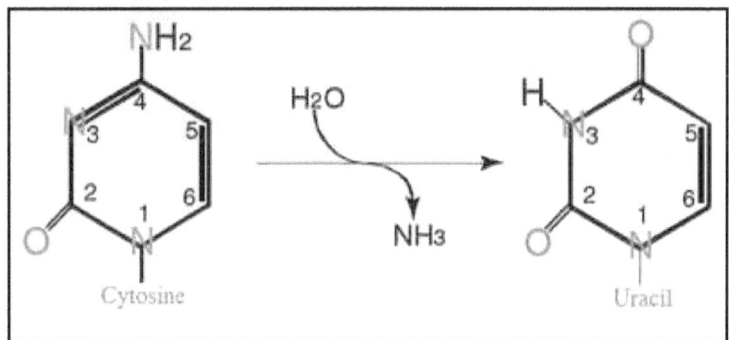

Resim: Deaminasyon işlemi.

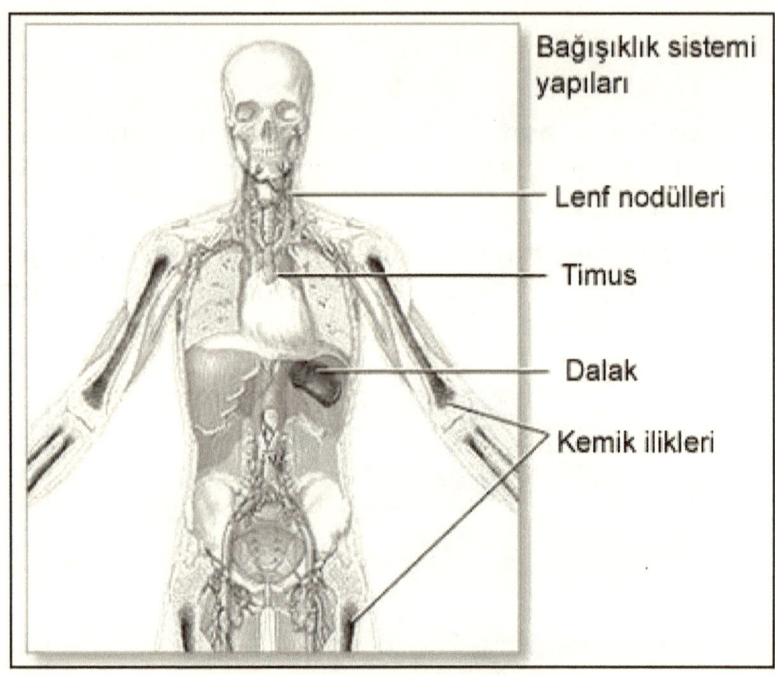

Dekstrin: Çay şekeri cinsinden bir cins şeker.

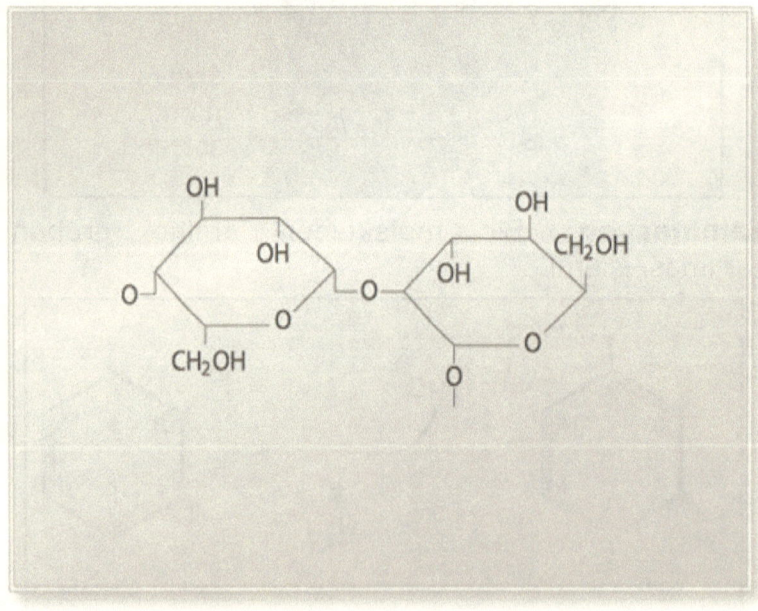

Resim: Dekstrin molekülünün yapısı.

Delesyon: Bir tip kromozom mutasyonu sonucunda DNA daki bir bazın ya da bazların yok olması hali.

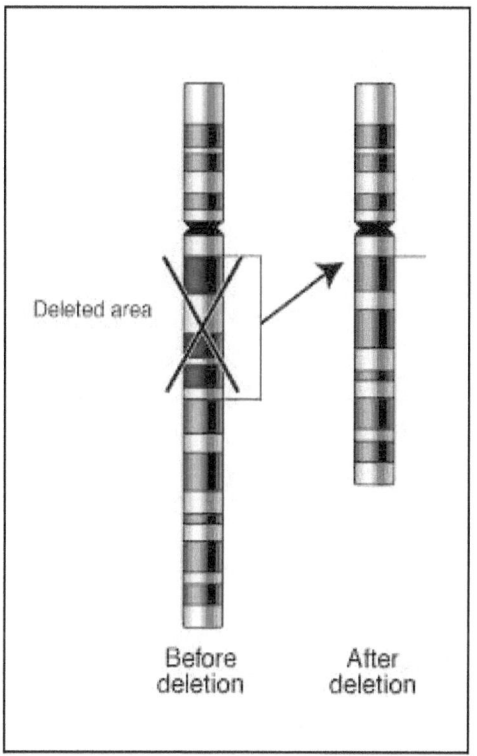

Dendrit: Sinir hücresinin kısa olan uzantısı.

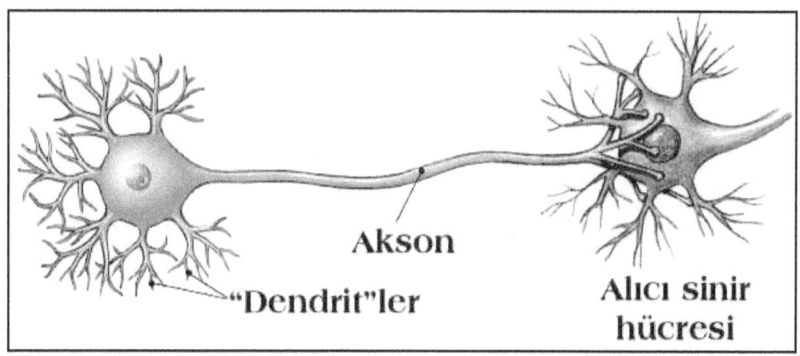

Dentin: Kollagen ve kalsiyum tuzlarından yapılmış omurgalı hayvanların dişinin içteki sert kısmı.

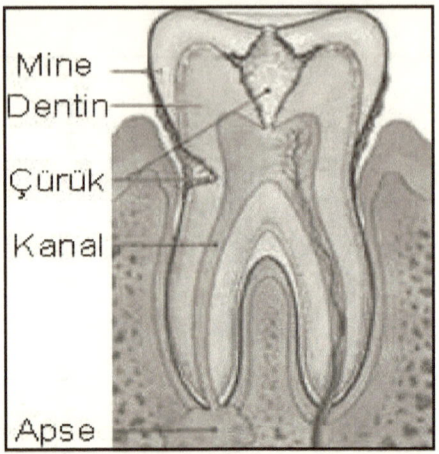

Deoksiribonukleik asit (DNA): Canlılardaki genetik kodu taşıyan temel yönetici molekül.

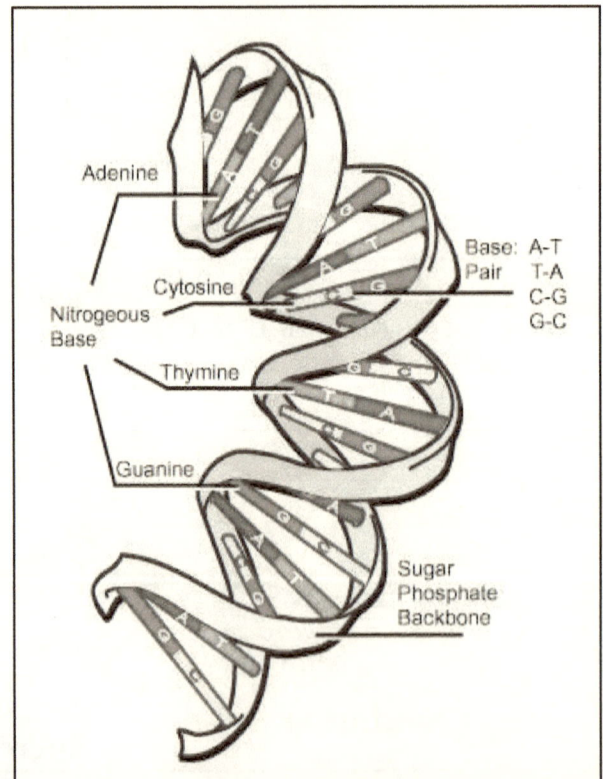

Şekil: DNA molekülünün çift sarmallı spiral yapısı.

Deoksiribonukleotid: DNA'nın yapıtaşı olan molekül.

Deoksiriboz: $C_5H_{10}O_4$ bileşiminde olan ve DNA'nın yapı birimlerinden biri olan şeker. Genel adı pentoz olan monosakkarit.

Deplazmoliz: Plazmolize uğramış hücrenin tekrar su alarak eski haline dönmesi.

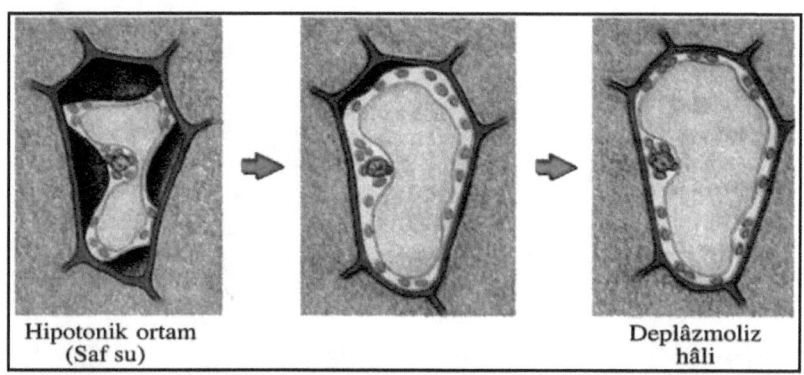

Dermis: Hayvanlarda derinin alt tabakasına verilen ad.

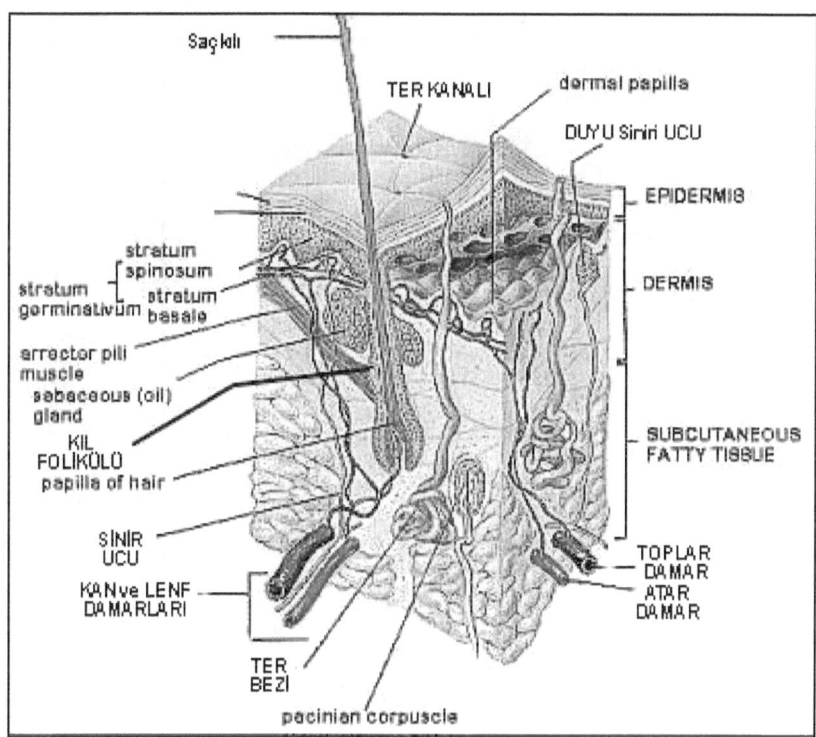

Difüzyon: Moleküllerin hareket enerjileriyle çok yoğun ortamdan az yoğun ortama hareket etmesi.

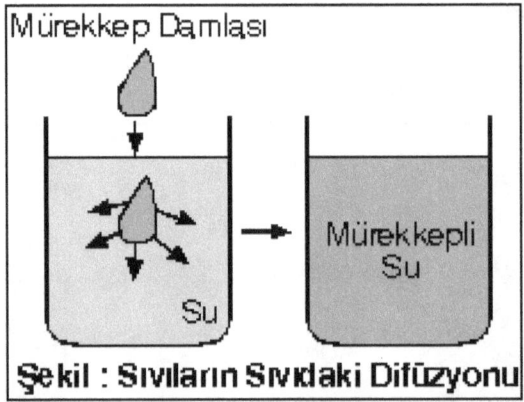

Şekil : Sıvıların Sıvıdaki Difüzyonu

Dihibrit: İki karakter bakımından melez olan bireylere verilen ad.

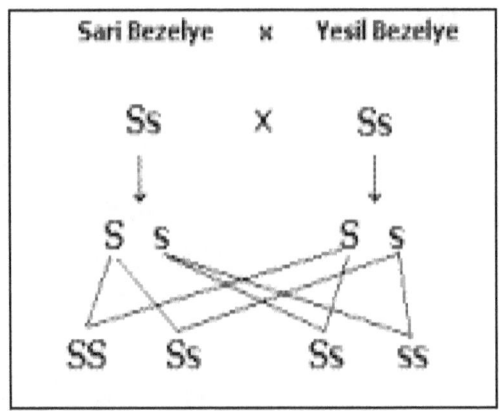

Şekil: Sarı ve yeşil bezelyelerin hibritleştirilmesi.

Dikotiledon: Embriyosunda iki çenek yaprağı bulunan bitki.

Dimorfizm: Bir türün iki farklı forma sahip olma durumu.

Diploid: 2n kromozom takımı taşıyan hücre.

Evrim Teorisi

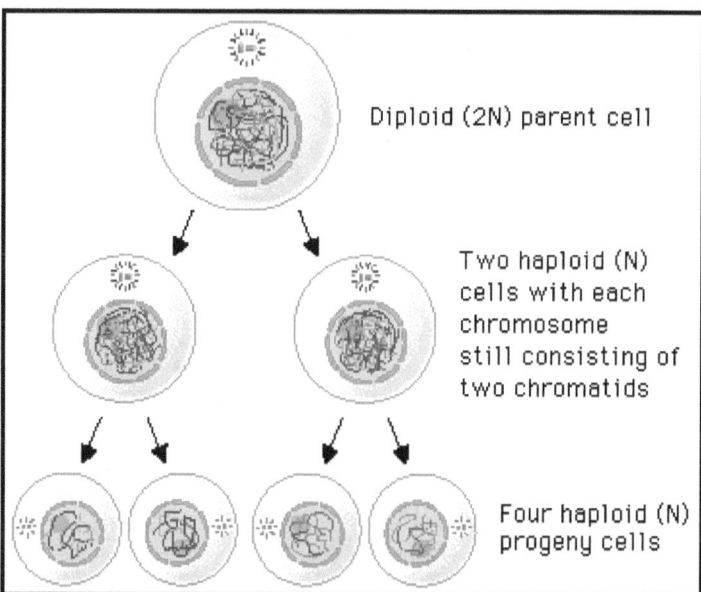

Disakkarit: İki mol monosakkaritin dehidrasyonu sonucu oluşan çift şeker. Maltoz, sakkaroz, laktoz gibi.

Diyabet: Şeker hastalığı, diğer adıyla Diabetus Mellitus.

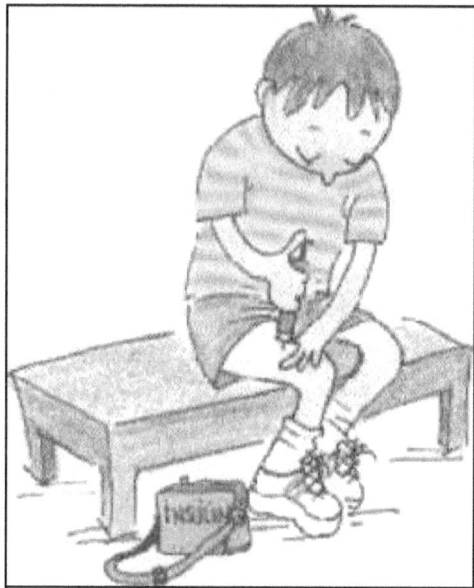

İnsülin: Şeker hastalığını kontrol eden önemli bir hormondur.

Doğalgaz: Yer kabuğunun içinde metan, etan gibi çeşitli hidrokarbonlardan oluşan yanıcı gaz (CH_4, metan gazı).

Yaratılış Gerçekliği-I

Doku: Belirli bir işi yapmak üzere özelleşmiş hücreler topluluğu.
Dominant: Baskın gen.

İnsandaki Baskın ve Çekinik Karakterler

	Karakterler	Dominant (Baskın) Karakter	Resesif (Çekinik) Karakter
1	Saç Rengi	Koyu Renk Saç (Siyah Saç)	Açık Renk Saç (Sarı-Kahverengi Saç)
2	Saç Şekli	Kıvırcık Saç	Düz Saç
3	Saç Dökülmesi	Erken Dökülme	Geç Dökülme
4	Kulak Memesi	Ayrık Kulak Memesi (Serbest=Normal)	Yapışık Kulak Memesi
5	Dil Yuvarlama	Dil Yuvarlayabilme	Dil Yuvarlayamama
6	Deri Yapısı	Balık Pulluluk	Normal Deri
7	Göz Rengi	Koyu Renk Göz (Siyah-Kahverengi Göz)	Açık Renk Göz (Mavi-Yeşil-Ela Göz)
8	Ten Rengi	Siyah Ten	Beyaz Ten
9	Vücut Kıllılığı	Sık Vücut Kıllılığı	Seyrek Vücut Kıllılığı
10	Tırnak Rengi	Beyaz Perçem	Doğal Rengi
11	Diş Yapısı	Diş Minesi Eksikliği	Normal Diş Minesi
12	Göz Kusuru	Astigmatizm	Normal
13	Dudak Yapısı	Kalın Dudaklılık	İnce Dudaklılık
14	Burun Yapısı	Geniş Burunluluk	Dar Burunluluk
15	Tansiyon	Yüksek Tansiyon	Normal Tansiyon
16	İşitme	Normal İşitme	Doğuştan Sağırlık
17	Kirpik	Uzun Kirpik	Kısa Kirpik
18	Kan Pıhtılaşması	Normal Kan Pıhtılaşması	Kanın Pıhtılaşmaması (Hemofili)
19	Kan Hücresi	Normal Kan Hücresi	Orak Hücreli Anemi

Evrim Teorisi

Döllenme: Yumurta ve spermin birleşmesi.

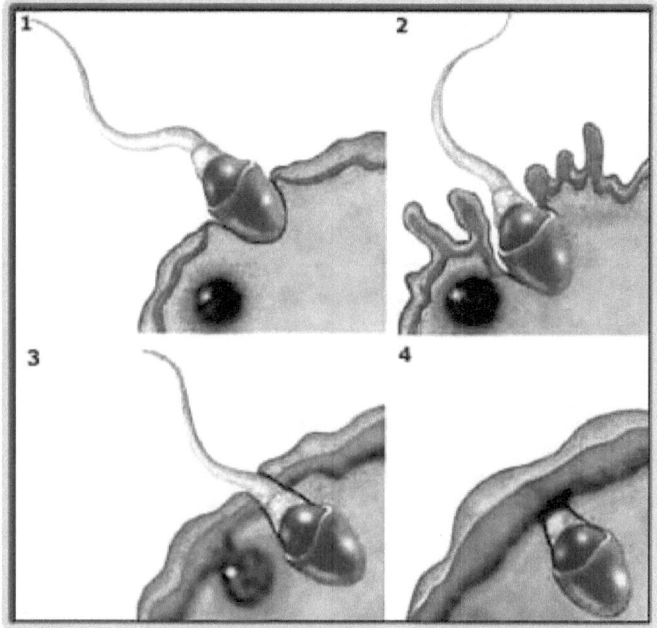

Döllenme borusu: Spermlerin yumurtayla birleştiği ve zigotu oluşturduğu tüp.

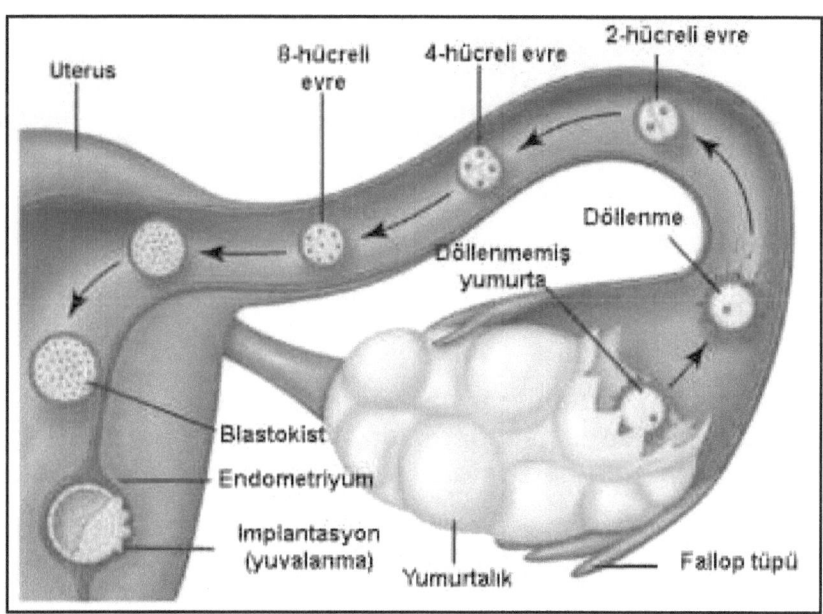

Döl yatağı (Uterus): Dişi üreme sisteminde, fetusu doğuma kadar beslemek ve barındırmakla görevli kas yapısında bir organdır, rahim.

Duyu siniri: Dış ya da iç reseptör organlardan ya da duyu alıcılarından alınan uyartıları sinir merkezine ileten sinirler.

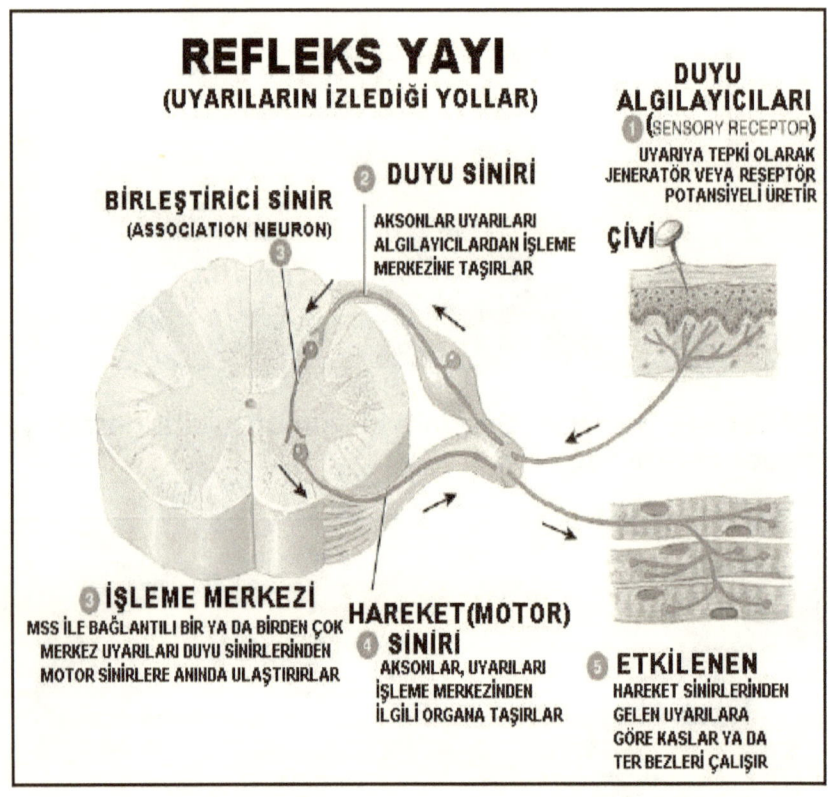

Düz kas: İç organların hareketini sağlayan ve istemsiz çalışan, demetler halinde, uzun, iğ biçimli, tek çekirdekli kas hücrelerinin bağ dokusu içerisinde meydana getirdiği kas tipi.

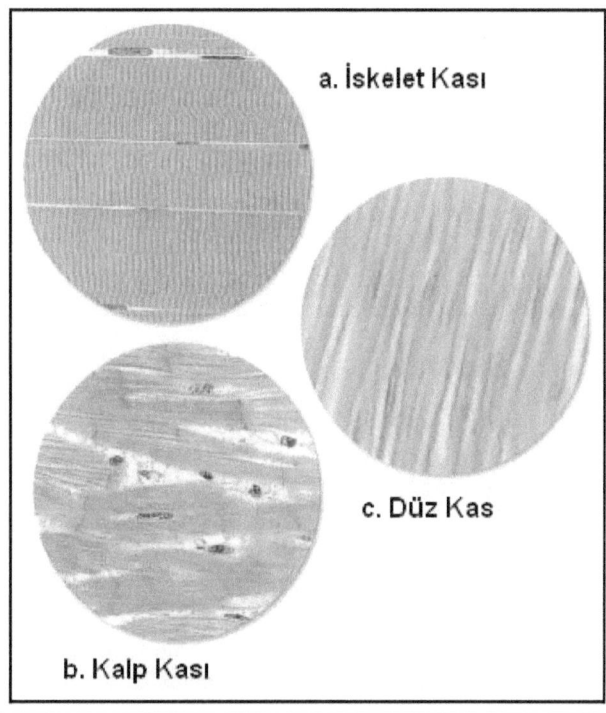

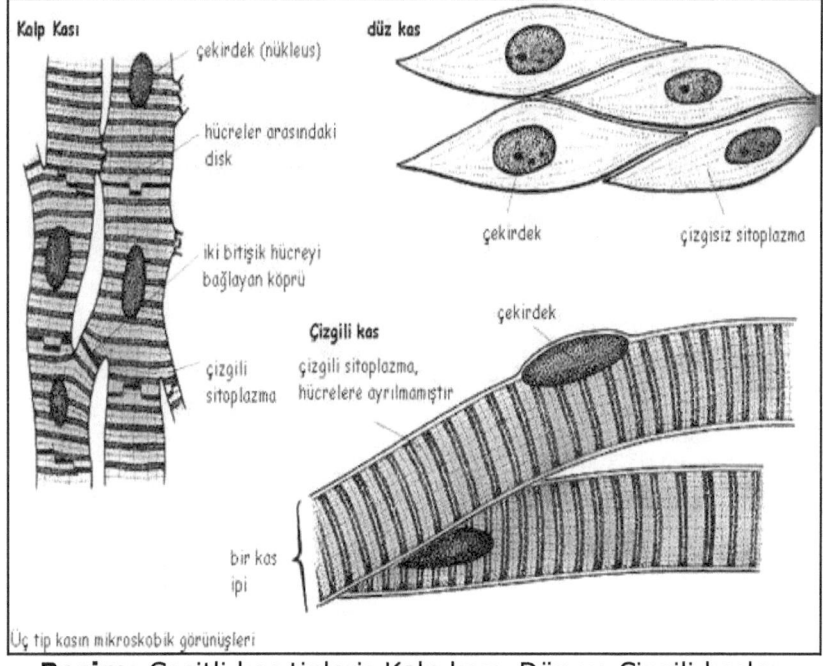

Resim: Çeşitli kas tipleri: Kalp kası, Düz ve Çizgili kaslar.

E

Efektör: Bir organizmanın uyarıya karşı reaksiyon gösteren vücut kısmı, örneğin kas.

Ekdoderm: Embriyo gelişimi sırasında meydana gelen dış tabaka.

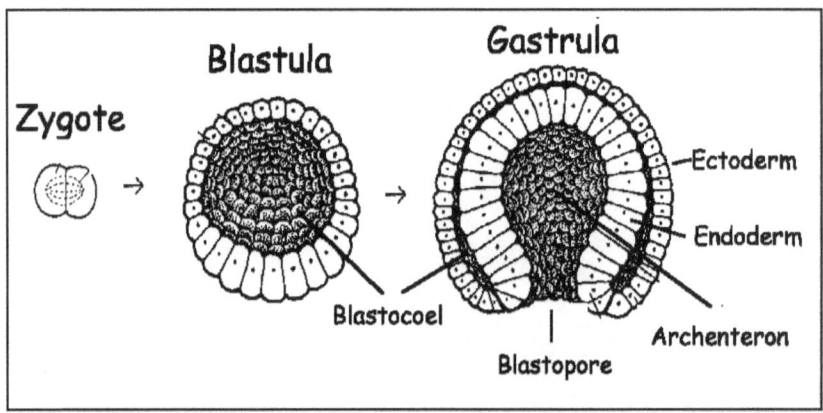

Eklem: İskelet sistemini oluşturan, iki ya da daha fazla kemiğin birbirine eklendiği kısım.

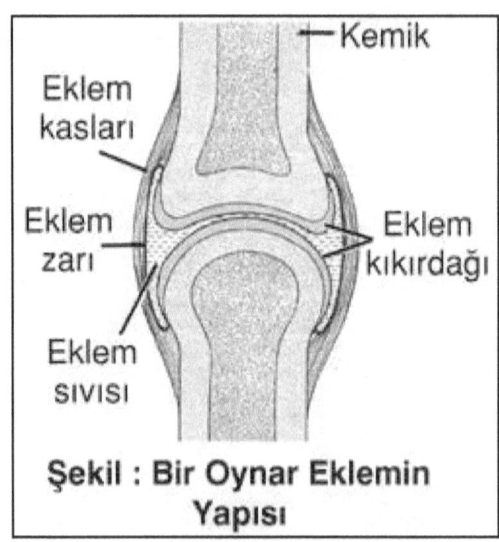

Şekil : Bir Oynar Eklemin Yapısı

Ekoloji: Canlıların birbiriyle ve çevreleriyle olan ilişkilerini inceleyen bilim dalı.

Ekosistem: Bir çevredeki canlı ve cansızların tümü.

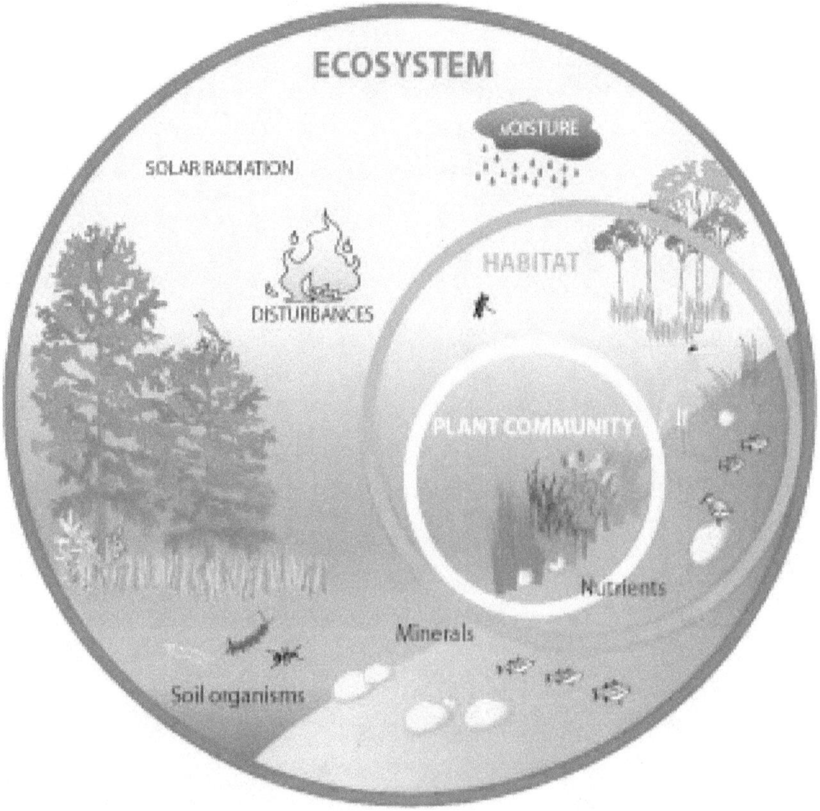

Eksositoz: Tek hücreli bir ökaryot canlının artık maddelerini boğum yaparak hücre dışarısına atma işlemi.

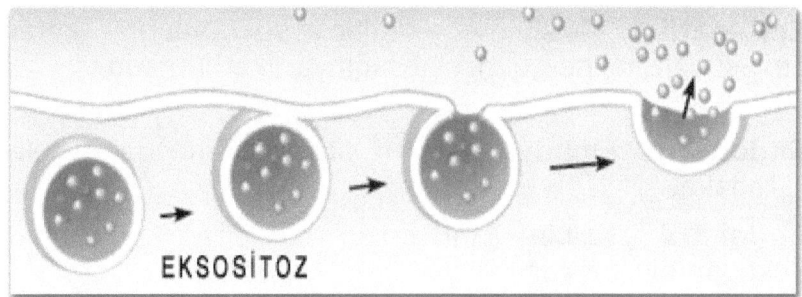

Embriyo: Yumurtanın döllenmesinden sonra, oluşan canlı taslağı.

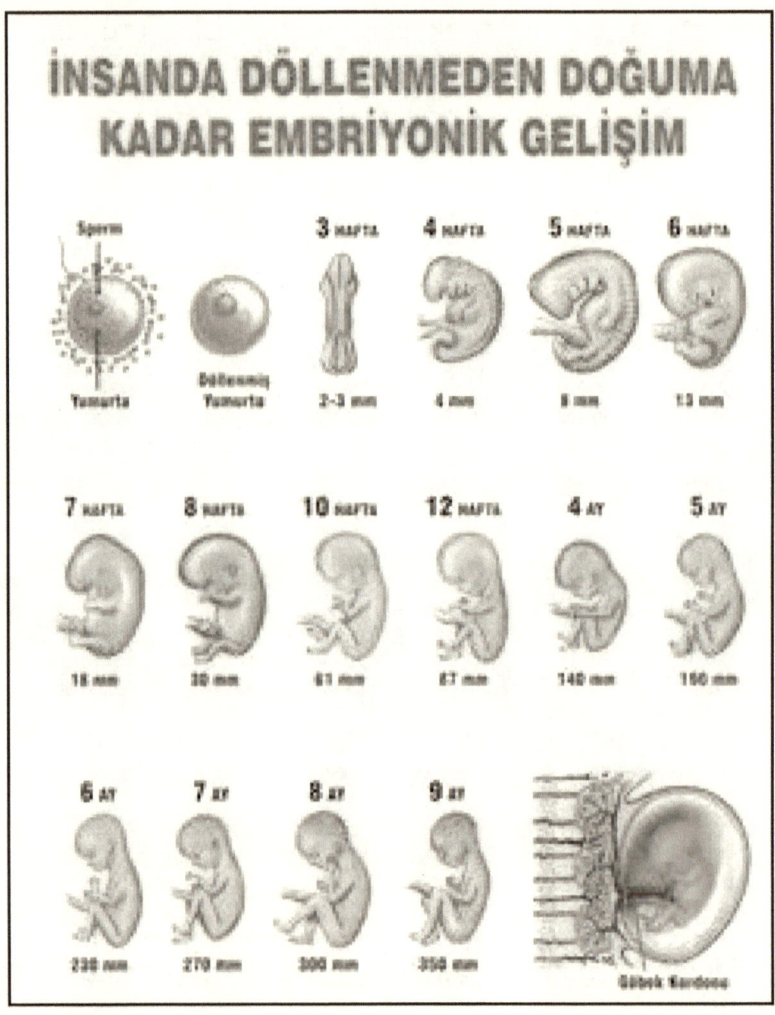

Emülgatör: Besinlere katılan ve onların kararlı emülsüyon haline gelmesini sağlayan katkı maddesi.

Endoderm: Embriyo gelişimi sırasında meydana gelen iç tabaka.

Endokard: Kalbin içini örten bir sıra yassı epitel dokudan oluşan zar.

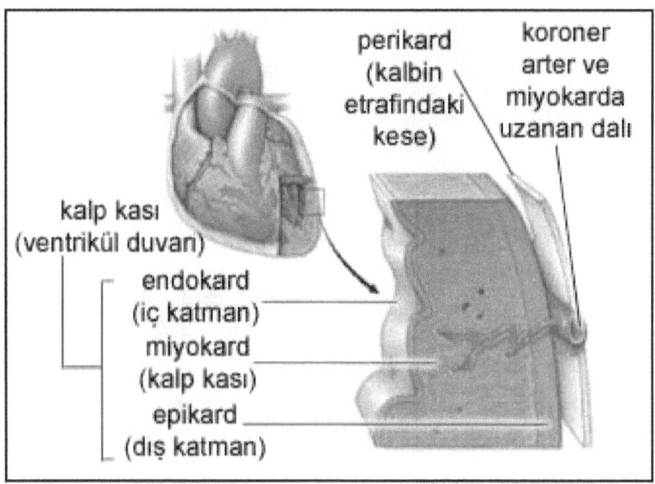

Endokrin bez: İç salgı (hormon) bezi.

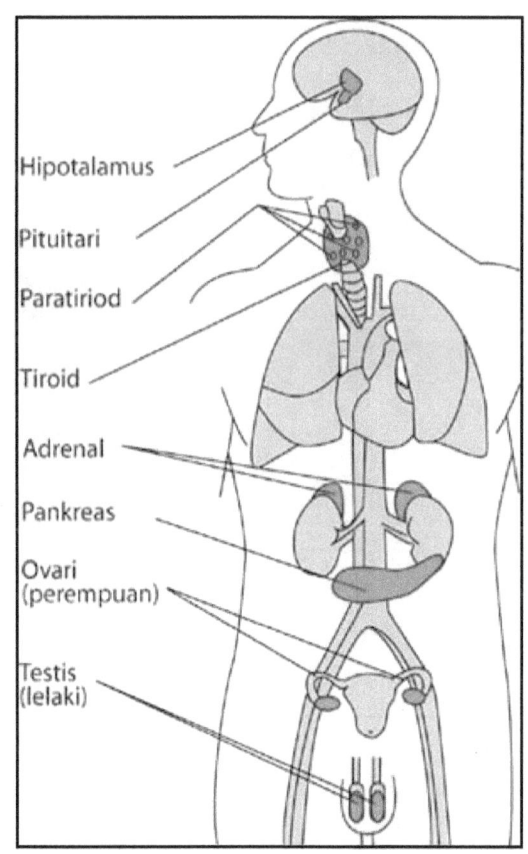

Endositoz: Tek hücreli bir ökaryotun besin maddelerini boğum yaparak hücre içerisine alma işlemi.

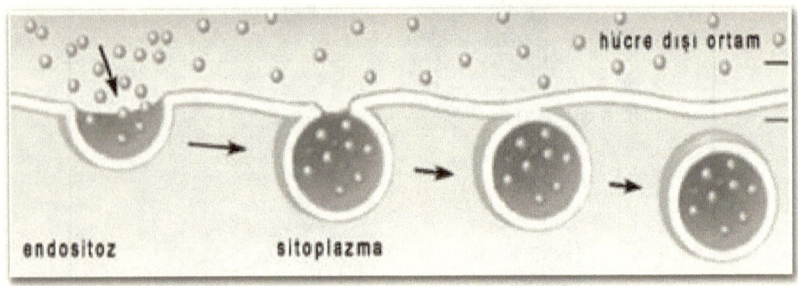

Endosperm: 3n kromozomlu besi doku.

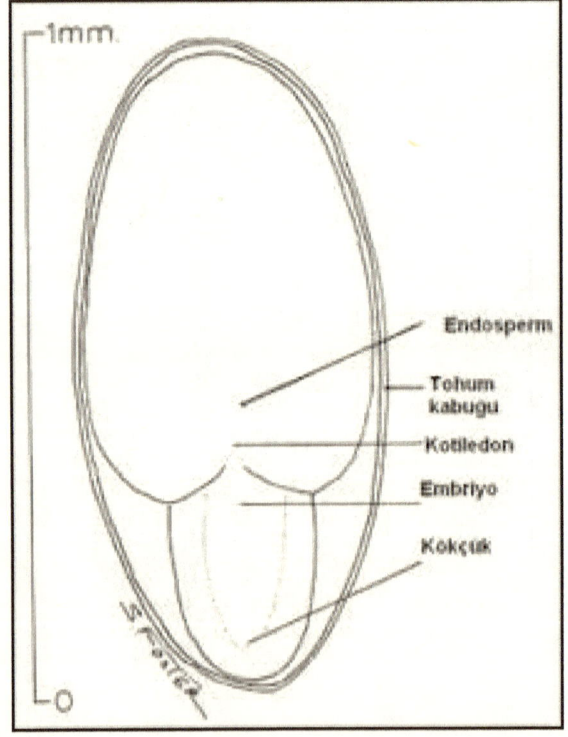

Enfeksiyon: Bakteri, virüs, mantar yada protozoonların organizmaya girmesi durumu.

Evrim Teorisi

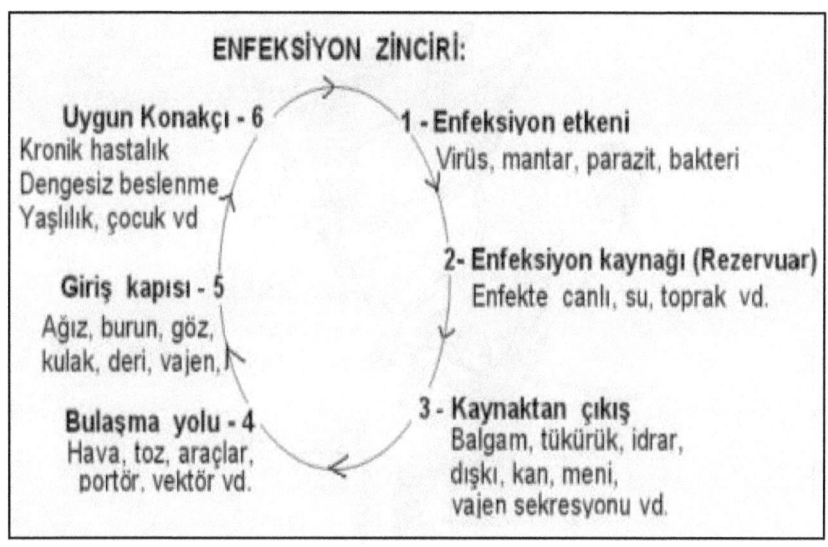

Enzim: Hücre içinde üretilen ve bütün hayat olaylarını başlatan, hızlandıran, protein yapısındaki katalizörler.

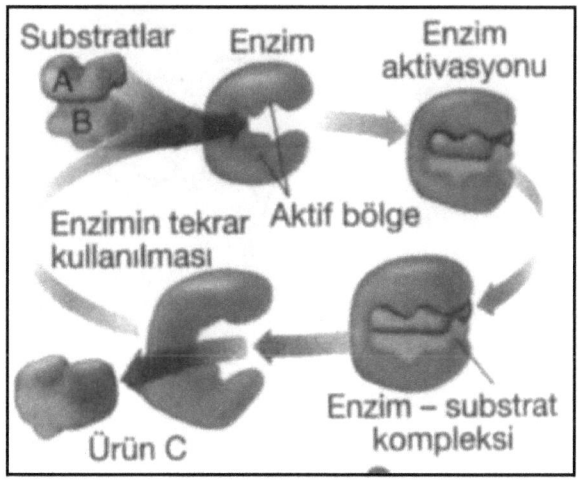

Epididimis: Erkek üreme sisteminde, testislerin üzerinde bulunan spermlerin olgunlaştığı ve kısa bir süre depolandığı yer.

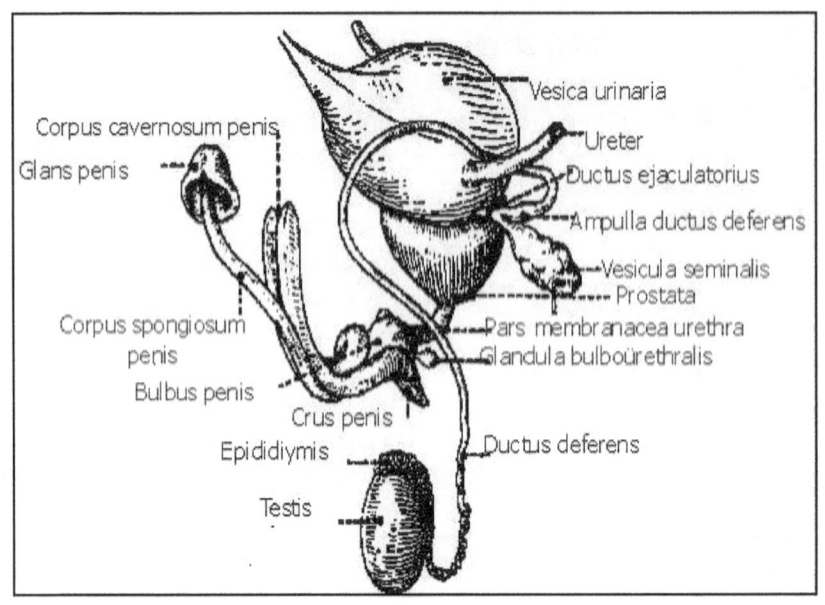

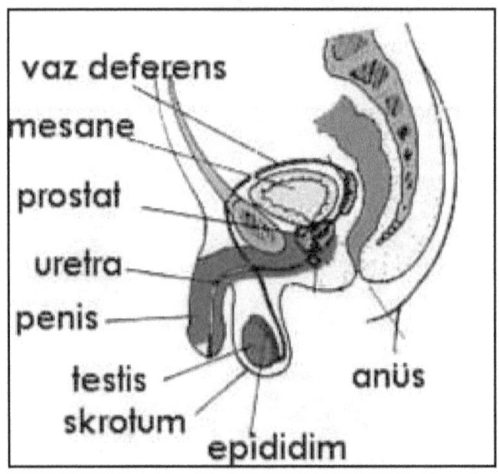

Epitel: Vücut dış yüzeyini, organların iç yüzeyini örten hayvansal doku.

Erepsin: Proteinlere etki eden ince bağırsak özsularında bulunan enzim.

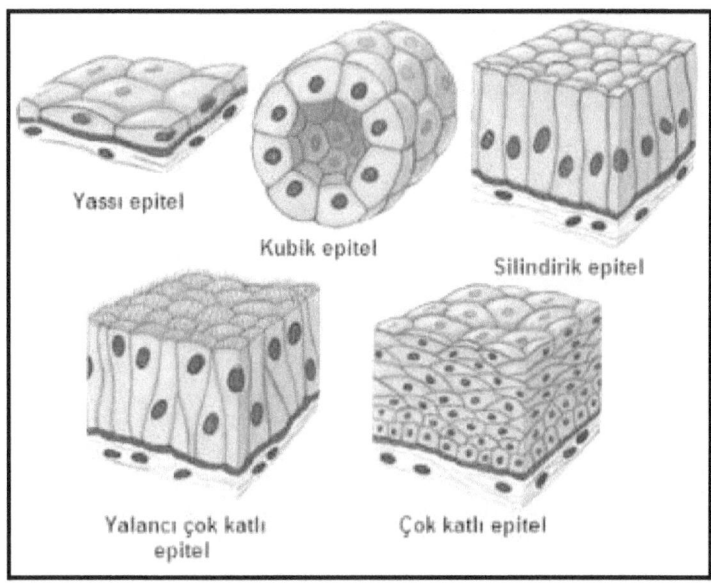

Ergotin: Çavdar mahmuzu özütü. İlaç yapımında kullanılır.

Eritrosit: Yapısında oksijen bağlama yeteneği olan hemoglobini bulunduran kan hücresi (alyuvar).

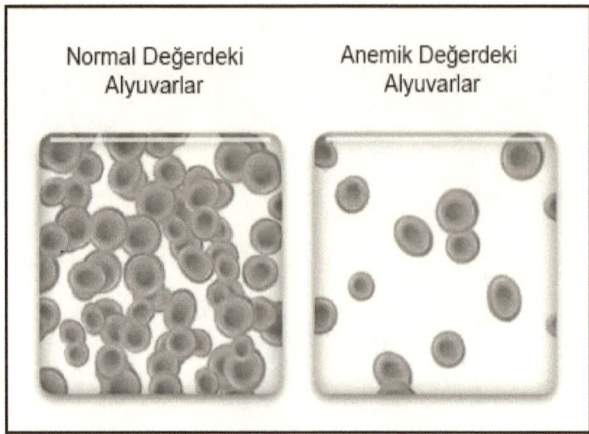

Erozyon: Ekolojik faktörler nedeniyle toprağın verimli tabakasının bulunduğu yerden, su, rüzgar, dalga ve buz gibi etkenlerle taşınması.

Bir erozyon örneği: Toprak kayması ile düşen kaya parçası.

Eşey: Cinsiyet, temel karakter.

Eşeyli üreme: Farklı iki eşey hücresinin birleşmesiyle bir canlı oluşması.

Eşeysiz üreme: Bir canlının özelleşmiş üreme hücrelerini meydana getirmeden tıpatıp atasına benzer canlıların oluşmasını sağlayan üreme şeklidir.

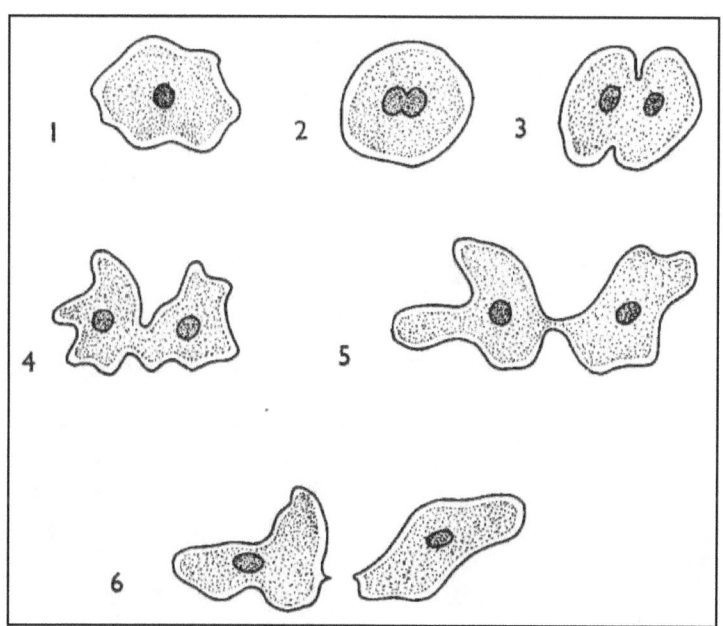

Eşik sinyali: Bir sinir hücresinde uyarının zarda değişiklik yapması için gereken minimum potansiyel farkı.

Etoloji: Canlıların davranışlarını inceleyen bilim dalı.

F

Fagositoz: Hücre zarından geçemeyen büyük katı moleküllerin yalancı ayaklarla hücre içine alınmasıdır.

Farinks: Ağız ve burun boşluklarıyla, gırtlak ve yemek borusu arasındaki boşluk, yutak.

Yaratılış Gerçekliği-I

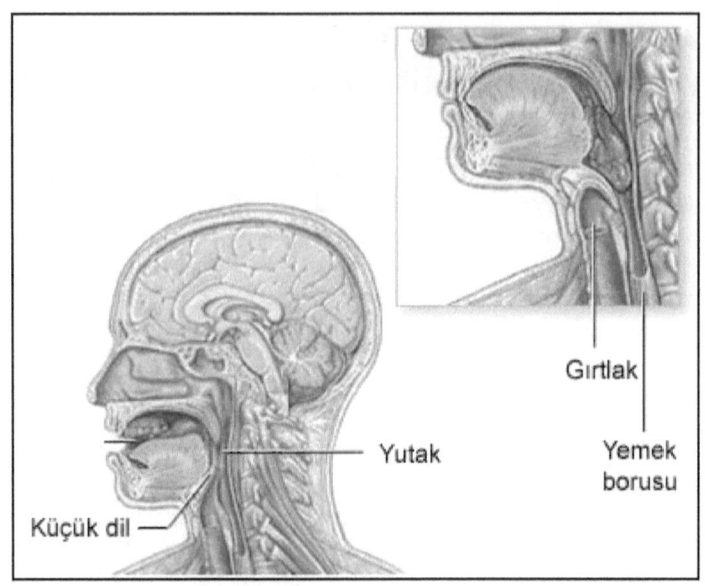

Fauna: Belirli bir coğrafi alanda bulunan hayvan türlerinin tümü.

Resim: Bir ekosistemi oluşturan canlıların tümüne birden Fauna denilmektedir.

Evrim Teorisi

Fenoloji: Çiçek açma, üreme, göç gibi iklime ve çevre koşullarına bağlı, periyodik biyolojik olayların incelenmesi ve kaydı.

Fenotip: *Fenotip* ya da *Dışyapı*, *genetik* (genotip) ve çevresel etkenlerin yarattığı özelliklerin canlının dış görünüşündeki yansıması. Fenotip çoğunlukla genler tarafından belirlenir ancak bazı koşullarda diğer etkenler, fenotipin genotipe yüzde yüz uymasını engelleyebilir. Bu duruma *hipomorfizm* denir. Fenotip, zaman içinde değişebilir. Birden çok genle kontrol edilen özelliklerin fenotipleri de karmaşıklık gösterir. Genlerin durumuna göre çeşitlilik gösteren fenotip sınıflarına *pleitropik fenotipler* denir. Biyolojik sınıflandırmanın ilkel aşamasında kullanılan sınıflandırma yöntemi, canlıların görünüşleri; yani fenotipleri üzerine kurulmuştu. Ancak genetik biliminin gelişmesi sonucunda moleküler düzeyde sınıflandırmaya geçilmiştir. Ortak fenotipe sahip canlılar, her zaman evrimsel olarak ortak atadan gelmezler. *Yakınsak evrim*, fenotiplerin birbirlerine benzemesini doğurabilir. Modern genetik terminolojisinde, herhangi bir mutasyonun yarattığı değişime de *mutant fenotip* denmektedir.

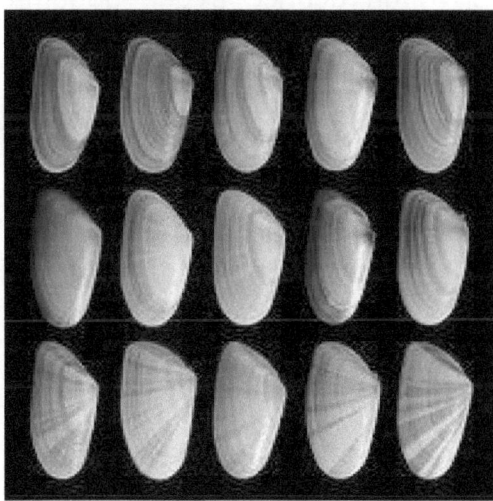

Üstteki Resim: Kokina midyesi (*Donax variabilis*) üyeleri, aynı türde yer almalarına rağmen; farklı renkleri ve motifleri içeren fenotiplere sahip olabilirler.

Fermantasyon: Bazı mikroorganizmaların ürettiği enzimlerin etkisiyle organik maddelerin uğradığı değişiklik.

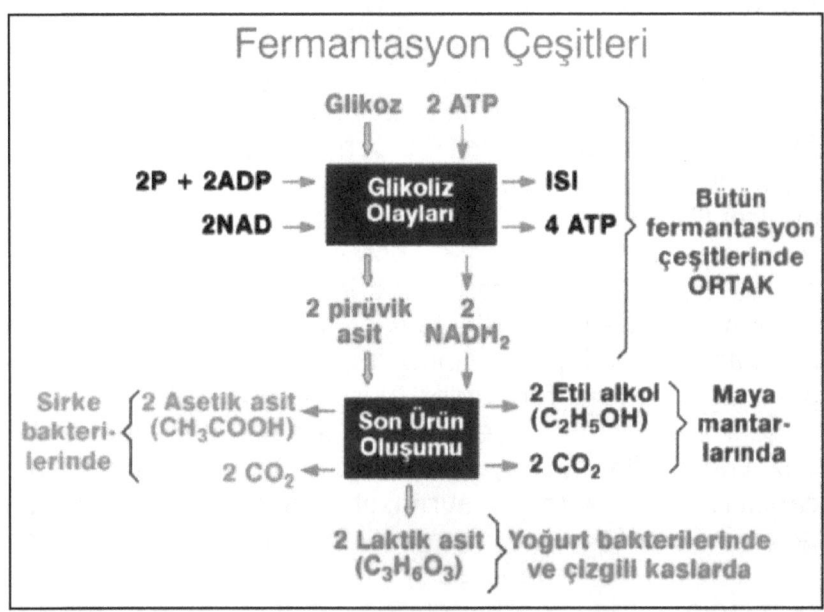

Fetüs: Embriyonun üçüncü aydan doğuma kadar tüm organ taslakları oluşmuş hali.

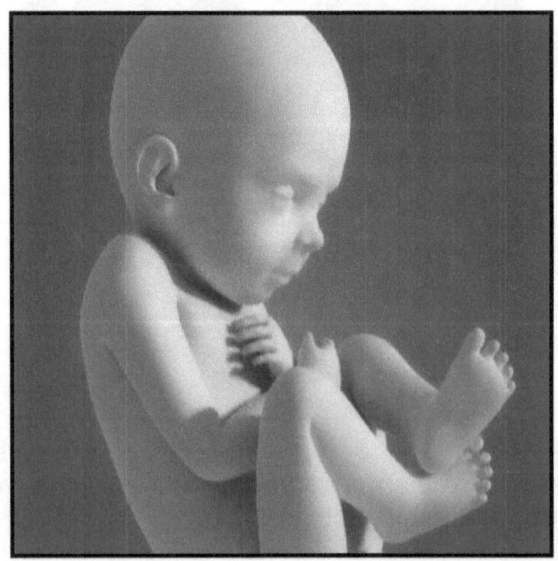

Fibril: Telcik. (miyofibril=kas telciği; nörofibril=sinir telciği)

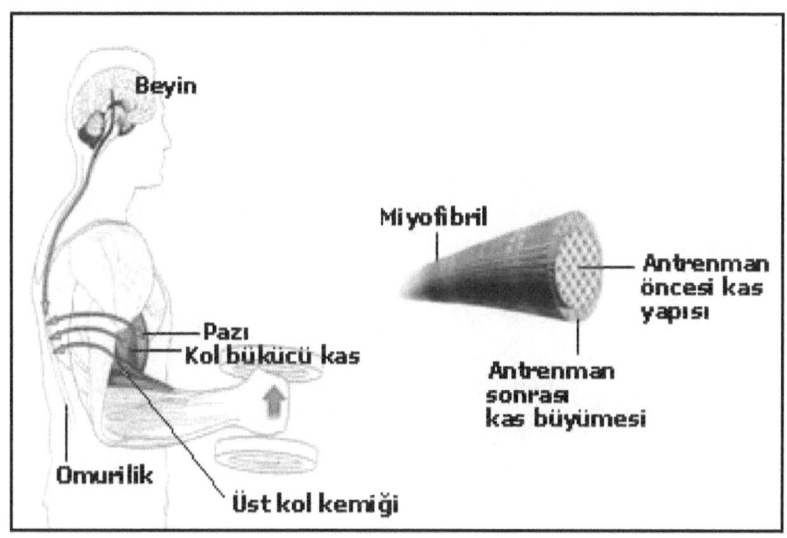

Fibrin: Kanın pıhtılaşmasıyla oluşan ipliksi, ağsı yapı.

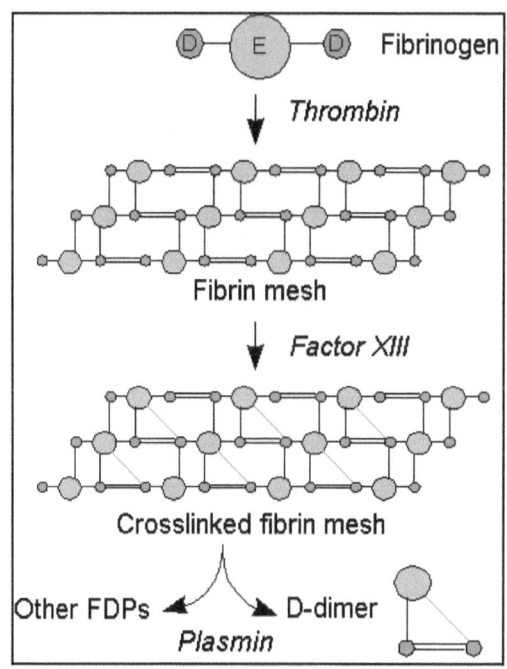

Şekil: Fibrin ve Fibrinojen yapısı.

Yaratılış Gerçekliği-I

Filogenetik sıflandırma: Canlıların akrabalık derecelerine göre sınıflandırılması. Doğal sınıflandırma.

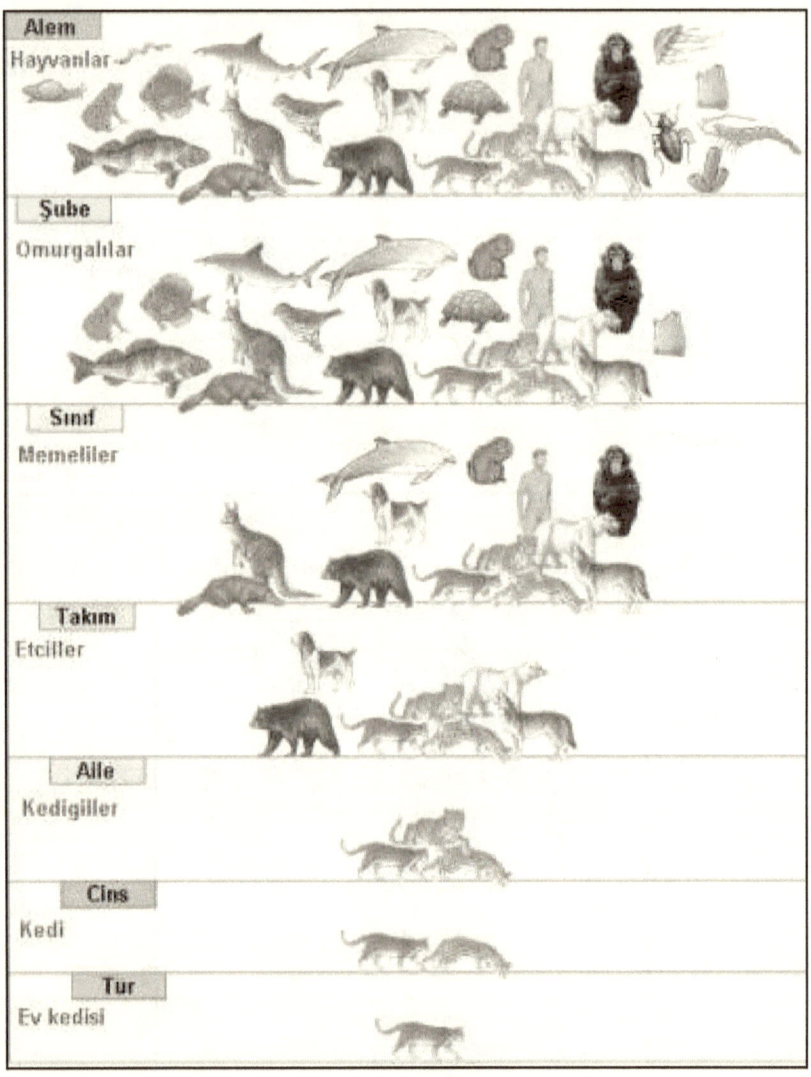

Filotaksis: Gövde ekseni üzerinde yaprakların diziliş şekli.

Filtre: Akışkan olan sıvı ya da gazı süzmeye yarayan gözenekli madde. Akışkandaki asıltı, çamursu ya da katı maddeleri ayırmaya yarar.

Fitoplankton: Çoğunlukla bir hücreli su yosunlarından oluşan, sularda yaşayan bitki topluluğu.

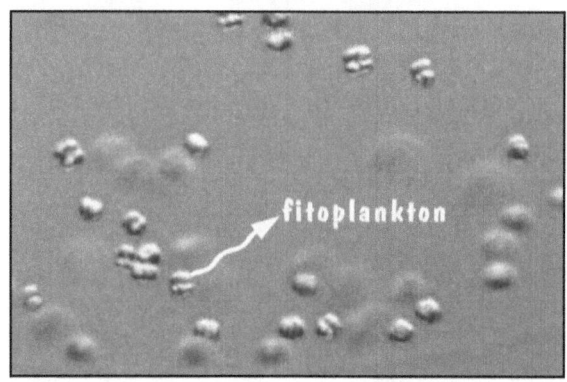

Fizyoloji: Canlılardaki yaşamsal olayları (işleyişi) inceleyen bilim dalı.

Floem: Bitkilerde organik besin taşıyan, canlı, iletken doku, soymuk borusu.

Flora: Belirli bir coğrafi alanda bulunan bitki türlerinin tümü.

Folikül: Memelilerde yumurtalıkta bulunan ve olgunlaşmış yumurtayı taşıyan kesecik.

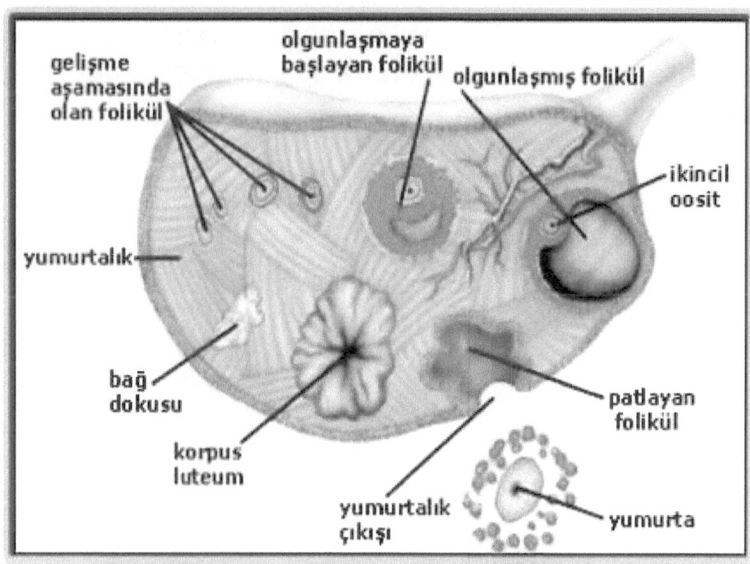

Şekil: Memelilerde Folikülün yapısı.

Fosfataz: Bir molekülden su kullanarak fosfat grubunu ayıran enzim.

Fosfodiester bağı: DNA'daki fosfat ile şeker arasındaki bağ (Nükleik asitlerde 5C'lu şeker ile organik baz arasında glikozit bağı, organik bazlar arasında H bağı bulunur.

Fosfoprotein: Protein sentezlendikten o proteine proteinkinazlarla fosfor eklenmiş hali.

Fosforilasyon: ATP üretimi.

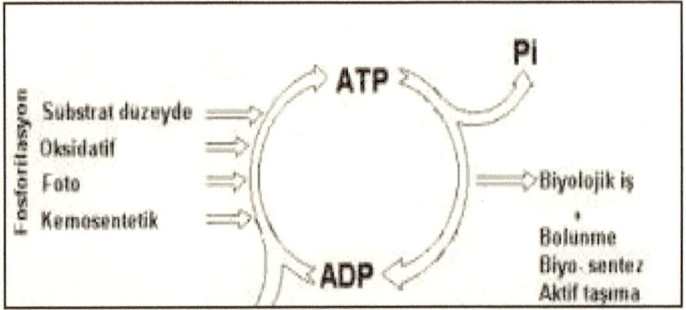

Fosil: Milyonlarca yıl önce yaşamış canlıların korunarak bugüne kadar gelmiş kalıntıları.

Fotoreseptör: Işığı algılayabilen duyu hücresi, almaç.

Fotosentez: Yeşil bitkilerin, güneş enerjisi ve klorofil pigmenti yardımıyla CO_2 ve H_2O'dan besin maddelerini üretmesidir.

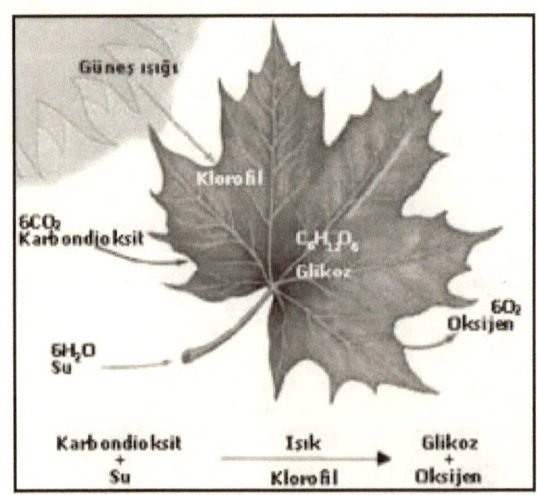

Fruktoz: Genellikle meyvelerde bulunan ve yapısında 6 karbon atomu içeren bir çeşit şeker molekülü.

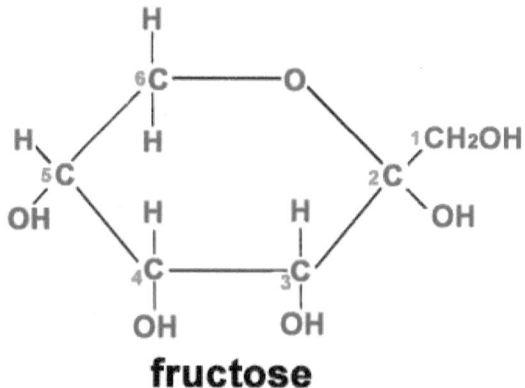

fructose

Resim: Yapay bir tatlandırıcı olarak kullanılan Fruktoz şekeri, meyve şekeri olarak da bilinir.

Fundus: Midenin genişlemiş kısmı.

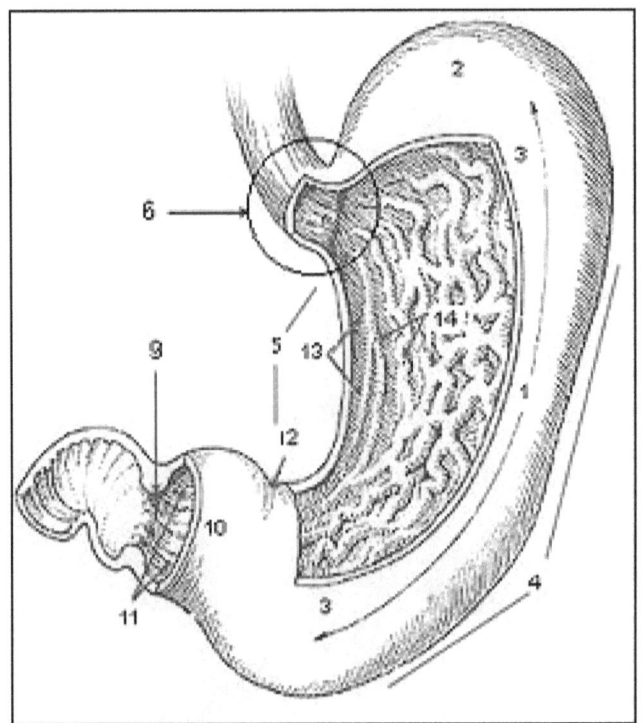

Fungus: Mantar
Fungusit: Mantarla mücadele ilaçları.

G

Galaktoz: Altı karbonlu bir tür şeker (aldoz şekeri).

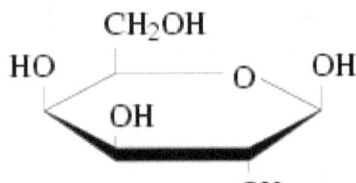

Yandaki şekil: Galaktoz molekülü

Gamet: Erkek ve dişi üreme hücresine verilen ad.

Evrim Teorisi

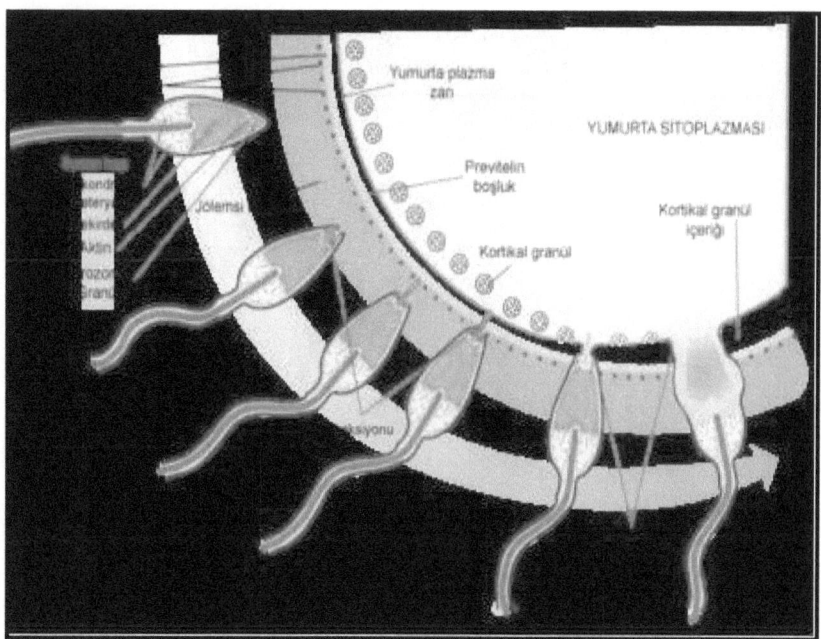

Resim: Erkek ve Dişi üreme hücrelerini (gametleri) stoplazma içerisinde birlikte gösteren bir diyagram.

Gangliyon: Merkezi sinir sistemi dışında bulunan, sinir hücrelerinin gövdelerinden oluşan sinir düğümü.

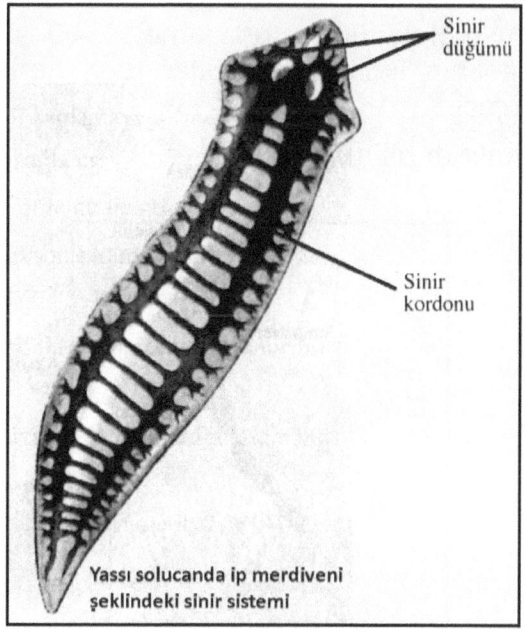

Gastrin: Mide suyunun salgılanmasını uyaran ve mideden salgılanan bir peptit hormonu.

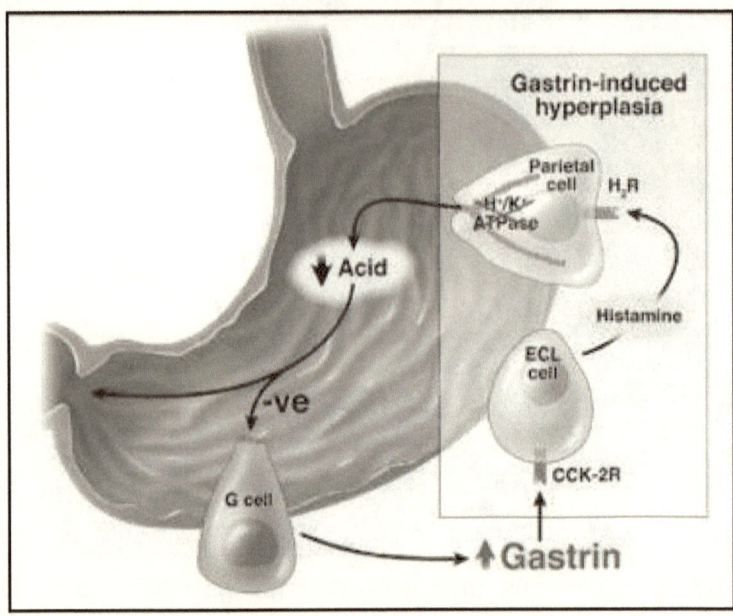

Gastrula: Embriyonun blastuladan sonra oluşan, hücreleri içeri çökmesiyle ilk bağırsak boşluğunu meydana getiren erken embriyonik safha.

Gen: DNA molekülünün ortalama 1500 nukleotitten oluşmuş canlının kalıtsal özelliklerinden herhangi birini taşıyan parçası.

Genetik: Kalıtım bilimi.

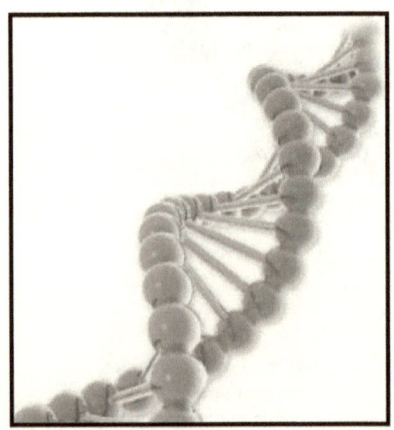

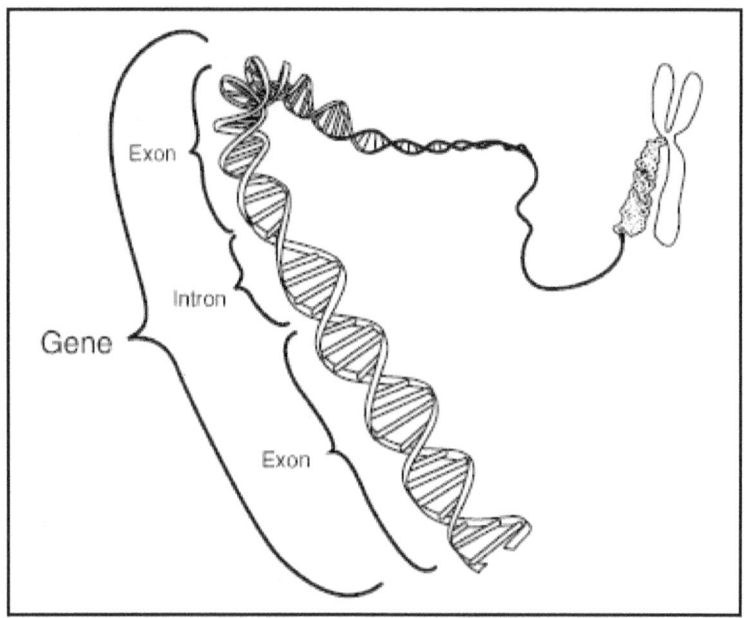

Geniz: Burun ve ağız boşluğunun arkasındaki kısım, adenoid.

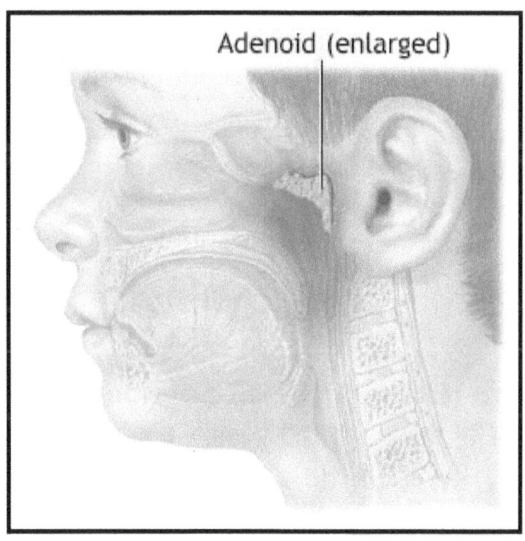

Genom: Bir organizmanın sahip olduğu genetik şifrelerin tamamı.

Genotip: Canlının sahip olduğu genlerin toplamı.

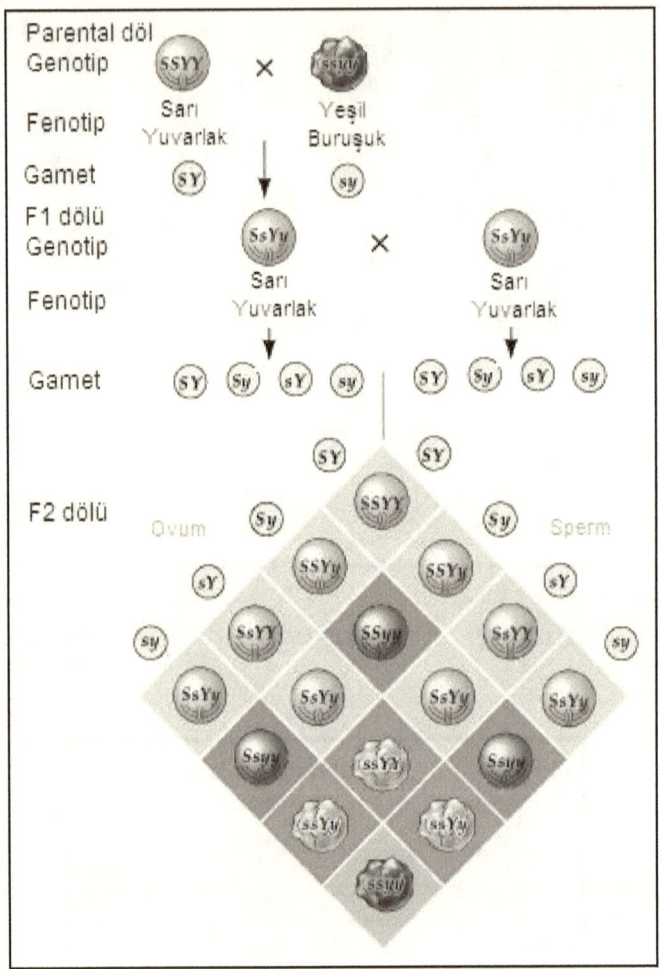

Geometrik dizi: 2-4-8-16-32-64 şeklinde devam eden bir artış şekli.

Gibberellin: Bitki büyüme hormonu, absisik asitin etkisini örterek çimlenmeyi uyarır.

Glikojen: Hayvanlarda besinlerle alınan karbonhidratların karaciğer ve kaslardaki depo şekli.

Glikolipit: Genellikle hücre zarlarında bulunan, lipitlerin şeker moleküllerine kovalent bağlarla bağlanması ile meydana gelen bileşik lipit.

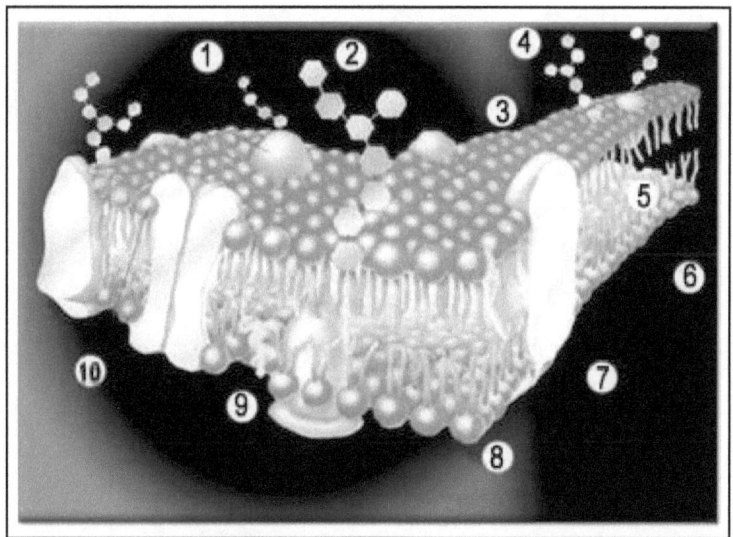

Hücre zarının glikolipid yapısı: 1. Glikoprotein bölgesi 2. Karbonhidrat zinciri 3. Dış yüzey bölgesi 4. Glikolipid bölgesi 5. İç yüzey 6. Hidrofobik bölge 7. Protein bölgesi 8. Çift katlı fosfolipit bölgesi 9. Kolesterol bölgesi 10. Su seven (hidrofilik) bölge.

Glikoz: (Heksoz) $C_6H_{12}O_6$ molekül yapısındaki temel karbonhidrat molekülü.

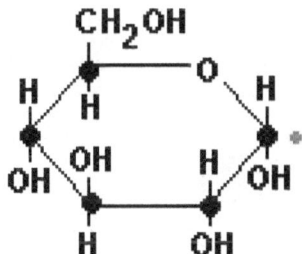

Glikoz molekülü

Gliserin: Lipidlerin (yağların) yapısına katılan temel bir madde. (Gliserol) Kulak kiri temizliği öncesinde yumuşatmak amacıyla kullanılır.

Glomerulus: Böbrekteki nefronların bowman kapsülü içinde bulunan kılcal kan damarları ağı.

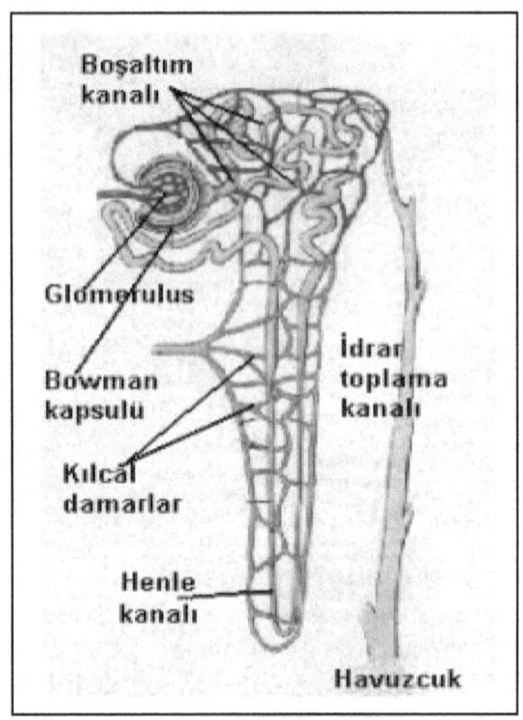

Glukagon: Pankreas tarafından üretilerek kana verilen, kan şekerini artırıcı etki yapan hormon.

Gonad: Üreme hücrelerini meydana getiren üreme organları.

Grana: Kloroplastlar içindeki klorofil taşıyan yapı.

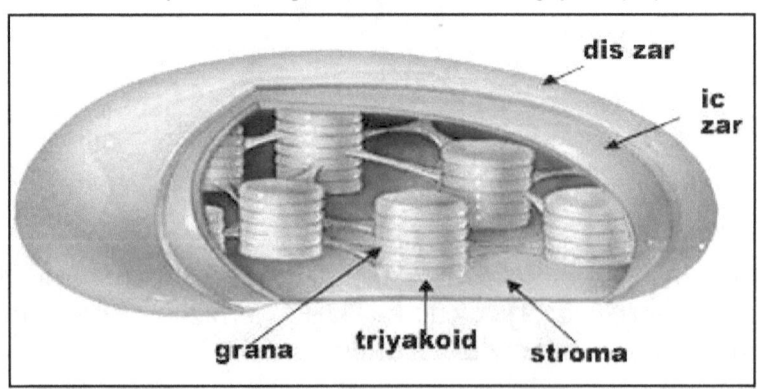

Granül: Stoplazmada bulunan küçük tanecikler.

GTP: Hücre içerisinde meydana gelen bazı biyokimyasal reaksiyonlarda enerji için kullanılan bir tür molekül (Guanozin tri fosfat).

Guanin: DNA ve RNA nın yapısına katılan bir pürün bazı.

Guatr: Tiroid bezinin büyümesi sonucu oluşan hastalık.

Guatrlı bir hasta

Gutasyon: Bitkilerin yapraklarından damlalar halinde(sıvı halde) su atılması.

Yaratılış Gerçekliği-I

Su, yapraklardan damlama şeklinde dışarı atılır.

H

Habitat: Bir organizmanın doğal olarak yaşadığı ve üreyebildiği yer.

Habitus: Bir bitki ya da hayvanın genel görünüşü.

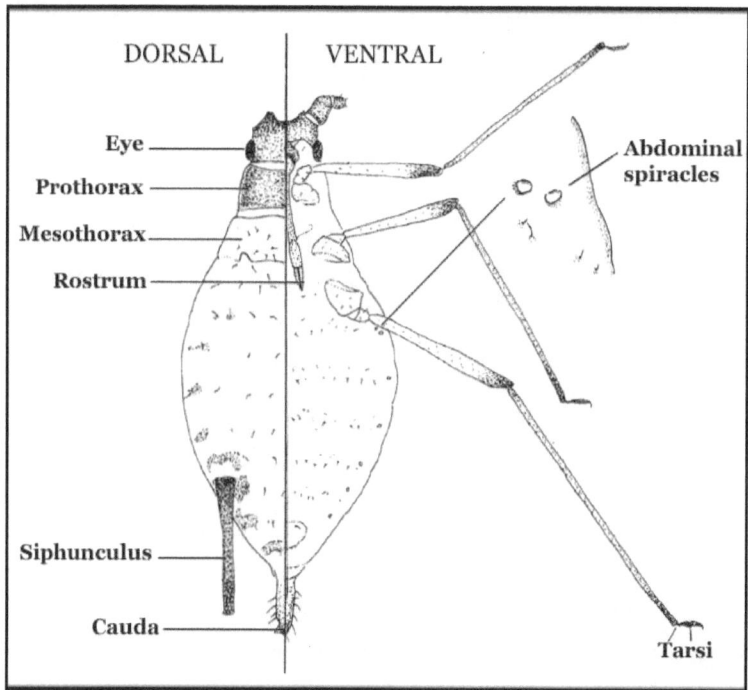

Haploid: Olgun bir üreme hücresinde bulunan kromozom sayısı, vücut hücrelerinin sahip olduğu kromozom sayısının yarısına sahiptir. Kromozom sayısının yarıya inmesi sonucu oluşan "n" sayıda kromozom taşıyan hücrelere haploid hücre denir.

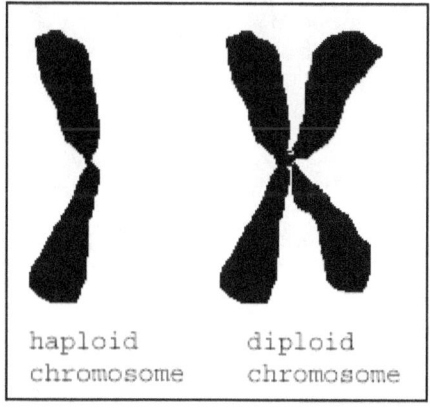

Havers kanalı: Kemik dokudaki, sinir ve kan damarlarının geçtiği kanal.

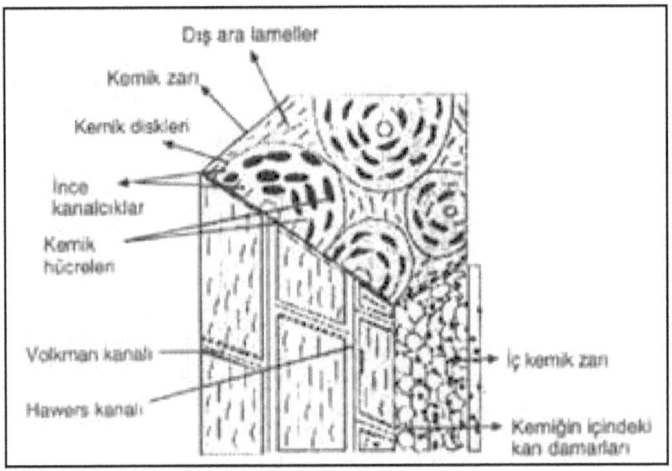

Heksoz: Altı karbonlu monosakkarit.

Helikaz: DNA'nın kopyalanması sırasında DNA'nın heliks zincirini fermuar gibi açan enzim.

Hemoglobin: Alyuvarlarda O_2 ve CO_2 taşıyan, demir içeren protein. (Kana kırmızı rengini verir, eksikliğinde kansızlık=anemi görülür.)

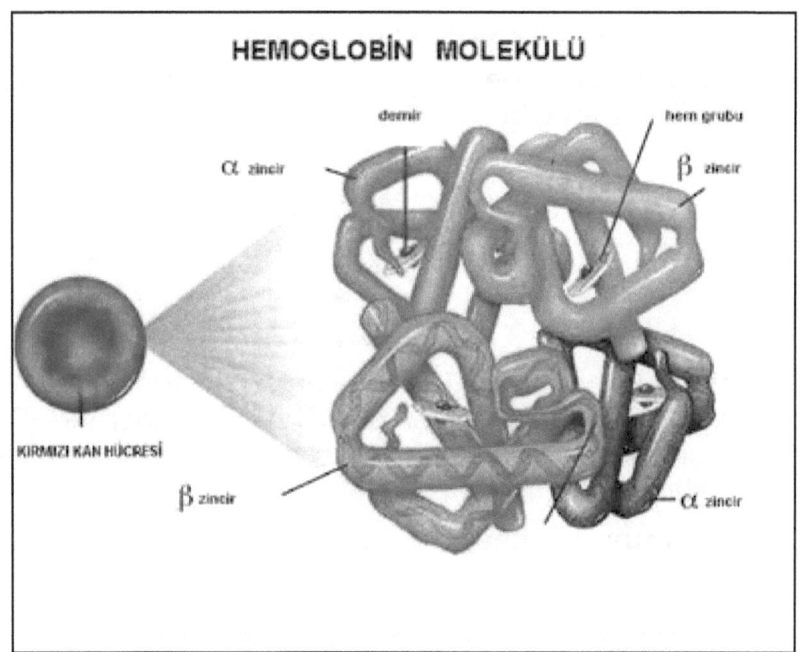

Hepatit B: Kan yoluyla bulaşan ve karaciğer rahatsızlıklarına yol açan bir tür virüs.

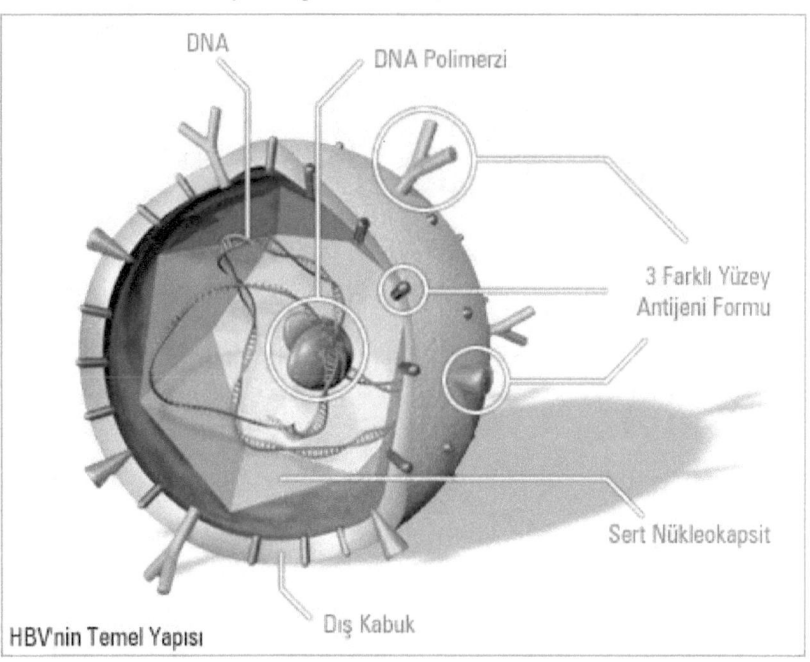

Herbivor: Otlarla beslenen hayvanlara verilen genel ad.

Hermafroditizm: Her iki eşeye de sahip canlı türü. Örneğin deniz atı gibi.

Heterojen: Değişik karakterlere yada yapılara sahip olan.

Heterosis: (melez gücü) Melezlerin atalarına göre kazandıkları üstünlük.

Hibrit: Melez.

Hidroliz: Bir molekülün kovalent bağlarının su ile parçalanarak ayrılan kısımların birine -H diğerine -OH grubunun eklenmesi. Polimerlerin su ile monomerlerine (yapıtaşlarına) ayrılması işlemidir.

Hipotalamus: Ön beynin alt bölgesi olup bazı organ ve bezlerin çalışmasını düzenleyen kısmı.

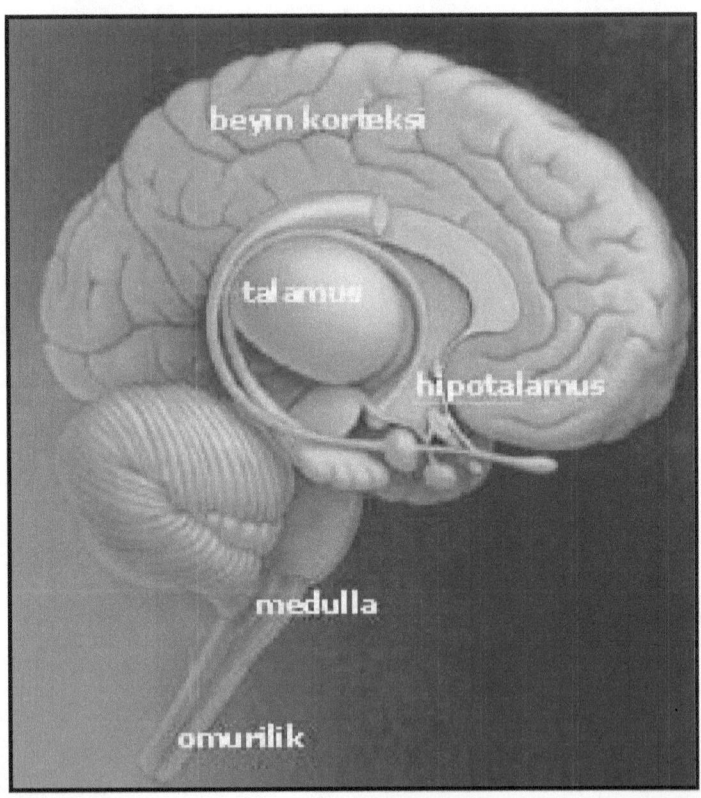

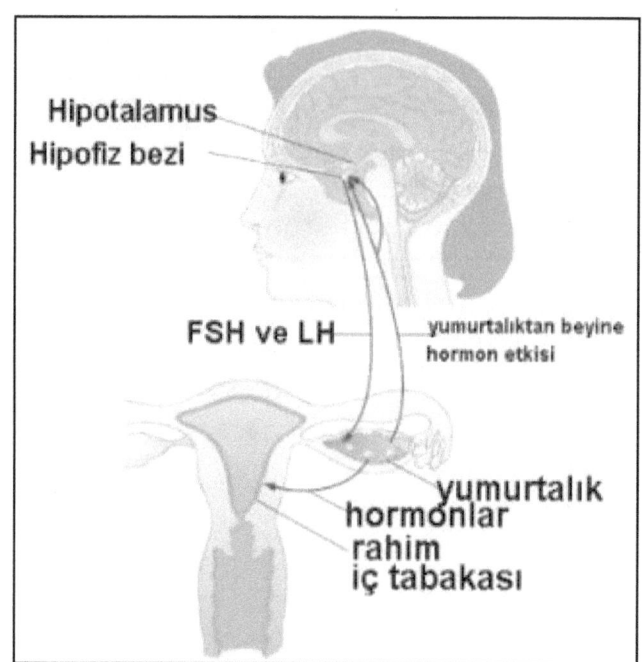

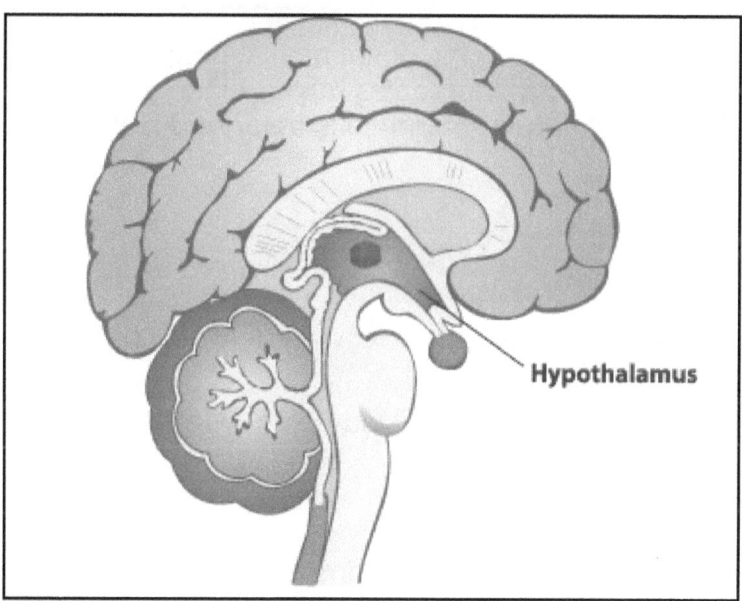

Hipotonik: İzotonik sıvıdan daha düşük osmotik basınca sahip olan sıvı.

Histoloji: Canlıların Dokuları inceleyen bilim dalı.

Homeostasi: Bir organizmanın içinde yaşadığı ortamla madde alış verişi yaparak, kendi iç ortamını belli sınırlar arasında dengede tutması.

Homojen: Bütün birimleri aynı yapıdaki, aynı nitelikte.

Homolog kromozom: Biri anneden, diğeri babadan gelen aynı gen çiftine sahip kromozomlar.

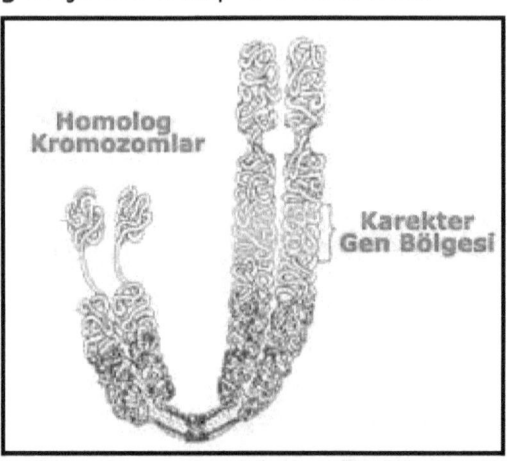

Hormon: Vücudun bir kısmında oluşturulan sonrada difüzyonla ya da kan dolaşımıyla diğer kısımlarındaki hücrelere taşınarak onların çalışmalarını düzenleyen özel maddeler.

I

IAA: Bitkilerde büyümeyi teşvik eden bir çeşit hormon. Uzun adı "İndol asetik asit ".

Islah: Bitki yada hayvanlarda türün iyileştirilmesi işlemi.

İ

İçgüdü: Organizmayı o türe özgü olan bir amaca sürükleyen hareket eğilimi (Örneğin örümceğin ağ örmesi gibi).

İmplantasyon: Döllenmiş yumurtanın rahim'in (uterus) Yumuşak dokusuna gömülmesi, döl tutma.

Evrim Teorisi

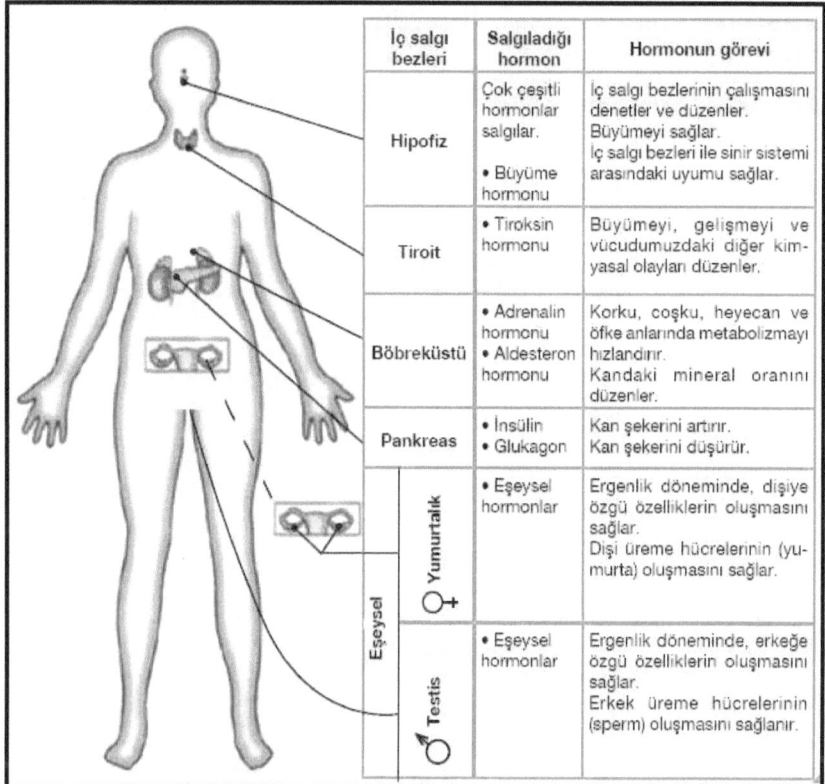

İmmünoloji: Organizmanın hastalıklara karşı direnç gösteren bağışıklık sistemini inceleyen bilim dalı.

İnorganik madde: Canlılardan elde edilmeyen ve canlıların yaşadığı çevrede bulunan maddeler (karbondioksit, su, tuz vs.)

CANLILARIN TEMEL BİLEŞENLERİ

İnorganik Bileşikler	Organik Bileşikler
* Su	* Karbonhidratlar
* Mineraller	* Yağlar
* Asitler	* Proteinler
* Bazlar	* Vitaminler
* Tuzlar	* Nükleik asitler

İnsülin: Pankreasın ürettiği kan şekerini azaltan hormon.

İnterferon: Hücrelerin virüslere karşı ürettiği özel savunma maddesi.

İn vitro: Hücelerin, dokuların, organların ait oldukları organizmaların dışında yapay ortamlar içinde yetiştirilmeleri veya bulunmaları.

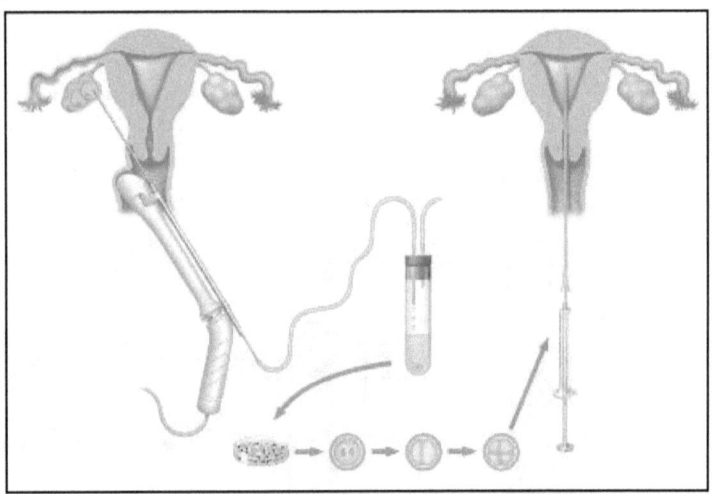

Resim: İn vitro ve in vivo araştırma biçimi.

İn vivo: Ait olduğu hücre veya organizma içerisinde yapılan deney.

İris: Gözün saydam tabakasının altındaki damar tabakadan oluşan renkli kısmı.

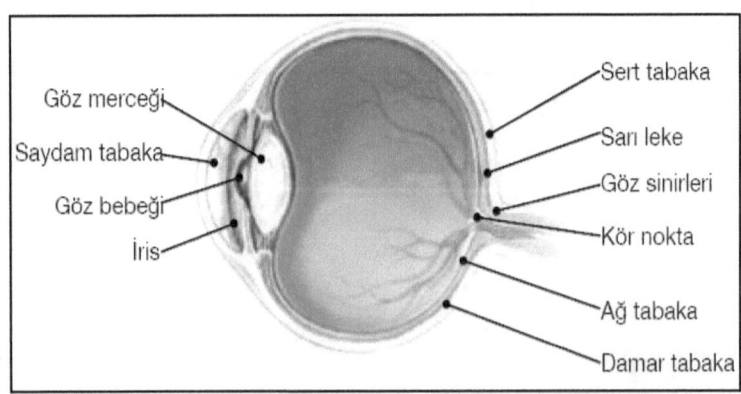

İyon pompası: Hücre zarında bulunan ve iyon akışını düzenleyen kompleks protein molekülü.

İzogamet: Şekil ve büyüklük bakımından aynı olan gametler.

İzogami: Şekil ve büyüklük bakımından aynı olan dişi ve erkek üreme hücrelerinin birleşimiyle yeni canlı oluşumu.

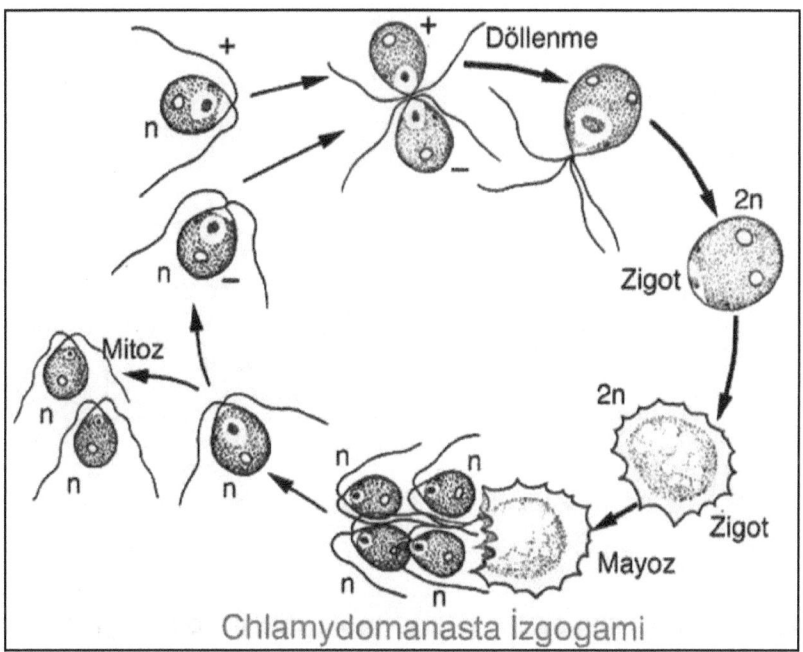

İzolasyon: Ayrılma, yalıtım. Biyolojide herhangi bir sebeple populasyondaki fertlerin birbirleriyle olan ilişkilerinin kesilmesi.

İzomeraz: Molekül içerisinde atomların yerlerini değiştiren enzim.

İzotonik: Hücrenin iç ve dış ortamının aynı osmotik basınca sahip olma durumu.

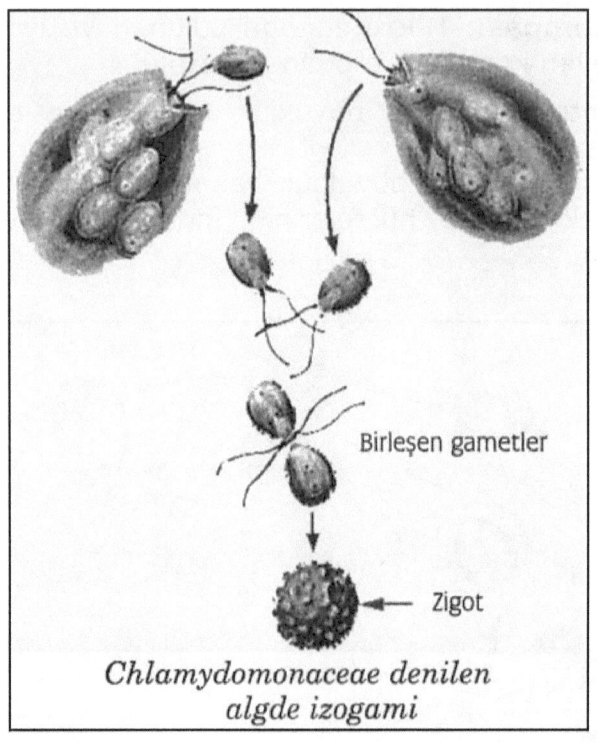

Chlamydomonaceae denilen algde izogami

J

Jel: Kolloit sıvıların ya da solventlerin pıhtılaşması ile oluşan pelte koyuluğunda madde.

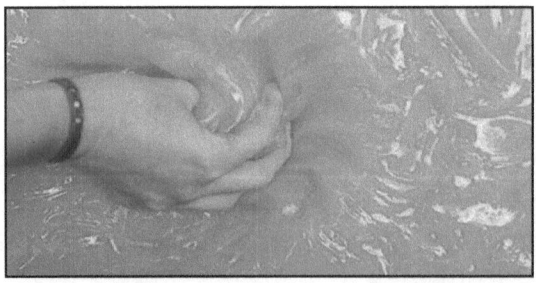

Jel elektroforez tekniği: Aynı elektrik yüklü moleküllerin jel matriks içerisinde büyüklüklerine göre ayrılması tekniği.

Jelatin: Açık sarı, suda çözünebilen ve hayvanlardan elde edilen pelte kıvamında, suda kaynatıldığı zaman çözünen, oda sıcaklığında katı hale geçen bir protein.

Jeomorfolojik: Yer şekillerinin engebe biçimlerine yönelik.

Jeotermal: Yer kabuğunun iç kısımlarında ısınan sıcak su ya da bunlarda elde edilen enerji.

K

Kadavra: Tıp öğreniminde üzerinde çalışmak için hazırlanmış ölü insan ya da hayvan vücudu.

Kafein: Kahve taneleri ve çay yapraklarında bulunan, merkezi sinir sistemi üzerinde uyarıcı etkisi olan, fosfodiesteraz aktivitesini engelleyen bir pürin alkaloit.

Kalaza: Kuş yumurtalarında vitellusu (yumurta sarısı) karşılıklı iki taraftan zara bağlayan iki sarmal banttan her biri.

Kalıtım: Canlının genetik şifresinin kendisinden sonra gelen nesle/yavrulara aktarılması.

Kaliptra: Kökün ucunu yüksük gibi saran ve koruyan doku.

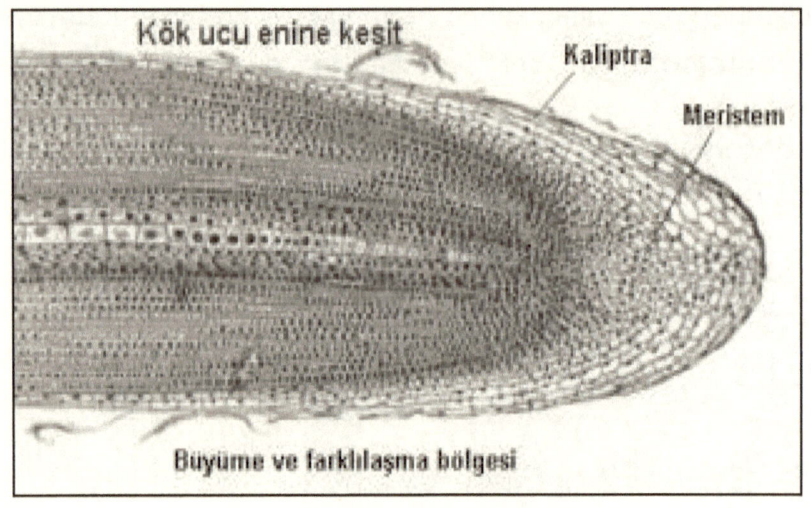

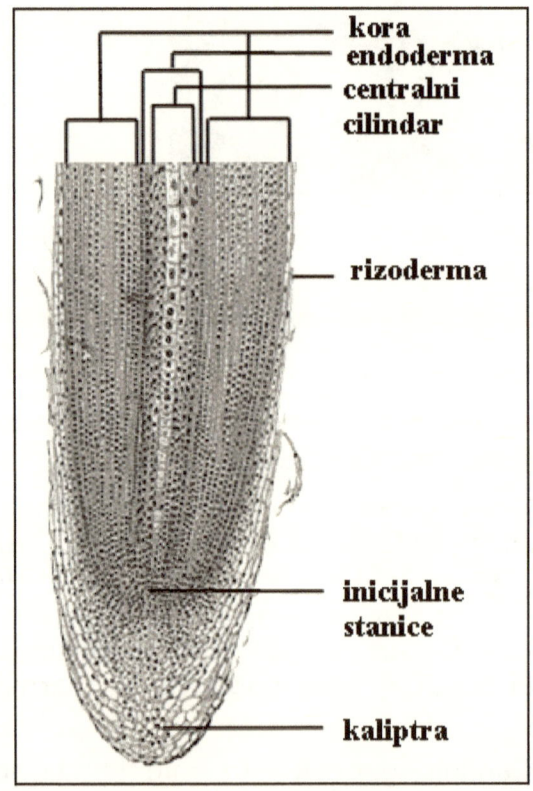

Kalsitonin: Tiroid bezi tarafından salgılanan, kemiklerde kalsiyum depolanmasını hızlandıran bir hormon.

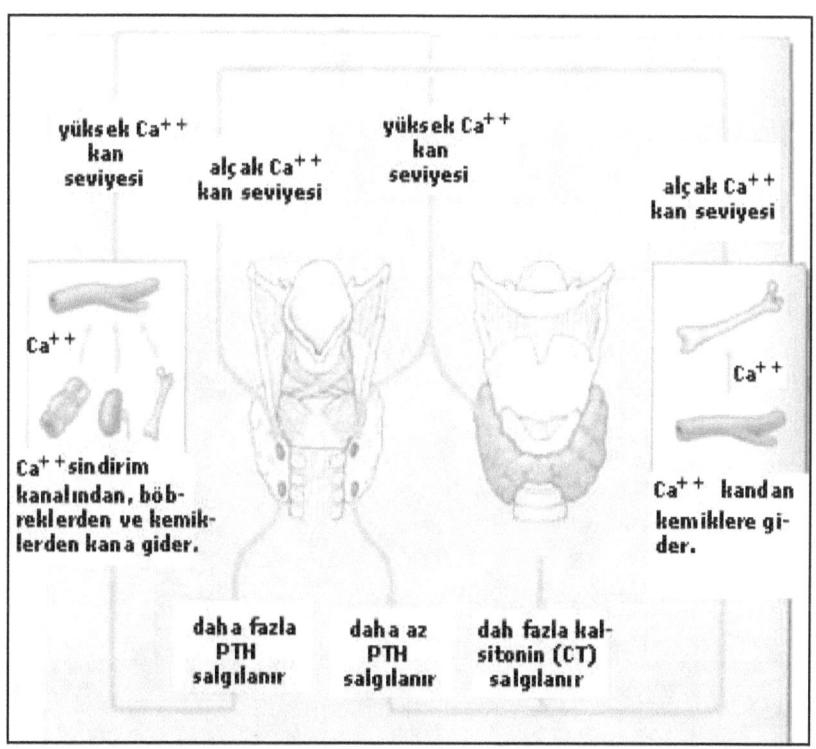

Kambiyum: Çift çenekli bitkilerin gövde ve kökünde yer alan ve meristem hücrelerinden oluşan tabaka; yeni odun ve soymuk tabakaları oluşturarak bitkinin kalınlaşmasını sağlar.

Kanser: Organizmada meydana gelen ve hücreleri kontrolsüz büyüyen kötü huylu tümörlere verilen genel ad.

Yaratılış Gerçekliği-I

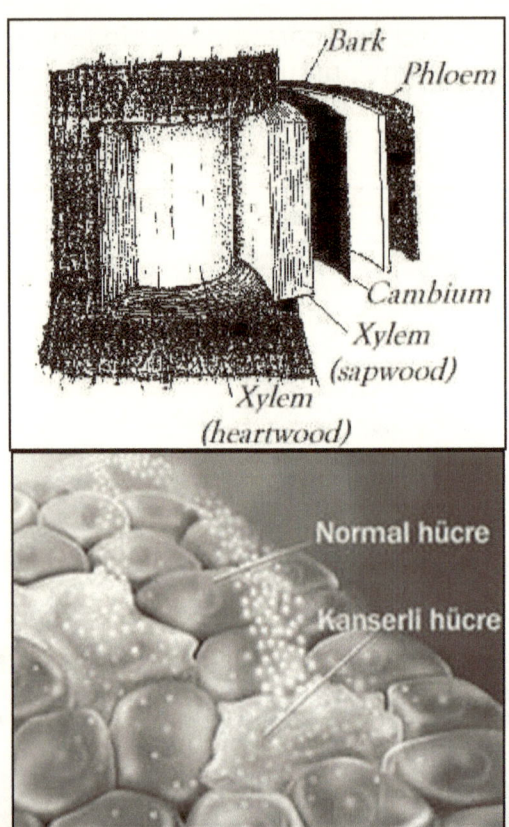

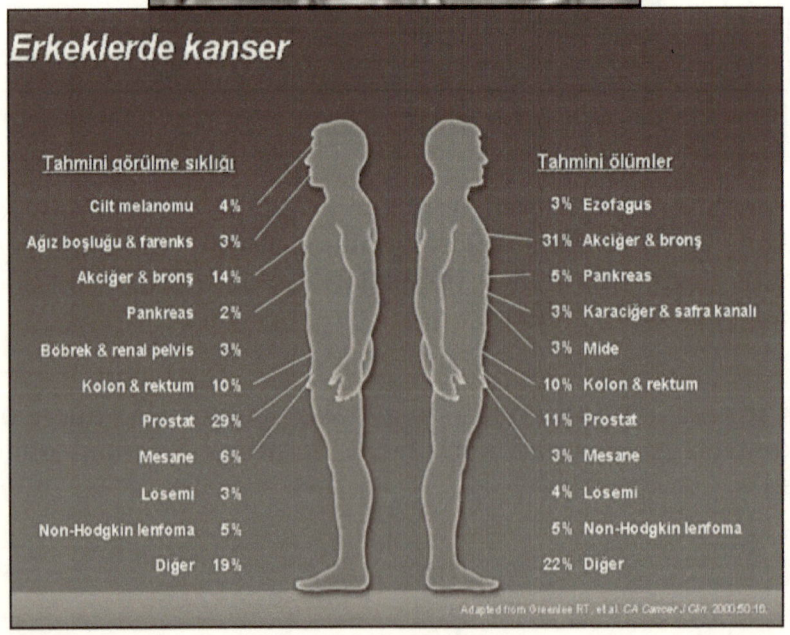

Evrim Teorisi

Kapalı Dolaşım: Kanın kalp ve damarlardan oluşan kapalı bir sistem içerisinde dolaşmasıdır.

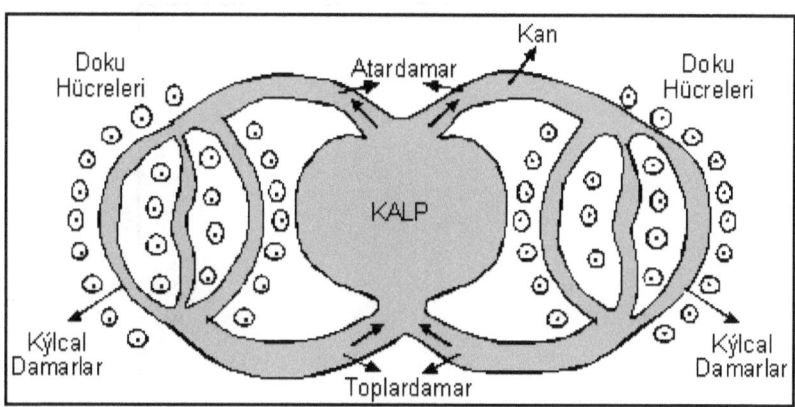

Kapsit: Virüslerin nükleik asitinin dışında bulunan, bazı virüslerde tek tip, diğerlerinde birkaç tip proteinden oluşan protein kılıf.

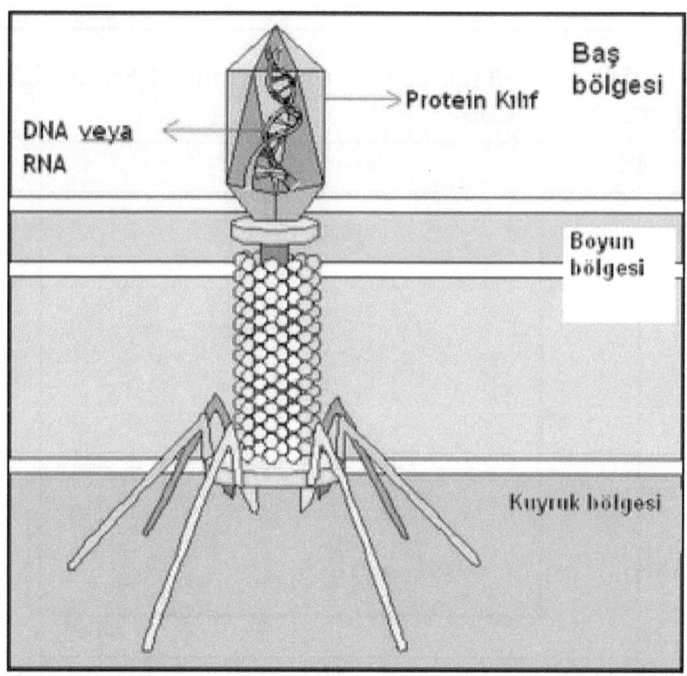

Kas tonusu: İskelet kaslarının, dinlenme durumundaki kasılı hali.

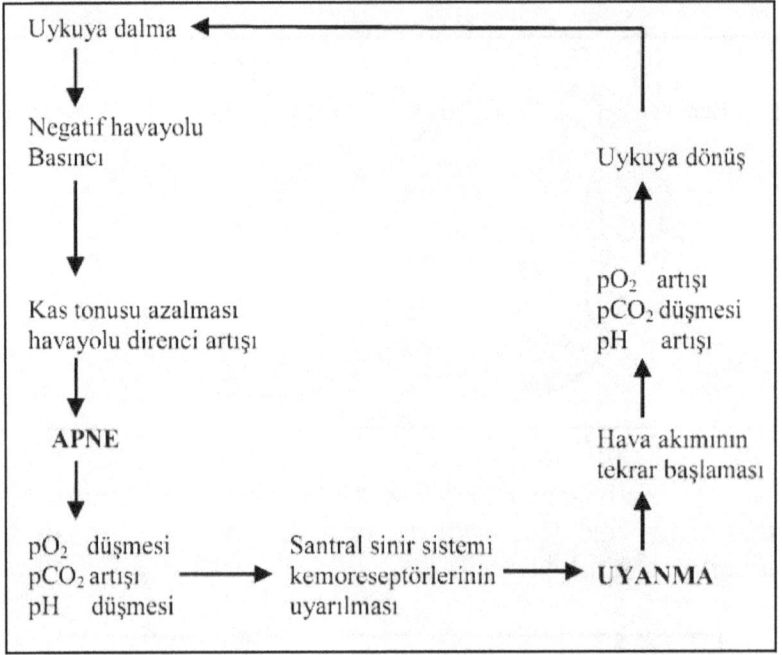

Katalizör: Kimyasal tepkimeye katılmadan tepkimenin hızını artıran madde.

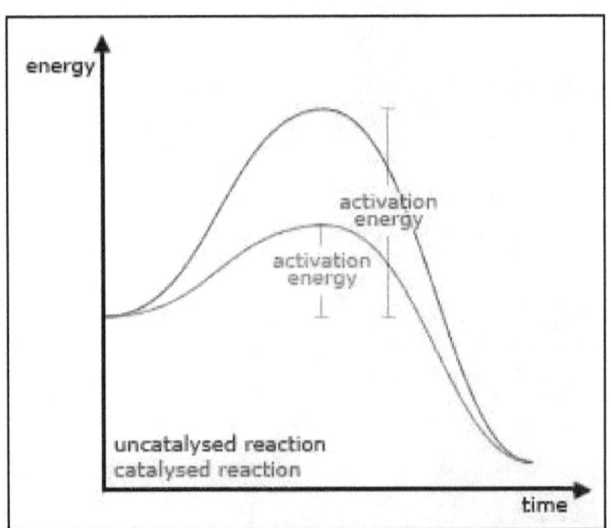

Şekil: Bir organik kimyasal tepkimeye ait katalizör reaksiyon diyagramı.

Kazein: Sütte bulunan bir çeşit protein.

Keratin: Omurgalı hayvanların derisinin, tırnak saç, boynuz gibi yapılarında bulunan, suda çözünmeyen sert protein.

Kitin (Chitin): Eklem bacaklı hayvanlarda dış iskeleti oluşturan azotlu, proteinli polisakkarit molekülü.

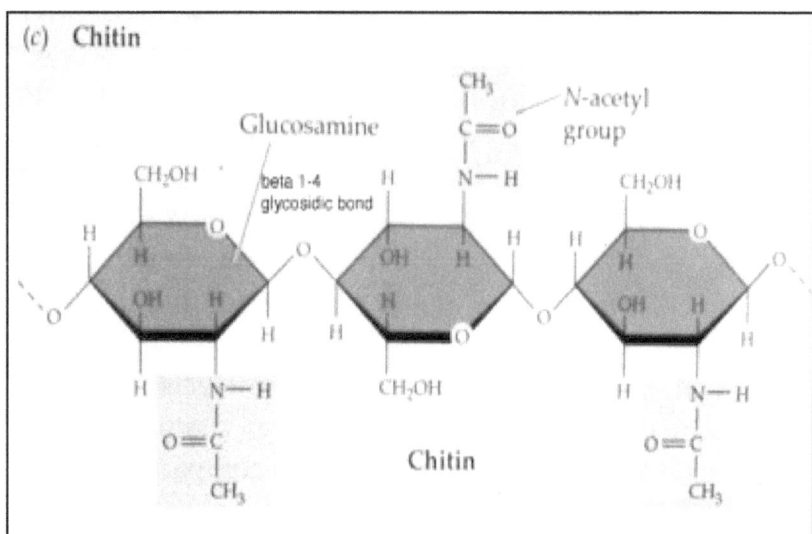

Kloak: Kuşlar gibi omurgalı hayvanların sindirim, boşaltım ve üreme sisteminin açıldığı bölüm.

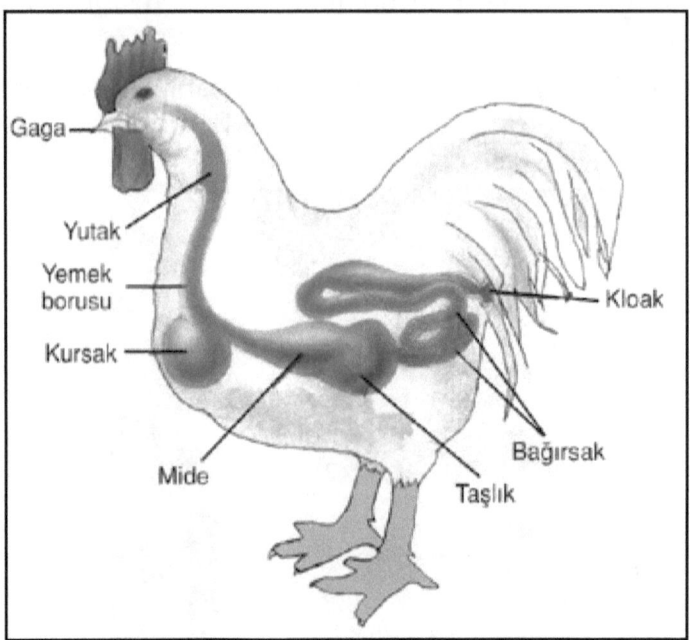

Klon: Genetik olarak birbirinin aynı olan canlılar.

Klorofil: Fotosentez olayında güneş enerjisini kimyasal enerjiye çeviren yeşil pigment maddesi.

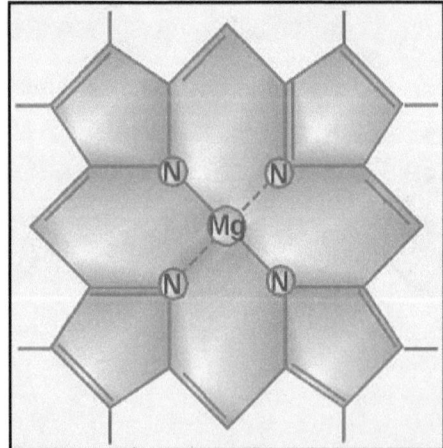

Şekil: Klorofil molekülünün yapısı. Dikkat edilirse, molekülün merkezinde bir magnezyum (Mg) atomu yer alır.

Kloroplast: Yeşil rekli klorofil pigmentini taşıyan plastid. Lamelleri oluşturan zara tilakoid, iç yüzeye lümen denir.

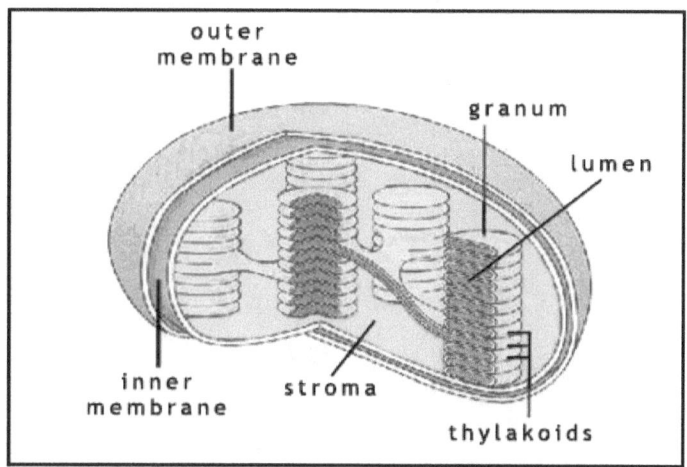

Şekil: Kloroplast'ın iç yapısı.

Kodon: Özel bir amino asiti şifreleyen üç nukleotitten olşan mRNA üzerindeki birim (DNA'nın protein sentezinde kullanılan anlamlı zincirine karşılık gelen mRNA üzerindeki birim).

First letter	Second letter				Third letter
	U	C	A	G	
U	UUU, UUC } Phe UUA, UUG } Leu	UCU, UCC, UCA, UCG } Ser	UAU, UAC } Tyr UAA Stop UAG Stop	UGU, UGC } Cys UGA Stop UGG Trp	U C A G
C	CUU, CUC, CUA, CUG } Leu	CCU, CCC, CCA, CCG } Pro	CAU, CAC } His CAA, CAG } Gln	CGU, CGC, CGA, CGG } Arg	U C A G
A	AUU, AUC, AUA } Ile AUG Met	ACU, ACC, ACA, ACG } Thr	AAU, AAC } Asn AAA, AAG } Lys	AGU, AGC } Ser AGA, AGG } Arg	U C A G
G	GUU, GUC, GUA, GUG } Val	GCU, GCC, GCA, GCG } Ala	GAU, GAC } Asp GAA, GAG } Glu	GGU, GGC, GGA, GGG } Gly	U C A G

Koenzim: Bir enzimi aktif hale getiren, enzimin protein olmayan organik bileşeni.

Kohezyon: Aynı cins moleküller arasındaki çekim kuvveti.

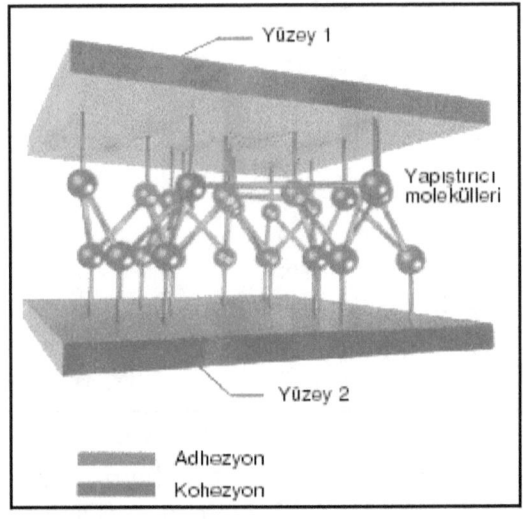

Kohlea: İç kulakta salyongozda bulunan yapı.

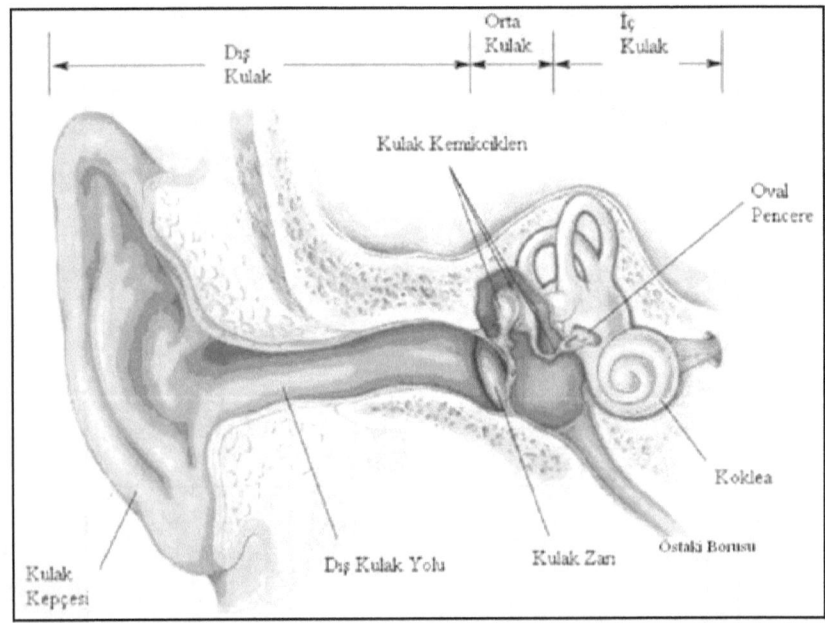

Kolesistokinin: İnce bağırsaktan salgılanan ve karaciğeri uyaran hormon.

Koloni: Aralarında işbölümü yapan tek hücreli organizmaların bir araya gelerek topluluk oluşturmaları.

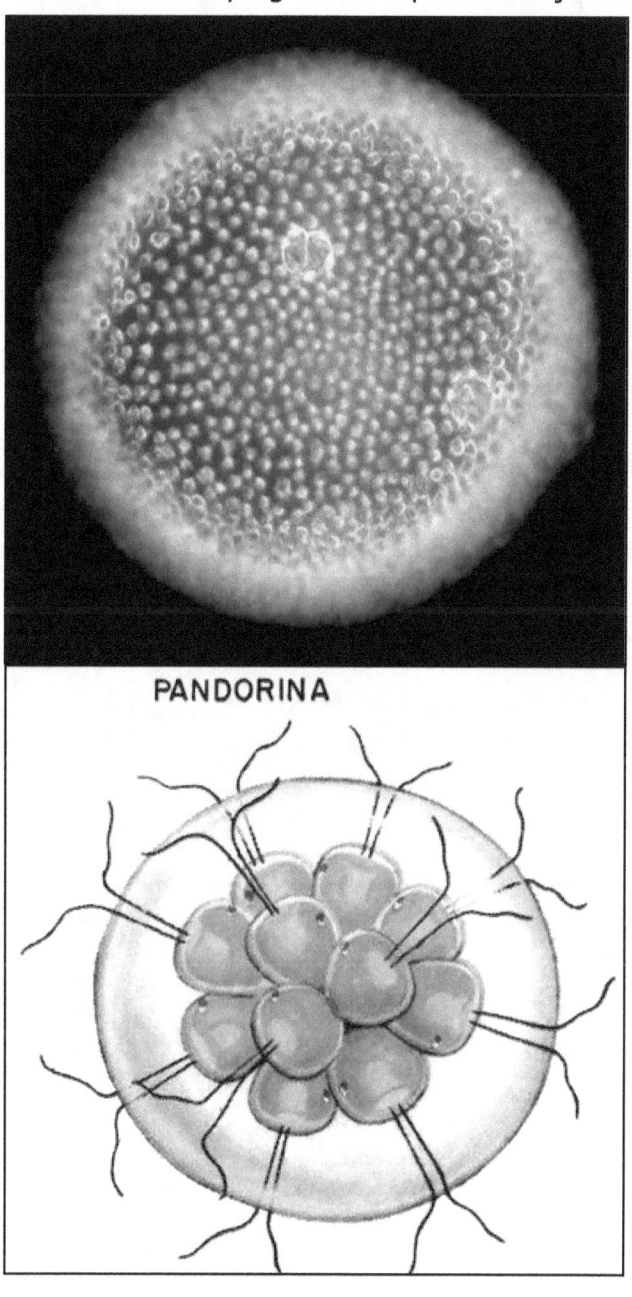

Kolloid: Parçacık büyüklüğü 1-100 mm olan madde.

Kondrin: Kıkırdak yapı hücrelerinin salgıladıkları ara madde.

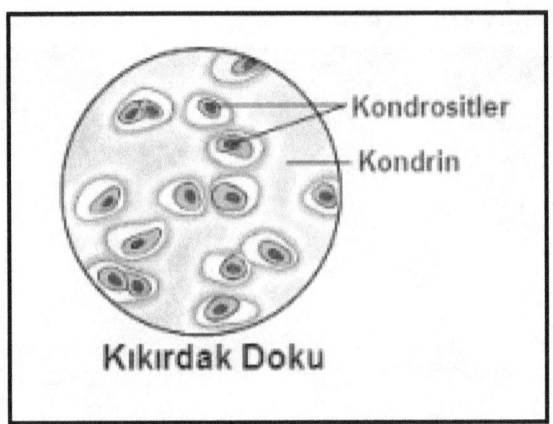

Kondrosit: Kıkırdak doku hücreleri.

Konjugasyon: İki hücrenin geçici olarak gen alış-verişi yapmak için birleşmeleri.

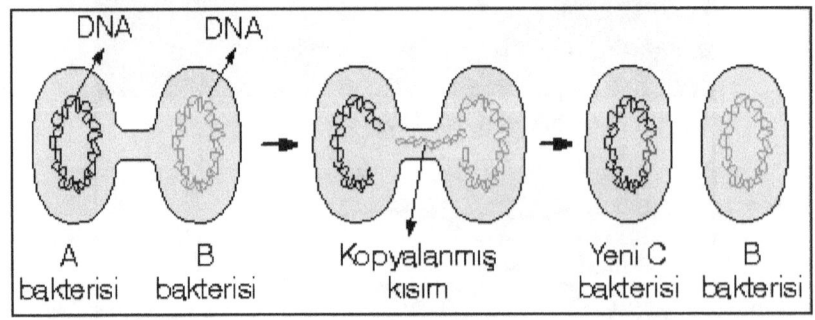

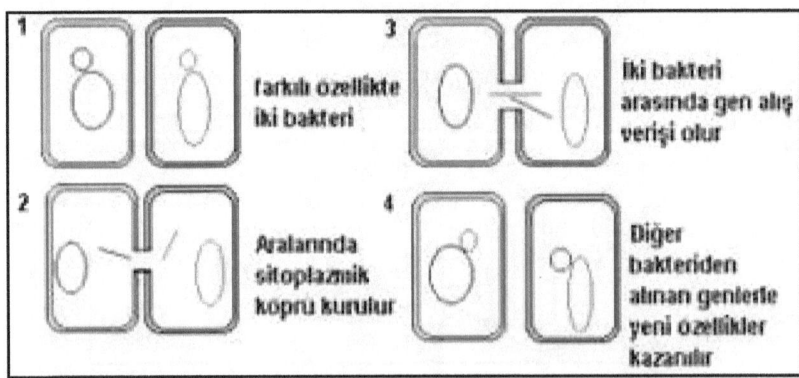

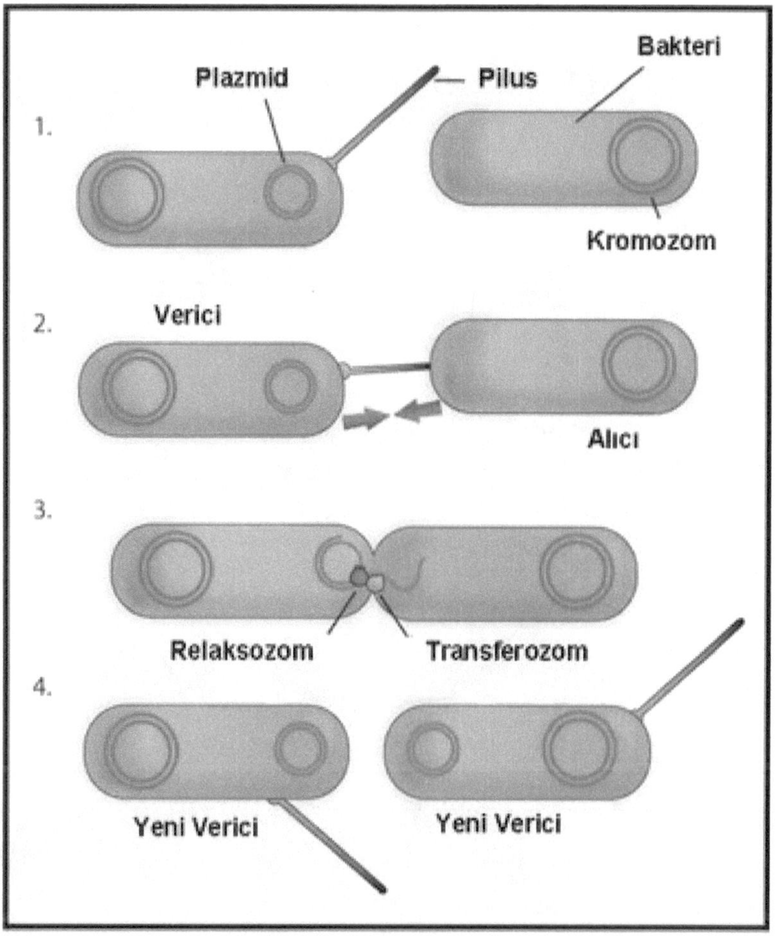

Evrim Teorisi

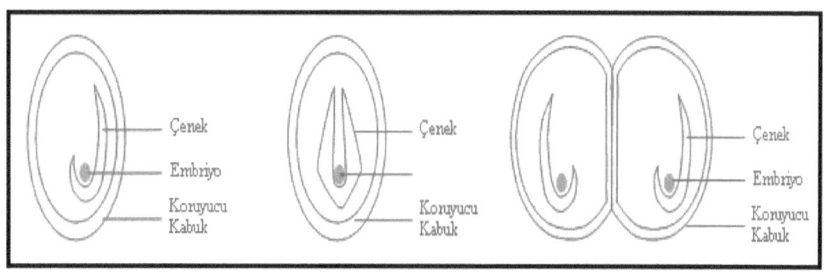

Konsantrasyon: birim hacimde bulunan madde miktarı.

Kornea: Gözün ön tarafında sert tabakanın saydam kısmı.

Kotiledon: Çenek yaprak.

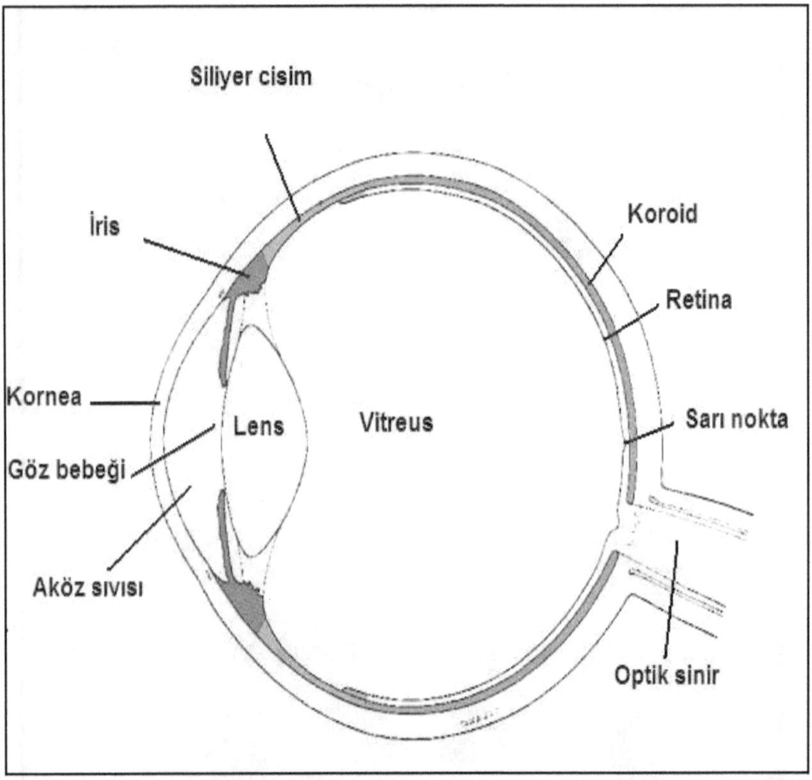

Yaratılış Gerçekliği-I

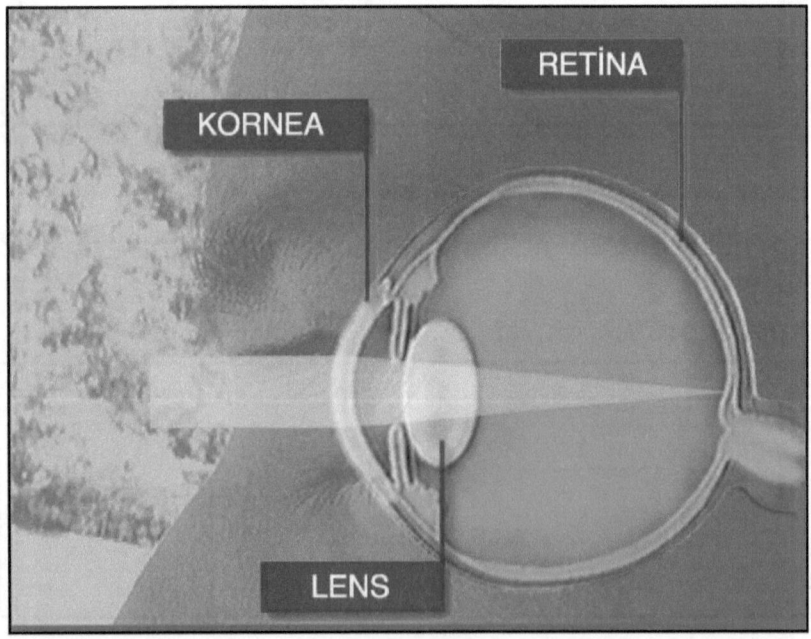

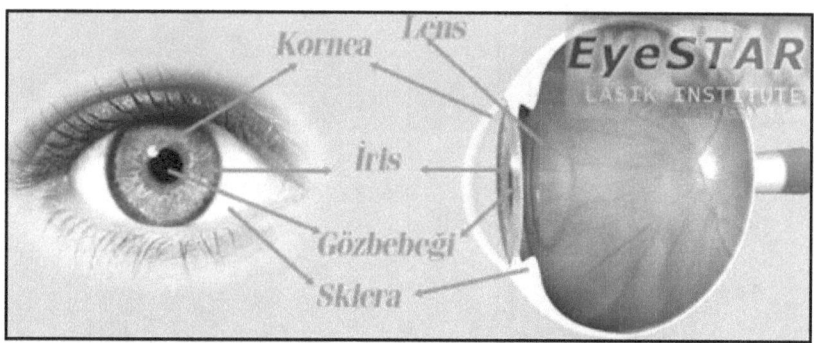

Kozmik: Yıldızlar arası, uzaylarla ilgili olan.

Kozmik madde: Evreni meydana getiren madde.

Kromoplast: Bitkilerde sarı, kımızı, turuncu renkli pigmentleri taşıyan plastidler.

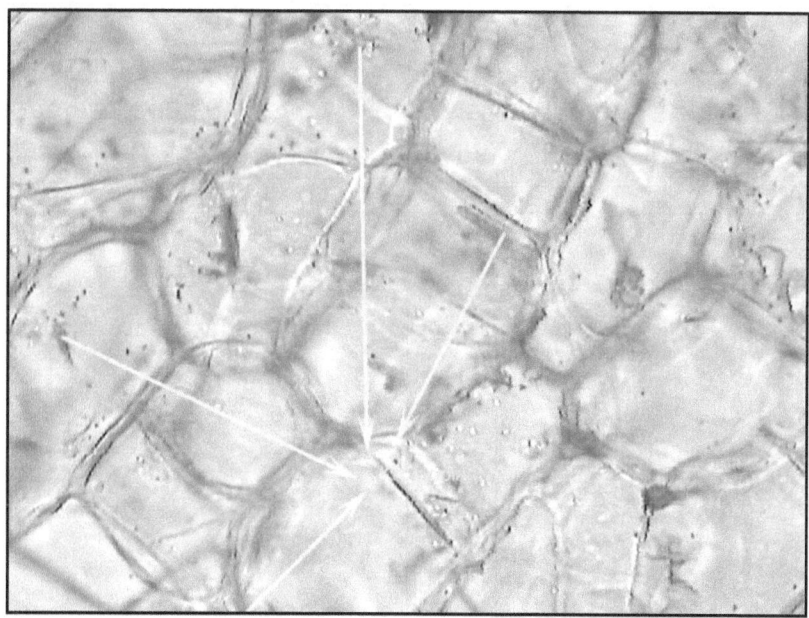

Kromotin iplik: Dinlenme halindeki ökaryot hücrenin çekirdeğinde bulunan kromozomların karmaşık hali.

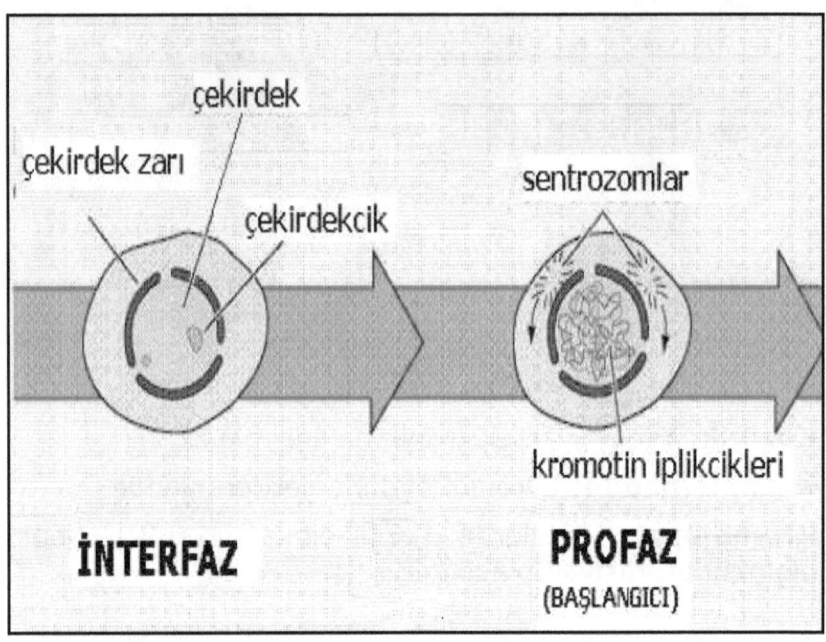

Kromozom: Prokaryot ve ökaryot hücrelerde üzerlerinde genleri taşıyan DNA ve nükleoproteinden oluşmuş yapı.

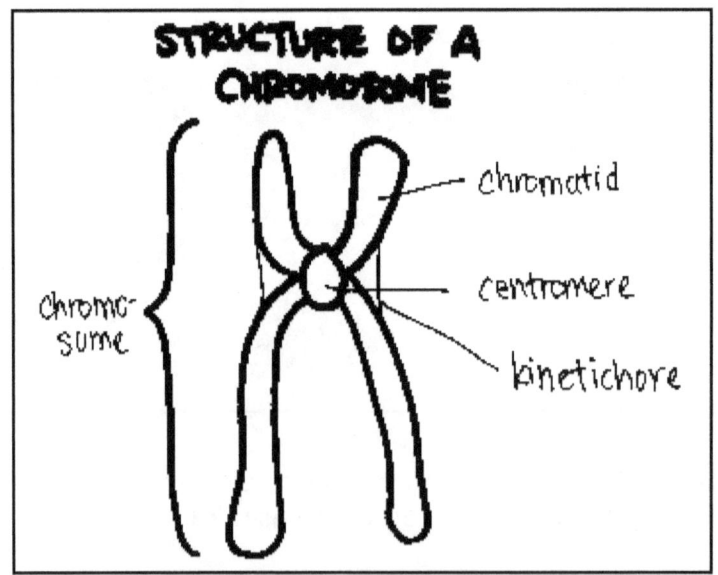

Kromozomun ana yapısı.

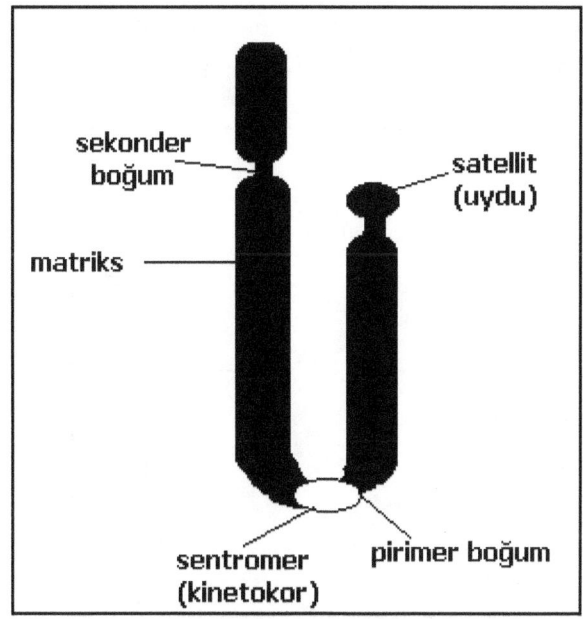

Kromozomun matriks yapısı.

Koroner damarlar: Kalbi besleyen ince atardamarlar.

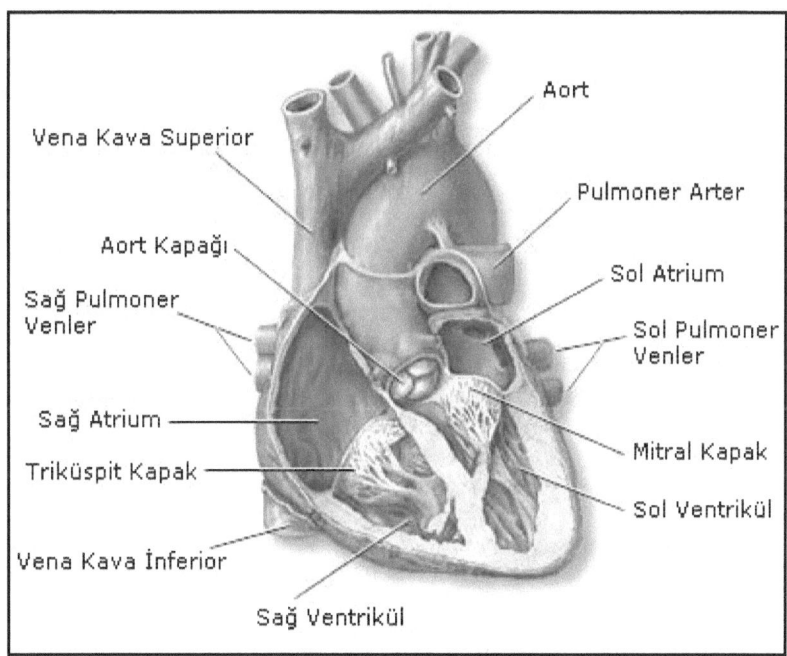

Kalp ve kalbi besleyen ana arter damarların gösterilimi.

Krossing over: Mayoz bölünmede, tetratların kromotidleri arasında karşılıklı gen alış-verişi, parça değişimi.

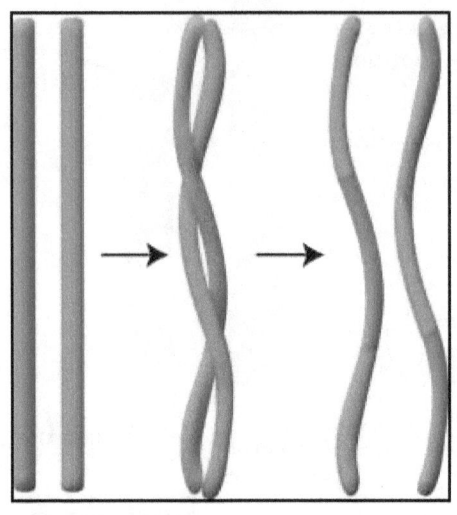

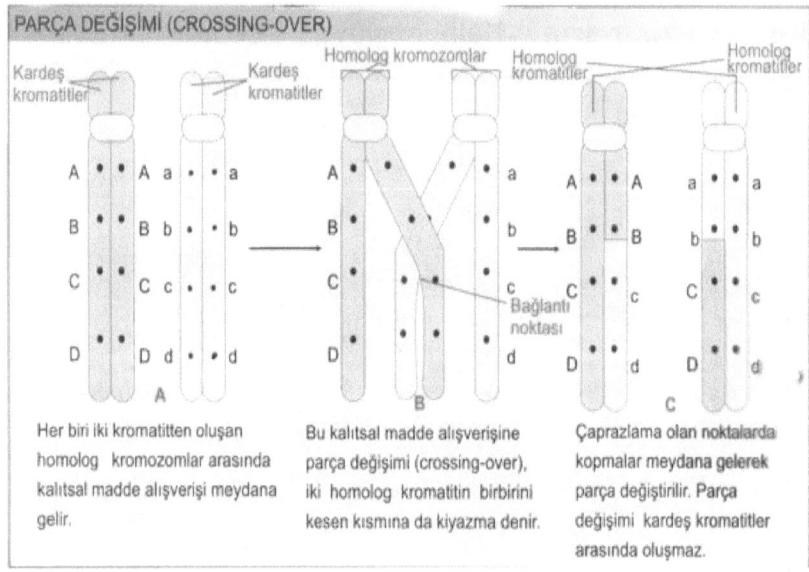

Kök basıncı: Bitki köklerinin topraktan su emme kuvveti.

Ksilem: Odun borusu. Su ve mineral taşıyan cansız iletim borusu.

Evrim Teorisi

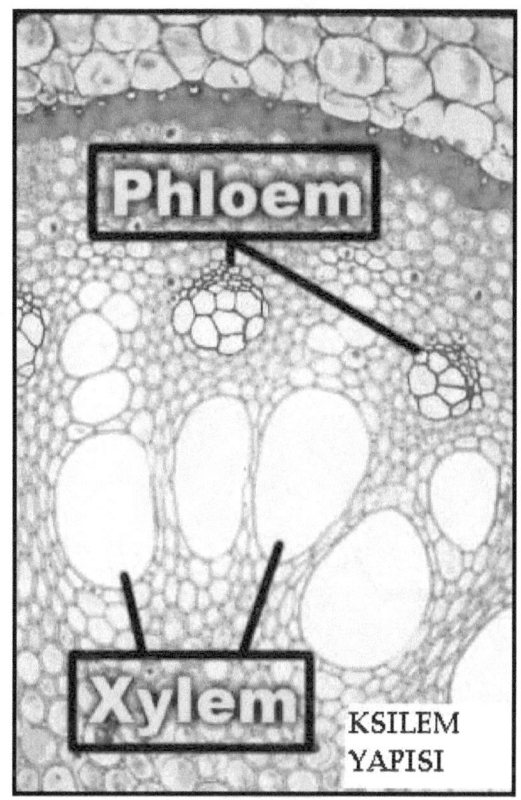

KSILEM
YAPISI

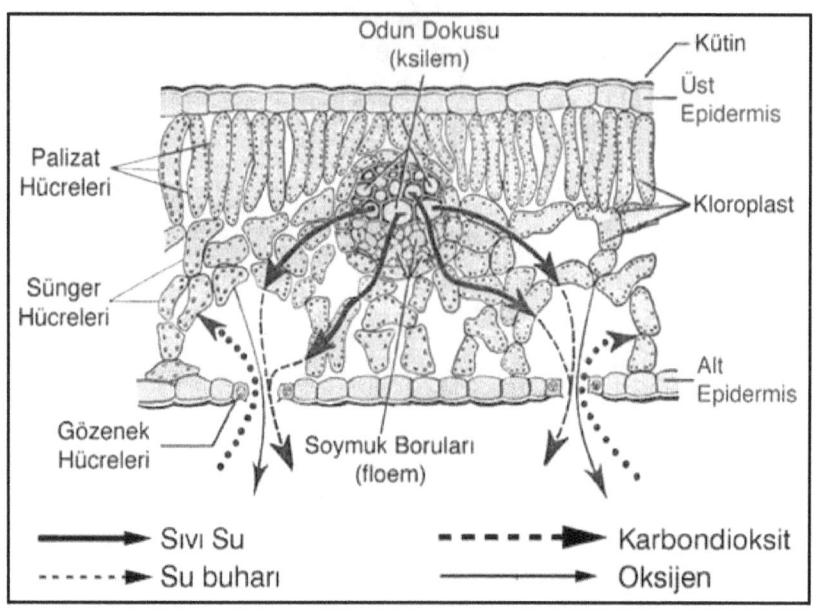

Yaratılış Gerçekliği-I

Kütin: Yaprak yüzeyinde su kaybını önleyen mumsu, su geçirmez madde.

L

Laktoz: Sütte bulunan ve sütün buharlaşmasıyla kristal halde toplanan bir disakkarit. Süt şekeri.

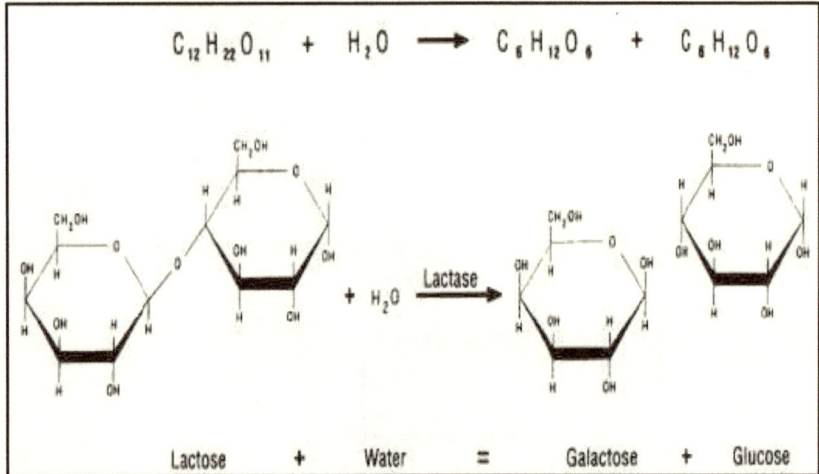

Larva: Balık, kurbağa, böcek gibi hayvanların hayat devrelerinde, ana babaya benzemeyen ve başkalaşım geçiren yavru hali. İpek böceği tırtılın kelebek olması gibi.

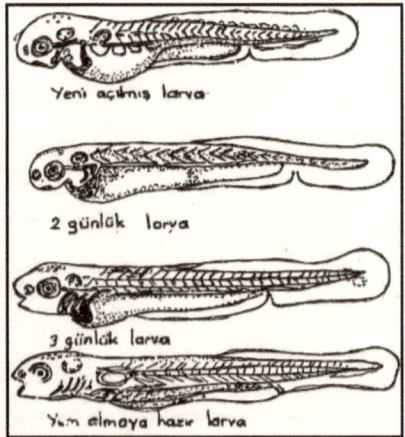

Evrim Teorisi

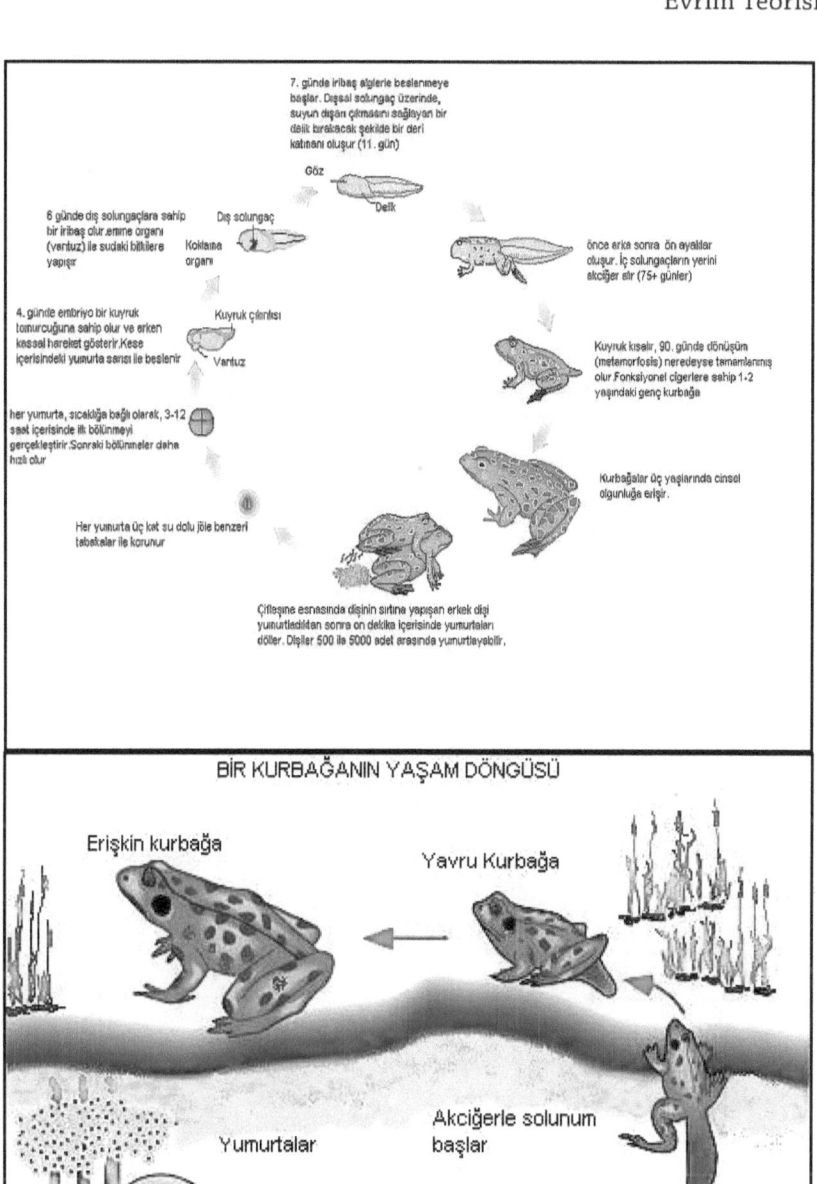

Yaratılış Gerçekliği-I

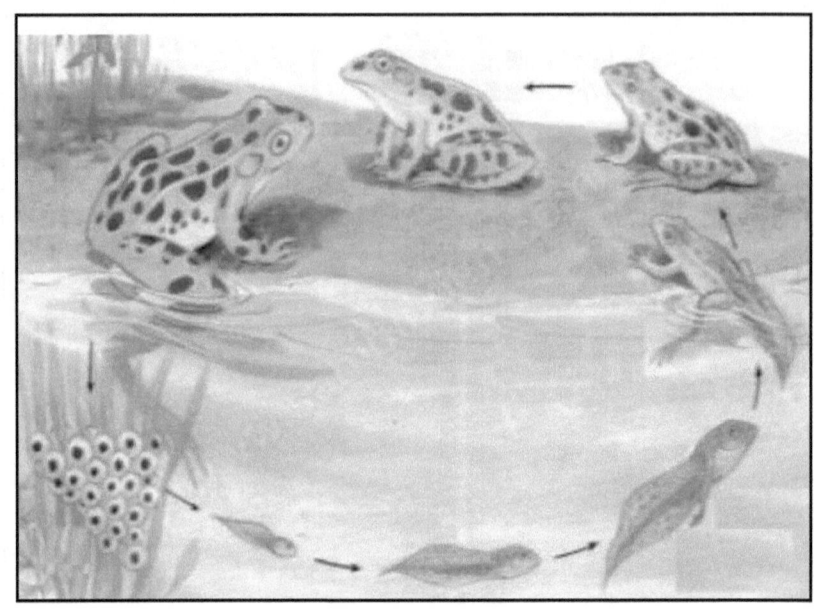

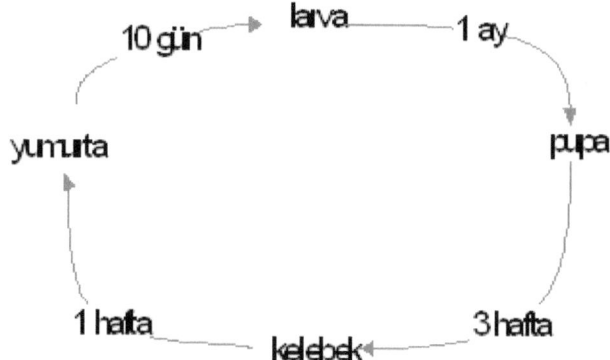

Lenf: Akyuvar içeren, kan plazmasına benzeyen renksiz sıvı.

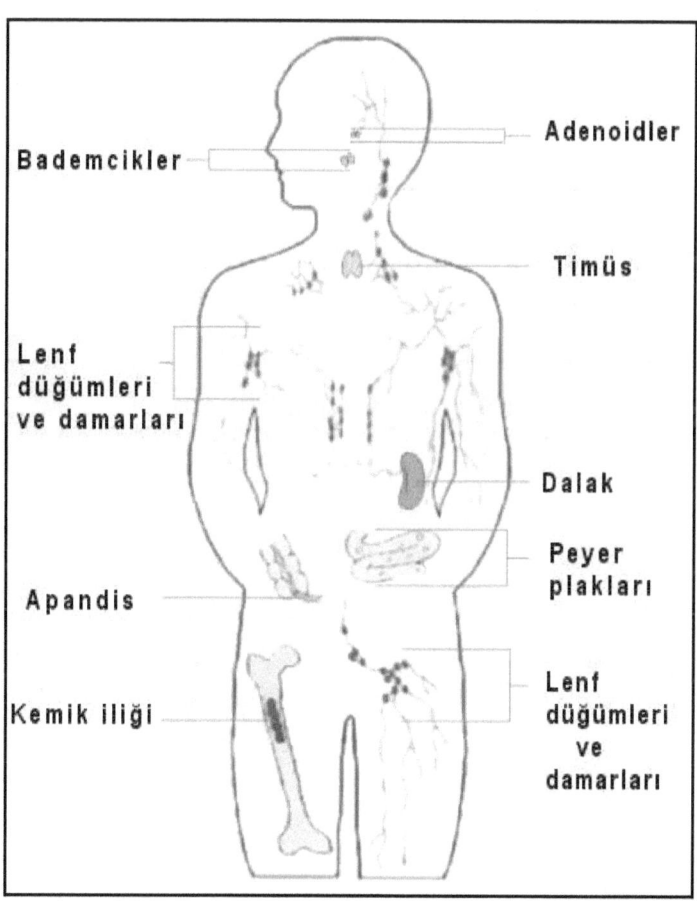

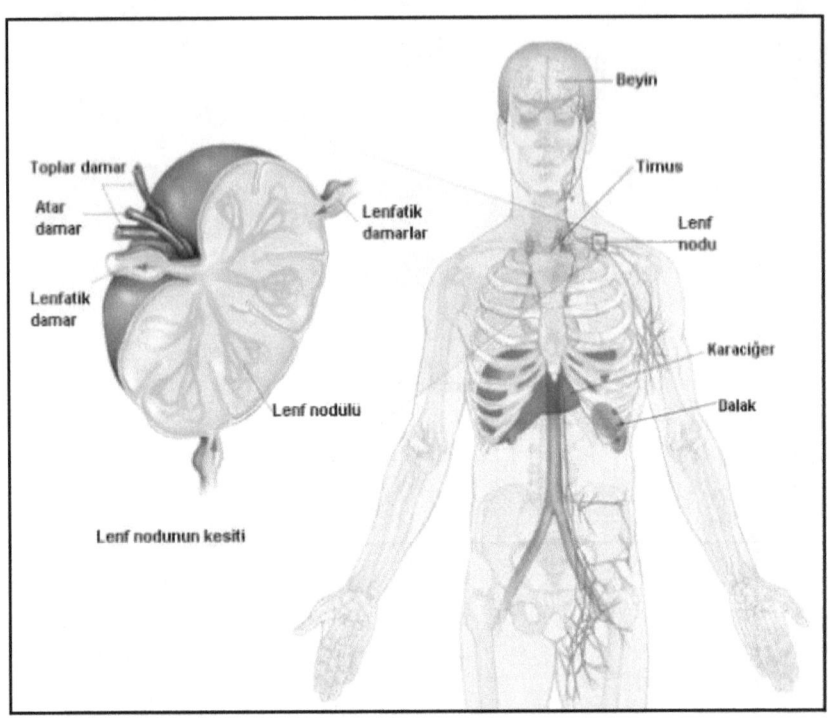

Lenfatik sistem: Omurgalılarda vücuda yayılmış, kan dolaşım sisteminin uçlarına bağlı ince kılcal ağ.

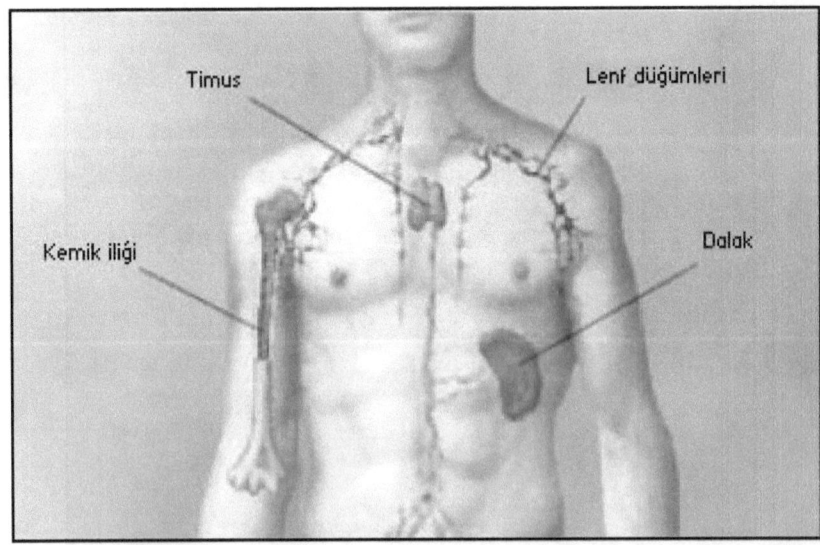

Evrim Teorisi

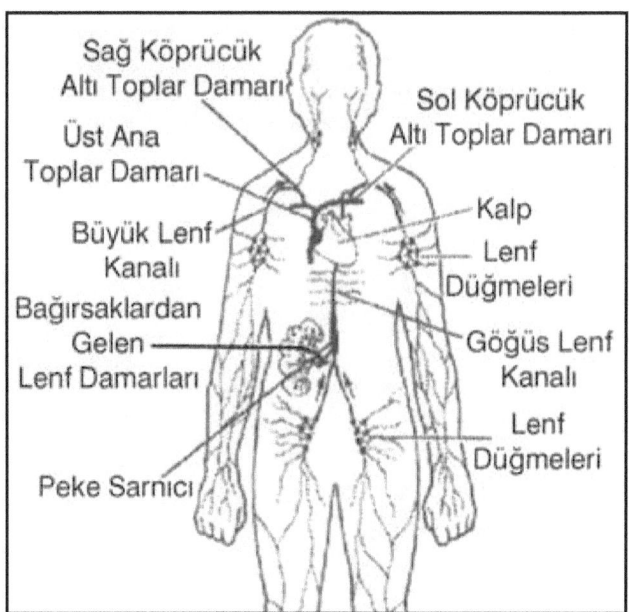

Lenf sistemi: Detaylı çizim.

Lenf sistemi vücudu mikroorganizmalara karşı koruyan immune sistemin en önemli bileşenidir.

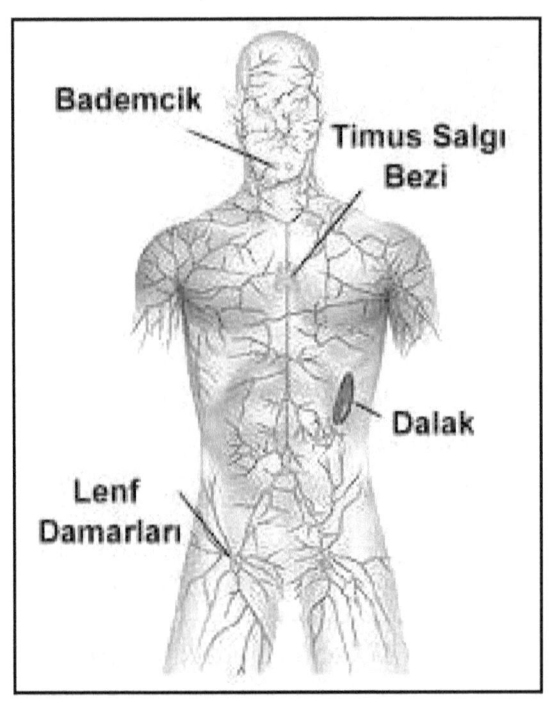

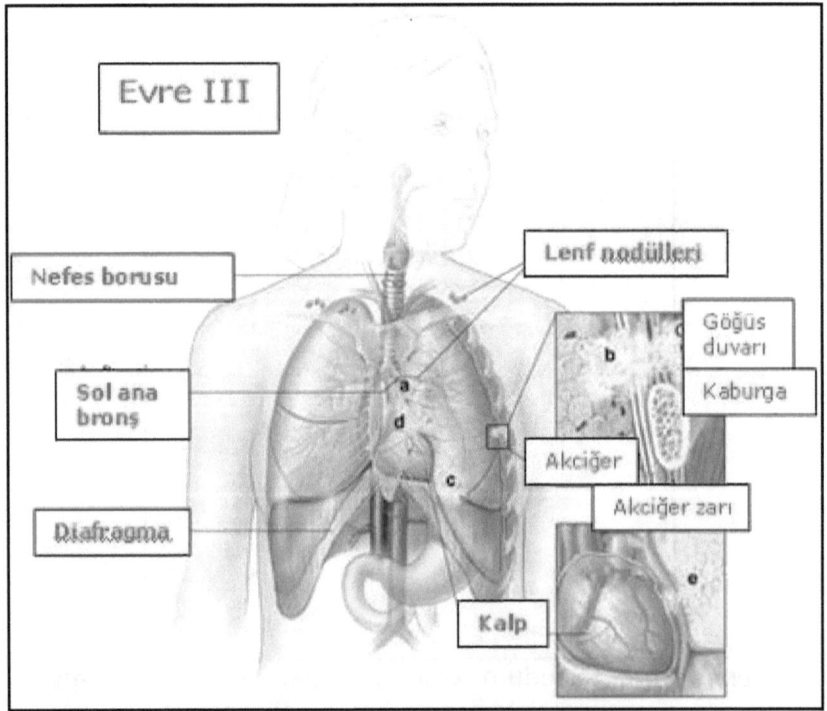

Lentisel: Kovucuk. Mantar özüne dönüşmüş gövde kısımlarında havanın girip çıkmasını sağlayan aralıklar.

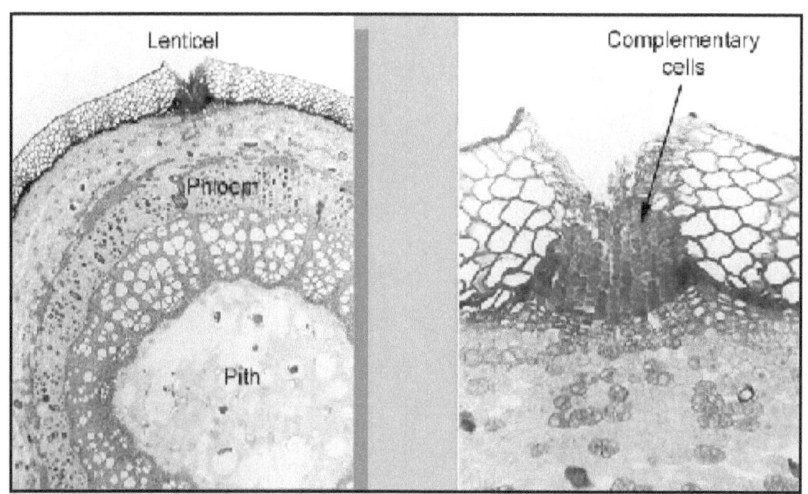

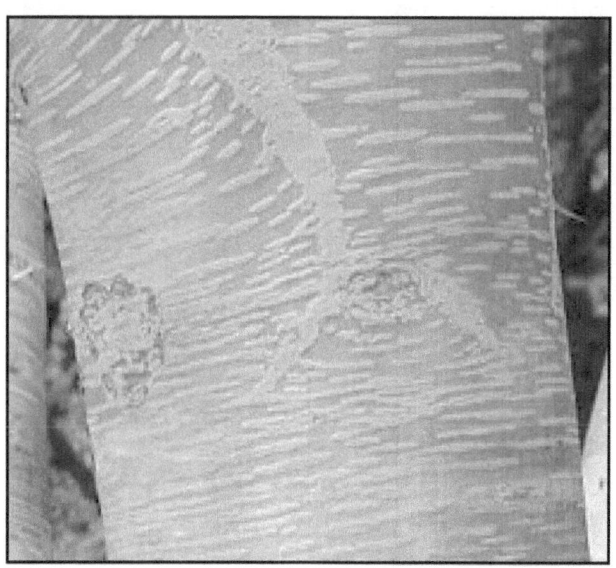

Leptoten: Mayoz bölünme profazında görülen ve kromatin maddesinin ince iplikler halinde ortaya çıktığı erken evre.

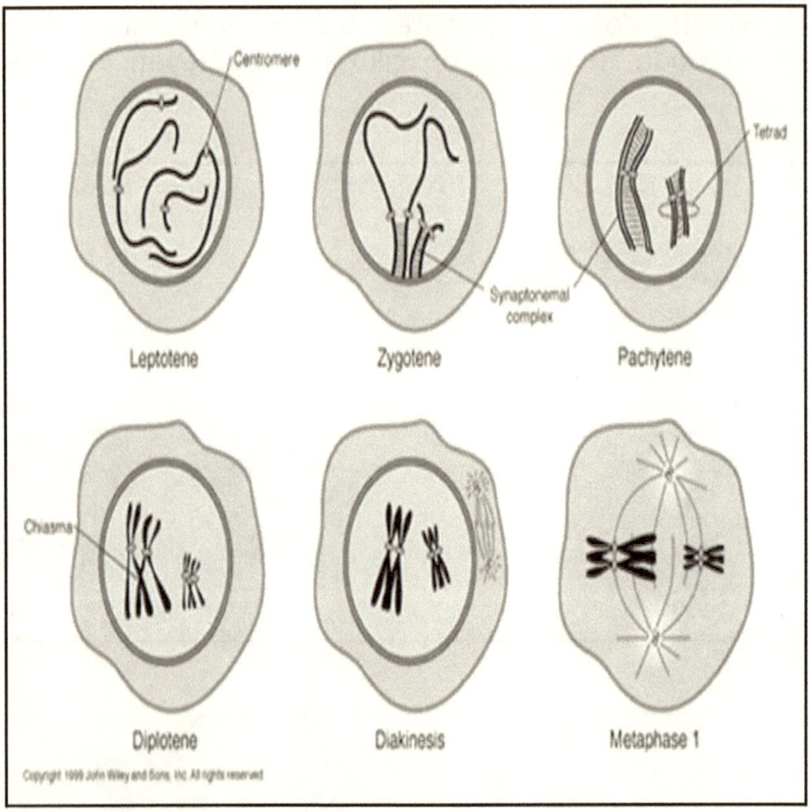

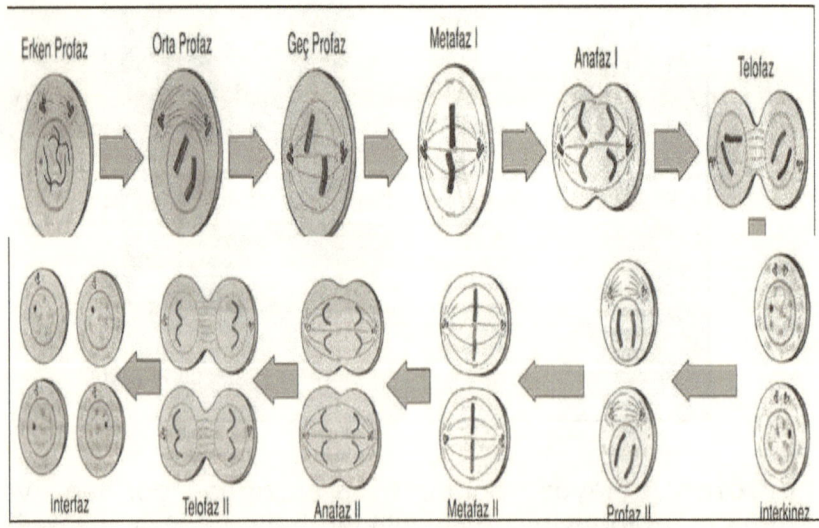

Lignin: Odun özü denilen su geçirmez madde.

Evrim Teorisi

Lignin molekülünün molekül formülü.

Liyaz: Bir molekülün parçalanmasını yada bir grubun molekülden uzaklaştırılmasını sağlayan enzimler.

Lokus: Kromozomların üzerlerinde genlerin bulunduğu özel yerler.

Lop: Beyin, karaciğer gibi organların parçaları bölümleri.

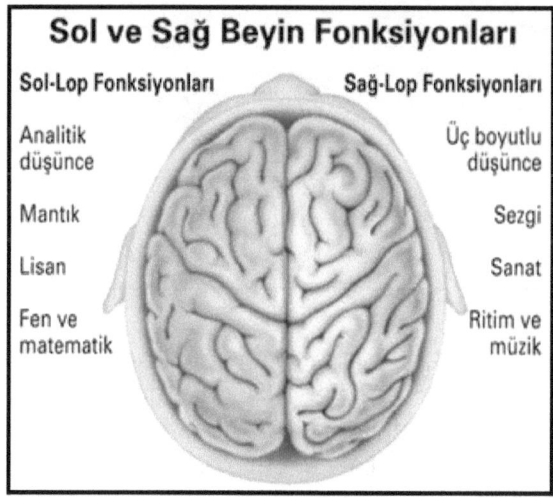

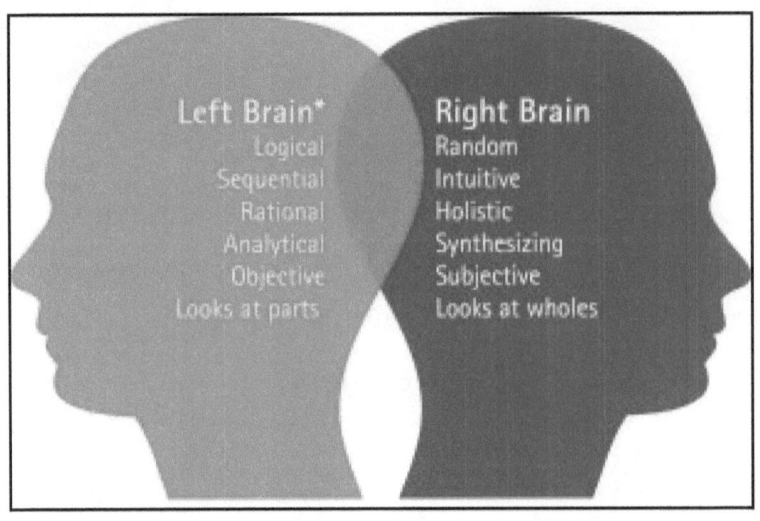

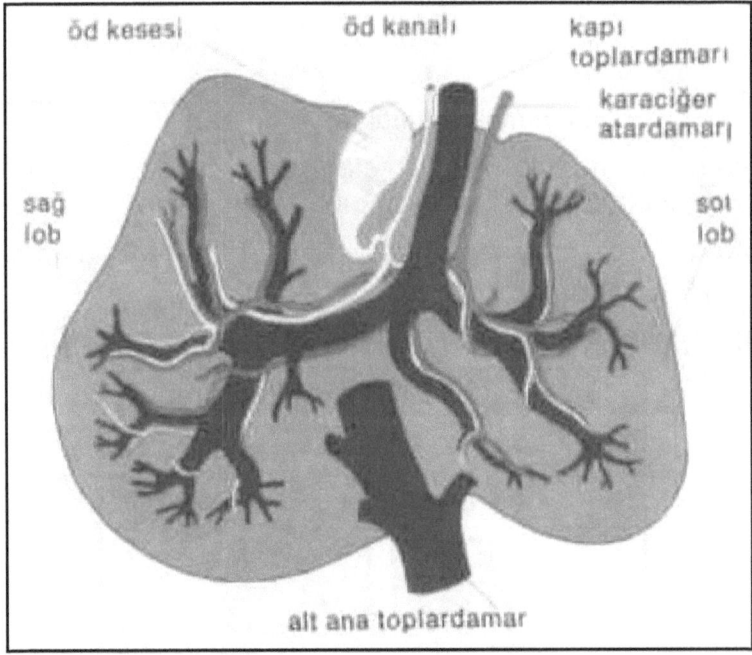

Lökoplast: Bazı bitki hücrelerinde yedek besin depolayan renksiz madde. Kök, gövde, meyve ve tohum gibi bitki kısımlarında çok bulunur. Renksizdir ve nişasta depo eder. Örnek: Patates, turp, havuç, elma, ayva v.b..

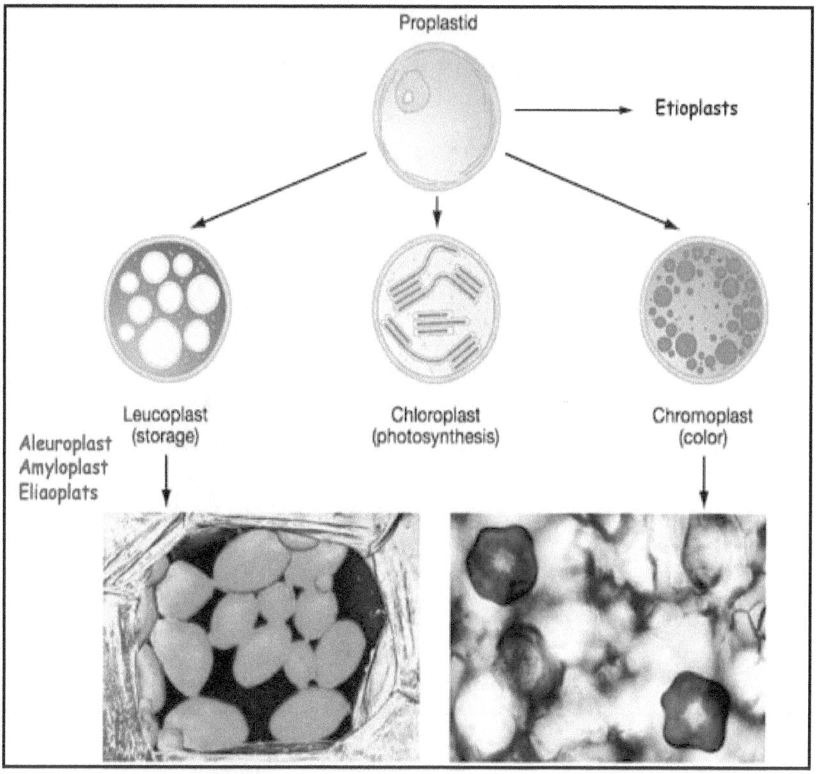

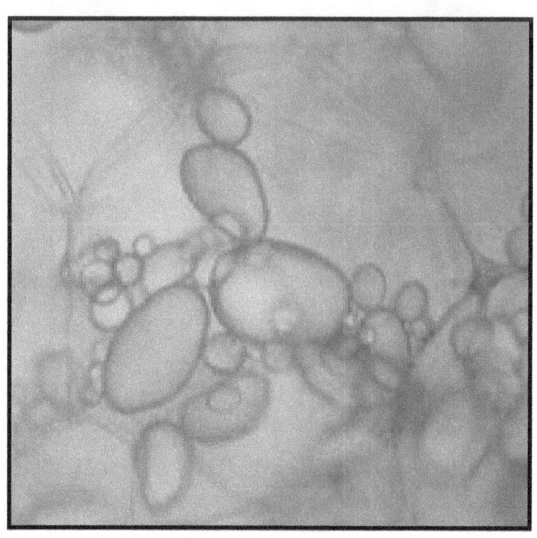

Lökosit: Akyuvar, fagositoz yapan, antikor üreten, renksiz kan hücresi.

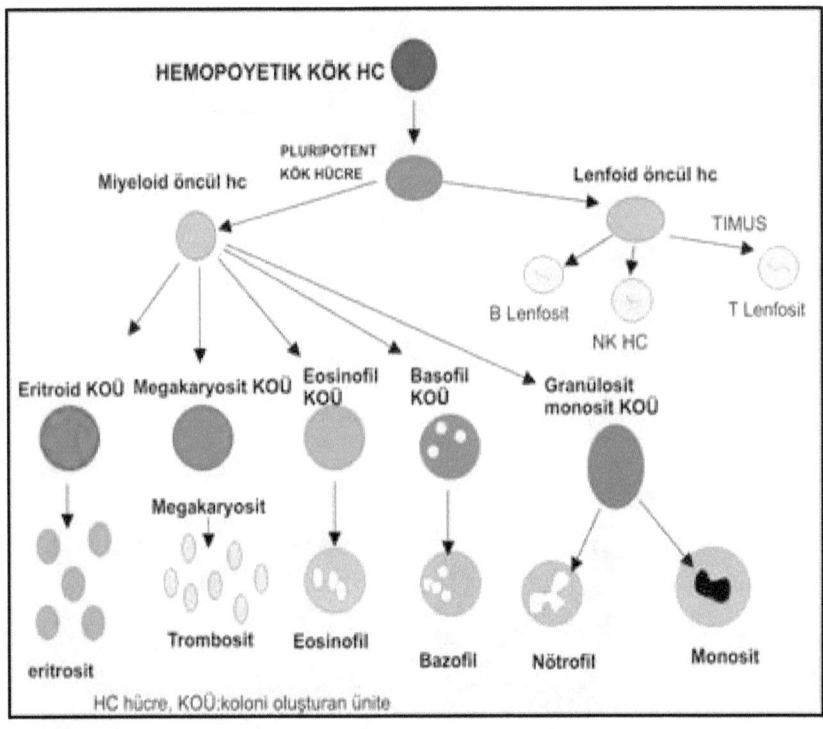

Lösemi: Beyaz kan hücrelerinde görülen kanserlerin genel adı.

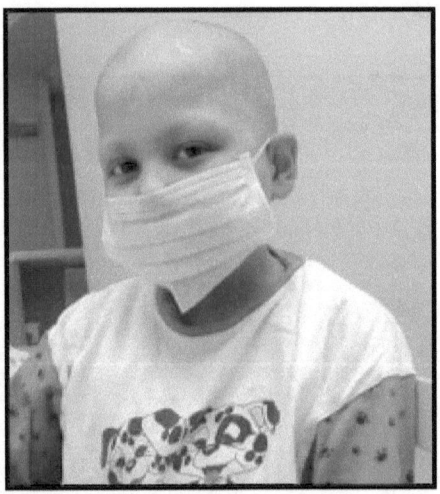

Lütein: Folikül hücrelerinde meydana gelen, yumurta sarısına renk veren pigment.

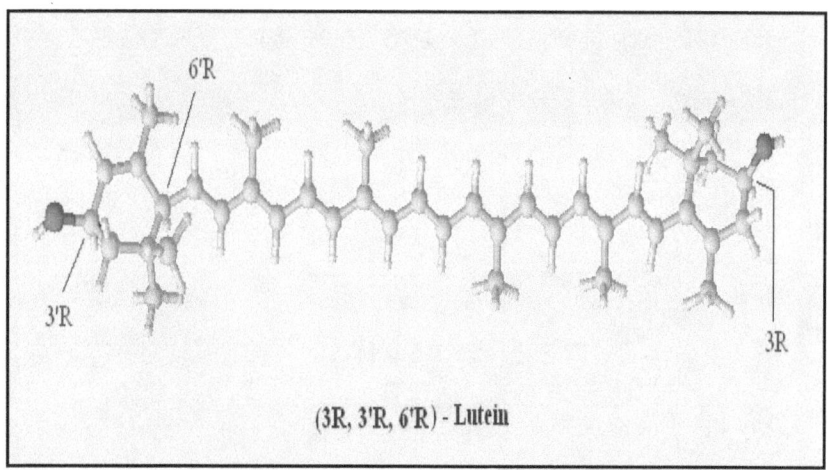

(3R, 3'R, 6'R) - Lutein

Lusiferin: Derin deniz balıkları, sölenterler, ateş böceği gibi organizmalarda enzimle okside olunca ışık veren bir tür aşırı zehirli madde.

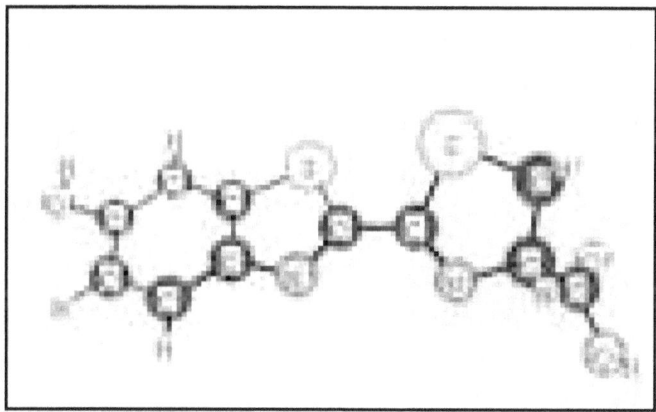

M

Makrofaj: Kan dokusundaki monositlerden farklılaşarak oluşan, bağ dokusunda makrofaj, akciğerlerde alveolar makrofaj, merkezi sinir sisteminde mikroglia ve kemik dokusundaki osteoklastlarla aynı olduğu düşünülen, mikroorganizmaları fagosite edip yok eden bağ dokusu hücresi.

Yaratılış Gerçekliği-I

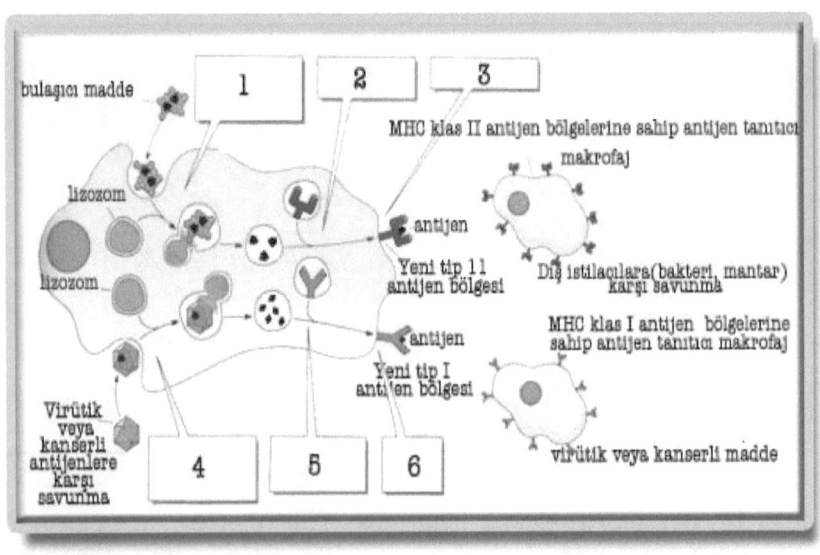

Mantar: Mikroskopik yada makroskopik olan parazit, saprfit yada simbiyoz olarak yaşayan, klorofilsiz, zehirli yada zehirsiz olan canlı yapı.

Matriks: İçinde biyolojik olayların oluştuğu cansız, sıvı ortam.

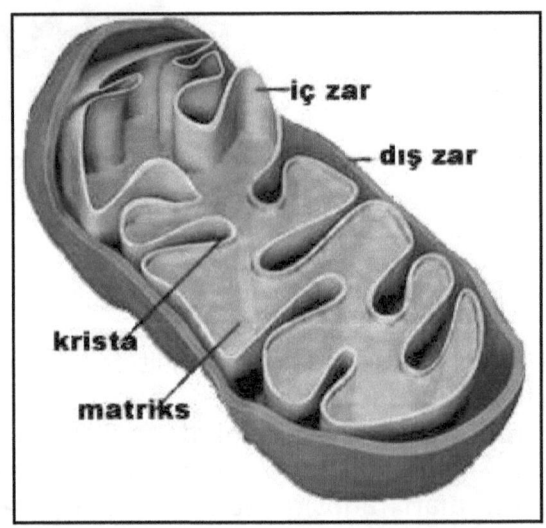

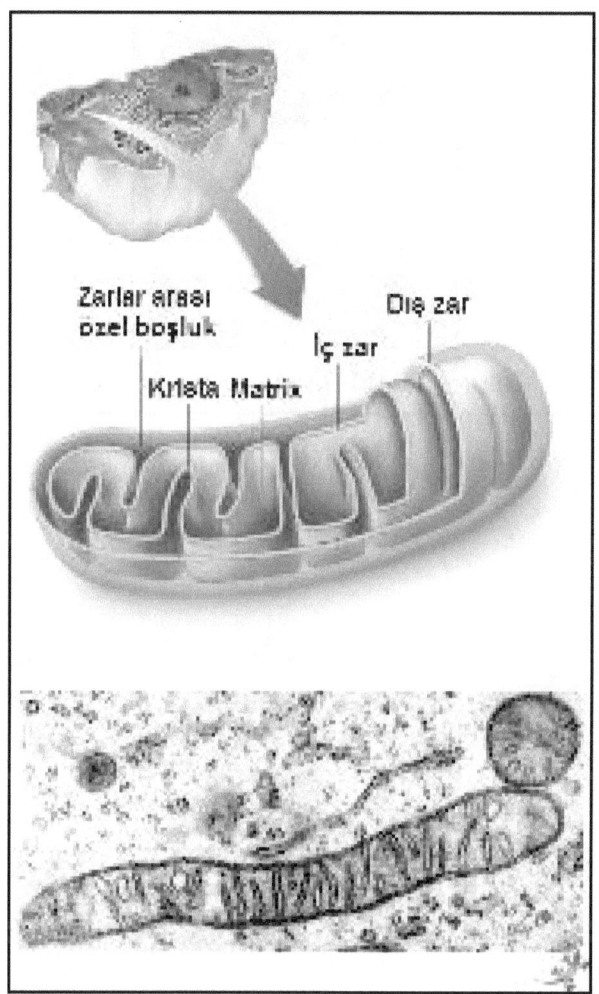

Maya: Ekmek mayalanmasında kullanılan canlı ya da ölü, tek hücreli mantar ya da bakteriler.

Megaspor: Bazı deniz bitkilerinin üreme bölgelerinde meydana gelen, büyük sporlara verilen genel ad. Sporangiyum.

Melez: Herhangi bir karakter yönünden farklı iki arı dölün çaprazlanması sonucu oluşan heterozigot döl.

Meristem: Bitkinin değişmez dokularını oluşturan farklılaşmamış embriyonik bitki dokusu.

Yaratılış Gerçekliği-I

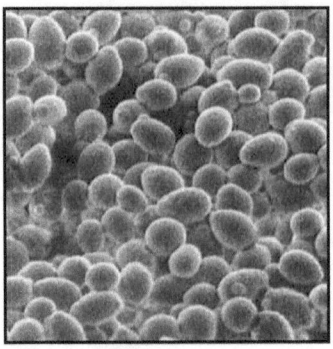

Koloni halindeki Maya bakterileri.

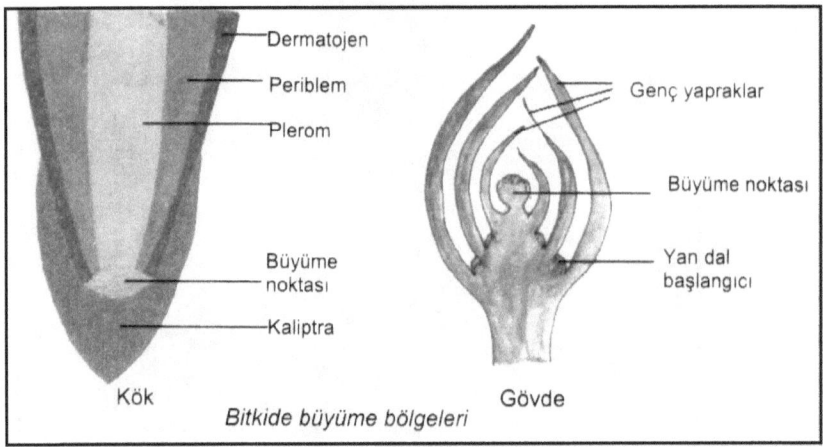

Bitkilerde bulunan Meristem (Değişmez) Doku: Kök ve Gövde.

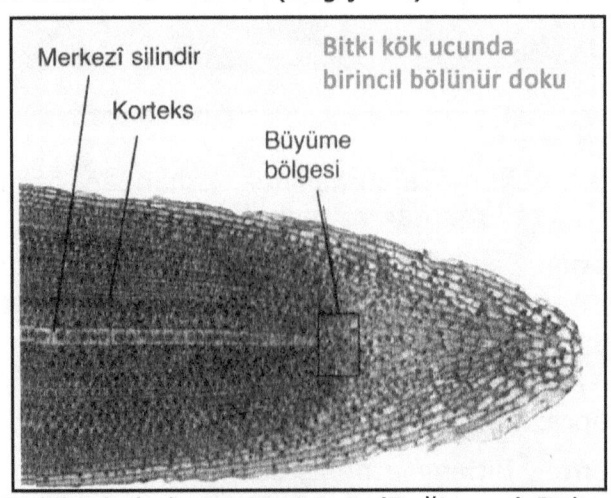

Bitkilerde bulunan Meristem (Değişmez) Doku: Büyüme Bölgesi

Mesane: Boşaltım sisteminin idrar toplanan torbası.

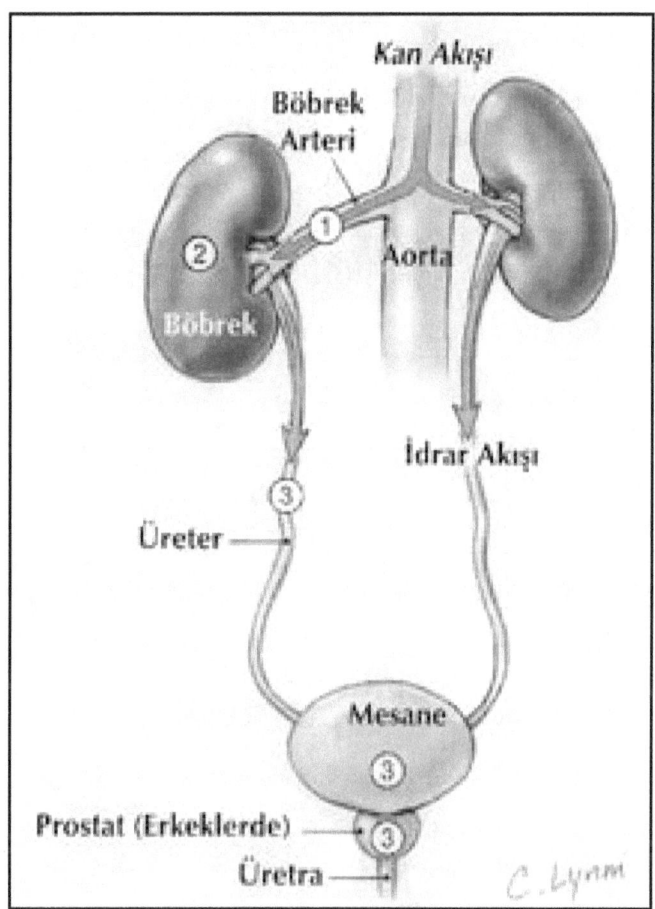

Mezenşim: Embriyonun gastrula safhasında ektoderm ve endoderm arasında meydana gelen hücre yığını.

Mezofil: Yaprağın üst ve alt epidermisi arasında kalan kısmı.

Metabolizma: Canlı organizmanın hücreleri içinde meydana gelen ve enzimlerle kontrol edilen olayların hepsi. Metabolizma ile enerji üretimi ve madde yapımı gerçekleştirilir. ATP üretimi ve protein sentezi iki önemli metabolik reaksiyondur.

Metagenez: Döl değişimi.

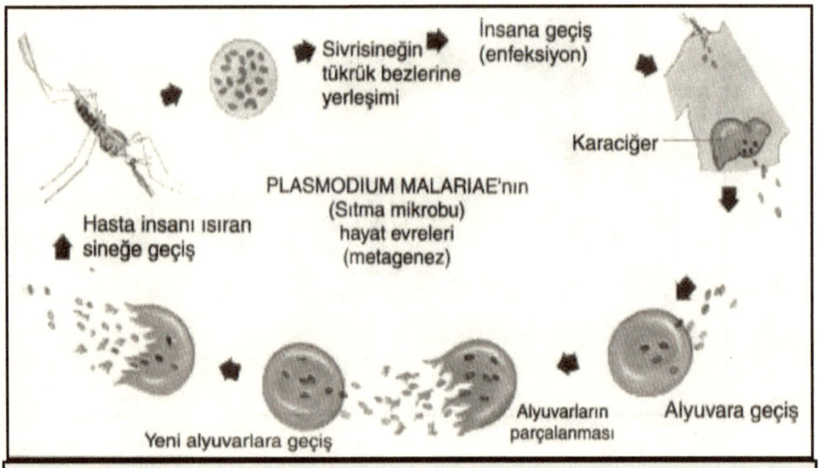

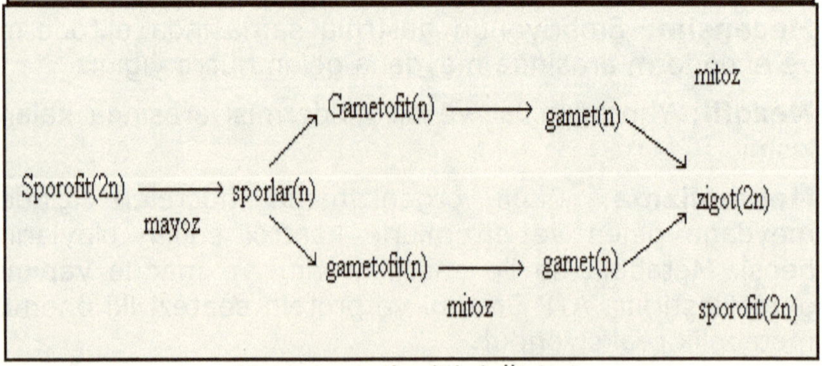

Yaratılış Gerçekliği-I

Yaprağın Anatomik Yapısı

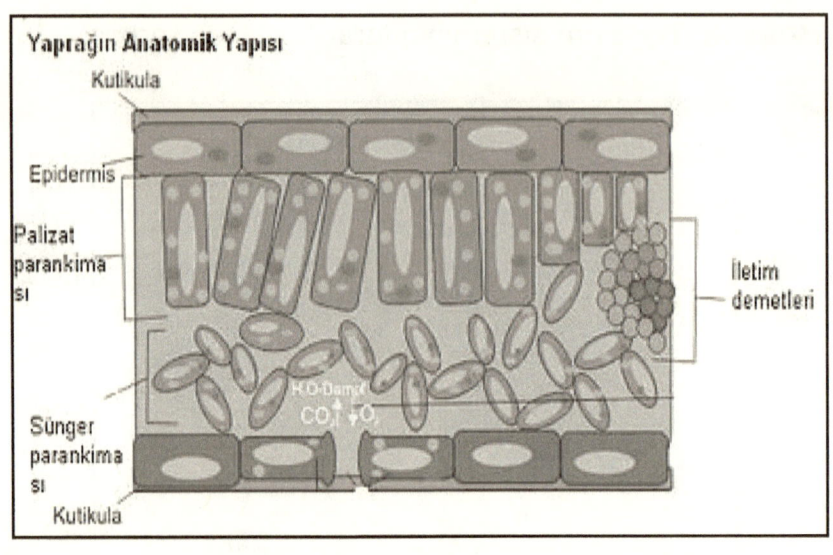

Metagenez ile döl değişimi.

Mezoderm: embriyo gelişimi sırasında meydana gelen orta tabaka.

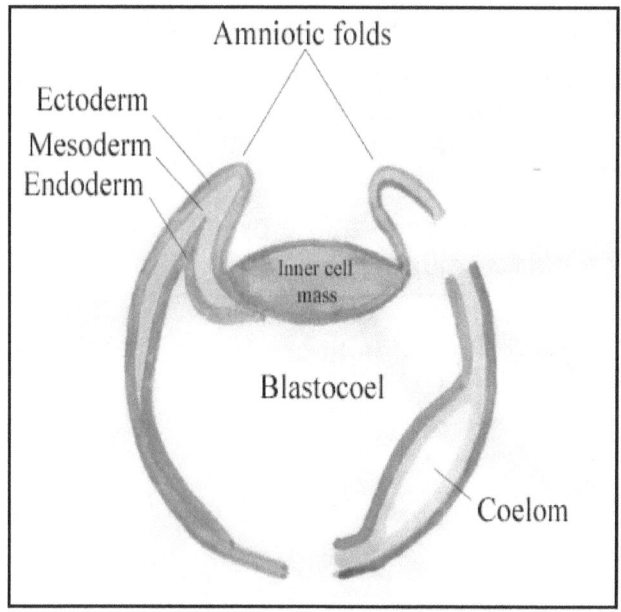

Mezozom: Bakterinin üremesi sırasında bakteri zarından kıvrımlar yaparak meydana gelen mitokondri benzeri yapı.

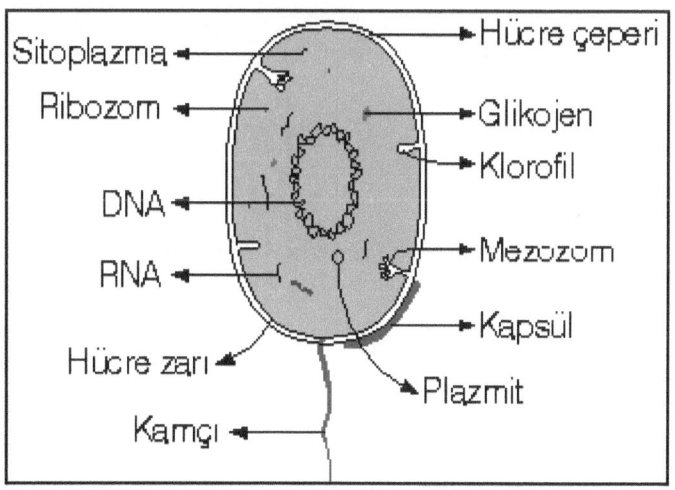

Mikron (µm): Milimetrenin binde biri (1µm =1/1000 mm)

Mikrospor: Bazı deniz bitkilerinde erkek üreme bölgeleri tarafından üretilen küçük eşey hücreleri.

Mikrovillus: Silindirik yada kübik epitel (örtü) hücrelerinin üst yüzeylerinde emme yüzeyini genişletmek için hücrenin sitoplazmasından dışarı doğru yaptığı uzantılardır.

Mitoz: Bir hücreden aynı özellikte iki yeni hücre oluşturan hücre bölünmesi.

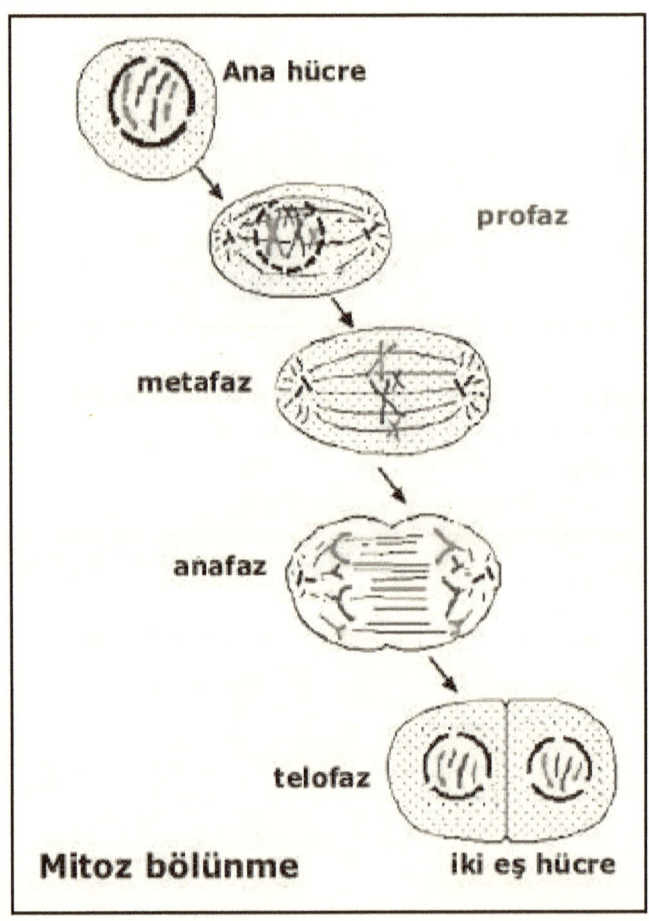

Miyelin: Bazı nöronların aksonlarının dışını saran, uyartı iletimini hızlandıran yağlı madde (kılıf).

Akson
Ranvier düğümü
Dendrit
Ranvier düğümü
Miyelin Kılıfı
Hücre Çekirdeği
Hücre Gövdesi

NÖROTRANSMİTTERİN BAĞLANDIĞI ALICI (ALGAÇ)
NÖROTRANSMİTTER (İLETİ MADDESİ)
İYON VE İYONUN İÇERİ ALINDIĞI KANAL
SİNAPTİK KESE (BOŞLUK, VEZİKÜL)
MYELİN KILIF
AKSON
SİNAPTİK ARALIK
SİNAPTİK KESENİN BAĞLANDIĞI ALICI

Hücre Gövdesi
Çekirdek
Sitoplazma
Sinaps
Dendrit
Akson
Miyelin Kılıf
Akson Ucu

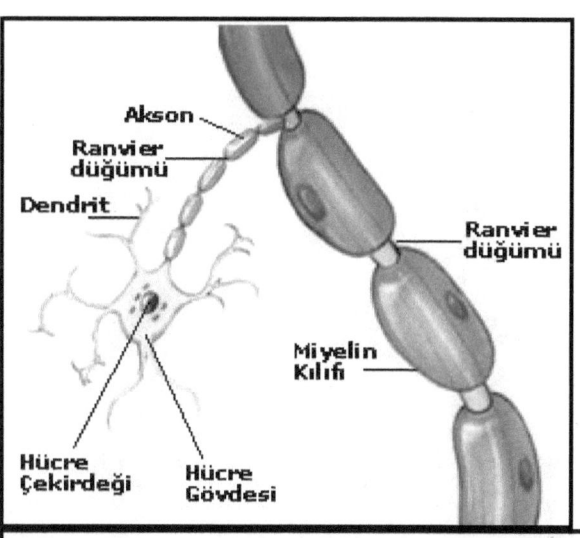

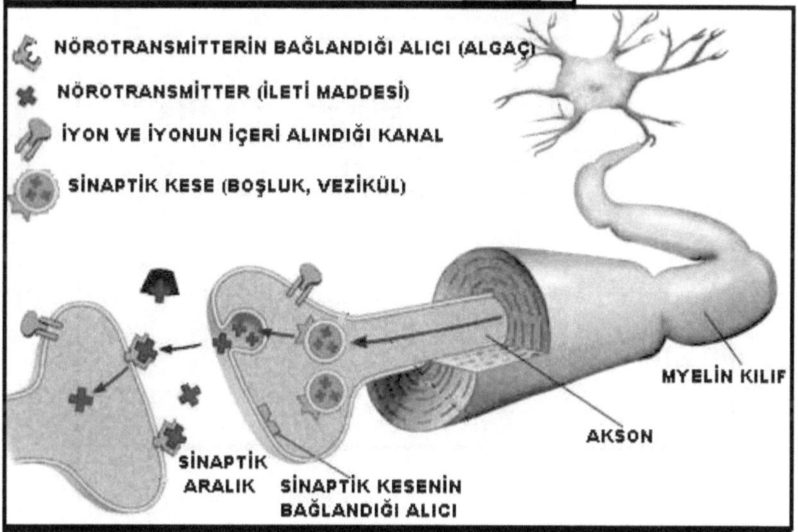

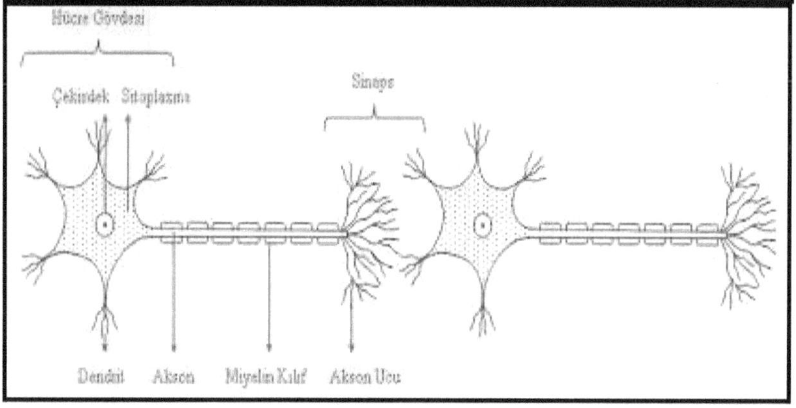

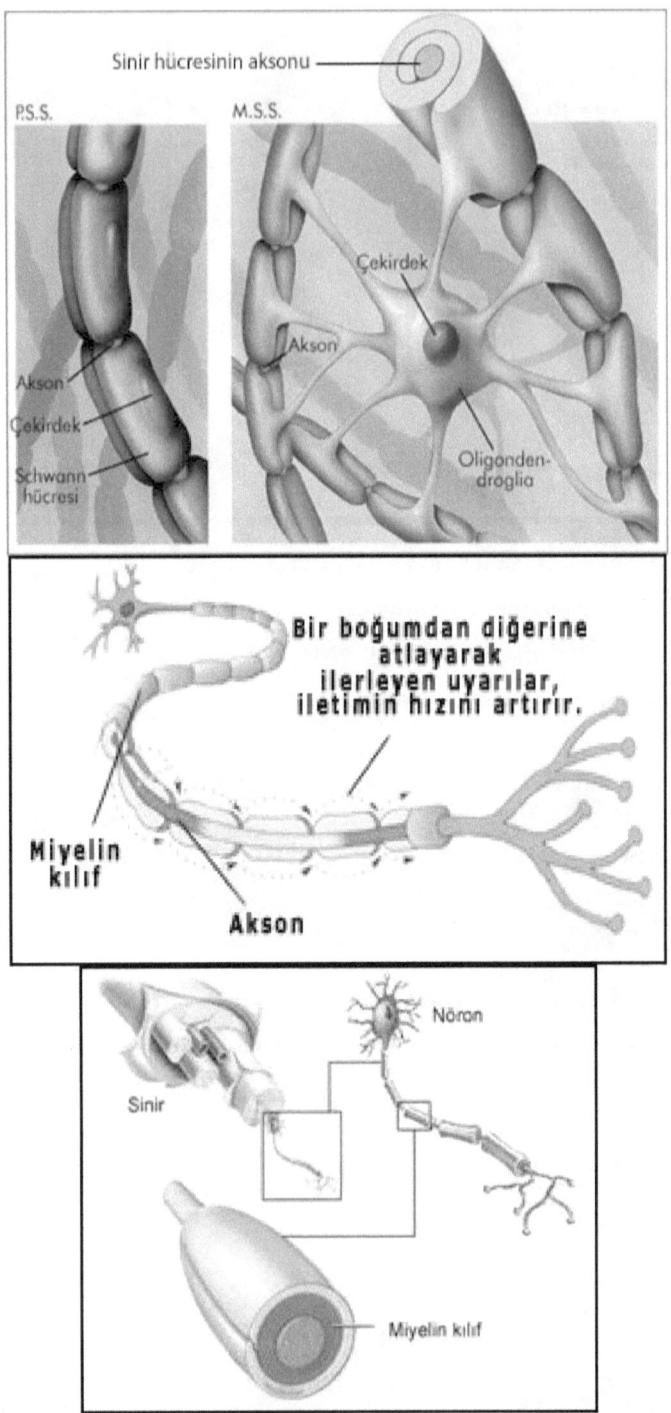

Myelin kılıf ve sinir hücresindeki uyarı iletiminin mekanizması.

Miyokard: Kalp kası.

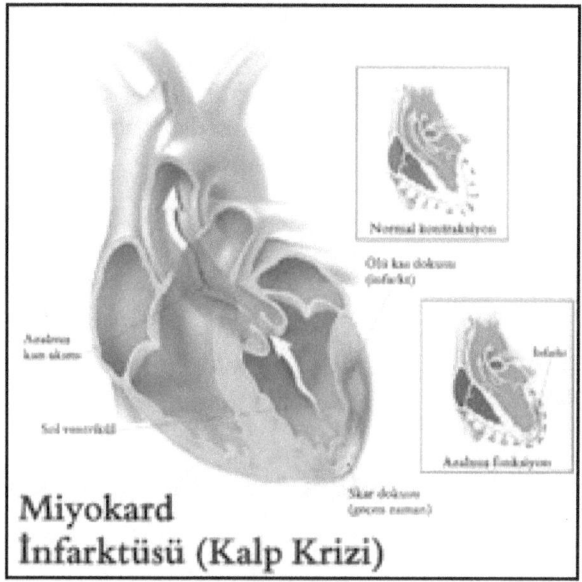

Miyozin: Kas hücrelerinde kasılmayı sağlayan protein yapıdaki kalın iplikler.

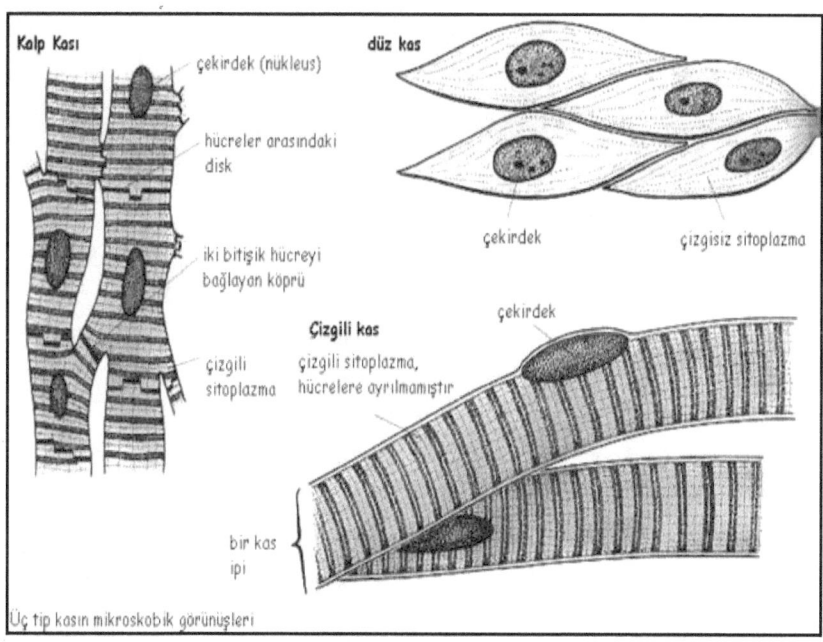

Modifikasyon: Çevre etkileriyle canlıların fenotiplerinde meydana gelen değişiklikler (Genlerin işleyişi değişir.)

Monera: sistematikte bakteri ve mavi-yeşil alglerin toplandığı alem. Bu alemin içindeki canlılarda zarla çevrilmiş çekirdek ve organeller bulunmaz.

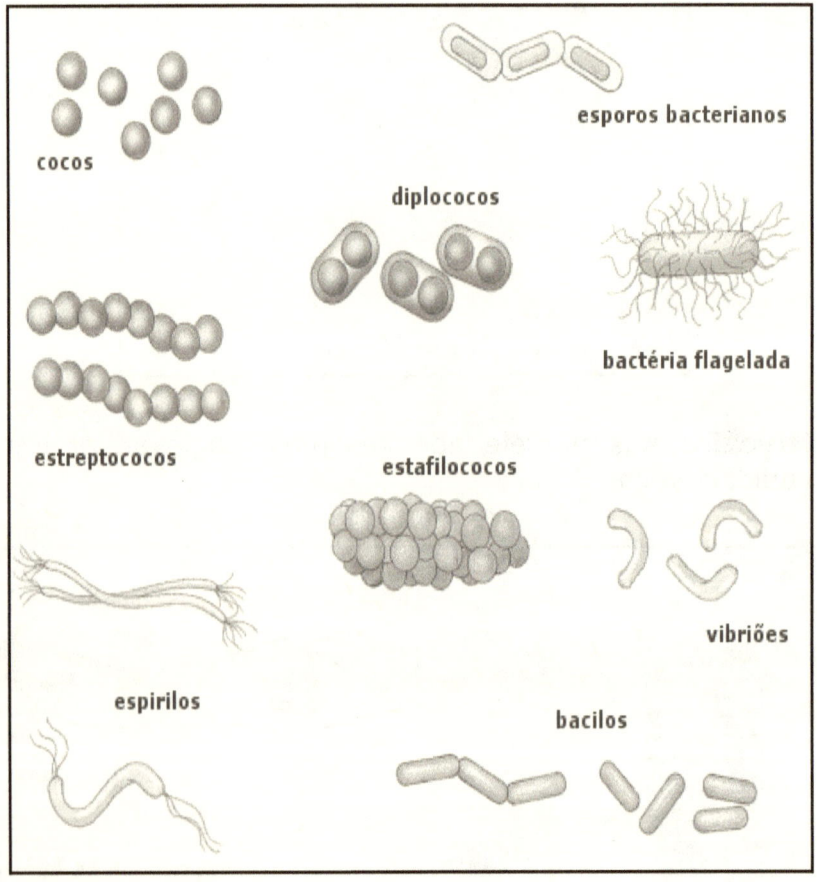

Monohibrit: Tek karakter bakımından melez.

Monokotiledon: Embriyolarında tek çenek yaprağına sahip bitki.

Monomer: Büyük moleküllerin hidrolizi sonucu oluşan en küçük yapı birimi.

Monoploid: (Haploid) tek (n) sayıda kromozoma sahip hücre.

Mukoza: Sindirim borusu, soluk borusu gibi iç organların iç yüzeyini örten ve mukus sıvısı salgılayan ince tabaka.

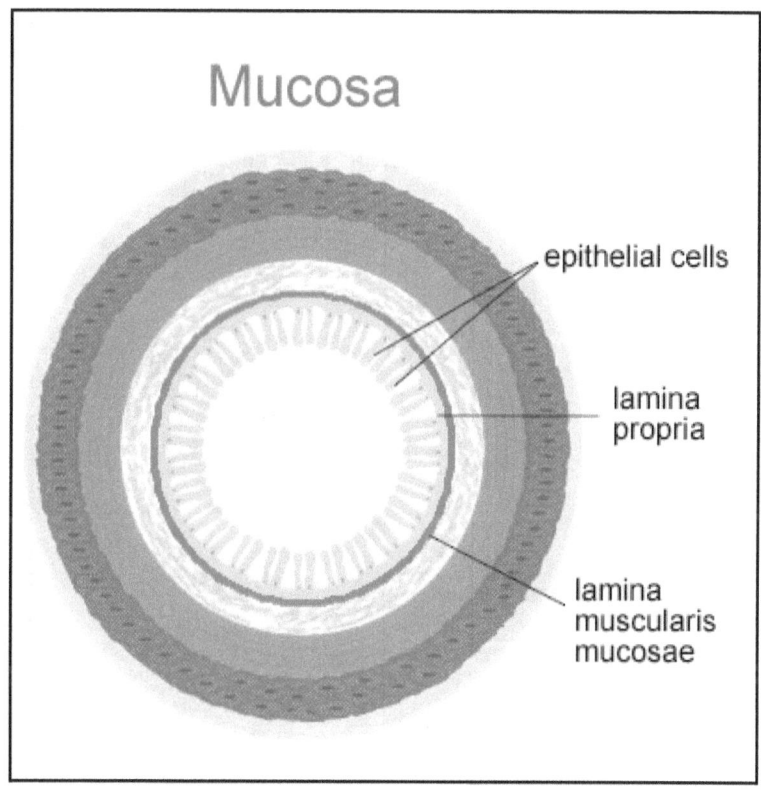

Mukus: Mukozada yer alanmukus hücreleri tarafından salgılanan kaygan, sümüksü koruyucu sıvı.

Mutant: DNA'sında değişiklik (mutasyon) meydana gelmiş olan canlı.

Mutasyon: Canlılarda çevre şartlarıyla meydana gelen ve kalıtsal olan değişiklikler (Genin yapısındaki değişiklik).

Mutualizm: İki canlının birbirlerinden faydalanarak birlikte yaşamaları.

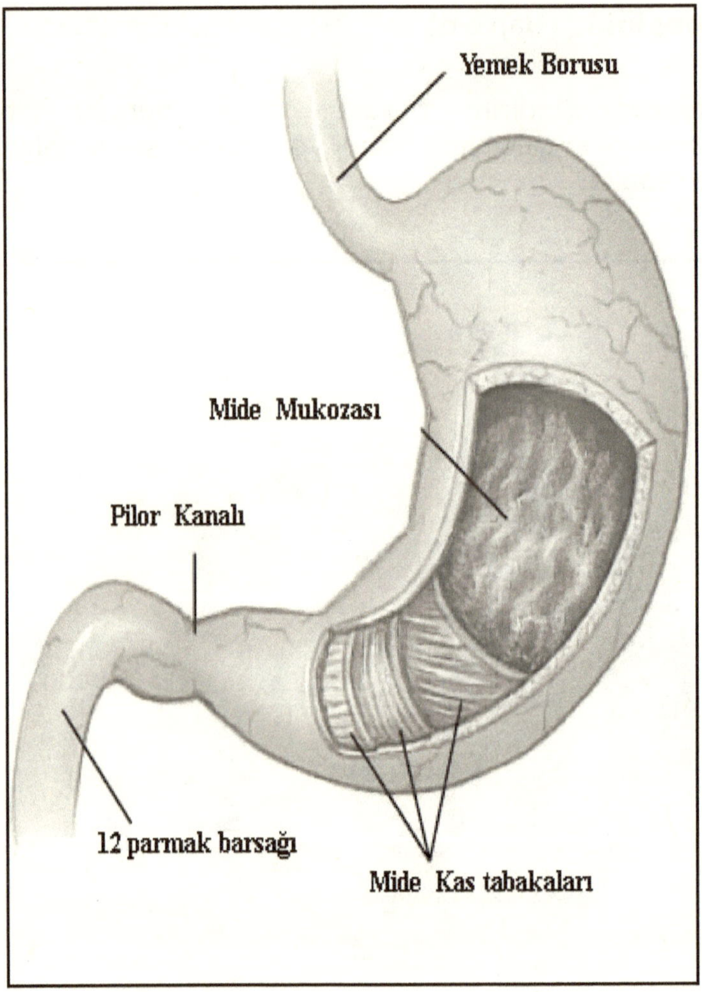

Yaratılış Gerçekliği-I

Yemek Borusu

Mide Mukozası

Pilor Kanalı

12 parmak barsağı

Mide Kas tabakaları

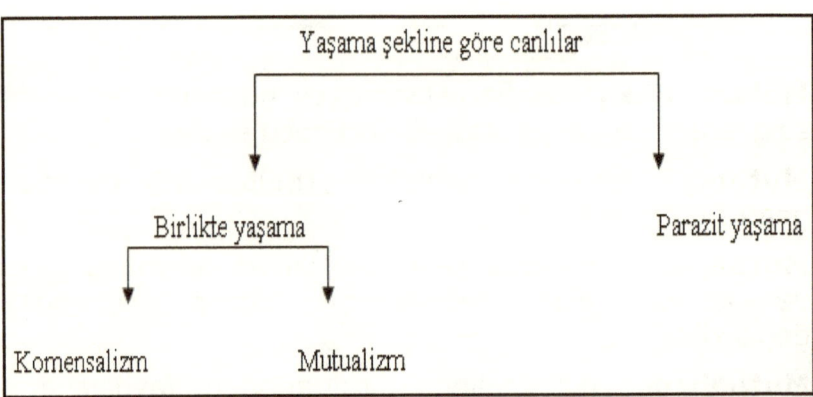

Yaşama şekline göre canlılar

Birlikte yaşama   Parazit yaşama

Komensalizm   Mutualizm

N

Nasti: Bitkinin, uyaranın cinsine göre yaptığı fakat uyaranın yönüne bağlı olmayan davranışlar.

Nefridyum: Omurgasız hayvanlarda bulunan boşaltım organı.

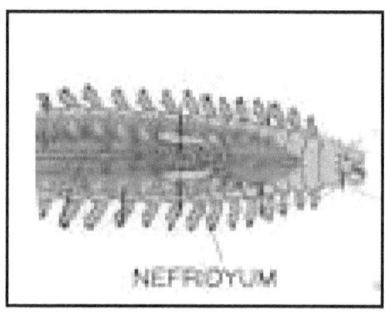

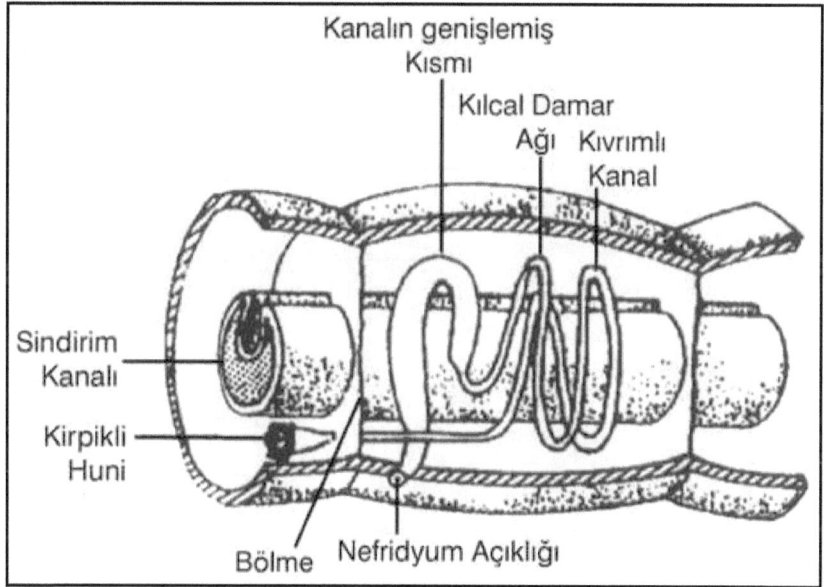

Nefrit: Böbreklerdeki nefronların iltihaplanması sonucu oluşan hastalık.

Nefron: Omurgalı böbreğinin, idrar oluşturan yapısı ve işlev birimi.

Yaratılış Gerçekliği-I

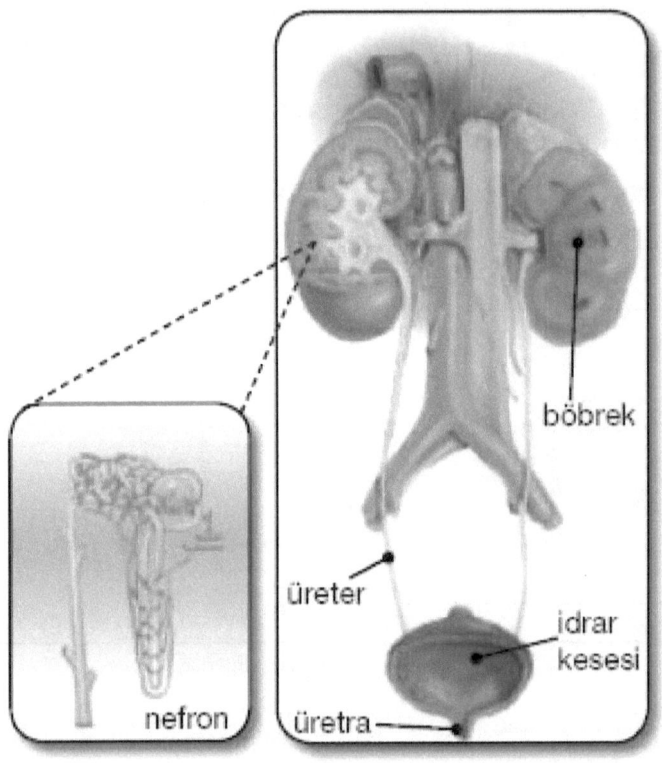

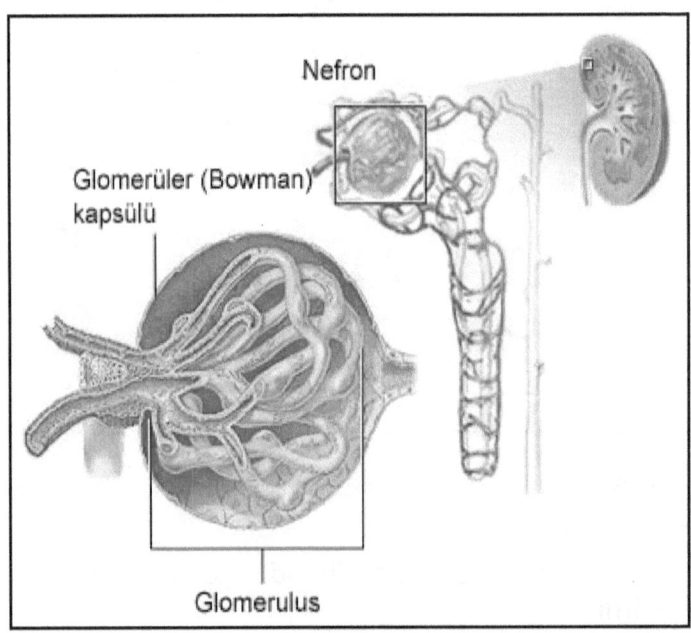

Evrim Teorisi

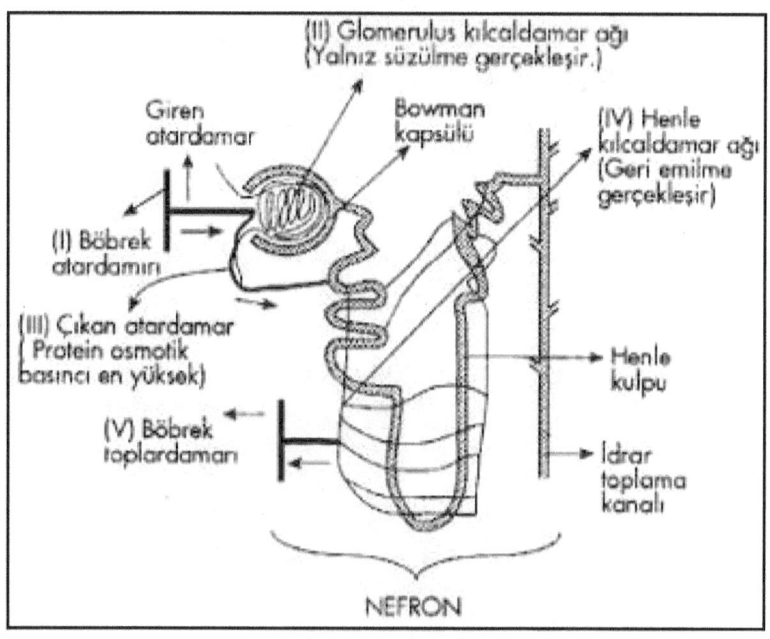

Tablo-1 Madde	Kapsüllerde süzülen	Tüpçüklerde geri emilen	İdrarla atılan
Su	170.000	168.500	1.500
Glikoz	170	169,5	0,5
Ürik asit	8,5	7,5	0,53
Üre	46	19	27
Kreatinin	1,7	0	1,7
Sodyum	566	561	5
Kalsiyum	17	16,8	0,2
Potasyum	28,9	26,2	2,7
Bikarbonat	270	269,7	0,3
Klorid	634	628,7	5,3
Fosfat	5,1	4	1,1
Amonyum	-	-	0,7

Difüzyon ile Bowman kapsülüne geçenler	Difüzyon ile Bowman kapsülüne geçemeyenler
Su	Kan hücreleri
Aminoasit	(Alyuvar, akyuvar, Kan pulcukları)
Glikoz	Plazma proteinleri
Tuzlar	Yağlar
Üre	

Nekroz: Hücrelerin ve dokuların ölmesi durumu.

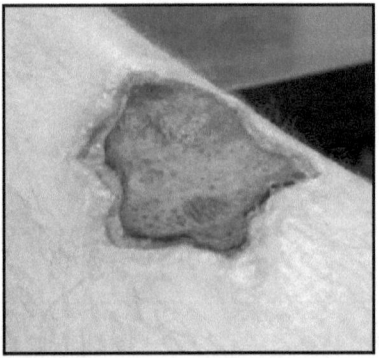

Resim: Yukarıda örümcek ısırığının neden olduğu ve nekrozla sonuçlanan bacak yarası. Nekrotik alan ve demarkasyon bölgesi görülmektedir.

Nikotin: Bir nörotransmitter olan asetilkolinin faaliyetini engellediği için zehirli olan ve tütünden elde edilen bir alkaloid.

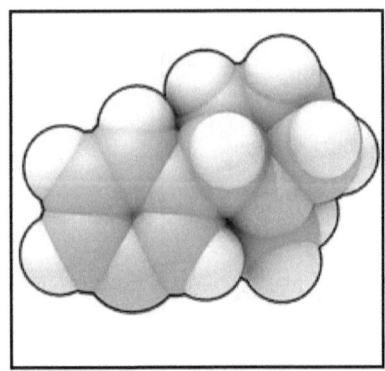

Resim: Nikotinin atomik görünüşü.

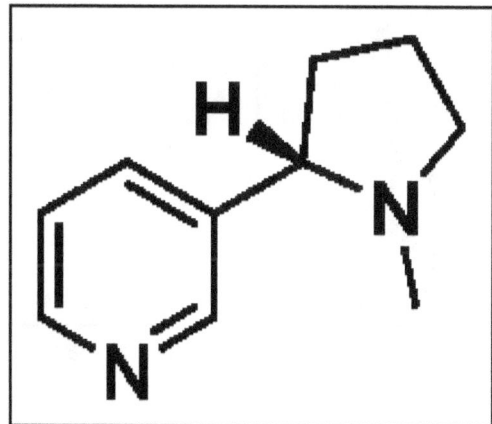

Resim: Nikotinin Kimyasal formülü.

Nimfa: Yarı başkalaşım gösteren böceklerde, dış görünüşü ergine benzeyen, fakat eşey organları ve kanatları tam olarak gelişmemiş evre.

Nişasta: Bitkilerde depo maddesi olarak meydana getirilen polisakkarit.

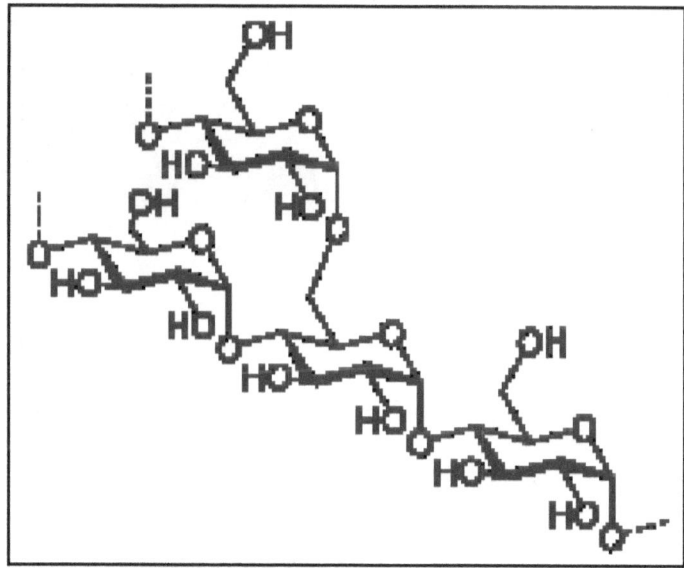

Resim: Amilopektin'in moleküler yapısı.

Resim: Amiloz'un moleküler yapısı.

Nitrit asit: (**HNO₃**) Niterat asidi. Yüksek derecede aşındırıcı, renksiz ve dumanlı sıvı. Zehirleyicidir ve şiddetli yanıklara yol açar.

Resim: Nitrik asit.

Nokta mutasyonu: DNA kopyalanması sırasında bir baz çiftinde meydana gelen değişiklik.

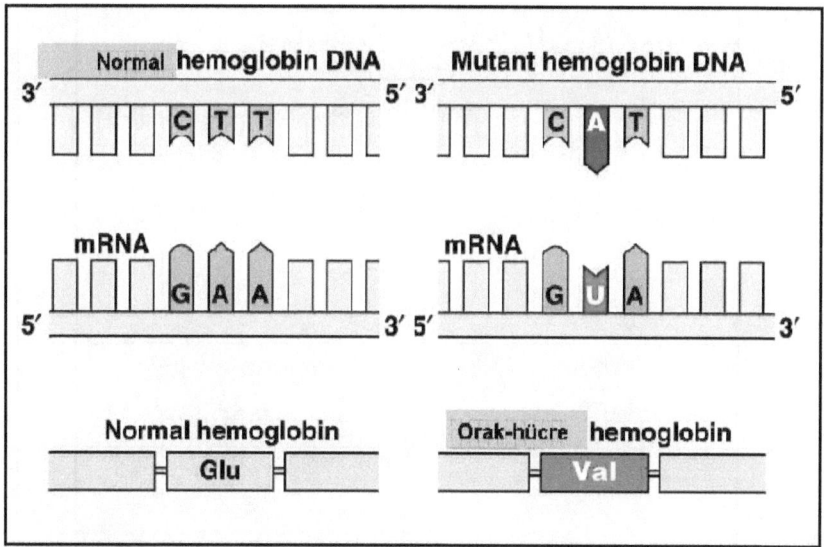

Nörogenez: Gelişme sırasında sinir sisteminin gelişme safhası (nörolasyon).

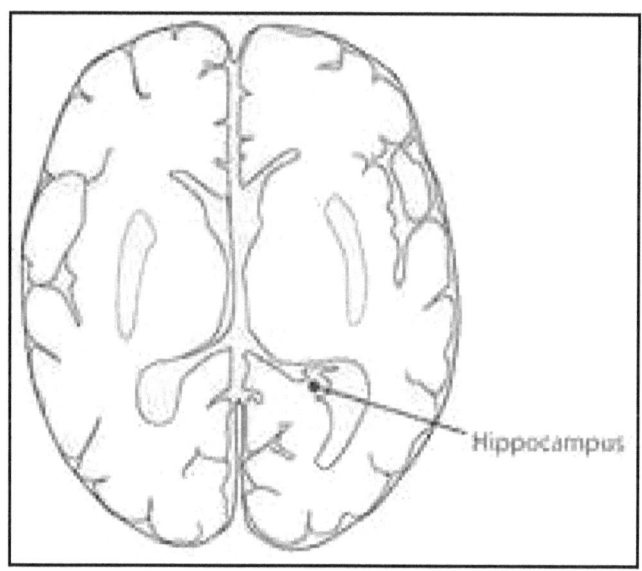

Nöroglia: Sinir dokuda nöronlara desteklik yapan yardımcı hücreler, ara nöronlar.

Nöron: Sinir hücresi.

Yaratılış Gerçekliği-I

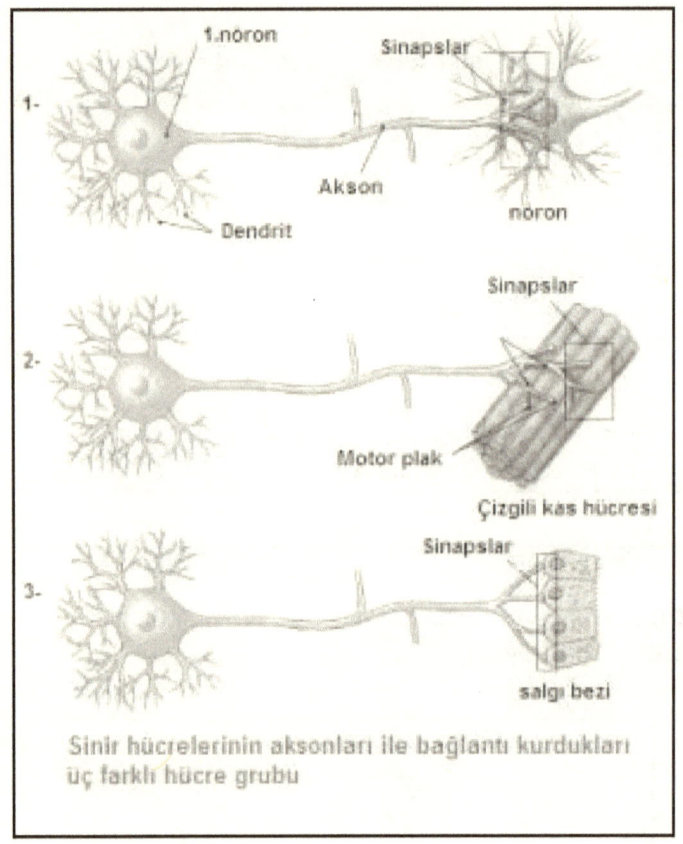

Sinir hücrelerinin aksonları ile bağlantı kurdukları üç farklı hücre grubu

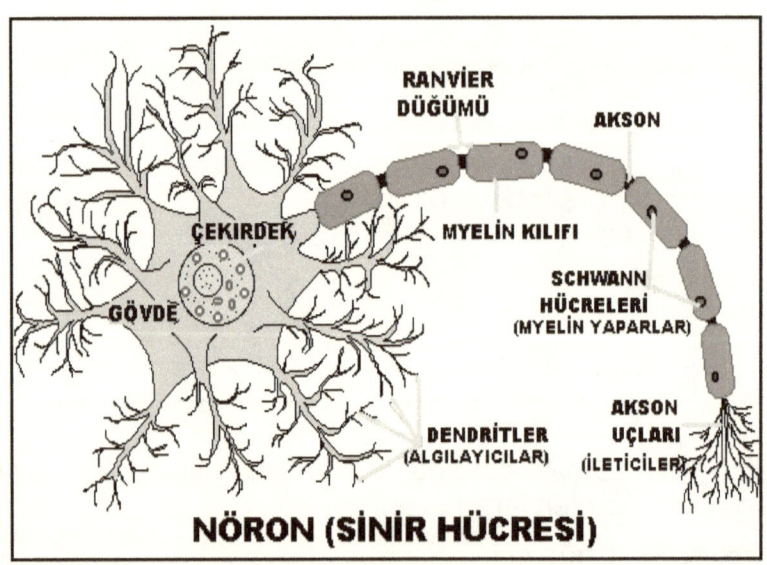

NÖRON (SİNİR HÜCRESİ)

Evrim Teorisi

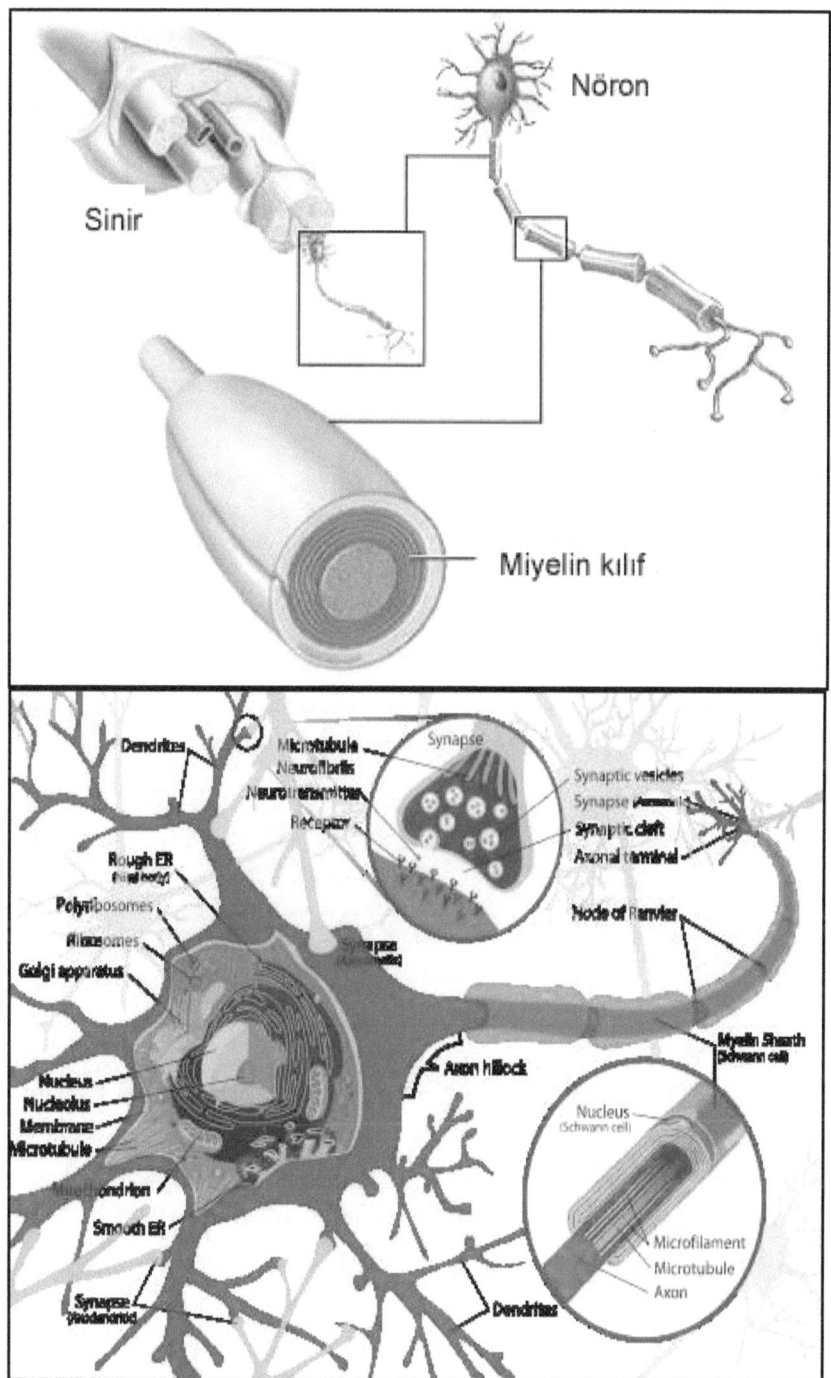

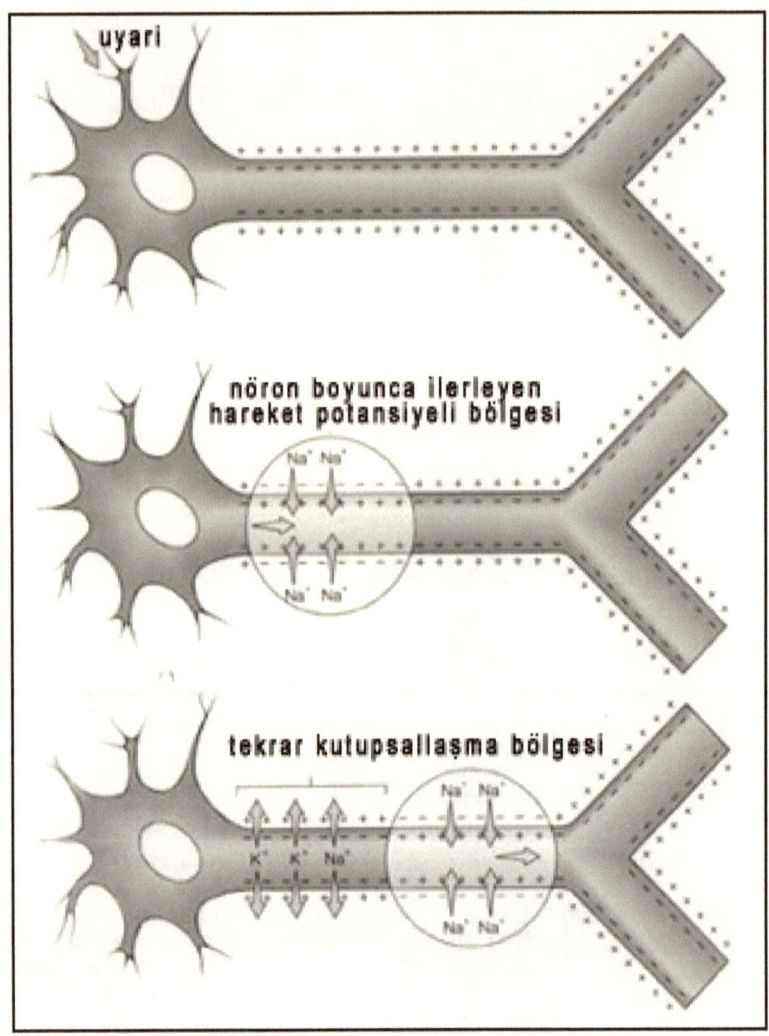

Nötr atom: elektron ve proton sayısı birbirine eşit olan atom.

Nükleaz: Nükleik asitleri kısa oligonükleotit parçalarına yada tek nükleotide hidrolize eden enzimler grubu.

Nükleoprotein: proteinlerin nükleik asitlerle kurduğu moleküler birlik.

Nükleotid: Nükleik asitlerin (DNA, RNA) yapı birimleri.

Nükleus: Çekirdek.

O

Obje: Nesne

Oksidasyon: (Yükseltgenme) Elektronların bir atom ya da molekülden ayrılmasını sağlayan kimyasal tepkime.

Oksin: Bitkide büyüme, gelişme hormonu.

Oksotrof: Ana ve babanın genlerinde bulunmasına karşın kendi büyümesi için gerekli molekülü sentezleyemeyen mutant mikroorganizma.

Omurilik: Omurga içerisinden geçen sinirsel doku.

Oogami: Genellikle büyük hareketsiz dişi gamet ile küçük ve hareketli erkek gametin birleşmesi.

Oogenez: yumurtanın meydana gelmesi olayı.

Oosfer: Yumurta hücresi, dişi gamet.

Oosit: Dişi eşey organında eşey hücrelerinin oluşması sırasında oogonyumdan değişen ve iki mayoz bölünmesi geçirecek olan hücre.

Oospor: Oomiset mantarlarda, alglerde ve protozoonlarda döllenmiş oosferde gelişen kalın duvarlı zigot.

Operatör gen: Bakteri ya da virüs genomunda repressör (baskılayıcı) proteini bağlayan ve yanındaki genin transkripsiyonunu kontrol eden gen.

Organel: Hücre içinde belirli bir görevi yapmak üzere özelleşmiş ve zarla çevrili yapılar. Çekirdek, mitokondri, kloroplastlar gibi.

Organik madde: Doğal olarak bulunmayıp canlı organizmalar tarafından sentezlenen maddeler.

Organogenez: Embriyo tabakalarından organların meydana gelmesi.

Osein: Kemik dokunun ara maddesi.

Osteosit: Kemik dokuyu oluşturan kemik hücreleri.

Otolit: Kulak taşı.

Osmoz: Suyun yoğunluğunun çok olduğu yerden az olduğu yere doğru, yarı geçirgen zardan geçmesi.

Ototrof: Kendi besinini kendi yapabilen canlılar.

Ovaryum: yumurtalık, yumurtaların meydana geldiği yer.

Ö

Ödem: Dokuların hücreleri arasında sıvı birikmesiyle oluşur.

Ökaryot hücre: Zarla çevrili organelleri ve gerçek çekirdeği olan hücre.

Özümleme: Canlı organizmanın, dışarıdan aldığı besin maddelerini parçalayıp yeniden kendine özgü maddelere dönüştürmesi.

Özüt: Bir doku örneğinin parçalanmış hali.

P

Paleontoloji: Fosilleri inceleyen, yaşları ve anatomik yapıları hakkında fikir yürüten bilim dalı.

Pankreas: Genel olarak midenin sol yanında yer alan, hem iç salgı hemde dış salgı ile görevli olan karma bez.

Parankima: Bitkilerde diğer dokuların arasını dolduran temel doku.

Parasempatik: Organların çalışmasına yavaşlatıcı etki yapan otonom sinir sisteminin bölümü.

Partenogenez: Yumurtanın döllenme olmaksızın gelişerek yeni canlı meydana getirmesi.

Paratroit hormon: Paratroit bezinden salgılanan, kalsiyumun bağırsaktan emilimini, böbreklerden atılmasını, kemiklerden serbest hale geçirilmesini ve hücreler arasındaki kalsiyum iyon konsantrasyonunu kontrol eden hormon.

Patojen: Hastalık yapıcı özelliği olan mikroorganizma veya madde.

Patoloji: Hastalık bilimi, hastalığın nedenlerini araştıran uzmanlık dalı.

Pektin: Özellikle bitki hücrelerinin orta lamelinde bulunan büyük moleküllü, karbonhidrat karışımı maddeler.

Penisilin: "Penicillium notatum" isimli bir mantar tarafından üretilen ve bakteri hücre duvarının sentezini engelleyen bir antibiyotik.

Pepsin: Mide öz suyunda bulunan ve proteinleri sindiren enzim.

Pepton: Proteinlerin mide öz suyunda sindirime uğramış son hali.

Periderm: Ağacın kabuk kısmı. birçok gövde ve köklerde ikinci büyüme ile epidermisin yerini alan doku.

Perikarp: Kalbin en dış örtüsüne verilen ad.

Periost: Kemik zarı. Kemiklerin dışında bulunan, kemik dokunun beslenmesini onarılmasını sağlayan zar.

Perisikl: Endodermis ve taşıyıcı (iletim) dokusu arasındaki tabaka.

Peristaltik: Sindirim sistemi gibi bazı organların çeperlerinde görülen ritmik ve kuvvetli kasılıp gevşeme hareketleri. Bu ritmik kasılma dalgaları organ içindeki maddeyi hareket ettirmeye yardımcı olur.

Periton: Karındaki organları saran iki katlı karın zarı.

Pestisit: Tarım bitkilerine zarar veren hayvansal bir mikroorganizma.

pH: Bir sıvının asit veya bazlık derecesini gösteren değer.

Pigment: Hücrelere özgü renk veren madde.

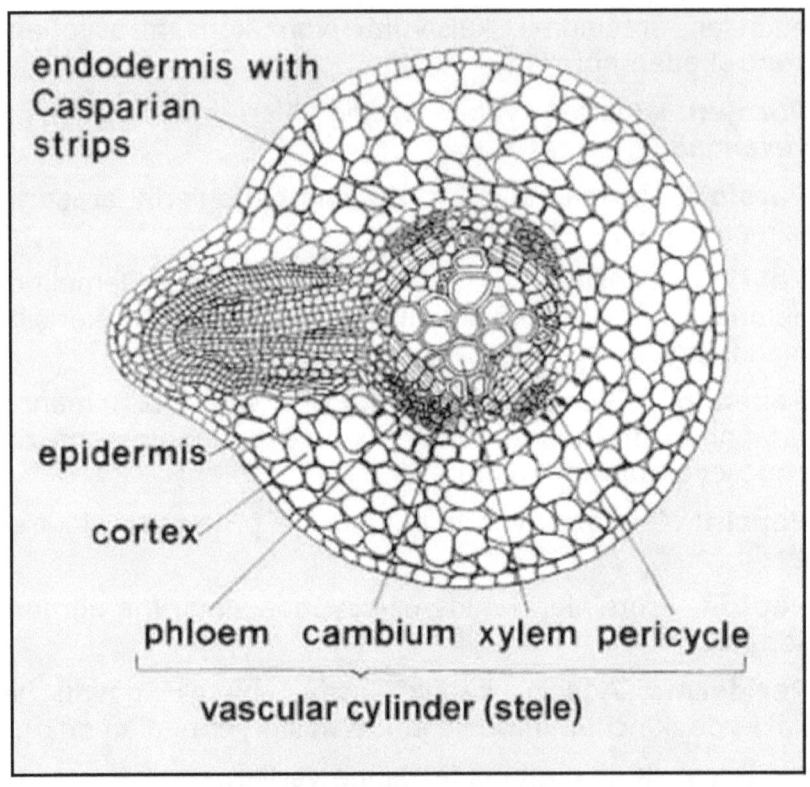

Pinositoz: Hücre zarından doğrudan geçemeyecek kadar büyük moleküllü sıvı maddelerin hücreye alınması.

Pistil: Çiçeklerdeki dişi organ.

Plasenta: Çoğu memelide embriyonun besin ve gaz alış-verişini sağlayan yapı.

Plastid: Bitki hücrelerinde renk veren taneciklerin genel adı.

Plazmid: Bakteri stoplazmalarında bulunan ve kromozom gibi davranan DNA'lar.

Pleura: Akciğerleri saran iki katlı zar. Akciğer dış zarı.

Polen: Çiçek tozu.

Polipeptid: Protein molekülünün yapısında bulunan amino asit zincirlerinin bir parçası.

Polisaj: Makine sanayiinde metallerin dış yüzeyini parlatmak.

Populasyon: Belirli bir bölgede yaşayan aynı türe ait bireylerin oluşturduğu topluluk.

Por: Gözenek, küçük delik.

Prokaryot hücre: Zarla çevrilmiş özel organelleri ve gerçek çekirdeği olmayan hücreler. Bakteriler ve mavi-yeşil algleri içine alan monera alemindeki canlılar.

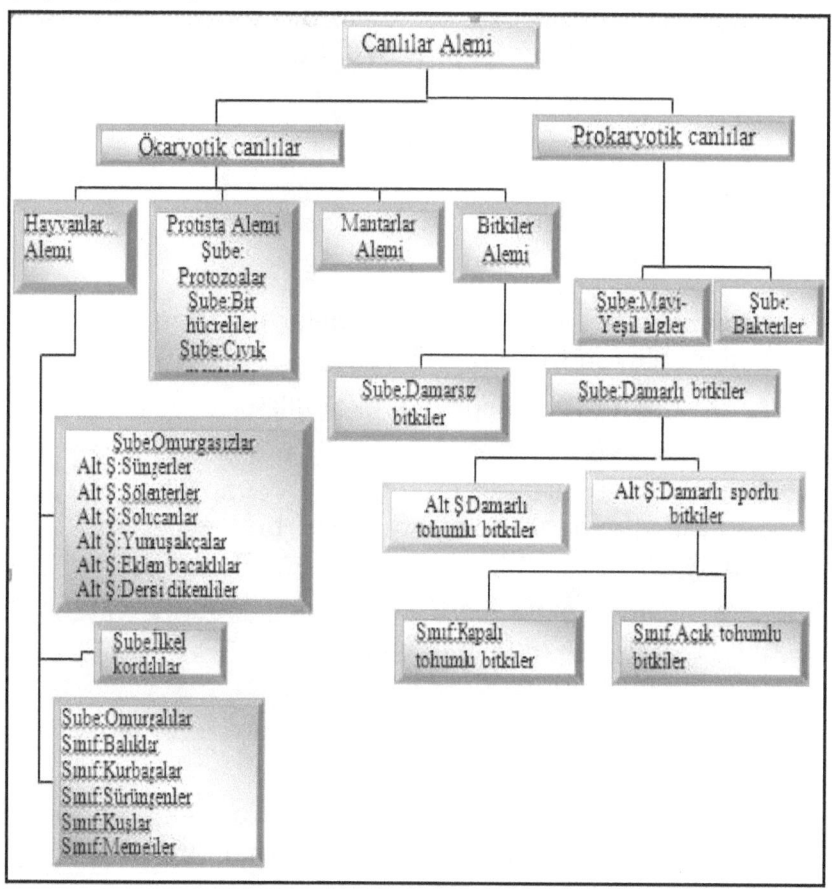

Protein: Yapısında karbon, hidrojen, oksijen ve azot gibi elementleri bulunduran temel moleküllerdir. Amino asitlerin peptid bağlarıyla birleşmesinden oluşur.

Proteoliz: Proteinlerin amino asitlerine kadar parçalanması işlemi.

Protoplazma: Hücrenin çekirdeği ile stoplazmasına verilen ad.

Protozoon: Tek hücreli canlılara genel olarak verilen ad (örneğin algler, mantarlar, bakteriler vs.).

Pseudopod: Bazı tek hücrelilerin hareket etmek veya besin almak amacıyla stoplazmasının dışarıya doğru oluşturduğu uzantılardır.

Pulplaşma: Bazı böceklerin larva evrelerinin sonunda beslenmesiz ve hareketsiz belli bir zaman devresine girerek ergin organizmaları meydana getirmesi olayı.

R

Radyobiyoloji: Radyasonun canlılar üzerine nasıl etki ettiğini inceleyen bilim dalı.

Radyoekoloji: Radyason ve ekolojik sistem arasındaki ilişkiyi inceleyen bilim dalı.

Refleks: Bir uyartıya verilen ani cevap. Alınan uyartı sonucunda meydana gelen impulsa, beyne iletilmeksizin verilen cevap.

Reçine: Çam, elma, erik gibi bazı odunlu bitkilerin salgıladıkları katı yada yarı akışkan, yarı saydam, suda çözünmeyen salgı maddeleri.

Refleks yayı: Duyu, ara ve motor nörondan oluşan en basit mekanizma.

Rekombinant DNA: Farklı biyolojik kaynaklardan elde edilen DNA moleküllerinin birleşmesinden oluşan yapı.

Rekombinasyon: Mevcut genlerin yeni genotipleri oluşturacak şekilde bir araya gelmesi.

Rektum: Kalın bağırsağın anüsle sonlanan düz kısmı.

Rejenerasyon: Canlılarda görülen, yaraların ve yıpranmış organların yenilenmesi olayı.

Replikasyon: DNA'nın kendini eşlemesi.

Replikon: DNA molekülünde bir kopyalama kökeni kapsayan ve peş peşe kopyalanan nükleotit dizilerinden oluşan uzunluk.

Reseptör: Çeşitli uyarıları alabilen ve duyu organlarının yapısında bulunan özelleşmiş hücre, hücre grupları veya sinir uçları. Almaç.

Resesif gen: Etkisini fenotipte gösteremeyen ve çekinik olan gen.

Restriksiyon enzimi: DNA'yı parçalamaya, kesmeye yarayan enzimler.

Retina: Gözün ağ tabakası.

Ribozim: Ortamda herhangi bir protein bulunmadığı zaman enzim özelliği gösteren saf RNA.

RNA polimeraz: DNA dan RNA sentezini gerçekleştiren enzim.

Rodopsin: Göz organında bulunan ve fotonun ilk olarak çarptığı bir çeşit protein.

S

Safra tuzları: Safra kesesinden ince bağırsağa salgılanan ve yağların misellere (küçük partiküller) dönüşümünü sağlayan biyokimyasal maddeler.

Sarkolemma: Kas telini saran zar.

Sedimentasyon: Çökelme.

Segmentasyon: Bir vücut yada yapının benzer parçalara bölünmesi, zigotun geçirdiği bölünme evreleri.

Sekretin: On iki parmak bağırsağının salgıladığı hormon.

Seleksiyon: Evrim teorisine göre Doğal Seçilim, ayıklanma.

Selüloz: Üç bin ya da daha fazla glikozun birleşmesi ile oluşan bitki hücrelerinin temel yapı taşı olan polisakkarit.

Sentromer: kromozomlarda kardeş kromotidleri bir arada tutan kısım.

Sentriol: Hücre bölüneceği zaman kutuplara göç eden, iğ ipliklerinin yapımında rol oynayan organellerdir.

Serebral: Beyin organıyla ilgili yapı. Beyine bağlı.

Serum: Kanın, pıhtılaşmasından sonra hücrelerinden ayrılmış, açık sarı renkli sıvı kısmı.

Sesil: Bir organizmanın sap, gövde ve pedisel gibi yapıları olmaksızın doğrudan bir yere oturması (Örneğin deniz tabanına oturması).

Sessiz mutasyon: Meydana geldiği gen üzerinde, daha sonra bu gen tarafından üretilecek proteinin fonksiyonunu değiştirmeyen mutasyonlardır (etkisiz mutasyon).

Sıcak kanlı canlılar: Vücut sıcaklığı ortam sıcaklığına göre değişmeyen ve hep aynı kalan canlılar (Sabit sıcaklıklı canlılar).

Sil: Bazı tek hücrelilerde hareti sağlayan, yine bazı organizmaların akciğer borularında senkronize hareket ederek toz vb. partikülleri akciğerden uzaklaştıran kamçı benzeri yapı.

Sinaps: İki nöronun veya nöronla başka bir hücrenin bağlandığı yer.

Sinüs: Organların yada dokuların arasındaki boşluk yada her hangi bir açıklık.

Sitoloji: Canlıların Hücreyi inceleyen bilim dalı.

Soğuk kanlı canlılar: Vücut sıcaklığı ortam sıcaklığına göre değişen (balık, kurbağa, sürüngen) hayvanlar (Değişken sıcaklıklı hayvanlar; Polikilotherm).

Sölom: Hayvanlarda bir epitel (sölom epiteli) ile astarlanmış olan vücut boşluğuna verilen ad.

Sperm: Erkek üreme hücresi.

Spirillum: Sipiral şeklindeki bakteri.

Spor: Eşeysiz üreyen türlerde, küçük ve dayanıklı olan üreme hücresi.

Sporozoit: Sporluların sporlarından türeyen ve yetişkin hücreyi veren, çekirdekli küçük stoplazma parçası.

Stamen: çiçekte erkek organ.

Stigma: Trake solunumu yapan böceklerde, trake açıklığı yada Öglenada ışığa duyarlı göz noktası. Çiçekteki dişi organın üstü.

Stoma: Yaprağın alt ve üst yüzeyinde bulunan, gaz alış verişini sağlayan delik.

Süberin: Mantar özü.

Süksesyon: Bir bölgede yaşayan çeşitli türlerin belirli bir zaman içinde birbirlerini izleyerek ortaya çıkmaları; ekolojik süksesyon.

Süspansiyon: Asıltı. Bir akışkan içinde yüzen sıvı parçacıkların oluşturduğu sistem.

T

Takım: Canlıların sınıflandırılmasında kullanılan, familya ve sınıf arasındak bulunan, yakın benzerlik gösteren organizmaların meydana getirdiği taksonomik birlik. Ordo.

Taksi: Tek hücrelilerin yer değiştirme hareketi.

Taksonomi: Canlıların sınıflandırılması ve bu sınıflandırmada kullanılan kural ve prensipler.

Terminatör gen: RNA polimerazın transkripsiyonu durdurmasına neden olan DNA dizisi.

Tek çenekli bitki: Embriyolarında bir çenek yaprağı bulunduran bitki.

Termofil: Yüksek sıcaklıklarda yaşayabilen mikroorganizmalara verilen genel ad (termofil = ısıyı seven).

Tetrat: Mayoz bölünme sırasında homolog kromozomların birbirlerine sarılarak oluşturdukları dört kromotitli yapı.

Timin: DNA yapısına katılan fakat RNA yapısına katılmayan bir primidin bazı.

Timpanum: Orta kulağı oluşturan davul şeklindeki boşluk. Aynı zamanda böceklerin işitme organı, timpanal organ.

Tonsil: Bademcik.

Topoğrafik: Bir yerin görünümüne, engebelerine ilişkin.

Trake: Bitkilerin odun kısmındaki su taşıyan kılcal borular. Bölmesiz geniş odun boruları. Böceklerde solunum organı.

Trakeit: Bölmeli ve dar olan odun boruları. Böceklerdeki solunum organının kılcal boruları.

Transgenik canlı: Rekombinant DNA teknolojisiyle yabancı bir genin yerleştirildiği canlı.

Transdüksiyon: Bir mikroorganizmadan bir diğerine virüs veya bakteriyofajlar aracılığıyla gen aktarılması olayı.

Transkripsiyon: (yazılma) DNA ipliklerinin birinden genetik bilgilerin yeni sentezlenen mRNA'ya aktarımı.

Translasyon: (okuma) mRNA'nın sentezlendikten sonra stoplazmadaki ribozoma bağlanıp amino asitleri tRNA'lar yardımıyla sıraya koyması.

tRNA: Protein sentezi sırasında (translasyon) amino asitleri ribozoma taşıyan özel bir RNA çeşidi.

Tubul: Hücre içerisinde veya doku içerisindeki tüpsü yapılara verilen genel ad.

Turgor: Bir bitki hücresinin osmozla su alıp şişmesi ve hücre çeperinin gergin hale gelmesi.

Tümör (villus): İnce bağırsağın iç yüzeyindeki, sindirilmiş besinleri emip kana karıştıran parmaksı uzantılar.

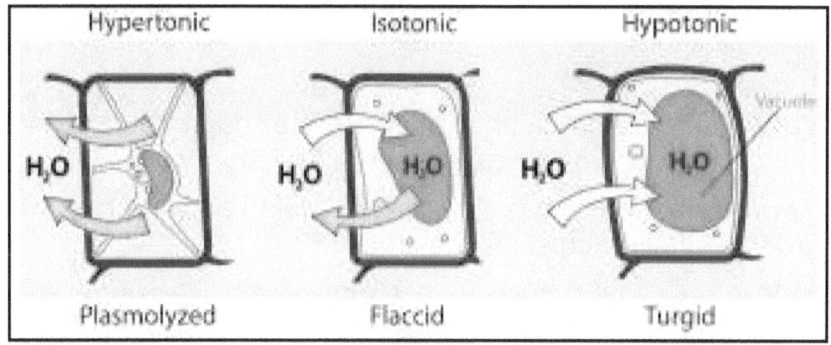

Resim: Turgor basıncı ile suyun taşınımını üç farklı ortamda gösteren bir diyagram.

U

Uç meristem: Bitkilerin kök ve gövdelerinin en uçlarında bulunan, sürekli bölünerek bitkinin büyümesini sağlayan doku.Meristem dokusu.

Unipolar: Tek kutuplu olma durumu.Bazı sinir hücreleri yanlız tek bir uzantıya sahip olabilir (unipolar sinir hücresi).

Urasil: Yanlızca RNA yapısına katılan baz.

Uterus: Döl yatağı, rahim.

Uyarı: Canlılarda belli bir tepkiye yol açan, fiziksel, kimyasal veya biyolojik etken.

Uyartı: Bir uyarının sinir hücresinde oluşturduğu kimyasal veya elektriksel değişmeler.

Ü

Üre: Protein metabolizması sonucu oluşan suda eriyen azotlu artık madde.

Üretici: Ototrof, kendi besinini yapan canlı.

Vagus: Beyinden çıkan 10.sinir. mide, bağırsak, kalp ve akciğerlerin otomatik çalışmalarını sağlar.

Varyasyon: Bir türün bireylerindeki aynı karakterin farklı şekilleri, değişiklik, çeşitlilik.

Vakuol: Ökaryot hücrelerin sitoplazması içerisinde sıvı, hava yada kısmen sindirilmiş besin kapsayan tek zarla çevrili yapıların her biri.

Valin: Protein sentezine katılan amino asitlerden birisi.

Vaskular sistem: Ksilem ve floemden oluşan bitki dokularında, ksilem tarafından su ve suda erimiş maddelerin, floem tarafından fotosentez ürünlerinin taşınmasını sağlayan iletim sistemi.

Vanadyum: İnsan ve hayvanlar için gerekli bir eser (az miktarda bulunan) elementidir.

Verimlilik: Birim zamanda meydana getirilen yavru sayısı ile ölçülen, bir bireyin yada populasyonun üreme kapasitesi. Fertilite.

Ventral: Bir organizmanın karın kısmı (sırt kısmı dorsal).

Vejetasyon: Bitkinin tohumdan gelişip tekrar tohum verecek hale gelene kadar geçen dönemi.

Viroid: Bitki hücrelerinde hastalık yapan, 400 ' e kadar ribonükleotitten oluşan, virüslerden daha basit yapılı organizma.

Vitellus: Yumurta sarısı, yedek besin.

Yağ asidi: Esterlerle bileşikler yaparak yağ moleküllerini meydana getiren maddeler.

Yapısal gen: Hücrenin yapısı ve metabolizması için gerekli RNA ' ları kodlayan DNA dizisine verilen genel ad.

Yüzme kesesi: Birçok kemikli balıkta çeperi sindirim kanalı ile aynı yapıda, içi hava ve diğer gazlarla dolu olan, hidrostatik denge, solunum, ses çıkarma ve ses almada görevli yapı.

Yoğunluk: Herhangi bir maddenin bir birim hacminin kütlesi.

Yumurta: Dişi üreme hücresi.

Z

Zar: Hücreyi ve çoğu organelleri çevreleyen lipit ve proteinlerden oluşan yapı.

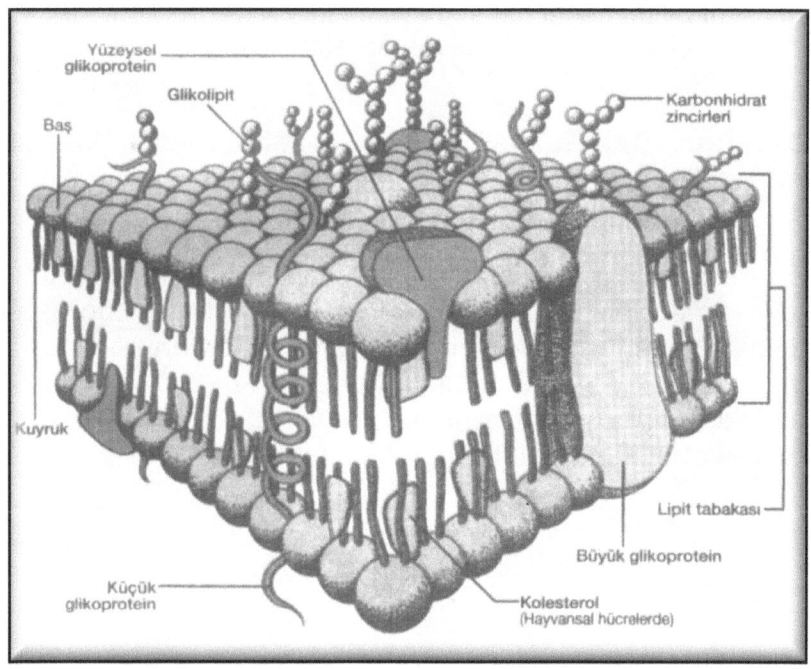

Hücre zarını oluşturan çift katlı lipid yapısı.

Zigot: Döllenmiş yumurta hücresi.

Zooloji: Biyolojinin hayvanları inceleyen dalı.

Zooloji Bilimi genel olarak hayvanları ve vücut sistemlerinin yapılarını inceler.

Zoospor: Tek hücreli algler ve mantarlarda kamçılı, hareketli eşey hücresi.

Zootoksin: Bir organizma tarafından meydana getirilmiş toksik maddeler. İnsan vücudunda da pek çok inorganik haldeki toksin molekülleri bulunur, fakat bunların büyük bir çoğunluğu vücudun ihtiyaç duyduğu organik moleküllerin sentezindeki önemli biyokimyasal reaksiyonlara katılırlar.

Oksijen miktarı .... 44 kg	% 63
Karbon miktarı .... 14 kg	% 20
Hidrojen miktarı .... 7 kg	% 10
Azot miktarı .... 2,1 kg	% 3
Kalsiyum miktarı .... 1 kg	% 1,5
Fosfor miktarı .... 700 g	% 1
Potasyum miktarı ...... 170 g	% 0,25
Kükürt miktarı .... 140 g	% 0,2
Klor miktarı .... 70 g	% 0,1
Sodyum miktarı .... 70 g	% 0,1
Magnezyum miktarı .... 30 g	% 0,04
Demir miktarı .... 3 g	% 0,004
Bakır miktarı .... 300 mg	% 0,0005
Mangan miktarı .... 100 mg	% 0,0002
İyot miktarı .... 30 mg	% 0,00004

Vücudu Oluşturan İnorganik Elementlerin Miktarları ve Oranları (70 kg'lık İnsanda).

BİBLİYOGRAFYA

[1] Kur'ân Meali, Diyanet İşleri Başkanlığı

[2] Kur'ân Meali, Muhammed Hamidullah

[3] Bediüzzaman Said Nursi, Mesnevi-i Nuriye, Yeni Asya Neşriyât, İstanbul (2007)

[4] Yunus Emre, Şiirleri ve Divanı (Ahmet Yesevi Divanından)

[5] Mevlana Celeleddin-i Rumi, Mesnevi-i Şerif (Mesnevi Şerhi ve Divanlarından Seçmeler)

[6] Feridüddin-i Attar, Mantikut- Tayr (Kuş Dili Mantığı), Seçme Hikayeler, İş Bankası Yayınları, İstanbul (2000)

[7] Charles Darwin, "Türlerin Kökeni ve Korunumlu Doğal Seçilimin Anlamı" The Origin of Species: By Means of Natural Selection or the Preservation of Favoured Races in the Struggle for Life, London: Senate Press 1995

[8] Caner Taslaman, Evrim Teorisi, Felsefe ve Tanrı, İstanbul Yayınları, 2007

[9] Richard Dawkins, "Kör Saatçi" The Blind Watchmaker, London: W. W. Norton 1986

[10] Richard Dawkins "Gen bencildir" The Selfish Gen, London: W. W. Norton 1990

[11] Richard Dawkins "Tanrı Yanılgısı" The God Delusion, London: W. W. Norton 1998

[12] T.W. Graham Solomons & Craig B. Fryhle, Organic Chemistry, University of South Florida, John Wiley&Sons, 2000

[13] T.W. Graham Solomons & Craig B. Fryhle, Organik Kimya (Türkçe çevirisi), Gürol Okay & Yılmaz Yıldırır, Literatür Yayınları, 2002

[14] Frank Netter, Atlas of Human Anatomy, Novartis

[15] Marks Engels Mektuplar, cilt I

[16] Marx ve Engels Mektuplar, cilt II

[17] Friedrich Engels, Ütopik Sosyalizm-Bilimsel Sosyalizm

[18] Richard Monestarsky, "Misteries of the Orient", Discover, 1993

[19] Stefan Bengston, Nature (1990).

[20] Ernst A. Hooten, Up From the Ape, New York: Mc Millan, 1931

[21] Francis Hitching, The Neck of the Giraffe: Where Darwin Went Wrong, New York: Ticknor & Fields 1982

[22] Stephen Jay Gould, "Smith Woodward's Folly", New Scientist, Nisan 1979

[23] "Piltdown", Meydan Larousse, Cilt 10

[24] William K. Gregory, "Hesperopithecus Apparently Not On Nor a Man", Science, Volume 66, Aralık 1927

[25] Elwyn Simons, "Puzzling Out Men's Ascent", Time, Kasım 1977

[26] Robert Eckardt, "Population Genetics and Human Origins", Scientific American, Sayı 226, 1972

[27] David Pilbeam, "Humans Lose an Early Ancestor", Science, Nisan 1982

[28] Jean Jacques Hublin, The Hamlyn Encyclopædia of Prehistoric Animals, New York: The Hamlyn Publishing Group Ltd. 1984

[29] Francis Hitching, The Neck of the Giraffe: Where Darwin Went Wrong, New York: Ticknor & Fields 1982

[30] Engin Korur, "Gözlerin ve Kanatların Sırrı", Bilim ve Teknik, Ekim 1984

[31] Storris L. Olson & Alan Fedducia, "Flight Capability and the Pectoral Girdle of Archæopteryx", Nature, Mart 1979

[32] Old Bird, Discover, Mart 1997.

[33] Shipman Pat, "Birds Do It... Did Dinosaurs?" New Scientist, Şubat 1997

[34] Douglas Dewar, İnsan: Özel Yaratık

[35] Charles E. Oxnard, "The Place of Australopithecines in Human Evolution: Grounds for Doubt", Nature, Sayı: 258

[36] Richard Leakey, The Making of Mankind, London: Spehere Books 1981

[37] Erik Trinkaus, "Hard Times Among the Neanderthals", Natural History, Sayı 87, Aralık 1978, s. 10; R. L. Holloway, "The Neanderthal Brain: What Was Primitive", American Journal of Physical Anthropology Supplement, Sayı 12, 1991

[38] Erik Trinkaus, "Hard Times Among the Neanderthals", Natural History, Sayı 87, Aralık 1978

[32] Richard B. Bliss & Gray E. Parker, Origin of Life, California 1979

[39] Kevin Mc Kean, Bilim ve Teknik, Sayı 189

[40] J. P. Ferris & C. T. Chen, "Photochemistry of Methane, Nitrogen and Water Mixture as a Model for the Atmosphere of the Primitive Earth", Journal of American Chemical Society, Cilt 97, Sayı 11, 1975

[41] Stanley Miller, Molecular Evolution of Life: Current Status of the Prebiotic Synthesis of Small Molecules, 1986

[42] Richard B. Bliss & Gray E. Parker, Origin of Life, California 1979

[43] Richard Dickerson, "Chemical Evolution", Scientific American, Cilt 239, Sayı 3, 1978

[44] Frank B. Salisbury, Doubts about the Modern Synthetic Theory of Evolution,

[45] Homer Jacobson, "Information, Reproduction and the Origin of Life," American Scientist, Ocak 1955

[46] Reinhard Junker, Siegfried Scherer, "Entstehung Gesiche Der Lebewesen", Weyel, 1986

[47] A. I. Oparin, Origin of Life

[48] Stephen Jay Gould, Full House The Spread of Excellence from Plato to Darwin, Three Rivers Press, New York (1995)

[49] Ahmet Cevizci, Paradigma Felsefe Sözlüğü, Paradigma Yayınları, 4. Baskı,İstanbul (2000)

[50] Ernst Mayr, The Growth of Biological Thought

[51] Platon, Devlet, çev: Sabahattin Eyüboğlu - M. Ali Cimcoz, Türkiye İş Bankası Yayınları, İstanbul (2000)

[52] Ş. Teoman Duralı, Biyoloji Felsefesi, Akçağ Yayınları, Ankara (1992)

[53] Ş. Teoman Duralı, Çağdaş Küresel Medeniyet: Gelişimi Konumu ve Anlamı, Dergah Yayınları, İstanbul (2002)

[54] Ernst Mayr, Toward a New Philosophy of Biology, Harvard University Press, Cambridge (1988)

[55] Martin Heidegger, Nietzche'nin Tanrı Öldü Sözü, çev: Levent Özşor, Asa Kitabevi, (2001)

[56] F. S. Bodenheimer, The History of Biology an Introduction

[57] Aristoteles, Metafizik, çev: Ahmet Arslan, Sosyal Yayınları, İstanbul (1996)

[58] Alfred Weber, Felsefe Tarihi, çev: H. Vehbi Eralp, Sosyal Yayınları, İstanbul (1998)

[59] Marc Ereshefsky, Species and The Linnaean Hierarchy, (ed: Robert A. Wilson, 'Species') MIT Press, Cambridge (1998)

[60] Erik Nordenskiöld, The History of Biology

[61] L. P. Coonen, Evolution of Method in Biology, (ed: Vincent E. Smith, 'Philosophy of Biology') St. John's University Press, New York (1962)

[62] Ş. Teoman Duralı, Aristoteles'te Bilim ve Canlılar Sorunu, Çantay Kitabevi, İstanbul (1995)

[63] Aristoteles, Fizik, çev: Saffet Babür, Yapı Kredi Yayınları, İstanbul (2001)

[64] Aristoteles, Fizik, s. 71-93; Bryan Magee, Felsefenin Öyküsü, çev: Bahadır Sina Şener, Dost Kitabevi Yayınları, Ankara (2000)

[65] Michael Ruse, Philosophy of Biology, Prentice Hall, New Jersey (1989)

[66] Francisco J. Ayala, Teleological Explanations, ed: Theodosius Dobzhansky, W. H. Freeman and Company, (1977)

[67] C. S. Pittendrigh, Adaptation, Natural Selection and Behavior, Roe and Simpson, (1958), s. 394.; Aktaran: Ernst Mayr, Toward a New Philosophy of Biology

[68] Charles Singer, A Short History of Anatomy and Physiology from The Greeks to Harvey

[69] Jean Theodorides, Biyoloji Tarihi

[70] İlhan Kutluer, İlim ve Hikmetin Aydınlığında, İz Yayıncılık, İstanbul (2004)

[71] George Sarton, Introduction to The History of Science, London (1962)

[72] Bekir Karlığa, İslam Düşüncesinin Batı Düşüncesine Etkileri, Litera Yayıncılık, İstanbul (2004)

[73] Seyyid Hüseyin Nasr, İslam ve İlim, çev: İlhan Kutluer, İnsan Yayınları, İstanbul (1989)

[74] İrfan Yılmaz ve Diğerleri, İlim ve Din, Nil Yayınları, İzmir (1998)

[75] Seyyid Hüseyin Nasr, İslam ve İlim

[76] Bekir Karlığa, İslam Düşüncesinde Canlı Varlık Anlayışı, 'Cogito Dergisi sayı 32', Yapı ve Kredi Yayınları, İstanbul (2002)

[77] İsmail Yakıt-Nejdet Durak, İslam'da Bilim Tarihi, Tuğra Matbaası, Isparta (2002)

[78] Singrid Hunke, Allah'ın Güneşi Avrupa'nın Üzerinde, çev: Hayrullah Örs, Altın Kitaplar, İstanbul (2001)

[79] Hilmi Ziya Ülken, Varlık ve Oluş, Ankara Üniversitesi Basımevi, Ankara (1968)

[80] Mehmed Bayrakdar, İslam'da Evrimci Yaratılış Teorisi, Kitabiyat, Ankara (2001)

[81] Bryan Maage, Felsefenin Öyküsü

[82] John Hedley Brooke, Science and Religion, Cambridge University Press, Cambridge (1991)

[83] James T. Cushing, Fizikte Felsefî Kavramlar, çev: B. Özgür Sarıoğlu, Sabancı Üniversitesi, İstanbul (2003)

[84] Nicolaus Copernicus, Gökcisimlerinin Dönüşleri Üzerine, çev: Saffet Babür, Yapı ve Kredi Yayınları, İstanbul (2002)
[85] Alfred W. Crosby, The Measure of Reality, Cambridge University Press, Cambridge (1998)
[86] Hall Hellman, Büyük Bilimsel Çekişmeler, çev: Füsun Baytok, TÜBİTAK Popüler Bilim Kitapları, İstanbul (2001)
[87] Caner Taslaman, Big Bang ve Tanrı, İstanbul Yayınevi, İstanbul (2003)
[88] John D. Barrow-Frank J. Tipler, The Anthropic Cosmological Principle, Oxford University Press, Oxford (1996)
[89] Rene Descartes, Aklın Yönetimi İçin Kurallar, çev: Müntekim Ökmen, Sosyal Yayınları, İstanbul (1999)
[90] Rene Descartes, Felsefi Metod Üzerine Konuşmalar, çev: K.Sahir Sel, Sosyal Yayınları, İstanbul (1984)
[91] Rene Descartes, Meditasyonlar, çev: Aziz Yardımlı, İdea Yayınları, İstanbul (1996)
[92] John Cottingham, Descartes Sözlüğü, çev: Bülent Gözkan ve Diğerleri, Sarmal Yayınevi, İstanbul (1996)
[93] Karl Werner Heisenberg, Fizik ve Felsefe, çev: M. Yılmaz Öner, Belge Yayınları, İstanbul (2000)
[94] Henri Bergson, Yaratıcı Tekamül, çev: Şekip Tunç, Milli Eğitim Basımevi, İstanbul (1986)
[95] Karl Volander, Felsefe Tarihi, çev: Mehmet İzzet ve Diğerleri, İz Yayıncılık, İstanbul (2004)
[96] George B. Dyson, Darwin Among The Machines, Addison-Wesley Publishing, Massachusetts (1997)
[97] G. W. Leibniz, Monadoloji, çev: Suut Kemal Yetkin, Milli Eğitim Bakanlığı Yayınları, İstanbul (1997)
[98] John D. Barrow, Theories of Everything, Clarendon Press, Oxford (1991)
[99] James Jeans, Fizik ve Filozofi, çev: Avni Refik Bekman, Ankara Üniversitesi Fen Fakültesi Yayınları, İstanbul (1950)
[100] John D. Barrow-Frank J. Tipler, The Anthropic Cosmological Principle

[101] Necip Taylan, Düşünce Tarihinde Tanrı Sorunu, Şehir Yayınları, İstanbul (2000)

[102] David Hume, Din Üstüne, İmge Kitabevi Yayınları, Ankara (1995)

[103] Albert Einstein, Remarks on Russell's Theory of Knowledge, (ed: Paul Arthur Schilpp, 'The Philosophy of Bertrand Russell') Tudor, New York (1994)

[104] Ernst C. Mossner, Hume ve Söyleşiler'in Kanıtı, çev: Mete Tunçay, (D. Hume, 'Din Üstüne') İmge Kitabevi Yayınları, Ankara (1995)

[105] Immanuel Kant, Saf Aklın Eleştirisi, çev: Aziz Yardımlı, İdea, İstanbul (1993)

[106] Immanuel Kant, Evrensel Doğa Tarihi ve Gökler Kuramı, çev: Seçkin Selvi, Sarmal, İstanbul

[107]- Immanuel Kant, Yargı Gücünün Eleştirisi, çev: Nejat Bozkurt, ('Seçilmiş Yazılar') Remzi Kitabevi, İstanbul (1984)

[108] Copleston, A History of Philosophy, Cilt 7, Burns and Dates, Wellvood (1999)

[109] Immanuel Kant, Pratik Usun Eleştirisi, çev: Zeki Eyuboğlu, Say Yayınları, İstanbul (2001)

[110] James Rachels, Created from Animals, Oxford University Press, Oxford (1990)

[111] William Paley, Natural Theology, (ed: Michael Ruse, 'Philosophy of Biology' içinde) Prentice Hall, New Jersey (1989)

[112] Micheal Denton, Evolution: A Theory in Crisis, Adler and Adler, Wisconsin (1996)

[113] G. W. Leibniz, Philosophical Papers and Letters, ed: Leroy Leomker, Reidel (1969), s. 566; Aktaran: Catherine Wilson, The Invisible World Early Modern Philosophy and The Invention of The Microscope, Princeton University Press, Princeton (1995)

[114] Nicolas Malebranche Search After Truth Ohio 1980

NOTLAR:

Yaratılış Gerçekliği-I

Evrim Teorisi

Yaratılış Gerçekliği-I

www.ingramcontent.com/pod-product-compliance
Lightning Source LLC
LaVergne TN
LVHW040129080526
838202LV00042B/2850